国家出版基金项目
NATIONAL PUBLICATION FOUNDATION
现代农业科技专著大系

林木卷

郑勇奇　李　斌　主编

中国作物
及其野生近缘植物

董玉琛　刘　旭　总主编

中国农业出版社
北　京

Vol. Forest Crops

Chief editors: Zheng Yongqi　Li Bin

CROPS AND THEIR WILD RELATIVES IN CHINA

Editors in chief: Dong Yuchen　Liu Xu

China Agriculture Press

Beijing

内容提要

　　本书是《中国作物及其野生近缘植物》系列著作之一，分为导论和各论两大部分。导论部分论述了作物的种类、植物学、细胞学和农艺学分类，以及起源演化的理论。各论部分共35章，含99个栽培种，涉及野生近缘种合计45科95属426种。重点论述了各栽培种的利用价值、地理分布、生产概况、形态特征、生物学特性、栽培历史、遗传变异和种质资源，以及相关属植物的起源、演化、分类。还介绍了栽培树木野生近缘种的特征特性、分布区和特异性状。内容丰富，突出了科学性、实用性和前瞻性，深入浅出，图文并茂。可作为有关科研院所、大专院校及生产、管理部门从业人员的工具书。

Summary

　　This book is one of series books of *Crops and Their Wild Relatives in China*. It was divided into introduction and contents. The introduction described the plant species, botany, cytology, agronomic classification, origin and evolution. The content was subdivided into 35 chapters including 99 cultivated species which involves 45 families, 95 genus and 426 species of wild relatives. The use values, geographical distribution, general production, morphological characteristics, biological characteristics, cultivation history, genetic variation and germplasm resources of each species, and origin, evolution, classification of related genus plants are described. It also introduced characteristics, distribution, special characters of wild relatives of cultivated trees. This book is rich in content and illustrations, highlighting the scientific, practical and perspective information, and it is suitable to relevant research institutes, universities and colleges, practitioners of production and management department as a reference book.

白 榆

刺 槐

杜 仲

美国种　杂交种　中国种

鹅掌楸

胡枝子

0067
桦木

槐 树

加勒比松

金合欢

苦 棟

广元 F18　广元 F6

广元 F2　广元 F5　广元 F22

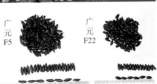

栾 树

马尾松

蒙古栎

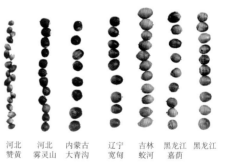

| 河北 赞黄 | 河北 雾灵山 | 内蒙古 大青沟 | 辽宁 宽甸 | 吉林 蛟河 | 黑龙江 嘉荫 | 黑龙江 |

| 辽宁 宽甸 | 北京 小龙门 | 河北 赞黄 | 内蒙古 大青沟 |

女 贞

七叶树

榕树

湿地松

桃花心木

望天树

乌柏

喜树

小桐子

羊蹄甲

银桦

银合欢

油 桐

元宝槭

紫 檀

Crops and Their Wild Relatives in China

Editorial Commission

Editors in Chief: Dong Yuchen   Liu Xu

Editors of Deputy: Zhu Dewei   Zheng Diansheng
Fang Jiahe   Gu Wanchun

Editorial Members: Wan Jianmin   Wang Shumin   Wang Debin
Fang Jiahe   Ren Qingmian   Zhu Dewei
Liu Xu   Liu Hong   Liu Qinglin   Li Yu   Li Bin
Li Xianen   Li Xixiang   Yang Qingwen
Chen Yingge   Wu Baoguo   Zheng Yongqi
Zheng Diansheng   Zhao Yongchang   Fei Yanliang
Jia Dingxian   Jia Jingxian   Gu Wanchun
Chang Ruzhen   Ge Hong   Jiang Youquan
Dong Yuchen   Li Yu

Vol. Forest Crops

Chief Editors: Zheng Yongqi   Li Bin

Editors of Deputy: Li Wenying   Zong Yichen   Lin Furong

General Supervisor: Sheng Weitong

林木卷各章节编著者

导论   黎　裕　董玉琛

上篇　重要栽培树种

第一章　概述   郑勇奇

第二章　杉木   李文英

第三章　杨树   李金花

第四章　马尾松   李　斌　安元强

第五章　落叶松   兰士波　李红艳　马　盈

第六章　桉树   项东云　唐庆兰　陈健波　梁瑞龙　李昌荣

第七章　油松   李　斌　安元强

第八章　湿地松   宗亦臣

第九章　柏木   林富荣

第十章　华山松   李　斌　安元强

第十一章　云南松   李　斌　安元强

第十二章　侧柏   林富荣

第十三章　云杉   罗建勋

第十四章　柳树   施士争

第十五章　泡桐   李文英

第十六章　栎   李文英

第十七章　樟树   姜景民

第十八章　楸树   罗建勋

第十九章　槐树   宗亦臣

第二十章　桦木   兰士波　李红艳　马　盈

第二十一章　刺槐   解孝满

第二十二章　白榆   解孝满

The Authors of Each Chapter of Vol. Forest Crops

Part Two　Other Cultivated Tree Species
Chapter Thirty-Two　Timber Tree Species

Chapter Thirty-Three   Landscaping Tree Species

林木卷

编写 说明

　　《中国作物及其野生近缘植物·林木卷》是《中国作物及其野生近缘植物》系列的重要组成部分。林木具有种类繁多、生长周期长、生态功能突出等特点，绝大多数林木仍处于野生状态，被广泛栽培的树种仍是少数。随着短周期工业林的研究和发展，对一些生长相对快、轮伐周期相对短的树种，逐渐采用作物式集约栽培管理。我国已知有木本植物 8 000 多种，本卷选择部分栽培数量较大、研究较多、栽培技术较成熟的树种作为栽培种进行重点编写。根据国家林业局的资源调查数据和《中国主要树种造林技术》等资料，经筛选，最终确定了 99 个栽培种（属）纳入编写范围，并根据栽培和研究状况分为重要栽培树种和其他栽培树种两类。杉木等 30 个种（属）栽培面积较大、栽培技术成熟、栽培历史悠久，对国民经济及生态环境建设影响大，研究资料较多，作为重要栽培树种，按照 1 章 1 种（属）进行编写，列入上篇；其他 69 个种（属）栽培面积相对较小、栽培生产者较少、研究资料较少，作为其他栽培树种，按照 1 章多种（属）进行归类编写，列入下篇。下篇每章为一大类，基本按照树种的主要用途归类（不是很严格，因为许多树种是多用途的），分别为用材林树种、园林绿化树种、经济林树种、防护林树种四大类，章下每节包含 1 种（属），各种（属）的顺序基本按照栽培和研究的深入程度编排，与其他卷的结构基本保持一致。

　　本书特色主要体现在树种的应用价值、栽培历史、树种起源和种质资源等几个方面。

　　林木卷的编写从拟定编写计划到成书，经历了多年，先后召开了 4 次编委会会议。为了保证质量，并与其他卷风格保持一致，统稿中对部分种（属）的原稿进行了修改和完善，对不符合要求的图表进行了替换，并补充了彩色插图。2015 年第三次编委会会议期间，总主编刘旭院士亲临指导。在林木卷编写和修改过程中，主审盛炜彤先生对每个章节都反复进行了校阅和修改，付出了大量辛勤劳动。程蓓蓓博士对全文的拉丁文进行了系统校阅。在京的各位编委和作者，特别是李文英、宗亦臣、安元强、孟庆阳等，对全卷的文字、图表、格式等进行了反复校对。在此向他们及所有编著人员表示诚挚的谢意！向所有关注和支持本卷出版的专家和领导表示衷心的感谢！

　　由于水平和能力有限，编撰之中难免有不足之处，敬请谅解！

编 者

2018 年 8 月

林 木 卷

作物即栽培植物。众所周知，中国作物种类极多。瓦维洛夫在他的《主要栽培植物的世界起源中心》中指出，中国起源的作物有 136 种（包括一些类型）。卜慕华在《我国栽培作物来源的探讨》一文中列举了我国 350 种栽培作物，其中史前或土生栽培植物 237 种，张骞在公元前 100 年前后由中亚、印度一带引入的主要作物有 15 种，公元以后自亚、非、欧各洲陆续引入的主要作物有 71 种，自美洲引入的主要作物 27 种。中国农学会遗传资源学会编著的《中国作物遗传资源》一书中，列出了粮食作物 32 种，经济作物 69 种，蔬菜作物 119 种，果树作物 140 种，花卉（观赏植物）139 种，牧草和绿肥作物 83 种，药用植物 61 种，共计 643 种（作物间有重复）。中国的作物究竟有多少种？众说纷纭。多年以来我们一直想写一部详细介绍中国作物多样性的专著，目的是对中国作物种类进行阐述，并对作物及其野生近缘植物的遗传多样性进行论述。

中国不但作物种类繁多，而且品种数量大，种质资源丰富。目前，我国在作物长期种质库中保存的种质资源达 34 万余份，国家种质圃中保存的无性繁殖作物种质资源共 4 万余份（不包括林木、观赏植物和药用植物），其中 80％为国内材料。我们日益深切地感到，对于数目如此庞大的种质资源，在妥善保存的同时，如何科学地研究、评价和管理，是作物种质资源工作者面临的艰巨任务。本书着重阐述了各种作物特征特性的多样性。

在种类繁多的种质资源面前，科学地分类极为重要。掌握作物分类，便可了解所从事作物的植物学地位及其与其他作物的内在关系。掌握作物内品种的分类，可以了解该作物在形态上、生态上、生理上、生化上及其他方面的多样性情况，以便有效地加以研究和利用。作物的起源和进化对于种质资源研究同样重要。因为一切作物都是由野生近缘植物经人类长期栽培驯化而来的。了解所研究的作物是在何时、何地、由何种野生植物驯化而来，又是如何演化的，对于收集种质资源，制定品种改良策略具有重要意义。因此，本书对每种作物的起源、演化和分类都进行了详细阐述。

在过去 60 多年中，我国作物育种取得了巨大成绩。以粮食作物为例，1949 年我国粮食作物单产 1 029kg/hm²，至 2012 年提高到 5 302kg/hm²，63 年间增长了约 4 倍。大宗作物大都经历了 6～8 次品种更换，每次都使产量显著提高。各个时期起重要作用的品种也常常是品种改良的优异种质资源。为了记录这些重要品种的历史功绩，《中国作物及其野生近缘植物》对每种作物的品种演变历史都做了简要叙述。

我国农业上举世公认的辉煌成绩是，以不足世界 10% 的耕地养活了世界近 20% 的人口。今后，我国耕地面积难以再增加，但人口还要不断增长。为了选育出更加高产、优质、高抗的品种，有必要拓宽作物的遗传基础，开拓更加广阔的基因资源。为此，本书中详细介绍了各个作物的野生近缘植物，以供育种家根据各种作物的不同情况，选育遗传基础更加广阔的品种。

本书分为总论、粮食作物、经济作物、果树、蔬菜、牧草和绿肥、观赏植物、药用植物、林木、菌类作物、名录共 11 卷，每卷独立成册，出版时间略有不同。各作物卷首为共同的"导论"，阐述了作物分类、起源和遗传多样性的基本理论和主要观点。

本书设编辑委员会及总主编，各卷均另设主编。本书是由全国 100 多人执笔，历经多年努力，数易其稿完成的。著者大都是长期工作在作物种质资源学科领域的优秀科学家，具有丰富工作经验，掌握大量科学资料，为本书的写作尽心竭力。在此我们向所有编著人员致以诚挚的谢意！向所有关心和支持本书出版的专家和领导表示衷心的感谢！

本书集科学性、知识性、实用性于一体，是作物种质资源学专著。希望本书的出版对中国作物种质资源学科的发展起到促进作用。由于我们的学术水平和写作能力有限，书中的错误和缺点在所难免，希望广大读者提出宝贵意见。

编辑委员会

2018 年 6 月于北京

林 木 卷

目 录

下篇　其他栽培树种

Contents

第一节 中国作物的多样性

作物是指对人类有价值并为人类有目的地种植栽培并收获利用的植物。从这个意义上说，作物就是栽培植物。狭义的作物概念指粮食作物、经济作物和园艺作物；广义的作物概念泛指粮食、经济、园艺、牧草、绿肥、林木、药材、花草等一切人类栽培的植物。在农林生产中，作物生产是根本。作物生产为人类生命活动提供能量和其他物质基础，也为以植物为食的动物和微生物的生命活动提供能量。所以说，作物生产是第一性生产，畜牧生产是第二性生产。作物能为人类提供多种生活必需品，例如，蛋白质、淀粉、糖、油、纤维、燃料、调味品、兴奋剂、维生素、药、毒药、木材等，还可以保护和美化环境。从数千年的历史看，粮食安全是保障人类生活、社会安定的头等大事，食物生产是其他任何生产不能取代的；从现代化的生活看，环境净化、美化是人类生活不可缺少的，所有这些需求均有赖于多种多样的栽培植物提供。

一、中国历代的作物

我国作为世界四大文明发源地之一，作物生产历史非常悠久，从最先开始驯化野生植物发展到现代作物生产已近万年。在新石器时代，人们根据漫长的植物采集活动中积累的经验，开始把一些可供食用的植物驯化成栽培植物。例如，在至少8 000年前，谷子就已经在黄河流域得到广泛种植，黍稷也同时被北方居民所驯化。以关中、晋南和豫西为中心的仰韶文化和以山东为中心的北辛—大汶口文化均以种植粟黍为特征，北部辽燕地区的红山文化也属粟作农业区。在南方，水稻最早被驯化，在浙江余姚河姆渡发现了距今近7 000年的稻作遗存，而在湖南彭头山也发现了距今约9 000年的稻作遗存。刀耕火种农业和迁徙式农业是这个时期农业的典型特征。一直到新石器时代晚期，随着犁耕工具的出现，以牛耕和铁耕为标志的古代传统农业才开始逐渐成形。

从典籍中可以比较清晰地看到在新石器时代之后我国古代作物生产发展演变的脉络。例如，在《诗经》（前11—前6世纪）中频繁地出现黍的诗，说明当时黍已经成为我国最主要的粮食作物，其他粮食作物如谷子、水稻、大豆、大麦等也被提及。同时，《诗经》还提到了韭菜、冬葵、菜瓜、蔓菁、萝卜、葫芦、莼菜、竹笋等蔬菜作物，榛、栗、桃、李、梅、杏、枣等果树作物，桑、花椒、大麻等纤维、染料、药材、林木等作物。此外，在《诗经》中还对黍稷和大麦有品种分类的记载。《诗经》和另一本同时期著作《夏小正》

还对植物的生长发育如开花结实等的生理生态特点有比较详细的记录，并且这些知识被广泛用于指导当时的农事活动。

在春秋战国时期（前 770—前 221），由于人们之间的交流越来越频繁，人们对植物与环境之间的关系认识逐渐加深，对适宜特定地区栽培的作物和适宜特定作物生长的地区有了更多了解。因此，在这个时期，不少作物的种植面积在不断扩大。

在秦汉至魏晋南北朝时期（前 221—公元 589），古代农业得到进一步发展。尤其是公元前 138 年西汉张骞出使西域，在打通了东西交流的通道后，很多西方的作物引入了我国。据《博物志》记载，在这个时期，至少胡麻、蚕豆、苜蓿、胡瓜、石榴、胡桃和葡萄等从西域引到了中国。另外，由于秦始皇和汉武帝大举南征，我国南方和越南特产的作物的种植区域迅速向北延伸，这些作物包括甘蔗、龙眼、荔枝、槟榔、橄榄、柑橘、薏苡等。北魏贾思勰所著的《齐民要术》是我国现存最早的一部完整农书，书中提到的栽培植物有 70 多种，分为四类，即谷物（卷二）、蔬菜（卷三）、果树（卷四）和林木（卷五）。《齐民要术》中对栽培植物的变异即品种资源给予了充分的重视，并且对引种和人工选种做了比较详尽的描述。例如，大蒜从河南引种到山西就变成了百子蒜，芜菁引种到山西后根也变大，谷子选种时需选"穗纯色者"等。

在隋唐宋时期（581—1279），人们对栽培植物（尤其是园林植物和药用植物）的兴趣日益增长，不仅引种驯化的水平在不断提高，生物学认识也日趋深入。约成书于 7 世纪或 8 世纪初的《食疗本草》记述了 160 多种粮、油、蔬、果植物，从这本书中可以发现这个时期的一些作物变化特点，如一些原属粮食的作物已向蔬菜转化，还在不断驯化新的作物（如牛蒡子、苋菜等）。同时，在隋唐宋时期还不断引入新的作物种类，如莴苣、菠菜、小茴香、龙胆香、安息香、波斯枣、巴旦杏、油橄榄、水仙花、木波罗、金钱花等。在这个时期，园林植物包括花卉的驯化与栽培得到了空前的发展，人们对花木的引种、栽培和嫁接进行了大量研究和实践。

在元明清时期（1206—1911），人们对药用植物和救荒食用植物的研究大大提高了农艺学知识水平。清代的植物学名著《植物名实图考》记载了 1 714 种植物，其中谷类作物有 52 种、蔬菜 176 种、果树 102 种。明末清初，随着中外交流的增多，一些重要的粮食作物和经济作物开始传入中国，其中包括甘薯、玉米、马铃薯、番茄、辣椒、菊芋、甘蓝、花椰菜、烟草、花生、向日葵、大丽花等，这些作物的引进对我国人民的生产和生活影响很大。明清时期是我国人口增长快而灾荒频繁的时期，寻找新的适应性广、抗逆性强、产量高的粮食作物成为摆在当时社会面前的重要问题。16 世纪后半叶甘薯和玉米的引进在很大程度上解决了当时的粮食问题。18 世纪中叶和 19 世纪初，玉米已在我国大规模推广，成为仅次于水稻和小麦的重要粮食作物。另外，明末传入我国的烟草也给当时甚至今天的人民生活带来了巨大影响。

二、中国当代作物的多样性

近百年来中国栽培的主要作物有 600 多种（林木未计在内），其中粮食作物 30 多种，经济作物约 70 种，果树作物约 140 种，蔬菜作物 110 多种，饲用植物（牧草）约 50 种，观赏植物（花卉）130 余种，绿肥作物约 20 种，药用作物 50 余种（郑殿升，2000）。林木中主要造林树种约 210 种（刘旭，2003）。

总体来看，50 多年来，我国的主要作物种类没有发生重大变化。我国种植的作物长期以粮食作物为主。20 世纪 80 年代以后，实行农业结构调整，经济作物和园艺作物种植面积和产量才有所增加。我国最重要的粮食作物曾是水稻、小麦、玉米、谷子、高粱和甘薯。现在谷子和高粱的生产已明显减少。高粱在 20 世纪 50 年代以前是我国东北地区的主要粮食作物，也是华北地区的重要粮食作物之一，但现今面积已大大缩减。谷子（粟），虽然在其他国家种植很少，但在我国一直是北方的重要粮食作物之一。民间常说，小米加步枪打败了日本帝国主义，可见 20 世纪 50 年代以前粟在我国北方粮食作物中的地位十分重要，现今面积虽有所减少，但仍不失为北方比较重要的粮食作物。玉米兼作饲料作物，近年来发展很快，已成为我国粮饲兼用的重要作物，其总产量在我国已超过水稻、小麦而居第一位。我国历来重视豆类作物生产。自古以来，大豆就是我国粮油兼用的重要作物。我国豆类作物之多为任何国家所不及，豌豆、蚕豆、绿豆、红小豆种植历史悠久，分布很广；菜豆、豇豆、红扁豆、饭豆种植历史也在千年以上；木豆、刀豆等引入我国后都有一定种植面积。荞麦在我国分布很广，由于生育期短，多作为备荒、填闲作物。在薯类作物中，甘薯多年来在我国部分农村充当粮食；而马铃薯通常主要作蔬菜；木薯近年来在海南和两广地区发展较快。

我国最重要的纤维作物仍然是棉花。各种麻类作物中，苎麻历来是衣着和布匹原料；黄麻、红麻、青麻、大麻是绳索和袋类原料。我国最重要的糖料作物仍然是南方的甘蔗和北方的甜菜，甜菊自 20 世纪 80 年代引入我国后至今仍有少量种植。茶和桑是我国的古老作物，前者是饮料，后者是家蚕饲料。作为饮料的咖啡是海南省的重要作物。

我国最重要的蔬菜作物，白菜、萝卜和芥菜种类极多，遍及全国各地。近数十年来番茄、茄子、辣椒、甘蓝、花椰菜等也成为头等重要的蔬菜。我国的蔬菜中瓜类很多，如黄瓜、冬瓜、南瓜、丝瓜、瓠瓜、苦瓜、西葫芦等。葱、姜、蒜、韭是我国人民离不开的菜类。绚丽多彩的水生蔬菜，如莲藕、茭白、荸荠、慈姑、菱、芡实、莼菜等更是独具特色。近 10 余年来引进多种新型蔬菜，城市的餐桌正在发生变化。

我国最重要的果树作物，在北方梨、桃、杏的种类极多；山楂、枣、猕猴桃在我国分布很广，野生种多；苹果、草莓、葡萄、柿、李、石榴也是常见水果。在南方柑橘类十分丰富，有柑、橘、橙、柚、金橘、柠檬及其他多种；香蕉种类多，生产量大；荔枝、龙眼、枇杷、梅、杨梅为我国原产；椰子、菠萝、木瓜、杧果等在海南等地和台湾省普遍种植。干果中核桃、板栗、榛、榧、巴旦杏也是受欢迎的果品。

在作物中，种类的变化最大的是林木、药用作物和观赏作物。林木方面，我国有乔木、灌木、竹、藤等树种 9 300 多种，用材林、生态林、经济林、固沙林等主要造林树种约 210 种，最多的是杨、松、柏、杉、槐、柳、榆，以及枫、桦、栎、桉、桐、白蜡、皂角、银杏等。中国的药用植物过去种植较少，以采摘野生为主，现主要来自栽培。现药用作物约有 250 种，甚至广西药用植物园已引种栽培药用植物近 3 000 种，分属菊科、豆科等80 余科，其中既有大量的草本植物，又有众多的木本植物、藤本植物和蕨类植物等，而且种植方式和利用部位各不相同。观赏作物包括人工栽培的花卉、园林植物和绿化植物，其中部分观赏作物也是林木的一部分。据统计，中国原产的观赏作物有 150 多科、554 属、1 595种（薛达元，2005）。牡丹、月季、杜鹃、百合、梅、兰、菊、桂种类繁多，荷花、茶花、茉莉、水仙品种名贵。

第二节　作物的起源与进化

一切作物都是由野生植物经栽培、驯化而来。作物的起源与进化就是研究某种作物是在何时、何地，由什么野生植物驯化而来的，怎样演化成现在这样的作物的。研究作物的起源与进化对收集作物种质资源、改良作物品种具有重要意义。

大约在中石器时代晚期或新石器时代早期，人类开始驯化植物，距今约 10 000 年。被栽培驯化的野生植物物种是何时形成的也很重要。一般说来，最早的有花植物出现在距今 1 亿多年前的中生代白垩纪，并逐渐在陆地上占有了优势。到距今 6 500 万年的新生代第三纪草本植物的种数大量增加。到距今 200 万年的第四纪植物的种继续增加。以至到现在仍有些新的植物种出现，同时有些植物种在消亡。

一、作物起源的几种学说

作物的起源地是指这一作物最早由野生变成栽培的地方。一般说来，在作物的起源地，该作物的基因较丰富，并且那里有它的野生祖先。所以了解作物的起源地对收集种质资源有重要意义。因而，100 多年来不少学者研究作物的起源地，形成了不少理论和学说。各个学说的共同点是植物驯化发生于世界上不同地方，这一点是科学界的普遍认识。

（一）康德尔作物起源学说的要点

瑞士植物学家康德尔（Alphonse de Candolle，1806—1893）在 19 世纪 50 年代之前还一直是一个物种的神创论者，但后来他逐渐改变了观点。他是最早的作物起源研究奠基人，他研究了很多作物的野生近缘种、历史、名称、语言、考古证据、变异类型等资料，认为判断作物起源的主要标准是看栽培植物分布地区是否有形成这种作物的野生种存在。他的名著《栽培植物的起源》（1882）涉及 247 种栽培植物，给后人研究作物起源树立了典范。尽管从现在看来，书中引用的资料不全，甚至有些资料是错误的，但他在作物起源研究上的贡献是不可磨灭的。康德尔的另一大贡献是 1867 年首次起草了国际植物学命名规则。这个规则一直沿用至今。

（二）达尔文进化论的要点

英国博物学家达尔文（Charles Darwin，1809—1882）在对世界各地进行考察后，于 1859 年出版了名著《物种起源》。在这本书中，他提出了以下几方面与起源和进化有关的理论：①进化肯定存在；②进化是渐进的，需要几千年到上百万年；③进化的主要机制是自然选择；④现存的物种来自同一个原始的生命体。他还提出在物种内的变异是随机发生的，每种生物的生存与消亡是由它适应环境的能力来决定的，适者生存。

（三）瓦维洛夫作物起源学说的要点

俄罗斯（苏联）遗传学家瓦维洛夫（N. I. Vavilov，1887—1943）不仅是研究作物起源的著名学者，同时也是植物种质资源学科的奠基人。在 20 世纪 20～30 年代，他组织了若干次遍及四大洲的考察活动，对各地的农作系统、作物的利用情况、民族植物学甚至环境情况进行了仔细的分析研究，收集了多种作物的种质资源 15 万份，包括一部分野生近缘种，对它们进行了表型多样性研究。最后，瓦维洛夫提出了一整套关于作物起源的理论。

在瓦维洛夫的作物起源理论中，最重要的学说是作物起源中心理论。在他于 1926 年撰写的《栽培植物的起源中心》一文中，提出研究变异类型就可以确定作物的起源中心，具有最大遗传多样性的地区就是该作物的起源地。进入 20 世纪 30 年代以后，瓦维洛夫对自己的学说不断修正，又提出确定作物起源中心，不仅要根据该作物的遗传多样性的情况，而且还要考虑该作物野生近缘种的遗传多样性，并且还要参考考古学、人文学等资料。瓦维洛夫经过多年增订，于 1935 年分析了 600 多个物种（包括一部分野生近缘种）的表型遗传多样性的地理分布，发表了《主要栽培植物的世界起源中心》[Мировые очаги（центры происхождения）важнейших культурных растений]。在这篇著名的论文中指出，主要作物有 8 个起源中心，外加 3 个亚中心（图 0-1）。这些中心在地理上往往被沙漠或高山所隔离。它们被称为"原生起源中心"（primary centers of origin）。作物野生近缘种和显性基因常常存在于这类中心之内。瓦维洛夫又发现在远离这类原生起源中心的地方，有时也会产生很丰富的遗传多样性，并且那里还可能产生一些变异是在其原生起源中心没有的。瓦维洛夫把这样的地区称为"次生起源中心"（secondary centers of origin）。在次

图 0-1　瓦维洛夫的栽培植物起源中心

1. 中国　2. 印度　2a. 印度—马来亚　3. 中亚　4. 近东
5. 地中海地区　6. 埃塞俄比亚　7. 墨西哥南部和中美
8. 南美（秘鲁、厄瓜多尔、玻利维亚）　8a. 智利　8b. 巴西和巴拉圭

（引自 Harlan，1971）

生起源中心内常有许多隐性基因。瓦维洛夫认为，次生起源中心的遗传多样性是由于作物自其原生起源中心引到这里后，在长期地理隔离的条件下，经自然选择和人工选择而形成的。

瓦维洛夫把非洲北部地中海沿岸和环绕地中海地区划作地中海中心；把非洲的阿比西尼亚（今埃塞俄比亚）作为世界作物起源中心之一；把中亚作为独立于前亚（近东）之外的另一个起源中心；中美和南美各自是一个独立的起源中心；再加上中国和印度（印度—马来亚）两个中心，就是瓦维洛夫主张的世界八大主要作物起源中心。

"变异的同源系列法则"（the Law of Homologous Series in Variation）也是瓦维洛夫的作物起源理论体系中的重要组成部分。该理论认为，在同一个地理区域，在不同的作物中可以发现相似的变异。也就是说，在某一地区，如果在一种作物中发现存在某一特定性状或表型，那么也就可以在该地区的另一种作物中发现同一种性状或表型。Hawkes（1983）认为这种现象应更准确地描述为"类似（analogous）系列法则"，因为可能不同的基因位点与此有关。Kupzov（1959）则把这种现象看作是在不同种中可能在同一位点发生了相似的突变，或是不同的适应性基因体系经过进化产生了相似的表型。基因组学的研究成果也支持了该理论。

此外，瓦维洛夫还提出了"原生作物"和"次生作物"的概念。"原生作物"是指那些很早就进行了栽培的古老作物，如小麦、大麦、水稻、大豆、亚麻和棉花等；"次生作物"指那些开始是田间的杂草，然后较晚才慢慢被拿来栽培的作物，如黑麦、燕麦、番茄等。瓦维洛夫对于地方品种的意义、外国和外地材料的意义、引种的理论等方面都有重要论断。

瓦维洛夫的"作物八大起源中心"提出之后，其他研究人员对该理论又进行了修订。在这些研究人员中，最有影响的是瓦维洛夫的学生茹科夫斯基（Zhukovsky），他在1975年提出了"栽培植物基因大中心（megacenter）理论"，认为有12个大中心，这些大中心几乎覆盖了整个世界，仅仅不包括巴西、阿根廷南部，加拿大、西伯利亚北部和一些地处边缘的国家。茹科夫斯基还提出了与栽培种在遗传上相近的野生种的小中心（microcenter）概念。他指出野生种和栽培种在分布上有差别，野生种的分布很窄，而栽培种分布广泛且变异丰富。他还提出了"原生基因大中心"的概念，认为瓦维洛夫的原生起源中心地区狭窄，而把栽培种传播到的地区称为"次生基因大中心"。

（四）哈兰作物起源理论的要点

美国遗传学家哈兰（Harlan）指出，瓦维洛夫所说的作物起源中心就是农业发展史很长，并且存在本地文明的地域，其基础是认为作物变异的地理区域与人类历史的地理区域密切相关。但是，后来研究人员在对不同作物逐个进行分析时，却发现很多作物并没有起源于瓦维洛夫所指的起源中心之内，甚至有的作物还没有多样性中心存在。

以近东为例，在那里确实有一个小的区域曾有大量动植物被驯化，可以认为是作物起源中心之一；但在非洲情况却不一样，撒哈拉以南地区和赤道以北地区到处都存在植物驯化活动，这样大的区域难以称为"中心"，因此哈兰把这种地区称为"泛区"（non-center）。他认为在其他地区也有类似情形，如中国北部肯定是一个中心，而东南亚和南太平洋地区可称为"泛区";中美洲肯定是一个中心,而南美洲可称为"泛区"。基于以上考虑,哈兰(1971)提出了他的"作物起源的中心与泛区理论"。然而,后来的一些研究对该理论又提出了挑战。例如,研究发现近东中心的侧翼地区包括高加索地区、巴尔干地区和埃塞俄比亚也存在植物驯化活动;在中国,由于新石器时代的不同文化在全国不同地方形成,哈兰所说的中国北部中心实际上应该大得多;中美洲中心以外的一些地区(包括密西西比河流域、亚利桑那和墨西哥东北部)也有植物的独立驯化。因此,哈兰(1992)最后又抛弃了以前他本人提出的理论,并且认为已没有必要谈起源中心问题。

哈兰(1992)根据作物进化的时空因素,把作物的进化类型分为以下几类:

1. 土著(endemic)**作物** 指那些在一个地区被驯化栽培,并且以后也很少传播的作物。例如,起源于几内亚的臂形草属植物 *Brachiaria deflexa*、埃塞俄比亚的树头芭蕉(*Ensete ventricosa*)、西非的黑马唐(*Digitaria iburua*)、墨西哥古代的莠狗尾草(*Setaria geniculata*)、墨西哥的美洲稷(*Panicum sonorum*)等。

2. 半土著(semiendemic)**作物** 指那些起源于一个地区但有适度传播的作物。例如,起源于埃塞俄比亚的苔麸(*Eragrostis tef*)和 *Guizotia abyssinica*(它们还在印度的某些地区种植)、尼日尔中部的非洲稻(*Oryza glaberrima*)等。

3. 单中心(monocentric)**作物** 指那些起源于一个地区但传播广泛且无次生多样性中心的作物。例如,咖啡、橡胶等。这类作物往往是新工业原料作物。

4. 寡中心(oligocentric)**作物** 指那些起源于一个地区但传播广泛且有一个或多个次生多样性中心的作物。例如,所有近东起源的作物(包括大麦、小麦、燕麦、亚麻、豌豆、扁豆、鹰嘴豆等)。

5. 泛区(noncentric)**作物** 指那些在广阔地域均有驯化的作物,至少其中心不明显或不规则。例如,高粱、普通菜豆、油菜(*Brassica campestris*)等。

1992年,哈兰在他的名著《作物和人类》(第二版)一书中继续坚持他多年前就提出的"作物扩散起源理论"(diffuse origins)。其意思是说,作物起源在时间和空间上可以是扩散的,即使一种作物在一个有限的区域被驯化,在它从起源中心向外传播的过程中,这种作物会发生变化,而且不同地区的人们可能会给这种作物迥然不同的选择压力,这样到达某一特定地区后形成的作物与其原先的野生祖先在生态上和形态上会完全不同。他举了一个玉米的例子,玉米最先在墨西哥南部被驯化,然后从起源中心向各个方向传播。欧洲人到达美洲时,玉米已经在从加拿大南部至阿根廷南部的广泛地区种植,并且在每个栽培地区都形成了具有各自特点的玉米种族。有意思的是,在一些比较大的地区,如北美,只有少数种族,并且类型相对单一;而在一些小得多的地区,包括墨西哥南部、危地马拉、哥伦比亚部分地区和秘鲁,却有很多种族,有些种族的变异非常丰富,在秘鲁还发现很多与其起源中心截然不同的种族。

(五)郝克斯作物起源理论的要点

郝克斯(Hawkes,1983)认为作物起源中心应该与农业的起源地区别开来,从而提出了一套新的作物起源中心理论。在该理论中把农业起源的地方称为核心中心,而把作物从核心中心传播出来，又形成类型丰富的地区称为多样性地区（表 0-1）。同时，郝克斯用"小中心"（minor centers）来描述那些只有少数几种作物起源的地方。

表 0-1　栽培植物的核心中心和多样性地区

（Hawkes，1983）

核心中心	多样性地区	外围小中心
A. 中国北部（黄河以北的黄土高原地区）	Ⅰ. 中国	1. 日本
	Ⅱ. 印度	2. 新几内亚
	Ⅲ. 东南亚	3. 所罗门群岛、斐济、南太平洋
B. 近东（新月沃地）	Ⅳ. 中亚	4. 欧洲西北部
	Ⅴ. 近东	
	Ⅵ. 地中海地区	
	Ⅶ. 埃塞俄比亚	
	Ⅷ. 西非	
C. 墨西哥南部（Tehuacan 以南）	Ⅸ. 中美洲	5. 美国、加拿大
		6. 加勒比海地区
D. 秘鲁中部至南部（安第斯地区、安第斯坡地东部、海岸带）	Ⅹ. 安第斯地区北部（委内瑞拉至玻利维亚）	7. 智利南部
		8. 巴西

（六）确定作物起源中心的基本方法

如何确定某一种特定栽培植物的起源地，是作物起源研究的中心课题。康德尔最先提出只要找到这种栽培植物的野生祖先的生长地，就可以认为这里是它最初被驯化的地方。但问题是：①往往难以确定在某一特定地区的植物是否真的野生类型，因为可能是从栽培类型逃逸出去的类型；②有些作物（如蚕豆）在自然界没有发现存在其野生祖先；③野生类型生长地也并非就一定是栽培植物的起源地，如在秘鲁存在多个番茄野生种，但其他证据表明栽培番茄可能起源于墨西哥；④随着科学技术的发展，发现以前认定的野生祖先其实与栽培植物并没有关系。例如，在历史上曾认为生长在智利、乌拉圭和墨西哥的野生马铃薯是栽培马铃薯的野生祖先，但后来发现它们与栽培马铃薯亲缘并不近。因此在研究过程中必须谨慎。

此外，在研究作物起源时，还需要谨慎对待历史记录的证据和语言学证据。由于绝大多数作物的驯化出现在文字出现之前，后来的历史记录往往源于民间传说或神话，并且在很多情况下以讹传讹地流传下来。例如，罗马人认为桃来自波斯，因为他们在波斯发现了桃，故而把桃的拉丁文学名定为 *Prunus persica*，而事实上桃最先在中国驯化，然后在罗马时代传到波斯。谷子的拉丁文定名为 *Setaria italica* 也有类似情况。

因此，在研究作物起源时，应该把植物学、遗传学和考古学证据作为主要的依据，即要特别重视作物本身的多样性，其野生祖先的多样性，以及考古学的证据。历史学和语言学证据只是一个补充和辅助性依据。

二、几个重要的世界作物起源中心

（一）中国作物起源中心

在瓦维洛夫的《主要栽培植物的世界起源中心》中涉及 666 种栽培植物，他认为其中有 136 种起源于中国，占 20.4%，因此中国成了世界栽培植物八大起源中心的第一起源中心。以后作物起源学说不断得到补充和发展，但中国作为世界作物起源中心的地位始终为科学界所公认。卜慕华（1981）列举了我国史前或土生栽培植物 237 种。据估计，我国的栽培植物中，有近 300 种起源于本国，占主要栽培植物的 50% 左右（郑殿升，2000）。由于新石器时代发展起来的文化在全国各地均有发现，作物没有一个比较集中的起源地，因此，把整个中国作为一个作物起源中心。有趣的是，在 19 世纪以前中国本土起源的作物向外传播得非常慢，而引进栽培植物却很早，且传播得快。例如，在 3 000 多年前引进的作物就有大麦、小麦、高粱、冬瓜、茄子等，而蚕豆、豌豆、绿豆、苜蓿、葡萄、石榴、核桃、黄瓜、胡萝卜、葱、蒜、红花和芝麻等引进我国至少也有 2 000 多年了（卜慕华，1981）。

1. 中国北方起源的作物 中国出现人类的历史已有 150 万～170 万年。在我国北方尤其是黄河流域，新石器时代早期出现的磁山—裴李岗文化距今 7 000～8 500 年，在这段时间里人们驯化了猪、狗和鸡等动物，同时开始种植谷子、黍稷、胡桃、榛、橡树、枣等作物，其驯化中心在河南、河北和山西一带（黄其煦，1983）。总的来看，北方的古代农业以谷子和黍稷为根本。

在中国北方起源的作物主要是谷子、黍稷、大豆、小豆等；果树和蔬菜主要的有萝卜、芜菁、荸荠、韭菜、地方种甜瓜等，驯化的温带果树主要有中国苹果（沙果）、梨、李、栗、樱桃、桃、杏、山楂、柿、枣、黑枣（君迁子）等；还有纤维作物大麻、青麻等；油料作物紫苏；药用作物人参、杜仲、当归、甘草等，还有银杏、山核桃、榛子等。

2. 中国南方起源的作物 在我国南方，新石器时代的文化得到独立发展。在长江流域尤其是下游地区，人们很早就驯化植物，其中最重要的就是水稻（*Oryza sativa*），其开始驯化的时间至少在 7 000 年以前（严文明，1982）。竹的种类极为丰富。在中国南方被驯化的木本植物还有茶树、桑树、油桐、漆树（*Rhus vernicifera*）、蜡树（*Rhus succedanea*）、樟树（*Cinnamomum camphora*）、榧等；蔬菜作物主要有芸薹属的一些种、莲藕、百合、茭白（菰）、水菱、慈姑、芋类、甘露子、莴笋、丝瓜、茼蒿等，白菜和芥菜可能也起源于南方；果树中主要有柑橘类的多个物种，如枸橼类、檬类、柚类、柑类、橘类、金橘类、枳类等，还有枇杷、梅、杨梅、海棠等；粮食作物有食用稗、芡实、菜豆、玉米的蜡质种等；纤维作物有苎麻、葛等；绿肥作物有紫云英等。华南及沿海地区最早驯化栽培的作物可能是荔枝、龙眼等果树，以及一些块茎类作物和辛香作物，如花椒、肉桂（*Cinnamomum cassia*）、八角等，还有甘蔗的本地种（*Sacharum sinense*）及一些水生植物和竹类等。

（二）近东作物起源中心

近东包括亚洲西南部的阿拉伯半岛、土耳其、伊拉克、叙利亚、约旦、黎巴嫩、巴勒斯坦地区及非洲东北部的埃及和苏丹。这里的现代人在2万多年前产生，而农业开始于11 000～12 000年前。众所周知，在美索不达米亚和埃及等地区，高度发达的古代文明出现很早，这些文明成了农业发达的基石。研究表明，在古代近东地区，人们的主要食物是小麦、大麦、绵羊和山羊。小麦和大麦种植的历史均超过万年。以色列、约旦地区可能是大麦的起源地（Badr et al.，2000）。在美索不达米亚流域大麦一度是古代的主要作物，尤其是在南方。4 300年前大麦几乎一度完全代替了小麦，其原因主要是因为灌溉水盐化程度越来越高，小麦的耐盐性不如大麦。在埃及，二粒小麦曾经种植较多。

近东是一个非常重要的作物起源中心，瓦维洛夫把这里称为前亚起源中心，指的主要是小亚细亚全部，还包括外高加索和伊朗。瓦维洛夫在他的《主要栽培植物的世界起源中心》中提出84个种起源于近东。在该地区，广泛分布着野生大麦、野生一粒小麦、野生二粒小麦、硬粒小麦、圆锥小麦、东方小麦、波斯小麦（亚美尼亚和格鲁吉亚）、提莫菲维小麦，还有普通小麦的本地无芒类群，以及小麦的祖先山羊草属的许多物种。已经公认小麦和大麦这两种重要的粮食作物起源于近东地区。黑麦、燕麦、鹰嘴豆、扁豆、羽扇豆、蚕豆、豌豆、箭筈豌豆、甜菜也起源在这里。果树中有无花果、石榴、葡萄、欧洲甜樱桃、巴旦杏，以及苹果和梨的一些物种。起源于这里的蔬菜有胡萝卜、甘蓝、莴苣等。还有重要的牧草苜蓿和波斯三叶草，重要的油料作物胡麻、芝麻（本地特殊类型），以及甜瓜、南瓜、罂粟、芜菁等也起源在这里。

（三）中南美起源中心

美洲早在1万年以前就开始了作物的驯化。但无论其早晚，每个地区均是先驯化豆类、瓜类和椒类（*Capsicum* spp.）。从地域上讲，自美国中西部至少到阿根廷北部都有驯化活动；从时间上讲，作物的驯化和进化至少跨了几千年。在瓦维洛夫的《主要栽培植物的世界起源中心》中把中美和南美作为两个独立的起源中心对待，他提出起源于墨西哥南部和中美的作物有45种，起源于南美的作物有62种。

玉米是起源于美洲的最重要的作物。尽管目前对玉米的来源还存在争论，但已经比较肯定的是玉米驯化于墨西哥西南部，其栽培历史至少超过7 000年（Benz，2001）。最重要的块根作物之一甘薯的起源地可能在南美北部，驯化历史已超过10 000年。另外，包括25种块根块茎作物也起源于美洲，其中包括世界性作物马铃薯和木薯，马铃薯的种类十分丰富。一年生食用豆类的驯化比玉米还早，这些豆类包括普通菜豆、利马豆、红花菜豆和花生等。普通菜豆的祖先分布很广（从墨西哥到阿根廷均有分布），它和利马豆一样可能断断续续驯化了多次。世界上最重要的纤维作物陆地棉（*Gossypium hirsutum*）和海岛棉（*G. barbadense*）均起源于美洲厄瓜多尔和秘鲁、巴西东北部的西海岸地区，驯化历史至少有5 500年。烟草有10个左右的种被驯化栽培过，这些种都起源于美洲，其中最重要的普通烟草（*Nicotiana tabacum*）起源于南美和中美。美洲还驯化了一些高价值水果，包括菠萝、番木瓜、鳄梨、番石榴、草莓等。许多重要蔬菜起源在这个中心，如番茄、辣椒等。番茄的野生种分布在厄瓜多尔和秘鲁海岸沿线，类型丰富。南瓜类型也很多，如西葫芦（*Cucurbita pepo*）是起源于美洲最早的作物之一，至少有 10 000 年的种植历史（Smith，1997）。重要工业原料作物橡胶（*Hevea brasiliensis*）起源于亚马孙地区南部。可可是巧克力的重要原料，它也起源于美洲中心。另外，美洲还是许多优良牧草的起源地。

在北美洲起源的作物为数不多，向日葵是其中之一，它大约是 3 000 年前在密西西比到俄亥俄流域被驯化的。

（四）南亚起源中心

南亚起源中心包括印度的阿萨姆和缅甸的主中心和印度—马来亚地区，在瓦维洛夫的《主要栽培植物的世界起源中心》中提出起源于主中心的有 117 种作物，起源于印度—马来亚地区的有 55 种作物。其中的主要作物包括水稻、绿豆、饭豆、豇豆、黄瓜、苦瓜、茄子、木豆、甘蔗、芝麻、中棉、山药、圆果黄麻、红麻、印度麻（*Crotalaria juncea*）等。薯蓣（*Dioscorea* L.）、薏苡起源于马来半岛，杜果起源于马来半岛和印度，柠檬、柑橘类起源于印度东北部至缅甸西部再至中国南部，椰子起源于南太平洋岛屿，香蕉起源于马来半岛和一些太平洋岛屿，甘蔗起源于新几内亚，等等。

（五）非洲起源中心

地球上最古老的人类出现在约 200 万年前的非洲。当地农业出现至少在 6 000 多年以前（Harlan，1992）。但长期以来，人们对非洲的作物起源情况了解很少。事实上，非洲与其他地方一样也是相当重要的作物起源中心。大量的作物在非洲被首先驯化，其中最重要的世界性作物包括咖啡、高粱、珍珠粟、油棕、西瓜、豇豆和龙爪稷等，另外还有许多主要对非洲人相当重要的作物，包括非洲稻、薯蓣、葫芦等。但与近东地区不同的是，起源于非洲的绝大多数作物的分布范围比较窄（其原因主要来自部落和文化的分布而不是生态适应性），植物驯化没有明显的中心，驯化活动从南到北、从东至西广泛存在。

不过，从古至今，生活在撒哈拉及其周边地区的非洲人一直把采集收获野生植物种子作为一项重要生活内容，甚至把这些种子商业化。在撒哈拉地区北部主要收获三芒草属的一个种（*Aristida pungens* Desf.），在中部主要收获圆锥黍（*Panicum turgidum* Forssk.），在南部主要收获蒺藜草属的 *Cenchrus biflorus* Roxb.。他们收获的野生植物还包括埃塞俄比亚最重要的禾谷类作物苔麸（*Eragrostis tef*）的祖先种画眉草（*E. pilosa*）和一年生巴蒂野生稻（*Oryza glaberrima* spp. *barthii*）等。

三、与作物进化相关的基本理论

作物的进化就是一个作物的基因源（gene pool，或译为基因库）在时间上的变化。一个作物的基因源是该作物中的全部基因。随着时间的推移，作物基因源内含有的基因会发生变化，由此带来作物的进化。自然界中作物的进化不是在短时间内形成的，而是在漫长的历史时期进行的。作物进化的机制是突变、自然选择、人工选择、重组、遗传漂变（genetic drift）和基因流动（gene flow）。一般说来，突变、重组和基因流动可以使基因源中的基因增加，遗传漂变、人工选择和自然选择常常使基因源中的基因减少。自然界中，在这些机制的共同作用下，植物群体中遗传变异的总量是保持平衡的。

（一）突变在作物进化中的作用

突变是生命过程中DNA复制时核苷酸序列发生错误造成的。突变产生新基因，为选择创造材料，是生物进化的重要源泉。自然界生物中突变是经常发生的（详见第四节）。自花授粉作物很少发生突变，杂种或杂合植物发生突变的概率相对较高。自然界发生的突变多数是有害的，中性突变和有益突变的比例各占多少不得而知，可能与环境及性状的具体情况有关。绝大多数新基因常常在刚出现时便被自然选择所淘汰，到下一代便丢失。但是，由于突变有重复性，有些基因会多次出现，每个新基因的结局因环境和基因本身的性质而不同。对生物本身有害的基因，通常一出现就被自然选择所淘汰，难以进入下一代。但有时它不是致命的害处，又与某个有益基因紧密连锁，或因突变与选择之间保持着平衡，有害基因也可能低频率地被保留下来。中性基因，大多数在它们出现后很早便丢失。其保留的情况与群体大小和出现频率有关。有利基因，大多数出现以后也会丢失，但它会重复出现，经过若干世代，丢失几次后，在群体中的比例逐渐增加，以至保留下来。基因源中基因的变化带来物种进化。

（二）自然选择在作物进化中的作用

达尔文是第一个提出自然选择是物种起源主要动力的科学家。他提出，"适者生存"就是自然选择的过程。自然选择在作物进化中的作用是消除突变中产生的不利性状，保留适应性状，从而导致物种的进化。环境的变化是生物进化的外因，遗传和变异是生物进化的内因。定向的自然选择决定了生物进化的方向，即在内因和外因的共同作用下，后代中一些基因型的频率逐代增高，另一些基因型的频率逐代降低，从而导致性状变化。例如，稻种的自然演化，就是稻种在不同环境条件下，受自然界不同的选择压力，而导致了各种类型的水稻产生。

（三）人工选择在作物进化中的作用

人工选择是指在人为的干预下，按人类的要求对作物加以选择的过程，结果是把合乎人类要求的性状保留下来，使控制这些性状的基因频率逐代增大，从而使作物的基因源（gene pool）朝着一定方向改变。人工选择自古以来就是推动作物生产发展的重要因素。古代，人们对作物（主要指禾谷类作物）的选择主要在以下两方面：第一是与收获有关的性状，结果是种子落粒性减弱、强化了有限生长、穗变大或穗变多、花的育性增加等，总的趋势是提高种子生产能力；第二是与幼苗竞争有关的性状，结果是通过种子变大、种子中蛋白质含量变低且碳水化合物含量变高，使幼苗活力提高，另外通过去除休眠、减少颖片和其他种子附属物使发芽更快。现代，人们还对产品的颜色、风味、质地及储藏品质等进行选择，这样就形成了不同用途的或不同类型的品种。由于在传统农业时期人们偏爱种植混合了多个穗的种子，所以形成的"农家品种"（地方品种）具有较高的遗传多样性。近代育种着重选择纯系，所以近代育成品种的遗传多样性较低。

（四）人类迁移和栽培方式在作物进化中的作用

农民的定居使他们种植的作物品种产生对其居住地区的适应性。但农民有时也有迁移活动，他们往往把种植的品种或其他材料带到一个新地区。这些品种或材料在新地区直接种植，并常与当地品种天然杂交，产生新的变异类型。这样，就使原先有地理隔离和生态分化的两个群体融合在一起了（重组）。例如，美国玉米带的玉米就是北方硬粒类型和南方马齿类型由人们不经意间带到一起演化而来。

栽培方式也对作物的驯化和进化有影响。例如，在西非一些地区，高粱是育苗移栽的，这和亚洲的水稻栽培相似，其结果是形成了高粱的移栽种族；另外，当地人们还在雨季种植成熟期要比移栽品种长近 1 倍的雨养种族。这两个种族也有相互杂交的情况，这样又产生了新的高粱类型。

（五）重组在进化中的作用

重组可以把父母本的基因重新组合到一个后代中。它可以把不同时间、不同地点出现的基因聚到一起。重组是遵循一定遗传规律发生的，它基于同源染色体间的交换。基因在染色体上作线性排列，同源染色体间交换便带来基因重组。重组不仅能发生在基因之间，而且还能发生在基因之内。一个基因内的重组可以形成一个新的等位基因。重组在进化中有重要意义。在作物育种工作中，杂交育种就是利用重组和选择的机制促进作物进化，达到人类要求的目的。

（六）基因流动与杂草型植物在作物进化中的作用

当一个新群体（物种）迁入另一个群体中时，它们之间发生交配，新群体能给原有群体带来新基因，这就是基因流动。当野生种侵入栽培作物的生境后，经过长期的进化，形成了作物的杂草类型。杂草类型的形态学特征和适应性介于栽培类型和野生类型之间，它们适应了那种经常受干扰的环境，但又保留了野生类型的易落粒习性、休眠性和种子往往有附属物存留的特点。已有大量证据表明杂草类型在作物驯化和进化中起着重要作用。尽管杂草类型和栽培类型之间存在相当强的基因流动屏障，这样彼此之间不可能发生大规模的杂交，但研究发现，当杂草类型和栽培类型生活在一起时，确实偶尔也会发生杂交事件，杂交的结果就是使下代群体有了更大的变异。正如 Harlan（1992）所说，该系统在进化上是相当完美的，因为如果杂草类型和栽培类型之间发生了太多的基因流动，就会损害作物，甚至两者可能会融为一个群体，从而导致作物被抛弃；但是，如果基因流动太少，在进化上也就起不到多大作用。这就意味着基因流动屏障要相当强但又不能滴水不漏，这样才能使该系统起到作用。

四、与作物进化有关的性状演化

与作物进化有关的性状是指那些在作物和它的野生祖先之间存在显著差异的性状。总的来说，与野生祖先比较，作物有以下特点：①与其他种的竞争力降低；②收获器官及相关部分变大；③收获器官有丰富的形态变异；④往往有广泛的生理和环境适应性；⑤落粒性降低或丧失；⑥自我保护机制削弱或丧失；⑦营养繁殖作物的不育性提高；⑧生长习性改变，如多年生变成一年生；⑨发芽迅速且均匀，休眠期缩短或消失；⑩在很多作物中产生了耐近交机制。

（一）种子繁殖作物

1. 落粒性 落粒性的进化主要是与收获有关的选择有关。研究表明，落粒性一般是由 1 对或 2 对基因控制。在自然界可以发现半落粒性的情况，但这种类型并不常见。不过在有的情况下，半落粒性也有其优势，如半落粒的埃塞俄比亚杂草燕麦和杂草黑麦就一直保留下来。落粒性和穗的易折断程度往往还与收获的方法有关。例如，北美的印第安人在收获草本植物种子时是用木棒把种子打到篮子中，这样易折断的穗反而变成了一种优势。这可能也是为什么在美洲有多种草本植物被收获或种植，但驯化的禾谷类作物却很少的原因之一。

2. 生长习性 生长习性的总进化方向是有限生长更加明显。禾谷类作物中生长习性可以分为两大类：一类是以玉米、高粱、珍珠粟和薏苡等为代表，其野生类型有多个侧分枝，驯化和进化的结果是因侧分枝减少而穗更少了、穗更大了、种子更大了、对光照的敏感性更强了、成熟期更整齐了；另一类以小麦、大麦、水稻等为代表，主茎没有分枝，驯化和进化的结果是各个分蘖的成熟期变得更整齐，这样有利于全株收获。对前者来说，从很多小穗到少数大穗的演化常常伴随着种子变大的过程，产量的提高主要来自穗变大和粒变大两个因素。这些演化过程的结果造成了栽培类型的形态学与野生类型的形态学有极大的差异。而对小粒作物来说，它们主茎没有分枝，成熟整齐度的提高主要靠在较短时间内进行分蘖，过了某一阶段则停止分蘖。小粒禾谷类作物的产量提高主要来自分蘖增加，大穗和大粒对产量提高也有贡献，但与玉米、高粱等作物相比就不那么突出了。

3. 休眠性 大多数野生草本植物的种子都具有休眠性，这种特性对野生植物的适应性是很有利的。野生燕麦、野生一粒小麦和野生二粒小麦对近东地区的异常降雨有很好的适应性，其原因就是每个穗上都有两种种子，一种没有休眠性，另一种有休眠性，前者的数量约是后者的 2 倍。无论降雨的情况如何，野生植物均能保证后代的繁衍。然而对栽培类型来说，种子的休眠一般来说没有好处。因此，栽培类型的种子往往休眠期很短或没有休眠期。

（二）无性繁殖作物

营养繁殖作物的驯化过程和种子作物有较大差别。总的来看，营养繁殖作物的驯化比较容易，而且野生群体中蕴藏着较大的遗传多样性。以木薯（*Manihot* spp.）为例，由于可以用插条来繁殖，只需要剪断枝条，在雨季插入地中，然后就会结薯。营养繁殖作物对选择的效应是直接的，并且可以马上体现出来。如果发现有一个克隆的风味更好或有其他期望性状，就可以立即繁殖它，并培育出品种。在诸如薯蓣和木薯等的大量营养繁殖作物中，很多克隆已失去有性繁殖能力（不开花和花不育），它们被完全驯化，其生存完全依赖于人类。有性繁殖能力的丧失对其他无性繁殖作物如香蕉等是一个期望性状，因为二倍体的香蕉种子多，对食用不利，因此不育的二倍体香蕉突变体被营养繁殖，育成的三倍体和四倍体香蕉（无种子）已被广泛推广。

第三节　作物的分类

作物的分类系统有很多种。例如，按生长年限划分有一年生、二年生（或称越年生）和多年生作物。按生长条件划分有旱地作物和水田作物。按用途可分为粮食作物、经济作物、果树、蔬菜、饲料与绿肥作物、林木、花卉、药用作物等。但是最根本的和各种作物都离不开的是植物学分类。

一、作物的植物学分类及学名

（一）植物学分类的沿革和要点

植物界下常用的分类单位有：门（division）、纲（class）、目（order）、科（family）、属（genus）、种（species）。在各级分类单位之间，有时因范围过大，不能完全包括其特征或系统关系，而有必要再增设一级时，在各级前加"亚"（sub）字，如亚科（subfami-ly）、亚属（subgenus）、亚种（subspecies）等。科以下除分亚科外，有时还把相近的属合为一族（tribe）；在属下除亚属外，有时还把相近的种合并为组（section）或系（series）。种以下的分类，在植物学上，常分为变种（variety）、变型（form）或种族（race）。

经典的植物分类可以说从 18 世纪开始。林奈（C. Linnaeus，1735）提出以性器官的差异来分类，他在《自然系统》（*Systerma Naturae*）一书中，根据雄蕊数目、特征及其与雌蕊的关系将植物界分为 24 纲。随后他又在《植物的纲》（*Classes Plantarum*，1738）中列出了 63 个目。到了 19 世纪，康德尔（de Candolle）父子又根据植物相似性程度将植物分为 135 目（科），后发展到 213 科。自 1859 年达尔文的《物种起源》一书发表后，植物分类逐渐由自然分类走向了系统发育分类。达尔文理论产生的影响有三：①"种"不是特创的，而是在生命长河中由另一个种演化来的，并且是永远演化着的；②真正的自然分类必须是建立在系谱上的，即任何种均出自一个共同祖先；③"种"不是由"模式"显示的，而是由变动着的居群（population）所组成的（吴征镒等，2003）。科学的植物学分类系统是系统发育分类系统，即应客观地反映自然界生物的亲缘关系和演化发展，所以现在广义的分类学又称为系统学。近几十年来，植物分类学应用了各种现代科学技术，衍生出了诸如实验分类学、化学分类学、细胞分类学和数值分类学等研究领域，特别是生物化学和分子生物学的发展大大推动了经典分类学不再停留在描述阶段而向着客观的实验科学发展。

（二）现代常用的被子植物分类系统

现代被子植物的分类系统常用的有四大体系。

（1）德国学者恩格勒（A. Engler）和普兰特（K. Prantl）合著的 23 卷巨著《自然植

物科志（1887—1895）》在国际植物学界有很大影响。Engler 系统将被子植物门分为单子叶植物纲（Monocotyledoneae）和双子叶植物纲（Dicotyledoneae），认为花单性、无花被或具一层花被、风媒传粉为原始类群，因此按花的结构由简单到复杂的方向来表明各类群间的演化关系，认为单子叶植物和双子叶植物分别起源于未知的已灭绝的裸子植物，并把"柔荑花序类"作为原始的有花植物。但是这些观点已被后来的研究所否定，因为多数植物学家认为单子叶植物作为独立演化支起源于原始的双子叶植物；同时，木材解剖学和孢粉学研究已经否认了"柔荑花序类"作为原始的类群。

（2）英国植物学家哈钦松（J. Hutchinson）在 1926—1934 年发表了《有花植物科志》，创立了 Hutchinson 系统，以后 40 年内经过两次修订。该系统将被子植物分为单子叶植物（Monocotyledones）和双子叶植物（Dicotyledones），共描述了被子植物 111 目411 科。他提出两性花比单性花原始；花各部分分离、多数比连合和定数原始；木本比草本原始；认为木兰科是现存被子植物中最原始的科；被子植物起源于 Bennettitales 类植物，分别按木本和草本两支不同的方向演化，单子叶植物起源于双子叶植物的草本支（毛茛目），并按照花部的结构不同，分化为三个进化支，即萼花、冠花和颖花。但由于他坚持把木本和草本作为第一级系统发育的区别，导致了亲缘关系很近的类群被分开，因此该分类系统也存在很大的争议。

（3）苏联学者 A. Takhtajan 在 1954 年提出了 Takhtajan 系统，1964 年和 1966 年又进行修订。该系统仍把被子植物分为木兰纲（双子叶植物纲，Magnoliopsida）和百合纲（单子叶植物纲，Liliopsida），共包括 12 亚纲、53 超目（superorder）、166 目和 533 科。Takhtajan 认为被子植物的祖先应该是种子蕨（Pteridospermae），花各部分分离、螺旋状排列、花蕊向心发育、未分化成花丝和花药，常具三条纵脉，花粉二核，有一萌发孔，外壁未分化，心皮未分化等性状为原始性状。

（4）美国学者 A. Cronquist 在 1958 年创立了 Cronquist 系统，该系统与 Takhtajan 系统相近，但取消了超目这一级分类单元。Cronquist 也认为被子植物可能起源于种子蕨，木兰亚纲是现存的最原始的被子植物。在 1981 年的修订版中，共分 11 亚纲、83 目、383科。这两个系统目前得到了更多学者的支持，但他们在属、科、目等分类群的范围上仍然有较大差异，而且在各类群间的演化关系上仍有不同看法。

Engler 系统和 Hutchinson 系统目前仍被国内外广泛采用。近年来我国当代著名植物分类学家吴征镒等发表了《中国被子植物科属综论》，提出了被子植物的八纲分类系统。他们提出建立被子植物门之下一级分类的原则是：①要反映类群间的系谱关系；②要反映被子植物早期（指早白垩纪）分化的主传代线，每一条主传代线可为一个纲；③各主传代线分化以后，依靠各方面资料并以多系、多期、多域的观点来推断它们的古老性和它们之间的系统关系；④采用 Linnaeus 阶层体系的命名方法（吴征镒等，2003）。该书描述了全世界的 8 纲（class）、40 亚纲（subclass）、202 目（order）、572 科（family）中在中国分布的 157 目、346 科。

（三）作物的植物学分类

"种"是生物分类的基本单位。"种"一般是指具有一定的自然分布区和一定的形态特征和生理特性的生物类群。18 世纪植物分类学家林奈提出，同一物种的个体之间性状相似，彼此之间可以进行杂交并产生能生育的后代，而不同物种之间则不能进行杂交，或即使杂交了也不能产生能生育的后代。这是经典植物学分类最重要的原则之一。但是，在后来针对不同的研究对象时，这个原则并没有始终得到遵守，因为有时不是很适宜，例如，栽培大豆（*Glycine max*）和野生大豆（*Glycine soja*）就能够相互杂交并产生可育的后代；亚洲栽培稻（*Oryza sativa*）和普通野生稻（*Oryza rufipogon*）的关系也是这样。但是，它们一个是野生的，一个是栽培的，一定要把它们划为一个种是不很适宜的。因此，尽管作物的植物学分类非常重要，但是具体到属和种的划分又常常出现争论。回顾各种作物及其野生近缘种的分类历史，可以发现多种作物都面临过分类争议和摇摆不定的情形。例如，各种小麦曾被分类成 2 个种、3 个种、5 个种，甚至 24 个种；有些人把山羊草当作单独的一个属（*Aegilops*），另外一些人又把它划到小麦属（*Triticum*），因为普通小麦三个基因组之中两个来自山羊草。正因这种例子不胜枚举，故科学家们往往根据自己的经验进行独立的、非正式的人为分类，结果甚至造成了同一作物也存在不同分类系统的局面。因此，当前的植物学分类应遵循"约定俗成"和"国际通用"两个原则，在研究中可以根据科学的发展进行适当修正，尽量贯彻以上提到的"林奈原则"。

作物具有很丰富的物种多样性，因为这些作物来自多个植物科，但大多数作物来自豆科（Leguminosae）和禾本科（Gramineae）。如果只考虑到食用作物，禾本科有 30 种左右的作物，豆科有 40 余种作物。另外，茄科（Solanaceae）有近 20 种作物，十字花科（Cruciferae）有 15 种左右作物，葫芦科（Cucurbitaceae）有 15 种左右作物，蔷薇科（Rosaceae）有 10 余种作物，百合科（Liliaceae）有 10 余种作物，伞形科（Umbelliferae）有 10 种左右作物，天南星科（Araceae）有近 10 种作物。

（四）作物的学名及其重要性

正因为植物学分类能反映有关物种在植物系统发育中的地位，所以作物的学名按植物分类学系统确定。国际通用的物种学名采用的是林奈的植物"双名法"，即规定每个植物种的学名由两个拉丁词组成，第一个词是"属"名，第二个词是"种"名，最后还附定名人的姓名缩写。学名一般用斜体拉丁字母，属名第一个字母要大写，种名全部字母要小写。对种以下的分类单位，往往采用"三名法"，即在双名后再加亚种（或变种、变型、种族）名。

应用作物的学名是非常重要的。因为在不同国家或地区，在不同时代，同一种作物有不同名称。例如，甘薯［*Ipomoea batatas*（L.）Lam.］在我国有多种名称，如红薯、白薯、番薯、红苕、地瓜等。同时，同名异物的现象也大量存在，如地瓜在四川不仅指甘薯，又指豆薯（*Pachyrhizus erosus* Urban），两者其实分别属于旋花科和豆科。这种名称上的混乱不仅对品种改良和开发利用是非常不利的，而且给国际国内的学术交流带来了很大的麻烦。这种情况，如果普遍采用拉丁文学名，就能得到根本解决。也就是说，在文章中，不管出现的是什么植物和材料名称，要求必须附其植物学分类上的拉丁文学名，这样，就可以避免因不同语言（包括方言）所带来的名称混乱问题。

（五）作物的细胞学分类

从 20 世纪 30 年代初期开始，细胞有丝分裂时的染色体数目和形态就得到了大量研究。到目前为止，约 40% 的显花植物已经做过染色体数目统计，利用这些资料已修正了某些作物在植物分类学上的一些错误。因此，染色体核型（指一个个体或种的全部染色体的形态结构，包括染色体数目、大小、形状、主缢痕、次缢痕等）的差异在细胞分类学发展的 60 多年里，被广泛地用作确定植物间分类差别的依据（徐炳声等，1996）。

此外，根据染色体组（又称基因组）进行的细胞学分类也是十分重要的。例如，在芸薹属中，分别把染色体基数为 10、8 和 9 的染色体组命名为 AA 组、BB 组和 CC 组，它们成为区分物种的重要依据之一。染色体倍性同样是分类学上常用的指标。

二、作物的用途分类

按用途分类是农业中最常用的分类。本丛书就是按此系统分类的，计包括粮食作物、经济作物、果树、蔬菜、饲料作物、林木、观赏作物（花卉）、药用作物、食用菌九篇。

但需要注意到，这里的分类系统也具有不确定性，其原因在于基于用途的分类肯定随着其用途的变化而有所变化。例如，玉米在几十年前几乎是作为粮食作物，而现在却大部分作为饲料，因此在很多情况下已把玉米称为粮饲兼用作物。高粱、大麦、燕麦、黑麦甚至大豆也有与此相似的情形。另外，一些作物同时具有多种用途，例如，用作水果的葡萄又大量用作酿酒原料，在中国用作粮食的高粱也用作酿酒原料，大豆既是食物油的来源又可作为粮食，亚麻和棉花可提供纤维和油，花生和向日葵可提供蛋白质和油，因此很难把它们截然划在哪一类作物中。同时，这种分类方法与地理区域也存在很大关系，例如，籽粒苋（*Amaranthus*）在美洲被认为是一种拟禾谷类作物（pseudocereal），但在亚洲一些地区却当作一种药用作物。独行菜（*Lepidium apetalum*）在近东地区作为一种蔬菜，但在安第斯地区却是一种粮用的块根作物。

三、作物的生理学、生态学分类

按照作物生理及生态特性，对作物有如下几种分类方式。

（一）按照作物通过光照发育期需要日照长短分为长日照作物、短日照作物和中性作物

小麦、大麦、油菜等适宜昼长夜短方式通过其光照发育阶段的为长日照作物，水稻、玉米、棉花、花生和芝麻等适宜昼短夜长方式通过其光照发育阶段的为短日照作物，豌豆和荞麦等为对光照长短没有严格要求的作物。

（二）C3 和 C4 作物

以 C3 途径进行光合作用的作物称为 C3 作物，如小麦、水稻、棉花、大豆等；以 C4 途径进行光合作用的作物称为 C4 作物，如高粱、玉米、甘蔗等。后者往往比前者的光合作用能力更强，光呼吸作用更弱。

（三）喜温作物和耐寒作物

前者在全生育期中所需温度及积温都较高，如棉花、水稻、玉米和烟草等；后者则在全生育期中所需温度及积温都较低，如小麦、大麦、油菜和蚕豆等。果树分为温带果树、热带果树等。

（四）根据利用的植物部位分类

如蔬菜分为根菜类、叶菜类、果菜类、花菜类、茎菜类、芽菜类等。

四、作物品种的分类

在作物种质资源的研究和利用中，各种作物品种的数量都很多。对品种进行科学的分类是十分重要的。作物品种分类的系统很多，需要根据研究和利用的内容和目的而确定。

（一）依据播种时间对作物品种分类

如玉米可分成春玉米、夏玉米和秋玉米，小麦可分成冬小麦和春小麦，水稻可分成早稻、中稻和晚稻，大豆可分成春大豆、夏大豆、秋大豆和冬大豆等。这种分类还与品种的光照长短反应有关。

（二）依据品种的来源分类

如分为国内品种和国外品种，国外品种还可按原产国家分类，国内品种还可按原产省份分类。

（三）依据品种的生态区（生态型）分类

在一个国家或省份范围内，根据该作物分布区气候、土壤、栽培条件等地理生态条件的不同，划分为若干栽培区，或称生态区。同一生态区的品种，尽管形态上相差很大，但它们的生态特性基本一致，故为一种生态型。如我国小麦分为十大麦区，即十大生态类型。

（四）依据产品的用途分类

如小麦品种分强筋型、中筋型、弱筋型，玉米品种分粮用型、饲用型、油用型，高粱品种分食用型、糖用型、帚用型等。

（五）以穗部形态为主要依据分类

如我国高粱品种分为紧穗型、散穗型、侧散型，我国北方冬麦区小麦品种分为通常型、圆颖多花型、拟密穗型等。

（六）结合生理、生态、生化和农艺性状综合分类

以水稻为例，我国科学家丁颖提出，程侃声、王象坤等修订的我国水稻 4 级分类系统：第一级分籼、粳；第二级分水、陆；第三级分早、中、晚；第四级分黏、糯。

第四节　作物的遗传多样性

遗传多样性是指物种以内基因丰富的状况，故又称基因多样性。作物的基因蕴藏在作物种质资源中。作物种质资源一般分为地方品种、选育品种、引进品种、特殊遗传材料、野生近缘植物（种）等种类。各类种质资源的特点和价值不同。地方品种又称农家品种，它们大都是在初生或次生起源中心经多年种植而形成的古老品种，适应了当地的生态条件和耕作条件，并对当地常发生的病虫害产生了抗性或耐性。一般来说，地方品种常常是包括有多个基因型的群体，蕴含有较高的遗传多样性。因此，地方品种不仅是传统农业的重要组成部分，而且也是现代作物育种中重要的基因来源。选育品种是经过人工改良的品种，一般说来，丰产性、抗病性等综合性状较好，常常被育种家首选作进一步改良品种的亲本。但是，选育品种大都是纯系，遗传多样性低，品种的亲本过于单一会带来遗传脆弱性。那些过时的，已被生产上淘汰的选育品种，也常含有独特基因，同样应予以收集和注意。从国外或外地引进的品种常常具备本地品种缺少的优良基因，几乎是改良品种不可缺少的材料。我国水稻、小麦、玉米等主要作物 50 年育种的成功经验都离不开利用国外优良品种。特殊遗传材料包括细胞学研究用的遗传材料，如单体、三体、缺体、缺四体等一切非整倍体；基因组研究用的遗传材料，如重组近交系、近等基因系、DH 群体、突变体、基因标记材料等；属间和种间杂种及细胞质源；还有鉴定病菌用的鉴定寄主和病毒指示植物。野生近缘植物是与栽培作物遗传关系相近，能向栽培作物转移基因的野生植物。野生近缘植物的范围因作物而异，普通小麦的野生近缘植物包括整个小麦族，亚洲栽培稻的野生近缘植物包括稻属，而大豆的野生近缘植物只是大豆亚属（*Glycine* subgenus *soja*）。一般说来，一个作物的野生近缘植物常常是与该作物同一个属的野生植物。野生近缘植物的遗传多样性最高。

一、作物遗传多样性的形成与发展

（一）作物遗传多样性形成的影响因素

作物遗传多样性类型的形成是下面五个重要因素相互作用的结果：基因突变、迁移、重组、选择和遗传漂变。前三个因素会使群体的变异增加，而后两个因素则往往使变异减少，它们在特定环境下的相对重要性就决定了遗传多样性变化的方向与特点。

1. 基因突变　基因突变对群体遗传组成的改变主要有两个方面：一是通过改变基因频率来改变群体遗传结构；二是导致新的等位基因的出现，从而导致群体内遗传变异的增加。因此，基因突变过程会导致新变异的产生，从而可能导致新性状的出现。突变分自然突变和人工突变。自然突变在每个生物体中甚至每个位点上都有发生，其突变频率为 $10^{-6} \sim 10^{-3}$（另一资料为 $10^{-12} \sim 10^{-10}$）。到目前为止还没有证明在野生居群中的突变率与栽培群体中的突变率有什么差异，但当突变和选择的方向一致时，基因频率改变的速度就变得更快。虽然大多数突变是有害的，但也有一些突变对育种是有利的。

2. 迁移　尽管还没有实验证据来证明迁移可以提高变异程度，但它确实在作物的进化中起了重要作用，因为当人类把作物带到一个新地方之后，作物必须要适应新的环境，从而增加了地理变异。当这些作物与近缘种杂交并进行染色体多倍化时，会给后代增加变异并提高其适应能力。迁移在驯化上的重要性，可以用小麦来作为一个很好的例子，小麦在近东被驯化后传播到世界各个地方，形成了丰富多彩的生态类型，以至于中国变成了世界小麦的多样性中心之一。

3. 重组　重组是增加变异的重要因素（详见第二节）。作物的生殖生物学特点是影响重组的重要因素之一。一般来说，异花授粉作物由于在不同位点均存在杂合性，重组概率高，因而变异程度较高；相反自花授粉作物由于位点的纯合性很高，重组概率相对较低，故变异程度相对较低。还有必要注意到，有一些作物是自花授粉的，而它们的野生祖先却是异花授粉的，其原因可能与选择有关。例如，番茄的野生祖先多样性中心在南美洲，在那里野生番茄通过蜜蜂传粉，是异花授粉的。但它是在墨西哥被驯化的，在墨西哥由于没有蜜蜂，在人工选择时就需要选择自交方式的植株，栽培番茄就成了自花授粉作物。

4. 选择　选择分自然选择和人工选择，两者均是改变基因频率的重要因素。选择在作物的驯化中至关重要，尤其是人工选择。但是，选择对野生居群和栽培群体的作用显然有巨大差别。例如，选择没有种子传播能力和整齐的发芽能力对栽培作物来说非常重要，而对野生植物来说却是不利的。人工选择是作物品种改良的重要手段，但在人工选择自己需要的性状时常常无意中把很多基因丢掉，使遗传多样性更加狭窄。

5. 遗传漂变　遗传漂变常常在居群（群体）过小的情况下发生。存在两种情况：一种是在植物居群中遗传平衡的随机变化。这是指由于个体间不能充分地随机交配和基因交流，从而导致群体的基因频率发生改变；另一个称为"奠基者原则（founder principle）"，指由少数个体建立的一种新居群，它不能代表祖先种群的全部遗传特性。后一个概念对作物进化十分重要，如当在禾谷类作物中发现一个穗轴不易折断的突变体时，对驯化很重要，但对野生种来说是失去了种子传播机制。由于在小群体中遗传漂变会使纯合个体增加，从而减少遗传变异，同时还由于群体繁殖逐代近交化而导致杂种优势和群体适应性降低。在自然进化过程中，遗传漂变的作用可能会将一些中性或对栽培不利的性状保留下来，而在大群体中不利于生存和中性性状会被自然选择所淘汰。在栽培条件下，作物引种、选留种、分群建立品系、近交，特别是在种质资源繁殖时，如果群体过小，很有可能造成遗传漂变，致使等位基因频率发生改变。

（二）遗传多样性的丧失与遗传脆弱性

现代农业的发展带来的一个严重后果是品种的单一化，这在发达国家尤其明显，如美国的硬红冬小麦品种大多数有来自波兰和俄罗斯的两个品系的血缘。我国也有类似情况。例如，目前生产上种植的水稻有 50% 是杂交水稻，而这些杂交水稻的不育系绝大部分是"野败型"，而恢复系大部分为从国际水稻所引进的 IR 系统；全国推广的小麦品种大约一半有南大 2419、阿夫、阿勃、欧柔 4 个品种或其派生品种的血统，而其抗病源乃是以携带黑麦血统的洛夫林系统占主导地位；1995 年，全国 53% 的玉米面积种植掖单 13、丹玉 13、中单 2 号、掖单 2 号和掖单 12 这五个品种；全国 61% 的玉米面积严重依赖 Mo17、掖 478、黄早四、丹 340 和 E28 这五个自交系。这就使得原来的遗传多样性大大丧失，遗传基础变得很狭窄，其潜在危险就是这些作物极易受到病虫害袭击。一旦一种病原菌的生理种族成灾而作物又没有抗性，整个作物在很短时间内会受到毁灭性打击，从而带来巨大的经济损失。这样的例子不少，最经典的当数 19 世纪 40 年代爱尔兰的马铃薯饥荒。19世纪欧洲的马铃薯品种都来自两个最初引进的材料，导致 40 年代晚疫病的大流行，使数百万人流浪他乡。美国在 1954 年暴发的小麦秆锈病事件、1970 年暴发的雄性不育杂交玉米小斑病事件，以及苏联在 1972 年小麦产量的巨大损失（当时的著名小麦品种"无芒 1号"种植了 1 500 万 hm²，大部因冻害而死）等，都令人触目惊心。品种单一化是造成遗传脆弱性的主要原因。

二、遗传多样性的度量

（一）度量作物遗传多样性的指标

1. 形态学标记　有多态性的、高度遗传的形态学性状是最早用于多样性研究的遗传标记类型。这些性状的多样性也称为表型多样性。形态学性状的鉴定一般不需要复杂的设备和技术，少数基因控制的形态学性状记录简单、快速和经济，因此长期以来表型多样性是研究作物起源和进化的重要度量指标。尤其是在把数量化分析技术如多变量分析和多样性指数等引入之后，表型多样性分析成为作物起源和进化研究的重要手段。例如，Jain 等（1975）对 3 000 多份硬粒小麦材料进行了表型多样性分析，发现来自埃塞俄比亚和葡萄牙的材料多样性最丰富，其次是来自意大利、匈牙利、希腊、波兰、塞浦路斯、印度、突尼斯和埃及的材料，总的来看，硬粒小麦在地中海地区和埃塞俄比亚的多样性最丰富，这与其起源中心相一致。Tolbert 等（1979）对 17 000 多份大麦材料进行了多样性分析，发现埃塞俄比亚并不是多样性中心，大麦也没有明显的多样性中心。但是，表型多样性分析存在一些缺点，如少数基因控制的形态学标记少，而多基因控制的形态学标记常常遗传力低、存在基因型与环境互作，这些缺点限制了形态学标记的广泛利用。

2. 次生代谢产物标记　色素和其他次生代谢产物也是最早利用的遗传标记类型之一。色素是花青素和类黄酮化合物，一般是高度遗传的，在种内和种间水平上具有多态性，在20 世纪 60 年代和 70 年代作为遗传标记被广泛利用。例如，Frost 等（1975）研究了大麦材料中的类黄酮类型的多样性，发现类型 A 和 B 分布广泛，而类型 C 只分布于埃塞俄比亚，其多样性分布与同工酶研究的结果非常一致。然而，与很多其他性状一样，色素在不同组织和器官上存在差异，基因型与环境互作也会影响到其数量上的表达，在选择上不是中性的，不能用位点/等位基因模型来解释，这些都限制了它的广泛利用。在 20 世纪70～80 年代，同工酶技术代替了这类标记，被广泛用于研究作物的遗传多样性和起源问题。

3. 蛋白质和同工酶标记　蛋白质标记和同工酶标记比前两种标记数目多得多，可以认为它是分子标记的一种。蛋白质标记中主要有两种类型：血清学标记和种子蛋白标记。同工酶标记有的也被认为是一种蛋白质标记。

血清学标记一般来说是高度遗传的，基因型与环境互作小，但迄今还不太清楚其遗传特点，难以确定同源性，或用位点/等位基因模型来解释。由于动物试验难度较大，这些年来利用血清学标记的例子越来越少，不过与此有关的酶联免疫检测技术（ELISA）在系统发育研究（Esen and Hilu，1989）、玉米种族多样性研究（Yakoleff et al.，1982）和玉米自交系多样性研究（Esen et al.，1989）中得到了很好的应用。

　　种子蛋白（如醇溶蛋白、谷蛋白、球蛋白等）标记多态性较高，并且高度遗传，是一种良好的标记类型。所用的检测技术包括高效液相色谱、SDS-PAGE、双向电泳等。种子蛋白的多态性可以用位点/等位基因（共显性）来解释，但与同工酶标记相比，种子蛋白检测速度较慢，并且种子蛋白基因往往是一些紧密连锁的基因，因此难以在进化角度对其进行诠释（Stegemann and Pietsch，1983）。

　　同工酶标记是DNA分子标记出现前应用最为广泛的遗传标记类型。其优点包括：多态性高、共显性、单基因遗传特点、基因型与环境互作非常小、检测快速简单、分布广泛等，因此在多样性研究中得到了广泛应用（Soltis and Soltis，1989）。例如，Nevo等（1979）用等位酶研究了来自以色列不同生态区的28个野生大麦居群的1 179个个体，发现野生大麦具有丰富的等位酶变异，其变异类型与气候和土壤密切相关，说明自然选择在野生大麦的进化中非常重要。Nakagahra等（1978）用酯酶同工酶研究了776份亚洲稻材料，发现不同国家的材料每种同工酶的发生频率不同，存在地理类型，越往北或越往南类型越简单，而在包括尼泊尔、不丹、印度Assam、缅甸、越南和中国云南等地区的材料酶谱类型十分丰富，这个区域也被认定为水稻的起源中心。然而，也需要注意到存在一些特点上的例外，如在番茄、小麦和玉米上发现过无效同工酶、在玉米和高粱上发现过显性同工酶、在玉米和番茄上发现过上位性同工酶，在某些情况下也存在基因型与环境互作。

　　然而，蛋白质标记也存在一些缺点，这包括：①蛋白质表型受到基因型、取样组织类型、生育期、环境和翻译后修饰等共同作用；②标记数目少，覆盖的基因组区域很小，因为蛋白质标记只涉及编码区域，同时也并不是所有蛋白质都能检测到；③在很多情况下，蛋白质标记在选择上都不是中性的；④有些蛋白质具有物种特异性；⑤用标准的蛋白质分析技术可能检测不到有些基因突变。这些缺点使蛋白质标记在20世纪80年代后慢慢让位于DNA分子标记。

　　4. 细胞学标记　细胞学标记需要特殊的显微镜设备来检测，但相对来说检测程序简单、经济。在研究多样性时，主要利用的两种细胞遗传学标记是染色体数目和染色体形态特征，除此之外，DNA含量也有利用价值（Price，1988）。染色体数目是高度遗传的，但在一些特殊组织中会发生变化；染色体形态特征包括染色体大小、着丝粒位置、减数分裂构型、随体、次缢痕和B染色体等都是体现多样性的良好标记（Dyer，1979）。在特殊的染色技术（如C带和G带技术等）和DNA探针的原位杂交技术得到广泛应用后，细胞遗传学标记比原先更为稳定和可靠。但由于染色体数目和形态特征的变化有时有随机性，并且这种变异也不能用位点/等位基因模型来解释，在多样性研究中实际应用不多。迄今为止，细胞学标记在变异研究中，最多的例子是在检测离体培养后出现的染色体数目和结构变化。

　　5. DNA分子标记　20世纪80年代以来，DNA分子标记技术被广泛用于植物的遗传多样性和遗传关系研究。相对其他标记类型来说，DNA分子标记是一种较为理想的遗传标记类型，其原因包括：①核苷酸序列变异一般在选择上是中性的，至少对非编码区域是这样；②由于直接检测的是 DNA 序列，标记本身不存在基因型与环境互作；③植物细胞中存在 3 种基因组类型（核基因组、叶绿体基因组和线粒体基因组），用 DNA 分子标记可以分别对它们进行分析。目前，DNA 分子标记主要可以分为以下几大类，即限制性片段长度多态性（RFLP）、随机扩增多态性 DNA（RAPD）、扩增片段长度多态性（AFLP）、微卫星或称为简单序列重复（SSR）、单核苷酸多态性（SNP）。每种 DNA 分子标记均有其内在的优缺点，它们的应用随不同的具体情形而异。在遗传多样性研究方面，应用 DNA 分子标记技术的报道已不胜枚举。

（二）遗传多样性分析

关于遗传多样性的统计分析可以参见 Mohammadi 等（2003）进行的详细评述。在遗传多样性分析过程中需要注意到以下几个重要问题。

1. 取样策略　遗传多样性分析可以在基因型（如自交系、纯系和无性繁殖系）、群体、种质材料和种等不同水平上进行，不同水平的遗传多样性分析取样策略不同。这里着重提到的是群体（杂合的地方品种也可看作群体），因为在一个群体中的基因型可能并不处于 Hardy Weinberg 平衡状态（在一个大群体内，不论起始群体的基因频率和基因型频率是多少，在经过一代随机交配之后，基因频率和基因型频率在世代间保持恒定，群体处于遗传平衡状态，这种群体称为遗传平衡群体，它所处的状态称为哈迪—温伯格平衡）。遗传多样性估算的取样方差与每个群体中取样的个体数量、取样的位点数目、群体的等位基因组成、繁育系统和有效群体大小有关。现在没有一个推荐的标准取样方案，但基本原则是在财力允许的情况下，取样的个体越多、取样的位点越多、取样的群体越多越好。

2. 遗传距离的估算　遗传距离指个体、群体或种之间用 DNA 序列或等位基因频率来估计的遗传差异大小。衡量遗传距离的指标包括用于数量性状分析的欧式距离（D_E），可用于质量性状和数量性状的 Gower 距离（DG）和 Roger 距离（RD），用于二元数据的改良 Roger 距离（GD_{MR}）、Nei & Li 距离（GD_{NL}）、Jaccard 距离（GD_J）和简单匹配距离（GD_{SM}）等。

$D_E = [(x_1-y_1)^2 + (x_2-y_2)^2 + \cdots + (x_p-y_p)^2]^{1/2}$，这里 x_1，x_2，$\cdots$，x_p 和 y_1，y_2，$\cdots$，y_p 分别为两个个体（或基因型、群体）i 和 j 形态学性状 p 的值。

两个自交系之间的遗传距离 $D_{Smith} = \sum [(x_{i(p)} - y_{j(p)})^2 / \mathrm{var} x_{(p)}]^{1/2}$，这里 $x_{i(p)}$ 和 $y_{j(p)}$ 分别为自交系 i 和 j 第 p 个性状的值，$\mathrm{var} x_{(p)}$ 为第 p 个数量性状在所有自交系中的方差。

$DG = 1/p \sum w_k d_{ijk}$，这里 p 为性状数目，d_{ijk} 为第 k 个性状对两个个体 i 和 j 间总距离的贡献，$d_{ijk} = |d_{ik} - d_{jk}|$，$d_{ik}$ 和 d_{jk} 分别为 i 和 j 的第 k 个性状的值，$w_k = 1/R_k$，R_k 为第 k 个性状的范围（range）。

当用分子标记作遗传多样性分析时，可用下式：$d_{(i,j)} = \mathrm{constant}(\sum |X_{ai} - X_{aj}|^r)^{1/r}$，这里 X_{ai} 为等位基因 a 在个体 i 中的频率，X_{aj} 为等位基因 a 在个体 j 中的频率，r 为常数。当 $r = 2$ 时，则该公式变为 Roger 距离，即 $RD = 1/2 [\sum (X_{ai} - X_{aj})^2]^{1/2}$。

当分子标记数据用二元数据表示时，可用下列距离来表示：

$$GD_{NL} = 1 - 2N_{11}/(2N_{11} + N_{10} + N_{01})$$
$$GD_{J} = 1 - N_{11}/(N_{11} + N_{10} + N_{01})$$
$$GD_{SM} = 1 - (N_{11} + N_{00})/(N_{11} + N_{10} + N_{01} + N_{00})$$
$$GD_{MR} = [(N_{10} + N_{01})/2N]^{1/2}$$

这里 N_{11} 为两个个体均出现的等位基因数目；N_{00} 为两个个体均未出现的等位基因数目；N_{10} 为只在个体 i 中出现的等位基因数目；N_{01} 为只在个体 j 中出现的等位基因数目；N 为总的等位基因数目。谱带在分析时可看成等位基因。

在实际操作过程中，选择合适的遗传距离指标相当重要。一般来说，GD_{NL} 和 GD_{J} 在处理显性标记和共显性标记时是不同的，用这两个指标分析自交系时排序结果相同，但分析杂交种中的杂合位点和分析杂合基因型出现频率很高的群体时其遗传距离就会产生差异。根据以前的研究结果，建议在分析共显性标记（如 RFLP 和 SSR）时用 GD_{NL}，而在分析显性标记（如 AFLP 和 RAPD）时用 GD_{SM} 或 GD_{J}。GD_{SM} 和 GD_{MR}，前者可用于巢式聚类分析和分子方差分析（AMOVA），但后者由于有其重要的遗传学和统计学意义更受青睐。

在衡量群体（居群）的遗传分化时，主要有三种统计学方法：一是 χ^2 测验，适用于等位基因多样性较低时的情形；二是 F 统计（Wright，1951）；三是 G_{st} 统计（Nei，1973）。在研究中涉及的材料很多时，还可以用到一些多变量分析技术，如聚类分析和主成分分析等。

三、作物遗传多样性研究的实际应用

（一）作物的分类和遗传关系分析

禾本科（Gramineae）包括了所有主要的禾谷类作物如小麦、玉米、水稻、谷子、高粱、大麦和燕麦等，还包括了一些影响较小的谷物如黑麦、黍稷、龙爪稷等。此外，该科还包括一些重要的牧草和经济作物如甘蔗。禾本科是开花植物中的第四大科，包括 765 属，8 000～10 000 种（Watson and Dallwitz，1992）。19 世纪和 20 世纪科学家们（Watson and Dallwitz，1992；Kellogg，1998）曾把禾本科划分为若干亚科。

由于禾本科在经济上的重要性，其系统发生关系一直是国际上多年来的研究热点之一。构建禾本科系统发生树的基础数据主要来自以下几方面：解剖学特征、形态学特征、叶绿体基因组特征（如限制性酶切图谱或 RFLP）、叶绿体基因（*rbcL*，*ndhF*，*rpoC2* 和 *rps4*）的序列、核基因（rRNA，*waxy* 和控制细胞色素 B 的基因）的序列等。尽管在不同研究中用到了不同的物种，但却得到了一些共同的研究结果，例如，禾本科的系统发生是单一的（monophyletic）而不是多元的。研究表明，在禾本科的演化过程中，最先出现的是 Pooideae、Bambusoideae 和 Oryzoideae 亚科（约在 7 000 万年前分化），稍后出现的是 Panicoideae、Chloridoideae 和 Arundinoideae 亚科及一个小的亚科 Centothecoideae。

图 0 - 2 是种子植物的系统发生简化图，其中重点突出了禾本科植物的系统发生情况。在了解不同作物的系统发生关系和与其他作物的遗传关系时，需要先知道该作物的高级分类情况，再对照该图进行大致的判断。但更准确的方法是应用现代的各种研究技术进行实验室分析。

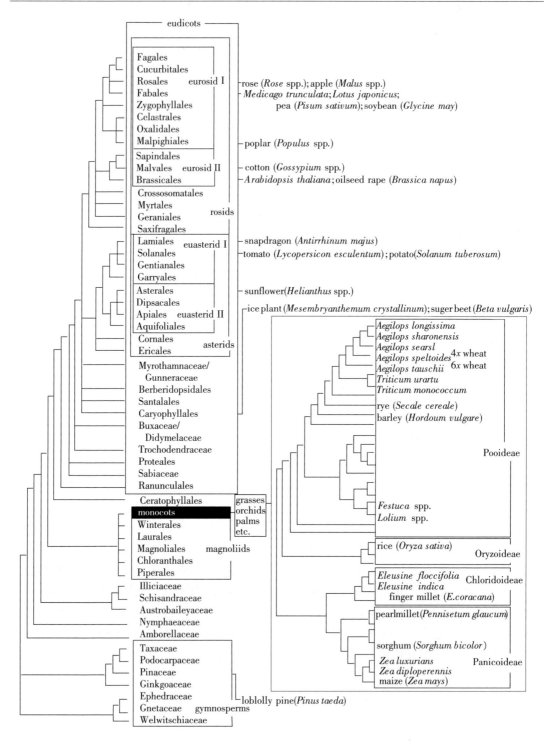

图 0-2 种子植物的系统发生关系简化图

[左边的总体系统发生树依据 Soltis et al. (1999)，右边的禾本科系统发生树依据 Kellogg (1998)。在各分支点之间的水平线长度并不代表时间尺度]

(Laurie and Devos，2002)

（二）比较遗传学研究

在过去的十年中，比较遗传学得到了飞速发展。Bennetzen 和 Freeling（1993）最先提出了可以把禾本科植物当作一个遗传系统来研究。后来，通过利用分子标记技术的比较作图和基于序列分析技术，已发现和证实在不同的禾谷类作物之间基因的含量和顺序具有相当高的保守性（Devos and Gale，1997）。这些研究成果给在各种不同的禾谷类作物中进行基因发掘和育种改良提供了新的思路。RFLP 连锁图还揭示了禾本科基因组的保守性，即已发现水稻、小麦、玉米、高粱、谷子、甘蔗等不同作物染色体间存在部分同源关系。比较遗传作图不仅在起源演化研究上具有重要意义，而且在种质资源评价、分子标记辅助育种及基因克隆等方面也有重要作用。

（三）核心种质构建

Frankel 等人在 1984 年提出构建核心种质的思想。核心种质是在一种作物的种质资源中，以最小的材料数量代表全部种质的最大遗传多样性。在种质资源数量庞大时，通过遗传多样性分析，构建核心种质是从中发掘新基因的有效途径。在中国已初步构建了水稻、小麦、大豆、玉米等作物的核心种质。

四、用野生近缘植物拓展作物的遗传多样性

（一）作物野生近缘植物常常具有多种优良基因

野生种中蕴藏着许多栽培种不具备的优良基因，如抗病虫性、抗逆性、优良品质、细胞雄性不育及丰产性等。无论是常规育种还是分子育种，目前来说比较好改良的性状仍是那些遗传上比较简单的性状，利用的基因多为单基因或寡基因。而对于产量、品质、抗逆性等复杂性状，育种改良的进展相对较慢。造成这种现象的原因之一是在现代品种中针对目标性状的遗传基础狭窄。很多年前，瓦维洛夫就预测野生近缘种将会在农业发展中起到重要作用；而事实上也确实如此，因为野生近缘种在数百万年的长期进化过程中，积累了各种不同的遗传变异。作物的野生近缘种在与病原菌的长期共进化过程中，积累了广泛的抗性基因，这是育种家非常感兴趣的。尽管在一般情况下野生近缘种的产量表现较差，但也包含一些对产量有很大贡献的等位基因。例如，当用高代回交—数量性状位点（QTL）作图方法，在普通野生稻（*Oryza rufipogon*）中发现存在两个数量性状位点，每个位点都可以提高产量 17% 左右，并且这两个基因还没有多大的负向效应，在美国、中国、韩国和哥伦比亚的独立实验均证明了这一点（Tanksley and McCouch，1997）。此外，在番茄的野生近缘种中也发现了大量有益等位基因。

（二）大力从野生种中发掘新基因

由野生种向栽培种转移抗病虫性的例子很多，如水稻的草丛矮缩病是由褐飞虱传染的，20 世纪 70 年代在东南亚各国发病 11.6 万多 hm^2，仅 1974—1977 年这种病便使印度尼西亚的水稻减产 300 万 t 以上，损失 5 亿美元。国际水稻研究所对种质库中的 5 000 多

份材料进行抗病筛选，只发现一份尼瓦拉野生稻（*Oryza nivara*）抗这种病，随即利用这个野生种育成了抗褐飞虱的栽培品种，防止了这种病的危害。小麦中已命名的抗条锈病、叶锈病、秆锈病和白粉病的基因，来自野生种的相应占 28.6％、38.6％、46.7％和 56.0％（根据第 9 届国际小麦遗传大会论文集附录统计，1999）；马铃薯已有 20 多个野生种的抗病虫基因（如 X 病毒、Y 病毒、晚疫病、蠕虫等）被转移到栽培品种中来。又如甘蔗的赤霉病抗性、烟草的青霉病和跳甲抗性、番茄的螨虫和温室白粉虱抗性的基因都是从野生种转移过来的。在抗逆性方面，葡萄、草莓、小麦、洋葱等作物野生种的抗寒性都曾成功地转移到栽培品种中，野生番茄的耐盐性也转移到了栽培番茄中。许多作物野生种的品质优于栽培种，如我国的野生大豆蛋白质含量有的达 54％～55％，而栽培种通常为40％左右，最高不过 45％左右。Rick（1976）把一种小果野番茄（*Lycopersicon pimpinellifolium*）含复合维生素的基因转移到栽培种中。野生种细胞质雄性不育基因利用，最好的例子当属我国杂交稻的育成和推广，它被誉为第二次绿色革命。关于野生种具有高产基因的例子，如第一节中所述。

尤其值得重视的是，野生种的遗传多样性十分丰富，而现代栽培品种的遗传多样性却非常贫乏，这一点可以在 DNA 水平上直观地看到（Tanksley and McCouch，1997）。

21 世纪分子生物技术的飞速发展，必然使种质资源的评价鉴定将不只是根据外在表现，而是根据基因型对种质资源进行分子评价，这将大大促进野生近缘植物的利用。

（黎　裕　董玉琛）

参考文献

黄其煦，1983. 黄河流域新石器时代农耕文化中的作物：关于农业起源问题探索三 ［J］. 农业考古（2）.

刘旭，2003. 中国生物种质资源科学报告 ［R］. 北京：科学出版社.

卜慕华，1981. 我国栽培作物来源的探讨 ［J］. 中国农业科学（4）：86 - 96.

吴征镒，路安民，汤彦承，等，2003. 中国被子植物科属综论 ［M］. 北京：科学出版社.

严文明，1982. 中国稻作农业的起源 ［J］. 农业考古（1）：10 - 12.

郑殿升，2000. 中国作物遗传资源的多样性 ［J］. 中国农业科技导报，2（2）：45 - 49.

Вавилов НИ，1982. 主要栽培植物的世界起源中心 ［M］. 董玉琛，译. 北京：农业出版社.

Badr A，K Muller，R Schafer Pregl，et al.，2000. On the origin and domestication history of barley （*Hordeum vulgare*）［J］. Mol. Biol. & Evol.，17：499 - 510.

Bennetzen J L，Freeling M，1993. Grasses as a single genetic system：genome composition，colinearity and compati-bility ［J］. Trends Genet，9：259 - 261.

Benz B F，2001. Archaeological evidence of teosinte domestication from Guila Naquitz，Oaxaca ［J］. Proc. Natl. Acad. Sci. USA，98（4）：2104 - 2106.

Devos K M，Gale M D，1997. Comparative genetics in the grasses ［J］. Plant Molecular Biology，35：3 - 15.

Dyer A F, 1979. Investigating Chromosomes [M]. New York: Wiley.

Esen A, Hilu K W, 1989. Immunological affinities among subfamilies of the Poaceae [J]. Am. J. Bot. , 76: 196 -203.

Esen A, Mohammed K, Schurig G G, et al. , 1989. Monoclonal antibodies to zein discriminate certain maize inbreds and genotypes [J]. J. Hered, 80: 17 - 23.

Frankel O H, Brown A H D, 1984. Current plant genetic resources a critical appraisal [M] //Genetics, New Frontiers (Vol Ⅳ) . New Delhi: Oxford and IBH Publishing.

Frost S, Holm G, Asker S, 1975. Flavonoid patterns and the phylogeny of barley [J]. Hereditas, 79 (1): 133 -142.

Harlan J R, 1971. Agricultural origins: centers and noncenters [J]. Science, 174: 468 - 474.

Harlan J R, 1992. Crops & Man [M]. 2nd ed. ASA, CSS A, Madison, Wisconsin, USA.

Hawkes J W, 1983. The diversity of crop plants [M]. London: Harvard University Press.

Jain S K, 1975. Population structure and the effects of breeding system [M] //Frankel O H, Hawkes J G. Crop Genetic Resources for Today and Tomorrow. London: Cambridge University Press: 15 - 36.

Kellogg E A, 1998. Relationships of cereal crops and other grasses [J]. Proc. Natl. Acad. Sci. , 95: 2005 -2010.

Mohammadi S A, Prasanna B M, 2003. Analysis of genetic diversity in crop plants—salient statistical tools and consideration [J]. Crop Sci. , 43: 1235 - 1248.

Nakagahra M, 1978. The differentiation, classification and center of genetic diversity of cultivated rice (*Oryza sativa* L.) by isozyme analysis [J]. Tropical Agriculture Research Series, No. 11, Japan.

Nei M, 1973. Analysis of gene diversity in subdivided populations [J]. Proc. Natl. Acad. Sci. USA, 70: 3321 -3323.

Nevo E, Zohary D, Brown A H D, et al. , 1979. Genetic diversity and environmental associations of wild barley, *Hordeum spontaneum*, in Israel [J]. Evolution. , 33: 815 - 833.

Price H J, 1988. DNA content variation among higher plants [J] . Ann. Mo. Bot. Gard. , 75: 1248 -1257.

Rick C M, 1976. Tomato *Lycopersicon esculentum* (Solanaceae) [M] //Simmonds N W. Evolution of crop plants. London: Longman: 268 - 273.

Smith B D, 1997. The initial domestication of *Cucurbita pepo* in the Americas 10 000 years ago [J]. Science, 276: 5314.

Soltis D, Soltis C H, 1989. Isozymes in plant biology [M] //Dudley T. Advances in plant science series, 4. Portland, OR: Dioscorides Press.

Stegemann H, Pietsch G, 1983. Methods for quantitative and qualitative characterization of seed proteins of cereals and legumes [M] //Gottschalk W, Muller H P. Seed Proteins: Biochemistry, Genetics, Nutritive Value. Martius Nijhoff/Dr. W. Junk, The Hague, The Netherlands.

Tanksley S D, McCouch S R, 1997. Seed banks and molecular maps: unlocking genetic potential form the wild [J]. Science, 277: 1063 - 1066.

Tolbert D M, Qualset C D, Jain S K, et al. , 1979. Diversity analysis of a world collection of barley [J]. Crop Sci. , 19: 784 - 794.

Vavilov N I, 1926. Studies on the origin of cultivated plants [J]. Inst. Appl. Bot. Plant Breed. , Leningrad.

Watson L, Dallwitz M J, 1992. The grass genera of the world [M]. CAB International, Wallingford,

Oxon，UK.

Wright S，1951. The general structure of populations ［J］. Ann. Eugen. ，15：323 – 354.

Yakoleff G，Hernandez V E，Rojkind de Cuadra X C，et al. ，1982. Electrophoretic and immunological characterization of pollen protein of *Zea mays* races ［J］. Econ. Bot. ，36：113 – 123.

Zeven A C，Zhukovsky P M，1975. Dictionary of cultivated plants and their centers of diversity ［M］. PU-DOC，Wageningen，the Netherlands.

上 篇

重要栽培树种

第 一 章

概 述

树木是木本植物的总称，有乔木、灌木和木质藤本之分。林木是森林中木本群体的总称，是组成森林生态系统的主体，包括乔木、灌木、木质藤本。树木都具有维管系统，能够高效地输导水分和有机物质，在生物进化过程中，脱离了水的束缚，相对于低等植物，具有更强的适应性和独立性。除个别蕨类植物外，树木大部分为种子植物，在生物的演化过程中属于较为高等的一类植物。

第一节 树木栽培的意义与地位

一、树木的起源特点

生物的进化过程一般遵循从简单到复杂，从低等到高等的过程。树木种类繁多，分布广泛，但有一个共同的特点，都具有维管系统。因此有观点认为维管植物有其共同的祖先，所有的维管植物都是由最初形成的原始祖先分化发展而来。维管植物作为一个单系群分为石松植物和真叶植物两个分支，真叶植物包含单系蕨类和种子植物。随着气候的变迁，生存条件的改变，在漫长的世代进程中，树木的群体结构也在不断地发生变化。例如，在侏罗纪至白垩纪，蕨类植物中的桫椤［*Alsophila spinulosa* （Wall. ex Hook.）R. M. Tryon］与苏铁、银杏、南洋杉等裸子植物一起构成了大片的森林，从欧洲到美洲，从俄罗斯到中国内蒙古以南各地均有分布。但后来由于生存环境的变化，桫椤种群向热带地区退却，现只在全世界热带范围内有零星分布，成为一种典型的孑遗植物。而其他木本蕨类植物则随着时间的流逝而逐渐消亡。现在，裸子植物和约 1/4 的被子植物成为木本植物的主要组成。

二、树木的演化

在漫长的地质时代中，那些古代的真蕨植物到二叠纪时大多已灭绝，到三叠纪和侏罗纪又演化发展出一系列的新类群。古生代的石炭纪、二叠纪是地球上蕨类植物、种子蕨和苛得狄植物繁荣昌盛的时期。随着时间的推移，由于气候和其他自然因素的影响，蕨类植物逐步走向衰亡，被新兴的裸子植物所代替。裸子植物到古生代末期才成为陆地植物的主要代表，但是它的起源却可以追溯到中、晚泥盆纪时期。无脉蕨和古蕨分别是中泥盆纪和晚泥盆纪出现的高大乔木，它们都具有大、小孢子，羽状复叶，具缘纹孔的管胞等原裸子植物的特征，但没有胚珠和种子，被认为是蕨类植物向裸子植物进化的低级过渡类型。种子蕨的发现使人们找到了蕨类植物向裸子植物进化的重要过渡类型。根据地质年代的历史记载和古植物学的研究，现代裸子植物的起源和进化首先为苏铁纲植物，苏铁纲植物起源于古生代二叠纪或更早的石炭纪，在中生代达到繁盛时期，是现代裸子植物最原始的类群。在形态特征、内部构造和生殖器官上，它们与种子蕨有着密切的联系。其次是银杏纲植物，从化石材料记载，它们的历史可远溯到石炭纪、晚石炭纪出现的叶形特征。到中侏罗纪已有大量的银杏存在。再次是红豆杉纲植物，一般认为红豆杉纲的 3 个科：罗汉松科、三尖杉科和红豆杉科在系统发育上具有密切的联系。三尖杉科植物的孢子叶球中没有营养鳞片，很可能是由晚古生代的安奈杉，通过中生代早期的巴列杉、穗果杉的途径演化而来的。而罗汉松科、红豆杉科，则与苛得狄植物有相似之处，尤其是大孢子叶球的结构以及变态的大孢子叶。小孢子叶球序保持着苛得狄原始的性状。可以推测这两个科的植物，可能是从苛得狄类直接演化而来的。然后是松柏纲植物，松柏纲植物是现代裸子植物中种属最多的植物。相对于苏铁类和银杏类，松柏类植物体的形态结构具有更强的适应性，受精方式较为进化并且小孢子萌发时产生花粉管，能更好地应对干旱的环境。买麻藤纲植物在现代裸子植物中较为孤立，在其现存的 3 个属之间缺乏密切的关系，形成 3 个独立的科和目，它们的外形、分布和生活环境相差很大。但从这 3 个属植物中都可以看到生殖器官由两性到单性，由雌雄同株到雌雄异株的趋势，这些特征与被子植物的某些特征有相似之处，因此被认为是较为进化的类群。

被子植物的祖先尽管可以追溯到中生代的种子蕨，但确认的双子叶植物的叶痕化石只在早白垩纪的上半期才出现，因此当前多数学者认为被子植物起源于白垩纪或晚侏罗纪。被子植物的发源地也存在争议，分为高纬度起源说和中、低纬度起源说。目前，多数学者支持被子植物起源于热带。近年来对化石资料的研究表明，植物化石在中、低纬度出现的时间要早于高纬度。由于被子植物的数量庞大，形态变化显著，对于被子植物可能的祖先也存在着不同的假说，有多元说、二元说和单元说。目前多数植物学家主张被子植物单元起源。这一假说的主要依据是被子植物具有许多独特和高度特化的特征，如筛管和伴胞的存在，雌、雄蕊在花轴上的排列位置固定不变，雄蕊都有 4 个孢子囊和特有的药室内层，大孢子叶和柱头的存在，花粉萌发方式，花粉管进入胚囊与卵细胞结合的方式，双受精现象和三倍体胚乳。所有这些特征同时发生的概率极低，因此有理由认为被子植物来自一个共同的祖先。被子植物起源于哪一类植物，仍有很多推论，最为人们接受的是被子植物起源于一群最原始的种子蕨。种子蕨通过幼态成熟而演化为被子植物。

三、树木栽培的起源与作用

树木与人类的生存环境息息相关，人们从很早就开始认识和利用树木来满足自身的生活需求。在欧洲，早在公元前 300 年，古希腊的本草学家和植物学家就开始根据植物的经济用途和生长习性进行分类。我国对树木的认识和驯化利用历史更为悠久，可追溯至公元前 7 世纪。早在成书于先秦时期的我国第一部诗歌总集《诗经》中就已出现"东门之杨，其叶肺肺"和"昔我往矣，杨柳依依。今我来思，雨雪霏霏"之句。远在 2 300 多年前的《山海经》中也有"员木（即油茶）南方油食也"的记载，说明人们很早就开始了对树木的栽培和驯化利用。我国古代树木种植技术萌芽于约公元前 2000 年的新石器时代晚期，在此之前，为了食物、燃料和简单工具而利用树木，此时之后开始树木种植，到公元前 770—公元 581 年，人们已知道适地适树、采种与育苗、种植林木和竹类、栽培果树、引种树木。到了隋唐至元代 700 多年间，泡桐、杉木、竹类、桑树已有了广泛栽培。

在自然状态下，植物群体在演化过程中受很多因素的影响，突变是基因种类与基因频率变化的原动力，基因、染色体、染色体组、核外基因和体细胞等突变在世代内和世代间交叉出现使群体内的遗传多样性不断增加，给自然选择提供了原材料。由于树木杂合性较强，基因重组也是引起基因频率变化的重要原因。基因的迁移和遗传漂变也能深刻地影响群体的基因频率。自然选择是对群体中积累的基因进行优化选择的过程，其主要的表现是繁衍后代的能力和子代的保存数量。通过自然选择对基因型的影响和基因重组的作用，群体的基因频率将发生定向改变，结果使生物类型发生改变。在长期的进化过程中树木积累了很多对人类有益的性状，人们按照对自己有用的方向开始对树木进行长期选择与培育利用，以满足自己的多种需求。按照不同的用途，人们把林木分为防护林、用材林、薪炭林、经济林和特种用途林来进行栽培利用。

随着社会的发展、技术的进步和人们需求的不断提高，人们对林木的认识和开发利用研究也在不断加强。地区交流的增多和信息传导的便捷使得不同地区的林木能够相互引种，从而极大地丰富了不同地区的种质资源，在林业生产和生态建设中发挥了重要的作用，甚至有的树种经过引种后经济性状得到进一步的提高，超过当地原有树种。如刺槐原生于北美洲，现被广泛引种到亚洲、欧洲等地，在我国已成为重要的造林树种。核桃原产于西亚，现成为我国重要的经济树种。在用材树种方面我国成功地对美国的火炬松、湿地松，澳大利亚的桉树进行了引种，通过对比试验，引种后在我国生长良好。在园林绿化方面我国从国外引种了大量的树木，如欧洲云杉、科罗拉多云杉、朝鲜冷杉、欧洲黑松、欧洲赤松、铅笔柏、地中海柏木、北美爬地柏、红叶石楠、抗寒石楠、北海道黄杨、蓝果小檗、欧洲火棘、美洲茶、茶条槭、欧亚槭等。

利用植物界天然的变异，从自然林分中选择出优良的类型，人为地干预和改变基因型的频率，繁殖培育出新的品种是促进林木进化的一种重要手段。选择育种是改良林木的第一步，是育种的基础，只有选育出具有优良品质的树种然后才能进行杂交试验和对比分析。杂交也是林木改良的重要手段，目前很多生产应用的品种都是通过杂交而来，如现在广泛栽培的杨树 172、107、108 均为在欧洲黑杨或美洲黑杨与欧美杨杂交后被我国引种而来。随着科技的发展和生物技术的进步，基因工程在林木改良中的应用也逐渐兴起。基因工程具有目的性强、时间短、能够打破种间杂交不亲和的界限等特点。1987 年，Fillatti 等首先将抗除草剂基因通过根癌农杆菌导入杨树 NC5339 无性系中，获得了具有抗除草剂的转基因杨树。目前人们正在努力研究抗病、抗虫、抗逆、抗污染、调节花期及改良木质素比例等方面的内容，以满足人们的生产和生活需要。

第二节　树木的栽培概况

树木栽培是指人类利用一定的技术手段遵从各种树木生长习性、满足人类需求的基础上对树木进行的栽种和培育的一系列活动。这些活动涵盖从繁殖到收获的整个过程，包括繁殖、选地、选树与品种、整地、定植、病虫害防治、移栽、灌溉、施肥、采摘、间伐、采伐与更新等。树木栽培随着人类利用植物来提供各种生产生活资料的历史过程而发展，如今已经发展出多种多样的方法。如繁殖方法中，除了人们熟知的种子繁殖法之外还有根繁殖法（如泡桐）（张献周，2010）、茎繁殖法（扦插育苗）（祝岩，2007）、叶繁殖法（多用于草本植物，木本植物较少，如茶花）（李鑫，2010）等。又如人们根据树种的不同特性和不同用途（林种）采用不同的培育方法。随着科学技术的进步，人们利用植物细胞的全能性进行组织培养，也可以培育出完整的植株，科学家甚至利用花粉进行组织培养培育出单倍体植株；人们为了快速精准地获得新的植物性状而进行转基因育种，等等。在树木栽培中一个重要的原则就是"适地适树、适品种"，使树种生态适应性和环境条件相匹配。

一、国外的树木栽培

（一）欧洲

林地的采伐与更新向来是一个矛盾的问题，过度采伐和人为毁林曾经给世界林业带来惨痛的教训，因森林过度砍伐而对环境造成不良的影响。数百年前，欧洲由于能源需求、工业和农业的发展，天然林遭到严重破坏，欧洲早就进行人工造林，并发展了造林学。根据联合国粮农组织（FAO）发布的数据，欧洲（包括俄罗斯联邦）拥有约 6 900 万 hm^2 人工林，占全球人工林面积的 26%。在欧洲，对大多数的森林都采取积极的措施来经营，森林类型、树种和森林经营目标都具有极大的差异。与其他地区相比，天然林和人工林之间的区别不太明显，因为自数百年前天然林被砍伐后就已经营造了人工林。2000—2010年，欧洲森林面积年均增加 40 万 hm^2，其中包括使用本地树种营造的人工林和在农业用地经天然更新形成的森林。由于环境政策的限制，再加上许多小林主更愿意把林木遗留给后代而不是采伐掉，欧洲将来可能会出现阔叶材供过于求而针叶材供应短缺的局面。

许多欧洲国家纷纷出台政策，增加可再生能源在能源消费总量中的份额，以应对化石燃料价格上涨，保障能源安全和减缓气候变化。这些政策使能源用木材需求不断增加，从而带动大量来自公共部门和私人部门的生物能源投资，营造大量速生短轮伐期矮林（如杨树人工林）。预计，油价的上涨将进一步促进能源用木材需求大幅上升。欧洲在未来人工林栽培中面临的挑战：应对庞大的私有林主数量导致的森林分散化（欧盟有 1 600 万个林主）；应对经济危机下的需求疲软；开发新产品和优化增值链；提高林业部门在生物经济中的作用。

（二）北美洲

根据 FAO 的数据，北美洲人工林约 3 750 万 hm^2，约占全球人工林面积的 14%。美国、墨西哥、加拿大的人工林面积分别占本国森林总面积的 8%、5% 和 3%，这 3 个国家人工林栽培面积均呈小幅上升趋势。然而，气候变化可能会加剧对森林健康的威胁。在加拿大和美国，森林火灾和虫害（如松甲虫）的灾害程度和发生频率上升，而气候变化导致的长期干旱进一步加剧了这些森林灾害。随着时间的推移，美国林地所有权模式发生较大变化，特别是出现了木材投资管理机构（TIMOs）等大规模林地所有者，人工林经营集约化程度提高，花旗松林和南方松林的生产力大幅增长，轮伐期缩短。美国南部地区制浆造纸业和西北部地区锯材、胶合板和定向刨花板工业的繁荣都带动了美国人工林投资规模的提升。尽管林业部门对整体经济的贡献很大，但森林生态系统服务市场的发展还有待加强。20 世纪 30 年代美国曾出现尘暴现象，其政府对林业加强管理，至 1996 年美国森林面积达到 2.98 亿 hm^2，2002 年公布的数据是 3.03 亿 hm^2，2012 年达到 7.42 亿 hm^2（李富，2007）。

（三）亚洲

亚洲有 1.23 亿 hm^2 人工林，占全球总量的近一半。人工林面积在过去 10 年通过大规模植树造林计划大幅增加，尤其在中国、印度和越南。造林目的包括扩大森林资源、保护流域、控制土壤侵蚀和沙漠化以及保持生物多样性。中国国家林业战略制定了到 2020 年新增人工造林 4 000 万 hm^2 的目标。在亚洲，随着越来越多的天然林被禁止用于木材生产，人工林成为该地区木材的主要来源。未来提高人工林木材供应潜力的主要途径包括：①通过技术措施（如生物技术）提高现有人工林的生产力；②在城区和城郊的空地开展植树造林；③发展农场林业，将农场林作为重要的木材来源之一。有利于农场林业发展的条件包括：土地使用权保障程度提高，有利于农民从事长周期的森林经营；农业盈利能力下降，使农民比以前更倾向于弃农从林；木材产品需求量和价格上升使林业具有较好的盈利前景。

另外，人工林所提供的生态系统服务的价值正日益被决策者和公众重视。中国林业政策重心已经开始由木材生产和利用转向提高森林生态系统服务功能。中国 2013 年国家发展战略强调了生态文明建设。人工林将越来越多地发挥保护功能和多种用途。

（四）大洋洲

大洋洲（主要国家为新西兰和澳大利亚）人工林约 410 万 hm^2，占全球人工林面积的 1.6%。大洋洲人工林经营历史悠久，这是由于该地区历史上曾经木材短缺，同时又具有适合桉树和辐射松等速生树种生长的良好条件。营造人工林的动机是在不破坏天然林的情况下实现木材的可持续生产。总体上，大洋洲生产的木材不仅能够满足本地区需求，还可大量出口（主要出口中国）。尽管该地区新增造林没有明显增长，但由于现有人工林生产力的提高，预计木材供应量的增长将持续至 2020 年。已有的财政体制和政策（补贴、贷款和税收优惠等）曾经促进了该地区人工林的发展，但其作用是短期的。虽然目前人工林投资仍有相当大的发展潜力，但却受到管理体制、土地使用权和产权等问题的制约。人工林固碳所产生的生态系统服务效益越来越受到政府和广大公众的认可，但人工林投资者却很难通过提供生态服务切实获得回报。

（五）非洲

非洲人工林面积为 1 540 万 hm²，占全球人工林的 5.8%。非洲的大多数木材仍然来自天然林，人工林投资集中于森林覆盖率相对较低的国家，如阿尔及利亚、摩洛哥、尼日利亚、南非和苏丹。大多数造林计划旨在确保工业用材和木材燃料的供应，也有一些造林是为了防治荒漠化。人工林大部分由外来物种（如松树、桉树、橡胶树、相思树和柚木）构成，这些树种具有速生性或其他经济性状（如可以生产阿拉伯树胶或橡胶）。对于那些仅依靠少数几个树种营造人工林的非洲国家，应鼓励造林树种的多样化以防止病虫害和气候灾害，这样做还有利于保障市场供应和增加产品多样化。

人工林经营质量和生产力在很大程度上取决于森林所有权的类型。非洲大多数人工林由公共林业机构营造和管理。公有林经营状况一般较差，原因是国家管理体制不完善、营林工作不到位、财政预算不足及科研工作跟不上。在所有非洲国家中，科特迪瓦和津巴布韦的公有人工林经营相对较好。南非、斯威士兰和津巴布韦是私有人工林所占比例较高的国家。私有林经营状况总体良好，具有较高生产力，而且通常在经营人工林的同时也经营木材加工厂，从而实现利润最大化。

由于木材需求日益增长，在家庭农场营造的小片林地增多。农场林地（包括不成林的树木）在加纳、肯尼亚和乌干达的分布非常广泛。这些小片林地已成为木材和非木材林产品的重要来源，并且在农村社区的生计和国民经济中发挥了重要作用。预计，农场小规模林业还将继续维持良好的发展势头，当然也存在一些不利于其发展的因素，如：缺乏吸引投资的激励机制，缺乏配套的林业推广服务，农场林主缺乏林学知识，造林所用种源的遗传质量差。

（六）拉丁美洲

拉丁美洲拥有约 1 500 万 hm² 人工林。虽然人工林面积比较小，占全球人工林面积不足 6%，但在过去 10 年中以每年 3.2% 的速度增长，并且预计还将进一步增长。例如，巴西人工林面积预计到 2020 年将翻一番。在政府的有利政策和金融激励计划的支持下，该地区由私营部门主导的速生人工林和可再生燃料利用正在走向世界先进行列。有利的政府政策使拉丁美洲成为本地区与全球纸浆和纸生产者以及包括木材投资管理机构（TIMOs）在内的北美投资者的首选投资地区。该地区一些主要国家（阿根廷、巴西、智利、哥斯达黎加和乌拉圭等）的人工林发展主要特点如下：①增加在提高人工林生产力技术（特别是无性繁殖技术）上的投资，使人工林每公顷年生长量超过 50 m³。②采用桉树、辐射松、火炬松、湿地松和柚木等短轮伐期树种造林，并进行集约经营。③人工林经营与木材加工相结合，特别是与纸浆、纸和人造板的生产相结合。④先进的生物技术和有关土地利用的环境立法为减少速生丰产人工林对环境的负面影响做出了积极贡献。⑤智利林业部门已经在很大程度上实践了以科学为基础的人工林可持续集约化经营。以生产木材为主的人工林为智利林产工业的蓬勃发展奠定了坚实基础，使林产工业成为智利的第三大出口行业，为促进就业和提高国内生产总值做出显著贡献。智利人工林在减少水土流失和涵养水源方面所发挥的作用也得到国际认证计划的认可。许多营造人工林的公司还成功地开展了社区支持项目。⑥随着粮食、纤维和燃料生产对有限土地资源的争夺不断增强，最近拉丁美洲已有几个国家政府出台了限制在农业用地进行人工林投资的规定。有些人工林经营公司是许多年前以低廉成本购置的土地，因此仍然可获得优异的投资回报；新投资人工林的公司因土地成本较高回报率有所下降，但仍然高于许多其他行业的资产回报率。

（七）国内外主要栽培树种

杨树是世界上分布最广、适应性最强的树种之一，是一个能够迅速解决用材问题的树种。根据1984年第17届国际杨树委员会对32个成员方的统计，世界杨树发展有两种不同的趋势。在亚洲和南美洲等的发展中国家，杨树面积增加很快；相反，在欧洲老的杨树栽培国家，如意大利和法国等，由于进口木材的竞争，本国的杨木销路不畅，杨树造林面积增长缓慢，甚至有下降的趋势（牛正田等，2007）。

美国从1924年便对杨树进行杂交工作，用美洲山杨（*Populus tremuloides*）、银白杨（*P. alba*）等34个不同植株，做了100个杂交组合，得到了上万株杂种（H. B. 斯塔罗娃，1984）。在明尼苏达大学北方中心实验站，进行了毛果杨和不同种源的美洲黑杨（*P. deltoides*）杂交，以速生、抗寒和抗病为目标选育出了NE 311、NE 296、NE 200等杂种无性系（翟洋，2014）。20世纪30年代，为解决木材供应问题，意大利采用农业经营的方式来大面积栽培杨树（方升佐，2008）。

杨树通常采用短轮伐期集约栽培的方式，有全树收获、超短轮伐期、杨树农业栽培、能源林、饲料林等，虽然栽培目的不同，但产量都很高。在工业化用材中，杨树可以在纸浆、各种板材的生产中发挥作用。所以各国政府和企业，如法国、美国、西班牙、阿根廷等，都会对杨树栽培做出一定的优惠鼓励和补偿捐款（郑世锴，1988）。

桉树是世界人工林最重要的树种之一，原产于澳大利亚，由于其速生丰产的特点而被世界上其他国家广泛引种和栽培，其木材主要被用来生产纸浆，澳大利亚、巴西和南非等国家也研究了桉树实木木材的加工利用技术并取得了成功。截至2008年，世界现有人工桉树林约2 000万hm^2，澳大利亚50%的人工林为桉树林，巴西桉树林面积为340万hm^2，葡萄牙桉树林面积为67万hm^2，占全国森林面积的20%。印度2001年有短轮伐期桉树林800余万hm^2（沈照仁，2008）。

松杉有100多种，在全球范围内分布广泛，具有适应性强、生长迅速、容易繁殖、用途广泛等特点，所以在世界各国林木引种和绿化造林上都占有特别重要的地位。许多松杉为工业用材树种，可供建筑、电杆、枕木、桥梁、矿柱、板材及造纸等用。此外，可提取松节油、松花粉，松节、松针可供药用。硬木类松树可割松脂；多数五针松树的种子较大，富含油脂，可供食用或榨油。多种松杉为森林更新、造林及园林绿化树种（宋朝枢，1983）。

可持续发展林业无疑给生态带来持续的收益，但人们生活中对木材的需求不得不从对人工林的栽培中获得满足。世界总体人工林的栽培面积是增加的趋势。

二、中国的树木栽培

根据国家林业局2014年第八次全国森林资源清查报告，我国森林面积2.08亿hm^2，森林覆盖率 21.63%。活立木总蓄积量 164.33 亿 m^3，森林蓄积量 151.37 亿 m^3。其中，人工林面积 6 933 万 hm^2，占有林地面积的 36%；人工林蓄积量 24.83 亿 m^3，占森林蓄积量的 16.40%。我国人工林面积世界第一，说明我国树木栽培工作居于世界领先水平。我国人工林的主要树种是杉木、马尾松、桉树等（国家林业局，2014）。

　　杉木是我国特有的速生用材树种之一，具有生长快、材性好、单产高、分布广的特点。其栽培历史悠久，根据杉木造林历史考证和产区地方志记载，杉木人工林的栽培制度、大面积产区的形成以及产运销体系与材积计算测评方法形成于明末清初，距今约 400 年，这也是中国人工林规模化发展的起点，杉木迄今仍是中国人工林造林规模最大的树种，而且在造林经营技术上也在不断提高（盛炜彤，2014）。吴中伦 1984 年提出重点商品材基地建议，按县、市共提出 15 片基地，包括全国 188 个县、市，其中主要是历史上老的杉木产区。我国最早记载杉木的古代典籍是公元前 2 世纪的《尔雅》，距今已有 2 000 多年的栽培利用历史，元代书籍《王祯农书》中记载中国古代劳动人民已经了解树木特性、采种育苗、种植方法，竹类、桑树、果树栽培技术，林木保护和树木引种，掌握宜林地选择、整地、栽植密度控制、林农兼作等栽培技术。中华人民共和国成立后人工林已经采用良种选育、种子园、地理种源、立地评价、分子生物学等现代化培育方法。

　　桉树最早在 1890 年就被引种到中国，已有 100 多年的历史。20 世纪 50～60 年代在广东、广西和海南等地栽培。随着工业和育种技术的进步，桉树的利用日渐增多，目前中国桉树人工林面积已经达到 360 多万 hm^2，仅次于巴西和印度，是世界第三大桉树产品生产国。中国的桉树栽培育种工作采用引种、选择育种、无性系育种、杂交育种等方式，并结合桉树基因图谱、基因重组、分子标记等现代化生物技术手段，且取得很大进展。从国外引进 300 多个桉树种、600 多个种源、4 000 多个家系，引种试验区覆盖我国南方的热带和亚热带地区，并从中选出了尾叶桉、细叶桉、赤桉、巨桉、亮果桉、史密斯桉、粗皮桉、邓恩桉等优良品种（谢耀坚，2011）。

　　除了速生丰产林之外，中国树木栽培还在包括"三北"防护林、长江中上游防护林、沿海防护林、平原农田防护林体系和治沙工程等生态林工程中发挥重要作用，树木栽培技术紧跟时代步伐，不断发展，为建设山更青、水更绿、空气更清新的生态文明和美丽中国做出应有的贡献。

三、树木栽培的发展趋势

　　根据国家林业局 2014 年第八次全国森林资源清查报告，我国人工林面积比第七次清查时增加了 764 万 hm^2，蓄积量增加 5.22 亿 m^3，人工林的采伐比重进一步加大，人工林采伐量所占比重上升了 7 个百分点，达到 46%，森林采伐逐步向人工林栽培转移。中国用仅占全球 5% 的森林面积和 3% 的森林蓄积量来支撑占全球近 20% 的人口对生态产品和林产品的巨大需求，林业发展面临的压力越来越大，给我国树木栽培工作提出了新的挑战（国家林业局，2014）。

　　目前，我国林业面临的主要问题包括：①林地生产力低，每公顷蓄积量只有世界平均水平的 69%。进一步加大投入，加强森林经营，提高森林的稳定性和林地生产力、增加森林蓄积量是今后林业发展的主要任务。②人工林林分结构简单，生物多样性低，生态系统稳定性差。其对树木病虫害、气候变化、环境恶化的抵御能力弱，应按照生态系统要求进行管理，改变人工纯林特别是针叶纯林的结构。③多代连栽林分面积大，地力衰退，土壤肥力下降。速生丰产林对地力和土壤肥力的消耗速度快、体量大，连续栽种易导致地力衰退、土壤环境恶化。我国树木栽培工作应立足于可持续发展的林业经营理念来解决这些基本问题。

2009年，在哥本哈根举行的联合国气候变化峰会上，中国政府向国际社会做出承诺，争取到2020年要实现森林面积比2005年增加4 000万 hm^2，森林蓄积量增加13亿 m^3 的"双增"目标。为实现这一目标，我国树木栽培工作需要：①进一步抓好天然林保护、退耕还林，长江、黄河、珠江防护林，沿海防护林，平原绿化工程等重大生态修复工程，加强森林培育与保护，使其生态功能得到充分发挥。②提高干旱、半干旱地区的造林技术。因为现在我国的可造林面积、可造林地大多是在西北和西南地区，有2/3是质量比较差的宜林地，50%是年降水量在400 mm之下的干旱和半干旱地区。③进一步加强科技创新，研究推出抗逆性强的新优品种，适地适树，树种选择及配植要适合造林地区的气候与土壤条件。④引进技术人才，组织培训地方技术人员，促进工程质量的提高。同时调动社会力量参与造林绿化。⑤进一步加强森林资源保护、加大森林防火和森林有害生物防治的力度，扩大和保护森林面积。人民群众所期盼的山更绿、水更清、环境更宜居，造林绿化、改善生态任重而道远。

第三节　林木种质资源多样性

中国的生态系统复杂多样、物种极为繁多、种质资源十分丰富，是世界生物多样性大国之一。中国东西经度跨63°，南北纬度跨49°，拥有寒温带、温带、暖温带、亚热带和热带多种气候类型，地形和环境十分复杂。根据森林的自然分布及自然地理区划和农业区划，将我国森林分为东北温带针叶林及针阔叶混交林地区、华北暖温带落叶阔叶林及油松侧柏林地区、华东中南亚热带常绿阔叶林及马尾松杉木竹林地区、云贵高原亚热带常绿阔叶林及云南松林地区、华南热带季雨林地区、西南高山峡谷针叶林地区、内蒙古东部森林草原及草原地区、蒙新荒漠半荒漠及山地针叶林地区、青藏高原草原草甸及寒漠地区等9个地区，44个森林区和宜林区（《中国森林》编辑委员会，1997）。考虑到地区间、地区内综合生态和立地条件的异质性，如此独特而复杂的生态系统多样性，造就了特有的高度多样性的植被及森林类型。

中国除具有自己独特的森林植物区系外，还包括东南亚（印度洋）热带、亚热带区系（云南、海南），东亚、日本、亚热带区系（福建、台湾），西伯利亚寒带温带区系（东北、西北），中亚、西北植物区系（新疆及青海、甘肃、内蒙古的部分）、北美植物区系等，孕育了十分丰富的森林树种资源。树木作物是指栽培的树木和竹藤类植物，可以分为针叶树、阔叶树，或常绿树、落叶树；也可分为乔木、灌木、竹类、藤类。丰富的树木作物多样性为森林资源的培育提供了良好的物质条件，为林业、生态改善和产业建设奠定了坚实基础（顾万春，1999）。

一、种间多样性

中国植物区系起源古老，植物种类丰富，特有种数量多，是世界重要的植物起源中心

之一。中国拥有高等植物 32 800 种，居世界第三位。其中被子植物 291 科 2 946 属约
25 000 种，裸子植物 10 科 34 属 240 种。中国有木本植物 8 000 多种，其中乔木约 2 000
种，分别占世界的 54% 和 24%。中国华南、华中、西南大多数山地未受第四纪冰川影响，
从而保存了许多在北半球其他地区早已灭绝的古老孑遗种，如水杉、银杏、银杉、水松、
珙桐、香果树等。中国特有树种种类丰富，有银杏科、马尾树科、大血藤科、伯乐树科、
杜仲科、银鹊树科、珙桐科 7 个特有科，特有属有金钱松属、银杉属、华盖木属等 239
属，特有种有金钱松、白豆杉、台湾杉、毛白杨等约 1 100 种。中国有重要经济价值的树
种约 1 000 种，其中主要造林树种 300 多种（附录）。

根据树种的主要功能和用途，将其分为用材树种、经济树种、防护树种、园林树种和
能源树种 5 类。

（一）用材树种多样性

中国用材树种种类繁多，为用材林培育及其良种选育提供了基础。目前广泛应用的用材
树种（属）主要有杉木、马尾松、油松、柏木、侧柏、杨树、泡桐、落叶松、红松、云杉、
华山松、樟子松、云南松、水曲柳、柳树、栎类、白桦、西南桦、榆树、大叶榉、鹅掌楸、
木荷、桤木、楸树、川楝、竹类、刺槐、桉树、相思树、湿地松、火炬松、加勒比松等。其
中落叶松属 10 种 1 变种，约占世界落叶松种类的 60%；杨属有 53 种，占世界杨树种类的
50% 以上，杨树人工用材林面积为 309 万 hm^2；栎属 51 种，14 变种，1 变型，占世界栎树
种类的 20%；竹类有 500 种，约占世界竹类的 50%，其中毛竹林面积 386.8 万 hm^2。

（二）经济树种多样性

中国经济树种 1 000 多种，主要以木本粮油、药用、化工原料、果树、木本蔬菜等树
种为主。木本油料树种有 200 多种，其中可食用的有 50 种，如油茶、核桃、油棕、山杏、
榛子等；木本粮食树种有 100 多种，主要有板栗、枣、巴旦杏、阿月浑子、柿等；果树约
140 种，包括苹果、梨、桃、柑橘、杏、李、猕猴桃、荔枝、龙眼、杨梅、枇杷等，其中
苹果和梨的产量占世界总产量的 50% 左右，均居世界首位；木本药用植物近 1 000 种，如
刺五加、五味子、杜仲、黄檗、厚朴、肉桂、枸杞、银杏、红豆杉等；工业原料树种有化
香树、樟树、金合欢、橡胶、漆树、油桐、皂荚、苦楝、松树、栓皮栎等。其他还有茶、
桑、香椿、辽东楤木、花椒等。

（三）防护树种多样性

防护树种适应性强，种类繁多，在水土保持、荒漠化防治、农田防护林和沿海防护林
建设等方面具有重要作用。常用的防护树种中乔木树种有侧柏、山杏、刺槐、木麻黄、胡
杨、海桑、木榄、麻栎、栓皮栎、樟子松、旱柳、白蜡树、新疆杨、山杨、沙枣等，灌木
树种有沙棘、沙拐枣、沙柳、柽柳、柠条锦鸡儿、梭梭、沙地柏、紫穗槐、白刺、花棒、
踏郎等。防护树种变异幅度大，为生态治理提供了丰富的树种选择。如中国柳树约有 256
种 63 变种，占世界柳树种类的 50% 左右，柳树不同种类耐盐碱能力差异大，适宜轻度盐
碱地的有旱柳、杞柳，适宜中度盐碱地的有白柳、沙柳等；沙棘属有 7 种 4 亚种，占世界
沙棘种类的 70% 以上。

（四）园林树种多样性

中国园林观赏树种种类十分丰富，有 1 200 种以上，主要观赏乔木树种（科、属）有银杏、珙桐、雪松、鹅掌楸、白皮松、国槐、柏木、悬铃木、罗汉松、七叶树、香樟、榕树、栾树、槭树、木兰、桂花、紫薇、海棠；主要观赏灌木和木质藤本树种（属）有牡丹、杜鹃、梅花、丁香、山茶花、黄杨、小檗、连翘、迎春、猬实、金银木、紫藤、蔷薇、木槿等。中国槭属有 150 种以上，占世界槭树种类的 75%；木兰科树种有 11 属约 140 种，分别占世界属的 73%、种的 53% 以上；山茶科树种有 15 属 500 种，分别占世界属的 50% 和种的 67%；杜鹃属有 530 多种，占世界杜鹃花种类的 59%；丁香属有 20 多种，占世界丁香种类的 65% 以上；蔷薇属有 82 种，占世界蔷薇种类的 41%。

（五）生物质能源树种多样性

中国生物质能源树种种类繁多、数量巨大，且分布范围广泛，生物质能源总量在 180 000 亿 kg 以上，其中速生优质的主要薪炭树种有 60 种，乔木包括马尾松、湿地松、蓝桉、赤桉、巨桉、细叶桉、尾叶桉、麻栎、栓皮栎、刺栲、石栎、木荷、桤木、木麻黄、南酸枣、楝树、旱柳、刺槐、杏亚属树种等；灌木包括胡枝子属树种（含 40 种）、梭梭、多枝柽柳、甘蒙柽柳等；主要木本油料树种 10 多种，包括黄连木、麻疯树、油桐、乌桕、文冠果、光皮树等。木本油料作物栽培面积不断扩大，生物燃料研究开发取得明显进展，2010 年 10 月，利用麻疯树生产的生物燃料已作为航空燃油试用。

二、种内多样性

种内多样性包含种源、群体和个体等不同层次的遗传变异，主要采用形态、适应性和生长等性状进行评价，以及种内遗传多样性，以同工酶和 DNA 标记进行分析评价。截至 2010 年，已对杉木、松树、落叶松、杨树、侧柏、云杉、桦树、蒙古栎、鹅掌楸、水青冈、桤木、桉树、梅花、蜡梅、丁香、牡丹等 100 多个重点乔灌木树种（属）的遗传多样性及变异状况进行了分析评价。

林木种内遗传变异主要对形态、生长、材性以及适应性等性状进行评价。形态性状的变异通常直接对野生天然群体进行抽样调查，选择具有稳定遗传的种子、果实等器官的形态指标进行直接测定评价，群体内变异采用标准差、变异系数、方差、Shannon's 信息指数等参数，群体间变异采用方差分量、遗传距离和表型分化系数等参数进行评价。通常采用种源/家系试验、子代测定、无性系测定等试验方法分析评价不同种源的地理变异模式和其他遗传参数。

同工酶和 DNA 标记已被广泛应用于树种的遗传多样性评价，20 世纪 90 年代之前主要采用同工酶分析方法，常用的同工酶酶系统有 ADH（乙醇脱氢酶）、PGM（磷酸葡萄糖变位酶）、PGD（磷酸葡萄糖酸脱氢酶）等 20 多个。20 世纪 90 年代之后，分子技术发展迅速，主要采用 DNA 标记分析方法，常用的 DNA 标记有 RFLP（限制性片段长度多态性）、AFLP（扩增片段长度多态性）、RAPD（随机扩增多态性 DNA）、ISSR（简单重复序列间扩增）、SSR（简单重复序列）等。近年来，分子芯片、测序等分析技术逐渐被应用。同工酶和 DNA 标记分析常用的评价参数有等位基因频率及其分布、基因型频率或谱带频率方差与变化率、位点平均等位基因数、有效等位基因数、多态性位点百分率、Wright 近交系数、Nei's 基因多样性指数、Shannon's 信息指数以及遗传分化系数、遗传距离等。

（一）种源地理变异

中国大多数树种仍处于野生状态，分布地域广泛，生长环境多种多样，经过长期的适应、进化和发育，在形态、生长和适应性等方面产生了显著的差异，形成了丰富的种内遗传变异。从 20 世纪 80 年代初全面开展种源试验，迄今中国已对杉木、油松、马尾松、火炬松、红松、华北落叶松、湿地松、云南松、兴安落叶松、华山松、木麻黄、红皮云杉、落羽杉、池杉、秃杉、侧柏、檫树、黑荆树、白桦、白榆等 70 多个重要造林树种系统地进行了种源试验研究。研究结果表明，中国多数树种具有显著或极显著的群体间、群体内遗传变异，不同树种群体间、群体内遗传变异方差分量比变化较大；绝大多数树种都表现有显著的地理变异趋势，主要表现在形态特征、生长量、适应性及木材性质上；树种的生长和适应性状与种源和气候因子相关，大部分树种表现为较强的纬向变异，个别树种表现出经纬双向变异。典型树种的种内变异状况如下：

杉木是中国亚热带地区的主要用材树种，杉木的遗传变异研究表明，杉木多数性状呈现由南到北渐变趋势，物候期、耐寒性等适应性状与纬度之间存在密切的线性负相关。生长和抗逆性与所处的气候生态条件相关，且以纬向变异为主；杉木的生长、材性和分枝特性主要是以渐变群的方式变化。

马尾松是中国亚热带地区的主要用材树种。马尾松全分布区种源试验的结果表明，不同种源在生长量、生长节律、物候期、抗病虫害能力等方面都存在不同程度的差异，并与种源的地理纬度相关，种内遗传变异大致自南而北呈渐变模式。马尾松木材基本密度具有显著的种源差异，与纬度的相关性极显著，由北向南逐渐减小，而与经度无关。

油松主要分布于中国华北地区，是重要的造林和园林绿化树种。油松全分布区种源试验结果表明，不同种源在发芽、物候、生长、形态和抗寒性等性状上存在显著的地理变异，以连续性变异模式为主。以气候生态型为基础，同时参考油松亲代的变异，将油松划分为 9 个种子区，22 个种子亚区。

侧柏是中国石质山地的重要造林绿化树种。侧柏种源主要性状地理变异是以纬向变异为主的渐变类型，东、南部种源比西、北部种源生长快，耐旱和耐寒能力较差；侧柏分布区从北到南划分成 5 个种源带及东北、西南 2 个种源区；侧柏种源间在造林成活率、幼林生长量上存在着显著的差异，东、南部种源造林成活率比西、北部种源高，在无冻害区，南部种源的生长量大于北部种源。

毛白杨是中国特有树种，主要分布在我国黄淮海流域，在黄河中下游地区的林业生产和生态建设中占有重要地位。研究表明，毛白杨表型性状的变异极其丰富，在种源间和种源内均存在显著的遗传变异，种源内变异（80.26%）明显高于种源间变异（19.74%），种源内无性系间的遗传差异是毛白杨遗传多样性的主要来源。毛白杨有多种自然变异类型，如箭杆毛白杨、易县毛白杨、塔形毛白杨、截叶毛白杨、小叶毛白杨、河南毛白杨、密孔毛白杨、京西毛白杨等。

白榆是中国北方地区重要的造林用材树种。白榆全分布区种源的地理变异研究表明，白榆种源间存在显著差异，生长量随种源地纬度升高而降低，分布区南部黄淮河流域的种源生长快，分布区北部种源生长慢，呈单向渐变模式，抗寒性则相反。

（二）遗传多样性

同工酶及 DNA 标记分析结果显示，大部分树种具有丰富的遗传多样性，种内遗传多样性主要分布于群体内（60%～90%），如油松、马尾松、华北落叶松、兴安落叶松、长白落叶松、红松等。不同树种的群体间多样性分布不一，无明显群体间差异的树种有马尾松、兴安落叶松等；有明显群体间差异的树种有油松、华山松、长白落叶松、红松、蒙古栎等。近 10 多年来，对马尾松、油松、杉木、白榆、珙桐、落叶松、杨树、云杉等 100 多个树种进行了同工酶或 DNA 标记的遗传多样性评价。典型树种的分析结果如下：

对 12 个杉木地理种源进行的 RAPD 标记分析表明，种源间遗传距离变幅为 0.193 2～0.466 7。聚类结果表明，广东信宜、广西梧州、湖南会同、湖南江华、贵州锦屏、江西全南聚为一类，福建沙县、浙江开化、湖北咸宁、安徽休宁聚为一类，四川雅安、陕西南郑各为一类。

对马尾松天然群体进行的同工酶分析表明，马尾松种内具有较丰富的遗传变异，但群体间分化程度较低，大部分变异存在于地理群体内，群体间变异仅占 2% 左右，群体的分化与地理距离没有明显的关系。

油松同工酶研究结果表明，油松天然群体基因多样性与经度和纬度存在着负相关，中西部和南部地区基因多样性高，而东北方向低。利用 RAPD 和 ISSR 对天然油松群体的遗传结构分析表明，油松群体间均存在一定程度的变异和分化，在总的遗传变异中 85% 以上的变异存在于群体内，群体间的变异仅占 15%。

毛白杨同工酶变异研究结果表明，毛白杨各种源间相似性很高，97.26% 的遗传多样性存在于毛白杨种源内无性系间。AFLP 标记分析结果显示，多态带百分比 65.17%，平均位点等位基因数为 1.991，平均有效等位基因数为 1.479，Nei's 基因多样性指数为 0.289，Shannon's 信息指数为 0.445。9 个种源的平均多态性条带数为 280.7 条，平均多态带百分率为 60.49%，平均 Nei's 基因多样性指数为 0.191，Shannon's 信息指数为 0.29。AFLP 结果显示，毛白杨遗传多样性的 75.23% 分布于种源内（$G_{st}=0.2477$），各种源间差异显著。

蒙古栎同工酶研究发现，蒙古栎天然群体遗传多样性较低（$He=0.099$），低于北美和欧洲的栎树天然群体的平均值（$He=0.211$）。利用 AFLP 技术对白皮松天然群体的研究表明，白皮松的遗传多样性偏高，主要存在于群体内（占 89.8%）。对白桦天然林群体 ISSR-PCR 的研究发现，白桦物种内存在较高的遗传多样性，总多态性位点比率为 80%，Shannon's 信息指数为 0.404 5。

第四节 树木栽培在林业发展中的作用

我国人工林面积 6 933 万 hm²，占有林地面积的 36%，并且还在逐年上升。随着社会经济的发展、人们需求的不断提高，天然林已经不能满足人们对生态、环境、游憩、木材产品、非木材产品等多样化的需求，只有通过树木栽培大力发展人工林来满足人们对森林服务功能与林产品的需求，并且从生态保护的角度，将林产品消费从天然林逐渐转移到人工林上来。通过树木栽培来营造多功能、近自然化的人工林，以满足人们对林木产品与美好环境的需求，以及对生态文明的追求。

植物表型由植物基因型、环境以及栽培措施决定。树木栽培是遗传育种工作的有力支撑，育种工作需要适宜的栽培措施来实现基因型的有效表达，同时也是对育种成功与否的验证。遗传育种的最终目的是应用到栽培中产生生态效益、经济效益，只有优良的基因型是不够的，相应的树木栽培措施是保证新培育品种持续健康地推广并产生效益的基础。由于中国地域辽阔，树木具有丰富的地理种源变异，在不同的环境中也应采用相应的栽培措施。

种质是亲代通过生殖细胞或体细胞直接传递给子代决定其性状的遗传物质，是生物遗传变异和生物多样性的物质基础，是新品种选育和改良的遗传物质基础。中国植物物种极其丰富，遗传育种具有得天独厚的优势，但是种质资源保存的重要性尚没有得到充分的认识，致使丰富的遗传多样性面临流失的危险。丰富的遗传多样性能为遗传育种工作提供有力支撑。在传统育种基础上，应用现代生物技术，有助于培育出具有较好经济效益、生态效益、社会效益的新优品种，这些效益反过来可以支持种质资源的保护，形成良性循环。

目前地球上共有 5 万种可供人类食用的植物，而人类在各个时期曾利用近 3 000 余种，驯化成栽培植物的有 1 200 种，但大面积栽培的却只有 150 种，其中只有 29 种成为人类广泛应用的作物。随着生活条件的改善，人们的需求日益增长，原有品种已远远不能满足人们要求。例如，新西兰在 1906 年从中国武昌引去的野生猕猴桃，经驯化、选择、创新，目前已成为世界重要水果之一。并且，长期的人工栽培使树木品种的遗传多样性降低，应对自然灾害、环境变化、病虫害等逆境的抵抗能力脆弱，十分必要引进野生近缘种来扩大树木遗传基础。利用基因重组、基因突变、异源基因导入等现代生物技术进行新基因挖掘，创造新性状、新品种，以满足社会生产、生活的实际需求。

第五节　栽培树木的野生近缘植物及其重要性

树木的长期栽培可能导致其遗传多样性降低，育种的遗传基础变窄，使遗传改良的难度增加。例如现代栽培稻相对普通野生稻，丢失了约 1/3 的等位基因和一半的基因型，其中包括了大量优异基因，有抗病、抗虫、抗杂草及抗逆基因，也有高效营养基因和高产优质基因。

由于长期处于野生状态，经受了各种灾害和不良环境的自然选择，野生近缘植物形成了固有、稳定的遗传特性，可能蕴含丰富的特殊基因，具有优良的耐寒、耐旱、耐瘠薄、抗病性等，利用价值巨大。野生近缘植物对栽培树木的育种和遗传改良具有重要作用。

栽培树木与栽培农作物具有很大的差别，栽培农作物的野生近缘植物多指相同种的野生植物，但对于多数栽培树木来说，由于多数仍然没有形成品种，遗传上的一致性和稳定性都不高，有些栽培树木甚至和野生近缘植物没有明显差别。本书所指野生近缘植物多指相同属的不同种，其中有些种可能也有少量的栽培。

（郑勇奇）

参考文献

安元强，郑勇奇，曾鹏宇，等，2016. 我国林木种质资源调查现状与策略研究 [J]. 世界林业研究，29 (2)：76-81.

方升佐，2008. 中国杨树人工林培育技术研究进展 [J]. 应用生态学报，19 (10)：2308-2316.

顾万春，1999. 中国林木遗传（种质）资源保存与研究现状 [J]. 世界林业研究，12 (2)：50-57.

国家林业局，2014. 中国森林资源报告 [M]. 北京：中国林业出版社.

李富，2007. 论美国林业科技创新及对我国的启示 [J]. 科技管理研究，27 (8)：98-100.

林幼丹，张晨曦，2007. 杉木在中国的栽培历史简述 [J]. 自然辩证法通讯，29 (1)：79-82.

牛正田，李金花，张绮纹，等，2007. 北美地区杨树木材利用现状与前景 [J]. 世界林业研究，20 (4)：58-62.

沈照仁，2008. 世界桉树林的发展情况 [J]. 世界林业动态 (33)：9.

宋朝枢，1983. 世界松属种类及我国引种国外松的概况 [J]. 北京林业大学学报 (2)：1-11.

谢耀坚，2011. 中国桉树育种研究进展及宏观策略 [J]. 世界林业研究，24 (4)：50-54.

翟洋，2014. 杨树优良无性系选育 [D]. 泰安：山东农业大学.

张献周，2010. 泡桐根插快繁育苗技术 [J]. 现代农业科技 (2)：231，234.

郑世锴，1988. 国外杨树生产经验及其启示 [J]. 世界林业研究，1 (1)：35-42.

郑勇奇，2014. 中国林木遗传资源状况报告 [M]. 北京：中国农业出版社.

《中国森林》编辑委员会，1997. 中国森林：第1卷总论 [M]. 北京：中国林业出版社.

祝岩，2007. 林木扦插繁殖技术研究进展及其应用概述 [J]. 福建林业科技，34 (4)：270-274.

第 二 章

杉 木

杉木〔*Cunninghamia lanceolata*（Lamb.）Hook.〕为杉科（Taxodiaceae）杉木属（*Cunninghamia*）常绿乔木。我国杉木属有杉木和台湾杉木 2 种。杉木是我国特有的速生用材树种之一，其生长快，材性好，产量高，用途广，栽培历史悠久，是我国最重要的商品用材树种，在我国林业中占有重要地位。

第一节 杉木属植物的利用价值和生产概况

一、杉木的利用价值

（一）木材价值

杉木是我国主要的建筑材之一，木材纹理通直，结构均匀，早晚材区别不明显，强度相差小，不翘不裂。杉木具有材质轻韧，强度适中，质量系数高，加工容易，耐腐抗虫，耐磨性强，木材气味芳香等优点。杉木不仅是很好的工程用材树种，也是最受群众喜爱的生活用材树种。

根据杉材的用途，一般分为工程用材和工业用材两大类。

1. 工程用材 主要用途有两类。①房屋建筑用材：屋架、柱子、门、窗及施工用材等；②交通、电信、采掘工程用材：电杆、码头修建、桥梁、铁道枕木、坑木等。

2. 工业用材 主要用途有三类。①车船制造：杉木材质轻，富有弹性，吸水易干，浸水胀缩均匀，浮力大，船舶的船壳、甲板、桅杆、桨、舵、船舱等均以杉木为上选。此外，汽车、货车等的车厢板、车架等，在南方也多采用杉木。②农具及生活用品用材：杉木是制造各种农具的良材。南方古老的主要农具如犁、耙、风车以及播种机等机械，均可用杉材制作；由于杉木耐腐抗虫，我国常用杉材做木桶等器具。历史上我国南方也以杉材做棺木之用，专门营造杉木寿木林。另外，杉木的侧枝可加工成地板、木桶、桶柄及小型木制品、木片等。

（二）造林绿化价值

杉木是我国重要的造林绿化树种，生长快，人工繁殖容易，无论插条、实生苗和萌芽更新都能成林成材，广泛用于荒山荒地造林绿化。杉木自然分布面积广，遍及我国整个亚热带地区的 18 个省（自治区、直辖市），在全国可栽植的范围很广。据第七次全国森林资源清查，杉木人工林面积达 853.86 万 hm^2，占人工乔木林主要优势树种面积的 21.35%，是我国造林面积最大的树种。我国海南山区、山东昆嵛山、陕西长安南五台、江苏北部平原等地，以及英国、马来西亚、马拉维、毛里求斯、南非、日本、阿根廷、美国等国家均进行了杉木引种栽培。

（三）药用和工业价值

杉木的药用价值早被广泛记载，如唐代苏敬《新修本草》（659）记载杉木材可治漆疮或脚气病。唐代蔺道人《理伤续断方》（841—846）记载了用杉木皮及杉木材固定骨折有奇效，说明唐代已视杉木为有用的中药材。杉木根和根皮含游离氨基酸、甾体化合物、脂肪酸和维生素 C，具有祛风利湿，行气止痛，理伤接骨的功效，主治风湿痹痛、胃痛、疝气痛、淋病、白带、血瘀崩漏、痔疮、骨折、脱臼和刀伤。杉木树皮可代瓦，是良好的绝缘材料，还可制胶；杉木烧炭可做火药，碎屑、刨花等用蒸馏法可提取芳香油；种子可榨油供制皂。

（四）杉木精油价值

杉木精油是一种从杉木中提取的，无色或微黄色，透明具有芳香味的液体。它具有强有力的木香、麝香、龙涎香香气，可适用于配幻想型香精，主要用于化妆品和皂类。杉木精油不仅是一种宝贵的天然香料，其中的各种成分还具有药用价值。杉木精油中柏木醇含量为 60% 左右，其余还有 α-蒎烯、柏木烯、榄香烯、α-松油醇、β-石竹烯等。柏木醇俗称柏木脑，目前市场价格在 120 元/kg 左右，具有温和淡甜的木香与柏木特征香气，有些接近甲基紫罗兰酮，极淡而留香长（傅星星等，2008）。

二、杉木的地理分布和生产概况

（一）杉木的地理分布

杉木是我国特有的用材树种，自然分布广泛。其水平分布大致相当于东经 101°30′～121°53′、北纬 19°30′～34°03′的亚热带山区。北起秦岭南麓、桐柏山、大别山及宁镇山系，南至广东中部、广西中部与南部；东到浙江、福建沿海山地和台湾地区；西至云南、四川盆地西部边缘、安宁河及大渡河中下游，其中黔东南、湘西南、桂北、粤北、赣南、闽北和浙南等地区是我国杉木的重点产区。

杉木分布的地貌以山地和丘陵为主，垂直分布随纬度和地貌而变化，大致由东南向西北逐渐增高。中心产区杉木主要分布在海拔 800～1 000 m 及以下的丘陵山地；在南部及西部山区分布海拔较高，如峨眉山海拔 1 800 m，云南东部的会泽海拔达 2 900 m；东部和北部分布海拔较低，一般在海拔 600～800 m 及以下。

根据自然气候条件及杉木地理分布、生长状况和生产潜力，将我国杉木产区分为 3 个带 5 个区：杉木北带（东区、西区）、杉木中带（东区、中区、西区）、杉木南带（吴中伦等，1984）。

1. 杉木北带　相当于北亚热带，本带属杉木分布的北缘，是杉木的边缘产区，可分为东、西两个区。

（1）杉木北带西区　本区包括甘肃省小陇山南段武都、康县以南白龙江下游流域，陕西省秦岭南坡（海拔 800 m 以下）和汉水流域的汉中、安康地区，四川省大巴山及神农架山区，河南省伏牛山南坡卢氏、西平等县。本区气候温和而湿润，年均温一般 15 ℃ 左右，年降水量 800～900 mm，生长期 230～260 d。本区地带性植被是含有常绿阔叶树的落叶阔叶林，林中常混生有杉木，杉木分布比较零散；又由于地势较高，热量不足，降水量少，比较干旱，加之土壤黏重，透水性差，杉木一般生长不良。

（2）杉木北带东区　桐柏山以东地区，除桐柏山、大别山和黄山、天目山以北地区为低山外，广大区域为丘陵、低丘。本区主要包括河南省信阳地区的豫南山地，湖北省的东北低山丘陵，安徽省的大别山山地、南部低山丘陵以及九华山及黄山以北地区，江苏省的宁镇山丘，浙江省天目山区及长江三角洲和杭州湾。年均温 14～16 ℃，1 月均温 1～3.5 ℃，7 月均温 27.5～28.5 ℃，绝对最低温 −24～−19 ℃，降水量 800～1 000 mm。

本区典型植被类型以落叶栎为主，并含有少量耐寒的常绿阔叶树种；现有植被多为次生马尾松林，广泛分布于海拔 600 m 以下丘陵山地。杉木人工林垂直分布可达 1 000 m，如果人工造林选地和栽培措施得当，生产力较高。历史上安徽的休宁，大别山区的金寨，赣东北的德兴、婺源等均为著名的杉木产区。

2. 杉木中带　相当于中亚热带，本带是我国杉木分布和栽培区域最广泛的一个地带，特别是中部以东地区为我国重要产杉地区。按地形和气候条件分为杉木中带东区、中区、西区 3 个区。杉木中带东区和中区，是最适合杉木生长的中心地带，也是历史上早已形成的产杉区。

（1）杉木中带西区　杉木分布的西部边缘区，产区分散，呈不连续分布。本区大致范围为川西高原南缘，滇西北横断山高山峡谷以外的云南高原，北盘江以西的云南高原向贵州延伸部分，以及广西红水河以西的黔桂山地。本区的杉木自然分布和栽培区主要包括川西南雅砻江、安宁河流域及滇东、滇东北、滇东南这几个区域，年均温差小，四季不明显，降雨集中在夏季，干湿季分明。本区中滇东南的自然条件更适合杉木生长，杉木长势良好。

（2）杉木中带中区　本区大致范围是巫山、武陵山、雪峰山以西，大巴山以北，邛崃山脉及北盘江红水河一线以东地区，其间还有大娄山和南岭，气候温暖湿润，比较适宜杉木生长，有许多著名的杉木产区，如锦屏、黎平、会同、绥宁、恩施等地。尤其是黔东南清水江流域和湘西地区是传统经营的杉木老产区，也是我国杉木速生丰产林的重要基地。

（3）杉木中带东区　杉木中带东区在地域上大体包括武陵山、雪峰山以南，南岭山地以北及长江流域以南，该区是杉木气候生态适宜区，也是我国高产杉木种源的集中分布区和杉木的中心产区，是杉木人工林的重要基地。我国许多杉木重要产区，如闽北、赣南、粤北、湘南、桂北与黔东南等产区都集中在此区。因地貌不同和气候条件差异以及生产力的不同，本区又分为两湖沿江丘陵台地湖滨、赣浙闽低山、南岭山地 3 个亚区。其中，两湖沿江丘陵台地湖滨亚区主要包括两湖平原，即湖北中南部的江汉平原和湖南东北部的洞庭湖平原以及江西省的鄱阳湖平原。赣浙闽低山亚区主要包括湘赣交界的罗霄山脉北段以西的湘东山地、赣东北山地、赣南山地以及浙西低山丘陵，闽东山地以及闽西南山地。南岭山地亚区主要包括闽西北山地及赣闽交界的武夷山、赣南山地及赣西南山地、湘南山地、粤东北山地、桂东北山地。

3. 杉木南带 相当于南亚热带，位于戴云山、南岭之南，在福建、广西、广东的南部地区，是杉木分布的南部边缘区。该区域温度高而年温差较大，多雨但季节分配不均，有较明显的干、湿季之分，旱季较长。由于地形、气候和土壤方面的差别，以及杉木适宜程度和生产力的不同，本区分为粤桂低山丘陵和粤桂丘陵台地两个亚区。粤桂低山丘陵亚区主要包括贵州南部低山河谷区、桂西山地、粤西山地、粤东南山地丘陵等，杉木栽培区多分布在海拔 600~1 000 m 处，该区域由于是杉木分布南缘区，生长速度远不如杉木中带南岭山地，而且衰老较早。粤桂丘陵台地亚区是我国杉木分布最南地区，包括广西的桂南岩溶低山丘陵，郁江流域平原与丘陵，桂东南低山丘陵，广东省的珠江三角洲以及闽南丘陵、沿海地区，只有局部地区有杉木栽培，而且生长不良。

（二）重点商品材基地

根据杉木地理分布及生产潜力，全国杉木栽培协作组提出将闽北等 15 片作为我国杉木商品材生产基地（吴中伦，1984），这些基地（特别是前 8 片）地处南岭山地、雪峰山区等，为杉木生态最适宜区（中心产区），栽培历史悠久，是我国最精华的杉木传统产区（表 2 - 1）。

表 2 - 1 杉木重点商品材基地分布

序 号	基地名称	所在县（市、区）
1	闽北（闽江上游）	建瓯、建阳、顺昌、将乐、邵武、明溪、沙县、建宁、宁化、泰宁、永安、崇安、大田、光泽、蒲城、尤溪、松溪
2	赣南（赣江上游）	全南、定南、龙南、大余、崇义、信丰、上犹、安远、寻乌
3	粤北（北江流域）、桂东（西江流域）	乐昌、始兴、乳源、仁化、南雄、连平、和平、怀集、连山、连南、广宁、八步、恭城、昭平、金秀
4	赣江（赣州以下，赣江两支流）	遂川、安福、莲花、永新、泰和、井冈山
5	湘南（湘江）	江华、双牌、蓝山、炎陵、汝城、祁阳、资兴、桂东、茶陵
6	黔南、桂北（柳江上游、榕江）	榕江、从江、三都、三江、融安、融水、兴安、龙胜、资源、南丹、凤山、环江、全州、永福、临桂、富川、灌阳
7	黔东、湘西南（清水江、沅江中上游、资江）	锦屏、天柱、剑河、黎平、台江、雷山、丹寨、松桃、江口、会同、芷江、靖州、通道、黔阳、沅陵、溆浦、辰溪、城步、绥宁、安化、洞口、新化
8	鄂西南（清江）	恩施、来凤、鹤峰、咸丰、利川
9	浙南（瓯江上游）	龙泉、云和、庆元、泰顺、莲都、遂昌
10	皖南、赣东北（新安江及信江上游）	祁门、黟县、休宁、歙县、绩溪、东至、泾县、石台、青阳、黄山、旌德、宁国、玉山、婺源、德兴

（续）

序　号	基地名称	所在县（市、区）
11	大别山	霍山、金寨、岳西、潜山、太湖、舒城、罗山、商城、固始、平桥、新县
12	赣西北、湘东北、黔东南	修水、铜鼓、宜丰、万载、奉新、武宁、靖安、平江、浏阳、通山、通城、崇阳
13	川南、黔北、滇东（长江上游及南盘江）	叙永、古蔺、习水、珙县、赤水、筠连、屏山、合江、绥江、盐津、彝良、威信、罗平、师宗、富源
14	川西（岷江上游）	雅安、洪雅、峨眉山、邛崃、沐川、彭州、什邡、崇州
15	滇东南、滇西南	屏边、金平、马关、麻栗坡、元阳、绿春、西畴、富宁、广南、腾冲、龙陵、陇川

杉木重点商品材基地具有以下特点：①生产潜力高，在中等立地条件，一般 20 年生杉木林，单位面积蓄积年生长量在 9 m³/hm² 以上，且材质优良，干材通直，圆满，节少；②现有杉木林面积、蓄积量大，经营管理现有林，增产潜力高；③林业比重大，这些基地多属山区，林业在当地国民经济中占有重要位置，有发展的余地，有利于扩大杉木造林面积和提高经营水平。

三、杉木的栽培起源和栽培历史

杉木是我国南方历史上栽培面积最大，产量最高的优良速生用材树种，栽培利用有 8 000 多年历史。杉木产区人民在长期实践中，在栽培、经营、利用等方面积累了丰富的经验。根据李贻格（1990）、吴中伦和侯伯鑫（1995）等对杉木栽培利用历史的考证，总结了我国杉木栽培起源和栽培历史。

（一）古代杉木栽培利用概况

1. 杉木利用与栽培的初始时期　杉木由于适应性广，材质优良，抗虫耐腐，用途广泛，人工繁殖容易，插条、实生苗和萌芽更新均能成材等优点，因此历史上群众早就栽植利用杉木，其利用与栽培的初始时期为公元前 2 世纪至公元 3 世纪初的秦汉时期。据侯伯鑫（1995）考证，有关杉木最早古籍记载是公元前 2 世纪成书的我国第一部辞典《尔雅·释木》，其中记载杉木古称"柀，煔"。晋代郭璞《尔雅注》有："煔（音杉）似松，生江南，可以为船及棺材，作柱埋之不腐。"

在我国南方漫长的历史长河中，用杉木做交通运输工具的船和丧葬用的棺材是十分盛行的，许多地方甚至迄今仍在使用。同时南方群众盖房，做家具、器具，甚至女儿出嫁时的嫁妆，无不利用杉材。东汉许慎的《说文解字》所载的"杉，一名柀、煔"的字形和音义，可看出"柀"是用刀剥皮，"煔"是火烧熟物之意。根据山区群众用杉木树皮盖屋、用火烧方法促进杉木伐蔸萌芽及用火苗作为插条等生产习惯，可看出杉木名称的由来是古代人民生活和生产实践的概括。

杉木栽培源于距今 0.8 万～1.2 万年南方史前农业火耕期，先秦时期古越人和荆蛮人结合刀耕火种的原始农业生产，创造发明了杉木萌条与插条无性繁殖技术，并开始利用天然杉木建造房屋。众多的考古文物也说明了商周至秦汉时期南方人民已经广泛利用天然杉木，如江西贵溪仙岩商周时代的杉木悬棺，广州秦代造船工场的杉木船材，长沙马王堆西汉墓的杉木内椁和安徽天长安乐西汉墓杉木椁板等。

杉木大约于春秋战国时期在黄河流域就有栽植，汉代多在宫苑寺庙附近零星种植杉木，如《西京杂记》记载："太液池西有一池，名孤树池。池中有洲。洲上黏树一株六十余围。望之重重如盖。"《南康记》载："汉太傅陈蕃墓，遥望两杉树，耸柯出岭，垂荫覆谷。"说明当时零星栽杉的情况。

2. 杉木成片造林时期　这一时期为公元 3～9 世纪的晋唐时期。此时期出现杉木人工成片造林更新及杉材市场流通。由于杉木材质良好，用途广泛，社会需求量大，栽培杉木逐渐从零星种植转入成片造林。据侯伯鑫报道，湖南城步岩寨乡金南村有栽于东晋建武年间（317—318）的古杉群，据立于乾隆十五年（1750）的石碑记载，原有 200 余株，现保存有 40 株，面积 0.27 hm^2，这是国内仅存栽培较早的人工纯林。《太平环宇记》载："元和八年（813），（桐城）县令韩震焚烧草木，栽植松杉。"这是最早用"炼山"以成片栽杉的历史记述。

唐代中叶，湘西出现大面积的杉木人工林。如唐代李郃《贺州思九嶷》描述宁远九嶷山杉木栽植状况："卓植斗枓南，序列俨成行""俯观总群植，纤纤若毫芒"。唐代栽植杉木相当广泛，许多唐代诗人写下了不少有关杉木的诗句，如韦应物"同宿高斋换时节，共看移石复栽杉"，白居易"风敲清韵古杉松"，孟郊"石根百尺杉"等，可见当时栽杉已相当普遍。

3. 杉木林区的出现及混农制形成时期　这一时期为公元 10～14 世纪的宋元时期。五代至宋元，我国经济中心南移，苗族、瑶族等少数民族深入山区种植杂粮，并结合林粮间作，实施插条或育苗造杉木林，以求以短养长。随着杉材数量的增加，产生了杉材交易和市场，这反过来又刺激和促进了杉木生产的发展。

木材的流通交易又促进了杉木生产的发展。宋景德年间（1004—1007）庐山僧太超在卧龙山西 5 km 处，手植杉万本，仁宗赐名"万杉寺"。明清以后，人口增长，进一步扩大了杉木造林规模，炼山全垦、林粮间种、插条、育苗、萌芽更新等生产技术得到进一步普及和提高，杉木混农林业的栽培制度更加完备，出现了历史上典型的锦屏实生林区、江华插条林区和祁阳萌芽林区，同时，由于粤、桂的瑶族逐渐向闽西、闽北、赣东、浙南等地区转移，插杉造林经验进一步得到传播。

4. 杉木生产鼎盛期及产、运、销体系的建立　这一时期为公元 14～20 世纪初期的明清时期。宋元以来，南方尤其山区人口急剧增加，杉木栽培面积不断扩大，明代开始盛行杉农兼作。

据考证，明清时期大量瑶民及其他少数民族进入山区开山种粮和租地栽杉。如《岭表纪蛮》载"蛮人食物大半仰给杂粮，而种植杂粮时一面兼种杉树"。16 世纪开始，玉米、花生、甘薯等农作物相继引种国内，成为山区重要的杉木间种作物。明清时期为鼓励山民栽杉造林，采取了一些优惠政策，大大提高了农民栽杉套种杂粮的积极性。明清时期已形成一套相当完整的杉农间作技术体系，如杉—桐—粮混交套种的经营模式，而且创造了一套包括炼山、整地、混农作业、以耕代抚、稀植、皆伐等较有特色的栽培制度。

明朝末年由于杉材市场的发展，人们发明了杉材的材积及计价的测算方法——龙泉码价，依据杉条围径结合长度，编制龙泉码价表，作为计量方法，"以五寸为一级，码价以两为单位"。龙泉码价是以测定原木眉高处围径为标准，这与当今国际通用胸高直径或围径很相似。龙泉码价计量法在贵州、湖南、江西等主要产杉区广泛采用，也是我国杉木销售计量中应用范围最广的方法。龙泉码价计量法的采用有力地促进了杉木的交易和木材市场繁荣。龙泉码价的出现是杉木人工林栽培与市场发展的产物，它标志着杉木造林发展和人工林的经营到了一个比较成熟的时期。

随着杉木人工林面积的扩大及商品交易的发展，明末清初逐渐形成了一整套适合杉木的采伐、造材与集材工艺和技术，如在夏季进行立木下段剥皮，以加速杉木干燥。同时，杉木栽培规模不断扩大，栽培基地也已形成，如福建的南平，江西的遂川、全南，湖南的江华、双牌、会同，贵州的锦屏、黎平等。杉木通常采用串坡集材方法，在浅山区则用架空木滑道将杉材拖运到河边。由于杉木材质好，密度小，抗腐耐水湿，适宜水运，历史上形成和发展了杉木的水运体系和水运技术，建成了以南方水系流域为网络的生产运销系统，如南方长江及长江主要支流以及闽江、珠江等均是杉材运销通道。在杉材流通贸易中也出现了不少商品名称，如产自湖南的称广木，产自江西的称西木，产自福建的称建木或南木，来自四川和浙江的分别称川木和浙木，杉材产运销体系的建立对我国杉木的生产、交易和木材市场繁荣起到了重要的促进作用。

（二）现代杉木栽培概况

中华人民共和国成立前，拥有山权的地主采取"租山耕作""插杉还山""判青山""还幼林"等手段，与广大林农建立租佃关系，客观上扩大了杉木造林规模，促进了杉木栽培技术的推广和普及；另外，这种生产关系严重束缚了杉木生产的发展，20 世纪 30～40 年代，杉木贸易额逐年下降。据南京上新河木材市场的统计："1924 年为 1 000 万元（银圆，后同），1928 年为 500 万元，1931 年则降至 110 万元。"

中华人民共和国成立后，杉木生产进入快速发展阶段。20 世纪 50 年代起，杉木造林面积迅速增加。20 世纪 60 年代初，林业部提出用材林基地化、林场化、丰产化，促进了杉木造林的发展。20 世纪 70 年代初，林业部号召南方各省份建立以杉木为主的用材林基地，各地广泛开展杉木良种选育、杉木产区区划、立地条件类型划分与立地评价和杉木生态与栽培等方面的研究，如吴中伦主持的杉木产区区划和立地分类系统研究，潘维修、冯宗炜等分别进行的杉木生物量及养分循环研究，洪菊生主持的全国杉木种源试验研究，盛炜彤主持的杉木人工林集约栽培技术研究等，均取得显著成就。

20 世纪 80 年代普遍发展杉木速生丰产林，并制定了全国和省级的杉木速生丰产林的技术规程，推广工程造林，进一步提高了杉木造林质量，有效地推动了杉木林基地的建设。这段时间是杉木生产迅速发展的时期，由于杉木造林面积空前扩大，杉木造林技术和栽培制度也有了新的发展。近年来，杉木栽培更是走上了可持续经营的道路，杉木人工林的营造要根据立地条件和培育的材种目标，适地适杉、良种壮苗，拟定配套的系列技术措施，形成不同的优化栽培模式，不仅做到杉木林持续速生丰产，更要维护杉木地力以保持长期生产力和提高经济效益（盛炜彤等，2004）。

据第七次全国森林资源清查，人工乔木林主要优势树种（组）面积蓄积统计，杉木面积为853.86万hm²，占人工乔木林主要优势树种面积的21.35％，杉木人工林蓄积量为62 036.45万m³，占人工乔木林主要优势树种蓄积量的31.64％，是我国现有人工林中面积和蓄积量最多的树种（盛炜彤等，2011）。今后南方发展和经营杉木人工林仍是我国林业发展的重要目标和任务。

第二节　杉木的形态特征和生物学特性

一、形态特征

学名 *Cunninghamia lanceolata*（Lamb.）Hook.。

杉木又名杉汀（福建）、福州杉（台湾）、刺杉（江西）、沙木（西南）、正杉（浙江）等。杉木为常绿乔木，树干通直圆满，高可达47.5 m，胸径可达2.5～3 m；幼树树冠尖塔形，大树树冠圆锥形；树皮灰褐色，裂成长条片，内皮淡红色（图2-1）。

（一）叶

杉木的叶发生于茎（或枝）顶的叶原基，密集螺旋状互生，下延生长，在侧枝上因叶基扭转而排列成2列状。叶形为线状披针形，边缘有锯齿，叶背面中脉两侧有两条白色气孔线，营养枝的叶长3～6 cm、宽0.4～0.6 cm，生殖枝上的叶较小，长不到2 cm。叶基下延与枝条外部愈合，叶色因叶绿体、叶表皮蜡质含量的不同而有浓绿、黄绿、灰绿等色。叶的寿命为4～5年，当茎的周皮形成后，叶即枯死，以后随小枝一起脱落。

（二）根

杉木是浅根性树种，没有明显的

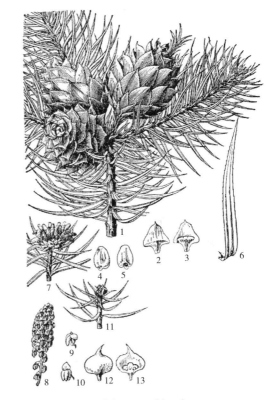

图2-1　杉　木

1. 球果枝　2、12. 苞鳞背面　3. 苞鳞腹面及种鳞　4、5. 种子背腹面　6. 叶　7. 雄球花枝　8. 雄球花的一段　9、10. 雄蕊
11. 雌球花枝　13. 苞鳞腹面及珠鳞、胚珠

（引自《中国树木志·第一卷》）

主根，侧、须根发达，再生力强，但穿透力弱。造林后3～5年内，幼树根系扩张很快，水平根幅比树冠幅大180％左右。生长正常的成年杉木根系入土深达2 m，水平根幅约大于树冠1倍，85％以上根系分布在10～60 cm的土层中。在疏松土壤中，根系生长良好，

5～10年时生长最快，10～15年时逐渐缓慢，15年以后明显下降，但根的绝对量继续增加。

（三）干和枝

杉木是无短枝发育的针叶树种，主干发达，顶端优势明显，极少分权，主干茎尖向上生长，每生长一段形成一轮腋芽，长出一轮侧枝，因此杉木分枝层性现象明显，幼龄速生期每年分枝可达6～8层，成年树分枝层数较少。幼年期树冠呈尖塔形，成年树冠圆锥形，老年树因树高生长减慢而逐渐平顶。杉木萌芽力极强，在幼苗时期的子叶腋和初生叶腋即已形成休眠芽。成年树砍伐之后，在根茎连接处萌生大量萌条，为萌芽更新提供了有利条件。

杉木分枝有两种，一种是营养枝，抽生枝叶；另一种是生殖枝，形成球花。生殖枝比较短小，生有许多密集的小型叶。在雄球花开放干枯后或球果长大后，其顶端生长点又可再伸长抽出新枝。

（四）花

杉木的花为球花，分为雄球花和雌球花两种，雌雄同株（图2-1）。

1. 雄球花 雄球花芽呈扁球形，开放后球花10余朵簇生于树冠中下部的枝顶。雄球花直径9.37～16.77 mm，雄球花长10.71～21.05 mm。小孢子叶球数目为8～25个，小孢子叶球直径2.80～5.52 mm，小孢子叶球长7.7～16.78 mm，小孢子叶螺旋数为6～10个，小孢子叶长922～1 179 μm、宽367～853 μm。据测定，各地杉木雄球花形态变异较大。其性状变异有一定规律性，如雄球花直径大，则其球花较长，小孢子叶球数目较多，小孢子叶球直径大，小孢子叶球长，小孢子叶数多。

2. 雌球花 雌球花由雌球花轴和轴上螺旋状排列的苞鳞组成。每个苞鳞基部的上表面还着生小而薄且与苞鳞贴生的珠鳞，在珠鳞上生有3个卵形的胚珠，每个胚珠由珠被、珠孔、珠心三部分组成。雌球花开花时球花下垂，顶部苞鳞肉红色，由上而下张开苞鳞，露出绿色膨胀的胚珠，在珠孔处有一滴由珠心分泌出来的黏液。授粉后苞鳞紧包。

（五）球果

成熟的杉木球果近球形或卵圆形，长2.5～5 cm，直径3～4 cm，苞鳞黄褐色或棕黄色，革质扁平，三角状卵形，先端反卷或紧包，有细锯齿，宿存，种鳞小，3浅裂，裂片有缺齿。球果成熟后，鳞片张开，种子散落。每个球果有种子50～134粒，发育完整的种子具有胚、胚乳和种皮。有生命力的饱满种子占25%～70%，其余为早期败育的空粒、瘪粒，还有部分特殊生理作用形成的涩粒（图2-1）。

（六）种子

成熟的种子扁平，卵形，两侧有窄翅，长7～8 mm，暗褐色，种脐在种子下部的一侧，是种子从种鳞脱落时留下的疤痕，种孔在种子顶端凹陷处。在种子种皮内有一层乳黄色的胚乳，在胚乳内有胚，包括胚根、胚轴、胚芽和子叶四部分。胚根向种孔一端，在胚根前面还有一卷曲的胚柄。子叶两片。胚根和子叶相连处为胚轴，胚轴的顶端、两片子叶之间为很小的胚芽。

二、生物学特性

（一）个体生长

杉木个体生长变化规律大体上可划分为生长初期、生长盛期、生长末期和休眠期。

1. 生长初期 杉木刚结束冬季休眠，树液开始流动，主枝与侧枝的顶芽膨胀开展，但以主梢顶芽开始生长为此期结束，中亚热带东部比北亚热带地区这一时期来得早。多数地区是从 2 月下旬开始，到 5 月中旬为止，约 80 d。

2. 生长盛期 是一年中生长最活跃的时期，树高、胸径与枝条生长最大值均在此期出现。在中亚热带的黄山地区正常的气候条件下，此期各部分的生长量约占全年生长量的 85%，而且树高与胸径生长往往交互发生，侧枝与胸径生长几乎同时进行。在北亚热带侧枝的生长量通常在 8 月以前大于树高增加值，以后各部分的生长逐渐下降，直到侧枝与主梢生长基本停止为此期结束。这个时期一般从 5 月中旬到 10 月中旬，约 150 d。

3. 生长末期 树高增加基本结束，胸径增加急剧下降，直到主、侧枝顶芽形成，针叶大部分褪色，为此期的主要特征。这个时期一般从 10 月下旬开始到 11 月下旬为止，约 40 d。

4. 休眠期 此期针叶全部变褐，树液停止流动，种子大部分已飞散。此期要延续到次年 2 月下旬左右，约 85 d。

（二）林分生长发育

杉木是速生树种，人工杉木林一般 20～30 年即可成熟利用。采用高效短周期栽培模式甚至可以缩短到 10～15 年主伐利用。杉木以种子发芽长成苗木，一般需 1 年时间，苗木定植第一年根系发育不多，苗木比较幼嫩，抵抗自然灾害能力差，最怕杂草竞争、干旱及风害。一般树高生长在 3～4 年进入速生期，连年生长量最大值多出现在 5～10 年，平均生长量最大值出现在 11～15 年。胸径生长在 4～5 年进入速生期，连年生长量最大值出现在 6～16 年，平均生长量最大值出现在 12～20 年。材积平均生长量最大值在 20～30 年。对广西融水杉木生长规律的研究结果表明：杉木速生林与一般人工林的树高、胸径、材积生长提早 2～3 年进入速生期，且其速生期持续年限又多 1～2 年。在采用良种和较好栽培条件下树高年生长量可至 1.0～1.8 m，胸径年生长量可至 1.0～2.3 cm。

（三）物候期

张卓文（2005）在湖北咸宁地区观测的杉木物候特征如下：

1. 树液开始流动期 一般在 2 月上中旬开始，平均气温升到 6～8 ℃及以上，此期限为 15～20 d，此后进入生长盛期。

2. 芽膨胀期 冬芽开始膨大，芽鳞微裂，露出嫩绿色新芽。一般在 3 月中下旬，平均气温升到 10～11 ℃及以上。侧枝芽先膨胀，顶枝芽较迟，3 月下旬膨胀。

3. 芽展开期 冬芽的顶端展开，如喇叭形裂口。一般在 4 月上中旬，平均气温 15～18 ℃。

4. 新梢新叶伸长期 芽展开后，新梢随着开始伸长。一般在 4 月下旬至 5 月上旬，平均气温 17～18 ℃及以上。起初侧枝生长较快，主梢伸长不明显，以后主梢伸长逐渐加快，超过侧枝。新梢生长最快的时期多在 6～7 月。杉木新梢生长属于全年生长类型，当新梢长到一定长度，就在顶端形成侧芽和节，接着又继续伸长，达到一定长度，又形成新的侧芽和节。生长旺盛的植株分节较多，速生阶段最多可达 10 节（轮）以上。新叶与新梢的生长基本一致。

（四）开花、结果、结实特性

1. 花芽分化 杉木是单性花。雄球花分化在 5 月中下旬至 6 月上旬，雌球花分化在 8 月中旬至 9 月上旬。雄球花呈扁圆球状，外被盾状鳞片，一般在树液开始流动时，就明显膨胀（芽鳞微裂）。雌球花芽呈圆球状，2 月中旬明显增大。一般在 2 月下旬至 3 月上旬，雄球花膨大，花芽张开，逐渐露出簇生的小孢子叶球。整个花期一般为 3 月上旬至 4 月上旬。

2. 果实发育 雌花授粉后，经短期完成受精过程，随后苞鳞闭合并下垂。幼果从此进入发育阶段，以后逐渐膨大。一般从 3 月下旬或 4 月上旬延续至当年的 10 月。到 10 月中下旬球果进入发育盛期，部分球果鳞片由青绿色变为黄绿色。球果成熟期一般在 10 月下旬至 11 月上旬，多数树上的大部分果鳞呈黄绿色。到 11 月下旬以后种子开始飞散。11 月下旬至 12 月上旬冬芽形成，树高不再增加。树液停止流动期在 12 月中旬至翌年 2 月上旬，平均气温在 10 ℃以下。

3. 结实规律 杉木是速生树种，开花结实年龄较早，按其结实过程可分 4 个时期：①幼年期，从种子萌发到开始结实时为止，通常 8～10 年。此期营养器官发育未健全，积累的物质主要用于建造机体，而开花激素尚未形成或未达到一定浓度，一般不能开花结实。②开始结实期，从第一次开花结实到结实 3～5 次为止，一般为 10～15 年。杉木经过一段时间的营养生长，生殖器官和性细胞形成，开始开花结实，但仍以营养生长为主，并逐渐转入生殖生长的过渡时期。此期结实量不多，种子质量较差。③结实盛期，从大量结实起，到结实开始衰退为止，结实期保持相当长的一段时期，为 15～40 年。此期营养丰富，光合作用强，母树结实量大，种子质量好，产量高，是采种最佳时期，但杉木开花结实通常存在大小年之差。④衰老期，此期结实量大幅度下降，一般在 40～50 年以后，此期营养生长缓慢，但仍有一定的结实能力。

三、生态适应性

（一）温度

杉木适应夏季不炎热，冬季不严寒，降水多、空气湿度较大的气候条件。中亚热带中东部至中段年平均气温 16～19 ℃，≥10 ℃积温 5 000～6 500 ℃，1 月平均气温 6～9 ℃，绝对最低温不超过−10 ℃，7～8 月平均气温 26～28 ℃，是杉木最适生的中心产区，包括中带东区的武夷山区、中带南部的南岭山地以及中带中区的雪峰山区，也是杉木的集中产区。

（二）湿度

杉木最适生长区要求年降水量 1 300～1 800 mm，年相对湿度 80%～90%，蒸发量小于降水量 30% 以上，土壤湿润且排水良好，含水量占田间持水量的 80%～90%（通常含水量 25%～35%）。温暖、湿润、多雨、风和的中亚热带山区是杉木最适生的中心产区。

（三）光照

杉木是较喜光树种，郁闭的林冠下没有天然更新。幼苗对光敏感，从真叶出现时顶芽即弯向光源，但随年龄的增加逐渐消失。幼树稍能耐阴，进入壮龄阶段，要求光源充足。杉木最适生长区年日照时数 1 400～1 800 h，孤山地区以阴坡、半阳坡生长较好；群山地区坡向影响不显著。

（四）土壤

杉木分布区的土壤主要是红壤、黄壤、黄棕壤与黄褐壤，以黄壤土生长最好。杉木生长快、生长量大，根系又集中分布在土壤表层，喜肥嫌瘦，怕碱怕盐，对土壤的要求高于一般树种。杉木生长要求疏松深厚土壤，最适条件为土层厚 80 cm 以上，表土层厚 25 cm 以上。杉木以下坡生长最好，要求土壤肥力高，土壤腐殖质的含量应不低于 2%，以 4% 以上最为理想；腐殖质层的厚度应在 20 cm 左右，以 30～40 cm 及以上最好。杉木喜酸性土壤，最适 pH 5.0～6.0。

第三节　杉木属植物的起源、演化与分类

一、杉木属植物的起源、演化

根据杉科系统发育、现代分布和化石分布的研究，认为杉科基本是一个亚热带科，我国长江、秦岭以南至华南一带是其现代分布中心，东亚高纬度的东北地区可能是其起源中心和早期分化中心（于永福，1995）。

杉木属植物起源于中生代晚侏罗纪或早白垩纪的东西环太平洋地区，我国东北、华北北部和朝鲜、日本、俄罗斯西伯利亚东南部是起源中心和早期分化中心。晚白垩纪杉木属植物扩散到北美，新生代早在第三纪古新世扩散到西欧，形成北美、欧洲两个次生中心，古新世至渐新世发展成为北半球的广布种，渐新世至第四纪早更新世扩散到我国长江流域及其以南地区。由于第四纪冰期的影响，在大多数地区相继灭绝，仅有杉木一种在我国长江以南及越南北方残存，成为该属植物的残遗中心（吴中伦，1984；俞新妥，1997）。

上新世至更新世初期，台湾海峡的陷落，使我国台湾与大陆分离，导致杉木属的间断分布，杉木和台湾杉木发生一些分化，形成两者种下的地理替代。杉科现存各属均为古老的孑遗或残遗类群（于永福，1995）。

二、杉木属植物的分类概况

杉木属（*Cunninghamia* R. Br.）是因 Jams Cunninghamia 氏而得名，是杉科（Taxodiaceae）中的 1 属。杉木的种、属命名，曾几次更改。早在 1803 年，Lamber 认为杉木是松属（*Pinus* Linn.）中的 1 种，命名为 *Pinus lanceolata*；4 年后 Salsber 认为杉木不属于松属，定名为 *Belis jaculifolia*，但是 *Belis* 属与菊科雏菊属（*Bellis*）相似，不能采用。1826 年法国人 Richard 定名为 *Cunninghamia sinensis*。1827 年 Hooker W. I. 拟定杉木通用学名为 *Cunninghamia lanceolata*（Lamb.）。

根据文献记载，杉木属有两个种：一种为杉木［*Cunninghamia lanceolata*（Lamb.）］，产于我国亚热带地区；另一种为台湾杉木（*Cunninghamia konishii* Hayata），产于我国台湾省峦大山，又称峦大杉、香杉，是日本早田文藏于 1908 年定名的。近年经台湾学者如刘亚经等研究，认为峦大杉只能作为杉木的一个变种 *Cunninghamia lanceolata* var. *konishii* Hayata。

《中国树木志》认为杉木有灰叶杉木、软叶杉木两个栽培变种。灰叶杉木［*Cunninghamia lanceolata*（Lamb.）Hook. 'Glauca'］，叶灰绿色或蓝绿色，两面有明显的白粉。灰叶杉木存在于各个产地，通常与原种杉木混生于同一林分，其后代兼有杉木和灰叶杉木。软叶杉木［*Cunninghamia lanceolata*（Lamb.）Hook. 'Mollifolia'］，叶质地薄，柔软，先端不尖，材质较优。软叶杉木只零星分布于云南和湖南，与杉木混生，其后代也是两种杉兼有。

根据杉木与柳杉间远缘杂交结果，证明杉木属与柳杉属间的亲缘关系很近（吴中伦，1984）；从染色体数目来看，杉木与柳杉单倍体都是 11 个，根据胚胎发育学的研究结果，杉木和柳杉很相似，因此它们可能来自同一祖先，这也证明杉木属与柳杉属的亲缘关系很近（李林初，1989），因此如何进一步解决杉科不同属植物分类的不确定性已成为今后植物分类学界需要解决的课题。

中国树木志（1982）的杉木分种检索表：

1. 叶长 2~6 cm，宽 3~5 mm；球果长 2.5~5 cm ·················· 杉木（*C. lanceolata*）
1. 叶长 1.5~2 cm，宽 1.5~2.5 mm；球果长 2~2.5 cm ·············· 台湾杉木（*C. konishii*）

第四节　杉木遗传变异与种质资源

一、杉木变异类型

在长期演化过程中，由于地理、生境的隔离以及人工栽培的影响，杉木发生许多变异，目前主要有以下 4 种变异类型。

（一）黄杉

学名 *Cunninghamia lanceolata* 'Lanceolata'，别名油杉、铁杉、黄枝杉、红芒杉。嫩枝和新叶为黄绿色，无白粉，有光泽，叶片较尖而稍硬，先端锐尖，木材色红而较坚实，生长稍慢，蒸腾耗水量小，抗旱性较强，产区各地普遍栽培。根据球果的果形、苞鳞的形状、反翘、紧包和松张的程度，黄杉类又可分为翘鳞黄杉、松鳞黄杉、长鳞紧包黄杉、宽鳞紧包黄杉、黄杉等类型。

（二）灰杉

学名 *Cunninghamia lanceolata* 'Glauca'，别名糠杉、芒杉、泡杉、石粉杉。

嫩枝和新叶为蓝绿色，有白粉，无光泽，叶片较长而软，木材色白而较疏松，生长较快，蒸腾耗水量较大（年生长盛期内比黄杉大30%），抗旱性较差，分布遍及各产区，而以中心产区及立地条件好的地方较好，广泛散生于杉木林分中。根据球果的果形、苞鳞的形状、反翘、紧包和松张的程度，灰杉类可分为翘鳞灰杉、松鳞灰杉、长鳞紧包灰杉、宽鳞紧包灰杉、黄灰杉、香杉、泡杉等类型。

（三）软叶杉

学名 *Cunninghamia lanceolata* 'Mollifolia'，别名钱杉、柔叶杉。

叶片薄而柔软，先端不尖，枝条下垂。材质较优，产于云南、湖南等地杉木林分中。栽培较少。

（四）德昌杉

学名 *Cunninghamia lanceolata* 'Unica'。

叶灰绿或黄绿色，披针形厚革质，锯齿不明显，先端内曲，两面各有两条白色气孔带；横切面似肾形，本变种与原种的主要区别是叶内树脂道通常只有一个，球果较小，长2.5～3.2 cm，直径2.5～3 cm，分布于四川德昌、米易等县海拔1 300～3 000 m的高山地区。属于杉木分布区西缘高山的生态类型。

二、杉木形态、材性和生长性状变异

杉木分布范围广，个体间存在很多自然变异现象。在同一片杉木林中，不同的杉木个体之间，叶色、叶形、侧枝粗细、树冠宽窄疏密、树皮厚薄和生长速度等都有不同。不同地区的杉木林，在物候期、生长期、生长速度及抗性等方面也存在许多差异。

（一）叶色变异

杉木按叶色及叶面嫩枝有无白粉，分为灰杉、黄杉和青杉3变种（类型），其中青杉是中间类型。根据大量资料，灰杉比黄杉生长快，如湖南会同19年生的杉木林，灰杉比黄杉平均胸径增大14%，树高增加3%，材积增大31%；但黄杉抗性较灰杉强，在立地条件较差的地方，黄杉生长比灰杉好。

（二）果形变异

果形变异表现在球果、苞鳞的形状和大小及果鳞松紧程度的不同。按球果成熟前果鳞张裂情况，可分为紧包（苞鳞先端向果轴紧包）、松张（苞鳞近于直立，先端略离开果轴）

和反卷（苞鳞先端向果轴外方反卷）3 种类型。按苞鳞形状，可分为长鳞（长三角形）、宽鳞（等腰三角形）和半圆 3 种。据调查，灰杉中以果鳞紧包和反卷类型生长最好。青杉中的果鳞松张和长鳞类型生长速度不如灰杉，但比黄杉类型生长快，适应性较灰杉强，生长期稍短，适宜在立地条件稍差的山坡生长。

（三）冠型变异

按树冠枝叶疏密程度、节间长短和平均轮盘数等，杉木可分为浓密、稀疏和一般 3 种类型。浓密型节密，侧枝多，叶量多，冠层浓密，主干不易透视，节间平均长 15～25 cm，每年长 5～6 轮及以上。稀疏型枝叶稀疏，冠层明显，节间平均长 30～40 cm，每年长 1～3 轮及以上。一般型介于两者之间。据调查，浓密型杉木生长快，生长量大，是一种优良类型。此外，还有一种垂枝型，侧枝不规则互生，细长，下垂；树冠较稀疏，树形美观，可做观赏杉木的选育材料。

（四）树皮变异

杉木树皮按颜色分为灰褐色和棕褐色两种；按厚度分为厚和薄两种。薄皮杉，树皮裂缝浅而窄，密而短，树皮率为 10%～15%。厚皮杉，树皮裂缝深而宽，稀而长，粗糙，树皮率为 20%～25%。一般认为，树皮棕褐色且薄的是较好的类型。树皮的结构和颜色往往是比较稳定的品种特性，并可遗传给后代。

（五）材性变异

王朝晖等（1998）通过对 31 个不同种源杉木木材管胞形态因子的数值系统测试，得出各因子的数值均值及变幅。根据综合坐标法，结合基本密度、生长量性状加以综合评估得出：湖南会同、湖南江华、福建长汀、江西全南、广东乐昌、广东河源等为相对优良的杉木种源地。李晓储等（1998）对杉木中心产区优良种源的中间试验研究表明：种源间生长与木材基本密度性状有一定差异，并初步选出广西那坡、贵州锦屏、贵州榕江等生长、材性兼优的种源。林金国等（1999）通过对福建省 12 个不同产区杉木人工林木材基本密度和纤维形态的测定和分析，结果表明杉木人工林产区间木材基本密度和纤维形态差异极显著，最小的是中心产区的沙县（0.301 g/cm³），最大的是边缘产区的长泰（0.316 g/cm³），杉木人工林木材基本密度表现为边缘产区＞一般产区＞中心产区；产区内木材基本密度和纤维形态差异不显著；纤维长度和长宽比表现为一般产区＞边缘产区＞中心产区；纤维长度最长的是一般产区的屏南（3.13 mm），最短的是中心产区的沙县（2.91 mm）；纤维宽度表现为中心产区＞一般产区＞边缘产区，纤维宽度最宽的是中心产区的沙县（44.82 μm），最窄的是边缘产区的平和（39.76 μm）。

（六）物候期与生长期

据杉木种源试验林观测，杉木分布南带如广东的信宜、怀集，广西的浦北等地的种源，春季萌动较早。3 月上中旬开始，12 月上中旬封顶，生长期长达 9 个月。杉木分布中带如湖南会同、贵州锦屏、江西全南及福建南平等地的种源，3 月中下旬开始萌动，11 月中下旬封顶，生长期达 8 个月左右。北带如安徽六安、江苏句容等地的种源，多在 4 月上旬萌动，10 月中下旬封顶，生长期不到 7 个月。

不同的杉木种源生长速度不同，中带中心产区如贵州锦屏，湖南会同、江华，福建南平等地的种源生长较快，速生期持续较长；北带的种源生长发育较慢，16 年生杉木树高生长量仅为中带的 52.2%；南带边缘产区如广东信宜等地的种源早期生长发育较快，6 年生树高比中带大 12%，且在 4~5 年生时即开始结实，6~7 年生起大量结实，表现早熟早衰。

王明怀等（1996）研究不同杉木种源种子发芽率，结果发现种源间差异显著，林分间差异不显著；结合各种源生长表现，发现杉木种子发芽率与生长表现不相关。种源间物候因子基本差异显著，林分间差异不显著；种源间物候因子差异是种源区环境条件长期选择的结果，与种源的纬度及特殊环境条件密切相关。

三、杉木遗传多样性

（一）杉木地理种源的变异

全国杉木种源试验协作组（1994）于 1976 年和 1979 年先后两次在南方 14 个省份进行了杉木全分布区种源试验，研究表明杉木地理种源存在显著差异：①杉木结实与叶色类型性状呈南北 V 形变异，多数性状与产地纬度有较密切的线性关系，呈现纬度变化为主的渐变。地理变异的趋势是纬度偏南的种源，一般封顶迟，年生长期长，枝叶茂密，初期生物量高，生长量大。杉木结实是中带中心产区迟，南北两端早，杉木的这种纬向渐变具有明显的气候生态特征，产地温度和湿度是杉木变异的主导因子。②杉木种源的早期生长虽与纬向呈极显著相关，但有理由推断，进入中、成熟龄阶段，杉木种源生长性状的变异有可能呈 U 形渐变，即以中带中心产区，特别是南岭山地一带生产力最高，向东西南北方向有逐渐降低的趋向。

（二）同工酶水平变异

20 世纪 60~90 年代初，同工酶被广泛用来估测种内遗传变异水平与描述群体遗传结构，在我国应用于许多树种的遗传变异研究。四川省林业科学研究院种源组（1983）对我国 60 个杉木地理种源试验林的当年生枝进行过氧化物酶同工酶分析测定，结果表明，约 40% 以上的种源具有相对稳定的酶带数目，A 区（负极）具 5 条谱带，B 区（正极）具 3 条谱带；杉木地理种源的同工酶变异幅度也相当大，仅在酶带数量上产生变异的就达 60% 左右。在保持酶谱共性的前提下变异普遍，A 区变异占 8%，A、B 两区内均变异的占 13%，在 B 区变异占 37%；杉木地理种源同工酶变异不受经纬度的控制，酶谱变异分散，认为杉木并非起源于一个中心。在杉木的地理种源间，过氧化物酶同工酶谱的变异普遍存在，说明了我国杉木天然基因库的内容十分丰富，为创造杉木优良品种和类型提供了极其可贵的原始材料。

黄敏仁（1986）对全国 14 个省份 63 个杉木种源的种子进行酯酶同工酶分析，根据酯酶同工酶谱带数、活性及带宽划分为 7 个类型，根据变异类型的地理分布，将产地按省份分为 6 个区域：认为谱带的差异反映了它们的遗传变异，存在着明显的地理递变。其中 A 区（福建、江西）、C 区（湖南、湖北）、D 区（广东、广西）的遗传变异比较单纯，是杉木的中心产区，人工栽培历史悠久，遗传基础单一；F 区（四川、贵州、云南）包含着广泛的变异类型，是遗传多样性的中心，可能是杉木的起源中心之一。

刘杰（1990）对杉木的 4 个种源、12 个家系叶片过氧化物酶同工酶进行分析，结果表明，杉木的 4 个种源叶片过氧化物酶同工酶谱之间均存在不同程度的差异，除福建三明种源外，其余 3 个种源的不同家系之间叶片过氧化物酶同工酶谱也存在不同程度的差异。这些结果从生化水平上揭示了各种源之间和同一种源不同家系间遗传差异的大小，为杉木优良种源和家系的选择提供了可靠的生化指标。

杨自湘（1996）在河南鸡公山杉木种源试验育苗地对 12 个省份 18 个产地的 808 株杉木 2 年生苗进行过氧化物酶同工酶研究，结果发现共有 11 种类型酶谱，808 株杉木中有 695 株具有同样酶谱，这种酶谱是杉木代表酶谱。18 个产地中 213 株杉木样品具有另外 10 种过氧化物酶同工酶谱，说明杉木同时具有分子水平的遗传多样性。18 个产地中余庆、金寨、留坝、连南产地的杉木，具有较多的酶谱类型及较大的酶谱分离度，说明这些产地内杉木遗传多样性及分离度较大，它们可能是杉木起源地或次生起源地。

（三）DNA 分子水平变异

分子标记是以物种的基因组多态性为基础的遗传标记技术，可直接揭示物种分子水平上的遗传变异。当前分子标记技术的迅速发展，为研究种源间存在的遗传变异以及评价杉木群体遗传结构提供了有效途径。尤勇等（1998）利用随机扩增多态性 DNA 技术选择我国杉木种源区贵州锦屏、福建建瓯、湖南会同、河南商城、广西融水、广西那坡、四川洪雅 7 个代表性的种源，利用 23 个不同随机引物进行 DNA 序列多态性分析。试验结果表明，杉木种源间遗传多态性水平较高，在被检测的 114 个 RAPD 位点中，多态性位点占 79.8%。聚类分析结果表明，分布在南岭山脉西部周围的广西融水、湖南会同、贵州锦屏和广西那坡 4 个种源相对聚为一类，建瓯、洪雅、商城 3 个种源聚为一类，并推测南岭山脉中西部为杉木中心产区之一，并从此处向四周扩散。

陈由强等（2001）利用 RAPD 技术对我国四川雅安、福建沙县、湖北咸宁、安徽休宁、湖南江华等 12 个有代表性的杉木地理种源遗传多样性进行分析。从 80 个随机引物中筛选出 20 个进行扩增，共扩增出 149 个 DNA 片段，其中具多态性的片段有 115 个，占 77.18%，表明杉木地理种源间具有丰富的 DNA 序列多态性。聚类结果表明，广东信宜、广西梧州、湖南会同、湖南江华、贵州锦屏、江西全南聚为一类；福建沙县、浙江开化、湖北咸宁、安徽休宁聚为一类；四川雅安、陕西南郑各为一类。

杨玉玲等（2009）利用 ISSR 分子标记技术和筛选出的 22 条 ISSR 引物，对 24 个不同地理种源杉木的 DNA 进行扩增，共扩增出 188 条谱带，其中多态条带 173 条，占总数的 92.0%。经计算，平均位点的有效等位基因是 1.340 8，Nei's 基因多样性指数是 0.215 4，Shannon's 信息指数为 0.345 8，表明不同杉木种源间具有较高的遗传多样性。通过 UPGMA 法聚类分析，可把 24 个种源杉木分为中带东区生态型、中带东南区生态型、中带中区生态型、南带生态型和北带生态型 5 个类群，表明杉木地理种源遗传距离聚类呈现出一定的地域性分布规律。

四、杉木优良种源、种子园和优良无性系

（一）优良种源

全国杉木种源试验协作组进行了两次杉木全分布区（1978年、1981年造林），1次有限分布区（中间）试验（1985年造林），开展了"杉木种源区划分""杉木造林优良种源选择"研究，有全国14个省份的林业科研院所和试验中心的人员参与协作攻关，收集了100余个种源参加了种源试验。根据各杉木生长区物候、生长情况、生物量、寒害等性状差异，将杉木分布区初步划分为9个种源区：①秦巴山地种源区；②大别山桐柏山种源区；③四川盆地周围山地种源区；④黄山天目山种源区；⑤雅砻江及安宁河流域山原种源区；⑥贵州山原种源区；⑦湘鄂赣山地丘陵种源区；⑧南岭山地种源区；⑨闽粤桂滇南部山地丘陵种源区（全国杉木种源试验协作组，1994a）。依据种源试验结果，将杉木分布区的种源划分为10个种子区和8个亚区，为各杉木栽培区科学调拨种子，适地适种源，提高林分生产力水平提供了科学依据（俞新妥，1997）。

全国杉木种源试验协作组开展的"杉木造林优良种源选择"项目，研究了杉木种源的丰产性、稳定性、抗旱性、抗寒性、抗病性及材性差异，为杉木各栽培区（包括亚区）、杉木造林的14个省份及主要立地类型选出了一批适生高产种源，并通过综合评价选出广西融水、福建大田、广东乐昌、福建建瓯、四川邻水、江西铜鼓6个种源属丰产稳定种源；贵州锦屏、福建南平、广西那坡、广西贺县、四川洪雅、湖南会同等为丰产性较好而稳定性一般的种源。其中四川洪雅、四川邻水、福建南平、福建建瓯等种源兼具较强的抗旱性；福建南平、湖南会同有中等的抗寒性；贵州锦屏、广西那坡、四川洪雅、湖南会同、广西融水、广东乐昌等种源对杉木炭疽病具强或较强的抗性；贵州锦屏、福建建瓯、广西融水3个种源产量高，材质已达国家建筑材标准，可作为培养高产优质的建筑材优良种源。杉木优良种源的平均材积实际增益为30.46%，遗传增益为16.09%（表2-2）（全国杉木种源试验协作组，1994b）。

表2-2 杉木造林区高产杉木种源

造林区	高产种源	遗传增益（%）
北带西区（Ⅰ1）	建瓯、融水、洪雅、乐昌、江华、恩施、屏边	23.19~54.76
北带东区（Ⅰ2）	洪雅、锦屏、乐昌、融水、铜鼓、会同、邻水、南平	10.11~36.26
中带西区（Ⅱ1）	融水、大田、锦屏、建瓯、那坡、邻水、铜鼓	12.15~60.05
中带中区（Ⅱ2）	榕江、从江、融水、剑河、三都、锦屏、建瓯、洪雅	3.35~43.97
中带东区（Ⅱ3a）	锦屏、融水、铜鼓、会同、那坡、恭城	14.76~34.24
中带东区（Ⅱ3b）	融水、建瓯、乐昌、锦屏、南平、将乐、铜鼓、会同	11.66~58.93
中带东区（Ⅱ3c）	融水、从江、黎平、锦屏、将乐、沙县、乐昌、大田、邻水	3.42~39.84
南带北区（Ⅲ1）	融水、贺县、那坡、江华、乐昌、锦屏、建瓯、屏边、浦北	10.48~35.45
南带南区（Ⅲ2）	融水、三江、从江、南平、贺县、锦屏、将乐、乐昌	8.79~27.56

（二）种子园

我国杉木种子园研究工作始于 20 世纪 60 年代初期，但大规模进入全面系统的研究是在 20 世纪 70 年代末和 80 年代初，全国共建有杉木种子园逾 3 000 hm²，其中广西逾 600 hm²。据中国林业科学研究院林业研究所完成的"九五""十五"攻关项目"杉木遗传改良及定向培育技术研究"的成果总结，杉木子代测定林有 122.7 hm²。其中杉木 2 代单亲子代林 13.3 hm²（含 80 个 2 代单亲家系）；杉木 2 代双亲子代林 2.3 hm²（含 78 个杂交组合）；杉木 2 代种子园 3 处，面积 20 hm²，其中贵州黎平 13.3 hm²，浙江淳安及龙泉各一处，面积共 6.7 hm²；建立育种群体 5 处，其中广东龙山林场 6.12 hm²，含 139 个家系或优良组合，广西六峰山 22.7 hm²，含 373 个家系、55 个优良组合，江西大岗山（中国林业科学研究院亚林中心）3.6 hm²，含 47 个家系，福建洋口林场 9.96 hm²。

杉木初级（第一代）种子园平均遗传增益为 10%～20%，广西为 11.7%～16.8%，最高达 31%；第二代杉木种子园平均遗传增益可提高到 30%～35%。贵州建立杉木初级种子园 133 hm²，杉木 1.5 代种子园 13 hm²，杉木遗传测定林 66.7 hm²，杉木优良家系造林 9 151.7 hm²，经遗传测定，遗传增益为 21%～69%（王欣等，1993）。21 世纪初，我国南方各省份杉木高世代种子园已全面进入 3 代试验性或生产性种子园建设时期，利用高特殊配合力的双系种子园也在理论和技术上取得重要进展，以红心为目标性状的杉木专营性种子园步入快速发展时期。

（三）优良家系

我国于"七五"初期选出第一批优良家系 337 个，其中半同胞优良家系 318 个，平均增产：树高 18.03%，胸径 21.75%，材积 50.08%；双亲优良组合家系 19 个，平均增产：树高 21.66%，胸径 41.65%，材积 60.70%；到"八五"期间共选出 820 个优良家系。广西已筛选出优良家系 153 个，平均遗传增益达 16%，高的达 41%，均可在广西推广造林（陈代喜等，2010）。江西自 1979 年开始，通过 6 个地点 4 批计 362 个家系的杉木单亲子代测定，筛选出 72 个树高、胸（地）径、材积平均增产分别为 17.18%、17.37%、59.46% 的优良家系（周城，2005）。

（四）优良无性系

我国杉木无性系选育研究已突破了无性繁殖技术，进行了无性系选择、测定，主要从杉木优良种源、优良家系、优良杂交组合以及即将采伐的成熟林分中选择优良单株，或在种子园、优良种源子代苗中选择超级苗，目前已初选杉木优良无性系近 500 个，增产 30%～32.9%。据中国林业科学研究院林业研究所完成的"九五""十五"攻关项目"杉木遗传改良及定向培育技术研究"的成果总结，"九五"期间选育出杉木优良建筑材无性系 387 个，材积增益 15%～217.2%；"十五"期间选出杉木优良纸浆材无性系 20 个，材积增益 50%～145%；耐贫瘠高效营养型无性系 3 个，材积增益 20% 以上。

广东省杉木无性系选育工作从 1988 年开始，于 1995 年对 12 块试验林 1 131 个参试无性系进行测试，初步筛选出 103 个优良无性系，其树高、胸径和材积的平均增益分别为

13.98%、21.82%和61.15%，其中GDL2001等35个无性系表现较为突出，其平均树高增益达21.70%（胡德活等，1998）。广西初步筛选优良无性系89个，材积比优良家系增产15%以上，均可在广西推广造林。浙江"杉木高世代遗传改良和良种生产技术研究"课题组从浙江开化县林场引进13个杉木无性系和3个杂交组合的无性苗，在闽南山地进行无性系测定试验，从参试的16个无性系及杂交组合中筛选出表现最好的5个优良无性系立1-165、新6、立1-3、立1-8和立1-13。这5个优良无性系14年生时的树高、胸径、材积平均遗传增益分别为4.70%、10.04%和24.07%（赖银华，2004）。黔东南苗族侗族自治州杉木遗传改良协作组（1999）从1990年开始，通过对杉木种子园优良家系193个无性系进行苗期测定，选择34个无性系进入林期测定，初选出88095、12602、12644、12671、12688、88049、88006 7个优良无性系。对福建省217个杉木优良无性系进行遗传测定，选出23个速生优良无性系，与杉木1代种子园子代（对照）相比，遗传增益期望值树高为19.65%（3.3%～55.4%），材积为35.39%（20.2%～83.51%），适宜在福建省北部或其他生态条件相近的地区推广应用（陈孝丑，2001）。

湖南省林业科学院对杉木无性系生长潜力的研究发现，优良无性系y18、y15在28年或31年生时仍能保持前期所具有的生长优势，优良无性系13年生时树高、胸径生长量和单位面积蓄积量分别大于生产种的20.1%～26.6%、27%～31.1%、78.7%～92.7%，优良无性系造林可获得巨大的经济效益（许忠坤，2014）。

第五节 杉木野生近缘种的特征特性

台湾杉木（*Cunninghamia konishii* Hayata），别名蛮大杉（台湾）、香杉（《中国裸子植物志》）。乔木，高达50 m，胸径2.5 m；树皮淡红褐色或红棕色。叶通常微弯呈镰状披针形，长1.5～2 cm，宽1.5～2.5 mm，锯齿细钝。球果长1.5～2.5 cm，径约2 cm。

产于我国台湾中部以北海拔1 300～2 000 m山地，通常混生于台湾扁柏、红桧和阔叶林中；也有组成小片纯林。木材纹理直，结构细，心、边材区别明显，轻软，芳香，耐久用。供建筑、造船、电杆等用。台湾杉木为台湾的主要用材树种之一，可作为台湾高山中部的主要造林树种。

（李文英）

参考文献

陈孝丑，2001. 杉木速生优良无性系的选育 [J]. 浙江林学院学报，18（3）：257-261.

陈由强，叶冰莹，朱锦懋，等，2001. 杉木地理种源遗传变异的RAPD分析 [J]. 应用与环境生物学报，7（2）：130-133.

傅星星，郑德勇，2008. 浅谈杉木精油的开发前景 [J]. 福建林业科技，35（4）：267-269.

胡德活，阮梓材，卓铜勋，等，1998. 杉木优良无性系早期选择 [J]. 广东林业科技，14（3）：7-12.

黄敏仁，陈道明，施季森，1986. 杉木种源酯酶同工酶地理分布研究 [J]. 南京林业大学学报（自然科学版）(3)：31-35.

赖银华，2004. 闽南杉木优良无性系选择 [J]. 林业科技开发，18（4）：34-36.

李林初，1989. 杉科的细胞分类学和系统演化研究 [J]. 云南植物研究，11（2）：113-131.

李晓储，1998. 杉木生长、材性兼优种源选择的研究 [J]. 江苏林业科技，25（1）：7-10.

李贻格，1990. 中国杉木栽培史考 [M]//林史文集. 北京：中国林业出版社.

林金国，范辉华，张兴正，1999. 福建省杉木人工林材性产区效应的研究 I. 木材基本密度和纤维形态 [J]. 福建林学院学报，19（1）：273-275.

刘杰，沈荣贞，1990. 杉木不同种源和家系过氧化物酶同工酶研究初报 [J]. 福建林学院学报，10（2）：192-196.

刘勋甲，郑用琏，尹艳，1998. 遗传标记的发展及分子标记在农作物遗传育种中的运用 [J]. 湖北农业科学 (1)：33-35.

黔东南州杉木遗传改良协作组，1999. 杉木无性系测定初步研究 [J]. 贵州林业科技，27（4）：14-16，44.

全国杉木种源试验协作组，1994a. 杉木种源区划分的研究 [J]. 林业科学研究，7（专刊）：130-146.

全国杉木种源试验协作组，1994b. 杉木种源变异的研究 [J]. 林业科学研究，7（专刊）：117-130.

盛炜彤，2014. 中国人工林及其育林体系 [M]. 北京：中国林业出版社.

盛炜彤，惠刚盈，张守攻，等，2004. 杉木人工林优化栽培模式 [J]. 北京：中国科学技术出版社.

盛炜彤，童书振，段爱国，2011. 杉木丰产栽培实用技术 [J]. 北京：中国林业出版社.

四川省林业科学研究院种源组，1983. 杉木地理种源过氧化物同工酶变异的初步研究 [J]. 四川林业科技 (4)：19-35.

王朝晖，江泽慧，任海青，1998. 杉木定向培育造纸材地理种源选择的研究 [J]. 四川农业大学学报（木材研究专辑），16（1）：85-87.

王明怀，陈建新，谭建伟，等，1996. 杉木种源—林分—家系遗传变异研究 [J]. 广东林业科技，12（1）：1-6.

王欣，张贵云，张彦雄，等，1993. 杉木优良基因资源收集信息管理与推广应用研究 [J]. 贵州林业科技，21（1）：1-9.

吴中伦，1984. 杉木 [M]. 北京：中国林业出版社.

吴中伦，侯伯鑫，1995. 中国杉木栽培利用简史 [J]. 林业科技通讯（专刊）：30-45.

许忠坤，2014. 杉木无性系选择与生长潜力分析 [J]. 林业科学研究，27（5）：598-603.

杨玉玲，马祥庆，张木清，2009. 不同地理种源杉木的分子多态性分析 [J]. 热带亚热带植物学报，17（2）：183-189.

杨自湘，李玲，1996. 不同产地间、产地内杉木过氧化物同工酶的变异研究 [J]. 林业科学研究 (2)：196-201.

尤勇，洪菊生，1998. 标记在杉木种源遗传变异上的应用 [J]. 林业科学，34（4）：32-38.

于永福，1995. 杉科植物的起源、演化及其分布 [J]. 植物分类学报，33（4）：362-389.

俞新妥，1997. 杉木栽培学 [M]. 福州：福建科学技术出版社.

张卓文，2005. 杉木生殖生物学特性研究 [D]. 武汉：华中农业大学.

《中国树木志》编辑委员会，1983. 中国树木志：第一卷 [M]. 北京：中国林业出版社.

周城，2005. 江西省杉木良种选育研究 [D]. 南京：南京林业大学.

第 三 章

杨 树

杨树（*Populus* spp.）为杨柳科（Salicaceae）杨属（*Populus*）落叶乔木。世界杨属植物天然种类 100 多种，我国 53 种，还有许多变种、变型和引种的种，处于世界杨属植物中心分布区内，是杨树栽培面积最大的国家（徐纬英，1988）。杨树具有早期速生、适应性强、品种丰富、易于更新、木材用途广等特点，是我国重要的造林树种，在我国速生丰产林基地建设、"三北"防护林工程和退耕还林工程建设中占有重要地位。

第一节　杨树的利用价值和生产概况

一、杨树的利用价值

（一）木材价值

杨树木材具有密度小、强度高、弹性好、纤维长而含量高和易加工等特点，加上杨树具有速生、丰产、成活率高、易成林等特点，被广泛用于人工工业林。迄今世界许多国家皆把杨木列为重要工业原料。

1. 刨花板和纤维板材　由于杨木本身的密度低、材色浅、加工容易，可以生产刨花板和中密度纤维板，用于板式家具的制造。强化地板的基材大部分是以杨木为原料的高密度纤维板，三层复合木地板的中层和底层为杨木板或杨木单板。杨树的小径木、梢头、枝丫材及工厂"废料"也是生产刨花板和中密度纤维板的理想材料。

2. 胶合板材　胶合板生产需要大径、通直和少节的原木，我国森林资源不足，而杨树人工林成为胶合板工业原料的重要来源。杨木的单板旋切、干燥、胶合性能良好，对胶合剂和加工均无特殊要求，是一种良好的胶合板用材。在杨木单板的表面用天然或人造薄木贴面的装饰胶合板广泛用于室内装饰板材，对以杨木为原料的定向结构板和单板层积材也有大量需求。

3. 制浆造纸　杨树木材基本密度适中，纤维形态优良，自然白度高，既可生产化学浆，又可生产化学机械浆，并能实现得浆率、强度及白度三者的兼顾，是一种较为适宜的制浆造纸原料。我国以杨木为造纸原料，通常与针叶材制浆混合造纸，生产高强度的工业用纸。

4. 生物质能源　由于杨树具有生长快、适应性广、更新快等特点，符合生物能源林树种萌蘖性强、生物质产量高的要求，是很好的可再生生物质能源，杨木可作为直接燃烧的薪炭材等燃料。此外，杨木具有纤维含量较高、木质较疏松等特点，是较为理想的生物乙醇原料，可用于生产替代石化燃油的液化、气化燃料。

5. 建筑材　杨木作为建筑材料在我国具有悠久的历史，在建筑木结构房屋中，杨木可做大梁、木构架、檩条、椽子、天花板、隔板等。由于木模板具有钢模板不具备的许多优点，随着房地产业对建筑模板的需求量不断增长，国内建造了一批杨木水泥模板厂。

6. 包装材　杨木纹理直，胀缩小，冲击韧性中至高，减震性能好；无异味，易握钉，握钉力虽小但不易裂，可用于食品、茶叶和文化用品、高级礼品的包装材，也适合用于军工、医药、精密仪器等货物的包装。由于国际上对进口货物和包装箱规定不允许用实木制造，杨木人造板被广泛用于包装出口。

7. 火柴材　杨木密度低而软、纹理直；结构细而均匀；材色浅、浸蜡易，是火柴的理想原料，许多火柴厂大都以杨木为原料。

8. 其他　杨木还有很多其他用途，如农业上用的木锨头、木锨把、打谷桶，以及生活用的卫生筷、雪糕棒、笼屉等均可用杨木制造。杨木制成的木炭，可供制造火药、医药和过滤剂。杨树树皮、锯末、枝叶和根，除了制作纤维板外，还能栽培平菇、金针菇和杏鲍菇等多种食用菌，其产品的品质与棉籽壳的相似。

（二）园林绿化和改善环境价值

杨树速生性强、成林快、树形优美、绿化效果好，但由于雌株飞絮污染环境，因此，宜选用雄株或无絮雌株用于城市绿化和行道树。杨树树冠大、叶片多且大，能吸附多种有害气体，并能滞尘、杀菌，净化空气，在消除环境污染方面具有十分重要的作用。

杨树适应性强、生长快、抗逆性强，广泛用于营建防风固沙、水源涵养等生态防护林和农田防护林，而其巨大的根系、茎、枝、叶等，形成较大绿色空间和根系网络，对重金属等污染物具有一定的吸收积累，因此被认为是净化空气和修复土壤重金属污染的首选树种之一。

（三）药用价值

我国杨树的药用历史较长，药用部位主要为树皮、叶、花序、芽，在抗菌、抗炎、抗肿瘤、心血管保护等方面有显著的药理活性。杨树皮类脂是一种新的树皮化学加工产品，含有不饱和脂肪酸、甾醇、维生素 E、磷脂、β-胡萝卜素等生物活性物质，且安全无毒，可以作为医药及日化产品的药用添加剂，能有效地预防和治疗某些皮肤疾病（冻疮、皮肤皲裂）（周维纯等，1992）。杨树花的主要药用成分为黄酮类化合物和酚苷类化合物（梁延寿等，1988）。

（四）肥料和饲料价值

杨树的叶和花絮可做肥料，用于生产蛋白饲料，是一种营养价值极高的畜禽饲料。杨树叶中含粗蛋白 6.1%、粗脂肪 6.8%、粗纤维 23.9%、灰分 16.2%、无氮浸出物 47%。每千克杨树叶粉中含叶绿素 824 mg、胡萝卜素 27 mg、维生素 C 842 mg。杨树花中粗脂肪、粗蛋白、总糖的含量要明显高于一般饲用植物，丰富的氨基酸、无机元素、蜜糖可以弥补部分饲料中氨基酸和无机元素的缺乏；通过乙醇回流从杨树花中提取的活性化合物具有良好的抗菌活性，并能够增强机体的抗氧化能力；杨树花可替代部分日粮，降低禽畜发病率，提高经济效益；其制剂对家畜肠道疾病具有良好的防治效果（何俊庆等，2011）。

二、杨树的地理分布和生产概况

（一）杨树的地理分布

我国正处于世界杨树中心分布区域内，从兴安岭到喜马拉雅山，从武夷山到新疆的阿尔泰山，处于东经 80°～134°、北纬 25°～53°，西起西藏，东止江苏、浙江，南起福建、广东和广西的北部及云南，北至黑龙江和内蒙古、新疆地区，即从寒温带针叶林区到亚热带常绿阔叶林区，热带雨林区也产少量杨树，从森林草原区到干旱荒漠区均可见天然生长的杨树，在我国森林资源特别是在天然次生林和荒漠地区森林恢复中起着显著作用（董世林等，1988）。

世界杨属植物 100 多种，我国有 60 余种（包括引入种），产 53 种，其中特有种 36 个，占国产天然杨树总数的 67.9%，主要分布在我国北方和南方山地寒温带或温带较干燥寒冷气候条件下的地带，集中在东北（13 种）、西北（28 种）、华北（17 种）和西南（21 种）。因此，我国不仅是世界杨树分布的中心，又是一些种类的发源地。我国有两个杨树汇集的中心地带，一是西北地区，占全部种数的 50.49%，特别是新疆地区，占全部种数的 30.3%，同时又是胡杨组、黑杨组与白杨组大部分种类集中出现的地区；二是西南部，占统计总数的 41.2%，并以大叶杨组和青杨组为主，而白杨组较少，属于中生偏湿类型；其次是华北和东北地区，以青杨组各种为主，白杨组次之，属于中生或中生偏湿类型。从生态学考虑，虽然有些种类分布在亚热带地区，但多占据常绿阔叶林中的亚高山带，就海拔而论，常分布在海拔较高地带，最高海拔可达 4 600 m（如川杨），而绝大多数种类分布于秦岭和长江以北中低山和平原地带。杨树分布区的形成同其他树种一样，是受气候、土壤、地形、生物、地史变迁及人类活动等因素的综合影响而形成的，但杨树的分布主要取决于热量和水分的变化，即受纬度、经度和垂直地带性的制约而有规律地分布着。董世林和王战（1988）将我国杨树区系地理成分主要划分为 5 个区域。

1. 寒温带针叶林区域　分布有黑龙江杨、兴安杨和甜杨。兴安杨是中国特有种，甜杨为亚洲所特有，它与暗叶杨（我国不产）是杨属中分布最北的种，直抵北极圈南缘，生长成小乔木或灌木状，是西伯利亚唯一的速生树种，多生于河岸泛滥地。甜杨从我国大兴安岭一直可分布到北纬 72°，在 −69 ℃的低温下仍正常生长，为大兴安岭河岸林的主要建群树种之一，是东西伯利亚植物种系，为欧亚森林植物亚区系成分。在杨属耐寒种类中还有帕米尔杨，分布在帕米尔高原海拔 3 850 m 左右的地段，形成曲干状丛林，性极耐寒。

堪称世界屋脊的杨树，在我国产于新疆昆仑山北坡、海拔1 800～2 000 m的山河沿岸，属帕米尔—昆仑山种系，为青藏高原植物区系成分。

2. 温带针阔叶混交林区域 分布有大青杨、香杨和辽杨，并与俄罗斯远东地区和朝鲜相连，东北东部山地较为常见。此外，本区尚有玉泉杨、哈青杨和东北杨，为我国特有，是森林草原带的种系（多系天然杂种）和地带性森林主要树种，较耐干旱气候。

3. 暖温带针阔叶混交林区域 分布有小叶杨、青杨、小青杨、梧桐杨、冬瓜杨、毛白杨、河北杨等，是华北至西北的乡土树种，均为我国所特有，是北温带华北区系（中国—日本森林植物区）成分，而冬瓜杨与青杨又是向亚热带常绿阔叶林区域过渡的类型，小叶杨和小青杨向北延伸到温带草原，不进原始林地带。

4. 亚热带常绿阔叶林区域 分布有滇杨、川杨、德钦杨、乡城杨、三脉青杨、昌都杨、米林杨、五瓣杨、长叶杨、大叶杨、椅杨、灰背杨、长序杨等，多数种类是中国—喜马拉雅区系成分，为我国所特有，多数分布在海拔较高的雅鲁藏布江、怒江、金沙江、澜沧江、雅砻江等江河两岸。只有大叶杨和椅杨是我国华中与西南的乡土树种，而亚东杨和滇杨是接近亚热带季雨林的杨树，近于古热带的植物成分。此外，本区尚有圆叶杨（产于印度和不丹）为东喜马拉雅成分，在云南高原山地则分离出两个变种——清溪杨和滇南山杨，在云南分布较为广泛，其中清溪杨可延伸到西藏地区。

5. 温带草原、荒漠区域 我国干旱与半干旱和半湿润地区，与欧洲有联系，生长着许多中生偏旱的杨树。其中欧洲山杨在整个欧洲大陆均有分布，一直延伸到东北亚和地中海邻接的诸山区，为欧亚植物区系成分；在我国分布于新疆阿尔泰至天山山地，为山地种系。银白杨是古地中海成分，为欧洲大陆河谷地带的种系，广泛分布于地中海西部盆地，近东地带，是喜热喜湿的树种，仅延伸到我国新疆准噶尔草原化荒漠河谷地带。山杨与响叶杨是我国特有成分，与广布于欧亚大陆的欧洲山杨有密切关系，所以山杨实为东亚种系，是我国杨属中适应性最强、分布最广的广布树种。在我国东经100°～130°、北纬20°～53°的山地均可见到山杨的分布，多为次生林，是森林演替的一个阶段，而响叶杨则集中分布于华北及华中北亚热带及中亚热带山地。欧洲黑杨为欧亚区系成分。此外，属中亚山地成分的还有密叶杨、柔毛杨、苦杨、伊犁杨、额河杨等，均产于新疆干旱河谷和山地河谷中。胡杨和灰胡杨是古地中海成分，为中—西亚荒漠的孑遗树种，产于柴达木盆地和甘肃疏勒河下游。

（二）杨树生产概况

第七次全国森林资源清查（2004—2008）数据显示，我国杨树林总面积达1 010.26万 hm²（3年生以下幼龄树未统计在内），总蓄积量为54 939.14万 m³，平均单位面积蓄积量为54.38 m³/hm²，全国杨树人工林总面积为757.23万 hm²（3年生以下幼龄树统计在内），其中杨树用材林面积为452万 hm²，占全国杨树人工林面积的59.7%。

我国已成为杨树种植面积最大的国家，全国27个省、自治区、直辖市均有杨树分布和栽培，杨树天然林面积超过10万 hm²的省份依次为内蒙古、黑龙江、新疆、陕西、四川、吉林等，其中内蒙古杨树天然林面积最大，为104.47万 hm²，木材总蓄积量也最大，为9 485.88万 m³。杨树人工林面积超过20万 hm²的省份依次为内蒙古、河南、山东、黑龙江、江苏、河北、辽宁、安徽、新疆、湖北等，其中内蒙古杨树人工林面积最大，为 193.86 万 hm^2，木材总蓄积量也最大，为 4 339.34 万 m^3。

据统计，2010 年我国以杨木为原料的人造板总产量为 15 360.83 万 m^3，纸和纸板总产量 9 270 万 t，家具总产值 5 220 亿元，以上均占全球之首。我国黄河及长江流域大面积的杨树人工林每年可生产数百万吨木材、纤维、纸浆和林产品，杨木资源主要用于胶合板生产。以杨木为主的胶合板产业已经使我国成为世界胶合板出口的第一大国。2010 年我国胶合板产量为 5 563 万 m^3，其中杨树胶合板产量约为 3 894.1 万 m^3，占 70%。2010 年我国胶合板出口为 754.7 万 m^3，如果以杨树胶合板占 70% 推算，杨树胶合板 2010 年出口量约为 528.3 万 m^3。2010 年我国工业用材总消耗量为 4.36 亿 m^3，其中胶合板、细木工板生产消耗杨木 1.22 亿 m^3，木浆生产消耗杨木 1 200 万 m^3，两者（1.34 亿 m^3）占全国木材总消耗量的 63.2%，占全部工业用材总消耗量的 30.7%（FAO，2012）。

（三）杨树栽培起源和栽培历史

我国杨树栽培具有悠久的历史，有文字可考的记载可追溯至公元前 7 世纪，《诗经》中有"东门之杨，其叶牂牂"和"阪有桑，隰有杨"之句，《周易》有"枯杨生梯"之句，说明当时杨树被广泛种植。《韩非子》中引用战国时期遗留下来的《惠子》一书，对杨树的栽培学特征曾做过十分生动的描述："夫杨，横树之即生，倒树之即生，折而树之又生。然使十人树之而一人拔之，则毋生"，可见当时已知杨树埋条和插条的繁殖方法，哲学家在辩论中引杨树为例，说明当时杨树栽培已相当普遍（赵天锡等，1994）。

1 300 多年前《晋书》所录东晋十六国时期民风《关陇之歌》中有"长安大街，夹树杨槐"之句，说明当时杨树栽培已不限于农村，已经进入城市成为街区的绿化树种。北魏贾思勰《齐民要术》一书在"种榆、白杨第四十六"中"种白杨法"，具体叙述了杨树插枝育苗的方法。明代王象晋所著《群芳谱》中，也有杨树栽培的详细记载。相比之下，西欧的杨树栽培只有不到 300 年的历史，1745 年才第一次出现杨树栽培的文字记载。

千百年来，杨树一直是华北平原地区农村绿化的主要树种，在"杨、柳、榆、槐"四大用材树种中位于首位，但受长期封闭的自然经济条件的限制，杨树栽培基本是粗放、散植的，多为民用建筑，自产自用，或用于补充燃料和饲料之不足，只有少量在市场上交换。由于平原地区人口密集，土地资源不足，加之没有以杨木为原料的大型工业的发展，不存在渴求原料的动力，因而在中华人民共和国成立前没有出现过大面积的杨树栽培（赵天锡等，1994）。

中华人民共和国成立以后，本着因害设防的原则，在风沙危害严重地区营造了防风固沙林和农田林网。由于杨树适应性强，这些林分中多数使用了杨树，杨树栽培面积逐步扩大。此后，杨树发展大致可分为 5 个时期。

1. 20 世纪 50 年代　以杨树为主栽树种营造了大面积防护林，迅速建成了豫东、冀西和东北西部内蒙古东部大型防护林体系，如东北西部防护林约 33.4 万 hm^2，被列为"三北"防护林重点地区，山西雁北地区防护林 30 万 hm^2，豫东黄河故道防护林带约 6.7 万 hm^2，形成了杨树为主栽树种的防护林带。

2. 20 世纪 60～70 年代　60 年代以河南鄢陵为代表，70 年代初以山东兖州为代表，大搞农田林网，形成以四旁植树与农田林网相结合的农田生态系统，并随着平原地区农村对民用建筑材需求的增长，开始开展杨树丰产集约栽培。

3. 20 世纪 80 年代　在"网、带、片"三者结合的基础上，开始在平原地区大面积营造杨树速生丰产林，以山西雁北桑干河杨树丰产林试验局的成立为标志，进入了国营林场大面积营造杨树速生丰产林，使杨树生产走向商品化的新时期。杨树速生丰产林被列入林业建设计划，建立速生丰产林试点，进入杨树集约化栽培管理，逐步形成了杨木生产基地，至 20 世纪 80 年代末，已营造速生丰产林面积超过 13 万 hm²。

4. 20 世纪 90 年代　开始大规模的杨树速生丰产用材林基地建设，得到了世界银行对此项目的贷款支持。利用世界银行贷款的杨树造林面积达 26.4 万 hm²，造林规模超过了以往。

5. 21 世纪以来　这个时期为杨树快速发展时期，国务院批准实施六大林业重点工程，杨树发挥了重要作用。实施的六大工程之一《重点地区速生丰产用材林基地建设工程规划》，开始加快杨树造纸原料林和速生丰产用材林基地建设，至 2015 年建设速生丰产用材林基地 1 333 万 hm²，完成南北方速生丰产用材林绿色产业带建设，能提供国内生产用材需求量的 40%，加上现有森林资源的采伐利用，国内木材供需基本趋于平衡。

（四）杨树栽培区

我国杨树人工林主要分布区，北至北纬 49°的松嫩平原北界，南至北纬 28°附近的两湖平原的鄱阳湖平原，东至沿海岛屿海涂，西至新疆维吾尔自治区西部边界，整个分布范围约占我国国土面积的 2/5（齐力旺和陈章水，2011）。陈章水（2005）根据地理位置和气候条件以及杨树主栽品种相似系数，照顾行政区划，将我国杨树分布区大体划分为 13 个栽培区。

1. 松嫩及三江平原区　包括松嫩平原、三江平原和吉林中部平原地区，地处东经 102°30′～135°、北纬 43°11′～49°35′。属于中温带半湿润气候，极端最低气温−45～−30 ℃，年降水量 370～590 mm，土壤主要为暗棕壤、黑土、黑钙土、白浆土等。

2. 松辽平原栽培区　东连长白山，西邻内蒙古高原，包括西辽河丘陵区、辽河中下游、浑河流域平原及东北部山地丘陵区、松花江下游及辉发河、二道白河流域平原，东经 119°～129°、北纬 39°40′～44°。属于中温带半湿润—半干旱气候，极端最低气温−41～−39 ℃，年降水量辽河西部丘陵 350～450 mm、其他地区 500～900 mm，土壤为黑土、黑钙土、栗钙土等。

3. 海河平原及渤海沿岸栽培区　包括华北平原北部和辽东半岛、山东半岛，位于华北湿润、半湿润温带地区的北部，东经 114°20′～124°、北纬 36°30′～41°。属于暖温带半湿润气候，极端最低气温−40～−35 ℃，年降水量 500～900 mm，土壤为潮土、棕壤土、草甸土等。

4. 黄淮平原栽培区　包括黄淮平原和鲁中南低山丘陵，豫西黄土丘陵，晋南盆地，伏牛山北坡及太行山南段，东至黄海，西至黄河风陵渡，东经 110°20′～120°、北纬

$32°30'\sim36°30'$。属于暖温带湿润—半湿润气候,极端最低气温-25 ℃,年降水量700~1 000 mm,土壤为潮土、砂姜黑土等。

5. 长江中下游平原栽培区 位于淮河以南的江淮平原,长江中下游沿岸平原及低丘谷地平原,鄱阳湖、洞庭湖、洪泽湖平原,长江三角洲,钱塘江下游及沿岸平原,秦岭以南的汉水谷地,东经$106°50'\sim121°45'$、北纬$28°30'\sim33°20'$。属于北亚热带湿润气候,极端最低气温$-16\sim-12$ ℃,年降水量1 200~1 400 mm(汉中平原800~1 200 mm),土壤为黄壤和黄棕壤、潮土、灰潮土等。

6. 内蒙古高原栽培区 位于内蒙古高原及其周边有关地区,东经$103°\sim122°$、北纬$35°\sim48°$。属于中温带半干旱—半湿润气候,极端最低气温为$-45\sim-32$ ℃,年降水量300~600 mm(少至100~200 mm),土壤为草甸土、潮土、风沙土、冲积沙土、沼泽土等。

7. 黄土高原栽培区 东起太行山,西止积石山,北与内蒙古高原相连,南界渭河北山以北,东经$103°20'\sim114°$、北纬$34°30'\sim39°30'$。属于中温带半干旱气候,冷热季节变化明显,极端最低气温$-32\sim-20$ ℃,年降水量200~400 mm,土壤为潮土、𪮖土、黑垆土、黄绵土、栗钙土、淡棕土等。

8. 渭河流域栽培区 位于渭河北山以南、秦岭山地以北的渭河流域盆地,通称关中平原,是渭河地堑基础上经黄河沉积和河流冲积而形成的平原,东经$104°20'\sim112°40'$、北纬$34°00'\sim35°29'$。属于暖温带半湿润气候,极端最低气温$-22\sim-14$ ℃,年降水量400~600 mm,土壤为潮土、𪮖土、黑垆土、冲积沙土、栗钙土、淡棕壤等。

9. 河西走廊栽培区 位于甘肃省祁连山以北的河西走廊地区,东经$94°\sim103°$、北纬$37°\sim42°$。属于寒温带特干旱和干旱荒漠区,气候干旱为该区主要特点,极端最低气温-40 ℃,年降水量200 mm以下,土壤为灰棕荒漠土、石膏灰棕荒漠土、盐土等。

10. 北疆栽培区 位于天山山脉以北,阿尔泰山以南的准噶尔盆地以及若干山间盆地,东经$81°\sim89°$、北纬$43°48'\sim44°50'$。属于中温带干旱气候,极端最低气温$-44\sim-32$ ℃,年降水量90~300 mm,土壤为棕钙土、生草草甸森林土、草甸土、沼泽土、绿洲灌溉土、风沙土等。

11. 伊犁河谷栽培区 位于伊犁河谷,东经$80°11'\sim84°55'$、北纬$42°13'\sim44°50'$。属于中温带半干旱气候,整个河谷区夏季炎热,冬季温和,是新疆降水量较丰富的地区之一,极端最低气温-35 ℃,年降水量200~400 mm,土壤为灰钙土、栗钙土、潮土、草甸土、沼泽土等。

12. 南疆栽培区 位于新疆南部,天山山脉以南,塔里木盆地周围的绿洲及荒漠地带,东经$75°49'\sim90°10'$、北纬$36°52'\sim42°56'$,处在塔克拉玛干沙漠周围。属于暖温带极端干旱的大陆性气候,极端最低气温-21 ℃,年降水量16~72 mm,土壤为灌淤土、潮土、盐土、荒漠土、风沙土等。

13. 青海高原栽培区 位于东经$100°45'\sim103°04'$、北纬$35°33'\sim37°24'$的青海省东部黄土丘陵区和东经$90°06'\sim99°19'$、北纬$35°08'\sim39°19'$的柴达木盆地。属于高寒区半干旱—干旱气候,极端最低气温$-45\sim-42$ ℃,年降水量为黄土丘陵区250~600 mm、柴达木盆地40~200 mm,土壤为黄土丘陵区的栗钙土、淡栗钙土、灰钙土和柴达木盆地的灰棕荒漠型棕钙土等。

第二节　杨树的形态特征与生物学特性

一、形态特征

（一）根系

杨树为浅根性树种，有极其明显的趋水性、向肥性，对水、肥及土壤的疏松性敏感，其根系存在明显基因型效应，不同种或同一种的不同无性系在根的数量、大小、分布深度、结构和分布方向上都存在差异。杨树多主根粗大，不发达，但根系的垂直分布很深，穿透能力较强；侧根粗壮，从根际生长出来向四周放射伸展，发出粗壮的支柱根，朝四周呈放射状分布，伸展很远，长度可达 20 m，并且根系分布均匀，占整个根系的 40%～50%；在支柱根上生长出来很多细根（吸收根），直径一般在 0.1～1 mm。经调查，一般杨树的水平根密集分布于土层 0～40 cm，支柱根不超过 60～80 cm，细根主要分布在 20～40 cm 表层土壤中。

（二）干和枝

杨树树干通常端直；树皮光滑或纵裂，常为灰褐色或灰白色。枝有长枝及短枝（包括萌枝）之分，圆柱形或具棱线。萌枝髓心五角状，有顶芽（胡杨组无），顶芽较侧芽大，芽鳞几个至多数交互叠置，常具黏质，罕无。

杨树的长枝可无限生长，枝条长度达数米，具有明显的叶节间，主要分布在树冠的上部；短枝生长量很小，在极端的情况下仅有一轮小叶，主要分布于树冠的下部。从树冠的纵剖面看，自树冠顶部至底部，也有许多枝条其长度和类型是介于两者之间的。树木年龄影响枝条的分布，相比而言，老树树冠上短枝所占的比例比幼树的要高得多，在有些情况下，可达到近 100%（方升佐，2004）。

（三）叶

杨树叶为单叶，多互生，较宽大，常卵圆形、卵圆状披针形或三角状卵形，在不同的枝（如长枝、萌枝、短枝）上常为不同的形状，边缘齿状或齿牙状，罕具裂片或全缘；叶柄较长，侧扁或圆柱形，先端有或无腺点。

由于不同类型枝条上所着生的叶子在大小、排列方向、结构和形态上存在差异，着生于树冠上部长枝上的叶子一般较大、较厚，与水平面的夹角大（叶角大），单位叶面积的光合速率高，秋季落叶也最迟，而着生在短枝上的叶子，叶小且薄，叶角小（几乎与地面平行），单位叶面积的光合速率低。由此可见，着生于长枝上的叶子对杨树人工林的速生丰产起主导作用，枝条类型具有重要的生理学意义（方升佐，2004）。

（四）花

杨树的花为单性，雌雄异株，稀杂性，常先叶开放；雄花序较雌花序稍早开放；花期甚短；柔荑花序下垂，花着生于花序轴上苞片的腋内，苞片膜质，先端尖裂或条裂，早落；具腺体或花盘，花盘斜杯状；雄蕊 4 枚至多数，着生于花盘内，花药常为暗红色，花药 2 室，底部着生花丝，纵裂，花丝较短，离生；雌花具雌蕊 1 枚，雌蕊由 2~4（5）心皮构成，子房 1 室，侧膜胎座，花柱短，罕无，柱头 2~4 裂，粉红色。

（五）果实与种子

杨树果期较花期长，果序长 14 cm；果实为蒴果，2~4（5）瓣裂；种子细小，每个蒴果 1~15 粒种子，也有达 1 000 粒以上者；子叶椭圆形；种皮薄，胚直伸，无胚乳，或有少量胚；胎座密生丝质长毛，与种子一起脱落。

二、生物学特性

（一）生长特性

1. 根系的生长　杨树根系的起源多样，可以是由种子的胚根发育而成，也可以是从插穗或脱落的小枝等发育而成。大多数杨树都比较容易扦插生根，其根系主要是由不定根发育而成。杨树在春季（芽萌动前和萌动后不久）会产生大量细根，夏季细根产生率下降，但在秋季又会形成一个小高峰，在新细根产生的同时，已有细根在不断死亡，其死亡率与根系总生产量呈负相关。

杨树的地上和地下生长同时发生，即在任何一年中，嫩枝和根同时生长，嫩枝内的形成层首先活动复苏，并逐渐或很快地蔓延到树干内，10~15 d 后达到根部，从主根开始。但具体树种有些不同：当欧洲黑杨的插条地上生长苗壮时，根的延伸速度就慢，反过来也是如此。除此之外，主根与侧根交替生长。从美国黑杨观测到，根的延伸率白天比夜晚高 1.6 倍。当地上部分处于生长阶段时，这种差别更加显著。

2. 枝茎的生长　杨树年生长发育随着年龄、分枝特性、立地条件和抚育管理措施等不同而有差异。如长枝中上部的芽，萌发后，多形成长枝；中部以下的芽，多形成短枝；基部的芽，则形成休眠芽，一般不萌发抽枝。短枝上的芽，多形成花芽，顶芽萌发后，再形成短枝。芽萌发抽枝，在一定条件下，可以转化。如果加强水、肥管理，防治病虫危害，适当修剪或重剪，可以改变芽萌发生长，促使基部芽、短枝顶芽萌发，长成壮枝和萌枝，加速林木生长。

（二）年生长节律

根据生长速率和物候变化，可将杨树的年生长周期分为 6 个阶段，各阶段到来的迟早和持续时间，主要受当地气候条件的影响，不同品种的年生长节律基本相同（赵天锡等，1994）。

1. 萌动期　开始的迟早随各地气候的不同而不同，约从旬平均气温高于 7 ℃时开始萌动，华北大部分地区在 3 月下旬到 4 月上中旬，持续约 15 d。此期间经历芽膨大、伸长、裂开，最后形成簇状叶丛。

2. 春季营养生长期　萌动期结束后很快进入春梢营养生长期，胸径生长出现全年第二次高峰，在 10~15 d 内完成春梢长度生长并形成顶芽，华北地区在 4 月下旬或 5 月初结束，东北地区约在 6 月初结束。

3. 春季封顶期　4 月中旬至 5 月底，此期间大部分侧枝形成顶芽，暂时中止生长，主枝有时不封顶，但呈现生长停滞现象。

4. 夏季营养生长期　此期可持续 90～100 d，胸径生长出现全年第二次高峰，此期间生长速率出现两次高峰，分别在 6 月上旬或 7 月中旬和 7 月上旬或 8 月下旬，低谷出现在 6 月下旬或 7 月下旬。东北地区峰期推迟出现。

5. 封顶充实期　杨树的二次生长在 7 月底至 9 月中旬结束，从形成顶芽到落叶称为封顶充实期。随各地气候的不同而不同，此期可持续 30～90 d。在此期间，生长停止，树体内积累大量养分，为越冬做好准备。

6. 冬季休眠期　从落叶后到次年芽萌动前为休眠期。在其休眠的前期（约 1 月中旬以前）处于深休眠状态，人为改善其温度、水分条件，不能顺利萌发。休眠后期（1 月中旬以后）为强迫休眠状态，在适宜的环境下能顺利萌芽、生长。

（三）人工林分生长进程

杨树是速生树种，一般 10～20 年即可采伐利用。在适宜的立地条件下，加上良种和定向集约栽培模式，在北方 12～15 年、在南方（长江中下游）7～10 年，即可培育出工业用大径材。根据不同栽植密度人工林的树木解析资料，以树高、胸径和单位面积蓄积量的年均生长量及连年生长量为分析指标，可将杨树人工林划分为生长速度不同的 4 个时期（陈章水，2005）。

1. 缓慢生长期　造林后 1～2 年，定植后的苗木根系小，不能充分供应养分，导致主干生长缓慢，这一时期称为缓慢生长期。不同栽植密度的林分，缓慢生长期相同。

2. 速生期　造林后第三年，开始进入速生期，其林龄幅度因栽植密度不同而有差异，栽植越密，速生期越短，栽植越稀，速生期延续的林龄就越长。例如在南方地区，胸径生长速生期从株行距 3 m×3 m 的 3～4 年，分别至 8 m×8 m 的 3～7 年和 9 m×9 m 的 3～8 年；树高生长及其速生期受密度影响较小，一般多在 2～7 年；单位面积蓄积量生长及其速生期受密度影响较大，随着栽植由密而稀，速生期随之逐渐延长，分别直至 8 m×8 m 的 3～10 年和 9 m×9 m 的 3～11 年。

3. 后续缓慢生长期　全生长过程中，速生期过后，随着生长量的下降而出现第二次缓慢生长期，持续 2～3 年，栽植密度小的林分，持续时间相对较长。

4. 生长衰退初期　在生长缓慢期后，胸径、树高或单位面积蓄积量都持续地逐年减少，从后续缓慢生长期逐渐过渡到生长衰退初期，衰退初期出现的早晚不但与立地条件相关，而且与栽植密度密切相关，栽植越密，生长衰退初期到来时间越早。例如在南方地区，单位面积蓄积量生长的衰退初期从株行距 3 m×3 m 的 7～10 年，分别至 8 m×8 m 的 12～16 年和 9 m×9 m 的 15～19 年。

三、生态适应性

杨属植物分布广泛，除少数种类构成纯林或与其他树种混交外，大多数种类为散生状态，其中有一些种已经进行人工栽培。由于地理环境的要求及树种本身特异性差异很大，因此，杨属植物各组的地理分布和生态学特性不同，对环境条件都有特定的要求（赵天锡等，1994；陈章水，2005）。

（一）光照

杨树是强喜光树种，具有较高的光合作用强度，要求较强的光照条件。一般认为，杨树要进行正常的光合作用，光照度不能低于 12 000 lx。大多数杨树都是长日照植物，日照与杨树生长有密切关系，特别是对杨树的分布影响较大。光照决定杨树的形态发生和生命活动的生物节奏。随着纬度的变化，日照长度和光质发生变化影响杨树的生长发育。不同的杨树在生长发育时要求一定比例的昼夜交替，才能正常开花结实。将北方杨树引种到南方时，由于日照缩短，促使杨树提前封顶，大大缩短了其生长期，抑制了杨树正常的生命活动。

（二）气温

气温对杨树的可塑性很大，中温或中温耐寒的种类占绝大多数，中温耐热的种类则是少数。有些杨树种耐低温，在晚秋和早春时对冻害不敏感，只有较短的营养生长期，枝条能够完全木质化，叶片能够较早地变黄和凋落。除此之外，大部分的杨树都是生长在北半球的温带和暖温带，较为喜温，不十分抗寒，对早霜和晚霜敏感。杨树的发育、生长过程中不适宜有过高的温度，而要求有一定量的低温，夏天过于炎热（年平均温度高于 20 ℃）、7 月平均气温超过 20 ℃或冬季温度过高（1 月平均气温超过 12 ℃）的地区不适于杨树生长，这说明杨树耐寒冷的能力比耐高温的能力要强。多数种类的杨树还要求冬季有一定时期的低温（即−5～0 ℃）才能正常生长发育，所以才出现杨树在我国北方或在南方的亚高山地带分布多的规律。

（三）湿度

多数杨树种类属于喜湿植物，对水分的需求量很大，但不耐水淹。多数种类在降水量300～700（1 300）mm、相对湿度 50%～70%的条件下（胡杨组除外）生长良好，降水量过大（800～1 500 mm）或过小（200～300 mm）、大气相对湿度过大（70%～80%）或过小（10%～50%）的地区，土壤排水不良或长期积水地带，均生长不良，易发生病虫害或枯死。杨树人工林生长需要提供充足而不过多的水，在杨树根系不能有效利用地下水且降水量又不能满足其生长需要的地方，必须进行灌溉，而在有沥涝或地下水位过高的地方，必须采取排水措施。

（四）土壤

大部分杨树最适生的土壤是草甸土、浅色草甸土、褐土和由河流、湖泊冲积与淤积形成的土壤，有些杨树对土壤生态变幅适应性较强，如小叶杨对各种土壤均表现一定的适应性，而胡杨只见于荒漠或半荒漠干旱气候地带的绿洲土和盐渍土。沙壤土及轻壤土最适合杨树生长，沙土次之，黏重板结的黏质土对杨树生长极为不利。杨树是喜氧树种，要求有良好的土壤通透性，土层深厚（70～100 cm）、土壤密度低的土壤有利于杨树生长。杨树适宜生长的土壤 pH 为 6.5～7.5，pH＞8.5 或 pH＜5.5 都使杨树生长受到抑制，但胡杨等适生的 pH 可达 9.0 以上。杨树是喜钙、喜氮树种，在肥土、中土和瘠土条件下都能生长，但很肥沃的土壤才更能发挥杨树的速生特性。杨树耐盐性随树种而异，最耐盐的为胡杨（含盐量 0.6%～0.8%或 1%以上），最不耐盐的为青杨和黑杨（含盐量小于 0.1%）。

（五）海拔高度

杨树垂直分布范围较广，大部分种类出现在 300～4 500 m 的山谷林内或溪边，常分布在海拔较高的地带，多在海拔 3 000 m 以下，最高海拔可达 4 600 m（如川杨）。耐寒树种中的帕米尔杨分布在帕米尔高原海拔 3 850 m 左右的地段，形成曲干状丛林，性极耐寒。在我国产于新疆昆仑山北坡、海拔 1 800～2 000 m 的山河沿岸。因纬度向南移动 1°，温度约升高 1 ℃，海拔每升高 100 m，温度下降 0.6 ℃的规律，杨树仍属于温带性质，充分体现杨树在大陆性气候比较明显的地区或地带占绝对优势的特点，也符合垂直地带性从属于水平地带性的规律。

（六）地形和地势

杨树种类较多，广泛分布于欧亚大陆和北美洲，一般在北纬 30°～72°，而在我国分布于东经 80°～134°、北纬 25°～53°34′。无论从水平和垂直分布来看，杨树所占的地域和空间是非常广泛的，如果考虑到人为栽培区，其范围还要广泛得多。然而，除山杨少数种分布在山坡地外，天然杨树大多集中分布于河谷地带，喜生长于湿润的冲积土上，特别是分布于河漫滩地，经常受洪水淤积影响。杨树不宜种植在丘陵和坡地上，一般在河滩、江滩、山谷和湖滨比较多，生长也较好。

第三节　杨属植物的起源、演化与分类

一、杨属植物的起源

根据古生物学资料，杨属是被子植物中最古老的属之一。不仅这个属，包括现在生长着的各个种也都有数百万年的历史（H. B. 斯塔罗娃，1984）。Zittel（1887—1990）认为，在中新世，杨属各个种的地理分布多少已与该属的近代自然分布区相似了。Комаров B. Л.（1934，1936）认为黑杨组的种的形成中心在中亚山区，青杨组的种的形成中心在东亚，白杨组和黑杨组的发育中心在西亚和地中海地区（H. B. 斯塔罗娃，1984）。按照塔赫他间（Takhtajan A.）1978 年对于世界植物区系的划分，杨属植物主要分布于泛北极区域，古热带域种类较少，且无特有种，因此东亚区是杨属的第一分布中心，伊朗土兰区是次生分布中心（塔赫他间，1988）。丁托娅（1995）对杨属 5 个组的分布情况进行分析，发现杨属 5 个组均以亚洲为分布中心，而且最原始的类群、最多的特征都集中在亚洲，因而认为其极有可能起源于亚洲，并在起源后自东向西传播。龚固堂（2004）运用化石、古地理、古气候、孢粉区系、现代地理分布、外类群等证据，对杨属植物的起源时间及地点进行了分析，认为杨属植物可能起源于晚白垩纪时的我国西南部和中部山地，并探讨了杨属植物起源后的散布途径和现代分布格局的成因。

二、杨属植物的传播和现代分布格局

杨属植物在我国西南部和中部起源后，由于起源地北部山系的阻隔，并未直接向北散布到俄罗斯西伯利亚地区，而主要是向西和东北方向扩散；向西沿古地中海北缘散布到欧洲。在晚白垩纪至古新世，欧亚大陆在北部被鄂毕海分隔，南部都是一些零星分布的岛屿，这对风媒传粉和风播种子的杨属植物来说不会受到阻碍。大约在古新世时，一些杨属种类就到达了欧洲。北美是劳亚古陆的一部分，与欧洲大陆连成一片一直持续到 6 500 万年前的第三纪；因而，已扩散到欧洲西北部的杨属植物自然地就到达了北美东部。根据古地理资料，北美在新生代才开始漂移到现在的位置，北美西部在第三纪以前曾是海侵区，环太平洋西岸都是深海沟，东亚的杨属植物不可能通过白令海峡到达北美。在加拿大西部、美国阿拉斯加、俄罗斯东西伯利亚及我国东北地区都没有黑杨组和白杨组自然分布的这一事实，可以证明杨属植物起源后散布不是经白令海峡，而是经西亚、欧洲到达北美的（龚固堂，2004）。

由于没有地理的隔离，杨属植物在起源地形成后便很快散布到了亚洲东北部。当时北方地区较现在温暖得多，杨属植物很快适应了该地区温暖湿润的气候，并开始大量分化。在白垩纪和古新世时日本仍是亚洲大陆向东的直接延续，直到中新世时才与东亚大陆分离，因而日本的杨属植物是次生类群。中新世时，印度板块与亚洲板块相撞，由于当时喜马拉雅地区的地势较现在低，海拔 2 000 m 左右，因而对于山地生长的杨属植物来说，扩散到喜马拉雅南麓（印度、不丹）并不困难。在白垩纪，我国东南部已经是稳定的台地，起源于西南部和中部的杨属植物向东南扩散是极其自然的（龚固堂，2004）。

杨属植物的现代分布格局是由于地质变迁、气候变化和植物自身适应综合作用的结果。首先，大陆漂移造成南美、北美与欧亚板块的最终分离，形成了杨属植物在欧亚和北美的间断分布，而日本、中国海南岛和大陆的间断则是由于陆地之间的下陷和分离造成的。晚白垩纪时，非洲和欧亚大陆的部分地区已有接触，致使杨属部分种类扩散到非洲北部。第三纪中晚期至第四纪初期，印度板块向北漂移并与亚洲板块碰接，部分杨属种类散布到印度板块上。在杨属起源的晚白垩纪至第三纪的始新世，北半球气候温暖，杨属植物得以迅速传播，到了渐新世，全球气候变冷，特别是第四纪冰川的影响，导致了很多杨属种类的灭绝。而在大陆冰川的外围，某些山地形成了植物的庇护所，冰川的频繁进退和冰期间的反复交替，引起杨属种类的南迁北移。同时，一些种类在环境的剧变或迁移过程中，自身产生了某些进化从而演化出能够适应环境的新类群，并形成今天各地区的特有种（龚固堂，2004）。

三、杨属植物的分类系统和系统演化

（一）分类系统

由于杨属植物起源的古老性，每一个自然分布区内立地条件的生态多样性与异花授粉的可能性相配合，就成为形成杨属种和类型广泛多样性的原因（H. B. 斯塔罗娃，1984）。杨属种间及组（派）间极易天然杂交，常常使一些分类稳定的性状被打破，加上各部器官变化较大，往往同一种上的叶在长、短枝和萌枝上有显著差异，有些形态特征常在种间交错存在，给分类工作造成了困难。因此，在各分类等级的处理上不同学者之间分歧较大，杨属分类在系统和名称上十分混乱。

自 Linnaeus 于 1753 年建立杨属至今，众多学者对该属分类进行了大量研究。Duby（1826）最早把杨属分成 2 组，即黑杨组（*Aigeiros* Duby）和白杨组（*Leuce* Duby）。此后，Spach（1841）又提出了大叶杨组（*Leucoides* Spach）和青杨组（*Tacamahaca* Spach）；稍后，Bunge（1851）提出了胡杨组（*Turanga* Bge.）。直至 1905 年，法国 Dode 首次提出了整个杨属的分类系统，并将其划分为 3 亚属，即胡杨亚属（Subgen. *Turanga* Dode）、白杨亚属（Subgen. *Leuce* Dode）和真杨亚属（Subgen. *Populus* Dode），还将白杨亚属划分为白杨组（Sect. *Albidae* Dode）和山杨组（Sect. *Trepidae* Dode），将真杨亚属划分为黑杨组、青杨组和大叶杨组（图 3 - 1）。由于 Dode 的这个分类系统是在逻辑上建成的，揭示了杨属内的系统发生学关系，所以到今天仍然是杨属传统分类系统的基础（H. B. 斯塔罗娃，1984）。

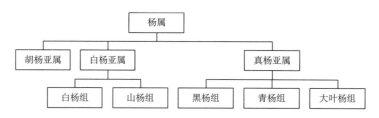

图 3 - 1　1905 年 L. Dode 建立的杨属植物分类系统模式

（H. B. 斯塔罗娃，1984）

国外树木学家们认为将杨属再分成组是正确的，但划分出的组数却不同（H. B. 斯塔罗娃，1984）。Ascherson 等（1908）在承认 Dode 系统的同时，认为组就是亚属，并将杨属分为 3 组：胡杨组、黑杨组和真杨组。Elwes 和 Henry（1913）及 Schneider（1917）认为有 5 组：胡杨组、白杨组、黑杨组、青杨组和大叶杨组。Gombocz（1908）、Peace（1952）和 Tyszkiewiez（1956）认为有 6 组：胡杨组、黑杨组、青杨组、大叶杨组、山杨组和白杨组。Rehder（1927）和 Houtzagers（1937）将杨属分为 4 组：白杨组、黑杨组、青杨组和大叶杨组。

不少学者认为组就是亚属，并提出了不同的划分方法。Kimura（1938）把胡杨组从杨属中独立出来，成立了胡杨属（*Turanga* Kim.）。Browicz（1966）建议将杨属分为 2 亚属：一个是胡杨亚属（*Balsamiflua*），包括非洲组 [Sect. *Tsavo*（Jarm）Brow.] 和胡杨组；另一个是杨亚属，包括青杨组和白杨组。Bugala（1967）将杨属分为 3 亚属：胡杨亚属 [*Blsamiflua*（Griff）Brow.]（包括非洲杨组和胡杨组）、杨亚属（Subgen. *Populus*）（包括山杨组和白杨组）和香脂杨亚属（Subgen. *Balsamifera*）（包括大叶杨组、青杨组和黑杨组）。这些系统几乎与 Dode 系统没有什么区别，Browicz（1966）和 Bugala（1967）所提出的新的亚属名称不但没有意义，而且增加了混乱（H. B. 斯塔罗娃，1984）。

根据 FAO 国际杨树委员会 1950 年的决议，将杨属划为 5 组：白杨组、大叶杨组、青杨组、黑杨组和胡杨组，在白杨组下又分为 2 亚组，即白杨亚组和山杨亚组，许多学者基本同意采用国际杨树委员会的分类系统。美国学者 Eckenwalder（1977）发现了杨属最古老的种类墨杨（*P. mexicana* Wesmael），提出了一个新组，即墨杨组（Sect. *Abaso* Eckenwalder），并于 1996 年主张将杨属划分为 6 组：墨杨组、胡杨组、黑杨组、青杨组、大叶杨组和白杨组，这种分类方法也逐渐得到了国内外学者的普遍认可。

我国研究杨属植物系统分类的学者不多，植物分类学家郝景盛先生曾于 1935 年在 *Cantr. Inst. of Acand Peiping* 丛刊上发表了 "Synopsis of Chinese *Populus*"，是 1949 年以前的唯一代表作。王战和董世林等在编写《中国植物志·第二十卷》和《中国树木志·第二卷》杨柳科杨属过程中，依照花器成分、花粉、叶、芽、小枝和树干等特征，采用国际杨树委员会 1950 年决议的分类系统，将杨属划分为 5 组，并对杨属植物进行了系统的整理和研究。赵能等（1997，1998）也赞同 Kimura（1938）的观点，主张将胡杨组提升为一个独立的属（*Balsamiflua* Griff.），并将墨杨组并入该属，他将杨属划分为大叶杨亚属 [Subgen. *Lucoides*（Spach）N. Chao & J. Liu] 和杨亚属（Subgen. *Populus* Dode）。龚固堂（2004）主张将杨属划分为大叶杨组、青杨组、黑杨组、白杨组和山杨组 5 组，与国际杨树委员会的分类系统基本一致，只是采用了 Kimura（1938）的将胡杨组从杨属中独立出来的观点。

除了叶、芽、花、果实等特征，植物花粉粒外壁结构特征也被用于杨属分类系统中，研究结果与传统分类基本一致。陈梦等（1985）对白杨派、黑杨派、青杨派 3 组 15 种的花粉形态进行观察后发现，派间有差别，种间差异不明显，支持将白杨派分为山杨亚派和白杨亚派的观点，认为银灰杨是银白杨和欧洲山杨的天然杂种，额河杨是苦杨和黑杨的杂种。张绮纹等（1988）观察了杨属 5 派 16 个种的花粉粒外壁形态特征，支持法国 Dode 于 1905 年提出的将杨属分为三大亚属（胡杨亚属、白杨亚属和真杨亚属）的观点。

目前，已有许多研究利用分子标记如 RAPD、RFLP、AFLP、SSR 和 SNP 等探讨杨属植物的起源、进化、分类和亲缘关系等。Castiglione 等（1993）采用 RAPD 技术对黑杨组、青杨组、白杨组 3 组 10 种和 20 个杂种进行了分类，分类结果与已知的传统分类基本一致。李宽钰等（1996）用 RAPD 标记对黑杨派、青杨派、白杨派的聚类分析结果表明，3 派之间明显独立，黑杨派与青杨派遗传距离较近，白杨派与青杨派则较远，分子系统树显示各样本间的关系与传统分类一致。史全良等（2001）对杨属 5 组 15 个主要代表种的 ITS（内转录间隔区，internal transcribed spacer）序列比较发现，5 组分为两大支，一支为白杨组，另一支为黑杨组、胡杨组、青杨组和大叶杨组 4 组构成的单系群，各组在杨属中明显独立，白杨组与其他各组之间的亲缘关系相对较远，各组在分歧以后沿着各自的方向演化。宋红竹等（2005）利用 AFLP 对杨属 5 派 44 个无性系进行分析，白杨派、胡杨派和大叶杨派各自为一组，黑杨派和青杨派聚类为一组。李善文等（2007）选择白杨派、黑杨派、青杨派和胡杨派中的部分种和杂种为亲本进行杂交，并对各杂交亲本进行 AFLP 分析，聚类分析结果表明，派间聚类与经典形态分类完全一致，派内种间及种内无性系间聚类与经典形态分类基本相同。卫尊征等（2010）对白杨派、黑杨派、胡杨派和青杨派 4 派 17 个主要栽培树种及杂种 26 个无性系进行了叶绿体 *trnL - trnF* 间隔区序列分析，系统进化分析表明，白杨派树种单独形成一个分支，而黑杨派树种与胡杨派和青杨派树种形成另一分支，其中胡杨派和青杨派不能区分开，白杨派为单系起源，相对于其他派比较原始，亲缘关系较远，而黑杨派和青杨派为多系起源，亲缘关系比较近，胡杨派可能也是多系起源。

（二）系统演化

早在 1912 年，德国学者 H. Hallier 根据形态学、古植物学、解剖学、血清学及个体发育等证据，认为杨柳科属于西番莲目（Passiflorales），是由大风子科（Flacourtiaceae）演化而来。接着俄罗斯学者 K. J. Gobl（1916）也认为杨柳科属侧膜胎座目，由大风子科演化而来，美国学者 A. Gunderson（1950）根据形态、解剖、细胞学证据，也获得同样的结论（于兆英等，1990）。苏联 M. C. Гзырян（1952，1955）的木材解剖学研究材料证实，杨柳科与大风子科的山桐子属（*Idesia* Maxim.）最为接近。Croquist（1981）根据小而完整的花，多雄蕊，由若干心皮构成的子房具侧膜胎座及分离的花柱等性状，推断杨柳科假设的祖先类型应是大风子科。塔赫他间（1987）则进一步提出杨柳科的祖先是大风子科中的山桐子属，在化学证据上，杨柳科所含的水杨苷（salicin），只有大风子科的山桐子属和其他极少数类群含有，另外，杨柳科和山桐子属同是真菌 *Melampsora* 的小锈菌的寄主。于兆英等（1990）采用分支分类方法对杨属系统学进行研究，在查阅标本和记录时，依据所选用的性状，发现山桐子与杨属有最多的相容性，如芽形、有顶芽、叶基有腺点、叶形、雄花序、雌花序及子房形状等。

杨属各组在系统发育中处在不同发育阶梯，而且具有不同的进化程度。杨属各组在枝的顶芽、花各部特征、果序及蒴果等方面均存在一定差异。在杨属中，花盘深裂，雄蕊数目多，花柱长而拳卷，珠被 2 层，层状星散胎座，胚珠数目多，芽大、具黏性，被认为是原始特征（龚固堂，2004）。洪涛等（1987）认为，按照进化原理，杨属 5 组及其所属种大致可根据下列演化趋势和形态指标，按照自然分类的亲缘关系加以排列（表 3-1）：发达的、分离的花被片向高度简化和合瓣花的方向演化，心皮数由 3~5 枚演化为 2 枚，分离的长花柱演化为连合的短花柱，双珠被演化为单珠被，胚珠多数演化为少数，雄蕊多数演化为少数，药隔突出的大型花药演化为药隔不突出的小型花药，大型果实演化为小型果实，分布区由热带及亚热带向温带及寒温带发展；并根据形态特征认为，大叶杨是杨属中最古老最原始的树种之一，我国中部至西南部是世界最古老最原始杨属植物的分布中心。

表 3-1 杨属 5 组演化序列的性状

组代表种	种数	形态特征					地理分布
		花被	心皮数，花柱	胚珠数、花药	雄蕊数、花药	果实	
大叶杨组 大叶杨	4	花被较发达，浅裂至深裂，具网脉及腺齿	心皮及花柱 3（~5）枚，花柱长，分离	胚珠 16~34 枚，双珠被	雄蕊 41~110 枚，花药大型，药隔突出	大型	我国中部及西南部
胡杨组 胡杨	2	花被碗状，不规则浅裂至深裂	心皮及花柱 3 枚，花柱短，连合或稍分离	胚珠 126~250 枚，双珠被	雄蕊 22~36 枚，花药小型，药隔稍突出	较大	我国西北部

（续）

组代表种	种数	形态特征					地理分布
		花被	心皮数，花柱	胚珠数、花药	雄蕊数、花药	果实	
黑杨组美洲黑杨	8	花被碗状或盘状	心皮或花柱 3（4）枚，花柱短，连合	胚珠多数，双珠被至单珠被	雄蕊 40～60 枚，花药小型，药隔不突出	较小	北美
白杨组银白杨	10	花被碗状，具浅钝圆齿	心皮及花柱 2 枚，花柱短，连合	胚珠 2～4 枚，单珠被	雄蕊 8～20 枚，花药小型，药隔不突出	小型	我国西北部
青杨组小叶杨	39	花被碗状，全缘或波状缺刻	心皮及花柱 2 枚，花柱短，连合	胚珠 4～11 枚，单珠被	雄蕊 6～12 枚，花药小型，药隔不突出	小型	我国东北、西北、华北、华东

龚固堂（2004）在赵能等（1997，1998）主张将胡杨组提升为一个独立的属的基础上，将杨属划分为 5 组：大叶杨组、青杨组、黑杨组、白杨组和山杨组，并从上述特征的分析，推断出杨属的演化趋势（图 3-2），第一支为原始的大叶杨组，第二支为山杨组和白杨组，第三支为青杨组和黑杨组。于兆英等（1990）根据被子植物大系统的资料和形态学观察，确定大风子科山桐子属为杨属的外来群，即假设的

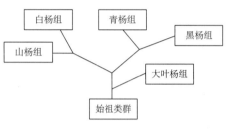

图 3-2 杨属组间的演化关系
（龚固堂，2004）

祖先类群，借以确定杨属性状的极性，将杨属 5 组分为演化趋势上的三支：第一支为最原始的白杨组，是属内与山桐子属最接近的类群，而与杨属内其他类群之间有一定的间隔；第二支为变异较大的大叶杨组和青杨组，第三支是歧化的黑杨组和胡杨组。这三支中的前两支，与王战和董世林（1988）所指的中性偏温类型相对应，起源于海洋型湿润地区，后一支与中性偏旱类型相对应，起源于半干旱或干旱地区，这一现象支持杨昌友（1983）认为白杨组与大叶杨组近缘的观点。此外，于兆英等（1990）发现，在杨属分支图上，各组的演化趋势与《中国植物志》中组的排列相近，但这纯属偶然，因为分类上性状用于鉴定的过程与分支学上性状用于分支而且基于一套程序计算的过程是没有直接联系的。

白杨组是属内与外来群山桐子属最接近的群类，是杨属中较为原始的类群，特别是响叶杨与山桐子不但叶形极其相似，而且都具有腺点。白杨组的分布中心在亚洲，有本组植物种类的 70%。

根据大叶杨组的叶形宽大和雄蕊数目多等性状，可直觉地推断大叶杨组也是一个较为原始的类群，是东亚特有组，生态适应范围窄，保留了较多杨属植物的原始特征，很可能是原始杨属植物的残遗类群（丁托娅，1995），但在分支图上大叶杨组却位于白杨组之后，其主要原因是考虑性状不够全面，其次是与选择山桐子属作为假设的祖先类群有关，选择

不同的祖先类群将会改变性状的极性，得到不同的分支图（于兆英等，1990）。青杨组是杨属中较为进化的类群，也是杨属种类最多的一个组，在亚洲、北美洲、欧洲的温带和亚热带湿润地区广泛分布，本组90%的种类都集中在亚洲。黑杨组也是杨属中较为进化的类群，其分布中心也在亚洲，但比原始的白杨组和大叶杨组的分布中心向西推移至亚洲的中部，是杨属植物起源后向西扩展时发生的次生类群，并经由大西洋北极陆桥散布到了北美洲。胡杨组是杨属植物起源后早期向西传播过程中演化出的耐干旱的次生类群，分布于亚洲中部、欧洲及非洲北部的干旱地区，对干旱、盐碱、风沙有较强的抗性，同时，它又保留了杨属植物的一些原始特征，如花盘膜质、深裂或浅裂、早落等，以及与柳属中原始类群相同的柱头早落等，因此，被认为是杨属植物起源后早期向西扩展过程中，独立形成的耐干旱大陆性气候条件的次生类群（丁托娅，1995）。此外，胡杨组具有区别于杨属其他组的歧化性状，如小乔木或灌木、无顶芽、叶柄短、花序间不下垂、子房瓣裂、长卵圆形等，这也说明胡杨组可能是杨属最进化的类群（于兆英等，1990；H. B. 斯塔罗娃，1984）。

对杨属种间杂交的研究发现，分类位置相近的种之间容易杂交，组内几乎所有种之间均容易杂交，在亚组之间很少有生殖障碍，如白杨组的白杨亚组和山杨亚组、黑杨组的欧洲黑杨和美洲黑杨之间容易杂交，因而产生了许多天然杂种，而组间由于存在亲和障碍，所以多数组间杂交很困难（Rijora and Zsuffa，1984）。在自然条件下，青杨组与黑杨组能够进行杂交形成杂种；在人工杂交试验中，青杨组与黑杨组杂交也表现出较好的亲和性，正反交成功且能得到正常的种子，而白杨组与青杨组和黑杨组杂交，很难得到种子，且花粉管发育大多不正常，即使正交成功，反交也不成功。由此可知，青杨组与黑杨组树种的亲缘关系近于青杨组与白杨组之间，组间杂交亲和力强，比黑杨组和白杨组杂交容易产生杂种。Willing 和 Pryor（1976）研究了杨属多个种之间的杂交后，发现青杨组、黑杨组、大叶杨组3组之间的可配性高，容易杂交，而白杨组与其他4组之间可配性差，很难杂交，胡杨组亦然，所以很多的杨属组间杂交是在黑杨组与青杨组之间进行的，而白杨组、胡杨组与其他组之间的杂交举步维艰。

杨属组内亲和和组间不亲和是由两种情况决定的，一是种有相配的基因系统杂交容易，二是种与渐近种的杂种再杂交容易。杨属组内各个种都有相配的基因系统，种间杂种时而发生，亚组之间杂交障碍是极小的，亚组产地分离应小于组的产地分离。不同组的种之间没有相配的基因系统，它们存在不亲和障碍，所以不易产生杂种。杨属起源于较原始的白垩纪晚期，胡杨组出现最晚，它与其他组有较大的亲和障碍，白杨组、黑杨组与青杨组经长期进化，产生了不同的基因系统。例如：大西洋西北的美洲山杨和毛果杨在经250万年后，其生物学特性产生了很大变异；黑杨组比青杨组起源要晚，也许在中新世中期黑杨组才从青杨组中分化出来，在晚第三纪期间慢慢扩大了它的分布范围。因此，黑杨组和青杨组的种没有发展成多样化的基因系统，组间杂交容易（Rijora and Zsuffa，1984）。

近年来，DNA分子标记等被应用于杨属起源和系统分化研究，与先前采用表型性状分析、可杂交交配分析所得到的结果相吻合。Faivre-Rampant 等（1995）利用STS（sequence tagged site）分析构建了白杨组、黑杨组、青杨组、大叶杨组19个种系统发育树，显示白杨组除了响叶杨外聚为一类，美洲黑杨、费氏杨和得克萨斯杨（P. wislizenii）聚为一类；欧洲黑杨与青杨组、大叶杨组树种聚为一大类，与青杨组和大叶杨组亲缘关系较近。史全良（2001）利用核糖体 ITS 序列分析表明，杨属植物为单系起源，且黑杨组、胡杨组、青杨组和大叶杨组 4 组也为单系起源，白杨组起源较早，大叶杨组、青杨组、黑杨组的进化速率都小于白杨组，胡杨组和黑杨组则起源较晚，各组在分歧以后沿着各自的方向演化；ITS-2 序列比较发现，白杨组进化速率最慢，其次是大叶杨组、青杨组，而黑杨组则稍快于胡杨组；总 ITS 序列比较是大叶杨组和黑杨组的进化相对较慢，胡杨组最快；总的碱基替换分析表明，黑杨组和大叶杨组在 ITS-1 区间及青杨组、胡杨组和白杨组在 ITS-2 区间进化速率差异显著，其余组间无显著差异，尤其是在整个 ITS 序列区段碱基替换的无显著差异，这说明杨属植物在 ITS 序列段的分子进化速率相对恒定。Cervera 等（2005）对杨属种内及种间遗传变异及系统发生关系的研究中，指出在杨属最初 5 个组中，基于表现型分类法和系统发生关系，可知白杨组和胡杨组与其他 3 组区别最大，从系统发生的树形图中组的顺序上，可以或多或少地知道它们的进化模式，最老的白杨组在最末端，较新的黑杨组在另一枝上。冯夏莲（2006）采用 UPGMA 法，以 AFLP 分子遗传距离为参数，对杨属植物遗传分化进行分析，黑杨派、青杨派、白杨派、胡杨派各自聚为一类后，首先是青杨派与黑杨派聚在一起，然后再与白杨派进行聚类，最后与胡杨派聚为一大类形成杨属，得到了与 Cervera 等（2005）相类似的结果，黑杨派与胡杨派的遗传距离最远，与青杨派遗传距离最近，可以推测出黑杨派与青杨派遗传关系最近，这与基于形态的、进化的和可交配关系以及等位酶和 DNA 标记上的分析结果是一致的。杜淑辉等（2014）基于 24 个单拷贝核基因位点和 12 个叶绿体位点，对杨属 5 派 22 种系统发育关系研究结果表明，所有的杨属种聚到一起形成一个单系类群，在叶绿体系统发育树中，所有杨属种形成两个分支，一支包括白杨派、大叶杨派及黑杨派和青杨派个别种，另一支包括胡杨派及黑杨派、青杨派的种；在核基因系统发育树中，胡杨派作为其他各派的基部类群，是杨属中比较原始的类群，大叶杨派和白杨派次之，青杨派和黑杨派占据系统发育树的末端位置；胡杨派与白杨派为单系类群，黑杨派和青杨派为复系类群，白杨派、黑杨派和青杨派很可能都是杂交起源的。

四、杨属植物各组形态分类主要特征

据《中国树木志》和《中国植物志》记载，杨属植物划分为 5 组，各组形态分类的主要特征见表 3-2（FAO，1958）。

表 3-2　杨属各组形态分类主要特征

组与亚组		芽	叶	叶柄	雄花	雌花	果
白杨组	白杨亚组	小，被茸毛	短枝叶较小，常为椭圆形，稀圆形，长枝与短枝叶分裂，下面密被茸毛	短而圆	花序长 8～10 cm，雄蕊 6～10 枚	柔荑花序长 5～11 cm，柱头 4 枚	2 裂
	山杨亚组	小，无毛，有光泽，稀有柔毛，或芽鳞边缘有毛	短枝叶常圆形或卵圆形，长枝与萌枝叶不分裂，不为永久性毛	长而扁	花序长 8～10 cm，雄蕊 5～20 枚	柔荑花序长 10～12 cm，柱头 2 枚	2 裂

（续）

组与亚组	芽	叶	叶柄	雄花	雌花	果
大叶杨组	具黏质，有光泽	大形，基部心形	圆	雄蕊 12～30 枚	柱头 2～3 枚	2～3 裂
青杨组	常较大，有黏性，具芳香味	正三角形、三角形或菱形，叶缘具半透明边	扁	雄蕊 15～60 枚	柱头 2～4 枚	2～4(5) 裂
黑杨组	大型，有黏质，具光泽	正三角形、三角形或菱形，叶缘具半透明边	扁	雄蕊 12～60 枚	柱头 2～4 枚	2～4 裂
胡杨组	有毛，稀疏毛或无毛	变异大，上部常具齿牙，长短枝叶异形	圆或先端稍扁	花序大而红，雄蕊 8 枚	花序大而绿，柱头 3 枚	3 裂

杨属植物各组分组检索表：

1. 小枝无顶芽；叶两面同为灰蓝色；花盘膜质，早落 …………………… 组 5. 胡杨组（Sect. *Turanga*）
1. 小枝具顶芽；叶两面异色或同为绿色，花盘不为膜质，宿存。
  2. 叶基常为心形或深心形，花盘深裂，子房被毛，蒴果密被毛 …… 组 2. 大叶杨组（Sect. *Leucoides*）
  2. 叶基常为圆形或截形，稀心形，花盘不裂，子房与蒴果光滑，稀被毛。
    3. 叶柄圆柱形，表面具沟槽，叶背常为苍白色，蒴果多为 3～4（5）裂，稀 2 裂 ………………
    ………………………………………………………………… 组 3. 青杨组（Sect. *Tacamahaca*）
    3. 叶柄侧扁，稀圆柱形，叶背绿色或苍白色，蒴果多光滑，2 瓣裂。
      4. 叶常为圆形或卵圆形，边缘不具半透明边；蒴果表面平滑；苞片有长毛；芽常无黏质 ……
      …………………………………………………………………… 组 1. 白杨组（Sect. *Leuce*）
      4. 叶常为三角形或菱状三角形，边缘有半透明边，蒴果表面有皱纹；苞片光滑无毛 …………
      …………………………………………………………………… 组 4. 黑杨组（Sect. *Aigeiros*）

五、杨属各组、种、亚种、变种、变型及品种、无性系分类名录

（一）白杨组（Sect. *Leuce* Duby）

1. 银白杨（*P. alba* L.）
1-1 *P. alba* 'I-58/57'
1-2 *P. alba* 'I-59/1'
1-3 布米银白杨（*P. alba* 'Kabuden Bumi'）
1-4 斯海拉茨哈银白杨（*P. alba* 'Kahuden Schirazih'）
1-5 帕哥特杨（*P. alba* 'Paket'）
1-6 褐枝银白杨（*P. alba* f. *brunneo-ramulosa* T. Hong et J. Zhang）
1-7 粗枝银白杨（*P. alba* f. *robusta* T. Hong et J. Zhang）
1-8 光皮银白杨 ［*P. alba* var. *bachofenii*（Wierzb.）Wesm.］
1-9 新疆杨（*P. alba* var. *pyramidalis* Bge.）
2. 银新杨（*P. alba*×*P. alba* L. var. *pyramidalis* Bge.）

2-1 银新杨 4755-2 (*P. alba*×*P. alba* var. *pyramidalis* 'Yinxinensis 4755-2')

2-2 银新杨 W-38 (*P. alba*×*P. alba* var. *pyramidalis* 'Yinxinensis W-38')

3. 银毛杨 (*P. alba* L. ×*P. tomentosa* Carr.)

4. 银中杨 [*P. alba* L. ×(*P.* ×*berolinensis* Dipp.)]

5. 新乡杨 (*P. sinxiangensis* T. B. Chao)

6. 雪白杨 (*P. nivea* Willd.)

7. 大叶银白杨 (*P. macrophylla* Maire)

8. 银腺杨 (*P. alba* L. ×*P. glandulosa* Dode)

8-1 84K 杨 (*P. alba*×*P. glandulosa* '84K')

8-2 克里乌斯杨 (*P. alba*×*P. glandulosa* 'Clivus')

9. 银白杨×大齿杨 (*P. alba* L. ×*P. grandidentata* Michx.)

10. 银灰杨 [*P. canescens* (Ait.) Smith.]

10-1 巴哈富尼杨 (*P. canescens* 'Bachofenii')

10-2 邦狄保斯杨 (*P. canescens* 'Bunderbos')

10-3 伊尼格尔杨 (*P. canescens* 'Enniger')

10-4 杭吐尔帕杨 (*P. canescens* 'Honthorpa')

10-5 伊沟尔斯塔杨-3A (*P. canescens* 'Ingolstadt-3 A')

10-6 朗布里哈特杨 (*P. canescens* 'Limbricht')

10-7 米沟鲁茨杨 (*P. canescens* 'Megoleuce')

10-8 塔顿布尔杨 (*P. canescens* 'Tatem Berg')

10-9 杭斯太迪杨 (*P. canescens* 'Witte Yan Haamstede')

11. 苏维埃塔形杨 (*P.* ×*sowietica-pyramidalis* Jabl.)

12. 帚白杨 (*P.* ×*zhoubei* G. X. Pang)

13. 毛白杨 (*P. tomentosa* Carr.)

13-1 心楔叶毛白杨 (*P. tomentosa* f. *cordiconeifolia* T. B. Chao et J. W. Liu)

13-2 三角叶毛白杨 (*P. tomentosa* f. *deltatifolia* T. B. Chao et Z. X. Chen)

13-3 光皮毛白杨 (*P. tomentosa* f. *lerigata* T. B. Chao et Z. X. Chen 'Lerigata')

13-4 长柄毛白杨 (*P. tomentosa* f. *longipetiola* T. B. Chao et J. W. Liu)

13-5 箭杆毛白杨 (*P. tomentosa* var. *berealo-sinensis* T. B. Chao non Yu Nung 'Berealo-Sinensis')

13-6 河南毛白杨 (*P. tomentosa* var. *honanica* T. B. Chao non Yu Nung 'Honanica')

13-7 河北毛白杨 (*P. tomentosa* var. *hopeinica* T. B. Chao non Yu Nung 'Hope inica')

13-8 小叶毛白杨 (*P. tomentosa* var. *microphylla* T. B. Chao non Yu Nung 'Microphylla')

13-9 截叶毛白杨 (*P. tomentosa* var. *truncata* Y. C. Fu et C. H. Wang 'Truncata')

13-10 密孔毛白杨 (*P. tomentosa* var. *multilenticella* T. B. Chao non Yu Nung)

13 - 11　塔形毛白杨（*P. tomentosa* var. *pyramidalis* T. B. Chao non Shan Ling 'Pyramidalis'）

13 - 12　密枝毛白杨（*P. tomentosa* var. *ramosissima* T. B. Chao non Yu Nung）

13 - 12 - 1　粗密枝毛白杨（*P. tomentosa* var. *ramosissima* 'Cumizhi'）

13 - 13　三毛杨（*P. tomentosa* 'Sanmaoyang'）

14. 响毛杨（*P.* ×*pseudo - tomentosa* C. Wang et Tung）

15. 毛新杨（*P. tomentosa* Carr. ×*P. alba* L. var. *pyramidalis* Bge.）

16. 河北杨（*P. hopeiensis* Hu et Chow）

16 - 1　小叶河北杨（*P. hopeiensis* f. *parvifolia* T. Hong et J. Zhang）

16 - 2　菱叶河北杨（*P. hopeiensis* f. *rhombifolia* T. Hong et J. Zhang）

16 - 3　卵叶河北杨（*P. hopeiensis* var. *ovata* T. B. Chao）

16 - 4　垂枝河北杨（*P. hopeiensis* var. *pendula* T. B. Chao）

16 - 5　河北 8003 杨（*P. hopeiensis* 'Hopeiensis - 8003'）

17. 银山杨（*P. alba* L. ×*P. davidiana* Dode）

17 - 1　银山 133 杨（*P. alba* ×*P. davidiana* '133'）

18. 腺杨（*P. grandulosa* Dode）

19. 豫农杨（*P. yunungii* G. L. Lu）

20. 山杨（*P. davidiana* Dode）

20 - 1　楔叶山杨（*P. davidiana* f. *laticuneata* Nakai）

20 - 2　小叶山杨（*P. davidiana* f. *microphylla* Skv.）

20 - 3　蛮汉山山杨（*P. davidiana* f. *manhanshanensis* T. Hong et J. Zhang）

20 - 4　卵叶山杨（*P. davidiana* f. *ovata* C. Wang et Tung）

20 - 5　垂枝山杨 [*P. davidiana* f. *pendula*（Skv.）C. Wang et Tung]

20 - 6　长柄山杨（*P. davidiana* var. *longipetiolata* T. B. Chao）

20 - 7　卢氏山杨（*P. davidiana* var. *lyshehensis* T. B. Chao et G. X. Liou）

20 - 8　茸毛山杨 [*P. davidiana* var. *tomentosa*（Schneid.）Nakai]

20 - 9　红序山杨（*P. davidiana* var. *rubolutea* T. B. Chao et W. C. Li）

20 - 10　山杨 024（*P. davidiana* 'Davidiana 024'）

21. 波叶山杨（*P. undulata* J. Zhang）

21 - 1　楔叶波叶山杨 [*P. undulata* f. *laticuneata*（Nakai）J. Zhang]

21 - 2　宽叶波叶山杨（*P. undulata* f. *latifolia* J. Zhang）

21 - 3　圆形波叶山杨（*P. undulata* f. *rotunda* J. Zhang）

22. 河南杨（*P. honanensis* T. B. Chao et C. W. Chiuan）

22 - 1　心叶河南杨（*P. honanensis* var. *cordata* T. B. Chao）

23. 齿叶山杨（*P. serrata* T. B. Chao et J. S. Chen）

23 - 1　尖芽齿叶山杨（*P. serrata* f. *accuminato - gemmata* T. Hong et J. Zhang）

23 - 2　粗齿山杨（*P. serrata* f. *grasseserrata* T. Hong et J. Zhang）

24. 朴叶杨（*P. seltifolia* T. B. Chao）

25. 云霄杨（*P. yunisianmanshanensi*s T. B. Chao et C. W. Chiuan）

26. 五莲杨（*P. wulianensis* S. B. Liang et X. W. Li）

27. 欧洲山杨（*P. tremula* L.）

28. 圆叶杨（*P. rotundifolia* Griff.）

28－1 清溪杨［*P. rotundifolia* var. *duclouxiana*（Dode）Gomb.，*P. macranthela* Lévl. et Vanit.］

28－2 滇南山杨［*P. rotundifolia* var. *bonati*（Lévl.）C. Wang et Tung］

29. 松河杨（*P. sunghoensis* T. B. Chao et C. W. Chiuan）

30. 伏牛杨（*P. funiushaensis* T. B. Chao）

31. 响叶杨（*P. adenopoda* Maxim.）

31－1 长序响叶杨（*P. adenopoda* f. *longiamentifera* J. Zhang）

31－2 小果响叶杨（*P. adenopoda* f. *microcarpa* C. Wang et Tung）

31－3 大叶响叶杨（*P. adenopoda* f. *platyphylla* C. Wang et Tung）

31－4 菱叶响叶杨（*P. adenopoda* f. *rhombifolia* T. Hong et J. Zhang）

31－5 小叶响叶杨（*P. adenopoda* var. *microphylla* T. B. Chao）

31－6 南召响叶杨（*P. adenopoda* var. *nachaoensis* T. B. Chao et C. W. Chiuan）

31－7 圆叶响叶杨（*P. adenopoda* var. *rotundifolia* T. B. Chao）

32. 汉白杨（*P. ningshanica* C. Wang et Tung）

33. 琼岛杨（*P. qingdoensis* T. Hong et P. Zuo）

34. 关中杨（*P. shensiensis* J. M. Jiang et J. Zhang）

35. 日本山杨（*P. sieboldii* Miq.）

36. 大齿杨（*P. grandidentata* Michx.）

37. 黎巴嫩山杨（*P. globosa* Dode）

38. 欧美山杨（*P. tremula* L.×*P. tremuloides* Michx.）

38－1 阿茨里娅杨（*P. tremula*×*P. tremuloides* 'Astria'）

38－2 维平美洲山杨（*P. tremula*×*P. tremuloides* 'Hilting Bury Weeping'）

38－3 奥尔外尔科斯布斯杨（*P. tremula*×*P. tremuloides* 'Vorwerksbusch'）

39. 美洲山杨（*P. tremuloides* Michx.）

39－1 金叶美洲山杨（*P. tremuloides* var. *aurea* Tidestr.）

39－2 范库佛美洲山杨（*P. tremuloides* var. *uancauueriana* Trel.）

40. 山新杨（*P. davidiana* Dode×*P. alba* L. var. *pyramidalis* Bge.）

41. 741 杨（［*P. alba* L.×（*P. davidiana* Dode×*P. simonii* Carr.）］×*P. tomentosa* Carr.）

（二）大叶杨组（Sect. *Leucoides* Spach）

42. 大叶杨（*P. lasiocarpa* Oliv.）

43. 菫柄杨（*P. violascens* Dode）

44. 椅杨（*P. wilsonii* Schneid.）

44－1 短柄椅杨（*P. wilsonii* var. *brevipetiolata* C. Wang et Tung）

44 - 2　长果柄椅杨（*P. wilsonii* var. *pedicellata* C. Wang et Tung）

45. 灰背杨（*P. glauca* Haines）

46. 长序杨（*P. pseudoglauca* C. Wang et Tung）

47. 异叶杨（*P. heterophylla* L.）

（三）青杨组（Sect. *Tacamahaca* Spach）

48. 小叶杨（*P. simonii* Carr.）

48 - 1　短毛小叶杨（*P. simonii* f. *brachychaeta* P. Yu et C. E. Fang）

48 - 2　塔形小叶杨（*P. simonii* f. *fastigiata* Schneid.）

48 - 3　弯垂小叶杨（*P. simonii* f. *nutans* S. F. Yang et C. Y. Yang）

48 - 4　毛果小叶杨（*P. simonii* f. *obovata* S. F. Yang et C. Y. Yang）

48 - 5　垂枝小叶杨（*P. simonii* f. *pendula* Schneid.）

48 - 6　菱叶小叶杨［*P. simonii* f. *rhombifolia*（Kitag.）C. Wang et Tung］

48 - 7　扎鲁小叶杨（*P. simonii* f. *robusta* C. Wang et Tung）

48 - 8　宽叶小叶杨（*P. simonii* var. *latifolia* C. Wang et Tung）

48 - 9　辽东小叶杨［*P. simonii* var. *liaotungensis*（C. Wang et Skv.）C. Wang et Tung］

48 - 10　圆叶小叶杨（*P. simonii* var. *rotundifolia* S. C. Lu ex C. Wang et Tung）

48 - 11　秦岭小叶杨（*P. simonii* var. *tsinlingensis* C. Wang et C. Y. Yu）

48 - 12　洛宁小叶杨（*P. simonii* var. *luoningensis* T. B. Chao）

48 - 13　通林 88（*P. simonii* 'Tonglin - 88'）

49. 辽杨（*P. maximowiczii* A. Henry）

50. 辽杨×中东杨［*P. maximowiczii* A. Henry×（*P.* ×*berolinensis* Dipp.）］

50 - 1　日内瓦杨［*P. maximowiczii*×（*P.* ×*berolinensis*）'Geneva'］

51. 辽杨×欧洲黑杨（*P. maximowiczii* A. Henry×*P. nigra* L.）

51 - 1　罗彻斯特杨（*P. maximowiczii*×*P. nigra* 'Rochester'）

52. 辽杨×毛果杨（*P. maximowiczii* A. Henry×*P. trichocarpa* Torr. et Groy）

52 - 1　报春杨（*P. maximowiczii*×*P. trichocarpa* 'Androscoggin'）

53. 青杨（*P. cathayana* Rehd.）

53 - 1　宽叶青杨［*P. cathayana* var. *latifolia*（C. Wang et C. Y. Yu）C. Wang et Tung］

53 - 2　长果柄青杨（*P. cathayana* var. *pedicellata* C. Wang et Tung）

53 - 3　垂枝青杨（*P. cathayana* var. *pendula* T. B. Chao）

53 - 4　云南青杨（*P. cathayana* var. *schneideri* Rehd.）

54. 甜杨（*P. suaveolens* Fisch.）

55. 苦杨（*P. laurifolia* Ledeb.）

55 - 1　奥兰特尔杨（*P. laurifolia* 'Volanteer'）

56. 香杨（*P. koreana* Rehd.）

57. 兴安杨（*P. hsinganica* C. Wang et Skv.）

58. 阔叶青杨（*P. platyphylla* T. Y. Sun）

59. 小青杨（*P. pseudo - simonii* Kitag.）

60. 青甘杨（*P. przewalskii* Maxim.）

61. 康定杨（*P. kangdingensis* C. Wang et Tung）

62. 哈青杨（*P. charbinensis* C. Wang et Skv.）

62 - 1 厚皮哈青杨（*P. charbinensis* var. *pachydermis* C. Wang et Tung）

63. 冬瓜杨（卜氏杨）（*P. purdomii* Rehd.）

63 - 1 光皮冬瓜杨［*P. purdomii* var. *rockii*（Rehd.）C. F. Fang et H. L. Yang］

64. 科尔沁杨（*P. koerqinensis* T. Y. Sun）

65. 楸皮杨（*P. ciupi* S. Y. Wang）

66. 三脉青杨（*P. trinervis* C. Wang et Tung）

66 - 1 石柿杨（*P. trinervis* var. *shimianica*）

67. 东北杨（*P. girinensis* Skv.）

67 - 1 楔叶东北杨（*P. girinensis* var. *ivaschkevitchii* Skv.）

68. 玉泉杨（*P. nakaii* Skv.）

69. 大青杨（*P. ussuriensis* Kom.）

70. 二白杨（*P. ×gansuensis* C. Wang et H. L. Yang）

70 - 1 麻皮二白杨（*P. ×gansuensis* '1 - MP'）

70 - 2 箭二白杨（*P. ×gansuensis* 'Thevegansuensis'）

71. 欧洲大叶杨（*P. candicans* Ait.）

72. 阿拉善杨（*P. alachanica* Kom.）

73. 柔毛杨（*P. pilosa* Rehd.）

73 - 1 光果柔毛杨（*P. pilosa* var. *leiocarpa* C. Wang et Tung）

74. 帕米尔杨（*P. pamirica* Kom.）

75. 伊犁杨（*P. iliensis* Drob.）

76. 密叶杨（*P. talassica* Kom.）

77. 梧桐杨（*P. pseudomaximowiczii* C. Wang et Tung）

77 - 1 光果梧桐杨（*P. pseudomaximowiczii* f. *glabrata* C. Wang et Tung）

78. 青毛杨（*P. shanxiensis* C. Wang et Tung）

79. 川杨（*P. szechuanica* Schneid.）

79 - 1 藏川杨（*P. szechuanica* var. *tibetica* Schneid.）

80. 滇杨（*P. yunnanensis* Dode）

80 - 1 小叶滇杨（*P. yunnanensis* var. *microphylla* C. Wang et Tung）

80 - 2 长果柄滇杨（*P. yunnanensis* var. *pedicellata* C. Wang et Tung）

80 - 3 云南杨（*P. yunnanensis* 'Yunnan'）

81. 昌都杨（*P. qamdoensis* C. Wang et Tung）

82. 米林杨（*P. mainlingensis* C. Wang et Tung）

83. 德钦杨（*P. haoana* Cheng et C. Wang）

83 - 1 大叶德钦杨（*P. haoana* var. *megaphylla* C. Wang et Tung）

83 - 2　小果德钦杨（*P. haoana* var. *microcarpa* C. Wang et Tung）

83 - 3　大果德钦杨（*P. haoana* var. *macrocarpa* C. Wang et Tung）

84. 乡城杨（*P. xiangchengensis* C. Wang et Tung）

85. 缘毛杨（*P. ciliata* Wall. ）

85 - 1　金色缘毛杨（*P. ciliata* var. *aurea* Marq. et Shaw）

85 - 2　吉隆缘毛杨（*P. ciliata* var. *gyirongensis* C. Wang et Tung）

85 - 3　维西缘毛杨（*P. ciliata* var. *weixi* C. Wang et Tung）

86. 长叶杨（*P. wuana* C. Wang et Tung）

87. 五瓣杨（*P. yuana* C. Wang et Tung）

88. 亚东杨［*P. yatungensis*（C. Wang et P. Y. Fu）C. Wang et Tung］

88 - 1　圆齿亚东杨（*P. yatungensis* var. *crenata* C. Wang et Tung）

88 - 2　毛轴亚东杨（*P. yatungensis* var. *trichorachis* C. Wang et Tung）

89. 民和杨（*P. minhoensis* S. F. Yang et H. F. Wu）

90. 文县杨（*P. wenxianica* Z. C. Feng et J. L. Guo）

91. 暗叶杨（*P. tristis* Fisch. ）

92. 大关杨（*P. dakuanensis* Hsu）

93. 小钻杨［*P. ×xiaozhuanica* W. Y. Hsu et Liang，*P. simonii* Carr. × *P. nigra* var. *italica*（Moench. ）Koehne］

93 - 1　白城杨 2 号（*P. ×xiaozhuanica* 'Baicheng - 2'）

93 - 2　白林 1 号杨（*P. ×xiaozhuanica* 'Bailin - 1'）

93 - 3　赤峰杨（*P. ×xiaozhuanica* 'Chifengensis'）

93 - 4　群众杨（*P. ×xiaozhuanica* 'Popularis'）

93 - 5　昭林杨 6 号（*P. ×xiaozhuanica* 'Zhaolin - 6'）

93 - 6　合作杨（*P. ×xiaozhuanica* 'Opera'）

93 - 7　法库 1 号杨（*P. ×xiaozhuanica* 'Fku - 1'）

93 - 8　哲杂 2 号（*P. ×xiaozhuanica* 'Zheza - 2'）

93 - 9　哲引 3 号（*P. ×xiaozhuanica* 'Zheyin - 3'）

93 - 10　哲林 4 号［（*P. simonii* × *P. nigra* var. *italica*）× *P. canadansis* cv. 'Zhelin - 4'］

94. 毛果杨（*P. trichocarpa* Torr. et Groy）

94 - 1　哥伦比亚河毛果杨（*P. trichocarpa* 'Columbia River'）

94 - 2　赛乌尔毛果杨（*P. trichocarpa* 'Senio'）

94 - 3　太平洋毛果杨（*P. trichocarpa* var. *hasfaii* Henry）

95. 香脂杨（*P. balsamifera* Durio non L. ）

95 - 1　毛尔顿香脂杨（*P. balsamifera* 'Morden Poplar'）

96. 香脂杨×欧洲黑杨（*P. balsamifera* Durio non L. × *P. nigra* L. ）

96 - 1　苏网杨（*P. balsamifera* × *P. nigra* 'Suwon'）

97. 狭叶杨（*P. angustifolia* James）

98. 披针叶杨（*P. acuminafa* Rydeb. ）

99. 塔卡马哈卡杨（*P. tacamahaca* Mill.）

99-1　布朗杨（*P. tacamahaca* 'Blon'）

99-2　斯考特杨（*P. tacamahaca* 'Scott'）

100. 塔卡马哈卡杨×香脂杨（*P. tacamahaca* Mill.×*P. balsamifera* Durio）

100-1　麦尼杨（*P. tacamahaca*×*P. balsamifera* 'Maine'）

100-2　美格给里维拉杨（*P. tacamahaca*×*P. balsamifera* 'Meggylevela'）

100-3　牛津杨（*P. tacamahaca*×*P. balsamifera* 'Oxford'）

101. 塔卡马哈卡杨×毛果杨（*P. tacamahaca* Mill.×*P. trichocarpa* Torr. et Groy）

101-1　巴尔伞杨（*P. tacamahaca*×*P. trichocarpa* 'Balson'）

101-2　安德罗斯考根杨（*P. tacamahaca*×*P. trichocarpa* 'Androscoggin'）

（四）黑杨组（Sect. *Aigeiros* Duby）

102. 小黑杨（*P.×xiaohei* T. S. Hwang et Y. Liang，*P. simonii* Carr.×*P. nigra* L.）

102-1　白城小黑杨（*P.×xiaohei* 'Baicheng'）

102-2　赤峰小黑杨（*P.×xiaohei* 'Chifen'）

102-3　小黑杨-14（*P.×xiaohei* '14'）

102-4　黑林1号杨（*P.×xiaohei* 'Heilin-1'）

102-5　黑林2号杨（*P.×xiaohei* 'A100'）

102-6　白林3号杨（*P.×xiaohei* 'Bailin-3'）

103. 欧洲黑杨（*P. nigra* L.）

103-1　钻天杨［*P. nigra* var. *italica*（Moench.）Koehne，*P. pyramidalis* Borkh.］

103-2　箭杆杨［*P. nigra* var. *thevestina*（Dode）Bean］

103-3　亮叶黑杨（*P. nigra* var. *condina* Tenore.）

103-4　那坡里黑杨（*P. nigra* var. *neapolitana* Tenore.）

103-5　安格岛劳杨（*P. nigra* 'Angdolo'）

103-6　加龙杨（*P. nigra* 'Blanc de Garonne'）

103-7　格拉那德杨（*P. nigra* 'Blanquillo de Granada'）

103-8　保尔狄里斯杨（*P. nigra* 'Bordilis'）

103-9　智利杨（*P. nigra* 'Chile'）

103-10　贾茨杨（*P. nigra* 'Gazi'）

103-11　哈莫依杨（*P. nigra* 'Hamoui'）

103-12　剖尔太特杨（*P. nigra* 'Jean Pourtet'）

103-13　彭采拉杨（*P. nigra* 'Poncella'）

103-14　维尔特加龙杨（*P. nigra* 'Vert de Garonne'）

104. 白林2号杨（*P. nigra* L.×*P. pyramidalis* Boikb 'Bailin-2'）

105. 欧洲黑杨×中东杨［*P. nigra* L.×（*P.×berolinensis* Dipp.）］

106. 欧洲黑杨×苦杨（*P. nigra* L.×*P. laurifolia* Ledeb.）

106-1　伦佛尔德杨（*P. nigra*×*P. laurifolia* 'Runford'）

106-2　斯特拉堂拉斯杨（*P. nigra*×*P. laurifolia* 'Stratanglass'）

106-3　特来杨（*P. nigra* × *P. laurifolia* 'Trye'）

107. 欧洲黑杨 × 毛果杨（*P. nigra* L. × *P. trichocarpa* Torr. et Groy）

107-1　安都维尔杨（*P. nigra* × *P. trichocarpa* 'Andover'）

107-2　洛柯斯布尔杨（*P. nigra* × *P. trichocarpa* 'Roxbury'）

108. 黑小杨（*P. nigra* L. × *P. simonii* Carr.）

108-1　中林"三北"杨 1 号（*P. nigra* × *P. simonii* 'Zhonglin Sanbei-1'）

109. 额河杨（*P.* × *jrtyschensis* Ch. Y. Yang）

110. 阿富汗杨 [*P. afghanica*（Ait. et Hemsl.）Schneid.]

110-1　喀什阿富汗杨 [*P. afghanica* var. *tadishistanica*（Kom.）C. Wang et Tung]

111. 热河杨（*P. manshurica* Nakai）

112. 北京杨（*P.* × *beijingensis* W. Y. Hsu, *P. pyramidalis* Borkh. × *P. cathayana* Rehd.）

113. 中东杨（*P.* × *berolinensis* Dipp.）

114. 乌兹别克杨（*P. usbekistanica* Kom.）

115. 俄罗斯杨 [*P.* × *russkii* Jabl., *P. nigra* L. var. *italica*（Moench.）Koehne × *P. nigra* L.]

116. 少先队杨（*P.* × *pioner* Jabl.）

117. 斯大林工作者杨（*P.* × *stalintz* Jabl.）

118. 箭胡毛杨（*P.* × *jianhumao* R. Liu）

119. 沙氏杨（*P. sargenii* Dode）

120. 得克萨斯杨（*P. wiiizenii* Sarg.）

121. 美洲黑杨（*P. deltoides* Bartr. ex Marsh.）

121-1　棱枝杨（*P. deltoides* ssp. *angulata* Ait.）

121-2　密苏里杨（*P. deltoides* ssp. *missouriensis* Henry）

121-3　念珠杨（*P. deltoides* ssp. *monilifera* Henry）

121-4　阿林德杨（*P. deltoides* 'Aloinde'）

121-5　阿尔顿杨（*P. deltoides* 'Alton'）

121-6　毕海杨（*P. deltoides* 'Bor Var Behe'）

121-7　卡斯费希杨（*P. deltoides* 'Casfish'）

121-8　卡罗林杨（*P. deltoides* 'Carolin'）

121-9　哈沃德杨 [*P. deltoides* 'Harvard'（I-63/51）]

121-10　鲁克斯杨 [*P. deltoides* 'Lux'（I-69/55）]

121-11　洛斯打来杨（*P. deltoides* 'Rosdale-8'）

121-12　山海关杨（*P. deltoides* 'Shanhaiguanensis'）

121-13　中驻杨 8 号（*P. deltoides* 'Zhongzhu-8'）

121-14　中汉 17 号杨（*P. deltoides* 'Zhonghan-17'）

121-15　中林 46 杨（*P. deltoides* 'Zhonglin-46'）

121-16　中林 83-62 杨（*P. deltoides* 'Zhonglin-83-62'）

121-17　中夏 2 号杨（*P. deltoides* 'Zhongxia-2'）

121-18　翁达杨（*P. deltoides* 'Onda'）

121-19 帝国杨（*P. deltoides* 'Imperial'）

121-20 36 号杨（*P. deltoides* '2KEN8'）

121-21 55 号杨（50 杨）（*P. deltoides* '55/65'）

121-22 南抗 3 号、南抗 4 号（*P. deltoides* 'Nankang-3'、*P. deltoides* 'Nankang-4'）

121-23 中林 86-22（*P. deltoides* 'Zhonglin-86-22'）

121-24 北抗 1 号（*P. deltoides* 'Beikang-1'）

121-25 创新 1 号（*P. deltoides* 'Xinshiji-1'）

121-26 巨霸杨（cv 'Juba'）

121-27 丹红杨（*P. deltoides* 'Danhong'）

121-28 中荷 1 号杨（*P. deltoides* 'Zhonghe-1'）

121-29 陕林 3 号（*P. deltoides* 'Shanlin-3'）

121-30 南林 862 杨（*P. deltoides* 'Nanlin 862'）

121-31 南林 3804 杨（*P. deltoides* 'Nanlin 3804'）

121-32 南林 3412 杨（*P. deltoides* 'Nanlin 3412'）

121-33 中怀 1 号（*P. deltoides* 'Zhonghuai 1'）

121-34 中怀 2 号（*P. deltoides* 'Zhonghuai 2'）

121-35 中菏 1 号杨（*P. deltoides* 'Zhong He 1'）

122. 美洲黑杨×辽杨（*P. deltoides* Bartr. ex Marsh.×*P. maximowiczii* A. Henry）

122-1 埃瑞达诺杨（*P. deltoides*×*P. maximowiczii* 'Eridano'）

123. 美洲黑杨×小叶杨（*P. deltoides* Bartr. ex Marsh.×*P. simonii* Carr.）

123-1 南林 80121 杨（*P. deltoides*×*P. simonii* 'NL-80121'）

123-2 南林 80205 杨（*P. deltoides*×*P. simonii* 'NL-80205'）

124. 美洲黑杨×滇杨（*P. deltoides* Bartr. ex Marsh.×*P. yunnanensis* Dode）

124-1 卡瓦杨（*P. deltoides*×*P. yunnanensis* 'Kawa'）

125. 美洲黑杨×青杨（*P. deltoides* Bartr. ex Marsh.×*P. cathayana* Rehd.）

125-1 西丰杨 6 号、西丰杨 17 号、西丰杨 18 号、西丰杨 21 号、西丰杨 25 号、西丰杨 77 号（*P. deltoides*×*P. cathayana* 'Xifeng-6'、*P. deltoides*×*P. cathayana* 'Xifeng-17'、*P. deltoides*×*P. cathayana* 'Xifeng-18'、*P. deltoides*×*P. cathayana* 'Xifeng-21'、*P. deltoides*×*P. cathayana* 'Xifeng-25'、*P. deltoides*×*P. cathayana* 'Xifeng-77'）

125-2 中黑防 1 号杨、中黑防 2 号杨（*P. deltoides*×*P. cathayana* 'Zhongheifang-1'、*P. deltoides*×*P. cathayana* 'Zhongheifang-2'）

125-3 中绥 4 号杨、中绥 12 号杨（*P. deltoides*×*P. cathayana* 'Zhongsui-4'、*P. deltoides*×*P. cathayana* 'Zhongsui-12'）

125-4 1344 号杨（*P. deltoides*×*P. cathayana* '1344'）

125-5 陕林 4 号杨（*P. deltoides*×*P. cathayana* 'Shanlin-4'）

126. 欧美杨（加杨）［*P.*×*canadensis* Moench.，*P. euramericana* (Dode) Guinier］

126-1 阿德格杨（*P. canadensis* 'Adige'）

126-2 比利尼杨（*P. canadensis* 'Bellini'）

126-3 考斯坦曹杨（*P. canadensis* 'BL Costanzo'）

126 - 4　I - 154 杨（*P. canadensis* 'I - 154'）

126 - 5　I - 214 杨（*P. canadensis* 'I - 214'）

126 - 6　I - 262 杨（*P. canadensis* 'I - 262'）

126 - 7　I - 130 杨（*P. canadensis* 'I - 130'）

126 - 8　I - 45 杨（*P. canadensis* 'I - 45/51'）

126 - 9　马里兰德杨（*P. canadensis* 'Marilandica'）

126 - 10　波兰 15A 杨（*P. canadensis* 'Polska - 15A'）

126 - 11　新生杨（*P. canadensis* 'Regenerata'）

126 - 12　健杨（*P. canadensis* 'Robusta'）

126 - 13　沙兰杨（*P. canadensis* 'Sacrau - 79'）

126 - 14　圣马丁杨［*P. canadensis* 'San Martino'（'I - 72/58'）］

126 - 15　中荷 47 号杨（*P. canadensis* 'Agathe F'）

126 - 16　中加 30 号杨（*P. canadensis* 'DN128'）

126 - 17　中荷 64 号杨（*P. canadensis* 'N3016'）

126 - 18　中荷 48 号杨（*P. canadensis* 'N3014'）

126 - 19　隆荷夫健杨（*P. canadensis* 'Launhof'）

126 - 20　莱比锡杨（*P. canadensis* 'Leipzig'）

126 - 21　晚花杨（*P. canadensis* 'Serotina'）

126 - 22　芦热杨（*P. canadensis* 'Sarceronge'）

126 - 23　尤金杨（*P. canadensis* 'Eugenei'）

126 - 24　阿万佐杨（*P. canadensis* 'Luisa Avanzo'）

126 - 25　西玛杨（*P. canadensis* 'Cima'）

126 - 26　屈波杨（*P. canadensis* 'Triplo'）

126 - 27　波兰卡杨（*P. canadensis* 'Boccalari'）

126 - 28　格托尼杨（*P. canadensis* 'Gattoni'）

126 - 29　南林 895 杨（*P. canadensis* 'Nanlin - 895'）

126 - 30　巴尔恩杨（*P. canadensis* 'Barn'）

126 - 31　保璞里杨（*P. canadensis* 'Beaupre'）

126 - 32　当凯杨（*P. canadensis* 'Donk'）

126 - 33　珲尼杠杨（*P. canadensis* 'Hunnegem'）

126 - 34　毛凯杨（*P. canadensis* 'Mokee Poplar'）

126 - 35　拉普杨（*P. canadensis* 'Rap'）

126 - 36　由纳尔杨（*P. canadensis* 'Unal'）

126 - 37　贝拉赛杨（*P. canadensis* 'Boelax'）

126 - 38　拉斯帕尔赛杨（*P. canadensis* 'Raspalje'）

126 - 39　107 杨（*P. canadensis* 'Neva'）

126 - 40　108 杨（*P. canadensis* 'Guariento'）

126 - 41　111 杨（*P. canadensis* 'Bellotto'）

126 - 42　2012 杨（*P. canadensis* 'Portugal'）

126-43　渤丰 1 号（*P. canadensis* 'Bofeng 1'）

126-44　渤丰 2 号（*P. canadensis* 'Bofeng 2'）

127. 拟青×山海关杨（*P. pseudo-cathayana*×*P. deltoides* Bartr. ex Marsh. 'Shan-haiguan'）

（五）胡杨组（Sect. *Turanga* Bge.）

128. 胡杨（*P. euphratica* Oliv.）

128-1　塔形胡杨（*P. euphratica* 'Pyrllmidalis'）

128-2　柱冠胡杨（*P. euphratica* 'Teres'）

128-3　摩洛哥胡杨 214（*P. euphratica* 'PE-214'）

128-4　摩洛哥胡杨 261（*P. euphratica* 'PE-261'）

129. 灰胡杨（*P. pruinosa* Schrenk）

130. 肯尼亚胡杨（*P. denhardtiorum* Dode）

131. 西班牙胡杨（*P. illicitana* Dode）

（六）墨杨组（Sect. *Abaso* Eckenwalder）

132. 墨杨（*P. mexicana* Wesmael）

第四节　杨属植物种及其野生近缘种主要特征特性

一、白杨组

（一）银白杨

学名 *Populus alba* L.，别名白杨、罗圈杨、孝杨。

1. 形态特征　乔木，高 30 m；树冠宽阔；树皮白至灰白色，平滑，具菱形皮孔，老树基部粗糙，具沟裂。芽及幼枝密被白色茸毛。萌枝和长枝叶卵圆形，掌状 3～5 浅裂，长 4～10 cm，裂片先端钝尖，边缘具凹缺或浅裂，基部宽楔形、圆形、平截或近心形，侧裂片近钝角形开展，幼叶两面被白茸毛，后上面毛脱落；短枝叶长 4～8 cm，宽 2～5 cm，卵圆形或椭圆状卵形，先端钝尖，基部宽楔形或圆形，稀微心形或平截，边缘具钝齿，上面光滑，下面被白色茸毛或脱落；叶柄稍扁，短于或近等长叶片，被白茸毛。雄花序长 3～6 cm；序轴被毛，苞片膜质，宽椭圆形，长约 3 mm，边缘具不规则齿牙和长毛；花盘具短梗，宽椭圆形，歪斜；雄蕊 8～10 枚。雌花序长 5～10 cm，序轴有毛，雌蕊具短柄，花柱短，柱头 2 枚，有淡黄色长裂片。果窄圆锥形，长约 5 mm，2 裂，无毛。花期 3～4 月，果期 4～5 月（图 3-3）。

2. 生物学特性　喜大陆性干燥气候，在新疆-40 ℃条件下无冻害，在新疆南部夏季炎热气候条件下，生长良好；不耐湿热，在我国北京以南地区栽培常遭受病虫害，生长不良。稍耐盐碱，总盐量 0.4% 以下时，对插穗成活及树木生长均无影响，总盐量 0.6% 以上则不能成活。喜沙地、沙壤土及流水沟渠边，不耐黏重瘠薄土壤。深根性，根系发达，萌芽性强，抗风及抗病虫害能力较强，具有保护堤岸及保持水土的优良性能。用种子和插条育苗。插条育苗时，将枝条进行冬季沙藏，保持 0～5 ℃的低温，促使皮层软化，或早春将插穗放入冷水中浸 5～10 h，再用湿沙分层覆盖，经 5～10 d 后扦插，也可用生长素处理。苗圃地宜选肥沃沙壤土。用插干及植苗造林。

3. 利用价值　心、边材区别明显，心材黄褐色，边材白色，木材纹理较直，结构较细，质轻软，耐腐性较差；供建筑、板料、家具、造纸等用。树皮含鞣质，可提制栲胶；叶磨碎可驱臭虫。树姿高耸，枝叶美观，幼叶红艳，可做绿化树种，也为西北地区平原、沙荒造林树种。

4. 产地或分布　产于新疆，在吉林、辽宁南部、内蒙古、山东、河北、河南、北京、山西、陕西、甘肃、青海、宁夏、西藏西部等地均有栽培。天然林分布在新疆额尔齐斯河及其诸支流（北屯到布尔津河以西），海拔 450～750 m 地带。在欧洲、非洲北部、亚洲西部及北部也有分布。

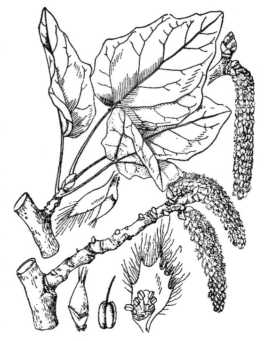

图 3-3　银白杨
（引自《中国高等植物图鉴》）

（二）新疆杨

学名 *Populus alba* L. var. *pyramidalis* Bge.。

1. 形态特征　乔木，高达 30 m；树冠窄圆柱形或尖塔形，侧枝角度小，向上伸展，近贴树干。树皮灰绿色，光滑，老树皮灰色，树干基部常纵裂。萌枝叶及长枝叶掌状 5～7 深裂，基部平截；短枝叶近圆形或圆状椭圆形，边缘具粗缺齿，侧齿几对称，基部平截或近心形，下面绿色，近无毛。叶柄扁，具腺体 2 个或无（图 3-4）。仅见雄株。

2. 生物学特性　耐寒性较强，在新疆南部及伊犁地区，1 月平均气温－10 ℃左右、绝对最低温度－20 ℃左右，生长较好。喜光，抗热和抗大气干旱能力强，在新疆喀什

图 3-4　新疆杨
1. 长枝　2. 雄花枝　3、4. 雄花及苞片
（引自《中国主要树种造林技术》）

地区，7 月平均气温 26 ℃，绝对最高温 40.1 ℃的条件下，生长良好；在南方温暖多雨地区（如南京等地），生长不良。喜光，根系较深，抗风力较强，并对叶部病害和烟尘具一定抗性。较耐盐碱，但在未经改良的盐碱地、沼泽地、黏土地、戈壁滩等，以及无灌溉条件下，均生长不良，病虫害严重。在抚育管理较好的条件下，生长壮、病虫少、成材早，寿命长达 70 年以上。主要用插条育苗，植苗和插干造林，还可用胡杨做砧木嫁接繁殖。

3. 利用价值　木材纹理较直，结构较细，气干密度 0.542 g/cm³，材质较好；供建筑、家具、造纸等用；树皮含鞣质。树姿美观，可做行道树、防风固沙林，也可做厂矿的绿化树种。

4. 产地或分布　产于新疆，新疆南部较多；在我国北方各省份常有栽培。在俄罗斯、中亚、小亚细亚、巴尔干、欧洲其他地区也有分布。

（三）银灰杨

学名 *Populus canescens*（Ait.）Smith.。

1. 形态特征　乔木，高达 20 m；树冠开展；树皮淡灰色或青灰色，光滑，树干基部较粗糙。小枝淡灰色，圆筒形，常无毛。芽卵圆形，褐色，被短茸毛。萌枝或长枝叶宽椭圆形，浅裂，具不规则牙齿，上面绿色，无毛或疏被茸毛，下面和叶柄均被灰茸毛；短枝叶卵圆形、卵圆状椭圆形或菱状卵圆形，长 4～8 cm，宽 3.5～6 cm，先端钝尖，基部宽楔形或圆形，具凹缺状牙齿，齿端钝，不内曲，两面无毛，或有时下面被薄的灰茸毛；叶柄微侧扁，无毛，与叶片近等长。雄花序长 5～8 cm，雄蕊 8～10 枚，花药紫红色，花盘绿色，歪斜；雌花序长 5～10 cm，序轴初被茸毛，子房具短柄，无毛。果窄长卵形，长 3～4 mm，2 裂。花期 4 月，果期 5 月（图 3-5）。

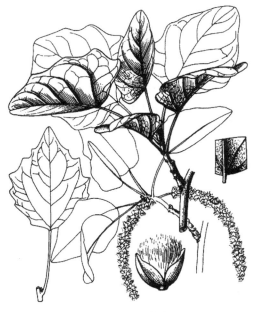

图 3-5　银灰杨
（引自《中国高等植物》，张荣生绘）

2. 生物学特性　为银白杨与山杨的天然杂交种，叶形变化较大。在新疆额尔齐斯河的河滩地、林缘、林中空地或深厚疏松的冲积沙土上常成纯林，并以深厚、疏松的冲积沙土上生长最好，常自成群落，且雌雄异地。喜光、抗寒，不耐干瘠薄土，根蘖力强，主要用根蘖繁殖，也可用种子繁殖，插条难成活。

3. 利用价值　经济价值同银白杨。秋季全部树叶由黄绿色变成红色，具有极高的观赏价值，可以用于园林绿化，也是营造防护林的理想树种。寿命长、材质好、干形好，广泛用于生态防护林、"三北"防护林、农林防护林和工业用材林。

4. 产地或分布　产于新疆额尔齐斯河流域。哈萨克斯坦、高加索、巴尔干、部分西亚和欧洲等地也有分布。

（四）山杨

学名 *Populus davidiana* Dode，别名明杨（河南）、响杨（东北）。

1. 形态特征　乔木，高达 25 m，胸径 60 cm；树冠圆；树皮灰绿色或灰白色。小枝圆，红褐色，无毛，萌枝被柔毛。叶芽卵形或卵圆形，无毛，细尖；花芽圆钝，微有黏质。叶三角状卵圆形或近圆形，长宽均 3～6 cm，先端钝尖、急尖或短渐尖，基部圆、平截或浅心形，具波状浅齿；萌枝叶三角状卵圆形，下面被柔毛；叶柄侧扁，长 2～6 cm。花序轴被毛；苞片掌状条裂，边缘有密长毛；雄花序长 5～9 cm，雄蕊 5～12 枚，花药紫红色；雌花序长 4～7 cm，柱头带红色。果序长 12 cm；果卵状圆锥形，长约 5 mm，具短柄，2 裂。花期 3～4 月，果期 4～5 月（图 3-6）。

2. 生物学特性　耐寒性强，在黑龙江漠河耐−50 ℃低温。为强阳性树种，喜光，天然更新能力强，在东北、华北老林破坏后，与桦木类混生或成纯林。耐干旱瘠薄，在中性土及酸性土上均可生长，适于山腹以下排水良好肥沃土壤。生长稍慢，20 年生，高 12 m，一般寿命约 60 年，长者可达百余年。

图 3-6　山杨和欧洲山杨
1～3. 山杨　4. 欧洲山杨
（引自《中国高等植物》，张荣生绘）

根萌、分蘖能力强，可用分根、分蘖及种子繁殖，扦插难以成活。干部易染心腐病，难成大材。

3. 利用价值　木材白色，轻软，富弹性，密度 0.41 g/cm³，供造纸、火柴杆及民房建筑等用；树皮纤维含量 48.62%，可提取栲胶及造纸；萌条可编筐；幼枝及叶为家畜饲料；幼叶红艳，可供观赏；可做绿化荒山、保持水土树种。

4. 产地或分布　分布广泛，我国北自黑龙江、内蒙古、吉林、辽宁、华北、西北、华中及西南高山地区均有分布，垂直分布于东北低山海拔 1 200 m 以下，青海海拔 2 600 m 以下，湖北西部、四川中部、云南海拔 2 000～3 800 m。多生于山坡、山脊和沟谷地带，常形成小面积纯林或与其他树种形成混交林。在朝鲜、日本、俄罗斯东部西伯利亚和远东地区也有分布。

（五）欧洲山杨

学名 *Populus tremula* L.，别名火烧杨（黑龙江）。

1. 形态特征　乔木，高 10～20 m。树冠圆形；树皮灰绿色，光滑，干基不规则浅裂或粗糙。小枝圆，红褐色，有光泽，无毛或被柔毛。芽卵圆形，稍具胶质。叶近圆形，长3～7 cm，先端圆或短尖，基部平截、圆或浅心形，具疏波状浅齿或圆齿，两面无毛，或幼叶被柔毛；叶柄侧扁，与叶片近等长；萌枝叶较大，三角状卵圆形，基部心形或平截，具圆锯齿。雄花序长5～8 cm，序轴被柔毛，苞片褐色，掌状深裂，被长毛；雄蕊5～12枚或较多；雌花序长4～6 cm。果序长12 cm，果窄圆锥形，近无柄，无毛，2裂。花期4月，果期5月（图3-6）。

2. 主要特性 抗寒、喜光、喜凉爽气候，不耐大气干旱，不耐盐碱土和干燥瘠薄土。根系发达，水平根可长达40 m。主要用根蘖繁殖，所以雌雄株各自形成片林；也可播种繁殖。

3. 利用价值 木材轻软，纹理直，结构较细，供制浆和化学纤维用；也可供建筑、火柴杆和胶合板等用；树皮可提取栲胶。

4. 产地或分布 产于新疆（阿尔泰、塔城、天山东部北坡至西部伊犁山区），生于海拔700～2 300 m河谷及针叶林林缘。在俄罗斯西伯利亚、高加索和欧洲其他地区也有分布。

（六）河北杨

学名 *Populus hopeiensis* Hu et Chow，别名串杨、椴杨（河北）。

1. 形态特征 乔木，高达30 m。树皮黄绿至灰白色。小枝圆，无毛，幼时被柔毛。芽长卵形或卵圆形，被柔毛，无胶质。叶卵形或近圆形，长3～8 cm，先端尖或钝尖，基部平截、圆或宽楔形，具波状粗齿，齿端尖，内曲，幼叶下面被茸毛，后脱落；叶柄扁，初被毛，长2～5 cm，与叶片等长或较短。雄花序长约5 cm，序轴密被毛；苞片褐色，深裂，边缘具白长毛。雌花序长3～5 cm，序轴被长毛；苞片红褐色，边缘有白长柔毛。果长卵形，2裂，有短柄。花期4月，果期5～6月（图3-7）。

2. 生物学特性 耐干旱，喜湿润，但不耐涝，在缺少水分的岗顶及南向山坡，常常生长不良；天然生长在坡积黄土地上。速生，在甘肃武山的12年生大树，高9 m，胸径18.3 cm；在陕西靖边的12年生大树，高

图3-7 河北杨
（引自《中国高等植物图鉴》）

12.7 m，胸径16 cm。深根性，侧根发达，萌蘖性强，耐风沙。用根蘖和种子繁殖，或移植萌生苗，扦插成活率低。

3. 利用价值 材质轻软，有弹性，可供家具、农具、箱板等用，做蒸笼材更为合适；为华北、西北黄土丘陵峁顶、梁坡、沟谷及沙滩地的水土保持或用材林造林树种；也可栽

培供观赏及做行道树。

4. 产地或分布 产于华北、西北各地，为河北山区习见树种，各地有栽培；多生于海拔 600～2 000 m 的河边、沟谷、阴坡及冲积阶地上。

（七）响叶杨

学名 *Populus adenopoda* Maxim.，别名绵杨（陕西周至）、风响树（南京）、山白杨（江苏江宁）。

1. 形态特征 乔木，高 30 m，胸径 1 m。幼树皮灰白色，光滑，大树皮深灰色，纵裂。小枝无毛。芽圆锥形，具胶质，无毛。叶卵圆形或卵形，长 5～15 cm，先端长渐尖，基部平截或心形，稀近圆形或楔形，有内曲圆锯齿，齿端有腺点，上面无毛或沿脉有柔毛，深绿色，光亮，下面灰绿色，幼时被密柔毛，后脱落；叶柄侧扁，被茸毛或柔毛，长 2～8 (12) cm，顶端具两个显著腺点。雄花序长 6～10 cm，苞片条裂，有长缘毛，花盘齿裂。果序长 12～20 (30) cm；序轴被毛；果卵状长椭圆形，长（2～3）4～6 mm，先端尖，无毛，具短柄，2 裂。花期 3～4 月，果期 4～5 月（图 3-8）。

2. 生物学特性 喜温暖湿润气候，不耐严寒。速生，20 年生大树，胸径 25 cm。喜光，天然更新良好。根际萌蘖性强。用种子或分蘖繁殖，扦插不易成活。雌株较多。

图 3-8 响叶杨
（引自《中国高等植物图鉴》）

3. 利用价值 木材白色，心材微红，干燥易裂；供建筑、器具、火柴杆、牙签、造纸等用；树皮纤维可造纸；叶可做饲料；为长江中下游海拔 1 000 m 以下土层深厚地区重要造林树种。

4. 产地或分布 产于陕西秦岭、汉水、淮河流域以南地区，西至甘肃东南部、四川、湖北西部海拔 1 600～2 500 m，西南至贵州东部、云南中部，南至湖南、浙江中部海拔 1 000 m 以下，以湖北、四川和长江流域东部各省份为习见树种。生于海拔 300～2 500（3 500）m 阳坡灌木丛、杂木林中，或沿河两旁，也能生于林中潮湿阴凉处，有时成小片纯林或与其他树种混交成林。

（八）毛白杨

学名 *Populus tomentosa* Carr.，别名大叶杨（河南）、响杨。

1. 形态特征 乔木，树高达 30 m，胸径 1 m。树皮灰绿色至灰白色，老时深灰色，纵裂。幼枝被灰毡毛，后脱落。叶芽卵形，花芽卵圆形或近球形，微被毡毛。长枝叶阔卵

形或三角状卵形，长 10～15 cm，先端短渐
尖，基部心形或截形，具深牙齿或波状牙
齿，下面密被茸毛，后渐脱落；叶柄上部
扁，长 3～7 cm，顶端通常有 2～4 腺点；短
枝叶卵形或三角状卵形，先端渐尖，下面无
毛，具深波状牙齿；叶柄扁，稍短于叶片，
顶端无腺点。雄花序长 10～14 cm，雄花苞
片密生长毛，雄蕊 6～12 枚。雌花序长 4～
7 cm，苞片褐色，尖裂，沿边缘有长毛，柱
头粉红色。果序长 14 cm；果圆锥形或长卵
形，2 裂。花期 3～4 月，果期 4（河南、陕
西）～5 月（河北、山东）（图 3-9）。

　　2. 生物学特性　喜温凉湿润气候，在早
春昼夜温差较大的地方，树皮常冻裂，俗称
"破肚子病"。在暖热多雨气候下，易受病虫
危害，生长不良。在黏土、壤土、沙壤土或
低湿轻度盐碱土上均能生长，以土层深厚肥
沃、湿润的壤土或沙壤土生长最快，20 年即
可成材，但在干旱瘠薄、低洼积水的盐碱地
及沙荒地上，生长不良，病虫害严重，形成

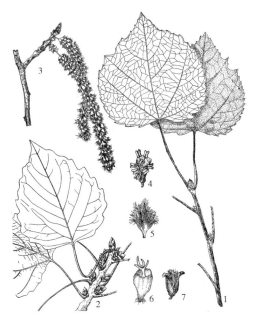

图 3-9　毛白杨
1. 长枝　2. 短枝　3. 雄花枝　4. 雄花
5、6. 雌花及苞片　7. 果
（引自《中国主要树种造林技术》）

"小老树"。稍耐盐碱，在土壤 pH 8～8.5 时能够正常生长。大树耐水湿，在积水 2 个月
的地方，生长正常。深根性，根蘖性强。雄树多，雌树少，雌雄花期不一，有的雌花
不孕，很少用种子繁殖。以无性繁殖为主，但扦插成活率不高，插穗需经沙藏、化学
药剂等法处理，也可用埋条育苗、留根繁殖及嫁接繁殖，用加杨做砧木进行芽接或枝
接，成活率高。有锈病危害幼苗、幼树，黑斑病危害苗木，根癌病危害根部、根颈，
有时在树干上形成木质肿瘤；白杨透翅蛾危害苗木、幼树主干及枝梢，形成虫瘿，青
杨天牛蛀干食木质部。

　　3. 利用价值　木材纹理直，结构细，气干密度 0.457 g/cm³，易干燥，易加工，油漆
及黏胶性能良好，可供建筑、家具、包装箱及火柴杆、造纸等用，是人造纤维的原料。树
皮含鞣质 5.18%，可提制栲胶。雄花序可喂猪，花序入药俗称"闹羊花"。生长快，寿命
长，较耐干旱和盐碱，抗烟和抗污染能力强，树姿雄壮，冠形优美，为黄河、淮河流域冲
积平原及城乡绿化重要造林树种。

　　4. 产地或分布　我国特产，分布广泛，北起辽宁南部、河北、山东、山西、河南、
陕西，南达江苏、浙江，东至山东、安徽，西至甘肃南部、宁夏南部等地，均有栽培。主
要产于北纬 30°～40°，以黄河流域中下游为中心分布区，多生于低山平原地区土层深厚的
地方，喜生于海拔 1 500 m 以下气候温和的平原地区，最高海拔可达 1 800 m，形成小块
毛白杨林或落叶阔叶混交林。

二、大叶杨组

（一）大叶杨

学名 Populus lasiocarpa Oliv.，别名水冬瓜（湖北）、大叶泡（湖北、四川）。

1. 形态特征 乔木，高达 20 m，胸径 50 cm。树皮暗灰色，纵裂。小枝粗，有棱，幼时被毛。芽大，卵状圆锥形，基部芽鳞被茸毛。叶卵形，长 15～30 cm，宽 10～15 cm，先端渐尖，基部深心形，常具 2 腺点，具反卷圆腺齿，中脉带红色，上面近基部密被柔毛，下面沿脉被毛；叶柄圆，上面有槽，被毛，长 8～15 cm，常与中脉同为红色。雄花序长 9～12 cm；序轴具柔毛；苞片倒披针形，光滑，条裂；雄蕊 30～40 枚。果序长 15～24 cm，轴被毛；果卵形，长 1～1.7 cm，密被茸毛，具柄或近无柄，3 裂。花期 4～5 月，果期 5～6 月（图 3-10）。

2. 生物学特性 适宜海拔 600～2 800 m，喜湿润温凉气候，有一定的耐寒能力。种子繁殖，扦插成活率低或不生根；埋桩育苗繁殖产量低；以山杨为砧木嫁接繁殖大叶杨，成活率高达 95%。

图 3-10 大叶杨
（引自《中国高等植物图鉴》）

3. 利用价值 木材纹理直，结构细，均匀、轻软，干缩中等，强度弱，气干密度 0.486 g/cm³，供家具、板料、造纸等用。

4. 产地或分布 分布在陕西南部、湖北西南部、四川、贵州、云南等省，以鄂西和川东林区为多。生长于海拔 1 300～3 500 m 的山坡或沿溪林中或灌丛中。

（二）椅杨

学名 Populus wilsonii Schneid.。

1. 形态特征 乔木，高达 25 m。树皮浅纵裂，呈片状剥裂，暗灰褐色。小枝粗壮，圆柱形，光滑，幼时紫色或暗褐色，具疏柔毛，老时灰褐色。芽钝圆锥形。叶宽卵形，或近圆形至宽卵状长椭圆形，长 8～20 cm，先端钝尖，或短渐尖，基部心形至圆截形，边缘有腺状圆齿牙，下面初被茸毛，后渐光滑，灰绿色，叶脉隆起；叶柄圆，紫色，长 4～14 cm，先端有时具腺点。雌花序长约 7 cm。果序长 15 cm，轴被柔毛；蒴果卵形，具短柄，近光滑。花期 4～5 月，果期 5～6 月。

2. 生物学特性 与大叶杨相似，且分布在相同地区，但其小枝圆筒形，无毛，叶较小，长 20 cm，先端钝，叶背无毛或近无毛，可与之区别。

3. 利用价值 同大叶杨。

4. 产地或分布 产于陕西、甘肃、湖北、云南、四川、西藏等省份；生于海拔 1 300～3 300 m 的山坡林中，尤以近河流两旁为多。

三、青杨组

（一）小叶杨

学名 *Populus simonii* Carr.，别名南京白杨（南京）、河南杨、明杨、青杨（河南）、白杨柳（江苏江浦）、山白杨（甘肃）。

1. 形态特征 乔木，高达 20 m，胸径 50 cm 以上。幼树皮灰绿色，老时暗灰色，纵裂。幼树小枝及萌枝有棱，老树小枝圆，无毛。芽细长，稍有黏质。叶菱状卵形、菱状椭圆形或菱状倒卵形，长 3～12 cm，宽 2～8 cm，中部以上较宽，先端骤尖或渐尖，基部楔形、宽楔形或窄圆，具细锯齿，无毛，下面带绿白色，无毛。叶柄圆，长 0.5～4 cm。雄花序长 2～7 cm，序轴无毛，苞片细条裂，雄蕊 8～9（25）枚。雌花序长 2.5～6 cm；苞片淡绿色，裂片褐色，无毛，柱头 2 裂。果序长 15 cm；果小，2（3）裂，无毛。花期 3～5 月，果期 4～6 月（图 3-11）。

2. 生物学特性 抗寒、耐旱，能忍受 40 ℃高温和－36 ℃低温，在年降水量 400～700 mm、年平均温度 10～15 ℃、相对湿度 50%～70%条件下，生长良好。在沙壤土、壤土、黄土、冲积土、灰钙土上均能生长；在短期积水地方，能够生长；在干旱瘠薄、

图 3-11 小叶杨
1. 长枝 2. 短枝 3. 雄花芽枝 4. 雄花序 5、6. 雄花及苞片
7、8. 雌花及苞片 9. 开裂的果实
（引自《中国主要树种造林技术》）

沙荒茅草地或栗钙土上生长不良，常形成"小老树"；能适应弱度到中度盐渍化土壤。通常雄株的耐盐性大于雌株。在肥沃湿润地方生长最好。根系发达，沙地实生苗幼林主根深 70 cm 以上；插条苗长成的大树根系深达 1.7 m 以上，故能耐干旱瘠薄，抗风力也强；在风蚀严重的地方，根系裸露，仍能生长。生长较快，插条树高生长最盛期为 5～13 年，胸径生长最盛期为 5～19 年；实生树高生长最盛期为 5～22 年，胸径生长最盛期为 5～30

年。可用插条、埋条（干）、播种等法繁殖，用植苗或插干造林。

3. 利用价值 木材轻软细致，纹理直，易加工；供建筑、家具、板料、火柴杆、牙签、造纸等用；树皮含鞣质约 5.2%，可提制栲胶；叶做家畜饲料；为东北、西北及华北地区沙荒、低湿地、河岸地防风固沙及水土保持林和用材林的优良树种。

4. 产地或分布 产于东北、华北、西北、华中及西南各地。在华北、华东海拔 1 000 m以下，四川中部海拔 2 300 m以下，溪边习见。山东、江苏、安徽、浙江及广西等省份有栽培。在欧洲和亚洲的朝鲜也有分布。

（二）青甘杨

学名 *Populus przewalskii* Maxim.。

1. 形态特征 乔木，高达 20 m；树干通直；树皮灰白色，较光滑，下部色较暗，纵裂。叶菱状卵形，长 4.5～7 cm，宽 2～3.5 cm，先端短渐尖至渐尖，基部楔形，具细锯齿，近基部全缘，上面绿色，下面发白色，两面脉上有毛；叶柄长 2～2.5 cm，被柔毛。雌花序细，长约 4.5 cm，花序轴有毛；子房卵圆形，被密毛，柱头 2 裂，再分裂；花盘微具波状缺刻。果序轴及蒴果被柔毛；果卵形，2 裂（图 3-12）。

2. 利用价值 木材轻软细致，供民用建筑、家具、火柴杆、造纸等用，为防风固沙、护堤固土、绿化观赏的树种，是我国西北地区绿化树种，也是东北和西北防护林和用材林主要树种之一。

图 3-12 青甘杨
（引自《中国高等植物》，冯金环绘）

3. 产地或分布 产于内蒙古、陕西、甘肃、青海、湖北西部及四川北部，多生于海拔 1 000～3 300 m山麓、溪流沿岸或道旁。

（三）青杨

学名 *Populus cathayana* Rehd.，别名大叶白杨、家白杨（青海）。

1. 形态特征 乔木，高达 30 m，胸径 1 m；树冠宽卵形；树皮平滑，灰绿色，老时暗灰色，纵裂。小枝无毛。芽长圆锥形，无毛，多黏质。短枝叶卵形、椭圆状卵形、椭圆形或窄卵形，长 5～10 cm，宽 3～5（7）cm，最宽处在中部以下，先端渐尖或突渐尖，基部圆，稀近心形或宽楔形，具钝圆腺齿，下面绿白色，无毛或微被毛，叶柄圆，长 2～7 cm，无毛；长枝或萌枝叶卵状长圆形，长 10～20 cm，基部微心形，叶柄圆，长 1～3 cm，无毛。雄花序长 5～6 cm，雄蕊 30～35 枚；苞片条裂，无毛；雌花序长 4～5 cm，柱头 2～4 裂。果序长 10～15（20）cm。果卵圆形，长 6～9 mm，3～4 裂，稀 2 裂。花期 3～5 月，果期 5～7 月（图 3-13）。

2. 生物学特性 喜温凉气候，比较耐寒，在分布区年平均降水量 300～600 mm、绝对低温－30 ℃条件下，能开花结果；在较温暖地区，生长较差。对土壤要求不严，适生于土层深厚、肥沃、湿润地方，在排水良好的沙壤土、河滩冲积土、沙土、石砾土以及弱碱性土、黄土、栗钙土上均能正常生长，在山地黄土或栗钙土上，因土壤干旱，生长不良；在积水处生长不良甚至死亡；不耐盐碱土。具有很强大的根系结构，垂直分布在地表至 0.7 m 处，水平分布范围一般为 3～4 m，从而具有一定的抗旱能力。插条生根容易，可用植苗、插干、压条造林。有腐烂病、杨毒蛾、柳毒蛾、芳香木蠹蛾等危害。

3. 利用价值　木材轻软，纹理细致，易干燥，易加工，胶黏及油漆性能良好；供家具、板料、箱柜、建筑、造纸等用；为我国北方地区重要速生用材树种。

4. 产地或分布　产于辽宁南部、华北海拔 2 200 m 以下，甘肃南部、青海东部海拔 3 200 m 以下，新疆北部、四川中部和北部海拔 3 000 m 以下，西藏雅鲁藏布江流域；生于沟谷、山麓、溪边；各地多栽培。

图 3-13　青　杨
1. 果枝　2. 苞片　3. 雌蕊
（引自《中国主要树种造林技术》）

（四）冬瓜杨

学名 *Populus purdomii* Rehd.，别名太白杨（《秦岭植物志》）、大叶杨（河南）。

1. 形态特征　乔木，高达 30 m；树皮暗灰色，呈片状剥裂。幼枝有棱，无毛。芽无毛，有黏质。萌枝叶长卵形，长 25 cm，宽 13 cm；短枝叶卵形或宽卵形，长 7～14 cm，先端渐尖，基部圆形或近心形，腺齿细钝，齿端有腺点，具缘毛，上面亮绿色，沿脉具有疏柔毛，下面带白色，沿脉有毛，后渐脱落，侧脉显著隆起；叶柄圆，长 2～5 cm。果序长 11～13 cm，无毛；果卵球形，长约 7 mm，无柄或近无柄，（2）3～4 裂。花期 4～5 月，果期 5～6 月（图 3-14）。

2. 利用价值　木材供建筑及造纸等用。甘肃山区农村有栽培。

3. 产地或分布　产于河北、河南、山西、陕西、甘肃、青海、四川及湖北；生于海拔 700～3 800 m 山地或沿溪两旁，成小片纯林或与山杨呈片状混交林，或散生于杂木林中。

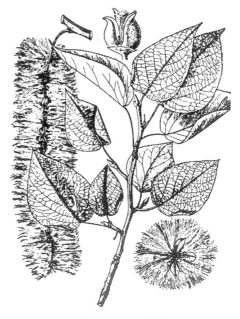

图 3-14　冬瓜杨
（引自《秦岭植物志》）

（五）香杨

学名 *Populus koreana* Rehd.，别名大青杨、黄铁木（东北）、皱叶杨。

1. 形态特征　乔木，高达 30 m，胸径 1～1.5 m；树冠广圆形；幼树皮灰绿色，平滑，老时暗灰色，深纵裂。小枝粗圆，初时有胶质，具香气，无毛。芽大，长卵形或长圆锥形，先端渐尖，富胶质，具香气。短枝叶椭圆形、椭圆状披针形及倒卵状椭圆形，长 4～12 cm，先端钝尖，基部狭圆形或宽楔形，具细圆腺齿，上面暗绿色，有明显皱纹；下面带白色或稍呈粉红色；叶柄长 1.5～3 cm，先端被柔毛或无毛。长枝叶窄卵状椭圆形、椭圆形或倒卵状披针形，长 5～15 cm，宽 8.5 cm，基部多楔形；叶柄长 0.4～1 cm。雄花序长 3.5～5 cm，雄蕊 10～30 枚，花药暗紫色；雌花序长 3.5 cm，序轴无毛。果卵圆形，无柄，2～4 裂。花期 4 月下旬至 5 月初，果期 5 月下旬至 6 月（图 3-15）。

2. 生物学特性　喜冷湿气候及深厚肥沃土壤，耐 −40 ℃ 低温。喜光，在林内多为上层林木，林中被压木很快枯死，在皆伐迹地及路边天然更新良好。寿命长，木材耐腐性

图 3-15　香　杨
1. 叶枝　2. 果序
（引自《中国主要树种造林技术》）

强，大树多无心腐，百年以上老树长势仍盛。生长速度中等，持续时间较长，是分布区内早期速生用材树种，25～30 年可采伐利用。用种子或扦插繁殖，还可用埋枝、埋干造林。苗木有叶锈病危害。

3. 利用价值　边材白色，心材淡褐色纹理直，轻软致密，易干燥，易加工，耐腐性强，供胶合板、建筑、造纸、火柴杆等用。

4. 产地或分布　产于东北小兴安岭、长白山林区；生于海拔 400～1 600 m 山区、沟谷、溪边，与红松、白桦、山杨、云杉、大青杨等混生，在山坡中下部有小面积纯林。朝鲜、俄罗斯远东地区也有分布。

（六）大青杨

学名 *Populus ussuriensis* Kom.，别名憨大杨（吉林抚松）、哈达杨（吉林临江）。

1. 形态特征　乔木，高达 30 m，胸径 2 m；树冠圆形；幼树皮灰绿色，光滑，老时暗灰色，纵裂。幼枝有棱，被短柔毛。芽圆锥形，先端长渐尖，有黏质。叶椭圆形、宽椭圆形、长椭圆形或近圆形，长 5～12 cm，先端突短尖，扭曲，基部近心形或圆形，具圆锯齿，密生缘毛，上面暗绿色，下面微白色，两面沿脉密生或疏生柔毛；叶柄长 1～

4 cm，密生与叶脉相同的毛，有时毛与叶柄垂直。花序长 12～18 cm，序轴密生短柔毛，基部更为明显。果无毛，近无柄，长约 7 mm，3～4 裂。花期 4 月上旬至 5 月上旬，果期 5 月上旬至 6 月中下旬（图 3 - 16）。

2. 主要特性　耐寒、喜光、中生偏湿的速生树种，适于微酸性棕色森林土或山地棕壤。为东北林区最高大的树种之一，单株材积可达 10 m³。喜湿润，抗病性强。早期生长快，株高生长旺盛期 1～10 年，平均年生长量 1.4～1.5 m，胸径生长旺盛期 10～25 年，平均年生长量 1.2～1.8 cm；18 年生林缘木，树高 21 m，胸径 34.7 cm，同龄林内木，树高 18.6 m，胸径 20 cm。

3. 利用价值　木材轻软，材质白色，致密，耐朽力强，可供胶合板、火柴杆、板料、建筑、造纸及纤维工业等用；为东北东部山地森林更新主要树种之一。

4. 产地或分布　产于东北长白山、小兴安岭林区；俄罗斯远东地区及朝鲜也有分布。生于海拔 300～1 400 m 河边、沟谷坡地林中，在缓坡中下部有小面积纯林，常与香杨、山杨、桦、柳、核桃楸、毛赤杨、红松、沙松、臭松、红皮云杉等混生。

图 3 - 16　大青杨

（引自《中国主要树种造林技术》）

（七）辽杨

学名 Populus maximowiczii A. Henry，别名马氏杨、臭梧桐（河北）、阴杨、辽青杨。

1. 形态特征　乔木，高达 30 m，胸径 2 m。幼树皮灰绿色或淡黄灰色，平滑，老时灰色，深纵裂。小枝粗圆，密被短柔毛，初时淡红色，后变灰色，无黏性。芽圆锥形，光亮，具黏性。短枝叶倒卵状椭圆形、椭圆形、椭圆状卵形或宽卵形，长 5～10 (14) cm；先端短渐尖或急尖，通常扭转，基部近心形或近圆形，具腺状圆锯齿，有缘毛，上面深绿色，有皱纹或近平滑，下面苍白色，两面脉上均被柔毛。叶柄圆，长 1～4 cm，疏被柔毛。萌枝叶较大，阔卵圆形或长卵形；叶柄短。雄花序长 5～10 cm，序轴无毛；苞片尖裂，边缘具长柔毛；雄蕊 30～40 枚；雌花序细长，序轴无毛。果序长 10～18 cm；果卵球形，无柄或近无柄，无毛，3～4 裂。花期 4～5 月，果期 5～6 月（图 3 - 17）。

图 3 - 17　辽　杨

（马平绘）

2. 生物学特性 稍耐阴，耐寒冷，喜肥沃土壤，常生于溪谷林内肥沃土壤上；生长快；用种子及插条繁殖。

3. 利用价值 木材白色，轻软，纹理直，致密，耐腐，密度 0.5 g/cm³，供建筑、造纸、火柴杆等用，也是森林更新的主要树种之一。

4. 产地或分布 产于东北东部山地、内蒙古、河北、陕西、甘肃等地；生于海拔 500～2 000 m 林内、溪边。俄罗斯远东地区、日本、朝鲜也有分布。

（八）苦杨

学名 *Populus laurifolia* Ledeb.。

1. 形态特征 乔木，高达 10～15 m；树冠宽阔。树皮淡灰色，下部纵裂。小枝有棱，密被茸毛，稀无毛。芽圆锥形，多黏质，下部芽鳞被茸毛。萌枝叶披针形或卵状披针形，长 10～15 cm，先端渐尖，基部楔形、圆形或微心形，密生腺齿；短枝叶椭圆形、卵形、长圆状卵圆形，长 6～12 cm，宽 4～7 cm，先端渐尖，基部圆或楔形，具细钝齿及缘毛，两面沿脉疏被茸毛；叶柄圆，长 2～5 cm，上面有槽，密被茸毛。雄花序长 3～4 cm，雄蕊 30～40 枚；苞片长 3～5 mm，近圆形，基部楔形，裂成多数细窄的褐色裂片；雌花序长 5～6 cm。果序轴密被茸毛。果卵圆形，长 5～6 mm，无毛或疏被毛，2～3 裂。花期 4～5 月，果期 6 月（图 3 - 18）。

图 3 - 18　苦　杨
（张荣生绘）

2. 生物学特性 耐高寒气候及瘠薄土壤，多生于河谷石砾地或河滩沙地。生长较慢。用种子及扦插繁殖。

3. 利用价值 材质较软；供燃料、小器具、造纸等用；树皮含单宁约 3.5%；叶可做饲料。

4. 产地或分布 产于新疆阿尔泰和塔城地区及内蒙古、河北、东北海拔 1 000 m 以下地带，在俄罗斯西伯利亚及蒙古国也有分布。在新疆北部海拔 500～1 900 m 山地河流两旁，形成走廊式林带，在准噶尔盆地南部沿天山山麓地下水溢出带内有片状人工林，在额尔齐斯河谷两岸有带状茂密天然林，在新疆大青河、小青河、乌伦古河、额尔齐斯河、克朗河、布尔津河、哈巴河、塔城地区的白杨河及其他山地河谷，形成带状苦杨林。

（九）川杨

学名 *Populus szechuanica* Schneid.。

1. 形态特征 乔木，高达 40 m。树皮灰白色，上部光滑，下部粗糙，开裂。幼枝粗，有棱，无毛。芽先端尖，无毛，有黏质。幼叶带红色，下面白色，无毛；萌枝叶卵状长椭

圆形，长 11～20（25）cm，先端急尖或短渐
尖，基部近心形或圆形，具圆腺齿；果枝叶宽
卵形、卵圆形或卵状披针形，长 8～18 cm，
先端短渐尖，基部圆形、楔形或浅心形，具腺
齿，初时有缘毛；萌枝叶柄长 2～4 cm，果枝
叶柄长 2.5～8 cm，无毛。果序长 10～20 cm，
序轴无毛；果卵状球形，长 7～9 mm，无毛，
近无柄，3～4 裂。花期 4～5 月，果期 5～6
月（图 3-19）。

2. 利用价值　木材供箱板、建筑及纤维
原料等用。可做行道树。

3. 产地或分布　产于四川、云南、甘肃
和陕西；多生于海拔 1 100～3 600 m 山区。在
四川省主要分布在邛崃山脉，卧龙保护区的龙
眼沟也有分布，与青杨、冬瓜杨混生，也与云
杉混交或有时形成块状纯林。

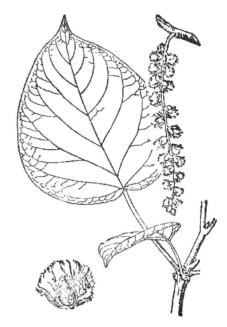

图 3-19　川　杨

（十）滇杨

学名 *Populus yunnanensis* Dode，别名云
南白杨、白泡桐、大叶杨柳、东川杨柳（云南）。

1. 形态特征　乔木，高达 25 m。树皮灰
色，纵裂。幼枝有棱，无毛。芽椭圆形，无
毛，有黏质。叶卵状披针形、椭圆状卵形、宽
卵形或三角状卵形，长 5～16 cm，先端长渐
尖，基部宽楔形或圆形，具细圆腺齿，初有缘
毛，后无毛，上面沿中脉上稍被柔毛，下面灰
白色，无毛，中脉黄或红色；叶柄粗，长 1～
4 cm，带红色；短枝叶卵形，较大，长 7.5～
17 cm，先端长渐尖或钝尖，基部圆或浅心形，
稀楔形；叶柄长 2～9 cm 或与叶片近等长。雄
花序长 12～20 cm，序轴无毛，雄蕊 20～40
枚；苞片掌状，雌花序长 10～15 cm。蒴果 3～
4 裂，近无柄。花期 4 月上旬，果期 4 月中下
旬（图 3-20）。

2. 生物学特性　喜温凉气候；较喜水湿；
适于长江以南山区生长，较耐湿热，要求年平
均温度 8～18 ℃，年降水量 600～1 300 mm，
相对湿度 70% 左右，在土层较厚、肥沃、湿

图 3-20　滇　杨
1. 叶枝　2. 雌花枝
（引自《中国主要树种造林技术》）

润的冲积土上生长最好，在紫色土和红壤上生长一般，在干燥瘠薄的山地生长不良。在适生条件下，22年生树高25 m，胸径35.2 cm。10年前生长较快，年生长量可达2 m，6～12年为胸径速生期，最高年生长量达5 cm。插干、插枝均易成活；插干苗植株寿命较短，生长较差，宜用1年生壮枝扦插育苗造林。

3. 利用价值　木材白色，微淡褐色，结构较粗，干缩较小，气干密度 $0.406 g/cm^3$；供火柴杆、胶合板、造纸、家具、建筑等用；常栽培为行道树。

4. 产地或分布　产于云南中部、北部和南部开远、蒙自、文山等地，贵州西部及四川西南部；生于海拔1 100～3 200 m的山地。在滇西北海拔3 100 m地带有小片纯林，成林主要分布于滇中北（丽江）或滇南（开远、蒙自和文山）地区，多沿河生长，其他地区多在海拔1 700 m以下地带常成混交林或散生于林中。

（十一）小青杨

学名 *Populus pseudo - simonii* Kitag.。

1. 形态特征　乔木，高达20 m，胸径70 cm；树冠广卵形，树干通直；树皮淡灰绿至灰白色，老时下部浅纵裂。幼枝绿色或淡褐绿色，有棱，无毛。芽圆锥形。叶菱状椭圆形、菱状卵圆形、卵圆形或卵状披针形，长4～9 cm，宽2～5 cm，先端渐尖或短渐尖，基部楔形、宽楔形、稀稍圆，具细密交错锯齿，有缘毛，下面淡粉绿色，无毛；叶柄微扁，长1.5～5 cm，顶端有时被柔毛；萌枝叶长椭圆形，基部稍圆，边缘波状皱曲，叶柄较短。雄花序长5～8 cm；雌花序长5.5～11 cm。果近无柄，长圆形，长约8 mm，先端渐尖，无毛，2～3裂。花期3～4月，果期4～5（6）月。该种似为青杨和小叶杨的杂交种。与青杨的不同点：叶较狭，基部不为圆形和近心形，果2～3裂；与小叶杨不同点：树皮色较淡，裂沟浅，沟距较宽，枝较粗而疏，叶最宽处在中部以下（图3-21）。

图3-21　小青杨
（引自《中国主要树种造林技术》）

2. 生物学特性　耐寒性强，在冬季绝对最低气温-39 ℃下未有冻害；在无霜期115 d左右条件下，生长速度超过小叶杨。耐干旱瘠薄的土壤，主根长度及根幅均大于小叶杨及中东杨，在吉林白城旱情严重年份，中东杨全部落叶，同龄小青杨仅落叶20%。稍耐盐碱，在轻盐碱土上，小叶杨生长较差，而小青杨生长良好。喜光树种，生长期中等，在温润肥沃、排水良好的沙壤土上，23年生人工林，每公顷蓄积量逾400 m³。为早期速生树种，在一般条件下，4～8年为树高速生期，6～10年为胸径速生期，12年生以后，树高及胸径生长量均开始下降，15～20年可采伐利用，30年渐衰老。用扦插及根蘖繁殖，多用1年生插条或根蘖苗造林，成活率高，生长快，成材早。

3. 利用价值　材质较软，易加工；供板料、家具、火柴杆、造纸等用。在东北平原地区多栽培，为东北广大平原地区营造农田防护林、用材林及城乡绿化主要树种。

4. 产地或分布　产于东北、河北、内蒙古、西北、四川等地；生于海拔 2 300 m 以下的山区、溪边。

（十二）小钻杨

学名 *Populus×xiaozhuanica* W. Y. Hsu et Liang, *Populus simonii* Carr. × *Populus nigra* L. var. *italica* (Moench.) Koehne，别名赤峰杨（辽宁）、大官杨（河南）、白城杨（吉林）、合作杨（中国林业科学研究院林业研究所）、八里庄杨（山东）、小美杨（《中国主要树种造林技术》）、小意杨（南京林产工业学院）。

1. 形态特征　乔木，高达 30 m；树干通直，尖削度小；幼树皮灰绿色，老时褐灰色，基部浅裂；侧枝斜展，与主干分枝角度较小。幼枝微有棱，有毛。芽长椭圆状圆锥形，先端钝尖，长 8～14 mm。萌枝或长枝叶菱状三角形，稀倒卵形，先端突尖，基部广楔形至圆形，短枝叶形多变化，菱状三角形、菱状椭圆形或广菱状卵圆形，长 3～8 cm，先端渐尖，基部楔形至广楔形，边缘有腺锯齿，近基部全缘，有的有半透明的边，上面绿色，沿脉有疏毛，有时近基部较密，下面淡绿色，无毛；叶柄长 1.5～3.5 cm，圆柱形，先端微扁。雄花序长 5～6 cm；雌花序长 4～6 cm。果序长 10～16 cm；果较大，卵圆形，2～3 裂。花期 4 月，果期 5 月。

2. 生物学特性　耐干旱、耐寒冷、耐盐碱，抗病虫害能力强。生长快，适应性强，在内蒙古赤峰 12 年生树高 19 m，胸径 30 cm，优于一般的小叶杨和小青杨的生长。适合生长在干旱地区、沙地、轻盐碱地，或沿河两岸营造用材林或农田防护林。扦插育苗，一般 2 年生大苗、截干深埋造林。

3. 利用价值　木材白色，结构较细；供箱板、火柴杆、胶合板、建筑及农具等用；为适生地区干旱地带、沙地、轻盐碱地及沿河两岸营造用材林、防护林以及四旁绿化的优良速生用材树种。

4. 产地或分布　产于辽宁（锦州、营口、本溪、阜新），吉林（白城），内蒙古东部（赤峰、通辽），河南（大关等地），以及山东、江苏等省份。本种为小叶杨与钻天杨的自然或人工杂交种，经过各地多次人工杂交，多次筛选后，在东北、华北、西北地区推广栽植。

四、黑杨组

（一）欧洲黑杨

学名 *Populus nigra* L.，别名黑杨、欧亚黑杨。

1. 形态特征　乔木，高 30 m。树冠宽椭圆形；树皮暗灰色，老时深纵裂。小枝圆，无毛。萌芽绿色，长卵形，具黏质；花芽先端外曲。叶在长短枝上同形，薄革质，菱形、菱状卵圆形、三角形或卵形，长 5～10 cm，宽 4～8 cm，先端长渐尖，基部楔形或宽楔形，稀平截，无腺点，具细密锯齿，叶缘半透明，无缘毛，上面绿色，下面淡绿色；叶柄长 5～10 cm，略等于或长于叶片，两侧扁，无毛。雄花序长 5～6 cm，序轴无毛，雄蕊 15～30 枚，苞片膜质，淡褐色，长 3～4 cm，顶端有浅条状的尖锐裂片；雌花序长 6～8 cm，序轴无毛，苞片褐色条裂，子房卵圆形，有柄，无毛，柱头 2 枚。果序长 5～10 cm，序轴无毛；果卵圆形，长 5～7 mm，宽 3～4 mm，2 裂；果柄长 3～5 mm。花期 4～5 月，果期 6 月（图 3 - 22）。

2. 生物学特性　抗寒，喜光，不耐盐碱，不耐干旱，能适应和生长在比较贫瘠而干燥的土壤上，在冲积沙质土上生长良好。用种子及插条繁殖。

3. 利用价值　边材白色，心材淡赤褐色，边材宽于心材，材质轻软，密度 0.4～0.6 g/cm³；供家具、建筑等用；树皮可提取栲胶及黄色染料。芽药用。在北方一些地区，用于城镇绿化。为杨树育种优良亲本之一；许多杂种子代在国外享有很高声誉。

图 3 - 22　欧洲黑杨

4. 产地或分布　产于新疆（额尔齐斯河和乌伦古河流域），北方各地有少量栽培。广泛而集中分布于占欧洲 1/3 的南部地区，从多瑙河到地中海，以及小亚细亚，最远到中亚。天然生长在河岸、河湾，少在沿岸沙丘。常成带状或片林。

（二）钻天杨

学名 *Populus nigra* L. var. *italica*（Moench.）Koehne，别名美杨、美国白杨、笔杨、黑杨（河北）、笋杨、外国杨、美杨木。

1. 形态特征　乔木，高达 30 m；树冠圆柱形；树皮暗灰褐色，老时黑褐色，纵裂。小枝圆，无毛，幼枝有时疏被短柔毛。芽长卵形，先端长尖，有黏质，先端向外弯曲。长枝叶扁三角形，通常宽大于长，长约 7.5 cm，先端短渐尖，基部平截或宽楔形，边缘半透明，具细钝锯齿，上面绿色，下面淡绿色，两面光滑，叶柄纤细，扁平；短枝叶菱状三角形或菱状卵圆形，长 5～10 cm，宽 4～9 cm，先端渐尖，基部宽楔形或稍圆；叶柄上部微扁，长 2～4.5 cm，顶端无腺点。雄花序长 4～8 cm，序轴光滑，雄蕊 15～30 枚，罕少；花药紫黑色，花丝细长，超出花盘；苞片淡黄绿色，光滑，向基部渐狭似柄，先端丝状条裂，裂片褐色，花盘淡黄色，全缘，光滑；雌花序长 10～15 cm。果 2 裂，先端尖，果柄细长。花期 4 月，果期 5 月（图 3 - 23）。

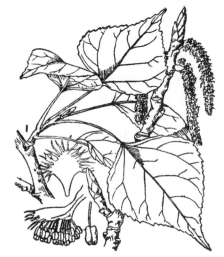

图 3 - 23　钻天杨
（引自《中国高等植物图鉴》）

2. 生物学特性 喜光、抗寒、抗旱，耐干旱气候。生长迅速，新疆立地条件好的地方，25 年生树高 25 m，胸径 36.9 cm。稍耐盐碱及水湿，但在低洼积水处或干燥、黏土地生长不良。在南方湿热气候下，多虫害，易风折，生长不良，常干梢，寿命短。用扦插繁殖。

3. 利用价值 木材轻软，供火柴杆、造纸等用。树干高大通直，树冠狭窄，宜做行道树及营造防护林。也为杨树育种常用亲本之一，唯抗病虫害能力较差。

4. 产地或分布 原产欧洲南部及亚洲西部，现在欧洲、亚洲和美洲广泛栽培。我国哈尔滨以南至长江流域各地栽培，适生于西北、华北地区。

（三）箭杆杨

学名 *Populus nigra* L. var. *thevestina*（Dode）Bean，别名电杆杨（陕西）、插白杨、钻天杨（山西夏县）。

1. 形态特征 乔木，高 30 m。树冠窄圆柱形或尖塔形，侧枝向上耸立而紧凑。树皮灰白色，幼时光滑，老时基部稍裂。枝条细长，光滑，灰白色，向上长，几乎与主干平行。芽长卵形，先端长渐尖，淡红色，富黏质。萌枝叶三角形，长宽近相等，约 7.5 cm，先端短渐尖，基部楔形或宽楔形，边缘钝圆锯齿；短枝叶菱状三角形或菱状卵圆形，长 4～8 cm，先端长渐尖，基部宽楔形或近圆形；叶柄上部稍扁，长 2～4.5 cm，先端无腺点。果序长 8～12 cm；果球形，2 裂。只见雌株，有时出现两性花。花期 4 月，果期 5 月（图 3 - 24）。

2. 生物学特性 最大特点是树冠窄、根幅小，对土壤水分要求较高，喜肥沃潮湿土壤，但不耐水湿，地下水位在 1.2～2 m 时，对其生长有利，在季节性积水的地方，生长不良，不能在长期积水地方生长。稍耐盐碱、干燥气候，耐寒性较钻天杨差，在中欧地区易受霜害，长势不良。用扦插繁殖。

3. 利用价值 木材淡黄白色，纹理直，结

图 3 - 24 箭杆杨

构较细，年轮明显。木材易干燥，易加工，黏胶及油漆性能良好，气干密度 0.417 g/cm³，木材物理力学性质中等，可用于家具、建筑、火柴杆、造纸等，还可做农村电杆；多用于平原地区四旁绿化和营造农田防护林，或营造小片速生丰产林。

4. 产地或分布 我国西北、华北各省份广为栽培，多栽于海拔 2 000 m 以下沟谷、渠边及平原。在欧洲、高加索、小亚细亚、北非、巴尔干半岛等地均有栽培。

（四）小黑杨

学名 *Populus* × *xiaohei* T. S. Hwang et Y. Liang，*Populus simonii* Carr. × *Populus nigra* L. 。

1. 形态特征 乔木，高达 20 m；树皮平滑，灰绿色；老时暗灰色，基部浅裂。叶芽圆锥形，微红褐色，先端长渐尖，贴枝直伸；花芽先端向外弯曲，常 3～4 集生，有黏质。萌枝淡灰绿色，有棱；短枝圆，淡灰褐或灰白色。长枝叶宽卵形或菱状三角形，先端短渐尖或突尖，基部微心形或宽楔形；叶柄短而扁，带红色；短枝叶菱状椭圆形或菱状卵形，长 5～8 cm，先端长尾状或长渐尖，基部楔形或宽楔形，具圆锯齿，近基部全缘，具极窄半透明边，下面淡绿色，光滑；叶柄稍圆，先端微扁，长 2～4 cm，无毛。雄花序长 4.5～5.5 cm，雄蕊 20～30 枚，苞片纺锤形，条状分裂；雌花序长 5～7 cm。果序长 17 cm；果卵圆状椭圆形，具柄，2 裂。花期 4 月，果期 5 月（图 3-25）。

图 3-25 小黑杨
1. 叶枝 2. 果枝 3. 果实
（引自《中国主要树种造林技术》）

2. 生物学特性 喜生长于冷湿气候及土壤肥沃、排水良好的沙壤土上，适应能力很强，具有耐寒、耐干旱、耐瘠薄、耐轻盐碱土及速生等优良特性。扦插繁殖，用 2～3 年生大苗营造防护林及四旁绿化，营造用材林多用截干苗，采用机械或人工造林。

3. 利用价值 木材均匀细致，色白，心材不明显，材质较北京杨及沙兰杨好，物理性质中等，气干密度 0.4～0.43 g/cm³；供造纸、火柴杆、纤维工业、建筑、家具等用；为东北、华北干旱寒冷地区营造农田防护林、城乡绿化及荒地造林优良树种。

4. 产地或分布 为中国林业科学研究院林业研究所杂交育成，北起北纬 50°左右的黑龙江爱辉县，南至北纬 35°左右的黄河流域各地，均有栽培。

（五）北京杨（通称）

学名 *Populus×beijingensis* W. Y. Hsu。

1. 形态特征 乔木，高达 25 m；树干通直；树皮灰绿至绿灰色，平滑，老时基部纵裂；树冠钟形至半塔形。嫩枝稍带绿或呈红色，无棱。芽细圆锥形，先端外曲，淡褐或暗红色，具黏质。长枝或萌枝叶宽卵圆形或三角状宽卵圆形，先端短渐尖或渐尖，基部心形、截形或宽楔形，具波状皱曲粗圆锯齿，具疏缘毛，后光滑；短枝叶卵形，长 7～9 cm，先端渐尖或长渐尖，基部圆或宽楔形，下面青白色或淡绿色；叶柄扁，长 3.5～4.5 cm，柄端具腺点。雄花序长 2.5～3 cm，苞片淡褐色，长 4 mm，具细条裂，雄蕊 18～21 枚（图 3-26）。

2. 生物学特性 是钻天杨为母本、青杨为父本的杂种无性系，由中国林业科学研究院林业研究所于 1956 年杂交育成。生长迅速，喜温凉气候，比较耐寒，在辽河以北易受冻害。在干旱、瘠薄、沙荒、盐碱、低洼地生长不良，不宜栽植。用扦插繁殖，成活率高。造林地宜选土壤肥沃、湿润的地方。速生用材林 12～15 年可采伐利用；在四旁较好条件下，4～5 年成椽材，10 年左右成檩材及锯材。虫害较轻，但易感溃疡病。

3. 利用价值　木材材质较好，可做胶合板、纤维、造纸原料，为适生地区营造农田防护林及四旁绿化的优良用材树种。

4. 产地或分布　在华北、西北、东北南部等地广泛推广，在辽河以南、黄河以北，气候温凉、土壤肥沃湿润地方生长最好。

图 3-26　北京杨
1. 叶枝　2. 雄花枝　3. 雄花及苞片
（引自《中国主要树种造林技术》）

（六）欧美杨（通称）

学名 *Populus × canadensis* Moench.，
Populus euramericana（Dode）Guinier，
别名加杨、加拿大杨（《中国主要树种造林技术》）、加拿大白杨、美国大叶白杨（《中国树木分类学》）。

1. 形态特征　大乔木，高达 30 m，胸径 1 m；树干通直；树皮老时纵裂。萌枝及苗茎有棱，无毛，稀微被柔毛。芽先端反曲，富黏质。叶近三角形或三角状卵形，长 7～10 cm，长枝及萌枝叶长 10～20 cm，先端渐尖，基部平截或宽楔形，无或具 1～2 腺点，稀无，边缘半透明，具钝圆锯齿，具短缘毛，下面淡绿色；叶柄扁，长 6～10 cm。雄花序长 7～15 cm，序轴光滑，雄蕊 15～25（40）枚，苞片淡绿褐色，丝状深裂，无毛，花盘淡黄绿色，全缘；雌花序有 40～50 花，柱头 4 裂。果序长 27 cm；果卵圆形，先端尖，2～3 裂。雄株多，雌株少。花期 4 月，果期 5～6 月。因栽培地区广泛，历史较久，变型较多（图 3-27）。

2. 生物学特性　为美洲黑杨与欧洲黑杨杂交种。适应性强，部分品种耐寒性优于箭杆杨，

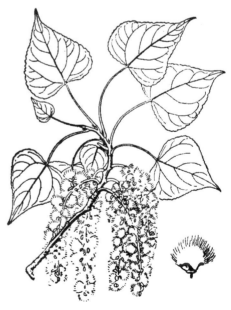

图 3-27　欧美杨
（引自《中国高等植物图鉴》）

在绝对最低温度−41.4 ℃的条件下，遭受冻害。在年降水量 200～1 000 mm 时，都能生长，其中以降水量 500～900 mm 的地区生长较好。较耐旱，但耐旱性不及小叶杨，能在短期积水地方生长；在低洼盐碱地及重黏土上生长不良。对水肥条件较为敏感。造林地宜选肥沃湿润壤土或沙壤土，在干旱瘠薄地方、低湿盐碱地、沙地、积水茅草地，多长成"小老树"。在土壤瘠薄地方，用刺槐或紫穗槐营造混交林，对提早幼林郁闭、抑制林地杂草、加速生长均有显著作用。通常 20 年左右可采伐利用。在土壤肥沃、有灌溉条件的地方，扦插育苗成活率达 96.5%，高 3 m 以上的壮苗达 33.5%，高 2～3 m 者达 30.6%。

3. 利用价值　木材白色带淡黄褐色，纹理直，气干密度 0.5 g/cm³，易干燥，易加工；供火柴杆、牙签、包装箱、家具、建筑等用，也是造纸及纤维工业优良原料。

4. 产地或分布　在欧洲、亚洲和美洲广泛种植。引入我国后，栽植遍及南岭以北各地，黑龙江、吉林、辽宁、内蒙古、宁夏、河北、山西、陕西、青海、新疆、河南、山东、安徽、湖北、湖南、江苏、浙江等省份均有种植。

（七）美洲黑杨

学名 *Populus deltoides* Bartr. ex Marsh.，别名三角叶杨、东方三角叶杨、棉白杨。

1. 形态特征　乔木，高 30～45 m，胸径可达 2 m。树冠广圆形，侧枝斜上伸展。小枝细而有棱角，或近于圆筒形，在粗壮的短枝上常有深沟槽，无毛。萌芽棕色，无毛，有黏质。叶较欧洲黑杨大得多，长 7～12 cm，宽度与长度相等，三角状卵形或广卵形，先端渐尖，基部心形至截形，有 2 个以上腺点，边缘具卷曲的粗齿，尖端及基部全缘，具稠密的缘毛，下面亮绿色，无毛；叶柄全绿，无毛。雄花序长 7～12 cm，苞片分离，雄蕊 30～60 枚，柱头 3～4 裂；雌花序长 15～30 cm。果具短柄，3～4 裂（图 3-28）。

2. 生物学特性　喜光照，不耐荫蔽，适应性强；耐水湿，又能耐程度不同的碱土，在深厚的冲积土上生长良好，且生长迅速，是城市绿化和四旁植树的理想树种。生根容易，主要用插条繁殖。

3. 利用价值　木材材质洁白、柔软，易加工，可广泛用于包装用材、旋切用材和纤维用材等多种用途。

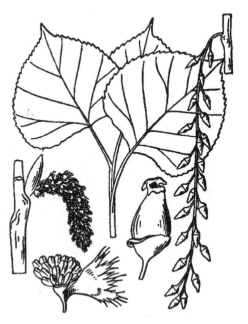

图 3-28　美洲黑杨

4. 产地或分布　天然分布从大西洋东岸起，直至大平原，从大湖至墨西哥湾，主要在沿密西西比河、俄亥俄河、密苏里河等大河及其支流的冲积土所谓"低地"上。在亚洲、欧洲、南美洲等地广泛栽培，引入我国后，在华北、华东和长江中下游地区等地均有种植。

五、胡杨组

（一）胡杨

学名 *Populus euphratica* Oliv. ，别名异叶杨、异叶胡杨、胡桐（新疆）、陶来杨（陕西、甘肃）。

1. 形态特征　乔木，高 10～30 m，达 25 m，胸径 1.3 m，稀灌木状；树冠球形；树皮厚，淡灰褐色，纵裂。小枝细圆，灰绿色，幼时被毛。叶形变异大，幼树及萌枝叶披针形或线状披针形，长 5～12 cm，宽 0.3～2 cm，全缘或疏生锯齿；叶柄长 0.5～2 cm；大年树叶卵形、扁圆形、肾形、三角形或卵状披针形，长 2～5 cm，宽 3～7 cm，上部具缺刻或全缘，灰绿或淡蓝绿色；叶柄圆，稍扁，长 1～3.5 cm，顶端具 2 个腺体。雄花序细圆柱形，长 2～3 cm，序轴被短茸毛，雄蕊 15～25 枚，花药紫红色，花盘膜质，边缘有不规则齿牙，苞片略呈菱形，长约 3 mm，上部有疏齿牙；雌花序长约 2.5 cm，序轴有短茸毛或无毛，子房长卵形，被短茸毛或无毛，子房柄约与子房等长，柱头大，3～4裂，鲜红或淡黄绿色。果序长 9 cm，果长卵圆形，长 1～1.2 cm，有柄，2（3）裂，无毛。花期 5 月，果期 7～8 月（图 3 - 29）。

2. 生物学特性　耐干燥、寒冷及干热气候，抗风沙，其分布区平均气温 5.8～11.9 ℃，绝对最高气温 41.5 ℃，绝对最低气温－39.8 ℃，年降水量 50～100 mm。耐盐碱能力强，常在树干

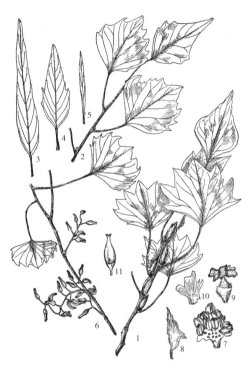

图 3 - 29　胡　杨
1. 大树枝条　2. 幼树枝条　3～5. 叶的变异　6. 果枝
7～8. 雄蕊及苞片　9～10. 雌蕊及苞片　11. 蒴果
（引自《中国主要树种造林技术》）

及大枝上泌结白色盐碱结晶，称胡杨碱，在平均含盐量 0.19％～0.76％时，生长良好，含盐量大于 0.8％时，生长不良。在水分好的条件下，寿命可达百年左右。在干旱瘠薄条件下，生长慢，寿命较短。在湿热的气候条件和黏重土壤上生长不良，要求沙质土壤。根蘖性强，常在大树周围萌生多数植株。幼苗耐盐碱力较差，苗圃地应选无盐碱或轻盐碱地。扦插繁殖成活率低，可用萌蘖苗繁殖。在湿润轻盐碱地可直播造林，在干旱、盐碱及多杂草地带多用植苗造林，可营造胡杨、柽柳混交林。

3. 利用价值　木材较轻软，纹理不直，结构较细，易干燥，易加工，握钉力弱，材质较银白杨好，供农具、建筑、门窗、家具、造纸等用；叶可做家畜饲料；为绿化西北干旱盐碱地带的优良树种。

4. 产地或分布　产于新疆、青海柴达木盆地、内蒙古河套地区、甘肃河西走廊、宁

夏等地，在蒙古国、俄罗斯、埃及、叙利亚、印度、伊朗、阿富汗、巴基斯坦等地也有分布。我国胡杨林主要分布在新疆，即北纬 37°～47°的广大地区，新疆南部塔里木河流域及叶尔羌河、喀什河下游有大片纯林，生长良好，新疆北部主要集中分布于准噶尔盆地海拔 250～600 m 的平原戈壁及沙漠边缘地带，西部伊犁河谷海拔 600～750 m 的平原沙丘中有少量分布，新疆南部荒漠地区海拔 700～1 500 m 的盆地、平原、沙漠地区也有分布；天山南坡垂直分布至海拔 1 800 m 左右，在塔什库尔干和昆仑山上海拔达 2 300～2 400 m，最适生长地带为海拔 800～1 100 m；多生于盆地、河谷及平原，塔里木河沿岸习见。

（二）灰胡杨

学名 *Populus pruinosa* Schrenk，别名灰杨。

1. 形态特征　小乔木，高达 10（20）m，树冠开展；树皮淡灰黄色。萌枝密被灰色短柔毛；小枝有灰色短茸毛。叶形变异不大，萌枝或幼树叶椭圆形或卵形，叶长 2～4 cm，两面被白茸毛，呈灰白色；短枝或大树叶肾脏形，长 1.5～3 cm，宽 3～6 cm，全缘或先端具 2～3 疏齿牙，两面灰蓝色，密被短茸毛；叶柄微侧扁，长 2～3 cm。雌花序长 4～5 cm。果序长 5～6 cm，序轴、果柄和果均密被短茸毛。果长卵圆形，长 0.5～1 cm，2（3）裂。花期 5 月，果期 7～8 月（图 3-30）。

2. 生物学特性　同胡杨。

3. 利用价值　木材供建筑、桥梁、农具、家具等用；木纤维长 0.5～2.2 mm，平均长 1.14 mm，也是很好的造纸原料；为西北干旱盐碱地带绿化建设的优良树种。

4. 产地或分布　产于新疆（准噶尔盆地至塔里木盆地），生于海拔 480～2 800 m。在俄罗斯、伊朗等地也有分布。常与胡杨混生，或自成群落，数量较胡杨少。

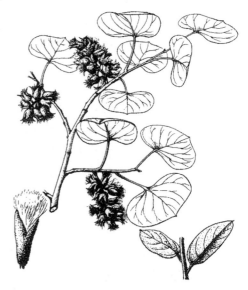

图 3-30　灰胡杨
（张荣生绘）

（李金花）

参考文献

陈梦，杨昌友，1985. 杨属树种花粉形态的研究 [J]. 新疆农业大学学报 (3)：61-68.

陈章水，2005. 杨树栽培实用技术 [M]. 北京：中国林业出版社.

丁托娅，1995. 世界杨柳科的起源、分化和地理分布 [J]. 云南植物研究，17 (3)：277-290.

董世林，王战，1988. 中国杨树地理分布规律的研究 [J]. 生态学杂志 (6)：12 - 18.

杜淑辉，2014. 杨属分子系统发育及三个山杨物种的生物地理学研究 [D]. 北京：中国林业科学研究院.

方升佐，徐锡增，吕士行，2004. 杨树定向培育 [M]. 合肥：安徽科学技术出版社.

冯夏莲，2006. 滇杨遗传多样性与杨属派间遗传分化研究 [D]. 北京：北京林业大学.

龚固堂，2004. 杨属地理分布与起源初探 [J]. 四川林业科技，25 (2)：25 - 30.

何俊庆，亓英修，刘双平，2011. 杨树花的饲用及药用价值 [J]. 中国畜牧兽医，38 (6)：243 - 246.

洪涛，麻左力，陈敬诗，1987. 大叶杨花部形态及其在杨属的分类位置 [J]. 植物学报，29 (3)：236 - 241.

李宽钰，黄敏仁，王明麻，等，1996. 白杨派、青杨派和黑杨派的 DNA 多态性及系统进化研究 [J]. 南京林业大学学报，20 (1)：6 - 11.

李善文，张有慧，张志毅，等，2007. 杨属部分种及杂种的 AFLP 分析 [J]. 林业科学，43 (1)：35 - 41.

联合国粮食及农业组织，1979. 木材生产与土地利用中的杨树与柳树 [M]. 罗马：国际杨树委员会.

梁延寿，张清芳，1988. 杨树花化学成分的研究 [J]. 中药通报，13 (1)：41 - 42.

齐力旺，陈章水，2011. 中国杨树栽培科技概论 [M]. 北京：科学出版社.

史全良，2001. 杨树系统发育和分子进化研究 [J]. 南京林业大学学报，25 (4)：56.

宋红竹，张绮纹，周春江，2007. 杨树部分种的 AFLP 遗传多样性分析 [J]. 林业科学，43 (12)：64 - 69.

卫尊征，郭丽琴，张金凤，等，2010. 利用 trnL - F 序列分析杨属树种的系统发育关系 [J]. 北京林业大学学报 (2)：27 - 33.

徐纬英，1988. 杨树 [M]. 哈尔滨：黑龙江人民出版社.

杨昌友，1983. 杨柳科的起源和演化问题 [C]//中国植物学会 50 周年论文摘要汇编.

于兆英，张明理，徐炳声，等，1990. 杨属的分支分析 [J]. 植物研究，10 (1)：69 - 76.

张绮纹，李金花，2003. 杨树工业用材林新品种 [M]. 北京：中国林业出版社.

张绮纹，任建南，苏晓华，1988. 杨属各派代表树种花粉粒表面微观结构研究 [J]. 林业科学，24 (1)：76 - 79.

赵能，龚固堂，1997. 北美洲墨杨分类位置的探讨 [J]. 四川林业科技，18 (2)：1 - 5.

赵能，龚固堂，刘军，1998. 杨柳科植物的分类与分布 [J]. 四川林业科技，19 (4)：9 - 19.

赵天锡，陈章水，1994. 中国杨树集约栽培 [M]. 北京：中国科学技术出版社.

中国科学院植物研究所，1994. 中国高等植物图鉴：第一册 [M]. 北京：科学出版社.

中国科学院植物研究所，1994. 中国高等植物图鉴 (补编)：第一册 [M]. 北京：科学出版社.

中国科学院中国植物志编辑委员会，1984. 中国植物志：第二十卷 [M]. 北京：科学出版社.

《中国树木志》编辑委员会，1978. 中国主要树种造林技术 [M]. 北京：农业出版社.

《中国树木志》编辑委员会，1985. 中国树木志：第二卷 [M]. 北京：中国林业出版社.

周维纯，宋金表，王金秋，等，1992. 杨树皮类脂萃取中试报告 [J]. 林产化学与工业 (1)：83 - 90.

斯塔罗娃 H B，1984. 杨柳科的育种 [M]. 马常耕，译. 北京：科学技术文献出版社.

塔赫他间，1988. 世界植物区系区划 [M]. 黄观程，译. 北京：科学出版社.

Anderson W R，1982. An integrated system of classification of flowering plants [M]. Brittonia，34 (2)：268 - 270.

Browicz K，1966. *Populus ilicifolia* (Engler) Rouleau and its taxonomic position [J]. Acta Societatis Botanicorum Poloniae 35：325 - 335.

Budge A，1851. Beitrag zur kenntniss der flora Russlands und der Steppen Central - Asiens. St. Pb. [M]// Memoires des savants Etrangers L'Acad. Imperial des sciences de Petersbourg. t. Ⅶ.

Bugala W，1967. Systematyka euroazjatyckich topoliz grupy *Populus nigra* L. [J]. Arboretum Korn，12：

45 - 219.

Castiglione S，Wand G，Damiani G，et al.，1993. RAPD fingerprints for identification and for taxonomic studies of elite poplar (*Populus* spp.) clones [J]. Theor Appl Genet，87：54 - 59.

Cervas M T，Storme V，Soto A，et al.，2005. Intraspecific and interspecific genetic and phylogenetic relationships in the genus *Populus* based on AFLP markers [J]. Theoretical and Applied Genetics，111 (7)：1440 - 1456.

Dode L A，1905. Extraits d'une monographie inédite du genre *Populus* [J]. Bulletin de la Société d'Histoire Naturelle d'Autun，18：161 - 231.

Duby J E，1826. Botanicon gallicum：eu synopsis plantarum in flora gallica descriptarum [J]. Pyrami De Candolle ed. 2，parts. 1. Paris.

Ecknewalder J E，1977. North American cottonwood (*Populus*，Salicaceae) of Section *Abaso* and *Aigeiros* [J]. J Arnold Arbor，58：193 - 208.

Ecknewalder J E，1996. Systematics and evolution of *Populus* [M]//Stettler R F，Bradshaw H D Jr，Heilman P E，et al. Biology of *Populus* and its implications for management and conservation. Part 1，Chapter 1. Canada，Ottawa：NRC Research Press：7 - 32.

Faivre - Rampant P，Castiglione S，Le Guerroue B，et al.，1995. Molecular approaches to the study of poplar systematics [C]//Proceedings of the International poplar symposium；1995 August 20 - 25；Seattle，WA，USA，Seattle，WA，USA：University of Washington：45. Abstract.

FAO，1958. Poplars in forestry and land use [M]. FAO，Forestry and Forest Products Studies 12. Rome，Italy.

FAO，2012. Improving lives with poplars and willows. Synthesis of country progress reports [M]. 24th Session of the International Poplar Commission，Dehradun，India，30 Oct - 2 Nov 2012. Working Paper IPC/12. Forest Assessment，Management and Conservation Division，FAO，Rome.

Kimura A，1938. Symbolae iteologicae Ⅵ [J]. Scientific Reports of the Tô hoku Imperial University，13：381 - 394.

Rajora O P，Zsuffa L，1984. Interspecific crossability and its relation to the taxonomy of the genus *Populus* L. [C]//Proceedings of the joint meeting of the working parties S2 - 02 - 10 poplar provenances and S2 - 03 - 07 breeding poplar，ⅩⅧ session of the international poplar commission，October 1 - 4，1984. National Research Council，Ottawa：33 - 45.

Rehder A，1927. Manual of cultivated trees and shrubs [J]. Nature，148 (339)：7.

Schneider C K，1917. Salicaceae [M]//Sargent C S. Plantae Wilsonianae. Vol. 5. Cambridge：The University Press.

Spach E，1841. Revision populorum [J]. Ann Sci Nat，15：28 (Series 2) .

Willing R R，Pryor L D，1976. Interspecific hybridization in poplar [J]. Theor Appl Genet，47：141 - 151.

马　尾　松

马尾松（*Pinus massoniana* Lamb.）为松科（Pinaceae）松属（*Pinus*）的常绿乔木。松属植物 100 余种或亚种，广布于北半球，北至北极圈，南达北非、中美、马来西亚、苏门答腊等地区，为世界木材和松脂生产的主要树种。中国有 23 种 10 变种，分布几乎遍及全国，为我国重要的森林组成树种和造林树种。马尾松是我国松属中分布面积最广，天然林面积和人工林面积均最大的一个树种。

第一节　马尾松的利用价值和生产概况

一、马尾松的利用价值

（一）木材价值

马尾松是大乔木，其材质硬度中等，结构中至粗，纹理直，握钉力强，经防腐处理，可供矿柱、枕木、电杆，也可供建筑、桥梁、车辆、农具、器具、家具、包装箱、胶合板原料之用。马尾松材入水经久不腐，有"水浸千年松"之称，是水下工程用的优良材料。马尾松松脂含量丰富，胸径超过 20 cm 的林木开始采脂，一般单株年产脂高达 5～5.7 kg，采脂年限 15 年左右。马尾松易燃、火力旺，是山区群众喜爱的薪炭燃料。

（二）绿化和环保价值

马尾松在湿润的亚热带地区，是森林群落演替系列中的一个先锋树种，其适应性广，耐瘠，在造林绿化、美化环境、减少灾害、保护生物多样性、涵养水源、保持水土、调节气候、净化空气等方面均有巨大的作用。马尾松是长江防护林重要树种。马尾松还对二氧化碳、氯气反应敏感，可以作为监测大气中主要有毒气体的指示植物。

（三）工业利用价值

马尾松是生产松脂与松节油的主要松属树种，其所产的松香和松节油是重要的工业原料，广泛用于制皂、造纸、涂料、油墨、橡胶、黏合剂、印刷、化工、塑料、农药和电子工业等行业。松脂是良好的防腐剂与驱虫剂，它可使松木经水浸与雨淋而不朽。

马尾松是良好的纤维工业原料，纤维含量达 45.51％～61.92％，马尾松早材纤维长 4.4～5.6 mm，晚材纤维长 5.0～6.5 mm，很适合用于造纸，是造纸的上等原料。马尾松树皮富含单宁，可浸水提取栲胶。树皮经粉碎后，与其他原料混合，加压可制成硬纤维板。松针提炼的芳香油，已广泛应用于肥皂、牙膏、化妆品、香精等产品。经过蒸馏松针油的残渣，还是提炼栲胶、酒精等的上等原料。利用松枝、松根在窑内进行不完全燃烧，可制成松烟，用于制造墨、油墨和黑色涂料等。松针煮提过程中的残渣无污染、无化学添加剂，可做饲料添加剂、有机肥料，也可作为种植蘑菇的基质，总之松针的开发利用可激活一系列产业链。

（四）药用价值

马尾松松针可用于防治高血压、冠心病、心脏病、糖尿病、中风、老年痴呆症等，而且具有养生保健功效。松针中含丰富的氨基酸，多种脂溶性和水溶性维生素，40 多种常量元素和多种微量元素及粗纤维，可开发多种增强免疫、生发、降脂、安神、延缓衰老等类别的保健食品和护肤、洗浴等日用品。松花粉具有良好的医疗和营养价值，是医疗健康食品的原料珍品。利用松根、弯曲木可培养茯苓。李时珍的《本草纲目》也曾有"千年之松，下有茯苓"的记载，茯苓是名贵中药，能治小便不利、水肿胀满、泄泻停饮、淋浊惊悸，并兼有安神滋补作用。松树籽还可加工成松籽油、松籽酒、松仁粉、松果酱、松籽蛋白冲剂等系列产品。

（五）文化价值

松树对于中国人来说一直是意志坚强、不屈不挠和长寿的象征，有着独具特色的文化价值。松树在自然界具有鲜明的景观特色，常为文人墨客所鉴赏。在无数的中国名胜古迹、中国画以及古文中总有松树存在，例如宋代王安石《字说》云，"松为百木之长，犹公也，故字从公"；陈毅元帅有"大雪压青松，青松挺且直，欲知松高洁，待到雪化时"的咏松诗句；历代文化名人称"松、竹、梅"为岁寒三友。

二、马尾松的栽培概况

（一）栽培起源

由于松树适应性广，栽植容易，又具有很高的利用与观赏价值，因此很早就被农民们看重，故松树的利用和栽植历史非常悠久。远在夏商周时期（前 21 世纪—前 771 年），据《十三经注疏·论语注疏》记述："凡建邦立国立社也。夏都安邑，宜松。"也就是说建邦立国要建立祭祀用的"社"，并种植适宜的树木，夏都安邑适宜种松。在秦代，松树作为行道造林树种广为栽植。《汉书·贾山传》载："秦……为驰道于天下，东穷燕、齐，南极吴、楚……道广五十步，三丈而树……树以青松。"现今成为旅游景点的浏阳市道吾山，入景道路两旁古松参天，据说是 827—835 年为唐代大和时期所植，至今保存了 118 株。史籍载，古时衡山县城至南岳"三十里夹道古松，郁葱一色，行者不假张盖"，醴陵、岳阳一带也古松夹道，道县至江永"松之夹道七十里"。清代道光《永州府志》载："永州南数十里夹路皆古松。"杨西岩翰林尝于永州道中，见古树数万株，是宋代人工所植。明代万历年间何大复写有云溪古松歌："岳州地多古松树，千株万株植官路。"

（二）马尾松的分布区

马尾松为中国乡土树种，产区广。马尾松集中连续分布区横跨中国大陆东南部（湿润）亚热带的北、中、南3个亚带（吴中伦，1956）。地理位置为东经102°10′~122°30′、北纬21°41′~33°56′（浙江定海），东西经度横跨20°以上，南北纬度纵跨12°以上。在行政区划上，除广西壮族自治区南部边界线上一隅有少量向越南北部边境稍有延伸外，广泛分布于中国16个省份。其中分布较多的省份有浙江、福建、江西、湖北、湖南、四川、贵州、广西及广东；分布较少的省份有陕西、河南、江苏、安徽、云南。另外，海南省雅加大岭及台湾省北部低山、西北海岸有少量零星分布。山东在昆嵛山地区，云南在红河哈尼族彝族自治州云南松（*Pinus yunnanensis*）分布区有少量引种试种。据观察，越南河内有引种成功的50年生马尾松人工林。

马尾松自然分布界线：北界秦岭（南坡）、伏牛山、桐柏山、大别山、沿淮河到海滨一线，即暖温带与北亚热带的交界线，与杉木分布的北界基本一致。西界在四川盆地西缘二郎山、大相岭东坡。向南大致沿着青衣江到贵州赫章、六枝，沿北盘江到广西百色一线。南界沿广西十万大山西端边界线，向东抵达雷州半岛及东南沿海一线，直至海南省也有零星分布。东界抵东海之滨及舟山部分岛屿（定海），台湾北部低山及西北海岸也有零星分布。

马尾松的垂直分布上限由东向西，随地势升高逐渐升高。西部的四川二郎山和贵州西部毕节可达海拔1 500~1 600 m处，至贵州中部山原下降到海拔1 300 m以下，到贵州与湘西相交的山区降至海拔1 000 m以下，再向东达浙江天目山、福建武夷山则降为海拔800~900 m及以下。在南岭山地其分布上限可达海拔1 500 m，但自此向北向南又逐渐降低，北部安徽黄山在海拔700 m以下，大别山海拔600 m以下，河南桐柏山、伏牛山，陕西南部秦岭、大巴山都分布在海拔800 m（或1 000 m）以下；向南到广西十万大山、六万大山均在海拔800 m以下，广东低山、丘陵台地皆在海拔800~1 000 m及以下。

（三）马尾松生产概况

马尾松是我国重要的工业用材，包括建筑材与纤维材，松脂也是重要的工业原料，中华人民共和国成立后马尾松栽培很受重视。马尾松的人工造林也很广泛，根据第七次全国森林资源清查，马尾松面积为$3.358\ 5×10^6\ hm^2$，占人工乔木林主要优势树种面积的8.40%；蓄积量15 792.6 m^3，占8.6%。若从中国南方亚热带地区来看，马尾松人工林面积占南方人工林面积的30%~40%，由此可见马尾松在中国人工林中的地位（秦国峰，2000）。

第二节　马尾松的形态特征和生物学特性

学名 *Pinus massoniana* Lamb.，别名松树、青松、丛树、枞树。

一、形态特征

常绿乔木，高达 40 m，胸径 1.5 m
以上，枝皮上部红褐色，下部灰褐色，
深裂成不规则鳞状厚块片；枝条斜展，
小枝微下垂；1 年生小枝淡黄或红黄色，
壮年前侧枝轮生，在江苏、浙江和安徽
等地每年 1 轮，可据此判断树龄；冬芽
褐色；叶两针一束，偶具 3 针或 1 针一
束，长 10～20 cm，细柔淡翠，形似马
尾，故名马尾松；树脂管 6～7 个，边
生，叶鞘宿存；雌雄同株，单性；花期，
广东、福建、江西等地 3～4 月，安徽、
山东、河南一带 4～5 月；5～6 年生开始
结实，夏季结果，次年 10～12 月成熟，
球果卵形或卵圆形，鳞脐微凹，一般无
刺，球果由青变栗褐色即成熟，种子翅
长约 1.5 cm（图 4-1）。

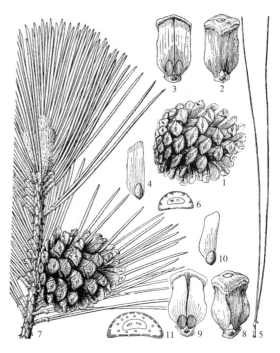

图 4-1　马尾松和黑松
马尾松：1. 球果　2、3. 种鳞背腹面　4. 种子
5. 一束针叶　6. 针叶及其解剖
黑松：7. 球果枝　8、9. 种鳞背腹面　10. 种子
11. 针叶及其解剖
（刘春荣绘）

（一）根系

马尾松根系庞大，垂直根系明显，
侧根水平伸长，吸收根分散，菌根共生，
是典型的扩散型根系。当种子萌发时，胚根首先突破种皮向下伸长，形成主根或初生根。
随着植株的不断生长，由主根上产生许多侧根。侧根水平方向或与主根成一定角度向各个
方向伸长，在侧根上又形成多级侧根。马尾松根系是由一个明显垂直向下的主根和多级分
枝侧根构成的直根，一般向下延伸可达 1～2 m 的土层，主根上的侧根多分布于离土表
30～40 cm 的浅土层中。人工纯林根系有近 90% 的根集中分布在 0～30 cm 土层。

（二）茎

从种子胚芽开始，随着茎的顶芽和侧芽不断生长，逐渐形成一个单独分枝的直立木本
茎（即树干）。分散生长的树干基部粗大而尖削，林分中树干较通直而圆满。树皮呈褐色、
暗灰色、暗红褐色，裂成鳞状块片或不规则鳞状薄片脱落。

（三）叶片

从幼苗至成年植株，有 3 种不同的叶型，即初生叶、鳞叶（原生叶）和针叶次生叶着
生在幼苗上，单生，线状披针形；鳞叶单生，螺旋状着生，在幼苗时期为扁平条形，绿
色，后逐渐退化成膜质苞片状，基部下延生长或不下延生长；针叶（次生叶）螺旋状着生，
辐射伸展，常 2 针一束，生于苞片状鳞叶的腋部，着生于不发育的短枝顶端，每束针叶基部

由8～12枚芽鳞组成的叶鞘所包，叶鞘脱落或宿存。针叶行使功能2年，宿存1～2年。

（四）花

球花单性，雌雄同株；雄球花生于新枝下部的苞片腋部，多数聚集成穗状花序，无梗，斜展或下垂，雄蕊多数，螺旋状着生，花药药室纵裂，药隔鳞片状，边缘微具细缺齿，花粉有气囊；雌球花单生于新枝近顶端，直立或下垂，由多数螺旋状着生的珠鳞与苞鳞所组成。

（五）果实和种子

小球果于第二年春受精后迅速长大，球果直立或下垂，有梗或几无梗；种鳞木质，宿存，排列紧密，上部露出部分为鳞盾，有横脊或无横脊，鳞盾的先端或中央有呈瘤状凸起的鳞脐，鳞脐有刺或无刺；球果第二年（稀第三年）秋季成熟，熟时种鳞张开，种子散出，稀不张开，种子不脱落，发育的种鳞具1粒种子；种子上部具长翅，种翅与种子结合而生，或有关节与种子脱离，或具短翅或无翅。

二、生物学特性

马尾松自然分布于亚热带，要求温暖湿润的气候，不耐霜冻，在冬季－15℃以下温度时，幼木顶梢或针叶梢端易受冻害而枯萎。它适应性强，对土壤要求不严，能耐干旱瘠薄，但怕水涝，更不耐盐碱。

（一）光照

马尾松是强喜光植物，不耐庇荫，在整个生育过程中对光照要求很高。在林冠下更新不良，但能在荒地上良好更新，故在演替上能形成先锋群落。幼年能耐一定庇荫，能在杂草中茁壮生长。幼树在100%透光度下生长最好，低于60%生长不良。

（二）温度

马尾松适生于年平均温度12～22℃的地区，在适生区内的最高、最低温度分别为38℃和－13℃。按种源试验，纬度较高的北带种源抗寒能力强，中带种源抗寒能力中等，南带种源抗寒能力弱，尤其在苗期，表现很明显。

（三）降水

马尾松喜湿润，自然分布区年降水量400～2 000 mm，适宜降水量800～1 200 mm。虽然马尾松耐干旱，但不耐大气干燥，所谓马尾松耐干旱，主要指能耐土壤干旱。因为马尾松适生地带常年空气湿度较大，与云南松不同。

（四）土壤

马尾松分布区的土壤主要为砖红壤、赤红壤、红壤和山地黄壤。马尾松对土壤要求不严，能耐干旱瘠薄的土壤。在黏土、沙土、石砾土、山脊和阳坡薄土上及岩石裸露的石缝里都能生长。喜酸性和微酸性土壤，土壤疏松，质地较轻，pH 4.5～6.5 的山地生长最好；在钙质紫色土和石灰岩化的土壤上生长不良，针叶呈淡黄色，干形弯曲不能成材。

第三节　松属植物的起源、演化与分类

一、松属植物的起源

(一) 松属分类进程

松属（*Pinus* Linn.）为林奈在 1753 年创立。当时松属中还包括了冷杉属、云杉属和雪松属的植物，直至 1857 年，新建冷杉属、云杉属和雪杉属后，才将松属中的这些植物分出去，使松属形成了比较固定的格局。1893 年 Koehne 将松属分为单维管束松组（Sect. *Haploxylon*）和双维管束松组（Sect. *Diploxylon*），维管束在松属分类上的重要性被人们所接受。1914 年，Show 进一步将单维管束松组分为 2 亚组 5 群，双维管束松组分为 2 亚组 7 群。1926 年 Pilger 进一步提升 Show 的组为亚属，并将单维管束亚属分为 3 组，双维管束亚属下分 8 组。这个系统在欧美被广泛应用，但它过分强调了每束针叶的数目，人为痕迹较为明显。但 Show 对采自越南的扁叶松（*Ducampopinus krempfii*）的处理则是正确的，他将该种归入松属并入在白皮松组狐尾松亚组（Subsect. *Balfourianae*）中。1969 年，Little 和 Critchfild 对松属进一步做了归纳管理，将松属分为 3 亚属 5 组 15 亚组。

1992 年，胡兹苓等根据木材化学、木材解剖学、孢粉学、细胞学新材料，将狐尾松组提升为白皮松亚属，并将松属 95 种分为 4 亚属，其中亚洲 33 种，欧洲 9 种，非洲 1 种，北美 54 种。

（1）扁叶松亚属（Subgen. *Ducampopinus*）　仅 1 种，分布在越南大叻及其北部、东北部。叶扁平，2 针一束，叶鞘脱落，具单维管束，鳞脐背生，种子具翅。

（2）白皮松亚属（Subgen. *Parrya*）　14 种，东亚 3 种，北美洲 11 种。针叶 1～5 针一束，叶鞘脱落，单维管束，鳞脐背生，交叉场纹孔松木型。

（3）白松亚属（Subgen. *Strobus*）　22 种，东亚 13 种，欧洲 2 种，中北美 7 种。针叶 2～5 针一束，叶鞘脱落，单维管束，鳞脐顶生，交叉场纹孔窗格型，少为松木型。

（4）松亚属（Subgen. *Pinus*）　58 种，亚洲（主要分布东亚）15 种，欧洲 5 种，非洲 1 种，北美洲 37 种。2～5 针一束，叶鞘宿存，双维管束，鳞脐背生，交叉场纹孔松木型或窗格型。

(二) 松属的起源时期

松属主要分布在北半球，南半球基本没有松树的踪迹，因而松树起源于统一泛大陆分裂以后。古地理学研究表明，泛大陆分裂为劳亚古陆与冈瓦纳古陆的时间出现在中生代初期的三叠纪。国外对松树化石种的报道以比利时白垩纪地层中发掘的比利时松（*P. belgica*）化石为最早。中国科学院南京地质古生物研究所张璐瑾先生根据对四川威远地区晚三叠纪孢粉研究，发现了威远松（*P. weiyuanensis*）及环抱松（*P. amplexus*）2

个孢粉化石新种，以及"属征为双维管束类型的松科松属花粉"化石种，说明晚三叠纪时松树已出现在康滇古陆并已分化，甚至可以分辨出单、双维管类型。上述事实证明松属起源于中生代三叠纪。

（三）分布中心与起源地点

北美洲缺乏最原始的亚属（组），但它具有松属 15 个亚组中的 12 个，95 个树种中的 54 个，超过了其他地区，它应该是松属的现代分布中心。现代分布中心与起源地之间尚有一定距离，起源地应该具备该类植物最早化石及原始类群最集中、各演化阶段的类群都有代表的地区，而这一地区自该属植物发生以来又未受过巨大灾害。中国四川的威远地区晚三叠纪地层已经发现了松树孢粉化石，这是迄今最早的松树化石记录。中国西南及中南半岛东部的越南又集中了 2 个原始亚属 2 个原始组及其中 4 个亚组（Subsect. *Krempfianae*，Subsect. *Balfourianae*，Subsect. *Genardlianae*，Subsect. *Cembroides*）中前 3 个亚组的代表，历史上又无巨大灾害发生，松属植物起源于这一地带的可能性最大。三叠纪时，这里处于古地中海的东缘，属康滇古陆及印支古陆范围，气候属湿热的热带—亚热带气候，这就很好地解释了松属植物可以扩展到热带地区而松科其他属均不能够的原因。随着气候变更，松属逐渐适应了干旱、寒冷的环境，形成了众多的广布北半球的种类。

二、松属植物的演化

（一）松属植物形态的演化

1. 叶型由扁平向针叶演化 松属植物叶具子叶、初生叶、鳞叶、次生叶 4 种变化。子叶、初生叶、鳞叶均是扁平叶。绝大多数种类次生叶为针形叶，扁叶松次生叶为扁平叶。次生叶出现的时间不一致，湿地松（*P. elliottii*）幼苗出土 3 个月时便出现了针形叶，华山松（*P. armandii*）要 1 年以后，五针白皮松（*P. squamata*）要 4 年。次生叶为扁平叶是原始性状，针形叶是进化性状，这是对干旱环境适应的结果。针叶出现的时间越早越进化，越晚越原始。

2. 枝条由长枝向短枝过渡 次生叶以前，松树仅具长枝，次生叶成束出现后短枝也同步出现。长枝保持的时间越长，类群性状越原始。白皮松亚属短枝出现的时间晚于白松亚属及松亚属。但从采自越南的扁叶松标本看，短枝长度明显长于其他松树。

3. 种鳞 松属植物早期化石基本是以鳞脐背生为主要特征，Miller 在研究松科演化早期的几个化石属，如 *Pityostrobus* 后认为，其种鳞均是不同程度膨大的。泰勒在研究美国上三叠统松科化石属 *Compsostrobus* 的胚珠球果时发现，其鳞片外观是匙形。松树鳞脐背生为原始性状已经为不少学者所注意，鳞脐顶生为进化性状。

4. 叶鞘 由分离、脱落向合生、宿存方向演化。从发生学的观点看，叶鞘由短枝上的鳞叶退化而成。枝条缩短，鳞叶靠近，最终合二为一。分离是原始的，合生是进化的，分离的叶鞘会脱落，合生的叶鞘则宿存，脱落是原始性状，宿存是进化性状。扁叶松的叶鞘尚未完全缩合，鞘片间隔较大，螺旋状着生于短枝上，表现出明显的原始性。

5. 叶的维管束 由 1 个向 2 个演化。中国科学院植物研究所对松树幼苗的维管束进行了研究，发现子叶及初生叶均具 1 个维管束。个体发育是系统发育的反映，在次生叶中具有 1 个维管束是原始的，2 个维管束是进化的。

6. 交叉场纹孔 由松木型向窗格型演化。松木型是松属特有的类型，窗格型是由松木型交叉场纹孔互相融合而成的。白皮松亚属全为松木型，白松亚属及松属均为二者兼有。

7. 其他 Buchholz 认为多子叶是原始的性状。依据简化原则，针叶多数比少数原始。具种翅是原始性状，无种翅是进化性状；种翅与种子结合而生是原始性状，种翅具关节易脱落是进化性状。它们多用在属以下的分类中。

（二）松属植物的迁移

松属植物的迁移沿下列 4 条路线进行：①沿古地中海沿岸向西扩散到达北美洲；②沿白令陆桥扩散到北美洲；③向北达西伯利亚及北极地区；④向南扩散到印度尼西亚及马来西亚等地。

（三）松属植物种之间的亲缘关系

随着分子生物学的发展，DNA 序列变异越来越多地应用于研究物种的进化关系，它直接反映了遗传物质的变异。狄香香等首次利用松属树种开发的 SSR 引物，对松属（油松组）树种进行了系统发育的研究。利用 5 对 SSR 引物获得的 41 个多态性位点构建的 10 个树种的系统进化关系与传统的分类地位比较一致，其中云南松、思茅松、高山松和油松表现出亲缘关系很近，聚为一小类。来自形态学、解剖学、等位酶、叶绿体 DNA（cpDNA）的证据都表明高山松是云南松和油松的天然杂种（管中天，1981；Wang et al.，1990a，1990b，1994）；大量研究表明云南松、油松、高山松和思茅松的遗传距离很小（虞泓等，2000；卢孟柱等，1999；Eckert et al.，2006），说明其遗传分化并不明显，其原因在于它们在地理位置上的相互交错，且存在着广泛的基因渗入。从 10 个松属种的系统发育关系来看，马尾松和赤松占据中间类型，它们可能是几个近缘种中分化较早的原始类型，但进化缓慢；而进化较快的油松类群则是近 1 000 万年内物种扩散、生态隔离的结果（Eckert et al.，2006）；火炬松和加勒比松成为独立的类群，与二者起源于北美东南部密切相关，也与 Eckert 等（2006）的研究结果一致。但虞泓等研究结果显示赤松和马尾松亲缘关系较近，而与樟子松的关系较远，这与 Eckert 等（2006）的结果存在差异。研究认为樟子松为欧洲赤松分布至远东的地理变种，因此赤松与樟子松的关系应更近。

用于研究生物系统进化的 DNA 序列大都为相对比较保守的 cpDNA、mtDNA（线粒体 DNA）和 nrDNA（核核糖体 DNA）序列，而 SSR 较少用于种的亲缘关系探讨，一是它在种内就存在很高的变异，二是在种间的通用率较低。狄香香等（2011）的研究，通过大量筛选仅获得 5 对 SSR 引物，但分析结果与文献报道结果基本一致，表明种内保守、种间有变异的 SSR 引物可应用于系统进化分析。但需要注意的是每个种要尽可能涵盖所有的地理种源，进行全面的居群遗传学研究，在了解种间基因交流及物种的生态隔离机制之后，才能正确阐明松属（油松组）树种的系统进化规律和亲缘关系。

三、松属植物的分类

（一）松属植物的形态特征

常绿乔木，稀灌木；大枝轮生，每年生1轮或2轮至多轮。冬芽显著，芽鳞多数，覆瓦状排列。叶二型：鳞叶（原生叶）单生，螺旋状排列，在幼苗时期为扁平条形，后逐渐退化成膜质苞片状，基部下延生长或不下延生长；针叶（次生叶）螺旋状着生，辐射伸展，常2针、3针或5针一束，生于苞片状鳞叶的腋部，着生于不发育的短枝顶端，每束针叶基部由8～12枚芽鳞组成的叶鞘所包，叶鞘脱落或宿存，针叶边缘全缘或有细锯齿，背部无气孔线或有气孔线，腹面两侧具气孔线，横切面三角形、扇状三角形或半圆形，具1～2个维管束及2个至10多个中生或边生稀内生的树脂道。球花单性，雌雄同株；雄球花生于新枝下部的苞片腋部，多数聚集成穗状花序状，无梗，斜展或下垂，雄蕊多数，螺旋状着生，花药2，药室纵裂，药隔鳞片状，边缘微具细缺齿，花粉有气囊；雌球花单生或2～4个生于新枝近顶端，直立或下垂，由多数螺旋状着生的珠鳞与苞鳞所组成，珠鳞的腹（上）面基部有2枚倒生胚珠，背（下）面基部有一短小的苞鳞。小球果于第二年春季受精后迅速长大，球果直立或下垂，有梗或几无梗；种鳞木质，宿存，排列紧密，上部露出部分为鳞盾，有横脊或无横脊，鳞盾的先端或中央有呈瘤状凸起的鳞脐，鳞脐有刺或无刺；球果第二年（稀第三年）秋季成熟，熟时种鳞张开，种子散出，稀不张开，种子不脱落，发育的种鳞具2粒种子；种子上部具长翅，种翅与种子结合而生，或有关节与种子脱离，或具短翅或无翅；子叶3～18枚，发芽时出土。

（二）松属植物的分类概况

在松属的分类上，有的学者是按针叶的多少来进行划分，如 Harrison 和 Dallimore，但大多数学者是按单、双维管束来划分成2亚属，再行分类。对松属最早进行系统分类的是 Shaw（1914，1924），他将该属分成2亚属，4亚组，12类群。其后 Pilger（1926）将松属分成2亚属，11组，2亚组。Doffield（1952）将松属分成5组，Gaussen（1960）在松属中又增加一新亚属。William（1966）将其分成3亚属5组14亚组。郑万钧在《中国树木志》中将其分成2亚属4组。2亚属为单维管束松亚属和双维管束松亚属。五针松与部分三针松为单维管束亚属，所有二针松，部分三针松或三针、二针并存的，稀四至五针松为双维管束亚属。由于各学者对松属划分的见解不一，后来学者又根据染色体（方永鑫等，1990）和化学成分等资料提出过新的分类方法。另外，还有人根据每束针叶的多少对松属树种进行分类归纳（梁盛业，1994）。梁盛业（1994）按照每个针叶束的松针数，把世界松树分为五大类，即一针松类、二针松类、三针松类、四针松类和五针松类。其中湿地松的针叶2～3针一束并存，仍归于二针松类；加勒比松以3针一束为主，稀2针一束，幼树多为4～5针一束，仍归于三针松类；卵果松以3针或5针一束，仍归于三针松类，其余依此类推。

（三）松属植物物种（含变种）资源

全世界有多少种松树种类，目前文献说法不一，《中国树木志》认为有 80 余种，但也有报道为 95 种。根据梁盛业（1994）的报道和本书作者的整理，目前世界上松属树种资源有 107 种，22 变种，其中中国分布与引种栽培 60 余种，20 变种，这是目前为止较全面的统计。具体如下：

1. 一针松类 有 1 种。

单叶松（*Pinus monophylla* Parl. et Frem. ） 主要分布于美国内华达州。

2. 二针松类 有 32 种 12 变种及 2 栽培变种。

（1）薄皮松（*Pinus edulis* Engelm. ） 广泛分布于美国西部各州。

（2）小干松（*Pinus contorta* Douglas ex Loudon） 广泛分布于加拿大和美国西部各州。

（3）粗糙松（*Pinus muricata* D. Don. ） 主要分布于美国加利福尼亚州西部海岸、墨西哥，中国江西庐山有引种栽培。

（4）北美短叶松（*Pinus banksiana* Lamb. ） 原产于北美洲，广泛分布于加拿大东部和美国东北部，中国辽宁、山东、江西、河南都有引种栽培。

（5）沙松［*Pinus clausa*（Chapm. ex Engelm. ）Vasey ex Sarg. ］ 主要分布于美国佛罗里达半岛和亚拉巴马州南部地区。

（6）萌芽松（短叶松）（*Pinus echinata* Mill. ） 原产于美国，广泛分布于美国东南部，中国南京、广西南宁、福建有引种栽培。

（7）湿地松（*Pinus elliottii* Engelm. ） 原产于美国东南部墨西哥湾和大西洋沿岸，中国长江流域以南各省份广为引种造林。

南方湿地松（*Pinus elliottii* Engelm. var. *densa* Little & Dorman）：主要分布于美国佛罗里达半岛南部。

（8）光松（*Pinus glabra* Walter） 原产于美国东南部各州，中国广西南宁有栽培。

（9）刺针松（*Pinus pungens* Lamb. ） 主要分布于美国阿巴拉契亚山区。

（10）多脂松（*Pinus resinosa* Alt. ） 主要分布于北美东北部。

（11）矮松（*Pinus virginiana* Miller） 主要分布于美国东部，中国南京有引种栽培。

（12）热带松（*Pinus tropicalis* Morelet） 原产于古巴西部及松树岛，中国广东湛江、广西南宁有引种栽培。

（13）欧洲赤松（*Pinus sylvestris* Linn. ） 原产于欧洲，分布从苏格兰到西伯利亚的鄂霍次克海沿岸，从挪威到蒙古国北部地区，中国北京、上海有引种栽培。

① 樟子松（*Pinus sylvestris* L. var. *mongolica* Litv. ）：主要分布于中国内蒙古东部和黑龙江西部，俄罗斯、蒙古国东部也有分布。

② 长白松（美人松）［*Pinus sylvestris* L. var. *sylvestriformis*（Takenouchi）Cheng et C. D. Chu］：主要分布于中国吉林长白山，海拔 800～1 600 m。

（14）爱琴海松（*Pinus brutia* Ten. ） 主要分布于地中海东部的希腊、俄罗斯、土耳其、塞浦路斯尼科西亚、黎巴嫩。

（15）阿扎尔松［*Pinus brutia* Ten. var. *eldarica*（Medw.）Silba］　主要分布于外高加索山地。

（16）阿勒颇松（*Pinus halepensis* Miller）　原产于地中海沿岸各国，分布从西班牙到叙利亚，从摩洛哥到利比亚。

（17）赫德赖克松（*Pinus heldreichii* H. Christ.）　主要分布于阿尔巴尼亚、保加利亚、希腊等国的山地。

（18）欧洲白皮松（*Pinus leucodermis* Antoine）　主要分布于阿尔巴尼亚、保加利亚、希腊、意大利等国。

（19）欧洲山松（*Pinus mugo* Turra）　广泛分布于欧洲中部和西部，分布于以阿尔卑斯山为中心的各国，中国江苏南京、江西庐山和辽宁都有引种栽培。

（20）欧洲黑松（*Pinus nigra* Arnold）　原产于欧洲、小亚细亚半岛，分布从西班牙向东到土耳其、塞浦路斯尼科西亚等国，中国江苏南京、浙江富阳、辽宁和北京都有引种栽培。

① 奥地利黑松［*Pinus nigra* Arn. var. *austriaca*（Hoess）Badoux］：主要分布于奥地利南部、意大利北部和中部、阿尔巴尼亚和波兰，中国江苏南京、浙江富阳、江西庐山都有引种栽培。

② 南欧黑松［*Pinus nigra* Arn. var. *poiretania*（Ait.）Schneid.］：原产于南欧，中国东北有引种栽培。

③ 卡拉比利黑松［*Pinus nigra* Arn. var. *calabrica*（Loudon）Schneider，*Pinus nigra* subsp. *laricio*（Poir.）Maire］：原产于欧洲。

（21）海岸松（*Pinus pinaster* Aiton）　原产于地中海沿岸，分布于葡萄牙、西班牙、意大利、法国科西嘉岛、摩洛哥、法国、阿尔及利亚、希腊等国，中国江苏、浙江、湖南、广西、云南均有引种栽培。

（22）赤松（日本赤松）（*Pinus densiflora* Sieb. et Zucc.）　主要分布于日本、朝鲜、俄罗斯及中国黑龙江南部、吉林长白山、辽宁、山东、江苏等省。

① 球冠赤松（栽培变种）（*Pinus densiflora* 'Globosa'）：主要作为盆景栽培供观赏用。

② 千头赤松（栽培变种）（*Pinus densiflora* 'Umbraculifera'）：原产于日本，中国江苏南京、苏州，浙江杭州，上海等都有引种栽培。

（23）赤黑松（*Pinus* × *densi-thunbergii* Uyeki）　主要分布于日本。

（24）高山松（*Pinus densata* Mast.）　主要分布于中国四川西部、云南西北部、青海南部、西藏东部。

（25）巴山松（*Pinus henryi* Mast.）　主要分布于中国湖北西部、四川东北部、陕西南部。

（26）越南松（*Pinus krempfii* Lecomte.）　主要分布于越南南部。

（27）南亚松（*Pinus latteri* Mason）　主要分布于中国海南、广东、广西及中南半岛、马来半岛，菲律宾、越南、老挝、缅甸、泰国、柬埔寨等国也有分布。

（28）马尾松（*Pinus massoniana* Lamb.）　主要分布于中国南部各省份及东南亚各国。

　　① 雅加松（*Pinus massoniana* Lamb. var. *hainanensis* Cheng et L. K. Fu）：主要分布于海南雅加大岭。

　　② 黄鳞松（*Pinus massoniana* Lamb. var. *huanglinsong* Hort. ）：主要分布于广东高州。

　　③ 岭南马尾松（*Pinus massoniana* Lamb. var. *lingnanensis* Hort. ）：主要分布于中国广东、广西南亚热带地区，为一地理变种，桂林有栽培，一年开两次花。

　　④ 武陵松［*Pinus massoniana* Lamb. var. *wulingensis* （Mast. ）C. T. Kuan］：武陵松于 1988 年由中南林业科技大学植物分类专家祁承经教授发现并命名。它与马尾松的区别在于树型较矮小，针叶短而粗硬，果球种子较原种小。喜生于悬崖绝壁或山顶之上。分布于张家界，武陵山脉。

　　（29）油松（*Pinus tabulaeformis* Carr. ）　主要分布于中国黄河流域 10 多个省份。

　　① 黑皮油松（*Pinus tabulaeformis* Carr. var. *mukdensis* Uyeki. ）：主要分布于中国辽宁、河北等省。

　　② 扫帚油松（*Pinus tabulaeformis* Carr. var. *umbraculifera* Liou et Wang）：主要分布于中国辽宁省。

　　（30）兴凯湖松（*Pinus takahasii* Nakai）　产于中国黑龙江兴凯湖周围，俄罗斯远东地区也有分布。

　　（31）黄山松（台湾松）（*Pinus taiwanensis* Hayata）　主要分布于中国台湾、安徽、江西、浙江、湖南、湖北、河南、福建等省。

　　大明山松（大明松）（*Pinus taiwanensis* Hayata var. *damingshanensis* Cheng et L. K. Fu）：主要分布于中国广西大明山及贵州梵净山。

　　（32）黑松（日本黑松）（*Pinus thunbergii* Parl. ）　原产于日本及朝鲜，中国山东沿海、江苏南京、上海、浙江杭州、湖北武汉、广西南宁等城市均有引种栽培。

　　3. 三针松类　有 36 种 7 变种。

　　（1）云南松（*Pinus yunnanensis* Franch. ）　主要分布于中国云南、贵州、广西、四川、西藏等省份。

　　① 细叶云南松（*Pinus yunnanensis* Franch. var. *tenuifolia* Cheng et Law）：主要分布于中国贵州西南部、广西西北部。

　　② 地盘松［*Pines yunnanensis* Franch. var. *pygmaea* （Hsueh）Hsueh］：主要分布于中国四川西南部、云南西北部至中部。

　　（2）西藏长叶松（*Pinus roxburghii* Sarg. ）　主要分布于中国西藏，印度、不丹、尼泊尔、阿富汗、巴基斯坦也有分布。

　　（3）西藏白皮松（*Pinus gerardiana* Wall. ）　主要分布于中国西藏，印度、阿富汗、巴基斯坦等国也有分布。

　　（4）海岛松（*Pinus insularis* Endl. ）　主要分布于菲律宾。

　　（5）思茅松［*Pinus kesiya* Royle ex Gordon var. *langbianensis* （A. Chev. ）Gaussen］　主要分布于中国云南南部及西部，越南、缅甸、老挝、印度也有分布。

　　（6）白皮松（*Pinus bungeana* Zucc. ex Endl. ）　天然分布于中国山西、陕西、河南、

甘肃、四川、湖北等省，河北、山东、北京、辽宁、江苏等地有栽培。

（7）加纳利松（*Pinus canariensis* C. Smith） 原产于非洲，分布于加纳利群岛，中国广西南宁有引种栽培。

（8）古巴松（*Pinus cubaensis* Grisebach） 主要分布于古巴东部。

（9）加勒比松（*Pinus caribaea* Morelet） 原产于中美的加勒比群岛、加勒比海沿岸及松树岛，中国广东、广西、海南、云南、福建等省份有引种栽培试验。

① 巴哈马加勒比松［*Pinus caribaea* var. *bahamensis*（Griseb.）Barrett et Golfari］：主要分布于加勒比海沿岸，中国广东、广西、海南等省份有引种栽培试验。

② 洪都拉斯加勒比松（*Pinus caribaea* var. *hondurensis* Barrett et Golfari）：主要分布于加勒比海沿岸，中国广东、广西、海南等省份有引种栽培试验。

（10）展松（墨西哥松）（*Pinus patula* Schl. et Cham.） 原产于墨西哥东马德雷山南部的墨西哥城、普埃布拉等地，中国浙江富阳、广西南宁、广东广州、湖北武汉有引种栽培。

（11）细叶松（*Pinus tenuifolia* Benth.） 主要分布于墨西哥中南部和危地马拉。

（12）卷叶松（*Pinus teocote* Schiede ex Schltdl. & Cham.） 主要分布于墨西哥中南部，危地马拉也有分布。

（13）皮英里松（*Pinus pringlei* Shaw） 主要分布于墨西哥南部。

（14）卵果松（*Pinus oocarpa* Schiede ex Schltdl.） 主要分布于墨西哥，从西马德雷山向南延伸到危地马拉、洪都拉斯和尼加拉瓜，中国海南、广西南宁、广东江门有引种栽培。

（15）垂枝松（*Pinus lumholtzii* B. L. Rob & Fernald） 主要分布于墨西哥西马德雷山。

（16）瓦哈加松（*Pinus oaxacana* Mirov.） 主要分布于墨西哥南部及危地马拉。

（17）拉威逊松（*Pinus lawsonii* Roezl ex Gordon） 主要分布于墨西哥中部，从塞来亚到奎纳伐卡。

（18）厄累刺松（*Pinus herrerai* Mart.） 主要分布于墨西哥西马德雷山的哈科斯科及锡那罗亚。

（19）格雷基松（*Pinus greggii* Engelm. ex Parl.） 主要分布于墨西哥东北部，中国广西南宁有引种栽培。

（20）墨西哥果松（*Pinus cembroides* Zucc.） 主要分布于墨西哥大部分地区。

（21）济华松［*Pinus leiophylla* Schiede & Deppe var. *chihuahuana*（Engelm.）Shaw］ 主要分布于墨西哥北部和美国西南部。

（22）阿里佐纳松（*Pinus arizoniea* Engelmann） 主要分布于墨西哥北部和美国西南部。

（23）比塞那松（*Pinus pinceana* Gordon） 主要分布于墨西哥局部地区。

（24）纳耳逊松（*Pinus nelsonii* Shaw） 主要分布于墨西哥北部山区。

（25）恩氏松（*Pinus engelmannii* Carr.） 主要分布于墨西哥西马德雷山和美国西南部。

（26）火炬松（*Pinus taeda* Linn.） 原产于美国东南部，从新泽西州南部到佛罗里达州中部都有分布，中国广东、广西、福建、江苏、安徽、湖北、湖南、浙江等省份均广泛引种栽培。

（27）刚松（*Pinus rigida* Miller） 主要分布于北美洲，从加拿大安大略到美国佐治亚州北部都有分布，中国辽宁丹东、山东青岛、浙江富阳、江苏南京都有引种栽培。

晚松［*Pinus rigida* Miller var. *serotina*（Michaux）Loud. ex Hoopes］：主要分布于美国新泽西州南部到佛罗里达州中部，中国江苏南京、杭州和广西南宁均有引种栽培。

（28）西黄松（美国黄松）（*Pinus ponderosa* Dougl. ex Laws.） 广泛分布于美国西部、东部和加拿大，中国北京、上海、江西庐山、湖北武昌等城市有引种栽培。

① 亚利桑那黄松［*Pinus ponderosa* Laws. var. *arizonica*（Engelm.）Shaw］：原产于北美洲。

② 落基山黄松（*Pinus ponderosa* Laws. var. *scopulorum* Engelm.）：原产于北美洲。

（29）长叶松（大王松）（*Pinus palustris* Miller） 原产于美国东南部沿海一带，中国武汉及江苏、浙江、江西、福建有引种栽培。

（30）窄果松（*Pinus attenuata* Lemomn） 主要分布于美国加利福尼亚、俄勒冈和爱达荷州。

（31）大果松（*Pinus coulteri* D. Don） 主要分布于美国加利福尼亚州。

（32）约弗松（*Pinus jeffreyi* Balf.） 主要分布于美国加利福尼亚州和俄勒冈州南部。

（33）辐射松（*Pinus radiata* D. Don） 仅分布于美国加利福尼亚州滨海地区，中国湖南长沙、衡阳，浙江富阳，江西庐山，四川等地都有引种栽培。

（34）沙滨松（*Pinus sabiniana* Douglas ex Douglas） 仅分布于美国加利福尼亚州，中国江西庐山有引种栽培。

（35）华树松（*Pinus washensis* Mason et Stockwell） 主要分布于美国内华达州和加利福尼亚州交界处。

（36）西方松（*Pinus occidentalis* Sw.） 主要分布于海地、多米尼加和古巴东部。

4. 四针松类 有 1 种。

四针松（*Pinus quadrifolia* Parl. et Sudw）：仅分布于美国加利福尼亚州南部。

5. 五针松类 有 37 种 2 变种。

（1）华南五针松（*Pinus kwangtungensis* Chun ex Tsiang） 主要分布于中国广东、广西、贵州、湖南等省份。

（2）台湾五针松（*Pinus morrisonicola* Hayata） 主要分布于中国台湾，为高山地带造林树种。

（3）海南五针松（*Pinus fenzeliana* Hand. – Mazz.） 主要分布于中国海南、广东、广西、贵州、湖南等省份。

（4）大别山五针松（*Pinus dabeshanensis* Cheng et Law） 主要分布于中国安徽及湖北之间的大别山。

（5）新疆五针松（*Pinus sibirica* Mayr） 主要分布于俄罗斯西伯利亚，延伸到蒙古国北部、中国新疆，向西至东欧。

（6）越南五针松（*Pinus dalatensis* Ferre）　主要分布于越南朱杨甲山。

（7）瑞士五针松（*Pinus cembra* Linn.）　原产于欧洲，主要分布于瑞士、法国、意大利、奥地利、捷克、斯洛伐克、罗马尼亚、乌克兰。

（8）毛枝五针松（*Pinus wangii* Hu et Cheng）　主要分布于中国云南东南部山区。

（9）华山松（*Pinus armandii* Franch.）　主要分布于中国陕西、甘肃、青海、西藏、宁夏、山西、河南、四川、湖北、贵州、云南等省份，江西庐山、浙江杭州有引种栽培。

台湾果松［*Pinus armandii* Franch. var. *mastersiana*（Hayata）Hayata］：主要分布于中国台湾中部以北地区。

（10）日本五针松（*Pinus parviflora* Sieb. et Zucc.）　原产于日本，中国长江流域各大城市及山东青岛都有引种栽培。

（11）红松（*Pinus koraiensis* Sieb. et Zucc.）　主要分布于中国东北长白山及小兴安岭，朝鲜、日本、俄罗斯也有分布。

（12）乔松（*Pinus griffithii* McClelland）　主要分布于云南西北部、西藏东南部，巴基斯坦、印度、尼泊尔、不丹、阿富汗、缅甸北部也有分布。

（13）偃松［*Pinus pumila*（Pall.）Regel］　主要分布于俄罗斯西伯利亚东北部，延伸到亚洲东部的中国、朝鲜、日本中部。

（14）野松（*Pinus rudis* Endlicher）　原产于墨西哥中南部及中美洲，中国广东广州有引种栽培。

（15）山松（*Pinus montezumae* Lamb.）　主要分布于墨西哥中南部山区和危地马拉的塔胡木耳科火山附近地区。

（16）柔松（*Pinus flexilis* James）　主要分布于加拿大和美国西部。

（17）糖松（*Pinus lambertiana* Douglas）　主要分布于美国加利福尼亚州。

（18）陶松（*Pinus torreyana* Parry ex Carriene）　仅分布于美国加利福尼亚州南部，中国广东广州有引种栽培。

（19）奄美岛松（*Pinus amamiana* Koidz.）　主要分布于日本南部。

（20）意大利松（*Pinus pinea* Linn.）　主要分布于意大利，向西至西班牙、葡萄牙，向东至土耳其、黎巴嫩，为地中海地区的主要造林树种。

（21）巴尔干松（*Pinus peuce* Griseb.）　主要分布于巴尔干半岛的阿尔巴尼亚、保加利亚、希腊等。

（22）麦根松（*Pinus devoniana* Lindl.）　主要分布于墨西哥南马德雷山，中国浙江富阳、云南昆明、广东广州有引种栽培。

（23）平滑叶松（*Pinus leiophylla* Schiede ex Schltdl. & Cham.）　主要分布于墨西哥中南部，中国广西博白有引种栽培。

（24）哈特威格松（*Pinus hartwegii* Lindl.）主要分布于墨西哥。

（25）库伯尔松［*Pinus arizonica* var. *cooperi*（C. E. Blanco）Farjon］　主要分布于墨西哥西马德雷山。

（26）道格拉松（*Pinus douglasiana* Martlnet）　主要分布于墨西哥南马德雷山。

（27）杜兰果松（*Pinus durangensis* Martlnet）　主要分布于墨西哥西马德雷山及美国西南部。

（28）高寒松（*Pinus culminicola* Andresen et Beaman）　主要分布于墨西哥北部高山地区。

（29）北美乔松（美国白松）（*Pinus strobus* Linn.）　原产于北美，分布于加拿大东南部及美国东北部，中国辽宁熊岳、江苏南京、浙江富阳、北京都有引种栽培。

墨西哥白松（*Pinus strobus* L. var. *chiapensis* Martlnet）：主要分布于墨西哥北回归线以南及危地马拉。

（30）北美白松（*Pinus strobiformis* Engelm.）　主要分布于墨西哥北部及美国西南部。

（31）西部白松（*Pinus monticola* Douglas ex D. Don）　广泛分布于加拿大及美国西部各州，中国广西南宁有引种栽培。

（32）阿雅卡松（*Pinus ayacahuite* Ehrepb.）　主要分布于墨西哥，从北部到洪都拉斯均有分布。

（33）美洲白皮松（*Pinus albicaplis* Engelm.）　主要分布于加拿大西南部及美国西部。

（34）巴耳弗松（*Pinus balfouriana* Balf.）　主要分布于美国加利福尼亚州。

（35）刺果松（*Pinus aristata* Engelm.）　主要分布于美国加利福尼亚州到科罗拉多州。

（36）假球松（*Pinus pseudostrobus* Lindl.）　主要分布于墨西哥中南部，向南至危地马拉、洪都拉斯、萨尔瓦多和尼加拉瓜。

（37）琉球松（*Pinus luchuensis* Mayr.）　原产于琉球群岛，中国浙江富阳有引种栽培。

第四节　马尾松的遗传变异与种质资源

我国油松、湿地松、华山松、云南松的遗传变异与种质资源在本书其他章节均有详细阐述，本节只涉及马尾松的遗传变异与种质资源。

一、马尾松的遗传变异

13个省55个马尾松种源生长性状测定表明：种源间生长差异达到显著水平，树高呈纬向倾群变异模式，胸径呈随机变异模式，家系间生长差异也达到显著水平；马尾松球果种子在群体间、个体间均差异显著，个体间差异占群体总方差的23.9%～60.3%；球果质量与种子大小与苗高呈正相关；马尾松发育性状也存在差异，雌球花开花率、总开花率和结实率均与种源所处纬度紧密相关，高纬度种源开花、结实率高于低纬度种源。

马尾松木材性状在群体内个体间差异：木材基本密度个体间差异显著，管胞长度个体间差异不明显；木材基本密度在地理群体间表现为自西南向东北逐渐增加的趋势，材性性状与生长性状间无明显的相关性。

马尾松木材化学成分，如戊糖、灰分含量呈纬度变化的地理变异模式，纤维素、木质素、苯醇抽提物含量与经纬度无关；纸张抗张力、耐破和撕裂强度也呈纬度变化的地理变异模式。

二、马尾松的遗传多样性

马尾松是我国南方主要用材树种之一。在长期进化过程中，由于遗传漂变、突变、迁移和自然选择的影响，马尾松形成了广泛存在的种内遗传变异。黄启强等（1995）对马尾松天然群体同工酶分析结果表明：马尾松群体具有较丰富的遗传变异，其多态性位点百分率约 76.2%，等位基因平均数 2.39；有效等位基因平均数 1.62，平均杂合率 0.273。群体间遗传分化极小，基因分化系数（G_{st}）0.017 2。总遗传变异中，约 2% 来自群体间，而约 98% 的遗传变异存在于群体内的个体，并且其变异主要来源于 1/3 的基因位点。马尾松群体近似于随机交配群体，绝大多数位点处于平衡状况，但也有约 1/3 的位点并非随机交配，存在不同程度的近交。

张一等（2009）利用 12 个 ISSR 标记分析马尾松一代育种群体中 78 个不同产地来源的优良亲本遗传变异，发现基于 ISSR 标记扩增的多态性位点百分率、Nei's 基因多样性指数和 Shannon's 信息指数均较高，表明马尾松一代育种亲本的整体遗传多样性水平较高，78 个亲本之间平均遗传距离为 0.371，亲本之间的 ISSR 遗传距离与亲本产地的纬向地理距离关系密切，纬度相差较大的亲本间 ISSR 遗传距离相对较大。利用部分参试亲本进行测交系交配并分析其中的优良杂交组合，发现大部分优良组合父本、母本产地的纬向地理距离较远，同时亲本间 ISSR 遗传距离也较大，应优先选择来自纬度差异较大的不同种源区，同时 ISSR 遗传距离也较大的优树作为高世代育种亲本，不仅能有效维持高世代育种群体较高的遗传多样性，也利于创制更多具有杂种优势的材料。

谭小梅等（2012）运用 12 对 SSR 引物，对马尾松二代无性系种子园内 61 个亲本及其中 8 个无性系单株的 320 个子代进行研究，结果显示子代与亲本具有同样高的遗传多样性，雌雄均衡和偏雌型植株子代遗传多样性基本一致。种子园异交率较高，多位点异交率为 1.098。马尾松二代种子园子代仍具有丰富的遗传多样性，无性系间基因交流相对充分，子代亲本近交现象不明显。

周志春等（1995）通过对马尾松自然分布区内 14 个天然群体木材化学组分的分析和浆纸性能的测试，发现木材戊糖、灰分含量、纸张抗张、耐破和撕裂强度呈纬度变化的地理变异模式，与经度无关。马尾松天然林分的木材密度和管胞长度呈从北至南、从西至东，或从西北至东南逐渐增加的地理变异模式。

全国马尾松地理种源协作组于 1979 年和 1982 年进行了两次马尾松全分布区种源试验（秦国峰，2000），马尾松不同种源生长性状（高、径、材积）3 项指标差异显著。

三、马尾松的种质资源

（一）马尾松优良种源区

根据马尾松不同栽培区（南带、中带、北带）的种源试验结果，生产力最高的种源区为南带的广东、广西以及福建、江西、湖南一部分地区，而分布区北带生产力高的种源包括贵州及福建、湖南、浙江一部分地区。3 个栽培区的优良种源如下：

1. 南带栽培区的优良种源 广西宁明、容县、岑溪、忻城、贵港、恭城，广东广宁、信宜、高州、英德、罗定、博罗等。

2. 中带栽培区的优良种源 广西宁明、岑溪、忻城、贵港、恭城，广东信宜、高州、英德、罗定、乳源，贵州黄平，福建永定，江西崇义，湖南资兴等。

3. 北带栽培区的优良种源 广东高州，四川南江，福建古田、邵武，贵州龙里、贵阳、黄平，湖南常宁、资兴，浙江遂昌等。

（二）马尾松种子区划与用种原则

根据马尾松的种源研究结果，结合现实的生产状况，参考植被、地貌等学科的研究成果，照顾到行政管理范围，将马尾松分布区划分为 9 个种子区，17 个种子亚区。马尾松的用种原则：积极选用当地所属种子区和其邻近省份的南面或西面亚区中的优良种源；近期生产所需的种子，宜在当地所属种子区内选择母树林建立采种基地解决；对于薪炭林、造纸材林、矿柱林的临时用种，可以积极地选择南面跨亚区或跨种子区的优良种源。

（三）马尾松变种

1. 雅加松（*Pinus massoniana* Lamb. var. *hainanensis* Cheng et L. K. Fu） 主要分布于海南雅加大岭。本变种与马尾松的区别在于树皮红褐色，裂成不规则薄片脱落；枝条平展，小枝斜上伸展；球果卵状圆柱形。雅加松为喜光、深根性树种，不耐庇荫，喜温暖湿润气候，能生于干旱、瘠薄的红壤、石砾土及沙质土，或生于岩石缝中，为荒山恢复森林的先锋树种。常组成次生纯林或与栎类、山槐、黄檀等阔叶树混生。在肥润、深厚的沙质壤土上生长迅速，在钙质土上生长不良或不能生长，不耐盐碱。

2. 黄鳞松（*Pinus massoniana* Lamb. var. *huanglinsong* Hort.） 主要分布于广东高州。黄鳞松为马尾松的地理变种，生长习性与用途同马尾松。

3. 岭南马尾松（*Pinus massoniana* Lamb. var. *lingnanensis* Hort.） 主要分布于广东、广西南亚热带地区。岭南马尾松为一地理变种，桂林有栽培，一年开两次花。

4. 武陵松 [*Pinus massoniana* Lamb. var. *wulingensis*（Mast.）C. T. Kuan] 武陵松于 1988 年由中南林业科技大学植物分类专家祁承经教授发现并命名。它与马尾松的区别在于树型较矮小，针叶短而粗硬，长 5～7 cm，果球种子较原种小，长 3～3.5 cm，直径 2～3 cm，种子连翅长 1.3～1.4 cm。喜生于悬崖绝壁或山顶之上。武陵松分布在武陵山系的张家界和常德石门等地，过去一直误认为台湾松，当地群众称为岩松。据调查，该种松树多生长在岩石裸露地或悬崖峭壁石缝中及山脊，土层瘠薄，风大雾多，海拔 900 m 以上形成群落，面积较大，常与乌冈栎混生，林下有灯笼花、无梗越橘、波叶红树果等，草本植物稀少，其生境与 900 m 以下的马尾松明显有别，即使在马尾松与武陵松交叉分布地带，其外形差异也十分显著。

（四）马尾松良种或品种

目前审认定的国家级和省级马尾松林木良种或品种包括优良种源、优良家系、种子园、母树林、优树保存圃等类型，数量达数百个。

1. 桐棉马尾松种源 国家级良种（国 S - SP - PM - 003 - 2002），是岭南马尾松的优良地理种源，简称"桐棉松"。具有结实周期短、种子发芽率高、耐瘠薄、耐干旱、主干通直、分枝小、树冠窄（可密植）、侧枝平展、根系庞大、纸浆得率高、林分分化率低、材质好、纹理直、成林快、单产高、速生丰产等优点。20 年生林分单位面积蓄积量 240 m³/hm² 以上，出材率 70%，每公顷产松脂 7.5 t。缺点是易受马尾松松毛虫危害。适宜种植范围为我国南亚热带和中亚热带地区，如福建、江西、湖南、四川东南部及广东、广西、湖北等低海拔地区。

2. 富顺马尾松种子园 国家级良种〔国 R - CSO9（1）- PM - 011 - 2002〕，是四川富顺林场优良马尾松种子园。喜温湿气候、微酸性土壤，耐干旱瘠薄，种子质量优良、高产稳产，树干较通直，生长速度快，抗风灾与病害能力强，但不耐低温，适宜在四川、重庆等地种植推广。

3. 福建马尾松家系（系列） 属于地方良种，该系列目前已经审定的品种有 200 多个系号，如 MS9392 - PM1a 种 8001、80001、80766 等，具有速生、遗传增益 10% 以上、产脂量较高等特点，适宜在福建及相似气候与立地条件下种植推广。

4. 福建马尾松种子园、母树林 包括水西马尾松高产脂种子园，永定、白砂马尾松优良实生种子园、溪口马尾松优良初级种子园、金丰马尾松母树林、建瓯马尾松无性系种子园共 6 个。一般都具有速生、种子质量高等特性，适宜在福建及相似气候与立地条件下种植推广。

5. 广东信宜脂用马尾松家系（系列） 包括 G1、G3、G5、G10、G24、G25、G26、G29、G37、G41 共 10 个，母树产松脂量高，松脂质量优良，少或无病虫害，适宜广东丘陵、山区，以海拔 300～800 m 地区为佳。

6. 广东马尾松种子园 包括乳源马尾松种子园、信宜马尾松种子园，种子品质良好，生长快，产脂力高，松脂品质好，种子预期材积增益 24% 以上，产脂增益 20% 以上，适宜广东马尾松适生区栽植推广。

7. 广西马尾松种子园、母树林 包括藤县大芒界马尾松种子园、贵港市覃塘林场马尾松种子园、南宁地区林科所马尾松种子园、派阳山马尾松母树林、忻城县古蓬松母树林共 5 个，种子品质优良、发芽率高，后代具有生长快、适应广、干形好、抗逆性好等特点，遗传增益可达 15% 以上，适宜广西等地种植推广。

8. 忻城古蓬马尾松种源 桂 S - SP - PM - 008 - 2004，简称"古蓬松"。速生丰产，耐干旱瘠薄，造林后林相整齐，树干通直，树皮薄，侧枝细，自然整枝良好，树冠窄；木材出材率高，产脂量大，抗病虫害能力强；后代遗传稳定性高。种子千粒重大，发芽率高。适宜南亚热带广大低山丘陵地区种植推广。

9. 岑溪马尾松波塘种源 桂 S - SP - PM - 007 - 2004，生长快，树干圆满通直，材质优良，松脂产量高，造林适应性强，对立地条件要求不严，可做速生林经营。适宜在广西、广东、福建、江苏、湖南、贵州、江西等省份种植。

10. 湘林所马尾松家系 包括 F001 至 F010 共 10 个优良马尾松家系。年均树高和胸径生长量大，木材密度较大，抗病虫性良好，抗寒能力较好，前期生长快，郁闭早。适宜在湖南南岭、雪峰、武陵、幕阜山等地区种植推广。

11. 四川马尾松种子园　包括宜宾、高县马尾松第一代无性系种子园，马尾松优树保存圃、江油市马尾松种子园共 4 个良种，生长速度快，干形、冠形、树皮厚度、木材等得到较好改良，具有较强抗病虫害能力。马尾松优树保存圃有优树 392 个。适宜在四川及北亚热带马尾松分布区种植推广。

第五节　马尾松野生近缘种的特征特性

一、黑松

学名 *Pinus thunbergii* Parl.，别名白芽松。

（一）形态特征

乔木，高达 30 m，胸径可达 2 m；幼树树皮暗灰色，老则灰黑色，粗厚，裂成块片脱落；枝条开展，树冠宽圆锥状或伞形；1 年生枝淡褐黄色，无毛；冬芽银白色，圆柱状椭圆形或圆柱形，顶端尖，芽鳞披针形或条状披针形，边缘白色丝状。针叶 2 针一束，深绿色，有光泽，粗硬，长 6～12 cm，径 1.5～2 mm，边缘有细锯齿，背腹面均有气孔线；横切面皮下层细胞 1 层或 2 层、连续排列，树脂道 6～11 个，中生。雄球花淡红褐色，圆柱形，长 1.5～2 cm，聚生于新枝下部；雌球花单生或 2～3 个聚生于新枝近顶端，直立，有梗，卵圆形，淡紫红色或淡褐红色。球果成熟前绿色，熟时褐色，圆锥状卵圆形或卵圆形，长 4～6 cm，径 3～4 cm，有短梗，向下弯垂；中部种鳞卵状椭圆形，鳞盾微肥厚，横脊显著，鳞脐微凹，有短刺；种子倒卵状椭圆形，长 5～7 mm，径 2～3.5 mm，连翅长 1.5～1.8 cm，种翅灰褐色，有深色条纹；子叶 5～10（多为 7～8）枚，长 2～4 cm，初生叶条形，长约 2 cm，叶缘具疏生短刺毛，或近全缘。花期 4～5 月，种子第二年 10 月成熟（图 4-1）。

（二）生物学特性与地理分布

阳性树种，喜光，耐寒冷，不耐水涝，耐干旱、瘠薄及盐碱土。适生于温暖湿润的海洋性气候区域，喜微酸性沙质壤土，最宜在土层深厚、土质疏松，且含有腐殖质的沙质壤土处生长。因其耐海雾，抗海风，也可在海岸及海滩盐土地方生长。生长慢，寿命长。黑松一年四季常青，抗病虫害能力强。

原产日本本州、四国、九州沿海地区及朝鲜南部海岸地区。

黑松在我国大连、山东沿海及蒙山、江苏云台山沿海及丘陵石山，以及南京、上海、武汉、杭州等地引种栽培。

（三）利用价值

黑松为著名的海岸绿化树种，可用作防风、防潮、防沙林带及海滨浴场附近的风景林，行道树或庭荫树。在国外也有密植成行并修剪成整齐式的高篱，围绕于建筑或住宅之外，既有美化又有防护作用。黑松还可用于道路绿化、小区绿化、工厂绿化、广场绿化等，绿化效果好，恢复速度快。其枝干横展，树冠如伞盖，针叶浓绿，四季常青，树姿古雅，可终年欣赏。黑松盆景对环境适应能力强，庭院、阳台均可培养。

黑松木材纹理直或斜，结构中至粗，材质较硬或较软，易施工。可供建筑、电杆、枕木、矿柱、桥梁、舟车、板料、农具、器具及家具等用，也可作为木纤维工业原料。树木可用于采脂，树皮、针叶、树根等可综合利用，制成多种化工产品，种子可榨油。可从中采收和提取药用的松花粉、松节、松针及松节油。

二、西黄松

学名 *Pinus ponderosa* Dougl. ex Laws.。

（一）形态特征

乔木，原产北美，高达 70 m，胸径 4 m；树皮黄色或暗红褐色，裂成不规则鳞状大块片脱落。大枝开展，常下垂，梢端上升，枝条每年生长 1 轮。小枝粗壮，暗橙褐色，有时被白粉，老枝灰黑色。冬芽圆柱形或圆锥形，红褐色被树脂。针叶通常 3 针一束，长 12～36 cm，径 1～1.5 mm，粗硬，扭曲，深绿色，有细齿，树脂道 5 个，中生。球果卵状圆锥形，长 7.5～20 cm，径 3.5～5 cm，近无梗；鳞盾淡红褐色或黄褐色，有光泽，沿横脊隆起，鳞脐有向后反曲的粗刺。种子长卵圆形，长 7～10 mm，翅长 2.5～3 cm。

（二）生物学特性与地理分布

喜欢排水好的壤土地。喜光，不喜阴。根系深，耐风，耐干旱，耐贫瘠，耐盐碱，抗火灾能力强。

我国辽宁熊岳、大连、锦州，江苏南京，河南鸡公山及庐山植物园等地引种栽培供庭院观赏，长势尚好。

（三）利用价值

边材白色，心材淡红色，纹理直，结构较细，硬而较脆；在原产地供建筑、枕木、板料等用，也为优良的园林树种。

三、巴山松

学名 *Pinus henryi* Mast.。

（一）形态特征

乔木，高达 20 m；1 年生枝红褐色或黄褐色，被白粉；冬芽红褐色，圆柱形，顶端尖或钝，无树脂，芽鳞披针形，先端微反曲，边缘薄，白色丝状。针叶 2 针一束，稍硬，长 7～12 cm，径约 1 mm，先端微尖，两面有气孔线，边缘有细锯齿，叶鞘宿存；横切面半圆形，单层皮下层细胞，稀出现散生的第二层皮下层细胞，树脂道 6～9 个，边生。雄球花圆筒形或长卵圆形，聚生于新枝下部成短穗状；1 年生小球果的种鳞先端具短刺。球果显著向下，成熟时褐色，卵圆形或圆锥状卵圆形，基部楔形，长 2.5～5 cm；径与长几相等；种鳞背面下部紫褐色，鳞盾褐色，斜方形或扁菱形，稍厚，横脊显著，纵脊通常明显，鳞脐稍隆起或下凹，有短刺；种子椭圆状卵圆形，微扁，有褐色斑纹，长 6～7 mm，径约 4 mm，连翅长约 2 cm，种翅黑紫色，宽约 6 mm。

（二）生物学特性与地理分布

喜温暖湿润气候，年平均气温 10～14 ℃，年降水量 1 000 mm 以上；适生于酸性山地黄壤或黄棕壤。最喜光，耐干旱瘠薄。天然更新良好，生长快。

产于巴山地区，东起湖北西部房县、兴山、恩施、建始等地海拔 1 200～2 600 m 处，西至四川东北部城口、奉节、通江海拔 1 150～2 000 m 处，北达陕西南郑等地。除组成小片纯林外，常与华山松、栓皮栎、刺叶栎、四照花、三尖杉等混生。

（三）利用价值

巴山松木材性质、用途与马尾松相似。可在海拔 1 500～2 500 m 地带作为荒山造林树种。

（李　斌　安元强）

参考文献

方永鑫，陆震，1990. 不同群体马尾松核型分化式样 [J]. 广西植物 (3)：201 - 207.

沈香香，赵虎，王玉，2011. 松属近缘种和分子鉴定及其近缘关系探讨 [J]. 林业科学，47 (10)：51 - 58.

管中天，1981. 四川松杉类植物分布的基本特征 [J]. 植物分类学报，19 (4)：393 - 407.

胡兹苓，李湘萍，包宏，1992. 松属植物种子油脂肪酸的分布及化学分类探讨 [J]. 植物资源与环境学报 (3)：15 - 18.

黄启强，王莲辉，户九信弘，等，1995. 马尾松天然群体同工酶遗传变异 [J]. 遗传学报，22 (2)：142 -151.

梁盛业，1994. 世界松树名录 [J]. 广西林业科学，23 (3)：137 - 143.

卢孟柱，1999. 松属线粒体基因序列变异研究 [J]. 林业科学，35 (4)：14 - 20.

秦国峰，2000. 马尾松改良及培育 [J]. 杭州：浙江大学出版社.

谭小梅，周志春，金国庆，等，2012. 马尾松二代无性系种子园遗传多样性和交配系统分析 [J]. 林业科学，48 (2)：69 - 74.

吴中伦，1956. 中国松属的分类与分布 [J]. 中国科学院大学学报，5 (3)：131 - 163.

张一，储德裕，金国庆，等，2009. 马尾松 1 代育种群体遗传多样性的 ISSR 分析 [J]. 林业科学研究，22 (6)：772 - 778.

虞泓，葛颂，黄瑞复，等，2000. 云南松及其近缘种的遗传变异与亲缘关系 [J]. 植物学报，42 (1)：108 - 110.

《中国森林》编辑委员会，1999. 中国森林：第 2 卷针叶林 [M]. 北京：中国林业出版社.

《中国树木志》编辑委员会，1983. 中国树木志：第一卷 [M]. 北京：中国林业出版社.

周志春，秦国峰，李光荣，等，1995. 马尾松天然林木材化学组分和浆纸性能的地理模式 [J]. 林业科学研究，8 (1)：1-6.

Duffield J W，1952. Relationships and species hybridization in the genus *Pinus* [J]. Zeitschrift fur Forstgenetik und Forstpflanzenzuchtung，1 (4)：93-100.

Eckert A，Hall B，2006. Phylogeny，historical biogeography，and patterns of diversification for *Pinus* (Pinaceae)：phylogenetic tests of fossil - based hypotheses [J]. Molecular Phylogenetics & Evolution，40 (1)：166-182.

Wang X R，Szmidt A E，Lewandowski A，et al. ，1990a. Evolutionary analysis of *Pinus densata* (Masters)，a putative tertiary hybrid (1)：allozyme variation [J]. Theoretical and Applied Genetics，80：635-640.

Wang X R，Szmidt A E，Lewandowski A，et al. ，1990b. Evolutionary analysis of *Pinus densata* (Masters)，a putative tertiary hybrid (2)：a study using species specific chloroplast DNA markers [J]. Theoretical and Applied Genetics，80 (5)：641-647.

Wang X R，Szmidt A E，1994. Hybridization and chloroplast DNA variation in a *Pinus* species complex from Asia [J]. Evolution，48：1020-1031.

第 五 章

落 叶 松

落叶松（*Larix* spp.）是寒温带和温带的主要用材树种，资源储量十分丰富，天然分布范围较为广泛。落叶松属（*Larix* Mill.）属松科（Pinaceae）落叶松亚科（Laricoideae）。全世界落叶松属植物18种，原产北半球的高山区及高寒地带，广泛分布于北半球的亚洲、欧洲和北美洲的温带高山、寒温带和寒带地区，组成广袤的纯林。中国有10种1变种，引入栽培2种，其中，中国特有种6种，国家二级保护植物2种〔即太白红杉（*Larix chinensis*）、大果红杉（*Larix potaninii* var. *macrocarpa*）〕，广泛分布在东北、华北、西北和西南等广大地区，为中国的东北、内蒙古以及华北、西南的高山针叶林主要森林组成树种，也是各分布区适用于造林的重要的针叶用材树种。

第一节 落叶松属植物的利用价值和生产概况

一、落叶松属植物的利用价值

（一）木材利用价值

木材耐腐性好，耐水湿，力学强度高，供建筑、电杆、矿柱、枕木、桩木、桥梁、舟车、家具、器具等用材。材质坚韧、结构致密、纹理直，可用于生产胶合板、刨切薄木、单板层积材、木制家具和高档门窗。木材重，密度较大，木材纤维含量高，是良好的木纤维工业原料。利用木片生产硫酸盐纸浆，用以制造各种类型的高级纸张和纸质制品。

（二）药用价值

木材中含少量黄酮类化合物，其中所含的维生素P，对多种疾病疗效明显，可增强血管的韧性和渗透性；针叶富含维生素C，可提取药用。

（三）造林绿化价值

落叶松树干笔直，树势高大挺拔，冠形整齐美观，条形叶轻柔而潇洒，姿态优美，根系发达且抗烟能力较强，为优良的造林绿化树种。

（四）生态价值

落叶松对不良气候的抵抗力较强，适于高山与高纬度地带的气候条件生长，其森林在上述地区具有重要的防护功能。落叶松根系发达，抗风及抗冰雪力强，可作为江河流域高山与高寒地区森林更新和荒山造林的主要树种。

（五）其他价值

1. 栲胶　落叶松树皮中的植物单宁属于凝缩类，具鞣革性能，收缩性中等，渗透性缓慢，经粉碎筛选、浸提、蒸发和干燥等工艺处理，提取生产栲胶，在制革工业中用作鞣革剂，也可用于选矿、石油钻井、锅炉水处理和水泥生产等方面。树皮中还含有黄烷醇类聚合物，其结构接近于工业酚类化学药品，利用树皮提取物制备单宁胶，广泛应用于桦木胶合板、竹材胶合板和室外装饰用刨花板等生产。

2. 乳化剂和分散剂　木材富含亲水性和多分支的阿拉伯半乳聚糖，提取可用于制作胶黏剂、食用胶和动物胶的替代用品。利用水解产物可制得多元醇和卫矛醇，以替代阿拉伯树胶作为乳化剂和分散剂，广泛应用于纺织、印刷、食品加工和制药等工业部门。

3. 松针产品　在天然林采伐和人工林抚育过程中，往往残留大量的落叶松嫩枝和松针，其中富含维生素、酶、植物激素等多种生物活性物质和蛋白质、碳水化合物、脂肪等能量物质，将其收集、加工，能制造出多种有价值的松针产品，如针叶维生素粉、松针软膏、浓缩维生素原和松针精油等，广泛应用于饲料、香料、食品、化妆品及医药等领域。

4. 树脂　落叶松木材的树脂道可分泌大量树脂，由固体的树脂酸（松香）和液体的萜类化合物（松节油）两部分组成，将其收集起来，经过分离提纯后，可制取纯净的松香和松节油。松节油是一种优良的溶剂，溶解性很强，广泛应用于油漆、涂料、催干剂、鞋油、油膏、胶黏剂和其他类似的产品中。在纺织工业中，用松节油制作媒染剂和染料；在合成工业中，用松节油合成樟脑和冰片，以及松油醇、芳香醇和檀香等香料，也可用以合成毒杀酚、硫氰乙酸异莰酯等农药及萜烯树脂。

5. 挥发油　针叶中挥发油含量较高，提取后可用以调制东方型香料、皂用香精和喷雾香精。

二、落叶松属植物的分布和生产概况

（一）落叶松属植物的分布和区划

落叶松在中国的针叶林中占有重要地位，它们是寒温带针叶林和其他地区高海拔森林的重要组成成分。落叶松属中国10种1变种，广泛分布在东北的大兴安岭、小兴安岭、老爷岭和长白山，以及辽宁西北部，河北北部，山西，陕西秦岭，甘肃南部，四川北部、西部和西南部，云南西北部，西藏南部和东部，新疆阿尔泰山和天山东部。在中国落叶松属分为2个组，即落叶松组和红杉组，落叶松组包括兴安落叶松、长白落叶松、华北落叶松、新疆落叶松，分布均广泛；红杉组中的红杉（*Larix potaninii*）和大果红杉次之，而喜马拉雅红杉（*Larix himalaica*）和太白红杉的分布面积最小。在中国境内，落叶松属存在 6 个间断分布区，以川西—滇西北—藏西北分布区最大，种数最密集，包含 5 种 1 变种（西藏红杉、怒江红杉、四川红杉、喜马拉雅红杉、红杉与变种大黑红杉），是该属现代地理分布中心。其他 5 个分布区各分布 1 种落叶松，即大、小兴安岭分布区——兴安落叶松（*Larix gmelini*）、长白山分布区——长白落叶松（*Larix olgensis*）、华北山地分布区——华北落叶松（*Larix principis-rupprechtii*）、阿尔泰山和天山东部分布区——新疆落叶松（*Larix sibirica*）、秦岭分布区——太白红杉。

（二）落叶松的栽培概况

全国落叶松按照第八次全国森林资源清查（2009—2013）天然林面积 756 万 hm²，蓄积量 8.17 亿 m³；人工林面积 314 万 hm²，蓄积量 1.84 亿 m³。东北林区是兴安落叶松和长白落叶松的主产区，林分蓄积量居该林区的首位，约占针叶树种林木总蓄积量的 39.44%，大兴安岭和小兴安岭北部兴安落叶松林面积约 330 万 hm²，蓄积量达 3 亿 m³；黑龙江林区的蓄积量占用材林总蓄积量的 23.64%，大兴安岭林区的蓄积量约占用材林总蓄积量的 70%。尽管如此，天然林的存量资源需要进行生态性的保护，故已无法满足社会发展的需求，必须加大人工林的培育力度。落叶松许多种已广泛用于人工造林。落叶松属树种资源多、分布广，具有对气候的适应能力强、早期速生、适宜山地栽培和木材用途广泛等优势，人工造林对缓解木材供需矛盾，建立 21 世纪的工业用材林基地具有极其重要的意义。目前，中国落叶松较大规模人工造林的主要树种包括兴安落叶松、长白落叶松、华北落叶松和西伯利亚落叶松 4 个乡土树种，以及 20 世纪 40 年代引入的日本落叶松。落叶松人工林储备资源十分丰富，其中东北林区落叶松人工林的蓄积量已占到该林区人工林总蓄积量的 50.5%。

第二节　落叶松属植物的起源、传播和分类

一、落叶松属植物的起源和演化

落叶松属是松科中较为进化的一个属，早在第三纪就已出现在欧亚大陆，到第四纪受气温下降的影响，分布范围逐渐扩大。在落叶松属的起源和演化方面，国内外学者的见解不同。俄罗斯学者对落叶松的发生和演化进行了长期的研究，认为阿尔泰山区是近代落叶松的摇篮，该属最早类型为兴安落叶松，且东北亚地区是一个最活跃的落叶松属植物形成和发展的场所。兴安落叶松是典型第三纪末期的产物，最早出现在欧亚大陆针叶林的北缘，随着第四纪冰期的到来，东西伯利亚寒带的落叶松沿山区南迁到我国大兴安岭最南端的克什克腾旗；一部分沿平原向外迁移至日本，发育形成了日本落叶松（*Larix kaempferi*），再由日本经千岛群岛和阿留申群岛进入美洲，在那里发育成现代的北美落叶松（*Larix laricina*）；向南沿天山和兴都库什山推进，形成了今天的西藏红杉（*Larix griffithiana*），留存于阿尔泰山的兴安落叶松转变成现代的新疆落叶松；兴安落叶松自身则保留在西伯利亚北部和其他更高的山地，以适应当地更加严寒的气候。落叶松是北方

寒温性针叶林的重要组成部分，分布高度由高纬度向低纬度递增，从水平地带性森林演化成山地垂直带森林，随着垂直带谱的升高，寒温性针叶林由北方的连续分布转向间断分布，仅出现于各山体的较高处。由于落叶松属植物均为阳性树种，林冠下更新困难，在树种之间的竞争上表现出脆弱性，从而决定了其现在的空间分布格局。

二、落叶松属植物的形态特征、分类

（一）落叶松属植物的形态特征

落叶乔木，树干通直；小枝下垂或不下垂，枝条二型，有长枝与短枝之分；冬芽小，近球形，芽鳞排列紧密，先端钝。叶条形扁平，柔软，长枝上螺旋状散生，短枝上呈簇生状；上面平或中脉隆起，有气孔线或无，下面中脉隆起，两侧各有数条气孔线，树脂道2个，常边生，位于两端靠近下表皮，稀中生。球花单性，雌雄同株，单生于短枝顶端，春季与叶同放，基部具膜质苞片，着生球花的短枝顶端有叶或无叶；雄球具多数雄蕊，雄蕊螺旋状着生，花药2，药室纵裂，药隔小、鳞片状，花粉无气孔囊；雌球花直立，珠鳞型小，螺旋状着生，腹面基部着生2枚倒生胚珠，背面托以大而显著的苞鳞，苞鳞膜质，直伸、反曲或向右反折，中肋延长成尖头，受精后珠鳞迅速增大或略为增大。球果当年成熟，直立，具短梗，幼嫩球果通常紫红色或淡红紫色，稀绿色，成熟球果的种鳞张开；种鳞革质，宿存；苞鳞小，不外露或微外露，或苞鳞较种鳞长，显著露出，露出部分直伸或向后弯曲或反折，背部具明显的中肋，中肋常延长成尖头；发育种鳞的腹面有两粒种子，种子上部具膜质长翅。幼苗的子叶通常6～8枚，发芽时出土。

（二）落叶松属分类

落叶松属植物主要分布于北半球的亚洲、欧洲和北美洲的温带高山和寒带地区。《中国树木志》（《中国树木志》编辑委员会，1983）和《中国植物志》（中国科学院中国植物志编辑委员会，1978）记载，中国现有落叶松属植物分2组，含18种，即红杉组（Sect. *Multiseriales*）、落叶松组（Sect. *Larix*）。①红杉组：包括西藏红杉、怒江红杉（*L. speciosa*）、四川红杉（*L. mastersiana*）、喜马拉雅红杉、太白红杉、红杉和大果红杉；②落叶松组：包括新疆落叶松、兴安落叶松、长白落叶松、华北落叶松、欧洲落叶松（*L. decidua*）及日本落叶松。兹将中国落叶松属植物原产种及国外引进种的分布情况列于表5-1。

表5-1 中国落叶松植物种与引进种分布情况

落叶松种名	分布情况
西藏红杉	产西藏南部、东部，生于海拔3 000～4 000 m山地。尼泊尔、不丹及印度锡金邦有分布
怒江红杉	产云南西北部及西藏东南部，生于海拔2 600～4 100 m山地
喜马拉雅红杉	产西藏南部，生于海拔3 000～3 500 m。尼泊尔有分布

（续）

落叶松种名	分布情况
红杉（大果红杉变种）	产甘肃南部、青海东南部及四川西部，生于海拔 2 500～4 000 m 山地
西伯利亚落叶松	产新疆，生于海拔 1 000～3 000 m 山地。俄罗斯及蒙古国有分布
华北落叶松	产内蒙古、河北、山西及河南，生于海拔 1 400～2 800 m 山地
兴安落叶松	产黑龙江、吉林及内蒙古，生于海拔 300～1 200 m 山地
长白落叶松	产黑龙江东南部，吉林及辽宁东部，生于海拔 500～1 800 m 山地。俄罗斯远东地区及朝鲜有分布
日本落叶松	原产日本。中国黑龙江、吉林、辽宁、内蒙古、河北、山东、四川、湖北、湖南有引种栽培

第三节　落叶松属植物的遗传多样性

一、地理种源变异与优良家系选择

落叶松属植物地理种源方面的系统研究起源于 20 世纪中叶，虽然起步较晚，但发展迅速。1978 年，中国林业科学研究院林业研究所组织 20 余个单位协作研究，涵盖红杉组、落叶松组树种在内的种和种源地理变异与种源区划，包括湖南、湖北、四川、新疆、甘肃、宁夏、陕西、内蒙古、河南、山西、河北、山东、黑龙江、吉林和辽宁等省份。

（一）兴安落叶松

兴安落叶松自然分布区内的地形、气候、土壤和植被环境因素差异较大，因其生态幅度较宽，种内分化剧烈，生态地理变异突出，从而构成了较大的种群系统，且群体多态性丰富。兴安落叶松种源和种群方面的系统研究始于 20 世纪 80 年代。80 年代初期，仅局限在形态变异（陈金典，1984）的研究；依据形态性状的变异规律，进行种源区划（鲍务立，1985）。20 世纪 90 年代，中国学者较为全面、系统地开展了种源试验，研究了地理种源的变异规律与模式、种源区划、优良种源选择及兴安落叶松种内同工酶分析等。通过分析兴安落叶松 16 个种源 13 个参试点的试验结果得出，兴安落叶松地理种源间存在着丰富的遗传变异，其生长量与经度呈正相关，与纬度呈负相关，具有明显的经向为主、纬向为辅，经纬双向连续渐变的特点（杨传平，2002）。同时，开展了大兴安岭东坡地区兴安落叶松地理种源选择技术的研究（刘兴国，1990）、天然分布区外地理变异规律及最佳种源选择技术的研究（杨书文，1990）。在此基础上，依据兴安落叶松家系子代的遗传表现，参照自然区划和植被区划，将兴安落叶松天然分布区划分成 4 个种源区，即大兴安岭北部种源区、大兴安岭中南部种源区、大小兴安岭过渡种源区和小兴安岭东南部种源区，并确定小兴安岭友好种源和乌伊岭种源适于在兴安落叶松广大造林区内推广（杨传平，

2002）。1984 年黑龙江省防护林研究所用采自内蒙古柴河林业局兴安林场的优树 37 个家系进行子代测定，并以原产地商品种子和错海林场母树林种子作为对照。8 年生时测定，优树子代生长大于原产地对照家系，树高、胸径和材积分别增加 9.8％、11.4％、28.6％，选出的优良家系增产尤为突出（张景林等，1994）。兴安落叶松与日本落叶松杂交一年生的杂种苗高生长都大于对照和优良种源（王祥琦等，2007）。草河口日本落叶松与兴安落叶松杂交家系苗期测定，苗高生长表现存在极显著相关，杂种优势明显（张磊等，2010）。

（二）长白落叶松

长白落叶松是中国东北地区东部山地主要用材树种，生长较快，综合利用价值高，受分布区内生态环境多样性的影响与河流及山脉的阻隔，长期自然选择和种内种群的遗传分化，从而形成了具有不同遗传结构的稳定种群或种源，而且不同的地理种群生长潜力相差很大。不同种群的子代具有稳定的变异趋势，随地理坐标的变化，其生长性状并无明显的变异规律，但中低海拔种群的子代生长表现良好，而高海拔种群的子代生长表现较差，二者差异显著（王继志，1991）；通过全分布区的种源试验，将 10 个种源划分成 3 个类型，即低产稳定型、中产稳定型和高产非稳定型。在此基础上，以生长性状、适应性、抗逆性、形态特征和种子品质为选择及评价指标，兼顾种源生长性状的遗传力和遗传增益估算结果，确定小北湖种源为张广才岭山区的最佳种源（杨书文，1991）。20 世纪 80 年代，在东北和内蒙古东部长白落叶松的适生范围内，先后进行了两次全分布区的种源试验，采用典型相关分析的方法，从生态遗传学的观点出发，揭示了长白落叶松的地理变异规律，即：①以海拔垂直梯度为主、纬向渐变为辅的连续型变异模式。②低海拔、低纬度的小北湖种源为优良基因资源中心。③水热因子的综合选择作用是地理变异的重要因素，且以温度为主导因子。④在地理种群的遗传分化中，生长性状的分化最明显，可作为种源区区划的主要性状。⑤物候特征变异以经向影响尤为突出，形成了沿经向梯度变异的 3 种物候型（杨传平，2001）。在长白落叶松材性的遗传分化中，管胞形态变异的基本模式为经向和纬向双重渐变，管胞形态特征变异尤其明显，水湿条件和温度变化直接影响其地理变异，且木材密度、硬度、晚材率和年轮宽度等性状的随机变异趋势明显。⑥长白落叶松形态特征，如冠幅大小、侧枝数、侧枝粗、主干Ⅰ级侧枝长、分枝夹角等，在种源间差异显著。⑦长白落叶松抗性特征，如不同种源间枯梢病发病率的地理变异极显著（杨传平，2011）。

长白落叶松优良家系选择也取得了显著效果，1988 年黑龙江省林业科学研究所在林口县青山林场采集长白落叶松初级无性系种子园 37 个无性系的自由授粉种子进行了子代测定和优良家系选择，19 年生树高、胸径和立木材积测定结果，与对照比差异极显著，并选出了 10 个优良家系，建立 1.5 代种子园（李艳霞等，2010）。又根据黑龙江省林业科学研究所进行的长白落叶松半同胞子代测定及优良家系的选择结果，24 年生 17 个家系生长与对照比差别极显著，并选出了 4 个优良家系，材积、胸径、树高平均分别大于对照 31.51％、12.09％和 5.17％（蒙宽宏等，2014）。

（三）日本落叶松

日本落叶松自然分布在日本的八大山系，分布区虽小，但生态条件复杂，适应性广泛。中国引种日本落叶松已具百余年历史，是最早引种日本落叶松的国家之一。20 世纪 30 年代，中国东北地区开始引种栽培日本落叶松的次生种源，遗传变异幅度相对狭窄，但其家系子代长期适应了栽培区域的气候条件和地理环境，在生长性状和抗逆性方面均表现出一定的优势，这符合生物遗传和进化论的规律（田志和，1995；马常耕，1992）。1980 年配合落叶松种和种源的研究，进行了引入我国的日本落叶松次生种源试验，初步结果表明，日本落叶松次生种源虽存在着一定的生长差异，但这种差异各地表现不同，无一定的规律可循，这可能与我国引进的日本落叶松不是来自同一地区有关，因此，各地应根据次生种源试验结果采用适宜本地生长的最佳种源。如河北承德、山西、湖北宜昌、河南卢氏、宁夏固原、湖北建始、湖南安化、内蒙古赤峰、四川洪雅等 9 个种源试验区选出黑龙江青山、吉林东丰、辽宁铁岭、辽宁西丰、吉林柳河、辽宁桓仁、辽宁草河口与山东崂山等共 8 个最佳种源，分别适用于各试区范围。"十一五"（2006—2010）期间中国林业科学研究院林业研究所与河北省农林科学院，又进行了中国北亚热带高山区日本落叶松多水平遗传评价与高世代育种种质选育研究，对 20 世纪 80 年代先后建立在湖北恩施和宜昌地区的各种日本落叶松育种基因资源和子代测定林，以及 20 世纪 90 年代建立在该区的日本落叶松原生种源/家系试验林进行了全面测定评价，系统开展了日本落叶松自由授粉家系生长、干形、材性等主要经济性状的遗传变异规律等研究，建立了优良家系及二代优树的综合评价体系。选出生长、干形和材性兼优的家系 5 个，为湖北等亚热带高海拔山区筛选出了纸浆专用材家系。运用 BLUP（最佳线性无偏预测）、BLP（最佳线性预测）法进行家系及单株材积育种值预测，选出优良家系 97 个，材积预测遗传增益在 18.4% 以上。

在家系遗传评价的基础上开展了二代优树个体选择，应用 BLP 法进行单株育种值预测，通过家系内个体配合选择方式选出二代优树 375 株，分别来自 150 个家系，单株和家系入选率分别为 2.96% 和 41.1%，理论计算的胸径、树高和材积的遗传增益分别为 10.5%～36.5%、7.6%～34.9% 和 25.7%～144.3%，为我国种子园升级换代提供了技术指导和遗传材料储备。

二、同工酶水平变异

20 世纪 60～90 年代初，同工酶被广泛用来估测种内遗传变异水平与描述群体遗传结构，在中国应用于许多树种的遗传变异研究。等位酶是基因变化的一个标志，水平切片淀粉凝胶电泳等位酶分析是在居群、种甚至属的水平上研究生物遗传多样性的重要方法，也是现代植物系统和进化研究所必不可少的手段。应用等位酶分析技术，沿两个海拔梯度探讨了瑞士阿尔卑斯山欧洲落叶松居群内和居群间的遗传多态性（赵桂彷，2001）。利用等位酶系统分析了西伯利亚中央地区的兴安落叶松的遗传多样性和多态性，揭示出 98% 的遗传变异主要源自群体内部。采用垂直板状聚丙烯酰胺凝胶电泳技术，利用 3 个同工酶分析了兴安落叶松种群内的遗传与分化，证明其种群间存在一定的变异（乔辰，1995），并利用 2 个同工酶分析了群体平衡状况和分化程度（杨传平，1997）。采用 5 个酶系统 8 个基因位点分析了卡氏落叶松、西伯利亚落叶松、兴安落叶松、苏氏落叶松和杂种落叶松天然群体的遗传结构，揭示了 5 种落叶松的遗传关系（张学科，2002）。利用 3 种酶系统 7 个位点探讨了长白落叶松 14 个天然群体的遗传结构，证实了长白落叶松群体在等位点和表型变异上所揭示趋势的一致性（张含国，1995）。以兴安落叶松 4 个种源区的种子为基本材料，对 MDH（苹果酸脱氢酶）和 GOT（谷草转氨酶）同工酶进行了遗传分析，探求群体的遗传结构及其分化和变异，并结合群体的生境和气象等因素揭示其内在的基因控制与外在适应性之间的必然联系，将微观的遗传机制与宏观的群体分布相统一（黄秦军，1996；夏德安，1997）。利用电泳同工酶技术，系统分析了 5 个兴安落叶松天然群体的MDH 和 GOT 同工酶，揭示其群体内遗传结构的变化规律，探求存在于群体内的基因和基因型的类型、频率及在群体内和群体间的分布状况，从分子水平了解群体的变异模式与机制，以及种群间的分化与进化关系（杨传平，1997）。

三、DNA 分子水平变异

分子标记是以物种的基因组多态性为基础的遗传标记技术，可直接揭示物种分子水平上的遗传变异。利用分子 RAPD 和 SSR 两种分子标记方法，结合表型性状研究和遗传距离的聚类分析，可以证实兴安落叶松基本群体具丰富的遗传多样性，群体间遗传相似度较高，亲缘关系较近，且遗传变异主要存在于群体内（张振，2012）。运用分子生物技术理论和方法，在探讨落叶松属植物种内变异和进化机制的过程中，得出兴安落叶松种群的遗传多样性较高，基因丰富度由北向南逐渐减少，认为兴安落叶松在中国的分布是由北向南散布，并存在地理隔离现象（卓丽环，2002）。兴安落叶松 17 个种源 170 个个体的 SSR分子标记结果表明，种源间存在较高的遗传变异，可以利用此结果并结合遗传距离和地理距离划分种源区（那冬晨，2006）。利用 RAPD 和 SSR 分子标记技术，运用群体遗传学原理，对兴安落叶松 105 个无性系个体进行遗传多样性分析，从分子水平上证明，兴安落叶松种源的遗传多样性较为丰富，种源的遗传变异主要源自群体内部，群体间的变异较小（李雪峰，2009）。落叶松杂种具有一定的杂种优势，利用 RAPD 和 SSR 分子标记技术，揭示了日本落叶松×兴安落叶松杂种 F_1 代 147 个个体的遗传多样性，从而证实与日本落叶松杂交后，杂种 F_1 代群体在遗传多样性上高于兴安落叶松（贯春雨，2010）。

第四节 落叶松属植物及其野生近缘种的特征特性

一、兴安落叶松

学名 *Larix gmelini* (Rupr.) Kuzen.，别名意气松、一齐松（大兴安岭）、落叶松（《中国植物志》）、大果兴安落叶松、粉果兴安落叶松、齿果兴安落叶松（《东北木本植物图志》）、达乌里落叶松、达乌里落叶松兴安变种（《植物分类学报》），在黑龙江省有 2 变型，即毛枝兴安落叶松（*L. gmelini* f. *hainganica*）和大果兴安落叶松（*L. gmelini* f. *macrocarpa*）。

（一）形态特征

落叶乔木，树高达 30（35）m，胸径 60～90 cm。幼树树皮深褐色，裂成鳞片状块片；老树树皮灰色、暗灰色或灰褐色，纵裂成鳞片状剥离，剥落后内皮呈紫褐色。枝斜展或近平展，树冠卵状圆锥形；1 年生枝较细，淡黄色或淡褐黄色，直径约 1 mm，无毛或具散生长毛或短毛，被或疏或密的短毛，基部常有长毛，2 年和 3 年生枝褐色、灰褐色或灰色；短枝直径 2～3 mm，顶端叶枕间具黄白色长柔毛。冬芽近圆球形，芽鳞暗褐色，边缘具睫毛，基部芽鳞的先端有长尖头。叶倒披针状条形或条形，扁平，长 1.5～3 cm，宽 0.7～1 mm，先端尖或钝尖，上面绿色，光滑，中脉不隆起，中脉两侧各具 1～2 条不明显的气孔线；下面带灰绿色，中脉隆起，沿中脉两侧各具 2～3 条气孔线，叶下皮为间断的一层厚壁细胞。球果幼时紫红色，成熟前卵圆形或椭圆形，成熟时上部的种鳞张开，黄褐色、褐色或紫褐色，长 1.2～3 cm，径 1～1.7（2）cm，种鳞 14～30 枚，3～5列，与果轴近 30°角开张；中部种鳞五角状卵形，长 1～1.4 cm，宽 0.8～1 cm，先端截形或圆截形，微凹，表面有浅纵沟，淡黄褐色，有时带紫色，鳞背无毛，具光泽；苞鳞较短，长为种鳞的 1/3～1/2，近三角状长卵形或卵状披针形，暗紫褐色，先端具中肋延长的刺尖头；种子斜卵形，灰白色，具淡褐色斑纹，长 3～4 mm，径 2～3 mm，连翅长 9～11 mm，种翅镰刀形，中下部宽，上部斜三角形，先端钝圆；幼苗子叶 4～7 枚，针形，长约 1.6 cm；初生叶窄线形，长 1.2～1.6 cm，表面中脉平，背面中脉隆起，先端钝或微尖。花期 5～6 月，球果 9～10 月成熟，当年 11 月飞散（图 5-1）。

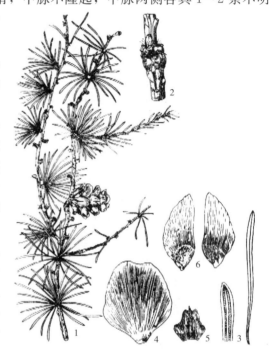

图 5-1　兴安落叶松
1. 具球果的枝条　2. 1 年生小枝基部　3. 叶
4. 种鳞　5. 苞鳞　6. 种子
（引自《黑龙江树木志》，1986）

（二）生物学特性

兴安落叶松林主要分布在大兴安岭林区，是我国寒温带针叶林区北段的地带性植被，也是环球北方森林的组成部分，位于中国对全球气候变化敏感的区域。兴安落叶松生长速度较快，对恶劣气候及病虫害抗性较强。

1. 土壤　对土壤水肥条件适应性极强，适生于多种土壤类型，能在干旱山地、石塘、水湿地以及永冻层接近地表的泥炭沼泽、草甸、湿润而土壤肥沃的阴坡和阳坡、河谷或山顶上生长成林，但以土层深厚、肥润、排水和通气良好的北向山中下腹的缓坡及丘陵地带生长旺盛。

2. 温度　抗寒性极强，在落叶松属中分布最北，能耐 −50.8 ℃极端低温，可在平均温度 −5.8～−2.0 ℃、低温 −34～−51 ℃、无霜期 80 d 的高寒条件下良好生长。

3. 湿度　对气候变化较为敏感，降水、温度和海拔高度均对其存在负效应，适宜生长于降水偏少、温度和海拔偏低的地域。

4. 光照 喜光性强，但与其他植物具有较好的共生性，纯林遭受破坏后，很快与山杨（*Populus davidiana*）、白桦（*Betula platyphylla*）和蒙古栎（*Quercus mongolica*）等树种混交成林；若林冠稀疏、光照充足，林下着生较密的灌木和杂草。

（三）分布概况

兴安落叶松属欧洲—西伯利亚系、东西伯利亚种，是欧洲大陆针叶林带向亚洲东部的延续，分布中心在东西伯利亚（贝加尔湖以东的达乌里一带），向南经中国的大兴安岭，延伸至黑龙江省的小兴安岭，再向南沿张广才岭星散分布到北纬42°30′，与长白落叶松构成交接分布带，在这一带内因受天然杂交的影响，形态具有多样性。在中国，兴安落叶松主要分布在内蒙古和东北地区，集中分布于大兴安岭和小兴安岭，在大兴安岭地区，垂直分布在海拔100～1 600 m处，以海拔500～1 200 m为主要分布区，且随海拔升高，林木生长矮小。在小兴安岭分布区，一般在海拔500 m左右，垂直分布变化不明显。近年来，由于适合其分布的水热条件发生了变化，黑龙江省兴安落叶松的适宜分布区呈现明显向北收缩的趋势，适宜分布面积减少3.13万 hm^2。

（四）利用价值

1. 材用价值 材质坚韧，年轮明显，边材淡黄色，心材黄褐色至红褐色，纹理直，结构致密，耐腐性及抗压力强，供建筑、细木加工、土木工程、桥梁、造船和矿坑设备等用材。木材全纤维含量（56.4%）较高，其中，α-纤维素69.26%，β-纤维素20.04%，γ-纤维素10.7%，纤维平均长3.1 mm，纤维平均宽0.053 mm，为木纤维工业原料和制浆造纸工业的优良原料。

2. 药用价值 针叶富含维生素C，可提取药用。

3. 造林绿化价值 树干笔直，树势挺拔，姿态优美，耐寒冷和干旱瘠薄，可用作行道树和庭园绿化。

4. 其他价值

（1）油脂 种子含油率18.28%，榨取种子油，供油漆制造之用。

（2）栲胶 树皮含植物单宁9%～12%，纯度达45%～65%，可提取栲胶。

（3）鞣料 树皮所含植物鞣料属凝缩类，收敛性中等，渗透速度缓慢，可搭配鞣制重革。

（4）树胶 树胶含量（10%～12%）较高，且易于提取，食用安全，功能性质独特，广泛应用在食品、制药、化妆品制作和印刷等工业。在制药和化妆品制作方面，用作黏结剂、内服药的包被材料和药液乳化剂；在印刷工业上，用于墨水、油墨和印刷版的保护；在纺织工业领域，用以染色和植物压光；在食品工业中，用作粉状香精、微囊材料及果露乳化稳定剂、乳制品增稠剂，以防止结晶析出，改善口感。

（5）挥发油 针叶中挥发油的平均含量为0.2%，提取后可用以调制东方型香料、皂用香精和喷雾香精。

（6）胶黏剂　利用树皮抽提物，制备单宁胶，广泛应用于桦木胶合板、竹材胶合板和室外用刨花板等生产工艺。

（五）变型

1. 毛枝兴安落叶松（《植物分类学报》）　达乌里落叶松的变种，东北大兴安岭和小兴安岭的特有变型，其分布的南界不超过北纬45°；阳性树种，小枝被密或疏的短柔毛，在同一生境条件下，春季萌发早7～9 d，较原种速生。原种的小枝无毛或散生长毛。

2. 大果兴安落叶松（《东北木本植物图志》）　球果较大，长2.5～3（3.2）cm，种鳞多达30枚。主要分布在东北大兴安岭林区，适生于山中腹以上。

二、长白落叶松

学名 *Larix olgensis* Henry，别名黄花落叶松。

（一）形态特征

高大落叶乔木，树高30 m，胸径1 m；幼树树皮灰褐色，老时呈灰色、暗灰色或灰褐色，纵裂成长鳞片，裂缝红褐色，剥落后内皮紫红色；大枝平展或斜展，树冠尖塔形；小枝不下垂；1年生长枝直径0.8～1.2 mm，淡红褐色或淡褐色，无毛或散生长毛，微被白粉；短枝深灰色，直径2～4 mm，顶端叶枕间密生淡褐色柔毛。冬芽紫红褐色，芽鳞边缘具缘毛。叶倒披针状条形，扁平，长1.5～2.5 cm，宽约1 mm，先端钝或微尖，上面中脉平，每侧有1～2条不明显的气孔线，下面中脉隆起，两侧各具2～5条气孔线。球果长卵圆形，长1.5～2.6 cm，稀3.2～4.6 cm，径1～2 cm，熟前淡红紫色或紫红色，成熟时呈淡褐色，或稍带紫色，顶端种鳞排列紧密，不张开，种鳞16～40枚，背面及上部边缘具小疣状突起，间或在近中部有短毛；中部种鳞广卵形、近四方形或方圆形，长宽近相等，先端圆或微凹；苞鳞短，不露出。种子倒卵圆形，长3～4 mm，淡黄白色或白色，连翅长约9 mm。花期5月，球果9～10月成熟。

（二）生物学特性

对生态环境适应能力较强，自然分布区内的森林类型多样，不同林型的林分结构各异，其中，沼泽长白落叶松林沿河两岸的沼泽地分布，林分组成单纯，几乎接近于纯林；坡地长白落叶松林分布在远离河岸的缓坡地带，坡上部与阔叶红松林相连，坡下部与云杉、冷杉林相接，林分组成上植物种类明显增多，组成系数变动较大。

强阳性树种，浅根性，耐干旱瘠薄，适宜灰棕色森林土和沼泽土生长，也可生长在干燥瘠薄的山坡，以土层深厚、湿润且排水良好、pH 5左右的沙质土壤最佳。

生长速度较快。胸径和树高15～25年开始加快，30～80年为胸径生长旺盛期，以后，随年龄增长，生长量逐渐下降。结实量较大，30～60年为结实初期；60年以后，结实量随年龄的增长而相应增多；80～140年达到结实盛期；140年以后进入衰退期，数量和质量趋于下降。

（三）分布概况

长白落叶松原产东北长白山林区，其自然分布区较兴安落叶松狭窄，主要分布于东北的长白山、张广才岭及老爷岭一带。长白落叶松的自然分布区以长白山为中心，北至黑龙江张广才岭和老爷岭境内的穆棱和鸡西交界（北纬 45°）处，南至辽宁的宽甸县境内（北纬 40°30′），西界为松辽平原的东缘。垂直分布范围较大，从低海拔的低湿沼泽至高海拔的山巅均有分布，诸如长白山西侧分布在海拔 750～1 100 m，长白山东侧分布在海拔 1 800 m，张广才岭分布海拔 500～700 m。长白落叶松集中分布在长白山、张广才岭及老爷岭海拔 500～1 000 m 的湿润山坡及沼泽地，在气候温寒、土壤湿润的灰棕色森林土地带分布普遍，海拔 1 100 m 以下常与阔叶树混交成林，海拔 1 100 m 以上则与红松（*Pinus koraiensis*）、长白鱼鳞云杉（*Picea jezoensis* var. *komarovii*）、红皮云杉（*Picea koraiensis*）、色木（*Acer mono*）、臭冷杉（*Abies nephrolepis*）、白桦（*Betula platyphylla*）、辽东桤木（*Alnus sibirica*）、水曲柳（*Fraxinus mandshurica*）、紫椴（*Tilia amurensis*）和蒙古栎（*Quercus mongolica*）等树种混生。长白山北坡的分布上限可达海拔 1 900 m，西坡分布在海拔 750～1 100 m；完达山、张广才岭分布于海拔 500～700 m。朝鲜北部及俄罗斯远东地区有少量分布。

（四）利用价值

1. 材用价值　木材较重，纹理直，结构粗，力学强度高，硬度中等，颇难加工，油漆性能良好，抗弯力大，耐腐蚀和水湿，为优良的水底工程原材料，供建筑、桩木、桥梁、造船、土木工程、电杆、枕木、矿柱、家具和纤维工业原料等用材。

2. 药用价值　针叶富含维生素 C，可提取药用。

3. 造林绿化与生态价值　树势挺拔，冠形整齐，条形叶轻柔而潇洒，姿态优美，适于在园林中点缀配植。长白落叶松生长速度快，具保土、防风功能，可作为防风固沙林和水土保持林的优良树种。根系发达，抗风力强，可作为江河流域高山区森林更新和荒山造林的主要树种。

4. 其他价值　条形叶中挥发油含量较高，提取后用以调制东方型香料、皂用香精和喷雾香精。树皮提取栲胶；树干可提取树脂，提炼松香和松节油。

三、华北落叶松

学名 *Larix principis-rupprechtii* Mayr。

（一）形态特征

落叶乔木，树高达 30 m，胸径 1 m；树皮暗灰褐色，不规则纵裂，成小块状脱落。枝平展，树冠圆锥形；当年生长枝淡褐色或淡褐黄色，幼时具毛，后脱落，有白粉，直径 1.5～2.5 mm，2 年和 3 年生枝渐变成灰褐色或暗灰褐色；短枝灰褐色或深灰色，直径 3～4 mm，顶端叶枕间有黄褐色或褐色柔毛。冬芽圆球形或卵圆形，暗褐色或红褐色，外部芽鳞先端长尖，边缘具睫毛。叶窄条形，上部稍宽，长 2～3 cm，宽约 1 mm，先端尖微钝，上面平，稀每边有 1～2 条气孔线，下面中脉隆起，每边有 2～4 条气孔线。雄球花黄色，矩圆形或近球形，径 5～6 mm。球果长卵圆形或卵圆形，熟时淡褐色或淡灰褐色，具光泽，长 2～4 cm，径约 2 cm；种鳞 26～45枚，背面光滑无毛，边缘不反曲；中部种鳞近五角状卵形，长 1.2～1.5 cm，宽 0.8～1 cm，先端截形或微凹，边缘具不规则细齿；苞鳞暗紫色，近带状矩圆形，长 0.8～1.2 cm，基部宽，中上部微窄，先端圆截形，中肋延长成尾状尖头，仅球果基部苞鳞的先端露出。种子斜倒卵状椭圆形，灰白色，具不规则的褐色斑纹，长 3～4 mm，径约 2 mm，种翅上部三角状，中部宽约 4 mm，种子连翅长 1～1.2 cm；子叶 5～7 枚，针形，长约 1 cm，下面无气孔线。花期 4～5 月，球果 10月成熟（图 5-2）。

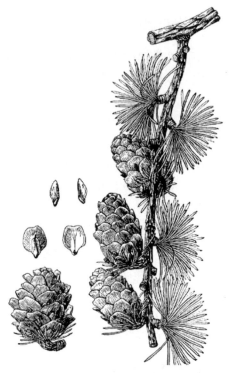

图 5-2 华北落叶松

（二）生物学特性

华北落叶松为阳性树种，对土壤适应性强，喜深厚湿润、排水良好的酸性或中性土壤，在山地棕壤、山地灰棕壤、淋溶褐色土、褐色土、淡栗钙土上均能生长，以花岗岩、片麻岩或砂页岩发育的肥沃湿润的山地暗棕壤生长最好。耐水湿，耐寒性较差，适生于年平均气温 −4～−2 ℃、1 月平均气温 −20 ℃左右，且年降水量 600～900 mm 的环境。人工林的主根分布在 0～20 cm 的土层内，直径≥1.0 cm 的骨骼根垂直分布在 0～40 cm 的土层中；同一林分、不同径阶林木骨骼根的水平分布范围与一级侧根的伸展长度变化较大，且不同径阶林木根系的生物量差别显著。

（三）分布概况

华北落叶松主要分布在河北北部、北京郊区和山西等低中山针叶林带内，海拔和温度对其具有较强烈的正作用，降水和坡度则对其存在负影响，适宜在海拔和气温较高的地域生长。在河北围场、承德、河北雾灵山海拔 1 400～1 800 m，东灵山、西灵山、百花山、小五台山（易县、涞源）海拔 1 900～2 500 m，太行山海拔 1 800～3 000（3 300）m，以及山西五台山、芦芽山、管涔山、关帝山、恒山等高山海拔 1 800～2 800 m 地带组成小面积纯林，或与白杆、青杆、山杨、棘皮桦、白桦、红桦和山柳等针阔叶树种混生，或呈小面积纯林。辽宁南部医巫闾山和内蒙古南部锡林郭勒盟格楞台混生成林。

（四）利用价值

1. 材用价值　木材淡黄色或淡褐色，材质坚韧，抗压和抗弯曲程度大，纹理直，耐水湿与腐朽，为建筑、桥梁、电杆、舟车、枕木、器具、家具、水下工程及木纤维工业原料的良材。

2. 药用价值　针叶富含维生素 C，可提取药用。

3. 造林绿化与生态价值　树干笔直，树冠整齐呈圆锥形，针叶轻柔而潇洒，可形成美丽的景区，最适合较高海拔和较高纬度地区配植应用。在自然分布区，华北落叶松生长快，对不良气候的抵抗力较强，具保土、防风功能，可作为水源涵养的优良树种。根系发达，抗风力强，可作分布区内以及黄河流域和辽河上游高山地区的森林更新与荒山造林树种。

4. 其他价值　针叶中挥发油含量较高，用以调制东方型香料、皂用香精和喷雾香精，树皮可提取栲胶。

四、日本落叶松

学名 *Larix kaempferi* （Lamb.） Carr.。

（一）形态特征

落叶乔木，原产地高达 30 m，胸径 1 m；树皮暗褐色，纵列粗糙，成鳞片状剥落。枝平展，树冠塔形，幼枝具淡褐色柔毛，后脱落，1 年生枝淡褐色，有白粉，径 1.5 mm；老枝灰褐色或黑褐色；短枝叶痕成明显环状，具疏柔毛。冬芽近圆球形，紫褐色，基部芽鳞三角形，先端具长尖头，边缘有睫毛。叶线形，长 1.5～3.5 cm，宽 1～2 mm，先端微尖或钝，上面稍平，下面中脉隆起，两面均有气孔线，尤以下面多而明显，常具 5～8 条。雄球褐黄色，卵圆形，长 6～8 mm，径约 5 mm；雌球紫红色，苞鳞反曲，具白粉，先端 3 裂，中部裂片急尖。球果卵圆形或圆柱状卵圆形，熟时黄褐色，长 2～3.5 cm，径 1.8～2.8 cm；种鳞 46～65 枚，上部边缘波状，显著向外反曲，表面具褐色疣状突起或短粗毛；中部种鳞卵状长圆形或卵方形，长 1.2～1.5 cm，宽约 1 cm，基部较宽，先端平截微凹；苞鳞紫红色，窄长圆形，先端 3 裂，中肋延长成尾状长尖，不露出。种子倒卵圆形，长 3～4 mm，径约 2.5 mm；种翅上部三角状，中部较宽，种子连翅长 1.1～1.4 cm。花期 4～5 月，球果 10 月成熟（图 5-3）。

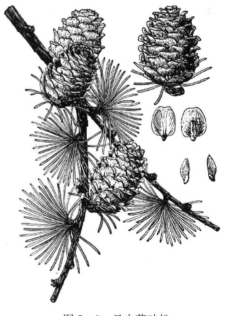

图 5-3　日本落叶松

（二）生物学特性

日本落叶松具有速生丰产、材质优良、适应性强等优良特性，是温带南部、暖温带、亚热带低中山地带造林的主要树种，其生长大致划分 4 个阶段，即幼龄期、速生期、干材期及成熟期，其生长与气候因子和立地条件密切相关，在不同的生态条件下，生长量随海拔的升高而增大，以海拔 500 m 以上阴坡山洼的厚层土最适宜，生产力最高。

（三）分布概况

日本落叶松原产日本中部，天然分布于日本岛富士山区（东经 136°45′～140°30′、北纬 33°20′～38°18′），从 19 世纪中期，欧洲许多国家相继引种栽培；19 世纪末，俄罗斯开始引种栽培。中国引种栽培已具百年历史，东北、华北、西北及华中、西南地区均有栽培，栽培区北至黑龙江林口县青山林场，西南至四川中山地区，西北到新疆伊犁，其中山东和辽宁引种最早。从胶东半岛至鲁中南山，主要分布于崂山、昆嵛山、泰山、蒙山等林场，东部大面积人工林分布在吉林省延边自治州境内。目前，日本落叶松已成为我国北方和南方亚高山地区的重要造林针叶树种，广泛栽培于黑龙江南部、吉林东南部、辽宁、河北、河南、江西、山东和北京等地。

（四）利用价值

1. 材用价值　木材密度较大，工业利用率高，且纤维形态具特有性质，纤维性能最佳，利于提高造纸的成纸性能，为纸浆造纸的优质原料。

2. 造林绿化价值　树干端直，树冠塔形，姿态优美，叶片扁平翠绿，是落叶松属中一个良好的园林绿化点缀树种，园林配植应用广泛。

3. 其他价值　树皮中含有多元酚类单宁物质，提取可用以制备胶黏剂。针叶香精油用以调制东方型香料、皂用香精和喷雾香精。

五、海林落叶松

学名 *Larix olgensis* var. *heilingensis*（Yang et L. Chou）Y. L. Chou。长白落叶松的变种（《植物分类学报》）。

（一）形态特征

落叶乔木，原产地高达 20～25 m，树冠塔形；树皮暗灰色，片状剥离，剥落后呈紫红色。1 年生枝淡褐色，无毛或散生长毛，基部有时具疏短毛，2 年生小枝灰褐色，3 年生以上渐变为暗灰色，短枝长 3～5 mm，顶端具淡褐色长毛。芽卵圆形，深棕色，无毛，具光泽，芽鳞边缘有褐色长缘毛，顶芽外围芽鳞卵状披针形，先端有长渐尖状刺。叶条形，扁平，长 1.5～3.5 cm，宽 0.8～1 mm；上面光滑、绿色，在中脉两侧上部各具 1～2 条极不明显的气孔线，下面带灰褐色，中脉隆起，中肋两侧各具（3）4～5 条气孔线。球果具弯曲的梗，梗长 4～5 mm，卵状椭圆形或椭圆形，长 1.5～1.8（2）cm，宽 1～1.4 cm，种鳞 16～18（20）枚，与果轴呈 45°角展开，近五角状卵形，长 9～12 mm，宽

8～10 mm，先端截形或圆截形微凹，褐色，具较密的线状疣和褐色短柔毛，老熟后稍脱落；苞鳞卵状长椭圆形或卵状椭圆形，先端为具齿裂的截头，中央有中肋延伸成的刺状尖，长为种鳞的1/2，暗紫色。种子倒卵形，长3～4 mm，连种翅长8～10 mm，淡褐白色或近白色，具褐色斑纹；种翅宽镰刀形。花期5月，球果8～10月成熟，种子当年10～11月飞散。

（二）生物学特性

海林落叶松为强阳性树种，耐湿，适应性强，常生于山谷平坦沼泽地。

（三）分布概况

海林落叶松为黑龙江特产，主要分布于张广才岭中部，位于长白落叶松和兴安落叶松的分布交接地带，形态特征兼备或介乎二者之间，但易于区别。在黑龙江的海林、宁安、牡丹江和鸡西等地区分布与栽培。

（四）利用价值

同长白落叶松和兴安落叶松。

（兰士波　李红艳　马　盈）

参考文献

鲍务立，1985. 兴安落叶松种源区的研究［D］. 哈尔滨：东北林业大学.

陈金典，毛玉琪，谷艳玲，等，1984. 兴安落叶松形态特征变异的研究［J］. 林业科技（2）：1-8.

贯春雨，2010. 日本落叶松×兴安落叶松 RAPD、SSR 遗传图谱构建与 QTL 定位［D］. 哈尔滨：东北林业大学.

黄秦军，1996. 兴安落叶松种源遗传结构与生长变异的研究［D］. 哈尔滨：东北林业大学.

李雪峰，2009. 兴安落叶松种源、无性系遗传多样性的研究［D］. 哈尔滨：东北林业大学.

李艳霞，周显昌，康迎昆，等，2010. 长白落叶松初级种子园优树子代测定及优良家系的选择［J］. 林业科技，35（4）：7-10.

刘兴国，杜小不，梁莉，等，1990. 大兴安岭东坡地区兴安落叶松地理种源选择［J］. 东北林业大学学报，18（S2）：15-18.

马常耕，1992. 落叶松种和种源选择［M］. 北京：北京农业大学出版社.

蒙宽宏，张文达，2014. 长白落叶松半同胞子代测定及家系的选择［J］. 林业勘察设计（3）：62-64.

那冬晨，杨传平，姜静，等，2006. 利用 ISSR 标记分析兴安落叶松种源的遗传多样性［J］. 林业科技，31（1）：1-4.

乔辰，包玉莲，霍德文，1995. 十五个产地兴安落叶松种子同工酶的研究［J］. 内蒙古林学院学报，17（4）：5-8.

田志和，1995. 日本落叶松育林学 [M]. 北京：北京农业大学出版社.

王继志，1991. 长白落叶松种源选择及其地理变异规律的研究 [J]. 吉林林学院学报，7（2）：44-54.

王祥琦，韩嘉永，张含国，2007. 小兴安岭引种杂种落叶松家系苗期生长量分析 [J]. 林业科技，32（1）：1-3.

夏德安，黄秦军，1997. 兴安落叶松优良种源遗传结构的研究——MDH 和 GOT 同工酶位点的连锁遗传关系 [J]. 东北林业大学学报，25（2）：5-8.

杨传平，1997. 兴安落叶松优良种源遗传结构 [J]. 东北林业大学学报，25（3）：1-5.

杨传平，姜静，唐盛松，等，2002. 帽儿山地区 21 年生兴安落叶松种源试验 [J]. 东北林业大学学报，30（6）：1-5.

杨传平，刘桂丰，2001. 长白落叶松种群地理变异规律的研究 [J]. 应用生态学报，12（6）：801-805.

杨书文，杨传平，夏德安，等，1991. 帽儿山地区长白落叶松种源选择的研究 [J]. 东北林业大学学报，19（育种增刊）：38-45.

杨书文，杨传平，张世英，等，1990. 中国兴安落叶松分布区外种源试验研究——地理变异规律与最佳种源的选择 [J]. 东北林业大学学报，19（S2）：1-8.

张含国，高士新，1995. 长白落叶松天然群体遗传结构的研究 [J]. 东北林业大学学报，23（6）：11-16.

张景林，毛玉琪，王福森，等，1994. 兴安落叶松、长白落叶松子代测定及优良家系选择 [J]. 防护林科技（3）：22-26.

张磊，张含国，邓继峰，等，2010. 杂种落叶松苗高生长稳定分析 [J]. 浙江林学院学报，27（5）：706-712.

张学科，毛子军，宋红，等，2002. 五种落叶松遗传关系的等位酶分析 [J]. 植物研究，2（2）：224-230.

张振，2012. 兴安落叶松基本群体遗传多样性分析 [D]. 哈尔滨：东北林业大学.

赵桂彷，2001. 瑞士阿尔卑斯山欧洲落叶松居群的遗传变异和分化 [J]. 植物学报，43（7）：731-735.

中国科学院中国植物志编辑委员会，1978. 中国植物志：第七卷 [M]. 北京：科学出版社.

《中国树木志》编辑委员会，1983. 中国树木志：第一卷 [M]. 北京：中国林业出版社.

周以良，董世林，聂绍荃，1986. 黑龙江树木志 [M]. 哈尔滨：黑龙江科学技术出版社.

卓丽环，2002. 兴安落叶松种内红材型与变异类型（白材型）的比较研究 [D]. 哈尔滨：东北林业大学.

第 六 章

桉 树

桉树是桃金娘科（Myrtaceae）杯果木属（*Angophora*）、伞房花属（*Corymbia*）和桉属（*Eucalyptus*）3 属树种的统称（Hill & Johnson，1995）。据不完全统计，全世界桉树人工林面积达 2 046 万 hm^2，约占世界人工林总面积的 1/3，年产木材 6 000 万 m^3 以上。中国自 1894 年引种桉树，据全国第七次森林资源清查（2004—2008），现有人工林面积 254.14 万 hm^2，居世界第三位。桉树是世界上主要速生、丰产用材树种，其适应性强，能够在平原、山地温度不低于−5 ℃的地区生长；种类多，易于杂交，可不断培育高产新品种；生长快，轮伐期短，木材及产品质量较高；用途广，可加工多种产品，经济效益高。桉树是我国重要的工业用材树种。

第一节　桉树的利用价值和生产概况

一、桉树的利用价值

（一）实木用材

在澳大利亚用桉木制作家具、木地板、房屋构架等比较普遍。近年来，澳大利亚开始实施大花序桉、弹丸桉、斑皮桉类、蓝桉和亮果桉等硬木树种的改良计划，以提高桉树人工林大径材质量。我国在桉树木材的利用方面也取得了一些进展，广东、广西家具市场上有部分家具是用柠檬桉、巨桉、柳桉等桉树木材制作，质量优良。现有一些家具厂制作门窗框利用桉树木材，也有一些企业利用桉树木材生产地板。桉树木材在国内生产高价值的实木制品方面将发挥更加重要的作用，可广泛用于细木工板、雕刻、家具、地板、室内装饰和建筑用材生产。

（二）纸与木浆

作为纸浆原料，桉树生长能力强、生长快、纤维质量好，是目前全球最速生、经济价值最大、生态和社会效益最高的三大著名造林树种之一。桉树已成为我国南方纸浆纤维材的首选树种，以桉树为代表的速生丰产纸浆林基地建设正在我国南方各省份快速发展。

　　我国利用桉树制浆造纸的研究已做过大量的试验，并取得系统性的资料和成果。广东造纸研究所和广西造纸研究所曾对柠檬桉（*Eucalyptus citriodora*）、窿缘桉（*E. exserta*）、柳桉（*E. saligna*）、蓝桉（*E. globulus*）、直杆蓝桉（*E. maideni*）、赤桉（*E. camaldulensis*）、尾叶桉（*E. urophylla*）、巨桉（*E. grandis*）等树种做过多种方法的制浆和造纸试验（彭彦，1999）。国家"八五"攻关项目中，中国林业科学研究院林产化学工业研究所也对柠檬桉、尾叶桉等树种做过制浆造纸试验。一般认为，除柳桉外，柠檬桉、窿缘桉、巨桉和雷林1号桉（*E. leizhou* No. 1）都能生产合适的浆和纸产品。

（三）木片生产

　　桉树木片生产是我国20世纪80年代中期至90年代桉树加工利用的主要方式，主要出口日本、韩国等国家和供应我国台湾地区。10年间我国木片生产发展异常迅猛，根据有关部门统计，广东省以雷州半岛为中心建成20多家木片厂，形成了桉木片生产基地和加工出口业（宋永芳，1998），华南地区桉树木片出口量每年达100多万BDMt（绝干吨），年创汇近1亿美元（杨民胜，2001）。

　　广西木片生产始于1988年，全区木片加工厂有约60家，以桉树木片为主，主要出国到日本，也有少部分用于自治区内木浆企业（罗建举，2005）。2006年，全广西的木片销售量为24.81万 m³（实积立方），产值1.071亿元，桉树占80%（项东云，2006）；"九五"期间年桉树木片出口量达15万~20万BDMt（绝干吨），年创汇1 275万~2 000万美元。但是，桉树木材生产木片所能够带来的经济收益远远低于生产高附加值实木制品的回报，随着木材加工利用产业的发展，桉树木片出口多转为国内人造板和纸浆造纸加工利用。

（四）能源与桉叶油

　　桉树一般材质坚硬，嫩枝富含挥发性油，是一种很好的能源原材料。其木材每千克能产生19 673.5~20 468.8 kJ的热量（彭彦，1999）。由于桉树自然整枝强烈，树叶也不断枯黄掉落，脱皮型桉树每年生长季节树皮自然脱皮1~2次，对于缺少燃料、经济欠发达地区，桉树是人们喜爱的燃料。利用桉树抚育间伐或主伐时铲除的树桩（根）烧制木炭，在桉树林区非常常见。

　　桉树树叶富含桉叶油。蓝桉和铁木桉（*E. sideroxylon*）的新鲜树叶中，含油量多达3%，其中香茅醇约占75%，用这种油做消毒剂、吸入剂和涂搽剂等药物成分时，一般都要先经过精制。柠檬桉树叶的含油量达2%，香茅醇是其主要成分，占含油量的60%~86%，广泛用作香精油。我国桉叶油生产始于20世纪50年代末期（祁述雄，2002），60年代开始大规模生产。广西、云南等省份利用蓝桉、柠檬桉等桉树树种生产桉叶油，云南保山每年产桉叶油达16 t之多。全国桉叶油产量达3 000 t以上，中国已成为世界精油市场主要成员。我国也广泛使用桉叶油用于药用方面，如医用祛风油等。中国林业科学院林产化学工业研究所曾与雷州林业局合作对桉树树叶的黄酮类化合物进行研究，并在雷州林业局建厂，年产量达50 t，其商品为"EF"植物生长促进剂，广泛用于农林业生产（彭彦，1999）。

二、桉树的地理分布

桉树资源非常丰富，共有1 039个树种、亚种和变种（表6-1）（CHAH，2006）。桉树天然分布于华莱士线以东，澳大利亚大陆及其北面邻近的太平洋岛屿上，大致在北纬9°0′至南纬43°39′。在桉树的天然分布中，大部分分布在澳大利亚大陆，只有5个种分布在其他地方。鬼桉（*E. papuana*）分布在巴布亚新几内亚和爪哇。剥桉（*E. deglupta*）分布于新不列颠、几内亚北部、苏拉威西岛（Sulawesi）和菲律宾的棉兰老岛（Mindanao Island），是唯一分布于北半球的桉树，并且越过华莱士线。尾叶桉、高山尾叶桉、维塔桉（*E. wetarensis*）分布于印度尼西亚小巽他群岛（Lesser Sunda Islands）的7个岛屿（王豁然，2010）。

表6-1　桉树分类群数目

类　型	属　别			桉树分类群总数
	杯果木属	伞房属	桉属	
种	10	91	705	806
亚种	4	18	197	219
变种	—	—	9	9
杂种	2	—	3	5
分类群	16	109	914	1 039

桉树种类虽多，但规模造林仅巨桉、尾叶桉、细叶桉、邓恩桉、蓝桉、直杆蓝桉、赤桉、柠檬桉等10余种，以及以尾叶桉、巨桉、赤桉为亲本的杂交种。

桉树1770年始被发现和定名，1804年首次从澳大利亚引种到法国巴黎，现已发展到全世界90多个国家和地区。桉树作为商业用材林树种在全世界被广泛地栽植和推广开始于20世纪70年代（Turnbull，1999）。截至2009年年底，全球桉树人工林面积达2 007.17万 hm²（http://git-forestry. com/download _ git _ eucalyptus _ map. htm），主要分布在亚洲、南美洲北部（以巴西为主）、热带非洲地区、欧洲南部（主要是西班牙和葡萄牙）和大洋洲。其中亚洲是世界桉树人工林栽培最多的地区，其桉树人工林面积达840万 hm²，其次是美洲645万 hm²，非洲240万 hm²，欧洲130万 hm²，大洋洲95.1万 hm²（http://git-forestry. com/download _ git _ eucalyptus _ map. htm）。

至2009年，全球大面积发展桉树人工林的国家有100多个，其中栽培面积超过100万 hm²的国家有巴西、印度和中国。巴西桉树人工林栽培面积为425.87万 hm²，占全世界桉树人工林面积的21.22%；其次是印度，约为394.26万 hm²，占19.64%；中国260.97万 hm²，占13.0%。澳大利亚、乌拉圭、智利、葡萄牙、西班牙、越南、苏丹、泰国等是桉树人工林栽培较多的国家，桉树商业栽培面积超过50万 hm²（表6-2）（http://git-forestry. com/download _ git _ eucalyptus _ map. htm）。南非、秘鲁、阿根廷、巴基斯坦、摩洛哥、菲律宾、卢旺达、马达加斯加、印度尼西亚、安哥拉等国的桉树栽培面积超过10万 hm²（表6-2）（http://git-forestry. com/download _ git _ eucalyptus _ map. htm）。

表 6 - 2 世界部分国家桉树人工林面积

国　　家	面积（万 hm²）	国　　家	面积（万 hm²）	国　　家	面积（万 hm²）
印度	425.87	西班牙	64.00	巴基斯坦	24.50
巴西	394.26	越南	58.60	摩洛哥	21.50
中国	260.97	南非	49.18	菲律宾	18.90
澳大利亚	92.60	苏丹	54.04	卢旺达	17.00
乌拉圭	69.16	泰国	50.00	马达加斯加	16.30
智利	68.77	秘鲁	45.00	印度尼西亚	12.80
葡萄牙	67.40	阿根廷	33.00	安哥拉	11.30

三、桉树在中国的引种和生产概况

（一）中国桉树引种栽培的历史

我国最初引种桉树是 1894—1896 年，至今已有 120 多年的历史，已引进桉树有 300 多种，成功栽培近 70 种，20 世纪 50 年代以前只作为庭园观赏和道路绿化树木栽培，直到 20 世纪 50 年代初才开始把桉树作为人工林造林树种进行种植（祁述雄，2002）。由于桉树分布区气候多样，因此气候特别是降雨类型是桉树引种成功的关键因子。因我国华南地区受太平洋季风影响，从南到北均为夏雨型气候，华南地区引种成功的澳大利亚桉树树种主要来自夏雨型和均匀降雨型地区。分布在冬雨型地区的桉树，如蓝桉、直杆蓝桉和亮果桉等树种，只在云贵高原地带引种成功（希里斯，1990；项东云，2002）。20 世纪 70 年代以前，华南地区引种的主要桉树种有赤桉、蓝桉、窿缘桉、柠檬桉和野桉（*E. rudis*）等。20 世纪 50 年代末至 60 年代初，华南地区开始大面积发展桉树人工林，主要产区为广东、广西、海南和云南等省份。由于没有进行系统的树种、种源选择及改良，加上经营粗放，导致桉树生产力水平低下，单位面积生长量不足 4.5 m³/hm²（项东云，2002）。20 世纪 80 年代初以来，随着改革开放，增加了国际合作项目，大量引进桉树树种、种源和家系，扩大桉树人工林栽培树种的选择和栽培区域，促进了桉树木材在造纸中的应用和发展，促使华南地区桉树人工林面积迅速增加。

从桉树研究的历程来看，20 世纪 50 年代初主要是育苗造林技术，20 世纪 60 年代初发现和利用天然杂种，1975 年开始进行桉树人工杂交方面的研究，1978 年利用桉树的愈伤组织成功地诱导出根苗同步的胚状体苗，组培方面取得初步进展。从 1973 年起，开始全国桉树科研协作，并开展了"六五"至"十五"科技攻关计划的桉树改良和栽培技术研究。其中以中澳技术合作东门桉树示范林项目（昆士兰林业局，广西林业局，东门林场，1982—1989）和澳大利亚阔叶树引种与栽培项目（CSIRO，中国林业科学研究院等，云南等，1985—1989）的研究最为系统（项东云等，2008），项目历时 8 年，基本涵盖了桉树引种、改良及栽培的各个研究领域。我国的桉树研究在杂交育种和无性繁殖方面取得了极大的成功，开发了一大批优良的无性系，并陆续推广应用到广大的华南地区进行生产造林，推动了我国桉树人工林的迅速发展。

（二）中国桉树发展的现状及产量

1. 中国桉树发展现状 至 2001 年，桉树的栽培已经遍及我国的广西、广东、福建、云南、海南、四川、贵州、湖南、湖北、江西、浙江、江苏、上海、安徽、陕西、甘肃和台湾等 17 个省份的 600 多个县，桉树人工林面积达到 155 万 hm^2，至 2006 年全国桉树人工林面积新增加了 58 万 hm^2，达 213 万 hm^2（温远光，2008）。据不完全统计，截至 2013 年年底，我国 10 个主要栽培省份的桉树人工林生产面积达到了 446.53 万 hm^2（表 6-3）。其中，广西和广东的桉树人工林面积超过了 100 万 hm^2，即广西桉树人工林面积为 202 万 hm^2，占全国桉树人工林面积的 45.24%，广东为 135 万 hm^2，占 30.23%。

表 6-3 中国主要桉树栽培区的桉树人工林面积

省份	面积（万 hm^2）	省份	面积（万 hm^2）
广西	202	四川	17.3
广东	135	重庆	9
福建	26	湖南	5.87
云南	23.3	江西	4.73
海南	20	贵州	3.33

2. 产区区划及适生树种 迄今为止，中国引种的桉树已有 300 多种，育苗造林的有 200 多种，引种的范围遍及我国大部分地区，南起海南岛，北至陕西省汉中、阳平关，东起浙江苍南、普陀及台湾岛，西至四川西昌，从东南沿海沙滩台地到海拔 2 000 m 的云贵高原广大区域内，行政辖区达 17 省（自治区、直辖市）范围内，均有桉树的引种。桉树主要适生与栽培区在海南、广东、广西、福建、云南及四川。根据 LY/T 1775—2008《桉树速生丰产林生产技术规程》，中国桉树栽培区划分为 4 个区（表 6-4）：Ⅰ. 主要栽培区，Ⅱ. 一般栽培区，Ⅲ. 过渡栽培区，Ⅳ. 零星栽培区。桉树人工林主要位于Ⅰ类栽培区，其次是Ⅱ类栽培区，Ⅲ、Ⅳ类区冬季气温低，不宜规模发展人工桉树林。

表 6-4 中国桉树速生丰产林栽培区、气候特点与适生树种

代码与名称		地理范围	气候特点	适宜种植程度	适生树种
Ⅰ. 主要栽培区		华南亚热带地区，主要包括海南、台湾全部，广东和广西中南部，福建东南部	高温多雨，水、热条件好	适合大面积发展，是桉树人工林面积最大、产量最高的区域	尾叶桉、维塔桉、巨桉、粗皮桉、细叶桉、邓恩桉及以尾叶桉、维塔桉为亲本的杂交种等
Ⅱ. 一般栽培区	Ⅱa. 高原亚区	主要以云南高原为主，包括毗邻的贵州高海拔地区	雨量充沛，冬暖夏凉	适宜桉树发展，四旁种植	蓝桉、直杆蓝桉、史密斯桉、邓恩桉等
	Ⅱb. 盆地亚区	主要以四川盆地为主，包括周边的部分地区	气候条件优越，土壤肥厚	适宜种植	巨桉、邓恩桉、赤桉、蓝大桉等

（续）

代码与名称	地理范围	气候特点	适宜种植程度	适生树种
Ⅲ. 过渡栽培区	主要包括广东、广西、福建北部，湖南、江西、浙江南部	冬凉夏热，雨量丰富，绝对低温−8℃，有小雪，冬季气温低	向北扩种的区域，在试种的基础上逐步发展	邓恩桉、赤桉等
Ⅳ. 零星栽培区	主要包括贵州、湖北、江淮地区	冬季气温低	仅零星种植，不宜做桉树发展区	广叶桉、赤桉、灰桉等

第二节　桉树的形态特征和生物学特性

桉树是常绿木本植物，其中大部分是乔木，而且种类非常多。王桉（*E. regnans*）树高可达 100 m，因此，它是世界上最高大的阔叶树种之一。还有几种桉树也可达 70 m 以上，如异色桉（*E. diversicolor*）、巨桉和剥桉。有的桉树是灌木，如穆氏桉（*E. moorei*）、四翼桉（*E. tetraptera*）。

一、形态特征

（一）树皮

桉树树皮构造比较复杂，成年树树皮包括内层活着的韧皮部和死亡的脱落外层。韧皮部起着输送营养物质的重要作用，周皮减少，树木体内水分散失，对机械损伤起防护作用。桉树树皮有光滑、深裂、挂带等多种类型。如柠檬桉、巨桉、细叶桉树皮光滑；尾叶桉树皮宿存，内含长纤维，厚且软，纵向条状开裂，不规则。树皮类型是识别和判断桉树种的重要性状之一。

（二）叶

桉树叶在个体发育的不同阶段具有异型性，叶子的形态不同，在枝上的排列方式不同。桉树的幼态叶表现出明显的趋异，形状、颜色、大小和排列方式差异显著；成熟叶表现出趋同，通常表现出叶柄扭转、叶基偏斜、互生和垂直悬挂。

1. 叶序　叶序是指叶子在枝条上的排列方式。大多数桉树幼态叶是交互对生的，少数几个桉树线形幼态叶呈螺旋状着生在枝条上，如尼克尔桉（*E. nichloii*）。随着苗龄增长，叶柄发生扭转，幼态叶从水平伸展逐步过渡到直立状态，从对生叶渐渐变成互生叶，垂直悬挂在枝条上，以减少太阳辐射和水分蒸发，这是桉树在长期干旱环境中生长进化的结果。

2. 异型叶性　异型叶性是指植物在不同的生长发育阶段，叶子的形状、大小、颜色和排列方式上不断发生变化的现象。桉树、相思树、杨树及多种针叶树种都具有这种现象。桉树叶片发育分为 4 个不同的阶段：子叶、幼态叶、中间过渡型叶和成熟叶。

3. 幼态叶　桉树幼态叶和成年叶有较大差异，如蓝桉，幼态叶对生，无叶柄，具较多白霜，叶形呈椭圆形、先端渐尖；成年叶互生，具叶柄，无白霜，叶形为镰状披针形，而且是等面叶。

4. 成熟叶　桉树成熟叶通常全绿色，革质、厚、坚硬、高度角质化及富于厚壁组织，条状披针形、狭披针形、披针形、阔披针形，中脉明显，侧脉数多，分为开展和偏斜两种类型。

（三）干和枝

大部分桉树为乔木，主干发达，顶端优势明显，极少分杈，主干茎尖向上生长。桉树枝条有无限生长的特性，只要温度等环境条件适合，枝条的顶端就会不停地伸长，长出成对的新叶，在叶腋又长出裸芽，发育成侧枝。因此，桉树的芽没有休眠期或静止期。

（四）根

桉树的根系具有可塑性的特点，在深厚的土壤中，可发育为强有力的根系。在地下水位很高的浅土中根系分布于土壤的表层，在良好的立地条件下，桉树的根系生长很快。

（五）花

少数桉树花单生，如蓝桉，大多数桉树花是成簇腋生或多枝集成顶生圆锥花序。桉树的花萼呈筒钟形、陀螺形、长椭圆形、倒圆锥形或半球形，与子房基部合生；花瓣与萼片合生成一帽状体，开花时帽状体脱落；雄蕊多数，分离；子房与萼筒合生，3～6 室，胚珠多数。

（六）果实与种子

1. 果　桉树果实为木质蒴果，果缘上方的蒴盖脱落痕明显。果实大小不等，有柄或无柄，有长圆形、圆筒形、坛形、卵球形、球形、半球形、陀螺形、圆锥形、钟形、梨形。果瓣多为 3～6 个，突出、内藏与萼环齐平，果盘有宽或窄，凹陷或凸起等。

2. 种子　不同种桉树的种子，在大小、形状和颜色方面具有较大变异。从杨叶桉（*E. populnea*）的不到 1 mm 到美叶桉（*E. calophylla*）的 2 cm 多；形态从温多桉（*E. wandoo*）的近球形到四齿桉（*E. tetrodonta*）的立方形和柯蒂斯桉（*E. curtisii*）的锥形；颜色从细叶桉的黑色到赤桉的黄色。有些桉树种子具翅。每一蒴果产生的有生命力的种子数目，在不同树种间变异很大，如王桉 2～4 粒，剥桉却多达 40 粒。

二、生物学特性

（一）生长特性

1. 根系生长　桉树根系的生长发育与地上部分生长发育一致，幼林阶段的根冠常为冠幅的 3～5 倍，成熟林的根冠与冠幅基本一致。桉树根系大部分分布在土层 20～80 cm 处，仅有 1 条主根，主根往往深扎到地下 4～6 m，在土层深厚疏松肥沃的立地中可深入地下 8 m 左右。

2. 茎枝生长　桉树之所以生长迅速，是因为桉树具有"不定枝"和"裸芽"。桉树每片叶子的叶腋处有 2 枚原生芽，其中一枚是裸芽，在生长季节正常发育成侧生枝；另一枚是副芽，在正常生长季节并不发育成侧生枝，而是在树木遭受昆虫危害、干旱、火灾或机械损伤以后，这个芽就会在整个树干或侧枝上形成新的叶枝，即不定枝，不定枝上面出现的叶是幼态叶或处于过渡状态的中间类型叶。只要温度、湿度等环境条件适宜，桉树枝条的顶端就不停地伸长，长出成对的新叶，在叶腋处长出裸芽，发育成侧枝。由于桉树的芽没有休眠期或静止期，枝和叶的生长发育是快速且持续不断的。桉树交替产生新叶和枝条的机制和顶端优势，使树冠发育极快，特别是在幼树阶段具有明显的速生性（联合国粮农组织，1979）。

（二）开花结果习性

在种类繁多的桉树中，热带、亚热带的桉树开花结实早。在澳大利亚，巨桉天然林 5~6 年开花，人工林中开花提前到 2~3 年。在我国，赤桉、粗皮桉、尾叶桉等种植后第二年就可开花结实，细叶桉、大花序桉等在栽植后第三至四年可开花结实。温带地区的桉树开花结实树龄要延迟一些，如澳大利亚天然林中的亮果桉、王桉、蓝桉 7～10 年开花，邓恩桉在 10 年以后才开花。

不同的桉树开花时间不同，例如，在澳大利亚小帽桉几乎全年开花，花期集中在夏季的 4 个月中，巨桉的许多单株在花期以外的季节里仍会开花。在维多利亚王桉林中 70% 以上单株的花期持续 90~100 d（Griffin，1980）。细叶桉被引种到巴西后几乎全年开花。

在华南沿海地区，各树种的盛花期各异，柳桉是 5~6 月，窿缘桉、雷林 1 号桉、刚果 12 号桉为 6~7 月，粗皮桉、巨桉为 8~9 月，尾叶桉为 9~10 月；赤桉则在一年中有两次盛花期，分别为 3~5 月和 9~12 月。

（三）杂交特性

桉树不同属、亚属的树种间几乎不可能产生杂种，但同一属、亚属内的不同树种间却易杂交产生杂种，尤其是桉属双蒴盖亚属（*Eucalyptus* Subgenus *Symphyomyrtus*）内更易杂交。该亚属的种间杂种主要发生于窿缘组（Section *Exsertaria*）、横脉组（Section *Transversaria*）、叉形子叶组（Section *Bisectaria*）、蓝桉组（Section *Maidenaria*）和贴药组（Section *Adnataria*）之间。

我国引种栽培的主要桉树基本是桉属双蒴盖亚属的横脉组、窿缘组和蓝桉组的树种，横脉组包括尾叶桉、柳桉、粗皮桉和巨桉等，窿缘组包括窿缘桉、细叶桉和赤桉等，蓝桉组包括亮果桉、邓恩桉、蓝桉、直杆蓝桉和史密斯桉等，这些树种都是成功引种栽培的重要用材树种，其所产生的杂种具有巨大的应用价值。

（四）无性繁殖特性

无性繁殖是林木繁殖的主要方式之一。目前，扦插和组织培养是桉树人工林，尤其是短周期工业原料林采用的主要育苗手段，巴西主要采用扦插育苗方法。1975 年巴西开始进行硬枝扦插育苗研究，先后对巨桉×尾叶桉、尾叶桉×巨桉杂种及尾叶桉、巨桉纯种等进行扦插育苗培育无性系，均获得成功。采用无性繁殖方法，能最大限度地保持无性系的优良遗传特性，巴西桉树无性系人工林年产量由原来的 36 m³/hm² 提高到 45～60 m³/hm²，最高可超过 72 m³/hm²。

从 20 世纪 80 年代中期，我国开始桉树扦插和组培繁殖育苗技术的研究，对几个桉树纯种、杂交种进行了扦插和组培试验并均取得成功。在桉树组织培养方面尤为突出，用尾巨桉芽器官做外植体进行组织培养，不经愈伤组织直接获得再生植株，年繁殖系数达 3.512。至今，已对尾叶桉、巨桉、柳桉、赤桉纯种及雷林 1 号桉、刚果 12 号桉（*E. lelba* 12）、巨尾桉、尾巨桉、尾赤桉、巨赤桉、尾细桉、巨细桉、柳窿桉（*E. saligan* × *E. exserta*）等杂种进行了扦插、组培育苗技术开发。桉树不同亚属及种间的无性繁殖能力遗传差异很大，差异甚至表现在种内不同单株、无性系上。伞房亚属的柠檬桉、昆士兰桉亚属的大花序桉，以及双蒴盖亚属的邓恩桉、蓝桉等树种，至今无性繁殖技术还没有明显突破，未能形成大规模的无性繁殖育苗。

（五）萌芽更新特性

大多数桉树的树桩具有很强的萌芽能力，萌发的芽条可长成大树，这为萌芽更新奠定了良好的遗传基础。尾巨桉无性系人工林采伐后萌芽力极强，伐桩萌芽率为 95%～100%，平均每桩有萌条 10.6～13.73 条（洪长福等，2003）。桉树还可连续多代萌芽，以色列的赤桉人工林经营萌芽林采伐 5 代，每次轮伐期为 10 年（联合国粮农组织，1979）。巴西巨尾桉无性系人工林的轮伐期为 5 年，采伐 5 代。目前，华南地区以尾巨桉为主的无性系人工林通常经营 2～3 代萌芽林，第四代萌芽更新的林分产量并没有明显下降。

三、生态适应性

（一）温度

桉树是典型的喜温树种，主要分布于热带、亚热带和温带。不同的桉树对温度的要求不同，有些树种耐寒性较强，短暂低温可耐−6 ℃，如直杆蓝桉和蓝桉；广西桂林的邓恩桉子代测定林定植后 5 个月，当地出现降雪，最低温度低至−4 ℃，冰冻持续 5 d，试验林安然无恙。有些树种则比较喜温而不耐寒，在最热月份平均温度接近或超过 30 ℃依然生长良好，如尾叶桉、巨桉、大花序桉、窿缘桉。

（二）水分

桉树天然分布范围从北纬 9°0′至南纬 43°39′，跨越 52 个纬度，地理位置从北半球的赤道附近到南半球的较南端。气候类型从热带、亚热带到温带，降雨类型有夏雨型、冬雨型、均匀降雨型，有比较宽的生态幅度。

（三）光照

桉树为强阳性树种，充分的光照有利于桉树快速生长，林缘木通常要比林内木高大，低密度种植林分比高密度种植林分的单株材积显著增大。桉树叶除幼态叶稍耐庇荫外，中间过渡型叶、成熟叶逐步喜光。赤桉、细叶桉、窿缘桉、柠檬桉等桉树叶子还有较强的趋光性，其叶片可随叶柄转动，以接受更多侧方阳光。

（四）土壤

桉树分布区基本是酸性土壤，我国种植的尾叶桉、巨桉、尾巨桉、邓恩桉、蓝桉等主要桉树种适宜生长在酸性土壤上。广泛分布于华南地区的广东、广西、福建南部低山、丘陵、平原的主要是砖红壤和赤红壤，它们的成土母岩为各种母岩酸性岩，土壤 pH 4.0～4.8，呈强酸性，适宜尾叶桉、巨桉、柳桉、窿缘桉、柠檬桉、大花序桉、邓恩桉及杂交桉等生长。其他桉树栽培区土壤也呈比较强的酸性，如海南北部、西北部及雷州半岛玄武岩发育的铁质砖红壤的土壤 pH 4.5～5.5，适宜多种热带桉树生长。海南岛东部浅海沉积物发育的黄色砖红壤 pH 6.0，呈酸性或微酸性，适合尾叶桉、巨桉、赤桉、细叶桉生长。云南中部、西部及东部地区的红壤 pH 4.5～5.1，以蓝桉、直杆蓝桉、史密斯桉、亮果桉为桉树人工林主要栽培树种。

第三节　桉树的起源、演化和分类

一、桉树的起源、演化

桉树可能起源于白垩纪末，因为在始新世和中新世早期已经有了斜脉序和纵脉序的种，它的原始类型具有中生系构造特点，其进化主要是在大洋洲境内顺应着地质史的变化而进行，也取决于它对干燥、干旱和半干旱条件的适应，以旱生系为主，也有中生系和喜冰雪系。桉属对干旱条件的适应导致一系列形态、解剖结构的形成。最高适应类型之一是在叶上形成树胶、茸毛和刚毛，但当干旱加强时，这种保护并不太有效，因此除少数情况外，仅在植株幼龄发育被保留下来，以后的阶段是形成蜡层表皮。山区和干旱区生长的桉树的幼叶和成熟叶、树枝有时在树干上都会有蓝灰色的蜡层。到现代发育阶段，桉树的角质层加厚，以利于它最安全地适应干燥条件。

二、桉树分类概况

桉树是桃金娘科（Myrtaceae）杯果木属（Angophora）、伞房花属（Corymbia）和桉属（Eucalyptus）3 属树种的统称（Hill & Johnson，1995），是一类看似相同的树种。桉树的资源非常丰富，共有 808 种和 137 亚种或变种，计有 945 个分类群（Wilcox，1997）。

桉树被发现并被命名至今已有 240 多年，最早采集桉树标本的是英国植物学家 J. Banks 和 D. Solander，于 1770 年与英国探险家库克（J. Cook）船长同船前往澳大利亚，在昆士兰州北部采集到伞房花桉（Corymbia gummifera）和阔叶桉（Eucalyptus platyphylla）的标本，但当时没有进行分类学鉴定和命名。

最早对桉树描述和命名的是法国植物学家 L'Heritier de Brutell。1788 年他在大英博物馆工作时，根据植物学家 David Nelsond 于 1777 年从澳大利亚带回的标本，描述和命名了斜叶桉（Eucalyptus obliqua）。

1971 年 Pryor 和 Johnson 出版了《桉树分类》，提出了桉树分类系统。Pryor 和 Johnson 将桉属划分成 7 亚属。同时，将桃金娘科（Myrtaceae）内一个与桉属亲缘关系密切的杯果木属（Angophora），当作一个平行亚属。该分类系统被称为 Pryor&Johnson 系统。

1995 年 Hill 和 Johnson 对桉树分类进行了全面修订，把 Pryor 和 Johnson（1971）提出的伞房亚属（Corymbia）提升到属的地位，至此，全部桉树包括了 3 属的树种，即杯果木属、伞房属和桉属。目前，这个分类系统已被澳大利亚和世界植物学界认同和接受，这就是 Hill&Johnson 系统，但林学界仍有人持异议。

第四节　桉树的遗传改良与种质资源

一、桉树的遗传改良与品种利用

由于桉树是我国主要工业用材树种，并以短周期的形式集约培育，因此桉树人工林遗传控制受到政府和各有关研究机构与院校的重视，桉树的遗传改良发展十分迅速。中华人民共和国成立后中国桉树改良大体经历了 3 个步骤：首先是新的种质资源的引进和在不同地理环境进行田间筛选试验——以测定不同树种、种源、家系之间生长表现；第二步，通过多点的树种、种源试验选出生长最优的树种、种源，并建立种子园，生产商业用种，同时组建育种群体开展改良育种；第三步，通过控制育种，包括人工控制授粉、培育新品种，采用特定的交配设计，可对林木生长状况（如材积生长）、木浆产量和抗病性等进行改良。近些年来无性系育种被放在更加突出的位置，因此大部分人工林均是由优良无性系组成，通过这样的遗传控制，人工林生长量有很大的提高。

桉树生长迅速，生长量高，又很适合于发展工业用材林，近些年发展十分迅速，2009 年以来，发展速度达 38.5 万 hm^2/年，尤以广东、广西为快。现引用《中国桉树改良》（Martin van Bueren，2005）的资料，中国南方 5 省（自治区）（海南、广东、广西、云南、福建）发展迅速。海南均为无性系，主要种植尾巨桉、尾细桉无性系；广东以无性系为主，主要为巨桉、尾巨桉、尾细桉；广西以无性系为主，主要为尾巨桉、尾细桉、尾赤桉；福建约 90% 为无性系，主要为尾叶桉、邓恩桉、杂交桉；云南以无性系为主，主要为蓝桉、直杆蓝桉、巨桉、亮果桉、史密斯桉等；四川 70%～80% 为无性系，主要为直杆蓝桉、史密斯桉和邓恩桉；浙江、湖南、贵州、江西南部多为直杆蓝桉、史密斯桉及邓恩桉无性系。

据长期从事桉树培育的权威专家估计，全国桉树无性系人工林平均年生长量可达每公顷 15 m^3，生长量高的地区，可达每公顷 20～25 m^3；云南省兰昌县每公顷可达 30 m^3。桉树人工林由于遗传控制结果，不同发展时期生长量有了明显提高。中国林业科学研究院热带林业研究工作会议（2004 年 5 月）提供了一个比较可靠的数字：1991 年以前，主要种植窿缘桉、大叶桉、柠檬桉、赤桉，每公顷年平均蓄积量 7 m^3，轮伐期 10 年，每公顷收获量 70 m^3。1991—2001 年主要栽培尾叶桉、巨桉、细叶桉，年平均生长量为 11 m^3，轮伐期 7 年，每公顷收获量 77 m^3。但到 2001 年后，主要推广种植种间杂交种和尾叶桉无性系，年均每公顷生长量达到了 20 m³，轮伐期 7 年，每公顷收获量 140 m³。近几年，桉树的遗传控制更有所发展，桉树人工林的年生长量和每公顷蓄积量比数年前更高（盛炜彤，2014）。

二、广西桉树基因资源的收集、利用与良种

（一）基因资源的收集与利用

20 世纪 80 年代广西中澳国际合作项目开始桉树的引种和栽培。通过项目的实施，引进桉树树种和种源 174 个，对其中 39 个树种的 87 个种源 1 666 个家系进行引种、选育和改良研究，建立收集了 135 个树种、种源的桉树树木园和 543 个无性系的无性系基因库，种质资源引进数量最多，建成了亚洲最大的桉树基因库，主要有巨桉、赤桉、尾叶桉、细叶桉、大花序桉、粗皮桉、亮果桉、史密斯桉（E. smithii）、柳桉、柠檬桉、廉叶桉（E. falcata）、小果灰桉（E. propinqua）、三花桉（E. triantha）、弹丸桉（E. pilularis）、布拉斯桉、盾叶桉、黄皮桉（E. bloxsomei）、邓恩桉等树种。

2000 年后开始进入桉树纯种世代改良，建立纯种家系试验 14 个。其中，尾叶桉家系试验 4 个，收集尾叶桉家系 519 个；巨桉家系试验 3 个，收集巨桉家系 401 个；粗皮桉家系试验 2 个，收集粗皮桉家系 324 个；赤桉家系试验 2 个，收集赤桉家系 248 个；圆角桉家系试验 2 个，收集圆角桉家系 296 个；大花序桉家系试验 1 个，收集大花序桉家系 150 个。通过建立桉树高世代育种群体进行桉树纯种世代改良，筛选出表现优良的家系及个体，为遗传改良提供遗传增益更高的基础材料。

自 1986 年开始，广西利用经过引种试验并确定适合广西气候环境的 12 个优树树种进行种间、种内杂交育种，采用了尾叶桉、巨桉、圆角桉、赤桉、粗皮桉、雷林 1 号桉、褐桉（布拉斯桉，E. brassiana）、窿缘桉、柳桉、巨尾桉、大叶桉、邓恩桉等树种作为杂交亲本，采用单杂交、双杂交、三杂交、回交、多父本杂交等多种杂交方式，获得杂交子代 1 400 多个，建立了 7 个杂交种家系试验（刘德杰，2001），选育出一批优良的无性系 DH32 - 29、DH33 - 27、DH32 - 28、DH32 - 26、广林 9 号、DH32 - 43、DH194 - 4 等，这些优良无性系的应用极大地推动了我国桉树产业的发展，并取得了巨大的经济、社会和生态效益。

（二）桉树优良家系

大花序桉家系 GEC4 - 095、GEC4 - 138、GEC4 - 170、GEC5 - 006、GEC5 - 013、GEC5 - 043 和 GEC5 - 046，于 2012 年通过广西林木良种审定。其适应性强，生长快，树干通直，木材基本密度大、坚硬、干缩性小，抗弯、抗压性强，且具有较强抗桉树溃疡病能力，林龄 12 年后可成材。以上 7 个家系单株材积比参试家系总体平均值提高 34.71%～63.58%，这些优良家系适宜在广西北纬 24°30′以南主要桉树栽培区，海拔 500 m 以下，土壤微酸性或酸性、养分中等以上的立地种植（项东云，2016）。

（三）桉树优良无性系

项东云等（2016）在《广西林木良种》中总结了以下桉树优良无性系。

1. 巨尾桉（*E. grandis* × *E. urophylla*）**杂种无性系**　广西东门林场进行了人工杂交，1986 年获得第一批尾叶桉×巨桉人工杂交种，1987 年育苗种植于无性系库，每株苗作为一个无性系扩大繁殖，有 70 个无性系参加了 1988 年的挺直插苗造林试验，均表现良好。

（1）广林巨尾桉 9 号　广西壮族自治区林业科学研究院选育，2011 年通过广西林木良种审定。该无性系是以巨桉为母本、尾叶桉为父本的杂交种，树体高大，树干通直，尖削度小，枝下高大，侧枝细小，分枝角度小于 60°。无性系适应性广，遗传增益高，生长迅速，林相整齐，自然整枝好，苗木健壮，抗青枯病能力强，耐寒性比尾叶桉强。5 年生林分生长量：树高 20.3 m，胸径 14.2 cm，单位面积蓄积量 229.1 m³/hm²。适合栽培于北纬 24°20′以南，海拔 500 m 以下的轻霜或无霜区酸性或微酸性土壤。

（2）广林巨尾桉 12 号　广西壮族自治区林业科学研究院选育，2011 年通过广西林木良种认定。该无性系是以巨桉为母本、尾叶桉为父本的杂交种，树体高大，树干通直，尖削度小，枝下高大，侧枝细小，分枝角度小于 60°。无性系适应性广，遗传效益高，生长迅速，林相整齐，自然整枝好，苗木健壮，抗青枯病能力强，耐寒性比尾叶桉强。4.5 年生林分生长量：树高 19.62 m，胸径 13.71 cm，单位面积蓄积量 155.44 m³/hm²。适合栽培于北纬 24°45′以南，海拔 500 m 以下的轻霜或无霜区酸性或微酸性土壤。

（3）无性系 DH30-1、DH33-9、DH32-11、DH32-13、DH32-22、DH32-26、DH33-27、DH32-28　广西东门林场选育，2005 年通过广西林木良种审定。这些无性系速生丰产，轮伐期短（工业纤维材）；树干通直，林相非常整齐，出材率高（木片材出材率在 80% 以上）；材质好，纹理直，木材基本密度 580 kg/m³±20 kg/m³（6 年生左右）；耐瘠薄，施肥效果显著。适宜在华南地区的平原、丘陵和山地（800 m 以下）且无长时间霜冻（15 d 以上）、强低温（-4 ℃以下）及强台风危害地区种植。

（4）无性系 DH32-29　2009 年通过广西林木良种审定，2011 年通过国家林木良种审定。该无性系是以尾叶桉为母本、巨桉为父本的杂交种，杂种优势明显，速生丰产，干形通直，林相整齐，出材率高，适应性广，材质好，纹理直，木材基本密度 580 kg/m³±20 kg/m³。可以采用组培和扦插进行无性繁殖，适宜在广西的平原、丘陵及低山山地且无明显霜冻及强台风危害地区种植。

（5）无性系 DH32-43、DH194-4　2012 年通过广西林木良种审定，该无性系速生丰产，轮伐期短；树干通直，林相整齐；材质好，纹理直；耐瘠薄，施肥效果显著。6.5 年生 DH32-43 年均单位面积蓄积生长量达 43.15 m³/hm²，6.5 年生 DH194-4 年均单位面积蓄积生长量达 44.78 m³/hm²。适宜在广西平原、丘陵和低山山地，排水良好，且霜冻期短及无强台风危害地区种植。

2. 尾圆桉（*E. urophylla* × *E. tereticornis*）**杂种无性系**　包括的无性系有 DH179-1、DH186-1、DH101-2、DH198-3 和 DH167-2，2005 年通过广西林木良种审定。这些无性系速生丰产，轮伐期短（工业纤维材）；树干通直，分枝小，树冠窄，林相非常整齐，出材率高（木片材出材率 80% 以上）；材质好，纹理直，木材基本密度 550 kg/m³±20 kg/m³（6 年生左右）；耐瘠薄，施肥效果显著，抗风、抗病、抗寒性强。适宜在华南地区的平原、丘陵和山地（800 m以下）且无长时间霜冻（15 d以上）、强低温（—4 ℃以下）及强台风危害地区种植。

3. 尾赤桉（*E. urophylla* ×*E. camaldulensis*）**杂种无性系**

（1）无性系 DH184－1 2005 年通过广西林木良种审定，该无性系速生丰产，轮伐期短（工业纤维材）；树干通直，分枝小，树冠窄，林相非常整齐，出材率高（木片材出材率在 80%以上）；材质好，纹理直，木材基本密度 550 kg/m³±20 kg/m³（6 年生左右）；耐瘠薄，施肥效果显著，抗风、抗病、抗寒性强。适宜在广大华南地区的平原、丘陵和山地（800 m以下）且无长时间霜冻（15 d以上）、强低温（—4 ℃以下）及强台风危害地区种植。

（2）无性系 DH191－4、DH191－7 2013 年通过广西林木良种审定，该无性系速生丰产，轮伐期短（工业纤维材）；树干通直，林相整齐，分枝小；材质好，纹理直，木材基本密度 500 kg/m³±20 kg/m³（5 年生左右）。在区域试验中，4 年生 DH191－4 年均单位面积蓄积生长量达 33～48 m³/hm²；4 年生 DH191－7 年均单位面积蓄积生长量达 34～44 m³/hm²。适宜在广西北纬 24°30′以南，海拔 600 m以下的平原、丘陵和低山山地，且霜冻期短（15 d以内）及无强台风危害地区种植。

4. 柳窿桉（*E. saligna*×*E. exserta*）**杂种无性系** 无性系广林柳窿桉 9 号，2009 年通过广西林木良种审定。该无性系是以柳桉为母本、窿缘桉为父本的杂交种，杂种优势明显，树体高大，树干通直圆满，尖削度小，枝下高大，侧枝细，分枝角度小于 60°。宜进行组培和扦插无性繁殖，速生丰产，林相整齐，自然整枝好。适宜种植在广西境内北纬 24°40′以南地区，海拔 500 m以下的轻霜或无霜区酸性或微酸性土壤。

5. 尾叶桉（*E. urophylla*）**纯种无性系** 我国自 1976 年开始引种尾叶桉，1980 年广西东门林场的中澳合作示范林项目以及中国林业科学研究院热带林业研究所中澳合作阔叶树与引种栽培项目，均对尾叶桉进行了系统的种源试验，家系子代测定试验以及大面积的丰产栽培试验。广西壮族自治区林业科学研究院选育的尾叶桉无性系广林尾叶桉 4 号，2011 年通过广西林木良种审定。该无性系树体高大，树干通直，尖削度小，枝下高大，侧枝细小，分枝角度小于 60°。无性系苗木遗传效益高，生长迅速，林相整齐，自然整枝好，苗木健壮，抗青枯病能力强。3 年生长量：胸径 10.37 cm，树高 14.68 m，单位面积蓄积量 34.11 m³/hm²。适合栽培于北纬 24°以南，海拔 500 m以下的轻霜或无霜区酸性或微酸性土壤。

第五节 桉树主要树种的特征特性

一、巨桉

学名 Eucalyptus grandis W. Mill ex Maiden。

（一）形态特征

高大乔木，高达 40～60 m；干形直，分枝高，粗糙树皮全部脱落后光滑，银白色，被白粉。幼态叶椭圆形，灰青色，叶缘有波纹，质薄，柄短；成熟叶披针形，镰状而下垂，先端急尖，长 13～20 cm，宽 2～3.5 cm，主脉明显，侧脉不明显，主脉与侧脉 40°交角，边脉分布于叶缘，整齐明显，白色。伞形花序，具花 3～10 朵，花序柄扁平，长 10～12 mm，花蕾梨形，长 8～10 mm；萼筒为圆锥形，长 6～7 mm，宽 5～6 mm；帽状体圆锥形，长 4～6 mm。花绿白色，长 6～8 mm，花药灰黄色，口裂。果梨形，灰青色，果皮具灰色而凸起的条纹，果盘凹陷，果瓣 3～4 裂，凸出在果缘之上，锐尖直立。

（二）生态学特性

原产澳大利亚东部沿海，天然分布于南纬 16°～33°，主要集中于南纬 25°～33°，海拔 0～600 m。分布区夏雨型，年降水量 1 000～3 500 mm，最热月温度 24～30 ℃，最冷月温度 3～8 ℃。性喜温湿肥沃土壤，能耐短期积水，但不能在沼泽地生长。

（三）引种概况及利用价值

世界上很多国家引种和栽培巨桉，我国广东、广西等地均有栽培，四川作为主要栽培树种。木材桃红色，结构粗，纹理直，易开裂。可供矿柱、建筑、包装箱板及纸浆等用。

二、尾叶桉

学名 *Eucalyptus urophylla* S. T. Blake。

（一）形态特征

常绿大乔木，树高可达 50 m，胸径达 2.0 m，树干较通直，树冠较开阔；树皮基部宿存，上部薄片状剥落，灰白色。叶宽披针形，长 12～18 cm，宽 3.4～4.0 mm，中脉明显，侧脉稀疏清晰平行，边脉不够清楚；叶柄微扁平，长 2.5～2.8 cm。花序腋生，花梗长 22 cm，有花 3～5 朵或更多；帽状体钝圆锥形，与萼筒等长或近似。5～6 月孕蕾，10～11 月开花，翌年 5～6 月成熟。果杯状，果径 0.6～0.8 cm，果柄长 0.5～0.6 cm。

（二）生态学特性

原产印度尼西亚东部群岛，以东帝汶岛为主，南纬 8°～16°，海拔高达 300～3 000 m。分布区夏雨型，年降水量 1 000～2 400 mm，最热月平均温度 29 ℃，最冷月平均温度 8～12 ℃，不耐霜冻。尾叶桉在由火山灰和变质岩发育的深厚、湿润、排水良好土壤上生长良好，也可在页岩、板岩、玄武岩发育的土壤上生长，但不在石灰岩土上生长。

（三）引种概况及利用价值

目前已被南美洲、非洲及澳大利亚等一些低纬度国家普遍引种栽培，生长表现优异。我国广东省雷州林业局引种栽培于浅海沉积沙质土上，立地条件较为干旱瘠瘠，气候条件与原产地相似，4 年生平均树高 7.7 m，胸径 8.11 cm，9 年生平均树高 13 m，胸径 15.2 cm，是一个较速生的桉树种。在广东、广西、海南作为主要栽培树种，以尾叶桉作为母本与巨桉、赤桉、细叶桉杂交，表现杂种优势，已广泛推广栽培。

木材紫红色，坚硬耐腐，广泛用于重型结构和桥梁用材。其木材是较好的建筑用材和制浆造纸用材，也是纤维板及刨花板等用材。尾叶桉的花还是良好的蜜源，树冠大而浓郁，是很好的四旁及庭园绿化树种。

三、柠檬桉

学名 *Eucalyptus citriodora* Hook. f. 。

（一）形态特征

大乔木，高达 35 m，胸径 1.2 m；树皮灰白色，每年呈片状剥落一次；树干通直；有柠檬香气。萌发枝及幼苗的叶对生或互生，卵状披针形，基部圆形，叶及枝均密被棕色腺毛；成年叶互生，披针形或窄披针形，长 10～15 cm，宽 7～15 mm，无毛，稍弯而呈镰状，两面有黑色腺点，揉之有柠檬香气；叶柄长 1.5～2 cm。花通常每 3 朵成伞形花序，再集生成腋生或顶生的圆锥花序；花梗长 3～4 mm，有 2 棱；萼筒长 5 mm，上部宽 4 mm；帽状体半球形，长 1.5 mm，比萼筒稍宽；雄蕊长 6～7 mm；花药椭圆形，背部着生，药室平行。蒴果壶形或坛形，长、宽各约 1 cm；果缘薄，果瓣藏于萼筒内。花期 4～12 月。

（二）生态学特性

在澳大利亚主要分布于昆士兰中部和北部的沿海区域，从海岸线伸展至内陆达 322 km。地跨热带和亚热带，南纬 15.5°～25°，分布区南部冬雨型，北部夏雨型，其余雨量均匀，年平均降水量 640～1 020 mm，海拔 0～600 m。柠檬桉生长在地形起伏的地区，包括高原和干燥的山脊，一般生长在土质相当差的砾质土、灰化土及砖红壤演变的残积灰化土壤上，但喜排水较好的土壤。

（三）引种概况及利用价值

我国广东、广西、福建、江西、浙江、云南南部、四川东南部均有栽培，生长良好。木材灰褐色，纹理直而有波纹，材质重，坚硬而韧性大，易加工。可作为枕木、车辆、桥梁、建筑、地板等用材。还可用于造纸、蒸馏精油。大径材为优良造船材。

四、窿缘桉

学名 *Eucalyptus exserta* F. V. Muell. 。

（一）形态特征

乔木，高达 25 m，胸径 40 cm；树皮灰褐色，粗糙而不剥落，有纵裂纹。幼年叶对生，窄披针形，宽不及 1 cm，有短柄；成年叶互生，窄披针形，长 8～15 cm，宽 1～1.5 cm，稍弯曲，两面被黑腺点，侧脉以 35°～40°角开出，边缘靠近叶缘；叶柄长 1.5 cm。伞形花序腋生，有花 3～8 朵；花序梗圆形，长 6～12 cm；花梗长 3～4 mm；花蕾长卵形，长 8～10 mm，宽 5 mm，有梗；萼筒半球形，长 2.5～3 mm，宽 4 mm；帽状体半球形或圆锥形，长 5～7 mm，先端渐尖；雄蕊长 6～7 mm，花药卵形，药室平行，纵列。蒴果近球形，直径 6～10 mm，果缘凸出萼筒 2～2.5 mm，果瓣 3～5 枚，凸出，长 1～1.5 mm。花期 5～9 月，果期 10～11 月。

在广西各地区普遍栽培，生长良好。

（二）生态学特性

原产澳大利亚东北部沿海宽约 300 km 的广大地区，南纬 17°～28°，海拔 0～900 m，分布区夏雨型，年降水量 400～1 500 mm，干旱季节 2～3 个月，最热月温度 29～36 ℃，最冷月温度 3～13 ℃。

（三）引种概况及利用价值

我国于 20 世纪 20 年代中期引进，50 年代中期开始在广东、广西、海南大面积种植，是我国早期引种成功的一个树种。窿缘桉适应性强，能耐高温、轻霜及干旱瘠薄土壤。我国广东、广西地区都有栽培。木材灰棕色，纹理细致，坚实耐腐，供矿柱、建筑、家具等用材。

五、蓝桉

学名 *Eucalyptus globulus* Labill. 。

（一）形态特征

乔木；树皮灰蓝色，成薄片状剥落，新皮呈浅灰绿色或浅灰色；萌发枝和幼苗茎呈四棱形，被白粉。幼态叶对生，卵状披针形，被白粉，无柄或抱茎；成熟叶互生，革质，披针形，镰状，长 15～30 cm，宽 1～2 cm，灰绿色，两面有腺点，侧脉不明显；叶柄长 1.5～4 cm，稍扁平。花单生或 2～3 朵簇生于叶腋内，近无梗；萼筒和帽状体硬而有小瘤体，表面有白霜；帽状体稍扁平，中部呈圆锥状凸起，短于萼筒，外面一层平滑，早落；雄蕊长 8～13 mm，花丝纤细，花药椭圆形；花柱长 7～8 mm，粗大。蒴果半球形，有四棱，直径 2～2.5 cm，果缘平而宽，果瓣不突出。花期 12 月至翌年 5 月，果期冬季。

（二）生态学特性

原产澳大利亚新南威尔士州和维多利亚州、塔斯马尼亚岛、金岛、弗林特斯岛，南纬 31°～40.5°，海拔从近海平面至 1 000 m 以上。分布区冬雨型，年降水量 750～1 500 mm，最热月温度 21～27 ℃，最冷月温度 2～7 ℃。喜疏松深厚、湿润肥沃的中性或酸性土壤，不耐水淹和盐碱。抗病虫害及抗寒能力强，短暂低温可耐－6 ℃。

（三）引种概况及利用价值

我国云南、四川、广西、贵州、江苏、江西等省份有栽培，以云南、四川生长最好。木材宜作为矿柱、桥梁、造船及建筑用材，也是很好的纸浆材及人造纤维材。

六、赤桉

学名 *Eucalyptus camaldulensis* Dehnh. 。

（一）形态特征

乔木，在原产地成年赤桉树高 20 m，有时也达 45 m，胸径 1～2 m；树皮灰白色而带红色或黄色斑块，呈薄条片剥落；树干基部树皮不剥落，淡黄色；小枝淡红色，下垂。幼态叶对生，卵圆形或宽披针形，长 6～9 cm 或稍长，宽 2.5～4 cm，有时被白粉；成熟叶互生，窄披针形或披针形，稍镰状，生于下部的叶有时呈卵形或卵状披针形而直，长 6～30 cm，宽 1～2 cm，两面有黑腺点；叶柄长 1.5～2.5 cm。伞形花序腋生或侧生，有花 4～8 朵，花序梗长 1～1.5 cm；花梗长 5～10 mm；花蕾卵形，长 8 mm；萼筒半球形，径 4～5 mm；帽状体长 6 mm，先端尖锐呈喙状；雄蕊长 5～7 mm，花药长椭圆形，纵裂。蒴果近球形，直径 5～6 mm，果缘凸出 2～3 mm，果瓣 4 枚，有时 3 枚或 5 枚，全部凸出。花期 10 月下旬至翌年 8 月，果期 9～11 月。

（二）生态学特征

赤桉是世界范围内广泛栽培的种，典型的赤桉生长在澳大利亚东南部的玛瑞河（Murray River）和达令河（Darling River）流域，但是在整个澳大利亚大陆，赤桉都沿着河流水系分布。赤桉分布区内气候较干燥，最冷月平均最低温 3～15 ℃，最热月平均最高温 27～40 ℃，霜冻 0～50 d。年平均降水量 250～625 mm。赤桉主要生产在河边，耐周期性水淹，适合在多种土壤上生长；土壤条件较差，干季较长，也能正常生长。

（三）引种概况及利用价值

赤桉原产澳大利亚内陆，是天然分布最广的一种桉树，水平分布在东经 114°～152°30′、南纬 12°30′～38°，海拔 200～700 m，主要在河边生长。我国广东、广西、福建、湖南、浙江、云南、四川、上海等地均有引种栽培，其中广东和广西是主要栽培区。赤桉在我国热带和亚热带地区的沿海草原、平地、台地和内陆丘陵岗地具有很强的适应性，对土地条件要求不严，在 pH 4.5～7.0 的多种土壤上均适宜生长。

木材淡红色至深红色，结构细致，纹理交错，易于打磨。适于做枕木、木桩、船的龙骨、纸浆、纺织纤维等。在澳大利亚是著名的枕木用材。

七、邓恩桉

学名 *Eucalyptus dunnii* Maiden。

（一）形态特征

乔木，高 50 m，胸径 1～1.5 m，树干通直；树皮呈棕色，粗糙且颇似软木的树皮，常从树干基部延续到 1～4 m 高处，树干上部树皮光滑，呈灰色或微白色、深黄色或带青色的嵌片，常有长带状的树皮从树干上部或主枝上脱落下来。叶形为圆形、卵形或心形，幼叶无叶柄，对生，叶色变化大，上表面为灰绿色，下表面为苍白色，成叶互生，具柄，披针形，单色，为淡光绿色。花、花序及果实花苞具柄，各柄常以一定角度着生成杯状，呈卵形，有疤痕，花序为腋生，不成枝，7 朵花着生在 7～16 mm 长的平梗上。果实具柄，倒圆锥状，成盘状或略微上升，3～5 粒，强突起状或向外弯曲。种子呈灰棕黑色，粒小。

（二）生态学特性

邓恩桉天然分布在澳大利亚新南威尔士州东北和昆士兰州东南的较小区域，目前在新南威尔士州的天然林面积约 800 hm^2，数量已不足 8.2 万株，在昆士兰州的面积和数量都更小。因为数量小，邓恩桉在澳大利亚已被看作濒危树种，其天然分布区大多被划入国家公园或保护区。

邓恩桉在美国、巴西和中国的引种情况表明，它是最抗寒的桉树之一。邓恩桉的耐寒能力较强，苗期和幼树能忍受−5 ℃低温，随着树龄增长耐寒能力增强，成林可忍耐的极端低温更低、时间更长。在南京的观测发现：邓恩桉幼苗在遭受极端低温为−7 ℃的寒潮侵袭后（降温幅度 10～11 ℃，低温持续 2 d），仅出现叶片边缘及少量嫩芽受冻的轻度寒害，受害率为 60％。广西桂林的子代测定林定植后 5 个月，当地出现降雪，最低温度低至−4 ℃，冰冻持续 5 d，试验林安然无恙，而同时种植的尾叶桉地上部分全部冻死。但是，邓恩桉分枝小、树枝脆弱，容易被积雪压断，被认为是耐轻微雪害的树种。

邓恩桉是一个结实不良的树种，从原产地长势好的天然林获取优质种子非常困难，且天然林种子产量不稳定，树龄结构严重趋于幼龄化，并呈零星分布。这些因素使得原产地种子产量不足，导致其进口价格昂贵，限制了其在国内适生区的大面积推广。同时，邓恩桉无性繁殖也很困难，无论是组织培养还是扦插，生根率都很低。

邓恩桉生长快，树干通直。在广西柳州 1988 年的试验林，在 26 个月生时平均树高和胸径分别达到 8.9 m 和 7.7 cm；而 1991 年在桂林营造的相同基因材料的试验林，50 个月生时的平均树高和胸径分别为 13.1 m 和 11.5 cm，林分的年平均单位面积蓄积量达 19.5 m^3/hm^2。在大部分试验点，其平均单株材积超过了巨桉、赤桉等其他所有参试树种，且干形优良。总的看来，邓恩桉的生长对立地要求较严格，随着立地质量的不同，其生长差异可能很大，一般认为土壤肥沃、空气湿润的高丘和低山较能发挥其生长潜力。

（三）引种概况及利用价值

中国从 20 世纪 80 年代开始引进邓恩桉，并进行了种源试验。种源地主要来自澳大利亚的新南威尔士和昆士兰。试验地点有广西桂林、柳州，福建顺昌、建阳、南平，湖南永州、道县、靖县、郴州、桂阳、邵阳、怀化、株洲、望城。5 年生邓恩桉在桂林的种源试验表明，不同种源间树高和胸径生长差异极显著，以新南威尔士 Dead Horse Track 生长最好。1991 年−4 ℃大雪低温的恶劣天气后，各种源均未遭受冻害。

作为纸浆材的木材密度非常理想，乌拉圭 4 年生邓恩桉木材密度为 0.489 g/cm^3；南非 5 年生邓恩桉木材密度约为 0.540 g/cm^3；巴西 20 年生邓恩桉的木材密度为 0.549 g/cm^3，其纸浆性能总体优于巨桉。从纤维长度来看，邓恩桉 4 年生和 12 年生木材的纤维平均长度为 0.6～0.70 mm，属于适合造纸的短纤维。邓恩桉心材呈淡棕色，边材的颜色和心材差异不明显。它的木质粗细中等而均匀，纹理直。澳大利亚有的地方已成功地将邓恩桉用作锯材，进行了实木加工利用，他们对邓恩桉人工林幼龄材（14 年生）的锯切和干燥试验表明，邓恩桉适合用作实木加工材，锯切变形在可接受的范围内。

八、野桉

学名 *Eucalyptus rudis* Endl. 。

(一) 形态特征

乔木,高可达 9~25 m,树皮粗糙而宿存,纤维状。幼态叶对生,卵圆形,有柄;成熟叶互生,卵状披针形,长 15 cm 或过之,常为镰状,渐尖,叶脉明显,侧脉斜出,边脉稍离叶缘。伞形花序腋生,具花 3~8 朵,着生于 8~25 cm 的花梗上;萼筒陀螺形,长 9~12 mm,宽 5~9 mm,帽状体圆锥形,常长于萼筒,无喙;雄蕊长 6~8 mm,花药长椭圆形、纵裂,陀螺形或钟形,长 5~9 mm,宽 10~12 mm,边缘截头状或微凸起,蒴果稍内藏,但果瓣极突出。

(二) 生态学特性

原产澳大利亚,为西澳大利亚州树种。分布区位于南纬 27°30′~35°30′,海拔 0~220 m。分布区冬雨型,年降水量 450~900 mm,干旱接近 5 个月,最热月温度 28~38 ℃,最冷月温度 4~11 ℃。

(三) 引种概况及利用价值

我国广东、广西、浙江、四川、上海、福建均有引种栽培。

木材淡红色,结构细致,纹理交错,易于打磨。耐腐性强,适于做枕木、木桩、船的龙骨、纸浆、纺织纤维等用。

九、直杆蓝桉

学名 *Eucalyptus maideni* F. V. Muell. 。

(一) 形态特征

高大乔木,在原产地高达 45 m,胸径 1 m,干形直,分枝高,树冠呈塔形。树皮成块状或短带状脱落,脱皮后的树干光滑,灰褐色,具灰白色斑块。幼树 1 年生小枝有棱,绿色,被白粉;2 年生以上小枝圆形,红褐色,白粉脱落。幼态叶卵形或椭圆形,无柄至抱茎,被白粉;背面色较苍白;成熟叶镰形和长披针形,革质、互生,长 15~26 cm,宽 1.5~2.5 cm。伞形花序腋生,有花 5~7 朵,总花梗短而扁;花蕾棍棒状;帽状体半球形,与圆锥形或梨形萼筒等长或稍短,被白粉,萼筒具不明显二棱。果陀螺形、杯形或圆锥形,具短柄,直径 8~10 mm,果瓣 3~5 裂,伸出或与果盘平齐。种子黑色或黑褐色,扁圆形。

(二) 生态学特性

原产澳大利亚的新南威尔士州和维多利亚州。能耐一定的干旱、瘠薄,不耐水淹和盐碱,在疏松、深厚、湿润肥沃的中性和酸性土壤上生长良好。抗病虫害及抗寒能力强,短暂低温可耐－7 ℃。生长迅速，萌芽力强。

（三）引种概况及利用价值

我国云南、广东、广西等地均有栽培，以云南的长势最佳。

木材黄白色，纹理直，易加工，可以做枕木、矿柱、桥梁、建筑及家具等用材，也是很好的纸浆材和人造纤维原料。

十、大花序桉

学名 *Eucalyptus cloeziana* F. Muell. 。

（一）形态特征

大乔木，高可达 45 m，干形直，树皮粗糙宿存，灰黑色，有纵裂浅纹，松软，表层小片状剥落后褐黄色。成熟叶镰状披针形，前端急尖，长 9～11 cm，宽 2～3 cm，叶柄长 1 cm，叶面黄青色，叶缘有黄色块状斑点，叶背苍白，叶脉明显，侧脉与主脉成45°交角，叶面的边脉不明显，叶背边脉明显。伞状圆锥花序顶生，小伞花序具花 6～12 朵，花梗长 1～2 cm；萼筒杯形，长 4～6 mm，帽状体球形，长 2～3 mm，花丝白色，花药黄色2裂，花期长，每丛花时间不一致。果半球形，褐色，果盘凹平而中间呈褐红色，果瓣3裂，微凸出于果缘之上。种子浅黄色。

（二）生态学特性

原产澳大利亚，南纬 16°～26°30′，海拔 60～900 m。分布区年降水量 1 000～1 600 mm，干旱季节 3～4 个月。最热月温度 29 ℃，最冷月温度 8～12 ℃。在土壤深厚、排水良好、潮湿的土壤上生长发育好。

（三）引种概况及利用价值

我国广东、广西均有栽培。

木材呈黄褐色，结构紧密、沉重坚固，非常耐久，是很好的家具、室内装饰及建筑用材。

（项东云　唐庆兰　陈健波　梁瑞龙　李昌荣）

参考文献

联合国粮农组织，1979. 桉树栽培［M］. 罗马：联合国粮农组织.

刘德杰，2001. 广西东门林场桉树无性系的研究、发展及生产［J］. 广西林业科学，30（增）：28-31.

罗建举，甘卫星，万业靖，2005. 广西木材工业现状与对策［J］. 林产工业，32（2）：46-49.

彭彦，罗建举，1999. 我国桉树人工林材性和加工利用研究现状与发展趋势 [J]. 桉树科技（2）：1-5.

祁述雄，2002. 中国桉树 [M]. 北京：中国林业出版社.

盛炜彤，2014. 中国人工林及其育林体系 [M]. 北京：中国林业出版社.

宋永芳，1998. 我国桉树资源的利用与展望 [J]. 林产化工通讯（4）：3-7.

王豁然，2010. 桉树生物学概论 [M]. 北京：科学出版社.

温远光，陈放，刘世荣，等，2008. 广西桉树人工林物种多样性与生物量关系 [J]. 林业科学，28（4）：14-19.

项东云，2002. 新世纪广西桉树人工林可持续发展策略讨论 [J]. 广西林业科学，31（3）：114-121.

项东云，陈代喜，李富福，等，2016. 广西林木良种 [M]. 南宁：广西科学技术出版社.

项东云，陈建波，刘建，等，2008. 广西桉树资源和木材加工现状与产业发展前景 [J]. 广西林业科学，37（4）：175-178.

项东云，陈健波，叶露，等，2006. 广西桉树人工林发展现状、问题与对策 [J]. 广西林业科学，35（4）：195-201.

杨民胜，彭彦，2001. 中国桉树人工林发展现状和实木加工利用前景 [J]. 桉树科技（1）：1-6.

希里斯 W E，布朗 A G，1990. 桉树培育与利用 [M]. 王豁然，等，译. 北京：中国林业出版社.

Martin Van Bueren，2005. ACIAR 影响评估系列报告团 No. 30 [R]. 徐建民，等，译. 中国桉树改良，14.

Chah，2006. Australian plant census [M]. Australian National Botanic Garden.

Git Forestry Consulting. Download git forestry consulting's global eucalyptus map [EB/OL]. (2009-10-19) [2013-08-15]. http://git-forestry. com/download_git_eucalyptus_map. htm.

Griffin A R. Burgess I P，Wolf L，1980. Floral phenlolgy of a stand of mountain ash (*Eucalyptus regnans* F. Muell.) in Gippsland，Victoria [J]. Aust J Bot，28：393-404.

Hill K D，Johnson L A S，1995. Systematic studies in the eucalypts 7. A revision of the bloodwoods，genus *Corymbia* (Myrtaceae) [J]. Telopea，6 (2/3)：185-504.

Turnbull J W，1999. Eucalypt plantations [J]. New Forests，17 (1)：37-52.

Wilcox M D，1997. A catalogue eucalypts [M]. Auckland，New Zealand：Groome Poyry Ltd.

第七章

油　松

油松（*Pinus tabulaeformis* Carr.）属松科松属常绿乔木，是我国北方广大地区主要造林树种之一，也是优良的建筑等用材。油松分布广，适应性强，根系发达，树姿雄伟，枝叶繁茂，能耐干旱，抗风力强，在山地或平原地带均可栽培，有良好的保持水土和保护环境效能，也是北方很好的绿化树种。

第一节　油松的利用价值和生产概况

一、油松的利用价值

（一）木材利用价值

油松主干通直，一般呈高大的圆柱体，木材强度大，主要用于房屋建筑的房架、柱子、地板、里层地板、墙板等。原木经防腐处理后，可用作坑木、枕木、电杆、桩木、桥梁等，并可以旋制出次等胶合板。木材除用于建筑材料外，多制作箱柜、桌椅、农具及日常用具和包装箱等，还可作为工业造纸和纤维板等纤维工业原料。木材中含有松脂，为上等的燃料。

（二）松脂和松针价值

油松可采割松脂，但产量不及马尾松高。成年的油松在 7 个月的采脂季节里，可产 1.5～2 kg/株的松脂。松脂用来提炼松节油和松香，是重要的工业原料。

松针可用来蒸取挥发油，其残渣还可提取松针栲胶。将提取过挥发油和栲胶的松针残渣，加上酵母发酵，可用于制酒精和饲料（每 100 kg 松针可制得干饲料 65 kg），还可用作松针软膏及枕褥的填充料。松针是制造维生素 C 和胡萝卜素的好原料，种子含油量 30%～40%。

（三）园林观赏价值

松树树干挺拔苍劲，四季常青，不畏风雪严寒，是优良绿化树种，常用作行道树、庭园树。在古典园林中作为主要景物，以一株即成一景者极多，至于三五株组成美丽景物者更多。在园林配植中，除了适于孤植、丛植、纯林群植外，也宜混交种植。

(四) 药用价值

中药松节：味苦，性温；祛风燥湿，活络止痛。松叶：味苦，性温；祛风活血，明目，安神，杀虫，止痒。松球：味苦，性温；祛风散寒，润肠通便。松花粉：味甘，性温；燥湿，收敛止血；外用治皮肤湿疹，黄水疮，皮肤糜烂，脓水淋漓，外伤出血。松香：味苦，甘，性温；祛风燥湿，排脓拔毒，生肌止痛；治疗疮肿毒、疥癣、痔瘘、湿疹、扭伤、风湿关节痛。

二、油松的地理分布与生产概况

(一) 油松的地理分布

油松在我国分布广泛，跨辽宁、内蒙古、河北、北京、天津、山西、陕西、宁夏、甘肃、青海、四川、河南、山东、湖北 14 个省（白治区、直辖市），分布在东经 $101°30'\sim124°45'$、北纬 $31°\sim44°$（吴中伦，1956；林业部林业研究所造林系，1955；徐化成等，1981）。

由于受山地和平原的间隔分布、气候差别和人为影响，油松在各地水平分布不连续。在西北及内蒙古地区，不连续分布特点很突出，显然这是因为草原地区降水量少，只有少数山地降水量多，油松才得以生存。不少地区由于历史上人为破坏，油松天然分布也受影响。

油松垂直分布具有以下两个特点。第一，垂直分布的上限和下限由东向西增加。以上限说，在千山一带，海拔约 800 m，冀北山地和燕山山地海拔 1 500～1 600 m，山西高原、陕北高原和伏牛山、秦岭海拔 1 700～2 000 m，贺兰山以西以及西南白龙江、邛江流域可达海拔 1 500～2 700 m。第二，随着纬度的增高，垂直分布的上限变化不大，而下限反而有所提高。由秦岭经桥山到乌拉山、贺兰山一带，最初分布于海拔 1 000～2 000 m，中间又因山体不够高，而分布于海拔 1 000～1 600 m，至乌拉山分布于海拔 1 400～2 000 m，到贺兰山分布于海拔 2 000～2 600 m。

(二) 油松栽培历史与栽培概况

油松栽培历史悠久，《禹贡》中记有青州（泛指泰山以东地区）"厥贡有松""浮于坟，达于济"。《诗经·鲁颂》云："徂徕之松，新甫之柏"，是指当时徂徕山以松树最多，而且松木为当时主要建筑材料。泰山上的五大夫松、望人松、六朝松都是油松。《汉书》记载，秦始皇时代，即曾用松树作为行道树栽植，以当时秦国领土来说，所谓"三丈栽一株的青松"即应为油松。更早的周代，曾以松树作为天子坟墓的纪念树而栽植。这种纪念树一直延续到清代。沈阳的东陵和北陵以及河北易县的西陵，油松墓地纪念林至今保存很好。1949 年以前，有些地区（如河北迁安一带）有的农民将油松天然林作为用材林培育，并以此为目的营造了规模不大的人工林。1949 年以后，除对历史上残留下来的油松天然林予以保护经营外，广大群众营造了大面积的油松人工林。这些人工林连带历史上遗留下来的少数天然林，在中国北方地区的森林资源中，占的比重较大。从 1962 年开始，在辽宁省昌图傅家屯机械林场用油松营造了 5 条固沙防护林带，油松的成活及生长均超过小叶杨。油松林也是很好的风景林。千山、医巫闾山、泰山、盘山等著名风景区，都是以松林景色著称的。如承德避暑山庄和北京颐和园这样的皇家园林，油松林也是它们不可缺少的成分。从环保角度来说，松林净化空气的作用和保健作用历来受到重视。古松树多在寺院附近和风景区，成片的成年油松林已不多见（《中国森林》编辑委员会，1999）。

油松大规模人工造林始于 20 世纪 50 年代以后，油松分布区及适宜生长区有辽宁、河北、山西、陕西、内蒙古等省份。据全国第八次森林资源清查结果报告，油松人工林面积 161 万 hm²，蓄积量 0.66 亿 m³，分别占人工乔木林优势树面积、蓄积量的 3.42％和 2.66％。辽宁、河北、内蒙古、山西、陕西等省份油松人工林面积较大。

第二节 油松的形态特征和生物学特性

一、形态特征

乔木，高达 30 m，胸径可至 1 m。树皮下部灰褐色，裂成不规则鳞块，裂缝及上部树皮红褐色；大枝平展或斜向上，老树平顶；小枝粗壮，黄褐色，有光泽，无白粉；冬芽长圆形，顶端尖，微具树脂，芽鳞红褐色。针叶 2 针一束，暗绿色，较粗硬，长 10～15（20）cm，径 1.3～1.5 mm，边缘有细锯齿，两面均有气孔线，横切面半圆形，皮下细胞为间断型两层，树脂道 3～8（11）个，边生，角部和背部偶有中生；叶鞘初呈淡褐色，后为淡黑褐色。雄球花柱形，长 1.2～1.8 cm，聚生于新枝下部呈穗状；当年生幼球果卵球形，黄褐色或黄绿色，直立。球果卵形或卵圆形，长 4～7 cm，有短柄，与枝几乎成直角，成熟后黄褐色，常宿存几年；中部种鳞近长圆状倒卵形，长 1.6～2 cm，宽 1.2～1.6 cm，鳞盾肥厚，有光泽，扁菱形或扁菱状多角形，横脊明显，纵脊几乎无，鳞脐明显，有刺尖。种子长 6～8 mm，连翅长 1.5～2.0 cm，翅为种子长的 2～3 倍。花期 5 月，球果第二年 10 月上中旬成熟（图 7-1）。

图 7-1 油 松

二、生物学特性

（一）生长特性

油松生长速度中等。幼年时生长较慢，一般 2 年生苗高 20～30 cm，第三年开始长侧枝，从第四或第五年起开始加速高生长，连年生长量可至 40～70 cm，一直维持到 30 年生左右，以后高生长缓慢。在气候干热或立地条件较差的地方，20 年后高生长即衰退；而立地条件好的地方，树高速生阶段的持续期长，生长量也大，有些年份的生长量可至 1 m 以上。油松的径向生长高峰出现略迟，一般在 15～20 年后胸径生长加速，在良好条件下旺盛生长期可持续到 50 年左右，胸径年生长量最大可至 1～1.5 cm。人工栽植油松林，一般在造林后 5～7 年进入郁闭，15 年生后林木分化显著，在合理经营的情况下，20 年生时能长成椽材，30～40 年生时能长成檩材及中等矿柱，50～60 年生能长成大径用材。

（二）根系生长特性

油松幼苗从发生起，主根即深入土层，1 年生苗主根可至 67 cm 土层，2 年生幼苗主根可至 116 cm 土层。关于成年树木的根系发育，向师庆等曾描述北京西山低山区 20～30 年生油松的发育状况，研究了根型和须根的发育。北京西山区油松人工林的根系受土层性状影响很大。在由母岩发育、土层较薄（1 m 以内）的土壤上，根型为具有发达水平根的垂直根型；若油松主根受阻或受人为伤害、窝根等影响时，易形成水平根—斜生根型。在由黄土母质发育成的深厚土壤（上层达 1 m 以上）上，主根极发达，根型为典型的垂直根型，而水平根和斜生根都不发达。播种造林倾向于形成垂直根系。油松 20～30 年生树木的须根一般在 30～40 cm 的土层中，随土层增厚而加深。在风化岩层中，尤其在土层特薄的土壤中，油松根系多沿硬质土、岩石缝隙穿扎延伸。油松根系可塑性强，主要取决于立地条件。

（三）开花结实

油松 6～7 年生时，即有开花结实的林木，但结实头几年球果小，瘪籽多，发芽率低。15～20 年后结实增多，种子质量也显著提高。30～60 年为结实盛期，直至 100 年之后仍有大量结实。油松结实有丰、歉年之分，种子年间隔 2～3 年。阳坡、半阳坡母树结实多，种子质量也高。油松在 4 月末至 5 月中旬开花，当年授粉，翌年春受精后球果开始发育，到 9～10 月球果成熟。

三、生态适应性

（一）光照

油松是典型的喜光树种，全光条件下天然更新良好。1～2 年生油松幼苗能耐一定庇荫，在郁闭度 0.3～0.4 的林冠下天然更新幼苗较多，但 4～5 年生以上的幼树则要求充足的光照。过度荫蔽常生长不良，甚至枯死。

（二）温度

油松分布区气温变化很大。年平均气温最低在 1～2 ℃，最高在 14 ℃左右，1 月平均气温在 −16～0 ℃，1 月平均最低气温在 −20～4 ℃。油松的天然分布与气温有密切关系，在呼和浩特、张家口以东，油松分布的北界主要取决于低温。北界的平均气温可达 1～2 ℃，而极端最低气温可达 −35～−30 ℃。

（三）水分

在油松分布区内，降水量由南向西北减少。在降水量比较高的地区中，辽东地区、鲁中南山地、燕山部分地区、伏牛山降水量为 700～800 mm，秦岭地区为 900～1 000 mm。在降水量比较少的地区中，贺兰山附近有 200 mm 等值线，赤峰地区为 300 mm 和 400 mm 等值线。其他大部分地区为 400～700 mm。在油松分布区西部，油松的北界主要取决于降水量，最低需要 350～400 mm 降水量。

（四）土壤

油松适生的土壤有褐土、棕壤及黑垆土等，以在深厚肥沃的棕壤及淋溶褐土中生长最好。油松根系发达，能耐土壤干旱，在山脊陡崖上能正常生长。油松要求土质通气良好，故在轻质土上生长较好。如土壤黏结或水分过多，通气不良，则生长不好；在地下水位过高的平地或有季节性积水的地方则不能生长。油松喜微酸性及中性土壤，土壤 pH 7.5 以上即生长不良，故不耐盐碱。在酸性母岩风化的土壤上生长良好，在石灰山地，如土壤较深厚，有机质含量高，降水量较多，油松也能生长良好。

第三节　油松遗传多样性和种质资源

一、油松遗传多样性

王磊等（2009）对油松重要分布区天然林采种进行遗传多样性分析，选取 12 个种源（245 个油松个体），其中山西 2 个（沁源、文水），内蒙古宁城 1 个，甘肃小陇山 1 个，陕西8 个（洛南、柞水、洋县、留坝、周至、黄龙、黄陵、府谷）。结果表明：油松的多态性带百分率为 53.33%～94.12%，平均为 77.58%，遗传多样性较高。李垚（2008）利用 RAPD 和 ISSR 对山西 5 个天然油松种群的遗传结构分析发现，油松种群间均存在一定程度的变异和分化，85% 以上的变异存在于种群内，种群间的变异占近 15%。油松作为一种地理分布广的树种，具有丰富的遗传分化。徐化成（1981）根据相关性系数聚类和主分量分析将油松划分为西北群、西南群、南部群、中部群、东北群等几大居群，具有广泛的指导意义。

李悦等（2000）对油松育种系统 6 个群体进行了同工酶研究，结果表明：①各群体具有较高遗传多样性水平；②种子园无性系群体的遗传多样性水平高于天然林；③种子园不同时期产生的两个自由授粉子代群体的遗传多样性与天然林子代群体相似，说明改良群体可以维持较高的遗传多样性水平。

二、油松种质资源

（一）油松变种

1. 油松（*Pinus tabulaeformis* var. *tabulaeformis*，原变种）　产于中国，除辽宁以外最大的球果直径在 15 cm 以下。

2. 黑皮油松（*P. tabulaeformis* var. *mukdensis*）　生长在中国辽宁，以及朝鲜。最大

的球果直径超过 15 cm。

3. 扫帚油松（*P. tabulaeformis* var. *umbraculifera*） 产于辽宁鞍山千山慈祥观附近。可做庭园树。

（二）油松变异类型

蒋晋豫（2009）通过对太白县黄白塬乡林场油松母树林母树形态特征遗传变异的研究，根据树皮颜色和开裂方式等特征将油松划分为灰色纵裂型、灰色块裂型、灰色片裂型、黄色纵裂型、黄色片裂型与黑皮型 6 种变异类型，不同类型之间在经济性状、子代幼苗生长量、硝酸还原酶（NR）活力上均存在显著差异。其中黄色纵裂型、灰色纵裂型、黄色片裂型为优良类型。

（三）油松种子区及适宜种源

油松分为 9 个种子区和 22 个亚区（徐化成，1990，1992）。

1. 西北区 包括青海东部亚区和甘肃东部、宁夏南部亚区，适宜种源为本区及与本区条件类似的种源，如贺兰山、山西关帝山种源等。

2. 北部区 包括阴山西段亚区和贺兰山鄂尔多斯亚区，适宜种源为本区和东北区种源。

3. 东北区 包括榆林亚区、阴山东端亚区、晋北冀北亚区、赤峰北部亚区，适宜种源为该区当地种源以及气候条件与其类似的北部区的优良种源。

4. 中西区 包括甘东亚区、乔山亚区，适宜种源主要为本区优良种源，其中甘东亚区采用乔山亚区的优良种源较好。

5. 中部区 包括晋中冀西亚区、晋南豫北亚区，适宜种源主要为本区优良种源。

6. 东部区 包括冀东辽西亚区、辽东亚区，本区的种源最优，适宜采用本区的优良种源。

7. 西南区 包括甘西南亚区、甘东南亚区、川西北亚区，以中南区（黄陵）和南部区（洛南、商县一带）的种源表现最好。

8. 南部区 包括川北亚区、陕南亚区、豫西亚区，以采用本区的种源种子为宜，陕南亚区宜采用本亚区的种源种子，伏牛山北坡以栾川种源为佳，伏牛山南坡以西峡、南召、内乡种源为佳，或者采用陕南亚区的种源种子。

9. 山东区 包括泰山亚区、沂蒙山亚区，适宜采用本区的优良种源。

（四）油松良种或品种

1. 甘肃中湾油松 R622825129512 - 1996，对干旱适应性较强，幼龄生长较慢，5 年之后生长加速。适宜种植范围：甘肃子午岭、关山林区等。

2. 陕西陇县八渡油松种子园 QLS001 - Z001 - 1991，园内有 30 个无性系，种子千粒重比母树林高 10%，发芽率高 8.6%，树高遗传增益达 18.7%。生长旺盛，遗传品质高。适宜范围：渭北各地与秦岭林区等。

3. 山西上庄油松种子园 晋 S - CSO - PT - 001 - 2001，生长迅速，树高生长比普通油松增益 5%～30%。树干通直，侧枝细、均匀，树冠整齐，根系数量多。抗干旱，耐瘠薄。适宜范围：山西海拔 1 200～1 800 m 的山地、丘陵。

4. 山西沁园、和顺、太岳、关帝油松母树林 共 4 个品种，种子饱满、粒大，后代生长较快，树干通直，生命力强，根系发达，抗性强。适宜范围：山西太行山、吕梁山、太岳山等山地及黄土丘陵地区。

5. 辽宁北票、建昌西岭、钢屯、兴城油松种子园 共 4 个品种，种子粒大饱满，发芽率高，后代材质好，松脂多，抗性强。适宜范围：辽宁大部分地区。

6. 辽宁凌源欺天林场油松母树林 LB97056 - 1999，结实早，种子质量高，抗性强。适宜范围：辽宁。

7. 内蒙古黑里河油松种子园 内林良审字第 1 号 - 2000 年，生长快，干直，树冠窄，抗性强，对土壤要求不严。适宜范围：内蒙古。

8. 内蒙古黑里河油松母树林 内林良审字第 1 号 - 2000 年，生长快，干直，抗病虫，耐干旱，耐瘠薄，对土壤要求不严。适宜范围：内蒙古。

另外还有河北东陵林场油松种子园、七沟林场油松种子园、山西吴城油松种子园、河南卢氏东湾林场油松种子园、甘肃小陇山沙坝油松种子园等（2006）。陕西省（郭树杰等，2013）油松种质资源调查组收集保存了陕西、甘肃、山西、内蒙古 4 个省份 16 个县、区油松天然种质资源 847 份，并对调查林分生长量及果实表型性状进行了分析。

（五）油松优良家系

根据"油松天然优良林分选择、改良和促进结实技术"课题组选出的 22 个油松种源、40 个家系，在宁陕县十八丈沟进行子代林测定，选出 6 个油松优良家系。与对照相比，其树高、胸径、材积分别增加 21%、26.3% 和 84.2%；遗传增益分别为 28.16%、10.75% 和 14.56%，从选出的 6 个优良家系内，再选出优良单株 37 株，与对照相比，其树高、胸径、材积分别增加 28.9%、36.8% 和 127%，预期遗传增益分别为 31.9%、15.3% 和 43.1%。这部分优良单株，可作为高世代育种材料，也可用于改良子代种子园（蒋晋豫，2009）。

第四节 油松野生近缘种的特征特性

一、黄山松

学名 *Pinus taiwanensis* Hayata，亦称台湾松（《经济植物手册》）、长穗松（《中国裸子植物志》）、台湾二针松（《植物分类学报》）。

（一）形态特征

乔木，高达 30 m，胸径 80 cm；树皮深灰褐色，裂成不规则鳞状厚块片或薄片；枝平展，老树树冠平顶；1 年生枝淡黄褐色或暗红褐色，无毛，不被白粉；冬芽深褐色，卵圆形或长卵圆形，顶端尖，芽鳞先端尖，边缘薄有细缺裂。针叶 2 针一束，稍硬直，长 5～13 cm，边缘有细锯齿，两面有气孔线；横切面半圆形，单层皮下层细胞，稀出现 1～3 个细胞宽的第二层，树脂道 3～7（9）个，中生，叶鞘初呈淡褐色或褐色，后呈暗褐色或暗灰褐色，宿存。雄球花圆柱形，淡红褐色，聚生于新枝下部成短穗状。球果卵圆形，长 3～5 cm，径 3～4 cm，几无梗，向下弯垂，熟时褐色或暗褐色，后渐变呈暗灰褐色，常宿存树上 6～7 年；中部种鳞近矩圆形，长约 2 cm，宽 1～1.2 cm，近鳞盾下部稍窄，基部楔形，鳞盾稍肥厚隆起，横脊显著，鳞脐具短刺；种子倒卵状椭圆形，具不规则的红褐色斑纹，长 4～6 mm，连翅长 1.4～1.8 cm；子叶 6～7 枚，长 2.8～4.5 cm，下面无气孔线；初生叶条形，长 2～4 cm，两面中脉隆起，边缘有尖锯齿。花期 4～5 月，球果第二年 10 月成熟。

（二）生物学特性

黄山松为喜光、深根性树种，喜凉润、空气相对湿度较大的高山气候，在土层深厚、排水良好的酸性土及向阳山坡生长良好；耐瘠薄，但生长迟缓。其种群在立地条件较好的低海拔地带从属于常绿阔叶林，演替结果将被常绿阔叶树所取代，而在立地条件较差，海拔较高的山顶、山脊、陡坡则可自然更新，形成较稳定的地形顶级群落。

（三）分布概况

黄山松为我国特有树种，分布于台湾中央

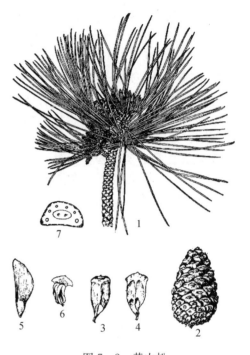

图 7-2　黄山松
1. 雌、雄球花　2. 球果　3、4. 种脊背腹面
5. 种子　6. 雄蕊　7. 叶横剖
（引自《中国植物志·第七卷》）

山脉海拔 750～2 800 m 和福建东部（戴云山）及西部（武夷山）、浙江、安徽、江西、湖南东南部及西南部、湖北东部、河南南部海拔 600～1 800 m 山地，常组成单纯林。

吴中伦（1956）记载的黄山松分布范围为安徽（黄山、九华山、大别山）、江西（庐山）、浙江（天目山、仙居），在大别山、庐山等处分布于海拔 400～2 000 m 地带，浙南及福建分布于约海拔 700 m 以上山地。

童再康（1993）等确认的黄山松分布范围为东经 112°30′～122°30′、北纬 22°48′～31°48′（不包括大明松），具体范围为安徽（大别山海拔 600～1 700 m、黄山海拔 700～1 600 m）、河南（大别山海拔 600～1 700 m）、浙江（天目山海拔 700～1 300 m，四明山海拔 700～900 m，华顶山海拔 700～950 m，大洋山海拔 750～1 400 m，百祖山海拔 800～1 700 m）、福建（戴云山海拔 1 100～1 500 m，武夷山海拔 1 000～1 700 m）、台湾（玉山海拔 750～2 800 m）、江西（庐山海拔 750～1 400 m，罗霄山海拔 1 100～1 800 m，幕阜山海拔 800～1 500 m）、湖北（大别山海拔 600～1 700 m）。

（四）利用价值

黄山松材质坚实，富树脂，稍耐久用。可供建筑、矿柱、器具、板材及木纤维工业原料等用材；树干可割树脂。为长江中下游地区海拔 700 m 以上酸性土荒山的重要造林树种。作为中山地带优良的风景林、水土保持林与水源涵养林，黄山松具有极大的经济价值、生态价值和社会价值。

（五）近缘种关系

20 世纪 30 年代以前，国内外一些学者曾把安徽黄山、江西庐山、浙江天目山等地海拔 600 m 以上一种针叶较马尾松为粗短的松树鉴定为油松。1936 年夏纬瑛根据黄山的标本发表了黄山松（*Pinus kwangshanensis* Hsia），指出其树脂道中生等稳定性状，这种松树才正确地和油松区别开来，但仍有一些学者直到 50 年代还继续把黄山松错误地鉴定为油松。50 年代以后，黄山松和台湾松（*P. taiwanensis* Hayata）以及琉球松（*P. luchuensis* Mayr.）3 个种群关系的分歧意见又突出起来。《植物分类学报》5 卷 3 期（1956）认为产于我国台湾的台湾松与产于日本冲绳的琉球松是同物异名，将台湾松并入琉球松，并认为黄山、庐山、天目山的黄山松是琉球松的地理变种，改学名为 *P. luchuensis* Mayr. var. *kwangshanensis*（Hsia）Wu。1961 年，《中国树木学》将台湾松和黄山松加以合并，以 *P. taiwanensis* Hayata 为正式学名。《中国植物志》认为，台湾松和黄山松从我国台湾到华东及中南，外部形态和内部解剖特征有一系列过渡性的变异，这正说明二者属于一个统一的种群范围，这些变异还未能达到质的飞跃。因此将台湾松和黄山松合并，以 *P. taiwanensis* Hayata 为正式学名，就目前来看是比较妥当的。

郑永宏等（2012）研究认为，黄山松径向生长主要受当年 2~7 月平均气温限制，任何月份及月份组合降水量对黄山松径向生长的限制作用均不显著；油松径向生长主要受当年 5~6 月降水总量限制，任何月份及月份组合气温对油松径向生长的限制作用均不显著。

邢有华等（1985）研究了黄山松的核型，结果表明黄山松孢子体染色体数目为 $2n=24$，染色体组型组成为 $k(2n)=24=20m+4sm$，即其染色体第 I~X 对为中部着丝点染色体，第 XI~VII 对为近中着丝点染色体，在安徽黄山、霍山，湖南鄠县 3 个产地的黄山松染色体上均观察有二次缢痕，且认为黄山松染色体总长度由南向北随纬度增高有逐渐增长的趋势。蔡利娟等（2014）研究油松染色体数目为 24 条，核型公式为 $2n=2x=24=24\,m$，即全部由中部着丝点染色体（m）组成；核型类型均属于 1A 型，是 Stebbins 的核型分类标准中最对称核型。油松的染色体相对长度为 $2n=24=14M2+8M1+2S$。

二、赤松

学名 *Pinus densiflora* Sieb. et Zucc.。

（一）形态特征

乔木，高达 30 m，胸径达 1.5 m；树皮橘红色，裂成不规则鳞状薄片脱落；大枝平展，树冠伞形。1 年生橘黄色或红黄色，微被白粉，无毛。冬芽暗红色，长圆状卵形或圆柱形。针叶 2 针一束，长 8~12 cm，径约 1 mm，有细齿，树脂道 4~6（~9）个，边生。球果圆卵形或卵状圆锥形，长 3~5.5 cm，径 2.5~4.5 cm，熟时暗褐黄色，有短梗；种鳞薄，鳞盾扁菱形，通常扁平，间或微隆起，横脊明显，鳞脐平或微凸起，有短刺，稀无刺。种子倒卵状椭圆形或卵圆形，长 4~7 mm，连翅长 1.5~2 cm。花期 4 月，球果翌年 9~10 月成熟。

（二）生物学特性

适生于温带沿海山区、平地，要求年降水量 800 mm 以上，能耐 −20 ℃ 以下的低温，耐寒性比马尾松强。喜生于花岗岩、片麻岩和砂岩风化的酸性或中性土上，在黏重土壤上生长不良，不耐盐碱。最喜光，深根性，抗风力强。在深厚、排水良好的土壤上生长较快，20 年生，树高 8.4～10 m，胸径约 20 cm。耐干旱、瘠薄土壤，在贫瘠多石的山脊上树干多弯曲不直，生长较慢。寿命达 200 年以上。

（三）分布概况

产于黑龙江东南部鸡西、东宁，经吉林长白山区，辽宁中部至辽东半岛、山东胶东半岛达江苏东北部云台山；自沿海低平地上达海拔 920 m 山地，组成纯林。日本、朝鲜、俄罗斯也有分布。我国南京等地有栽培。

在辽宁，赤松和油松分布界线大体为开原—本溪—熊岳一线。此线的西北为油松分布区，此线的东南主要为赤松。

（四）利用价值

边材淡红色，心材红褐色，质粗，密度 0.4～0.54 g/cm³，富松脂；可供建筑、矿柱、桩材、枕木、家具、薪炭、造纸等用。树干可采割松脂，针叶可以综合利用，提取松针油。

三、樟子松

学名 *Pinus sylvestris* L. var. *mongolica* Litv.。

（一）形态特征

乔木，高达 25 m，胸径 80 cm；大树皮厚，树干下部灰褐色或黑褐色，深裂成不规则的鳞状块片脱落；枝斜展或平展，幼树树冠尖塔形，老树树冠呈圆顶或平顶，树冠稀疏；1 年生枝淡黄褐色，无毛，2～3 年生枝呈灰褐色；冬芽褐色或淡黄褐色，长卵圆形，有树脂。针叶 2 针一束，硬直，常扭曲，长 4～9 cm，很少 12 cm，径 1.5～2 mm，先端尖，边缘有细锯齿，两面均有气孔线；雄球花圆柱状卵圆形，聚生新枝下部；雌球花有短梗，淡紫褐色，当年生小球果长约 1 cm，下垂。球果卵圆形或长卵圆形，长 3～6 cm，径 2～3 cm，成熟前绿色，熟时淡褐灰色，熟后开始脱落。花期 5～6 月，球果翌年 9～10 月成熟。种子黑褐色，长卵圆形或倒卵圆形，微扁，长 4.5～5.5 mm，连翅长 1.1～1.5 cm；子叶 6～7 枚，长 1.3～2.4 cm（图 7-3）。

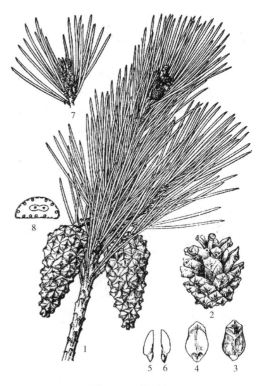

图 7-3　樟子松

1. 雌球花及球果枝　2. 球果　3、4. 种鳞背腹面

5、6. 种子　7. 雄球花枝　8. 叶横剖

（仿《中国植物志》）

(二) 生物学特性

喜光性强，为深根性树种，能适应土壤水分较少的山脊、向阳山坡以及较干旱的沙地及石砾沙土地区，多纯林或与落叶松混生。樟子松耐寒性强，能忍受 −50～−40 ℃低温，耐旱，不苛求土壤水分。树冠稀疏，针叶稀少，短小，针叶表皮层角质化，有较厚的肉质部分，气孔着生在叶褶皱的凹陷处，干的表皮及下表皮都很厚，可减少地上部分的蒸腾。同时在干燥的沙丘上，主根一般深 1～2 m，最深达 4 m 以下，侧根多分布到距地表 10～50 cm 的沙层内，根系向四周伸展，能充分吸收土壤中的水分。

樟子松适应性强。在养分贫瘠的风沙土上及土层薄的山地石砾土上均能生长。在辽宁省彰武县章古台沙地上曾先后栽植针阔叶树种 30 余种，唯樟子松能适应沙地不同部位环境条件，即使在条件最差的丘顶也能生长。此外，在榆林、鄂尔多斯等地区沙地上也生长良好。过度水湿或积水地方，对其生长不利，喜酸性或微酸性土壤。

樟子松抗逆性强。据调查 10 年生油松曾受到松针锈病的危害，而相邻的樟子松受害较轻；对松梢螟的危害与油松相比亦有较强的抵抗力；辽宁南部地区，赤松、油松均遭松干蚧危害，唯独樟子松未发现受害。

樟子松寿命长，一般年龄达 150～200 年，有的多达 250 年，在章古台的立地条件下，5 年以前的生长缓慢，6～7 年以后即可进入高生长旺盛期（每年高生长量 30～40 cm），如人工固沙区 21 年生樟子松平均高达 8.6 m，胸径 14.8 cm，最高 10.4 m，胸径 25 cm。

(三) 分布概况

樟子松自然分布区较小，在我国分布于大兴安岭北部、海拉尔、红花尔基等地，内蒙古东北角宝格达山（约为东经 119°30′、北纬 46°30′）为其分布的南限。主要集中于两大片，第一片在大兴安岭北部及西部，北达黑龙江岸，南至克一河，西接额尔古纳河，东抵呼玛一带，总面积 28.33 万 hm²。第二片集中于呼伦贝尔草原，主要位于鄂温克族自治旗和新巴尔虎左旗境内，以红花尔基林业局为中心，宽 15 km，长 250 km，呈南北走向的狭长地段，总面积 13.60 万 hm²。此外，内蒙古呼伦贝尔高原有呈岛状分布的樟子松林。

(四) 利用价值

樟子松是东北地区主要用材、防护、绿化、水土保持优良树种。心材淡红褐色，边材淡黄褐色，材质较细，纹理直，有树脂。可供建筑、枕木、电杆、船舶、器具、家具及木纤维工业原料等用材。树干可割树脂，提取松香及松节油，树皮可提栲胶。林木生长较快，材质好，适应性强，可做东北大兴安岭山区及西部沙丘地区的造林树种。

树形及树干均较美观，可做庭园观赏和绿化树种。由于具有耐寒、抗旱、耐瘠薄及抗风等特性，可用于"三北"地区防护林及固沙造林。沙地造林成活后，随着林木生长，不但风蚀减少，枯枝落叶增多，而且具有防风阻沙改变环境的作用。

樟子松针叶有较高的营养价值，其粗蛋白含量与禾草相当，粗脂肪含量也较高，可达

5%左右，且含有多种微量元素、维生素。胡萝卜素的含量为 198～344 mg/kg。据测定，天然樟子松林每公顷产干枝 14.27 t、干叶 7.92 t，可加工成松针粉。若在猪、羊、牛、兔、鸡的日粮中加 5%～10%松针粉，可显著提高畜禽产量和促进其发育，是不可多得的饲料资源。

四、长白松

学名 *Pinus sylvestris* L. var. *sylvestriformis*（Takenouchi）Cheng et C. D. Chu。

长白松是长白山特有的珍贵树种。适应性强、生长快、材质优良、树形美观，被誉为"美人松"。

（一）形态特征

乔木，高 20～30 m，胸径 25～40 cm，稀达 1 m；树干通直，平滑，基部稍粗糙，棕褐色，带黄色，龟裂，下中部以上树皮黄色至金黄色，裂成鳞状薄片剥落。1 年生枝淡褐色或黄褐色，无白粉。针叶 2 针一束，长 5～8 cm，稍粗硬，径 1～1.5 mm；横切面二维管束之间的距离较宽，树脂道 4～8 个，边生，间或角上 1～2 个中生，有时背面 1 个中生。1 年生小球果，具短梗，弯曲下垂，种鳞具直伸的短刺；成熟的球果卵状圆锥形，长 4～5 cm，径 3～4.5 cm；种鳞背部深紫褐色，鳞盾斜方形或不规则四至五角形，淡褐灰色，强隆起成角脊状，稀微隆起或近平坦，球果基部种鳞的鳞盾隆起部分向下弯，横脊明显，纵脊不明显或明显，鳞脐背部深紫褐色，疣状突起，具易落的短刺。种子长卵圆形，长约 4 mm，连翅长约 2 cm。

（二）生物学特性

幼树生长速度和落叶松相近，比红松快，5 年生以前生长较慢，5 年生以后生长迅速，一直延续到 65 年生后树高生长逐渐缓慢，平均高 23.5 m。抗寒性强，在－40 ℃低温下，未受冻害。

（三）分布概况

产于吉林长白山北坡海拔 800～1 600 m，在长白山二道白河与三道白河沿岸的狭长地段，尚存有小片纯林及散生林木，数量不多；在海拔 1 600 m 则与红松、长白鱼鳞云杉等混生成林。

（四）利用价值

长白松材质优良，纹理通直，力学强度较高，仅低于落叶松。木材干缩性小，加工性能好，钉着容易，开裂翘曲程度小。木材吸湿性小，透水性低，吸油性较大，耐腐，抗酸碱性强。长白松主干通直，生长迅速，易于加工，是良好的用材树种，可以培育生产大径材，用于建筑、桥梁、造船、枕木及胶合板生产。而且长白松树形美观，寿命长，根系发达，耐瘠薄，耐干旱，抗病虫能力强，适宜于营造防风固沙林和荒山荒地造林。此外，长白松枝、树干醇酯提取物具抗菌作用。树皮中所含的鞣质和树脂酸，是皮革、化工工业中不可缺少的原料；针叶中含维生素 C 和挥发油，油中含乙酸冰片酯和几种药用酸；花粉中含异鼠李素和槲皮素等成分，均可入药。

（李 斌 安元强）

参考文献

蔡利娟，周娅，周兰英，2014. 9 种松属植物的核型及亲缘关系 [J]. 东北林业大学学报，42（2）：57 - 60.

郭树杰，徐华，宋建昌，等，2013. 油松种质资源调查收集初报 [J]. 陕西林业科技（4）：28 - 30.

国家林业局国有林场和林木种苗工作总站，2006. 林木良种指南：总册及 1～8 分册 [M]. 北京：中国林业出版社.

季春峰，邹惠渝，向其柏，2004. 黄山松研究进展（综述）[J]. 安徽农业大学学报，31（1）：111 - 114.

蒋晋豫，2009. 油松优良类型与优良无性系选育的研究 [D]. 杨凌：西北农林科技大学.

李磊，2008. 油松天然种群遗传多样性及系统地位分析 [D]. 太原：山西大学.

李悦，张春晓，2000. 油松育种系统遗传多样性研究 [J]. 北京林业大学学报，22（1）：12 - 19.

林业部林业研究所造林系，1955. 油松、华北落叶松生物学特性的研究 [J]. 林业科学（1）：1 - 36.

王磊，樊军锋，刘永红，等，2009. 我国油松主要分布区种质资源遗传多样性 [J]. 东北林业大学学报，37（12）：3 - 7.

吴中伦，1956. 中国松属的分类与分布 [J]. 中国科学院大学学报，5（3）：131 - 163.

徐化成，1981. 油松天然林的地理分布和种源区的分化 [J]. 林业科学，17（3）：253 - 270.

徐化成，1992. 油松地理变异和种源选择 [M]. 北京：中国林业出版社.

张冬梅，杨娅，沈熙环，2007. 油松 SSR - PCR 引物筛选及反应体系的建立 [J]. 北京林业大学学报，29（2）：13 - 17.

郑永宏，张永，邵雪梅，2012. 大别山地区黄山松和油松树轮宽度的气候意义 [J]. 地理科学进展，31（1）：72 - 77.

《中国森林》编辑委员会，1999. 中国森林：第 2 卷针叶林 [M]. 北京：中国林业出版社.

第八章

湿 地 松

湿地松（*Pinus elliottii* Engelm.）为松科（Pinaceae）松属（*Pinus*）常绿针叶大乔木，原产于美国，在中国已有80余年引种栽培历史。湿地松是世界上重要的速生用材树种之一，生长快，材性好，单位面积材积率高，在同类速生针叶树种中出产松脂率高，在我国人工林中占有重要的地位。

第一节　湿地松的利用价值和生产概况

一、湿地松的利用价值

（一）木材纸浆与松脂价值

湿地松木材较硬，纹理通直，结构粗，可作为建筑材、枕木、坑木、电杆等用；也是优良纸浆材，其纤维长度接近针叶材的平均值或略高，总的木材强度性能好。湿地松是美国南方松中最优良的产脂树种，其松脂质量好，松香不易结晶，故除选作用材林和纸浆材林外，还可以作为高产脂林来培育。目前国内广东、广西、江西、浙江等省份已陆续建立了一些大面积湿地松采脂基地。

（二）园林绿化价值

湿地松树形苍劲，速生，适应性强，材质好，中国已引种驯化成功达数十年。湿地松在长江以南的园林和自然风景区中作为重要的景观树种，很有发展前途。可做庭园树或丛植、群植，宜植于河岸池边。

（三）生态价值

湿地松在我国南方多种植于低山、丘陵地带，这些地区夏季多高温、干旱，土壤又多贫瘠，以往种马尾松多虫害且生长不良，但湿地松生长良好，很少遭受松毛虫危害。因此在我国南方丘陵地区大面积发展湿地松林，对改良丘陵地区恶劣的环境有重要意义。

二、湿地松的地理分布和生产概况

(一) 湿地松原产地概况

湿地松为美国特有的用材树种，主要集中分布在佐治亚州，有两个地理变种，即湿地松（*Pinus elliottii* var. *elliottii*）和南佛罗里达湿地松（*Pinus elliottii* var. *densa*）。湿地松主要分布范围为西经 80°～90°50′、北纬 27°～33°。垂直分布海拔 150 m，一般不超过 600 m。在美国的分布区包括南卡罗来纳州沿海平原至佛罗里达州中部，佐治亚州大部，亚拉巴马州南部，密西西比州东南及路易斯安那州东南部，在得克萨斯州东南部也有分布，并能天然更新。天然分布的最北界为南卡罗来纳州的佐治亚县（北纬 30°50′），但人工造林则引种到更远的田纳西州（约北纬 36°）也能正常生长。在湿地松的天然分布范围内，气候为夏季多雨而春秋两季较旱，年平均降水量 1 270～1 460 mm；年平均气温 15.4～21.8 ℃，绝对最高温 37 ℃，偶有达到 41 ℃，绝对最低温－17 ℃（潘志刚等，1994；《中国树木志》编辑委员会，1978）。

(二) 湿地松引种历史

湿地松广泛种植在世界上亚热带和部分热带高海拔地区，在美国有 13 个州种植湿地松；在南美洲种植湿地松的国家主要是阿根廷和巴西；非洲种植湿地松的国家主要是南非，另外坦桑尼亚、津巴布韦也有少量种植；在南半球的澳大利亚，主要在昆士兰州发展湿地松与加勒比松的杂交种，湿地松杂种抗风、耐水湿、干形好和生长迅速。中国是除美国以外种植湿地松最多的国家，湿地松已成为我国南方的主要造林速生树种之一，与杉木、马尾松等乡土针叶树种成为中国南方人工林经营的主要树种。

中国引种湿地松的地区，最北引种到山东省平邑县，地处北纬 35°50′，年平均气温 13 ℃，绝对最低温－12 ℃，有些年份可到－18 ℃，无霜期一般为 180～200 d，年降水量约为 800 mm，海拔 250 m。另一极限引种地点为陕西省汉中市，地处北纬 33°04′，栽培地点海拔高为 800 m，年平均气温 14.3 ℃，绝对最低温－10 ℃，无霜期约为 240 d，年平均温度 24.5 ℃，绝对最高温度 34 ℃，绝对最低温度 5.6 ℃，年降水量 1 650 mm。目前国内已引种湿地松的省份达到 16 个，其中以广东、江西、广西、福建、湖南、湖北、四川、安徽、浙江、江苏 10 个省份栽植面积大，河南、山东、陕西、贵州、云南、海南等省份栽植面积不大（《中国森林》编辑委员会，1999）。

1. 早期引种阶段 湿地松从 20 世纪 30 年代开始陆续引进国内，最初是通过归国华侨、留美学者带回或国外大学寄赠种子，因湿地松与火炬松（*Pinus taeda*）这两个树种分布区域接近，因此在引进湿地松的同时，也引进了火炬松。1933 年广东台山归侨引进湿地松种植于沙栏镇肖美乡，尚存 37 株；1933 年广州中山大学引进少量湿地松、火炬松，现存数株；1935 年耶鲁大学寄赠种子，引种到福建闽侯南屿林场；1947 年由联合国救济署赠送的一批湿地松、火炬松种子，分别种植在南京中山陵、老山林场，安徽泾县马头林场、马鞍山林场，湖北省林业科学研究所，江西吉安地区林业科学研究所，湖南长沙，重庆歌乐山林场，柳州沙塘林校等地，目前仍有小面积保留。

2. 扩大试种阶段 20 世纪 60 年代，通过观察和总结，我国一些学者认为湿地松和火炬松是中国广大亚热带低山丘陵地区很有前途的造林树种。从 1963 年起，广东省林业科学研究所原所长朱志淞在广州、阳江、汕头、电白、合浦等地进行扩大试种；中国林业科学研究院吴中伦院士利用引进的种子，在浙江余杭长乐林场、富阳亚林所，江苏省林业科学研究所及云南省林业科学研究所等地试种，为我国 20 世纪 70 年代大面积推广提供了科学依据。

3. 大面积推广阶段 通过上述两个阶段的准备，我国于 20 世纪 70 年代对湿地松进行了大面积推广，主要集中在亚热带低山地区。其中以广东、江西等省造林面积最大，当时广东湿地松造林面积为 47 万 hm^2，江西为 16 万 hm^2。

4. 树木改良、良种繁育阶段 为满足大量造林用种的需要，提高引种的经济效益，在引种的同时，逐步建立起湿地松种子生产基地，进入树木改良、繁育良种的阶段。我国第一个湿地松种子园建于 1964 年，在广东台山县红岭，面积为 110 hm^2，由广东省林业科学研究所原所长朱志淞负责技术指导。至 1988 年我国共建成湿地松种子园 611.5 hm^2，母树林 2 001 hm^2。1986—1991 年共进口湿地松优良种源种子 7.5 万 kg。

（三）湿地松良种基地

经过多年的发展，目前湿地松已成为我国十大营林树种之一，在中亚热带地区有着广泛的种植面积，目前湿地松林地面积 122.58 万 hm^2，占全国人工林的 3.06%；蓄积量 4 586.53 万 m^3，占全国人工林的 2.34%（引自全国第七次森林资源清查人工林乔木主要优势树种面积蓄积表）。巨大的生产需求催生出一批国家级湿地松良种基地，国家林业局场圃总站正式公布的国家级/省级良种基地的名单中，湿地松占 7 个，这些良种基地分布在广东、江西、湖南、安徽、湖北和广西等省份（表 8 - 1）。

表 8 - 1 中国湿地松良种基地

基地名称	地理坐标	始建年份	面积（hm^2）	生产概况
广东省台山市红岭国家湿地松、杂交松良种基地	东经 112°49′、北纬 22°10′	1964	533	已累计生产良种 23 万 kg，扦插苗 2 300 万株；年产良种 500 kg
江西省吉安市青原区白云山国家杉木、湿地松良种基地	东经 115°08′、北纬 26°45′	1984	10	收集优良无性系 58 个
江西省峡江县林木良种场国家松类良种基地	东经 115°22′、北纬 27°35′	1977	24	建有湿地松和马尾松种子园
湖南省汨罗市桃林林场国家湿地松良种基地	东经 113°03′、北纬 28°56′	1981	387	已累计采收湿地松种子 4.86 万 kg
湖南省桃源县国家湿地松良种基地	东经 111°30′、北纬 29°12′	2008	130	2012 年成为国家良种基地
安徽泾县马头林场国家湿地松、火炬松良种基地	东经 118°51′、北纬 30°47′	1976	72	已累计生产优质湿地松、火炬松种子 1.1 万 kg、苗木近 2 800 万株

（续）

基地名称	地理坐标	始建年份	面积（hm^2）	生产概况
湖北省荆门市彭场林场国家湿地松良种基地	东经 112°09′、北纬 30°38′	1973	1 200	美国佛罗里达种源
广西北海市合浦县湿地松、加勒比松良种基地（省级）	东经 109°14′、北纬 21°40′	1963	15	年产良种 200 kg

（四）湿地松林型

湿地松林有人工纯林和混交林。湿地松纯林的林龄一致，林相整齐，林下灌木和草本植物因生境不同而异，一般不很发达，主要有 4 个林型。

1. 胡枝子湿地松林 主要分布在秦岭淮河一线以南的汉江中上游和长江中下游地区，如江苏镇宁丘陵、江淮丘陵、信阳丘陵、南阳盆地、鄂北丘陵岗地等。乔木层以湿地松为优势，间有少量落叶阔叶树种如白栎、麻栎、枫香树等。灌木层是常见的白栎和多种胡枝子、盐肤木、白檀、悬钩子等。

2. 檵木湿地松林 主要分布在长江以南、南岭以北的广大丘陵低山和河谷平原地区，集中产地为江南丘陵、河谷及盆地等。生境海拔 500～600 m，降水集中在春夏两季且强度较大，四季降水量分布均匀，是湿地松最适宜的生长区，一般生长中等林分，乔木层偶有苦槠、甜槠、栓皮栎、枫香树等混生；下木层有檵木、杜鹃、南烛等。

3. 桃金娘湿地松林 主要分布于华南南部和东部的广大低丘、台地和滨海沙地。乔木层以湿地松为主，伴有少量木荷、枫香树等混生；下木层常见的有桃金娘、黑面神、黄牛木、余甘子、红鳞蒲桃等。局部干旱地段常见山芝麻、岗松。草本层多以芒萁为优势种，林冠郁闭度大的林分则以乌毛蕨为多。

4. 岗松湿地松林 主要分布在广东、广西南部，海南北部。以丘陵台地为主。海拔高度 150 m 以下。根据调查，广东阳江、电白至广西合浦一线以南的 10～20 年生湿地松林生长比不上热带加勒比松林。乔木层为单一湿地松。林龄一致，林冠齐整，林下灌木主要有岗松。

近年各地已营造湿地松混交林，混交树种有大叶相思、台湾相思、木荷、黧蒴栲、窿缘桉等，与大叶相思、黧蒴栲的混交效果较好（《中国森林》编辑委员会，1999）。

第二节 湿地松的形态特征与生物学特性

一、形态特征

湿地松为大乔木，高 15～30 m，偶有达到 36 m，树干圆满通直，干围可达 2～2.7 m，树皮纵裂，初为灰色，后转为橙褐色或红褐色，片状剥落。冬芽大，圆筒状，先端渐尖，红褐色，具白色尖细纤毛。针叶 2 针及 3 针一束并存，簇生于枝的末端，通常于翌年脱落，长 18～25 cm，罕有达 30 cm 的，径约 1.6 mm，刚硬，略光亮，深绿色，腹背具有气孔腺，叶缘具细锯齿；树脂道内生（接近内皮层），通常 2～9 个，边角 2 个较大，罕有 11 个；叶束鞘宿存，长 1.3 cm，浅褐色，后转为灰色。花单性，雌雄同株，雌球花生于春梢顶端，雄球花簇生于基部，圆筒状，长 1.2～3.2 cm，具短柄或无柄。球果近顶生，平展或通常 2～4 个聚生，少有单生，反曲或直立，圆锥状或狭卵状，成熟时红褐色，通常闭合时长 6～14 cm，径 3.5～7 cm，长为径的 1 倍多，自然脱落，脱落后常留一些基部的鳞片于树上。球果张开时，果鳞平展或略向后反曲，露出的部分光亮，棕色至褐色；鳞脐隆起，棕色或褐色，有短的粗刺，长 1～2 mm。种子卵状，略呈三棱，平均长约 6 mm，黑色或带灰色斑驳，有发育完整的种翅，翅长 1.5～3.0 cm，易脱落。幼苗子叶 7～9枚，长 2～4 cm（图 8-1）（朱志淞等，1993；潘志刚等，1994）。

图 8-1　湿地松

二、生物学特性

湿地松早期生长迅速，生长速度由南向北递减，立地条件较好的地区生长量最大。在原产地，湿地松开花年龄始于第九年，引种到我国广州的湿地松一般 8 年始见开花；引种到江苏江浦及江西吉安的要迟 2～3 年。一般能有效生产湿地松种子的结实年龄约为 12年。湿地松的生长发育，因气候、立地条件、经营措施等不同而有差异（表 8-2）。湿地松夏季形成花芽原基以后，秋季出现雄花芽，冬季可见雌花芽，翌年春季开花。一般越往北花期越晚。花粉由风传播至雌花，授粉后形成花粉管，第一年花粉管缓慢生长，第二年春季营养生长开始后，胚珠开始发育和增大，在授粉后 12～16 个月花粉管进入胚珠，受精后，小球果迅速膨大，球果和种子继续生长，直至 9 月才成熟飞落。湿地松开花、绽芽与气候条件有关，并不完全受光周期的控制。主梢一般在 2 月或 3 月开始伸长，最初抽梢是由前一个秋季在休眠芽中形成的茎的原生体伸长而成的，通常是当年最大的新梢，仅生一轮侧枝。其后可继续抽梢一次至数次，如环境适宜，可每次长出一个枝轮。茎生长与高生长几乎同时开始或稍早一些。4 月中旬茎生长达到高峰，常持续到 12 月下旬，在佛罗里达州，根系全年都可生长，生长高峰在 4 月下旬或 5 月初，7 月再次出现生长高峰。湿地松小苗移栽 1 年生平均树高生长达 1 m，2 年生平均胸径 5 cm，树高 2.5 m；4 年生胸径平均 11 cm；7 年生胸径 20 cm；年平均胸径生长可至 2.8 cm，木材平均生长量达180 m^3/hm^2；如果种植 15 年砍伐，木材生长量将达到 330 m^3/hm^2。

表 8 - 2　湿地松不同引种地点花期差异

引种地点	雄花花期	雌花花期	球果成熟期
广东广州	2 月上旬至 3 月中旬	2 月中旬至 3 月中旬	翌年 9 月上中旬
江西吉安	2 月中旬至 3 月下旬	3 月中旬至 4 月上旬	翌年 9 月下旬
湖北武昌	3 月下旬至 4 月下旬	4 月上旬至 4 月下旬	

湿地松在中国的引种区因气候差异而生长速度不同。在我国北纬 22°以南的雷州半岛和海南岛等热带地区，湿地松的生长不及加勒比松（正种和洪都拉斯变种），但明显好于火炬松。在南岭以南、雷州半岛以北的广大低山丘陵、台地及沿海的南亚热带，包括广西和广东南部、福建东南部，该区域大部分位于北回归线以南，南临热带海洋，降水量与台风密切相关，是目前我国湿地松栽植面积最大的速生丰产林基地。长江以南、南岭以北的广大丘陵山地和河谷平原地区，包括四川盆地和云贵高原，属于我国的中亚热带地区。由于气候、海拔、立地条件的差异较大，湿地松的生长及适应性也有不同。在海拔 500 m 以下的低山丘陵区，湿地松表现出早期速生的优良特性；随着海拔升高，湿地松的生长明显下降。暖温带南部北纬 33°以北直至湿地松引种的北界，低温成为湿地松向北发展的限制因子，引种的优树常有少量冻害发生。在此地区只适宜在海拔 150～200 m 的丘陵阳坡、土层深厚处栽植。湿地松成熟林木的生长，可以从福建闽侯南屿林场 40 年生湿地松的树干解析资料分析得出。湿地松在南屿林场 40 年生树高 27.3 m，胸径 26.6 cm，单株立木材积 0.775 2 m³，其树高生长过程为 5～20 年年均 0.8 m，胸径 5～15 年年均生长 0.86～1.02 cm，15 年后逐渐下降；树高和胸径连年生长平均生长在 16 年和 18 年时相交，以后生长逐年下降，材积生长自 10 年后逐渐加速，35 年时开始平缓。根据湿地松早期速生的特点，为取得中径材并充分利用立地，一般在 20～25 年采伐为宜。

湿地松根系发达，对土壤养分要求低，可作为先锋树种使用。其根系具有内生及外生菌根与之共生，显著增加了吸收矿物质元素的能力，这对生长在贫瘠立地上的湿地松具有重要意义。湿地松对菌根的选择广泛，可以自然接种。在排水不良的潮湿立地，湿地松的生长超过火炬松。湿地松根系发达，其根系可塑性与适应性均较强，根系的向心生长中遇到岩石则变成密集的侧根，以增强吸收能力。强大密集的根系也使湿地松具有较强的抗风能力，据广西合浦林业科学研究所观察，在北部湾畔生长的湿地松，在平均风力 10～11 级，阵风大于 12 级的强台风袭击下，只有 20%～30%轻微风倒，即使在山顶的石砾地，由于根系浅，严重风倒也只有 6.7%，而附近的窿缘桉 80%树木风倒折断。湿地松不耐海水浸泡，其针叶在夹带盐分的海风吹拂下，变成黄色甚至枯萎；但栽植在木麻黄林带后，海水高潮线以外则无明显受害症状（潘志刚等，1994；朱志淞等，1993；《中国树木志》编辑委员会，1978）。

三、生态适应性

（一）温度

湿地松适生于夏季多雨、冬季干旱，有明显干湿季节的亚热带气候，对气温的适应性较强，能耐 40 ℃的绝对最高温和—20 ℃的绝对最低温。湿地松原产地年平均气温 17.2～18.3 ℃，1 月平均温度北部为 10 ℃，南部为 21 ℃，最冷月平均最低温度 4～12 ℃，最热月平均最高温度 23～32 ℃，分布区偶尔有 41 ℃及—17.8 ℃的绝对温度。短期高温或低温对湿地松的生长无显著影响。原产地无霜期北部为 240 d，南部全年无霜。湿地松易受冰雹危害，限制了其向北扩展的分布范围。

（二）水分与光照

湿地松原产地降水量约为 1 270 mm，在美国佐治亚州及南卡罗来纳州降水量为 1 120 mm，在路易斯安那州、密西西比州及佛罗里达州南部可达 1 630 mm。70%集中在 250 d 生长季中，属于夏雨型，有 2～4 个月为旱季。

湿地松为强阳性树种，不耐阴，是主要的南方松中最为耐阴的，能经受杂草、灌木的压制。当大部分林冠超出与之竞争的植被时，树高生长即迅速增加。湿地松虽生长迅速，但并没有什么特殊的光合适应性来完成快速生长。光合作用最强时是在春季和夏季，到冬季大幅度下降。与北方松类及其他南方松类相反，当气温由 30 ℃增加到 40 ℃时，其光合作用仍然显著增加，这种适应性可能是其能在炎热潮湿的夏季表现旺盛生长的主要原因。

（三）土壤

湿地松天然分布区多为海岸平原，土壤多为沙土，在表层 45～60 cm 处有排水不良的硬盘层。海岸平原的土壤表层贫瘠且干，一部分为老成土。生长湿地松的老成土有机质含量低，具季节性积水。湿地松在池塘旁生长最好，其次为排水不良的平坦土地及具有硬盘层的土壤，排水良好的立地有利于湿地松生长。湿地松可在 pH 3.8～6.8 的各类土壤上栽培（潘志刚等，1994）。

中国湿地松引种区的土壤类型更为丰富，主要有花岗岩、片麻岩、玄武岩、砂页岩、石灰岩、千枚岩和变质板岩发育成的黄壤、红壤、赤红壤和砖红壤及第四纪黄土、红土和各种沉积物。湿地松能在酸性土壤中正常生长，但在石灰性土壤中则生长不良。在海南屯昌的台地沙壤土，21 年生湿地松平均树高 12.7 m，平均胸径 21.3 cm；同样树龄的湿地松，在广东湛江的台地砖红壤土，平均树高 10.5 m，平均胸径 20.8 cm。上述引种试验结果表明湿地松在不同的土壤类型上，生长有差异。湿地松作为早期的速生树种，幼龄期根系生长迅速，土层厚度和土壤有效水分对其生长影响较大；主根入土可深达 2～3 m，侧根、细根和菌根则集中分布于活土层（《中国森林》编辑委员会，1999）。

第三节　湿地松起源、演化与分类

一、湿地松的起源与演化

世界上松属的地理分布，一般分为北美西部区、北美东部区、墨西哥中美山地区、加勒比海区、欧亚北部区、地中海区、东南亚区（从堪察加半岛到印度尼西亚，向西延伸到喜马拉雅山）等 7 个区（宋朝枢，1983）。湿地松在地理分布上属于北美东部区的双维管束亚属中的一种。松属可能是现存的分化最早的类群，于侏罗纪至早白垩纪起源于欧美古陆。根据地史资料，白垩纪以前北美东部与欧洲西部曾连合为欧美古陆，其南接古地中海北岸，该地区很可能就是松属的起源中心。松属的早期化石材料基本是以"球果种鳞鳞脐背生，叶具双维管束"等特征为主。至白垩纪晚期，松属已较广泛地在北半球的中纬度地区扩散。第三纪初，由于北方热带植物区系的出现，松属植物曾逐渐退居于 3 个避难所：北半球的高纬度、低纬度地区及中纬度山区（尤其是北美西部）。始新世时，一些避难所经历了火山和造山运动而成为松属的次生分化中心。始新世晚期气候变冷，北方热带植物区系中的很多有花植物类群灭绝，松树再度占领中纬度地区。当这些被隔离的种系由避难所扩散后再度相遇，由于有了新的种质渗入，丰富了松树的多样性（李楠，1995）。

湿地松的系统发育尚不十分清楚，认为湿地松与长叶松一起由北方进入佛罗里达；同时认为湿地松与加勒比松的亲缘关系，要比湿地松与长叶松及其他南方松的亲缘关系更亲近；并推断湿地松和加勒比松均出于一源，后因地理环境的分离而变成了两个独立的种（朱志淞等，1993）。

二、湿地松的分类概况

林奈于 1753 年建立了松属（*Pinus* Linn.），但当时的松属中还包含冷杉属、云杉属及雪松属植物，1857 年，这 3 个属先后建立完毕后，松属才形成了比较固定的格局。1893 年 Koehne 将松属分为单维管束松组（Sect. *Haploxylon*）和双维管束松组（Sect. *Diploxylon*），维管束在松属分类中的重要性为人们所接受。1914 年，Show 进一步将单维管束松组分为 2 亚组 5 群，双维管束松组分为 2 亚组 7 群。1926 年，Pilger 提升 Show 的组为亚属，并将单维管束亚属分为 3 组，双维管束亚属下分 8 组，这个系统在欧美被广泛应用。《中国树木志》也采用了这个系统，将松属分为两个亚属和 4 个组（五针松组、白皮松组、长叶松组和油松组），将湿地松分入双维管束亚属油松组，分类检索表如下：

1. 叶鞘宿存，稀脱落，鳞叶下延，叶内具 2 条维管束；种鳞的鳞脐背生，种子上部具长翅（亚属 2. 双维管束亚属 Subgen. *Pinus*）。

  2. 种翅基部有关节，易于种子分离（组 4. 油松组 Sect. *Pinus*）。

    3. 枝条每年生长 2 轮至数轮，1 年生小球果生于小枝侧面。

      4. 针叶 3 针一束，或 3 针、2 针并存，少有 4～5 针一束。

        5. 针叶较长，长 12～30 cm；球果较大，长 6～13 cm；主干上无不定芽。

          6. 针叶 3 针、2 针并存，或 3 针一束，稀 4～5 针或 2 针一束，径 1.5～2 mm；树脂道内生。

            7. 针叶 3 针、2 针并存，长 18～30 cm，径约 2 mm，鳞叶深绿色，有光泽；球果圆锥状卵形，种子黑色，种翅易落 ························· 湿地松（*Pinus elliottii*）

第四节　湿地松变异类型、遗传多样性与良种

一、湿地松的变异类型

湿地松在美国有两个地理变种，即湿地松（*Pinus elliottii* var. *elliottii*，又称本种湿地松）与南佛罗里达湿地松（*Pinus elliottii* var. *densa*）。南佛罗里达湿地松又称为南方

湿地松，其形态特征为针叶 2 针一束，罕有 3 针一束；针叶较长，约 30 cm；幼苗有苗茎不长高的阶段，称为丛草阶段；木材致密，密度大于本种湿地松；松脂不流动，不能作为松脂林经营。一般所指的湿地松不包括南佛罗里达湿地松，目前我国栽植的主要是以生产木材和松脂为主的本种湿地松，两个湿地松变种的形态差异见表 8 - 3（朱志淞等，1993）。

表 8 - 3 两种湿地松的形态差异

形 态	本种湿地松 (*Pinus elliottii* var. *elliottii*)	南佛罗里达湿地松 (*Pinus elliottii* var. *densa*)
针叶	2 针一束与 3 针一束并存，针叶长 18~25 cm	2 针一束，罕有 3 针一束；针叶较长，约 30 cm
幼苗期	迅速向上生长，挺拔修长	苗期 3~4 年，长粗不长高，像丛草
成年树	较高，树冠较窄，呈圆锥状	较矮，树冠平展，略呈伞状
木材	密度较轻	密度较大，晚材较厚
松脂	采割时极流畅	采割时不流畅
天然分布区	美国东南部各州	只分布于美国佛罗里达州

二、形态与生长性状变异

中国引种湿地松已有 80 多年的历史，先后经历了不同的引种时期和不同的种子来源，且适生区广泛，因此湿地松在国内的生长和选择过程中，也产生了多种类型（朱志淞等，1993）。

（一）江西省吉安青原山湿地松类型

该湿地松类型为 1948 年营造，面积 3.33 hm²，1960 年后进行过 3 次抚育和疏伐，1975 年井冈山地区林业科学研究所调查后，认为 27 年生的湿地松在形态和生长上有 3 种不同的表型。

1. 粗枝宽冠型 侧枝较粗，枝条径 12.5 cm，平均 10.5 cm，树冠多为广卵形，冠幅较大，可达 9.5 m，平均 8.34 m，胸径较大，年平均生长量 1.28 cm，树高年平均生长量 0.67 m，径高比 1:52.3，材积生长量较大。树皮较厚，约 2 cm，深裂，长方块状剥落。出现粗枝后，粗枝以上的树干明显变细，尖削度大。结实早，结实量大，球果大，果长 13 cm 以上，种子千粒重约 50 g。本类型在土壤湿润、靠近水边或低洼地的立地条件下表现得更为典型。本类型植株在林分中占 30.4%。

2. 细枝窄冠型 侧枝较细，枝径 5.1~8.3 cm，平均 6.14 cm，树冠多为圆锥形或尖塔形，冠幅平均为 5.53 m，胸径年平均生长量 1.03 cm，树冠年平均生长量 0.62 m，径高比 1:60，树高生长比较突出，材积年平均生长量 0.030 6 m³。树皮较薄，约 1.5 cm，浅裂，鳞片状剥落。树干圆满通直。本类型结实迟且量少，球果小，果长 10 cm 以下，种子千粒重约 30 g。本类型湿地松在土壤深厚的中生或旱生生境中出现较多，表现也更为典型。本类型植株在林分中占 37%。

3. 中间型 树体形态和生长表现介于粗枝宽冠型与细枝窄冠型之间，枝径平均9.18 cm，冠幅平均 7.01 m，胸径年平均生长量 1.2 cm，树高年平均生长量 0.65 m，径高比 1：54.1。本类型针叶较长，平均为 23.42 cm，在各种生境中均有出现，植株占林分的 32.6%。结实量中等，球果 10 cm 以上，种子千粒重约 40 g。

（二）湖南衡东、湘潭湿地松类型

据朱大业等（1986）调查，该区域湿地松划分为 3 个类型。

1. 浓密型 针叶粗而硬，深绿色，有叶枝长占枝长的比例大，针叶在枝条上排列紧密，单株针叶生物量大；枝条粗而数量少，枝角小，树冠紧凑，顶芽红褐色；树干通直圆满，径高比小，树高、胸径、冠幅、冠长、冠高比和单株材积都比较大。

2. 稀疏型 针叶细长，浅绿色，有叶枝长占枝长的比例小；枝条上针叶排列稀疏，单株针叶量小；枝条细而数量多，枝角大，树冠松散，顶芽多为银白色；树干通直度差，树高、胸径、冠幅、冠长、冠高比和单株材积都比较小。

3. 中间型 针叶的粗细、长短、有叶枝长比例、单株材积以及胸径、树高、枝角等因子，均介于浓密型和稀疏型之间。

以上 3 种类型，浓密型湿地松生长迅速，干形好，冠径比小，适合密植，是一个优良类型，可作为采种造林、选种育种的对象；稀疏型和中间型生长都比较缓慢，干形也比较差，属于不良类型，是林分改造时去劣的对象，尤其是稀疏型更是需要淘汰的类型。

（三）广东湛江湿地松类型

据雷州林业局吴振先（1987）调查，雷州林业局于 1964 年及 1973 年引种的湿地松在廉江、海康、遂溪 3 个县的 12 个林班，种植面积达 67 hm²，初步观察可划分为 3 个类型。

1. 粗枝宽冠型 侧枝较粗，枝条略弯向上伸展，轮枝不明显，树冠多为广卵形，冠幅较大；枝叶浓密，叶色浓绿；树干圆满通直；树皮较厚，长方块剥落；球果多，球果圆锥形略弯，细长较大，一般长 13.5 cm，球果鳞片凸尖刺手；种子深黑色，千粒重 42.9 g。此类冠型植株占大部分。

2. 细枝窄冠型 侧枝较细较密，枝条向四周平行伸展，轮枝较明显，树冠为圆锥形或尖塔形，冠幅窄；枝叶较疏，叶色浅绿；树干圆满通直；树皮较薄，鳞片状剥落；结实较少，球果椭圆形，一般长 10.7 cm，球果鳞片平，无刺；种子浅黑色，千粒重 40.3 g。此类冠型植株占少部分。

3. 细枝疏冠型 侧枝较细、短、较软，枝条略弯向下生，轮枝明显，树冠呈伞形，冠幅窄；枝叶疏散、软，叶色淡绿色；树干细长通直，较矮；球果很少，较细短，一般长9.5 cm，球果鳞片稍凸出，略刺手。此类冠型植株很少，结实量也很少，大部分球果没有种子。

从大面积林分观察，粗枝宽冠型的树高、胸径生长快，结实量大，在各种立地都生长表现较好；细枝窄冠型，树冠圆满通直，生长略低于粗枝型，但冠型较窄，适宜密植，这两种类型都是值得推广的。

三、湿地松遗传多样性

(一) 原产地种源地理变异

20世纪50年代美国对湿地松开展全分布区种源试验，但未能找出种源地理变异规律。虽湿地松群体差异难以确认，但 Squillace 根据10年生树高生长确定了一个地理类型区，最优良的种源来自佐治亚州南部、佛罗里达州北部至南卡罗来纳州的一个狭长地带。南非与美国南方试验站的早期试验相同，即不同地点种源无差异，澳大利亚比瓦9年试验结果表明，来自美国佛罗里达州佛莱格勒县和当地对照种源较其他9个种源好，通常南部种源较北部种源好，即表现为与降水分布有关（潘志刚等，1991）。

(二) 中国湿地松种源试验

中国林业科学研究院林业研究所于1981年和1983年组织了两次全国湿地松引种区种源试验。1981年共选用10个湿地松种源，其中8个来自美国，另2个为我国福建南屿林场及广东红岭林场种源，对照树种为火炬松及马尾松，分设7个试验点，分别在广西、福建、江西、四川、浙江、江苏、河南等省份。1983—1984年进行的湿地松全分布区种源试验，为中美林业科技合作项目，由美国林务局提供种子园种子，试验方法也是采取对照与不同种源同时进行，并按照南、中、北3个气候带分别采用相应的种源进行试验。每个试验点参试种源18个左右，用广东红岭湿地松及安徽马鞍山火炬松和当地马尾松作为对照，共17个试验点，分别设于南方11省份。湿地松全分布区种源试验取得了丰硕成果，为湿地松这些年来的健康稳定发展奠定了基础。具体种源试验成果如下：

1. 苗期生长表现　多数种源速生期由7月开始，到8月底或9月中旬结束。速生期生长量占全年生长量的57%～77%，大多数种源全年有两次生长高峰，分别出现在7月初和8月初，个别种源只有1次，少数种源有3次，即9月还出现第三次生长高峰。1年生苗高与地径在种源间的生长差异与纬度、经度和年均温不相关。

2. 种源试验林生长表现　大于70%的参试种源（6～8年生）树高、胸径生长差异不显著。生长于原产地的湿地松的种源与气候因子的相关性不显著，与立地的互助作用也不显著，其地理变异呈随机变异，林分内单株变异很大。因此湿地松的树木改良应以在林分内的变异选择为主，即可在适应性强（保存率高、无病虫害及寒害）的种源中选择优树。

3. 种源×地点的交互作用　无论树高、胸径与材积，湿地松试验点与种源交互作用均不显著，而不同地点差异极显著。可根据各试验点湿地松的平均表现进行选择，重点可放在林分与单株选择。

4. 种源与原产地气候及地理因子的相关分析　8年生及6年生湿地松不同种源树高、胸径生长与原产地位置（经度、纬度）和气候因子（年均温、1月平均最低温度、无霜期、年降水量、6～9月降水量）的相关分析表明，它们之间不存在相关性。

5. 优良种源的选择　根据8年生及6年生湿地松种源试验结果，按照我国种植湿地松的气候带及相应的地理类型，将下面两项原则作为湿地松优良种源的选择依据：①种源生长迅速，即树高、胸径及材积生长位于前3～5名的种源，选出的种源应具有广泛的遗传基础；②适应性强，稳定性高，即保存率高，无病虫害及寒害。

湿地松种源（树高、胸径、材积）与地点互作不显著，绝大多数试验点种源与原产地气候、地理因子相关不显著，即湿地松种源呈随机变异。

湿地松种源间的树高、胸径、材积等生长量因子以及晚材率和木材基本密度均存在着显著差异，且具有中等程度的广义遗传力。基本密度径向变异模式以递增为主，年轮基本密度呈正态分布，木材密度早晚期相关性随树龄增大而增加。用5年生木材密度能可靠地预测12年生木材密度。木材密度与晚材率呈显著正相关关系，生长量、木材密度与原产地地理、气候因子相关不显著；晚材率与纬度呈正相关关系，与年均温呈显著正相关关系（徐有明，2001）。

四、湿地松种质资源

（一）优良种源

1981—1983年由中国林业科学研究院林业研究所牵头，开展了湿地松在国内的分布区种源试验，筛选出适合不同气候带的湿地松优良种源；各试验点均以当地的马尾松作为对照，选出了一批遗传增益明显的种源，具体详见表8-4和表8-5（潘志刚等，1991）。

表8-4 中国湿地松优良种源（1983）

引种区气候带	种源编号	种源地理范围
南亚热带	S-13、S-03、S-01、S-05、S-14	西经79°~83°30′、北纬30°30′~34°30′的南卡罗来纳、北卡罗来纳、佐治亚、佛罗里达沿海平原一个狭长地带
中亚热带江南丘陵地区	S-20、S-12、S-11、S-14、S-15、S-01	北纬30°~31°30′的佛罗里达北部和西北部、密西西比、路易斯安那
中亚热带四川盆地、贵州	S-13、S-01、S-05、S-09、S-10	南卡罗来纳、北卡罗来纳、佐治亚、佛罗里达沿海平原一狭带及佛罗里达西南部
北亚热带	S-14、S-12、S-10、S-20、S-09	西经81°30′~83°30′、北纬30°~30°30′的佛罗里达东北和西南部、密西西比、路易斯安那

表8-5 1983年湿地松优良种源

种源号	产　地	北纬（°）	西经（°）	年均温（℃）	年降水量（mm）
S-01	北卡罗来纳，罗伯逊	34.5	79.0	16.9	1 210
S-03	南卡罗来纳，多尔切斯特	33.0	80.5	18.0	1 125
S-05	佐治亚，格林	31.0	81.0	20.4	1 360
S-09	佛罗里达，泰勒	30.0	81.5	20.2	1 420
S-10	佛罗里达，纳索	30.5	81.5	20.5	1 325
S-11	佛罗里达，艾斯康比亚	30.5	87.0	19.8	1 560
S-12	密西西比，琼斯	31.5	89.0	19.2	1 530

（续）

种源号	产　　地	北纬 (°)	西经 (°)	年均温 (℃)	年降水量 (mm)
S-13	南卡罗来纳，乔治城	34.0	79.0	17.4	1 150
S-14	佛罗里达，麦迪逊	30.5	83.5	19.6	1 440
S-15	佛罗里达，杰克逊	30.8	85.3	20.0	1735
S-20	路易斯安那，格兰特	31.0	93.0	19.7	1 560

（二）种子园、母树林

营建湿地松种子园，进行集约化经营，生产遗传品质经过改良的种子，确保种子的稳产和高产，是湿地松人工林速生丰产的重要保障。目前湿地松种子园分为实生种子园和无性系种子园两种。实生种子园是利用湿地松优树自由授粉或控制授粉种子培育苗木并经过强度选择而建成的种子园，其优点是建园成本低，可与普通造林任务和子代测试林相结合。无性系种子园能保证优良母树的遗传特性，提前开花结实，母树可控制树形和高度而方便采种等；但无性系种子园建园成本高，嫁接后期有可能出现砧木和接穗间大小脚等不亲和现象。

美国从 1950 年开始营建湿地松初级种子园，并依据其速生、无病虫害、树干通直、自然整枝良好、树冠紧密、木材密度大等指标选优，进行嫁接繁殖，营造无性系种子园。至 1980 年建成经选择改良的湿地松种子园 1 302 hm^2，每公顷年产种子约 28 kg。全球多数林业发达国家都很重视松树种子园建设，把种子园作为良种繁育基地。目前国际上已经发展到第三代种子园，另外还建有湿地松高产脂种子园及抗梭锈病等特殊用途的种子园。美国于 20 世纪 60 年代末即已建成两个面积超过 40 hm^2 的高产脂湿地松种子园；其第二代种子园遗传增益可达 20% 以上。

我国湿地松种子园始建于 20 世纪 60 年代的广东，70 年代南方引种湿地松的各省份都营建了种子园。至 20 世纪 90 年代初，全国共建湿地松种子园约 600 hm^2，其中仅广东省就有 348.66 hm^2，此外广东省还在雷州、海康、湛江、阳江、陆丰、云浮、电白、高州等地建成了一批湿地松母树林，合计有 227.33 hm^2。全国湿地松种子园信息见表 8-6（朱志淞等，1993）。

表 8-6　中国湿地松种子园建设

省　份	建设地点	面积（hm^2）	备　　注
广东	台山红岭种子园	120	现为国家级良种基地
	水台林场	14	
	菊仙林场	137.33	
	汕尾红岭林场	53.33	
	佛山市林业科学研究所	10	
	汕头市林业科学技术推广中心	8	
	惠来南海林场	6	

（续）

省　份	建设地点	面积（hm²）	备　注
福建	南屿林场	66.62	
湖南	汨罗林木良种场 永州市零陵区林业科学研究所	110	现为国家级良种基地
安徽	泾县马头林场 徽州博川林场	37	现为国家级良种基地
浙江	余杭长乐林场 中国林业科学研究院亚热带林业 研究所试验林场	＞20	
河南	泌阳马道林场	13	
四川	富顺林场	7	
江苏	南京老山林场	3	
广西	合浦县林业科学研究所	3	

湿地松种子园的建设有力地支持了湿地松的发展。1987 年仅广东省就产出湿地松种子超过 25 t，其中台山红岭种子园平均每 667 m² 产种子 7.5 kg，已达到世界先进水平。近 10 多年来，随着湿地松种子园建成与鉴定，国内已由国家林业局和各省份林木良种审定委员会审定、认定了一批湿地松良种种子园和母树林。

1. 国有桃源县苗圃湿地松种子园种子　良种编号：湘 S－CSO（2）-PE－021－2012。品系特征特性：34 个建园材料来源于湖南省林业科学院选育的优良全同胞家系的优良单株及部分半同胞家系中的优良单株，分 39 个小区嫁接，经子代测定，材积增益 20.3%～92.8%，平均 40%。适用种植范围：湖南湿地松适生区为立地指数 12 以上，海拔 300 m以下，年降水量 1 000 mm 以上的丘陵山地及相似地区。

2. 峡江湿地松种子园　良种编号：赣 S－CSO（1）-PE－005－2003。品系特征特性：该品种具生长快、材质优良、抗逆性强等特性。1 年生苗与普通松苗相比，苗高超过88.1%，地径超过 34.4%；本良种造林 28 个月后与普通苗造林对比，幼树高超过64.04%，地径超过 113.16%。适用种植范围：江西省各地。

3. 汨罗市桃林国有林场湿地松去劣种子园　良种编号：湘 S－CSO（1.5）-PE－013－2010。品系特征特性：在初级种子园和子代测试林的基础上，去劣疏伐后保留 61 个无性系，改造成去劣种子园；种子平均千粒重 46 g，纯度 98%，材积遗传增益 15%。适宜种植范围：湖南马尾松适生区。

4. 湿地松 1 代种子园种子　良种编号：浙 S－CSO（1.0）-PE－003－2002。品系特征特性：建园材料来自浙江、广东、安徽、江西、湖南、湖北等省 272 个无性系，遗传基础广。种子品质优良，千粒重 32.95 g，发芽率 86.4%。后代性状稳定，5 年生试验林平均树高 5.4 m，平均胸径 9.7 cm，单株材积 0.02 m³，分别比对照（长乐母树林混合种子）高 4.2%、3.2% 和 9.9%。木材基本密度 0.356 g/cm³，比对照平均高出 1.4%。适应性强，抗逆性好，无大面积病虫害发生，是建筑材、纸浆材和纤维材的主要树种之一，也是良好的产脂树种和平原绿化树种。适宜种植范围：浙江全省山地、平原、水网地区。

5. 台山湿地松改良种子园种子　良种编号：粤 S－CSO（1.5）－PE－001－2002。品系特征特性：生长量较大，树干通直，适应性和抗病性较强。适用种植范围：广东省低山、沿海地区。

6. 官庄湿地松抗褐斑病种子园　良种编号：闽 R－CSO－PE－016－2003。品系特征特性：抗松针褐斑病，子代抗褐斑病遗传增益平均 56%～62%，材积增益平均 16%～20%。喜光，极不耐阴，表现较强的适应性、抗风力和耐盐碱性。适用种植范围：福建全省，宜栽植于低山丘陵地带。

7. 合浦县林业科学研究所湿地松实生种子园种子　良种编号：桂 R－SS0（1）－PE－016－2013。品种特征特性：冠幅小，树干通直，生长快；球果大、饱满。9 年生平均胸径 13.6 cm，平均树高 10.1 m，单位面积蓄积量 99.597 m³/hm²，与普通种子造林对比，单位面积蓄积量增益 19%。适宜种植范围：海拔 200 m 以下丘陵，酸性沙壤，土层深厚、排水良好的桂南地区。

8. 彭场湿地松母树林种子　良种编号：鄂 S－SS－PE－001－2004。品系特征特性：年均树高、胸径生长量分别为 100 cm 与 1.5 cm 左右，比同立地条件下马尾松高 5.4%，比短轮伐期马尾松用材林的轮伐期提早 5 年；抗杉毛虫和松梢病虫害；重要的工业用材树种，还可产松香、松节油。适宜种植范围：湖北省丘陵地区。

（三）家系

国内湿地松选育工作成果显著，其中尤以湖南省林业科学院选育的湿地松优良家系最丰，已获得国家和省级良种证书的湿地松家系达 15 个之多，极大地促进了湿地松在中亚热带地区的发展。

1. SF－20 湿地松　良种编号：湘 S－SF－PE－031－2012。品系特征特性：9 年生树高年均生长量为 1.17 m，胸径年均生长量为 2.18 cm，木材密度 0.469 7 g/cm³，纤维长度 3.592 4 mm。适宜种植范围：湖南湿地松适生区为立地指数 12 以上，海拔 300 m 以下，年降水量 1 000 mm 以上的丘陵山地及相似地区。

2. 湿地松家系Ⅱ－101　良种编号：国 R－SF－PE－006－2008。品系特征特性：始花期 3 月上旬，盛花期 3 月下旬；果实成熟期 9 月下旬至 10 月上旬；种子千粒重 39 g。16 年生树高年平均生长量 0.726 m，胸径年平均生长量 1.618 cm；木材密度 0.479 g/cm³，纤维长度 3.654 9 mm；可作为绿化和纸浆材树种。适宜种植范围：立地指数在 12 级以上，海拔 300 m 以下，年降水量 1 000 mm 以上的湖南省广大丘陵山地及相似地区。

3. 湖南省林业科学院湿地松家系 SF06　良种编号：湘 S9623－PEla。品系特征特性：树高年均生长量 0.82 m，胸径年均生长量 1.83 cm，材积年均生长量 0.011 m³，木材密度 0.476 5 g/cm³，纤维长度 0.353 9 mm，抗病性良好，抗虫性强，薄皮型。适宜种植范围：湖南省湿地松适生区，海拔 300 m 以下，肥力中等，地位指数 14～18 的丘陵山地。

4. 湖南省林业科学院湿地松家系 SF05　良种编号：湘 S9622－PEla。品系特征特性：树高年均生长量 0.84 m，胸径年均生长量 1.86 cm，材积年均生长量 0.011 9 m³，木材密度 0.456 5 g/cm³，纤维长度 0.343 9 mm，抗病性良好，抗虫性强，窄冠型。适宜种植范围：湖南省湿地松适生区，海拔 300 m 以下，肥力中等，地位指数 14～18 的丘陵山地。

5. 湿地松家系 0 - 1027 良种编号：国 S - SF - PE - 012 - 2006。品系特征特性：10 年生树高年均生长量 0.87 m，胸径年均生长量 1.94 cm，种子千粒重 38 g。纤维长度 3.592 4 mm，纤维素含量 47.4%；9 年生时每 667 m² 蓄积量、年平均生长量超过国家湿地松丰产林标准的 70% 以上，为优良的纸浆材。适宜种植范围：湖南省立地指数在 12 级以上，海拔 300 m 以下，年降水量 1 000 mm 以上的丘陵山地。

6. 湿地松家系 0 - 508 良种编号：国 R - SF - PE - 005 - 2008。

7. 湿地松家系 2 - 46 良种编号：国 R - SF - PE - 004 - 2008。

8. 湿地松家系 2 - 609 良种编号：湘 S0720 - PEla。

9. 湿地松家系 0 - 510 良种编号：湘 S0719 - PEla。

10. 湿地松家系 0 - 373 良种编号：湘 S0718 - PEla。

11. 湿地松家系 7 - 77 良种编号：湘 S0717 - PEla。

12. 湿地松家系 0 - 1077 良种编号：湘 S0716 - PEla。

13. 湖南省林业科学院湿地松家系 SF04 良种编号：湘 S9621 - PEla。

14. 湖南省林业科学院湿地松家系 SF03 良种编号：湘 S9620 - PEla。

15. 湖南省林业科学院湿地松家系 SF02 良种编号：湘 S9619 - PEla。

（四）湿地松杂种

湿地松与洪都拉斯加勒比松杂交育种的研究和开发是松树林木良种选育中的一个成功典范，充分利用了这两个树种的优良基因资源和杂种优势，是提高湿地松林分生长量的一种新途径。澳大利亚昆士兰州和南非在这方面的工作成效最为显著。两个国家的研究表明，湿地松杂种（又称杂交松）具有以下优点：①生长迅速，生长在适宜立地，其材积与洪都拉斯加勒比松相当，而在潮湿立地及较寒冷地区，则超过后者；各种立地，杂交松生长都胜过湿地松，材积增益达 30%～50% 及以上；②杂交松树干通直，评分指标高于双亲，其他干形性状及冠型特征与湿地松接近；③具有湿地松的耐湿、耐旱、耐贫瘠和抗风能力强等优良特征。昆士兰州建有杂交松 F_1 代和 F_2 代种子园。2000 年前后大约 10 年间，中国从澳大利亚昆士兰州购买了大量的 F_2 代种子用于营造人工林，这些林地主要分布在广东省江门市。杂交松澳大利亚种源 F_2 代并没有出现明显的生长表型分化。2005 年后由于进口澳大利亚杂交松种子价格日益高涨，且澳大利亚人工成本太高而造成的采种困难，引进的 F_2 代种子主要是营建采穗圃，通过修剪，截顶促萌发侧枝来进行嫩枝扦插，生产无性系造林苗木。目前国内在这方面技术成熟，扦插成活率达到 90% 以上（宗亦臣等，2008）。澳大利亚种源杂交松的杂种优势，也带动了国内利用湿地松作为育种亲本的杂交育种研究工作，中国林业科学研究院林业研究所在国外松的引种、种质资源库建设和良种基地建设上做了大量工作，与江门、漳州等地方单位合作，选育出中林 1 号湿加松国审良种；与合浦县林业科学研究所合作，开展湿地松与巴哈马加勒比松的控制授粉试验，已获得一批优良的杂交组合种子。中国林业科学研究院亚热带林业研究所利用湿地松、火炬松、加勒比松等国外松开展种间控制授粉研究，并取得一批杂交良种；广东省林业科学研究院与台山红岭林木良种繁育场合作，长期开展湿地松与加勒比松各变种间的控制授粉试验，选育优良杂交松品种，并已获得省级良种证书；另外广西林业科学研究院等单位也正在开展湿地松与加勒比松、南亚松、马尾松等树种间的控制授粉工作，期望获得有杂种优势的湿地松杂种。以下是部分湿地松杂种良种（广东省林业厅 2010 年 1 号公告）。

1. 湿加松家系 EH1223　树种：湿地松×加勒比松。编号：粤 S－SF－PE－006－2009。品种特征特性：是湿地松无性系与洪都拉斯加勒比松无性系交配产生的杂交组合，具有速生、树干通直、富含松脂、抗性强、耐水湿等特点，6.5 年生年均生长量树高 1.06 m、胸径 1.77 cm、材积 0.004 39 m^3，材积生长量比湿地松一代种子园种子有较大的提高，早期材积增益达到 100％以上。适宜种植范围：广东省中亚热带中部以南的低山、沿海地区。

2. 湿加松家系 EH2123　树种：湿地松×加勒比松。编号：粤 S－SF－PE－007－2009。品种特征特性：是湿地松无性系与洪都拉斯加勒比松无性系交配产生的杂交组合，具有速生、树干通直、富含松脂、抗性强、耐水湿等特点，6.5 年生年均生长量树高 1.04 m、胸径 1.94 cm、材积 0.004 53 m^3，材积生长量比湿地松一代种子园种子有较大的提高，早期材积增益达到 100％以上。适宜种植范围：广东省中亚热带中部以南的低山、沿海地区。

3. 湿加松家系 EH1741　树种：湿地松×加勒比松。编号：粤 S－SF－PE－008－2009。品种特征特性：是湿地松无性系与洪都拉斯加勒比松无性系交配产生的杂交组合，具有速生、树干通直、富含松脂、抗性强、耐水湿等特点，6.5 年生年均生长量树高 1.18 m、胸径 1.82 cm、材积 0.005 79 m^3，材积生长量比湿地松一代种子园种子有较大的提高，早期材积增益达到 100％以上。适宜种植范围：广东省中亚热带中部以南的低山、沿海地区。

4. 湿加松家系 EH1711　树种：湿地松×加勒比松。编号：粤 S－SF－PE－009－2009。品种特征特性：是湿地松无性系与洪都拉斯加勒比松无性系交配产生的杂交组合，具有速生、树干通直、富含松脂、抗性强、耐水湿等特点，6.5 年生年均生长量树高 1.02 m、胸径 1.82 cm、材积 0.005 15 m^3，材积生长量比湿地松一代种子园种子有较大的提高，早期材积增益达到 100％以上。适宜种植范围：广东省中亚热带中部以南的低山、沿海地区。

5. 湿加松家系 EH1713　树种：湿地松×加勒比松。编号：粤 S－SF－PE－010－2009。品种特征特性：是湿地松无性系与洪都拉斯加勒比松无性系交配产生的杂交组合，具有速生、树干通直、富含松脂、抗性强、耐水湿等特点，6.5 年生年均生长量树高 1 m、胸径 1.71 cm、材积 0.004 69 m^3，材积生长量比湿地松一代种子园种子有较大的提高，早期材积增益达到 100％以上。适宜种植范围：广东省中亚热带中部以南的低山、沿海地区。

6. 湿加松家系 EH1623　树种：湿地松×加勒比松。编号：粤 S－SF－PE－011－2009。品种特征特性：是湿地松无性系与洪都拉斯加勒比松无性系交配产生的杂交组合，具有速生、树干通直、富含松脂、抗性强、耐水湿等特点，10 年生年均生长量树高 1.14 m、胸径 1.85 cm、材积 0.010 69 m^3，材积生长量比湿地松一代种子园种子有较大的提高，早期材积增益达到 100％以上。适宜种植范围：广东省中亚热带中部以南的低山、沿海地区。

7. 湿加松家系 EH0242　树种：湿地松×加勒比松。编号：粤 S‐SF‐PE‐012‐2009。品种特征特性：是湿地松无性系与洪都拉斯加勒比松无性系交配产生的杂交组合，具有速生、树干通直、富含松脂、抗性强、耐水湿等特点，6.5 年生年均生长量树高 1.08 m、胸径 1.90 cm、材积 0.007 13 m³，材积生长量比湿地松一代种子园种子有较大的提高，早期材积增益达到 100％以上。适宜种植范围：广东省中亚热带中部以南的低山、沿海地区。

8. 湿加松家系 EH5213　树种：湿地松×加勒比松。编号：粤 S‐SF‐PE‐013‐2009。品种特征特性：是湿地松无性系与洪都拉斯加勒比松无性系交配产生的杂交组合，具有速生、树干通直、富含松脂、抗性强、耐水湿等特点，6.5 年生年均生长量树高 1.03 m、胸径 1.85 cm、材积 0.006 41 m³，材积生长量比湿地松一代种子园种子有较大的提高，早期材积增益达到 100％以上。适宜种植范围：广东省中亚热带中部以南的低山、沿海地区。

9. 湿加松家系 EH0203　树种：湿地松×加勒比松。编号：粤 S‐SF‐PE‐014‐2009。品种特征特性：是湿地松无性系与洪都拉斯加勒比松无性系交配产生的杂交组合，具有速生、树干通直、富含松脂、抗性强、耐水湿等特点，6.5 年生年均生长量树高 1.07 m，胸径 1.84 cm、材积 0.006 8 m³，材积生长量比湿地松一代种子园种子有较大的提高，早期材积增益达到 100％以上。适宜种植范围：广东省中亚热带中部以南的低山、沿海地区。

10. 湿加松家系 EH1221　树种：湿地松×加勒比松。编号：粤 S‐SF‐PE‐015‐2009。品种特征特性：是湿地松无性系与洪都拉斯加勒比松无性系交配产生的杂交组合，具有速生、树干通直、富含松脂、抗性强、耐水湿等特点，10 年生年均生长量树高 1.2 m、胸径 2.11 cm、材积 0.009 74 m³，材积生长量比湿地松一代种子园种子有较大的提高，早期材积增益达到 100％以上。适宜种植范围：广东省中亚热带中部以南的低山、沿海地区。

11. 中林 1 号湿加松　树种：湿地松×洪都拉斯加勒比松。编号：国 S‐SP‐PE‐005‐2015。品种特征特性：由中国林业科学研究院林业研究所引自澳大利亚昆士兰州林业所，为澳洲杂交松 F₁ 代家系 04 001 中选育而得，具有树体圆满通直，尖削度小，冠幅小且紧凑，分支角度小；抗病能力强，不易受松毛虫侵害；早期生长快等特点。福建漳州 9 年生平均树高 9.4 m，平均胸径 10.64 cm，单株材积 0.043 m³，单位面积蓄积量达 67.05 m³/hm²（株行距 2 m×3 m）。与相同条件下的湿地松对照林相比，单位面积蓄积量增益达 30％以上。适宜种植范围：广东、福建等湿加松适宜栽培区。

第五节　湿地松近源种的特征特性

湿地松是美国南方松之一，美国南方松又称南方黄松，包括长叶松、短叶松、湿地松和火炬松 4 个树种集群名称，它们分布区域相近，生长于美国南部广大地区。美国南方松木材自然纹理美观，材质强韧、耐磨。由于南方松优质的结构性能，被广泛地用于各条件下的各种类型的结构建筑用途，被誉为"世界顶级结构用材"。美国南方松同时是世界上最适合做防腐浸泡处理的木材，在防止腐朽、白蚁及海洋生物的危害方面有极好的表现，防腐能力达50年以上。湿地松在1950年以前在分类学上一直被归在加勒比松种内，直至1952年由Little和Dormant把分布在美国的种和变种定名为湿地松和南方湿地松。因此加勒比松在形态上与湿地松极为相近。加勒比松和火炬松将在其他章节作具体介绍，下面介绍两种美国南方松。

一、长叶松

学名 *Pinus palustris* Mill.。

（一）形态特征

常绿乔木，高可达45 m，胸径1.2 m；树皮暗灰褐色，裂成薄片状鳞状脱落；大枝条斜展或近平展，冬芽粗大，长圆形，银白色，无树脂；树冠圆锥或近伞形；针叶3针一束，长20～45 cm，径约2 mm，边缘有细齿；树脂道3～7个，内生；球果窄卵状圆柱形，长15～25 cm，熟时暗褐色；种子长约10 mm，宽6～8 mm，翅长3.5～5 mm（潘志刚等，1994）。

（二）原产地及引种概况

天然分布包括从美国弗吉尼亚州东南至得克萨斯州东部，南部包括佛罗里达州大部分，生于山麓、山脊和谷地。长叶松喜温暖湿润的气候，夏季热而冬季温和，原产地年降水量1 090～1 750 mm，年均温度16～23 ℃。长叶松能适应多种土壤类型，海拔在600 m以下。长叶松对地表火有一定的耐火力，且对松梭锈病有较强的抗性。我国福建、江苏、浙江、湖南、江西、山东、安徽等省有引种。

（三）种质资源

长叶松在美国弗吉尼亚州建有优良家系种子园。吴丽君（2008）曾报道利用长叶松优良家系种子园选定5个优良家系进行体胚诱导，家系编号为20-820、20-803、20-822、20-805、20-825。

（四）利用价值

木材坚硬，纹理通直，是南方松中木材较好的一种，可做桥梁、海港工程、建筑、造船等用材。能在干旱沙地生长，可做荒山绿化树种，主要做采脂树种和用材林经营。

二、短叶松

学名 *Pinus echinata* Mill.。

（一）形态特征

常绿乔木，树高在原产地可达40 m。树皮浅栗褐色，浅裂成鳞状块片；树干常有不定芽萌出；1 年生枝条淡褐色，无毛，幼嫩枝条被白粉；冬芽淡褐色，无树脂；针叶 2 针一束，长 7～12 cm，径小于 1 mm，有细齿；球果圆锥状卵形，长 4～8 cm，顶端钝，近无柄；种子长 5～6 mm，翅长 15～20 mm（潘志刚等，1994）。

（二）原产地及引种概况

短叶松原产美国东南部西经 79°00′～95°18′、北纬 30°36′～39°42′，分布区域达 22 个州。原产地年降水量 1 020～1 520 mm，年平均温度 9～21 ℃。短叶松能适应多种土壤类型，多数生长在湿润、亚表土缺乏有机质的立地上。福建、浙江、江苏、四川等南方省份有引种。

（三）种质资源

短叶松可与火炬松进行天然或人工杂交，杂种可抗纺锤锈病，还可提高耐寒性及抗冰雪危害，也可与湿地松、长叶松、刚松杂交。1984 年，四川省林业科学研究院开展短叶松种源试验，共 23 个种源，基本包括了原产地的全部范围。以早期引种的福建南屿林场和浙江富阳短叶松及泸县马尾松作为对照。试验表明短叶松地理种源间遗传变异极其丰富，且多与纬度呈一定的线性相关。低纬度种源一般生长期长，抽梢次数多，封顶较晚，生长量大。福建南屿林场种源（东经 119°24′、北纬 26°48′）、路易斯安那种源 M14（西经 92°30′、北纬 31°36′）、阿肯色种源 M2（西经 93°12′、北纬 33°12′）和 M5（西经 93°00′、北纬 34°48′）、得克萨斯种源（西经 95°18′、北纬 30°48′）是值得进一步推广的种源（陈永庆等，1995）。

（四）利用价值

木材可做建筑材、胶合板。海拔 1 000 m 以下山地可做绿化用树种。

（宗亦臣）

参考文献

陈永庆，代世高，1995. 萌芽松优良种源选择的研究 ［J］. 四川林业科技，16（3）：43-48.

李楠，1995. 论松科植物的地理分布、起源和扩散 ［J］. 植物分类学报，33（2）：105-130.

潘志刚，游应天，1991. 湿地松、火炬松、加勒比松引种栽培 ［M］. 北京：北京科学技术出版社.

潘志刚，游应天，1994. 中国主要外来树种引种栽培 ［M］. 北京：北京科学技术出版社.

宋朝枢，1983. 世界松属种类及我国引种国外松的概况 ［J］. 北京林学院学报（2）：1-11.

吴丽君，2008. 长叶松优良家系的体胚发生研究 ［J］. 福建林学院学报，28（1）：42-47.

徐有明，鲍春红，周志翔，等，2001. 湿地松种源生长量、材性的变异与优良种源的综合选择 ［J］. 东北林业大学学报，29（5）：18-21.

《中国森林》编辑委员会，1999. 中国森林：第 2 卷针叶林 ［M］. 北京：中国林业出版社.

《中国树木志》编辑委员会，1983. 中国树木志：第一卷［M］. 北京：中国林业出版社.

朱大业，李儒法，1986. 湿地松类型的调查研究［J］. 林业科技通讯（1）：20-24.

朱志淞，丁衍畴，1993. 湿地松［M］. 广州：广东科技出版社.

宗亦臣，郑勇奇，戴智明，等，2008. 湿地松扦插繁育技术研究［J］. 林业实用技术（2）：3-5.

宗亦臣，郑勇奇，梁日高，等，2008. 湿加松采穗圃营建及扦插育苗技术［J］. 林业实用技术（8）：21-22.

第 九 章

柏　木

柏木（*Cupressus funebris* Endl.）是柏科（Cupressaceae）柏木属（*Cupressus*）常绿乔木，为我国特有树种，栽培历史悠久。柏木分布区域广，用途多，适应性强，寿命长，终年常绿，材质优良、树姿优美，是城镇绿化、公园建设、四旁植树的优良树种。

第一节　柏木的利用价值和生产概况

一、柏木的利用价值

（一）木材利用价值

柏木为有脂材，材身平滑，心材大，黄棕色，边材黄白色，木材伐后无树脂流出，具香气。木材纹理直，结构细，材质优良，坚韧耐腐，是理想的建筑、车船、家具、木模、文具及细木工板用材，常用于高档家具、办公和住宅的高档装饰、木制工艺品加工等（余梅生等，2013）。自古川蜀百姓就采用柏木制作农具、家具，在江南保存至今的许多古典建筑中，柏木多用于雕梁、额枋、窗格、屏风等。柏木还被用作铅笔杆、玩具、农具、机模、乐器等。

柏木加工容易，切削面光洁，油漆后光亮性特好，胶黏容易，握钉力强，经数百年而无损。用以制造船舶，称为"柏木船"，经久不腐。茎皮纤维制人造棉和绳索。柏木还可用于建造桥梁。柏木色黄、质细、气馥、耐水，多节疤，故民间多用其做"柏木筲"。上好的棺木也取材于柏木，极其耐腐。北京大堡台出土的古代王者墓葬内著名的"黄肠题凑"即为上千根柏木方整齐堆叠而成的围障，可取香气而防腐。

（二）药用价值

柏木球果、根、枝叶、树脂均可入药。树根、树干有清热利湿、止血生肌的功效。叶可用于治疗外伤出血、吐血、痢疾、痔疮、烫伤，有凉血、止血的功效。柏木果实可用于治疗感冒、头痛、发热烦躁、吐血。柏树脂有解风热、燥湿及镇痛的功效，用于治疗风热头痛；外用可治外伤出血。

《湘蓝考》中指出：枝叶、种子治风寒感冒，吐血，各种出血及外伤出血，烫伤。古代道家常用的"柏木枕"即用柏木板制成，四壁留有 120 个小孔，内装当归、川芎、防风、白芷、丹皮、菊花等 32 味药物，外套布套，药味缓慢散出。南开大学严冰等（2007）从柏树中分离得到产生抗癌药物紫杉醇的菌株，其保健作用前景诱人。

（三）化工价值

柏木是全树可利用的树种，可提制丰富的化学产品，综合利用的经济价值很高。柏木各部位（枝、果、根、干）都含有油分，经蒸馏、精制可获得多种化工产品，如柏木精油、柏木脑、柏木烷酮、乙酸柏木酯、甲基柏木醚、柏木针叶油，还可获取柏木粉、烟熏剂、饲料填充剂等，柏油经过精制可作为光学油浸剂和天然香料（原毅，1988）；柏木的枝叶、树干、根蔸都可提炼精制柏木油，柏木油可做多种化工产品，是香料行业中广泛应用的一种定香剂和协调剂，应用于食品、皂、烟草等方面；柏木油还广泛应用于光学仪器的传光接触剂，防治农林病虫害，治疗牲畜疥癣等，是传统的出口商品，出口东南亚，经济价值高，值得开发利用。树根提炼柏木油后的碎木，经粉碎成粉后可作为香料。

（四）造林绿化价值

柏木树干通直，树姿秀丽清幽，寿命长，适应性强，耐干旱，病虫害少，是城市绿化、公园建设、四旁植树的优良树种；特别适宜在陵园、甬道、纪念性建筑物四周、古迹、风景区栽植。同时，对有害气体抗性较强，可做厂矿绿化树种。在古老村落、道观寺院的房前屋后以及道路两旁的参天古柏，与其他名木交相辉映，常为历代文人赞颂（余梅生等，2013）。古人常将柏树与松、竹、兰、荷等，看作是高尚品质、铮铮气骨的象征。许多古树形成的景观既显示出独特的风景，又是历史亘古证人。

柏木适应性强，适于在微碱性或石灰岩山地上生长，是这类土壤中宜林荒山绿化、疏林改造的先锋树种。柏木用于林相改造、景区美化与环境改善，比其他树种有更多的优越性。

二、柏木的地理分布和生产概况

（一）柏木的地理分布及主要森林类型

1. 柏木的地理分布　柏木在我国分布较广，水平分布北自秦岭山脉、淮河干流，南到南岭山脉北坡，大致通过福建福州、广东梅县、英德，广西梧州、百色一线以北，西起四川西部大相岭、滇中高原，东至沿海各省。柏木分布范围为东经 102°～108°、北纬 24°～34°。在甘肃南部、陕西南部、安徽、江苏南部、四川、湖北、贵州、湖南、江西、浙江、福建、云南中部、广西北部、广东北部等十几个省（自治区）均有分布和栽培。南北分布跨900 km，东西约 1 700 km，以湖北西南部、湖南南部、四川和贵州东部、广西北部为分布中心。其界限大致与北亚热带落叶阔叶、常绿阔叶混交林带，中亚热带常绿阔叶林带相一致，是亚热带代表性的针叶树种之一。柏木尤以中亚热带的四川及贵州分布、栽培最多，生长良好，四川嘉陵江流域，渠江流域及其支流海拔 300～1 600 m 的石灰岩山地或紫色砂页岩发育的中性钙质紫色土上有生长茂盛的柏木林。绵阳地区梓潼到剑阁公路两侧有大量柏木巨树。贵州北部乌江中游及赤水河沿岸地区及黔东南、黔东北、黔南、黔中一带人工林也多。散生于田埂、路旁、庭院以及房舍附近，风景区者更多。柏木在南方各省份的森林资源中均占有一定比重，其分布和数量在亚热带针叶林中仅次于马尾松。据统计，四川的柏木林面积占全省有林地面积的 8.9%，贵州省柏木林占全省有林地面积的 3.1%，湖南、湖北两省柏木面积约 4 万 hm^2。

柏木垂直分布自东向西随地形变化而升高。浙江海拔 400 m 以下，四川康定以东海拔 1 600 m 以下，贵州海拔 300~1 400 m，云南中部海拔 1 500~2 000 m，陕西秦岭南坡海拔 1 000 m 以下都有块状柏木林。

2. 柏木林主要类型 由于柏木林分布广泛，其分布区内气候、地质、地貌、土壤等一系列生态因素的差异，形成不同的生态环境，致使以柏木为优势种的森林类型较多。因此，柏木林的组成结构往往因地区、林分类型以及人类经营活动等的不同有明显的差异。不同的生境条件和人为干扰的影响，使柏木林形成不同的亚类型。根据与柏木伴生的乔木树种和人为栽培的不同作用，柏木林大致可分为以下 5 种林型（《中国森林》编辑委员会，1999）。

（1）与常绿落叶阔叶树混交的柏木林 本类型数量较少，零星分布于交通不便、人为破坏较轻的低山丘陵下部、沟谷或山凹之处，土层深厚，疏松，肥沃潮湿。其组成结构是柏木林诸类型中最复杂的一种，林分生产力也最高。林内常绿阔叶树所占比重大，林分郁闭度较高。层次结构和年龄结构也较复杂，常形成复层异龄混交林。

（2）与落叶阔叶树混交的柏木林 类型分布广泛，在砂页岩、紫色砂页岩发育的土壤和石灰岩山地上皆有分布。水肥条件中等。林分组成及结构较简单，落叶阔叶树主要是麻栎、白栎和栓皮栎以及黄连木、朴树等，偶有少量常绿阔叶树种。

（3）与马尾松混交的柏木林 此类型分布在土层较厚，但表层为酸性、中性的石灰土、紫色土和黄壤上。分布范围较广，生境条件也较好。

（4）与杉木混交的柏木林 此类型是在杉木人工林采伐利用后，未及时更新，柏木侵入而形成的。主要分布在砂页岩发育的微酸性的红黄壤和黄壤上。乔木树种除柏木、杉木外，常有多种常绿和落叶阔叶树、马尾松，混生林分生产力高。

（5）柏木人工林 此类型包括人工柏木纯林和混交林两种，纯林占绝大多数，混交林甚少。分布于多种生境上，其生产力变异较大。

（二）柏木的栽培历史

古人对柏木很早就有着认知和特别的喜好，甚至是崇拜。柏，《说文解字》作"从木白声"。《六书精蕴》解释说："柏，阴木也。木皆属阳，而柏向阴指西，盖木之有贞德者，故字从白。白，西方正色也。"柏木喜阴向西，古人又以之为鬼神居所。《汉书·东方朔传》云："柏者，鬼之廷也。"颜师古注曰："言鬼神尚幽暗，故以松柏之树为廷府。"古人墓上多树柏木，或者以柏为椁，期望死者灵魂以之为栖息之所。而且柏木凌霜傲雪，生命力顽强，在《论语·子罕》篇，孔子有"岁寒，然后知松柏之后凋也"语，所以柏木的生长习性也象征清正高洁的品德。在我国的园林寺庙、名胜古迹处，常常可以看到古柏参天，荫蔽全宇。四川广元市"翠云廊"8 000 多株千年古柏的存在，说明了在 2 000 多年前的秦汉时期，柏木已用于驿道的绿化，反映了柏木栽培历史的悠久。

（三）柏木的生产概况

柏木生长较快，适应性强，耐瘠薄，尤其是石灰山地，用于造林的树种有限，但很适合柏木生长。此外柏木材质优良，更是出色的观赏绿化树种，故全国在其分布区广为造林绿化，面积很大。柏木造林面积最大的省份为四川，面积 69.4 万 hm²；其他有重庆 6.7 万 hm²，湖北 4.2 万 hm²，湖南 4.2 万 hm²。

柏木造林较早的时期是在秦汉时期，当时植树范围逐渐扩大，秦始皇为"驰道于天下，道广五十步，三丈而树，树以青松"。迄今仍保存有驿道行道树，四川广元市"翠云廊"，就是《史记》、志书记载的古驿道行道树，据世代民间传说的"张飞柏""皇柏""李公柏"等古柏考证和有关碑刻和《史记》的记述，早在 2 000 年前的秦代就开始植树了，驿道"翠云廊"的形成是经过历代多次续栽、保护与飞籽成树而成，起始时期为秦汉，完备形成时期为明清。

第二节　柏木的形态特征和生物学特性

一、形态特征

柏木树干端直，幼、中龄极少分杈，成熟林木树干 2/3 以上有分杈现象。一级侧枝不发达，二、三级侧枝纤细，自然整枝较弱，树冠较紧密而窄。鳞叶二型，长 1～1.5 mm，先端锐尖，中央之叶的背部有条状腺点，两侧的叶对折，背部有棱脊。雄球花椭圆形或卵圆形，长 2.5～3 mm，雄蕊通常 6 对，药隔顶端常具短尖头，中央具纵脊，淡绿色，边缘带褐色；雌球花长 3～6 mm，近球形，径约 3.5 mm。球果圆球形，径 8～12 mm，熟时暗褐色；种鳞 4 对，顶端为不规则五角形或方形，宽 5～7 mm，中央有尖头或无，能育种鳞有 5～6 粒种子；种子宽倒卵状菱形或近圆形，扁，熟时淡褐色，有光泽，长约 2.5 mm，边缘具窄翅；子叶 2 枚，条形，长 8～13 mm，宽 1.3 mm，先端钝圆；初生叶扁平刺形，长 5～17 mm，宽约 0.5 mm，起初对生，后 4 叶轮生。花期 3～5 月，种子翌年 5～6 月成熟。

二、生物学特性

1. 根的生长特性　柏木主根浅，侧根发达，根系具有很强的穿插力；在土壤浅薄的条件下，靠庞大的侧根四周扩散来增加营养吸收面积，借以维持正常发育，在土壤深厚的条件下，主根发育良好，根系分布深，在各层土壤中分布也比较均匀，主要分布在 0～40 cm 的土层（石培礼等，1996）。在桤柏混交林中，柏木根系表现明显的趋肥性，从根系分布水平上看，柏木根系趋向桤木根系生长，在近桤木侧生长幅度远大于远桤木侧，近桤木侧柏木的侧根量比远桤木侧的侧根量多 10%～30%。近桤木侧的柏木和桤木根系呈镶嵌分布，在柏木细根周围可见到桤木根瘤分布，桤木和柏木常发生根系连生现象，多发生在根瘤处，这可归结于柏木根系趋向根瘤的"向性生长"。

2. 树干的生长　根据天然柏木林中 1 株 148 年生柏木的树干解析表明：其生长过程，树高在 10 年前生长缓慢；10～40 年为生长旺盛期，年生长量 27～41 cm；40～80 年又减慢，年生长量 10～20 cm；80 年后年生长量在 10 cm 以下。胸径生长 20 年前缓慢，旺盛期为 20～70 年，年生长量 0.3～0.6 cm；70～148 年，年生长量均保持在 0.10～0.20 cm。材积生长的速生期在 60～80 年，年生长量 0.012～0.015 m³，连年与平均生长曲线相交于 100 年，以后又上升，材积继续增长，至 148 年未见下降，可见其数量成熟期之晚。

3. 花的生长发育　柏木每年 3 月初开花，球果两年成熟。3 月初，雄球花初现，单生于小枝顶端，近圆形，径 0.06～0.08 cm，淡黄色。3 月中旬，雌球花形成，单生于枝顶，每花枝 1～10 朵。3 月下旬，雄球花膨大为长椭圆形，长 0.45～0.6 cm，径约 0.2 cm，淡黄褐色，略带粉红色，进入盛花期。雄球花以黄色花粉散落，约 3 d。花粉散落尽后，雄球花在树上保持两个月左右脱落。4 月上旬花期结束，中下旬幼果形成，至 12 月中旬，由青绿色转变为黄绿色、棕褐色以至红褐色，果实成熟后的种子开裂、飞落（夏合新等，1994）。

4. 气候适应性　柏木要求温暖湿润的亚热带季风气候。分布区内年平均气温 13～19 ℃，1 月平均气温 2～8 ℃，7 月平均气温 20～30 ℃，≥10 ℃的积温 4 500～6 000 ℃。全年降水量 1 000 mm 左右，分配比较均匀，无明显旱季。

5. 土壤适应性　对土壤适应性广，中性、微酸性及钙质土均能生长。耐干旱瘠薄，也稍耐水湿。特别在土层浅薄的钙质紫色土和石灰土上，其他树种不易生长，唯柏木能正常生长，若土层较厚，生长较快，因此是这种生境的优良用材树种。在酸性土壤上，柏木常散生。在中性、微碱性的各种石灰土或紫色土上柏木纯林较多，成为较稳定的建群种。也常与其他树种混生，如枫香树、青榨、青冈栎、云南樟、棕榈、桤木和麻栎等。

柏木纯林是亚热带针叶林中典型的钙质土指示植被，它与华北石灰岩山地侧柏的生态习性相似。如重庆北碚海拔 250～650 m 的鸡公山，在三叠纪石灰岩和石灰性页岩发育的石灰土或钙质紫色土上成片生长柏木林，而与此对峙的缙云山上侏罗纪砂岩、页岩发育的强酸性黄壤上成片分布着马尾松林。

6. 光的适应性　柏木为较喜光树种，需有充分上方光照才能生长，但能耐侧方庇荫。柏木具较强的天然下种更新能力。林冠下常有较多天然更新的幼苗，但年龄、树高较大的幼树稀少，若没有充足的上方光照，不能完成林冠下的天然更新。活地被物的高度、盖度常是影响柏木天然更新效果的重要因素。据在贵州习水县青龙林场的调查材料，由于林下杂草灌木茂盛，林冠下幼苗、幼树株数 1 m² 样方内虽达 55 株，而苗高 40 cm 以上的幼树仅 1 株，高 20～40 cm 的 7 株，其余皆为高 20 cm 以下的幼苗。石灰岩山地的柏木疏林，由于上方光照充足，常可见天然更新形成的不同年龄柏木混生的纯林，这种林分林木稀疏，呈疏林状。

第三节　柏木属植物的起源、演化和分类

一、柏木属植物的起源

在我国，现代柏木属中除柏木广布于中国南半部外，还有巨柏（*C. gigantea*）、西藏

柏木（*C. torulosa*）、干香柏（*C. duclouxiana*）和岷江柏木（*C. chengiana*），沿西藏高原的南部和东南部的边缘地带分布，北达白龙江流域，并依次形成地理替代，地中海柏木在欧洲南部地中海至亚洲西部地区呈间断分布，形成一条狭窄的东西向分布区。后者在古地理上正好自我国西部"向西延长，经过中亚、阿富汗、伊朗、阿拉伯国家、欧洲南部地中海地区至北非"的窄条状干旱地带（孙湘君，1978），显示了该分布区的历史残遗性质。这从西亚的中侏罗纪化石，欧洲地中海地区的中新世、上新世化石等古植物资料可以得到佐证（Florin，1963）。连同柏木属的现代分布，表明该属自中侏罗纪至目前从未退出过地中海地区。鉴于该地区的中侏罗纪化石是最古老的，而且现在这里生长的地中海柏木又是属内最原始的种类（可能是侏罗纪种类的后裔或近缘），如果 Florin 的关于松杉类植物最可能起源于北半球具有亚热带和暖温带气候的中纬度（北纬25°～50°）地区的结论也是正确的话，那么侏罗纪或更早时代的地中海地区很可能就是柏木属的起源中心。

北美西南部连同墨西哥、危地马拉是柏木属的又一个重要间断分布区，该地区现在生长着加利福尼亚柏木、墨西哥柏木、大果柏木等15种植物（Dallimore et al.，1966）。对于有20余种的柏木属来说，该地区显然是它的现代分布中心和分化中心。这与该地区有分布于中新世、上新世的化石及有关柏木种类具有比较进化的核型相吻合，也与张宏达（1986）认为北美植物区系具有显著的次生性和王荷生（1992）认为美国西南部的第三纪古地中海植物地理区形成较晚的意见相一致。而北美洲西南部几经海侵、造山运动及冰川等比较剧烈的地质和气候变迁（中国科学院《中国自然地理》编辑委员会，1983）可能是这里成为柏木属现代分布中心和分化中心的历史、地质原因。

鉴于柏木属最古老的侏罗纪化石产于西亚及地中海地区，这里的地中海柏木的核型最为原始，中国种类的核型在总体上又比北美的原始，而美国西部的化石地质时代较迟，因此柏木属的迁移路线是由西亚到中国再经白令陆桥向东迁移到北美。从晚白垩纪开始，北美西北部和西伯利亚东北部已经连接并至少延续到晚中新世，在中上新世和晚上新世又有白令陆桥出现则为柏木属从中国迁移到北美洲提供了保证（李林初等，1996；王荷生，1992）。

二、柏木属植物种分类概况

（一）柏木属植物形态特征

常绿乔木，稀灌木状；小枝斜上伸展，稀下垂，生鳞叶的小枝四棱形或圆柱形，不排成一平面，稀扁平而排成一平面。叶鳞形，交叉对生，排列成4行，同型或二型，叶背有明显或不明显的腺点，边缘具极细的齿毛，仅幼苗或萌生枝上的叶为刺形。雌雄同株，球花单生枝顶；雄球花具多数雄蕊，每雄蕊具2～6枚花药，药隔显著，鳞片状；雌球花近球形，具4～8对盾形珠鳞，部分珠鳞的基部着生5枚至多枚直立胚珠，胚珠排成一行或数行。球果第二年夏初成熟，球形或近球形；种鳞4～8对，熟时张开，木质，盾形，顶端中部常具凸起的短尖头，能育种鳞具5粒至多粒种子；种子稍扁，有棱角，两侧具窄翅；子叶2～5枚。

（二）柏木属植物种分类概况

柏木属有 16 种 10 变种，间断分布于非洲北部、欧洲、亚洲和北美洲。除柏木（*C. funebris*，中国）、地中海柏木（*C. sempervirens*，希腊至伊朗）和墨西哥柏木（*C. lusitanica*，墨西哥至洪都拉斯）3 种分布较广外，其余种类的天然分布区非常有限，属濒危物种，如分布于非洲撒哈拉塔西里山区的阿尔及利亚柏木（*C. dupreziana*）是世界上 12 种最濒危的针叶树之一，但在历史上，其分布较今为广，如中新世时见于美国东南的密西西比州，中新世至上新世时常见于欧洲的法国、德国、波兰、意大利、保加利亚等国（Palamarev，1989；Florin，1963）。

柏木属可分为美洲类型和欧亚类型两大类。美洲类型 8 种 8 变种，主要分布于美国西南部，仅 1 种分布至中美洲。欧亚类型 8 种 2 变种，又可分为 3 个亚类型，即：①中国 5 种；②喜马拉雅 2 种；③地中海 4 种（变种）。因此，该属有 3 个分布中心，即北美西南部、中国西南部和地中海地区。其原始类型出现在欧亚地区（江泽平等，1997）。

我国产 5 种，即柏木、干香柏、巨柏、岷江柏木和西藏柏木均系用材树种，其中柏木为亚热带东南季风区树种，在秦岭以南及长江流域以南广泛栽植，干香柏是云南常见树种，其余的 3 种则分别是四川、甘肃、西藏的特有树种，数量稀少，生长于青藏高原的局部河谷地带。

关于柏木的归属问题一直存在着争议，尽管 Franeo 和 Bailey 等（1976）主张将柏木由柏木属组合到扁柏属（*Chamaecyparis*），但 Dallimore 等（1966）及郑万钧（1978）等仍将它留在柏木属内，前者同时指出柏木可能是柏木属和扁柏属的中间类型，此认识得到管中天（1981）的赞同。但就现有的细胞学资料来看，至少表明柏木与属内其他种类的关系是比较疏远的。从 *petG-trnP* 序列分析结果来看，柏木与干香柏先聚为一支（其 bootstrap 支持率为 100%），然后与柏木属其他类群聚在一起。柏木和干香柏虽然在形态上差异较大，但在分子水平上柏木与干香柏的系统关系十分相近。江洪等（1986）通过同工酶分析，把国产的巨柏、西藏柏木、干香柏、岷江柏木和剑阁柏木划分为同一类群，而把地中海柏木、柏木、墨西哥柏木和绿干柏分别划为单独的类群。

Rushforth 等（2003）用 RAPD 的方法探讨了东半球柏木属的系统发育关系，认为干香柏和巨柏组成一支，而岷江柏、西藏柏木、柏木构成另外一支；而 Laurence（1998）等通过化学分类的方法认为岷江柏、西藏柏木、柏木、干香柏的亲缘关系较近，而巨柏则独立构成另外一支。牟林春（2005）研究的 *petG-trnP* 序列分析表明，中国特有的柏木属植物是一个单系类群，其内部支持率为 91%，这一结果与 Rushforth（2003）等和 Laurence（1998）等的研究结果相同。聚类分析显示，中国柏木属植物在系统树上分为两支，一支由巨柏与岷江柏构成，其内部支持率为 91%；而西藏柏木、柏木、干香柏及 *Ch. nootkatensis* 构成另外一支，其支持率为 71%。两支都具有较高的支持强度，说明系统树上各组的系统关系可信度较高，每一支内各个种聚在一起是自然的。

三、柏木属植物分种检索表

《中国植物志》柏木属分种检索表如下：

1. 球果的种鳞木质或近革质，熟时张开，种子通常有翅，稀无翅。种鳞盾形；球果第二年或当年成熟。鳞叶小，长 2 mm 以内；球果具 4～8 对种鳞；种子两侧具窄翅。生鳞叶的小枝不排列成平面，或很少排列成平面；球果第二年成熟；发育的种鳞各有 5 粒至多粒种子 ………………… 柏木属
  2. 生鳞叶的小枝扁，排成平面，下垂；球果小，径 0.8～1.2 cm，每种鳞具 5～6 粒种子（浙江、安徽、福建、江西、湖南、湖北、河南、四川、贵州、云南、广西、广东；江苏有栽培）…… 柏木
  2. 生鳞叶的小枝圆形或四棱形；球果通常较大，径 1～3 cm；每种鳞具多数种子。
   3. 生鳞叶的小枝四棱形。
   3. 生鳞叶的小枝圆柱形。
    4. 鳞叶背部有明显的腺点，先端锐尖，蓝绿色，微被白粉；球果圆球形或矩圆球形（栽培）…
    ……………………………………………………………………………………… 绿干柏
   4. 鳞叶背部无明显的腺点。
    5. 鳞叶蓝绿色或灰绿色，有蜡质白粉。
    5. 鳞叶绿色，无白粉；球果无白粉。
     6. 球果无白粉，种鳞 6 对；生鳞叶的小枝粗壮或较粗，末端枝径 1.5～2 mm；鳞叶背部具钝脊（西藏东南部）……………………………………………………………… 巨柏
     6. 球果有白粉，种鳞 3～5 对；生鳞叶的小枝较细，末端枝径约 1 mm；鳞叶背部有明显的纵脊。
      7. 生鳞叶的小枝不下垂，鳞叶先端微钝或稍尖，球果大，径 1.6～3 cm，种鳞 4～5 对（云南、四川）………………………………………………………………………… 干香柏
      7. 生鳞叶的小枝下垂，鳞叶先端尖；球果较小，径 1～1.5 cm，种鳞 3～4 对（栽培）……
      ……………………………………………………………………………………… 墨西哥柏木
       8. 鳞叶先端钝或钝尖；球果较大，径 2～3 cm，种鳞 4～7 对（栽培）…… 地中海柏木
       8. 鳞叶先端尖；球果较小，径 1～1.5 cm，种鳞 3～5 对（栽培）…… 加利福尼亚柏木
        9. 生鳞叶的小枝细长，排列较疏，末端枝径略大于 1 mm，微下垂或下垂，鳞叶背部宽圆或平；球果径 1.2～1.6 cm，深灰褐色（西藏南部）……………… 西藏柏木
        9. 生鳞叶的小枝粗壮或较粗，排列较密，末端枝径 1.2～2 mm，不下垂，鳞叶背部拱圆；球果径 1.2～2 cm，红褐色或褐色
         10. 球果具 4～5 对种鳞，种鳞顶部中央的尖头较短小；生鳞叶的小枝无蜡粉，腺点位于鳞叶背面的中部（四川、甘肃）……………………………… 岷江柏木
         10. 球果具 6 对种鳞，种鳞顶部中央的尖头大而明显；生鳞叶的小枝常被蜡粉，腺点位于鳞叶背面的下部，常不明显（西藏东南部）………………………… 巨柏

四、柏木的遗传变异和优良种源

（一）柏木的变异类型

    长期异交和自然条件的作用，导致柏木形成了复杂的遗传基础和形态、生理生化变异。柏木在长期的栽培过程中有糠柏、黄心柏、油柏 3 种类型，其中糠柏生长速度最快。通过对梓潼、剑阁、盐亭、射洪、达川、宣汉、万源、巴州、平昌、南江、苍溪等县份林相比较完整的人工或天然次生柏木林的调查，根据柏木的小枝垂象、分枝角度、树冠疏密度和冠型等形状将柏木划分为稀枝全垂型、密冠垂枝型和举枝型 3 个类型。

（二）优良种源与优良家系

20 世纪 80 年代，千岛湖区姥山林场在浙江省仙居、开化、淳安、临安、黄岩等地选择柏木优树 45 株，在淳安县姥山林场国家级林木良种基地收集保存了柏木优树无性系 45 份，营建柏木 1 代无性系种子园 3.67 hm²、柏木种子园家系子代遗传测定试验林 1.33 hm²，由 15 年生子代测定林调查与分析表明，柏木 45 个家系间在生长性状上存在极显著差异（余梅生等，2013）。

谭小梅等（2014）对重庆市和浙江省千岛湖的 4 个种源 34 个柏木优树家系 2 年生苗进行柏木优良家系的研究，选出 5 个柏木苗期速生优良家系，即丰 05、丰 03、丰 04、丰 01 和忠 13，为后期开展柏木良种选育和遗传改良提供了宝贵的基础资料。

骆文坚等（2006）通过对浙江省淳安县姥山林场柏木 1 代无性系种子园自由授粉家系 15 年生子代测定林，子代树高、胸径和材积平均生长量分别比对照大 13.12%、13.69% 和 30.85%，平均遗传增益分别为 7.8%、7.69% 和 17.03%。以材积性状作为选优指标，选出优良家系 11 个，其家系编号分别为 19（仙居 3 号）、29（仙居 15 号）、20（仙居 5 号）、3（淳安 4 号）、21（仙居 6 号）、2（淳安 2 号）、16（黄岩 1 号）、11（开化 4 号）、10（开化 3 号）、22（仙居 7 号）和 13（开化 6 号）。11 个优良家系 15 年生材积平均增益为 64.21%，材积遗传增益平均为 35.44%。

柏木种子园无性系结实性状存在明显的遗传变异，通过姥山林场种子园 15 个无性系 75 个分株材料结实性状的研究表明，不同无性系结实能力差异巨大，尤其是单株鲜果和单株籽变异最大，其最大值分别是最小值的 32.78 倍和 31.29 倍，并有高度重复率（徐高福等，2006）。

第四节　柏木近缘种的特征特性

一、岷江柏木

学名 *Cupressus chengiana* S. Y. Hu。

乔木，高达 30 m，胸径 1 m；枝叶浓密，生鳞叶的小枝斜展，不下垂，不排成平面，末端鳞叶枝粗，径 1～1.5 mm，很少近 2 mm，圆柱形。鳞叶斜方形，长约 1 mm，交叉对生，排成整齐的 4 列，背部拱圆，无蜡粉，无明显的纵脊和条槽，或背部微有条槽，腺点位于中部，明显或不明显。2 年生枝带紫褐色、灰紫褐色或红褐色，3 年生枝皮鳞状剥落。成熟的球果近球形或略长，径 1.2～2 cm；种鳞 4～5 对，顶部平，不规则扁四边形或五边形，红褐色或褐色，无白粉；种子多数，扁圆形或倒卵状圆形，长 3～4 mm，宽 4～5 mm，两侧种翅较宽。

岷江柏木是中国特有树种，产于四川西部、北部（岷江上游茂县、汶川、理县、金川、小金）及甘肃南部（舟曲、武都）等地，生于海拔 1 200～2 900 m 的阳坡、半阳坡和半阴坡，呈疏林或散生状态分布。

岷江柏木分布区内山坡陡峻，土层通常浅薄，有的地方基岩裸露，为花岗岩、片麻岩、石英砂岩等坡积母质上发育的山地典型褐土和碳酸盐褐土，土体中碎石、砾石含量较多，土壤呈块状或核状结构。表土层微酸性或中性反应，心土层和底土层弱碱性或碱性反应。

岷江柏木适应性强，对生境要求不严，可生长在肥沃湿润的阴坡、半阴坡，山地中下部，呈疏林或散生状态。岷江柏木林分布于四川西部高山峡谷地带，生长在谷坡山麓。分布区因山下常受干热风影响，因此气候干暖。按生境与群落组成，大致可划分两种林型：薹草岷江柏木林和禾草岷江柏木林，前者生境较湿润，后者生境干燥，土层较薄。

从岷江柏木生长进程看其属慢生树种，247 年生的立木树高 26.1 m，胸径 46.3 cm。胸径生长 10 年前缓慢，以后迅速加快，40～80 年为生长旺盛期，100 年以后，生长逐渐减缓，200 年后连年生长下降到 0.1 cm。树高生长 10 年前缓慢，40～100 年为生长盛期，平均生长量可达 0.16 m，100 年后急剧下降。

二、干香柏

学名 *Cupressus duclouxiana* Hickel，别名冲天柏（云南）、干柏杉（《中国树木分类学》）、云南柏（《中国裸子植物志》）、滇柏（《经济植物手册》）。

乔木，高达 25 m，胸径 80 cm；树干端直，树皮灰褐色，裂成长条片脱落；枝条密集，树冠近圆形或广圆形；小枝不排成平面，不下垂，1 年生枝四棱形，径约 1 mm，末端分枝径约 0.8 mm，绿色，2 年生枝上部稍弯，向上斜展，近圆形，径约 2.5 mm，褐紫色。鳞叶密生，近斜方形，长约 1.5 mm，先端微钝，有时稍尖，背面有纵脊及腺槽，蓝绿色，微被蜡质白粉，无明显的腺点。雄球花近球形或椭圆形，长约 3 mm，雄蕊 6～8 对，花药黄色，药隔三角状卵形，中间绿色，周围红褐色，边缘半透明。球果圆球形，径 1.6～3 cm，生于长 2 mm 的粗壮短枝的顶端；种鳞 4～5 对，熟时暗褐色或紫褐色，被白粉，顶部五角形或近方形，宽 8～15 mm，具不规则向四周放射的皱纹，中央平或稍凹，有短尖头，能育种鳞有多数种子；种子褐色，长 3～4.5 mm，两侧具窄翅。

干香柏为我国特有树种，产于云南中部、西北部及四川西南部海拔 1 400～3 300 m 地带；散生于干热或干燥山坡的林中，或成小面积纯林（如丽江雪山等地）。喜生于气候温和、夏秋多雨、冬春干旱的山区。干香柏对土壤要求不严，在酸性、中性土和石灰岩上均能生长，但在深厚、湿润的石灰性钙质土土壤上生长良好。干香柏生长较快，在石灰岩山地造林，20 年平均高可达 10.5 m，平均胸径 9.5 cm，单位面积蓄积量 112 m³/hm²。树高生长 5 年前较慢，6 年后加快，可持续 20 年。胸径 8 年前生长慢，以后加速，可持续 30 年。

木材淡褐黄色或淡褐色，结构细密，纹理直密，材质坚硬，有香气，耐久用，易加工，可供建筑、桥梁、车厢、造纸、电杆、器具、家具等用材。干香柏可用作云南中部、西北部及四川西南部的造林与绿化树种。

三、巨柏

学名 *Cupressus gigantea* W. C. Cheng & L. K. Fu，别名雅鲁藏布江柏木（《植物分类

学报》）。

乔木，高 30~45 m，胸径 1~3 m，稀达 6 m；树皮纵裂成条状；生鳞叶的枝排列紧密，粗壮，不排成平面，常呈四棱形，稀呈圆柱形，常被蜡粉，末端的鳞叶枝径 1~2 mm，不下垂；2 年生枝淡紫褐色或灰紫褐色，老枝黑灰色，枝皮裂成鳞状块片。鳞叶斜方形，交叉对生，紧密排成整齐的 4 列，背部有钝纵脊或拱圆，具条槽。球果矩圆状球形，长 1.6~2 cm，径 1.3~1.6 cm；种鳞 6 对，木质，盾形，顶部平，多呈五角形或六角形，或上部种鳞呈四角形，中央有明显而凸起的尖头，能育种鳞具多数种子；种子两侧具窄翅。

巨柏为濒危种，是 1974 年在西藏东部发现的一种特有植物，分布区狭窄。现有林木的年龄多在 100 年以上，其中有些是千年古树。它在山坡上天然更新困难，但沿雅鲁藏布江可见其幼苗。产于西藏雅鲁藏布江流域的朗县、米林等地，甲格村以西分布较多，常在海拔 3 000~3 400 m 地带生于沿江地段的漫滩和有灰石露头的阶地阳坡的中下部，组成稀疏的纯林，它是西藏东部河谷地带山地针叶林向西过渡为山地灌丛草原地区的特有的"草原化旱生疏林"类型。

巨柏材质优良，能长成胸径达 6 m 的大树，可做雅鲁藏布江下游的造林树种。巨柏生长在发育层次不明显的黄灰色沙质土上，土层深度 50~60 cm 及以下过渡为半风化的千枚岩母质，土壤较干旱。巨柏多呈疏林状态，疏林下植物种多为草原的旱生或中旱生植物种类。巨柏疏林郁闭度均 0.2，处在草原边缘，生境干旱，更新不良。

四、西藏柏木

学名 *Cupressus torulosa* D. Don，别名喜马拉雅柏木（《植物分类学报》）、喜马拉雅柏（《中国树木分类学》）、干柏杉（《中国裸子植物志》）。

乔木，高约 20 m；生鳞叶的枝不排成平面，圆柱形，末端的鳞叶枝细长，径约 1.2 mm，微下垂或下垂，排列较疏，2~3 年生枝灰棕色，枝皮裂成块状薄片。鳞叶排列紧密，近斜方形，长 1.2~1.5 mm，先端通常微钝，背部平，中部有短腺槽。球果生于长约 4 mm 的短枝顶端，宽卵圆形或近球形，径 12~16 mm，熟后深灰褐色；种鳞 5~6 对，顶部五角形，有放射状的条纹，中央具短尖头或近平，能育种鳞有多数种子；种子两侧具窄翅。

产于西藏东部及南部的波密、林芝、墨脱等地，通常出现在海拔 1 800~2 700 m 处，生于石灰岩山地。印度、尼泊尔、不丹也有分布。

西藏柏木性喜温暖，分布地区的年均气温 10~15 ℃，≥10 ℃的积温 900~4 200 ℃，最冷月温度 2~7 ℃，能耐的极端最低气温达−15 ℃，在其分布上限处，有时遭雪压、雪折危害。西藏柏木有小面积纯林，经常与其他树种形成混交林，混交树种有香椿（*Toona sinensis*）、朴树（*Celtis sinensis*）、华山松（*Pinus armandii*）、西藏润楠（*Machilus yunnanensis* var. *tibetana*）。

西藏柏木树干饱满，通直。木材淡褐色，纹理通直，结构细密，材质坚硬，有香气，易加工，是中山河谷地带珍贵的用材树种。

西藏柏木耐瘠薄，在裸露的岩石上，可以沿石隙延伸其强有力的根系，耸立于陡崖之巅。鉴于西藏柏木适应性强，尤其是耐贫瘠，抗旱能力强，并在石岩山地生长表现良好，其遗传改良也受到了重视。根据来自云南境内的 35 个西藏柏木优树家系建立的 9 年生子代测定林的调查分析，林分的树高、胸径、冠幅、冠高比和单株材积的遗传力分别为0.52、0.60、0.79、0.76 和 0.50，入选的 5 个家系树高、胸径、单株材积平均值分别为6.55 m、12.82 cm、0.063 m³，估测遗传增益分别为 5.13％、13.96％ 和 29.68％。这种选择可作为建立无性系种子园的基础（牛焕琼等，2014）。

五、绿干柏

学名 *Cupressus arizonica* Greene，别名美洲柏木。

乔木，在原产地高达 25 m；树皮红褐色，纵裂成长条剥落；枝条粗壮，向上斜展；生鳞叶的小枝方形或近方形，末端鳞叶枝径 1～2 mm，2 年生枝暗紫褐色，稍有光泽。鳞叶斜方状卵形，长 1.5～2 mm，蓝绿色，微被白粉，先端锐尖，背面具棱脊，中部具明显的圆形腺体。球果圆球形或矩圆球形，长 1.5～3 cm，暗紫褐色；种鳞 3～4 对，顶部五角形，中央具显著的锐尖头；种子倒卵圆形，暗灰褐色，长 5～6 mm，稍扁，具不明显的棱角，上部微有窄翅。

原产美洲。我国南京及庐山等地引种栽培，生长良好。

六、加利福尼亚柏木

学名 *Cupressus goveniana* Gordon。

乔木，在原产地高达 20 m；树皮褐色或灰褐色，粗糙；生鳞叶的小枝不排成平面，末端鳞叶枝四棱形，径约 1 mm，有芳香气味。鳞叶淡绿色或微带黄绿色，先端尖，无白粉，背部无明显的腺点。球果圆球形，较小，径 1～1.5 cm，深褐色，有光泽，无白粉；种鳞 3～5 对，顶部有一尖头，发育种鳞具多数种子。

原产美国加利福尼亚州，广为栽培做庭园树。我国南京等地引种栽培，长势很旺。

七、墨西哥柏木

学名 *Cupressus lusitanica* Mill.，别名葡萄牙柏木、速生柏（南京）。

乔木，在原产地高达 30 m，胸径 1 m；树皮红褐色，纵裂；生鳞叶的小枝不排成平面，下垂，末端鳞叶枝四棱形，径约 1 mm。鳞叶蓝绿色，被蜡质白粉，先端尖，背部无明显的腺点。球果圆球形，较小，径 1～1.5 cm，褐色，被白粉；种鳞 3～4 对，顶部有一尖头，发育种鳞具多数种子；种子有棱脊，具窄翅。

原产墨西哥，许多国家广为栽培做庭园树。我国南京等地引种栽培，生长良好。

八、地中海柏木

学名 *Cupressus sempervirens* L.。

乔木，在原产地高达 25 m；树皮灰褐色，较薄，浅纵裂；大枝近直展或平展；生鳞叶的小枝不排成平面，末端鳞叶枝四棱形，径约 1 mm。鳞叶交叉对生呈 4 列状，排列紧密，菱形，先端钝或钝尖，背部有纵脊及腺槽，深绿色，无白粉，无明显的腺点。球果近球形或椭圆形，径 2～3 cm，生于下弯的短枝顶端，熟时光褐色或灰色，种鳞 4～7 对，顶部有小尖头，或平而微凹，凹中有短小尖头，每种鳞有 8～20 粒种子；种子有棱脊，两侧具窄翅。

原产欧洲南部地中海地区至亚洲西部，广为栽培做庭园树。我国南京及庐山等地引种栽培，生长良好。

（林富荣）

参考文献

管中天，1981. 四川松杉类植物分布的基本特征 ［J］. 植物分类学报，19（4）：391-407.

江洪，王琳，1986. 柏木属植物过氧化物酶同工酶的研究 ［J］. 植物分类学报，24（4）253-259.

江泽平，王豁然，1997. 柏科分类和分布：亚科、族和属 ［J］. 植物分类学报，35（3）：236-248.

李林初，傅煌西，1996. 柏木属的核型及细胞地理学研究 ［J］. 植物分类学报，34（2）：117-123.

骆文坚，金国庆，徐高福，等，2006. 柏木无性系种子园遗传增益及优良家系评选 ［J］. 浙江林学院学报，23（3）：259-264.

牟林春，王丽，姚丽，等，2005. 中国柏木属（*Cupressus L.*）植物的 *petG-trnP* 序列分析及其系统学意义 ［J］. 四川大学学报（自然科学版）（5）：1033-1037.

牛焕琼，袁赶年，李学新，2014. 西藏柏木半同胞家系子代测定及优良家系选择 ［J］. 林业调查规划，39（3）：106-110.

石培礼，钟章成，李旭光，1996. 桤柏混交林根系研究 ［J］. 生态学报，16（6）：623-631.

孙湘君，1979. 中国晚白垩世—古新世孢粉区系的研究 ［J］. 植物分类学报，17（3）：8-23.

谭小梅，周小舟，2014. 柏木优树家系苗期生长表现 ［J］. 湖南林业科技，41（1）：35-39.

王荷生，1992. 植物区系地理 ［M］. 北京：科学出版社.

夏合新，杨红，周纲，等，1994. 柏木物候学研究 ［J］. 湖南林业科技，21（1）：19-21.

徐高福，金国庆，丰炳财，等，2006. 柏木种子园无性系结实性状遗传变异研究 ［J］. 浙江林业科技，26（2）：5-9.

严冰，毕建勇，纪元，等，2007. 一株柏树内生真菌产生抗肿瘤药物紫杉醇 ［J］. 南开大学学报（自然科学版），40（6）：40-67.

余梅生，彭方有，徐高福，等，2013. 柏木多目标用途在千岛湖风景区的应用实证研究 ［J］. 绿色科技（5）：138-139.

原毅，1988. 柏树的利用 ［J］. 化学世界（3）：135-137.

张宏达，1986. 大陆漂移与有花植物区系的发展 ［J］. 中山大学学报，25（3）：1-11.

中国科学院中国植物志编辑委员会，1978. 中国植物志：第七卷 ［M］. 北京：科学出版社.

《中国森林》编辑委员会，1999. 中国森林：第 2 卷针叶林 ［M］. 北京：中国林业出版社.

《中国树木志》编辑委员会，1983. 中国树木志：第一卷 ［M］. 北京：中国林业出版社.

《中国自然地理》编辑委员会，1983. 中国自然地理：植物地理（上册）［M］. 北京：科学出版社.

Bailey L H，Bailey E Z，1976. The conifer manual Ⅵ ［M］. New York：Macmillan Publishing Corp.

Dallimore W，Jaekson A B，1966. A handbook of Coniferae and Ginkgoaceae ［M］. 4th ed. London： Edward Arnold Ltd，194－218.

Florin R，1963. The distribution of conifer and taxad genera in time and space ［J］. Aeta Horti Bergiani，20 (4)：121－312.

Laurence G C，Hu Z L，Eugene Z，1998. Foliage terpenoids of Chinese *Cupressus* species ［J］. Biochemical Systematicas and Ecology，26：899－913.

Palamarev E，1989. Paleobotanical evidences of the Tertiary history and origin of the Mediterranean sclerophyll dendroflora ［J］. Plant Syst Evol，162：93－107.

Rushforth K，Adams R P，Zhong M，et al. ，2003. Variation among *Cupressus* species from the eastern hemisphere based on random amplified polymorphic DNAs (RAPDs) ［J］. Biochemical Systematics and Ecology，31：17－24.

第十章

华 山 松

华山松（*Pinus armandii* Franch.）属松科松属单维管束亚属（白松亚属），是我国西部地区的重要用材树种，适应性宽，分布范围广，造林容易，生长比较迅速，木材性质优良。华山松造林规模大，我国建成了许多华山松人工林基地。华山松也是重要的绿化树种，塔形树冠，终年翠绿。

第一节　华山松的利用价值和生产概况

一、华山松的利用价值

（一）材用价值

华山松是很好的建筑用材。其材质轻软，纹理细致，易于加工，旋切和其他工艺性质良好，可用作家具、细木工板、雕刻、胶合板、枕木、电杆、车船和桥梁用材。华山松还可用作优良造纸和纤维加工的原料。木材不耐腐，室外用时须加防腐处理。

（二）工业原料

华山松树皮含单宁 12%～23%，可提炼栲胶。沉积的天然松渣，还可提炼柴油、凡士林、人造石油等。种子粒大，长 1～15 cm，含油量 42.8%（出油率 22.24%），种仁内含蛋白质 17.83%，常作为干果炒食，味美清香。松籽榨油，属干性油，是工业上制皂、硬化油、调制漆和润滑油的重要原料。针叶综合利用可蒸馏提炼芳香油（其精油中的龙脑酯含量比马尾松油高，味香）、造酒、制隔音板、造纸、生产人造棉毛和制绳。

（三）药用价值

华山松的花粉，在医学上叫作"松黄"，浸酒温服，有医治创伤出血、头昏脑涨的功效，还可作为预防汗疹的爽身粉。华山松的松枝治"黄水"病、水肿病。松香治风湿性关节炎，腰肾疼痛，筋骨疼痛，碱中毒，疮疡久溃不愈。松球果治疗咳嗽痰喘，气管炎，咽喉疼痛。松针治疗风湿关节痛，跌打瘀痛，流行性感冒，高血压，神经衰弱。树皮用于治疗骨折，外伤出血。松枝嫩尖配少许波棱瓜子，治胆囊炎。松花粉外用治疗痈疖毒疮，久溃不敛，外伤出血。松脂用于治疗风寒湿痹，疮疖溃烂，关节积黄水等。

（四）园林绿化价值

华山松高大挺拔，针叶苍翠，冠形优美，为良好的园林风景树。可用作园景树、庭荫树、行道树。

二、华山松的地理分布和生产概况

（一）华山松的地理分布

华山松分布于中国西北和西南地区，是中国特有的一种五针松。华山松以天然林为主，20世纪50年代后期，中国各地华山松人工林发展甚快，云南、贵州、四川、湖南、陕西、甘肃、山西、河南等省均有大量栽植，山东、河北、江西等省曾先后引种，也有较好效果。在一些地区，华山松人工林已成为重要的后备森林资源。

山西、河南、陕西、甘肃、宁夏、青海、四川、湖北、贵州、云南、西藏、湖南等12个省（自治区），皆有华山松天然分布。中国台湾省天然生长的台湾果松（*Pinus armandii* var. *mastersiana*）是本种的一个变种，分布于台湾省中部以北阿里山、玉山山地（郑万钧，1983）。

华山松北部分布于山西南部，陇东关山及洮河流域；由此向南在秦岭主支脉的山腰地带，如小陇山、太白山、终南山、华山及伏牛山均有分布；在西边从陕甘边境及白龙江流域顺四川盆地西部的山区到达贵州西部及云南；在东边沿大巴山至巫山，东由湖北西部山区至贵州。

华山松垂直分布在海拔1000～3400 m处，在分布区内，其分布上限一般南部高于北部，同纬度时则西部高于东部。如云南、西藏的华山松多分布在海拔2400～3000 m处，最高可达海拔3400 m处。青海东部循化、化隆、民和一带，其垂直分布在海拔1950～3000 m处，由此向东，甘肃分布海拔1400～2700 m，宁夏六盘山分布海拔2000～2500 m，陕西分布海拔1400～2600 m，河南分布海拔1500～2200 m，山西分布海拔1100～2000 m。华山松垂直分布与山体大小也有关系，如贵州高原无很大的高山，最高峰韭菜坪仅海拔2900 m，华山松大多分布在海拔2500 m以下；湖北最高山峰神农架海拔3105 m，华山松多分布在海拔1600～2400 m处。

（二）华山松天然林的林型

华山松林分布区气候、地形、土壤与植被条件的差别形成多种多样的林型，反映了华山松林结构与生长特点。

1. 箭竹华山松林　本林型分布比较广，能相连成较大的片，是华山松林类型中面积最大者（吴中伦，1999）。林木组成中，华山松可占60%～70%，有时也呈纯林。混交树种主要是山杨，也有锐齿栎、千金榆等混生。在四川还常有樱桃、槭树、水青冈、鹅耳栎、四照花等与之伴生。林木一般生长较好，地位级Ⅱ～Ⅲ级，个别可达Ⅰ级，也有低到Ⅳ级的，疏密度 0.5～0.7。40 年生林分单位面积蓄积量可达 107～116 m³/hm²。

2. 草类灌木华山松林　此类型的各种林分面积不大，但分布的立地条件变化较大。华山松在林内居优势，可占 70% 以上，纯林甚少。伴生树种有山杨、红桦、川桦、冬瓜杨、柳树、云杉、漆树等。生产力中等，地位级Ⅱ～Ⅲ级，个别有Ⅰ级的，疏密度 0.5～0.7，35～47 年生林分单位面积蓄积量可达 156～186 m³/hm²。

3. 缓坡山杨华山松林　林木组成中华山松可占 80%～100%，山杨、红桦占 10%～20%。25～45 年生，高 8～14 m，胸径 12～20 cm，疏密度 0.4～0.6，地位级Ⅱ～Ⅲ级，单位面积蓄积量约 100 m³/hm²。下木盖度 0.5 左右，主要有荚蒾、刺榛、灰栒子、小檗、山楂等，层外植物有北五味子、菝葜等。

4. 薹草小檗华山松林　林分多单层林，华山松居优势；在复层林中华山松居Ⅰ层，并占到组成 60%～90%，伴生树种有山杨、红桦、锐齿栎、米心水青冈、漆树等，占 10%～20%。Ⅱ林层由华山松（第二代）、四川樱桃、房县槭、刺叶栎等组成，平均高 8～9 m，平均胸径 10～15 cm。立地条件较差，华山松生长不良，树干尖削，整枝不良。林下天然更新中等至良好，主要为华山松幼树，每公顷达 2 000～3 000 株。

5. 山坡下部华山松林　华山松在林内居优势，纯林较少，混交树种以阔叶树为主，有山杨、漆树、冬瓜杨、锐齿栎、光皮桦、椴树、领春木、槭树类、鹅耳栎等，山杨有时可占到 10%～20%，光皮桦可占 10%～30%，其下部含栓皮栎等。林木生长一般较好，疏密度 0.4～0.6，有时可达 0.8，地位级Ⅱ～Ⅲ级，也有高至Ⅰ级或低至Ⅳ级，视立地条件而异。40 年生林分，高 12～16 m，胸径 16～20 cm。陕西勉县张家河 25 年生华山松，高 14 m，庙台子附近 35 年生高 12.5 m，59 年生高 14.8 m。林冠下更新中等或良好，2 000～4 000 株/hm²，多者可逾万株，分布均匀，以华山松幼树为主，兼有栓皮栎、漆树等。

6. 胡枝子华山松林　华山松在组成中占 60%～70%，或为纯林。混交及伴生树种较多，有锐齿栎、山杨、桦树、漆树、青皮槭等。郁闭度 0.4～0.8，30～50 年生高 8～14 m。林下灌木盖度 0.3～0.5，胡枝子较多，并有野蔷薇、榛子等，局部地段有箭竹生长。

7. 杜鹃华山松林　分布于贵州西北海拔 2 200～2 600 m 中山上部及山顶地势较高地区。华山松常构成单层纯林，部分混生少量云南松。疏密度 0.3～0.6，多为中龄林，近熟林。地位级Ⅰ～Ⅲ级，以Ⅱ级较多。林内灌木较少，盖度 0.1～0.3，以杜鹃为主。兼有少量灌丛状高山栎。

8. 枸子火棘华山松林　分布于贵州西北高原丘陵山地。海拔 2 000～2 500 m，地势较平缓，但立地条件较差，人为放牧、采樵等活动较频繁。华山松在乔木层中占优势，按株数计占 70%～90%。混生树种有云南松、茅栗、高山栎等。中龄林居多，高 8～12 m，胸径 15～20 cm，地位级Ⅱ～Ⅳ级，以Ⅲ、Ⅳ级为主。

9. 栎类华山松林　分布于山西中条山、河南伏牛山、陕西秦岭、贵州西北高原山地。贵州西北的栎类华山松林，分布于海拔 1 600～2 300 m 中山坡面上及背风山。乔木层以华山松为主，北方林区多混生少量栓皮栎、槲栎等落叶栎类及茅栗，在贵州西部常绿的高山栎也常伴生其中。郁闭度 0.3～0.7，地位级 Ⅰ～Ⅱ级，林龄 50 年左右的林分，高 17～24 m，胸径 35～45 cm。中条山的这一林型分布于海拔 1 500～1 900 m 的阴坡半阴坡，坡度 15°～25°，疏密度 0.5～0.7，土层虽厚达 70～110 cm，通气性也较好，但地位级不高，多Ⅳ～Ⅴ级，反映出华山松在其分布区北界的特点。

10. 谷底溪旁华山松林 林分组成较复杂，华山松约占 50%，铁杉、山杨、光皮桦、白桦、水曲柳、锐齿栎、漆树、五角枫、油松等，常与之混交，有时还可以形成复层林。在河谷地带，常有黄华柳、瓦山水胡桃（或麻柳）、野核桃等相混生。原生林分采伐后，萌生漆树生长迅速，常形成Ⅰ林层，更新起来的华山松林则形成Ⅱ林层。林分生产力较高，地位级 Ⅰ～Ⅱ级，单位面积蓄积量达 250～300 m³/hm²。伐后恢复的次生华山松林，20 年生单位面积蓄积量可达 80～120 m³/hm²。河南栾川石庙乡杨树坪村，18 年生华山松林，平均高 8 m，胸径 18 cm，郁闭度 0.6，单位面积蓄积量达 182.5 m³/hm²。

11. 峭壁华山松林 此林型多生长于坡度 45°以上，甚至 60°～70°的险坡，且多为石质土。林木组成中华山松占 70%～100%，多与山杨、刺叶栎形成混生林。因立地条件差，生长缓慢，疏密度 0.4～0.5，地位级Ⅳ～Ⅴ级。60 年生树高低于 10 m，胸径 15 cm，单位面积蓄积量 60～80 m³/hm²。此林型有特殊生态作用与景观价值。

（三）华山松的生产概况

我国华山松栽培历史悠久，在 11 世纪时已有记载，但中华人民共和国成立后华山松造林无论在规模上，还是技术上都有了较大的发展，建成了一些"万亩以上规模"的华山松人工林基地，产生了一些材积年生产量达 14～16 m³/hm² 的速生丰产林。现在，云南的中部、东南、东北部海拔 1 600～2 300 m，贵州的黔西北海拔 1 400～2 000 m 地带及黔中高原、黔中德江一带，有大面积的华山松人工林。四川盆地边缘的山地如巫溪、巫山旺苍、南江等地，华山松人工面积也很大。湖南境内华山松人工林分布在安化、衡山、怀北、邵阳等地区海拔 1 000～1 600 m 的山地。湖北省华山松人工林主要在湖北西部山地，恩施、宜昌等地区都较集中。陕西省除在秦岭、巴山林区结合人工更新广为栽植外，华山松人工造林已扩大到渭北黄土高原的耀县、白水、旬邑等地以及黄龙、桥山林区，一般生长尚好（陕西森林编辑委员会，1989）。在园林绿化上已引种到北京、上海、南京、杭州等地。

根据第七次全国森林资源清查，全国人工乔木林主要 10 个优势树种，华山松为 52.37 万 hm²，面积比例为 1.13%，蓄积量 2 565.58 万 m³，蓄积量比例为 1.3%，人工面积比云南松大，可见我国重视华山松人工林的发展。

第二节　华山松的形态特征和生物学特性

一、形态特征

乔木，高达 25 m，胸径 1 m；幼树树皮灰绿色或淡灰色，平滑，老则灰色，裂成方形或长方形厚块片固着树干上，或脱落；枝平展，树冠圆锥形或柱状塔形。1 年生枝绿色或灰绿色，干后褐色，无毛，微被白粉。冬芽近圆柱形，褐色，微被树脂。针叶 5 针一束，长 8～15 cm，径 1～1.5 mm，有细齿，树脂道 3 个，中生，或背面 2 个边生、腹面 1 个中生，稀 4～7 个，兼有中生与边生。球果圆锥状长卵形，长 10～20 cm，径 5～8 cm，熟时黄色或褐黄色，种鳞张开，种子脱落；中部种鳞近斜方状倒卵形，鳞盾斜方形或宽三角状斜方形，先端钝圆或微尖，无毛。无纵脊，不反曲或微反曲，鳞脐不显著。种子倒卵圆形，长 1～1.5 cm，黄褐色、暗褐色或黑色，无翅或双侧及顶端具棱脊，稀具极短的木质翅。花期 4～5 月，球果翌年 9～10 月成熟（图 10-1）。

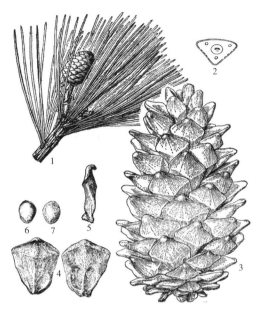

图 10-1 华山松
1. 雌球花枝 2. 叶横剖 3. 球果
4、5. 种鳞背腹侧面 6、7. 种子
（引自《中国植物志·第七卷》）

二、生物学特性

（一）生长发育

在针叶树中，华山松属生长中速而稍后快的树种，5～10 年期生长较慢，以后加速，20～30 年为连年生长高峰期，树高最大年生长量 0.4～0.6 m，此后逐渐下降。胸径生长与高生长相似，最大年生长量 0.5 cm，甚而可至 1.0 cm，一般 40～50 年以后，生长下降，人工林生长要比天然林快一些。

华山松林木一般 25 年开始结籽，30～60 年为结籽盛期，100 年后逐渐衰退，种子年间隔 3 年左右。华山松的天然下种能力较强，但由于杂草灌木的竞争和鼠害严重，更新效果并不理想。但采伐后经整地和人工促进天然更新，效果良好。华山松为喜光树种，幼年稍耐庇荫。浅根性，侧根发达。

（二）生态适应性

1. 气候 华山松分布在我国亚热带和暖温带西南的中山地带，往西分布海拔高，往东分布海拔相对较低，是喜温凉湿润的针叶树种。分布区的年平均气温 5.7～18 ℃，1 月平均气温 -7.1～4 ℃，7 月平均气温 15～26 ℃，≥10 ℃年积温 1 500～5 500 ℃。

华山松分布区的气温年较差变动在 10.9～30.3 ℃，其总趋势是分布区南部的年较差小（不超过 15 ℃），北部的年较差大（在 20 ℃以上）。

综合分析华山松分布区各地的水平分布范围和垂直分布上下限的变动范围，认为 7 月平均气温大于 22 ℃，1 月平均最低气温低于 -14 ℃，是华山松分布的临界线。

2. 土壤 华山松宜生于深厚、疏松、湿润、排水良好的微酸性山地棕壤，钙质土也能生长。在气候温凉湿润地区，阳坡、阴坡均有分布，甚至陡峭山坡或土层不厚的地方也可生长较好，有天然林分布；在石隙中也能生长。在干燥地区多生长于阴坡半阴坡。温度过高或土壤过于干旱，华山松的分布受到限制，在干燥瘠薄的多石山地生长不良；不耐水涝和盐碱。

3. 植被　华山松分布区植被较复杂，从植被区域上说，包括温带南部草原亚地带，暖温带落叶栎林亚地带，北亚热带常绿、落叶阔叶混交林地带，中亚热带常绿阔叶林地等。华山松整个分布区都以栎类为主要伴生树种，但不同地区分布的种类有很大的区别。前述华山松天然林的林型，已比较全面地反映了华山松林的树木组成与群落结构。因为华山松在亚热带是分布于高海拔地带，因此与华山松林混交的也多为落叶阔叶林，有栎树类、槭树类、椴树类、鹅耳枥类、桦木类（如红桦）以及山杨等。在暖温带，与华山松混生的主要是栎类（如栓皮栎、锐齿栎），但也有桦木类、槭树类、椴树类与山杨。在西南高山林区与华山松混生的尚有常绿硬叶栎类（如高山栎、黄背栎）。与华山松混生的树种明显地反映出华山松植被的典型性质，即属于气候温凉而湿润的性质，与落叶阔叶林带具有类似的气候特性。

第三节　华山松的起源演化、遗传多样性与种质资源

一、华山松的起源、演化

华山松属白松亚属（Subgen. *Strobus*）五针松组（《中国树木志·第一卷》）。根据古植物资料（马常耕，1992），白松亚属的起源地很可能是喜马拉雅和西藏高原，在那里的山区至今仍保留着它们的后裔——现在白松类树种，如华山松、毛枝五针松、喜马拉雅白皮松、乔松等。大约在白垩纪已出现它们的祖先，随着地球气候的变化，这些古松类开始向阿尔泰和萨彦岭山地迁移，于南西伯利亚的山区形成了石松和白松类的始生种。这一分支产生了近代的西伯利亚松，向东和北侵移，形成了红松、偃松及其他五针松系各种；另一分支向西侵移形成现在的欧洲石松，向东北侵移进入美洲，形成美洲白松、大果松及硬果松系各种。在松属内，白松亚属五针松组是较为古老的一支。在白垩纪至第三纪，其化石分布在喜马拉雅一带，后随着第三纪、第四纪气候反复变化，在西藏古陆上形成的五针松向外迁移拓展，在中纬度形成了与华山松、红松相近的祖先，在中国南方形成了其他五针松类树种。在冰川期后，中国东南部低纬度、低海拔地区由于气候变暖，五针松逐渐衰败，在多数地区被适应性更强的二针松所取代，只在一些气候凉爽的高山地区，残存了分布区不连续的数种五针松。在古地质年代，华山松占据着比海南五针松和华南五针松分布区更高的山地。种系的替代大致为：从喜马拉雅山地向东到台湾玉山山脉依次为乔松（*P. griffithii*）、滇华山松（*P. armandii* var. *yunguiensis*）、毛枝五针松（*P. wangii*）、海南五针松（*P. fenzeliana*）、华南五针松（*P. kwangtungensis*）、台湾五针松（*P. morrisonicola*），在高山上则为华山松变种之一的台湾果松。在华南地区由于海拔低气候酷热，华山松已经绝迹（马常耕，1992）。

二、华山松的遗传多样性

五针松在全世界共有27种，亚洲分布有14种，北美洲有11种，美国有10种。中国有11种，主要分布于东北、华北、华中、西南以及西北等广大地区。五针松分布区内气候和地理条件的多样性造成了五针松种间遗传变异的复杂性。吕艳芳（2004）通过ISSR

分子标记技术，利用 4 种指数分析了 12 种五针松的遗传变异程度。利用 12 个随机引物进行了 ISSR 分析，共检测到 117 个位点，多态性位点百分率 9.40%～33.33%，利用 Shannon's 信息指数与 Nei's 基因多样性指数估算 12 种五针松的遗传变异，五针松的 Nei's 基因多样性指数的变化范围为 0.034 6～0.130 6，Shannon's 信息指数（I）的变化范围为 0.051 8～0.191 0，两个指数均表明：遗传变异最高的是俄罗斯偃松，最低的是柔枝松，华山松中等偏上。根据 Nei's 法求算供试五针松的基因多样性（H_t）为 26.21%，其中种内基因多样性（H_s）为 7.66%，种间基因多样性（D_{st}）为 18.55%，五针松种间变异占总变异的 70.78%，种间遗传变异水平较高。

根据 ISSR 分子标记构建的 12 种五针松的遗传关系聚类图，将 12 种五针松分为两个类群，第一个类群包括乔松、华山松、海南五针松、华南五针松、美国白松、山白松、云南巧家五针松；第二个类群包括俄罗斯偃松、大兴安岭偃松、美国白皮松、红松、西伯利亚红松、柔枝松。

经典的五针松的分类中将华山松归属于乔松类群。华山松种子成熟时种鳞开裂，与日本五针松、乔松等被列于乔松类群。华山松种鳞排列、树脂道类型（3 个，中生）等与红松类群更相近。因此，华山松亲缘关系介于乔松类群与红松类群之间。

马常耕等（1992）从 1980 年开始，在 9 个省份统一开展了华山松全分布区 30 个种源的试验，结果表明华山松生长性状大都呈纬度渐变模式。南部的种源生长快，针叶长，但抗寒性差，北部的种源恰恰相反。抗寒性可以作为划分种源区的主要限制因子，要禁止大空间距离的逆向调拨种子。

伍孝贤（1992）在华山松地理种群的遗传变异与应用研究中指出，华山松种源生长量的地理变异呈纬度渐变型，形成两个地理集群，即南部的云贵集群和北部的秦巴集群。群体内林分效益大于家系，家系大于家系内个体。生长量与环境互作效应明显，性状遗传相关密切。树高、胸径等性状遗传力达中等以上，说明进行种源群体的早期选择是可行的。

三、华山松种质资源

（一）变种

1. 华山松（*Pinus armandii* var. *armandii*）　又称秦岭山地的北方型华山松，是华山松的原变种。该变种针叶较短，抗寒性较强，主要产于秦巴山区，发芽期较晚，且整个发芽期长于南方的云贵华山松。

2. 滇华山松（*Pinus armandii* var. *yunguiensis*）　又称云贵高原的南方型华山松，是华山松的变种。该变种针叶较长，抗寒性较差，主要产于云贵高原区，无休眠期，发芽期早，且整个发芽期短于北方的秦巴华山松。

3. 台湾果松（*Pinus armandii* var. *mastersiana*）　又称台湾华山松，是华山松的变种。本变种与华山松（原变种）的区别在其幼树树皮灰褐色，平滑，老树树皮灰黑色，裂成不规则的鳞片脱落；种鳞熟时鳞盾呈褐色或淡红褐色，宽三角形，下部底边通常近截形；种子通常较小，长 9～12 mm，径约 7 mm。我国特有树种，产于台湾中部以北、中央山脉阿里山、玉山等高山地区。在海拔 1 800～2 800 m、气候温凉、相对湿度大、土层深厚、排水良好的酸性土地带，常与常绿阔叶树及红桧、台湾杉木、秃杉、黄山松（台湾松）、台湾五针松、台湾云杉及台湾铁杉等针叶树种混交成林。心材与边材区别明显，心材淡黄褐色，结构细，质较轻软，相对密度 0.46。可供建筑、板材、土木工程等用材。种子可榨油。

（二）种子区及适宜种源

华山松是我国松属内地理变异最为显著的一个树种。根据 10 年系统研究的结果（马常耕，1992），在种源的遗传分化中，以抗寒性变异最为显著，所以把它作为划分种源区的主要限制因子，同时各个种源聚成遗传学明显不同的两大地理种群，即云贵高原种源群和秦岭—大巴山种源群。在云贵高原华山松性状呈地理群内的渐变和地理群间的陡然间断变异模式。因此，华山松地理种源划为云贵高原和秦岭—大巴山两个生态型或两大种子区（马常耕，1992），而针对两个生态型内不同地区的种源生长和抗寒性的某些差异，把云贵高原华山松划分为滇西、滇北—川西南高山峡谷和川滇黔三省邻界区 3 个种源区，秦岭—大巴山华山松分成大巴山山地和秦岭山地两个种源区（表 10-1）（顾万春，2001）。

表 10-1　华山松种源分区范围

地理生态型	种源区	地理范围
云贵高原生态型	滇西	云南省北纬 26°以南、哀牢山以西地区，重点县为腾冲、保山、昌宁、洱源
	滇北—川西南高山峡谷	西藏东南雅鲁藏布江河谷一带，西藏、云南和川西南横断山脉、金沙江上游地区，重点县为波密、察隅、丽江、木里、九龙
	川滇黔三省邻界区	四川西昌市以南，云南哀牢山以东至分布区东界的云贵高原主体部分
秦岭山地生态型	大巴山亚热带山地	西起松潘东部雪宝顶，经龙门山、米仓山、大巴山，东止四川与湖北邻界的巫山山地，重点县为广元、旺苍、通江、城口、巫山、兴山和巴东
	秦岭暖温带山地	西起青海循化，经西秦岭、秦岭，东至伏牛山中部，北为陇山和六盘山，东北为中条山，重点县为西河、礼县、天水、佛坪、柞水、蓝田、卢氏、栾川、泾源和阳城

（三）良种或品种

根据 28 个种源在各地试点的生长和抗寒性表现，提出我国主要华山松林区的优良种源（表 10-2）（顾万春，2001）。

表 10-2　华山松优良种源

造林地区	适合种源
云南省西部	当地种源
云贵高原东部	保山、梁河、腾冲、东川
湖南省北部山区	建始、兴山、旺苍、通江
四川、湖北邻界山区	广元、旺苍、通江、赫章
秦岭西段	广元、旺苍、城口

（续）

造林地区	适合种源
秦岭东段	广元、城口、镇安、建始
湖南省西、南部山区	东川、会泽、威宁
山东泰山山区	天水、洛宁、长安
河北燕山山区	阳城、泾源、清水

孙海燕等（2007）在华山松结实性状遗传变异研究的基础上，以各无性系间的单株产籽重、千粒重、出种率等为选择指标，对紫溪山华山松无性系嫁接种子园内 78 个无性系进行综合选择。结果表明：98 号、46 号、42 号、4 号和 92 号等 5 个无性系综合选择指数（I）高于 1.50，且产量稳定，可选为高产优质无性系。

第四节　华山松野生近缘种的特征特性

一、红松

学名 *Pinus koraiensis* Sieb. et Zucc.。

红松属松科松属的单维管束松亚属中五针松组。红松林是中国东北部山区的地带性森林型。由于自然条件优越，此种类型森林的结构成分复杂多样，生产力高，长期以来，是供应国家建设用材的主要生产基地之一，同时它们也具有重要的生态价值。红松是组成红松阔叶林的主要成分，它的材质优良，经济价值高，是世界著名的珍贵用材树种及优良的油料树种。

（一）形态特征

乔木，高达 50 m，胸径 1 m，幼树树皮灰褐色，近平滑，大树树皮褐色或灰色，纵裂成不规则长方形的鳞状片脱落，内皮红褐色；大树树干上部常分杈，大枝近平展，树冠圆锥形，1 年生枝密被黄褐色或红褐色茸毛。冬芽淡红褐色，长圆状卵形，微被树脂。针叶 5 针一束，长 6～12 cm，粗硬，有细锯齿，树脂道 3 个，中生。球果圆锥状卵形、圆锥状长卵形或卵状长圆形，长 9～14 cm，径 6～8 cm，熟后种鳞菱形，上部渐窄，先端钝，向外反曲，鳞盾黄褐色或微带灰绿色，有皱纹，鳞脐不显著。种子大，倒卵状三角形，长 1.2～1.6 cm，微扁，暗紫褐色或褐色，无翅。花期 6 月，球果翌年 9～10 月成熟（图 10 - 2）。

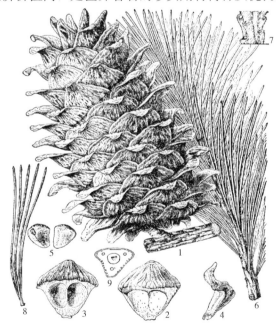

图 10 - 2　红　松
1. 球果枝　2～4. 种鳞背腹侧面　5. 种子　6. 枝叶
7. 小枝　8、9. 针叶及其横剖
（引自《中国植物志·第七卷》）

（二）生物学特性

红松对光照条件适应幅度较大，天然红松林在一定的庇荫条件下更新和生长起来，而人工红松林在全光条件下才能健壮发育。其幼年稍耐庇荫，长大后喜光，在全光条件下能正常生长发育。适生于温凉湿润的气候，年平均气温 0～6 ℃，能耐 -50 ℃的绝对最低温。红松分布区的年降水量 500～1 200 mm，湿度对红松生长影响很大，湿润度在 0.7 以上才能生长良好，在 0.5 以下生长不良。红松是浅根性树种，主根不发达，侧根水平展开，扩展面很广。红松胸径与树高前 10 年生长缓慢，10 年后生长加快，20 年材积生长迅速增大，一直到 45 年材积生长仍保持上升状态。红松喜深厚、肥沃、排水良好、pH 5.5～6.5 山地棕色森林土，在贫瘠土壤也能正常生长。在水分过多，排水不良的立地条件下生长不良。寿命一般 200～300 年，最高可达 500 年。

（三）分布概况

红松林在中国分布于长白山、张广才岭、完达山和小兴安岭的低山和中山地带。北至小兴安岭北坡黑河市以及孙吴县东南的毛蓝顶子附近（约北纬 49°20′），南达长白山的西南麓，辽宁省的宽甸县（约北纬 40°45′），东至乌苏里江沿岸的饶河（约东经 134°），西至黑龙江省的五大连池市（约东经 126°10′）。自然分布区的幅度南北约 900 km，东西约 500 km，占整个东北的 1/2。红松在国外分布不多，最北界在俄罗斯境内黑龙江支流的哥林河谷和布列亚河口（北纬 52°），南至韩国的釜山（北纬 35°），东至日本本州、四国的中心部分（东经 143°）。红松林在中国分布区内具有明显的垂直分布规律，由东南往西北，随着纬度的增高而垂直分布逐渐下降。北纬 41°～43°30′的长白山区，山势高峻，最高峰白云峰海拔 2 691 m，红松林垂直分布海拔 500～1 350 m，单株红松可达海拔 1 600 m。在北纬 44°～46°51′的完达山、张广才岭地区，山势较平缓，垂直分布海拔 500～900 m，单株红松可达海拔 1 200 m，在北纬 47°～48°20′的小兴安岭地区，属低山丘陵，一般阳坡短而坡度大，阴坡漫长而坡度小，红松垂直分布海拔 300～700 m，散生的红松可达海拔 800 m，黑龙江下游分布低至海拔 50～100 m。

（四）利用价值

边材淡黄白色，心材淡黄褐色或淡褐红色，纹理直，结构中至细，易加工，较轻软，力学强度适中，耐腐力稍强，是建筑、造船、车辆、家具的上等优良用材。树皮可提栲胶；种子为"松籽"，供食用或食品工业的配料，入药为"海松籽"，有滋补、祛风寒等功效。红松是我国东北小兴安岭、张广才岭、长白山区及沈阳丹东一线以北地区的主要造林树种，也是我国重要的珍贵用材树种之一。

二、大别山五针松

学名 *Pinus dabeshanensis* Cheng et Law，别名青松或果松。大别山五针松是我国特有的珍稀濒危树种之一，于 1992 年 10 月被列为国家第一批珍稀保护树种。

（一）形态特征

乔木，高达 20 m，胸径 50 cm；树皮棕褐色，浅裂成不规则方形小薄片脱落；枝条开展，树冠塔形。1 年生枝淡黄色或微带褐色，被薄蜡层，2～3 年生枝灰红褐色。冬芽卵圆形，淡黄褐色，无树脂。针叶 5 针一束，长 5～14 cm，径约 1 mm，微弯，有细齿，树脂道 2 个，边生于背部。球果圆柱椭圆形，长约 14 cm，径约 4.5 cm（种鳞张开时径达 8 cm）；熟时种鳞张开，鳞盾淡黄色，斜方形，有光泽。先端及边缘显著向外反卷，鳞脐不显著。种子倒卵状椭圆形，长 1.4～1.8 cm，淡褐色，上端具短的木质翅，种皮较薄。

（二）生物学特性

大别山五针松生于亚热带北部大别山区。分布区年平均温度 14～15 ℃，极端最低温－14.2 ℃，年降水量 1 350～1 400 mm 及以上，无霜期 212 d。土壤为山地棕壤，pH 5.0～5.5。大别山五针松树高生长盛期为 10～40 年，胸径速生期为 15～45 年。大别山五针松为阳性树，幼树较耐阴，根系发达，常盘结或伸入岩面缝隙中，生活力强，抗风害，耐严寒。在土层深厚肥沃、排水良好的立地条件下生长迅速。通常和黄山松（*P. taiwanensis*）混生，或与黄山松、茅栗、短柄栎等组成针阔叶混交林。大别山五针松的树高、胸径生长量除受树龄大小影响外，还与雨量、温度、湿度等气候因素密切相关。在整个生命生长周期中，会出现连年生长量与平均生长量的曲线数次相交现象。

（三）分布概况

产于安徽西南部（岳西）及湖北东部（英山、罗田）的大别山区；在岳西来榜镇门坎岭海拔 900～1 400 m 山地，与黄山松混生，或生于悬崖石缝间，数量不多。宜保护母树，扩大繁殖。

（四）利用价值

大别山五针松为中国特有种，对研究松属的系统发育有一定的科学意义。与东北红松相比，大多物理力学指标均较高。材质轻软，树脂多，经久耐用，可用于高级家具、室内装饰、绘图板、纺织器具、乐器、木模及建筑门窗等方面。

三、巧家五针松

学名 *Pinus squamata* X. W. Li，别名五针白皮松。巧家五针松是云南特有种，国家一级重点保护野生植物，野外种群数量仅存 34 株，属于极小种群物种。

（一）形态特征

常绿乔木，老树树皮暗褐色，呈不规则薄片剥落，内皮暗白色；冬芽卵球形，红褐色；当年生枝红褐色，密被黄褐色及灰褐色柔毛，稀混生腺体，2 年生枝无毛。针叶 5

（4）针一束，长 9～17 cm，纤细，两面具气孔线，边缘有细齿，断面三角形，树脂道 3～5 个，边生，叶鞘早落。成熟球果圆柱状椭圆形，长约 9 cm，径约 6 cm；种鳞长圆状椭圆形，熟时张开，鳞盾显著隆起，鳞脐背生，凹陷，无刺，横脊明显。种子长椭圆形或倒卵圆形，黑色，种翅长约 1.6 cm，具黑色纵纹。

（二）生物学特性

生于海拔 2 200 m 的村旁山坡。土壤为红壤或黄红壤，pH 6.0～6.5。

（三）发现与分布

巧家五针松于 1992 年被发现（李乡旺，1992），是国家一级保护濒危植物，因全世界仅在巧家县有分布而得名。2004 年还有报道指出有 34 株存活，而其野生种群总数仅剩下 31 株，是全世界个体数量最少的物种，被誉为"植物界的大熊猫"。它分布于昭通市巧家县境内的药山自然保护区，仅限于新华镇杨家湾办事处与中寨乡付山村交界的山脊两侧，范围约 500 hm²，生长在深切割中山上部。其天然更新力极差。

（四）遗传多样性与保护概况

利用 RAPD 方法对巧家五针松的遗传多样性和居群遗传结构进行研究（张志勇等，2003），发现巧家五针松遗传多样性极低。两个亚居群（半阴坡亚居群与半阳坡亚居群）遗传分化程度不高。巧家五针松极低的遗传多样性可能是由于它在演化过程中遭受过严重的灾害，造成基因的瓶颈效应，丧失其大部分遗传变异。

由于巧家五针松数量少，分布范围狭窄，因此被中国列为国家一级重点保护野生植物，另外世界自然保护联盟（IUCN）红色名录中也将其列为极危物种。在由 IUCN 2012 年召开的世界自然保护大会上，公布了全球 100 种最濒危物种名单，其中包括巧家五针松。昭通市今后将加强野生动植物保护及自然保护区建设，其中包括实施巧家五针松保护工程，规划占地 33.3 hm²。通过 10 多年来的人工繁育，巧家五针松的数量逐渐上升，截至 2011 年 10 月，巧家五针松人工繁殖数量已达 5 000 余株（贺佳飞，2013）。

（五）利用价值

木质坚硬、纹理细致，易于加工，有天然的乳黄色，制成的家具美观大方，是优良的家具和建筑用材。

四、乔松

学名 *Pinus griffithii* McClelland。

（一）形态特征

乔木，高达 70 m，胸径 1 m 以上；树皮暗灰褐色，裂成小块片脱落；枝条广展，形成宽塔形树冠；1 年生枝绿色（干后呈红褐色），无毛，有光泽，微被白粉；冬芽圆柱状倒卵圆形或圆柱状圆锥形，顶端尖，微有树脂，芽鳞红褐色，渐尖，先端微分离。针叶5针一束，细柔下垂，长10～20 cm，径约1 mm，先端渐尖，边缘具细锯齿，背面苍绿色，无气孔线，腹面每侧具4～7条白色气孔线（图10-3）；树脂道3个，边生，稀腹面1个中生。球果圆柱形，下垂，中下部稍宽，上部微窄，两端钝，具树脂，长15～25 cm，果梗长2.5～4 cm，种鳞张开前径3～4 cm，张开后径5～9 cm；中部种鳞长3～5 cm，宽2～3 cm，鳞盾淡褐色，菱形，微成蚌壳状隆起，有光泽，常有白粉，上部宽三角状半圆形，边缘薄，两侧平，下部底边宽楔形，鳞脐暗褐色，薄，微隆起，先端钝，显著内曲；种子褐色或黑褐色，椭圆状倒卵形，长7～8 mm，径4～5 mm，种翅长2～3 cm，宽8～9 mm。花期4～5月，球果第二年秋季成熟（郑万钧，1983）。

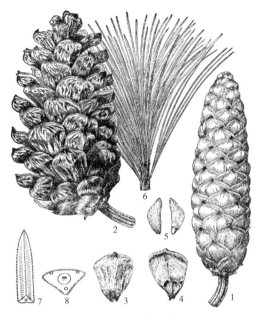

图10-3 乔 松

1、2. 球果 3、4. 种鳞背腹面 5. 种子
6. 枝叶 7、8. 针叶及横剖
（引自《中国植物志·第七卷》）

（二）生物学特性

乔松生长快，幼树阶段生长缓慢，且栽培环境直接影响生长速度。在西藏地区10年生乔松，树高4～11 m，胸径4.8～15.6 cm；50年生胸径38～50 cm；100年生平均高度达41 m，胸径57 cm。高生长以10～15年间最快，胸径以15～25年间增长最快。喜温凉湿润气候，最适分布地区年均温11 ℃，最冷月平均气温3 ℃，最热月平均气温18 ℃，极端最低气温-12 ℃。适生于片岩、砂页岩和变质岩发育的山地棕壤或黄棕壤，最喜生长在排水良好的温润、深厚沙壤土上，耐干旱瘠薄，喜光。据北京引种观察，幼苗阶段不耐高温干燥气候，需庇荫，在中性或微碱性土质上能生长。

（三）分布

产于西藏南部海拔2 500～3 300 m地带及东南部、云南西北部海拔1 600～2 600 m地带；生长于针叶树阔叶树混交林中。缅甸、不丹、尼泊尔、印度、巴基斯坦、阿富汗也有分布。

（四）利用价值

树干高大，挺直，材质优良，结构细，纹理直，较轻软，可做建筑、器具、枕木等用材，也可提取松脂及松节油。生长快，为西藏南部及东南部的珍贵树种，可选作该地区的主要造林树种。乔松是珍贵的风景树种，枝叶婆娑，宜于庭园观赏引种。

（李 斌 安元强）

参考文献

顾万春，2001. 中国种植业大观林木卷 [M]. 北京：中国农业科学技术出版社 .

贺佳飞，2013. 云南省有效保护珍稀濒危植物巧家五针松 [J]. 云南林业，34（3）：17.

李乡旺，1992. 云南松属一新系一新种 [J]. 云南植物研究，14（3）：259 - 260.

吕艳芳，2004. 利用 ISSR 分子标记和 rDNA 的 ITS 序列研究五针松亲缘关系 [D]. 哈尔滨：东北林业
    大学 .

马常耕，1992. 华山松种源选择 [M]. 北京：北京农业大学出版社 .

《陕西森林》编辑委员会，1989. 陕西森林 [M]. 西安：陕西科学技术出版社 .

孙海燕，李桐森，张兴，2007. 华山松食用松籽型高产优质无性系初选 [J]. 江苏林业科技，34（2）：
    18 - 22.

伍孝贤，1992. 华山松地理种群的遗传变异与应用研究 [J]. 贵州农学院学报，11（1）：49 - 53.

张志勇，李德铢，2003. 极度濒危植物五针白皮松的保护遗传学研究 [J]. 云南植物研究，25（5）：
    544 - 550.

中国科学院中国植物志编辑委员会，1978. 中国植物志：第七卷 [M]. 北京：科学出版社 .

《中国森林》编辑委员会，1999. 中国森林：第 2 卷针叶林 [M]. 北京：中国林业出版社 .

《中国树木志》编辑委员会，1983. 中国树木志：第一卷 [M]. 北京：中国林业出版社 .

第十一章

云　南　松

云南松（*Pinus yunnanensis* Franch.）又称飞松、青松、长毛松，属松科松属常绿乔木。云南松在我国西南地区天然林、人工林资源均很丰富，是西南地区重要的生态屏障，也是当地荒山造林与采伐更新的主要树种。

第一节　云南松的利用价值和生产概况

一、云南松的利用价值

（一）木材与工业价值

云南松木材淡红黄色，心、边材区别略明显，边材宽，黄褐色，心材黄褐色带红色或红褐色。木材易翘裂变形，可作为一般建筑及家具用材、枕木以及造纸和制作火柴杆等工业原料。

云南松松脂含量高，树干可割取树脂，松脂中松香含量为 $70\%\sim75\%$，松节油含量为 $20\%\sim23\%$；树根可培育茯苓；树皮可提栲胶；松针可提炼松针油；木材干馏可得多种化工产品。加工所得松香是工业的重要原料之一，广泛用于造纸、橡胶、油漆、化学、医药、电料、冶金、建筑、塑料等。提炼松节油是一种优良的有机溶剂，广泛用于工业。

（二）药用价值

云南松松花粉营养成分全面、丰富，具有抗疲劳、调节血脂、延缓衰老、提高人体免疫力等药用和保健功效。松脂、松节油、枝、叶、幼果、松花粉均可入药。枝梢含有丰富的氨基酸。

（三）生态价值

云南松主要分布于云贵高原，在云南大部分山区都有生长，尤其是滇中高原、金沙江、南盘江流域有大面积分布。云南松具有庞大的树冠和发达的根系，能够截留大量的降水，其枯落物又能拦截大量雨水，抑制了其对土壤的侵蚀作用，因此云贵高原的云南松林对于涵养水源、保持水土，以及改善生态环境，保持生态平衡起着极为重要的作用。

二、云南松的分布、生产概况与林型

（一）云南松的分布

云南松林在我国分布广阔，以云南高原为中心，东至贵州的西部，如毕节、水城、罗甸、普安；西至西藏的察隅；南抵云南的文山、思茅、普洱，北至四川西南的得荣，经乡城、稻城、九龙、泸定、石棉、甘洛、美姑一线。其地理位置在东经 $98°30'\sim106°$、北纬 $23°\sim32°$，构成一个不规则的多角形分布区。

从分布区系看，云南松林基本与中国西部亚热带半湿润常绿栎类林分布区相一致。其分布范围，北与亚高山的高山松林犬牙交错，南同思茅松林相衔接，东和马尾松林相连，西与西藏长叶松林镶嵌。

云南松林分布区，地处横断山脉高山峡谷区，金沙江中上游和南盘江中上游流域的山原地区，垂直分布跨度很大，最高可达海拔 3 755 m，最低为海拔 480 m，但以海拔 1 200～2 800 m 最多。云南松林分布区的地势为北高南低，水平地带基准面逐级抬高。云南松林垂直分布的下限也从东南到西北呈梯状逐级上升。在同一地区内，云南松林的垂直分布范围约为 1 000 m。

（二）云南松的资源概况

根据第七次全国森林资源清查，天然云南松林面积为 415.90 万 hm^2，蓄积量 44 578.98 万 m^3，占天然乔木林 10 个主要树种面积的 3.60%，蓄积量的 3.91%。人工云南松林面积 44.69 万 hm^2，蓄积量 2 293.17 万 m^3，占人工乔木林 10 个主要优势树种面积的 1.12%，蓄积量的 1.17%。天然林、人工林均为 10 种主要乔木林树种之一。云南松林资源在云贵高原及我国其他地区都很重要。

（三）云南松林林型

1. 栎类云南松林　本林型组成，混交树种中通常包括长穗高山栎、川滇高山栎（*Quercus aquifolioides*）、黄背栎（*Quercus pannosa*）、帽斗栎等硬叶栎类树种，在林分组成上大部分只占 10%～20%，个别林分可占 30%～40%。主要分布在海拔 2 500～3 000 m 的阳坡、半阳坡和山脊两侧温凉潮湿的山地（吴中伦，2003）。林分生产率不高，多属Ⅲ～Ⅴ地位级。现存的林分疏密度一般为 0.4～0.5。由于长期受低温和山风的影响，林木生长较慢，平均树高 20～22 m，平均胸径 24～28 cm，单位面积蓄积量 200 m^3/hm^2 左右。

2. 华山松云南松林　此林型是华山松与云南松的混交林，一般华山松在林分中只占 10%～20%，常有少量的川滇高山栎、桦木、槭树等混生。主要分布在海拔 2 400 m 的半阳坡、半阴坡及宽谷平缓地段。气候较温凉湿润。林下土壤多为中层湿润的山地黄壤，枯落物较厚，自然肥力中等。林分生产力中等，多属Ⅱ～Ⅲ地位级，林分疏密度中等，为 0.4～0.6，平均树高 22～26 m，平均胸径 26～30 cm，单位面积蓄积量为 200～250 m^3/hm^2，是云南松林的中等产量林分。

3. 灌木云南松林　此林型是典型的单层纯林，林内较湿润。林下灌木以胡枝子（*Lespedeza* spp.）、越橘（*Vaccinium* spp.）、珍珠花（*Lyonia ovalifolia*）和多种杜鹃（*Rhododendron* spp.）为主，也有悬钩子（*Rubus* spp.）、厚皮香（*Ternstroemia gymnanthera*）等。覆盖度 40%，平均高 80～100 cm，分布均匀，生长发育较旺盛。主要分布在海拔 2 400～2 500 m 的阳坡、半阴坡，其他地区的阴坡及山腹水湿条件较好的地段也有分布。林下灌木、草本植物的种类因地而异。林分生产力较高，大部分属 Ⅱ～Ⅲ 地位级，由于分布在边远地区，居民少，林分较完整，疏密度较大，为 0.6 左右，平均树高 24～28 m，平均胸径 28～32 cm，单位面积蓄积量 250～300 m^3/hm^2。

4. 草类云南松林　此林型为云南松单层纯林，林下灌木稀少，草本植物较发达，覆盖度 30%～50%，平均高 40 cm，以禾本科草类为主。主要分布在海拔 1 600～2 600 m 的山地分水岭、山脊和河谷地区。林下土壤主要是薄层干燥的山地粗骨质红壤，在干燥河谷地区为燥红土，地表冲刷明显，土体中石砾含量 15%～20%，地表枯落物极少，腐殖质层薄或无，自然肥力差。在此立地条件下，林木生长极差，多为 Ⅳ 地位级，林分疏密度小，一般为 0.3～0.4，平均树高 16～20 m，平均胸径 20～26 cm，单位面积蓄积量 120～150 m^3/hm^2。在低海拔干热河谷和部分居民点附近的林分，由于立地条件差，林分生产力低到 Ⅴ 地位级，树干多扭曲。

此外，在山体中部和平缓地段或丘陵状地形上分布的林分，立地条件较前者好，为半干旱环境。其林木生长较好，多为 Ⅲ 地位级，林分稀疏，疏密度 0.4 左右，平均树高 22～24 m，平均胸径 25～30 cm，单位面积蓄积量 160～200 m^3/hm^2。林下灌木极少，草本植物也不发达，覆盖度仅为 20%～30%，通常称为"亮脚林"。

5. 旱冬瓜云南松林　此林型是常绿阔叶林破坏后的最后一种次生类型。林分以混有旱冬瓜（*Alnus nepalensis*）为特征。它在林分中常占 10%～20%，另有少量槲栎（*Quercus aliena*）、银木荷（*Schima argentea*）和高山栎（*Quercus semicarpifolia*）等伴生。主要分布在海拔 1 600～2 600 m 的箐沟两侧及谷底，或者地势平缓的坡地、低凹地和撂荒地等，分布面积较小。林下土壤为厚层湿润山地红壤，地表枯落物易分解。混交的旱冬瓜具有根瘤菌，其叶含氮量丰富，对林地土壤改良有显著作用。由于该林型林地肥沃湿润，林木生长迅速，林分生产力高，多为 Ⅰ 地位级。多分布在居民点较远的箐沟两侧，林分较完整，疏密度 0.6～0.7，平均树高 26～32 m，平均胸径 28～36 cm，单位面积蓄积量 360～420 m^3/hm^2，是云南松林中高产林分之一。

本林型林木通直高大，经济价值高，可作为用材林经营。

6. 黄毛青冈云南松林　此林型的树种组成较复杂，除云南松和黄毛青冈（*Cyclobalanopsis delavayi*）外，尚有一定比重的云南油杉（*Keteleeria evelyniana*）、元江栲（*Castanopsis orthacantha*）、槲栎等伴生。一般云南松在林分中占 70%～90%，黄毛青冈占 10%～20%，其他伴生树种占 5%～10%。林分生产力中等，常见的为 Ⅲ 地位级。林分疏密度 0.4～0.5，平均树高 20～24 m，平均胸径 26～30 cm，单位面积蓄积量 180～220 m^3/hm^2，而混交树种的黄毛青冈等树高仅 14 m 左右，单位面积蓄积量 200 m^3/hm^2 以下。

7. 云南油杉云南松林　此林型是以云南松和云南油杉组成的混交林。在林分中云南油杉占 10％～20％。此外尚有为数不多的黄毛青冈、高山栲等伴生。该林型主要分布于海拔 1 600～2 400 m 的半阴半阳坡或丘陵状山地。在水湿条件较好的凹形坡地，林木生长良好。

8. 麻栎栓皮栎云南松林 此林型是落叶栎类——麻栎（*Quercus acutissima*）、栓皮栎（*Quercus variabilis*）、槲栎、锐齿槲栎（*Quercus aliena* var. *acuteserrata*）等与云南松组成的混交林。也有少量的云南油杉、旱冬瓜等伴生。云南松占 70％～90％，落叶栎类占 10％～30％。混交树种大部分秋冬季落叶，季节变化明显。主要分布在海拔 1 600～2 400 m 的中山下部宽谷两侧坡地以及平缓的丘陵山地。特别是较湿润避风的凹形坡、谷坡生长较好，林下土壤以中层湿润的山地红壤为主，地表枯落物易分解，土壤肥力中等。林分生产力中等，大部分为Ⅲ地位级。林分疏密度 0.4～0.5，平均树高 22～24 m，平均胸径 26～30 cm，单位面积蓄积量 180～200 m³/hm²，是云南松的中等产量林分。但在人为活动频繁地区，林内混交树种常遭破坏，栎类多萌生，且居云南松林冠之下，有时个别地段有亚层现象，其平均高相当于云南松林的 2/3，分枝矮，直径粗。

9. 锥连栎云南松林 此林型是由耐干旱瘠薄和耐火的锥连栎（*Quercus franchetii*）与云南松组成的混交林。林分中锥连栎占林分组成的 20％～40％。林分生产力低，大多数属Ⅴ地位级。林木稀疏，疏密度仅 0.3 左右，平均树高 16～20 m，平均胸径 20～40 cm，单位面积蓄积量仅 100 m³/hm² 左右，是云南松生产力最低的林分。林下灌木，草本植物种类少且稀疏，常以车桑子（*Dodonaea viscosa*）、叶下珠（*Phyllanthus urinaria*）、清香木（*Pistacia weinmannifolia*）、沙针（*Osyris wightiana*）、黄茅（*Heteropogon contortus*）、芸香草（*Cymbopogon distans*）、金茅（*Eulalia speciosa*）等耐旱种类为代表。由于林地气候干热，土壤干燥，林下更新差，仅在平缓低凹处有少量云南松幼苗，此林分破坏后难于恢复。因此，应注意保护，用作水土保持林。

10. 西南木荷云南松林 此林型以混交树种西南木荷（*Schima wallichii*）为特征。它在林分组成中仅占 10％左右，但它反映出林地湿润肥沃的生境条件和林分具有较高的生产能力。主要分布在南盘江流域海拔 1 200～1 800 m 的半阳坡、半阴坡。阴坡和平缓的沟谷地，呈小块状或条状分布，面积小。林分生产力高，多属Ⅰ～Ⅱ地位级。疏密度 0.5～0.6，平均树高 26～30 m，平均胸径 28～34 cm，单位面积蓄积量 280～320 m³/hm²。其中西南木荷平均树高 17 m，平均胸径 21 cm，单位面积蓄积量 200 m³/hm² 左右。由于立地条件好，林木生长快，应培育大中径材。

11. 杜鹃云南松林 此林型分布于滇西北和四川的木里、盐源一带海拔 2 800～3 100 m 的阴坡、半阴坡。土壤多为山地红棕壤，或少山地黄棕壤。多系成、过熟林，林木组成单纯，林分疏密度 0.4～0.6，多为Ⅰ～Ⅱ地位级，40 年生平均树高 18～20 m，平均胸径 24 cm，单位面积蓄积量 300～340 m³/hm²。下木中以多种杜鹃占优势。草本覆盖度 40％～60％，以禾本科植物为主。

12. 箭竹云南松林 主要分布在海拔 2 000～2 800 m 的阴坡山下部，土壤为山地红棕壤，林地凋落物多，几无侵蚀现象。林分组成为 7 云 2 油杉 1 栎，多为Ⅳ～Ⅴ龄级，通常郁闭度 0.5～0.6，平均胸径 24 cm。下层发育较好，覆盖度 30％～40％，高度 0.6～1 m，以黑穗箭竹（*Fargesia melanostachys*）占优势，还有少量的南烛、柳、杜鹃、胡枝子等。

草本层比较发达，以禾本科为主。

（四）云南松栽培概况

云南松 1949 年以前都为天然林，1949 年后普遍采用人工和飞播造林，主要在天然林采伐迹地和原分布区（包括云南大部、贵州西南部、四川西南部、广西西北部、西藏东南部）荒山荒地营造人工林。迄今，许多地区人工造林已见成效，在湖南等地也有少量引种栽培。云南松栽培区基本与天然分布区重合，且略大于天然分布区。

云南松在 20 世纪 80 年代以前，已开始选择优良类型，建立良种基地提供优质种子，供育苗造林，如建立母树林、种子园。造林方式主要为直播与飞播造林，因荒山荒地面积大，人力难以实施，云南松飞播造林已取得成功经验。当前已采用优良种源、容器育苗或培育壮苗进行造林，有些地方已实施工程造林和改变云南松纯林状况的混交造林。

第二节　云南松的形态特征、生物学特性

一、形态特征

乔木，树高达 30 m，胸径 1 m，树皮褐灰色，裂成不规则的鳞状块片脱落；大枝开展，稍下垂。1 年生枝粗壮，淡红褐色。冬芽圆锥状卵圆形，红褐色，粗大，无树脂。针叶通常 3 针一束，间或 2 针一束，长 10～30 cm，径略大于 1 mm，稍下垂，边缘有细齿。树脂道 4～5 个，兼有中生或边生。球果圆锥状卵形，长 5～11 cm，径 3.5～7 cm，熟时褐色或栗褐色，有短梗；鳞盾常肥厚隆起，有横脊，鳞脐微凹或微凸起，有短刺，熟后种鳞张开，球果成熟后第二年脱落。种子近卵圆形或倒卵形，长 4～5 mm，连翅长 1.6～2 cm。花期 4～5 月，果期翌年 10～11月（图 11-1）。

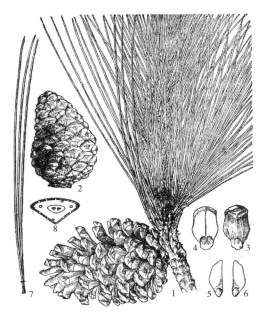

图 11-1　云南松
1. 球果枝　2. 球果　3、4. 种鳞背腹面
5、6. 种子　7、8. 针叶及横剖
（引自《中国植物志·第七卷》）

二、生物学特性

云南松为中速生树种，幼林阶段生长缓慢，尤其是 3 年前苗期，从 5 年起开始树高生长加快并分出侧枝。深根性，主根、侧根均发达，穿透力强，喜光，幼苗不耐庇荫，在全光条件下天然更新良好。适生于西南季风区域，冬春干旱无严寒，夏秋多雨无酷暑，干湿季分明，年平均气温 13～19 ℃，最热月平均气温 20～21 ℃，最冷月平均气温 3～9 ℃，年降水量 900～1 300 mm。对土壤条件要求不严，主要分布于酸性土壤，pH 5.0～6.0，如酸性山地红壤、山地红棕壤、山地黄

壤、紫色土、棕色森林土。但适应性强，耐干燥瘠薄土壤，石灰岩土壤也能生长，是荒山造林的先锋树种。云南松林10年前生长不快，10~15年加速生长，林分开始郁闭，这时株高2~3 m。树高生长高峰在30年左右，50~100年生长平稳，100年后生长缓慢。

第三节 云南松的遗传多样性与种质资源

一、云南松的遗传多样性

王昌命等（2009）对云南松针叶进行研究后指出，云南松种群的针叶形态特征和结构特征均表现出多态性，沿滇东南—滇中—滇西北，针叶长度逐渐减小，3针一束的比例、短枝上的针叶数目、针叶断面积均表现出"小型化"趋势，叶鞘的长度随海拔升高有增加的趋势，针叶的伸长生长通常表现出"优势针束优势生长"的原则，针叶内部的基本结构特征较为稳定，但其组成分子的数量特征值变化较大。云南松花粉粒形态、大小、气囊数目及其大小的变异极其复杂多样，在松属植物中少见。云南松居群具有2个气囊的正常花粉粒，其形态变异有20.2%源于居群间，有79.8%源于居群内个体间和个体（家系）内，其中个体（家系）内花粉粒形态变异方差分量占88.3%，个体（家系）内花粉粒形态的变异较大，环境饰变作用明显。虞泓通过对云南松不同种群的树皮、韧皮部、针叶、球果、种子及种翅、小孢子叶球及花粉进行研究后发现，云南松种群具有较高的遗传多样性，同时各种群间在形态变异上也表现出明显的多样性，针叶、球果、种子、种翅和花粉等性状的变异分化系数为21.3%~49.8%，平均形态分化系数约36.4%。云南松种群间形态变异明显，是松属中分化较为突出的种类。同时，通过对各形态性状的巢式方差等级分析结果表明，随着种群间分布距离缩小，种群间基因交流频率变大，种群间形态性状相似性越高；种群间生态环境差异越大，趋异适应性越明显。

黄瑞复（1993）通过研究6个云南松居群间、个体间和细胞间的核型变异式样及其分化发现，云南松居群核型变异不显著，与整个松属植物的核型变异趋势相同。云南松各居群核型公式均为$2n=24$ m（$6\sim10$ SAT），核型类型均为1 A。各居群仅在相对长度系数、臂比和次缢痕数目等方面有小的变化。巢式方差等级分析表明，云南松染色体结构变异有10%左右来源于居群间，有90%左右来源居群内个体间或细胞间。其分化系数略低于基因位点的分化系数（$G_{st}=11\%$），但大大低于形态分化系数（$V_{st}=36\%$）。云南高原生态地理环境的错综复杂和生境中生态因子组合的多样性与复杂性，大大增加了云南松种群变异的多样性和复杂性。虞泓等（2000）通过对云南松15个居群33个等位酶位点进行的遗传多样性研究发现，云南松15个居群的遗传多样性指标较高，其多态性位点百分率为57.6%~78.8%，每个位点等位基因平均数为1.8~2.3个，观测杂合度为0.109~0.177。通过与近缘的高山松及思茅松比较发现：云南松居群间遗传分化系数最大（$G_{st}=0.134$），约86.6%的遗传变异分配在居群内，13.4%的遗传变异存在于居群间；高山松大约有11.2%的遗传变异存在于居群间（$G_{st}=0.112$）；思茅松大约有9.3%的遗传变异存在于居群间（$G_{st}=0.093$）。云南松种群间遗传分化程度在世界松属植物中居中等水平，但在中国松属植物中居较高水平。云南松以云南高原为分布中心，东延伸到云南与贵州和广西交界的南盘江和红水河流域，北至四川的西南部，西北分布到西藏的东南部。云南松分布区范围大，生态环境复杂是其居群间遗传分化系数较大的重要原因。通过对云南省境内不同地理范围云南松比较发现，云南松种群遗传多样性呈现中部低而南北端高的变异式样。

二、云南松种质资源

（一）云南松变种

云南松有 2 个变种。

1. 细叶云南松（*Pinus yunnanensis* Franch. var. *tenuifolia* Cheng et Law） 本变种是云南松分布区东南部边缘的一个地理变种。云南松在其分布中心叶较粗长，不下垂或微下垂；在东南部红水河流域的河谷地带，由于地势降低，气候炎热，当地的云南松在长期演化过程中，针叶变得细柔下垂，成为该地区一种特殊的自然景观。针叶内两个维管束有合并成单维管束的趋势是次生性状，与单维管束松亚属并非同源。本变种针叶细柔又与云南南部的思茅松（*P. kesiya* var. *langbianensis*）相似，但其主要区别为思茅松的针叶较短，小枝淡褐黄色或黄色，球果通常较小，基部宽圆，在树上宿存多年。产于贵州西南部、广西西北部南盘江流域及红河流域河谷地带及广西西部百色地区海拔 300～1 600 m，沿河谷砂页岩或石灰岩发育的酸性土上组成纯林。

2. 地盘松［*Pinus yunnanensis* Franch. var. *pygmaea*（Hsueh）Hsueh］ 主干不明显，基部分生多干，呈丛生状，高 40～50 m；树皮灰褐色，枝较平滑。针叶较粗硬，2～3 针一束，长 7～13 cm；二型皮下层，树脂道 2 个，中生或其中 1 个边生。球果常多个丛生，卵圆形或椭圆状卵圆形，长 4～5 cm，熟后宿存树上，种鳞不张开，鳞盾灰褐色，隆起，鳞脐平或稍突起，小尖刺通常早落，不显著。产于四川西南部木里、昭觉及云南西北部至中部海拔 2 200～3 100 m 山地，常在干燥瘠薄的阳坡或山脊形成灌木状。

（二）云南松种子区

根据云南松地理变异规律和分布范围的气候与森林植被存在的差异，区划出 6 个种子区、6 个种子亚区（徐化成，1990）：①川藏种子区（察隅亚区、川西南亚区）；②滇西北种子区；③滇西种子区；④滇东种子区（滇东北南部亚区、滇中亚区）；⑤滇南种子区（哀牢山西部亚区、滇东南亚区）；⑥桂西北细叶云南松种子区。

1. 川藏种子区 本区范围在四川西南部和西藏的察隅。川西南主要是凉山彝族自治州及甘孜藏族自治州南部。西自稻城东义，经九汤谷至石棉沿大渡河北达泸定，然后南由大相岭至峨边，再沿南北走向的黄茅而南至金阳。此线以南均有云南松分布，此外，天全、宝兴河谷地带尚有残遗的云南松，这一残遗分布区是云南松分布的最北点（北纬 30°40′）。

本区地势西北高、东南低，山脉河流走向大多由北向南，地貌以山地为主，山原次之。

气候特点是冬半年受西风南支气流控制，夏半年受西南季风影响，气候温和，雨量充沛，干湿季节明显（5～10 月为雨季）。大部分地区年平均气温 10～19 ℃，1 月平均气温

6~16 ℃，7 月平均气温 17~24 ℃，≥10 ℃年积温 3 000~6 000 ℃，无霜期 220~320 d，年降水量 800~1 000 mm，雨季降水量占 85%~95%，平均相对湿度 60%~70%。

2. 滇西北种子区 本区范围包括滇西北角南部的兰坪、丽江和维西的南部。滇西北角的森林主要是云南松，面积约占滇西北森林总面积的 71.2%，蓄积量占 58.9%。其次是冷杉、云杉。云南松分布海拔多数在 2 200~2 800 m，局部下至海拔 1 800 m，上达海拔 3 200 m。≥10 ℃年积温 3 100~3 800 ℃，年平均气温 11~13 ℃，热量较滇中地区低，冬季长 4 个月，地面辐射强，霜期长达 170 d，夏季无酷热。年降水量 900~1 000 mm，降雨集中，干湿季明显，年平均相对湿度 69%。土壤类型以红壤为主。

3. 滇西种子区 位于云南西部。范围包括腾冲、昌宁、隆阳、施甸及龙陵北部，大理的永平、云龙、剑川、漾濞、洱源、巍山、南涧（西部），德宏傣族景颇族自治州的梁河（北部），临沧的凤庆、云县（北部）等 15 个县（市、区）。

由于地处云岭、老君山、点苍山、哀牢山一线的西部，气候主要受印度洋热带西南季风控制。大部分地区气候温和湿润，受寒潮影响小。≥10 ℃年积温 4 000~6 500 ℃，年平均气温 14~18 ℃，最冷月平均气温 5~11 ℃，极端最低温为 −8 ℃。年降水量 800~1 500 mm，相对湿度 72%~81%，总的特点是夏季气温不高，冬季温和，降雨集中，干湿季明显。

高黎贡山是本区突出的高山（海拔一般 3 000~4 000 m），对西南季风湿热气团起阻碍作用。高黎贡山西部为迎风面，年平均气温 15~18 ℃，≥10 ℃年积温 4 600~6 500 ℃，年降水量 1 300~1 500 mm，相对湿度 81%。东部年平均气温 14~16 ℃，≥10 ℃年积温 4 000~5 000 ℃，年降水量 800~1 100 mm，相对湿度 72%。

4. 滇东种子区 本区范围在云岭、老君山、点苍山、哀牢山一线的东部，即云贵高原主要部分和滇中高原东北缘。包括曲靖、陆良、马龙、富源、会泽、东川、昭阳、鲁甸、巧家、寻甸、江川、澄江、易门、峨山、华宁北部、楚雄各县、大理、祥云、宾川、弥渡、鹤庆、洱源、巍山、南涧东部、华坪、永胜；向东至贵州省的威宁、赫章、水城。

本区大部分地区受西南季风影响，具季风高原气候特点：全年干湿季十分明显，湿季湿暖，干季暖燥，冬无严寒，夏无酷暑，四季如春。年平均气温 15~18 ℃，最热月平均气温 20~21 ℃，≥10 ℃年积温 4 500~5 000 ℃，最冷月平均气温 3~9 ℃，年降水量 800~1 000 mm，相对湿度 72%。在高原面的东北缘因乌蒙山系的拱王山、轿子山（山峰海拔高达 3 600 m 以上）隆起，小江、以礼河、牛栏江等近于平行状自南北流入金沙江，地势形成西南高、东北低。冬季常受北方冷空气侵袭，气温低于滇中，阴天较多，全年日照率达到 45%~49%，比滇中日照低。平均气温 12~13 ℃，最冷月平均气温 −13.3~−10 ℃，≥10 ℃年积温 3 500 ℃，年平均降水量 800~1 000 mm。

5. 滇南种子区 分两个亚区。

（1）哀牢山西部亚区 哀牢山以西，即包括施甸、昌宁（南部）、临翔、永德、双江及凤庆、云县（南部）、耿马、沧源（东部）9 个县（市、区）。将哀牢山西部划为一个种子亚区，原因是地处纬度偏南，位于哀牢山之西，主要受西南季风的控制，属南亚热带气候；气温较高，雨量充沛，年平均气温 17~19 ℃，最热月平均气温 20~24 ℃，最冷月平均气温 10~12 ℃，≥10 ℃年积温 6 000~6 900 ℃，年降水量 1 200~1 500 mm。云南松林分布主要在施甸、昌宁、云县、凤庆等地海拔 1 300～2 500 m 的地带，这些地方的年降水量一般为 1 000 mm，生境偏干。

（2）滇东南亚区 西至哀牢山，东至贵州和广西，北抵滇中种子区界，南岭以南。包括新平、元江、通海、峨山、华宁南部、石屏、师宗、罗平、丘北、广南、砚山、富宁、文山、西畴及马关、麻栗坡的北部等地域。

滇东南地貌是以岩溶山原类型为主，山原表面被石山。洼地占据，地面崎岖不平，无大山体，海拔 1 000～1 500 m，个别孤峰海拔 2 000 m。

滇东南的气候虽然属南亚热带气候，但最冷月平均气温（4～13 ℃）较哀牢山以西地区低，冬季易受寒潮侵袭，部分地区有霜冻危害。由于岩溶地渗漏严重，虽降水量较丰富，地表仍经常干旱缺水。因此，将滇东南地区划为另一种子亚区。

6. 桂西北细叶云南松种子区 包括贵州南部的安龙、册亨、兴义、罗甸、望谟，广西西北部红水河的低热河谷及广西西部的隆林、田林、凌云、乐业、天峨、百色等地。这里的气候特点是受海洋风影响较弱，有焚风效应，干热明显，冬季暖和，气候多变。

（三）云南松种源选择

云南松分布区域广阔，分布区的气候类型、海拔高度、地形地势、土壤等环境条件相异性极大，使云南松在生长、生理、形态、抗性及适应性等方面出现地理区域、林分群体及林木个体的变异，形成了相应的地理型、优良群体（林分）及众多的优良个体（优树）。不同地理区域的云南松群体在一定的范围内，交配繁衍，加之受局部生殖隔离的影响，使云南松在种源间、林分间、个体间的自然选择方向和强度不一，形成了各自比较稳定的基因型，使林木的一些优良变异性状，如速生性、树干的通直圆满度、木质纹理的直纹率等优良性状得到固定。这些稳定的遗传型，为云南松开展优良地理种源、林分群体及林木个体的选择提供了有力依据（余茂媛，2011）。

云南松协作组于 1980—1982 年在云南松分布区内，采集生长在不同地理区域的云南松林木种子，共收集各区域的代表种源 190 个。在云南松的各适生区范围内设置 15 个测试点，按统一的实施方案，进行田间育苗栽培对比测试。经过 8～14 年的跟踪观测，掌握了云南松的地理变异规律，评选了一批性状优良、增产性能较好的云南松种源（舒筱武，1999）。按位次排序为双柏、双江、红河、永仁、大姚、南涧、开远、石屏、乐业（广西）等 10 余个较优的云南松地理种源。优良种源的平均实际增益 50.33％，遗传增益 33.63％。根据各试点、各年度云南松种源间树高、胸径、材积生长和适应性等差异性分析，为各造林区选出了适宜发展用材林的丰产种源（表 11 - 1）。

表 11 - 1 云南松各造林区丰产种源

造林区域	丰产种源
滇西南	云南富宁、双江、石屏、红河、昌宁、腾冲、云县
滇东南、桂西北	云南昌宁、腾冲、云县、富宁、石屏、红河、开远、双江，广西乐业
滇中部	云南红河、双江、石屏、双柏、开远、富宁、峨山、云龙、腾冲、新平、昌宁，广西乐业

（续）

造林区域	丰产种源
滇东北、黔西部	云南宣威、宁蒗、新平、会泽、禄劝、宾川，贵州兴义，广西隆林，四川盐源
滇西北、川西南	云南昌宁、腾冲、云县、双柏、富宁、开远、巍山、弥勒，西藏吉余村，四川冕宁，贵州兴义
川藏区	云南腾冲、云县、建水、新平、双柏，西藏察隅

第四节　云南松野生近缘种的特征特性

一、高山松

学名 *Pinus densata* Mast.。

高山松为松科松属植物，是中国特有植物。分布于中国云南、四川、西藏、青海等地，生长于海拔 1 500～4 500 m 的地区，常生长在河谷、山坡、林中、山谷和阳坡，目前已有人工引种栽培。

（一）形态特征

乔木，高达 30 m，胸径达 1.3 m；树干下部树皮暗灰褐色，深裂成厚块片，上部树皮红色，裂成薄片脱落；1 年生枝粗壮，黄褐色，有光泽，无毛，2～3 年生枝皮逐渐脱落，内皮红色；冬芽卵状圆锥形或圆柱形，先端尖，微被树脂，芽鳞栗褐色，披针形，先端彼此散开，边缘白色丝状。针叶 2 针一束，稀 3 针一束或 2 针 3 针并存，粗硬，长 6～15 cm，径 1.2～1.5 mm，微扭曲，两面有气孔线，边缘锯齿锐利；横切面半圆形或扇状三角形，二型皮下层，第一层细胞连续，第二层不连续排列，稀有第三层细胞，树脂道 3～7（10）个，边生，稀角部的树脂道中生；叶鞘初呈淡褐色，老则暗灰褐色或黑褐色。球果卵圆形，长 5～6 cm，径约 4 cm，有短梗，熟时栗褐色，常向下弯垂；中部种鳞卵状矩圆形，长约 2.5 cm，宽 1.3 cm，鳞盾肥厚隆起，微反曲或不反曲，横脊显著，由鳞脐四周辐射状的纵横纹亦较明显，鳞脐突起，多有明显的刺状尖头；种子淡灰褐色，椭圆状卵圆形，微扁，长 4～6 mm，宽 3～4 mm，种翅淡紫色，长约 2 cm。花期 5 月，球果第二年 10 月成熟。

（二）生物学特性

高山松是松属植物中分布最高的树种，具耐寒、耐旱、耐瘠以及抗火、抗病虫害力强，繁殖容易等优点。高山松是喜光树种，幼树（苗）阶段就表现为喜光，4 年左右不耐荫蔽。高山松生长迅速，树高生长 5 年前较慢，6 年开始增快，10～20 年最快，80 年后生长明显下降。胸径生长与树高生长相似。材积连年生长 50～70 年最高。在四川西部及云南，生长好的高山松林为菝葜—高山松林型，生于次生碳酸盐山地暗棕色森林土上，土壤干燥，pH 5～7；100 年生平均树高 26～28 m，胸径 40 cm，每公顷蓄积量 300～400 m³；生长差的为高山栎—高山松林型，土壤为山地生草灰化石质土，干燥瘠薄，pH 6.2～6.7，100～120 年生，平均树高 20 m，胸径 32 cm，每公顷蓄积量 150～200 m³；在西藏东南部扎木林场海拔 3 100 m 山地生长很快，天然林林木 50 年生，树高 23.96 m，胸径 40.2 cm。在全光照条件下，天然更新良好，能飞籽成林；在林冠下天然更新不良（郑万钧，1983）。

（三）分布概况及类型

高山松林以四川西南部为分布中心，东起四川松潘、茂县、汶川，西至西藏太昭、隆子，北达青海南部，南到云南永胜、丽江，地处东经 92°～104°、北纬 27°～36°（管中天，1982）。在上述分布区域内，主要分布于四川稻城、巴塘、九龙、雅江、理塘、康定、道孚、得荣等地，云南宁蒗、永胜、丽江、香格里拉、德钦，西藏波密、左贡、芒康、巴宜、朗县、工布江达等地。在四川九龙、冕宁、木里、盐源、乡城、稻城一线以南为高山松与云南松的复合分布区，高山松林的分布下限与云南松相接。在松潘、茂县、汶川、理县一带与油松形成复合分布，高山松分布海拔常高于油松。

高山松是中国松属中分布海拔最高的种类，垂直分布在各地差别较大。在雅鲁藏布江流域分布海拔为 2 400～3 300 m，西部的垂直分布高于东部。单株最高分布可达海拔 4 350 m，见于得荣，最低海拔 1 600 m，见于汶川。

高山松林是中国横断山区高山地带特有的森林类型，分布辽阔，资源丰富，天然更新容易，具有重要的经济和生态意义。它的资源以沙鲁里山南段山区最为集中，常形成绵延的大面积的纯林。中国高山松林蓄积量在西南地区松林中仅次于云南松林，面积 53.32 万 hm²，森林蓄积量有 6 903.51 万 m³（吴中伦，2003）。

（四）利用价值

木材较坚韧，材质较细，富含松脂；可供建筑、土木工程、造桥、家具等用。树干可割取松脂。为四川西部、云南西北部和西藏东南部高山地带重要的森林资源和荒山造林树种。

二、思茅松

学名 *Pinus kesiya* Royle ex Gord. var. *langbianensis*（A. Chev）Gaussen，是松科松属常绿乔木，为卡西亚松的地理变种。思茅松林是中国高原南部特有的松林类型。

（一）形态特征

乔木，高达 30 m，胸径 1 m；树皮褐色，裂成龟甲状薄片剥落。枝条每年生长 2 轮至数轮，树冠广圆形，1 年生枝淡褐色、淡褐黄色或黄色，有光泽。冬芽红褐色，圆锥形，微被树脂。针叶 3 针一束，长 10～22 cm，径 1 mm 以内，细柔，边缘有细齿，树脂道 3～6 个，边生。球果成熟后宿存树上多年不落，卵圆形，长 5～6 cm，径 3.5 cm，基部稍偏斜，鳞盾斜方形，稍肥厚隆起，横脊显著，间或有纵脊，鳞脐小，稍突起，有短刺，种子椭圆形，长 5～6 mm，连翅长 1.7～2 cm（郑万钧，1983）。

（二）生物学特性

思茅松要求较高的水热条件，喜南亚热带季风气候，年平均气温 17～20 ℃，最冷月平均气温 13 ℃，极端最低温在 0 ℃左右。年降水量 1 000～1 500 mm，其中 85％集中在雨季，相对湿度 70％～80％，气温偏低，干湿季不明显和过高的湿度都成为在分布上的限制因子。生于山地赤红壤，要求土层深厚（一般为 80～120 cm），腐殖质层 10～20 cm，结构疏松，湿润，pH 5.0～5.5。喜光树种，幼苗不耐庇荫，深根性。生长迅速天然林木 1 年生幼苗高 30～50 cm，5 年生高 5 m，10 年生平均树高 11～12 m，平均胸径 10 cm，每公顷蓄积量 200 m³，40 年生的林分平均树高达 30 m，平均胸径 30 cm，每公顷蓄积量 500 m³，但在干燥阳坡或土层薄的山脊上，10 年生树高 6 m，平均胸径 6 cm。在云南南部天然更新好，能飞籽成林，人工造林不多。

（三）分布概况

产于云南麻栗坡、元阳、景东、元江、墨江、思茅、景洪、澜沧、宁洱、勐海、勐腊以及西南部芒市、临沧等地海拔 600～1 600 m。以思茅、景东、宁洱、墨江及临沧东北部海拔 700～1 200 m 为中心；在宽谷、盆地周围低山丘陵及沿江两岸山地组成大面积纯林。越南、老挝、缅甸、印度也有分布。

（四）利用价值

思茅松树干端直不扭曲，材质优于云南松，供建筑、枕木、矿柱等用，树干可采松脂，树皮可提取栲胶（彭启智等，2013），是云南重要的用材、产脂和林产化工原料树种，具有速生、优质、高产脂及生态适应性强等特点。云南云景林业开发有限公司从 1998 年开始大面积营造思茅松，其林木长势良好。据测定：6 年生思茅松平均树高达 8 m 以上，平均胸径 9 cm 以上，每 667 m² 木材蓄积量达 5 m³（向明欢等，2006）。就商品价值而言，生产松脂的价值要远远高于木材（李明，2003）。用思茅松高产脂优树种苗培育出的子代林比一般的思茅松林产脂量高 1～3 倍，10～12 年可以陆续采脂，能连续采割 10 年，每株林木年均产松脂 6 kg 左右。云南思茅松松香年产量可达 11.5 万 kg（李思广等，2007）。

三、云南松与其近缘种的亲缘关系

虞泓等（2000）研究了云南松与其近缘种高山松和思茅松的亲缘关系，结果认为云南松与高山松、思茅松 3 个种的遗传分化并不显著。云南松、高山松和思茅松均属双维管束松亚属。云南松球果圆锥卵圆形，针叶 3 针一束或 3、2 针并存，以 3 针居多，针叶较长；高山松球果卵圆形，针叶 2 针一束或 3、2 针并存，以 2 针居多，针叶较短；思茅松球果卵圆形，具短梗，一年生长两轮枝条，针叶 3 针一束，长细柔软与细叶云南松相似。这 3 个种的形态特征有许多相似之处，尤其在云南松与思茅松或云南松与高山松的相邻或交错地带，所以，吴中伦将云南松和思茅松归并为 *P. insularis*，而思茅松的分类处理也做过多次变更。Armitage 和 Burley 认为应把云南松和思茅松处理为卡西亚松（*P. kesiya*）的变种。近年来分子水平的研究表明，高山松是起源于第三纪云南松与油松的杂交种，这说明云南松与高山松有着天然的密不可分的遗传亲缘关系。特别在滇西北云南松与高山松分布的相邻或交错地带，两者发生着明显的基因渗入杂交，它们之间的关系变得更加密切而错综复杂。因此，云南松、高山松和思茅松三者之间本身遗传分化不显著，加之云南松与高山松和思茅松之间存在着广泛的基因渗入，使得这 3 个种的划分界线更加模糊不清。另外，云南松及其近缘种间广泛存在的基因渗入又为云南松带来了丰富的遗传多样性和进化潜力。

（李　斌　安元强）

参考文献

管中天，1981. 四川松杉类植物分布的基本特征 ［J］. 植物分类学报，19（4）：393 - 407.

管中天，1982. 四川松杉植物地理 ［M］. 成都：四川科学技术出版社 .

黄瑞复，1993. 云南松的种群遗传与进化 ［J］. 云南大学学报（自然科学版），15（1）：49 - 63.

李明，2003. 思茅松高产脂良种的开发利用 ［J］. 云南林业，24（5）：22.

李思广，蒋云东，李明，2007. 思茅松树脂道数量与产脂力回归关系研究 ［J］. 福建林业科技，34（1）：
　　59 - 62.

彭启智，邱琼，罗勇，等，2013. 滇南热区 4 种主要用材树种主伐年龄确定研究 ［J］. 山东林业科技
　　（1）：12 - 15.

舒筱武，1999. 云南松优良种源选择和种源区划分 ［J］. 云南大学学报（自然科学版），53：109 - 110.

王昌命，王锦，姜汉侨，等，2009. 不同生境中云南松及其近缘种芽的比较形态解剖学研究 ［J］. 广西
　　植物，29（4）：433 - 437.

向明欢，李燕红，2006. 思茅松人工营造技术及经济效益分析 ［J］. 纸和造纸，25（6）：88 - 90.

徐化成，1990. 林木种子区划 ［M］. 北京：中国林业出版社 .

余茂源，2011. 云南松种质资源与遗传多样性研究进展 ［J］. 林业调查规划（3）：40 - 42.

虞泓，葛颂，黄瑞复，等，2000. 云南松及其近缘种的遗传变异与亲缘关系 ［J］. 植物学报，42（1）：
　　107 - 110.

《中国森林》编辑委员会，1999. 中国森林：第 2 卷针叶林 ［M］. 北京：中国林业出版社 .

《中国树木志》编辑委员会，1983. 中国树木志：第一卷 ［M］. 北京：中国林业出版社 .

第十二章

侧　　柏

侧柏［*Platycladus orientalis*（Linn.）Franco］属柏科（Cupressaceae）侧柏属（*Platycladus*）常绿植物。侧柏是中国特有树种，栽培历史悠久。侧柏适应性强，耐干旱瘠薄，是我国重要的荒山造林树种。由于其树姿美，寿命长，也是我国重要的园林树种，古代多在陵园种植，中华人民共和国成立后在暖温带、北亚热带大面积发展人工林。

第一节　侧柏属植物的利用价值和生产概况

一、侧柏属植物的利用价值

（一）木材利用价值

侧柏木材淡黄色，心材浅橘红色，富含油脂，纹理斜而匀，不翘裂，有香气，耐腐朽，耐湿，气干密度 0.570 g/cm³，干缩系数大于柏木而小于桧柏，顺纹抗压极限强度 370 kg/cm²，静曲极限强度 882 kg/cm²。干燥较慢，干后性质稳定。易加工，切削容易，切面光滑。油漆和胶黏性质良好。可供建筑、桥梁、枕木、家具、农具、文具以及细木工板等用。

（二）药用价值

侧柏种子、根、枝、叶和树皮可入药，侧柏叶可缩短出血时间及凝血时间，还有镇咳、祛痰、平喘、镇静等作用，对金黄色葡萄球菌、卡他球菌、痢疾杆菌、伤寒杆菌、白喉杆菌等也有抑制作用（曹雨诞等，2008）。《本草纲目》有"柏有数种，入药唯取叶扁而侧生者，故曰侧柏"。《本草经疏》："侧柏叶，味苦而微温，义应并于微寒，故得主诸血崩中赤白。若夫轻身益气，令人耐寒暑，则略同于柏实之性矣。唯生肌去湿痹，乃其独擅之长也。"《本草汇言》："侧柏叶，止流血，祛风湿之药也。凡吐血、衄血、崩血、便血，血热流溢于经络者，捣汁服之立止；凡历节风痹周身走注，痛极不能转动者，煮汁饮之即定。唯热伤血分与风湿伤筋脉者，两病专司其用。但性味苦寒多燥，如血病系热极妄行者可用，如阴虚肺燥，因咳动血者勿用也。如痹病系风湿闭滞者可用，如肝肾两亏，血枯髓败者勿用也。"侧柏叶含黄酮类成分、有机酸以及 7 种人体必需的微量元素和 4 种人体必需的常量元素，从侧柏叶中分离出的异海松酸对结核标准菌株有抑制作用（单鸣秋等，2008）。

侧柏种子（柏子仁）性味甘、平，有滋补强壮、养心安神、润肠通便的功用。《药品化义》载："柏子仁香气透心，体润滋血。"《本草纲目》："柏子仁，性平而不寒不燥，味甘而补，辛而能润，其气清香，能透心肾，益脾胃，盖上品药也，宜乎滋养之剂用之。"

（三）造林绿化价值

侧柏是我国最广泛应用的园林树种之一。自古以来常植于寺庙、墓地和纪念堂馆或庭院等处。此外，由于幼树树冠尖塔形，老树广圆锥形，枝条斜展，排成若干平面，树姿美，寿命极长，较少有病虫，所以各地多有栽培，群植或于建筑物四周种植；又因耐修剪，可做园林绿篱栽培，也可用于盆景制作和繁殖龙柏等的砧木。在园林绿化中培育的栽培品种较多，常见的庭院观赏或绿篱用侧柏有千头柏、金黄球柏、金塔柏、撒金千头柏、金叶千头柏等。

侧柏对二氧化硫、氯气、氯化氢等有毒气体有一定的抗性，是重要的抗污染树种。1 hm² 侧柏林 24 h 分泌杀菌素约 30 kg，并能扩散到周围 2 200 m 远的地方，可杀死白喉、肺结核、伤寒、痢疾等病菌。稠密的侧柏林能够阻拦和过滤粉尘，吸附和吸收有毒气体，净化空气。

侧柏耐干旱贫瘠生境，适应力强，分布广泛，为淮河以北、华北、西北石灰岩山地以及黄土高原重要造林树种。对这些地区的水土保持、荒山绿化、生产用材、环境美化以及生态环境维护都有重大作用。在我国的侧柏林中，人工林约占总面积的 65%，多为 1949 年以后栽植；天然林约占 35%。其垂直分布大体从北向南、从东向西海拔高度逐渐递增；纯林多，混交林少。按照组成林分的成分，可分为温带半干旱地区侧柏林和暖温带侧柏林。

（四）侧柏非木质资源开发

侧柏的枝、叶、茎、根等均含有多种精油成分，对白蚁、蚊虫、毛蠓、豆象、虱子多种害虫具有驱避、拒食作用，对人畜安全无害；侧柏精油对绿脓杆菌、金黄色葡萄球菌具有强烈的抑菌杀菌作用，可以用来生产空气消毒剂、清洁剂、高级芳香纸、卫生纸、皮肤消炎膏，还可用作保健食品添加剂和杀菌卫生用品等；侧柏精油的除臭效能很突出，可用于厕所、畜圈处的除臭剂。侧柏枝叶富含萜类物质，用于加工农药，能有效地防治蛴螬、蝼蛄等地下害虫和多种鳞翅目、同翅目害虫及炭疽病等植物病害。枝叶干馏所得的焦油，可做兽药，用于治疗牲畜外伤。木材含芳香油，经蒸馏提取的柏木油用作化妆品配料和香精原料。侧柏树皮含有丰富的色素，可用于染料（李克家等，1998）。侧柏种子可榨油，含油量约 22%（出油率 18%），供制肥皂和食用，在医药和香料工业上用途也很广。

二、侧柏的地理分布与栽培历史

（一）侧柏的地理分布

侧柏天然林北部分布在吉林的老爷岭，辽宁的努鲁儿虎山，北京密云的锥峰山，河北的太行山，山西的吕梁山，内蒙古鄂尔多斯的准格尔旗南部及乌拉山、大青山南坡，陕西的府谷和神木，甘肃葫芦河流域及两当、徽县、成县和康县；西部至青海循化撒拉族自治县的孟达林区、西藏的察隅县下察隅区巴安通；西南至云南北部德钦一带的澜沧江河谷；东至山东的胶东半岛（吴夏明，1986）。地处东经 $93°30'\sim123°$、北纬 $28°31'\sim43°$。人工林的栽植更广泛，北界为吉林省的吉林、长春、白城；南至广东、广西北部；西至西藏的拉萨及新疆的伊犁；东至福建。地处东经 $81°\sim123°$、北纬 $23°\sim45°40'$。总的来说，侧柏林集中分布于中国黄河下游的河北省西部、山东、河南、山西省西南部、陕西省渭河流域及秦岭。以山东、河南两省的人工林面积最大。

（二）主要森林类型

1. 温带半干旱地区侧柏林　该地区年平均气温在 8 ℃以下，年平均降水量不足 450 mm，气候干燥，植物种类较少。

（1）旱榆小叶鼠李侧柏林　此类林分多分布在内蒙古乌拉山南坡海拔 1 200～1 600 m 的阳坡后或半阳坡，是多次人为破坏形成的。侧柏无主干，3～5 株甚至 10 余株萌生条丛生。平均树高 2～3 m，林分郁闭度 0.3～0.5，呈灌木状。伴生乔木有旱榆，灌木有小叶鼠李、黄刺玫、三裂绣线菊，主要的草本有芨芨草、戈壁针茅。

（2）黄刺玫沙棘侧柏林　在内蒙古准格尔旗神山，多分布在海拔 1 200～1 600 m 的阳坡。由于水热条件好，林相较为整齐，生长也较快，平均林龄 40～80 年，疏密度 0.2～0.4，平均高 3～5 m，平均胸径 10 cm。林下主要灌木有黄刺玫、沙棘、小叶锦鸡儿、小叶鼠李、酸枣等，主要草本有甘草等。

（3）白刺花侧柏林　分布在陕北黄土丘陵、山西吕梁山区以及甘肃子午岭等地，海拔多在 1 000 m 以下。立地多石陡坡的石质粗骨土或黄土母质上发育的碳酸盐褐土，比较干燥贫瘠。在这一林型中，以侧柏为主，伴生的乔木有黄连木、山杏、山桃、臭椿、大果榆、辽东栎等，灌木林植物种类主要有白刺花，还有酸枣、对节刺、多花胡颓子、圆叶鼠李等优势度较大，其他如小花扁担杆、牛奶子、葱皮忍冬、土庄绣线菊、甘肃小檗、鼠李、茅梅等数量不多。草本植物有披针薹草、白羊草、白莲蒿、四季青、棘豆等。

（4）沙棘侧柏林　主要分布在山西省汾河、漳河两岸海拔 700～1 200 m 的二级阶地上，多为半阳坡或半阴坡，土层稍厚，沙质土，湿度小，微酸至微碱性土壤。乔木以侧柏为主，混生一些白皮松及油松。灌木中沙棘占优势，其次为胡枝子、土庄绣线菊及牛奶子。草本主要为蒿、薹草及多种菊科种类。

2. 暖温带侧柏林

（1）披针薹草小花扁担杆侧柏林　秦岭北麓分布最普遍的一种林型。海拔 650～1 000 m，在海拔 1 000 m 的地带多出现于坡的中下部。林地的土壤较瘠薄，多为粉沙质或粗沙质土，湿度较小，具有碳酸钙反应，微酸至微碱性。乔木种类有槲榆、黄连木、苦木、黑弹朴、野漆树、青麸杨、榆、栎属、刺柏等。灌木以小花扁担杆占优势，其次是酸枣、黄素馨、小叶女贞、圆叶鼠李、杭子梢、陕西荚蒾、本氏木兰、陕西山楂、多花蔷薇、苦糖果、秦岭米面蓊等。草本植物有大针薹草、白莲蒿、牡蒿、龙芽草、单花菇等。

（2）胡枝子侧柏林　在甘肃省小陇山北坡和徽成盆地南部海拔 1 100～1 300 m 的阴

坡、半阴坡中部以上。以碳酸盐褐土为主，较湿润肥沃。多为纯侧柏林，林中散生栓皮栎、白皮松、华山松等，在局部形成以侧柏为主的混交林。林中郁闭度 0.3～0.4，林龄 30～40 年。灌木层中以胡枝子占优势，此外杭子梢、掌叶覆盆子、沙棘、胡颓子、栓翅卫矛及少量葛藤。草本植物以薹草、大油芒、黄背草为主，还有白莲蒿、牡蒿、水蒿等。

（3）酸枣荆条侧柏林 为华北低山丘陵一直到江淮丘陵及桐柏山、大别山低山区最习见的林型，多为纯林，混生少量白花合欢（山合欢）和麻栎、栓皮栎、波罗栎等栎树，一般在海拔 800 m 阳坡或半阴坡。土壤为褐土，含石砾量多，较黏，干燥，林分郁闭度 0.4～0.7，灌木以荆条、酸枣、三裂绣线菊、小花扁担杆为主，覆盖度 10%～20%。草本以黄背草、白羊草、野古草、茵陈蒿、青蒿为主，覆盖度 20%～30%。

此外，侧柏在北亚热带也有人工林，通常在石灰岩山地丘陵种植，生长较好。

（三）栽培历史

侧柏是我国栽培历史悠久的树种之一。早自殷代起，即植柏以志纪念。《论语》云："殷人以柏。"《春秋》曰："天子坟高三仞，树以松，诸侯半之，树以柏。"至今仍有在寺院、庙堂、墓茔栽柏的习惯。很多古籍中都有关于柏的记载，《尔雅》称椈，《说文》："柏，鞠也。"《诗经》《书经》《周礼》《图经本草》《本草别录》等书皆称柏。古书上称柏，多数指侧柏，如《花镜》曰："因其叶侧向而生，又名侧柏。"

陕西省黄陵县桥山黄帝庙的"轩辕柏"，又称"轩辕古柏"，即为侧柏，相传为黄帝亲手所植，据考证轩辕柏实际树龄约 3 000 年，应为"周柏"，它是中国目前最大的一棵柏树，树体雄伟优美、枝叶繁茂，高近 20 m，胸围 7.8 m，树冠覆盖面积达 178 m²；也是最古老的一棵柏树，被称为"世界柏树之父"。

20 世纪 50 年代初，我国华北、西北低山丘陵区开始大量营造侧柏林，侧柏林多为中幼龄林。我国古代有在陵园、墓地、名胜种植侧柏的传统，历史悠久的城镇侧柏古树甚多，如北京古树中以侧柏为最多。侧柏耐干旱瘠薄山地，又喜钙质土壤，是荒山绿化和石灰岩山地造林的优良树种。

第二节　侧柏的形态特征和生物学特性

一、形态特征

常绿乔木，高达 20 m，胸径达 1 m，树皮淡褐色或灰褐色细条状纵裂。叶呈鳞片状，狭长，下表面微凹；上表面中部凸起，构成左右对称的两个侧面。生鳞叶的小枝扁平，直展，两面均为绿色。鳞叶交互对生，先端微尖，背部有纵凹槽，上下表面均有气孔分布，气孔深陷，叶下表面端部、中央区和边缘没有气孔分布，气孔在中下部中央区域的两侧，形成 2 条由 1～3 个气孔并排组成的气孔带。脊上无气孔分布（戴建良等，1999）。雌雄同株异花，雄花多雌花少。雌雄花均单生于枝顶；雄球花有 6 对雄蕊，每雄蕊有花药 2～4；雌球花 4 对珠鳞，中间的 2 对珠鳞各有 1～2 个胚珠。花期 3～4 月（董源等，1992）。球果阔卵形，长 1.5～2.0 cm，熟前绿色，肉质，近熟时蓝绿色被白粉，成熟后变木质开裂，红褐色；种鳞 4 对，木质或近革质，扁平或鳞背隆起，但不为盾形，熟时张开，种子脱出，背部有一反曲尖头；种子长卵形，灰褐色，无翅或几无翅，有棱脊子叶 2 片，球果当年成熟，熟时张开。

二、生物学特性

1. 根　侧柏为浅根性树种，侧根、须根发达，互相交织成网状，能充分利用表层土壤的水分和养分，所以造林易成活，遇到特殊干旱年份也能顽强生存（卫金困，2001）。侧柏根系分布阴坡比阳坡深，根系生长量比阳坡大，灌溉区根系分布比无灌溉区深；在无灌溉条件下向阳立地的根系集中分布在 20～30 cm 土层，背阴立地的根系集中分布在 10～30 cm 土层；在灌溉条件下向阳立地的根系集中分布在 10～40 cm 土层，背阴立地的根系集中分布在 20～50 cm 土层。向阳立地根系生长以直径＜1 mm 为主，占所有根量的 61.5％。背阴立地根系生长主要以直径≥3 mm 为主，占所有根量的 68.5％。

2. 树干　侧柏生长缓慢，但寿命长，各地千年以上古柏甚多。按各地的树干解析资料，树高生长速生期出现于 5～10 年以后，一般可延续到 20～45 年，此龄以后生长下降，100～150 年高生长几乎停止。胸径生长速生期在 10～20 年，通常可延续到 40 年。

3. 生态适应性　侧柏适应暖温带与北亚热带湿润温暖气候，自然分布区的气候变化很大，降水量 300～1 200 mm，年均温 4～23 ℃，气候变化由南往北，从湿润地区到亚湿润地区，从东往西由湿润地区至干旱地区。侧柏的集中分布区为亚湿润地区的鲁淮区、河北区、渭河区及亚干旱地区的晋陕甘区。

侧柏为阳性树种，喜光。幼时稍耐阴，适应性强；喜生于湿润肥沃，排水良好的钙质土壤；对土壤要求不严，可生长于酸性、中性、石灰性和轻盐碱土壤中，抗盐碱力较强，含盐量 0.2％左右亦能适应。耐寒、耐旱、抗盐碱，在平地或悬崖峭壁上都能生长；但在干燥、贫瘠的山地上，生长缓慢，植株细弱。

第三节　侧柏的起源与分化

柏科植物的化石最早见于法国上三叠纪，有木材化石名为 Cupressinoxylon。我国内蒙古早白垩世地层有 Sabinites 化石，到晚白垩世则有 Thuja、Juniperus 的化石。

柏科是一个分布区不断缩小的植物类群，单种属和寡种属占很高的比例，其明显的旱生形态与它在中生代时对干旱气候的适应以及后来对寒冷气候或高山气候的适应有关，但在第三纪时其数目和分布区均较现在广泛（Florin，1963），当前对柏科的分类与进化争议较大。

自 1830 年建科以来已有 Pilger、Moseley、Buchholz、Janchen、Li、Takhtajan、Eckenwalder（1976）和郑万钧等（1978）多个形态地理系统，他们对科下等级的划分及分类群的排列意见存在分歧（李林初等，1997）。

李惠林指出柏科南半球植物（包括北半球的 Tetraclinis）的球果鳞片镶合状排列，而北半球的是覆瓦状排列；陈祖铿等（1980）发现南、北半球植物胚胎发育中在雌配子体游离核分裂次数、颈卵器数目、着生方式及颈细胞数目等方面明显不同；Eckenwqlder（1976）和 Hart（1987）对一系列性状的分析也表明柏科存在南、北半球两个组群；江泽平（1997）也将柏科分为南、北半球两个亚科。将两半球植物分成 2 个亚科还得到形态学、胚胎学等多学科资料的有力支持。

李林初（1998）指出，柏科中圆柏亚科植物的核型都由中部着丝粒染色体组成，全为 1 A 类型，平均臂比和染色体长度比较小而相对集中，表明该亚科核型相当对称而最原始。柏木亚科和侧柏亚科的核型接近而与圆柏亚科有相当距离，它们均为除中部着丝粒染色体还有若干对近中着丝粒染色体，1 A、2 A 类型共存，平均臂比和染色体长度比较大，反映了核型的不对称性，表明了与圆柏亚科的差距及其进化趋势，特别是侧柏亚科更为进化。

第四节　侧柏的遗传变异与种质资源

一、侧柏的遗传变异

（一）种源变异

中国开展侧柏种源试验始于 1982 年，北京林业大学和中国林业科学研究院主持全国侧柏地理变异和种源区区划的研究，1982—1983 年在全国 17 个省（自治区、直辖市）收集种源 108 个、家系 210 个，在 15 个省份 28 个单位进行了苗期试验，于 1983 年、1984 年在全国 14 个省（自治区、直辖市）38 个试验点开展了两次全分区种源试验，在 8 个点做了局部分布区试验，还开展了种源与家系多层次试验（全国侧柏种源试验组，1987）。种源试验表明，比较湿润地区的南方种源生长快，抗寒性差，北方种源相反。在此基础上，参照气候区划，石文玉等（1988）将侧柏划成西北区（Ⅰ）、北部区（Ⅱ）、中部区（Ⅲ）、南部区（Ⅳ）4 个种子区和 Ⅰ₁ 西部亚区、Ⅰ₂ 东部亚区、Ⅱ₁ 西部亚区、Ⅱ₂ 中部亚区、Ⅱ₃ 东部亚区、Ⅲ₁ 西部亚区、Ⅲ₂ 东部亚区 7 个种子亚区。

陈晓阳等（1994）的研究表明，种源间在造林成活率、幼林高、径生长量上存在着显著的地理差异。东、南部种源造林成活率比西、北部种源高；在无冻害区，南部种源的生长量大于北部种源。1～7 年生树高生长紧密相关，但在有冻害区，部分北部种源高生长量大于南部种源。

全国侧柏种源试验协作组陕西分组研究表明，侧柏种源间存在着明显的遗传性差异，种源内个体分化和变异也明显存在，生长最小的种源子代分化明显，变异系数大，生长量大的种源子代生长比较整齐，变异系数小。

1. 生长性状　全国侧柏种源试验协作组等研究表明，采用常规相关分析法，应用 1～7 年生数据，研究了生长性状与经纬度关系，结论是高径生长受经、纬度双重影响，尤以纬度影响为主，与纬度呈负相关，与经度呈正相关，大致呈从南到北地理倾群模式。山东农业大学对侧柏种源的研究表明，侧柏的生长变异是以纬向变异为主，纬度与各性状的关联序为胸径＞冠幅＞树高＞分枝角，而经度的关联序为树高＞胸径＞冠幅＞分枝角，这表明经、纬度对胸径、树高的生长影响较大，而对分枝角影响较小。

陈晓阳（1990）研究认为种源树高与采种点纬度的相关系数随树龄而变化，1～3 年生时为负相关，5～6 年生时为正相关；邓朝经等（1986）和李书靖等（1995）研究认为，随着苗龄增加，苗高与地理纬度间相关系数减小；杨传强（2005）的研究表明，21 年生侧柏树高与经度呈正相关，而胸径与其所处的地理纬度呈一定的负相关，并随着年龄的增大，生长性状与经纬度相关系数逐渐减小，外引种源的生长优势逐渐被当地优良种源赶超。而施行博等（1992）认为 7 年生树高生长与纬度的相关系数随树龄增加而加大。

2. 种子性状　陈晓阳（1990）对侧柏种子研究表明，种子的一些性状有较明显的地理趋势，在种子大小和发芽率上，经向变异较明显，而在种子形状和发芽速度上，纬向变异较明显。总的趋势是，由南至北，由东至西，种粒增大，趋于球形，子叶出土期延迟。因此，由东南向西北方向调种可提高侧柏林分生产力。而邓朝经等（1986）研究认为种子千粒重、发芽势和发芽率的变异没有规律性，与产地的地理纬度间不存在相关关系，其变异为随机性变异。盛升等（2009）对 37 个地理种源 23 年生侧柏种子的发芽率、发芽势、活力指数、发芽值 4 个指标研究表明，在不同地理种源间存在很大差异，福建南平、辽宁凌源、甘肃徽县、山东蒙阴 4 个种源发芽能力较强，发芽率分别为 65.0%、62.5%、52.0% 和 49.0%；山东灵岩、河南灵宝、内蒙古乌拉山发芽能力较弱，发芽率分别为 6.5%、7.5% 和 10.5%，为开展侧柏优良种源选择以及进一步的优树选择提供了依据。

不同种源区的侧柏种子的平均长为 0.605 0 cm、宽为 0.302 3 cm、厚为 0.275 9 cm，单粒重达 0.021 7 g，不同种源种子的长、宽、厚和单粒重有差异，最大的种子为河南息县，长、宽、厚分别为 0.767 6 cm、0.350 0 cm、0.304 1 cm，山西霍州种源的种子最小，长、宽、厚仅为河南息县种源的 63.08%、77.31% 和 80.02%，种子单粒重为 0.016 9 g，也仅为河南息县种源的 45.55%（王玉山，2011）。种子性状也有差异，河南种源的种子大且重，南方种源的种子小且轻，北方种源的种子大、轻，而山东种源的种子小、重。对各种源变异系数比较的结果表明，山西霍州、山东长清、山西晋城、山东平阴、山东灵岩、陕西淳化种源的种子形态变异系数都较大，说明 6 个种源种子的变异幅度大，种子的形态多样性丰富。河南淅川、辽宁凌源、河南息县、山西文水、北京密云、山西长治种源的种子性状变异系数都较小，种子长、宽、厚的平均变异系数只有 6.58%，这 6 个种源的种子形态多样性程度较低。

（二）染色体变异

从侧柏和福建柏的大量制片中，各观察了 50 个细胞进行染色体计数，结果表明二者根尖细胞的染色体数目均为 $2n=22$，未发现非整倍性变异和多倍现象，也未见 B 染色体（李林初等，1984）。按 Levan 等的分类标准，侧柏的染色体组成为 $2n=4$ m（SAT）＋18 m，染色体组总长度为 97.71 μm，最长染色体与最短染色体之比为 1.47，与 Kuo 等的研究基本相符。福建柏的染色体组成为 $2n=4$ m（SAT）＋18 m，染色体组总长度为 101.2 μm，最长染色体与最短染色体之比为 1.7。

侧柏和福建柏的染色体核型都由差不多大小而且都具中部着丝点的染色体构成，均属 Stebbins 的"对称核型"。Stebbins 把染色体长度的变化和染色体臂比的大小作为判定核型不对称性的 2 个主要依据。按核型中最长染色体和最短染色体之比以及臂比大于 2 的染色体在染色体组中所占的比例，把染色体核型的不对称程度分成 12 个等级。侧柏和福建柏的染色体核型均由长度变化不大和臂比小于 2 的染色体构成，因此两者都属 1A 型，这是一种最为整齐的对称核型，表明它们在进化上都比较原始。

邢世岩等以 16 个不同地理种源的侧柏种子为试材，对其核型及进化趋势进行研究。结果表明，核型均为 K（2n）＝22＝22 m，属 1A 类型，有 1～2 对染色体具随体，不同种源次缢痕位置不同；辽宁凌源、河北鹿泉、山西长治、陕西黄陵、四川射洪、福建南平、云南昆明种源的染色体相对长度组成中有 L 染色体，其余仅有 M2 和 M1 染色体。通过聚类分析及进化趋势图分析发现，河北鹿泉的最进化，河南登封的最原始。

二、侧柏的种质资源

（一）优良种源

山东农业大学对山东 3 个试验点的侧柏研究表明，侧柏不同区域种源的冠幅、胸径、树高和分枝角 4 个性状变异有差异，从总体看，南部种源的变异系数较大，山东的最小，说明南部种源的表型变异明显，遗传多样性丰富，可能为侧柏的表型多样性分布中心。

AFLP 分子标记结果表明，侧柏南部种源（纬度＜33°）和北部种源（纬度＞37°）的多态性位点数、Nei's 基因多样性指数、Shannon's 信息指数高于中部种源及山东种源，南部种源生长性状的变异系数较大，遗传多样性丰富，揭示了南方、北方为侧柏遗传多样性中心的可能性。在南部和北部种源内进行优良种源选择时，选种数量宜多，适当缩小距离，而中部种源应加大选种距离。

对不同种源侧柏的生长量、抗逆性和树型选择等各项指标进行综合评价，以生长量为基础，以树型选择为核心，结合抗寒、抗旱性及保存率等指标综合选择，认为山东长清、山东平阴、河南登封、山东枣庄、河南禹县、山东原山等种源的生理特性，适宜原山国家森林公园的需求；平阴大寨山林场最佳种源有山东泰安、山东肥城、山东平阴、山东微山、山东苍山、山东茌平 6 个种源；枣庄抱犊崮林场最佳种源有山东枣庄、山东微山、山东历城、山东泰安、山东肥城和山西晋城。从 3 个地点生长指标 Duncan 和聚类分析结果来看，山东泰安、山东肥城、山东微山为最佳种源，此外，山东平阴、山东曲阜等部分鲁中南地区种源，河南大部分种源，江苏徐州、江苏铜山种源也相对较好，在生产中可推广。

就华北低山丘陵的侧柏造林而言，河北遵化，山东泰安、历城，江苏徐州，河南确山等种源都可选作优良造林种源。尤其是徐州的窄冠形侧柏不但适应性强，生长迅速，而且树形美观，适合密植，是一种适于荒山造林、城市绿化的较好种源。气温较低、较干旱的山区选用北京密云种源造林较适宜，该种源不但造林存活率高，而且和几个干旱低温地区种源相比较，其生长也较快。

（二）侧柏的栽培变种

侧柏属仅侧柏 1 种，本种有以下栽培变种。

1. 金黄球柏（栽培变种）（*Platycladus orientalis* 'Semperaurescens'） 金黄球柏就是洒金柏，是侧柏的栽培变种。矮型灌木，树冠球形，叶全年为金黄色，产于内蒙古南部、吉林、辽宁、河北、山西、山东、江苏、浙江、福建、安徽、江西、河南、陕西、甘肃、四川、云南、贵州、湖北、湖南、广东北部等省份。朝鲜也有分布。

2. 金塔柏（栽培变种）（*Platycladus orientalis* 'Beverleyensis'）　产于我国各省，朝鲜也有分布。常绿小乔木，树冠窄塔形，为温带阳性树种，栽培、野生均有。喜生于湿润肥沃排水良好的钙质土壤，耐寒、耐旱、抗盐碱，在平地或悬崖峭壁上都能生长；在干燥、贫瘠的山地上，生长缓慢，植株细弱。浅根性，但侧根发达，萌芽性强、耐修剪、寿命长，抗烟尘，抗二氧化硫、氯化氢等有害气体。叶金黄色，主要作为观叶树种。可孤植、列植、群植。

3. 千头柏（栽培变种）（*Platycladus orientalis* 'Sieboldii'）　又名凤尾柏，产于内蒙古南部、吉林、辽宁、河北、山西、山东、江苏、浙江、福建、安徽、江西、河南、陕西、甘肃、四川、云南、贵州、湖北、湖南、广东北部等省份。朝鲜也有分布。千头柏为侧柏的栽培变种，常绿灌木，高可达 3～5 m，植株丛生状，树冠卵圆形或圆球形。树皮浅褐色，呈片状剥离。大枝斜出，小枝直展，扁平，排成一平面。叶鳞形，交互对生，紧贴于小枝，两面均为绿色。3～4 月开花，球花单生于小枝顶端。球果卵圆形，肉质，蓝绿色，被白粉，10～11 月果熟，熟时红褐色。种子卵圆形或长卵形。庭院观赏。

4. 窄冠侧柏（栽培变种）（*Platycladus orientalis* 'Zhaiguancebai'）　产于我国各省，朝鲜也有分布。树冠窄，枝向上伸展或微斜上伸展，叶光绿色。江苏徐州市郊石灰岩山地碱性土上造林，生长旺盛。

（林富荣）

参考文献

曹雨诞，曾祥丽，单鸣秋，等，2008. 侧柏叶的研究进展 [J]. 江苏中医药，40（2）：86‐88.

陈晓阳，沈熙环，1994. 侧柏种源造林成活和幼林生长变异的研究 [J]. 北京林业大学学报，16（1）：20‐27.

陈晓阳，沈熙环，石文玉，1990. 侧柏不同种源在北京越冬和生长表现 [J]. 北京农学院学报，5（1）：19‐27.

陈祖铿，王伏雄，1980. 福建柏的配子体发育 [J]. 植物学报，22（1）：6‐10.

戴建良，董源，陈晓阳，等，1999. 不同种源侧柏鳞叶解剖构造及其与抗旱性的关系 [J]. 北京林业大学学报，21（1）：26‐31.

邓朝经，马军，董素华，1986. 侧柏种源苗期性状变异的初步研究 [J]. 四川林业科技，7（4）：27‐34.

董源，尹伟伦，王沙生，1992. 侧柏球花的发端发育及物候学 [J]. 北京林业大学学报，14（1）：51‐59.

江泽平，王豁然，1997. 柏科分类和分布：亚科、族和属 [J]. 植物分类学报，35（3）：236‐248.

李克家，王复华，1998. 侧柏资源的利用价值与开发前景 [J]. 陕西林业科技：27‐29.

李林初，1998. 柏科的细胞分类学研究 [J]. 云南植物研究，20（2）：197‐203.

李林初，姜家华，王玉勤，等，1997. 三种柏科植物的核型分析 [J]. 云南植物研究，19（4）：391‐394.

李林初，刘永强，王玉勤，等，1996. 侧柏亚科的三种植物的核型及其细胞分类学研究 [J]. 云南植物研究，18（4）：439-444.

李林初，徐炳生，1984. 侧柏和福建柏染色体核型的研究［J］. 云南植物研究，6（4）：447-451.

李书靖，何虎林，王芳，1995. 侧柏种源幼林期生长及适应性状变异的研究［J］. 甘肃林业科技（1）：7-11.

全国侧柏种源试验组，1987. 全国侧柏种源试验苗期生长和越冬性状变异的研究［J］. 北京林业大学学报，9（3）：232-240.

单鸣秋，高静，丁安伟，2008. 柏科药用植物研究进展［C］//全国第8届天然药物资源学术研讨会论文集：694-698.

尚永胜，2012. 原山国家森林公园侧柏种源评价与选择［D］. 泰安：山东农业大学.

盛升，周继磊，邢世岩，等，2009. 侧柏不同地理种源种子发芽能力分析［J］. 西南林学院学报，29（4）：6-9.

施行博，郑吉联，曲绪奎，1992. 侧柏地理变异的研究［J］. 林业科学研究，5（4）：402-407.

王玉山，2011. 侧柏种源遗传多样性与地理变异规律研究［D］. 泰安：山东农业大学.

卫金困，2001. 侧柏造林研究初报［J］. 山西林业科技（12）：11-16.

吴夏明，1986. 侧柏的地理变异［J］. 北京林业大学学报（3）：1-16.

杨传强，2005. 侧柏种源的地理变异与其子代的遗传变异研究［D］. 泰安：山东农业大学.

杨传强，丰震，孙仲序，等，2005. 21年生侧柏种源的地理变异及种源选择［J］. 山东农业大学学报（自然科学版），6（2）：196-198.

中国科学院中国植物志编辑委员会，1978. 中国植物志：第七卷［M］. 北京：科学出版社.

Eckenwalder J E，1976. Re-evaluation of Cupressaceae and Taxodiaceae：A proposed merger［J］. Madroño，23：237-256.

Florin R，1963. The distribution of conifer and taxad genera in time and space［M］. Act. Hort. Berg.

Hart J A，1987. A cladistic analysis of conifers：preliminary results［J］. Journal of the Arnold Arboretum.

第十三章

云　杉

云杉（*Picea asperata* Mast.）属松科云杉属，又名粗枝云杉，是中国西北、西南高山林区的重要用材树种。云杉林是中国暗针叶林具有代表性的森林类型之一，在涵养水源、保持水土、维护生态环境、保护野生动植物资源以及在开展森林经营利用和进行科学试验研究方面，具有极其重要的意义。近数十年来，云杉人工林的培育也在积极开展，以扩大其森林资源。

第一节　云杉的利用价值和生产概况

一、云杉的利用价值

（一）木材利用价值

云杉木材通直，心、边材区别不明显，材质略轻柔，纹理直，富弹性，收缩量大，天然干燥良好，切削容易，节少，无隐性缺陷。成年云杉的基本密度约为 0.369 g/cm³，为中小密度级木材，纤维宽度大于 22.94 μm，纤维长度大于 1.8 mm，纤维长宽比在 70 以上。因此，云杉木材是优质的造纸和纤维工业原料。云杉也可做电杆、枕木、建筑、桥梁用材，还可用于制作乐器、滑翔机等。

（二）园林绿化价值

云杉四季常绿，树形优美，树冠呈尖塔形，适应性较强，被广泛应用于园林绿化。云杉可以作为孤植树、丛植树、常绿背景、草皮衬景、片林等，适宜与常绿树种搭配种植；也可作为室内的观赏树种，多用在庄重肃穆的场合，如冬季圣诞节前后，多放置在饭店、宾馆和一些家庭中作为圣诞树装饰。

（三）其他价值

云杉针叶含油率 0.1%～0.5%，可提取芳香油；树皮含单宁 6.9%～21.4%，可提取栲胶；树皮粉可做脲醛树脂胶合性增量剂，能节省化工原料，降低成本。

二、云杉的分布与栽培区

（一）云杉的自然分布

云杉自然分布区位于长江和黄河两大水系的源头地区，东经 $102°\sim107°$、北纬 $30°\sim$ $35°$，主要分布在川西高山峡谷区和高原丘陵区两大地貌类型区（也有把两大地形地貌类型过渡区称为山原区）。分布海拔多为 $2\,500\sim3\,400$ m，最低下限为海拔 $1\,600$ m，见于四川茂县、汶川；最高达海拔 $4\,200$ m，见于四川道孚与丹巴交界处。在甘肃南部、陕西南部也有少量分布：陕西主要分布在秦岭以北辛家山和马头滩山区，垂直分布海拔 $2\,100\sim$ $2\,400$ m；甘肃分布在洮河流域（碌曲、临潭、卓尼和临夏）及迭部和舟曲等地。历史上云杉天然林遭受过强度破坏，现保留天然林呈现不连续"岛式"分布。

（二）云杉的栽培区

20 世纪 50 年代以来，川西高山原始林区大面积开发。1955 年云杉开始人工更新。到目前为止，云杉人工林的水平分布、垂直分布都超出了自然分布范围。岷江冷杉、鳞皮冷杉以及麦吊云杉、紫果云杉、川西云杉原始林采伐后大多栽有云杉。川西高山峡谷区和盆地边缘区海拔 $2\,300\sim3\,800$ m 的范围内均有大量成片的云杉人工林。

从人工栽培垂直分布范围看：在海拔 $3\,800$ m 以上的阳坡以及高原丘陵区因森林采伐后气候变化剧烈，不适宜云杉人工造林；在海拔 $3\,400$ m 以上的高山栎、杜鹃等采伐迹地上不适宜栽植云杉；在海拔 $2\,300$ m 的立地云杉人工林生长表现较好，其栽培下限可适当下移。

云杉人工林比天然林生长快，$15\sim20$ 年生的幼树高、径生长分别比同龄的天然林快 $3\sim4$ 倍。

第二节 云杉的形态特征和生物学特性

一、形态特征

常绿乔木，高达 45 m，胸径 1 m，树龄可达 400 年。树皮淡灰褐色或淡褐灰色，裂成不规则鳞片或稍厚的块片脱落；小枝有疏生或密生的短柔毛，或无毛，1 年生时淡褐黄色、褐黄色、淡黄褐色或淡红褐色，$2\sim3$ 年生时灰褐色，褐色或淡褐灰色。叶四棱状条形，螺旋状排列，辐射伸展，长 $1\sim2$ cm，宽 $1\sim1.5$ mm，微弯曲，先端微尖或急尖，横切面四棱形，四面有气孔线，上面每边 $4\sim8$ 条，下面每边 $4\sim6$ 条。雌雄同株，异花。雄球花单生叶腋，下垂；雌球花单生枝顶，受精后下垂。球果圆柱状矩圆形或圆柱形，上端渐窄，成熟前绿色，熟时淡褐色或栗褐色，长 $5\sim16$ cm，径 $2.5\sim3.5$ cm；中部种鳞倒卵形，长约 2 cm，宽约 1.5 cm，上部圆或截圆形排列紧密，或上部钝三角形排列较松，先端全缘，或球果基部或中下部种鳞的先端两裂或微凹；苞鳞三角状匙形，长约 5 mm；种子倒卵圆形，长约 4 mm，连翅长约 1.5 cm，种翅淡褐色，倒卵状矩圆形；子叶 $6\sim7$ 枚，条状锥形，长 $1.4\sim2$ cm，初生叶四棱状条形，长 $0.5\sim1.2$ cm，先端尖，四面有

气孔线，全缘或隆起的中脉上部有齿毛
（图 13-1）。

二、生物学特性

（一）生长特性

1. 根系生长 云杉根系浅，主根不
明显，侧根发达。1～5 年生幼苗有明显
主根，在迹地栽植后主根不发达；根的分
布大都在表土 40 cm 以内，有 4～8 条粗
2～5 cm 的侧根，长度一般 1 m 左右，最
长达 2 m。根的增长与树木增长有关，根
幅与冠幅大小基本相近。15～20 年，根
幅与根深的增长量接近，15～20 年后根
幅增长量大于根深。

2. 茎生长 云杉前 5 年生长缓慢，
每年抽梢 5 cm 左右，栽后 4～7 年每年抽
梢 10 cm 左右，8 年以后每年抽梢可达
20 cm 以上，逐年加快。10 年以上，苗高
可达 1.5～2.0 m。幼树长出灌丛后，高、
径生长加快，进入速生期，年高生长量可
达 70 cm，径生长量可达 0.5 cm。材积连
年生长量最大值的到来，立地条件好的约
需 220 年，立地条件差的 110 年左右。此
后，高、径、材积生长下降，300 年后趋
于枯死。

（二）开花结果特性

1. 开花

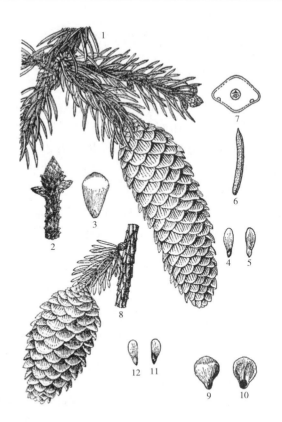

图 13-1 云杉和台湾云杉
云杉：1. 球果枝 2. 枝和冬芽 3. 种鳞背面及苞鳞
4、5. 种子背腹面 6、7. 叶及其横剖
台湾云杉：8. 球果枝 9. 种鳞背面及苞鳞
10. 种鳞腹面 11、12. 种子背腹面
（引自《中国植物志·第七卷》）

（1）雄花的发育 当平均气温达到 5 ℃时，云杉雄球花花芽开始萌动，日平均气温在
9 ℃左右时花芽开始膨大，雄球花花芽呈圆锥状，短而粗、先端钝。到 4 月 20 日左右，
平均气温达到 13 ℃时雄球花芽鳞开裂。雄球花从芽鳞先端伸出或芽鳞从中部断开，此时
雌雄球花能明显区分开来。同一单株从花芽膨大到芽鳞开裂可持续 4～5 d。雄球花芽鳞开
裂后迅速生长，呈紫红色；成熟雄球花圆锥状，短而粗，基部紧贴在枝条上，长 1.2～
2.6 cm，宽 0.8～1.2 cm，2～3 d 后开始散粉，散粉时雄球花花梗基部迅速伸长 3～5 mm，
呈圆柱状，3～5 d 后大量散粉。单株散粉持续时间 3～5 d，如果气温高，有大风，单株
2～3 d 内花粉可散尽。粗枝云杉株内散粉期因着生部位有些差异，一般向阳、避风处先散
粉，最早和最晚开始散粉时间相差 3～4 d。群体内从开始散粉到结束可持续 5～7 d。群体

内不同单株大量散粉时间相对一致和集中，散粉时间因每年气温差异而波动。

（2）雌花的发育　雌球花花芽在 4 月初开始萌动，待到 4 月中上旬平均气温在 9 ℃以上时开始膨大，雌球花花芽呈穗状，先端尖而长，到 4 月 20 日左右雌球花芽鳞开裂逐渐脱落。雌球花芽鳞开裂后，迅速伸长，紫红色，直立，成熟雌球花长 2.5～4.6 cm，有的可至 6.0 cm，宽 0.9～1.2 cm。当雌球花花鳞外翻、下垂，呈蜂窝状时，是授粉的最佳时期。单株可持续 3～4 d，群体内个体间可持续 5～7 d。这一时期一般从 4 月 26 日开始到 5 月 2 日结束，个别年份从 4 月 24 日开始到 4 月 29 日结束。不管授粉与否，雌球花果鳞从基部向上逐层关闭形成幼果，这一过程在 2～3 d 内完成。

2. 结果　云杉球果从雌球花出现到种子成熟约 145 d（4 月下旬到 9 月下旬）。球果长、腹径、鲜质量和干质量的年变化规律符合 S 形曲线。球果长、腹径的生长期约 60 d。球果长、腹径从球花出现到 6 月中旬为速生期。

（三）生态适应性

1. 气候　云杉对气候要求不严格，多分布于年平均温度 2～12 ℃，1 月平均温度 −8～1 ℃，7 月平均温度 14～22 ℃，年降水量 550～850 mm，相对湿度 70% 以上的高山峡谷区北部。

2. 土壤　云杉适宜在湿润、微酸性、土层较厚的山地棕壤上生长，其次是山地棕褐土和山地灰暗棕壤。在土层厚（80～100 cm），腐殖质含量较高（30% 左右），轻壤质，并有山杨、桦木等混生时，云杉生长较快。在这样的林地，云杉每年胸径生长可达 1 cm 以上。人工栽植 7 年后，幼树平均树高可达 2 m。

3. 光照　云杉苗期比较耐阴，在全荫蔽和 25% 光照条件下能生长，但很纤弱。云杉苗从第一年起对光照就有较高的要求，在云杉属中是较为喜光、耐旱的树种。12～15 年生人工云杉林在光照条件充足下，个别植株开始开花结果。

4. 海拔　云杉分布在海拔 2 000～3 800 m 处。海拔 3 400 m 以上不宜栽植云杉，云杉的适生范围比分布海拔较低，人工造林适当下移有利于加速其生长。

第三节　云杉属植物的起源、演化和分类

一、云杉属植物的起源

云杉属树种最早起源于亚洲大陆东北部，是世界上寿命最长的常绿大乔木，根据现有的孢粉学研究资料显示，该属植物生活在距今 5 000 万年前的古新世、晚白垩世。李代钧（1980）根据西昌螺髻山大箐村金沙冰期等地第四纪孢粉组合中含有大量冷杉、云杉孢粉，成都平原两侧及西南侧新第三纪孢粉组合中有云杉孢粉出现的证据，认为云杉在中国起源于第三纪或更早。通过对孢粉组合的年代测定，发现云杉不仅分布于山地，在平原也有分布。根据黑龙江省博物馆的孢粉分析，第四纪晚更新世晚期，在哈尔滨附近及三江平原的剖面中，云杉、冷杉的花粉占木本植物的 59.5%；在五常虻牛河的钻孔剖面中，云杉、冷杉及桦树的花粉占木本植物的 80% 以上（蒋雪彬等，2000）。

二、云杉属植物的演化

(一) 云杉属植物种的演化历史

依据《中国植物志》，通过对云杉属植物表型分类，将其属下划分成 3 组，分别为云杉组、丽江云杉组和鱼鳞云杉组。贾子瑞 (2011) 曾对云杉属植物的进化做过系统研究，该研究通过观测 14 种云杉属植物花粉的表观形态，结合聚类分析得到的结果为，14 种云杉分别属于丽江云杉组和云杉组。丽江云杉组包括紫果云杉和丽江云杉；云杉组包括其余 12 种云杉植物种。云杉组再进一步被划分成 3 亚组，即云杉亚组、塞尔维亚云杉亚组和青杆亚组。在青杆亚组中仅包括青杆一个植物种，它的大小、体的形状、体远极薄壁区形态和萌发沟形态都与紫果云杉相近，而花粉表面纹饰与云杉组花粉一致，所以认为它是紫果云杉和云杉组树种的一个天然杂种。

一些研究表明花粉表面纹饰一般是由原始种群的简单不规则向进化种群的复杂规则演化，演化趋势大致为龟裂状到平滑、小穴、小沟，到颗粒状突起，再到棒状、刺状、鼓槌状，最后演化成网状、皱波状、条纹状。根据云杉属花粉表面纹饰的特点，笔者推断在组间进化是由云杉组向丽江云杉组进化。

另外，贾子瑞 (2011) 对 7 种云杉属树种花粉形态特征资料进行整理和分析，将供试云杉组的几种植物划分成欧洲云杉亚组、粗枝云杉亚组和红皮云杉亚组，且根据花粉体表面疣状颗粒的分布情况得到了亚组间的进化关系，即欧洲云杉亚组→粗枝云杉亚组→红皮云杉亚组的进化。

该研究还以 6 个父系遗传的叶绿体 DNA 和 2 个母系遗传的线粒体 DNA 序列研究了云杉属 32 个种共 160 个个体的系统进化关系，发现叶绿体 DNA 序列与线粒体 DNA 序列，以及 6 个叶绿体 DNA 序列之间均经历了不一致的遗传进化历程。在 6 个叶绿体 DNA 序列中，4 个多态性较高的序列 $matK$、$rbcl$、$trnT-trnF$ 和 $chlB$ 的系统进化相似，都是北美洲的西加云杉处于进化分支的基部位置，而 2 个多态性较低的序列 $atpA$ 和 $pbsC$ 的系统进化是亚洲的日本云杉处于进化分支的基部位置；6 个 cpDNA 的联合序列，检测到 34 个叶绿体单倍型，在构建的最大似然 (ML) 进化树中北美洲的西加云杉处于进化分支的基部位置，其他的云杉属又可进一步分割成 3 个进化分支。在 2 个线粒体的联合序列中检测到 9 类线粒体单倍型 (A~I)，线粒体单倍型 A 处于进化分支的中心位置，是云杉属线粒体的祖先类型，其树种包括亚洲云杉属的 9 个种和一个欧洲种源的欧洲云杉，它分 4 条路径进化，其他 8 类单倍型都是它的派生物。将花粉形态的 UPGMA 聚类分析图与 6 个 cpDNA 联合序列的系统进化树进行对比研究发现，二者的拓扑结构呈现高度吻合，可以作为云杉属系统进化研究的有效形态指标。

通过花粉形态以及 cpDNA 和 mtDNA 探讨云杉属的地理起源，发现云杉属最早起源于亚洲，它经历了两次独立的迁移。第一次，它的迁移路线是由亚洲到北美洲，时间可能发生在白垩—第三纪的大灭绝事件之前的白垩纪时期。第二次，它的迁移路线是由北美洲回迁到亚洲，再由亚洲到欧洲，时间可能发生在第三纪中期。

（二）云杉属植物的亲缘关系

1. 形态学分类 根据《中国植物志》记载，云杉、白皮云杉、鳞皮云杉和白杆的形态特征较为相近，它们是近缘关系种。但是因为它们各有其稳定的形态区别和不同的分布区，应作为独立的 4 个种来处理。

岑庆雅等（1996）在对中国松科冷杉亚科植物区系研究时，对云杉属树种的资料进行了细致整理，并对部分云杉属植物间的亲缘关系进行了讨论。云杉组是云杉属中种类最多、最原始的一个组，有 12 个种，分布在亚热带至温带。其中，东北有红皮云杉，其在形态上与产于四川、甘肃、陕西的云杉关系密切。在西北有雪岭杉，在系统发育上与产于川中、青南的鳞皮云杉有较密切的亲缘关系，但其球果已稍小，变得较进化，可能是后者往西北分布的替代种。新疆云杉产于阿尔泰西北部。红皮云杉、雪岭杉和新疆云杉都是温带分布型。在区系划分上往往归于欧洲—西伯利亚成分。在西部有长叶云杉，本种针叶长，球果大，形态上显得较独特，有些学者认为它与雪松杉近缘。它们可能都是由一共同祖先分化而来，可能是鳞皮云杉向西分布的替代种；很显然，它是喜马拉雅成分。在东部有台湾云杉，为台湾的特有种，产于中央山脉；其许多形态特征颇似产于川东、鄂西等地的青杆，表明两者有较多的亲缘关系，它可能是青杆往东分布的替代种。云杉组其余 7 种，如鳞皮云杉、青海云杉、青杆、白杆、大果青杆和云杉等全部集中在四川、甘肃、陕西、湖北等省交界及其附近地区，属于秦岭—大巴山的范围。

丽江云杉组比云杉组略为进化，只有 3 个种及 3 个变种，是亚热带分布型，个别种延伸到暖温带。丽江云杉是我国特有种，目前它还处在强烈的分化阶段。川西云杉与丽江云杉十分接近，只是 1 年生枝条有密毛，球果较小，故有些学者把它作为后者的变种。川西云杉分布范围比丽江云杉稍为向南和向北扩大。紫果云杉在形态上与川西云杉十分相近，不同的是在于它叶下面无气孔线，球果较窄且短，种鳞的边缘波状等，它只分布在海拔 3 800 m 以下的山地，这一高度往上则为川西云杉。这 3 个种都表现出强烈的亲缘性，可能由一共同的祖先演化而来。近年在贵州盘州晚更新世发现的盘州云杉，同这 3 个种相似，但又有差别，推测它是这 3 个种的始生种。

鱼鳞杉组是云杉属最进化的一个组，仅有 5 个种，为亚热带至温带分布型。在东北有鱼鳞云杉，在形态上它与麦吊云杉近似，但它的球果已缩小，显得较进化，可能是后者向东北扩散的替代种。长白鱼鳞云杉，其球果比原种小。除此 2 个种分布到北温带之外，其余种类都是亚热带分布，且限于我国中部和西南部。麦吊云杉产于秦岭大巴山地区，是本组中最原始的种类。油麦吊云杉在形态上与麦吊云杉十分相近，故有些学者把它称为后者的变种，通常在海拔 3 000 m 以下为后者，海拔 3 000 m 以上为前者，形成垂直替代现象。西藏云杉形态上与油麦吊云杉有较多的亲缘关系，不同的是西藏云杉枝无毛，叶较狭窄，种鳞蚌壳状等，它可能是油麦吊云杉进一步向西分布的替代种。

2. 细胞分类学 已经公认云杉属是单系类群，属于松科。李林初（1992）曾对云杉核型进行研究并探讨了云杉属在松科中的进化地位，研究表明在松科中的几个属中松属是最原始的类群，云杉属是比松属较进化的类群，该属与比之稍进化的铁杉属亲缘关系较近，云杉属和铁杉属不如冷杉属和油杉属进化，但它们的亲缘关系很近。王米力和石大兴对 15 种国产云杉属植物的核型变异进行研究，结果表明丽江云杉与云杉具有较对称的核型，天山云杉和台湾云杉具有较不对称的核型。认为丽江云杉和云杉是云杉属中较原始的分类群，而天山云杉和台湾云杉是该属内进化的分类群。

3. 分子标记研究　沙地云杉、红皮云杉和白杆是近缘种。蔡萍等（2009）采用 RAPD 标记对沙地云杉及其近缘种白杆和红皮云杉进行遗传多样性分析，根据遗传距离和聚类分析，将 3 种云杉聚为三大类，且得出沙地云杉与白杆的亲缘关系比其与红皮云杉的亲缘关系更近的结论。

三、云杉属植物分类概况

（一）云杉属植物形态特征

常绿乔木；枝条轮生；小枝上有显著的叶枕，叶枕下延彼此间有凹槽，顶端突起呈木钉状，叶生于叶枕之上，脱落后枝条粗糙；冬芽卵圆形、圆锥形或近球形，芽鳞覆瓦状排列，有树脂或无，顶端芽鳞向外反曲或不反曲，小枝基部有宿存的芽鳞。叶螺旋状着生，叶四棱状条形或条形，无柄；横切面方形或菱形，四面的气孔线条数相等或近于相等，或背面的气孔线交腹面的少，稀下面无气孔线，或横切面扁平，上下两面中脉隆起，仅上面中脉两侧有气孔线，背面无气孔线，树脂道通常有 2 个，边生，常不连续，稀无树脂道。球花单性，雌雄同株；雄球花椭圆形或圆柱形，单生叶腋，稀单生枝顶，黄色或深红色，雄蕊多数，螺旋状着生，花药 2，药室纵裂，药隔圆卵形，边缘有细缺齿，花粉粒有气囊；雄球花单生枝顶，红紫色或绿色，珠鳞多数，螺旋状着生，腹面基部生 2 枚胚珠，背面托有极小的苞鳞。球果下垂，卵状圆柱形或圆柱形，稀卵圆形，当年秋季成熟，成熟前全部绿色或紫色，或种鳞背部绿色，而上部边缘红紫色；种鳞宿存，木质较薄，或近革质，倒卵形、斜方形、卵形、矩圆形或倒卵状宽五角形，上部边缘全缘后有稀缺齿，或呈波状，腹面有 2 粒种子；苞鳞短小，不露出；种子倒卵圆形或卵圆形，上部有膜质长翅，种质常呈倒卵形，有光泽；子叶 4～9（～15）枚，发芽时出土。

（二）云杉属植物种分类

云杉属约含 40 种，分布于北半球。我国有 16 种，9 变种，另外引种栽培 2 种，其中白皮云杉、鳞皮云杉、粗枝云杉、白杆、青杆、青海云杉、大果青杆和台湾云杉均为中国特有树种。

按照郑万钧等（1978）的观点，从叶的形状、叶下（背）面气孔线的多少和有无，可将云杉属分为 3 组：云杉组、丽江云杉组和鱼鳞云杉组。

1. 云杉组　属于此组的有白皮云杉、鳞皮云杉、欧洲云杉、云杉、红皮云杉、白杆、青海云杉、雪岭杉、新疆云杉、青杆、大果青杆、台湾云杉、日本云杉和长叶云杉。

2. 丽江云杉组　属于此组的有丽江云杉、川西云杉、黄果云杉、康定云杉、紫果云杉和林芝云杉。

3. 鱼鳞云杉组　属于此组的有鱼鳞云杉（含鱼鳞云杉、卵果鱼鳞云杉和长白鱼鳞云杉 3 个变种）、麦吊云杉、油麦吊云杉和西藏云杉。

在云杉属植物分类系统中，部分种的分类地位存在争议。例如，白音敖包沙地云杉与红皮云杉和白杆是近缘种。郑万钧（1978）曾将其鉴定为红皮云杉，徐文铎（1983）将其鉴定为白杆，乌弘奇（1986）将其确定为白杆的地方种，作为白杆的新变种处理，即蒙古云杉。后来，徐文铎从同工酶和核型等方面进行了分析，认为此云杉与红皮云杉、白杆具有显著区别，将其提升为种，即沙地云杉。由此可见，此种云杉的分类地位尚存在争议，给科学研究和生产实践带来了一定的影响。李春红等（2008）分别以内蒙古白音敖包沙地的云杉和引种的白杆和红皮云杉为材料，对它们外部形态包括枝条颜色与毛被、叶的气孔线与树脂道和球果的大小等特征进行比较与观测。研究表明白音敖包沙地的云杉是白杆分布中心向北延伸，适应于沙地生长环境的结果，将其作为白杆的一个变种——蒙古云杉更为合理，不应把它作为一个独立的种，认同了乌弘奇的观点。

崔治家等（2010）用薄层色谱方法，对甘肃连城自然保护区内的 4 类云杉属植物——云杉、"麻衣松"、青杆（黑铁栏）和青杆（白铁栏）的枝和叶的黄酮类和鞣质类化合物进行比较研究，根据相同部位化学成分的相似性和差异性，显示出 4 种植物的同源与差异，结合形态学性状，建议将"麻衣松"作为青海云杉的变种，青杆的分类学地位应进一步研究。

（三）云杉属植物资源与分布

云杉属植物的资源与分布见表 13 - 1。

表 13 - 1 云杉属植物资源与分布

树 种	拉丁名	分 布
白皮云杉	*Picea aurantiaca*	四川康定
鳞皮云杉	*Picea retroflexa*	四川西部岷江支流杂谷河上游、大渡河上游、雅砻江流域及青海东南部班玛
云杉	*Picea asperata*	四川岷江流域，陕西西南部凤县，甘肃东南部两当、南部白龙江流域及洮河流域
红皮云杉	*Picea koraiensis*	黑龙江东北大兴安岭、小兴安岭，内蒙古赤峰市白音敖包、锡林郭勒盟
白杆	*Picea meyeri*	山西五台山区、关帝山区，河北小五台山区、雾灵山区，内蒙古西乌珠穆沁旗
青海云杉	*Picea crassifolia*	青海祁连山区、都兰以东、西倾山以北，甘肃河西走廊祁连山北坡、白龙江流域，宁夏贺兰山、六盘山及内蒙古大青山
青杆	*Picea wilsonii*	内蒙古多伦及大青山，河北小五台山、雾灵山，山西五台山、关帝山，陕西南部，湖北西部，甘肃中部榆中县及白龙江流域，青海东部，四川东北部至岷江流域上游
大果青杆	*Picea neoveitchii*	湖北西部，陕西秦岭北坡、鄠邑及南部，甘肃天水及白龙江流域
新疆云杉	*Picea obovata*	新疆阿尔泰山西北部及东南部，蒙古国及俄罗斯有分布
雪岭杉	*Picea schrenkiana*	新疆天山山区及昆仑山西部

（续）

树　种	拉丁名	分　布
天山云杉	*Picea schrenkiana* var. *tianshanica*	西起西天山、东达巴里坤山的天山北坡
台湾云杉	*Picea morrisonicola*	我国台湾中央山脉
长叶云杉	*Picea smithiana*	西藏南部吉隆
欧洲云杉	*Picea abies*	原产欧洲北部至中部，我国江西和山东等地有引种
日本云杉	*Picea polita*	原产日本，我国山东和浙江有引种
丽江云杉	*Picea likiangensis*	云南西北部丽江、香格里拉、维西、德钦，四川西南部盐源、得荣、稻城、木里、九龙、雅江
林芝云杉	*Picea likiangensis* var. *linzhiensis*	西藏东南部，四川西南部
川西云杉	*Picea likiangensis* var. *balfouriana*	四川西部和西南部高山地区，西藏东部，青海玉树以南
康定云杉	*Picea likiangensis* var. *montigena*	四川西部康定折多山
紫果云杉	*Picea purpurea*	青海东部果洛、西倾山、黄南，甘肃南部白龙江流域，四川岷江和大渡河上游
麦吊云杉	*Picea brachytyla*	河南西部、湖北西部、陕西东南部、四川东北部及岷江流域上游、甘肃南部白龙江流域
油麦吊云杉	*Picea brachytyla* var. *complanata*	云南西北部丽江、鹤庆、维西、贡山，四川岷江流域汶川、理县一带，大渡河下游康定以东以及青衣江流域天全、宝兴一带
西藏云杉	*Picea spinulosa*	我国西藏南部亚东、吉隆等地，不丹、印度锡金邦、尼泊尔有分布

第四节　云杉属树种的遗传变异与种质资源

一、云杉

　　罗建勋等（2005）将云杉现有天然林进行了遗传分化和种源区划研究，云杉天然林群体间和群体内遗传变异分别为 30％和 70％左右，种源间遗传分化大，说明种源改良的潜力大，宜采用种源和家系进行联合选择，种内变异占 30％左右，说明其单株改良的潜力也很大。

　　通过对云杉种源所在地的地理生态因子、表型和同工酶标记遗传多样性的聚类分析，云杉天然种源可大致区划 3 个大区：甘南区、川西北高山区、陇南秦岭西区。甘南区分为北部亚区和南部亚区，其中北部亚区包括夏河、临潭、卓尼、岷县等地；南部亚区包括迭部、舟曲、文县等地。川西北高山区分为东部亚区和西部亚区，其中东部亚区包括松潘、九寨沟、黑水、茂县、宝兴等地；西部亚区包括小金、丹巴等地。陇南秦岭西区包括天水、两当、凤县、太白等地。

二、川西云杉

根据对川西云杉天然林分布特点和种群表型变异的研究，川西云杉球果、针叶、种鳞和种翅的表型分化系数均值分别为 39.69%、34.19%、27.20% 和 45.82%；群体间变异（36.53%）小于群体内变异（63.47%）（吴远伟等，2008）。球果、针叶、种鳞和种翅 4 类表型性状的变异系数分别为 12.56%、22.16%、12.61% 和 16.53%，种鳞的变异系数和表型分化系数最小，表明其性状最为稳定；12 个表型性状间多数呈显著或极显著正相关，球果长、球果径、针叶长和种鳞长为川西云杉重要的表型性状（辜云杰等，2009）。吕卓璇对川西云杉天然林遗传变异研究的结果表明，10 个川西云杉群体间遗传分化比较高，群体间的遗传变异比例要明显地高于广泛分布的挪威云杉、横贯大陆的黑云杉以及兼有连续分布和不连续分布的西加云杉等，但要低于分布范围狭窄且呈不连续分布的粗枝云杉。

吴远伟等（2008）对川西云杉主要表型 4 类共 12 个性状进行了聚类分析，12 个种群可以分成 3 类：新龙群体、炉霍群体、巴塘群体、乡城群体和道孚群体聚为一组，然后再分别与理塘群体、康定群体和石渠群体聚为一组；九龙群体与雅江群体聚在一起，然后再与色达群体聚为一组；白玉群体单独为一组。

宋璐等（2014）以 61 个川西云杉家系为研究对象，对各家系的 2 年生实生苗的生长性状调查分析，并通过综合选择指数法评选出 6 个优良家系，分别为 65、131、35、133、37 和 123，这些家系的苗高实际增益为 15.74%～65.95%，遗传增益为 12.44%～52.13%。

三、青海云杉

王娅丽等（2008）对祁连山青海云杉天然林 10 个群体的种实性状分析表明，群体间变异为 27.18%，小于群体内的变异（72.82%）；球果长、球果径、球果干质量、球果形状指数、种子长、种子宽、千粒重和种子形状指数的变异系数分别为 10.08%、5.80%、19.29%、9.66%、8.38%、15.34%、6.52% 和 13.94%。根据种实性状的表型数据对祁连山青海云杉 10 个天然群体进行了聚类分析，划分为 4 个类群。肃南 2 号群体、山丹群体、大通 2 号群体、天祝 1 号群体和大通 1 号群体特征基本相似，划为一类；天祝 2 号群体与门源群体距离相近，归为一类；肃南 1 号群体与肃南 3 号群体归为一类；民乐群体单独划为一类。

张宏斌等（2013）以 14 年生青海云杉 78 个家系自由授粉子代测定林为研究对象，对子代林的生长性状进行分析，结果表明，青海云杉优树家系间的各性状遗传差异极显著；青海云杉优良家系间胸径、树高和材积等生长性状的表型和遗传相关显著，相关系数达到 0.93 以上；筛选出青海云杉优良家系 8 个，平均树高、胸径和材积分别比对照大

13.99％、30.66％和63.27％，遗传增益分别为8.89％、16.75％和28.82％。

刘林英等（2012）以引种的51个青海云杉自由授粉子代为研究对象，对3年生实生苗的苗高、地径、新梢长、分枝角度、侧根长、主根长、径根比、高径比和质量指标等12个生长性状进行测定，并对家系间生长性状变异和苗期选择进行了分析。结果表明，青海云杉苗高等12个生长性状家系间存在显著或极显著差异，遗传变异系数较高，均在11.5％以上。主要生长指标苗高与地径、新梢长、侧根长家系遗传力较大，均在0.80以上，相关系数在0.50以上，径根比与生长指标均呈负相关。利用苗高为主要参考指标，按照1倍标准差选择出的311号、312号、405号、109号、408号、410号、305号、306号8个优良家系各性状值高于51个家系的平均值。

兰士波（2013）以青海云杉为引种对象，引种在北温带林木种质基因保存库（林口青山）内，对苗期生长性状进行分析，结果表明，青海云杉苗高性状变异较小，地径性状变异较大，平均变异系数分别为18.30％和27.23％。结合生态适应性和生长势，确定PcⅠ-08、PcⅠ-04、PcⅠ-11和PcⅠ-07等4个家系为优良个体，具有广泛的引种栽培价值。

四、紫果云杉

张馨（2009）对川西亚高山紫果云杉天然林分遗传变异进行了研究，结果表明，紫果云杉12个表型性状的平均表型分化系数为35.18％，群体内的变异为64.82％，说明紫果云杉群体内多样性程度大于群体间多样性，表型变异以群体内为主。在9个种群中，巴西（BX）种群的表型变异最丰富，两河（LH）种群表型多样性程度较低。13个表型性状中，球果干重变异值最大，种鳞宽稳定性较高。影响紫果云杉表型性状的最主要地理生态因子是经度，其次是纬度、海拔和年均降水量，而温度的影响较小。

第五节　云杉属植物种及其野生近缘种的特征特性

一、红皮云杉

学名 *Picea koraiensis* Nakai。

（一）形态特征

常绿乔木，高达30 m，胸径80 cm，树冠尖塔形，大枝平展或稍斜伸。小枝上有明显的木针状叶枕；1年生枝淡红褐色或淡黄褐色；有毛或无毛，无白粉。叶四棱形，四面有气孔线，毛端尖，长1.2~2.2 cm。球果卵状圆柱形或长卵状圆柱形，长5~8 cm，熟后绿黄色或褐色；种鳞倒卵形，尖端圆形或微尖，露出的部分光滑，无纵纹，种子上端有膜质长翅。

（二）分布与生态学特性

红皮云杉为浅根性树种，较耐阴，耐寒性、耐湿性较强；生长较快，喜生于山的中下部与谷地；适应性强，在分布区内除有积水的沼泽化地带及干燥的阳坡、山脊外，其他各种类型的立地条件均能生长。红皮云杉是东北的乡土树种，除了造林用材外，还可作为绿化树种。栽培的主要地区为东北和华北，主要有黑龙江省的哈尔滨、牡丹江、鹤岗、鸡西、双鸭山、伊春和佳木斯，吉林省的长春、四平和延吉，辽宁省的抚顺、铁岭、本溪、沈阳、葫芦岛、大连、丹东、鞍山、辽阳、锦州、营口和盘锦，北京，天津，山西省的太原、临汾和长治，河北省的石家庄、秦皇岛、保定、唐山、邯郸、邢台和承德，山东省的济南和德州，陕西省的延安和宝鸡，甘肃的天水等。

（三）利用价值

材质松软，纹理通直，强度高于红松，是良好的建筑、桥梁、枕木、电杆、坑木用材，在航空、造船、胶合板、家具、乐器等方面常用，也是造纸的良好原料，常用作庭园绿化树种。

二、川西云杉

学名 *Picea likiangensis* var. *balfouriana*（Rehd. et Wils.）Hillier ex Slsvin。

（一）形态特征

常绿乔木，树高可达 40 m，胸径 1 m。树皮深灰色或暗褐灰色，深裂成不规则的厚块片，枝条平展，树冠塔形，1 年生枝通常较粗，有密毛；冬芽圆锥形、卵状圆锥形、卵状球形或圆球形，有树脂，芽鳞褐色，排列紧密，小枝基部宿存芽鳞的先端不反卷，或微开展；小枝上面之叶近直上伸展或向前伸展，小枝下面及两侧之叶向两侧弯伸，叶棱状条形或扁四棱形，直或微弯，长 0.6～1.5 cm，宽 1～1.5 mm，先端尖或钝尖，横切面菱形或微扁，上（腹）面每边有白色气孔线 4～7 条，叶下面每边常有 3～4 条完整或不完整的气孔线；球果卵状矩圆形或圆柱形，成熟前种鳞红褐色或黑紫色，熟时褐色、淡红褐色、紫褐色或黑紫色，长 4～9 cm；中部种鳞斜方状卵形或菱状卵形，中部或中下部宽，中上部渐窄或微渐窄，上部成三角形或钝三角形，边缘有细缺齿，稀呈微波状，基部楔形；种子灰褐色，近卵圆形，种翅倒卵状椭圆形，淡褐色，有光泽，常具疏生的紫色小斑点。花期 4～5 月，球果 9～10 月成熟。

（二）分布与生态适应性

产于四川西部和西南部、青海南部、西藏东部，分布地区年均温 2.5～3.7 ℃，绝对最高气温 28.7 ℃，绝对最低气温 −29.7 ℃，分布上限最暖月（7 月）气温≥8.5 ℃；年降水量 478～652 mm，相对湿度 55%～60%。在海拔 3 300～4 300 m 的高山、谷地或沟溪河旁，呈片状、带状分布，或在河岸、沟底、阴坡、半阴坡、半阳坡、山脊等散生分布，较集中分布于海拔 3 500～4 150 m 处，常组成大片纯林，或与鳞皮云杉、紫果云杉、岷江云杉组成混交林，有时混生密枝圆柏、大果圆柏或白桦，其少量分布于四川西南和西南部高山地区和西藏东南部。

（三）利用价值

木材可供建筑、舟车、家具及木纤维工业原料用材。

三、青海云杉

学名 *Picea crassifolia* Kom. 。

(一) 形态特征

乔木，高达 23 m，胸径 30～60 cm；1 年生嫩枝淡绿黄色，2 年生小枝呈粉红色或淡褐黄色，稀呈黄色，通常有明显或微明显的白粉（尤以叶枕顶端的白粉显著），或无白粉，老枝呈淡褐色、褐色或灰褐色；冬芽圆锥形，通常无树脂，基部芽鳞有隆起的纵脊，小枝基部宿存芽鳞的先端常开展或反曲。叶较粗，四棱状条形，近辐射伸展，或小枝上面之叶直上伸展，下面及两侧之叶向上弯伸，多少弯曲或直，长 1.2～3.5 cm，宽 2～3 mm，先端钝，或具钝尖头，横切面四棱形，稀两侧扁，四面有气孔线，上面每边 5～7 条，下面每边 4～6 条。球果圆柱形或矩圆状圆柱形，长 7～11 cm，径 2～3.5 cm，成熟前种鳞背部露出部分绿色，上部边缘紫红色；中部种鳞倒卵形，长约 1.8 cm，宽约 1.5 cm，先端圆，边缘全缘或微成波状，微向内曲，基部宽楔形；苞鳞短小，三角状匙形，长约 4 mm；种子斜倒卵圆形，长约 3.5 mm，连翅长约 1.3 cm，种翅倒卵状，淡褐色，先端圆。花期 4～5 月，球果 9～10 月成熟。

(二) 分布与生态适应性

青海云杉是中国特有的常绿乔木树种，分布于青海、甘肃、宁夏、内蒙古等 4 省（自治区），以青海分布最广。在青海省分布大致位于东经 98°30′～102°45′、北纬 34°30′～38°35′，集中成片在祁连山中段、东段的祁连、门源、互助、大通、湟中、乐都、民和等县（区）。其面积约占云杉林总面积的 55%，原始林少，主要分布在祁连县境内的黑河流域，均为成、过熟林；其余各县多为天然次生林，中龄林，海拔 2 400～3 550 m；湟水流域分布上限为海拔 3 100 m，海北仙米、黄南麦秀林区分布上限为海拔 3 300 m，祁连林区分布上限为海拔 3 400 m，同德江群林区分布上限竟达海拔 3 550 m，但多集中在海拔 2 500～3 200 m。

(三) 利用价值

材质优良，可供建筑、桥梁、造船、车辆、航空器材及木纤维工业等用，它抗旱性强，是其分布区重点更新与荒山造林树种。

四、紫果云杉

学名 *Picea purpurea* Mast. 。

(一) 形态特征

乔木，高达 50 m，胸径达 1 m；树皮深灰色，裂成不规则较薄的鳞状块片；大枝平展，树冠尖塔形；小枝有密生柔毛，1 年生枝黄色或淡褐黄色，2～3 年生枝黄灰色或灰色；冬芽圆锥形，有树脂，芽鳞排列紧密，小枝基部宿存芽鳞的先端不反曲或微开展。叶辐射伸展或枝条上面之叶向前伸展，下面之叶向两侧伸展，扁四棱状条形，横切面扁菱形，两面中脉隆起，直或微弯，长 0.7～1.2 cm，宽 1.5～1.8 mm，先端微尖或微钝，下（背）面先端呈明显的斜方形，通常无气孔线，或个别的叶有 1～2 条不完整的气孔线，上（腹）面每边有 4～6 条白粉气孔线。球果圆柱状卵圆形或椭圆形，成熟前后同色，呈紫黑色或淡红紫色，长 2.5～4（～6）cm，径 1.7～3 cm；种鳞排列疏松，中部种鳞斜方状卵形，长 1.3～1.6 cm，宽约 1.3 cm，中上部渐窄成三角形，边缘波状、有细缺齿；苞鳞矩圆状卵形，长约 3 mm；种子连翅长约 9 mm，种翅褐色，有紫色小斑点。子叶 5～7 枚，条状钻形，长 1～1.3 cm，全缘；初生叶扁四棱状条形，先端锐尖，上面每边有 3～5 条气孔线，下面无气孔线或每边有 1～2 条气孔线。花期 4 月，球果 10 月成熟。

（二）分布与生态适应性

我国特有树种，产于四川北部（阿坝藏族自治州地区、岷江流域）、甘肃榆中及洮河流域、青海西倾山北坡。常在海拔 2 600～3 800 m，气候温凉、山地棕壤土地带组成纯林或与岷江冷杉、云杉、红杉等针叶树混生成林。林下发育着山地暗棕壤、山地表潜暗棕壤，组成薹草—云杉林、箭竹—云杉林、灌木—云杉林、藓类—云杉林，疏密度 0.5～1.0，地位级Ⅲ～Ⅴ级，林冠下天然更新不好。材质优良，生长较快，可做甘肃南部洮河流域、白龙江流域和四川北部岷江流域海拔 2 600～3 600 m 地带的森林更新及荒山造林树种。

（三）利用价值

紫果云杉木材是云杉属中最为优良的木材，可供航空器材、乐器、上等家具等用材，也可做人造丝的高级原料。

五、青杆

学名 *Picea wilsonii* Mast.。

（一）形态特征

常绿乔木，高达 50 m，胸径 1.3 m。树冠阔圆锥形，老年树冠呈不规则状。树皮淡黄灰色，浅裂或不规则鳞片状剥落。枝细长开展，淡灰色或淡黄色，光滑。芽卵圆形，栗褐色，小枝基部宿存芽鳞紧贴枝干。叶线形、坚硬，长 0.8～1.3 cm，宽 0.1～0.2 cm，先端尖，粗细多变异，横断面菱形，各面均有白色气孔线 4～6 条。球果卵状圆柱形，长 4～8（10）cm，径 2.5～4 cm，初绿色，成熟后褐色；种鳞倒卵形，长 1.3～1.7 cm，宽 0.1～0.15 cm。种子连翅总长 1.2～1.5 cm。花期 4 月，球果 10 月成熟。

（二）分布与生物学特性

青杆分布于河北、甘肃中南部、陕西西部、湖北西部、青海东部及四川等地区。适应力强，耐阴性强，耐寒，喜凉爽湿润气候，在 500～1 000 mm 降水量地区均可生长，喜排水良好，适当湿润的中性或微酸性土壤，在微碱性土中也可生长。

（三）利用价值

树体高大、挺拔，具有观赏价值，也是其分布区优良的造林与用材树种。青杆的果和针叶等也可入药，具有活血止痛、发表解毒、明目安神等功效。

六、台湾云杉

学名 *Picea morrisonicola* Hayata。

（一）形态特征

乔木，高达 50 m，胸径达 1.5 m；树皮灰褐色，裂成块片脱落；1 年生枝褐色或淡黄褐色，无毛，2～3 年生枝灰褐色；冬芽卵圆形，稀圆锥状卵形，小枝基部宿存芽鳞的先端不向外开展。叶长 0.8～1.4 cm，宽约 1 mm，先端微渐尖，无明显的短尖头，横切面菱形，四面有气孔线，上面每边约 5 条，下面每边 2～3 条。球果矩圆状圆柱形或卵状圆柱形，熟时褐色，稀微带紫色，长 5～7 cm，径 2.5～3 cm；种鳞排列较密，倒卵形，上部宽圆，下部宽楔形或微圆，中部种鳞长约 1.5 cm，宽约 1.2 cm；苞鳞短小，长矩圆形，长约 2.5 mm，先端有凹缺或中央有尖头突出；种子近倒卵圆形，长 3～4 mm，连翅长约 1 cm，种翅倒卵状矩圆形，先端圆（图 13 - 1）。

（二）分布

产于台湾中央山脉海拔 1 000～2 800 m 地带，丹大溪上流、楠梓仙溪、大甲溪上游等处常群生成林。在砂岩发育的生草灰化土上组成纯林，或在垂直分布带上限与台湾冷杉、台湾铁杉组成混交林。

（三）利用价值

木材黄白色或白色，质较轻软、细密，纹理直。可做建筑、舟车、器具、家具及木纤维工业原料等用材。

（罗建勋）

参考文献

蔡萍，宛涛，张洪波，等，2009. 沙地云杉与近缘种红皮云杉和白杆遗传多样性的 RAPD 分析 [J]. 中国农业科技导报，11（6）：102 - 110.

岑庆雅，缪汝槐，廖文波，1996. 中国松科冷杉亚科植物区系研究 [J]. 中山大学学报论丛（2）：87 - 92.

崔治家，晋玲，方强恩，等，2010. 甘肃连成国家级自然保护区云杉属（*Picea* L.）植物化学分类学研究初探 [J]. 甘肃中医学院学报，27（6）：24 - 26.

辜云杰，罗建勋，吴远伟，等，2009. 川西云杉天然种群表型多样性 [J]. 植物生态学报，33（2）：291-301.

贾子瑞，2011. 云杉属系统与进化学研究 [D]. 北京：中国林业科学研究院 .

贾子瑞，张守攻，王军辉，2011. 7 种云杉属树种花粉形态特征及系统学的意义 [J]. 电子显微镜学报，30（3）：257-264.

蒋雪彬，李建民，高廷玉，等，2000. 云杉的演化史及分布状况 [J]. 林业勘察设计（1）：30-33.

兰士波，2013. 青海云杉遗传变异分析及早期评价 [J]. 中国园艺文摘（9）：13-16.

李春红，蓝登明，周世权，等，2008. 内蒙古白音敖包沙地云杉分类学研究 [J]. 干旱区资源与环境，22（2）：164-169.

李代钧，1980. 成都平原更新世孢粉组合 [J]. 四川地质学报，1（1）：95-106.

李国娥，王晓东，2011. 青海云杉物候观察及开花结实规律初探 [J]. 青海农林科技（3）：62-65.

李林初，1992. 云杉核型的研究兼论云杉属的进化地位 [J]. 云南植物研究，14（4）：347-352.

刘林英，蒋明，张宋智，等，2012. 青海云杉半同胞家系苗期遗传变异及选择 [J]. 东北林业大学学报，40（7）：11-13.

罗建勋，顾万春，姚平，2005. 云杉现有天然林的遗传分化和种源区划分 [J]. 西北农林科技大学学报（自然科学版），33（2）：78-84.

宋璐，齐德新，马建伟，等，2014，川西云杉家系苗期性状遗传通径分析及综合选择 [J]. 东北林业大学学报（7）：20-23.

王娅丽，李毅，2008. 祁连山青海云杉天然群体的种实性状表型多样性 [J]. 植物生态学报，32（2）：355-362.

王娅丽，李毅，陈晓阳，等，2008. 祁连山青海云杉天然群体表型性状遗传多样性分析 [J]. 林业科学，44（2）：70-77.

乌弘奇，1986. 云杉属一新变种 [J]. 植物研究，6（2）：153-155.

吴远伟，罗建勋，胡庭兴，等，2008. 川西云杉天然林分布特点和种内群体分化的初步研究 [J]. 西北农林科技大学学报（自然科学版），36（9）：81-86.

徐文铎，1983. 内蒙古沙地的白杆林 [J]. 植物生态学与地植物学丛刊，7（1）：1-7.

张宏斌，吕东，赵明，等，2013. 青海云杉半同胞子代测定和优良家系选择研究 [J]. 甘肃农业大学学报，48（3）：82-87.

张馨，2009. 川西亚高山紫果云杉（*Picea purpurea* Mast.）天然种群表型变异的研究 [D]. 北京：北京师范大学 .

中国科学院中国植物志编辑委员会，1978. 中国植物志：第七卷 [M]. 北京：科学出版社 .

《中国树木志》编辑委员会，1981. 中国主要树种造林技术 [M]. 北京：中国林业出版社 .

《中国树木志》编辑委员会，1983. 中国树木志：第一卷 [M]. 北京：中国林业出版社 .

第十四章

柳 树

柳树是杨柳科（Salicaceae）柳属（*Salix* L.）总称，多为灌木，稀乔木。全世界 520 多种，主产北半球温带地区，寒带次之，亚热带和南半球极少，大洋洲无野生种。我国 257 种，122 变种，33 变型，各省份均产（王战等，1984）。柳树是我国重要的绿化、防护、用材树种，具有十分重要的生态价值、绿化美化价值和经济价值。

第一节　柳树的利用价值与生产概况

一、柳树的利用价值

（一）木材利用价值

柳树是平原地区重要的速生用材树种。柳木质轻洁白，坚韧细致，不易劈裂，纹理通直，容易切削；干燥后不变形；容易胶黏。柳木纤维含量较高，抗弯强度大，是很好的矿柱用材和纤维用材；也适宜做家具、农具、板箱、小型建筑材及日常用具等用材。

灌木类柳树由于具有生物量大、适应性强、收获周期短和可机械作业等优势，被广泛用于生物能源林培育。近 20 年来，柳树生物能源利用受到广泛的重视。美国和欧盟国家利用灌木柳收获物生产颗粒燃料和发电原料，较传统的煤炭发电可降低污染 50% 以上。通过科学选种和栽培，灌木柳林干材生物量每年可达 18 t/hm^2，明显高于一般速生树种（方升佐等，1997；施士争等，2010）。

（二）生态防护价值

柳树品种繁多，许多树种有优良的抗逆性，常用作先锋树种。

1. 治水保土　柳树耐水湿，治水保土作用十分显著，如垂柳、旱柳、腺柳和簸箕柳等，沿岸营造柳树防护林，可有效保护堤岸。我国古人总结了 6 种治水保土造林模式，即卧柳、低柳、编柳、深柳、漫柳和高柳。当柳树被水淹没时，水中的枝干发生很多不定根，河水退下后会沉积大量泥沙，"数年之后，不假人力，自成巨堤"；此外，由于枝干及水生根系阻截，能显著降低水流速率，减轻风浪水流对堤岸的冲击。在河流、湖泊、水库、沟谷等容易发生水土流失的地方，均适合营造各种柳树防护林。

2. 防风固沙 有的柳树耐贫瘠、耐干旱，更耐沙埋。柳树被沙埋后能萌发大量的不定根并扎入沙地生长，从而增强沙地持水力，并增加养分，一定时期后可将荒漠沙地变为绿洲，起到固沙效果，在低湿的沙区常有天然的"柳湾"。固沙表现比较好的是北沙柳（*S. psammophila*）。北沙柳不定根的萌发数量与沙埋程度呈正相关，沙埋越深，萌发不定根数量越多，柳树生长就越好，固沙效果就越显著。

3. 盐碱荒地改良 在盐碱沙地栽植柳树能起到生物排水的作用，有效降低地下水位，并有显著的脱盐效果。据测定，一株 3～4 年生、高 4 m 的旱柳，一年可蒸腾 3.32 m³ 的水（涂忠虞，1982）。据多年内陆盐碱地柳树林周边土壤含盐量测定，柳林能显著降低林地内及周边的地下水及含盐量。因此在灌溉沙区，柳树是营造农田防护林的重要树种之一。

4. 污染修复 柳树是常用的生物修复树种。柳树根系发达，直径小于 1 mm 的细根占很大比例，比表面积大，对水分和富营养物质需求大，同时有利于根际微生物繁殖生长，促进对污染物质的吸收或降解。

柳树还具有较强的净化空气功能。据测定，垂柳（*S. babylonica*）和旱柳（*S. matsudana*）是优良的抗二氧化硫的树种。在二氧化硫污染地区栽植垂柳和旱柳，垂柳在生长季节每月可吸收二氧化硫 10 kg/hm²。此外，柳树抗氟化氢能力也较强。

柳树对受重金属污染的环境也有较强的修复能力。在镉含量为 8 mg/kg 左右的试验地，蒿柳（*S. viminalis*）每年能从污染土壤中吸收带出的镉为 216.7 g/hm²。国外研究表明，经过 3 年柳树栽培，土壤中镍、镉、铜、锌、铅的总浓度分别降低到原来的 50%、32%、50%、22% 和 61%。

柳树也是修复富营养化水土污染的理想树种。美国学者通过 12 年的研究发现，污水通过以柳树为主的缓冲带后，沉淀物减少 90%，氮和磷总量减少 80%；地下水中氮含量减少 90%。英国南部很多农场利用柳林净化污水，可去除生活污水中 85% 的氮、磷，污水排放达标。据湖北大学研究，在种植密度为 12.5 株/m² 的浮床上，柳树浮床 2 年内能将 34.2 t/m² 的水从 V 类水净化为 III 类水。国外学者表明，在 7 d 内，柳树插条可使水中的乙醇和苯浓度降低 99% 以上。

（三）景观绿化价值

柳树发叶早、落叶迟，生长期长，是半常绿树种，也是我国最常用的园林绿化树种之一。柳树萌发力强，耐修剪，可培育成各种形状的树丛、绿篱；灌木类柳树先花后叶，初春花芽膨大，花芽宿存时间长，是优良的干鲜切花材料。从形态上看，柳树有观花、观叶、观枝和观树姿等多种类型，观叶类型有花叶柳（*S. sinopurpurea* × *S. integra* 'Tu Zhongyu'）和欧洲红皮柳（*S. purpurea*）等，观花类型有银芽柳（*S. turanica* × *S. leucopithecia*）、吐兰柳（*S. turanica*）、黄花柳（*S. caprea*）和细柱柳（*S. gracilistyla*）等；观枝类型有龙爪柳（*S. matsudana* f. *tortuosa*）、垂柳、黄枝白柳（*S. alba*）等；观树姿类型有垂柳、馒头柳（*S. matsudana* f. *umbraculifera*）和旱柳等，每种类型都具有独特的景观价值。

（四）林副产品

柳树枝条细长、柔韧，是柳编制品的原料。特别是杞柳（*S. integra*）、筐柳（*S. linearistipularis*）、川红柳（*S. haoana*）等灌木柳树的枝条细柔、匀称，工艺品质高，可编织各种生活用具、花果篮、装饰品和小型家具等，环保舒适，轻巧美观。在山东临沂、江苏镇江、湖北黄冈等地有不少柳编加工厂，产品大量销往国外。

柳树枝、花、叶均可入药（王伟等，2007；朱玉英，2003；孙守琢，1996）；柳树是早春最早开花的树木之一，花具有蜜腺，是良好的蜜源树种；柳树花粉含有丰富的营养物质，幼嫩花絮可食用。柳树叶片含有多种营养成分，是良好的动物饲料。在西北沙地，灌木柳是重要的饲料来源。柳树还可以饲养柳蝉。

二、柳树的天然分布与生产概况

（一）柳树的天然分布

柳树在我国分布很广，从黑龙江到广东，从东部沿海平地到海拔 4 000 m 以上的西藏高原皆有柳树生长，但某一特定的柳树种往往有一定的分布范围。旱柳和垂柳是最常见的柳树，几乎分布在全国各地；腺柳（*S. chaenomeloides* var. *chaenomeloides*）、紫柳（*S. wilsonii*）、杞柳（*S. integra*）和簸箕柳（*S. suchowensis*）主要分布于长江、黄河中下游及沿海各省；白柳（*S. alba*）和黄花柳（*S. caprea*）则主要分布在新疆、青藏高原地区；爆竹柳（*S. fragilis*）、蒿柳（*S. viminalis*）和朝鲜柳（*S. koreensis*）主要分布在东北地区。

柳属是分布于北半球的树种，在我国华北平原最为习见，到处柳树成荫，但西南地区柳树最多，在四川和云贵等省分布柳树 100 多种，多是灌木或小乔木，该区域特有种有50 多个；其次是东北，有 56 个种，其中乔木柳占 44.7%，西北和华北有几十个种，中部较少，华南只有几个种。

中国天然分布的柳树常形成高山灌木柳丛、滩地及河岸柳林、荒漠灌木柳丛、沼泽灌木柳丛等多种类型。

1. 高山灌木柳丛　高山灌木柳丛是耐寒灌木类柳树。主要有青藏矮柳组（Sect. *Floccosae*）、杯腺柳（*S. cupularis*）、光叶柳（*S. paraphylicifolia*）、匙叶柳（*S. spathulifolia*）、藏匐柳（*S. faxonianoides*）、硬叶柳（*S. sclerophylla*）等，分布在海拔 3 200～4 900 m 的阿尔泰山、天山、秦岭和青藏高原等高山地区；在海拔 3 300～3 750 m 的阴坡和半阴坡的甘肃南部和祁连山东部地区，分布有毛枝山居柳灌木丛，在低海拔区域树高 1.0～1.5 m，在高海拔区域呈密生匍匐状。在海拔 3 200～3 700 m 的秦岭、甘南和川西的高山地区分布有密生杯腺柳灌木丛。在青藏高原东南部，特别是川西的横断山脉和喜马拉雅山一带海拔 3 800～4 900 m 的阴坡和半阴坡，高山和亚高山柳树灌丛非常发达，种类多，生长茂盛，类型复杂。

2. 山地灌木柳丛　分布在东北、华北、华中及西南等山地，主要有黄花柳（*S. caprea*）、青海柳（*S. qinghaiensis*）、皂柳（*S. wallichiana*）、巴郎柳（*S. sphaeronymphe*）等。不同的

种往往分布在不同的海拔范围，例如黄花柳等柳树高大灌木丛，分布在海拔 1 000～2 800 m，常见于秦岭及华北山地，并常与华山松、辽东栎、山杨等乔木伴生；皂柳灌木丛主要分布在海拔 1 200～2 000 m 的秦岭和华北山地。

3. 低湿灌木柳丛　在低湿的沼泽地、河湖滩地、河谷地、湖泊沿岸低湿地及溪流沿岸区域，柳树也同其他灌木混生，如在东北松辽平原沼泽地生长有沼柳（S. rosmarinifolia var. brachypoda），在新疆伊犁地区河漫滩地生长有吐兰柳，在华北、华中及华东等地溪流沿岸生长有蒿柳、三蕊柳（S. triandra）、杞柳等灌木丛。

4. 沙地灌木柳丛　在东北、西北地区，分布有黄柳（S. gordejevii）、北沙柳、川红柳、油柴柳（S. caspica）等。在草原地区流动、半流动沙丘地，柳树常为先锋植物，沙埋后，柳树茎节生长不定根和不定芽，在沙丘流动时期生长旺盛。在沙丘间低地，地下水埋藏较浅的沙地可以生长多种柳树。

以上自然分布的灌木柳，立地条件都比较差，这些柳树灌丛的存在，对固沙、固坡护堤、防止水土流失和保护环境均起到良好作用。

5. 滩地及河岸柳林　在长江流域以北平原地区，常在沿河及湖泊低湿滩地上形成小片乔木柳林，树种有旱柳、垂柳、白柳、腺柳等。如新疆额尔齐斯河生长着天然白柳林，内蒙古南部奈曼旗清河流域平原上有天然旱柳林，洪泽湖滩地上有天然垂柳林，也有混生杨、桦及其他水生植物。滩地水分条件好，土壤深厚，有利于柳树生长。滩地柳林对防止水土流失、保护堤岸有重要作用，也是很好的速生用材林。

（二）柳树的栽培起源与生产概况

1. 栽培起源　柳树自然分布广，主要生长在沿江河、山溪和易受洪水淹没的新冲积物上，并常常聚生。人类的生产、生活以及绿化离不开柳树。人们为了满足其对木材和燃料的需求而利用柳树，并且由于其繁殖、栽植容易，人们将其种植在宅旁、地头或成行栽在沟旁和水旁，或取其木材，或求其起到遮阴和清新空气的作用。杨、柳自古以来就与农业紧密相连，甚至成为农业的一部分，如以烧柴和用材之需的柳树头木作业，国内外均有久远的历史。北魏贾思勰的《齐民要术》中对柳树的种植技术已有了较多的记述，如杨、柳宜插条，在低湿地种簸箕柳要趁地干无水时熟耕数遍等，种柳还要"足水以浇之"。隋代大业年间发淮南民之十余万开邗沟（修运河），自山阳（淮安）至杨子（仪征）入江，渠广四十步，皆筑御道，树以柳。隋唐以后，将官阶分林的措施改为在永业田中栽榆、柳、桑、枣等经济林木和果树。上述史实表明中国柳树栽培起源悠久。

2. 柳树生产概况　我国幅员辽阔，地理、文化多样性以及柳树种质资源丰富，造就了我国柳树生产的多样性。从产业规模来看，柳树产业中最为重要的有柳编产业、北沙柳产业、用材林产业、种苗产业和花艺产业。

（1）柳编生产　柳编是中国历史最悠久、分布范围最广，也是经济产值最高的柳树产业。据文献报道，中国柳编历史可以上溯到 7 000 年前，起源于沿渭（水）黄（河）两岸，沿淮（河）沂（水）岸边，南延到长江、赣水之域，近年又北移至松花江区域。柳编产品原为农民生产生活用具，如簸箕（筐）、笆斗筐、草篮和粪箕等。现代的柳编产品中，传统农具和生活用具已经较为少见，多数已由工艺品和现代包装用品替代，包含花艺工艺品、家具、箱包、炕席、洗衣篓、圣诞筐、吊篮、家居篮、宠物篮等数千种工艺品，销往世界各地，经济附加值得到极大提高。据不完全统计，目前全国杞柳种植面积超过 6.7 万 hm²，柳编产业从业人员达 200 多万人，柳编产业年产值达 190 多亿元。全国柳编主产地为山东、安徽、河南、湖北、江苏和黑龙江等 6 省。此外，柳编产业在我国南方的江西、福建、浙江、广西等省份的部分地区均有生产，有些地方已经形成规模。可用作编织柳的最主要品种为杞柳、簸箕柳及其杂交种，干条产量 5 000～18 000 kg/hm²。此外，还有旱柳、垂柳、北沙柳、红柳、皂柳、秋花柳等，均可用来编织或作为辅助编织材料。

(2) 北沙柳生产　北沙柳也称为沙柳，大灌木，一般高 2～4 m，根系发达，萌芽力强；抗逆性强，较耐旱，喜水湿，抗风沙；耐一定盐碱，耐严寒和酷热；喜适度沙压；繁殖容易，萌蘗力强。沙柳是少有的可以生长在沙漠和盐碱地的固沙造林树种，被誉为沙漠中的十大神奇植物之一，分布在内蒙古、河北、山西、陕西、甘肃、青海、四川等地。沙柳是我国北方用于防风造林的骨干树种，是"三北"防护林的首选树种之一。

沙柳种植主要集中在内蒙古鄂尔多斯、陕西榆林和宁夏平罗之间的毛乌素沙漠。据相关报道统计，陕西榆林境内约有沙柳 33 万 hm²，鄂尔多斯约有沙柳 43.3 万 hm²。全国沙柳 95% 以上是人工林，其主要功能是固土治沙。沙柳 3 年收割一次，产量 5～15 t/hm²，虽然单产较低，由于收获物相当于是治沙防沙工程的"副产品"，且种植规模大，因此规模化效应可观，目前毛乌素沙漠地区每年的沙柳年产量达到 200 万 t 左右（宋江湖等，2011）。

沙柳产业是伴随着我国西北部和北部沙荒与半沙荒地区长期的治沙工程而衍生形成的产业。与沙柳相关的产业有养殖业、柳编业、造纸、纤维板和生物能源产业。沙柳的枝叶营养丰富，是沙漠地区重要的羊、牛、骆驼的饲料树种，一般种植 667 m² 沙柳可以饲养一只羊。沙柳枝条柔软，是沙荒地区传统的柳编材料，我国西部地区的榆林柳编就是以沙柳为原料制作的。除饲料、薪炭材和柳编外，现代社会中沙柳最主要的用途是造纸和生物能源。我国木质纸浆材料缺乏，沙柳条的纤维素含量为 52.63%，半纤维素含量为 23.34%，木质素含量为 19.19%，是较好的造纸材料和纤维板材料，如果配用 20% 的长纤维材料，即可用于一般文化用纸，目前内蒙古、宁夏和陕西等地有多家沙柳造纸企业。近年来，国家及地方政府日益重视可再生能源的发展，利用沙漠地资源生产沙柳，用于生物质发电，成为西部地区发展沙产业、改善沙漠地的可行途径。据报道，2008 年，内蒙古毛乌素生物质发电厂两座 12 MW 的生物质发电厂成功并网，利用沙柳为原料，年发电 2.1 亿 kW·h，每年可消耗沙柳 20 万 t，每年带动治理荒漠 13 333 hm²。沙柳生物质发电产业的发展将大大加快沙柳种植业的发展，对我国沙漠治理工程具有重要意义。

(3) 花艺材生产　柳树中的银芽柳、杞柳和龙爪柳是鲜切花和干花市场上最常用的花材。银芽柳花期长、适生性好，培养条件简单，花枝摆放时间长；花枝既可做单支鲜插花，也可做单束鲜插花，还可以与其他鲜花品种组合配花。银芽柳还是最常见的干花材料，柳条脱水后，花芽可加工成各种颜色，也可不染色直接销售，可单独成花，也可组合配花。作为银芽柳生产的柳树品种一般为花芽大而密、早春具有银白色圆柱状或圆形花序的灌木柳树品种，最常见的银芽柳品种为棉花柳、细柱柳、吐兰柳、黄花柳及其杂种。

柳树花材产业中还有一个重要的商品种类——花艺柳条。花艺柳条中有云龙柳和曲柳两种类型，均是市场上较常见的花材品种。云龙柳是柳条自然生成的形状，曲柳则是柳条进行弯曲加工形成的。云龙柳是龙爪柳生产的，龙爪柳是旱柳的一个变种，大乔木，商品名也称龙柳，全树树干及枝条均呈不规则蜿蜒曲折，颇具艺术韵味，原产黑龙江、吉林、辽宁、河北、山西、北京、天津、河南、山东、陕西、宁夏、甘肃、青海和新疆等地，南至淮河流域，北方平原地区最为常见。生产上龙爪柳常作为灌木状经营，1 年生收割，收割后进行脱皮、脱色、干燥或染色处理，也可不脱皮，直接加工，成为造型优美的干花材料，深受市场欢迎。杞柳、簸箕柳、红皮柳以及沙柳甚至垂柳等柳条细长、柔软、分枝少、易脱皮、易机械弯曲的柳树品种均可作为曲柳的生产品种。与龙爪柳类似，杞柳条脱皮后，可加工成任意有规则的弯曲形状，也是市场上常见的干花材料。龙爪柳和杞柳干条均可单独造型、单独销售，也可作为组合的干花配材。

作为花材的柳树品种全国多数省份的花木产地均有生产，规模不等。规模较大、产品较集中、产量影响力较大的生产基地主要集中在四川和云南，特别是四川省产量最为集中，温江、绵竹、仁寿、峨眉山、西充等地区都有 33 hm^2 以上的生产基地，全省年产花材 2 亿支以上，销往全国各地，并批量出口。

（4）木材生产 用材林是用乔木柳树营造的可以提供木材的柳林，多数柳树景观林也可以同时满足用材林的生产目的。从气候和生产品种上划分，全国柳树用材林生产主要有 4 个区域。

① 长江流域区：柳树用材林生产地主要分布在湖南、湖北、江西、安徽和江苏等省的长江沿岸滩地、主要湖泊水系的滩地（如洪泽湖滩地、鄱阳湖滩地、巢湖和洞庭湖滩地），东至江苏苏州，西至湖北宜昌；该区降水量大、气温高、空气湿热，柳树生长快，但病虫害多，不利于柳树长期生长，可选用耐淹水的速生品种营造用材林，培育短轮伐速生纤维用材林。该区柳树生产主要是结合营造水土保持林、防浪林生产木材，也有企业承包滩地营造用材林，该区约有滩地柳树用材林 46 667 hm^2。该区主要适生造林品种为苏柳 172（涂忠虞等，1987）和苏柳 795（涂忠虞等，1997），一般采用株行距 2 m×3 m 造林，6 年皆伐，干材生物量每年可达鲜重 22.5 t/hm^2 以上；采用 50% 强度间伐时，12 年主伐。

② 华东、华北、西北部分地区：该区包括山东、河北、陕西和山西等降水量中等、气候较为凉爽的区域。这些地区适于大多数乔木类柳树生长。柳树是这些省份地带性植被的主要上层树种，病虫害较少，适合培育柳树大径材。该区柳树人工林主要是四旁植树、行道树、农田林网造林，柳树单株产量高。该区域主要造林品种有苏柳 172、苏柳 369、苏柳 333 以及旱柳、漳河柳和白柳等乡土柳树种。

③ 西北地区：陕西西北部、西藏、新疆和青海等地，该区为温带大陆性气候，年均温低，干旱少雨，空气干燥，柳树病虫害少，柳树生长不如南方快，但柳树寿命长，一般作为行道树和防护林。柳树是这些地区的主要乡土树种和造林树种，主要造林品种有左旋

柳、白柳和旱柳。

④ 东北地区：东北地区是温带湿润季风气候，林木种质资源丰富，柳树造林用材林面积相对较少，主要造林形式是河谷滩地造林、行道树和防护林。该区主要柳树造林种质资源为苏柳 172、爆竹柳、垂柳、朝鲜柳和旱布 329 和垂爆 109 等（李峰等，2000）。

第二节　柳树的形态特征和生物学特性

一、形态特征

（一）树形

柳树按高度可以分为乔木（高 10～20 m）、乔灌木（高 4～10 m）、灌木（高 2～3 m）及草本状灌木（高 0.3～1.0 m），其中灌木占绝大多数。分布在我国的 250 多种柳树，有 190 多种是灌木，乔木柳有 60 多种。在适宜的条件下，有些柳树生长高大，主干高可达 30～35 m，如白柳。大多数柳树高 4～20 m。分布在北极地区的柳树仅高十几厘米，如生长在北极地区的一种柳树，400 多年生，仅高 30 cm。根据经济性状，生产中柳树常见 5 种类型：

1. 垂枝类型　如垂柳和绦柳。发芽早、落叶晚，枝条柔软，纤细下垂，是常用的绿化造林树种，全国各地都有栽培。已被引种到亚洲、欧洲及美洲等许多国家。

2. 直立类型　如旱柳，高可达 20 m，树干通直，其中的优良类型，如漳河柳，直如杉木，完全不同于以往柳树"一曲三弯"的印象。

3. 馒头柳类型　如馒头柳，是旱柳变种，分枝密，半圆形或圆形树冠，状如馒头，是我国华北地区园林中常用品种。

4. 龙爪柳类型　有龙爪垂柳和龙爪旱柳，枝条卷曲向上或下垂，可做乔木和灌木栽培，是园林造景的优良品种，也是干花生产的主要基材。

5. 灌木类型　柳属中绝大多数是灌木柳树，它们的叶色、叶形、皮色、花的变异更加丰富多彩，其中有很多种具有较高的园林价值和经济价值，主要有银芽柳、蒿柳、毛枝柳、红皮柳、杞柳和绵毛柳等。

（二）枝叶

1. 柳树叶的多态性　柳树是发叶最早、落叶最晚的阔叶树之一，在长江流域落叶期仅 1 个月，如遇暖冬，有的种甚至常绿。柳树无顶芽，侧芽通常紧贴枝上，芽鳞单一。叶互生，稀对生，通常狭而长，多为披针形，羽状脉，有锯齿或全缘；叶柄短；具托叶，多有锯齿，常早落，稀宿存。

柳树叶形态变异大。从形状上，大体可分为披针形、线形、长椭圆形、卷曲形、圆形等。根据叶大小，可分为大叶型和小叶型，大叶型柳树叶长可达 20 cm，小叶类型叶长仅有 0.5 cm。根据叶片颜色，有两面绿色、叶背面灰白色、幼叶红色、叶色粉灰蓝等类型。由于丰富的叶色变异，不少柳树具有较高的观赏价值。

2. 柳树枝的多态性　柳树有两种类型的枝条：长枝和短枝。长枝上的叶较大，节间长，通常是由枝干损伤及切口处萌生的。短枝节间短，着生的叶较小，有花芽和叶芽。长枝适宜做插条，短枝则是杂交的材料。芽单生，覆盖一个帽式芽鳞片，花芽通常比叶芽大，落叶后在芽基部有一半月形叶痕，两侧有明显的托叶痕。

柳树枝条皮色变异丰富，落叶后可见枝皮颜色从深绿到浅绿、从浅黄到棕、从浅红到紫红的各种类型，这些变异给冬季的柳树带来丰富的色相变化，不少类型具有很高的园林观赏价值（图 14-1）。

| 橙黄直立 | 金黄直立 | 灰色扭曲 | 黄绿下垂 | 红色直立 | 绿色直立 | 红色斜伸 | 紫褐直立 |

图 14-1 柳树枝条多态性

（三）花果

柳树是雌雄异株，柔荑花序，花序直立或斜展，虫媒花。花很小，为不完全的单性花，无花被，先叶开放，或与叶同时开放，稀后叶开放；苞片全缘，有毛或无毛，宿存，稀早落。雄花包括雄蕊、苞片及腺体，雄蕊 2 枚至多枚，花丝离生或部分或全部合生，花药多，黄色；腺体 1~2 个；雌花是由雌蕊、苞片及腺体等部分组成，雌蕊 2 心皮，子房无柄或有柄，花柱长短不一，或缺，单一或分裂，柱头分裂或不裂。蒴果，成熟时黄绿色，二瓣开裂。种子绿色，长椭圆形，被白色冠毛。不同种的柳树花器形态也有较大的变异，可利用花器变异的种质有银芽柳、黄花柳、细柱柳和灰柳等（图 14-2）。

| 北极柳 | 白柳 | 灰柳 | 银芽柳 |

图 14-2 柳树花的多态性

（四）根系

一般乔木柳垂直根系比较发达，灌木柳水平根系比较发达；柳树细根和须根多，分布广而密集，幼苗根系主根短，侧根长。柳树根系具有内生菌根，柳树的根大多数是由原生质体长出，进行无性繁殖时茎上发生的不定根就属这一类。种子萌芽先从胚根长出垂直的主根，无性起源的柳树无明显的垂直主根。根不能萌生新梢，因此柳树不能进行根插繁殖。

二、生物学特性

（一）生长特性

1. 生长期　柳树年生长期较长，总生长期较短，属于早期速生，寿命比较短的树种。一般乔木柳的总生长期为 40～60 年，灌木柳总生长期为 20～30 年。白柳的寿命较长，可达 100 年以上。生长在北方地区的柳树总生长期较长，年生长期较短，而生长在南方的柳树总生长期较短，年生长期较长。旱柳生长在北方可达 60 多年，而生长在南方的垂柳 20 年以后顶端便出现枯梢现象，渐趋衰老，特别在立地条件不良的地方更为突出。柳树的成材期比较早，一般乔木用材柳成材期为 10～20 年，在国外栽植白柳其轮伐期为 15～20 年。灌木柳 2～3 年便可利用。

柳树发叶很早，在早春是落叶阔叶树中很早发叶的树种。南京垂柳在 2 月中旬便已萌动，3 月中旬放叶。柳树落叶迟，如南京垂柳在 12 月底才完全落叶。江苏省林业科学研究院选育的无性系 J390－78 在第二年的 2 月初才落叶，年生长期很长，还有的无性系在暖冬季节新叶发出后才落叶。据在南京观察，旱柳和垂柳的年生长期为 290～310 d，白柳为 245 d。不同地理起源的柳树年生长期也不一样，南方起源的柳树比北方起源的柳树放叶及落叶都较早，成都垂柳在南京，比当地垂柳早 5 d 放叶，开始落叶也提早 20 多 d，旱柳也有相似情况。一般，同一种柳树的雄株比雌株开花和放叶早，同种柳树生长在北方比生长在南方放叶晚，落叶早。有些生长在南方的柳树放叶早、落叶晚，近似常绿树种。

2. 生长规律　柳树的生长特点是早期生长快。从年生长规律来看，扦插苗 7～8 月生长量最大，实生苗 8～9 月生长量最大，几乎占全年生长量的一半。

从总生长规律来看，乔木柳的速生期是第 5～10 年，一般插条及萌条林初期生长比实生林快，成林期短，衰老较早；实生林后期生长快，寿命较长，能长成大材。一般，垂柳萌芽林的树高及胸径生长在前 6 年最快，以后便明显下降。插条起源的旱柳在前 10 年树高生长较快，第 6～12 年胸径生长最快，在第 12～20 年材积生长达到最快。白柳的速生期在 16～20 年，无性起源的白柳林，前 10 年平均材积生长量为 21～22.05 m³/hm²，25 年生单位面积蓄积量为 400.05 m³/hm²，而实生起源的白柳林前 10 年年平均生长量仅 10.95～15.9 m³/hm²，25 年生单位面积蓄积量为 349.5 m³/hm²，30 年生最高为 595.09 m³/hm²。

灌木柳的柳条林年生长期分为 3 个时期：萌条发生期、枝条速生期和枝条成熟期。萌条发生期在 3～4 月，从根桩上产生萌条，速生期是 6～7 月，是枝条生长最旺盛的时期，占全年总生长量的 60% 以上。平茬后生长更快，一般在扦插后 10 年内达到生长量增长极值，15 年后产量逐渐下降。生长在西北沙地的沙柳造林前 3 年萌条数平均 5～10 枝，平均高生长 1 m 左右，平茬后第四年每株萌条数 30 多枝，年高生长量达 2～3 m。

（二）繁殖特性

柳树开花和结实的年龄比较早，结实数量多，种子很小，没有休眠阶段，不能储藏。

自然界在河边或湖泊的滩地上形成天然的柳林，多是柳树自然下种、成林的结果。

1. 结实年龄和结实量　柳树幼年期比较短，很快进入成熟期，如杞柳等灌木类柳树从第二年便开始开花和结实，垂柳、旱柳等乔木柳从第三年开始开花和结实，少数在第二年就开花和结实。一般无性起源比实生起源早开花和结实，柳树的花很小，花芽分化都是在当年生的小枝上，一般早春生长的侧枝在夏季进行花芽分化，有时当年形成的花芽当年开放。

柳树的结实量很多，垂柳的一个果序有种子 160 多粒，一株 3 年生的垂柳幼树可产生种子 50 万～60 万粒。柳树开花和结实没有大小年之分，到达开花和结实的年龄后，每年都能正常开花和结实。

2. 开花习性　柳树花芽发育不需经低温春化作用，在冬季低温到来之前采集花枝于室内培养能正常开花。柳树在早春开花，一般是先开花后放叶，或与叶同放。多数柳树开花较早，在南京，最早在 2 月左右就有柳树开花，晚的在 4 月中旬开花，但也有柳树开花很晚，如黑柳，5～6 月才开花。在北方开花相应推迟。柳树花枝在温室中水培可提早开花，提早开花的时间，随花枝水培的早晚及温室温度而有所不同。一般雄花比雌花早开放。

柳树开花顺序是花序中基部的小花先开，顶部的后开。一个花序的开花持续期 1～3 d。在一花枝上其开花顺序是花枝中上部的花芽先开，基部的花芽后开，前后相差 2～4 d。雄花从开花到花药开裂为 1～2 d。雌花从开花至柱头开裂为 1～3 d，从柱头开裂至柱头枯萎为 1～4 d。

3. 种子生物学特性　柳树种子千粒重小。旱柳种子千粒重 0.167 g，垂柳种子千粒重 0.15 g。种子具白色冠毛，呈半开张伞状，托在下方，利于种子随风传播。种子一成熟便进行极旺盛的代谢过程，如得不到适宜的发芽条件，很快就失去发芽力。柳树的种子无休眠期，含水量高，原生质弹性低，容易受到强烈的脱水伤害。在适当的干燥低温条件下，柳树种子处于"假死"状态，仍可长期储藏。

三、生态适应性

（一）水分条件

柳树虽然属于中生植物，但各种柳树都喜湿耐水，适宜生长在水分条件良好的地方。自然界中柳树生长的地方，常常是水分充足的低湿地。杞柳、五蕊柳（*S. pentandra*）等甚至能生长在沼泽地，并具备湿生植物的某些特点，如不太发达的根系、细长且薄的叶片等。而在水分不足的情况下，柳树往往会表现出旱生植物的特性，如稀疏的树冠、叶色暗淡及叶片和小枝上有毛等。

1. 柳树的耐水性　柳树在被淹水的情况下也能正常生长，能忍受长期深水淹浸，就是短期的水淹满顶也不会死。洪泽湖滩地的柳树速生林，经常被水淹至 1 m 以上，持续一两个月，仍能正常生长。扬中市江滩种植的编织用杞柳，在每年的汛期都会遭受没顶水淹，长达 2 个月之久，每年收成依然比较可观。柳树被水淹的茎节上可长出大量的水生不定根，新长出的不定根漂浮在水中，不仅行使吸收和运输机能，同时还能减轻水流风浪对树体的冲击。水退之后，枝干上的不定根裸露在空气中，逐渐死亡，土壤中原来的根又重新发挥作用。新造林一般较不耐长期水淹，容易导致生长不良，甚至大量死亡。

2. 淹水对柳树生长的影响　柳树耐水性较强，主要表现在被水淹没而不致死，但对生长仍有明显影响，长期被水淹没，生长量会明显下降。据对 6 年生插条起源的垂柳林的调查显示，生长在常年淹水地的垂柳，比只在汛期短时间淹水的垂柳株高和胸径减少一半左右。这往往是因为淹水后，土壤孔隙充满了水分，土壤的团粒结构遭到破坏；同时通气不良，使得根系正常机能受到阻碍。

3. 柳树的耐旱性　有的柳树耐干旱，属于旱生植物，如生长在沙丘地上的黄柳、沙柳、川红柳、油柴柳等。特别是黄柳，在沙层厚度达 10～100 m，地下水埋深 10 m 以下，含水量只有 2%～3% 的流动沙丘上还能生长。据测定，黄柳枝叶相对含水量较高，为79.6%～88.8%，这与其防止水分蒸发的形态特征有关。如幼枝叶有毛，叶片狭小，稀疏，树形较低矮，为丛生灌木，而且水平根系特别发达，可延伸到 20～30 m 及以外，风蚀露出的水平根也不会枯死。

（二）土壤

柳树适宜生长在沙质壤土或壤土上，在重壤土和沙土上也能生长，壤土上的垂柳生长量较高，重壤土上较低，沙土上最低。柳树一般在酸性土壤上生长最好，在中性土壤上生长较好，但碱性土壤则生长不良，如蒿柳和杞柳在 pH 4～7 的土壤上生长良好，pH 5～6时生长最好。柳树的耐盐性较强，但耐盐性的高低随着种类不同而不同，白柳的耐盐性强，有报道称白柳在西北地区可以生长在含盐量 0.7%～1.0% 的土壤上，在新疆内陆盐碱地区，白柳是很重要的造林树种。耐盐性不同的柳树，其茎部解剖构造也不同，耐盐性强的柳树，茎部具有较宽的年轮，导管较小，单位面积的导管数也较少，木射线和木纤维所占的比例较高。

柳树对土壤通气条件的适应性很广，能生长在通气不良、氧气含量较低、土壤水分饱和的低湿地。土壤通气条件对柳树的影响因种类而有所不同，不同种类的柳树对土壤氧气含量的反应有明显差异。垂柳、白柳、旱柳、白皮柳、杞柳、三蕊柳、蒿柳适宜生长在氧气含量较高的流水地，而五蕊柳、黄花柳、鹿蹄柳（*S. pyrolaefolia*）、沼柳等能忍耐土壤中氧气不足，甚至可以生长在沼泽地。

（三）温度

柳树对气温的适应范围很广，无论是寒冷的北方，还是温暖的南方都有柳树生长，一般来说柳树比较耐寒，而不耐炎热，属于温带和暖温带树种。我国西南地区生长多种柳树，大部分是在海拔比较高的高寒山地。有的柳树能生长在北极地区，据报道，北极圈以北布堤亚湾生长着一种柳树，高仅 30 cm，直径 2～3 cm，年轮密集难分，树龄有 400～500 年。

（四）光照

柳树喜光，属于阳性树种，但不同种类柳树喜光程度不一样，杞柳、垂柳、旱柳、油材柳最喜光；爆竹柳、白柳、三蕊柳、蒿柳、黄柳较喜光；黄花柳、鹿蹄柳则较耐阴，可以在林下生长。一般同种柳树在幼年期较喜光，生长在肥沃潮湿的地方较喜阴，老年期和生长在瘠薄干旱的地方则较喜光。

第三节　柳属植物的起源、演化与分类

一、柳属植物的起源

柳树起源早，在早白垩纪中晚期的阿普第阶的化石中发现柳树叶化石，最早发现于我国吉林省。可靠的孢粉化石最早发现于晚白垩纪早期的赛诺曼期，特别是在白垩纪晚期，在我国华北、东北及日本发现的柳属孢粉化石均已十分常见。这说明在晚白垩纪杨柳科的两大分支就已经形成。据此，杨柳科起源并大范围传播的时间一定在晚白垩纪以前。所以，柳属植物的先锋类群很可能在早白垩纪以前就已经出现。东亚地区是杨柳科现代物种分化最剧烈的地区，即演化中心，也是现代杨柳科的分布中心。从现代地理分布来看，东亚区拥有的种数最多，而在东亚区中，又以中国种类最多。特别是中国—日本森林亚区拥有了世界杨柳科的全部3属9组（类）和1/3的种类，最有可能是杨柳科植物的最初起源地。中国喜马拉雅森林亚区，是一个次生发育中心。从化石资料分析，最早的可靠杨柳科植物化石被考证为白垩纪的赛诺曼期，杨属的叶与柳属的叶及花粉较为常见于晚白垩纪地层化石。这些化石都出现在我国黑龙江、吉林、江苏、辽宁抚顺和松辽盆地，以及日本，也就是中国—日本森林亚区。在北美、欧洲地层中可靠的花粉化石都在第三纪中新世以后才出现（方振富，1987；丁托娅，1995）。

在侏罗纪晚期至古新世，我国东北和日本一带一直处于潮湿的亚热带或暖温带气候带上，在相当漫长的时期内，气候和地理保持了相对稳定，有助于该地区形成稳定的新生物群。适应温带湿润环境的杨柳科树种群有可能发源于这一地区，而中国的华东、华南、西南一带这一时期处于炎热干旱气候带上，不利于喜温暖潮湿环境的杨柳科植物生存。从种属分布情况来看，我国东北地区和日本虽然种数不多，但却拥有几乎杨柳科植物的全部组（类），包括两个最原始的类群钻天柳属和柳属中的大白柳组；虽然由于第三纪中新世时日本海、东海、黄海的形成，陆地联系被隔断，但气候一直没有太大的变化；第四纪广泛分布的冰川也没有覆盖这一地区。从而使这里的杨柳科植物原始类群得以幸存，而且正是因为环境变化不大，这里才没有分化出更多的种类。因此，包括柳属在内的杨柳科植物起源地应该在我国东北地区及日本和朝鲜一带。柳树种子轻、具有种毛、可随风远距离快速扩散，其后代可以飘到很远的地方，遇到湿润的环境，即可以繁衍生息。在晚白垩纪早期之前，地球的北美板块与欧亚板块、非洲、南美洲、欧洲是连通在一起的，那时柳属已经散布到了非洲的南端和南美洲。在更早的早白垩纪时期，赤道附近为一狭窄的潮湿带，两侧分别为北干旱带和南干旱带，更高纬度地区为北潮湿带和南潮湿带，南美洲和非洲南部那时处于南潮湿带上，柳属植物有可能向南传播到了相连的南美洲和非洲陆地，并向西扩展到了欧洲和北美洲，在干旱带演化出了适应干旱环境的类群，如乌柳组、筐柳组等。中新世时，印度板块与亚洲板块碰撞，喜马拉雅高原隆起，当时该地区一般的海拔高度在2 000 m左右，而且环境较湿润，使得杨柳科植物得到了很大的发展，随着海拔的逐渐升

高，也同时演化出适应高海拔的各种类群（方振富，1987；丁托娅，1995）。

二、柳属植物的演化

杨柳科有 3 属，620 多种，其中钻天柳属 1 种，杨属 92 种，柳属是杨柳科进化水平最高的属，约 560 种，变异最大，生态适应范围比杨属和钻天柳属大，具有更大的生存优势，在杨柳科植物中占据最大的分布区。根据进化水平柳属可分为三大类（丁托娅，1995）。

1. 多雄蕊类　柳属中最原始的 1 个类群，有 49 种。遍布于除大洋洲外世界各大洲的温带和亚热带湿润地区。本类植物中的大白柳组（Sect. *Urbanianae*）具有下垂的雌花序（适于风媒）和直立的雄花序（适于虫媒），其结构适于虫媒和风媒，可能是杨柳科植物在进化的道路上向虫媒方向演化的中间结构。由于它具有与钻天柳属类似的较原始结构，日本学者 Kimura 在 1928 年提出，把这一组独立成属，从系统发育的角度看是合理的。大白柳组的分布区与钻天柳属类似，表明本组很可能是柳属中最原始的类群。

多雄蕊类是柳属中最原始的类群，但分布于非洲、南美洲以及亚洲南部的多雄蕊类，由于它们不具备钻天柳或大白柳那样最原始的结构，因此，它们实际上是古老柳属植物起源后，向西南方向扩展的同时，演化出来的适应热带气候的次生类群。这些原始类群向西北及东北方向扩展时则演化出另一类子房柄较短、花柱较长的多雄蕊类，一直向西到达北美洲时，则被其他种替代（*S. caudate*），这就是为什么北美洲多雄蕊类柳属中，既有亚洲南部及非洲多雄蕊类柳属特征的类群，又有欧亚大陆北部多雄蕊类柳属特征的类群。北美洲实际上是原始柳属植物两个方向传播的最终汇合地。

2. 双雄蕊类　共 437 种，广泛分布于北半球的温带和亚热带高山地区，是柳属中的次生类群。生态适应范围非常广泛，本类植物分布的最北界在格陵兰岛以及俄罗斯的新地岛，最南界达危地马拉、我国台湾省高山地区及越南北部，也就是大致在东西两半球的北回归线附近。

双雄蕊类是柳属从多雄蕊类向单雄蕊类演化的中间类群，多雄蕊类柳属经历了相当长的演化过程，形成了不同的类型，双雄蕊类是在不同类型多雄蕊演化的基础上进一步演化的结果，所以双雄蕊类中的各个类群不同源。双雄蕊类在柳属中变异类型最多，形成了最多的种，占柳属全部种类的 77%。双雄蕊类柳属的分布中心在亚洲，在全部双雄蕊类中，亚洲有 337 种，其中很大一部分是特有种。

3. 单雄蕊类　柳属中进化水平最高的类群，有 74 种，间断分布于亚洲、欧洲、北美洲的温带和亚热带的高海拔地区，其中有不少适应旱生环境的类群。本类植物在欧亚大陆上的最北界分布于俄罗斯的连-柯勒，最南界在我国云南省的砚山县；北美洲的最北界在加拿大的巴芬岛，最南界在美国的宾夕法尼亚州。单雄蕊类是柳属中进化水平最高的类群，因此，可以说柳属也是自东向西传播的，主要是从欧洲通过大西洋北极陆桥迁移到北美洲。单雄蕊类在北美大陆的分布范围很窄，种类也只有 3 种，而亚洲大陆有 68 种，即近 90% 的种是在亚洲大陆，亚洲也是单雄蕊类的分布中心。

综上所述，亚洲是柳属的分布中心，原始的类群集中在亚洲东部。

三、柳属植物种分类概况

柳属下分派或组，组（派）以下分种、变种或变型。由于属内种间特征变异大，学者们采取不同的立场，分组多达33～38个（丁托娅，1995）。Schneider（1906）把柳属分为25组，如欧洲和亚洲的柳属，有爆竹柳组（Sect. *Fragiles*）和白柳组（Sect. *Albae*），其中有白柳（*S. alba*）和垂柳（*S. babylonica*）；美洲有黑柳组（Sect. *Nigrae*），还有五蕊柳组（Sect. *Pentandrae*）、三蕊柳组（Sect. *Amygdalinae*）。根据《中国植物志》（中国科学院中国植物志编辑委员会，1984）采用的分类法，将整个柳属分为37组（表14-1），组内包含变种或变型。

表 14-1　中国柳属植物分类

序　号		中文名	拉丁名
1组	四子柳组　Sect. *Tetraspermae*（Anderss.）Schneid.		
	1	四子柳	*S. tetrasperma* Roxb.
	2	纤序柳	*S. araeostachya* Schneid.
2组	大白柳组　Sect. *Urbanianae*（Seemen）Schneid.		
	3	大白柳	*S. maximowiczii* Kom.
3组	紫柳组　Sect. *Wilsonianae* Hao		
	4	粤柳	*S. mesnyi* Hance
	5	水社柳	*S. kusanoi*（Hayata）Schneid.
	6	水柳	*S. warburgii* Seemen
	7	云南柳	*S. cavaleriei* Lévl.
	8	腺柳	*S. chaenomeloides* Kimura
	9	紫柳	*S. wilsonii* Seemen
	10	新紫柳	*S. neowilsonii* Fang
	11	南川柳	*S. rosthornii* Seemen
	12	浙江柳	*S. chekiangensis* Cheng
	13	长梗柳	*S. dunnii* Schneid.
	14	秦柳	*S. chingiana* Hao
	15	腾冲柳	*S. tengchongensis* C. F. Fang
	16	南京柳	*S. nankingensis* C. Wang et S. T. Tung
	17	布尔津柳	*S. bulkingensis* Ch. Y. Yang
4组	五蕊柳组　Sect. *Pentandrae*（Hook.）Schneid.		
	18	五蕊柳	*S. pentandra* L.
	19	康定柳	*S. paraplesia* Schnied.
	20	呼玛柳	*S. humaensis* Y. L. Chou et R. C. Chou

（续）

序　号	中文名	拉丁名
5 组　三蕊柳组　Sect. *Amygdalinae* W. Koch.		
21	三蕊柳	*S. triandra* L.
22	准噶尔柳	*S. songarica* Anderss.
23	川三蕊柳	*S. triandroides* Fang
6 组　柳组　Sect. *Salix*		
24	异蕊柳	*S. heteromera* Hand. – Mazz.
25	白柳	*S. alba* L.
26	爆竹柳	*S. fragilis* L.
27	鸡公柳	*S. chikungensis* Schneid.
28	维西柳	*S. weixiensis* Y. L. Chou
29	旱柳	*S. matsudana* Koidz.
30	平利柳	*S. pingliensis* Y. L. Chou
31	光果巴郎柳	*S. sphaeronymphoides* Y. L. Chou
32	银叶柳	*S. chienii* Cheng
33	垂柳	*S. babylonica* L.
34	朝鲜垂柳	*S. pseudo-lasiogyne* Lévl.
35	圆头柳	*S. capitata* Y. L. Chou et Skv.
36	碧口柳	*S. bikouensis* Y. L. Chou
37	长柱柳	*S. eriocarpa* Franch. et Sav.
38	朝鲜柳	*S. koreensis* Anderss.
39	青海柳	*S. qinghaiensis* Y. L. Chou
40	班公柳	*S. bangongensis* C. Wang et C. F. Fang
41	巴郎柳	*S. sphaeronymphe* Görz
42	绢果柳	*S. sericocarpa* Anderss.
43	白皮柳	*S. pierotii* Miq.
44	长蕊柳	*S. longistamina* C. Wang et P. Y. Fu
7 组　褐毛柳组　Sect. *Fulvopubeescentes* C. F. Fang		
45	褐毛柳	*S. fulvopubescens* Hayata
46	花莲柳	*S. tagawana* Koidz.
47	台湾柳	*S. morii* Hayata
48	玉山柳	*S. morrisonicola* Kimura
49	台湾匍柳	*S. takasagoalpina* Koidz.
50	台高山柳	*S. taiwanalpina* Kimura
51	台矮柳	*S. okamotoana* Koidz.

（续）

序 号	中文名	拉丁名
8组 大叶柳组 Sect. *Magnificae* Schneid.		
52	大叶柳	S. *magnifica* Hemsl.
53	黑枝柳	S. *pella* Schneid.
54	宝兴柳	S. *moupinensis* Franch.
55	峨眉柳	S. *omeiensis* Schneid.
56	小光山柳	S. *xiaoguonshanica* Y. L. Chou et N. Chao
57	长穗柳	S. *radinostachya* Schneid.
58	墨脱柳	S. *medogensis* Y. L. Chou
9组 繁柳组 Sect. *Denticulatae* Schneid.		
59	细序柳	S. *guebriantiana* Schneid.
60	光苞柳	S. *tenella* Schneid.
61	西柳	S. *pseudowolohoensis* Hao
62	草地柳	S. *praticola* Hand. – Mazz. ex Enand
63	异型柳	S. *dissa* Schneid.
64	黑水柳	S. *heishuiensis* N. Chao
65	鹧鸪柳	S. *zhegushanica* N. Chao
66	藏柳	S. *zangica* N. Chao
67	长花柳	S. *longiflora* Anderss.
68	类四腺柳	S. *paratetradenia* C. Wang et P. Y. Fu
69	迟花柳	S. *opsimantha* Schneid.
70	小叶柳	S. *hypoleuca* Seemen
71	山柳	S. *pseudotangii* C. Wang et C. Y. Yu
72	灌西柳	S. *macroblasta* Schneid.
73	眉柳	S. *wangiana* Hao
74	腹毛柳	S. *delavayana* Hand. – Mazz.
75	丝毛柳	S. *luctuosa* Lévl.
76	兴山柳	S. *mictotricha* Schneid.
77	房县柳	S. *rhoophila* Schneid.
78	多枝柳	S. *polyclona* Schneid.
79	周至柳	S. *tangii* Hao
80	西藏柳	S. *xizangensis* Y. L. Chou
81	中华柳	S. *cathayana* Diels.
82	齿叶柳	S. *denticulata* Anderss.
83	小齿叶柳	S. *parvidenticulata* C. F. Fang
84	汶川柳	S. *ochetophylla* Görz
85	巴柳	S. *etosia* Schneid.
86	藏南柳	S. *austrotibetica* N. Chao

（续）

序　号	中文名	拉丁名
10 组　青藏矮柳组　Sect. *Floccosae* Hao		
87	景东矮柳	*S. jingdongensis* C. F. Fang
88	藏匐柳	*S. faxonianoides* C. Wang et P. Y. Fu
89	宝兴矮柳	*S. microphyta* Franch.
90	乌饭叶矮柳	*S. vaccinioides* Hand. – Mazz.
91	藏截苞矮柳	*S. resectoides* Hand. – Mazz.
92	迟花矮柳	*S. oreinoma* Schneid.
93	丛毛矮柳	*S. floccosa* Burkill
94	察隅矮柳	*S. zayulica* C. Wang et C. F. Fang
95	怒江矮柳	*S. coggygria* Hand. – Mazz.
96	环纹矮柳	*S. annulifera* Marq. et Airy-Shaw
11 组　青藏垫柳组　Sect. *Lindleyanae* Schneid.		
97	长柄垫柳	*S. calyculata* Hook. f. apud Anderss.
98	小垫柳	*S. branchista* Schneid.
99	圆齿垫柳	*S. anticecrenata* Kimura
100	锯齿叶垫柳	*S. crenata* Hao
101	栅枝垫柳	*S. clathrata* Hand. – Mazz.
102	毛枝垫柳	*S. hirticaulis* Hand. – Mazz.
103	卡马垫柳	*S. kamanica* C. Wang et P. Y. Fu
104	扇叶垫柳	*S. flabellaris* Anderss.
105	黄花垫柳	*S. souliei* Seemen
106	毛小叶垫柳	*S. trichomicrophylla* C. Wang et P. Y. Fu
107	多花小垫柳	*S. serpyllum* Anderss.
108	卵小叶垫柳	*S. ovatomicrophylla* Hao
109	类扇叶垫柳	*S. paraflabellaris* S. D. Zhao
110	尖齿叶垫柳	*S. oreophila* Hook. f. apud Anderss.
111	康定垫柳	*S. kangdingensis* S. D. Zhao et C. F. Fang
112	青藏垫柳	*S. lindleyana* Wall. apud Anderss.
113	吉隆垫柳	*S. gyirongensis* S. D. Zhao et C. F. Fang
114	毛果垫柳	*S. piptotricha* Hand. – Mazz.
12 组　硬叶柳组　Sect. *Sclerophyllae* Schneid.		
115	杯腺柳	*S. cupularis* Rehd.
116	太白柳	*S. taipaiensis* C. Y. Yu
117	墨竹柳	*S. maizhokunggarensis* N. Chao
118	华西柳	*S. occidental-sinensis* N. Chao

（续）

序 号	中文名	拉丁名
119	山生柳	*S. oritrepha* Schneid.
120	江达柳	*S. gyamdaensis* C. F. Fang
121	奇花柳	*S. atopantha* Schneid.
122	庙王柳	*S. biondiana* Seemen
123	木里柳	*S. muliensis* Görz
124	康巴柳	*S. kongbanica* C. Wang et P. Y. Fu
125	近硬叶柳	*S. sclerophylloides* Y. L. Chou
126	硬叶柳	*S. sclerophylla* Anderss.
127	拉加柳	*S. rockii* Görz
128	贵南柳	*S. juparica* Görz
129	大苞柳	*S. pseudospissa* Görz
130	吉拉柳	*S. gilashanica* C. Wang et P. Y. Fu
131	节枝柳	*S. dalungensis* C. Wang et P. Y. Fu

13组 裸柱头柳组 Sect. *Psilostigmatae* Schneid.

序 号	中文名	拉丁名
132	川鄂柳	*S. fargesii* Burk.
133	银背柳	*S. ernesti* Schneid.
134	曲毛柳	*S. plochotricha* Schneid.
135	长叶柳	*S. phanera* Schneid.
136	纤柳	*S. phaidima* Schneid.
137	匙叶柳	*S. spathulifolia* Seemen
138	灰叶柳	*S. spodiophylla* Hand. - Mazz.
139	白背柳	*S. balfouriana* Schneid.
140	银光柳	*S. argyrophegga* Schneid.
141	对叶柳	*S. salwinensis* Hand. - Mazz.
142	裸柱头柳	*S. psilostigma* Anderss.
143	大理柳	*S. daliensis* C. F. Fang et S. D. Zhao
144	银毛果柳	*S. argyrotrichocarpa* C. F. Fang
145	叉柱柳	*S. divergentistyla* C. F. Fang
146	褐背柳	*S. daltoniana* Anderss.
147	锡金柳	*S. sikkimensis* Anderss.
148	怒江柳	*S. nujiangensis* N. Chao
149	双柱柳	*S. bistyla* Hand. - Mazz.
150	贡山柳	*S. fengiana* C. F. Fang & Ch Y. Yang

（续）

序　号	中文名	拉丁名
14组　绵毛柳组　Sect. *Eriocladae* Hao		
151	丑柳	*S. inamoena* Hand. - Mazz.
152	九鼎柳	*S. amphibola* Schneid.
153	林柳	*S. driophila* Schneid.
154	绵毛柳	*S. erioclada* Lévl.
155	异色柳	*S. dibapha* Schneid.
156	湖北柳	*S. hupehensis* Hao
157	川南柳	*S. wolohoensis* Schneid.
158	截苞柳	*S. resecta* Diels
15组　紫枝柳组　Sect. *Heterochromae* Schneid.		
159	紫枝柳	*S. heterochroma* Seemen
160	藏紫枝柳	*S. paraheterochroma* C. Wang et P. Y. Fu
161	太山柳	*S. taishanensis* C. Wang et C. F. Fang
162	毛果柳	*S. trichocarpa* C. F. Fang
163	亚东毛柳	*S. yadongensis* N. Chao
164	秦岭柳	*S. alfredi* Görz
16组　长白柳组　Sect. *Retusae* A. Kern.		
165	多腺柳	*S. polyadenia* Hand. - Mazz.
166	圆叶柳	*S. rotundifolia* Trautv.
167	蔓柳	*S. turczaninowii* Laksch.
17组　越橘柳组　Sect. *Myrtilloides* Koeh.		
168	越橘柳	*S. myrtilloides* L.
18组　皱纹柳组　Sect. *Chamaetia* Dum.		
169	皱纹柳	*S. vestita* Pursch.
19组　绿叶柳组　Sect. *Glaucae* Pax		
170	灰蓝柳	*S. glauca* L.
171	阿拉套柳	*S. alatavica* Kar. et Kir. ex Stschegl.
172	绿叶柳	*S. metaglauca* Ch. Y. Yang
20组　北极柳组　Sect. *Diplodictyae* Schneid.		
173	北极柳	*S. arctica* Pall.
21组　欧越橘柳组　Sect. *Myrtosalix* A. Kern.		
174	刺叶柳	*S. berberifolia* Pall.
175	欧越橘柳	*S. rectijulis* Ledeb. ex Turcz.

（续）

序　号		中文名	拉丁名
22组	鹿蹄柳组	Sect. *Hastatae* A. Kern.	
	176	戟柳	S. *hastata* L.
	177	枸子叶柳	S. *karelinii* Turcz. ex Stschegl.
	178	鹿蹄柳	S. *pyrolaefolia* Ledeb.
	179	山羊柳	S. *fedtschenkoi* Görz
23组	灌木柳组	Sect. *Arbuscella* Ser. ex Duby	
	180	灌木柳	S. *saposhnikovii* A. Skv.
	181	光叶柳	S. *paraphylicifolia* Ch. Y. Yang
	182	天山柳	S. *tianschanica* Rgl.
	183	叉枝柳	S. *divaricata* Pall.
24组	黄花柳组	Sect. *Vetrix* Dum.	
	184	谷柳	S. *taraikensis* Kimura
	185	崖柳	S. *floderusii* Nakai
	186	兴安柳	S. *hsinganica* Y. L. Chang et Skv.
	187	藏西柳	S. *insignis* Anderss.
	188	黄花柳	S. *caprea* L.
	189	耳柳	S. *aurita* L.
	190	伊犁柳	S. *iliensis* Rgl.
	191	灰柳	S. *cinerea* L.
	192	大黄柳	S. *raddeana* Laksch.
	193	中国黄花柳	S. *sinica*（Hao）C. Wang et C. F. Fang
	194	皂柳	S. *wallichiana* Anderss.
	195	青皂柳	S. *pseudo-wallichiana* Görz
	196	山丹柳	S. *shandanensis* C. F. Fang
25组	毛柳组	Sect. *Lanatae* Koeh.	
	197	喜马拉雅山柳	S. *himalayensis*（Anderss.）Flod.
	198	毛柄柳	S. *lasiopes* C. Wang et P. Y. Fu
26组	粉枝柳组	Sect. *Daphnella* Ser. ex Duby	
	199	井冈柳	S. *leveillenana* Schneid.
	200	粉枝柳	S. *rorida* Laksch.
	201	司氏柳	S. *skvortzovii* Y. L. Chang et Y. L. Chou
	202	江界柳	S. *kangensis* Nakai
27组	银柳组	Sect. *Argyraceae* Ch. Y. Yang	
	203	银柳	S. *argyracea* E. Wolf
	204	绢柳	S. *neolapponum* Ch. Y. Yang

（续）

序　号	中文名	拉丁名
28 组　蒿柳组　Sect. *Vimen* Dum.		
205	密齿柳	*S. characta* Schneid.
206	卷边柳	*S. siuzevii* Seemen
207	萨彦柳	*S. sajanensis* Nas.
208	川滇柳	*S. rehderiana* Schneid.
209	毛枝柳	*S. dasyclados* Wimm.
210	龙江柳	*S. sachalinensis* Fr. Schm.
211	吐兰柳	*S. turanica* Nas.
212	蒿柳	*S. viminalis* L.
29 组　沼柳组　Sect. *Incubaceae* A. Kern.		
213	细叶沼柳	*Salix rosmarinifolia* L.
30 组　川柳组　Sect. *Siebolodianae*（Seemen）Schneid.		
214	川柳	*S. hylonoma* Schneid.
215	石泉柳	*S. shihtsuanensis* C. Wang et C. Y. Yu
216	玉皇柳	*S. yuhuangshanensis* C. Wang et C. Y. Yu
31 组　细柱柳组　Sect. *Subviminales*（Seemen）Schneid.		
217	杜鹃叶柳	*S. rhododendrifolia* C. Wang et P. Y. Fu
218	坡柳	*S. myrtillacea* Anderss.
219	毛坡柳	*S. obscura* Anderss.
220	白毛柳	*S. lanifera* C. F. Fang et S. D. Zhao
221	洮河柳	*S. taoensis* Görz
222	细柱柳	*S. gracilistyla* Miq.
32 组　杞柳组　Sect. *Caesiae* A. Kern.		
223	欧杞柳	*S. caesia* Vill.
224	沙杞柳	*S. kochiana* Trautv.
225	塔城柳	*S. tarbagataica* Ch. Y. Yang
226	杞柳	*S. integra* Thunb.
33 组　秋华柳组　Sect. *Variegatae* Hao		
227	贵州柳	*S. kouytchensis* Schneid.
228	秋华柳	*S. variegata* Franch.
34 组　乌柳组　Sect. *Cheilophilae* Hao		
229	乌柳	*S. cheilophila* Schneid.
230	小穗柳	*S. microstachya* Turcz.
231	线叶柳	*S. wilhelmsiana* Bieb.

（续）

序　号	中文名	拉丁名
35 组　郝柳组 Sect. *Haoanae* C. Wang et Ch. Y. Yang		
232	川红柳	*S. haoana* Fang
233	黄龙柳	*S. liouana* C. Wang et Ch. Y. Yang
234	山毛柳	*S. permollis* C. Wang et C. Y. Yu
235	小叶山毛柳	*S. pseudopermollis* C. Wang et Ch. Y. Yang
236	红柳	*S. sino-purpurea* C. Wang et C. Y. Yang
36 组　筐柳组 Sect. *Helix* Dum.		
237	米黄柳	*S. michelsonii* Görz ex Nas.
238	蓝叶柳	*S. capusii* Franch.
239	百里柳	*S. baileyi* Schneid.
240	黄皮柳	*S. carmanica* Bornm.
241	密穗柳	*S. pycnostachya* Anderss.
242	细枝柳	*S. gracilior* Nakai
243	白河柳	*S. yanbianica* C. F. Fang et Ch. Y. Yang
244	尖叶紫柳	*S. koriyanagi* Kimura ex Görz
245	黄线柳	*S. linearifolia* E. Wolf
246	锯齿柳	*S. serrulatifolia* E. Wolf
247	二色柳	*S. alberti* Rgl.
248	细穗柳	*S. tenuijulis* Ledeb.
249	拉马山柳	*S. lamashanensis* Hao
250	油柴柳	*S. caspica* Pall.
251	筐柳	*S. linearistipularis* （Franch.） Hao
252	松江柳	*S. sungkianica* Y. L. Chou et Skv.
253	簸箕柳	*S. suchowensis* Cheng
254	北沙柳	*S. psammophila* C. Wang et Ch. Y. Yang
37 组　黄柳组 Sect. *Flavidae* Y. L. Chang et Skv.		
255	黄柳	*S. gordejevii* Y. L. Chang et Skv.
存疑种		
256	异雄柳	*S. heterostemon* Flod.
257	黑皮柳	*S. limprichtii* Pax et Hoftm.

四、柳树栽培品种

（一）速生用材类

1. 苏柳 795（*S. jiangsuensis* 'J795'）　雄株，乔木。树干直立，侧枝细。木材具有较强的抗弯强度和抗压、抗冲强度，适合做矿柱材，基本密度 0.473 g/cm³。适于在长江滩地营造用材林或生态防护林，采用 1 年生苗或 2 年根 1 年干平茬苗造林，高径比小于 100，苗木高度以造林后汛期淹水不没顶为宜，密植，株行距 2 m×3 m，插干造林，深度 60 cm。四旁植树宜用 2 年生大苗。

2. 苏柳 799（*S.* ×*jiangsuensis* 'J799'）　雄株，乔木。树干较直，干上部微弯，分枝细，冬季小枝梢部橘红色。在长江滩地采用株行距 2 m×3 m 造林，5 年皆伐，年产干材量 8 383 kg/hm²，木材基本密度 0.428 g/cm³，纤维素含量 48.62%，纤维长 1.087 4 mm，长径比 47.72。适宜用于营造纸浆林，能生产强韧性包装纸、高档牛皮卡纸，经漂白后可部分替代进口纤维木浆配抄高级印刷用纸。适于长江滩地营造纸浆林、小径材用材林或生态防护林，采用 1 年生苗或 2 年根 1 年干平茬苗造林，高径比小于 100，苗木高度以造林后汛期淹水不没顶为宜，密植，株行距 2 m×3 m，插干造林，深度 60 cm。

3. 苏柳 172（*S. jiangsuensis* 'J172'）　雌株，乔木。叶阔披针形，小枝淡绿色，稍下垂，分枝较粗，分枝角较大，树冠开阔，卵圆形。在洪泽湖滩地以株行距 4 m×6 m 造林，年产材量 7 473 kg/hm²。木材基本密度 0.418 5 g/cm³，适宜做纸浆材，具有易打浆、成纸性能好、细浆得率高等优点。成片造林可用 1 年生苗，苗高 2.5~3.0 m，高径比小于 100，四旁植树宜用 2 年生大苗，苗高 4~5 m。营造纸浆林株行距为 2 m×3 m；亦可采用株行距 4 m×6 m 造林，6 年后间伐 50%，培育大径材。

4. 苏柳 194（*S.* ×*jiangsuensis* 'J194'）　雄株，乔木。叶披针形，先端长尖；叶面光滑，叶背有疏毛，叶柄微红。小枝绿色，直立。树冠较窄，长椭圆形，分枝角较小，树干较直。柔荑花序长 1.5 cm，无花序梗。花丝分离，背腹各有 1 个腺体，苞片三角状卵形。成片造林可用 1 年生苗，苗高 2.5~3.0 m，高径比小于 100，四旁植树宜用 2 年生、苗高 4 m 以上大苗。营建纸浆林株行距采用 2 m×3 m，5 年皆伐。

5. 苏柳 485（*S. jiangsuensis* 'J485'）　雌株，乔木。叶披针形，最宽处在叶中部偏下，基部急尖；叶柄上部呈红绿色。芽绿褐色，幼树皮灰绿色，分枝较多，角度多数小于 45°。树冠浓密，较窄，树干直。耐水淹能力和对镉离子的富集能力较强。适于长江及湖滩地造林，季节性淹水深的地方用 2 年生、高 4~5 m 的大苗造林，以汛期淹水不长期没顶为宜。造林采用株行距（1.5 m×3 m）~（3 m×4 m），5~7 年采伐。

（二）园林观赏类

1. 金丝垂柳 J1011（*S.* ×*aureo-pendula* 'J1011'）　雄株，乔木。幼干灰黄色，小枝细长、下垂、黄色，休眠期枝色金黄鲜亮。叶阔披针形，长 12.9 cm，宽 1.6 cm。生长速度快，耐水淹，抗寒性强，枝条修长下垂，枝色金黄，极具观赏价值。宜在水边置景，成行或孤植皆可。栽植穴宜大宜深，1 m×1 m×1 m 效果最好。

2. 金丝垂柳 J1010（*S.* ×*aureo-pendula* 'J1010'）　雄株，乔木。小枝细长、下垂、黄绿色，休眠期枝色橙黄至橘红。叶阔披针形，长 10.3 cm，宽 1.4 cm。生长速度快，耐水淹，抗寒性强，枝条修长下垂，小枝皮色偏红，极具观赏价值。宜在水边置景，成行或孤植皆可。栽植穴宜大宜深，1 m×1 m×1 m 效果最好。此类观赏用垂柳还有金丝垂柳 841 和金丝垂柳 842 两个品种（涂忠虞等，1996）。

3. 花叶柳（*S. sinopurpurea*×*S. integra* 'Tu Zhongyu'）　灌木，雌株。柳条均匀光

滑，分枝多，叶近对生，披针形，长 14 cm，宽 2 cm，叶缘细锯齿，托叶披针形，叶两面无毛。嫩梢淡黄，微发红，成熟枝条绿色，叶 6 月以前成熟叶片上分布白或粉红色斑点，似花叶，观赏性好。6 月中旬以后斑点逐渐退去，变成全绿色。成片造林株行距 10 cm×40 cm。带状造林带宽 40～60 cm，插 3～4 行，行距 20 cm，株距 10 cm，带间距 1～1.5 m，用于在公路边等地绿化，每年平茬更新，以达到较好的观叶效果。

4. 银芽柳 J887（*S. turanica* × *S. leucopithecia* 'J887'）　雌株，灌木。花芽较大，长×宽为（1～1.3）cm×（0.44～0.63）cm，芽间距 2～2.5 cm。花苞片上部边缘黑色，中部红色，长 2.3 cm，宽 1.3 cm，花苞片全长 2.04 mm。枝条褐色，无毛。叶长卵形，长 11.8 cm，宽 3.6 cm。宜在早春或者雨季造林。成片造林株行距 10 cm×40 cm。带状造林带宽 40～60 cm，插 3～4 行，行距 20 cm，株距 10 cm，带间距 1～1.5 m，便于每年冬季收割供插花用的芽条。与该品种相近的还有银芽柳 J1037、银芽柳 J1055、银芽柳 J1052、银芽柳 J1050，均为灌木雄株，可用于园林绿化或插花材料（涂忠虞，2000）。

（三）编织类

1. 簸杞柳 Jw8-26（*S. suchowensis* × *S. integra* 'Jw8-26'）　雌株，灌木。叶互生，披针形，叶缘细锯齿，叶两面无毛，托叶披针形。枝条秋季青绿色，无毛。柔荑花序长 1.5 cm，宽 0.5 cm，有 3 片线形托叶。柱头 4 裂，绿色。花柱明显，子房长卵形，有毛，腹腺 1，苞片盾形，上端黑色，背有长毛。平均条长 230 cm，平均条粗 1.10 cm，柳条均匀光滑，白条率 40.96%（为含水率 15% 的白条率）。柳条韧性好，条长，产量高，利于柳编加工。成片栽植，株行距 10 cm×40 cm；或带状造林，带宽 40～60 cm，行距 20 cm，带间距 1～1.5 m。

2. 杞簸柳 Jw9-6（*S. integra* × *S. suchowensis* 'Jw9-6'）　雌株，灌木。叶互生，披针形，先端渐尖，基部楔形，叶缘细锯齿；托叶线状披针形，早落。枝条秋季黄色或橙色，光滑。柔荑花序长 3 cm，宽 0.5 cm，有 2 片线形托叶。柱头 4 裂。子房腹腺 1，红色。苞片盾形，先端黑色，背有长毛。平均条长 234 cm，平均条粗 1.10 cm，柳条均匀光滑，白条率 39.50%（为含水率 15% 的白条率）。柳条韧性好，条长，产量高，利于柳编加工。成片栽植，株行距 10 cm×40 cm；或带状造林，带宽 40～60 cm，行距 20 cm，带间距 1～1.5 m（涂忠虞，1989）。

（四）其他

苏柳 52-2（*S. jiangsuensis* 'J52-2'）：雌株，灌木。叶互生，叶片长 17.6 cm，宽 3.65 cm，长披针形，绿色，最宽处在叶中部偏下，叶片基部锐尖。成熟叶上表面无毛无粉，背面被白粉；托叶较长，披针形；叶柄黄绿色。柳条皮绿色，柳条粗壮，分枝少。较为耐盐、耐瘠薄。宽窄行造林，行距 1 m，株距 0.5 m，2～3 年平茬更新（施士争等，2010）。

第四节　柳属植物主要种及其野生近缘种的特征特性

我国柳属有 257 种，其中经济价值高的有旱柳、垂柳、紫柳、簸箕柳、杞柳、白柳、爆竹柳和蒿柳等 10 多种。此外，还有 50 多种有改良利用价值，主要分布在江淮流域、东北、华北以及西北低海拔平原地区；其余近 200 种都是分布在寒冷地区或海拔 2 000 m 以上的灌木（涂忠虞，1982）。

一、乔木柳树

1. 垂柳　乔木，高 8～18 m，胸径可达 60～80 cm。树形优美，枝条细长、无毛，通常下垂，但也具直立的分枝类型。叶狭披针形，先端长尖，基部楔形，叶面光滑，边缘有细锯齿。叶长 10～16 cm，宽 0.5～1.2 cm。雄花序长 2～4 cm，宽 1 cm。雄蕊 2 枚，花丝分离，背腹各有 1 个腺体，花药黄色。雌花序长 1.5～2 cm，宽 0.5～0.8 cm。子房长椭圆形，无毛，近无柄，花柱很短，柱头肥大，4 裂，有 1 个腺体，生于子房腹面，苞片三角状长圆形，与子房等长，下部有疏毛。

垂柳的变异极大，根据枝条皮色，可将垂柳分为青皮、黄皮和红皮 3 种类型。

（1）青皮垂柳　小枝绿色或青绿色，枝条直立粗壮，节间长 1.6 cm。分枝开阔，树冠广卵形。叶阔披针形，长 9 cm，宽 1.4 cm。叶背灰绿色，稍有毛，叶面绿色。雄花序长 3～3.5 cm，雌花序长 2.2 cm。该类柳树生长较快。

（2）黄皮垂柳　小枝黄绿色或褐黄色，枝条较细，节间较短，长 10 cm，叶披针形或狭披针形，长 10.4 cm，宽 1.1 cm。叶面光滑，黄绿色，分枝较细，分枝角较小，树冠倒卵形，雄花序长 2.2 cm，雌花序长 1.4 cm。

（3）红皮垂柳　小枝紫红色或酱紫色。叶阔披针形，长 9.5 cm，宽 1.2 cm。叶柄紫红色，叶深绿色。树冠长卵形。雄花序长 1.5 cm，雌花序长 1.3 cm。垂柳主要分布在长江以南平原地区，是平原水边常见树种。垂柳是江南水乡的重要速生用材树种，适宜在长江流域以南各地平原、河边、湖滩等低湿地带营造用材林、矿柱林、薪炭林或防护林。

2. 旱柳　高可达 20 m，胸径 80 cm。枝条直立，较粗壮。叶披针形或阔披针形，长 4～10 cm，宽 1～1.5 cm，边缘有细锯齿。雄花序长 2～3 cm，宽 1 cm。雌花序长 2～2.5 cm，宽 0.6～0.8 cm。雄蕊 2 枚，花丝分离，背腹面各有 1 个腺体，棒状或盾片状。子房长椭圆形，无毛，花柱较短，近无柄，背腹面各有 1 个腺体。

根据分枝特性的不同，旱柳中分出以下几种具有观赏价值的变种：①馒头柳，分枝开阔，树冠为广半圆球形；②龙爪柳，枝条卷曲；③绦柳，枝条下垂。

旱柳主要分布在黄河流域一带，是华北、东北及西北平原地区重要的造林树种，垂直分布可达海拔 1 600 m。在北方有些河流两岸滩地，低湿地常有小片天然林。旱柳是北方平原地区重要的速生用材树种，也是营造农田防护林及水土保持林的重要树种，同时还是北方地区早春的蜜源植物。

3. 白柳　高大乔木，树高可达 20～30 m，胸径达 1.53 m，寿命长达 100 年。分枝直立开展，树冠开阔，广卵形。幼枝有白色茸毛，后脱落。叶披针形或阔披针形，长 5～15 cm，宽 1～3 cm。幼叶有白茸毛，老叶上表面无毛，背面有毛。雄花序长 3～3.5 cm，宽 1.2 cm。雌花序长 3～4 cm，宽 1.2 cm。雄蕊 2 枚，花丝分离，背腹面各有 1 个腺体，苞片有毛。子房长瓶状，无毛，花柱较长，柱头 2 裂，背面有 1 个腺体，极少有 2 个腺体。

白柳变异极大，由于分枝特性，枝条及叶子颜色的变异分为以下观赏类型：①垂枝白柳，枝条下垂；②黄枝白柳，具有黄色的叶和黄色的枝条，叶背面有浅绿色的毛；③红皮白柳，具有红色的枝条；④银叶白柳，叶子表面有银白色的毛，是美丽的观赏树木；⑤蓝叶白柳，老叶表面光滑，背面有蓝色的毛；⑥白柳，主要分布在新疆，在新疆额尔齐斯河有野生白柳林。在青海、宁夏、甘肃、内蒙古等省（自治区）也有分布。在新疆塔什库尔干城海拔 3 000 m 有栽培，生长良好。在欧洲及北美洲一些国家栽植的柳树主要是白柳。白柳是新疆重要的速生用材树种，也是营造防护林的优良树种。

4. 圆头柳 乔木，高 15 m，树冠圆形。小枝灰绿色。叶披针形，长 2～7 cm，宽 0.5～1.2 cm，表面绿色，背面苍白色，有细微的腺体锯齿。雌花序长 1.5～1.8 cm，宽 0.5 cm。子房无毛、无柄。苞片与子房等长，先端尖，下部有短毛，花柱短，柱头 4 裂，腹面有 1 个腺体或 2 个腺体并列。雄蕊 2 枚，花丝分离，花药黄色，1 个腺体。

分布于东北辽宁、吉林、黑龙江等省，以黑龙江中部最多，常栽植于平原、丘陵和河柳两岸，适于东北地区营造农田防护林和四旁绿化。

5. 旱垂柳 乔木，高 10～15 m，胸径 50～70 cm。枝条黄绿色或红黄色。叶阔披针形，长 2.5 cm，宽 0.7～1.5 cm，边缘有细锯齿。雌花序长 3.5 cm，宽 1.0 cm。雄蕊 2 枚，花丝分离，背腹面各有 1 个腺体，苞片三角状卵形，有疏毛。子房无毛，无柄，有明显花柱，为子房长的 1/3。柱头 2 深裂。旱垂柳是旱柳和垂柳的自然杂种。

分布在黑龙江，可作为东北地区的四旁绿化树种。

6. 朝鲜柳 乔木，高 5～10 m，最高可达 20 m，胸径 1～1.5 m。叶披针形或长圆状披针形，长 9～13 cm，宽 1.0～3.8 cm，基部广楔形，先端长或短渐尖，表面绿色，背面白色，沿中脉处生短柔毛，边缘有腺点锯齿。柔荑花序狭圆柱状，宽 0.6～0.8 cm，雌花序长 0.7 cm，雄蕊 2 枚，花丝有时基部合生，下部有短柔毛，花药红色，背腹面各有 1 个腺体。子房无柄，有柔毛，花柱短，柱头红色，4 深裂，苞片长椭圆状卵球形，有短柔毛。

分布在东北东部，内蒙古东部以及华北地区，并分布于日本和朝鲜，可作为营造用材林和防护林的树种。

7. 粉枝柳 乔木，高 15 m，树冠塔形或圆形，初生树皮及枝条灰绿色。枝条有白粉，这是粉枝柳重要的识别特征。叶阔披针形，长 10～12 cm，宽 0.7～3.2 cm，先端渐尖，表面光滑暗绿色，背面有白粉，边缘有线状锯齿。雄花序长 1.5～3.5 cm，宽 1.8～2 cm。雌花序长 3～4 cm，宽 1～1.5 cm。雄蕊 2 枚，花丝长，分离，腹面有 1 个腺体。子房卵状圆锥形，无毛，有柄，花柱细长，约为子房的 1.5 倍，柱头细长，2 裂，苞片上部黑色，有长毛，腹面有 1 个腺体。由于分枝及叶形的变异，将其枝条下垂的称为垂柳粉枝柳；叶倒披针形，芽生短柔毛，称为倒披针叶粉枝柳。

分布于东北南部长白山及大、小兴安岭。可做用材树种，也是东北地区的蜜源植物。

8. 爆竹柳 乔木，高 20 m，胸径 50～100 cm。树冠圆形或长圆形。枝条粗壮，光滑。叶阔披针形，长 8～10 cm，宽 1～1.6 cm，暗绿色，背面灰绿色，边缘有腺点锯齿。雄花序长 4～5.8 cm，宽 1～1.3 cm。雄蕊 2 枚，花丝分离，花药黄色，背腹面各有 1 个腺体，苞片短，长卵形，有疏毛。原分布于欧洲，俄罗斯、西伯利亚及中亚等地。首先被引种至我国黑龙江哈尔滨，生长极快，宜选作营造速生用材林。

9. 腺柳 又称河柳，小乔木，高 5～10 m，树冠广半圆球形，枝条较粗壮，深褐色，无毛。叶椭圆形，卵状披针形至椭圆状披针形，长 4～12 cm，宽 2～3.5 cm，先端尖，宿存。雄花序长 4～5 cm，宽 1 cm。雌花序长 5～6 cm，宽 1 cm。雄蕊 3～6（5）枚，基部有毛，背腹面各有 1 个腺体，盾片状。子房椭圆形，有柄，苞片与子房柄等长，无毛，背腹面各有 1 个腺体，柱头 2 裂。

腺柳的叶形变异很大，分以下变种和变型：①腺叶腺柳，叶片上的腺体成小叶片状，叶宽椭圆形或椭圆形，先端急尖，基部圆形，托叶大，耳形或半圆形；②狭叶腺柳，叶披针形或菱状披针形，长 4～8 cm，宽 0.8～1.5 cm，边缘有腺点锯齿；③钝叶腺柳，叶小，长 3～6.5 cm，宽 1～2.2 cm，叶背淡绿色，叶尖突尖。

腺柳分布于华东、西南及东北地区各省份，陕西、河北亦有分布。常生长在河边、塘边及山沟水旁，可做水边绿化树种。

10. 紫柳 乔木，高 13 m，枝条紫红色，叶卵形或长圆形，长 4～8 cm，宽 1.5～3.0 cm，先端渐尖，基部渐狭至稍圆形，边缘有锯齿，表面绿色，背面有白粉。叶柄长约 1 cm，上端有明显腺体，托叶小或无托叶。雄花序长 6.5 cm，雌花序长 5 cm，花较稀疏。雄蕊 3～5 枚。苞片卵圆形。子房长椭圆形，无毛，子房柄较大，花柱较短，柱头稍裂，头状。

紫柳与腺柳的区别：腺柳托叶大，明显，叶边缘有腺点锯齿。在分类上有以下变种：①抱茎紫柳，小枝末端叶对生，近无柄；②狭叶紫柳，叶狭长；③狭序紫柳，雌花序为细圆柱形；④尖叶紫柳，叶细长，上伴有锯齿，花药黑紫色。

紫柳分布在西南、华东、华中各省份，陕西亦有分布。可作为水边绿化树种。

11. 五蕊柳 灌木或乔木，枝条灰暗色或灰绿色，无毛。幼枝胶黏。叶卵状长圆或阔披针形，革质坚厚。长 5～13 cm，宽 2～4 cm，先端渐尖，边缘有腺点锯齿。雄花序长 3～5 cm，宽 1～1.5 cm。雌花序长 3～6 cm，宽 0.8 cm。花序生长在具有小叶的短枝上，小叶 5～7 片，阔披针形，边缘有细锯齿。雄蕊 5 枚，腺体 2 个。子房卵状圆锥形，无毛，近无柄，花柱短粗，柱头 2 裂，腺体 2 个。

生长在我国东北部的五蕊柳为高 1～3 m 的灌木，生长在欧洲的五蕊柳为乔木，高 16 m，胸径 75 cm。五蕊柳中有 8～24 枚雄蕊的叫多蕊柳，产于内蒙古博克图。

五蕊柳分布于东北大、小兴安岭，在河北、山东、浙江、江苏也有分布。

木材质地紧密，可做农具及薪柴。叶可做黄色染料，树皮含单宁 5.67%～10.37%，是较晚的蜜源植物。可做观赏树木。

12. 三蕊柳 灌木或乔木，高 5～10 m。树皮呈薄片状脱落。枝条褐色或褐绿色，嫩枝有灰黄色短柔毛。叶披针形或卵状披针形，长 4～15 cm，宽 0.5～3.5 cm，叶缘有腺点锯齿。花序生长在有小叶的短枝上，雄花序长 3～8 cm，雌花序长 3～7 cm。雄蕊 3 枚，少数为 2 枚，基部生短柔毛，腺体 2 个，少数 3 个，有时 2 裂或 4～5 圆裂。子房瓶状圆锥形，无毛，有柄，长约为子房的 1/3，花柱短，柱头 2 裂，腺体 2 个，近合生或 1 个腹生。

三蕊柳分布在黑龙江松花江、嫩江流域，以及江苏、山东、河北、浙江、湖北、甘肃等省，在欧洲、俄罗斯、日本、朝鲜等地也有分布。可做水边绿化树种，或选作营造薪炭林。树皮单宁含量 4.6%～20%。树皮及嫩叶可以做黄色染料（涂忠虞，1982）。

二、灌木柳树

1. 簸箕柳 灌木，枝条红褐色或黄绿色，长而柔韧。叶互生。叶线状披针形或倒披针形，长 3～13 cm，宽 0.8～1.5 cm，叶缘有细锯齿。雄花序长 2.5～3 cm，雌花序长 2～2.5 cm。雄蕊 2 枚，花丝合生，苞片长圆形，先端钝圆，黑色，有毛，腹生 1 个腺体。子房长卵形，有毛，近无柄，柱头 2 裂。

簸箕柳变异很大，分出许多栽培品种和变种：①白皮杞柳（大白皮），枝条黄白色，落叶后为褐色，枝条长，髓心大，节间长，生长快，产枝量高，是优良品种；②红皮杞柳（红皮柳），枝条紫红色，叶柄红色，节间短，髓心小，枝质仅次于白皮杞柳；③青皮杞柳，枝条青绿色，粗壮，粗细不匀，生长快，产量高，但枝条脆，品种差。

簸箕柳分布于黄河及淮河流域一带，在河北、河南、江苏、陕西栽培很普遍，辽宁、内蒙古也有栽培，是柳编的重要原料。

2. 北沙柳 灌木，枝条黄色或栗黄色。叶披针形或线状披针形，长 8～15 cm，宽 0.5～1 cm，叶缘有腺点锯齿。雄花序长 3～3.5 cm，宽 1 cm。雌花序长 3～4 cm，宽约 0.7 cm。雄蕊 2 枚，花丝合生，苞片倒卵形，上部黑色，有长毛，腹生 1 个腺体。子房卵圆锥形，有毛，无柄，柱头 2 裂，腹生 1 个腺体。分布在河北、山西、陕西、甘肃等省平原低湿地。枝条是优良的柳编原料。

3. 油柴柳 灌木，高 3～5 m。枝条细长，黄白色。叶线状披针形或线形，长 5～7.5 cm，宽 0.4～0.6 cm，全缘或上部有锯齿。雄花序长 2.5～3 cm，宽 0.8 cm。雌花序长 1.5～3 cm，宽 0.3～0.5 cm。雄蕊 2 枚，花丝合生，有短毛。子房卵圆形或圆锥形，有白色毛。分布于内蒙古及新疆等地，可做沙地造林树种，枝材易燃，宜做薪材。

4. 黄柳 灌木，枝条暗黄色，幼枝红黄色，叶线形或线状披针形，长 2～8 cm，宽 0.3～0.6 cm，叶脉不明显，叶缘有腺点锯齿。雄花序长 1.5～1.7 cm，宽 0.8～1 cm。雌花序长 2～2.7 cm，宽 0.2～0.4 cm，椭圆形。雄蕊 2 枚，花丝离生，苞片有毛，倒卵形，腹生棒状腺体 1 个。子房长卵形，有疏白毛，花柱短，柱头 4 深裂，腹生 1 个腺体。主要分布于辽宁西部及内蒙古，做固沙树种。

5. 蒿柳 灌木或小乔木，高可达 10 m。枝条黄白色，叶线状披针形，长 10～20 cm，宽 0.3～2 cm，全缘或微波状，表面暗绿色，背面密生丝状长毛，呈银色光泽。雄花序长圆状卵形，长 2～3 cm，宽 1.5 cm。雌花序圆柱形，长 3～4 cm，果序长 6 cm。苞片长圆状卵形，先端黑色，具疏长毛。雄蕊 2 枚，花丝离生，极少为基部合生，花丝无毛，花药金黄色，后为暗色。腹生 1 个腺体，丝状。子房卵状圆锥形，有丝状毛，无柄，花柱长，柱头丝状 4 裂，腹生棒状腺体 1 个，苞片卵圆形，先端钝圆，为灰黑色，有毛。分布于东北、内蒙古、新疆、河北及西藏等地，在日本、朝鲜及欧洲等地也有分布。枝条可供柳编。

6. 川红柳 灌木，小枝稍下垂，细长，灰褐色。叶狭长线状披针形，长 1～4 cm，近全缘，内卷或有细锯齿。花后叶开放，花柱圆柱形，长 1.5～2 cm。苞片卵圆形，基部有毛，雌雄各腹生 1 个腺体，长圆形。雄蕊 2 枚，花丝合生。子房卵状圆锥形，无毛，有明显花柱，柱头短圆，红褐色。分布于辽宁西北、内蒙古、甘肃，可作为沙地造林树种。枝条柔韧，是柳编的好原料。

7. 细柱柳（银柳） 灌木，枝条红褐色或黄褐色，芽有柔毛。叶椭圆状长圆形或长圆形，长 5~12 cm，宽 3.5 cm，边缘有腺点锯齿，幼叶面有毛，后表面无毛，叶背密生柔毛。叶脉在叶背明显隆起。柔荑花序无总花梗，密生丝状毛。雄花序长 3~3.5 cm，雌花序长 2.5 cm，宽 1~1.5 cm。苞片披针形，先端尖，黑色，有丝状长毛。雄蕊 2 枚，少有 3 枚，花丝合生，花药初时红色，后为暗黄色，腹生棒状腺体 1 个。子房有丝状毛，近无柄，腹生 1 个腺体，细长如线形，长为子房的 1/3，花柱细长，比子房长 2 倍，柱头 4 裂，红褐色。细柱柳与黄花柳的自然杂种为棉花柳，是较好的观赏植物，常被制成干花。雄蕊 2 枚，花丝分离或上部分离。

8. 黄花柳 灌木，有时为小乔木，高达 9 m。枝条褐色，叶宽椭圆形或长椭圆形，长 6~14 cm，宽 3~4 cm，边缘有不整齐的疏锯齿，或近全缘，暗绿色，有皱纹，叶背有灰色短毛。雄花序长 1.5~2 cm，雌花序长 4~6 cm。雄蕊 2 枚，离生，花丝无毛或基部生有毛的腺体。子房有毛，花柱极短，柱头 2 裂，子房有长柄，长为子房的 1/3。分布在河北、河南、山西、陕西、内蒙古、宁夏、甘肃等省份。不宜扦插繁殖。树皮含鞣质，可取栲胶。

9. 大叶柳（*S. magnifica* Hemsl.） 灌木或小乔木，高可达 6 m。幼枝及芽褐紫色。叶椭圆形或倒卵状椭圆形，叶片极大，长 10~20 cm，先端渐尖，基部圆形或近心形，全缘或近先端有细锯齿，叶表面蓝绿色，叶背有白霜，叶柄长 1~3.5 cm。子房有明显花柱，无柄。分布在四川，不宜扦插繁殖，可作为观赏植物（涂忠虞，1982）。

（施士争）

参考文献

丁托娅，1995. 论世界杨柳科植物的起源、分化和地理分布 [J]. 云南植物研究，17（3）：277-290.

方升佐，黄宝龙，1997. 瑞典柳树能源林的研究及发展概况 [J]. 世界林业研究（3）：68-70.

方振富，1987. 论世界柳属植物的分布与起源 [J]. 植物分类学报，25（4）：307-313.

李峰，王春，陈子英，等，2000. 垂爆 109 柳、旱布 329 柳的选育及推广利用 [J]. 防护林科技，45（4）：20-22，43.

施士争，潘明建，张珏，等，2010. 高生物量灌木柳无性系的选育研究 [J]. 西北林学院学报，25（2）：61-66.

宋江湖，韩宇平，封斌，2011. 榆林市沙柳资源现状及产业发展研究 [J]. 陕西林业科技（3）：26-28.

孙守琢，1996. 灌木柳的经济价值与饲喂效果 [J]. 中国养兔杂志（4）：30-31.

涂忠虞，1982. 柳树育种与栽培 [M]. 南京：江苏科学技术出版社.

涂忠虞，1987. 乔木柳四个无性系的选育与利用 [J]. 江苏林业科技（3）：1-23.

涂忠虞，1989. 簸杞柳 Jw8 - 26 及杞簸柳 Jw9 - 6 新无性系选育 [J]. 江苏林业科技，16（4）：1 - 8.

涂忠虞，郭群，1996. 金丝垂柳的选育 [J]. 江苏林业科技，23（4）：1 - 5.

涂忠虞，潘明建，郭群，等，1997. 柳树造纸及矿柱用材优良无性系选育 [J]. 江苏林业科技，24（1）：1 - 6，21.

涂忠虞，潘明建，郭群，等，2000. 银芽柳的选育 [J]. 江苏林业科技，27（2）：1 - 11.

王伟，杨肃文，方嘉坚，2007. 柳树叶提取物诱导肝癌细胞株 hep - G2 凋亡的实验研究 [J]. 浙江中医杂志，42（11）：658 - 660.

中国科学院中国植物志编辑委员会，1984. 中国植物志：第二十卷第二分册 [M]. 北京：科学出版社.

朱玉英，2003. 鲜柳树叶、皮在治疗产后及术后尿潴留中的作用 [J]. 中华临床医药杂志，58：68.

第十五章

泡 桐

泡桐是玄参科（Scrophulariaceae）泡桐属（*Paulownia* Sieb. et Zucc.）落叶乔木树种总称，是我国南北方广泛栽植的用材树种之一。泡桐具有生长快、材质好、用途广、价值高的特点，还具有适应性强，繁殖容易，根系较深，树冠稀疏，发叶晚，落叶早，适合与农作物间作等特点，是我国华北、西北、中南地区农田林网建设的主要树种，也是我国华北地区平原绿化和营建速生丰产林建设的主要树种。

第一节　泡桐的利用价值和生产概况

一、泡桐的利用价值

（一）用材价值

1. 建筑用材　桐材可做门、窗、房间隔板及天花板、瓦板，是农村民用建筑的好材料。《桐谱》中写道："今山家有以为桁（梁）柱地伏（搁栅）者，诸木屡朽，其屋两易（两次改建），而桐木独坚然而不动。"用桐木间隔房子，隔音而且冬暖夏凉，桐木做梁不变形，是民用建筑的好材料。

2. 工业用材　①桐木材质好，木材轻，变形小，气干密度为 $0.23\sim0.40\ \text{g/cm}^3$，比一般木材轻 40% 左右，可用来做航空模型、精密仪器外壳、客轮及客车内的衬板、航空和水上运输包装箱，以及高级纸张和工艺品等特殊用途。近年来，人们又把泡桐和铝合金匹配，用在飞机和潜艇上。②泡桐是制造木船的好材料，桐材耐腐、不翘裂、无结疤。用桐木造船，具有装货多、不易漏水、经久耐朽的特点。③泡桐木材的胶合性能较好，是制作胶合板的好材料；在人造板工业方面，也有广阔的前途，是单板类人造板生产的重要原料。④桐材还可用于工业木模。由于其绝缘性能强，可做电线槽板、配电盘等电器用材。

3. 日常生活用材　用桐材做桌、椅，特别是桐箱、桐柜等家具，具有防烟尘、隔潮、不易虫蚀等优点。利用隔潮性，桐材广泛用作铺板、油桶、酒桶、茶箱、粮仓等。由于桐木导热系数小，可用来做钱柜内的衬板、锅盖、熨斗柄等。桐木做澡盆和水桶较杉木耐久。在安徽桐木因较耐酸，用来做矾桶。

4. 农具　泡桐做的水渠渡槽，有不下沉、不变形、不裂、耐久的优点。桐木还用于做水车板、鱼浮等。

5. 手工艺品及文化用品　桐材易加工、雕刻，可用于制作手工艺品，如花瓶、神像、木鱼、梳妆盒等。由于泡桐材质轻，不易变形，音响性、共鸣性好，音质优雅而成为乐器中的良材，大量用于制作月琴、琵琶等乐器。桐木还可做黑板心、救生圈心、雪橇及滑水橇。桐木可做炭笔、黑色火药及烟火的原料。

（二）药用价值

泡桐的叶、花、果、皮、木材都具有医用价值。《神农本草经》中记载："桐叶，味苦，寒，无毒，主恶蚀疮著阴。皮，主五痔，杀三虫。花，主敷猪疮，消肿生发。"日本《综合药用植物》中说："泡桐叶及皮能利尿、镇咳。"泡桐根可治筋骨疼痛、红崩白带。泡桐花主治恶蚀疮，又能治各种痔疮，还可治疗气管炎、喉炎、口腔炎、肺炎、腮腺炎等疾病。泡桐叶和木材配制的水溶液可治疗脚肿病。桐花和酸枣仁配制内服药治头昏、肝火盛。

（三）肥料和饲用价值

泡桐的叶、花不仅可做肥料，还是猪、羊、兔的好饲料。泡桐叶、花的氮、磷、钾含量高，脂肪、糖、蛋白质含量也都很高（表15-1），泡桐叶中含氮量可与一些豆科植物相媲美，所以泡桐可称为"肥料树"，而且泡桐叶可压成绿肥，泡桐叶3 d就可腐烂，使水变黑，肥效很高。

表 15-1　泡桐的营养成分含量

（引自河南省泡桐编写组，1978）

植物部位	乙醚提取物（%）	葡萄糖（%）	可溶性糖（%）	淀粉（%）	蛋白质（%）	备　注
花蕾	4.11	5.75	12.51	20.56	1.42	1. 数据为兰考泡桐、毛泡桐、楸叶泡桐3种泡桐单株的平均值 2. 乙醚提取物主要为脂肪类物质
花	4.65	3.99	10.58	8.16	2.26	
叶	11.35	3.96	4.87	1.75	2.88	
嫩果	4.55	7.22	8.04	1.64	1.00	

（四）其他价值

泡桐树形优美，冠幅大。叶片大而具毛，有的分泌黏液，可以吸附空气中的尘烟，净化空气，对二氧化硫气体抗污染能力强。花序大，色彩绚丽，春天繁花似锦，夏天绿树成荫，是美化环境、绿化城市和工矿区的好树种。

泡桐发叶晚，落叶迟，枝叶稀疏，根系较深，适于林粮间作。同时，泡桐所构成的农桐复合系统，为农作物创造了适宜的环境条件，促进了作物的高产稳产。泡桐是我国华北、西北、中南地区农田林网建设的主要树种，也是我国华北地区平原绿化和速生丰产林建设的优良树种。

二、泡桐的地理分布和生产概况

（一）泡桐的地理分布

泡桐在中国分布23个省（自治区、直辖市），北起辽宁南部、北京、山西太原、陕西延安至甘肃平凉一线，南至广东、广西、云南南部；东起台湾及沿海诸省，西至甘肃岷山、四川大雪山和云南高黎贡山以东，位于东经98°～125°、北纬20°～40°。

蒋建平（1990）根据气候、土壤等生态条件和泡桐种类及经营方式的不同，将泡桐分布区划分为3个区：①黄、淮海平原分布区；②江南温暖、湿润分布区；③西北干旱、半干旱分布区。

1. 黄、淮海平原分布区 该分布区自北京和辽宁南部的熊岳以南，南至河南的伏牛山和淮河一线，东自辽宁的丹东和山东、江苏北部沿海起，西至太行山东麓和伏牛山东端，位于东经113°～124°18′、北纬32°30′～40°12′。包括河北南部、辽宁南部、山东、河南东部和北部、安徽北部和江苏北部的广大平原地区，其中也包括一部分山地和丘陵。本区炎热多雨，春季干旱而多风，年平均气温10～14.5 ℃，年降水量600 mm。本区大部分地区适宜泡桐生长，尤以喜水肥、生长快的兰考泡桐在这一地区分布最多，生长最好。其中，豫东、鲁西南和皖北，是兰考泡桐的集中生产地。其主要经营方式为农桐间作和四旁植树。除兰考泡桐外，还有毛泡桐、光泡桐，在浅山地区还有楸叶泡桐，这几种泡桐生长速度不及兰考泡桐，而且树冠稠密，树干低矮，不适宜做农桐间作的树种。

2. 江南温暖、湿润分布区 该分布区的北界，大体上西部以秦岭为界，东部以淮河为界，南至广东、广西、云南的南部，东自台湾和沿海各地，西至四川大雪山和云南的高黎贡山，在东经98°～122°、北纬20°～32°30′，包括陕西、河南、安徽和江苏4省的南部，四川、云南两省的东部及湖北、湖南、江西、浙江、福建、广东、广西和台湾的全部。本区气候温暖湿润，雨量充沛。年均温15～19 ℃，年降水量900～1 600 mm。本区分布泡桐种类多，而且种间、种内变异类型也较复杂。本区以白花泡桐分布最广，生长也最好，还分布有川泡桐、兰考泡桐、毛泡桐、台湾泡桐。

3. 西北干旱、半干旱分布 该分布区北自太原、延安、平凉一线以南，南至秦岭、伏牛山主脉，东自太行山东麓和伏牛山东端起，西至甘肃东，即东经106°～113°、北纬33°30′～38°。本区地形复杂，气温和降水量各地差异较大。本区泡桐的分布规律和种类，大致是沿山间河川平地以兰考泡桐为主，浅山丘陵地区以楸叶泡桐为主，而高寒山地则以毛泡桐为主。在各种人为干扰频繁的地区，以毛泡桐的适应性较强，分布范围也最广。

（二）泡桐的栽培历史和生产概况

泡桐分布广，生长快，材质好，用途多，故很早被人们利用栽植，是我国栽培历史最悠久的用材树种之一。根据蒋建平（1990）等的考证，我国泡桐栽培历史分为古代泡桐栽培和近代泡桐栽培两个阶段。

1. 古代泡桐栽培概况　早在远古时期，就有"神农、黄帝削桐为琴"的传说，2 600多年前的《诗经·鄘风》载有："树之榛栗，椅桐梓漆，爰伐琴瑟"，说明当时人们已经开始栽培泡桐。

《孟子》记载："拱把之桐梓，人苟欲生之，皆知所以养之者。"意思是要想生产成抱粗的泡桐、梓树之类的大径良材，人们都知道如何栽培。文献中所指的地区主要在甘肃、陕西、河南、山东和江苏、安徽一带，足以说明当时泡桐在这些地区栽培的普遍性及它与人们生产、生活的关系已十分密切。

我国古籍中如《周礼》《尔雅》《淮南子》及汉代流传的古诗中几乎都可找到桐木的记载。2 100年前，西汉前期枚乘的《七发》中就有"龙门之桐，高百尺而无枝"，以及后来的农林专著北魏贾思勰的《齐民要术》（6世纪）、明代的《农政全书》《本草纲目》（16～17世纪）、清代的《植物名实图考》（19世纪）等都有关于泡桐栽培和利用的专门记载。特别是北宋皇祐元年陈翥所著《桐谱》（1049）一书，全面系统总结了距今960多年前泡桐的栽培技术，是一部内容丰富的泡桐栽培专著，至今对我国目前的泡桐生产和科研仍有宝贵的价值。

2. 近代泡桐栽培与生产概况　中华人民共和国成立前，泡桐虽有分布，但人工栽培的用材林几乎没有，仅在四旁隙地、农耕地上少数零星分布。1949年以后，特别是20世纪60年代以后，泡桐的发展出现了前所未有的新局面，全国从南至北有23个省、自治区、直辖市，不论是平原还是山区，均有人工栽培。尤其是在地处中原地区的河南、河北、山东、江苏、安徽等省，以四旁植树和农桐间作为主要形式，大力发展泡桐生产；地处长江以南的湖南、四川、浙江、江西等省，以山区造林为主要形式，泡桐发展也很快。在1976年河南民权召开的全国泡桐科技会议上，明确提出全国发展泡桐的规划，这标志着我国泡桐生产进入了一个新阶段。

泡桐是我国重要的速生工业用材树种之一，具有生长快、产量高并适于农桐间作的特点，属于可持续发展的资源性商品。桐木是我国传统的重要出口物资之一，在国际市场上享有很高的声誉。20世纪80～90年代，一般的泡桐出口价相当于我国进口木材价的7～8倍。近年来，出口的桐木及桐木板材大部分集中于河南和山东交界地区，年出口金额超过7 000万美元，主销日本、韩国，对当地农村脱贫致富、经济发展起到了重要作用。

随着我国桐木加工业和桐木综合利用的快速发展，国内、国际市场对桐木的需求年年递增。特别是优质桐木非常紧俏，优质桐材价格连年走高。目前，泡桐中径材价格已达到700元左右/m³，大径材达到1 000元/m³以上。因此，优质泡桐生产市场前景十分广阔。

据国家林业局泡桐研究中心2004年统计，我国有泡桐种植面积近266.68万hm³，约7亿株，木材蓄积量达6 000万m³，年采伐量400万m³。桐木及桐木板材主销日本和韩国，这两国的进口量占我国总出口量的95%左右。2006年，兰考泡桐种植面积超过了

3.067 万 hm³，数百家桐木加工企业和几千个加工户遍布兰考全县，整个兰考泡桐产业年产值接近 10 亿元，是兰考县的工业支柱之一。

第二节　泡桐的形态特征和生物学特性

一、形态特征

（一）根系

泡桐是侧根发达的深根性树种，往往有数条呈爪形强大的侧根向下伸长，一般大树吸收根的 88% 分布在 40 cm 以下的土壤深层。泡桐的吸收根在良好的条件下，生长迅速，埋根繁殖根系上最初生长的吸收根，长至 15 cm，具强大的吸收水肥能力，而在不良条件下，根毛区极不发达，甚至不到 1 cm。吸收根生活时间有限，不久即死去，或转变为具次生构造的老根，以后由老根中再发生新的吸收根，不断更替。

（二）茎

泡桐的茎每节着生两片对生的叶，少数在苗期有 3 叶轮生的；在叶腋生有叠生的腋芽，上面大而明显的是主芽，主芽下面小而不明显的是副芽，在茎的顶端生有顶芽。当生长季节到来时，芽轴伸长，幼叶展开，叶片增多，这就是茎的高生长。生长初期，高生长较缓慢，生长中期，高生长极为迅速，在高生长结束后，顶芽及其下的 1～3 节腋芽常不能越冬而死亡，第二年由枯死部位下的腋芽代替顶芽形成一对侧枝，这种分枝方式称为假二叉分枝。毛泡桐的假二叉分枝最为明显，如不采取措施，往往造成主干低矮。白花泡桐、楸叶泡桐等的一对侧枝往往一强一弱，强者代替顶芽向上生长，过渡为合轴分枝，成为自然接干，甚至有些白花泡桐的顶芽不死亡，完全为单轴分枝。除了上述情况外，还有由不定芽或潜伏芽形成徒长枝代替顶芽向上生长的，如兰考泡桐，这种类型的自然接干不及前者，主干尖削度大，形成两节或三节材。

（三）叶

泡桐叶仅由叶柄和叶片两部分组成，没有托叶，故为不完全叶。单叶对生，苗期偶有互生或 3～4 叶轮生，叶全缘、有角或 3～5 浅裂；具长柄。叶片大，如兰考泡桐，叶卵形或宽卵形，长 15～25（30）cm。

（四）花

顶生聚伞圆锥花序；苞片叶状。花蕾密被黄色星状毛，无鳞片；花紫色或白色；萼 5 裂，宿存；花冠漏斗状或钟状，二唇形，上唇 2 裂稍短，常向上反折，下唇 3 裂较长，多直伸；雄蕊 4（5～6）枚，2 强，内藏，花药叉分；花柱细长，柱头微下弯。

（五）果实与种子

泡桐果实为蒴果，室背开裂。种子小，两侧具叠生白色有条纹的翅。未受精的子房在花后 2～3 周内陆续脱落，受精的子房在宿存萼的保护下继续发育，花柱上部干枯，花柱基部残存而成果喙，子房膨大，经 6～7 个月的发育而成蒴果，子房壁形成果皮，胚珠形成种子，成熟种子细小具薄翅，由种皮、胚、胚乳四部分构成。泡桐种子小而轻，种子本身长圆形，色黑褐，长仅 1.5～2 mm，两侧具白色膜状翅，翅上有许多放射状的脉纹。

二、生物学特性

（一）生长特性

1. 根 泡桐是侧根发达的深根性树种，泡桐根系分布与土壤质地、肥力和水分相关，3 年生泡桐根系分布较浅。根颈粗、根端细、尖削度大，尖端多呈丛状分布或二叉分布。在直径较粗的输导根中或基部，根系呈羽状，丛生状，有时呈并生状。泡桐根系的吸收根十分粗壮，一般粗 1～5 mm，有的吸收根可延长到 60 cm。根毛呈棉絮状，其上附着有土壤微粒，根系发育受地下水位、土壤物理性质及养分影响很大。

2. 树冠 成年的泡桐冠幅大。泡桐的冠幅生长是由每年形成的枝条积累而延续的。对泡桐的树冠结构及其对主干生长影响的研究表明，泡桐冠幅与胸径生长量之间有密切的相关性，不同种类泡桐树冠生长状况和侧枝分枝角度有明显差异，且对主干生长有较大的影响。在陕西关中地区的泡桐，一般定植后当年冠幅生长 1 m 左右，立地条件好的地方可抽枝 1.5 m 以上，差的仅有 0.5～0.6 m。第二年至第三年冠幅迅速扩展，连年生长量 1.5～2.0 m。3～4 年时，在大枝中下部抽生徒长枝，使主干延长形成两层树冠。5～6 年以后，冠幅生长逐年缓慢下来。

3. 茎 泡桐茎生长十分迅速，5～6 年即可成材。泡桐种类不同，在相同立地条件下，其生长速度有明显差异。泡桐高径和材积生长的快慢，高峰生长到来的早晚和持续时间的长短，取决于泡桐的种类及生长的立地条件。如楸叶泡桐，6 年前树高年生长量 1～2.1 m，最快达 3.1 m，7 年后有所下降；直径 6 年前年生长量 2.77～4.77 cm，最快达 5.36 cm。泡桐的干型发育分为 3 种类型，即连续接干类型、间歇接干类型和无接干类型。泡桐在自然分布区气候条件下，胸径的年生长规律和月生长规律一般为单峰曲线。

（二）开花结实

泡桐为雌雄同株，花为双性，雌蕊 1 枚，长于 4 枚雄蕊。花冠筒状，紫色或淡紫色。花长 4～11 cm，粗 1.0～2.5 cm。泡桐花大，色泽鲜艳，花粉粒大，有黏性，具典型虫媒花特征，依靠昆虫授粉。

1. 花蕾 7 月前后，泡桐花芽开始分化。经过分化初期、花蕾形成期、花冠形成期、雌蕊和雄蕊形成期最终形成花蕾，这个过程需 1 个月左右。泡桐种类不同，地点不同，花蕾形成的时间也不相同。毛泡桐在 7 月上旬形成花蕾，兰考泡桐在 7 月中旬形成花蕾；南方早，北方迟。

2. 开花年龄、花期和授粉 泡桐的开花年龄因种类和立地条件的不同而有很大差异。

毛泡桐、台湾泡桐、川泡桐开花较早，一般 2～4 年。楸叶泡桐开花较晚，一般 6～8 年。泡桐开花时间、花期长短也因种类、地区和立地条件而有所差异。一般开花时间从广西桂林到河南郑州再到北京大约相隔半个月。花期延续时间 15～30 d，台湾泡桐、毛泡桐最长，楸叶泡桐最短。兰考泡桐的花从花蕾萌动至花冠开放需要 13～16 d，花冠开放至花冠凋落需 8～10 d，散粉时间 1 周以上，可授粉期 5～7 d。在整个花期，常出现大量落蕾现象。泡桐为典型的虫媒花，在天然授粉情况下，均能结实。

3. 结实习性 子房迅速膨大形成果实，一般在 7 月果实停止外形生长，颜色由绿色变褐色。经过 80～90 d 进入充实阶段，10 月果实成熟，果期 180～200 d。成熟后的果实自上而下纵裂，散放种子。泡桐的结实能力差异很大，毛泡桐、川泡桐、台湾泡桐、南方泡桐和部分白花泡桐结实力强。兰考泡桐、楸叶泡桐结实较少（熊耀国等，1991）。

三、生态适应性

（一）温度

泡桐对温度的适应范围较宽，适宜生长的日均温为 24～29 ℃，极端最高温度 38 ℃，极端最低温度 −25～−20 ℃。温度与泡桐的生长有密切的关系，粗生长和高生长的高峰大致趋于一致。泡桐大树的树液流动和叶芽膨大温度为 8～10 ℃，根系开始生长温度为 10 ℃左右，叶芽开放温度为 12 ℃左右，泡桐始花温度为 10～12 ℃。

（二）水分

从泡桐栽培范围来看，其年降水量差别很大，从降水量只有 500 mm 左右，到降水量最多达 2 000～3 000 mm 的地区都有栽培，降水量 1 000 mm 左右对泡桐的生长更为适宜。

（三）光照

泡桐为强阳性树种，枝叶稀疏，自然整枝现象很强烈，侧方稍有蔽荫就造成明显的偏冠现象，冠顶如遇遮阴就造成生长严重不良，甚至死亡。泡桐一般不宜与其他阳性速生树种混交。泡桐种子发芽必须在有光的条件下进行，在撂荒地、采伐和火烧迹地更新良好。泡桐的喜光程度亦因种而异，白花泡桐与川泡桐具有一定的耐阴性，一般在疏林下能天然更新。

（四）土壤

泡桐适宜生长的土壤类型，从温带棕色森林土、华北平原的褐色土，向南到北亚热带的黄棕壤、黄褐土、四川盆地的紫色土、亚热带黄壤、热带红壤，西至干旱地区黄土母质的碳酸盐褐土、渭河谷地黑土等均可生长。泡桐喜湿润，但怕水淹，不宜在强酸、强碱、黏重、通气不良的土壤地生长。土壤 pH 7.5 左右为好，土壤 pH 8 以上，泡桐生长受到抑制，甚至不能生长。不同种类泡桐耐水湿能力有很大差异，兰考泡桐耐水湿能力差，毛泡桐耐水湿能力强，白花泡桐、山明泡桐耐水湿能力更强。

第三节 泡桐属植物的起源、演化和分类

一、泡桐属植物的起源

根据地质历史资料和形态、生态综合分析，认为在第三纪早期，泡桐属仅1种；到第三纪中新世时，才分化成台湾泡桐（*Paulownia kawakamii*）和毛泡桐（*P. tomentosa*）2种。在第三纪地层中，毛泡桐叶的化石在我国山东，以及法国、捷克和北美洲都有发现，特别是同一时期在日本岐阜县发现类似华东泡桐直径155 cm的矽化树干。另外，在形态上华东泡桐、毛泡桐均为树型较小、叶宽有角、叶缘有锯齿、宽大圆锥花序、深裂的花萼、较小的果实和种子，以及叶、花、果被有不易脱落的茸毛等，特别是宽大有角和边缘具锯齿的叶，这是泡桐属各个种幼苗的共同特征。但有些种在成年树上发出的叶，都发生了明显的分化，只有华东泡桐、毛泡桐仍保持幼态性状，根据个体发育重演系统发育的进化论观点，也可认为华东泡桐、毛泡桐为原始种（陈志远等，2000）。

竺肇华（1982）的研究认为，鄂西、川东（东经112°～107°25′、北纬29°～30°15′）的长江三峡及中下游流域，这一带地形复杂，气候优越，成为泡桐大部分种类的集中分布区，是泡桐属的分布中心和第四纪冰期泡桐属植物的避难所。湖北西部泡桐分布不但种类复杂，而且历史悠久，可能是泡桐属的分布中心或发源地。白花泡桐可能是古老的毛泡桐经长期自然选择分化出来的较"年轻"的一个种（蒋建平，1990；陈志远等，2000）。湖北西部既是泡桐属的多度中心、多样化中心，同时还是次生起源中心区。

二、泡桐属植物的演化

泡桐属种间均可天然杂交，并产生可育后代，经漫长的种间杂交和反复回交，使种间出现了大量表型过渡性杂种群集，因此种间关系非常复杂。陈志远等（2000）从花粉粒形态、同工酶、叶和花药表皮毛状及染色体核型、地理分布等多层面对泡桐属种的演化关系进行了研究，认为华东泡桐和毛泡桐是最原始的两个种。白花泡桐（*P. fortuneii*）是公认的原始种。它的起源可能是古老的毛泡桐经长期自然选择分化出来的一个较"年轻"的种。但当它在地球上出现以后，泡桐属内很快变得复杂起来，成为当今许多杂交种的直接或间接亲本。川泡桐（*P. fargesii*）一般被认为是原始种之一。推测，它可能是华东泡桐向我国西南地区侵移的一个地理宗（geographical race），在分类学上可视为亚种，但仍以种看待。

兰考泡桐作为毛泡桐和白花泡桐的天然杂交种，为多种证据反复证实。对山明泡桐多种同工酶研究，并结合形态和地理分布，可认为是川泡桐和白花泡桐的杂交种。建始泡桐（*P. jianshiensis*）和鄂川泡桐（*P. albiphloea*），可认为是川泡桐与白花泡桐的杂交种。鄂川泡桐及其变种成都泡桐（*P. albiphloea* var. *chengtuensis*）应为南方泡桐与兰考泡桐的杂交种。兴山泡桐（*P. recurva*）是白花泡桐和毛泡桐的天然杂交种。南方泡桐（*P. australis*）和台湾泡桐起源为白花泡桐和华东泡桐的杂交种，并已为台湾学者的研究

所证实。楸叶泡桐（*P. catalpifolia*）是毛泡桐早期演化而成的新种，非杂交起源。圆冠泡桐（河南泡桐）是楸叶泡桐和毛泡桐的天然杂交种。

三、泡桐属植物分类概况

泡桐属玄参科（Scrophulariaceae）泡桐属（*Paulownia*）多落叶乔木，在热带为常绿。本属植物为速生树种，材质优良，轻而韧。小枝粗，节间髓心中空。树皮灰色、灰褐色或灰黑色，幼时平滑，老时纵裂。假二叉分枝。单叶，对生，叶大，卵形，全缘或有浅裂，具长柄，柄上有茸毛。花大，淡紫色或白色，顶生圆锥花序，由多数聚伞花序复合而成。花萼钟状或盘状，肥厚，5 深裂，裂片不等大。花冠钟形或漏斗形，上唇 2 裂、反卷，下唇 3 裂，直伸或微卷；雄蕊 4 枚，2 长 2 短，着生于花冠筒基部；雌蕊 1 枚，花柱细长。蒴果卵形或椭圆形，熟后背缝开裂。种子多数为长圆形，小而轻，两侧具有条纹的翅。

（一）泡桐属植物种分类历史

北宋陈翥所著《桐谱》是我国也是世界上最早对泡桐进行分类记载的专著，《桐谱》第二篇专讲泡桐分类，对所称为"桐"的树种，包括泡桐、青桐、油桐、刺桐等做了区分，并将泡桐分为白花泡桐和紫花桐，而且还把白花泡桐分为不同的类型。

国外最先对泡桐属植物进行描述记载的是瑞典植物学家 C. P. Thunberg（1747—1822），他在 1785 年编著的《日本植物志》中，根据别人从日本长崎采到的毛泡桐标本，定名 *Bignonia tomentosa* Thunb.（毛紫葳），放入紫葳科中。

1835 年荷兰自然学家 Philipp Franz von Siebold（1796—1866）和德国植物学家 J. G. Zuccarini（1797—1848）联合发表了泡桐属（*Paulownia* Sieb. et Zucc.），并将它置于玄参科中。

1841 年德国植物学家 E. G. Steudel（1783—1856）在其出版的《植物命名法》中，把 Thunberg 的 *Bignonia tomentosa* 转移到玄参科泡桐属中，命名为 *Paulownia tomentosa*（Thunb.）Steud.，至此，毛泡桐的拉丁名称才按照国际植物命名法纳入规范。毛泡桐成为泡桐属第一个正规命名的种。

1867 年德国学者 B. C. Seemann（1825—1871）在校订紫葳科时，将中国采集的白花泡桐定名为 *Campsis fortuneii* Seem.。随后，1890 年被英国学者 W. B. Hemsley（1843—1924）更正，转入泡桐属，命名为 *Paulownia fortuneii*（Seem.）Hemsl.，这是泡桐属第二个正规命名的种。

1896 年法国学者 A. R. Franchet（1834—1900）根据中国四川采集的泡桐标本，发表了川泡桐（*Paulownia fargesii* Franch.），这是发表的第三个泡桐种。

1908 年法国植物学家 L. A. Dode（1875—1943）在《树木学笔记》中描述了两个新种，从云南采的标本，命名为紫泡桐（*Paulownia duclouxii* Dode）；从越南采的标本命名为越南泡桐（*Paulownia meridionalis* Dode）。另外 Dode 首次根据花萼上毛的多少将泡桐分为两个组，毛泡桐和川泡桐归入毛泡桐组；白花泡桐、紫泡桐和越南泡桐归入白花泡桐组。

1912 年日本植物学家伊藤笃太郎 (1868—1941) 根据从台湾南投采的标本，定名米氏泡桐 (*P. mikada* Ito)，还根据采自台湾新竹的标本定名台湾泡桐 (*P. kawakamii* Ito)。

1913 年美国植物学家 A. Rehder 根据 W. Purdom 从我国陕西采的标本定名光泡桐 (*P. glabrata* Rehd.)；根据 E. H. Wilson (1862—1940) 从湖北宜昌和福建采的标本，发表了白桐 (*P. thyrsoidea* Rehd.)；根据从湖北西部采的标本发表了兴山泡桐 (*P. recurva* Rehd.)。

1921 年奥地利植物学家 Hand. - Mazz. (1862—1940) 根据其在江西萍乡采的标本，发表了江西泡桐 (*P. rehderiana* H. - M.)。

1935 年我国植物学家白荫元根据从陕西终南山采到的标本，发表了陕西泡桐 (*P. shensiiensis* Pai)，根据从太白山采到的标本发表了白花泡桐的变种 (*P. fortuneii* var. *tsinlingensis* Pai)。

从林奈提倡用双命名法以来，近 200 年间，中外学者共发表了泡桐 16 种 5 变种或变型。

(二) 泡桐属植物种分类

1937 年陈嵘编著的《中国树木分类学》收录泡桐 8 种。1959 年美籍华人胡秀英发表一篇泡桐专著，将前人发表的种和变种中的同物异名进行了合并，成为 5 种，即毛泡桐、白花泡桐、光泡桐、川泡桐和台湾泡桐。另外，她还根据采自河南和山东的标本描述了兰考泡桐 (*P. elongata* S. Y. Hu)，共计 6 种。根据 L. A. Dode 对泡桐属分组的意见，将泡桐分为毛泡桐组、白花泡桐组、台湾泡桐 3 个组。

1980 年中国林业科学研究院林业研究所泡桐组和河南商丘林业局合编的《泡桐研究》中，提出了鄂川泡桐 (*P. albiphloea* Z. H. Zhu sp. nov.) 和它的变种成都泡桐 (*P. albiphloea* var. *chengtuensis* Z. H. Zh.)。

1982 年，河南新野调查发现了圆叶山明泡桐 (*P. lamprophylla* f. *rotunda* Z. X. Chang et S. L. Shi f. nov.) (新变型)，辽宁发现了亮叶毛泡桐 (*P. tomentosa* var. *lucida* Z. X. Chang var. nov.) (新变种)。

根据蒋建平 (1990)《泡桐栽培学》，泡桐属分为白花泡桐 (*P. fortuneii*)、毛泡桐 (*P. tomentosa*)、台湾泡桐 (*P. kawakamii*)、川泡桐 (*P. fargesii*)、兰考泡桐 (*P. elongata*)、鄂川泡桐 (*P. albiphloea*)、南方泡桐 (*P. australis*)、楸叶泡桐 (*P. catalpifolia*)、山明泡桐 (*P. lamprophylla*) 9 个种；另有光泡桐、成都泡桐、黄毛泡桐、亮叶毛泡桐 4 变种，白花兰考泡桐、白花毛泡桐、圆叶山明泡桐、光叶川泡桐 4 变型。

以花序形状、聚伞花序总柄的长短、花萼和果实形状、果皮厚薄为依据，将泡桐属植物分为 3 组。

(1) 大花泡桐组 (Sect. *Fortuneana*) 属于此组的有白花泡桐 (*P. fortuneii*)、楸叶泡桐 (*P. catalpifolia*)、山明泡桐 (*P. lamprophylla*) 和兰考泡桐 (*P. elongata*) 及其变种。

(2) 毛泡桐组 (Sect. *Paulowakamia*) 属于此组的有毛泡桐 (*P. tomentosa*)、光泡

桐（*P. glabrata*）及毛泡桐的 2 变种。

（3）台湾泡桐组（Sect. *Kawakamia*）　属于此组的有川泡桐（*P. fargesii*）和台湾泡桐（*P. kawakamii*）。

（三）泡桐属植物分种检索表

《中国树木志·第四卷》泡桐属分为 7 种，分种检索表如下。

1. 复花序的聚伞花序总梗与花梗近等长。
  2. 叶下面被无柄或近无柄的分枝毛；花序圆筒状或窄圆锥形，分枝约 45°；花蕾倒卵圆形，萼
    1/4～1/3 浅裂，外部毛易脱落，花冠长 7 cm 以上，果皮厚 1.5～5 mm。
    3. 叶多长卵形，蒴果椭圆形。
      4. 果长 6～10 cm，径 3～4 cm，果皮厚 3～5 mm，花长 8～12 cm，冠幅 7.5～8.5 cm，内面小
        紫斑中常兼有大紫斑 ·· 白花泡桐
      4. 果长 3.5～6 cm，径 1.8～2.4 cm，果皮厚 1.5～3 mm，花长 7～9.5 cm，冠幅 4～4.8 cm，
        内面有小紫斑及紫线 ·· 楸叶泡桐
    3. 叶长卵形；蒴果卵圆形，长 3～5 cm，径 2～3 cm，果皮厚 1.5～2.2.5 mm ············· 兰考泡桐
  2. 叶下面被具长柄分枝毛或近无毛，花序宽圆锥形，分枝 60°～90°；花蕾近球形；萼深裂过半，外
    部毛宿存，花冠长 5～7 cm；蒴果卵圆形，果皮厚约 1 mm，密被腺毛 ················ 毛泡桐
1. 复花序的聚伞花序无总梗或总梗极短，花序宽圆锥形，下部常有强大分枝。
  5. 萼 1/3～2/5 浅裂，花后毛渐脱落，稀宿存；聚伞花序的总梗长不及 6 mm；蒴果椭圆形，果皮
    厚 1.2～2.5 mm ··· 南方泡桐
  5. 萼深裂过半，后宿存；聚伞花序无总梗，或花序轴下部的总梗极短；蒴果宽椭圆形或卵圆形，果
    皮厚不及 1 mm。
    6. 叶下面密被单条分节粗腺毛及粗柔毛；花冠长 3.5～5 cm，萼裂片果期反卷 ········· 台湾泡桐
    6. 叶下面密被具长柄的分枝毛；花冠长 6～7.5 cm，萼片果期常贴生果基部 ············· 川泡桐

四、泡桐的遗传变异与种质资源

（一）遗传变异

泡桐为广域分布的树种，在漫长的系统发育中产生了各种变异，而且生长的环境条件差异大，产生了种源、家系、单株间的各种变异，反映在形态、物候、生理、生长、适应性、抗性和材性等方面。

1. 形态变异　泡桐种间在形态上差异极大，主要表现在树形、树冠结构、叶、花、果、种子的大小、形状、颜色、被毛的种类等。泡桐同种类型间差异也很明显，根据枝条粗细、干形、干色、叶、花、果的特征将泡桐分为不同类型：南方泡桐有 2 个类型，台湾泡桐有 2 个类型，毛泡桐有 3 个类型，白花泡桐有 2 个类型，鄂川泡桐有 3 个类型，川泡桐有 2 个类型，兰考泡桐有 3 个类型。白花泡桐根据枝条粗细和分枝角的大小划分为粗枝类型和细枝类型；根据花冠斑点可分为大紫斑类型、小紫斑类型、红斑类型、小紫点类型；在毛泡桐和台湾泡桐中根据花内特征可分为紫花类型、白花类型等；兰考泡桐可分为紫花类型、白花类型；楸叶泡桐可分为宽冠类型、窄冠类型；川泡桐可分为高干类型、矮

干类型，粗花类型、细花类型等。

泡桐不同种源在花、果大小、数量和特征上也有较大的变化。广东、广西、贵州的白花泡桐的花大，花冠粗，果形椭圆、短粗，结果数量少，浙江、福建的白花泡桐花小、花冠细，果形瘦长，结果多。

2. 染色体变异　梁作栯等（1997）对川泡桐、兰考泡桐、毛泡桐、兴山泡桐、建始泡桐、楸叶泡桐、海岛泡桐（*P. taiwaniana*）、白花泡桐和台湾泡桐（*P. kawakamii*）9个种的泡桐根尖进行了压片观察，经染色体配对后进行核型分析，结果表明，9个种的泡桐染色体绝对长度多在 2 μm 以下，染色体数目均为 $2n=40$，其中有6个种的泡桐染色体数目为首次报道。染色体核型公式为 $2n=(12\sim34)$ m$+(24\sim2)$ sm$+4T$，其中毛泡桐、楸叶泡桐、白花泡桐、兰考泡桐分别在第7对和第16对染色体上具有一随体，染色体核型类型除楸叶泡桐为2A型外，其余8个种均为2B型。但两个类型的染色体相对长度在各种间的变化不大，核型公式上各种的变化也仅在中部着丝点和近中部着丝点的染色体数目的分配上有变化。由此说明泡桐属为一自然类群，其种间亲缘关系均较近。

通过聚类分析，将9个种的泡桐划分成两大类4个组，即南方泡桐类（海岛泡桐、华东泡桐、白花泡桐、兰考泡桐）和西北泡桐类（川泡桐、建始泡桐、毛泡桐、兴山泡桐、楸叶泡桐），川泡桐组（川泡桐、建始泡桐）、毛泡桐组（毛泡桐、楸叶泡桐、兴山泡桐）、华东泡桐组（华东泡桐、海岛泡桐）和白花泡桐组（白花泡桐、兰考泡桐）。认为白花泡桐、楸叶泡桐、毛泡桐、川泡桐、华东泡桐这5个种较原始，而海岛泡桐、建始泡桐、兴山泡桐、兰考泡桐这4个种较进化。

3. 生长变异　泡桐属各种间、类型、种源、家系和无性系间在苗高、地径、树高、胸径和材积的生长方面均有变异。1983—1985年，中国林业科学研究院组织全国18个省、自治区、直辖市共选出885株优树，这些优树分别来自不同的种、类型、种源和家系，结果表明，泡桐种间在苗高和地径生长上差异显著；白花泡桐40个种源的苗期生长差异显著；7个不同的泡桐无性系在树高、胸径和材积生长量上差别很大。

4. 物候的变异　贵州省林业科学研究所对白花泡桐8个不同种源在10月底做了封顶调查，结果为安龙的封顶率为 36%，兴仁 78%，紫云 77%，独山 86%，遵义 90%，仁怀 93%，德江 98%，贵阳 92%，试验表明单株间物候期差异不大或差异不明显。

5. 抗性的变异　河南农业大学对泡桐22个种间杂种的496个无性系幼树连续7年的研究发现，泡桐属各种间的抗丛枝病发病率和感病指数存在明显差异，种类间的发病率变幅为 20%～86%，感病指数 0.063 2～0.322 2。种间、种源、家系、单株和无性系间抗其他病害和虫害的差异大体上与抗丛枝病的差异相同。

6. 材性的变异　根据中国林业科学研究院木材工业研究所对泡桐属各种材性的研究表明，泡桐8个种的木材分子大小及组织比量、气干密度、干缩系数、化学成分的变化、声学性质、热学性质和物理性质等存在明显差异。

（二）泡桐遗传多样性

1. 地理种源变异　泡桐属的种源试验始于20世纪70年代初，河南农业大学、湖北省黄冈地区林业科学研究所等单位先后进行了宝华泡桐、毛泡桐和楸叶泡桐的种源试验，但规模较小；20 世纪 80 年代初以来，河南农业大学和中国林业科学研究院等单位开展了全国范围的主要泡桐种类的种源收集和试验。白花泡桐种源间差异还表现在抗寒能力方面，据湖北省黄冈地区林业科学研究所的试验，在抗寒能力上南方种源低于中纬度种源，物候期从南到北呈地理倾群变异趋势，而生长量上没有明显的地理变异，呈随机的变异现象。

2. 同工酶水平变异 陈红林等（2003）通过对 8 个种泡桐的 1 年生枝条韧皮部的过氧化氢酶（CAT）、α-淀粉酶（α-AMYZ）、乙醇脱氢酶（ADH）、苹果酸脱氢酶（MDH）等 4 种酶系统的聚丙烯酰胺凝胶电泳（PAGE），进行同工酶酶谱分析，并讨论了泡桐属种间的亲缘关系。研究认为，毛泡桐、白花泡桐、海岛泡桐、楸叶泡桐为原始种，兰考泡桐、兴山泡桐、建始泡桐、山明泡桐、海岛泡桐为杂交种。兰考泡桐和兴山泡桐的亲本均为白花泡桐和毛泡桐，山明泡桐的亲本为毛泡桐和兰考泡桐。建始泡桐与白花泡桐亲缘关系较近。龚本海（1994）采用不连续双垂直板（20 cm×20 cm）对 5 个种的泡桐进行超氧化物歧化酶（SOD）同工酶和可溶性蛋白质的谱带分析，发现楸叶泡桐杂合性很高，白花泡桐较原始；推测山明泡桐是兰考泡桐和毛泡桐的杂交种。

3. DNA 分子水平变异 卢龙斗等（2001）利用 13 个随机引物对中国泡桐属的 7 个种进行了 RAPD 分析，共扩增出 89 条不同分子质量的谱带，其中有 63 条表现为多态性谱带，占总数的 70.79%，说明泡桐属植物不同的种之间存在非常丰富的 DNA 多态性。根据 DNA 扩增结果对泡桐属 7 个种遗传距离进行 UPGMA 聚类分析，结果为 7 个种可以合成 2 个类群。其中白花泡桐与川泡桐亲缘关系最近，二者与楸叶泡桐、南方泡桐、山明泡桐归为 1 个类群。毛泡桐与兰考泡桐亲缘关系也较近，二者在系统演化上比较原始，归为 1 个类群。

马浩等（2001）对我国泡桐属 15 个种进行了叶绿体 DNA 的 RFLP 分析，根据估算的相似系数，用平均连锁聚类方法构建树状图，结果可将 15 个泡桐种分为南方泡桐组、毛泡桐组和白花泡桐组。种间相似系数多在 0.70 以上，说明各种类间亲缘关系较近，尤其是台湾泡桐和海岛泡桐，相似系数接近 1.00。根据研究材料间叶绿体 DNA 相似系数构建 UPGMA 聚类图，把泡桐属植物分为 3 组，第一组包括南方泡桐和成都泡桐；第二组包含毛泡桐和兰考泡桐；第三组有白花泡桐、山明泡桐、海岛泡桐、台湾泡桐、建始泡桐、宜昌泡桐、兴山泡桐、川泡桐、鄂川泡桐、楸叶泡桐及白花兰考泡桐。

（三）种质资源

1. 优良种源 据河南农业大学对禹州 5 年生白花泡桐种源试验林的调查，在福建南平、湖南长沙、广东乐昌、江西鹰潭、福建福州、湖北宜昌 6 个种源之间，福建南平、湖南长沙为最好种源，平均树高比最差种源高 16.7%，胸径大 20.7%。

中国林业科学研究院在山东兖州对白花泡桐不同种源抗寒性苗期测定结果看出，来自 62 个不同产地的白花泡桐根据其抗寒性分为 5 个等级，其中南昌、文成、长兴、杭州、宜昌、南京、铜陵、宿松、潜山、英山、黄梅、蕲春、武汉为最抗寒的种源。

马浩等（1996）对白花泡桐分布区 50 个种源 580 个家系进行了多水平试验研究，结果表明，白花泡桐的生长性状、感病指数、冻害指数和地理分布关系密切，长江中下游的种源生长最好、东北部的种源冻害最轻，并且生长和冻害性状呈连续的地理变异趋势；丛枝病的感病指数与种源地理分布之间的关系不显著。生长、抗病能力和适应性状在种源间存在极显著的差异，一些种源内家系间的生长及冻害差异也十分明显。各性状的变异为种源间大于种源内家系间，并且家系内个体间也存在着丰富的变异。生长性状表现较好的种源是太平、黄冈、浠水、铜陵、石门、九江、南京等，抗丛枝病种源是文山、乐业、龙门、浦江、乐昌等，抗冻种源是南京、铜陵、浠水、雁荡山和黄冈，经选择所得的优良家系的树高、胸径、材积、感病指数和冻害指数的遗传增益分别达 17.06％、19.16％、43.11％、61.66％及 108.23％。

2. 优良无性系、家系 1983—1985 年，中国林业科学研究院组织 20 个单位进行协作，在全国 18 个省份的 120 个县选出泡桐优树 885 株，并在山东兖州、安徽铜陵、四川资中和沐川、贵州兴仁进行了苗期测定。营造了各类良种测定林，其中无性系对比试验林 180 hm²，示范林 260 hm²，从中选育出 C001、C020、C225、C161、桐杂 1 号（PH01）、桐选 1 号（PS01）、和毛×白 33（TF33）。其中，C001、C020、C161 和 PS01 是由优树子代经实生选种而来；PH01 和 TF33 来自人工杂交组合的子代；C225 是以优树的根系直接繁殖而成，是优树无性系。泡桐无性系测定林表明，7 个无性系的材积平均超过对照70％，树高和地径分别超过 26％和 26％，表现出速生的优良特性。C161 经过 8 年的自然鉴定和 2 年的人工诱发鉴定，仍无丛枝病发生，是理想的抗丛枝病的育种材料。多年来，7 个优良无性系在全国 17 个省份进行大力推广，推广总数 3 722 万株（熊耀国等，1991）。

1980 年河南农业大学、中国林业科学研究院等单位联合，推出良种豫杂 1 号和豫选 1号，在河南、山东、安徽、河北等地推广了 2 亿多株。河南农业大学等单位选出优树1 000 多株，在河南禹县等地建立了人工基因库。1983 年，杭州植物园和浙江林业科学研究所从白花泡桐中选育出浙选 1 号，并通过鉴定。

中国林业科学研究院马常耕等在湖北武汉地区和黄冈地区选育的鄂选 1 号、鄂选 2号、鄂选 3 号、鄂选 4 号，浙江选育的浙选 1 号，陕西省林业科学研究所选育的 7813 - 36、7813 - 50 和 8305 等都是比较好的无性系，而且都是从白花泡桐实生后代中选育出来的。

河南省林业科学研究所 1977—1992 年采取以人工杂交为主的选、育、引常规育种结合辐射等新技术，在河南、浙江、辽宁选育优良亲本，人工杂交 82 个组合（亲本单株 158 个组合），从大批人工杂交苗中选出 1 218 个无性系，从中培育出豫桐 1 号至豫桐 5 号，具有优质、抗病、速生、丰产、干良等综合性状优良的新品种（周哲身等，1995）。

徐光远等（1985）从毛泡桐×白花泡桐杂交人工组合及白花泡桐天然杂种实生苗中分别选育出了桐杂 1 号和桐选 1 号 2 个泡桐优良无性系，全国 6 省 14 个试验点区域栽培试验表明，这 2 个无性系的主要特点为生长迅速，丛枝病发病率低，适生范围广，适宜在黄河中下游及长江流域广大地区推广。陕西省林业科学研究所王忠信等（1988）从毛泡桐×白花泡桐杂交组合中成功地选育出了陕桐 1 号和陕桐 2 号 2 个泡桐优良无性系，其主要特点是干形好，速生性强，5 年生树材积生长分别比陕西当时主栽品种兰考泡桐大 62％和

43%。20 世纪 90 年代，这 2 个品种被林业部、陕西省农办列为推广品种在陕西进行了大量推广，产生了较大的经济效益。

徐光远等（1989）从白花泡桐天然杂种中选择培育出了桐选 2 号，在山西等地进行了大量推广。1995 年，陕西省林业科学研究所樊军锋等选育出了陕桐 3 号和陕桐 4 号 2 个泡桐优良无性系。这 2 个品种主要特征为速生性强，7 年生树材积分别比全国栽培数量最大的豫杂 1 号大 48% 和 64%。2000 年，陕桐 3 号、陕桐 4 号被陕西省林木良种审定委员会确认为林木良种，同年，这 2 个品种被国家林业局列入局重点推广项目。目前，陕桐 3 号、陕桐 4 号已成为陕西主栽泡桐品种，其推广栽培数量居其他品种之冠，产生了较大的经济、社会和生态效益，有力地促进了陕西泡桐产业的发展。1986—1995 年，陕西省林业科学研究所开展了"泡桐抗丛枝病品系选育及病原研究"，经过 10 年努力，选育出8719、8723 两个抗病无性系，在蒲城等地泡桐丛枝病重灾区进行了重点推广（郑文锋，1996）。

泡桐无性系还有毛杂 16、苏桐 3 号，毛杂 16 具极强的抗丛枝病能力，且稳定性高，木材密度高，适宜黄河中下游黄淮海地区推广。苏桐 3 号是以毛泡桐为母本，白花泡桐为父本的人工杂交品种，生长快，对胶合板栽培性状的联合选择指数高、抗丛枝病和抗风能力强，适宜在东南沿海推广。

3. 泡桐新品种 2008 年公布了泡桐属 2 个新品种：森桐 1 号和森桐 2 号。

① 森桐 1 号：以兰考泡桐 C125 为母本，白花泡桐为父本的杂交品种。树干通直，侧枝轮状分布，树皮褐色泛绿，光滑，皮孔卵圆形，横向排列；叶片极宽卵圆形，叶片宽大于长，全缘有凸起，叶基部深心形，叶脉浅绿色，具硬毛，不脱落，速生，冠幅 4.4 m，年平均树高 3.3 m 和年平均胸径 5.4 cm。

② 森桐 2 号：以兰考泡桐 C125 为母本，白花泡桐为父本的杂交品种。树干中等，树皮褐红色，光滑，皮孔横卵圆形，横向排列；树皮有宽而浅的纵裂；侧枝分枝度小，约55°，花序轮伞形呈圆锥状；花蕾鸭梨状，木材密度高。无丛枝病，平均年生长量胸径2.0 cm。

第四节　泡桐属植物种及其近缘种特征特性

一、白花泡桐

学名 *Paulownia fortuneii* (Seem.) Hemsl.，又名泡桐。

（一）形态特征

大乔木，高达 30 m，胸径 1～3 m，树干通直，树皮幼时灰褐色，后灰白色至灰黑色，纵裂。幼枝被毛，后渐脱落。叶近革质，长卵形、椭圆状长卵形或卵形，长 10～25 cm，先端渐尖，基部心形，稀近圆，全缘或微波状，稀 3～5 浅裂，上面幼时有毛，后渐脱落，下面灰白色或灰黄绿色，密被白色无柄分枝毛；叶柄长 6～14 cm。花序圆筒状或窄圆锥形，下部分枝粗短，分枝约 45°，聚伞花序总梗与花梗近等长。花蕾长倒卵形，长 1.5～1.8 cm，径 0.8～1.2 cm，萼倒圆锥状钟形，长 2～2.5 cm，1/4～1/3 浅裂，外部毛易脱落；花冠白色或淡紫色，稀淡黄白或红紫色，漏斗状，基部细，向上渐扩大，扁，长 8～12 cm，冠幅 7.5～8.5 cm，内面小紫斑中常兼有大紫斑。蒴果椭圆形、长椭圆形、卵状椭圆形或倒卵状椭圆形，长 6～10 cm，径 3～4 cm，果皮厚 3～5 mm，初被毛，后渐脱落。花期 3～4 月，果期 10～11 月（图 15-1）。

（二）生物学特性

喜光，稍耐阴；喜温暖湿润气候，不耐严寒；喜深厚、肥沃、湿润、疏松和排水良好的壤土和黏壤土，pH 4～7.5 均能正常生长，能生于流水沟边或水田间较宽的土埂上，但积水 1 周以上就烂根死亡。深根性；速生，抗病虫害能力较强，对氯气和二氧化硫等有害气体的抗性较强。

（三）分布概况与类型

产于陕西、河北、河南、山东、长江流域中下游，东起福建，西至贵州、四

图 15-1　白花泡桐
1. 叶　2. 叶下面毛　3. 果序
4、5. 花　6、7. 果　8. 种子
（引自《中国树木志·第四卷》）

川、云南，南达华南，东部分布于海拔 1 000 m 以下，西部海拔 1 500 m 左右，云南可达海拔 2 000 m。山东、河南、陕西栽培生长良好，北京稍有冻害。越南、老挝有分布。

根据树冠形状和分枝特点，白花泡桐分为 6 种。

1. 细枝塔形　树冠为塔形，冠幅 9～11 m。树势强，生长快，枝叶茂盛，冠形完整。枝条通直，枝节密集，主侧枝细，基部径粗 4～8 cm，上部主侧枝斜立 45°，中部几乎平展，下部弯曲下垂，下部小枝明显下垂。开花年龄较晚，一般在第六年开花。该类型白花泡桐生长最好。

2. 细枝长卵形　树冠为长卵形，冠幅 8～10 m。树势较强，生长较快，枝叶稀疏，冠形完整。枝干通直，枝节较稀，分枝层次明显，主侧枝较细，基部径粗 6～8 cm，上部斜立 45°，中部略平展，下部弯曲下垂，小枝明显下垂。该类型白花泡桐生长较好。

3. 细枝圆头形　树冠为圆头形，冠幅 10～12 m。树势中等，生长较慢，枝叶细小，冠形圆满。中上部枝、节密集，基径 2～6 cm，上部斜立 45°，中下部主侧枝弯曲平展。叶较小，黄绿色。叶面无光泽，无花或少花。

4. 粗枝圆头形　树冠为圆卵形，冠幅 10～12 m。树势较强，生长较快，枝叶稀疏。树干粗大，枝条粗长，主侧枝较大，基径 10～14 cm，上部枝条斜立 45°，中下部主侧枝略下垂。着果率多，果较小，果长 4.5～8 cm，果宽 3.1～4 cm。该类型白花泡桐生长较好。

5. 粗枝广卵形　树冠为广卵形，冠幅 10～15 m。树势强，枝节密集，枝叶茂盛。主侧枝基径 8～12 cm，中、下部主侧枝连续弓曲略下垂。该类型白花泡桐生长最好。

6. 粗枝疏冠形 树冠为疏冠形，冠幅 8～10 m。树势较弱，生长较慢，枝叶稀疏，冠形不整齐。枝干稀疏、不旺盛，主侧枝较大，基部径粗 10 cm 以上有明显拐曲或扭曲，枝条成爪形。

（四）利用价值

木材淡黄白色，气干密度 0.286 g/cm³，纹理直，结构均匀，不翘不裂，轻软，耐久用，供航空模型、乐器、箱板等用，耐湿，抗火，不易传热，宜做保险柜衬板。树叶可做绿肥，种子含油量约 24.2%。早春白花满树，夏日浓荫如盖，为优良行道树及遮阴树。

二、楸叶泡桐

学名 *Paulownia catalpifolia* Gong Tong，又名胶东桐、无籽桐。

（一）形态特征

乔木，高达 20 m，树干直，树皮幼时灰白色，不裂，后渐灰褐色至黑灰色纵裂至粗糙；树冠塔形、圆锥形至卵圆形，侧枝斜展，分枝角度小。叶厚纸质或近革质，长卵形，树冠内部的叶和幼树叶多卵形或宽卵形，有时有浅裂，长 12～28（～35）cm，宽 10～18 cm，先端长渐尖或渐尖，基部心形，全缘或微波状。下面灰白色或淡灰黄色，密被白色无柄分枝毛；叶柄长 10～18 cm。花序窄圆锥形或圆筒形，聚伞花序总梗与花梗近等长。花蕾长倒卵形；萼窄倒圆锥形，长 1.4～2.3 cm，径 1～1.5 cm，浅裂约 1/3，外部毛易脱落；花冠淡紫色，有香气，筒状漏斗形，长 7～9.5 cm，冠幅 4～4.8 cm，内面被小紫斑及紫线。蒴果椭圆形，长 3.5～6 cm，径 1.8～2.4 cm，顶端喙状而歪，果皮厚 1.5～3 mm，初有毛。花期 4（5）月，果期 9～10 月（图 15-2）。

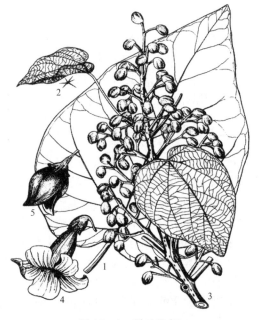

图 15-2　楸叶泡桐
1. 叶　2. 叶下面毛　3. 果序　4. 花　5. 果
（引自《中国树木志•第四卷》）

（二）生物学特性

喜光，稍耐庇荫，适于温凉、较干冷的气候，耐寒、耐旱、耐瘠薄，沙壤土至黏土均能生长，土层深厚、疏松、湿润、排水良好的壤土为最好。深根性，速生。

（三）分布概况

产于黄河流域中下游，北京以南、淮河以北，山东、河北、山西、河南、陕西；生于低山丘陵；辽东半岛地区有栽培，河南西部有野生，可达海拔约 1 000 m。

（四）利用价值

木材灰白色，有光泽，花纹美丽，气干密度 0.341 g/cm³，为泡桐属材质最好的一种，在国际市场上久享盛誉。树冠稠密，不宜桐农间作，为优良四旁绿化树种。

三、兰考泡桐

学名 *Paulownia elongata* S. Y. Hu。

（一）形态特征

乔木，高达 20 m，胸径 1 m 以上，树皮幼时紫褐色，皮孔黄白色，平滑，后褐灰色，老时浅纵裂；树冠疏散，分枝角度较大。叶卵形，长 15～25（～30）cm，宽 10～20 cm，基部心形，全缘或有浅裂，上面初有毛，后脱落，下面灰白色或淡灰黄色，密被分枝毛，毛无柄或几无柄；叶柄长 10～18 cm。花序窄圆锥形或圆筒状，长 30～40 cm，下部分枝粗短，分枝约 45°，聚伞花序总梗与花梗近等长。花蕾倒卵形；萼倒圆锥形，1.5～2.2 cm，径 1.3～2.2 cm，1/3 浅裂，毛易脱落，花冠紫色，有香气，漏斗状钟形，长 8～10 cm，冠幅 4.5～5.5 cm，下唇筒壁有二纵褶，内面密被深紫色斑点。蒴果卵圆形或椭圆状卵圆形，长 3～5 cm，径 2～3 cm，喙短，果皮厚 1.5～2.5 mm，幼时被毛。种子连翅长 5～6 mm。花期 4 月上旬至 5 月，果期 9～10 月（图 15 - 3）。

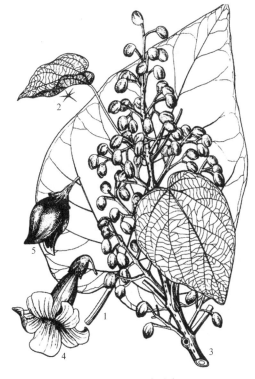

图 15 - 3　兰考泡桐
1. 叶　2. 叶下面毛　3. 花序　4. 花　5. 果
（引自《中国树木志·第四卷》）

（二）生物学特性

喜光，不耐庇荫。喜温暖气候，较耐寒，生长季节最适温度为 25～27 ℃，超过 30 ℃时生长速度下降，38 ℃以上生长受阻，最低气温 -20 ℃（北京）能安全越冬，-25 ℃有冻害，年降水量 500～1 000 mm 适宜生长。喜深厚、疏松、湿润、肥沃和排水良好的沙壤土或壤土，在沙土、黏土或黏壤土均生长不良，积水和地下水位过高，均引发根腐或死亡；土壤 pH 6～7.5 最好，如其他条件适宜，pH 8.5～8.7 也能正常生长。

（三）分布概况

产于河北、山西、陕西、河南、山东、江苏、安徽、湖北。广泛种植于四旁及农田，或成片造林，垂直分布在河南海拔 1 400 m 处。

（四）利用价值

木材灰红色或灰黄色，较其他桐材疏松轻软，气干密度 0.291～0.302 g/cm³，顺压和静曲品质系数之和为 2 106～2 251，属中等品质系数和高等品质系数之间。木材是我国传统的重要出口物资。全株药用，有消炎、解毒消肿、祛风止痛、化痰止咳、杀菌等药效，花、叶可做饲料及肥料，种子可榨油。

四、毛泡桐

学名 *Paulownia tomentosa* （Thunb.） Steud.，又名桐、紫花泡桐、日本泡桐。

（一）形态特征

乔木，高达 15 m，胸径 1 m，树皮浅灰色至深灰色，老时浅纵裂，分枝角度大，60°～90°。幼枝密被腺毛和分枝毛。叶纸质，卵形、长卵形或三角状卵形，长 20～30 cm，宽 15～28 cm，基部心形，全缘或有浅裂，上面被腺毛和柔毛，沿脉有分枝毛，下面密被具长柄的白色分枝毛，兼有腺毛；叶柄长 10～26 cm，密被腺毛和分枝毛。花序宽圆锥形或成圆锥花丛。下部分枝细长，聚伞花序总梗与花梗近等长，长 8～25（30）cm。花蕾近球形或宽卵形；花萼盘状钟形，长 1～1.5 cm，径 1.2～1.5 cm，基部圆，深裂过半，外部毛宿存；花冠鲜紫色，有香气，管状钟形，长 5～7 cm，冠幅 3.5～4 cm，外被腺毛，内面无毛，有紫斑及紫线，稀少或无。蒴果卵圆形，长 3～4 cm，径 2～2.7 cm，喙细长，果皮厚约 1 mm，密被腺毛。种子连翅长约 3 mm。花期 4 月中旬至 5 月，果期 9 月（图 15-4）。

图 15-4　毛泡桐
1. 叶　2. 叶下面毛　3. 花序　4、5. 花　6. 果　7. 种子
（引自《中国树木志·第四卷》）

（二）生物学特性

喜光，喜温暖气候，耐寒冷及干旱，在北京－20 ℃低温下生长正常。喜深厚、肥沃、湿润、疏松的沙质壤土和壤土。深根性；速生；河南西部山区河边较肥沃沙壤土上 7 年生树，树高 14.7 m，枝下高 8 m，胸径 35.4 cm，年平均胸径生长 5.06 cm。

（三）分布概况与类型

产于辽宁东部、河北、山西、陕西、河南、山东、江苏、安徽、浙江、江西、湖北及湖南，多为栽培，山区有野生，在神农架达海拔 1 800 m。日本、朝鲜半岛亦产。

本种有以下变种：

1. 光叶泡桐（变种）［*Paulownia tomentosa* var. *tsinlingensis*（Pai）Gong Tong］ 又名光桐、光泡桐。叶下面无毛或疏生分枝毛，两面均绿色，小枝较细，黄褐色。产于河北、山西、山东、河南、湖北、陕西、甘肃、四川和辽宁南部，栽培或野生，海拔可达1 700 m。生长速度较慢，材质较坚韧。

2. 白花毛泡桐（变种）（*Paulownia tomentosa* var. *pallida* Schneid.） 花白色或微带紫色，内面有紫斑。未开放前微黄绿色。散生于河南南阳等地区。

3. 黄毛泡桐（变种）（*Paulownia tomentosa* var. *lanata* Schneid.） 又名黄毛桐（中国树木分类学），叶下面、花蕾及花萼均密被黄色茸毛。散生于河南南阳及洛阳，湖北西部及云南省。

4. 亮叶毛泡桐（新变种）（*Paulownia tomentosa* var. *lucida* Z. X. Chang et S. L. Shi, var. nov.） 小枝较粗，节较短。叶较厚，上面深绿色，有光泽，下面密被灰绿色树枝状厚毛层，蒴果较大。分布于辽宁东港市、海洋红港。

（四）利用价值

木材淡黄白色或淡紫色，气干密度为 0.360 g/cm³，顺压和静曲品质系数之和为 2 109，材质优良，较坚韧，隔潮、隔热，耐腐性强，为出口桐木。树冠大，干低，不适宜桐农间作。花、叶、根皮药用，有祛风止痛、消毒、消肿的药效。

五、南方泡桐

学名 *Paulownia australis* Gong Tong。

（一）形态特征

乔木，高达23 m，胸径达1 m；树皮淡灰褐色，浅纵裂；树冠圆锥形至伞形，分枝开展。叶卵圆形，基部心形，上面幼时被腺毛及分枝毛，后脱落，下面密被分枝毛及黏质腺毛，分枝毛无柄或柄极短，初生叶常带紫色，叶柄长约 13 cm。花序宽圆锥形，长 40～80 cm，侧花枝长于花序轴1/2，聚伞花序的总梗较花梗短，下部的总梗稍长，上部的极短。花微有香气，萼倒圆锥形，长 1.5～2.2 cm，浅裂1/3～2/5，外部毛部分脱落或宿存，花冠淡紫色，管状钟形，长 5～7 cm，腹面有二纵褶，外面疏被腺毛及分枝毛，内面无毛，有紫斑。蒴果椭圆形，长 3～5 cm，径 1.5～2.5 cm，果皮厚 1.2～2.5 mm，初被分枝毛。花期 4 月，果期 9～10 月。

（二）分布概况

产于浙江、福建、广东及湖南，在浙江、福建及四川丘陵山区均有野生。

六、台湾泡桐

学名 *Paulownia kawakamii* Ito，又名华东泡桐、白桐、黄毛泡桐。

（一）形态特征

小乔木，高达 12 m；幼时全株密被长腺毛，树皮幼时绿色，后灰褐色。叶卵圆形或宽卵形，长 11～30 cm，宽 8～27 cm，先端短尖，基部心形，全缘或 3～5 浅裂，叶两面及叶柄均密被单条分节粗腺毛，上面毛 4～10 节，节间较短，下面毛 3～5 节，节间较长，上面兼有蛛丝状毛和盘状腺鳞。花序宽圆锥形，长达 1 m，分枝稀疏粗壮，聚伞花序常具 3 花，无总梗而为伞状，或总梗极短。花梗长 0.5～1.5 cm，被黄褐色毛；萼长约 1.3 cm，具棱脊，基部尖，裂深过半，裂片窄长，毛宿存；花冠钟状，长 3.5～5 cm，紫色或淡紫色，喉部径 1.5～2 cm，外被腺毛及柔毛。蒴果卵圆形，长 2～2.5 cm，径约 2 cm，果皮薄，外具黏性乳头状腺体，宿萼裂片反卷。种子连翅长 2.5～3.5 mm。花期 4 月，果期 8～9 月。

（二）生物学特性

喜温暖湿润气候，不耐寒。在河南引种的台湾泡桐，幼树生长期长，封顶晚，易遭受冻害。生长慢，主干低矮，不宜用作造林树种。全株多黏质腺体，抗虫害。

（三）分布

产于浙江、福建、台湾、江西、湖北、湖南、广东、广西、贵州及四川，多生于海拔 2 000 m 以下山地。

七、川泡桐

学名 *Paulownia fargesii* Franch. 。

（一）形态特征

乔木，高达 20 m，胸径 1～2 m；树皮灰褐色，稍粗糙。叶卵圆形，长 15～22 cm，基部心形，全缘或微有裂角，上面幼时被柔毛或具短柄分枝毛，下面密被具长柄分枝毛，叶柄长 7～12 cm。花序宽圆锥形，疏散，侧枝稀疏粗壮，上部聚伞花序无总梗，3～5 花呈伞形，下部聚伞花序总梗长 2～6 mm，花梗密集，长 1～2 cm，总梗及花梗均较粗，密被黄锈色毛。萼倒圆锥状钟形，裂深过半，毛宿存，花冠宽钟状，长 6～7.5 cm，紫色或白色，基部以上膨大，喉部径 4～4.5 cm，外被腺毛及分枝毛；子房被腺毛。蒴果卵圆形，长约 4 cm，径约 2.5 cm，果皮薄，初被毛，后光滑，宿萼厚，裂片常贴生果基部。种子连翅长 5～6 mm。花期 4～5 月，果期 9～10 月。

（二）生物学特性

喜光，稍耐庇荫，喜凉润气候，喜疏松黏壤土，常生于沟边或水田土埂。四川宝兴县 18 年生树，胸径 55 cm，材积 0.96 m³。抗病虫害力强，为我国西南山区发展的速生用材树种。

（三）分布概况与类型

产于湖北、湖南、四川、贵州、云南；多山地野生，海拔 1 000～2 400 m，四川西南部和云南东北部达海拔 2 800～2 990 m。

本种有 1 种新变型，光叶川泡桐（*Paulownia fargesii* Franch. f. *calva* Z. X. Chang et S. L. Shi, f. nov.）与川泡桐的区别是其成熟叶下面无毛或只有极少的树枝状毛，分布在四川洪雅县。

（李文英）

参考文献

陈红林，陈志远，梁作侑，等，2003. 泡桐属植物同工酶分析［J］. 湖北林业科技（2）：1-4.

陈志远，姚崇怀，胡惠蓉，等，2000. 泡桐属的起源、演化与地理分布［J］. 武汉植物学研究，18（4）：325-328.

龚本海，1994. 泡桐属植物 SOD 同工酶和可溶性蛋白质分析［J］. 华中农业大学学报，13（5）：527-529.

河南省泡桐研究组，1978. 泡桐［M］. 北京：科学出版社.

蒋建平，1990. 泡桐栽培学［M］. 北京：中国林业出版社.

梁作楄，陈志远，1997. 泡桐属细胞分类学研究［J］. 华中农业大学学报，16（6）：609-613.

卢龙斗，谢龙旭，杜启艳，等，2001. 泡桐属七种植物的 RAPD 分析［J］. 广西植物，21（4）：335-338.

马浩，李荣幸，李培健，等，1996. 白花泡桐种内多层次变异及其选择效果分析［J］. 河南农业大学学报，30（1）：1-5.

马浩，张冬梅，李荣幸，等，2001. 泡桐属植物种类的 RFLP 分析［J］. 植物研究，21（1）：136-139.

王忠信，符毓秦，樊军锋，等，1988. 泡桐优良无性系陕桐一号和陕桐二号的选育［J］. 陕西林业科技（4）：13-17.

熊耀国，竺肇华，宋露露，等，1991. 泡桐［M］//涂忠虞，黄敏仁. 阔叶树遗传改良. 北京：科学技术文献出版社：199-231.

徐光远，刘启慎，竺肇华，等，1985. 泡桐良种"桐杂一号""桐选一号"试验研究报告［J］. 泡桐（1）：1-5.

徐光远，魏安智，樊瑞林，等，1989. 泡桐良种"桐选二号"选育研究鉴定报告［J］. 杨凌：西北植物研究所.

远香美，罗凯，陈国维，1993. 贵州白花泡桐种源及优树无性系选择试验［J］. 贵州林业科技，21（4）：12-17.

郑文锋，奥恒毅，宋晓斌，等，1996. 泡桐抗丛枝病品系选育及病原研究［R］//泡桐抗丛枝病品系选育及病原研究鉴定报告. 杨凌：陕西省林业科学研究所.

中国林业科学研究院泡桐组，河南省商丘地区林业局，1980. 泡桐研究［M］. 北京：农业出版社 .

周哲身，陶栋伟，孙宝珍，等，1995. 泡桐新品种豫桐 1～5 号选育研究［J］. 河南林业科技（1）：1 - 7.

竺肇华，1982. 关于泡桐属植物的分布中心及区系成分的探讨——兼谈我国南方发展泡桐问题［C］// 中
　　国林学会泡桐文集编委会 . 泡桐文集 . 北京：中国林业出版社 .

《中国树木志》编辑委员会，2004. 中国树木志：第四卷［M］. 北京：中国林业出版社 .

第十六章

栎

栎属（*Quercus* L.）植物在全世界有 300 多种，其中包括常绿栎类和落叶栎类，是壳斗科（Fagaceae）最大的属，分布在北半球的亚洲、欧洲、北美洲和非洲大陆。中国栎属植物约有 60 种。栎属不少落叶栎种是我国北亚热带、暖温带和温带形成天然林的地带性重要建群种，其木材优良，用途多，适应性广，天然更新能力强，具有重要的经济价值和生态价值，广泛用于不同立地造林，是其分布区的重要造林树种，也是重要的园林绿化树种。

第一节　栎属植物的利用价值和生产概况

一、栎属植物的利用价值

（一）木材利用

栎木质地坚硬，材质重，纹理美观，耐腐蚀，强度大，抗冲击。栎木木材密度均较大，在 0.7 g/cm³ 以上。栎类树种的木材强度、品系系数均比较高，如麻栎、槲栎、蒙古栎、锐齿槲栎木材的干缩系数均较大，是制造船舶、家具、建筑、车辆、矿柱、枕木、地板、家具、工具柄把以及手工艺品、文体用品的优良用材。栎木纤维排列紧密、含碳量高，燃烧性好，热值高，可以直接做薪材，也可以制成栎炭，是优良的薪材树种。采用矮林作业法，每 0.067 hm² 麻栎可产薪材 8 000 kg，可烧成栎炭 2 000 kg（张连奇，2009）。在四川蓬溪，1 hm² 栓皮栎薪炭林 6 年轮伐时，每年可产薪材 21.5 t（漆民楷等，1992）。

（二）食用、饲料

栎实含有丰富的营养物质，果仁含淀粉 40%～60%、可溶性糖 2%～8%、单宁 0.26%～17.74%、蛋白质 1.71%～7.1%、油脂 1.8%～12.6%、粗纤维 2.77%～11%、灰分 1.0%～3.40%。栎实为一类重要的淀粉资源，去掉单宁后的淀粉，可加工成豆腐、面粉、粉丝等食品；还可制作葡萄糖原料，糖化率达 37%。富含淀粉的果仁还是生产饲料的好原料，可用于家禽、家畜的饲养。栎实中的淀粉还可用来酿酒、浆纱，还可用于制备石膏板黏合剂，具有重要的工业价值。据估计，我国野生植物淀粉资源为 35 亿 kg，其中栎实淀粉为 9.5 亿 kg。栎树叶中含有糖分、蛋白质、脂肪、单宁、灰分、维生素、果胶等，其中蛋白质含量极其丰富，达 20%。叶中含有 8 种人体必需氨基酸在内的 18 种氨基酸和各种微量元素，因其营养物质含量丰富，栎叶可生产饲料或饲料添加剂。栎叶也用于养蚕，如麻栎、蒙古栎、辽东栎等，可饲养柞蚕，出产柞蚕丝，人们利用栎叶养蚕有悠久的历史和丰富的经验，迄今仍是一项重要产业（端木炘，1994）。

（三）食用菌培育

栎木采伐剩余物的枝梢、枝丫及锯屑，均可用来培养食用菌、天麻和灵芝等。利用柞柴粉碎料种植的香菇外观、色泽、口感良好，营养成分丰富。食用菌生产后的菌糠，含有丰富的蛋白质，可做家畜饲料。并且菌丝体分解植物中的纤维素、木质素，增加了猪、牛的口感。饲喂菌糠饲料，对发展"节粮型"畜牧业具有重要的意义。菌糠饲料还田后还可增加肥效，改善土壤结构，实现生态良性循环。

（四）果壳、树皮的工业价值

栎属树种树皮均含单宁，果壳含单宁 9% 左右，可提取栲胶和黑色染料。栎树果壳可制活性炭，每 50 kg 果实可脱壳 12.5 kg，制活性炭 1.5～2.0 kg。栓皮是栓皮栎的树皮，是软木工业的重要原料，用途十分广泛，可用于生产软木砖，隔音、隔热材料以及化学工业保温材料。此外将栓皮粉调入油漆，喷涂船舶，有防湿保温作用。

（五）药用价值

栎叶和树皮均可入药，具有清热利湿、解毒等功效，主治痢疾、慢性支气管炎等。辽东栎壳斗为收敛、止血、止泻药。栓皮栎壳斗可入药，止咳涩肠，主治咳嗽、水泻。

（六）生态价值

栎属树种落叶或常绿，树体雄伟，树冠大，叶形优美多姿，色彩斑斓，是优良的城市绿化景观树种。许多国家在公园建设或城区绿化时，都把栎树作为主要观赏树种。在欧美国家和澳大利亚等国广泛用于城市森林、公园绿地种植和道路绿化。我国在城市绿化、公园、庭院中也做观赏树种，但不多。栎类树种还是耐旱、防火、抗风树种，适合生态造林绿化。

二、栎属植物的分布与生产概况

（一）栎属植物的世界分布和生产概况

栎属全世界约有 300 种，广泛分布于亚洲、欧洲、北美洲和非洲大陆，东西经度跨越约 75°，南北纬度跨越 40°，生态适应幅度大。英国、德国、法国和俄罗斯已有很长的栎树栽培历史，栽培有美国白栎（*Q. alba*）、夏栎（*Q. robur*）、无柄栎（*Q. petraea*）和柔毛栎（*Q. pubescens*）等。栎树木材坚实，纹理致密美观，在欧洲是传统的工业用材，用于建筑、桩柱，尤其是细木工板用材，制造名贵家具。栎属树种在世界木材生产中占有重要地位。栎树占整个欧洲森林立木蓄积量的9%，阔叶林蓄积量的29%。在法国栎树占全国木材产量的7%和全部木材蓄积量的25%。

（二）栎属植物在中国的分布

中国栎属树种资源丰富，而且是栎属树种分布中心之一，分布于全国各地，许多树种不仅是暖温带、温带落叶阔叶林的主要建群种，还是亚热带常绿阔叶林的重要组成树种，能在石质山地干旱阳坡形成硬叶常绿阔叶林，具有重要的生态和经济价值。中国约有栎属树种60种，占世界的1/5，包括常绿和落叶乔木，稀见灌木，广泛分布于北温带至热带山地。其中常绿栎林分布在秦岭、淮河以南以及热带、亚热带地区，常与其他常绿阔叶林混交成林。落叶栎有29种，为我国北亚热带、暖温带、温带地区落叶阔叶林及针阔混交林的主要组成树种。

根据郑万钧（1983）中国主要树种区划的定义和范围，各分布区栎属植物的分布如下：

1. 东北地区　分布主要以蒙古栎（*Q. mongolica*）和辽东栎（*Q. wutaishanica*）为主，蒙古栎是我国栎属分布最北的种，遍及东北地区全境，辽东栎分布东北地区东南部。这两个种也是组成该地区森林植物区系的建群种，主要分布在东北的大兴安岭、小兴安岭和长白山林区。

2. 华北地区　以辽东栎、槲树（*Q. dentata*）、麻栎（*Q. acutissima*）、栓皮栎（*Q. variabilis*）、槲栎（*Q. aliena*）、蒙古栎等落叶栎为主要森林组成部分，分布在华北山地林区。

3. 华东、华中地区　华东地区仍以落叶栎分布为主，主要包括黄山栎（*Q. stewardii*）、小叶栎（*Q. chenii*）、栓皮栎、麻栎、白栎（*Q. fabri*）、短柄枹栎（*Q. serrata* var. *brevipetiolata*）等。常绿栎有巴东栎（*Q. engleriana*）、乌冈栎（*Q. phillyraeoides*）、岩栎（*Q. acrodonta*）等。

4. 华南地区　主要以常绿栎为主，如尖叶栎（*Q. oxyphylla*）、富宁栎（*Q. setulosa*）、巴东栎、刺叶高山栎（*Q. spinosa*）等，而落叶栎则只有广布的麻栎和栓皮栎。

5. 台湾地区　本区分布落叶栎和常绿栎各两种，分别为栓皮栎、槲树，刺叶高山栎、太鲁阁栎（*Q. tarokoensis*）。

6. 滇南区　本区以热带雨林、季雨林为主，高海拔地带为亚热带常绿阔叶林。该区栎属植物有云南特有种易武栎（*Q. yiwuensis*），仅在本区分布的澜沧栎（*Q. kingiana*），以及广泛分布的麻栎、栓皮栎及铁橡栎（*Q. cocciferoides*）等几个种。

7. 云贵高原区　本区具有温带、亚热带至热带的植物区系，物种丰富，组成复杂，落叶栎和常绿栎均有分布。该区分布有高山栎为主的常绿阔叶树混交林，混生有黄栎、栓皮栎、槲栎等。在丽江玉龙雪山林区还分布有帽斗栎、黄背栎、槲树等。

8. 甘南川西滇北高山峡谷区　本区海拔高差大，山地气候垂直带差异明显，森林垂直分布带明显，在一些地方的河谷地带分布有耐旱的常绿栎林，在海拔3 000 m以上阳坡分布有高山栎纯林和混交林，构成亚热带高山硬叶常绿栎林，如川滇高山栎

（*Q. aquifolioides*）、黄背栎（*Q. pannosa*）、灰背栎（*Q. senescens*）、川西栎（*Q. gilliana*）等。其中，滇西北高山区的栎属植物资源最丰富，分布有 25 个种。高山栎或硬叶常绿阔叶栎林主要生长在松栎林区，分布海拔 3 000～3 300 m，主要有川滇高山栎、川西栎、长穗高山栎（*Q. longispica*）、帽斗栎（*Q. guyavaefolia*）、灰背栎、长苞高山栎（*Q. fimbriata*）、刺叶高山栎、黄背栎、矮高山栎（*Q. monimotricha*）、麻栎、栓皮栎等。此外，在松栎林内也有一些落叶栎类，如槲树和锐齿槲栎（*Q. aliena* var. *acuteserrata*）等。

9. 西藏高原区   西藏高山栎属植物有 17 种，均为常绿阔叶树种，其中硬叶常绿栎（即高山栎）类有高山栎（*Q. semicarpifolia*）、川滇高山栎、西藏栎（*Q. lodicosa*）、灰背栎、巴东栎、贡山栎（*Q. kongshanensis*）、川西栎和通麦栎（*Q. tungmaiensis*）等。

10. 西北区   主要分布在黄土高原山地林区，如槲栎、栓皮栎、槲树、辽东栎、锐齿槲栎。

我国主要栎属植物资源分布见表 16-1。

表 16-1   中国主要栎属植物资源分布

树　种	拉丁名	分　布
蒙古栎	*Quercus mongolica*	内蒙古、黑龙江、辽宁、吉林、河北、北京、山西、山东、陕西、江苏等省份
辽东栎	*Quercus wutaishanica*	辽宁、河北、山西、宁夏、陕西、甘肃
麻栎	*Quercus acutissima*	辽宁、山西、山东、江苏、陕西、四川、西藏、云南等省份
栓皮栎	*Quercus variabilis*	陕西、广东、河北、陕西、山东、江苏、台湾、甘肃、安徽、四川、湖北、河南等省份
小叶栎	*Quercus chenii*	浙江、江西、安徽、江苏、福建、湖北和四川
黄山栎	*Quercus stewardii*	江西、安徽、湖北等省
白栎	*Quercus fabri*	淮河以南、长江流域和华南、西南各地
槲栎	*Quercus aliena*	辽宁、云南、贵州、陕西、山西、甘肃、湖北、河南、河北、山东
槲树	*Quercus dentata*	河北、山西、河南、山东、陕西及云南
枹栎	*Quercus serrata*	辽宁、河南、山东、山西、陕西、甘肃、广东、广西、台湾、福建、四川、贵州、云南等地
川滇高山栎	*Quercus aquifolioides*	四川、云南、西藏等地
黄背栎	*Quercus pannosa*	云南、贵州西北部及四川
云南波罗栎	*Quercus yunnanensis*	云南、四川、贵州、广东、广西及湖北西部等地
大叶栎	*Quercus griffithii*	云南、贵州、四川、西藏等地
灰背栎	*Quercus senescens*	贵州、四川、云南及西藏等地
矮高山栎	*Quercus monimotricha*	云南西北部、四川西部

（续）

树 种	拉丁名	分 布
毛脉高山栎	*Quercus rehderiana*	云南中部和西北部、贵州西部、四川西部、西藏东部
刺叶高山栎	*Quercus spinosa*	陕西、甘肃、湖北、台湾、福建、江西、四川及云南
川西栎	*Quercus gilliana*	云南、四川、西藏及甘肃舟曲等地
匙叶栎	*Quercus dolicholepis*	河南、陕西、甘肃、湖北、贵州、四川、云南等地
尖叶栎	*Quercus oxyphylla*	陕西、甘肃、广东、广西、福建、浙江、四川、贵州等地
枹子栎	*Quercus baronii*	河南、山西、陕西、甘肃、四川、湖北及湖南西北部
岩栎	*Quercus acrodonta*	河南、陕西、甘肃、湖北、四川、贵州、云南等地
铁橡栎	*Quercus cocciferoides*	云南和四川
乌冈栎	*Quercus phillyraeoides*	陕西、河南、广东、广西、福建、浙江、四川、贵州、云南等地
锥连栎	*Quercus franchetii*	云南、四川
巴东栎	*Quercus engleriana*	陕西、河南、湖南、广西、浙江、江西、云南、贵州、四川、西藏等地

（三）栎属植物的资源与生产概况

我国栎属种类森林资源丰富，但森林资源没有确切的统计，在北方省份中，栎类森林资源基本可用。如我国第八次全国森林资源清查，北方 14 省在栎类乔木林按优势树种统计的数字共 5 079.64 万 hm²，黑龙江栎类面积最大，为 1 708.91 万 hm²，其次是内蒙古 1 396.58 万 hm²，吉林 600.96 万 hm²。

栎类人工林资源，按比较可靠的北方 11 省份统计，为 29.87 万 hm²，这反映了栎类有人工造林，但量很少，其中造林比较多的，有河南和辽宁。但从经营讲，栎类多是经营天然次生林，主要为矮林、中林，即多为天然更新的萌芽林，也有乔林，但很少。矮林经营多为薪炭林、食用菌林和柞蚕林。

第二节　栎属植物的形态特征和生物学特性

一、形态特征

栎属植物有强大发达的根系，主根明显而深，侧根粗大，伸长范围 6～7 m，侧根分布在 15～20 cm 的土层中。据测定，辽东栎主根深入土层可达 1.5 m，侧根发达，根幅宽 7～8 m。叶片革质或纸质；单叶，螺旋状互生；羽状脉，全缘、半具齿或具齿；托叶常早落。幼苗叶的表皮毛、厚壁细胞表皮毛类型都是最多的，束状毛较普遍，部分植物幼苗具有过渡叶。老叶呈刺芒状锯齿、粗锯齿或波状齿。花单性，雌雄同株；雌花序为下垂柔荑花序，花单朵散生或数朵簇生于花序轴下；花被杯形，4～7 裂或更多；雄蕊与花被裂片同数或较少，花丝细长，花药 2 室，纵裂，退化雌蕊细小，雌花单生，簇生或排列成穗状，单生于总苞内；花被 5～6 深裂，有时具细小退化雄蕊，子房 3 室，稀 2 室或 4 室，每室 2 胚珠；花柱与子房室同数，柱头侧生带状或顶生头状。壳斗杯状、碟状、半球形或近钟形，壳斗包坚果一部分，稀全包坚果。壳斗外壁的小苞片鳞形、线形或钻形，覆瓦状排列，紧贴或开展。每个壳斗内有 1 个坚果，当年成熟或翌年成熟。坚果卵圆形、球形或椭圆形。坚果顶端有突起柱座，底部有圆形果脐，不育胚珠位于种皮的基部，种子萌发时子叶不出土。

二、生物学特性

（一）生长特性

栎林生长因树种、立地条件等不同而存在很大差异。栎树通常生长缓慢，尤其在幼年阶段，还有一些生长在石质山地的栎树，如高山栎、岩栎生长更缓慢。但一些经营的栎类林生长相对较快，如辽东栎高生长速生期在 10～20 年，材积生长旺盛期在 20～40 年。麻栎生长较快，实生的树高生长速生期在 5～15 年，胸径生长速生期在 10～30 年。栓皮栎人工林幼龄阶段在 3～10 年，壮龄阶段在 10～30 年，中龄阶段在 30～60 年，成熟阶段在 60～100 年，衰老阶段在 100～130 年；材积生长速生期在 50～80 年，105 年可达数量成熟龄。

（二）开花结实

不同树种、不同地区的栎类树种开花、结实时间不同。秦巴山区栓皮栎实生林幼树一般在 7～9 年时开始开花。初次开花的幼树雌蕊一般都无法发育成完好的种子。15～20 年生的栓皮栎普遍开花，并且能够孕育出成熟种子。栓皮栎萌生林开花结实时间远远早于实生林，5～6 年生的萌生个体即可开花结实。光照和土壤条件是影响生殖年龄较大的栓皮栎开花结实的两个非生物环境因子（张文辉等，2002）。

萌生栎树一般 3～5 年开始结实，15～20 年进入结实盛期。实生的 15 年左右开始结实，30～40 年进入结实盛期。栎树结实有丰年与歉年之分，一般 3～4 年为一个结实周期，但南方有些栎树有隔年丰收的现象。出现丰歉年周期的主要原因是由于丰年消耗了大量的营养物质，影响了翌年的花芽形成。部分栎树，如栓皮栎等，开花后当年只形成小幼果就停止发育，第二年才发育成熟。而有些栎树，如蒙古栎、辽东栎、槲树等，是当年开花坐果，当年成熟。

栎实的成熟期也因树种和地区的不同而不同。东北地区的栎实，一般成熟较早，8 月下旬就开始脱落，9 月上中旬为落种盛期；华北地区的栎实在 9 月上中旬成熟；南方的栎实成熟于 10 月上中旬。

（三）生态学特性

栎属树种喜光、深根性，对土壤条件要求不严，能在干旱瘠薄的山地生长，但以深厚肥沃、湿润、排水良好的中性至微酸性土壤为宜。一般生长在海拔 500～1 500 m 的阳坡山麓、山沟。栎属植物常与其他阔叶树组成混交林，有时成小片纯林。栎属树种分布很广，如暖温带的麻栎，生长的温度条件为年均温 10～16 ℃，1 月均温 −4～4 ℃，极端最低温 −19 ℃，7 月均温 26～30 ℃，极端最高温 36 ℃，年降水量 600～1 600 mm；但蒙古栎适生的年均温为 −3 ℃，可适应 −60～−56 ℃的低温，500 mm 以上的年降水量。栎属树种对温度的适应幅度很宽，它既能在我国温暖、湿润的亚热带地区生长，也能适应西伯利亚 −60～−50 ℃的低温。

第三节　栎属植物的起源、演化与分类

一、栎属植物的起源、演化

在对栎属植物系统演化、化石历史和现代分布的研究基础上，认为栎属植物的现代分布中心在中南半岛植物区，而这个分布中心就是栎属的起源地；加勒比植物区是栎属的次生分布中心。栎属于古新世早期起源于上述地区，起源于三棱栎。栎属起源后分化出青冈亚属和栎亚属，青冈亚属分布于东亚、东南亚，栎亚属广泛分布在北温带。栎亚属形成以后，分化出高山栎组和巴东栎组两个原始类群，并通过巴东栎—橿子栎的路线演化成落叶栎类。栎亚属可划分为 6 个组，其中高山栎组（Sect. *Brachypides*）分化较早，形成朝独特方向演化的类群。巴东栎组（Sect. *Engleriana*）是一个强烈分化的类群，从这一类群演化出过渡类型橿子栎组（Sect. *Echinolepides*），从橿子栎组又演化出岩栎组（Sect. *Acrodonta*）和两个相对较为进化的落叶类组，即麻栎组（Sect. *Aegilops*）和槲栎组（Sect. *Quercus*）（周浙昆，1990，1992）。

中国的栎属在白垩纪晚期与始新世之间，通过三棱栎属（*Trigonobalanus*）起源于热带亚洲大陆—中南半岛北部和华南热带地区。栎属起源后迅速分化为两个大类群，即现在的青冈亚属和栎亚属，青冈亚属主要限于东亚、东南亚热带和亚热带地区分布。栎亚属向北扩散，逐步演化形成适应温带气候的落叶类。大约从渐新世中期开始，我国东北地区开始有落叶栎出现，渐新世和中新世是我国栎类发展的鼎盛时期，出现了大量现已灭绝的类型。随着气候的不断恶化，落叶栎不断向南入侵，到中新世时，我国栎类的分布格局大约是东北、华北一带为落叶性的种类，华中、华南一带仍为常绿种类；上新世的栎类已与今日的面貌近似，绝大多数现存种的原始类型已经出现（江泽平，1993）。落叶栎类的起源地有可能在横断山区和云贵高原地区，上新世时向东和东北扩散至我国华北地区，并产生了若干新的特有类型，形成了另一分布中心，在中新世向东北扩散至西伯利亚（周浙昆，1992）。北美的栎类有两个来源，一是通过高山栎、冬青栎演化而成；另一群源于欧亚的落叶栎类（周浙昆，1992，1993a）。

二、栎属植物分类概况

壳斗科（Fagaceae）共有 8 属，我国有 7 属，壳斗科植物分类问题一直是学术界争论

的热点。其中关于青冈属（*Cyclobalanopsis*）和栎属（*Quercus*）的分合问题长期以来成为壳斗科分类研究的重要内容。

国外许多分类学者认为栎属包括青冈亚属和栎亚属。Trelease（1924）将栎属分为 3组：红橡组（Sect. *Erythrobalanus*）、白橡组（Sect. *Lepidobalanus*）和青冈栎组（Sect. *Cyclobalanus*），后经学者研究同意将其提升为 3 亚属，即红橡亚属（Subg. *Erythrobalanus*）、白橡亚属（Subg. *Lepidobalanus*）和青冈亚属（Subg. *Cyclobalanus*）。Nixon（1993）根据种系发生关系，从多源观点出发，认为栎属包括青冈亚属（*Quercus* Subg. *Cyclobalanopsis*）和栎亚属（*Quercus* Subg. *Quercus*）。青冈亚属自然分布于东亚和马来西亚的热带及热带山地的湿润地区。Nixon（1984，1989）将栎亚属分为 3 组，即：①红栎组（Sect. *Erythrobalanus*），包括水栎（*Q. nigra*）、柳叶栎（*Q. phellos*）和红槲栎（*Q. rubra*）等。分布于美洲的温带、亚热带和山地热带地区，从南美洲哥伦比亚到中美洲和加拿大东南部森林区，向西可分布到美国俄勒冈州南部。②白栎组（Sect. *Lepidobalanus*），重要的种有美国白栎（*Q. alba*）、夏栎（*Q. robur*）、土耳其栎（*Q. cerris*）等，分布范围极广，在北美洲和中美洲温带、亚热带和热带山地的适宜立地以及欧洲和泛热带亚洲均有分布。③中间栎组（Sect. *Protobalanus*），在系统发生的亲缘关系上，处于红栎和白栎之间，与其他组的种在生殖上隔离，未发现组间自然杂交种，自然分布于北美西部，从美国俄勒冈州向南经加利福尼亚州至墨西哥均有分布。

我国有学者主张把青冈属置于栎属，不赞成分立。王萍莉等（1988）对我国栎属 30多种的花粉形态特征研究显示，栎属可分为落叶类和常绿类两个基本类型，由于青冈属和栎属的花粉具有很多共同特征，在常绿类中再分为常绿栎类和青冈类则比较困难。因此，也支持将青冈属作为属下等级置于栎属内。中国学者徐永椿等（1985）根据壳斗苞片的排列形状、木材微观构造特征以及分布区的不同，认为青冈属应该从栎属中分出来，即将青冈属和栎属视为两个独立的属，前者约 150 种，后者约 300 种。

刘慎谔 1936 年发表的《中国枯叶栎之研究》将国产落叶栎分为 5 个类群，即麻栎类群、柞栎类群、蒙古栎类群、槲栎类群和檞子栎类群。徐永椿等（1985）在郑万钧主编的《中国树木志·第二卷》栎属部分，将国产栎亚属分为槲栎组（Sect. *Robur*）、麻栎组（Sect. *Aegilops*）、高山栎组（Sect. *Suber*）和巴东栎组（Sect. *Englerianae*）。游新等（1994）认为应将栎属分为落叶栎亚属（Subg. *Quercus*）、高山栎亚属（Subg. *Suber*）和青冈栎亚属（Subg. *Cyclobalanus*）3 亚属。梁红平等（1990）通过对我国常绿栎类叶表皮毛形态的研究支持徐永椿和任宪威（1985）将常绿类分为高山栎组和巴东栎组；Zhou等（1995）根据叶表皮及叶结构特征对属下系统进行了调整，并按国际命名法规原则分为6组，即麻栎组、槲栎组、高山栎组、巴东栎组、檞子栎组和岩栎组。彭焱松（2007）以中国产栎属 53 种（含 4 变种）为对象，将中国栎属分为 5 个特征明显的表征群，即麻栎组、槲栎组、高山栎组、巴东栎组和檞子栎组 5 组。

国内公认的壳斗科植物的分类系统认为青冈属与栎属是两个独立的属，栎属约 300种，我国约 60 种。

第四节　栎属植物的遗传变异与种质资源

一、遗传多样性

（一）蒙古栎、辽东栎

恽锐等（1998）用同工酶、RAPD 及 DAF 方法研究了北京东灵山辽东栎遗传多样性。结果表明，辽东栎种群内存在丰富的遗传变异，中央种群的遗传多样性高于边缘种群，总遗传多样性的 95% 发生在种群内，只有 5% 发生在种群间。夏铭等（2001）利用 RAPD 方法对中国东北地区 4 个蒙古栎天然群体的研究表明，蒙古栎遗传多样性水平较高（$I=1.298$），群体间遗传分化较高（$G_{st}=0.355$）。李文英（2003）利用同工酶对蒙古栎全分布区 8 个天然群体的研究表明，蒙古栎天然群体同工酶的平均变异水平偏低，种级水平的遗传多样性（$A=1.905$，$Ne=1.209$，$P=52.38\%$，$He=0.099$）低于北美和欧洲的栎树天然群体的平均变异水平。利用 AFLP 分子标记对 3 个蒙古栎群体检测结果看，平均 Shannon's 信息指数为 0.220 5，平均指数 Nei's 基因多样性指数为 0.134 1，多态位点百分率平均为 67.17%，群体内的平均遗传多样性（H_s）和总遗传多样性（H_t）分别为 0.134 1 和 0.145 3。张杰等（2007）利用 ISSR 技术对东北地区 25 个蒙古栎群体遗传多样性进行了研究。结果表明，种群的平均多态性位点百分率为 45.2%，Shannon's 信息指数为 0.25，种群内的基因多样性占 73.43%，结合聚类分析和地理变异规律，将东北地区蒙古栎分为小兴安岭种群组和长白山种群组。

（二）栓皮栎

周建云等（2003）对秦岭北坡中段、巴山北坡、秦岭东段 3 个栓皮栎天然群体的过氧化物酶同工酶进行了研究，结果表明，栓皮栎天然群体过氧化物酶同工酶由 POD - A、POD - B、POD - C 3 个多态性位点组成。各群体的多态性位点百分率为 100%，等位基因平均数为 2.3，平均期望杂合度为 0.651。栓皮栎天然群体在过氧化物酶同工酶酶系统各基因位点上具有较高的遗传变异水平，其遗传变异性大多发生于群体内，群体内变异占总变异的 95.3%，群体间变异占总变异的 4.7%。

徐小林等（2004）利用微卫星（SSR）标记对我国四川、湖北、安徽、江苏 4 个省的 5 个栓皮栎天然群体的遗传多样性进行了研究。16 对 SSR 标记揭示了栓皮栎丰富的遗传多样性：等位基因数（A）平均 8.437 5 个，有效等位基因数（Ne）平均为 5.951 2 个，平均期望杂合度（He）0.805 9，Nei's 基因多样性指数为 0.804 1。栓皮栎自然分布区中心地带的群体具有较高的遗传多样性，而人为对森林的破坏将降低林木群体的遗传多样性。栓皮栎群体的变异主要来源于群体内，群体间分化较小，遗传分化系数仅为 0.045 5。此外，栓皮栎群体间的遗传距离与地理距离之间呈显著正相关。

王世春等（2009）对栓皮栎主要分布区的 19 个天然群体，利用 PCR-RFLP 技术对群体的变异进行研究。结果表明，19 个群体间有较好的多态性，共发现 9 种单倍型。单倍型变异主要出现在群体间，群体内变异很小，群体间遗传分化系数（G_{st}）为 0.848 8，而群体内遗传多样性只占 15.12%。这些遗传信息为栓皮栎遗传多样性的保护和利用提供了一定依据。

二、形态变异与优良种源

（一）蒙古栎

李文英等（2005）对蒙古栎全分布区 8 个天然群体的坚果、壳斗、叶等表型性状进行了比较分析，蒙古栎表型性状在群体间和群体内存在极其丰富的变异，群体间变异占 53.97%，种内群体变异呈梯度规律性，随着经纬度的增加，坚果逐渐增大，叶形由长倒卵形向长椭球形变异；随着海拔升高，坚果逐渐变小。

厉月桥（2011）对蒙古栎分布区 6 个省份 16 个种源的蒙古栎种子表型性状和淀粉含量变异进行分析。结果表明，蒙古栎种子表型性状和淀粉含量均存在极显著差异（$p<0.01$）；种子长与种子宽、单果重间均呈极显著正相关（$p<0.01$），种子宽与单果重呈极显著正相关（$p<0.01$），种子宽与淀粉含量呈显著正相关（$p<0.05$）；种子宽与海拔呈显著负相关（$p<0.05$），与 7 月均温呈显著正相关（$p<0.05$）；单果重与 7 月均温呈显著正相关（$p<0.05$）。通过聚类分析，16 个种源可划分为大果高淀粉含量类群、小果低淀粉含量类群和中果中淀粉含量类群 3 个类群，其中黑龙江带岭、辽宁本溪和内蒙古大杨树 3 个种源为优良种源，选出簇生中果型和散生大果型 2 个优良类型，优良单株 41 株。

在优良种源选择研究方面，黑龙江带岭林业科学研究所在 20 世纪 90 年代，对 25 个蒙古栎进行了选择，初步选择出苗期生长良好的吉林集安和黑龙江带岭种源，在此基础上建立了 1 hm^2 的无性系种子园（胡振生等，2008）。屈红军等（2013）对带岭地区 25 个蒙古栎苗期种源进行分析，认为苇河、集安种源可初步作为带岭试验地的优良种源，蒙古栎的地理变异趋势受经纬度影响，其中经度影响略大。刘传学等（2005）通过种源试验，选择出了适于大兴安岭林区栽植的用材林优良种源。陈晓波等（2010）对蒙古栎 26 个种源 6 个幼林性状、8 个地理气候因子进行了典型相关分析和偏相关分析，分析结果揭示了蒙古栎地理变异规律以生长性状变异呈经纬向渐变为主。通过多性状综合评定方法选择出松花湖试验点优良种源为宽甸和磐石种源；白石山试验点优良种源为磐石和美溪种源；采用环境指数法进行种源稳定性评价，确定出磐石、美溪、岫岩、宽甸、红石、白石山种源为高产型种源。张杰等（2005）研究了我国东北三省 7 个蒙古栎种源的荧光诱导动力学参数，认为汪清、弯甸子和白石碰子种源具有优良光合生理功能。

（二）辽东栎

李忠红等（2012）对北京西山山区辽东栎天然群体结实性状的自然变异进行了研究，筛选出果实丰产的优良类型。辽东栎果实表型性状果长、果宽、平均果径、果长/果宽、单果重个体间变异幅度均高于个体内，差异极显著（$p<0.01$）；辽东栎天然群体被划分为散生小果型（平均果径 13.02 cm）、散生中果型（平均果径 13.92 cm）、散生大果型（平均果径 16.37 cm）、簇生小果型（平均果径 12.55 cm）、簇生中果型（平均果径 14.27 cm）和簇生大果型（平均果径 15.56 cm）6 种类型；簇生中果型和簇生大果型植株单位面积结实量分别为 32.86 g/m^2 和 34.65 g/m^2，显著高于其他类型（$p<0.05$），散生大果型和簇生大果型平均果径分别为 16.37 cm、15.56 cm，显著高于其他类型。辽东栎天然群体簇生中果型、散生大果型和簇生大果型可作为丰产、易收集的优良种质资源。

厉月桥（2011）对辽东栎分布区6个省份8个种源的辽东栎种子表型性状和淀粉含量变异进行分析。结果表明，辽东栎种子表型性状和淀粉含量均存在极显著差异，不同种源辽东栎种子在种长、种宽、种长/种宽、单果重及淀粉含量方面均存在极显著差异。种长与种长/种宽呈显著正相关，种长与单果重呈极显著正相关，种长/种宽与单果重呈显著正相关；7月均温与种长呈显著正相关，与单果重呈极显著正相关；种宽与年日照时数呈显著负相关；通过聚类分析，8个辽东栎种源可以划分为大果高淀粉率类群和小果低淀粉率类群两个大类群，大果高淀粉率类群主要分布于辽东栎天然分布区的西部，小果低淀粉率类群主要分布于辽东栎天然分布区的东部。陕西黄陵、陕西陇县和内蒙古赤峰种源为优良种源，初选出辽东栎簇生中果型、簇生大果型和散生大果型3个优良类型，优良单株21株。

（三）麻栎

刘志龙等（2009）对麻栎自然分布区内10个省份27个种源麻栎种子形态特征和营养成分含量的差异性进行分析比较。结果表明，不同种源间麻栎种子的长度、宽度和百粒重以及可溶性糖含量、淀粉含量和蛋白质含量差异极显著。麻栎种子长和宽分别为 1.69～2.26 cm 和 1.06～2.50 cm，种子百粒重为 83.55～637.38 g，种子可溶性糖含量、淀粉含量和蛋白质含量分别为 0.051～0.105 mg/g、0.278%～0.471% 和 21.502～34.696 mg/g。麻栎种子百粒重与种子长、种子宽及可溶性糖含量间呈显著正相关，种子长与可溶性糖含量呈显著正相关。主成分分析结果显示，影响麻栎种子品质的主要性状是种子长、种子宽及种子百粒重。

刘志龙等（2011）研究收集了13个省份36个种源的麻栎种子，对麻栎种子性状和苗木性状进行测定和地理变异模式分析。结果表明：①麻栎种源间种子长度、种子宽度、百粒重和营养内含物存在极显著差异。种子百粒重、长度和宽度总体表现双向渐变趋势，随经度增高而增大，随纬度增高而减小，主要受到经度的控制；以西南到东北为中间地带，可溶性糖含量向东南表现先下降、后上升的趋势，向西北则相反；淀粉含量从西北到东南呈逐渐减小的趋势。②麻栎种源苗高、地径、生物量、热值和木材化学组分存在极显著差异。苗高、地径和生物量均呈双向渐变，经度正向变异且变化幅度较大，纬度负向变异且变化幅度较小，经度影响大于纬度；热值拟合回归方程不显著，方程无意义。木质素含量北部大于南部，但北部以西北部最高，南部以东南部最高。

刘志龙等（2009）根据13个省份的36个种源麻栎种子在安徽省滁州市红琊山林场的苗期试验，初步选出安徽太湖、安徽太平、浙江开化、江苏句容、浙江建德、浙江龙泉和贵州榕江种源为优良种源。

董玉峰（2008）以山东省麻栎为对象，开展了群体内变异规律、优良家系、优良无性系选择研究，在泰山林场、药乡林场、五莲山、昆嵛山、崂山和费县林场6个地点，采用5株优势木法进行优树选择，初选出一批麻栎优良家系和无性系。麻栎群体内单株间的生长和形质性状指标间存在着丰富的变异。家系15、家系28、家系42和家系47具有优良的生长特性，苗高、地径和地上生物量相对较大，其苗高超出家系平均苗高59.63%，地径超出46%。其次家系35、家系14、家系20和家系26也较优良，均可以考虑作为优良家系。

（四）栓皮栎

1. 栓皮的形态变异　张存旭等（2003）通过对陕西境内栓皮栎10个群体栓皮颜色、

开裂方式、厚薄等方面的调查，发现栓皮栎栓皮颜色有深灰色、褐色和浅灰褐色；栓皮开裂方式有条状裂、纵裂和块状裂。生长在同一立地条件下，同样大小的不同单株，栓皮厚的可达 2.6 cm，薄的仅 1.2 cm，初步认为栓皮栎栓皮性状以群体改良为主，10 个群体中太白 3、南五台 3 群体为最优群体。韩照祥等（2005）对秦岭北坡、秦岭南坡、巴山北坡、黄龙山区的栓皮栎栓皮厚度、变异进行了研究。黄龙山区种群栓皮最厚，栓皮厚度为 2.14～2.87 cm，平均厚度为 2.30 cm；秦岭北坡种群，栓皮厚度为 1.15～1.81 cm，平均厚度为 1.44 cm，大多数阳坡、半阳坡的胸高栓皮较薄，阴坡、半阴坡的胸高栓皮较厚，且较厚的栓皮呈现深块裂，裂纹颜色较深，呈现暗褐色或红褐色，较薄的栓皮呈现浅纵裂，裂纹颜色较浅，呈现灰白色。

2. 叶形态变异　韩照祥等（2005）对秦岭北坡、秦岭南坡、巴山北坡、黄龙山区的栓皮栎叶形态变异进行了研究。栓皮栎种群的叶柄长、叶长、叶宽和叶长宽比随着生境条件的差异而产生较大的地理变异。

（1）叶柄长　秦岭北坡栓皮栎种群的叶柄比其他 3 个地区的长，平均叶柄长为 2.34 cm（1.9～2.44 cm），而黄龙山区的叶柄长最短，种群平均叶柄长为 1.55 cm（1.32～1.89 cm），秦岭南坡和巴山北坡地区介于两者之间，平均叶柄长分别为 1.72 cm 和 1.79 cm。

（2）叶长　秦岭北坡栓皮栎种群叶的长度是最长的，平均叶长为 12.77 cm，巴山北坡的最短，平均叶长为 10.84 cm，其他两个地区介于两者之间。

（3）叶宽　秦岭北坡栓皮栎种群的叶是最宽的，种群的叶宽平均为 4.48 cm，秦岭南坡栓皮栎种群的叶是最窄的，平均叶宽为 3.60 cm。

（4）叶形　秦岭南坡、巴山北坡和黄龙山区的栓皮栎种群叶呈长椭圆形的占多数，秦岭北坡叶呈卵状披针形的较多，因而表现出不同生境、不同种群叶基部呈圆形和宽楔形的差异，叶长宽比和叶基部的变化也反映了栓皮栎种群的地理变异。

3. 果实变异　韩照祥等（2005）对秦岭北坡、秦岭南坡、巴山北坡、黄龙山区栓皮栎果实变异进行了研究。秦岭北坡的栓皮栎果实最长，平均长度为 1.73 cm，黄龙山区的栓皮栎果实长度最小，平均长度为 1.53 cm。对同一地区不同坡向的栓皮栎来说，多数阳坡、半阳坡的果实呈柱状球形，果脐微突起，果实较长，宽度较大；阴坡、半阴坡的果实呈现近球形，果脐平圆，果实较短，宽度较小。

4. 种子变异　陈劼等（2009）对栓皮栎主要分布区的湖北、安徽、重庆、云南、江西等省 12 个种源（群体）的种子形态变异进行了研究。结果表明，不同种源种子直长、曲长、直宽、曲宽存在极显著差异；种子的曲率在各种源间表现出显著差异。12 个种源的种子垂直长度 14.59～23.27 mm，弯曲长度 16.57～24.40 mm，垂直宽度 12.50～19.10 mm，弯曲宽度 13.00～19.50 mm。重庆巫溪的种子最长，湖北保康的种子最宽，云南东川的种子最小。种子单粒重 0.938～4.535 g，变异系数为 27.71，湖北保康种子的平均单粒重最重，云南东川种子的平均单粒重最轻。

（五）其他

1. 良种

（1）水栎阿肯色州种源　水栎（*Q. nigra*）种源，审定编号：国 S‑SP‑QN‑011‑

2012。品种特性：喜光，喜水湿。树干通直，枝叶浓密，树冠紧凑匀称。在上海造林 9 年平均树高和胸径为 12.4 m 和 17.6 cm。可做景观绿化、防护林、工业用材林。适宜种植范围：浙江、上海、江苏、安徽等省份的平原地区。

　　（2）纳塔栎洛杉矶种源

　　（3）柳叶栎洛杉矶种源

　　2. 种苗基地　西藏工布江达县高山栎良种采种基地，安徽红琊山麻栎、栓皮栎国家级良种基地。

第五节　栎属植物种及其野生近缘种的特征特性

一、蒙古栎

学名 *Quercus mongolica* Fisch. ex Ledeb，别名蒙古柞、柞树。

（一）形态学特征

　　蒙古栎为落叶乔木，高达 30 m。小枝无毛。叶倒卵形或倒卵状长椭圆形，长 7～19 cm，先端短钝尖，基部楔圆或耳状，粗钝齿 7～10 对，幼叶沿脉疏被毛，老叶近无毛，侧脉 7～11 对；叶柄长 2～8 mm，无毛。壳斗杯状，高 0.8～1.5 cm，径 1.5～1.8 cm，小苞片鳞片状，下部具瘤状突起，密被灰白色短毛；果卵圆形或长卵圆形，长 2～2.3 cm，径 1.3～1.8 cm，无毛。花期 4～5 月，果期 9 月（图 16-1）。

（二）生物学特性

　　蒙古栎对温度的适应幅度很广，它既能在我国华北地区生长，也能适应西伯利亚 −60～−50 ℃的低温。蒙古栎对温度的适应性虽强，但在暖温带的最南部已不适于它的生长。蒙古栎天然分布地区的实际降水量很低，可能为 300 mm。蒙古栎能适应较广的土壤类型，多生长在酸性或微酸性较肥沃的暗棕色森林土和棕色森林土上。在人为破坏严重的山地，蒙古栎也能在干燥阳坡、土体发育不全的粗骨土上成林。

　　蒙古栎具有较强的有性和无性繁殖能力。蒙古栎萌芽能力很强，40 年为其高峰期，持续到 300 年以后，仍能萌芽更新。蒙古栎 15～20 年后结实丰富，萌生的蒙古栎在 30 年左右开始结实。

（三）分布概况与类型

　　蒙古栎是栎属植物在我国分布最北的一个种，主要分布在我国的东北和华北地区。广泛分布于大兴安岭、小兴安岭、长白山区、冀北山地、内蒙古东部山区、辽西和辽东丘陵。跨内蒙古、黑龙江、辽宁、吉林、河北、北京、山西、山东、陕西、江苏等省份。蒙古栎的垂直分布随纬度的降低而升高，在大、小兴安岭分布海拔 250～400 m，在冀东山地多分布在海拔 800 m 以上的山地，最高可达海拔 2 000 m。蒙古栎是东亚—东西伯利亚分布类型，在国外分布到俄罗斯的远东、西伯利亚、蒙古国东部、朝鲜及日本。

粗齿蒙古栎（*Q. mongolica* var. *grosseserrata*）为蒙古栎一变种，叶较窄长，边缘具内弯粗锯齿，侧脉 14～18 对。产于东北、华北，朝鲜也有分布。

（四）利用价值

蒙古栎材质坚硬，耐朽力强，边材淡褐色，心材黄灰褐色，气干密度 $0.67～0.78 \, \mathrm{g/cm^3}$，干后易开裂，供枕木、船舶、车辆、细木工板、建筑等用材，中、小径级木常做农具材、民用材；枝条、梢头等又是发热量很高的薪炭材；树皮含单宁 5％～6％，最高可达 12％；果含 50％～70％的淀粉，可做纺织工业的浆纱粉，又可酿酒和作为饲料；枝干可培养木耳和其他食用菌类；叶为柞蚕和鹿的饲料。蒙古栎现已被列为国家二级保护树种，是重要的生态经济型树种，具有很高的开发和利用价值。

二、辽东栎

学名 *Quercus wutaishanica* Mayr，别名辽东柞（《中国树木分类学》）、小叶青冈（河南）、柴树（河北、山西）、青冈柳（辽宁、吉林）。

（一）形态特征

落叶乔木，高达 15 m。幼枝绿色，无毛。叶倒卵形或倒卵状长椭圆形，长 5～17 cm，先端圆钝或短突尖，基部窄圆或耳形，有 5～7 对波状圆齿，幼时沿脉有毛，老时无毛，侧脉 5～10 对；叶柄长 2～5 mm，无毛。雄花序长 5～7 cm，雌花序长 0.5～2 cm。壳斗浅杯形，包果约 1/3，小苞片长三角形，扁平或背部凸起，长 1.5 mm，疏被短茸毛；果卵形或卵状椭圆形，直径 1～1.3 cm，高 1.5～1.8 cm，顶端有短茸毛。花期 4～5 月，果期 9～10 月（图 16-1）。

（二）生物学特性

辽东栎喜温凉湿润环境，在东北，分布在海拔低的阳坡。如辽东半岛、恒山、吕梁山一带；向西至秦岭，不仅分布于阳坡，也生长于阴坡。在黄土高原六盘山则主要分布于阴坡及沟谷。在其分布区，年平均气温 6～12 ℃，最冷月平均气温－5.5～10 ℃；年降水量 600～1 000 mm。辽东栎喜光、喜温，耐寒、耐旱、耐瘠薄，抗风力强。对立地条件要求不严，适合中性或微酸性土壤，

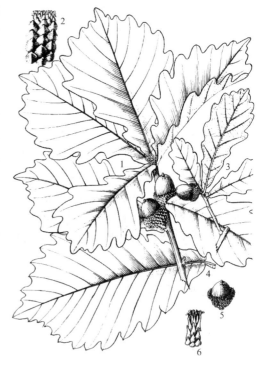

图 16-1　蒙古栎、辽东栎和槲树

蒙古栎：1. 果枝　2. 壳斗小苞片

辽东栎：3. 果枝

槲树：4. 叶　5. 壳斗及果　6. 壳斗小苞片

（引自《中国树木志·第二卷》）

在土层深厚的山腹生长良好。在甘肃小陇山辽东栎树高速生期为 10～20 年，以后生长速度减慢，60 年后仍有缓慢高生长；径生长速生期在 20～30 年。

（三）分布概况

辽东栎集中分布于暖温带北部落叶林亚地带。它常见于辽宁东部和辽东半岛丘陵山地，河北北部和西部山地，山西以关帝、吕梁、太岳山地分布最为集中，向南逐渐减少，渐为槲栎、锐齿槲栎、栓皮栎等组成的混交林所代替。在陕西、甘肃境内，辽东栎主要分布于秦岭和黄土高原一带，向南逐渐减少，亦渐为锐齿槲栎所代替。辽东栎林在甘肃见于六盘山及崆峒山、太统山。宁夏境内主要分布于六盘山区的秋千架、蒿店一带。青海东部孟达林区为辽东栎分布的最西缘。辽东栎在白龙江流域及川西北岷江上游的高山地带也有少量分布。此外，在温带针阔叶混交林区域南部及内蒙古草原东部的山地见有零星分布。辽东栎的垂直分布可见于海拔 800～2 700 m 的地带，在海拔 800 m 以下生长较好。在其分布区东北端的辽宁东部和辽东半岛，辽东栎林分布的海拔高度较低，常在海拔 1 000 m 以下的阳坡，在山西的恒山以南及吕梁山山地，则分布于海拔 1 200～2 000 m 的阳坡，在川西北岷江上游见于 2 000～2 700 m 的河谷阶地及山坡中下部。国外主要分布在朝鲜北部。

（四）利用价值

辽东栎为优良的用材、薪炭树种，其在食用菌培育、柞蚕饲养、栲胶提取、活性炭制作、色素提取、食品饲料加工、酿酒、纺纱和医疗保健方面都有较为广泛的应用。辽东栎种子淀粉含量 49.19％，是生产生物燃料乙醇的理想原料。

三、麻栎

学名 *Quercus acutissima* Carr.，别名栎树、柴栎、青冈、柞树、黄麻栎、栎、橡树。

（一）形态特征

落叶乔木，高达 30 m，胸径 1 m。幼枝被黄色柔毛，后渐脱落。叶长椭圆状披针形，长 8～19 cm，宽 3～6 cm，先端渐尖，基部圆或宽楔形，具芒状锯齿，侧脉 13～18 对，直达齿端，幼时被柔毛，老时无毛或仅叶下面脉腋有毛，叶柄长 1～3（5）cm，幼时被柔毛，后渐脱落。雄花序长 6～12 cm，被柔毛，花被通常 5 裂，雄蕊 4 枚，稀较多；雌花序有花 1～3。壳斗杯状，包果约 1/2，小苞片钻形，反曲，被灰白色茸毛；果卵形或椭圆形，径 1.5～2 cm，高 1.7～2.2 cm，顶端圆形。花期 3～4 月，果期翌年 9～10 月。

（二）生物学特性

麻栎喜温暖湿润气候特点，在年平均气温 10～16 ℃，1 月平均气温－4～4 ℃，极端最低气温－19 ℃，7 月平均气温 26～30 ℃，极端最高气温 36 ℃，年降水量 600～1 600 mm，生长期 150～240 d 的气候条件下都能生长。

麻栎喜光性强，不耐蔽荫。与其他树种混交，能形成良好的干形。对土壤要求不严，能在干旱瘠薄山地生长。不耐水湿。在常年流水或季节性流水的山沟两侧，生长旺盛。抗火抗烟能力较强，为防火林带的优良树种。萌芽力强，能做矮林经营，萌蘖留养 4～6 年后就郁闭成林，而且生长较快；深根性，主根明显而深，有很强的抗风暴和抗旱能力，是营造水土保持林的优良树种。麻栎生长较快，5 年生以前地下部分生长较快，地上部分生长慢，树高和胸径速生期在 5～15 年，20 年以后生长较慢，持续至 60～80 年以后衰退。实生林 7～10 年开始郁闭成林，10 年后可间伐，中小径材 25～30 年，大径材 50～60 年主伐。

（三）分布概况

麻栎分布范围较广，北起辽东半岛南部，南至广东和广西的北部直至海南岛也有零星分布，东达山东半岛、江苏云台山，西到陕西、四川、西藏东部及云南。在我国东经 98°～123°、北纬 23°～40°的广大范围内均有分布，但集中分布于山东半岛，泰沂山区，江淮丘陵，安徽、河南、湖北交界处的低山丘陵，秦岭南坡及大巴山的低山丘陵区。在分布区东部（辽宁、河北、山东、河南、安徽、江苏、浙江），垂直分布大都在海拔 500～800 m 及以下，中部地区（湖南、湖北）在海拔 800～1 100 m 及以下，西部地区（云南、贵州、四川）最高至海拔 2 300 m。生于山地或丘陵林中，常与马尾松、枫香树、栓皮栎、柏木、槲树、酸枣等混交，或成小面积纯林。

（四）利用价值

麻栎木质坚重、耐腐、耐水湿、抗压、纹理美观，适于建筑、高档家具、车辆、矿柱、农具、器具之用；此外，麻栎树体雄伟，寿命能长达数百年，是优美的园林道路绿化树种；种子含淀粉和脂肪油，可酿酒和做饲料，油制肥皂；壳斗、树皮含鞣质，可提取栲胶，果入药，涩肠止泻，能消乳肿；树皮、叶煎汁治疗急性细菌性痢疾，叶还可养柞蚕，枝丫可培养香菇等。

四、栓皮栎

学名 *Quercus variabilis* Blume，别名软木栎、大叶橡、黄划栎、老栎、花栎、粗皮青冈（四川）、粗皮栎、白麻栎。

（一）形态特征

落叶乔木，高达 30 m，胸径 1 m，树皮栓皮层发达。小枝灰棕色，无毛。叶卵状披针形或长椭圆状披针形，长 8～15（20）cm，先端渐尖，基部圆形或宽楔形，具芒状锯齿，老叶下面密被灰白色星状茸毛，侧脉 13～18 对，直达齿端；叶柄长 1～3（5）cm，无毛。雄花序长 14 cm，花序轴被黄褐色茸毛，花被 2～4 裂，雄蕊通常 5 枚；雌花生于新枝叶腋。壳斗杯状，包果约 2/3，连小苞片径 2.5～4 cm，小苞片钻形，反曲，有短毛；果近球形或宽卵形，高约 1.5 cm，顶端平圆。花期 3～4 月，果期翌年 9～10 月。

（二）生物学特性

喜光，幼苗耐阴，2～3 年后需光量渐增。主根发达。萌芽性强。抗旱、抗火、抗风。适应性广，在年平均气温 12～16 ℃、绝对低温－18 ℃、年降水量 500～2 000 mm 的气候区内，均生长良好；对土壤要求不严，酸性土、中性土、钙质土都可生长；在华北石质山地造林，也能正常生长，但在向阳山麓、缓坡和土层较深厚、肥沃地方生长旺盛，生长更好。

造林后 2～3 年生长慢，4～5 年后生长加快，高生长及直径生长旺盛期在 5～15 年，能持续到 30～60 年，材积生长最高峰在 50～80 年，立地条件好，100 年左右枝叶仍很茂盛。

（三）分布概况与类型

栓皮栎在我国分布于东经 97°～122°、北纬 19°～42°的广大地区，南起广东北部、北至河北山海关、抚宁、青龙，山西陵川—临汾—乡宁一线以南，陕西黄龙东南部的大岭和月亮山一线；东达辽东半岛东南部、山东、江苏云台山及台湾；西达甘肃东部。安徽大别山、河南伏牛山和桐柏山、陕西秦岭、鄂西和川东一带，是中国栓皮栎的中心分布区。栓皮栎天然林主要分布在大别山、太行山、伏牛山、桐柏山、秦岭南坡、云南、贵州、广西、湖南和四川大巴山等地。人工林以山东、河南、陕西、安徽及湖南等地较多。栓皮栎垂直分布变动较大，在中国东部沿海各地海拔为 50～500 m，浙江、福建、江西山地海拔 800～1 300 m 及以下，在山西、河南、安徽、湖北、陕西、河南、广西、贵州等地垂直分布的上限为海拔 1 500～1 800 m，在云南则以海拔 1 700～2 200 m 处最集中，台湾的栓皮栎垂直分布在海拔 2 000 m 以下。

栓皮栎主要有以下 4 种类型：

1. 长柄厚皮型栓皮栎 落叶乔木，树皮深块裂，裂纹红褐色，具厚的木栓层，周皮厚度大于韧皮部厚度；叶卵状披针形，叶柄长 17～25 mm，叶宽 42～59 mm；坚果近球形，果脐微突起。多生长于土层深厚的向阳山坡上。大巴山北坡、秦岭北坡、黄龙山区均有分布。

2. 短柄厚皮型栓皮栎 落叶乔木，树皮深块裂，裂纹暗褐色，具厚的木栓层，周皮厚度大于韧皮部厚度；叶长椭圆形，叶柄长 5～12 mm，叶宽 39～55 mm；坚果近球形，果脐微突起。多生长于向阳山坡上。大巴山北坡、秦岭北坡、黄龙山区均有分布。

3. 长柄薄皮型栓皮栎 落叶乔木，树皮浅纵裂，裂纹灰白色，周皮厚度小于韧皮部厚度；叶卵状披针形，叶柄长 17～25 mm，叶宽 41～62 mm；坚果近球形，果脐微突起。多生长于半阳坡上。大巴山北坡、秦岭北坡、黄龙山区均有分布。

4. 短柄薄皮型栓皮栎 落叶乔木，树皮浅纵裂，裂纹灰白色，周皮厚度小于韧皮部厚度；叶长椭圆形，叶柄长 5～13 mm，叶宽 39～55 mm；坚果近球形，果脐微突起。多生长于半阳坡上。大巴山北坡、秦岭北坡、黄龙山区均有分布。

（四）利用价值

栓皮栎木材淡黄褐色，坚硬，纹理直，花纹美观，结构略粗，强度大，干燥易裂，耐腐，耐水湿，供车轮、船舶、枕木、地板、家具、体育器械等优良用材。栓皮制成软木，有抗酸、隔热、隔音，不导电，不透水，不透气，质轻软，有弹性等特点，可供绝缘器、冷藏库、软木砖、隔音板、瓶塞、救生器具及填充体等用，为重要工业原料。因其萌芽能力强，可做矮林经营（如经营薪炭林等）。种仁做饲料及酿酒。壳斗可提栲胶或制活性炭。小材与梢头可培养香菇、木耳、银耳和灵芝。

五、槲树

学名 *Quercus dentata* Thunb.，别名柞栎、波罗栎。

（一）形态特征

落叶乔木，高达 25 m。小枝粗，有槽，密被灰黄色星状茸毛。叶倒卵形或长倒卵形，长 10～30 cm，先端短钝，基部耳形或窄楔形，有 4～10 对波状裂片或粗齿，幼叶面疏被柔毛，下面密被星状茸毛，老叶下面被毛，侧脉 4～10 对；托叶线状披针形，长 1.5 cm；叶柄长 2～5 mm，密被棕色茸毛。雄花序长约 4 cm，序轴密被浅黄色茸毛；雌花序长 1～3 cm。壳斗杯形，包果 1/2～2/3，连小苞片径达 4.5 cm，小苞片革质，窄披针形，长约 1 cm，张开或反卷，红棕色，被褐色丝毛，内面无毛；果卵形或宽卵形，径 1.2～1.5 cm，高 1.5～2.3 cm，无毛，柱座高约 3 mm。花期 4～5 月，果期 9～10 月（图 16-1）。

（二）生物学特性

槲树为深根性、萌蘖能力强的喜光树种，喜温凉耐干旱，对土壤要求不严格，但不耐庇荫，需要充分的光照条件。槲树幼年生长较快，中龄以后，生长速度逐渐缓慢。槲树根系发达，固土性能较好，且多分布于向阳、山脊陡坡，对水土保持和水源涵养有重要作用。

（三）分布概况与类型

槲树主要分布在河北、山西、河南、山东、陕西及云南西北部横断山脉以及云南的中部、东南部。分布海拔各地不一，在河北太行山、河南伏牛山和太行山、陕西秦岭分布海拔为 500～1 300 m；在云南怒山山脉、贡山一带，分布海拔 1 900～2 800 m。

（四）利用价值

槲树材质坚硬，纹理直，结构粗，耐腐蚀力强，但木材易翘裂，干形弯曲，用材价值不大。树皮含鞣质 8.5%，壳斗含鞣质 3.41%～5.13%，故可利用树皮、壳斗提取单宁，是栲胶的重要原料，同时种子含淀粉 50%～65%，亦可做酿酒原料；叶还可放养柞蚕。槲叶含有丰富的类黄酮、绿原酸、鞣质等多酚类生理活性物质，具有独特的防腐和保健功能。

六、小叶栎

学名 *Quercus chenii* Nakai，别名苍落、铁栎柴、杜木、黄栎树。

（一）形态特征

落叶乔木，高达 30 m。幼枝密被黄色柔毛，后脱落无毛。叶宽披针形或卵状披针形，长 7～12 cm，宽 2～3 cm，先端渐尖，基部圆形或宽楔形，略偏斜，具芒状锯齿，侧脉 12～16 对，幼时被灰黄色柔毛，后两面无毛，叶柄长 0.5～1.5 cm。雄花序长 4 cm，花序轴被柔毛。壳斗杯状，包果约 1/3，高约 8 mm；壳斗上部小苞片线形，直伸或反卷，长约 5 mm，中部以下为长三角形，长约 3 mm，紧贴壳斗壁，被细毛；果椭圆形，径 1.3～1.5 cm，高 1.5～2.5 cm，顶端有微毛。花期 4 月，果期翌年 10 月。

（二）生物学特性

小叶栎为落叶大乔木，深根性，须根发达。小叶栎为喜温暖的亚热带树种，耐瘠薄，萌蘖能力强。小叶栎对土壤要求不严，在湿润的瘠薄红壤山地也能正常生长，在深厚肥沃中性至酸性土壤长势旺盛，是绿化大面积荒山丘陵的良好树种。小叶栎萌生性强，是经营薪炭林的理想树种。

（三）分布概况

小叶栎广泛分布于浙江、江西、安徽、江苏、福建、湖北和四川等地。地理位置为东经 109°～121°、北纬 25°～33°。垂直分布在海拔 100～700 m，海拔 200～400 m 为常见。

（四）利用价值

小叶栎木材坚硬致密，纹理直，光泽强，韧度高，耐腐蚀，耐磨，供建筑、车船、农具、家具、机械、图版和运动器材等用。坚果出仁率 80% 左右，种子含淀粉 50%～60%、粗脂肪 4%、还原糖 4%、蔗糖 2%、粗蛋白 3%，可供酿酒、做酱油、豆乳和粉皮等用；壳斗、树皮、叶含鞣质 17%～27%，能提制栲胶；木材树枝燃烧力强，又是优良的薪炭材，采伐剩余物、梢头、枝丫及锯屑等均可培养食用菌。

七、槲栎

学名 *Quercus aliena* Blume，别名细皮青冈。

（一）形态特征

落叶乔木，高达 20 m；小枝粗，无毛，具圆形淡褐色皮孔。叶长椭圆状倒卵形或倒卵形，长 10～20（30）cm，先端微钝或短渐尖，基部窄楔形或圆形，具波状钝齿，下面密被灰白色细茸毛，侧脉 10～15 对；叶柄长 1～3 cm，无毛。壳斗杯形，包果约 1/2，小苞片卵状披针形，排列紧密，被灰白色柔毛，果椭圆状卵形或卵形，高 1.7～2.5 cm。果期 10 月。

（二）生物学特性

槲栎对气温的适应性较强，在年平均气温 7～12 ℃，年降水量 500～2 000 mm，最低气温 −32 ℃，最高气温 40 ℃的条件下均能生存。槲栎喜光，稍耐阴，喜温暖潮湿的环境，较耐旱，喜酸性至中性土层深厚的土壤。在肥沃、湿度较大、排水良好的半阴坡、半阳坡及阳坡上生长良好，在土层瘠薄的向阳陡坡，槲栎也可生长。槲栎主要在花岗岩、花岗片麻岩风化后发育成的棕壤（棕色森林土）及发育于砂岩上的山地棕壤上生长良好，而在褐色土上生长缓慢。

槲栎生长缓慢，寿命较长。槲栎高生长速生期始于 10 年左右，速生高峰期为 10~60年；径生长速生期开始于 20 年之后，速生高峰期为 20~90 年；材积生长速生期一般开始于 40 年左右，可延续到 110~130 年及以上。萌芽性强，可进行萌芽更新。

（三）分布概况与类型

槲栎分布区的地理坐标为东经 101°~125°、北纬 24°~42°。槲栎主要分布在华北松栎林区南部，并延伸至南方亚热带常绿阔叶林中，其垂直分布自北向南逐渐递增，在辽宁千山山脉的南部（辽东半岛和冀东抚宁）分布在海拔 200~600 m 的阳坡和沟谷两侧；在河南、河北、山东中南部山区海拔为 700~1 500 m；在陕西、山西、甘肃、湖北西部分布在海拔 1 000~2 000 m 的山坡或山脊；在云南、贵州分布在海拔 1 000~2 500 m，呈散生或片林分布，常与麻栎、白栎、木荷、枫香树、马尾松、甜槠等混生，多成灌丛，有时成小面积纯林，在鄂西一带常见大树。

锐齿槲栎（*Q. aliena* var. *acuteserrata*）是槲栎变种，落叶乔木，高达 30 m。小枝具槽，无毛。叶倒卵状椭圆形或倒卵形，长 9~20（25）cm，先端渐尖，基部窄楔形或圆形，具粗大尖锐锯齿，内弯，下面密被灰白色平伏细茸毛，侧脉 10~16 对，叶柄长 1~3 cm，无毛。雄花序长 10~12 cm，雌花序长 2~7 cm，花序轴被茸毛。壳斗杯形，包果约 1/3，小苞片卵状披针形，排列紧密，被薄柔毛，果长卵形或卵形，径 1~1.4 cm，高1.5~2 cm，顶端有疏毛。花期 3~4 月，果期 10~11 月。

锐齿槲栎分布于华北中南部暖温带跨北亚热带的落叶阔叶林带，甚至可延伸至亚热带的中部，山西的中条山、吕梁山的南段。锐齿槲栎较集中分布于陕西、甘肃境内的秦岭山地，以及北亚热带的秦巴山区、河南、湖北、安徽一带。在湖北，主要分布在神农架林区和鄂西北等地。江西北部瑞昌一带的低山、丘陵的石灰岩山地为其分布的东南端，它亦见于云南的沟谷之地。锐齿槲栎垂直分布幅度大，海拔 150~2 500 m 均有分布，但以海拔1 400~1 800 m 为集中分布地带。

北京槲栎（*Q. aliena* var. *pekingensis*）为槲栎另一变种，落叶乔木，高达 12 m。小枝无毛。壳斗钟形，包果 1/2 左右；小苞片三角形，被短毛，有时上缘苞片内卷；果椭圆形，径 1~1.6 cm，高约 2 cm。花期 5 月，果期 9 月。产于河南、山西、陕西、山东等地，生于海拔 200~1 850 m 山顶或阳坡。

（四）利用价值

木材淡黄褐色，坚韧耐腐，纹理致密，供坑木、枕木、舟车、军工、建筑、农具、胶合板、薪炭等用。槲栎种仁可制淀粉及酿酒。

八、川滇高山栎

学名 *Quercus aquifolioides* Rehd. et Wils.，别名巴郎栎。

（一）形态特征

常绿乔木，高达 20 m，或呈灌木状。幼枝被黄色星状茸毛。叶椭圆形或倒卵形，长 2.5～7 cm，老树之叶先端圆形，基部圆形或浅心形，全缘，幼树之叶具刺状锯齿。雄花序长 5～9 cm，花序轴及花被均被疏柔毛，雌花序长 0.5～2.5 cm。壳斗浅杯形，包果基部，高 5～6 mm，内壁密被茸毛，外壁被灰色柔毛，小苞片卵状长椭圆形或披针形，顶端常与壳斗壁分离，果卵形或长卵形，径 1～1.5 cm，高 1.2～2 cm，无毛。花期 5～6 月，果期 9～10 月。

（二）生物学特性

川滇高山栎的结实年龄与结实量因生长条件不同而变化很大。一般在纯林或在孤立木的情况下，15 年的实生幼树即可结实。而在针阔混交林下，要到 25～30 年才能结实。结实的最高年龄为 300 年，但以 60～120 年结实最丰富。萌生幼树开始结实的年龄比实生苗早，林缘立木和孤立木的结实量比林中立木要多。

川滇高山栎林下的幼树 10 年前树高生长很缓慢，年平均高生长仅 3～4 cm，10 年后生长速度加快。伐根萌芽更新生长较快，20 年生的伐根萌芽条年平均高生长量为 20～25 cm，但火烧后的萌芽条年平均高生长仅 7～10 cm。四川川滇高山栎林（实生）高生长旺盛期在 30～50 年，这个时期的年平均树高生长量超过 10 cm。其后生长缓慢并下降，至 200 年时为 7.7 cm。70 年时林分平均树高为 6～10 m，140 年时树高为 11～16 m，240 年时为 16～21 m。

（三）分布概况

川滇高山栎是云南西北部、四川西部和西藏东南部的特有树种。乔木可高达 30 m，胸径 1 m 以上，在干旱阳坡和经常樵采的地方常形成灌木丛林。垂直分布范围较宽，成林的主要分布范围为海拔 2 400～3 400 m，与高山栎等组成混交林。喜光，耐寒，抗风，耐干旱瘠薄土壤。

（四）利用价值

川滇高山栎木材坚硬，宜用作机舱板、刨架、木钉等，也可用作薪柴；树皮和坚果含单宁，可供鞣制皮革、护肤等用，入药可沉淀、收敛蛋白质，并有防止细菌感染等作用。

（李文英）

参考文献

陈劼，潘艳，徐立安，2009. 栓皮栎种子及苗期种源变异分析 ［J］. 林业科技开发，23（3）：62-65.

陈晓波，王继志，2010. 蒙古栎种源选择试验研究 ［J］. 北华大学学报（自然科学版），11（5）：437-444.

董玉峰，2008. 麻栎群体内变异性和优良家系、无性系选择的研究 [D]. 泰安：山东农业大学.

端木炘，1994. 我国栎属资源的综合利用 [J]. 河北林学院学报，9 (2)：177 - 181.

韩照祥，张文辉，山仑，2005. 栓皮栎种群的性状分化与地理变异性研究 [J]. 西北植物学报，25 (9)：
　　1848 - 1853.

胡振生，孙显涛，王冰，等，2008. 蒙古栎良种选育水平及发展策略 [J]. 黑龙江生态工程职业学院学
　　报 (3)：26 - 27.

黄成就，1978. 中国壳斗科植物新种及亚洲东南部几种椆属植物评注 [J]. 植物分类学报，16 (4)：
　　70 - 76.

江泽平，1993. 中国第三世纪的栎类 [J]. 植物学报，35 (5)：397 - 408.

李文英，2003. 蒙古栎天然群体遗传多样性研究 [D]. 北京：北京林业大学.

李文英，顾万春，2005. 蒙古栎天然群体表型多样性研究 [J]. 林业科学，41 (1)：49 - 56.

李忠红，厉月桥，任向阳，等，2012. 辽东栎天然群体结实性状变异与优良类型选择 [J]. 安徽农业科
　　学，40 (27)：13429 - 13432.

厉月桥，2011. 木本能源植物蒙古栎与辽东栎资源调查与优良种质资源筛选 [D]. 北京：中国林业科学
　　研究院.

梁红平，任宪威，刘一樵，1990. 常绿栎类叶表皮毛形态与分类研究 [J]. 植物分类学报，28 (2)：
　　112 - 121.

刘传学，肖德华，狄险峰，2005. 蒙古栎种源试验 [J]. 中国林副特产 (3)：31 - 32.

刘志龙，虞木奎，马跃，等，2011. 不同种源麻栎种子和苗木性状地理变异趋势面分析 [J]. 生态学报，
　　31 (22)：6796 - 6804.

刘志龙，虞木奎，唐罗忠，等，2009. 不同地理种源麻栎苗期变异和初步选择 [J]. 林业科学研究，22
　　(4)：486 - 492.

刘志龙，虞木奎，唐罗忠，等，2009. 不同种源麻栎种子形态特征和营养成分含量的差异及聚类分析
　　[J]. 植物资源与环境学报，18 (1)：36 - 41.

漆民楷，陈红，1992. 栓皮栎薪炭林研究 [J]. 四川林业科技 (1)：72 - 76.

屈红军，孟庆彬，张忠林，等，2013. 蒙古栎苗期种源分析 [J]. 植物研究，33 (2)：166 - 173.

王萍莉，张金谈，1988. 中国青冈属花粉形态及其与栎属的关系 [J]. 植物分类学报，26 (4)：
　　282 - 289.

王世春，徐立安，陈劼，等，2009. 栓皮栎群体 cpDNA 变异初步研究 [J]. 南京师范大学 (自然科学
　　版)，32 (3)：109 - 113.

夏铭，周晓峰，赵士洞，等，2001. 天然蒙古栎群体遗传多样性的 RAPD 分析 [J]. 林业科学，37 (5)：
　　126 - 133.

徐小林，徐立安，黄敏仁，等，2004. 栓皮栎天然群体 SSR 遗传多样性研究 [J]. 遗传，26 (5)：
　　683 - 688.

徐永椿，任宪威，1978. 我国栎属 *Quercus* L. 分类与分布 [J]. 西藏农牧学院院刊 (1)：39 - 46.

游新，杨莉，1994. 栎属和青冈属角质层表面结构的扫描电镜观察 [J]. 北京林业大学学报，16 (3)：
　　61 - 65.

恽锐，王洪新，胡志昂，1998. 蒙古栎、辽东栎的遗传分化：从形态到 DNA [J]. 植物学报，40 (1)：
　　1040 - 1046.

张存旭，张瑞娥，张文辉，等，2003. 不同群体栓皮栎栓皮性状变异分析 [J]. 西北林学院学报，18
　　(3)：34 - 36.

张杰，吴迪，汪春蕾，等，2007. 应用 ISSR - PCR 分析蒙古栎种群的遗传多样性 [J]. 生物多样性，15

（3）：292 - 299.

张杰，邹学忠，杨传平，等，2005. 不同蒙古栎种源的叶绿素荧光特性 [J]. 东北林业大学学报，3（3）：20 - 21.

张连奇，2009. 滁州规模化发展麻栎薪炭林优势和高效经营模式的探索 [J]. 农业技术与设备（2）：43 - 45.

张文辉，卢志军，2002. 栓皮栎种群的生物学生态学特性和地理分布研究 [J]. 西北植物学报，22（5）：1093 - 1101.

中国林业科学研究院栎组，河南省商丘地区林业局，1980. 栎研究 [M]. 北京：农业出版社 .

周建云，曹旭平，张宏勃，等，2009. 陕西栓皮栎天然类型划分研究 [J]. 西北林学院学报，24（1）：16 - 19.

周建云，郭军战，杨祖山，等，2003. 栓皮栎天然群体过氧化物酶同工酶遗传变异分析 [J]. 西北林学院学报，18（2）：33 - 36.

周浙昆，1992. 中国栎属的起源演化及其扩散 [J]. 云南植物研究，14（3）：227 - 236.

周浙昆，1993a. 栎属的历史植物地理学研究 [J]. 云南植物研究，15（1）：21 - 33.

周浙昆，1993b. 中国栎属的地理分布 [J]. 中国科学院研究生院学报，10（1）：95 - 108.

《中国树木志》编辑委员会，1985. 中国树木志：第二卷 [M]. 北京：中国林业出版社 .

Zhou Z K，Willkinson H P，Wu Z Y，1995. Taxonomical and evolutionary implications of the leaf anatomy and architecture of *Quercus* L. subgenus *Quercus* from China [J]. Cathaya，7：1 - 34.

第十七章

樟 树

樟树，泛指樟科（Lauraceae）樟属（Cinnamomum Trew）樟组（Sect. Camphora）树种，一般是指广布种樟或香樟 ［C. camphora（L.）Presl］，是我国南方天然植被主要的建群种，也是传统的珍贵用材、园林绿化和精油生产树种。樟属是樟科最具经济价值的类群，有树种 250 余种，我国有 46 种（《中国树木志》编辑委员会，1983）。除樟组植物外，还有肉桂组（Sect. Cinnamomum），以肉桂（C. cassia Presl）为代表，是传统药材和香料树种。在 1949 年以前，樟树野生资源破坏严重，1949 年以后，江南各地积极营造樟树林，种植面积有很大发展。樟材、樟脑和樟油也随之发展，有力地支援了化工、医药和国防工业。

第一节　樟树的利用价值与生产概况

一、樟树的利用价值

（一）木材利用价值

木材黄褐色至红褐色，结构细而均匀，纹理致密，重量轻至中，硬度软至中，干缩小，强度低，冲击韧性低，加工容易，刨面光滑，光泽性强，是传统的高档民用材。樟木中含 5％左右的抽提物，包括樟树特有的樟脑、桉油精、α-蒎烯、莰烯和香樟木质酚等挥发性成分，使其具有特殊的樟脑气味，且具驱虫、防虫、防腐等效能。樟树木材按价值高低分 4 类（端木炘，1994）：

1. 香樟类　香樟，木材纹理斜至交错，硬度软，强度中，木材具樟脑香气，甚耐腐耐蛀，但易翘裂。商品材价值高，适做家具、木模、雕刻等。

2. 黄樟类　黄樟，木材纹理直，硬度甚软，强度弱至中，耐腐，新鲜木材樟脑气味强烈，但易消失，耐蛀性次于香樟。商品材价值上等二类，可代樟木用。

3. 芳樟类（水樟类、白樟类）　诸如猴樟、云南樟、油樟、毛叶樟、沉水樟、坚叶樟、岩樟、银木、细毛樟，材性次于黄樟类，商品材价值中等。

4. 桂樟类　诸如肉桂、钝叶桂、香桂、阴香、毛桂、天竺桂、川桂等。材轻软，强度中，木材樟脑气味较弱，不耐腐蛀。商品材价值中等，适合做一般家具、建筑板料、包装箱等。

（二）芳香油与香料利用

樟属植物更具经济潜力的是大多数种类的根、茎（木材或树皮）和枝叶富含精油，产品如樟脑、龙脑、黄樟油素、芳樟醇、肉桂油等，是香料工业、日用化学工业、制药工业和食品工业不可缺少的原料来源之一。樟属植物精油从主要组分看，可分为 6 类（朱亮锋，1994）：

1. 樟脑 又叫莰酮，属环状单萜酮，为白色结晶或颗粒，有特殊气味。樟脑是十分重要的化工原料，在日化工业中用于生产香水、除臭剂等；在医药上用于强心剂、兴奋剂、防臭防腐剂、局部抗感染剂、局部止痒和危重病人的急救剂；在化学工业中用于制备炸药、烟火、杀虫剂、赛璐珞、胶片、电气绝缘材料等。过去樟脑和樟脑油主要从樟树树干蒸取，使自然资源受到严重破坏。近年来发现一些樟属植物枝叶中含有樟脑化学型，从而催生了樟树矮林经营模式。已知枝叶油属樟脑型的种类有樟、黄樟、油樟、银木、云南樟、毛叶樟、尾叶樟、细毛樟等。

2. 芳樟醇 为一直链单萜不饱和一元醇，具有愉快甜香的特征，在日用化工和食品调香中应用极广，同时又是合成维生素 E 的原料，具有抗菌、抗病毒和镇痛等医用效果。芳樟醇在樟科中分布较普遍，樟属 10 多个种的精油中含芳樟醇。含量高或为主要组分的种类为樟树中的芳樟醇化学型、猴樟中的芳樟醇化学型，其他种类还有油樟、云南樟、沉水樟、长柄樟、锡兰肉桂等。

3. 黄樟油素 又称黄樟脑，为无色或微黄色液体，是樟树精油的重要产品之一。据估计，全世界每年消费黄樟油素 2 000 t。利用黄樟油素合成的洋茉莉醛广泛用于花香型和幻想型香水香精、皂用香精、食品香精以及口香糖、牙膏、饮料，是香精的调和剂、定香剂和变调剂。黄樟油素还用于合成丁香酚、异丁香酚和香兰素等香料，用于化妆品、烟草、糖果、糕点中。另一个重要用途是转化为胡椒基丁醚，在天然除虫菊类杀虫剂中作为增效剂。樟属许多树种或品种的根、干或叶片、果实中含有黄樟油素，主要种类有黄樟中的黄樟油素化学型、沉水樟、猴樟中的黄樟油素化学型、樟树中的黄樟油素化学型、岩桂、天竺桂、阴香、坚叶樟、八角樟、云南樟、长柄樟等。

4. 桉叶油素 又称桉树脑，为环状单萜环醚类化合物，为无色油状液体，具有香辣清凉气味，常用于化妆品香精、各种卫生品及药皂、牙膏、口香糖、喷雾剂等产品加香，在医药方面用于配制镇咳祛痰、消肿止痛和清凉药物，以及口腔清洁剂和痱子粉，具有解热、消炎、抗菌、平喘和镇痛作用。天然桉叶油素大量存在于桉属植物叶油中，在樟科植物中分布也很普遍。樟属植物中含量最高的是云南樟、猴樟与黄樟中的桉叶油素化学型。

5. 龙脑 又称冰片、樟醇，属双环单萜化合物，白色无定形半透明晶体，气味香浓。龙脑是制配龙脑香酯类香料的原料，可供浴用、皂用及口腔清洁之用，在医药工业中应用很广，具有发汗、兴奋、解痉、驱虫、清咽和防腐等作用。自然界中龙脑存在于龙脑香科羯布罗香和菊科艾纳香等植物中，樟属中含龙脑的化学型种已知有香樟、油樟、细毛樟。

6. 桂醛 在香料工业中主要是用于合成桂醇、桂酸及其酯类等。在医药中用桂醛合成的苯丙砜，是治疗麻风病的有效药物。桂醛也是樟属植物精油的重要成分，肉桂组植物几乎都含桂醛，主要种类有肉桂、川桂、毛桂、香桂，其他有阴香、柴桂、华南桂等。

随着社会经济的发展，天然香精香料的需求量日益增大，世界天然香料产量以每年10%～15%的速度递增。我国樟属植物天然香料品种及数量方面均已在国际上占有重要地位，芳樟油、樟脑、黄樟油、桉叶油在世界贸易总量中占50%～70%，桂油和桂皮产量占全世界总产量的80%以上。樟树精油香料的原料培育和产品加工在江西、广西、广东等地山区经济和农民致富中是重要的生产门路。

（三）园林绿化价值

樟属树种四季常青、树姿雄伟、树形端正、枝繁叶茂、根深长寿，散发清香宜人的樟脑香气，是江南具有乡土特色和文化符号的传统园林绿化树种。尤其是香樟，在城镇乡村绿化和园林应用中具有悠久的历史，营造了江南的特色风光。南方许多古村落、名刹古寺，都可见到树龄数百年甚至上千年的古樟。

樟树的栽培与民众生活和乡村发展息息相关，已形成了以樟树为载体的樟树文化现象（关传友，2010）。民间视樟树为神树，并作为村落标志。南方传统民居中，有前樟后楝（朴）之说，有村就有樟，无樟不成村。在当今城市绿化方面，樟树是十分普遍的风景树种，浙江省和江西省均选择樟树为省树，约40个地级市选择樟树为市树，还有为数众多的县（市）选择樟树为县（市）树。

除香樟外，随着近年来绿化树种苗木产业发展，许多樟属树种被发掘利用，应用较多的有天竺桂（浙江樟）、黄樟、银木、肉桂等。

二、樟树栽培概况

樟树是我国重要的珍贵用材树种，又是重要绿化经济树种，种植历史很悠久，早在2000年前就有栽培利用的记载。现有天然林中，以樟树为优势树的群落少见，林分中樟树所占比例较低。但常见以樟树为主的村落风水林栽培群落和四旁孤植或群植樟树（《中国森林》编辑委员会，2000）。樟树是传统优质用材和绿化用材，但以前很少有定向的用材林培育，多以采伐天然资源为主。多年来我国强调发展规模化速生丰产用材林，樟树类等中生性树种造林立地要求较高，极少有片林营造。近年来随着效益林业的兴起和珍贵用材林工程的推动，樟树人工用材林有扩展趋势。调查表明，选择适宜立地营造樟树人工林，加强经营管理，培育珍贵用材前景广阔。

历史上樟树是南方城乡绿化的主体树种，现在尚可见到不少古樟树。近年来随着城市化进程更呈激增态势，樟树在许多地区成为花卉苗木产业的重要树种。樟树可用于景观工程，近年来甚至向北扩张到黄淮流域，但樟树引种北移中往往存在较大的盲目性，不乏失败的例子。

我国樟树香料生产历史悠久（李飞，1999），1920年台湾已大规模从樟树木材中提取天然樟脑，1930—1950年广东、广西、江西、福建等省份大量伐树挖根提取樟脑、黄樟油素、芳樟醇以及利用木材加工边角料生产杂樟油。20世纪80年代以前，樟树的精油生产还基本依赖于砍伐野生树木，挖根蒸油。进入21世纪，一些地区开始发展以香料特用原料林为特色的效益林业，以截干促萌收获枝叶提取精油为作业方式的樟树精油原料林种植规模迅速扩张。如福建浦城、三明，江西永丰、吉安、金溪，广东紫金、韶关、梅州，四川宜宾，云南文山，广西百色，湖北恩施，湖南新晃等都成为不同化学型樟树精油原料种植基地。

目前樟树精油原料林经营作业方法已实现了高标准的人工矮林集约经营，由树干树根利用转变为以枝叶精油提取为主，由实生苗混种转变为单一化学型家系或无性系造林。选择适宜立地，穴状或条带整地种植，每公顷 2 500～4 000 株，加强土壤管理，第三至五年即可第一次收获地上枝叶，促萌更新，以后每 2～3 年收割 1 次枝叶，每公顷年产樟脑樟油可达 150 kg 左右，以目前市场价格计算，年产值在 1 万元以上，樟树矮林成为收效快、收益高的经济林种。

樟属肉桂除从枝叶蒸馏获取桂油外，剥取桂皮作为调味品及中药材是重要的经营目的。肉桂原产于广西、广东，在东经 108°～111°、北纬 24°30′ 之南的狭窄范围内。中国利用肉桂的历史较早，但多是利用野生资源。20 世纪 50 年代以后人工造林发展迅速，特别是 80 年代以来，造林面积逐年扩大，经营水平提高。目前云南西双版纳及福建沿海南部小地形引种栽培已获较好效果，最北为福建福安（北纬 27°18′），垂直分布在海拔 400 m以下（许勇等，2004）。

肉桂林的经营类型有两类：①乔木经营，用实生苗造林，多在山脚、山谷、房前屋后小片栽植或零星栽植，以剥取桂皮和采收桂籽为目的。每公顷 600～900 株，轮伐期 13～15 年。②矮林经营，目的是采叶蒸油和生产桂通、桂心等产品，每公顷 7 500～10 000株，5～6 年生时胸径 5～6 cm，采用径级择伐，剥取桂皮，萌芽更新。萌芽后选留 3～4枝壮条，培育 3 年后再伐收获桂皮，经营期连续到 20～80 年。培育期间每年还可采收部分枝叶蒸取桂油。

第二节　樟属植物的形态特征和生物学特性

一、形态特征

（一）外部形态特征

樟属树种为常绿乔木或灌木。芽裸露或具鳞片，鳞片呈覆瓦状排列。叶革质，互生、近对生或对生，或聚生于枝顶，离基三出脉或三出脉，亦有羽状脉。花小或中等大，两性，稀杂性，由 3 花至多花的聚伞花序组成腋生或近顶生、顶生的圆锥花序。花被筒短，杯状或钟状，花被裂片 6，近等大，黄绿色、淡黄色或黄白色，花后脱落，稀宿存。能育雄蕊多为 9 枚，排列成 3 轮，内轮花丝近基部有 1 对具柄或无柄的腺体，最内轮有心形或箭头形退化雄蕊 3 枚；花药 4 室，第一、二轮花药药室内向，第三轮花药药室外向。花柱与子房等长，纤细，柱头头状或盘状，有时具 3 圆裂；子房 1 室，胚珠 1 枚，倒生，悬垂。浆果状核果，椭圆形或球形；果托杯状、盘状或钟状，截平或残存花被片基部裂片，或有不规则小齿。每果有 1 粒种子，种皮薄，无胚乳，子叶厚，肉质。果实成熟时多为紫黑色，长 5～15 mm，径 5～8 mm，种子深褐色。

（二）解剖结构

樟属木材气干密度 0.50～0.64 g/cm³，心、边材区别明显至不明显，一般都有明显的生长轮，轮间具深色带，仅卵叶樟的生长轮不明显。多为散孔材，但香樟、黄樟、川桂、平托桂等为半环孔材。管孔以单管孔为主，少数为复管孔，间或有管孔团，径列或斜列。导管的分布频率差异很大，一般散孔材较高，半环孔材较低，以肉桂和毛桂最多（大于 40 个/mm²），卵叶樟其次（20～30 个/mm²），大多为少等级（12～19 个/mm²），平托桂最少，仅为 9 个/mm²。导管长度 400～900 μm，直径都小于 100 μm。木射线有单列和多列两种类型，密度中等（5～10 条/mm）。单列木射线稀少、细而短，多列木射线数量多。多列木射线一般高度在 1 mm 以下，宽度 2～3 个细胞。射线组织多数为异形Ⅲ型和ⅡB型，有少量的异形ⅡA型，偶见Ⅰ型。射线中都含有油细胞或黏液细胞，但数量以香樟、黄樟含量最多。木纤维长度中等，为 900～1 600 μm，黄樟、钝叶桂木纤维长度长于 1 400 μm，肉桂、毛桂木纤维长度仅为 965 μm，直径大多数种为 20～30 μm。木材轴向薄壁组织主要为稀疏环管状和星散状。黄樟、香樟、川桂等薄壁组织较多。所有种类的木材轴向薄壁组织中均含有油细胞或黏液细胞，以黄樟、香樟和细叶香桂油细胞或黏液细胞多，粗脉桂、光叶桂和卵叶樟的较多，其余种类较少（孙瑾等，2002）。

根中次生韧皮部中油细胞数目很多，主要分布在韧皮射线和轴向薄壁细胞中间。油细胞形状大小跟周围的薄壁细胞相同，数量几乎占据了整个韧皮部体积的一半；次生木质部中，导管为大型孔纹导管，木射线外连韧皮射线，内侧接髓，油细胞在纵切面上呈方形或纵行的长方形，横切面呈方形。木质部中的油细胞在相对数量上少于韧皮部，但因根的绝大部分是木质部，因此根中绝大多数油细胞都分布在木质部中。

成熟叶表现为阳性叶结构，异面叶。气孔完全分布于下表皮。叶肉栅栏组织细胞 2～3 层，圆柱形，海绵组织细胞多为圆球形，厚度占整个叶肉厚度的 2/5。叶肉中有数量很多的油细胞，圆形或长圆形，明显大于其周围的叶肉细胞。主脉维管束纤维可达 6～7 层，薄壁细胞中有油细胞分布，有的薄壁细胞含有丰富的储藏物质（杨悦，1989）。

根、茎、叶 3 个器官中，根中油细胞最多。例如沉水樟 3 年生根次生结构的木射线中，油细胞比例高达 40%，而 3 年生茎次生结构的木射线中，油细胞占比是 10%。更重要的是，二者的含油量大不相同，从切片上看，根的木射线油细胞中充满了精油，而茎的木射线油细胞中，通常都是零星分布。

二、生物学特性

（一）生长特性

1. 种子和苗木 樟属种子无明显休眠现象，日均温 20 ℃以上正常发芽。冬季成熟的种子适于调制后湿沙储藏越冬，储藏期 3～6 个月。肉桂、少花桂等春夏季成熟的种子宜随采随播，不储藏。

种子自播种到成苗的整个过程，大致分为出苗期、生长初期、生长盛期、生长后期 4 个时期。种子播种后胚根萌发，然后上胚轴出土，几天后展出初生叶，正常情况下萌发期为半个月至 1 个月，子叶出土后至 5～6 片真叶为生长初期；长出 6 片真叶到 9 月为生长盛期；10 月以后为生长后期，苗木生长减慢并逐渐停止。香樟、猴樟、阔叶樟苗木的生长初期从 5 月上中旬至 7 月中旬，持续 60～70 d，此期幼苗生长缓慢；生长盛期从 7 月中旬至 9 月中旬，持续 50～60 d，苗高生长量占全年的 65%～70%。香樟苗木生长后期从 9 月中旬到 10 月中旬，其高生长较快停止，但地径仍有一定量的生长。猴樟、阔叶樟苗木生长后期持续时间较长，直至 11 月上中旬才停止（刘德良等，2003）。

香樟、猴樟、阔叶樟均属于主根发达树种，苗木主根生长一年中出现多次高峰，生长初期主根生长迅速，7 月下旬以后，地上部分生长加快，8～9 月达到生长高峰，而此时的根系生长减慢，10～11 月苗高生长基本停止，根系生长又出现高峰，主根生长和苗高、地径生长交替进行。

不同生长时期内，苗木高生长速率的变化趋势与叶面积增长速率的变化趋势基本一致，与气温的关系最为密切。地径旬生长量的季节变化与旬降水量的季节变化基本同步。苗木叶片数、叶面积变化规律随着生长进程表现出"慢—快—慢"的趋势。香樟叶片数和叶面积增加最快的时期均在 8 月，其增加量达全年叶面积量的 52.9%。猴樟叶片数和叶面积在 6～9 月均有较大的增长，其中 9 月叶片数增加最多，8 月叶面积增长最快，其增加量占全年的 39.2%。香樟生物量积累主要集中在速生期（7～9 月），其中 8 月积累量最大，占全年总生物量的 48.5%。猴樟生物量积累有两个高峰期，即 8 月和 10 月，10 月生物量积累最大，占全年的 51.8%（韦小丽等，2005）。

2. 单株和林分 江西东北低山山地黄壤天然混交林 48 年生香樟解析木，树高 18.1 m，胸径 30.7 cm，单株材积 0.567 m³。树高生长 10 年前为高峰期，连年生长量为 0.85 m，以后渐慢，40～48 年连年生长量为 0.31 m。胸径生长在整个生长过程中表现为速生，20～30 年高峰期连年生长量为 0.49 cm。材积生长前期慢，10 年以后上升，20～48 年为速生阶段，连年生长量均在 0.010 m³ 以上，40～48 年连年生长量 0.028 m³，正处于速生上升阶段。江西信丰一片天然香樟林，25 年生标准木，平均高 15 m，平均胸径 18 cm，林内优树胸径达 24 cm。江西赣州山地红壤坡地营造的人工香樟林，3 年生平均树高 2.25 m，最高树高 3.55 m，平均地径 5.1 cm，最大地径 8.9 cm；5 年生林分平均树高 2.94 m，最高树高 5.56 m，平均地径 6.9 cm，最大地径 11.8 cm。据湖南宜章 101 年生香樟树干解析，种植后 10～30 年高生长较快，30 年后生长渐慢，胸径生长 10～40 年较快，材积生长率以 50～60 年最大，达 20%（《中国树木志》编辑委员会，1981；龙汉利等，2011）。

樟树是具有速生潜力的树种。树高、胸径生长前 30～40 年都较快，材积生长 20 年以后加速，40 年以后大幅度上升，适宜中长周期培育大径用材。

3. 叶油积累和桂皮 樟树植物叶油含量及主要成分与树龄的关系大致可分两种情况，有些树种随年龄变化明显，有些则变化不明显。油樟 2～3 年生幼树叶含油率较低，随年龄增长逐渐增高，一般 5～15 年生油樟叶中含油率最高，当植株开始衰老时，叶含油率也随之减少。细毛樟叶油含量 1 年生苗较低，2 年生后逐渐增高，主要成分到 2 年生后出现明显分化。香樟、坚叶樟、沉水樟等叶中精油主要成分在实生苗幼期已稳定形成，并不随树龄增长而改变。

含油率一般在植株生长的嫩叶期和新叶期较高，质量最好，此后随着叶片生长，叶变为草绿色，含油率也逐渐达到最高值，而当叶变为深绿色，革质加厚，含油率随之减少。黄樟中的含樟脑品种，嫩叶含樟脑2.20%～3.15%，含油率0.10%～0.21%，老叶含樟脑1.75%～2.80%，含油率0.10%～2.35%；芳樟品种含油率嫩叶为4.0%，新叶为3.0%，老叶为2.4%。实际采收时还应考虑对植株损害较小，又能获得较高的枝叶量和精油产量。嫩叶新叶期尽管精油含量相对较高，但此时采收对植株损害大，枝叶生物量较低，故不宜采收。

肉桂造林主要为了生产桂皮和枝叶提油。在广西西江流域，4年生肉桂树高3～4 m，胸径3.5～5.5 cm，8年生时树高4～5 m，胸径6～7.5 cm，10年生时树高7～9 m，胸径10～12 cm。肉桂树龄与桂皮出油率及肉桂醛含量有明显的正相关关系，10年生树的桂皮出油率约为5年生树的两倍，11～19年后桂皮出油率随树龄的增长变幅较小，而总的肉桂醛含量随树龄有明显提高，10～19年后基本稳定在90%左右（覃玉荣等，2006）。肉桂种植后4～5年即可进行疏伐采收，8～9年为采收期，10～15年为理想采收期，可根据具体的栽培方式及产品的要求进行采收。对肉桂枝叶主要化学成分及出油率年变化规律进行研究，结果表明，在整个生长周期的不同季节里，枝叶出油率以春季和秋季较高，在春梢生长时出油率达全年最大值，夏季和冬季较低，夏季树体生长旺盛，而出油率则达全年最小值，枝叶内总肉桂醛含量各月份保持相对稳定的状态，差异不大。

（二）开花结实习性

樟属树种大多8～10年生开始开花结实，少花桂3～4年生、肉桂5～6年生即有开花，沉水樟13～15年生开始结实，正常结实期多在20年生以后，香樟和黄樟等大乔木百年老树仍结实不衰。结实大小年间隔期一般为1年，但不甚明显。天然林结实很少，人工栽培及散生树、林缘木结实量多。

香樟、黄樟、阴香等一般3月下旬始花，4月上旬至中旬为盛花期，4月下旬至5月上旬为末花期，10月下旬至11月果实成熟。肉桂6月上中旬为盛花期，当年10月下旬，胚的基本器官形成，至翌年3～4月，胚发育完成，种子成熟。沉水樟7月中下旬为盛花期，翌年12月上中旬果实成熟。在云南勐腊，云南樟的盛花期为1月，细毛樟为3月上旬，少花桂为4月下旬，坚叶樟为8月下旬；果实成熟盛期细毛樟为8月上旬，少花桂为8月中旬，云南樟、坚叶樟为10月中旬，果实成熟后在树上存留1周至半个月后自行脱落。香樟、阴香、云南樟、细毛樟、锡兰肉桂等的果实成熟期较整齐，坚果樟和少花桂同一株树上的果实成熟期不一，需要分批采收。大多数树种果实出籽率为30%～35%，肉桂为43%。香樟、黄樟、猴樟、阴香等的种子千粒重为80～150 g，肉桂、锡兰肉桂、云南樟等的种子千粒重为300～400 g，沉水樟的种子千粒重为1 500 g。

三、生态适应性

（一）气候

樟树为偏喜光树种，幼树宜适当庇荫，生长到2～3 m则喜光。香樟喜温暖而耐寒，

适生于年平均温度 16 ℃以上，1 月均温 5 ℃以上，极端最低温 −7 ℃，年降水量 1 000 mm
以上的气候。气温低于 −8 ℃，苗木及嫩枝易受冻害，−12 ℃是其致死温度。在黄淮流域
引种樟树存在急剧降温导致寒害、冻害的风险，但在水热条件较好的小地形、向阳避风的
生境中则有植株可维持生长正常。樟树不同的种、类型、种源耐低温的能力有很大差别。
自淮河流域香樟中选育的寒樟品种，能耐 −16 ℃的绝对低温（张旻桓等，2011）。猴樟能
耐 −8 ℃的绝对低温；黄樟耐寒程度最低。

肉桂林适生于南亚热带气候，要求气温高、雨量大、湿度大、年均温 19～23 ℃，1
月均温 7～16 ℃，极端最低气温 −1 ℃（福建福安至 −5 ℃），7 月均温 27～29 ℃，日均
温≥20 ℃的年积温 5 000 ℃以上，4～8 月的空气相对湿度在 80％以上，年降水量 1 200～
2 000 mm，年日照时数 1 500～2 000 h。日均温达 20 ℃以上时，才开始萌芽抽梢生长，10
月下旬，日均温低于 20 ℃时停止生长，如遇冰冻或连续 5 d 以上严霜，肉桂树皮被冻裂，
枝叶枯萎，小树甚至连根冻死。幼年期生长缓慢，且需一定的庇荫，3～4 年以后生长加
快，需光量逐年增大。

（二）土壤

樟树喜生于酸性至中性土壤，在肥沃湿润的沙壤土、冲积土生长良好，黏性黄、红壤
生长次之，在紫色页岩酸性较强的土壤中生长不良，不耐干旱瘠薄。广东乐昌林场在红壤
山坡营造的香樟林，坡上部 11 年生平均高仅 2.9 m，平均胸径 3 cm；坡下部林分平均高
6.6 m，平均胸径达 7.1 cm。江西林业科学院在山洼土壤肥沃坡地营造香樟，11 年生平
均高 7.52 m，胸径 9.8 cm，而在丘陵第四纪红壤上栽植的林分，平均高仅 2.8 m，胸径
3.1 cm。

樟树在土壤含盐量 0.2％以内可生长，但碱性土壤种植樟树易发生生理性黄化。根际
土壤碱性等条件影响土壤中铁的有效性，导致有效铁缺乏，这是造成香樟黄化的根本因
素。因此樟树北移还存在土壤偏碱性问题。作为城市行道树栽植时，往往存在道路硬质
化、土壤板结、透水透气性差等问题，影响土壤微生物和植株根系的活力，从而影响香樟
树的正常生长。

福建芳樟叶油原料林的标准地调查表明，枝叶含油率和油中芳樟醇含量受立地因子的
影响较大（陈登雄等，1997）。土壤因子中，土壤的容重、全氮含量、有机质含量、有效
锌含量、有效钙含量等因子，对含油率和含醇率有显著影响；地形因子中，坡位的影响最
明显，其次分别为坡度、土壤质地和坡向。朝阳、排水良好的轻壤质土壤或沙壤土有利于
含油率和含醇率的提高。矿质元素和微量元素分析表明，钙可以提高含油率和含醇率，锌
不利于含油率和含醇率的提高。

肉桂在流纹岩、花岗岩、砂岩、云母片岩风化母质上发育的黏壤质、腐殖质含量高、
土层深厚、湿润、排水良好、pH 5.2～5.7 的酸性土中最适宜，不适宜在低洼地或干瘠的
山脊上造林。

（三）抗空气污染

樟树对二氧化硫有较强的抗性，并能在氟化氢气体污染的地方生长。据测定，

1 kg 樟树干叶可吸硫 5.9 g，吸氟 2 000 mg 以上，因此樟树是工厂、矿区的优良绿化树种。

第三节　樟树树种资源

世界樟科植物包含 50 属 2 500～3 000 种，广泛分布于世界热带至亚热带地区。生物地理学研究表明，当今樟科植物的大多数类群是劳亚古陆起源，其多样性中心位于亚太地区和热带美洲地区。樟属约 250 种，分布于东经 100°～140°、北纬 20°～30°，亚洲热带和亚热带、澳大利亚及太平洋岛屿，呈泛太平洋间断分布格局，被认为是由于始新世与渐新世期间全球气候变冷造成的北热带植物群紧缩所致（高大伟，2008）。

樟属又分为樟组（Sect. *Camphora*）和肉桂组（Sect. *Cinnamomum*）。中国有樟属植物 46 种，其中樟组 17 种，肉桂组 29 种。重要及常见种类检索表如下：

1. 果时花被片完全脱落；芽鳞明显；叶互生 ［1. 樟组（Sect. *Camphora*）］
　　2. 叶老时两面或下面明显被毛，毛被各式。
　　　　3. 小枝、叶背、花序密被白色绢毛 ……………………………………… 银木（*C. septentrionale*）
　　　　3. 小枝、花序无毛或近无毛，叶下面密被绢状微柔毛 …………………… 猴樟（*C. bodinieri*）
　　2. 叶老时两面无毛或近无毛。
　　　　4. 干叶上面黄绿色下面黄褐色；圆锥花序长仅（2）3～5 cm，少花 ……… 沉水樟（*C. micranthum*）
　　　　4. 干叶上面不为黄绿色，下面不为黄褐色；圆锥花序多少伸长，多花。
　　　　　　5. 叶具离基三出脉，侧脉及支脉脉腋下面有明显腺窝 …………………… 樟（*C. camphora*）
　　　　　　5. 叶通常羽状脉，仅侧脉脉腋下面有明显的腺窝或无腺窝。
　　　　　　　　6. 圆锥花序多花密集，长 20 cm；叶卵形或椭圆形 …………… 油樟（*C. longepaniculatum*）
　　　　　　　　6. 圆锥花序较少花，长 10 cm；叶一般为椭圆状卵形或长椭圆状卵形。
　　　　　　　　　　7. 叶背侧脉脉腋腺窝不明显 ………………………………… 黄樟（*C. porrectum*）
　　　　　　　　　　7. 叶背侧脉脉腋有明显腺窝 ………………………… 云南樟（*C. glanduliferum*）
1. 果时花被片全部或下部留存；芽裸露或芽鳞不明显；叶对生或近对生 ［2. 肉桂组（Sect. *Cinnamomum*）］
　　8. 叶两面无毛或下面幼时被毛，老时脱落无毛。
　　　　9. 花序伞房状，具 3～5 花。叶三出脉或离基三出脉 …………………… 少花桂（*C. pauciflorum*）
　　　　9. 花序圆锥状，具分枝，分枝末端为 1～3 花的聚伞花序。
　　　　　　10. 叶长 5～12 cm；圆锥花序比叶短，长 6 cm ………………………… 阴香（*C. burmani*）
　　　　　　10. 叶长 10～30 cm；圆锥花序常与叶等长 ……………………… 锡兰肉桂（*C. zeylanicum*）
　　8. 叶两面尤其是下面幼时明显被毛，老时不脱落或渐变稀薄。
　　　　11. 植株各部毛被白色绢毛；花序少花 …………………………………… 川桂（*C. wilsonii*）
　　　　11. 植株各部毛被污黄、黄褐至锈色，为短柔毛或短茸毛至柔毛。
　　　　　　12. 叶厚革质，老叶通常长 10 cm 以上；花序与叶等长 …………………… 肉桂（*C. cassia*）
　　　　　　12. 叶革质，老叶通常长 10 cm 以下；花序短于叶 ………………………… 香桂（*C. subavenium*）

中国樟属主产于南方各地，最北分布至甘南、陕南，即汉水、长江流域以南，西部至藏东南。垂直分布大多在海拔 1 000～1 500 m，西部地区和南部地区一些种类可达海拔 2 000～2 500 m，主要归结为低纬度及高原地形等自然地理因素。总体而言，樟属植物属亚热带低山丘陵和热带山地喜高温、高湿的乔木类群。从地区分布看，以云南种数最多 (26)，其次为广西 (19)、广东 (17)、四川 (15)，再次为贵州 (10)、江西 (10)、福建 (10)、台湾 (10)、湖南 (9)、湖北 (7)，其他如西藏 (3)、海南 (3)、浙江 (4)、安徽 (3)、江苏 (1)、陕西 (2)、甘肃 (1) 为边缘分布区。

从物种分布类型看，樟组 17 种中，有 6 种分布广泛，分布自西南到华南地区，以及境外南亚、东南亚国家；其中樟树分布最北至江淮地区，以及韩国、日本，其次是黄樟、沉水樟、猴樟，分布北界至湖南、湖北、四川山地。有 7 种局限于云南或扩散至广西、贵州南部，3 种局限于四川或至周边甘肃、陕南，其中银木属北亚热带分布。因此云南、广西一带是樟组的分化中心。肉桂组 28 种中，有 12 种分布于云南、广西、广东，以及越南，有 3 种分布局限于我国台湾，有 5 种主要为华南分布，扩散至华中、华东，有 4 种分布自西南扩散至华中，香桂、阴香、天竺桂、少花桂等 4 种分布广泛，自南亚、东南亚国家，北至我国江淮地区。因此肉桂组主要分布在热带至南亚热带，向北扩散，香桂、天竺桂分布最靠北。

第四节　樟树遗传多样性

一、樟树精油成分变异与生化类型

樟属植物所含精油成分存在种间、种群间以至种群内个体间、个体不同器官间的差异，同一种内不同主要化学成分的类群称为化学型，是樟属各个种的共性和普遍现象，也是樟属植物多样性的独特表现形式。

民间认为香樟分 3 个类型，即本樟（含樟脑为主）、芳樟（含芳樟醇为主）和油樟（含松油醇为主），可依据形态上的微细差异再结合枝、叶和木材的气味加以鉴别。据群众经验，可总结为：本樟树皮桃红，裂片较大，树身较矮，枝丫敞开而茂密，叶柄发红，叶片较薄，叶两面黄绿色，出叶较迟，枝、叶或木材嗅之有强烈的樟脑气味，木髓带红，将木片放入口中咀嚼后有苦涩味感觉；芳樟树皮黄色，质薄，裂片少而浅，树身较高，枝丫直上，分枝较疏，叶柄绿色，叶片厚，叶背面灰白色，出叶较早，枝、叶或木材均有清香的芳樟醇气味；油樟的叶子圆而薄，木髓带黄白色，含油分最多，将木片放入口中咀嚼则满口麻木，并有刺激的气味。

自 20 世纪 80 年代以来，我国科研人员较深入、系统地开展了樟属植物资源研究，对 40 多个种（变种）的精油成分进行了分析，从中发现了一些新的高含量的化学成分物种（朱太平等，2007）。

香樟的化学型主要有：

1. 脑樟 叶、枝、茎干、根油中主要成分为樟脑，以叶油中樟脑含量最高，其次是枝油、茎干油、根油。叶片含油率 $1.16\% \sim 3.29\%$，油中主成分樟脑含量 $64.26\% \sim 92.01\%$。

2. 芳樟 叶、枝、茎干、根油中主含芳樟醇。叶片含油率 $0.96\% \sim 2.91\%$，油中主成分芳樟醇含量 $58.88\% \sim 81.64\%$。

3. 油樟 叶油主含桉叶油素。叶片含油率 $1.51\% \sim 3.00\%$，油中主成分桉叶油素含量 36.04%～47.02%。

4. 异樟　叶油以含异橙花椒醇为主。叶油含量较低，为 0.16%～0.68%，精油中异橙花椒醇含量为 16.48%～57.67%。根部含油较高，为 1.31%～4.37%，油中主要成分是樟脑，含量 26.88%～55.05%。

5. 龙脑樟（*C. camphora* var. *borneoliferum*）　叶油主含龙脑，含量高达 60%。

黄樟以叶油主成分分类有樟脑型、1,8-桉叶油素型、黄樟油素型、混杂型等化学型，果实和根油有黄樟油素化学型。银木根油主含樟脑，叶油可分樟脑型和反式甲基异丁香酚型。猴樟叶油可分为黄樟油素型、1,8-桉叶油素型、α-水芹烯型、柠檬醛型、橙花椒醇型、混杂型。油樟叶油按主成分可分甲基丁香酚型、龙脑型、樟脑型、1,8-桉叶油素型、芳樟醇型、倍半萜烯型、β-桉醇型等。云南樟叶油分 1,8-桉叶油素型、柠檬醛型、α-水芹烯型、黄樟油素型。

以往樟树的一些化学型被处理为种下单位，但这些化学型从形态上无法加以区分，在分类学上均未被承认。一般认为，化学型作为一种表型，是基因型与环境之间相互作用的产物。但在自然群体中，樟树的各种化学型往往共存，其环境条件是共同的，不同的群体间也仅仅是各化学型的比例和优势化学型的差异。而有性繁殖群体由于遗传分离，叶油主成分在后代的变化模式因种类而异（张国防，2006）。叶油中主含苯环类（或芳环类成分的种类），有性后代叶油主成分较稳定，群体与母本变化不大，如主含黄樟油素的坚叶樟及主含樟脑的黄樟、毛叶樟、香樟等。而叶油主要为含氧无环单萜类化合物的树种，后代分离现象比较明显，稳定性较差。细毛樟的香叶醇型有性后代分化出 10 个不同于母本的化学型，芳樟醇型后代分化出 3 个化学型。同时，同一个体不同部位也呈现出精油主成分的多样性。如黄樟樟脑型叶油主成分为樟脑（80%），侧根油主含黄樟油素（94%）；毛叶樟柠檬醛型叶油及果油主成分均为柠檬醛（74%），而侧根油主成分为黄樟油素（94.7%）；细毛樟香叶醇型叶油、果油主成分为香叶醇（92%），侧根油主成分为肉豆蔻醚（71%）或榄香素（77%～88%）；坚叶樟、沉水樟等各器官精油主成分则均为黄樟油素型，表现出单一性。因此，对于樟树化学型的形成机制和遗传性还存在许多疑问，有研究推断化学主成分的差异与其体内内生真菌有关（陈美兰，2007）。

无性繁殖培育后代可相对稳定地保持亲本特征，因此在野生资源或优树后代苗木群体中筛选主成分含量单株，无性扩繁培育无性系，用于营建原料林基地是目前通行的方法。而目前樟树的扦插繁殖、组培繁殖已逐步趋向于成熟和实用化。目前，广东、福建、江西等省已初步建立按化学类型划分的种植基地，如福建浦城县的 1-芳樟醇原料种植基地，江西永丰县的 L-芳樟醇和 D-龙脑原料种植基地，江西吉安市的 D-龙脑原料种植基地等。

二、肉桂类型与品种

肉桂经长期人工栽培与自然选择，已形成了许多品种或品系，药用品质因产地和品种而异，这可能与其所含挥发油及主成分肉桂醛含量差异有关。

在广西，肉桂按产地分为"东兴桂"或"防城桂"，包括防城、上思、龙州、大新等地；"西江桂"或"浔桂"，包括平南、藤县、桂平等地，主要有以下 3 个栽培种：

1. 白芽肉桂　又称黑油桂。新芽和嫩叶呈淡绿色，叶柄水平伸展，叶片较小，下垂，老叶主脉两边的叶面向上翘起，成鸡胸状。花序总柄较短，结果多。干皮韧皮部油层呈黑色，与非油层界线明显，桂皮品质优。除幼苗外，生长期需较充足的阳光，较耐旱。

2. 红芽肉桂　又称黄油桂。新芽和嫩叶均呈红色，叶片较大，叶柄向上弯曲翘起，花序总柄较长，小花较疏，结实较少，果实亦小。韧皮部油层呈黄色，桂皮品质较优。生长快，耐寒力差，不耐旱。

3. 砂皮肉桂　又称糠桂。嫩芽呈绿色，外皮粗糙，韧皮部不显油层，桂皮质量差。

还有清化肉桂，20 世纪 60 年代从越南引进，广东西南部、广西南部和东部、海南以及福建西南部有栽培。生长良好，树皮称南肉桂，桂皮味香浓，甜味重，含渣少，含油量 3.75％，桂皮醛含量 86.23％，品种优良，供药用。

三、樟树生长、适应性等性状变异

樟树全分布区种源/家系试验结果表明，樟树的种子形态、苗期和幼林期生长性状和抗寒能力均存在显著的种源间差异，且表现出地理倾群趋势（姚小华，2002）。幼年期树高、胸径生长与经度呈极显著负相关，冻害与纬度呈极显著负相关，种源的经向间差异大于纬向间差异，可将樟树全分布区划分为南、中、北三带，各带又分为东、中、西亚区。云南樟的种源/家系试验表明树高、胸径在两层次均具显著差异，而对多个地区香樟种群的遗传分析表明遗传多样性极低（孙维等，2010）。这些现象表明樟类树种本身具有丰富的群体内和群体间遗传多样性，但现存的栽培群体却往往由于母树来源相近，导致遗传多样性的狭窄。

香樟作为主要绿化树种，近年来有较多关于耐寒品系、耐盐碱品系或彩叶品系的选育工作。如浙江宁波地区选育的彩叶新品种涌金，叶、花呈黄色，小枝初为黄色，后转红色，具较高的观赏价值。

第五节　樟树主要栽培种及其近缘种

一、樟树

学名 *Cinnamomum camphora* （L.）Presl，别名香樟、芳樟、油樟、樟木（南方各省份），乌樟（四川），小叶樟（湖南），栲樟（台湾）。

常绿大乔木，高可达 30 m，直径可达 3 m；芽具鳞片，外面略被绢状毛；小枝无毛，树皮幼时绿色，平滑，老时渐变为灰黄褐色，不规则纵裂。叶近革质，互生，卵形或卵状椭圆形，长 6～12 cm，宽 2.5～5.5 cm，先端急尖，基部宽楔形至近圆形，边缘全缘，有时呈微波状，上面绿色或黄绿色，有光泽，下面黄绿色或灰绿色，微有白粉，两面无毛，离基三出脉，中脉两面明显，基生侧脉向叶缘一侧有少数支脉，侧脉及支脉脉腋上面明显隆起，下面有明显腺窝，窝内常被柔毛；叶柄长 2～3 cm，无毛。圆锥花序腋生，长 3.5～7 cm，总梗长 2.5～4.5 cm，无毛或节上被微柔毛。花绿白或带黄色，花梗长 1～2 mm，无毛，花被外面无毛或被微柔毛，内面密被短柔毛，花被筒倒锥形，长约 1 mm，花被裂片椭圆形，长约 2 mm。果卵球形或近球形，直径 6～8 mm，紫黑色；果托杯状，长约 5 mm，顶端截平，宽 4 mm，具纵向沟纹。花期 4～5 月，果期 8～11 月（图 17-1）。

樟树主要分布于我国亚热带至热带，北纬 18°30′～34°，北界汉江、长江流域，越南、韩国及日本也有分布。多生于丘陵及低山，垂直分布一般在海拔 300～600 m 及以下，在西部、南部可达海拔 1 000 m，台湾中部天然林垂直分布可达海拔 1 800 m，而以海拔 1 600 m 以下生长最为旺盛。人工林大多营造在海拔 200 m 以下的低丘、岗地、沙洲、平原、村落及四旁绿化等处。

樟树为我国亚热带最主要的城乡绿化树种。木材有香气，纹理致密，耐腐防蛀，为民用家具、工艺美术和建筑等优良用材。木材及根、枝、叶可提取樟脑和樟油，供医药及香料工业用，是重要的植化原料树种。种子含脂肪，含油量高达 65%，油可供润滑油等用，具有成为能源树种的潜能。樟树叶含单宁，可提制栲胶，樟叶还能饲养樟蚕制丝。

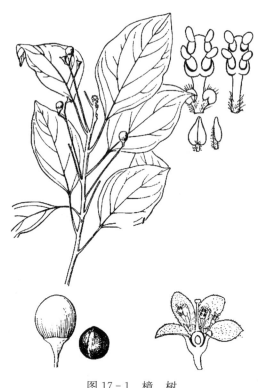

图 17-1 樟 树

二、樟树近缘种

与樟树具有类似经济价值，并得到开发或具有开发利用前景的近缘种主要有：

（一）黄樟

学名 *Cinnamomum porrectum* (Roxb.) Kosterm.，别名黄槁、山椒（海南），油樟、大叶樟（江西），樟脑树、蒲香树、冰片树（云南）。

乔木，树皮暗灰褐色，上部灰黄色，深纵裂，内皮带红色；小枝具棱角，灰绿色，无毛，芽被绢状毛。叶革质，互生，椭圆状卵形或长椭圆状卵形，长 6～12 cm，宽 3～6 cm，先端通常急尖或短渐尖，基部楔形或阔楔形，上面深绿色，下面带粉绿色，两面无毛或仅下面腺窝具毛簇，羽状脉，侧脉 4～5 对，与中脉两面明显，侧脉脉腋上面不明显凸起，下面无明显的腺窝，细脉和小脉网状；叶柄长 1.5～3 cm，无毛。圆锥花序于枝条上部腋生或近顶生，长 4.5～8 cm，总梗长 3～5.5 cm，无毛。花绿带黄色；花梗纤细，长 4 mm；花被外面无毛，内面被短柔毛，花被筒倒锥形，长约 1 mm，花被裂片宽长椭圆形，长约 2 mm，先端钝形。果球形，直径 6～8 mm，黑色；果托狭长倒锥形，长约 1 cm 或稍短。花期 3～5 月，果期 7～10 月。

黄樟产于广东、广西、海南、福建、江西、湖南、贵州、四川、云南。生于海拔1 500 m以下的常绿阔叶林或灌木丛中，后一生境中多呈矮生灌木型。巴基斯坦、印度经马来西亚至印度尼西亚也有。

黄樟为优良绿化树种，木材纹理通直，结构均匀细致，稍重而韧，易加工，纵切面平滑，干燥后少开裂，且不变形，含油或黏液很丰富，各切面均极油润，颇耐腐，纵切面具光泽，颇美观，供造船、水工、桥梁、上等家具等用。种子含油率达60%，油可供制肥皂用。叶可供饲蚕制丝。枝叶、根、树皮、木材均可蒸樟油和提制樟脑。

（二）银木

学名 *Cinnamomum septentrionale* Hand. - Mazz.，别名四川大叶樟、土沉香、香棍子、香樟、香桂、油樟。

乔木，树皮灰色，光滑，枝条具棱，枝、芽被白色绢毛。叶近革质，椭圆形或椭圆状倒披针形，长10~15 cm，宽5~7 cm，先端短渐尖，基部楔形，上面被短柔毛，下面尤其是在脉上明显被白色绢毛，羽状脉，侧脉约4对，弧曲，中脉、侧脉两面凸起，侧脉脉腋在上面微凸起，下面呈浅窝穴状，横脉两面多少明显，细脉网结状；叶柄长2~3 cm，初时被白色绢毛。圆锥花序腋生，长15 cm，多花密集，具分枝，末端为3~7花的聚伞花序，总轴细长，与序轴被绢毛。花梗长1~2 mm，被绢毛；花被筒倒锥形，密被白色绢毛，长约1 mm，花被裂片长约1.5 mm，内面密被白色绢毛。果球形，直径不及1 cm，无毛，果托长5 mm，先端呈托盘状。花期5~6月，果期7~9月。

银木产于四川中部和北部、湖北西部、陕西南部及甘肃南部。生于山谷或山坡上，海拔600~1 000 m。

银木为优良绿化树种。银木根材美丽，称银木，用作工艺美术品；木材黄褐色，纹理直，结构细，可制樟木箱及做建筑用材。叶可做纸浆黏合剂。

（三）猴樟

学名 *Cinnamomum bodinieri* Lévl.，别名香树（四川）、猴挟木（湖南）、樟树（湖北）、大胡椒树（贵州兴义）。

乔木，树皮灰褐色；枝条紫褐色，无毛，芽疏被绢毛。叶坚纸质，卵圆形或椭圆状卵圆形，长8~17 cm，宽3~10 cm，先端短渐尖，基部楔形、宽楔形至圆形，上面光亮，下面苍白，密被绢状微柔毛，中脉在上面平坦下面凸起，侧脉4~6对，斜升，脉腋在下面有明显腺窝，上面相应处明显呈泡状隆起，网状两面不明显；叶柄长2~3 cm，被微柔毛。圆锥花序腋生，长（5）10~15 cm，多分枝，分枝二歧状，总梗长4~6 cm，与各级序轴均无毛。花绿白色，长约2.5 mm，花梗丝状，长2~4 mm，被绢状微柔毛。花被筒倒锥形，近无毛，花被裂片外面近无毛，内面被白色绢毛。果球形，直径7~8 mm，无毛；果托浅杯状，顶端宽6 mm。花期5~6月，果期7~8月。

猴樟产于贵州、四川东部、陕西南部、湖北西部、湖南、江西西部、广东北部、广西北部及云南东北和东南部。生于路旁、沟边、疏林或灌丛中，海拔700~1 480 m。

猴樟木材坚韧、耐腐，为优良家具、器具用材。种子含油率20%，可榨油供制皂或润滑油用。根、干、枝、叶均含精油，根部含油率最高。

（四）沉水樟

学名 *Cinnamomum micranthum* （Hayata）Hayata，别名有樟、牛樟（台湾）、水樟、臭樟（广东始兴）、黄樟树（广西）。

乔木，树皮坚硬，黑褐色或红褐灰色，内皮褐色，外有不规则纵向裂缝；顶芽卵球形，长 6 mm，褐色，外被褐色短柔毛；枝条茶褐色，疏布有凸起的圆形皮孔，幼枝多少呈压扁状，无毛。叶坚纸质或近革质，常集生于幼枝上部，长圆形、椭圆形或卵状椭圆形，长 7.5～10 cm，宽 4～6 cm，先端短渐尖，基部宽楔形至近圆形，两侧常略不对称，叶缘呈软骨质而内卷，两面无毛，羽状脉，侧脉 4～5 对，弧曲上升，在叶缘内网结，与中脉两面明显，侧脉脉腋在上面隆起，下面具小腺窝，窝穴中有微柔毛，网脉两面呈蜂巢状；叶柄长 2～3 cm，茶褐色，无毛。圆锥花序顶生及腋生，长 3～5 cm，近无毛，自基部分枝，分枝开展，长 2 cm，末端为聚伞花序。花白色或紫红色，长约 2.5 mm；花梗长约 2 mm，无毛；花被筒钟形，无毛，花被裂片长卵圆形，先端钝内面密被柔毛。果椭圆形，长 1.5～2.2 cm，直径 1.5～2 cm，成熟时黑紫色，具斑点，光亮；果托壶形，长 9 mm，顶端宽 9～10 mm，边缘全缘或具波齿。花期 7～8（10）月，果期 10 月。

沉水樟产于广西、广东、湖南、江西、福建、台湾、浙江南部。生于山坡或山谷密林中或溪边，海拔 300～650（台湾达 1 800）m。越南北部也有。

沉水樟为优良绿化观赏树种，木材较樟木软，可做家具。本种叶油主成分为癸醛及十五烷醛或松油醇，根、干油主成分为黄樟油素型。

（五）油樟

学名 *Cinnamomum longepaniculatum* （Gamble）N. Chao ex H. W. Li，别名香叶子树、雅樟（四川）。

乔木，树皮灰色，光滑；幼枝纤细，多少压扁，无毛；芽卵珠形，长 8 mm，芽鳞外密被灰白微柔毛。叶薄革质，卵形或椭圆形，长 6～12 cm，宽 3.5～6.5 cm，先端骤短渐尖至长渐尖，常呈镰形，基部楔形至近圆形，边缘软骨质，内卷，上面深绿色，光亮，下面灰绿色，晦暗，两面无毛，羽状脉，侧脉 4～5 对，中脉与侧脉两面凸起，侧脉脉腋在上面呈泡状隆起，下面有小腺窝，细脉网结状；叶柄长 2～3.5 cm，无毛。圆锥花序腋生，纤细，长 9～20 cm，具分枝，分枝细弱，长 5 cm，末端二歧状，每歧为 3～7 花的聚伞花序，序轴无毛，总梗细长，长 3～10 cm。花淡黄色，长 2.5 mm，花梗纤细，长 2～3 mm，无毛；花被裂片先端锐尖，内面密被白色丝状柔毛。果球形，径约 8 mm；果托长 5 mm，顶端盘状增大，宽 4 mm。花期 5～6 月，果期 7～9 月。

油樟分布于四川、湖南西部、陕西南部，生于海拔 600～2 000 m 的常绿阔叶林中。树干及枝叶均含油。

（六）云南樟

学名 *Cinnamomum glanduliferum* （Wall.）Nees，别名樟脑树、樟叶树、大黑叶樟

（云南）、白樟（四川）、香叶树（西藏察隅）。

常绿乔木，树皮灰褐色，深纵裂，小片脱落，内皮红褐色；小枝具棱；芽大，卵形，鳞片密被绢状毛。叶革质，椭圆形、卵状椭圆形或椭圆状披针形，长 6～15 cm，宽 4～6.5 cm，先端通常急尖至短渐尖，基部楔形、宽楔形至近圆形，两侧有时不对称，上面深绿色，下面粉绿色，幼时被微柔毛，羽状脉或偶为近离基三出脉，侧脉 4～5 对，斜展，与中脉两面明显，侧脉脉腋在上面明显隆起，下面有腺窝，网脉微细而不明显；叶柄长 1.5～3.5 cm，近无毛。圆锥花序腋生，长 4～10 cm，总梗长 2～4 cm，与各级序轴均无毛。花淡黄色，长 3 mm；花梗短，长 1～2 mm，无毛；花被内外疏被短柔毛。果球形，直径 1 cm，黑色；果托狭长倒锥形，长约 1 cm，顶部宽 6 mm，边缘波状，有纵长条纹。花期 3～5 月，果期 7～9 月。

云南樟产于云南中北部、四川南部、贵州南部、西藏东南部。多生于山地常绿阔叶林中，海拔 1 500～2 500 m。印度、尼泊尔、缅甸至马来西亚也有。木材可制家具，枝叶可提取樟油和樟脑。

三、肉桂

学名 *Cinnamomum cassia* Presl，别名玉桂（广西）、桂皮。

中等大乔木，树皮灰褐色；1 年生枝条黑褐色，有纵向细条纹，幼枝多少四棱形，密被灰黄色短茸毛；顶芽小，长约 3 mm，芽鳞密被灰黄色短茸毛。叶革质，互生或近对生，长椭圆形至近披针形，长 8～16（34）cm，宽 4～5.5（9.5）cm，先端尖或短渐尖，基部楔形，边缘软骨质，内卷，上面绿色，有光泽，无毛，下面淡绿色，晦暗，疏被黄色短茸毛，离基三出脉，侧脉上弯伸至近叶端，与中脉在上面明显凹陷，下面凸起，向叶缘一侧有多数支脉，在叶缘之内拱形连接，横脉波状，近平行，上面不明显，下面凸起，小脉在下面明显可见；叶柄粗壮，长 1.2～2 cm，被黄色短茸毛。圆锥花序腋生或近顶生，长 8～16 cm，三级分枝，分枝末端为 3 花的聚伞花序，总梗长约为花序长之半，与各级序轴被黄色茸毛。花白色，长约 4.5 mm；花梗长 3～6 mm，被黄褐色短茸毛。花被内外两面密被黄褐色短茸毛。果椭圆形，长约 1 cm，宽 7～9 mm，成熟时黑紫色，无毛；果托浅杯状，长 4 mm，顶端宽 7 mm，边缘截平或略具齿裂。花期 6～8 月，果期 10～12 月。

原产广东南部、广西南部，现广东、广西、海南、福建、台湾、云南等省份的热带及亚热带地区广为栽培。印度、老挝、越南至印度尼西亚等地也有，但大都为人工栽培。引种栽培要求极端低温在 -1 ℃以上，年降水量 1 200 mm 以上，日均温 ≥20 ℃年积温在 5 000 ℃以上，4～8 月空气相对湿度在 80% 以上，年日照时数 1 500 h 以上。若连续遇到 5 d 以上霜冻，常出现枝叶枯萎，幼树冻死。

肉桂是著名的药材和香料，中国桂油、桂皮产量占世界总产量的 80% 以上。肉桂的枝、皮、叶、果、花等均可入药，因部位不同，药材名称不同，树皮称肉桂，枝条横切后称桂枝，嫩枝称桂尖，叶柄称桂芋，果托称桂盅，果实称桂子，初结的果称桂花或桂芽。肉桂有温中补肾、散寒止痛的功效，并有扩张中枢性及末梢性血管的作用，能增强血液循环，治疗腰膝冷痛、肾虚作喘、阳虚眩晕、受寒经闭、虚寒胃痛、慢性消化不良、腹痛吐泻。桂枝有发汗解肌、温通经脉的功效，治疗风寒表证、肩臂肢节酸痛，桂枝煎剂对金黄色葡萄球菌、伤寒杆菌和人型结核杆菌有显著抗菌作用。桂子温中暖胃、平肝益肾、散寒止哕，可治虚寒胃痛。枝、叶、果实、花梗可提制桂油，桂油主要成分是桂醛，并含有少量桂皮酯、乙酸苯丙酯等，药用治产后昏迷、无名肿痛、心腹猝痛、皮肤病及汤火灼伤等，在医药工业上为清凉油、矫臭剂、祛风剂、刺激性芳香剂等原料。在工业上用作化妆品原料，亦供巧克力、饮料、食品及香烟配料。桂醛可合成桂酸、桂醇等多种重要香料。

肉桂树姿优美、花香，为优良园林绿化树种。木材材质轻韧，纹理细密，可做家具、乐器、雕刻、火柴杆等。

四、肉桂近缘种

肉桂组有不少种类含有肉桂醛、肉桂酸，民间常作为肉桂代用品，但大多肉桂醛含量不及肉桂，不宜作为药用桂皮，主要是作为香料及桂油原料。

(一) 少花桂

学名 *Cinnamomum pauciflorum* Nees，别名岩桂、香桂、三条筋、三股筋、香叶子树（四川），土桂皮（广西融水）。

乔木，树皮黄褐色，具白色皮孔；芽小，略被微柔毛；枝条具纵向细条纹，幼枝略带四棱形，近无毛或略被微柔毛。叶厚革质，卵圆形或卵圆状披针形，长（3.5）6.5～10.5 cm，宽（1.2）2.5～5 cm，先端短渐尖，基部宽楔形至近圆形，边缘内卷，上面绿色，下面粉绿色，幼时被灰白短丝毛，三出脉或离基三出脉，中脉及侧脉两面凸起，侧脉向上弧升至近叶端处，网脉稍明显；叶柄长 1.2 cm，近无毛。圆锥花序腋生，长 2.5～5（6.5）cm，3～5（7）花，常呈伞房状，总梗长 1.5～4 cm，与序轴疏被灰白微柔毛。花黄白色，长 4～5 mm；花梗长 5～7 mm，被灰白微柔毛；花被两面被灰白短丝毛。果椭圆形，长 11 mm，直径 5～5.5 mm，成熟时紫黑色，具栓质斑点；果梗长 9 mm，果托浅杯状，长约 3 mm，边缘具截状圆齿。花期 3～8 月，果期 9～10 月。

少花桂产于湖南西部、湖北西部、四川东部、云南东北部、贵州、广西及广东北部。生于石灰岩或砂岩上的山地或山谷疏林或密林中，海拔 400～2 200 m。印度有分布。

树皮及根入药，树皮在四川常做官桂皮用，有开胃健脾及散热之功效，可治肠胃病及腹痛。枝叶含芳香油，油主要成分为黄樟油素，其含量达 80%～95%。由于其芳香油含黄樟油素相当高，而且比较单一，因而在香料工业应用上价值较大，是我国生产黄樟油素的主要植物之一。现已采用扦插繁殖大量栽培，并建立了生产基地。但由于少花桂生长较缓慢、规模发展受到限制。

(二) 香桂

学名 *Cinnamomum subavenium* Miq.，别名细叶香桂、香桂皮（浙江），土肉桂、香槁树（江西、福建），假桂皮（云南）。

乔木，树皮灰色，平滑；小枝纤细，密被黄色平伏绢状短柔毛。叶革质，在幼枝上近对生，在老枝上互生，椭圆形、卵状椭圆形至披针形，长 4～13.5 cm，宽 2～6 cm，先端渐尖或短尖，基部楔形至圆形，上面深绿色，光亮，下面黄绿色，两面幼时被黄色平伏绢状短柔毛，后渐脱落至无毛，三出脉或近离基三出脉，中脉及侧脉在上面凹陷，下面显著凸起，侧脉斜上升，直贯叶端，脉腋有时下面呈不明显囊状而上面略为泡状隆起，网脉两面不明显；叶柄长 5～15 mm，密被黄色平伏绢状短柔毛。花淡黄色，长 3～4 mm，花被内外两面密被短柔毛，花梗长 2～3 mm，密被黄色平伏绢状短柔毛。果椭圆形，长约 7 mm，宽 5 mm，熟时蓝黑色；果托杯状，顶端全缘，宽 5 mm。花期 6～7 月，果期 8～10 月。

香桂产于云南、西藏东南部、贵州、四川、湖南、湖北、广西、广东、海南、安徽南部、浙江、江西、福建及台湾等地。生于山坡或山谷的常绿阔叶林中，海拔 400～1 200（2 500）m。印度、缅甸经中南半岛及马来西亚至印度尼西亚也有。

香桂叶、树皮可提取芳香油，叶油主含丁香酚，做香料及医药上的杀菌剂，还可提炼丁香酚，用于配制食品及烟用香精。皮油主含桂醛，用作化妆品及牙膏的香精原料。香桂叶是罐头食品的重要配料，能增加食品香味和保持经久不败。

（三）阴香

学名 *Cinnamomum burmani* （C. G. & Th. Nees) Bl.，别名桂树、山肉桂、香胶叶、野玉桂树、假桂树、野桂树、山桂（广东），小桂皮（广西）。

乔木，树皮光滑，灰褐色至黑褐色，内皮红色，味似肉桂；枝条纤细，绿色或褐绿色，具纵向细条纹，无毛。叶革质，互生或近对生，卵圆形、长圆形至披针形，长 5～12 cm，宽 2～5 cm，先端短渐尖，基部宽楔形，上面亮绿色，下面带绿苍白色，晦暗，两面无毛，离基三出脉，中脉及侧脉在上面明显，下面十分凸起，脉腋内无腺体，网脉两面微隆起；叶柄长 0.5～1.2 cm，近无毛。圆锥花序腋生或近顶生，长 2～6 cm，密被灰白微柔毛，少花，疏散，最末分枝为 3 花的聚伞花序。花绿白色，长约 5 mm；花被内外两面密被灰白微柔毛，花梗纤细，长 4～6 mm，被灰白微柔毛。果卵球形，长约 8 mm，宽 5 mm；果托长 4 mm，顶端宽 3 mm，具 6 齿裂，齿顶端截平。花期主要在秋、冬季，果期主要在冬末及春季。

阴香产于广东、海南、广西、云南、四川东部、贵州西南部、湖北西部及福建。生于疏林、密林或灌丛中，或溪边路旁等处，海拔 100～1 400 m（云南境内可达海拔 2 100 m）。印度，经缅甸和越南，至印度尼西亚和菲律宾也有。

本种其皮、叶、根均可提制芳香油，从树皮提取的芳香油称广桂油，含量 0.4%～0.6%，可用于食用香精，亦用于皂用香精和化妆品，从枝叶提取的芳香油称广桂叶油，含量 0.2%～0.3%，通常用于化妆品香精。叶可作为腌菜及肉类罐头的香料。树皮做肉桂皮代用品。种子榨油供工业用。

本种为优良的行道树和庭园观赏树。木材纹理通直，结构均匀细致，硬度及密度中等，易于加工，纵切面光滑，干燥后不开裂，但会变形，含油及黏液丰富，耐腐，纵切面材色鲜艳而有光泽，绮丽华美，适于建筑、枕木、桩木、矿柱、车辆等用材，供上等家具及其他细工用材。

（四）川桂

学名 *Cinnamomum wilsonii* Gamble，别名三条筋、官桂（陕西），臭樟木、大叶叶子树、桂皮树、柴桂、臭樟（四川）。

乔木，幼枝具棱。叶革质，互生或近对生，卵形或卵状长圆形，长 8~18 cm，宽 3~5 cm，先端渐钝尖，基部渐狭下延，边缘软骨质而内卷，上面绿色，无毛，下面灰绿色，幼时被白色丝毛，离基三出脉，中脉与侧脉两面凸起，侧脉向上弧曲，横脉弧曲状，纤细；叶柄长 1~1.5 cm，无毛。圆锥花序腋生，长 3~9 cm，单一或多数密集，少花，总梗纤细，长 1.5~6 cm。花白色，长约 6.5 mm，花被内外两面被丝状微柔毛，花梗丝状，长 6~20 mm，被细微柔毛。果卵形，果托漏斗状，顶端截平。花期 4~5 月，果期 6~8 月。

川桂产于陕西秦岭以南、四川、湖北西部、湖南、贵州、云南、广西、广东及江西。生于山谷或山坡阳处或沟边，疏林或密林中，海拔 800~2 400 m。

枝叶和果均含芳香油，供作食品或皂用香精的调和原料。川桂树皮入药，有补肾和散寒祛风的功效，治风湿筋骨痛、跌打损伤及腹痛吐泻等症。种子榨油供制肥皂及做润滑油。

（五）锡兰肉桂

学名 Cinnamomum zeylanicum Bl. 。

常绿小乔木，树皮黑褐色，内皮有强烈的桂醛芳香气。芽被绢状微柔毛。幼枝略为四棱形，灰色而具白斑。叶革质或近革质，通常对生，卵圆形或卵状披针形，长 11~16 cm，宽 4.5~5.5 cm，先端渐尖，基部楔形，上面绿色，光亮，下面淡绿白色，两面无毛，离基三出脉，中脉及侧脉两面凸起，脉网在下面明显呈蜂巢状小窝穴；叶柄长 2 cm，无毛。圆锥花序腋生及顶生，长 10~12 cm，总梗及各级序轴被绢状微柔毛。花黄色，长约 6 mm，花被裂片外被灰色微柔毛。果卵球形，长 10~15 mm，熟时黑色；果托杯状，具 6 齿裂，齿先端截形或锐尖。

锡兰肉桂原产斯里兰卡和印度南部。我国广东、广西、海南、云南及台湾有栽培。

锡兰肉桂树皮及枝、叶均含芳香油，是一种古老名贵的特有香料植物。树皮气味良佳，国际上用作香味料，入药有祛风健胃等功效。

（姜景民）

参考文献

陈登雄，李玉蕾，姚清潭，等，1997. 立地因子对芳香樟工业原料林含油率和含醇率影响的研究 [J]. 福建林学院学报，17（4）：326-330.

陈美兰，2007. 药用植物樟化学型形成机理的基础研究 [D]. 北京：中国中医科学院.

端木炘，1994. 中国樟科木材分类的研究 [J]. 中国木材（4）：34-36.

高大伟，2008. 樟科植物 nNABarcode 及香樟系统地理学的初步研究 [D]. 上海：华东师范大学.

关传友，2010. 论樟树的栽培史与樟树文化 [J]. 农业考古 (1)：292-298.

李飞，1999. 中国樟树精油资源与开发利用 [M]. 北京：中国林业出版社．

刘德良，王楚正，2003. 几种樟树育苗及幼苗生长特性观察 [J]. 经济林研究，21 (1)：25-28.

龙汉利，梁国平，辜云杰，等，2011. 四川香樟人工林生长特性研究 [J]. 四川林业科技，32 (4)：1-4.

孙瑾，吴鸿，孙同兴，等，2002. 17 种樟属树种木材比较解剖研究 [J]. 林业科学研究，15 (5)：521-530.

孙维，范林元，赵航文，等，2010. 云南樟 39 个自由授粉家系子代测定 [J]. 林业科技开发，24 (4)：58-60.

覃玉荣，朱积余，张泽尧，等，2006. 肉桂枝叶主要化学成分及出油率的年变化规律 [J]. 经济林研究，24 (2)：9-13.

韦小丽，熊忠华，2005. 香樟和猴樟 1 年生播种苗的生长发育规律 [J]. 山地农业生物学报，24 (3)：205-208.

许勇，程必强，丁靖凯，等，2004. 中国广西、云南肉桂资源及其生长发育习性、出油率的调查 [J]. 热带农业科技，27 (3)：4-7.

杨悦，1989. 樟树器官解剖 [J]. 北京师范学院学报，10 (8)：44-50.

姚小华，2002. 樟树遗传变异与选择的研究 [D]. 长沙：中南林学院．

张国防，2006. 樟树精油主成分变异与选择的研究 [D]. 福州：福建农林大学．

张旻桓，张汉卿，刘二冬，2011. 樟树北移耐寒性与形态特征的相关性研究 [J]. 北方园艺 (13)：94-97.

朱亮锋，1994. 我国樟属精油资源研究近况 [J]. 植物资源与环境，3 (2)：51-55.

朱太平，刘亮，朱明，2007. 中国资源植物 [J]. 北京：科学出版社．

《中国森林》编辑委员会，2000. 中国森林：第三卷阔叶林 [M]. 北京：中国林业出版社．

《中国森林》编辑委员会，2000. 中国森林：第四卷竹林灌木林经济林 [M]. 北京：中国林业出版社．

《中国树木志》编辑委员会，1981. 中国主要树种造林技术 [M]. 北京：中国林业出版社．

《中国树木志》编辑委员会，1983. 中国树木志：第一卷 [M]. 北京：中国林业出版社．

第十八章

楸　树

楸树（*Catalpa bungei* C. A. Mey. ）为紫葳科（Bignoniaceae）梓属（*Catalpa* Scop.）落叶阔叶树种。梓属有 13 种，分布于美洲和东亚，我国有梓（*C. ovata*）等 5 种 1 变型，其中有 1 种为引入栽培种。我国的梓属植物生长迅速，除梓树外，材质均优良，也均为重要庭园观赏树种，尤其楸树更为突出。

第一节　楸树的经济价值与生产概况

一、楸树的利用价值

（一）木材利用价值

楸树干直、节少，木材纹理通直、质地坚韧致密、干缩系数小、容易干燥，干燥后形状稳定不变形、不翘裂，并富有弹性，木材坚固耐用、绝缘性能好，被国家列为重要材种，专门用来加工高档木制品和特种产品。因楸树在生长过程中生成许多具有化学防腐作用、强化木材性能的浸填物质填充到木质部中，其化学性能稳定，故木材耐腐蚀，不易遭虫蛀，也耐水湿。楸树材质优良，易加工，切面光滑，有光泽，花纹美观，是良好的建筑、家具、器具及室内装修用材，也适于做枪托、模型、船舶。此外还可供车厢、门窗、地板、精密仪器盒、雕刻、乐器等用。

（二）药用价值

在传统中医中，楸树是一种历史悠久的外用药。唐代《本草拾遗》中记载："楸木皮，味苦，小寒，无毒。主吐逆，杀三虫及皮肤虫。煎膏，粘敷恶疮，疽瘘痈肿，疖，野鸡病，除脓血，生肌肤，长筋骨。叶捣敷疮肿，亦煮汤洗脓血，冬取干叶，汤揉用之。"在《本草纲目》中亦有关于楸树树皮和叶药用功能的记载："楸树叶捣敷疮肿，煮汤洗脓血。冬取干叶用之。"还说，"楸树根、皮煮之汤汁，外涂可治秃疮、瘘疮。"楸树果实中含有枸橼酸和烟碱，可以提取做利尿剂，是治疗肾脏病、湿性腹膜炎、外肿性脚气病的良药；根、皮通过煮浸可外涂用于治疗瘘痤及一切毒肿；楸树枝叶量大，而且营养丰富，是很好的饲料资源，花可用于提取芳香物质，是生产食品及化妆品的重要原料。

（三）间作和混交性能

楸树的根系 80％以上集中在地表面 40 cm 以下，与农作物分层分布，减少了与作物肥水竞争的影响，且楸树发叶迟，减少了对早春作物遮阴的影响，因此楸树是广大农区农田林网和农林间作的理想树种。楸树是高大的乔木，有防风固土能力，与农作物间作，可以改善农田区域的生态环境，促进农田高产、稳产。农楸间作是提高山区土地利用率，增加土地产出的较佳间作模式，宜在山区、丘陵区推广。楸树不仅散生生长好，成林性也好，而且可与刺槐、泡桐、毛白杨、黑杨、紫穗槐、竹子等多种树种混交成林，并生长良好。在城市绿化中，可将楸树作为上层林木，营造混交林。

（四）造林绿化价值

楸树是我国特有的珍稀用材及城乡绿化树种，也是陕西关中"四大金刚"乡土树种（国槐、椿树、榆树、楸树）之一。在渭北旱塬很早就有栽植楸树的传统，如密毛灰楸、灰楸、三裂楸、光叶楸等，树形优美、花大色艳、叶、花、果与冠形独具风姿，具有较高的观赏价值和绿化效果。

楸树对二氧化硫等有毒气体具有较强的抗性；此外，树体高大，树叶浓密，叶背密生细毛，仿佛悬挂的绿色壁毯，具有较强的隔音、降尘、挡风、吸毒能力。楸树冠形如华盖，可以遮挡炎热的阳光，是优选的行道树种。楸树属于深根性树种，其主根明显，侧根粗壮，形成庞大的根系，扎入土壤深处，因此，楸树有良好的水土保持和抗风能力。楸树具有耐水湿性，耐涝天数可达 20 d，因此将其种植于江河湖泊的堤岸、沟渠及梯田地埂上，具有固岸固土的作用。

二、楸树的地理分布与栽培区

（一）楸树的地理分布

楸树是我国生态幅度较宽的树种，分布范围广，主要位于东经 88°～123°、北纬 22°～42°，东起我国东海岸，西到甘肃兰州、天水和四川汉源一线，北起山海关，南到云南临沧和广东广州，地跨温带草原区、暖温带落叶阔叶林区和亚热带常绿阔叶林区 3 个植被区，适生区域年平均气温 10～15 ℃，年降水量 500～1 500 mm。其中主要分布于黄河流域和长江流域，在北京、河北、山东、山西、河南、陕西、江苏、安徽等省份均有分布，以江苏、安徽、河南、山东、湖北等省为多，生于海拔 1 500 m 以下山林中，但长期以来，人们对它采伐利用过多，栽培发展相对较少，自然分布面积及数量不断减少。

楸树的垂直分布与经纬度有很大关系，纬度越高，垂直分布的范围越小。此外，辽宁、胶东半岛、江苏沿海地区，楸树多分布在海拔 500 m 以下，而甘肃南部小陇山林区最高可达海拔 1 800 m，西南云贵高原，垂直分布在海拔 1 800～2 400 m 处（潘庆凯，1991）。

（二）楸树的栽培起源

根据大量古籍的记载，我国古代楸树分布很广，西汉《史记·货殖列传》中说："淮北、常山以南、河济之间千树楸。"说明在 2 000 多年前，淮北、华北平原、伏牛山、太行山、吕梁山等广大地域楸树分布相当广泛。据《元一统志》卷二《辽阳等处行中书省、大宁、山川》记载，当时辽阳一带不仅多松，还有榆、梓（含楸）等树木。说明在宋、元时期，黄河中下游、辽宁中部生长有楸树天然林，总之，历史上楸树曾在北方广泛分布。

由于楸树生长快，材质好，用途广、适应强，因此成为我国历史上栽培利用很早的树种之一。公元前 6 世纪的《诗经·鄘风》记载："椅桐梓漆，爰伐琴瑟"，说明 2 600 多年前，就开始利用楸木。公元前 4 世纪，《孟子》中说："拱把之桐梓（古人楸、梓二树不分），人苟欲生之，皆知所以养之者。"意思是说要想生产合抱之粗的泡桐、楸树的大材，人们都要知道应该如何培育它。在古籍中有关楸树的记载还很多，如《埤雅》载："今呼牡丹谓之花王，梓为木王，盖木莫良于梓"，说明古代人们很早就认识楸树优良的材质，该书还赞其"取材为器，其音清和"，是说楸木适合做各种乐器。北魏贾思勰所著《齐民要术》中，记述楸木可做车板、盘合、乐器。以为棺材，胜于松、柏。古代印刷刻板非楸、梓木而不能用，因此古时书籍出版就叫"付梓"，迄今仍在沿用。

因楸树用途广，楸树栽植培育也得到了发展。《史记·货殖列传》中记载："淮北，常山以南，河济之间千树楸，此其人皆与千户等"，是说拥有千株楸树的人家，其收入可抵掌管一方百姓的千户侯。古时还有栽楸树以作为财产遗传子孙后代的习惯，南宋朱熹曰："桑、梓二木。古者，五亩之宅，树之墙下，以遗子孙，给蚕食，供器用也。"除上述者外，古代文人还赞"楸，美木也""茎干乔耸凌云，高华可爱""庭楸止五步，芳生十步间"。楸树枝叶浓荫，冠如华盖，古人用它作为行道树，周朝有桑、梓"列树以表道"的记载。古人偏爱桑梓，遍植于家宅旁，古时有将"桑梓"比作故乡的，如柳宗元《闻黄鹂》诗云："乡禽何时亦来此，令我生心九桑梓。"

古代在楸树的栽培方面也积累了不少经验。清代《三农记》（1760）记述有种楸之法："实熟收种熟土中，成条，移栽易生……"，《齐民要术》中说："楸既无子，可于大树四面，掘坑取栽之。方两步一根。"明代《农政全书》还叙述了埋根的方法，现代也有用此种方法来进行繁殖的。

近代楸树培育技术已有了很大的提高，作为珍贵用材树种栽培，面积不断扩大，已成为华北、西北、华中、华东、西南等地区普遍造林树种。

（三）楸树的产区划分

楸树种类繁多，适生范围广，在其系统进化过程中，经过长期的自然选择和人工选择，形成了适应不同生态环境的优势种群。根据楸树适生条件和各地优势种群的生长表现，我国划分为四大楸树栽培区。

1. 黄淮海平原丘陵区　包括太行山以东，燕山以南，河南桐柏县、大别山以北的黄河中下游、淮河流域、海河流域和胶东半岛，属山西、河北、山东、河南、江苏、安徽、北京、天津等 8 省份的全部或部分地区。本区属暖温带半湿润大陆性气候，水源丰富，雨量适中，地势平坦，土壤深厚肥沃，立地条件较好，同时又是楸树的主要分布区，发展楸树有着得天独厚的条件。造林形式是以农田防护、农楸间作和四旁植树为主，亦可营造速生丰产林。适宜该区发展的楸树种类很多，几乎包括楸树的所有类型，表现较好的有金丝楸、圆基长果楸、心叶楸、南阳楸、白花灰楸等。

2. 西北黄土丘陵高原区 本区位于秦岭以北、太行山以西，包括陇东高原、渭北高原、晋西南黄土沟壑区。该区属暖温带半干旱大陆性气候，日照时间长，昼夜温差大，无霜期短，缺水少雨，干旱是楸树造林的主要限制因素。因此，应选择耐旱的灰楸类型，如密毛灰楸、线灰楸、细皮灰楸等。在水利条件较好的地方，可发展长果楸、心叶楸等。

3. 西南山地高原区 包括云南、贵州、四川、湘西、鄂西、陕西南部，为秦岭大巴山区、四川盆地、云贵高原和川滇横断山脉峡谷区。该区具有亚热带山地气候特征，雨水多，湿度大，日照短，温差小，为我国滇楸集中分布产区。滇楸在该区分布范围广，生长量大，是当地主要速生用材树种和四旁绿化树种。今后可适当引种金丝楸、南阳楸、长果楸和密毛灰楸等。

4. 东南沿海区 包括江苏、安徽南部、浙江、江西、福建、广东、广西以及湖北、湖南的东部地区。该区属亚热带湿润区，气候温暖，雨量充沛，土层深厚，地下水位较高。本区楸树分布较少，地下水位是主要限制因素，可选择较耐水湿的楸树类型，引种发展滇楸、南阳楸、灰楸、长果楸和梓楸等。

第二节　楸树的形态特征和生物学特性

一、形态特征

楸树树干通直，高达 $20\sim30$ m，胸径 $1\sim2$ m，树枝开张度小，树冠紧密。小枝紫褐色、光滑。同时，枝条坚韧，抗风雪能力强，不易造成雪折、风折。

楸树为深根性树种，主根明显，深达 4.8 m，侧根发达，分布在 0.4 m 以下的土层中。据测定，楸树 80% 以上的吸收根群集中在地表 40 cm 以下的土壤中，地表耕作层内须根很少。

叶对生或三叶轮生。叶三角状卵形至卵状长椭圆形，长 $6\sim16$ cm，宽 $6\sim12$ cm，顶端长渐尖，基部截形、宽楔形或心形，全缘或基部边缘有 $1\sim4$ 对尖齿或裂片；叶嫩时红色，后变绿色，上面深绿色，初有单毛，后脱落；下面色略淡，基部脉腋有紫袍色腺斑，叶柄长 $2\sim8$ cm。

总状花序呈伞房状，有花 $3\sim12$ 朵，生于枝顶；两性花，长 $1.2\sim1.4$ cm，宽 $7\sim8$ mm，顶端尖，紫绿色，花冠 2 唇形，白色，内外两面密生深紫色斑点及条纹，呈淡红或淡紫色，长约 4 cm，冠幅 $3\sim4$ cm。蒴果细长，长 $25\sim50$ cm，径 $5\sim6$ mm，结实稀少，种子多数，紫褐色，两端钝圆，长 $3\sim5$ cm，宽 $2.5\sim3$ mm，背部隆起。花期 $4\sim5$ 月，果熟期 $8\sim9$ 月（图 $18-1$）。

图 18-1 楸 树
1. 花枝 2. 果 3. 种子
（张士琦仿《中国主要树种造林技术》）

二、生物学特性

（一）萌芽特性

在枝条上芽萌动的顺序是先上后下，在幼龄植株上是先外后内。按其外部形态特征，分为初萌期、开放期两个时期。

1. 芽初萌期　自3月上旬随着气温的不断升高，日平均温度达到4～6℃时，楸树冬眠的芽鳞渐由灰褐色变为灰白色，微显突起，进而鳞片由灰白色变为褐色，开始出现小裂纹。

2. 芽开放期　3月底至4月初，气温上升到10～15℃时，芽鳞片由褐色变为红褐色、绿褐色，鳞片张开，露出棕褐色的叶片。从初萌期到开放期需20～30 d。

（二）展叶特性

楸树的叶芽和花芽同时生长，4月初叶芽不断伸长，叶片陆续展开，叶全部展开在5月中下旬，比花期迟20 d左右，叶自展开到全部长成需两个月左右。

（三）开花习性

楸树始花一般在7～10年。嫁接繁殖的楸树，因其接穗发育阶段不同，开花有早有晚，有的嫁接植株当年即可开花。花芽着生于当年生新枝条的顶端，是一种变态的枝，伴随着枝条生长而生长。楸树开花期包括现蕾、始花、盛花、末花4个阶段。

1. 现蕾期　楸树的芽为混合芽，洛阳在4月10日前后，气温上升到13～16℃时，分化为花芽的芽逐渐由黄绿色变为红褐色，呈现出球形的花蕾，随着温度的升高，花蕾膨大，伴随着花芽的生长形成花序，于4月中旬花蕾基本全部形成。

2. 始花期　洛阳地区楸树的始花期在4月下旬。在一株树上部和下部，外围和内膛，花开的顺序相差4～6 h。花朵开放时间在10:00以后，随着气温的升高陆续开放。花有白、粉红、淡黄各色，初开时鲜艳，花色较深，以后慢慢变淡。

3. 盛花期　花开放后，3～4 d即进入盛花期，70%以上的花蕾展开。花开的第二天雄蕊成熟开裂，花药开始散落。盛花期的日平均气温为14～18℃，有木蜂、蜜蜂、蚂蚁等昆虫在花间采蜜采粉。

4. 末花期　楸树花朵开放约6 d，花瓣即开始脱落，整个展花期为10～13 d。花期的长短与气温、湿度有关，如果遇到高温，天气干旱，花期提前，时间缩短，相反花期会推迟，时间也会延长，与正常花期相比会提前或推迟5 d左右。

（四）落叶特性

秋季，在洛阳当日平均温度下降到20℃时，树叶停止生长，叶片由绿色变为淡黄色，下部叶片开始脱落，当日平均温度下降到16℃时，进入落叶盛期，中部和中上部的叶片大量脱落，在降霜和大风之后，上部的叶片全部落光。

由于受地理纬度、海拔高度、局部小气候、天气状况与楸树种类等多种因素的影响，楸树物候期在分布区内相差很大，最多可相差 40 d 以上。如初花期，在云南昆明为 3 月 25 日，在甘肃庆阳为 5 月 7 日，相差 43 d。

三、生态适应性

楸树在气候温和、雨量充沛、肥水充足的立地条件下，表现速生，并具有很大的丰产潜力，在优质珍贵树种中属于较为速生的树种。

（一）温度

楸树喜温暖气候，对温度的要求为年平均气温 10～15 ℃，能耐低温−20 ℃，低温对楸树、灰楸的生长无不良影响，滇楸在绝对最低气温−15 ℃时即受冻害，枯梢，主干基部树皮冻裂，在避风向阳的小地形里一般无冻害。高温、空气干燥、光照过强影响楸树生长。

（二）水分和湿度

楸树在空气湿度较大（相对湿度 65％～70％）的谷地及沿海丘陵生长较好。楸树适生于年降水量 500～1 000 mm，而且其中 50％雨量集中在 6～8 月 3 个月的地区。楸树不耐干旱，但忌地下水位过高。在楸树的各品种中抗旱性较强的为光叶楸、梓树和金丝楸，其次为周楸和南阳楸，而楸树原种、圆基长果楸和豫楸的抗旱性弱。

（三）光照

楸树是喜光树种，在自然状态下多呈散生或小块分布，但苗期稍耐庇荫。林木上方光照充足，侧方光照较少时，林木生长量大；土壤干旱，燥热，光照强烈时，则主干矮，尖削度大。

（四）土壤条件

对土壤要求不严，能在石灰性土、轻度盐碱土、微酸至微碱性（pH 6～8）以及粉煤灰土上生长；楸树分布在页岩（特别是紫色页岩）、板岩、砂岩、砾岩、石灰岩及片麻岩的山地丘陵较多，适生的土类主要为褐土、淋溶褐土、棕壤及河潮土，在黄河区的粉沙壤土上亦能正常生长。楸树要求排水良好、湿润深厚的肥沃土壤，地下水位 1.5～2.5 m 最适宜，在干旱瘠薄和低洼水湿的土壤上生长不良。

第三节 梓属植物的起源、演化与分类

一、梓属植物的起源与演化

楸树为我国特产，是较为古老的树种之一，起源于泛北极白垩纪植物群，早在第三纪，我国东北、华北和北美一道继承晚白垩世的古老科属，至第四纪。据在山东临朐出土的楸树化石证明，始新世以前楸树就在我国东部和中部广为分布。从地理起源上它属于东亚—北美成分，在我国亚热带森林中占有重要地位。由于第四纪更新世北美洲受到大规模

冰川的侵袭，许多第三纪热带和亚热带的植物大都已灭绝，梓属只保留下来个别种，我国受第四纪冰川影响较小，由于大部分地区位置偏南，具有复杂的地形条件，形成许多古老植物的避难所，梓属在此庇护下作为第三纪植物的后裔而保留下来。此后，随着地理和气候的变迁，楸树等大量具有热带亲缘的树木不断向北分布，成为我国暖温带常见落叶阔叶树种。

二、梓属植物分类概况

梓属植物主要分布在亚洲东部和北美洲，中国主产于长江流域和黄河流域。早在1864 年 E. Bureau 对本属进行过整理，共记载了 8 种，分别放在热带种组（tropical section）和非热带种组（extra tropical section）内。其后 Paclt 于 1950—1952 年对本属进行了详尽而全面的研究，记载了 11 种，在系统上提出了两个组，即梓树组（Sect. *Catalpa*）和大梓树组（Sect. *Macrocatalpa*）。前者包括我国 4 种和北美 2 种，后者包括西印度群岛的 5 种。南京林业大学的姚庆渭（1978）曾在 1977—1978 年对东亚和北美产的梓属 7 种进行了研究，并在 Paclt 分类的基础上将我国的楸树和灰楸从梓树组划分出来，另建一个新组——楸树组。这样梓属共分 3 组：梓树组、楸树组和大梓树组。但在《中国树木志》上并未按此分组。

三、梓属树种资源与分布

表 18 - 1 是按《中国树木志·第一卷》列出的梓属树种资源与分布。

表 18 - 1　梓属树种资源与分布

树种	拉丁名	分　布
梓树	*Catalpa ovatea*	东北、华北，南至广东北部，西南至云南、贵州
藏楸	*Catalpa tibetica*	西藏东南部及云南西部
黄金树	*Catalpa speciosa*	原产北美，华北至华南、新疆、云南有栽培
楸树	*Catalpa bungei*	华北、陕西、甘肃、安徽、江苏、浙江、湖南、广西、贵州、云南
灰楸	*Catalpa fargesii*	陕西、甘肃、华北、中南、华南、西南
滇楸	*Catalpa fargesii* f. *duclouxii*	湖北、湖南、四川、云南、贵州

第四节　楸树的遗传变异与种质资源

一、楸树

在长期的系统发育过程中，楸树在复杂多样的生境内产生了各种变异。楸树有金丝楸、心叶楸、长果楸、槐皮楸、光叶楸、长柄楸、密枝楸及三裂楸等 8 个自然型。楸树自然变异普遍存在，且具有多样性，主要表现于下列方面：

1. 冠型变异类型 大冠、小冠；宽冠、窄冠；稠冠、稀冠等，也存在这些类型的中间类型。

2. 树枝 当年生枝变异类型有粗壮型、细弱型；侧枝分枝角度有大分枝角、小分枝角；侧枝长势有上倾、平展、下垂；侧枝粗度有粗枝、细枝等类型。

3. 树干树皮 可分为光滑、粗糙；块状裂、片状翘裂；薄皮、厚皮等变异类型。树干有通直、弯曲之分及圆满、非圆满（干形指数大小）之分。

4. 叶 存在着大叶、小叶；厚叶，光叶，三角形叶、C 形叶，窄叶，早（发）叶、晚（发）叶，早落叶、晚落叶等变异。

5. 花 有紫花、红花、白花、黄花，早花、晚花，大冠花、小冠花等多种类型，并在小花柄分支、斑点、条带等方面有多种变化。

6. 果 有长果、短果等变异。

黄秋萍（2009）采自全国楸树协作组选择的优树和优良结果单株共 96 个家系，通过苗期测定，初选 26 个苗期表现较好的家系，其中有 3 个单株表现出明显的生长优势。翟文继等（2012）对楸树优树子代苗期性状进行初步探讨研究表明，楸树家系间苗高、地径、叶长、叶宽、单叶面积、叶片总数 6 个性状均达到极显著的差异，且均受中等程度以上遗传控制，从 9 个优良家系中共选择出 36 株优良单株，树高增大了 25.87%，遗传增益为 15.03%。赵鲲等（2011）以楸树 8-5 为母本，长果楸为父本进行人工杂交获得的楸树 F_1 代，通过营建对比试验林和多点区域试验林，选育出洛楸 1 号、洛楸 2 号，具有生长快、材质优、抗性强、适生范围广的优良特性，是极具生产潜力的楸树良种。

二、滇楸

杨安敏等（2010）利用贵州不同气候区域 13 个县、市 151 个半同胞家系种子千粒重及 1 年生播种苗苗期性状苗高、地径进行分析研究，结果表明，滇楸种子千粒重、苗高和地径在气候、地理种群、各家系间均存在明显差异。种子千粒重及苗期性状具有较高的遗传力。种子千粒重和苗高遗传力分别为 0.906 1 和 0.855，其遗传变异较丰富，遗传特性表现突出。

贾继文等（2010）采用常规杂交方法，开展楸树与滇楸种间杂交育种，对结实率、果实性状、千粒重、有胚率、发芽性状及 1 年生株高、胸径等数据进行统计分析。结果表明，父本对结实率的影响不显著，母本对结实率的影响显著；父本对果实性状的影响均不显著，母本对果实长度的影响显著；父母本对千粒重的影响均不显著；父母本对有胚率、发芽势、发芽率的影响显著或极显著。不同杂交组合间株高和胸径存在极显著差异，杂交组合 8-12×滇 3 表现最好，其株高为 2.09 m，胸径达到 1.38 cm，杂交组合 8-13×滇 2 和 5-8×滇 2 表现也较好，依据株高、胸径进行苗期早期选择的潜力较大；表现最差的组合是 8-14×滇 2，株高 1.69 m，胸径 1.0 cm。

三、灰楸

赵进文等（2009）对灰楸无性系苗期测定选择，灰楸无性系苗高受环境因素影响较大，地径比苗高更受遗传控制。初选的前 11 个无性系为线灰 14 号超级苗、南阳灰 3-1、细皮灰楸 21-1、密毛灰楸 19-1、线灰楸、栾灰-2、洛灰、密毛灰楸 23-1、细皮灰楸 21-3、密毛灰楸 19-2、密毛灰楸 18-2，对这批材料有待进一步试验。

李银梅等（2011）通过对甘肃境内收集的 40 个灰楸无性系幼苗生长性状的观测记录，从形态生长和光合生理方面优选了其中的优良无性系，包括天古灰 04、天灰 34、正楸 04、麦积山灰 3、庄廓灰 5 等 5 个无性系，其综合生长性状较好。

第五节　楸树野生近缘种的特征特性

一、滇楸

学名 *Catalpa fargesii* Bur. f. *duclouxii* （Dode）Gilmour，别名紫楸、光灰楸。

（一）形态特征

乔木，高达 20 m，主干通直，树皮有纵裂，枝杈少分歧；叶片、花序均无毛。叶厚纸质，卵形或三角状心形，长 13～20 cm，宽 10～13 cm，顶端渐尖，基部截形或微心形，侧脉 4～5 对，基部有 3 出脉，无毛；叶柄长 3～10 cm。顶生伞房状总状花序，有花 7～15 朵。花萼 2 裂近基部，裂片卵圆形。花冠淡红色至淡紫色，内面具紫色斑点，钟状，长约 3.2 cm。雄蕊 2 枚，内藏，退化雄蕊 3 枚，花丝着生于花冠基部，花药广歧，长 3～4 mm。花柱丝形，细长，长约 2.5 cm，柱头 2 裂；子房 2 室，胚珠多数。蒴果细圆柱形，下垂，长 55～80 cm，果爿革质，2 裂。种子椭圆状线形，薄膜质，两端具丝状种毛，连毛长 5～6 cm。花期 3～5 月，果期 6～11 月。

（二）分布与生态学特性

产陕西、甘肃、河北、山东、河南、湖北、湖南、广东、广西、四川、贵州、云南。滇楸是喜光树种，喜温暖湿润的气候，适生于年平均气温 10～15 ℃、年降水量 700～1 200 mm 的气候。对土、肥、水条件的要求较严格，适宜在土层深厚肥沃，疏松湿润而又排水良好的中性土、微酸性土和钙质土壤上生长，生于村庄、公路附近，海拔 700～1 300 m。

（三）利用价值

木材灰黄褐色，纹理略粗，易加工，耐腐朽，不受白蚁蛀食，供造船、家具、古琴底板等用。树干通直高耸，春日紫花满树，为优美观赏树。

二、灰楸

学名 *Catalpa fargesii* Bur.，别名川楸。

（一）形态特征

乔木，高达 25 m；幼枝、花序、叶柄均有分枝毛。叶厚纸质，卵形或三角状心形，长 13～20 cm，宽 10～13 cm，顶端渐尖，基部截形或微心形，侧脉 4～5 对，基部有 3 出脉，叶幼时表面微有分枝毛，背面较密，以后变无毛；叶柄长 3～10 cm。顶生伞房状总状花序，有花 7～15 朵。花萼 2 裂近基部，裂片卵圆形。花冠淡红色至淡紫色，内面具紫色斑点，钟状，长约 3.2 cm。雄蕊 2 枚，内藏，退化雄蕊 3 枚，花丝着生于花冠基部，花药广歧，长 3～4 mm。花柱丝形，细长，长约 2.5 cm，柱头 2 裂；子房 2 室，胚珠多数。蒴果细圆柱形，下垂，长 55～80 cm，果爿革质，2 裂。种子椭圆状线形，薄膜质，两端具丝毛，连毛长 5～6 cm。花期 3～5 月，果期 6～11 月。

常栽培作为庭园观赏树、行道树；木材细致，为优良的建筑、家具用材树种；嫩叶、花供蔬食，叶可喂猪；果入药，利尿；根皮治皮肤病；皮、叶浸液做农药，可治稻螟、飞虱。

（二）分布与生态学习性

产陕西、西藏、甘肃、河北、山东、山西、河南、湖北、湖南、广东、广西、四川、贵州、云南。生于村庄边、山谷中，海拔 700～1 300（1 450～2 500）m。

灰楸有密毛灰楸、细皮灰楸及窄叶灰楸 3 个类型。

三、梓树

学名 *Catalpa ovata* G. Don，别名梓、黄花楸。

（一）形态特征

乔木，高达 15 m；树冠伞形，主干通直，嫩枝具稀疏柔毛。叶对生或近于对生，有时轮生，阔卵形，长宽近相等，长约 25 cm，顶端渐尖，基部心形，全缘或浅波状，常 3 浅裂，叶片上面及下面均粗糙，微被柔毛或近于无毛，侧脉 4～6 对，基部掌状脉 5～7 条；叶柄长 6～18 cm。顶生圆锥花序；花序梗微被疏毛，长 12～28 cm。花冠钟状，淡黄色，内面具 2 黄色条纹及紫色斑点，长约 2.5 cm，直径约 2 cm。可育雄蕊 2 枚，花丝插生于花冠筒上，花药叉开；退化雄蕊 3 枚。子房上位，棒状。花柱丝形，柱头 2 裂。蒴果线形，下垂，长 20～30 cm，粗 5～7 mm。种子长椭圆形，长 6～8 mm，宽约 3 mm，两端具有平展的长毛。

（二）分布与生态学习性

分布于中国长江流域及以北地区、东北南部、华北、西北、华中、西南，日本也有。适应性较强，喜温暖，也能耐寒。土壤以深厚、湿润、肥沃的夹沙土较好。不耐干旱瘠薄。抗污染能力强，生长较快。多栽培于村庄附近及公路两旁，野生者已不可见，海拔 500～2 500 m。

（三）利用价值

环孔材，边材淡灰褐色，心材深灰褐色，结构略粗，耐水湿，供建筑、家具、车辆、雕刻、古琴底板等用。果药用，可利尿，煎水可治浮肿；叶供饲料。春夏白花满枝，秋冬蒴果下垂，常用作观赏及行道树。

（罗建勋）

参考文献

黄秋萍，2009. 楸树优良家系苗期选择研究［J］. 安徽农业科学，37（36）：18219-18220，18232.

贾继文，王军辉，张金凤，等，2010. 楸树与滇楸种间杂交的初步研究［J］. 林业科学研究，23（3）：382-386.

李银梅，陈静，贠慧玲，等，2011. 不同灰楸无性系幼苗生长性状比较及综合评价［J］. 甘肃林业科技，36（3）：12-16，28.

潘庆凯，康平生，郭明，1991. 楸树［M］. 北京：中国林业出版社.

杨安敏，姚淑均，许杰，等，2010. 滇楸半同胞家系子代苗期性状的遗传变异［J］. 种子，29（3）：89-90，93.

姚庆渭，黄鹏成，1978. 江苏省珍贵用材树种的研究：楸树属［J］. 热带林业科技（3）：22-33.

翟文继，麻文俊，王秋霞，2012. 楸树苗期优良家系及单株的配合研究［J］. 西北林学院学报，27（3）：68-71.

赵进文，赵鲲，焦云德，等，2009. 灰楸无性系苗期测定与选择［J］. 河南林业科技，29（3）：11-13.

赵鲲，王军辉，焦云德，等，2011. 楸树杂交新品种——洛楸1号、洛楸2号选育报告［J］. 河南林业科技，31（3）：4-6，31.

第十九章

槐 树

槐树（*Sophora japonica* L.）为蝶形花科（Fabaceae＝Papilionaceae）槐属（*Sophora* L.）落叶乔木。槐树树高冠大，繁殖容易，绿化效果好，寿命长，分布地域广，栽培历史悠久，在我国北方地区的城镇、村庄均拥有许多古树，是我国重要的园林绿化树种，在人们的日常生活中占有重要地位。

第一节 槐树的利用价值与生产概况

一、槐树的利用价值

（一）木材利用价值

槐树心材、边材区别明显，心材黑色或栗褐色，边材灰色或灰白色。无特殊气味且纹理通直，结构粗，木材重量中等（气干密度 0.56～0.75 g/cm³）。生长轮界明显，早材过渡到晚材急变，分隔木纤维可见，纤维壁甚厚。木材干缩率中（体积干缩系数 0.46％～0.65％），强度中（顺压强度＋拉弯强度＝136～180 MPa），硬度大（端面硬度＞65 MPa），干燥速度中等，干燥不开裂，稍变形。耐腐性中，抗虫性中，加工容易，油漆、胶黏性好，防腐处理略难。木材可用作房屋建筑、室内装饰、造船材、车辆材、普通家具、木地板、农具用材。

（二）饲料及药用价值

槐树叶、花、籽都可综合利用。槐树叶含粗蛋白 19％、粗脂肪 3.5％、无氮浸出物 42.9％、粗纤维 11％、灰分 12.8％，是喂养牲畜和家禽的好饲料。槐树花中含有一种特殊成分芦丁，它主要存在槐花蕾中。用火焙炒过的槐花蕾中含芦丁 10％～28.6％。芦丁具有与维生素 P 相同的作用，可用于食品等工业。槐花还可做收敛止血药，又是天然黄色素。槐树种子亦称槐豆或槐角，含有大量糖类，还含有丰富的脂肪酸、氨基酸和维生素等。将槐豆荚浸泡去皮，干燥后破碎，分离去皮，便可加工槐豆胶。叶可用于水染印花，还可在造纸工业中做添加剂，也可用作冰淇淋、果子露和化妆品的稳定剂等。此外，槐树还是优良的蜜源树种。

（三）绿化与环境保护价值

1. 公园、风景区、名胜古迹绿化 槐树为高大乔木，喜光、耐旱、耐高温、耐盐碱、耐土壤密实、耐城市夹杂物多的土壤，能高度适应中原地区的气候；槐树抗性强，寿命长，在华北地区，随处可以见到其古树，有些千年大树仍能健康生长。在风景区绿化中，槐树可以单株散植烘托主题景致；金枝国槐等一些彩叶品种也可成片种植构成背景；槐树的一些灌木状变种，如龙爪槐等可与花卉配植，作为花坛等大型景观的素材。槐树古树枝干古朴、苍劲，富有极多的宗教和文化内涵，自古就被奉为"神树"，在我国的一些古寺等宗教场所多有栽植。如北京的香山、八大处、玉泉山、潭柘寺等处，河南洛阳的白马寺、山东泰安的泰山等处多有古槐保存，其独特的树姿形态和传说典故的文化内涵，为名胜古迹增加了亮点，烘托了庄严肃穆的气氛。

2. 城市街道、社区和厂矿区绿化 槐树树体高大，树冠浓密，病虫害少，观景时间长；槐树对土壤肥水要求也不严格，因此国内许多城市都将槐树列为市树，广泛栽植。北京、西安、石家庄等城市都可见街道两边郁郁葱葱、古朴素雅的槐树。选用树冠浓密的乔木槐树可起到降尘、减噪、防风固沙、净化空气的效果。国槐对二氧化硫、氯气、硫化氢及烟尘等抗性较强，在受污染较重的厂矿栽植，可有效地吸附粉尘、烟尘等有害物质，净化空气、水源和土壤。由于槐树分泌的汁液有过滤作用，故能净化空气，并对苯、醛、酮、醚等致癌物质有一定的吸收能力。因此，槐树适宜作为工业开发区、矿区绿化的理想树种，既有绿化景观效果，也兼具生态环保功能。

二、槐树的天然分布与栽培概况

（一）槐树的天然分布

槐树主产于中国，自东北南部起，西北至甘肃南部，西南至四川、云南海拔 2 600 m以下，南至广东、广西等地栽培。朝鲜、韩国、日本和越南也有分布；在朝鲜还有野生分布的槐树；槐树目前已经引种到世界多个国家。槐树栽培历史悠久，文化底蕴深厚，目前在国内已基本找不到野生群体，这可能也与其悠久的利用历史有关，槐树被利用的历史有文献明确记载的可推至西周，是最早被华夏民族开发利用的树种之一。槐树的适生范围多为中国农业文明的发祥地，其野生群体在中华文明的孕育发展和辉煌的历程中逐步消失。随着国内对林木种质资源普查范围的扩大和普查精度的提高，也有可能在一些人类干扰较少的自然保护区等地发现槐树的天然群体。

（二）槐树的栽培历史

槐树栽培历史久远，中国关于槐树的文献记载可以追溯到 3 000 年前，当时西周已有宫廷植槐的记录。甘肃崇信县铜城周槐，树龄已超过 2 700 年。《山海经·中山经》中有"首山，其木多槐，……条谷之山，其木多槐桐"的记载，其后的《本草图经》记载："槐实生河南平泽，今处处有之。"此外，在全国各地，特别是北方地区，例如北京、河北、山东、山西、陕西、河南、甘肃等省份存留的古槐树和关于古槐树的传说很多。在我国古代，槐树是宫中必栽之树，所以，又有"宫槐"之称。远在周代的朝廷里要种三槐九棘，公卿大夫分坐其下，以定三公九卿之位，后世遂以槐棘比喻三公九卿；到汉代，称皇帝宫殿为"槐宸"，京城长安的大道两侧尽植槐树，称槐路。汉代起，行道树改用槐树，一直持续到唐宋，所以现在不少地方留存的古树多为唐宋年间所栽。全国各地的古槐都富有一定的传说、故事和文化内涵。目前北京、西安、济南等31个城市把槐树列为市树（吴福川等，2009）。部分槐树古树见表19-1。

表 19-1　中国部分地区槐树古树保存情况

名　　称	地　　点	树龄（年）	树高（m）	胸围（m）	冠幅（m²）
铜城国槐王	甘肃省平凉市崇信县铜城乡关河村	＞2 700	26	10.18	946
天水麦积孝子槐	甘肃省敦煌市麦积山风景区	＞1 600	16	6.50	247
宁县湘乐古槐	甘肃省庆阳市宁县湘乐镇	＞1 300	20	8.40	392
甘谷兴国寺唐太宗手植槐	甘肃省甘谷县六峰镇觉皇寺村	＞1 300	16	7.35	527
兰州文化宫唐槐	甘肃省兰州市七里河区	＞1 300	13	5.65	484
泾川蒋家坪古槐	甘肃省泾川县城关镇蒋家村	＞1 400	16	5.18	233
武山金刚寺唐槐	甘肃省天水市武山县洛门镇	＞1 200	21.5	8.25	565
武威张清堡古槐	甘肃省武威市凉州区清水乡	＞1 380	18	6.87	272
国槐王	山东省临沂市兰陵县大炉乡小古村	＞1 300	8	7.00	—
涉县古槐（天下第一槐）	河北省邯郸市涉县固新村	＞2 000	29	1.70	283
陕县古槐	河南省三门峡市陕县观音堂镇七里村	＞2 000	24.4	8.00	—
国子监吉祥槐	北京东城区国子监	＞700	15	2.60	—
山海关古槐	河北省秦皇岛市石河镇黄金庄村	＞600	24	2.70	—
寿光汉槐	山东省寿光市东关村槐香园	＞2 000	11.7	6.60	64
招远古槐	山东省招远市罗峰石门孟家村	＞800	15	10.50	182
鸿门宴护王槐	陕西省西安市临潼区晏塞乡胡王村	＞2 300	23.4	7.65	330
济宁古槐	山东省济宁市中区古槐路	萌生苗	—	—	—
平舆张飞手植槐	河南省平舆县西塔寺	＞1 800	17	13.20	600
德州秦始皇手植槐	山东省德州市平原县腰站村	—	15	—	—
北海画舫唐槐	北京市内北海公园	＞1 300	15	5.30	—
山西洪洞大槐树（汉槐）	山西省洪洞县旧城贾村西侧	第三代萌蘖苗	—	—	—
蓟州古槐	天津市蓟州区穿芳峪村	＞1 300	—	—	—
烟台古槐	山东省烟台市牟平区王格庄镇谭家庄村	＞1 500	—	—	—
南柯一梦古槐树	江苏省扬州市	＞1 200	10	3.60	—

（三）槐树的引种和栽培

槐树如同银杏一样，是中国为世界贡献的又一个园林绿化树种。槐树在欧洲、美洲、中亚、西亚等地都有引种栽培，在国内 34 个省级行政单位都有种植，尤以华北和黄土高原地区多见。槐树栽培历史超过 3 000 年，形态类型丰富。根据材色、材质和树皮特点，河南分为白槐、豆春槐和黑槐 3 个品种：白槐树皮色淡，平滑，木材带白色，材质最好，北京附近多大树；豆春槐木材带绿白色，材质中等；黑槐木材色深，树皮黑而深裂，材质最差，北京少见，在河南普遍。陕西西部根据木材颜色分为青槐（白色）和糠槐（带红褐色），通常以材色浅者材质较好。

第二节　槐树的形态特征和生物学特性

一、形态特征

槐树（原变种）为高大乔木，高达 25 m，胸径 1.5 m；枝干挺拔，树皮呈灰褐色，有纵向裂纹。无顶芽，侧芽为叶柄下芽，青紫色，被毛。1～2 年生绿色，皮孔明显，淡黄色。槐树为羽状复叶，长可至 25 cm；叶轴初被疏柔毛，旋即脱净；叶柄基部膨大，包裹着芽；托叶性状多变，有时呈卵形，有时线形或钻状，早落；小叶 4～7 对，具短柄，对生或近互生，纸质，卵状披针形或卵状长圆形，先端尖，基部圆或宽楔形，稍偏斜，下面灰白色，初被疏短柔毛，旋变无毛，长 2.5～6 cm，宽 1.5～3 cm；小托叶 2 枚，钻状，长 6～8 mm，早落。圆锥花序顶生，常呈金字塔形，长 30 cm；花梗比花萼短；小苞片 2 枚，形似小托叶；花萼浅钟状，长约 4 mm，萼齿 5，近等大，圆形或钝三角形，被灰白色短柔毛，萼管近无毛；花冠白色或淡黄色，旗瓣近圆形，长和宽约 11 mm，先端浑圆，基部斜戟形，无皱褶，龙骨瓣阔卵状长圆形，与翼瓣等长，宽 6 mm；雄蕊近分离，宿存；子房近无毛。荚果串珠状，长 2.5～8 cm 或稍长，径约 10 mm，肉质不裂，经久不落。种子间缢缩不明显，种子排列较紧密，具肉质果皮，成熟后不开裂，具种子 1～6 粒；种子卵球形，淡黄绿色，干后黑褐色。花期 7～8 月，果期 8～10 月（图 19－1）。

图 19－1　槐　树

1. 果枝　2. 花序　3. 花萼、雄蕊及雌蕊　4. 旗瓣腹面
5. 旗瓣背面示爪　6. 翼瓣　7. 龙骨瓣　8. 种子

（引自《中国树木志·第二卷》）

二、生物学特性

（一）生长发育特性

槐树生长速度中等，1 年生苗高可至 1 m 以上，一般 7～8 年生树高 4～5 m，20 年生

胸径 15～20 cm，30 年生可做檩材，50 年胸径可至 50 cm 左右，可采伐利用。槐树一般 5～7 年开始开花结实。从 10 月到冬季均可采种。采种一般选择 30 年以上健壮母树，出种率约为 20%。每千克种子有 6 500～6 800 粒，播种育苗每公顷用种量 150～225 kg。萌芽性强，可用截干法培育高 4 m 大苗，供城市绿化用。

槐树花有淡淡的清香，是优良的蜜源植物，槐花蜜为北方著名的蜂蜜产品之一。槐树果荚未成熟时为黄绿色，饱满，富含汁液；成熟后逐渐失水皱缩，入冬后荚果仍可宿存于树体。

（二）生态适应性

抗寒性较强，适应较干冷气候。从东北南部、西北的新疆伊犁，到华南的海南岛，都有国槐的种植。国槐是一个广布性树种，可适生的温度范围很广，从其适生区华北和黄土高原西北地区的温度特点看，可在冬季低温 −20 ℃，夏季极度高温 40 ℃ 的环境下正常生长。

槐树对降水和空气湿度要求不严，其适应范围较广，在降水量 300～800 mm，且空气湿度不大的地区可生长。在土层深厚与湿润的土壤上生长良好。槐树幼年稍耐阴，长大后是一个喜光的强阳性树种，充足的光照是其正常快速生长的保障。槐树为深根系树种，根系发达，可在相对困难的立地汲取养分，在沙土、淡灰钙土、白浆土、盐土、沙砾土等土壤中都能栽植成活。适生于深厚、湿润、肥沃、排水良好的沙壤土，在酸性土、中性土、石灰性土及轻盐碱土上均能正常生长。在低洼积水的地方生长不良，甚至落叶死亡。槐树根系发达，抗风力强，适合作为行道树和园林孤立木种植。

第三节 槐属植物演化与分类

一、槐属植物演化与种间亲缘关系

（一）槐属植物种的演化

槐属（*Sophora* L.）由 Linnaeus 于 1753 年设立。槐属在早期曾经包括相当多的无近缘关系的种类，至 19 世纪 30 年代，分类学家们才将槐属中的异类分开。由于槐属植物的花、果及其他表型的多样性和人们早期对槐属形态特征缺乏深入的研究，未能正确地认识它们之间的相互关系。1816 年 Smith 试图以花着生位置为基础，将本属分为两个组，但没有提出具体的组名；De Candolle（1825）、Linldley（1828）、Bentham（1837）、Baker（1878）、Rudd（1977）相继提出了自己的分类系统。De Candoll 的分类系统以雄蕊的花丝分离与连合成两体为基础，他在研究中发现槐属大部分类群的花丝基部都有不同程度连合，其连合位置的高低在不同类型中无明显的界线。E. Rudd 根据北美洲的部分种类建立的分类系统，不能完全反映槐属各分类群的相互关系（马其云，1990）。

槐属与红豆属（*Ormosia*）、香槐属（*Cladrastis*）、马鞍树属（*Maackia*）、藤槐属（*Bowringia*）和冬麻豆属（*Salweenia*）一起构成蝶形花科槐族；其较红豆属和香槐属进化，较藤槐属更原始。马其云（1990）通过比较槐族 5 个属形态特征后发现，各类植物种的变化趋势如下：①乔木→灌木或亚灌木→草本；②羽状复叶→近掌状复叶或单叶；③托叶有逐步退化趋势；④小托叶有→小托叶无；⑤圆锥花序顶生→多种着生的总状花序；⑥花萼裂片连合程度逐步增加；⑦小苞片有→小苞片无；⑧荚果果皮构造由三层向二层过渡；⑨荚果果皮质地肉质→木质→革质或近革质；⑩荚果果皮的开裂方式不开裂→两瓣开裂→四瓣开裂。

槐属肉果亚属的主要形态特征与红豆属和香槐属相近，裂果亚属与银砂槐属和藤槐属较接近，将肉果亚属作为槐属较原始的类群。

（二）槐属植物种之间的亲缘关系

到目前为止，槐属植物种之间的亲缘关系尚无 DNA 分子方面的报道，马其云（1990）根据荚果果皮的构造及其开裂方式为主建立了一个较完整的分类系统，后经研究，将肉果亚属作为槐属的原始类群，并提出槐属植物的进化系统树。

二、槐属植物分类概况

（一）槐属植物形态特征

落叶或常绿乔木、灌木、亚灌木或多年生草本，稀攀缘状。奇数羽状复叶；小叶多数，全缘；托叶有或无，少数具小托叶。花序总状或圆锥状，顶生、腋生或与叶对生；花白色、黄色或紫色，苞片小，线形，或缺如，常无小苞片；花萼钟状或杯状，萼齿5，等大，或上方2齿近合生而成为二唇形；旗瓣形状、大小多变，圆形、长圆形、椭圆形、倒卵状长圆形或倒卵状披针形，翼瓣单侧生或双侧生，具皱褶或无，形状与大小多变，龙骨瓣与翼瓣相似，无皱褶；雄蕊10枚，分离或基部有不同程度的连合，花药卵形或椭圆形，丁字着生；子房具柄或无，胚珠多数，花柱直或内弯，无毛，柱头棒状或点状。荚果圆柱形或稍扁，串珠状，果皮肉质、革质或壳质，有时具翅，不裂或有不同的开裂方式；种子1粒至多数，卵形、椭圆形或近球形，种皮黑色、深褐色、赤褐色或鲜红色；子叶肥厚，偶具胶质内胚乳。

（二）槐属种类及分布概况

《中国植物志》列槐属植物约 70 种，分布于两半球热带至温带地区，中国有 21 种，14 变种，2 变型。另有《中国树木志》列槐属植物约 50 种，主要产于东亚、北美，其中中国有 16 种。槐属植物在中国主要分布在西南、华南和华东地区，少数种分布到华北、西北和东北。国内 30 个省份有槐属植物分布，主要种为槐（龙爪槐、董花槐、宜昌槐）、五叶槐、绒毛槐、窄叶槐、越南槐、海南槐、苦参、苦豆子、白刺花等。

本属除槐树外的一些种类木材坚硬，富有弹性，可供建筑和家具用材。有些种类树姿优美，可做行道树或庭园绿化树种，并且又是优良的蜜源植物。种子含有胶质内胚乳，可供工业上用；多数种类都含有各种类型生物碱，主要为金雀花碱（cytisine）、苦参碱（matrine）等，在医药方面有较多的用途，花、种子、茎、叶和树皮可做杀虫剂；个别种类的根茎发达，有保持水土的作用。苦参（*Sophora flavescens*）等还因其含有类黄酮等有效药用成分，近年被多个国家和地区作为药用植物资源而得到较多研究。

（三）槐属分种总览

按《中国植物志》，槐属分为 2 亚属，5 组，亚属和组的特征和种数如下：

亚属 1. 裂果亚属（Subgen. *Sophora*）：荚果有不同的开裂方式，三层果皮不完全，中果皮退化成两条窄的裂片或全缘或流苏状嵌入两果瓣的两侧边缘，花无小苞片。

组 1. 二裂果组（Sect. *Disamaea*）：荚果沿着两缝线开裂成两瓣。含短绒槐（*S. velutina*）、柳叶槐（*S. dunnii*）、细果槐（*S. micnocarpa*）、云南槐（*S. yunnanensis*）、白花槐（*S. albescens*）、黄花槐（*S. xanthantha*）、越南槐（*S. tonkinensis*）。

组 2. 撕裂果组（Sect. *Pseudosophora*）：荚果开裂方式基本与二裂果组相似，但在两果瓣表面离两缝处出现了两条纵向撕裂缝，这是二裂果组与四裂果组的中间过渡类型。含苦豆子（*S. alopecuroides*）、砂生槐（*S. moocroftiana*）、白刺花（*S. davidii*）。

组 3. 四裂果组（Sect. *Sophora*）：外果皮和中果皮在缝线处完全结合，宿存，外层果皮沿果瓣表面撕裂成两瓣，内层果皮正常地沿缝裂开，荚果最终解体成十字交叉的 4 瓣。含苦参（*S. flavescens*）、翅果槐（*S. mollis*）、绒毛槐（*S. tomentosa*）、闽槐（*S. franchetiana*）、瓦山槐（*S. wilsonii*）、锈毛槐（*S. prazeri*）、尾叶槐（*S. benthamii*）、疏节槐（*S. praetorulosa*）。

亚属 2. 肉果亚属（Subgen. *Styphnolobium*）：荚果具肉质或近于肉质果皮，干时不开裂，三层果皮完全；花常具小苞片。

组 4. 厚果组（Sect. *Raphanocarpus*）：荚果的外果皮薄，近膜质，中果皮具明显的网状细脉纹，与肉质内果皮相复合；种子常成对重叠侧生，含厚果槐（*S. pachycarpa*）。

组 5. 肉果组（Sect. *Styphnolobium*）：荚果串珠状，外果皮薄，膜质，中果皮和内果皮常肉质，肥厚多汁；叶具 2 枚小托叶，含槐（*S. japonica*）、短蕊槐（*S. brachygyna*）（陈德昭等，1994）。

第四节　槐树的变型、变种与栽培品种

槐树主产中国，引种栽培的历史超过 3 000 年。槐树在我国南北各省份都有栽培，由于生境不同和长期的人工选育，形态多变，产生许多变种和变型，因此其种质资源丰富。

按植物分类学，将槐树分为槐，龙爪槐、五叶槐 2 个变型，毛叶槐、堇花槐、宜昌槐 3 个变种，金叶槐、聊红槐、双季米槐、金枝槐等多个栽培品种。

（一）龙爪槐

学名 *Sophora japonica* f. *pendula*，别称蟠槐（河南）、倒栽槐、盘槐。

本变型枝与小枝均下垂，并向不同方向弯曲盘生，形似龙爪，易与其他类型相区别。嫁接繁殖，砧木用槐树。与其类似的还有杂蟠槐（*Sophora japonica* f. *hybrida*）。主枝健壮，向水平方向伸展，小枝细长，下垂，可能属于同一栽培类型。各地栽培供观赏。

（二）五叶槐

学名 *Sophora japonica* f. *oligophylla*，别称槐（陕西）、蝴蝶槐、畸叶槐。

本变种复叶只有小叶 1~2 对，集生于叶轴先端成为掌状，或仅为规则的掌状分裂，下面常疏被长柔毛，易与其他类型相区别。嫁接繁殖，砧木用槐树。河南、河北及北京等地庭园栽培。

（三）毛叶槐

学名 *Sophora japonica* var. *pubescens*。

本变种小叶下面和小叶柄疏被柔毛，中脉基部和小叶柄上毛甚密且较长。翼瓣及龙骨瓣边缘微带紫色。产于陕西南部、四川。

（四）堇花槐

学名 *Sophora japonica* var. *violacea*，别称玫瑰紫花槐、紫花槐。

本变种小叶上面多少被柔毛，翼瓣和龙骨瓣玫瑰紫色，旗瓣白色或先端带有紫红脉纹，与原变种不同。花期甚迟。各地栽培供观赏（北京师范大学生物系，1962）。

（五）宜昌槐

学名 *Sophora japonica* var. *vestita*。

本变种小叶上面疏被贴生柔毛，下面密被长柔毛，小枝、小叶柄、叶轴和花序上的茸毛到第二年仍宿存，与原变种不同。产湖北（宜昌）。

（六）金叶槐

学名 *Sophora japonica* 'Golden'。

落叶乔木，是槐树的变异品种，由河北省林业科学研究院选育成功，是我国第一个具有独立知识产权的黄叶乔木新品种。对土壤要求不严格，耐寒，耐旱，抗污染能力强。形态特点是叶色从春季萌芽直到秋季落叶，始终保持金黄色叶片，娇艳醒目，树冠丰满，枝条下垂，极具观赏效果，且观赏期长，萌芽力强，耐修剪，并具有优良的抗逆性，耐干旱及 −25℃以上的低温，抗二氧化硫、硫化氢等污染气体。嫁接繁殖，砧木用槐树（黄印冉等，2010）。目前在北京、河北、内蒙古、安徽、陕西等地有栽培报道。

（七）金枝槐

学名 *Sophora japonica* 'Golden Stem'。

落叶乔木，又称为“黄金槐”，是槐树的变异品种，由山东省园艺工作者从槐树中选育而成。幼芽及嫩叶淡黄色，5 月初转黄绿色，夏季转为浅绿色，入秋后渐转为浅黄色；其枝条在每年的 11 月初至翌年 4 月初为金黄色，是优良的彩色观赏树种（黄秀龙，2015）。

（八）金叶龙爪槐

学名 *Sophora japonica* 'Jinye Pendula'。

槐树的变异品种，由河北省林业科学研究院选育成功，是优良的彩叶型观枝新品种。其最大的特点是集金叶和拱形枝条为一体，是龙爪槐的升级品种。叶片由发芽至 6 月初为金黄色，6 月中下旬后转为绿色，进入 7 月后由于出现大量新生顶梢，使整个树冠外围又变成金黄色；其枝条的拱形下垂特征完全和龙爪槐一样（邓云川，2010）。

（九）金枝龙爪槐

学名 *Sophora japonica* 'Jinzhi Pendula'。

槐树的变异品种，由山东省的园林工作者选育而来，是优良的彩枝型观枝新品种。其最大特点是集枝条金色和拱形下垂为一体，是金枝槐的升级品种。金枝龙爪槐除枝条下垂的特征与金枝槐有区别外，其叶片的变色规律和枝条的变色规律与金枝槐相同（姚鹏等，2012）。

（十）聊红槐

学名 *Sophora japonica* 'Liaohong'。

聊红槐是槐树的一个新品种，品种权人为聊城大学，培育人为邱艳昌、张秀省和黄勇。聊红槐由槐树实生苗中选育出来。该品种的生长特性和生态习性与槐树相似，其区别是花冠旗瓣为浅粉色，沿中轴中下部有两条黄色斑块，翼瓣与龙骨瓣紫色，沿中轴中下部呈浅黄白色。花期在 7 月上旬至 8 月中旬，约 50 d，较槐树原种早开花 7 d 左右。花粉粒在显微镜下表面呈现显著的棱脊纹饰，而普通槐树的花粉表面相对光滑。花期比槐树略长。聊红槐目前在山东、河南、河北等地推广种植（国家林业局植物新品种保护办公室编，2010）。

（十一）双季米槐

学名 *Sophora japonica* 'Shuangjimi'。

双季米槐为槐树的一个新品种，品种权人为山东省莱州市永恒国槐研究所和莱州市林木种苗站，培育人为刘永珩、焦凤洲。双季米槐是在莱州市槐树资源普查中发现的一株优树上采接穗，以 1 年生普通槐树实生苗为砧木进行嫁接繁殖获得的新品种。双季米槐较普通槐树叶面积大，生长快，发枝粗壮。在 1 年生普通槐树实生苗上嫁接双季米槐，当年就抽穗，第二年可见槐米，第三年能形成产量。而普通槐树第三年仍未抽穗产米。双季米槐一年抽二次穗并结二次槐米，其槐米产量是普通槐树的两倍多。双季米槐对气候、土壤条件要求不严。在山东省胶东地区每年 4 月上中旬萌芽，5 月下旬开始抽穗，7 月上中旬采米；第二茬 8 月上中旬开始抽穗，10 月上中旬采米。双季米槐叶片长，生长快，树体直立，无病害，成活率高；丰产性能好，槐米产量是普通槐树的 2～3 倍；耐干旱、耐盐碱、耐瘠薄，适应性强，管理粗放。在无霜期 180 d 以上地区皆可种植，并可产出双季槐米。据报道，该品种嫁接 3 年后每公顷产干米可达 6 000 kg。双季米槐目前主要在山东莱州等地栽植（国家林业局植物新品种保护办公室编，2010）。

（十二）鲁槐1号

学名 *Sophora japonica* 'Luhuai 1'。

鲁槐1号是山东省林木良种普查发现的优株，经多年多点区域对比试验和抗二氧化硫测定获得槐树抗逆性良种。2013年12月15日，通过山东省林木品种审定委员会审定。该品种生长快，观赏性好，对盐碱有轻度抗性，对二氧化硫有较强抗性（王开芳等，2014）。

（十三）曹州槐1号至曹州槐3号

山东省菏泽市林业局1985年汇集了在全省各地选出的153个槐树优良单株、优良类型，并采用复幼繁殖技术获取了自根系。经过苗期测定和两次造林试验和多性状测定观察，最终选育出曹州槐1号、曹州槐2号、曹州槐3号3个槐树新品种。其材积生长量均超过对照56.5%以上，具有速生、树干通直、树皮光滑、抗性较强等优良特点，有较高的观赏价值（赵合娥等，2009）。

第五节　槐树野生近缘种的特征特性

一、短蕊槐

学名 *Sophora brachygyna* C. Y. Ma。

乔木，高20 m以上，树皮灰褐色。当年生枝条绿色，具灰白色皮孔。羽状复叶长20 cm；叶柄基部明显膨大，内藏芽；托叶早落；小叶4~7对，卵状披针形或卵状长圆形，长2.5~4（~6）cm，宽1.5~2（~2.5）cm，先端渐尖，有时具芒尖，基部钝圆，稍歪斜，上面绿色，下面灰白色，两面近无毛，仅在下面中脉基部及小叶柄上被散生柔毛；小叶柄长约3 mm；小托叶钻状，比小叶柄短。圆锥花序大型，长25 cm；花梗比花萼短；小苞叶脱落；花萼浅钟状，长约4 mm，宽约4 mm，萼齿不明显，波状或近截平，被灰白色缘毛；花冠白色或淡黄色，旗瓣近圆形，长约13 mm，宽约11 mm，先端微缺，基部浅心形，柄长约3 mm，翼瓣长圆形，长约11 mm，宽约4 mm，龙骨瓣与翼瓣相似，稍宽，宽约5 mm，基部具不等大2耳，耳下垂，三角形；雄蕊10枚，近离生；子房明显比雄蕊短，长不到雄蕊的一半，疏被白色柔毛，花柱成90°弯曲。荚果串珠状，粗壮，长4~6 cm，径15 mm，种子间急骤缢缩，种子相互疏离，果皮肉质，成熟时不开裂，无毛，果颈长1~2 cm，先端骤狭成喙，有种子1~2粒，稀4粒；种子卵形，压扁，近脐端较宽，长约11 mm，宽约7 mm，厚2 mm，褐黑色，种脐凹陷。花期8~11月，果期10月至翌年1月。

生于山坡路边林中，海拔300 m左右。产浙江、江西、湖南、广西。可材用、绿化用（郑万钧，1985）。

二、闽槐

学名 *Sophora franchetiana* Dunn。

灌木或小乔木，高 1～3 m。小枝、叶轴、叶柄、花序和花萼密被锈色茸毛。羽状复叶长 10～15 cm；叶柄长 1～2 cm；托叶钻状，长约 4 mm；小叶 5～7 对，互生，厚纸质，椭圆状长圆形或卵状长圆形，长 3～4 cm，宽 1.5～2 cm，先端急尖或渐尖，基部圆形或渐狭，边缘内卷，上面无毛，亮绿色，下面被锈色贴伏茸毛，中脉上面微凹，下面明显隆起，侧脉上面不显。总状花序顶生，长约 6 cm；总花梗长 2 cm；花萼长 2～3 mm，宽 4～5 mm，萼齿 5，三角形，等大；花冠白色，花瓣近等长，旗瓣倒卵状长圆形或近圆形，长约 10 mm，宽约 6 mm，先端微缺或呈倒浅心形，基部具细柄，柄长占 1/4，翼瓣长圆形，瓣片长约 7 mm，宽约 3.5 mm，几无耳，柄纤细，内弯，龙骨瓣近半月形，先端钝圆，瓣片长 6 mm，宽 4 mm，柄长约 3 mm；雄蕊 10 枚，分离或基部稍连合；子房疏被棕色或锈色柔毛，胚珠 4 粒，柱头点状。荚果圆柱形，长 4～6 cm，被棕褐色柔毛，先端具纤细的喙，通常只含 1 粒种子，稀见 2～3 粒，如含两粒种子，则种子间明显缢缩成串珠状；种子卵球形，长约 8 mm，黄色，具光滑。

生于山谷溪边灌木林中，海拔 1 000 m 以下。产浙江、福建、湖南、广东（北部）。可材用、薪炭、绿化用（陈德昭等，1994）。

三、锈毛槐

学名 *Sophora prazeri* Prain。

小乔木，高 6 m，或呈灌木状。小枝密被棕色柔毛。小叶 7～15（21）片，上部小叶长圆状披针形、菱状披针形或长圆状倒披针形，长 4～7 cm，基部小叶椭圆形，长 1～3 cm，先端钝圆或钝尖，稍微凹，基部楔形，近革质，上面疏被毛或近无毛，下面被灰色或棕色柔毛；托叶钻形或刺芒状，长约 4 mm，宿存。总状花序腋生，与叶对生或腋外生，长 7～14（20）cm，花梗长 3～6 mm，花序轴及花梗密被灰色或棕色毛；萼偏斜筒状，长约 9 mm，上部具不明显钝齿，微被柔毛；花冠棕黄色或浅黄色，长约 1.7 cm，旗瓣卵形，具宽爪，翼瓣长圆形，具耳，龙骨瓣稍短于旗瓣，具耳。果长 2～7 cm，硬革质，外、中果皮不沿缝线开裂，密被棕色柔毛，具长喙。种子 1～2（3）粒，淡红或深红色，顶部微尖。花期 5 月，果期 7～8 月。

生于海拔 700～1 800 m 山区灌丛中或石坡上，在湿润沙壤土上生长最好。产于江西、甘肃南部、四川、贵州、云南、广西等省份。缅甸也有分布。可治痨伤及水泻等症。

类型除原变种外，还有 1 个变种，即西南槐（*Sophora prazeri* var. *mairei*）。西南槐与锈毛槐的形态差异为小叶披针长椭圆形，长 3～5 cm，宽 1～1.5 cm，上面疏被灰褐色或锈色柔毛，下面毛较密。分布与原变种同（陈德昭等，1994）。

四、绒毛槐

学名 *Sophora tomentosa* L.，又名海南槐、岭南槐树。

灌木或小乔木，高 2～4 m。枝条被灰白色短茸毛，羽状复叶长 12～18 cm；无托叶；小叶 5～7（～9）对，近革质，宽椭圆形或近圆形，稀卵形，长 2.5～5 cm，宽 2～3.5 cm，先端圆形或微缺，基部圆形，稍偏斜，上面灰绿色，无毛，具光泽，下面密被灰白色短茸毛，干时边缘反卷或内折，中脉上面稍凹陷，侧脉不明显。通常为总状花序，有时分枝成圆锥状，顶生，长 10～20 cm，被灰白色短茸毛；花较密；花梗与花等长，长 15～17 mm；苞片线形；花萼钟状，长 5～6 mm，被灰白色短茸毛，幼时具 5 萼齿，甚小，成熟时檐部偏斜，近截平，萼下有一关节；花冠淡黄色或近白色，旗瓣阔卵形，长约 17 mm，宽约 10 mm，边缘反卷，柄长约 3 mm，翼瓣长椭圆形，与旗瓣等长，具钝圆形单耳，柄纤细，长约 5 mm，龙骨瓣与翼瓣相似，稍短，背部明显呈龙骨状互相盖叠；雄蕊 10 枚，分离；子房密被灰白色短柔毛，花柱短，长不到 2 mm。荚果为典型串珠状，长 7～10 cm，径约 10 mm，表面被短茸毛，成熟时近无毛，有多数种子；种子球形，褐色，具光泽。花期 8～10 月，果期 9～12 月。

生于海滨沙丘及附近小灌木林中。产台湾、广东（沿海岛屿）、海南。广布于全世界热带海岸地带及岛屿上。可用于海防林、海滨绿化等（陈焕镛等，1965）。

五、云南槐

学名 *Sophora yunnanensis* C. Y. Ma。

灌木或小乔木。茎被灰白色短柔毛，后无毛；小枝、叶轴和花序密被锈色茸毛。羽状复叶，长 10～15 cm；叶轴上面具槽；托叶钻状，长约 3.5 mm，被锈色茸毛；小叶 6～9（～10）对，对生或近对生，纸质，卵形或椭圆状卵形，长 15～20 mm，宽 8～10 mm，两端圆形，上面密被锈色或褐色柔毛，下面密被锈色长柔毛，中脉上面凹陷，侧脉与细脉不显著；小叶柄短，长约 1 mm，被毛。总状花序与叶对生或假顶生，比叶短，花多数，密集；苞片似托叶，较长，长约 6 mm，被毛；花萼钟状，长约 10 mm，萼齿 5，几等大，三角形，被锈色柔毛；花冠白色，旗瓣长圆形，先端凹缺，近倒心形，基部渐狭成柄，中部两侧具 2 三角状小尖耳，连柄长 11 mm，柄与瓣片近等长，翼瓣双侧生，戟形，皱褶占瓣片 1/3 不到，龙骨瓣半月形或卵状长圆形，双侧生，柄细长，与瓣片等长；雄蕊 10 枚，1 枚完全分离，其余 9 枚基部不同程度连合，越向背部连合越高，甚至达 1/3 处；子房具短柄，被灰褐色毛，花柱细长，长约 2.5 mm，无毛，柱头点状，被少数短毛，胚珠 4～6 粒。荚果未见。花期 3 月。

生于山谷灌木林中。产云南（元江、石屏）。可用于生态绿化（陈德昭等，1994）。

六、砂生槐

学名 *Sophora moorcroftiana* (Benth.) Baker。

砂生槐为西藏高原特有植物，又名西藏"狼牙刺"。多年生矮灌木，多分枝，密被白色短柔毛，其茎尖和托叶硬化为尖长刺。单数羽状复叶，小叶 11～17 片，椭圆形至卵状椭圆形，先端具长刺尖，两面被白色长柔毛；托叶宿存，呈针刺状。总状花序腋生或顶生，多而散生，花冠蓝紫色，旗瓣下部白色。荚果串珠状，长 7～11 cm，密被短柔毛；有 5～6 粒种子。花期 5 月，果期 7～10 月。

多生于 2 800～4 400 m 的山坡灌丛中，在雅鲁藏布江河谷常呈大片群落出现。砂生槐既可种子繁殖，又可无性繁殖。无性繁殖以根蘖繁殖为主。雨季，在河流沙滩，半固定沙丘上，呈水平状生长的根蘖形成不定芽，发育成植株。在山地，砾石质山坡，无性繁殖相对减少。在西藏 4 月中下旬返青，6 月开花，7 月结荚，8 月种子成熟。砂生槐能耐

29 ℃的高温和-17.6 ℃的低温，并抗旱、抗病虫。在落叶灌丛中，常形成砂生槐群系，覆盖度为 10%～35%。平均株高不超过 50 cm。

砂生槐集中分布于西藏雅鲁藏布江流域。印度、不丹、尼泊尔也有分布。幼嫩枝叶可做饲料饲喂羊。成熟的荚果可采收做家畜的精料，其豆荚的粗蛋白含量为茎叶的 2 倍，作为高寒地区的蛋白质饲料，有开发利用的价值。另外，砂生槐也是一种良好的水土保持植物，是生物围栏的良好材料。可入药，有清热、解毒之功效。花期长，花色美，既是观赏植物也是蜜源植物（吴征镒，1985）。

（宗亦臣）

参考文献

北京师范大学生物系，1962. 北京植物志：上册 ［M］. 北京：北京出版社．

陈焕镛，等，1965. 海南植物志：第二卷 ［M］. 北京：科学出版社．

邓运川，2010. 河北霸州金叶龙爪槐市场前景好 ［J］. 中国花卉园艺（12）：16.

国家林业局植物新品种保护办公室，中国林业科学研究院林业科技信息研究所，2010. 中国林业植物授权新品种 ［M］. 北京：中国林业出版社．

黄秀龙，2015. 黄金槐形态特征、园林应用及高接换头嫁接技术 ［J］. 中国园艺文摘（8）：169-170.

黄印冉，马孟良，张均营，等，2010.4 种彩色槐属的生物学特性比较 ［J］. 河北林业科技（4）：80-81.

马其云，1990. 槐属分类系统的修订 ［J］. 植物研究，10（4）：77-85.

《内蒙古植物志》编辑委员会，1991. 内蒙古植物志：第三卷 ［M］. 呼和浩特：内蒙古人民出版社．

王开芳，吴德军，臧真荣，等，2014. 国槐良种'鲁槐 1 号'［J］. 林业科学，50（9）：189.

吴福川，袁军，廖博儒，等，2009. 中国城市市花市树研究 ［J］. 中国农学通报，25（20）：192-195.

吴征镒，1985. 西藏植物志：第二卷 ［M］. 北京：科学出版社．

姚鹏，闫淑芳，黄印冉，等，2012. 金枝国槐嫁接管理关键技术 ［J］. 河北林业科技（3）：95-96.

赵合娥，朱青，刘建军，等，2009. 曹州国槐新品种选育研究 ［J］. 山东林业科技（4）：24-26.

中国科学院中国植物志编辑委员会，1994. 中国植物志：第四十卷 ［M］. 北京：科学出版社．

《中国树木志》编辑委员会，1985. 中国树木志：第二卷 ［M］. 北京：中国林业出版社．

第二十章

桦　木

桦木是桦木科（Betulaceae）桦木属（Betula L.）植物的统称，全世界 100 余种，中国自然分布 31 个种 6 个变种，主产于温带和亚热带高海拔地区，是组成温带、暖温带森林的主要树种，具有明显的分布超地带性。我国桦木林资源十分丰富，东北地区原生桦木林和其他地区次生桦木林具有很重要的生态保护和水源涵养价值，生长在针叶林中的桦木也有改善环境的价值。近年来，一些材质优良的桦木人工造林面积也在增加。而且许多桦木种材质优良，森林景观秀美，改土效果突出，是今后很有发展潜力的树种。

第一节　桦木的利用价值和生产概况

一、桦木的利用价值

（一）材用价值

桦木的木材淡褐色至红褐色，强度大，结构细致，富有弹性，加工性能好，切面光滑，但抗腐能力较差，受潮易变形，适于制作飞机、船舶用的高强度胶合板；单板用作网球拍，具鸟眼花纹的单板做装饰胶合板贴面之用；板材可制作地板、箱盒、门窗、家具、百叶窗、车船设备、纺织用木梭、线轴、工具柄、运动器具、雕刻、机模、文具和农具；原木用作矿柱和枕木，可替代胡桃楸做枪托或手榴弹柄；木材中纤维素含量较高，为纸浆和纤维工业的优质原材料。桦木中的西南桦、光皮桦、红桦、白桦材质优良，是珍贵的用材树种。

（二）药用保健价值

天然桦树汁是桦树的生命之源，欧洲称其为"天然啤酒"和"森林饮料"，其中富含人体所必需的果糖、氨基酸、维生素、生物素和矿物质等多种生理活性物质，其中氨基酸 20 余种，并含有无机元素、维生素 B_1、维生素 B_2 和维生素 C，具有抗疲劳、抗衰老、止咳化痰的药理功效和保健作用，药用功能独特，保健效果显著。

（三）园林绿化价值

桦木枝叶扶疏，树形美观，秋季叶色变黄，姿态优美，具有较高的观赏价值。孤植或丛植具点缀和美化环境的效果；列植于道路两侧，夹景效果明显；在山地或丘陵坡地成片栽植，可构成美丽的风景林。

（四）环境与生态价值

桦木适应性较强，对土壤条件的要求不甚苛刻，根系发达，侧根扩展，耐寒抗风，并对病虫危害的免疫力较强，桦木天然林具有良好维护地力，保持水土和涵养水源的能力，故而被广泛应用于水土保持林和水源涵养林的建设工程。

（五）其他价值

树皮较薄且不透水，在林区常用来盖房屋；北美印第安人和早期定居者用以覆盖屋顶，或制作独木舟和鞋。树皮中的焦油和鞣质含量较高，可提炼栲胶或蒸制桦皮油，广泛应用于制革工业的相关领域；树液可制成桦木啤酒或桦树汁饮料；桦树叶可用以饲育柞蚕，成效显著。

二、桦木的地理分布和生产概况

（一）桦木的地理分布

桦木原为乔木或灌木，全世界约 100 种，主产北半球寒温带、温带地区，少数种类分布到北极圈及亚热带中山地区。我国 30 种，主产东北、华北、西北、西南及南方中山地区。中国西南地区是桦木属植物的起源中心之一，保存着最原始的西桦组种类；东北地区则为其次生分布中心，分布种均为进化的桦木属植物，在该地区发现的大量化石种可能与所受冰川的影响较强有关。桦木属植物在西南地区起源后发育分化，并向周围扩散，沿横断山脉峡谷向青藏高原内部扩散；沿青藏高原东坡到秦岭西端，或向西至新疆天山温带荒漠区与阿尔泰山温带草原区分化成新类型，构成桦木属西北地区的分布分化中心。桦木属植物向东沿秦岭、太行山、燕山、大兴安岭、小兴安岭和长白山路线分布到东北，形成了东北地区的次生分布中心；桦木属植物沿长江流域向东扩散到华中和华东地区；沿元江、红河流域至海南岛。

（二）桦木属植物分类

《中国树木志》和《中国植物志》将中国桦木属分 2 组和 5 亚组，组与亚组中树种如下：

1. 西桦组（Sect. *Betulaster*）　集中分布于滇西横断山区，并向四周扩散。西桦（*B. alnoides*）延伸至海南岛，构成本属的我国最南分布；光皮桦（*B. luminifera*）在华南分布到粤西北的南岭山区，向东北方向分布至豫西伏牛山区，向东则到浙中和浙南山地。

2. 桦木组（Sect. *Betula*）　桦木组划分为桦木亚组（Subsect. *Betula*）、黑桦亚组（Subsect. *Dahuricae*）、硕桦亚组（Subsect. *Costatae*）、柴桦亚组（Subsect. *Fruticosae*）和坚桦亚组（Subsect. *Chinensis*）等 5 个亚组，各亚组的分布概况如下：

(1) 桦木亚组 下列 5 个种。白桦（*B. platyphylla*）分布最广，自喜马拉雅山脉东端，经青藏高原东坡、秦岭山脉向东到日本、俄罗斯东西伯利亚和远东地区；垂枝桦（*B. pendula*）、盐桦（*B. halophila*）、小叶桦（*B. microphylla*）和天山桦（*B. tianschanica*）等 4 个种集中分布在新疆天山和阿尔泰地区，属白桦在西部地区的地理替代种群。

(2) 黑桦亚组 中国仅分布黑桦（*B. daburica*）1 个种，从太行山至东北地区东南部均有分布。

(3) 硕桦亚组 下列 6 个种。金平桦（*B. jinpingensis*）为滇东南热带地区特有种，仅见于云南东南部的金平地区；糙皮桦（*B. utilis*）、红桦（*B. albo-sinensis*）和华南桦（*B. austro-sinensis*）3 个种以西南地区为中心分布到华南、华北至六盘山以南；岳桦（*B. ermanii* var. *ermanii*）和硕桦（*B. costata*）2 个种较为进化，分布中心在东北长白山和大、小兴安岭。

(4) 柴桦亚组 下列 6 个种。油桦（*B. ovalifolia*）、柴桦（*B. fruticosa*）、砂生桦（*B. gmelinii*）和扇叶桦（*B. middendorfii*）4 个种从大、小兴安岭或长白山分布到俄罗斯远东地区；甸生桦（*B. humilis*）和圆叶桦（*B. rotundifolia*）原产新疆阿尔泰山，扩散到西伯利亚以至欧洲。

(5) 坚桦亚组 下列 9 个种。香桦（*B. insignis*）、高山桦（*B. delavayi* var. *delavayi*）、矮桦（*B. potaninii*）、九龙桦（*B. jiulungensis*）和岩桦（*B. calcicola*）5 个种为横断山区特有；坚桦（*B. chinensis*）自四川、湖北向东北分布至小兴安岭南端；赛黑桦（即辽东桦 *B. schmidtii*）分布于吉林东部及东南部、辽宁东北部。

（三）桦木的生产概况

桦木属植物主要是天然林。根据全国第七次森林资源清查，桦木天然林面积为 1 075.4 万 hm²，占全国天然乔木林优势树种面积的 9.30%，蓄积量 7.99 亿 m³，占 7.01%。人工林面积很少，为 4.49 万 hm²。天然林主要分布于我国东北、华北、西北和西南的中高山地区。人工林主要分布于云南，有 1.92 万 hm²，四川有 1.45 万 hm²，山西、陕西有少量白桦人工林，南方一些省份有西南桦和光皮桦种植。我国桦木属植物中的白桦、西南桦、光皮桦、红桦等正在发展人工林与次生林经营。

第二节 桦木属植物的形态特征和生物学特性

一、形态特征

落叶乔木或灌木；树皮平滑成纸质分层剥落或鳞状开裂。冬芽无柄，芽鳞 3～6 枚，覆瓦状排列。幼枝常具密生透明油腺点，多向上斜展。单叶，互生，叶下面通常具腺点，边缘具重锯齿；叶脉羽状。花单性，雌雄同株；雄花序圆柱状，下垂，雄蕊 2 枚，药室分离，顶端有毛；雌花序圆柱形或长圆形，柔荑花序，稀近球形，每个苞片具 3 朵雌花。果序单生或 2～5 总状排成；果苞革质，鳞片状，3 裂，果实成熟后脱落，每个果苞具 3 个小坚果，柱头宿存。种子单生，具膜质种皮。

二、生物学特性

（一）生长特性

桦木主根不发达，但水平根系扩展。桦木幼苗阶段生长缓慢，如白桦3～5年后生长加快。直径和树高的生长旺盛期均出现在幼龄期，中龄阶段以后，树高的生长速度逐渐减慢，胸径与树高成比例增长；成熟龄阶段，树高生长十分缓慢，明显低于直径生长。由于树种与所处生境不同，桦木的生长速度差别较大。生长在北方的桦木，大体生长均较慢，而南方山区桦木，如光皮桦与西桦，生长速度快，尤其是西桦，前40年生长量仍较快。桦木多萌芽能力强，破坏后次生桦木林尤多萌生林，可以做矮林、中林及乔林经营。

（二）结果与种子特性

桦木属植物结实较早，10～20年即可大量结实，且果实成熟期短，脱落快。种子发芽较快，达到发芽高峰期早，种子无明显的休眠性，常为采伐迹地或火烧迹地天然更新的先锋树种，繁衍生成次生林。

（三）生态适应性

1. 土壤　桦木属植物对土壤条件的要求不甚苛刻，耐土壤干旱和瘠薄，适宜各种土壤类型，但以土层深厚、肥沃、排水良好的棕色森林土或暗棕壤为佳，忌潮湿黏重的土壤环境。分布于南方山区的桦木（如光皮桦、西桦）也可在棕壤、红黄壤生长，培养人工林要求土层与腐殖层厚的土壤。

2. 温度　分布于北方的桦木，耐寒性强，可耐−50 ℃的极端低温，对霜冻和日灼具有很强的抗性，但不耐高温。分布于南方山区的桦木多喜温凉气候，如据分布区推断西南桦最适温度年均温16.3～19.3 ℃，1月均温9.2～12.6 ℃，7月均温21.4～24.2 ℃。

3. 湿度　性喜湿润，不耐大气干旱，适宜冷湿条件，年降水量小于400 m的地域少见其分布。分布于南方的桦木，可在降水量较大环境中生长。

4. 光照　喜光，不耐庇荫，适于生长在较强的光照度下，对直射光的抗力甚强；桦木在采伐迹地、火烧迹地上作为先锋树种而迅速飞籽成林。若光照条件不足或有耐阴树种存在，生长受到抑制，树冠残缺，树形不整，从而逐渐被耐阴树种更替。在针叶林中的桦木多在林窗中生长。

5. 地形和地势　桦木属植物因种类和分布的区域不同，形成分布的海拔高度幅度较大，总体海拔200～3 000 m，其自然分布的海拔高度因山地纬度的降低而增高，并受热量和水分的限制。基本在低纬度地带山区才有桦木生长，因此多生长在海拔高的山地，而高纬度地带桦木（桦木林）多在海拔较低的低山丘陵生长。从局部地形看，不仅在平地和缓坡地带生长良好，在石质山地、沼泽化地段，以及岩石缝隙中亦可生长。

第三节 桦木属植物的起源与传播

桦木属植物起源于白垩纪。据考证，在中国山东有较好的叶化石保存，东北地区白垩纪曾发现化石花粉。桦木属植物在中国主要分布在东北、华北、西北及西南的中、高山地带。白垩纪末期至早第三纪初期和中期的地壳运动较小，构造较稳定，但此期的外营力作用较强，且气候温暖、潮湿，湖泊兴盛发达，桦木属植物构成了落叶乔木占优势的森林植被。经过第三纪的大量繁衍，桦木属植物资源十分丰富，物种繁茂，主要分布于北半球的寒温带和温带，少数种类分布至北极圈及亚热带山地，在热带山地亦可见其踪迹，甚至出现在中国云南南部和西藏墨脱海拔 900 m 的山地。在北半球的北极附近和许多高山地带，桦木属植物成为林线植被的建群种，构成多种群系类型，其中，亚洲东部太平洋沿海地区分布的岳桦（*B. ermanii*）形成海岸林线，帕米尔和阿米尔地区的阿米桦（*B. alajica*）分布至海拔 3 400 m；天山的萨坡桦（*B. saposhnikovii*）和新疆阿尔泰山的亚高山弯枝桦（*B. tortuosa*）分布于海拔 2 000～2 400 m 处，但生长不良。在高加索地区，桦木属植物分布在海拔 1 700～2 400 m 处。欧洲西北部科拉半岛的东部地区，沿北极和森林苔原带，一直延续至西伯利亚的东北部，均有桦木属植物的分布。桦木属植物构成北欧桦树林的单优群落，组成北方海洋气候地区的树线。在北美地区，桦木属植物多零星分布在近海地带的云冷杉林或落叶松林中。

关于我国南方桦木属植物起源与分布问题，有专家认为在晚白垩纪—古新世时，我国西藏南部为古地中海的边缘，四川及邻近省份的气候受地中海影响较大。以四川为中心的中部地区是桦木科植物起源和早期分化中心（陈之端，1994）。桦木科植物沿着古地中海的退缩路线，向欧洲散布，属暖热类型的西南桦占据地中海南岸湿热地段。中新世时，印度板块与亚洲板块碰撞，青藏高原与云贵高原隆起，造成我国四川、西藏以及尼泊尔、印度喜马拉雅地区的间断分布，印证了西南桦存在的间断分布（曾杰，1999）。

第四节 桦木属植物的遗传多样性

桦木属植物分布广、种类繁多，遗传多样性丰富。白桦与西桦是该属极具代表性的两个种，自然分布区的地形和地貌等地理生态条件较为复杂，经长期的自然选择，蕴含着丰富的遗传多样性差异，形成了许多适合不同气候的地理生态型，遗传基础广泛。以这两个树种为例，简要介绍其地理种源变异、分子水平变异和强化育种方面的研究进展和主要成果。

一、遗传变异与良种选育

白桦是广布亚欧大陆的世界性树种，它具有适应性强、耐贫瘠、耐严寒的优良特性，且用途广泛，也是我国需加强培育的树种。20 世纪 70 年代，中国学者陆续展开白桦种源选择与区划的研究工作。根据白桦在中国的天然分布情况，以及在全分布区种源试验的基础上，将东北的 16 个种源划分成 5 个区域，初步确定了最佳种源区，即凉水和汪清（姜静等，1999；朱翔，2001）。在凉水、帽儿山、青龙和青山 4 个试验区域，对来自中国各地的 20 个白桦种源进行良种选育试验，初步确定乌伊岭种源为凉水、帽儿山的最佳种源；五台山种源为青龙的最佳种源；八家子种源为青山的最佳种源（刘桂丰等，1999）。以 16 个白桦种源的试验林为材料，从形态学及分子水平上探讨了种源的遗传多样性，系统分析了种源内和种源间的遗传关系。认为胸径、树高、材积和纤维含量 4 个性状在不同种源间存在丰富的变异，差异极其显著，且黑龙江的帽儿山、东方红和乌伊岭种源在 4 个性状上综合表现最好；内蒙古的莫尔道嘎、绰尔和宁夏种源的综合表现最差；辽宁的草河口、桓仁、清源种源，吉林的汪清、辉南、露水河、长白山种源，以及黑龙江的小北湖、凉水种源和新疆种源的综合表现居中。通过对 4 个表型性状值和相应的地理气候因子进行典型相关分析，认为白桦种源的地理变异规律呈现以纬度变化为主的变异模式，表型性状差异主要受温度和日照的影响（高玉池，2010）。

曾杰等（2005）研究了广西西桦天然居群的表型变异，调查了 11 个居群 190 个单株的 12 个表型性状指标，结果表明，西桦的表型性状在居群内和居群间均存在丰富的变异，居群内的变异远大于居群间的变异。侧脉数、叶片基部至最宽处距离与经度、纬度显著相关，叶片长与经度相关显著，种翅宽与海拔显著相关，存在较明显的地理变异趋势。

从“九五”开始西桦列入国家攻关项目，开始进行种源区划分种源试验，1998 年选择了 13 个种源在南亚热带山地进行试验，试验地设在云南景东，经过 6 年观测，采用胸径、树高、材积与干形 4 个指标进行综合评定，这 4 个指标在种源间有明显差异。结果表明，路西、屏边和镇源 3 个种源和形态等各种特征都比其他种源好，其余种源的优劣顺序：西马>凭祥>百色>龙陵>平果>田林>靖西>景洪>西莲>腾冲。3 个优良种源 5.5 年生时，胸径分别为 11.0 cm、10.7 cm 及 10.90 cm，树高分别为 10.2 m、10.60 m 和 11.00 m（郑海水等，2005）。

对 11 个西桦种源在广东中部的苗期及幼林生长表现进行了分析，结果表明，地径、苗高以及幼树高生长在种源、家系间差异极显著，种源内变异大于种源间，家系遗传力高于种源。依据苗期地径选出表现好的 5 个种源，其中还选出 35 个优良家系，遗传增益为 14.95％；根据苗高在 5 个优良种源中选出 20 个优良家系，遗传增益达到 21.27％。又根据幼树高生长指数在 5 个优良种源中进一步选出 25 个优良家系，遗传增益达 10.0％（赵志刚等，2006）。

广西凭祥应用 25 个地理种源 400 余个家系进行种源家系联合筛选试验，对 1～4 年生的幼林性状遗传变异分析表明：①不同西桦种源间和家系间树高、胸径生长差异极显著，广义遗传力分别达到 0.554 4 和 0.638 1 的高遗传力水平；②4 年生西桦种源的树高和胸径与产地的经度均存在显著相关性，与产地的纬度和海拔相关不显著；③无论种源还是家系，不同林龄间种源或家系间西南桦生长表现相关显著或极显著，而且林龄相差越大，相关性越强，4 年生与 3 年生时生长表现的相关系数最大，说明 4 年生前种源的可靠性逐年增加（郭文福等，2008）。

在福建南安五台山对 25 个种源 276 个家系进行 4 年的观测，其中 7 个种源生长表现好，直径生长在 4 cm 以上，树高生长在 4 m 以上，并有一定的耐寒力，在 7 个种源中又根据生长表现共选出 11 个优良家系（林文锋，2008）。

二、分子水平的变异

利用 RAPD 分子标记技术，系统分析了国内 17 个白桦种源 152 个家系和东北三省 13 个种源 115 个家系的遗传变异和遗传关系，种间遗传变异占 43.53%，种源内个体间的遗传变异占 56.47%；大兴安岭、小兴安岭和长白山 3 个区域间的遗传变异占 23.88%，种源间遗传变异占 27.99%，种源内个体间遗传变异占 48.13%（姜静等，2001a，2001b）。选取有代表性的 100 株个体的纤维长度，利用 RAPD 技术，筛选出与白桦纤维长度显著相关的分子标记，经过 20 个 RAPD 引物的筛选，确定与纤维长度相关性显著的片段，并将其转化成可直接用于长纤维标记辅助育种的 SCAR 标记（魏志刚等，2006）。在白桦群体遗传多样性的研究过程中，采用不同的分子标记技术，相同引物对同一种源扩增出的多态性位点存在一定差异，群体内遗传变异较大，种源间遗传变异较小，种源间亲缘关系差异明显，RAPD 标记显示，草河口和辉南种源的亲缘关系最近，新疆和莫尔道嘎种源亲缘关系最远；ISSR 标记表明，清源和宁夏种源的亲缘关系最近，绰尔和新疆种源的亲缘关系最远；SRAP 标记显示，桓仁和莫尔道嘎种源的亲缘关系最近，凉水和绰尔种源的亲缘关系最远（张晓蕾，2011）。运用单拷贝核基因标记和 SSR 分子标记技术，探讨中国东北地区白桦的遗传结构，由基因单倍型网络支系可知，该物种各群体的遗传多样性较高，包括 9 个主要的单倍型，且每个主要单倍型中各个地区的比例存在一定差异。基于 SSR 数据所构建的系统树由 3 个主要的分支组成，大兴安岭地区和长白山脉分别聚成了不同的分支，在遗传结构上存在很大的差异（尹东旭，2013）。

三、白桦强化育种

白桦育种周期长，改良进度和效率较低，无法满足生产需要，强化育种可极大地缩短良种的培育周期，加速白桦的育种进程。在塑料大棚强化育种的条件下，采取绞缢法处理 2 年生实生苗，诱导开花结实的作用显著，绞缢开花率可达 38%（苏岫岷等，2000；吴月亮等，2005）。以 1 年生超级苗为对象，经过适量的二氧化碳浓度、适当的光照度、适时的绞缢处理、适宜的催花素喷施和适中的温湿度控制等 5 项配套强化措施的处理，缩短了白桦的育种周期，实现了提早开花和规模化结实的总体目标，构建了促进白桦提早开花结实的技术体系（杨传平等，2004）。

第五节　桦木属植物种及其野生近缘种的特征特性

桦木属植物大多是野生种，目前关注其人工栽培和育种研究的主要有白桦、西桦、光皮桦与垂枝桦等，尤以前两种在育种方面做了不少研究工作，西桦与光皮桦由于材质优良，生长快，人工栽培受到了重视。

一、西桦

学名 *Betula alnoides* Buch. - Ham.，别名桦桃树、西南桦木（《中国树木分类学》）、直杠（爱尼语）、臭桦（河北）、蒙自桦木（《全国中草药汇编》）。

（一）形态特征

乔木，高达 30 m，胸径 80 cm；树皮褐色。幼枝被丝毛及树脂点，后脱落，皮孔灰白色。叶长卵形、卵状长圆形，长 4～12 cm，先端渐长尖，基部楔形、宽楔形或圆形，下面沿叶脉疏被毛或无毛，网脉间密被树脂点，侧脉 10～13 对，脉腋具簇生须毛，重锯齿具毛刺状尖头、前伸，每对侧脉间具 2～4 小齿；叶柄长 0.8～2 cm，被毛及树脂点。果序 2～5 排成总状，长 12 cm，果序柄密被毛及树脂点；果苞长圆形，长不及 3 mm，背面及边缘均被毛，基部侧裂片呈耳突状，果翅较果宽。冬季开花；春季果熟（图 20 - 1）。

图 20 - 1 西 桦
1. 果枝 2、3. 果苞 4. 小坚果

（二）生物学特性

强阳性树种，不耐荫蔽，只有在光照充足的条件下才能生存和生长，在郁闭林冠下难以更新，且生长表现不良。西桦具有旱季落叶的特性，是对旱季较长表现出的生态适应。西桦为深根性树种，根系发达，对土壤的适应性广泛，可适应砖红壤、山地红壤、山地黄壤和山地黄棕壤等多种类型土壤。西桦对土壤肥力的要求不甚苛刻，能耐一定程度的瘠薄，在土层浅薄、岩石裸露的立地，甚至表土流失严重、心土裸露的地方亦能生长，但以土层深厚、疏松湿润、排水良好的土壤最为适宜。

西桦胸径和树高的生长速度较快，可用以培育速生丰产林。在天然条件下，10 年左右胸径和树高生长明显加快，15 年出现树高的生长峰值，45 年后树高生长呈下降趋势，胸径的生长峰值出现在 49 年。人工林的胸径和树高生长速度更快，其速生期在 10～20 年、20 年后为缓慢生长期。西桦寿命较长，树干通直，尖削度小，出材率高，且 70～80 cm 胸径的大树无心腐或空心现象，适宜培育优质大径材，生长潜力巨大，经济效益较高（王卫斌，2005）。

（三）分布概况

西桦主要分布于中国、越南、老挝、缅甸、印度和尼泊尔，泰国清迈亦有少量分布，处于东经 97°～108°、北纬 21°30′～26°。西桦自然分布区的东界地处我国广西的河池以西，大致为天峨、南丹、河池、大化、平果、大新、龙州一线；南界在越南、老挝、缅甸等国境内；西界位于缅甸境内；北界可分布至我国云南和广西，包括云南的泸水、保山、南涧、双柏、新平、砚山、广南、富宁，以及广西的西林、隆林、田林、乐业、天峨一线。西桦天然林集中分布在中国的云南和广西，从滇西至桂西的各大山脉及河流流域均有分布。在我国海南岛、四川德昌、滇西北地区、西藏墨脱地区以及印度的喜马拉雅地区、尼泊尔分布的天然西桦林呈间断分布。西桦垂直分布于海拔 200～2 800 m 处（印度 3 350 m）。

（四）利用价值

1. 材用价值　木材为散孔材，具密度适中、色泽优美、纹理美观、结构细致、材质坚韧、不翘不裂，以及加工性、油漆性和胶黏性良好的特性，广泛应用于家具用材、纸浆用材、军工用材、胶合板材、室内装饰用材、乐器用材和电器用材。

2. 药用价值　《中华本草》和《全国中草药汇编》记载，西桦的叶或树皮可入药，具解毒、敛疮之功效，主治疮毒和溃后久不收口之症。

3. 园林绿化价值　西桦属先花后叶植物，树冠整齐，具独特的季相变化，旱季落叶期短，萌发的新叶嫩绿醒目，可作为城郊或森林公园的风景林树种。

4. 环境与生态价值　西桦属旱季落叶树种，枝条细而疏散，透光度较高，可形成多层多种的群落结构，有效地保持丰富的生物多样性。西桦林产生大量枯枝落叶，可减少地表径流和土壤冲刷，具较强的保土与涵养水源能力。西桦林内 VA 菌根菌等微生物种类丰富，其落叶厚纸质，养分含量较高，易分解，具较强的土壤改良功效。在荒山荒地、采伐迹地和火烧迹地更新过程中，西桦处于先锋位置，对森林急剧破坏而导致的生态失衡起到调节和维持作用。

5. 其他价值　树皮富含单宁且纯度较高，可提制栲胶；树皮芳香，可提取水杨酸。

二、白桦

学名 *Betula platyphylla* Suk.，别名桦木（《开宝本草》）、粉桦（东北）、臭桦（河北）、桦皮树（河北）、四川白桦、青海白桦（《中国林木分类学》）。

（一）形态特性

落叶乔木，高达 27 m，胸径 80 cm；树皮白色，纸质薄片剥落。枝条暗灰色或暗褐色，无毛；小枝暗灰色或褐色，有时疏被毛和疏生树脂腺体。叶厚纸质，三角状卵形、菱状卵形、三角形，稀卵形或卵圆形，长 3～9 cm，宽 2～7.5 cm，先端尾尖或渐尖，基部平截、宽楔形或楔形，稀圆或近心形，无毛，下面密被树脂点，重锯齿钝尖或具小尖头，有时具不规则缺刻，侧脉 5～7 对，每对侧脉间具 1～5 小齿；叶柄长 1～2.5 cm，无毛。果序圆柱形，长 2～5 cm，果序柄长 1～1.5 cm，无毛；果苞长 3～6 mm，中裂片三角形，较侧裂片稍短，侧裂片卵圆形，基部楔形；小坚果椭圆形或倒卵形，果翅与果等宽或稍宽。花期 4～5 月，果期 8～9 月。

（二）生物学特性

白桦及其变种东北白桦（*Betula platyphylla* var. *phollodendroides*）不仅是天然林的混交种，亦可独立形成纯林。白桦为阳性树种，对光照的要求基本与落叶松相似。在落叶松占优势的林分内，由于白桦在桦木属植物中的耐阴性最弱，因此常因光照不足，生长受到抑制。在采伐迹地和火烧迹地上，白桦常形成先锋群落。白桦耐寒性强，可耐－50 ℃的极端低温，并对霜冻和日灼等抗性很强；但白桦不耐大气干旱，年降水量小于400 mm 的地域，少有分布。白桦早期生长快，常在干扰后形成的迹地上天然更新成林。白桦耐瘠薄，适生于分布区的各种立地和土壤类型，尤以肥沃的棕色森林土壤中生长良好。白桦为次生更新的先锋树种，萌芽力强，结实量大，种子小且带翅易传播，在采伐迹地和火烧迹地繁殖形成次生纯林或针叶阔叶混交林，但林相不稳定，渐被耐阴或稍耐阴树种替代。在密集的林分内，白桦树干通直，自然整枝良好；在稀疏的林分内和瘠薄的土壤上，树干分枝较多，且树干弯曲。

（三）分布概况及类型（变种）

1. 分布概况　白桦是亚洲东部的一个广布树种，形态变异较大。在中国主要分布在东经 96°～135°、北纬 28°～53°，自然分布区遍及 7 个植被区域，即：青藏高原高寒植被区、亚热带常绿阔叶林区、暖温带落叶阔叶林区、温带针阔混交林区、寒温带针叶林区、温带草原区及温带荒漠区，跨越我国东北、华北、西北及陕北的 14 个省份，包括黑龙江、内蒙古大青山和乌拉山、吉林、辽宁、华北的燕山和太行山，以及西北的秦岭、天山、阿尔泰山，西南的横断山脉、四川、云南和西藏的米林甲格沟、太昭、林芝，云南西北部中甸、丽江、德钦等地区。在中国东北黑龙江林区，白桦存在两个变种，即：东北白桦（*Betula platyphylla* var. *mandshurica*）和栓皮白桦（*Betula platyphylla* var. *phellodendroides*）。

2. 主要类型（变种）

（1）东北白桦　集中分布在我国东北的黑龙江南部山区，越向北越少；在东北南部、辽西和山西亦存在少量分布。本种叶近于白桦，但叶基部由宽楔形至狭楔形，稀截形；果序长而细，长 3.6～4 cm，粗 0.7 cm 以下；果苞较短，长 2～5 cm，基部楔形。

（2）栓皮白桦　东北大兴安岭特有种，与原种主要不同是树皮具厚的灰色木栓层，纵沟裂；叶柄、叶下脉及叶缘具疏或密的柔毛，叶两面无腺点，叶基部宽楔形。

（四）利用价值

1. 材用价值　木材黄白色，色泽均匀，纹理直，结构细致，材质坚硬，具弹性，易于加工，供高强度胶合板和纤维用材；板材可供雕刻、一般建筑、制作器具及装饰材料等用；原木为矿柱、枕木和纸浆等优质原材料。

2. 药用价值　树皮富含脂酸、齐墩果酸、桦木苷、酚苷、三萜类物质，具止咳、祛痰、平喘之功效，且具抗菌作用和解热、防腐之功效。柔软树皮和树液入药，主治急性扁桃体炎、慢性气管炎、肺炎、肠炎、痢疾、肝炎、肾炎、尿路感染、急性乳腺炎和黄疸病；外用治疗烧烫伤，痈疖肿毒。芽入药，具健胃、利尿之功效。

3. 园林绿化价值　白桦树姿典雅、优美，观赏性较强，为庭园绿化的优良品种。

4. 环境与生态价值　白桦是采伐迹地和火烧迹地更新的先锋树种，对森林急剧破坏导致的生态失衡起到调节和维持作用。

5. 其他价值　保健品、栲胶、种子油脂制皂、饲料、蜜源等用途。

三、红桦

学名 *Betula albo-sinensis* Burk.，别名鳞皮桦（《中国树木志略》）、纸皮桦（秦岭）和红皮桦（河北）。

（一）形态特征

落叶乔木，高达 30 m，胸径 1 m；树干弯曲不直；树皮橘红色或红褐色，具光泽，纸质薄片分层剥落。芽无毛。小枝无毛，有时被树脂粒。叶长卵形或卵形，长 4～9 cm，先端渐尖或近尾尖，基部圆形、宽楔形或微心形，下面沿叶脉疏被丝毛或近无毛，网脉间被树脂点，侧脉 10～14 对，重锯齿尖或钝尖，每对侧脉间具 2～5 小齿；叶柄长 0.5～1.6 cm。果序单生或 2 个并生，圆柱形，下垂，长 3～4 cm，果序柄长约 1 cm；果苞长 5～8 mm，中裂片条形或条状披针形，较侧裂片长 2～3 倍，侧裂片长圆形；小坚果椭圆形，翅较果宽或近等宽。花期 4～5 月，果期 6～7 月。

（二）生物学特性

红桦为阳性树种，性喜光照，天然植株多混生于云杉、冷杉的林隙、林缘，但当云杉、冷杉林一旦遭到破坏，在迹地上可形成纯林。适生于温凉湿润的山地环境和微酸性肥沃湿润的山地棕壤、暗棕壤或山地淋溶褐土。自然分布海拔较高，具生长稳定、抗病虫害能力强和适应性广的优良特性；天然更新能力强，在空旷的迹地上，更新良好、生长速度快，自然恢复成林。根据树干解析，红桦高生长速生期在 10～20 年，年生长量 35～40 cm；胸径生长速生期在 20～60 年，此时年生长量为 0.40～0.45 cm。红桦除有少量伐根可萌芽更新外，大多由种子更新，红桦结实丰富而频繁。

（三）分布概况

红桦为中国特有种，原产云南、四川、湖北、河北、河南、山西、陕西、甘肃和青海等省（自治区），垂直分布海拔 1 000～3 800 m。红桦是中国天然次生林的重要组成部分，自然分布区横跨中亚热带、北亚热带和暖温带 3 个气候带，东起河南的伏牛山，南至云南西北部的横断山脉，西达青藏高原的东部，北抵河北的北部山地。红桦林垂直分布存在较大的差异，其中在北京百花山分布海拔 1 000～2 500 m，河南伏牛山分布海拔 1 600～1 800 m，湖北神农架分布海拔 1 600～2 300 m，陕西秦岭分布海拔 2 000～2 300 m，青海洮河中游分布海拔 2 300～3 400 m，云南西北部的横断山脉分布海拔 2 400～3 500 m。

（四）利用价值

1. 材用价值　木材质地坚韧，纹理斜，结构细，断面具光泽，加工性能好，适于单板旋切，为胶合板、细木工板、家具、枪托和飞机螺旋桨等优良用材。

2. 园林绿化价值　树叶翠绿，树身红衣婆娑，观赏性极强，是庭园绿化和城市美化树种。在适宜地区的城市生态美化工程建设中，可以孤植、丛植或列植，若在山地或丘陵坡地成片栽植，则可形成美丽的森林景观。

3. 环境与生态价值　红桦生长稳定、抗逆性强、枝繁叶茂、根系发达，具较强的防风和保水固土能力。红桦林很稳定，能形成较大规模的桦木林带植被景观，为其他动物的生存提供良好的栖息环境；红桦每年有较多枯枝落叶，分解良好，形成软地被物，肥土作用和涵养水源作用良好，可广泛用于水源涵养、水土保持和防护林带建设。

4. 其他价值　树皮含鞣质及芳香油，可提制栲胶或蒸制桦皮油；树皮可以治疗风湿病、关节炎、脚气等顽症；种子可榨取工业用油；红桦树汁为高级保健饮品。

四、光皮桦

学名 *Betula luminifera* H. Winkl.，别名亮皮桦（广西临桂）、亮叶桦（《中国森林树木图志》）、铁桦子、桦角（四川）。

（一）形态特征

乔木，高达 25 m，胸径 80 cm；树皮暗棕色，致密光滑。幼枝密被带褐黄色茸毛，后渐脱落。叶卵形、卵圆形、椭圆状卵形，长 3.5～12 cm，先端尖、渐尖或尾尖，基部楔形、宽楔形、平截形、圆形或微心形，下面沿叶脉被毛或微被毛，网脉间密被树脂点或无，侧脉 10～14 对，脉腋具簇生毛，重锯齿具毛刺状尖头或小尖头，每对侧脉间具 1～6 小齿；叶柄长 1～2.5 cm，密被毛或无毛。果序单生，长 3～14 cm，果序柄密被茸毛，杂有树脂点；果苞长约 4 mm，中裂片长圆形，无毛，先端有小尖头或尖，侧裂三角状或卵圆形；小坚果倒卵形，近先端无毛，长约 2.5 mm，果翅较果实宽 1 倍。花期 3 月下旬至 4 月上旬，果熟期 5 月至 6 月上旬。

（二）生物学特性

光皮桦喜光，多生于向阳山坡、林缘及林中空地；生态适应性较强，即可适合夏季和秋季干热日灼的丘陵荒山，又能适应高寒山区冬季的严寒冰冻；天然生长于由多种岩性发育的黄壤、红黄壤、黄棕壤。它对土壤要求不严，适应性强，在酸性、中性及微碱性的钙质土壤上均能生长，但喜肥沃酸性沙壤土，在湿润、肥沃、排水良好的土壤上生长表现良好。光皮桦属浅根性树种，主根不很明显，侧根粗壮发达，耐干旱瘠薄。光皮桦的萌芽性较强，可促进天然下种更新或萌芽更新，根际萌条年生长 1.5 m 以上。光皮桦生长速度较快，树高生长年平均 1 m 以上，胸径生长年平均 1～1.5 cm，成林迅速，20～30 年即可利用（董建文等，2011）。

（三）分布概况

光皮桦是亚热带桦木属的代表种和中国特有种，天然分布于秦岭、淮河流域以南的各省份，主要包括广东、广西、贵州、四川、云南、河南、甘肃、湖北、湖南、江西、浙江、安徽和福建，地理范围东经 101°～119°、北纬 23°～34°；垂直分布在海拔 500～2 900 m，集中分布于海拔 1 000～1 400 m。光皮桦的地理分布区域处在亚热带阔叶林区，地带性植被以常绿阔叶林为主，在原生性天然林中它多分布于林隙、林缘，在天然次生林中呈星散或小片分布。光皮桦喜温凉湿润气候，分布区年均温 6～17 ℃（山地气候），1 月均温 0～

4.8 ℃，7 月均温 24～26 ℃，极端最高气温 43 ℃，极端最低气温－15 ℃，年均降水量 800～2 000 mm。

（四）利用价值

1. 材用价值 木材淡黄色或淡红褐色，材质细致坚韧，纹理美观，切面光滑，不翘不裂，干燥性、油漆性和光亮性能良好，为航空、军工、建筑、高级家具、纸浆和纤维工业的优良原料。

2. 园林绿化价值 光皮桦的树姿优美，树皮具光泽，皮孔横列有序，花纹斑驳雅致，花序累累下垂，观赏性高，为极具观赏价值的庭园绿化和城市美化树种。

3. 其他价值 树皮、小枝、叶片等均含芳香油，为食品、化妆品的香精原料或代替松节油；树皮含鞣质，可提制栲胶或炼制桦焦油，可做消毒剂、矿石浮选剂和治疗皮肤病之用；木屑可提取木醇、醋酸；树枝用作薪炭柴；光皮桦的生物转化率较高，是生产食用菌的上等用料。

五、硕桦

学名 *Betula costata* Trautv.，别名黄桦、臭桦、风桦（东北）、千层桦（河北）、驴脚桦（河北）。

（一）形态特征

落叶乔木，树高达 30 m。树皮淡褐色、黄褐色或灰褐色，纸状分层剥落。冬芽窄圆卵形，锐尖，无毛，含树脂。小枝被树脂点，红褐色，光滑无毛，皮孔白色，明显。叶椭圆状卵形、卵形或长卵形，长 3～7 cm，宽 1.2～5 cm，先端锐尖或渐尖，基部圆形、平截或宽楔形，稀近心形，边缘具尖锐细重锯齿，上面绿色，沿叶脉微被毛或无毛；下面淡绿色，沿脉或脉腋间被丝毛，网脉间具树脂点，侧脉 9～16 对；脉腋或有簇生毛，每对侧脉间具 1～3 小齿。叶柄长 0.8～2 cm，疏被毛或无毛。果序短圆柱状，单生于短枝上，长 1.5～2.2 cm，径约 1 cm，果序具短柄，柄长 0.3～1 cm，下垂或直立；果苞长 5～8 mm，3 裂，中裂片窄长，近线形或披针状长圆形，侧裂片开展，短而钝圆，长圆形或近圆形，基部窄楔形，长为中裂片的 1/3；小坚果倒卵形，长约 2.5 mm，果翅倒卵形，较小坚果窄 1/2。花期 5 月，果熟期 8～9 月。

（二）生物学特性

枫桦耐寒力强，不受或极少受霜害的影响，可以分布至东北大兴安岭，甚至俄罗斯远东地区。枫桦耐阴，适生于冷湿条件，一般年降水量 550～600 mm。枫桦分布区的土壤类型多为潜育灰棕色森林土或隐灰化灰棕色森林土，且土层深厚湿润，土温较低。枫桦幼树生长较迅速，在东北小兴安岭山地，7 年生平均高 1～2 m，最高 3.6 m，21 年生树高可达 10 m 以上。枫桦更新过程不稳定，在原始林区的火烧迹地或采伐迹地上，天然更新数量较少，往往在林冠下，天然更新所占的比重较大，但年龄均较小。枫桦一般在 15～20 年即可大量结实，种子成熟期略晚于白桦，无性繁殖主要靠伐根萌发。枫桦林分生长量随年有效积温的升高而增大，在海拔 1 000～1 800 m 和降水量 900～1 100 mm 的区域内优势明显，且无霜期越长对其生长发育越有利。同时，枫桦随年龄的增大而心腐现象加重。因此，当枫桦林分进入成熟林阶段时，应及时采伐。

（三）分布概况

枫桦主要分布于东北黑龙江伊春和带岭阴坡，吉林延边、安图奶头山和长白山，辽宁千山，北京南口，河北承德、东陵、涞源、怀来老人沟、小五台山、雾灵山，海拔 1 500～2 500 m，多作为伴生树种而存在于其他林分之中。另外，俄罗斯乌苏里和远东地区亦有其分布。枫桦林分为高海拔生物群落，既是温带红松阔叶混交林，又是寒温带云杉、冷杉中的阔叶混交树种之一，很少见其纯林。集中分布于东北小兴安岭、完达山和张广才岭等海拔较高的冷湿条件的山地，其垂直分布为小兴安岭海拔 200～800 m，完达山和张广才岭海拔 500～950 m。在东北小兴安岭、长白山林区常散生于红松、鱼鳞云杉混交林中。

（四）利用价值

1. 材用价值　枫桦木材的抗弯强度较大，承受横向载荷能力强，是建筑物的屋架和地板等易弯曲构件的优良原料。木材纹理直，结构细致，在干燥中获得较理想的颜色，应用于实木家具、实木地板和室内装饰木材等方面。木材纤维素含量较高，为良好的制浆造纸和人造纤维原料。

2. 园林绿化价值　枫桦的树姿优美，观赏性强，为庭园绿化树种。

3. 环境与生态价值　枫桦林分是高海拔生物群落和分布区域的生态主体，对保护国土生态安全具有不可替代的作用。

4. 其他价值　树皮内的鞣质和单宁含量较高，可提取栲胶，或干馏提炼桦皮油。

六、黑桦

学名 *Betula dahurica* Pall.，别名臭桦（东北）、棘皮桦（《河北习见树木图说》）、千层桦（河北）、万昌桦（《中国树木志略》）。

（一）形态特征

落叶乔木，树高达 20 m，胸径 50 cm。树冠圆阔，树干常不直，树皮紫褐色、灰褐色或暗灰色，龟裂成不规则小块片剥落，具深沟；幼枝红褐色，密生油腺点，具短柔毛或无毛；成长枝暗红褐色，无毛，皮孔明显，多数，灰白色。冬芽卵形，先端急尖，锈褐色或灰褐色，长 2～5 mm，芽鳞背面无毛，边缘有须毛。叶卵形、菱状卵形或椭圆状卵形，长 3.5～8 cm，宽 1.5～5 cm，先端尖或渐尖，基部宽楔形、楔形或近圆形，下面沿叶脉被毛，网脉间有树脂点，侧脉 6～8 对；脉腋被簇生毛，重锯齿钝尖，每对侧脉间具 1～3 小齿；叶柄长 0.5～1.5 cm，疏被丝毛。果序单生于短枝上，基部有 2 苞叶，短圆柱状，直立或微下垂，长 2～3 cm，径约 1 cm，果序柄长 0.5～1 cm，微被毛或树脂点；果苞长 5～6 mm，3 裂，外被油腺点，苞片基部楔形；中裂片长卵形、三角形或近线形，先端钝尖，侧裂片卵形，与中裂片近等长或稍短，外展或近平展，钝圆或近于倒卵形。小坚果倒卵形或椭圆形，顶端有毛，膜质翅宽为坚果宽的 1/2。花期 4～5 月，果熟期 9 月。

（二）生物学特性

黑桦为强阳性树种，喜光，对生境的要求较白桦严格。在土层深厚肥润、土壤排水良好的斜坡地段生长势较强，生长良好；常生于石质原始暗棕壤和棕色针叶林地上，有时向下可分布到草甸及沼泽化土壤上；黑桦具有细而扩张的水平根系，主根不发达，但水平根系扩展，具有半旱生特性，耐干旱瘠薄，不适宜过多的土壤水分，在沙质或沙质土壤上及河岸沙丘和火山灰上亦能生长良好。黑桦耐寒力强于枫桦和蒙古栎，可分布到黑龙江的中上游，伊勒呼里山以东及东北，甚至俄罗斯远东地区。黑桦具有分杈习性，在密度小的林分内，呈亚乔木状；在密集的混交林分内，亦能形成树干通直、匀称和下部整枝良好的干材。黑桦枝条细软，在天然整枝中，枝条会迅速脱落。在大风天气条件下，其细枝抽打邻接木的嫩芽，直接影响干形和生长。黑桦具肥厚的呈纵裂的不脱落的多层树皮，对直射阳光及野火的抵抗力甚强，火灾受害程度较轻，过火后，树皮焦黑，仍能保持旺盛的生命力。

（三）分布概况及类型（变型）

1. 分布概况　黑桦广泛分布于寒温带、温带和暖温带，自然分布区主要包括中国的东北、华北和内蒙古东部，朝鲜半岛、俄罗斯远东及蒙古国的连续分布区，以及库页岛、北海道的间隔分布区。自然分布区的北界在中国漠河一带到俄罗斯远东外兴安岭南部，最东界在俄罗斯库页岛与日本北海道，最南分布于中国山东，西界在中国内蒙古大青山和山西北部。黑桦广泛分布于中国东北大兴安岭东南部海拔 200～500 m 地域，小兴安岭和长白山海拔 400～1 300 m 山地，辽宁东部，内蒙古东部，河北大海坨、小五台山海拔 2 400～3 000 m、雾灵山海拔 850～1 700 m 的山地。在东北次生林区，黑桦纯林分布地形比较特殊，一般生长在石质干燥的原始暗棕壤上以及阴坡湿润的小气候和较厚的土层上。

2. 主要类型（变型）

（1）**长圆叶黑桦**（*Betula dahurica* f. *oblongifolia*）　集中分布在东北黑龙江的大兴安岭、小兴安岭及完达山林区。该变型与原种主要不同之处：叶长圆形或长圆状披针形，长 4.5～6.5 cm，宽 2～4 cm，基部圆形至楔形。

（2）**椴叶黑桦**（*Betula dahurica* f. *tiliaefolia*）　本变型与原种主要区别：叶宽卵形（非卵形），边缘具粗锯齿（非不规则锯齿）。

（3）**卵叶黑桦**（*Betula dahurica* f. *ovalifolia*）　本变型与原种主要区别：叶卵形，较小，长 2.5～4 cm，宽 1.5～2 cm，基部圆形。

（四）利用价值

1. 材用价值　木材纹理直或微斜，结构细致，材质坚硬，相对密度 0.70，木材淡黄色或暗棕色，供建筑、车厢、车轮、枕木、胶合板等用材。木材纤维含量较高，全纤维含量 59.88%，其中，α-纤维素 74.15%、β-纤维素 11.38%、γ-纤维素 14.47%，为造纸和人造纤维的优质原料。

2. 药用价值　芽入药，可治胃病。

3. 环境与生态价值　黑桦耐干旱瘠薄，为干旱山坡或山脊水土保持树种。在天然林中，黑桦与蒙古栎关系密切，因此，经营蒙古栎林分时，保持一定的黑桦比重，促进其天然更新，以辅佐蒙古栎形成良好的干性，减轻寒害。

4. 其他价值　蜜源植物；树皮含鞣质 $5\%\sim10\%$、单宁 5.12%，可用于提取鞣质，又能蒸馏润革油。

（兰士波　李红艳　马　盈）

参考文献

陈之端，1994. 桦木科植物的系统发育和地理分布［J］. 植物分类学报，32（1）：1-31.

董建文，陈慈禄，陈东阳，等，2011. 光皮桦栽培生物学特性研究［J］. 江西农业大学学报，23（2）：220-223.

高玉池，2010. 白桦种源遗传多样性研究［D］. 哈尔滨：东北林业大学.

郭文福，曾杰，黎明，2008. 广西凭祥西南桦种源家系选择试验Ⅰ. 幼林生长性状的变异［J］. 林业科学研究，21（5）：652-656.

姜景民，1990. 中国桦木属植物地理分布的研究［J］. 林业科学研究，3（1）：55-60.

姜静，杨传平，刘桂丰，等，1999. 白桦苗期种源试验的研究［J］. 东北林业大学学报，27（6）：1-3.

姜静，杨传平，刘桂丰，等，2001a. 利用 RAPD 标记技术对白桦种源遗传变异的分析及种源区划［J］. 植物研究，21（1）：126-130.

姜静，杨传平，刘桂丰，等，2001b. 应用 RAPD 技术对东北地区白桦种源遗传变异的分析［J］. 东北林业大学学报，29（2）：30-34.

林文锋，2008. 福建南安五台山西南桦种源家系试验初报［J］. 广东林业科技，24（1）：16-21.

刘桂丰，蒋雪彬，刘吉春，等，1999. 白桦多点种源试验联合分析［J］. 东北林业大学学报，27（5）：1-7.

苏岫岷，吴凤茂，洪涛，等，2000. 白桦花期诱导技术［J］. 辽宁林业科技（3）：47.

王卫斌，2005. 西南桦生物学特性及发展前景［J］. 福建林业科技，32（4）：175-179.

魏志刚，杨传平，潘华，2006. 利用多元回归分析鉴定与白桦纤维长度性状相关的分子标记［J］. 分子植物育种，4（6）：835-840.

吴月亮，杨传平，王秋玉，等，2005. 白桦花期诱导技术的研究［J］. 辽宁林业科技（3）：15-16.

杨安敏，曾亚军，邓伯龙，等，2010. 贵州桦木资源现状与开发利用策略［J］. 资源开发与市场，26（5）：438-440.

杨传平，刘桂丰，魏志刚，等，2004. 白桦强化促进提早开花结实技术的研究［J］. 林业科技，40（6）：75-78.

尹东旭，2013. 白桦的亲缘地理与遗传结构的研究［D］. 长春：东北师范大学.

曾杰，郑海水，甘四明，等，2005. 广西西南桦天然居群的表型变异［J］. 林业科学，41（2）：59-65.

曾杰，郑海水，翁启杰，1999. 我国西南桦的地理分布与适生条件 [J]. 林业科学研究，12 (5)：479 - 484.

张晓蕾，2011. 利用 RAPD，ISSR，SRAP 标记方法对白桦遗传多样性的研究 [D]. 哈尔滨：东北林业大学.

赵志刚，翁启杰，赵霞，等，2006. 西南桦在广东省中部引种初报 [J]. 广东林业科技，22 (2)：64 - 67.

郑海水，陈玉培，曾杰，等，2005. 不同种源西南桦在云南景东的生长差异 [J]. 林业科学研究，18 (6)：657 - 661.

朱翔，刘桂丰，杨传平，2001. 白桦种源区划及优良种源的初步选择 [J]. 东北林业大学学报，29 (5)：11 - 14.

第二十一章

刺　槐

刺槐（*Robinia pseudoacacia* L.）属蝶形花科（Fabaceae）刺槐属（*Robinia*），原产北美洲阿巴拉契亚山脉和欧扎克高原，1897 年引入我国青岛（郑万钧，1985），是当今世界上造林面积最大的速生阔叶树种之一。刺槐生长迅速，萌蘖力强，根系发达，分布浅，具固氮根瘤菌，有较强的抗旱、耐瘠薄、耐盐碱、抗烟熏能力，是华北、西北等地区优良的保持水土、防风固沙、改良土壤和四旁绿化树种，也是我国重要的速生用材树种之一。

第一节　刺槐的利用价值与生产概况

一、刺槐的利用价值

（一）木材利用价值

刺槐心、边材区别明显，边材黄白色至浅黄褐色，心材暗黄褐色或金黄褐色。材质重而坚硬，抗压强度高；木材纹理细致，干缩小，耐磨和耐腐，有光泽，无特殊气味，冲击韧性高，可做矿柱材和桩材、家具、室内装饰、运动器械、房屋建筑、水工用材及农具柄等。

（二）食用、药用价值

刺槐是一个优良的木本蜜源树种，其花朵可食。刺槐可生产刺槐灵滴剂，用于治疗急性、慢性、化脓性中耳炎以及慢性、萎缩性、化脓性、长期不愈鼻病。刺槐花还可用于生产饮料。

（三）油料、饲料价值

刺槐种子含油量 12%～13.8%，种子油可制肥皂及做油漆原料。鲜花含芳香油 0.15%～0.2%，可提取香精。刺槐树叶中含粗蛋白 18.81%、蛋白质 15.08%、粗脂肪 4.16%，鲜叶和干叶是猪、牛、羊等家畜的适口饲料，是良好的饲料树种。

（四）观赏价值

刺槐树体高大，羽状复叶翠绿舒展，总状花序垂挂树冠，花期长，花色白，香气浓郁，是优良的绿化观赏树种。国外培育的红花刺槐优良无性系，具有花色艳丽、味道芳香等特点，极具观赏价值。

（五）生态防护价值

刺槐抗污染，对烟尘、粉尘、二氧化硫、氯气、氟化氢、二氧化氮、臭氧等抗性强，并对臭氧及铅蒸气具有一定的吸收能力。刺槐生长快，萌蘖性强，根系发达，具有根瘤，抗旱抗涝，耐盐碱，可改良土壤、保持水土、防风固沙及作为薪炭林等。

二、刺槐在中国的栽培历史、分布和栽培区

（一）栽培历史

刺槐最早于清光绪三四年间（1877—1878）由清朝政府驻日副使张鲁生（又名张斯桂）将刺槐种子带到中国南京栽植，当时只作为洋货栽植在庭院作为观赏树，不为人们注意。刺槐作为造林树种大量引入中国是在 1897 年德国强占胶州湾以后，作为用材和绿化树引入青岛，在崂山低山、青岛市区、公园、庭院和胶济铁路沿线造林绿化。当时主要造林树种除山巅选用赤松、落叶松，山腰、海滩用黑松外，在崂山山麓平坦之地、青岛市区和胶济铁路两旁以刺槐为主栽树种。青岛商埠附近、午山山系南端之旭山、海泊河沿岸与黄草庵等处为针阔叶混交林，阔叶树多为刺槐；周边平原地带全部栽植刺槐，作为青岛的水源涵养林，到 1904 年基本栽植完成；1905—1907 年又栽满各车站内和附近的空地，仅胶济铁路沿线即有刺槐 400 余 hm^2（潘志刚等，1994）。

当前刺槐在中国已经"乡土化"，而且形成不少地方类型。刺槐林已成为中国落叶阔叶林中栽植范围最广的人工林，为黄河中下游、淮河流域、长江下游诸省份主要用材林、薪炭林、水土保持林、海堤防护林，在维持生态平衡，提供用材和其他林产品（如做蜜源、青饲料）等方面有重大作用。据《中国森林》（2000），中国刺槐林面积 70 万 hm^2，木材蓄积量 1 242.07 万 m^3。另有四旁植树 6 亿株，木材蓄积量 1 600 万 m^3，其中山东最多，林分面积量占 28.69%，蓄积量占 25.76%，河南、辽宁、河北其次，四旁植树以河南为最多。

（二）栽培区

因刺槐引自国外，常被人们称为"洋槐"。刺槐于中华民国时期作为行道树在北京种植，1949 年以后栽植范围迅速扩大，目前遍布全国各地，主要栽培区在东经 105°以东，北纬 30°～40°，跨中温带、暖温带、北亚热带、中亚热带、南亚热带 5 个气候带和青藏高原气候区，北至吉林、辽宁，南到云南、贵州，东至山东，西至陕西、甘肃等省份都有栽培（李继华，1983）。

（三）栽培区区划

刺槐在我国有多个引种来源，栽培面积大，分布范围广，各地生态条件差异很大，多代繁殖后，易形成各地的生态型；同时刺槐在不同的生境条件下，其生长发育、产量、质量、培育目的等也有很大差异，因此在"八五"期间通过调查研究，以 7 个气候因子综合分析将刺槐栽培区划分为 10 个栽培区：Ⅰ区为栽培的北缘区，水热条件差，生产量低；Ⅱ区为青藏高原东部和黄土高原西部区，水热条件较差，生长较差；Ⅲ区为黄土高原区，水条件不足，生长较差；Ⅳ区为辽东半岛、辽西丘陵、辽中平原及河北东北部区，水热条件较好，生长良好；Ⅴ区为暖温带，包括山东、河北中南部、河南中部，水热条件适宜，生长良好；Ⅵ区为北亚热带北部，水热条件尚适宜，生长较好；Ⅶ、Ⅷ、Ⅸ区又为中亚热带和南亚热带，生长较差；Ⅹ区热量充足，但水分极缺，湿度太小，如新疆、甘肃部分地区有灌溉，也可栽培刺槐（梁玉堂等，2010）。

第二节　刺槐的形态特征及生物学特性

一、形态特征

落叶乔木，高 25 m，胸径 60 cm；树皮灰褐色至黑褐色，纵裂，枝具有托叶性针刺，小枝灰褐色，无毛或幼时具微柔毛。奇数羽状复叶，互生，小叶 7～19，全缘，椭圆形至卵状矩圆形，长 2～5 cm，先端钝或微凹，有小尖头。叶柄下芽无芽鳞。在总叶柄基部具有大小、软硬不相等的 2 托叶刺。3～5 年生开始开花结实，花期 4～5 月，花蝶形，白色，芳香，成腋生总状花序，下垂。花两性，花冠白色，具清香气，荚果矩圆状条形，扁平，棕褐色，长 4～10 cm，宽 1～1.5 cm，沿腹缝线有窄翅。10 年生以后大量结实，果期 9～10 月。荚果扁平，种子肾形，黑色或褐色，有淡色斑纹（图 21-1）。

图 21-1　刺　槐

二、生物学特性

（一）生长特性

1. 根的生长　刺槐水平根极为发达，无明显主根。据调查，刺槐 4 年前垂直根系生长快，根深可达 1.3～1.5 m；4 年后水平根生长加快，根幅 5～10 m。造林 4～6 年后，由于根系发达，地上部分生长加速。20 年生刺槐根系在 0～100 cm 土层的垂直分布大致呈现出 V 形，随深度的增加而减少，各类根系在 0～60 cm 土层中的根长和根重占总根量的 70%以上，粗根在上层所占比例比下层略大，细根和较细根（直径 1～3 mm）在各土层分布较为接近，刺槐根量中粗根占较大比重。刺槐根系重量、长度和体积密度的垂直分布趋势基本相同，随土层深度增加而降低。根系重量主要分布在 0～60 cm 土层，在 100 cm 左右土层中，刺槐根系重量急剧减少。根长密度从 80 cm 土层开始，随土层深度增加，根系长度迅速降低。刺槐根系分布较深，可达 120 cm，且分布相对均匀（刘秀萍，2007）。刺槐根蘖能力强，可萌蘖更新。

2. 枝干的生长　刺槐为合轴分枝树种，侧枝和主梢的顶芽于生长末期败育脱落，来年由侧芽萌发后抽枝作为新梢。刺槐极易形成粗大侧枝和竞争梢头，造成主干低矮弯曲、尖削度大、材质差。刺槐无性系侧枝具有成轮层分布特性，即每年形成一轮侧枝。同一轮侧枝中，侧枝在主干上的着生密度自下而上逐渐增大，依次又可分为无枝层、稀枝层和密枝层。密度对刺槐无性系的分枝有一定影响，适当加大初植密度，有利于抑制粗大侧枝的形成。在造林后 6～8 年达到树高速生期，年生长量通常为 1.0～1.5 m，立地与管理好的可为 2～3 m。胸径生长速生期从 5～8 年开始持续到 14～16 年，立地好的可延续到 20 年，连年生长量 0.5～2.0 cm。

（二）开花特性

刺槐的花呈白色，具香味，它着生的总状花序有细梗而下垂，具 20～50 朵小花。一株 10 年生的健壮刺槐，可开花 3 万朵左右。在花序上，中部的花先开花，继而是基部，然后渐开至顶部。物候观测的资料表明，在一个地方刺槐的始花期，年际间波动的多年变幅可达 2～3 周，而且在华北地区内，其开花日期的空间差别也十分显著。

（三）果实发育

刺槐荚果扁平，带状长椭圆，长 4～10（20）cm，沿腹缝线有窄翅。种子扁肾形，褐绿色、紫褐色至近黑色，具淡色的斑纹。每年秋季，荚果颜色由绿变赤褐色，荚皮由软变硬呈枯干状，种子发硬时即达成熟（江淮流域在 7～8 月，西北、华北多在 8～9 月），成熟的荚果宿存。

（四）生态适应性

1. 温度　刺槐是暖温带树种，适生区年平均气温 10～14 ℃，年降水量 700～900 mm，极端最高气温 32 ℃，极端最低气温 −17 ℃。在年降水量不足 500 mm，年平均气温 6 ℃以下，极端最低气温超过 −17 ℃ 的地方，不能长成大树，地上部分年年冻死，年年萌条，呈灌木状。研究表明，刺槐引种到中国 100 多年来，在抗寒性上已经发生了明显的变异，形成了明显的地理变异模式，中国刺槐的抗寒性随着种源地纬度的升高而增强，主要受由纬度决定的温度、降水等因素的影响（韩宏伟等，2008）。在年均温 14 ℃ 以上，年降水量 900 mm 以上地区，刺槐虽生长速度快，但树高、胸径速生期短，树干矮、弯曲。

2. 水分　刺槐对水分很敏感。在黄海、渤海的滨海细沙地，黄河、淮河、海河流域的河漫滩、沟谷、渠路边、堤坝等地表现出速生的特性。树干通直圆满，一般 8～12 年即可长成小径材，15～20年长成中径材。但不耐涝，在土壤水分过多的重黏土或地下水位过高的地块易烂根，有枯梢现象，常致全株死亡；地下水位不足1.0m的地方，烂根率高达45%～70%，枯梢严重，地下水位浅于0.5m的地方不宜种植。

3. 光照　刺槐喜光，不耐庇荫，即使幼苗阶段也不耐庇荫。在土层厚度相似的情况下，阳坡的刺槐比阴坡的生长好，所以在营林过程中，一旦林分郁闭，要及时间伐，改善光照条件，促进林分生长（潘志刚等，1994）。

4. 土壤条件　刺槐对土壤要求不严，适应性强，在石灰性、酸性、中性以及含盐量0.3%以下的轻盐碱土上均可正常生长，甚至在矿渣堆及紫色页岩风化的石砾土上均能生长。但以深厚湿润、疏松排水良好的冲积土或堆积沙质壤土上生长最好；在干瘠的中沙土和结构不良的土地上生长缓慢，树形低矮。其适合的土壤pH为6～8。

（五）森林类型

1. 刺槐纯林

（1）黄土梁峁丘陵刺槐纯林　分布于甘肃东部、陕西中部、晋南及豫西黄土丘陵地区。林下常见灌木植物有酸枣、柠条锦鸡儿、白刺花、黄刺玫及达乌里胡枝子，草本植物有白羊草、黄背草等，土壤较干燥、瘠薄，林下植被以耐旱种类占优势。

（2）低山丘陵刺槐纯林　又分为两类：①华北低山丘陵刺槐林，分布范围北从燕山南麓起，西至秦岭北坡与关中丘陵，南达山东的沂蒙山及江苏的云台山，东北至辽东丘陵。林下植物多中生耐旱种类，灌木有荆条、酸枣、虎榛子、绢毛蔷薇及胡枝子等，草本植物有白羊草、黄背草、蒿、桔梗等。丘陵顶部及阳坡中部，干燥瘠薄，林木生长缓慢，山麓、沟边、阳坡下部，土壤肥沃，林木生长旺盛。②江淮丘陵刺槐林，分布于长江以北的江淮丘陵，河南南部、安徽西部及湖北北部。林下生长酸枣、黄荆、黄檀、柘树、芫花等，草本植物有黄背草、白茅、牡蒿等。土壤多质地黏重，结构不良，干旱瘠薄，林木生长度差。

（3）平原刺槐林　主要分布于黄淮海平原、江淮平原、关中平原、山丘地的山间洪积平原及沿海滩地。土壤条件尚好，林下有荆条、酸枣、紫穗槐、胡枝子、柽柳等灌木，草本植物有狗尾草、马唐、牛筋草等，林木生长尚可。

2. 刺槐混交林　多为不规则混交，密度与树种组成不一致。混交树种在黄河流域多为麻栎、栓皮栎、油松、黑松、赤松、侧柏、臭椿、山杏、核桃、枫杨等。在江淮流域混交树种有马尾松、麻栎、枫香树、山槐、白栎等（吴中伦等，2000）。

第三节　刺槐的栽培起源、传播和分类

一、刺槐的栽培起源和传播

刺槐原产北美洲北纬31°～41°的阿巴拉契亚山脉一带，原是天然森林树种，经人工驯化，现已成为世界速生阔叶树种中仅次于桉树的广泛栽培树种。由于刺槐生长快，木材坚硬，用途广泛，适应性强，繁殖容易，世界各地竞相引种。最早是1601年被引种到欧洲，当时法国宫廷园艺师鲁宾，为布置国王宫苑，从美国采种繁殖，1636年把刺槐大树定植

宫苑（即今日的巴黎植物园）内。鲁宾逝世约百年后，著名植物学家林奈把刺槐学名定为
Robinia pseudoacacia，以纪念这位著名的园艺师。1640 年刺槐大量引入英国，17 世纪，
意大利、德国和匈牙利以及非洲大陆也先后引种，栽植范围从少数庭院绿化扩大到大片造
林（李继华，1983）。日本于 1868 年开始引种刺槐，作为水土保持林、薪炭林树种在全国
栽植。

　　根据调研，中国引种刺槐有 4 个来源：1898 年德国人首批引进胶东；20 世纪 40 年代
初日本人引进辽东盖县一带；40 年代末联合国救济总署从美国调种，分发到我国天水、
长沙等地；60 年代又从朝鲜调入多批种子在华北等地造林。以上 4 批种源，除美国调
入原产种源外，都是次生种源，经叠代更新，种源系统已无严格产地标志（顾万春，
1990）。目前，刺槐在中国已经乡土化，而且形成不少地方类型。中国现有刺槐栽培面
积在 1 000 万 hm² 以上，刺槐人工林已成为我国长江以北地区分布最广的落叶阔叶林
之一。

　　目前刺槐已遍布世界大部分地区，最主要的栽培国家或地区有俄罗斯、瑞士、意大
利、德国、奥地利、匈牙利、捷克、斯洛伐克、罗马尼亚、中东、日本和中国，南美洲、
非洲和大洋洲等地也有栽培。

二、刺槐属植物种分类概况

　　据《中国树木志·第二卷》记载，刺槐属约 20 种，其中 8 种为乔木，其他种为灌木。
分布于北美及墨西哥。我国引入 2 种（郑万钧，1985）：

1. 小枝及花梗无毛；花冠白色，旗瓣基部有黄斑 ························· 1. 刺槐（*R. pseudoacacia*）
1. 小枝及花梗密被红色刺毛；花冠玫瑰红色或淡紫色 ····················· 2. 毛刺槐（*R. hispida*）

第四节　刺槐种质资源及近缘种

　　我国自 20 世纪 60 年代开始进行刺槐育种，把刺槐作为"主要速生丰产树种良种选
育"专题列入国家重点科技攻关计划。经过半个世纪的试验研究，我国刺槐育种在速
生良种选育、用材林无性系定向选育、观赏、饲用等专用品种引进选育等方面取得了
丰硕成果，选育了一大批适于用材、绿化和生态防护林建设的优良类型、种源、家系
和无性系。

一、刺槐的类型

　　刺槐除原变种刺槐外，还有伞刺槐（*R. pseudoacacia* f. *umbraculifera*）、无刺槐
（*R. pseudoacacia* f. *inermis*）、红花刺槐（*R. pseudoacacia* f. *decaisneana*）3 个变型。

　　1. 伞刺槐　原产北美。小乔木，分枝密，树冠近球形。开花极少。无刺或具很小软
刺。山东青岛、山西太原、辽宁大连、陕西武功有栽培。嫁接、分根或扦插繁殖，用刺槐
做砧木，作为观赏树或行道树。

　　2. 无刺槐　原产北美。无刺，树形美观，用扦插繁殖。青岛作为行道树及庭园树

栽植。

3. 红花刺槐　原产北美。花冠粉红色。南京等地栽培。

据《中国外来树种引种栽培》中记述，刺槐尚有 24 个类型和栽培品种，如 *R. p. amorphifolia*（叶窄长椭圆形），*R. p. aurea*（新叶黄色，最后为灰绿色），*R. p. odecaisneana*（花淡红蔷薇色），*R. p. purpurea*（新叶紫色等）。

二、刺槐种源

我国于 20 世纪 70 年代开始了较为系统的刺槐育种研究，先后列入"六五""七五""八五"国家科技攻关项目，从种源、家系和无性系 3 个层次进行研究。山东省自 1973—1982 年从全省刺槐林分中选出优良单株和类型 309 株，在山东费县清山林场、乳山县垛山林场建立种质资源基因库两处，保存优树、种源材料 270 多份。利用上述优树材料建立了无性系种子园 10 hm²，年产种子 3 250 kg，建立各种测定林 220 hm²。已选出优良无性系 14 个，优良家系 13 个，材积增益 30% 以上（潘志刚等，1994）。1985 年以来先后引进 4 批种源，包括美国 16 个州的 32 个产地 300 个家系，在 6 省 8 个地点营造了种源试验林；还对我国进行次生种源选择，收集了河北、山东、辽宁、山西、甘肃、江苏等省份 9 个次生种源，在 3 个点进行了 12 年造林试验，首次证实了刺槐次生种源存在着遗传差异，并选出天水、盖县、阜宁 3 个次生种源，材积增益 11.7%～18.5%，可做优良采种林分使用（顾万春，1990）。

梁玉堂等收集了 9 个刺槐栽培产地的种子（国内 8 省份，国外为匈牙利），播种育苗后对幼苗进行高温处理，测定其伤害程度，结果表明，不同次生种源伤害程度有显著差异，湖南、安徽种源抗热性最大，山东、河南抗热性居中，这与其栽培产地的纬度、年平均温度相关显著。张川红、龙庄如对 10 个栽培产地种子育苗后进行苗木抗寒力、抗旱性测定，结果表明，来自北部的种源抗寒力获得早，大多数北部种源抗寒力强于南部，来源旱生地的刺槐抗旱性加强（梁玉堂，2010）。

三、优良家系与优良无性系

通过刺槐优树的子代测定选出了一批优良家系。在 20 世纪 70 年代末期，中国林业科学研究院林业研究所选出的刺槐优良家系，如 Bos 等，建立了采种林 2.7 hm²，子代材积增益达 20% 以上；山东省林业科学研究所选出如鲁刺 73039、鲁刺 73040 等，材积增益 15% 以上。这一时期，选出的刺槐优良家系还有烟刺 73037、烟刺 73001、烟刺 014、烟刺 73007、烟刺 5001、烟刺 1001、临刺 8、临刺 10、临刺 11、临刺 13、临刺 36、临刺 39、临刺 50、临刺 103。

在 20 世纪 70 年代末至 80 年代末期，选育的速生优良无性系有鲁 1、鲁 42、鲁 10、鲁 102、鲁 7、鲁 78、鲁 68、鲁 59、箭杆、兴 1、兴 6、兴 11、兴 4、兴 01、兴 02、兴 8、山东 41、民权 0 号、山东 38、京 13、京 29、京 1、京 21、京 24、京 35、京 5、京 16、皖 1、皖 2、射 4、射 7、射 10、射 12、豫 8048、豫 8033、豫 8026、豫 8053、豫 8073、A05、D95、D63、D163、D18、D60、D69、D162、D171、D175、E92。其中，京 13、京 1、京 21、山东 38、射 10 五个品种兼具蜜源优良无性系。

在 20 世纪 80 年代末至 90 年代末期，选育的速生优良无性系有豫刺 83002、豫刺 84023、豫刺 84006、豫刺 84017、R901、R902、R912、R913、冀刺 66、冀刺 231、冀刺 134、冀刺 222、冀刺 289、冀刺 214、冀刺 216、冀刺 81、冀刺 287、窄冠速生刺槐、菏刺 1 号、菏刺 2 号、菏刺 3 号、菏刺 4 号、菏刺 5 号。选育的建筑材、矿柱材优良无性系有鲁 84、鲁 87、鲁 86、鲁 14、鲁 9、鲁 80、鲁 2、鲁 13、鲁 32、鲁 103、鲁超 1、鲁超 2、射 6、射 8、皖 8、兴 13、辽 13、辽 38。上述优良无性系，适于江淮地区、黄淮平原与中原地区、华北平原、辽东、胶东低山丘陵、华北北部浅山区与西北河套地区推广，预计材积育种增益 20%～40%。

20 世纪 90 年代末至今，我国又引进了用材和观赏刺槐，如红花刺槐、金叶刺槐 (*Robinia pseudoacacia* f. *aurea*)、伞刺槐等，选育了速生优良无性系 3 - Ⅰ、长叶刺槐，培育了转基因抗旱品种甘露槐。进入 21 世纪，北京林业大学从韩国引进了饲料型和速生型四倍体刺槐多个品种，具有速生、叶大且无刺、适应性强等优良特性（荀守华等，2009）。

四、刺槐近缘种

毛刺槐，学名 *Robinia hispida* L. 。

灌木，枝及花梗密被红色刺毛。小叶 7～13，近圆形或宽长圆形，长 2～3.5 cm，先端钝或具短突尖，无毛。总状花序具花 3～7 朵；花冠玫瑰红或淡紫色。果长 5～8 cm，被红色硬腺毛，很少结果。喜光，浅根性，侧根发达。喜温润肥沃土壤。耐寒、耐旱能力强，生长快，耐修剪，萌蘖力强，对烟尘及有毒气体有较强的抗性。毛刺槐对水分和养分的需求相对较高，在疏松，透气性良好，肥沃，酸性、中性及弱碱性土壤上生长良好。

原产北美。我国北京、天津、上海、杭州、南京、陕西武功和辽宁熊岳等地引种栽培。花色艳丽，供观赏。

（解孝满）

参考文献

顾万春，1990. 刺槐次生种源的遗传差异及其应用评价 [J]. 林业科学研究，3（1）：70 - 75.

顾万春，1992. 主要阔叶树速生丰产栽培技术 [M]. 北京：中国科学技术出版社.

韩宏伟，张世红，杨敏生，等，2008. 中国刺槐种源间抗寒性地理变异研究 [J]. 河北农业大学学报，32（2）：57 - 60.

李继华，1983. 刺槐在山东的引种和发展 [J]. 山东林业科技（4）：73 - 75.

梁玉堂，龙庄如，2010. 刺槐栽培理论与技术 [M]. 北京：中国林业出版社.

刘秀萍，陈丽华，陈吉虎，2007. 刺槐和油松根系密度分布特征研究 [J]. 干旱区研究，24（5）：647 - 651.

潘志刚，游应天，1994. 中国主要外来树种引种栽培 [M]. 北京：北京科学技术出版社.

荀守华，乔玉玲，张江涛，等，2009. 我国刺槐遗传种现状及发展对策 [J]. 山东林业科技（1）：
　92 - 96.

中国科学院中国植物志编辑委员会，1998. 中国植物志：第四十卷 [M]. 北京：科学出版社 .

《中国森林》编辑委员会，2000. 中国森林：第 3 卷阔叶林 [M]. 北京：中国林业出版社 .

《中国树木志》编辑委员会，1985. 中国树木志：第二卷 [M]. 北京：中国林业出版社 .

第二十二章

白　榆

　　白榆（*Ulmus pumila* L.）为榆科（Ulmaceae）榆属（*Ulmus* L.）的落叶乔木。全世界榆属40余种，分布于北半球的欧洲、亚洲和北美洲。我国榆属树种丰富，遍及全国，共有20余种，其中白榆是主要栽培种。白榆具有生长快、耐旱、耐盐碱、适应性强、材质好、寿命长等优点，是我国优良速生阔叶用材树种，是干旱地区、盐碱地造林的优良防护林树种，在四旁绿化和城镇绿化中也有很好的应用前景（《中国树木志》编辑委员会，1997）。

第一节　白榆的利用价值与生产概况

一、白榆的利用价值

（一）木材利用价值

　　白榆木材坚重，硬度适中，力学强度较高，纹理直或斜行，结构略粗，有光泽，具美丽的花纹，易加工；具有韧性强，弯绕性能良好，耐磨损等优点。在木材使用上可以代替珍贵的水曲柳及栎木，可供家具、室内装饰、器具、农具、车辆、地板、造船等材用。

（二）药用、食用及饲用价值

　　白榆的翅果、树皮、枝皮、叶均可入药，翅果能安神、健脾，皮叶有安神、利尿之功效。白榆的叶、皮及翅果可食，是天然的营养食品。其树皮、树根富含纤维和淀粉，连同叶子和翅果均可做饲料。据测试，白榆果饼的磷、钾含量高于豆饼和花生饼，含氮量略低于豆饼和花生饼，高于棉籽饼，是上等的肥料和饲料。新鲜叶含粗蛋白24.10％，粗脂肪2.66％，粗纤维15.16％，无氮抽提物41.23％，是很好的牲畜饲料。

（三）绿化价值

　　白榆树姿挺拔，冠形丰满，枝繁叶茂，适应性强，可应用于各种环境的景观配植，尤其在其他绿化树种不宜生长的恶劣条件下，更能发挥其美化环境的功能。白榆对土壤要求不严，裸露岩石山坡地及固定沙丘等立地条件较差的地方均能生长，在降水量不足200 mm 的干旱地区亦能正常生长，也可在土壤含盐量 0.4％的立地生长，是一种比较理想的生态绿化树种。白榆具有较强的抗虫性，其皮层游离酚含量高出钻天榆 4 倍，脯氨酸含量高出钻天榆近 10 倍。白榆叶片粗糙，具有滞尘防尘的作用，是吸尘能力较强的树种，被称为天然的"过滤器"，每平方米榆叶一昼夜可滞尘 12.2～16.6 g，是白蜡的 10 倍，新疆杨的 5～7 倍，滞尘效果显著。白榆具有一定的抗污染能力，对二氧化硫、铅复合污染物、烟和有毒气体均具有较强的抗性（张敦伦，1984）。

（四）油料及其他价值

白榆的翅果俗称榆钱，含油率 20％～40％，翅果油具有较稳定的化学性质，即碘价值低、皂化值高、低碳饱和脂肪酸占优势，其中以癸酸为主要成分（占 40％～70％），次为辛酸、月桂酸、棕榈酸、油酸及亚油酸，是医药和轻化工业的重要原料。各种枝皮纤维坚韧，可代麻制绳、织袋；树皮、枝皮可做人造棉及造纸原料。

二、白榆的分布与栽培

（一）白榆的分布

白榆是我国北方五大阔叶造林树种（杨、柳、榆、槐、椿）之一，自然分布于东北、华北、西北地区，华东及华中地区有栽培，华北及淮北平原地区栽培尤为普遍。常见于河堤两岸，道旁和宅旁；山麓和沙地上也有生长。垂直分布一般在海拔 1 000 m 以下，在新疆天山可达海拔 1 500 m，在陕西秦岭可达海拔 2 400 m。俄罗斯、蒙古国及朝鲜亦有分布。

（二）白榆的栽培历史和栽培区

白榆在我国有悠久的栽培历史。白榆古名枌，《诗经》里就有"东门之枌"和"山有枢，隰有榆"之说。远在汉代，就有"垒石为城，植榆为塞"之说。秦大将蒙恬在陕北垒石为城，树榆为塞，榆林县即因此得名。榆树在古代作为主要用材树种之一来栽培。《汉书·龚遂传》："遂为渤海太守劝民务农桑，令口种一树榆……"《三国魏志》："郑浑为山阴魏郡（今河北南部及山东部分地区）太守，以郡下百姓苦乏材木，乃课民树榆为篱，并益树百果，榆皆成藩，五果丰实，魏郡界村落整齐如一，民得财足用饶。"以后北魏、北齐和隋代都给民留"永业田"，规定必须种桑、种枣和种榆，如北魏孝文帝时"男夫一人，给田二十亩，课莳余，种桑五十株，种枣五株，榆三株"。唐代长安，大街两侧的行道树都以榆树和槐树为主。历代种榆之盛还可从古诗文中看出，如晋陶渊明有诗："榆柳荫后檐"，唐储光羲有诗："日暮闲园里，团团荫榆柳"，还有"烟柳飞轻絮，风榆落小钱"之句。边塞诗人岑参有佳句"三月无青草，千家尽白榆"。清代纪昀在《乌鲁木齐杂诗》中有这样的句子："榆槐处处绿参天，行到青山未见边。"可见榆树栽培区域广阔（李继华，1985）。

白榆适应性强、生长快、材质好，深受群众喜爱。我国从温带、暖温带一直到亚热带都有栽培。现已成为东北、华北和淮北广大平原地区四旁绿化、用材林、防护林和盐碱地造林的主要树种。

第二节　白榆的形态特征和生物学特性

一、形态特征

（一）根系

落叶乔木，高达 25 m，胸径 1 m。属深根性树种，根系发达，主根和侧根较为明显，根的韧皮部厚而绵，形成层有黏汁，粗根表皮层为黄褐色，较光滑，有横向线状断续分布的突起皮孔，细根橘黄色、光滑。白榆主根垂直向下生长延伸，侧根从主根上长出，基本与主根垂直，向周围水平分布，侧根细而长，向地下延伸。

（二）枝干

白榆树冠呈卵圆形或近圆形，主干以上分枝较多，枝角较大，枝条中等疏密。树皮灰色或暗灰色，幼龄树皮较平滑，成年树皮粗糙，不规则深纵裂。小枝细长，较柔软，圆形，灰色或灰白色，枝条近光滑，1 年生枝条互生或对生。

顶芽早期自然死亡，腋芽位于叶痕上部或叶腋处，花芽生于上年枝叶痕上部，小枝顶端第一个腋芽及枝上的少部分腋芽为营养芽或花芽。花芽近圆形或卵圆形，紫红色或暗紫色。叶芽较花芽小，卵圆形。

（三）叶片

叶互生，羽状排列。托叶膜质披针形。叶卵状长圆形、卵形或卵状披针形，长 2～6（9）cm，宽 1.2～3 cm，先端渐尖或长渐尖，基部圆形、微心形或楔形，上面无毛，下面幼时被柔毛，后脱落或脉腋有簇生毛，具重锯齿或单锯齿；叶柄长 2～8 mm。叶脉羽状，侧脉 9～16 对，直伸或上部分杈，脉端伸入锯齿，叶表面中脉常凹陷，背面中脉隆起。叶两面较光滑，老叶质地较厚（图 22 - 1）。

（四）花

花为两性花，春季先叶开放，花全部自花芽抽出，小花 10～16 朵簇生，最多 27 朵，为簇状聚伞花序；花被钟状，花瓣缺 4 浅裂，边缘具毛；雄蕊 4 枚，花丝白色、细直、扁平，突出花萼之上。花药紫色，矩圆形，先端微凹，基部近心脏形，中下部着生，外向，2 室，纵裂。雌蕊子房扁平，光滑无柄，1 室，花柱极短，柱头 2 裂，条形，柱头面被刺毛，胚珠横生，花梗较花被短。通常被毛，基部有 1 枚膜质小苞片。

（五）果实

果实为翅果，近圆形，稀倒卵状圆形，长 1～1.5 cm，缺口被毛，果核位于翅果中部，偏而微凸，种皮薄，无胚乳，胚直立；果柄长 2～3 mm，被柔毛（图 22 - 1）。

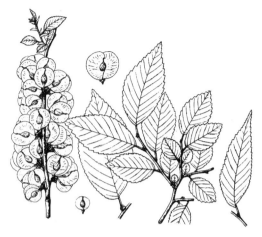

图 22-1　白　榆

二、生物学特性

（一）生长特性

1. 根的生长　白榆 1 年生实生苗主根生长较快，尤其是在苗木速生期，主根、侧根以及须根快速生长。1 年生实生苗主根可至 1.4 m，侧根可至 72 cm，数量 11 条以上。白榆根系的生长受立地条件、土壤结构影响表现出差异性。在土层深厚的地方，根系发育完整，主侧根十分发达。据调查，15 年生白榆主根长 2.35 m，侧根达到 27 条，平均长 64 cm。33 年生成年白榆主根深度可至 2.6 m 以上，根茎粗可至 40 cm，侧根分两层，第一层侧根、须根较多，分布在 10～60 cm 土层；第二层生于 1.4 m 深处，粗度 15 cm，长度 3.3 m 以上，3.3 m 土层处根粗仍为 4 cm。

2. 树干的生长　白榆在适宜的环境中生长较快，寿命长，一般 20～30 年成材。1 年生播种苗高生长可至 1.5～2 m，地径可至 1～2 cm。树高连年生长高峰期出现在栽植后的 4～8 年，连年生长量为 1～1.5 m。胸径生长出现两个高峰，第一次连年生长量高峰期在 6～10 年，连年生长量为 0.7～1.1 cm；第二次连年生长量高峰期在 28～30 年，连年生长量为 1.2～1.8 cm（张敦伦，1984）。

（二）开花结果

白榆花簇生于去年枝的叶腋，花芽于 3～4 月开放，由始花到盛花的间隔期较短，为 2～3 d，从盛花到开花末期一般 2～6 d。白榆的花期，从花蕾出现到花末，一般要 15～25 d。一般情况下，从盛花期到果实初熟期，约需 40 d。翅果发育完善，果枝颜色由绿开始变黄，即为果实初熟期。正常情况下，从果实初熟期到果实全熟期要 3～5 d。

（三）生态适应性

1. 温度　白榆对温度的适应性较强，抗寒，属于可塑性较强的树种。既可以在黑龙江—40 ℃的低温环境生活，也能在新疆吐鲁番 40～50 ℃的高温条件下正常生长。喜较干燥而凉爽的气候，在年平均气温 8～14 ℃，年降水量 500～1 100 mm，极端最低气温—17 ℃，极端最高气温 32 ℃的地区生长最好。在不同的发育阶段，对温度的要求也有差异。通过低温发育阶段后，一旦气温回升，榆树就开始萌动，成为开花最早的树种。在开花期如果出现突然降温或寒潮来袭，就会影响花粉的成熟和数量，直接关系到当年的果实产量。白榆对温度的变动，也有其适应性，如表现在树皮粗糙而厚、色暗；年生长进程具有明显的季节性变化，春季开花最早，秋季嫩枝完全木质化，落叶较晚等。

白榆随纬度和海拔不同，从芽萌动到落叶止，整个年生长期长短不同，华北和西北地区比东北地区年生长期长 30～40 d，因此年生长量在华北、西北地区也比东北地区要大。

2. 水分　白榆属中生偏旱树种，但喜欢湿润的环境。在长期与生态环境相适应的过程中，又具备了耐干旱的能力，在降水量不足 200 mm，空气相对湿度不足 50%的环境条件下，也能成活和生长。在其生长发育过程中，对水分的要求因发育阶段不同而有差异。幼龄期是树木成长的关键时期，需要充足的水分来促进生长，此时如果干旱缺水，容易导致生长缓慢，树势衰弱易产生病虫危害，乃至死亡。在东部湿润半湿润地区，水分条件较好，降水量多，土壤湿润，榆树生长迅速、树体高大，主干通直。在西部半干旱、干旱地区，年降水量少，土壤干旱，榆树生长情况明显不如东部地区，表现为树体较矮，主干不直。白榆虽然喜欢在水分较充足的湿润环境中生长，但是不耐水湿，在地下水位过高，排水不良的地方，根部容易腐烂乃至死亡。

3. 光照　白榆喜光，不耐庇荫。白榆幼龄期侧枝向阳排列成行，壮龄时树枝向外伸展，形成开阔庞大的树冠。从树木形态看，树冠虽大，但枝叶较疏。

4. 土壤条件　白榆耐瘠薄土壤，耐盐碱。在岩石裸露，卵石较多，坚硬板结或含盐量 0.3%～0.4%的土壤上生长正常。但如果按用材林、防护林栽培时，白榆需要在土、肥、水条件较好的地方才能生长良好，如营造速生丰产林需选择肥沃、疏松深厚的土壤，当年造林高生长可至 2 m，地径可至 2 cm。

第三节　榆属植物的起源、演化和分类

一、榆属植物的起源

榆树是第三纪或更早的古老树种之一。据大量的植物化石和孢子粉资料证明，在第三纪时，我国华北、东北和西北的低山、河谷地带都有榆树存在（李法曾等，2000）。从晚第三纪到第四纪，地壳变化，我国有许多山系和高原隆起，但榆树仍被保存和延续下来。在全新世（约 8 000 年前）暖温带落叶阔叶林区榆树是主要树种之一。西北地区在大陆性气候的控制下，疏林草原曾一度向东发展，榆树也随之扩展。但从榆树起源看，干冷气候可能是它在特定条件下，经过长期繁衍适应的结果。这也可从蒙古国境内出现大量的榆树化石，以及现代榆树仍然是生长在很干旱的亚洲中北部冬季的唯一乔木得到证明。因此根据榆树现代分布格局，可以分为沙地、河谷、滩地等榆林，但它们的组成单纯、喜光和要求局部水分生境，反映了同一祖先的渊源关系（《中国森林》编辑委员会，2000）。

二、榆属植物的自然分布

榆树的自然分布仅在北半球。主要分布在中国北部广大地区，以及俄罗斯中亚、外贝加尔、西伯利亚，哈萨克斯坦，蒙古国，朝鲜等。从地理起源上看属于温带亚洲成分，其中白榆是典型的温带落叶阔叶树种，是榆科树种中分布最广、面积最大的一个种。过去，欧洲的榆树及其生态型、杂种、品种得到了较多的关注和研究。其实，榆属最主要的种类多样性中心位于东亚和中亚地区，次级多样性中心则位于落基山脉以东的北美洲北部和中部地区，这两个地理区域包括了榆属中的45种，在这些种中，有些占据着非常广大的地理区域（如白榆），在遗传上也具有相当大的变异；而有的种在分布上有很大的局限性，遗传上的变异或大或小（续九如等，2000）。

三、榆属植物的演化和分类

（一）榆属植物的演化

榆属是由林奈于1754年创立的。根据开花季节、花序演化及相关性状和翅果特征等不同，对于其属下等级的划分争议较大。Dumortier（1827）据花梗的长短，Spach（1841）据花序、雄蕊、花梗和翅果将其分成2组；Planchon（1848）将其分成3亚属；Dippel（1892）据开花季节及花梗将其分成2亚属2组；Engler分为3亚属3组2系；Schneider（1912）、Rehder（1949）分成5组2亚组6系；郑万钧划为3组2系；傅立国认为应以花序的演化及相关性状作为划分和排列组的依据。花序的演化趋势可能是由花序轴伸长的总状聚伞花序，经由花序轴变短的短总状聚伞花序向花序轴缩短的簇状聚伞花序演化，其相关性状的演化是：花梗由长到短、由不等长到等长，花由多数到少数，花被片由多到少、由浅裂到深裂（属特化），花由春季先叶开放或与叶同时开放到秋（冬）季开放，由着生于去年生枝上或新枝下部到生于当年生枝叶腋。翅果的特征只宜作为组下分系和分种的依据，依此将榆属划分为5组6系。《中国植物志》则分为4组3系。就系统位置而言，Schneider认为秋季开花的在前，而Rehder、郑万钧、傅立国则认为春季开花的在前。

（二）榆属植物的分类

《中国树木志·第三卷》将榆属分为4组3系：组1，长序榆组（Sect. *Chaetoptelea*）；组2，睫毛榆组（Sect. *Blepharocarpa*）；组3，榆组（Sect. *Ulmus*），系1，榆系（Ser. *Glabrae*），系2，黑榆系（Ser. *Nitentes*），系3，常绿榆系（Ser. *Lanceaefoliae*）；组4，榔榆组（Sect. *Microptelea*）（表22-1）。

Liebman（1851）将墨西哥长序榆〔*U. mexicans*（Liebm.）Planch.〕定为新属*Chaetopteles* Liebm.，而Planchon（1851），Schneider（1976），Bate Smish 和 Richen（1973），Burger（1977）将其降为组〔Sect. *Chaetoptelea*（Liebm.）〕，Schneider Sweitzer从解剖上支持单立为属，Zavada进行花粉研究时认为应放在榆属中，傅立国同意Schneider划为榆属的1个组的意见。

表 22 - 1　榆属分组分系与种

组	系	种	拉丁学名
长序榆组		长序榆	*U. elongata*
睫毛榆组		美国榆	*U. americana*
		欧洲白榆	*U. laevis*
榆组	榆系	醉翁榆	*U. gaussenii*
		大果榆	*U. macrocarpa*
		昆明榆	*U. changii* var. *kunmingensis*
		杭州榆	*U. changii* var. *changii*
		裂叶榆	*U. laciniata*
		兴山榆	*U. bergmanniana*
		阿里山榆	*U. uyematsui*
		白榆	*U. pumila*
		假春榆	*U. pseudopropinqua*
	黑榆系	旱榆	*U. glaucescens*
		琅玡榆	*U. chenmoui*
		黑榆	*U. davidiana*
		圆冠榆	*U. densa*
		李叶榆	*U. prunifolia*
		红果榆	*U. szechuanica*
		多脉榆	*U. castaneifolia*
	常绿榆系	常绿榆	*U. lanceaefolia*
榔榆组		越南榆	*U. tonkinensis*
		榔榆	*U. parvifolia*

Spach（1841）据开花季节将榔榆（*U. parvifolia* Jacq.）另立新属 *Microptelea* Spach.。Planchon 和 Koch（1872），Dippel（1892），Engler（1893）将其降为亚属 *Microptelea*（Spach.）Planch.，而 Bentham 和 Hooker（1880）、Schneider（1912）、Rehder（1949）、郑万钧、傅立国则定为榔榆组 [*Microptelea*（Spach.）Benth. et Hook]（李法曾等，2000）。

第四节　白榆的遗传变异与种质资源

一、白榆的类型

1. 钻天榆（*Ulmus pumila* 'Pyramudalis'）　树干通直，树冠窄。适应性强，生长迅速。产于河南孟州等地，山西等地引种栽培，生长良好。

2. 龙爪榆（*Ulmus pumila* 'Tortuosa'）　树干稍弯，树冠球形，小枝卷曲下垂。抗

病力较强。以榆树为砧木进行嫁接繁殖。华北各地栽培，供观赏。

3. 小叶榆（*Ulmus pumila* 'Pendula'）　树干通直，树冠卵圆形。叶披针形，长2~4 cm，宽约1.5 cm。适应性强，耐旱。抗病虫力较强。材质较好。

4. 细皮榆（*Ulmus pumila* 'Leptodermis'）　树干通直，树冠圆卵形或扁圆形；树皮灰色，光滑，基部浅纵裂。适应性强。抗烂皮病能力差。

5. 垂枝榆（*Ulmus pumila* 'Tenue'）　树干稍弯，主干不明显，树冠伞形；树皮灰白色，较光滑。2~3年生枝常下垂。适应性强，生长较快。

6. 美人榆　品种权号为20060008。美人榆是以河北密枝白榆为母本，通过嫁接和扦插方式进行无性繁殖选育获得。美人榆叶片金黄，色泽艳丽，有自然光泽，叶脉清晰，质感好；叶片卵圆形，长3~5 cm，宽2~3 cm，叶缘具锯齿，叶尖渐尖，互生于枝条上；小枝橘红色，分枝能力强。近似品种普通白榆叶绿色，小枝黑褐色。美人榆适应干旱、寒冷气候。

二、白榆的形态、生态、生理变异

白榆分布地域辽阔，生态梯度大，在长期演化过程中受自然选择及人工选择等作用的影响，形成了种内复杂的变异，类型繁多。白榆的表型变异归纳起来，主要可分为形态型、生态型、生理型等。

1. 形态型变异　白榆的形态变异较为复杂，类型繁多，但归纳起来，主要有干型、分枝型、树皮型及叶型等变异类型。

（1）干变异　白榆树干的通直度和主干高度的遗传力较高，选优中把白榆的干型作为主要的形质指标，根据主干高度、通直度、冠内有无主干等变异，可分为钻天型（主干通直、可达树冠顶端）、直干型（干通直）、弯干型（主干不直或弯曲）。

（2）分枝变异　主干以上的树冠部分，依据枝条分枝的角度，枝条延伸生长形态、密度等差异，可分为立枝型、垂枝型、密枝型、稀枝型、扫帚型等变异型。

（3）树皮变异　根据树皮开裂方式、裂沟深浅、颜色、树皮厚薄、质地软硬等差异，可分为粗皮型、细皮型、光皮型、栓皮型等。

（4）叶片变异　根据叶片大小和叶形的差异可分为大叶型、长叶型、小叶型。

白榆具有11个形态类型，其中以细皮白榆、钻天白榆、长叶白榆为速生优良类型，由这些类型中选择出的无性系树干通直、生长迅速。粗枝白榆和立枝白榆中也可选择出优良单株，垂枝白榆（又称垂榆）是可供观赏的园林美化类型，其他类型生长一般，利用价值不大。

2. 生态型变异　白榆种源的地理变异十分明显，既具有地理渐变的遗传变异模式，又有严格的生态差异，这种受生态因素（主要是水、热及光照）长期作用，由自然选择作用形成的地域性遗传差异，称为生态型或地理型变异，也可称为地理小种。主要有3种：

（1）南方生态型或高温高湿生态型　地理分布属南方种源区的黄淮平原区，生长快，树干通直，树体高大，主干高，分枝角小，侧枝长，节间长，树冠窄，叶片大而薄，抗旱、抗寒力较差。

（2）北方生态型或北温带干旱生态型　地理分布属北方种源区的东北、内蒙古及新疆等地，生长缓慢，树干不直（或弯曲），主干低，分枝角大，侧枝短，树冠宽，冠内多粗大枝杈，叶片小而厚，抗旱、抗寒力较强。

（3）中部生态型或中温带半干旱生态型　地理分布为中部种源区的山地和黄土高原地区，形态特征介于上述两类中间类型，其生长速度和抗性为中等。

3. 生理型变异　白榆对自然环境的适应性和抗逆性，主要是通过生理、生化作用而实现的。根据生理、生化指标的测定结果，可将白榆划分为两类生理型。

（1）速生型　是受生理机制作用的结果，叶面积大，蒸腾强度大，叶绿素含量高，光合作用强，树木生长快，生长量大。但这一类型由于叶片结构的栅状海绵组织占比小，体面比小，气孔大，叶片总含水量高，水分亏缺小，对水分张力的调节能力差，表现出抗旱性较差，又因可溶性糖含量低，亦不耐寒。这一类型的遗传特性基本与南方生态型相一致。

（2）抗旱抗寒型　这一类型的生理特性是叶面积小，蒸腾强度小，叶绿素含量低，光合作用弱，树木生长缓慢，但抗性特征很明显，如叶片结构的栅状海绵组织占比大，体面比也大，气孔小，总含水量低，水分亏缺大，被动吸水力强，具有较强的抗旱能力。

由生理型变异特征可看出，生理型变异与生态型变异相一致，它有力地说明了生态型变异具有生理基础，因此这些变异是可靠的。

三、白榆种源的地理变异与优良种源选择

（一）种源的地理变异

白榆种源研究协作组（1989）从 1979 年开始对白榆进行种源选择。1980 年白榆种源选择列为林业部重点课题之一，组织了 11 省份科研与生产单位组织协作组进行协作研究，1983 年转为国家"六五"重点攻关专题之一，共进行了 10 年的种源研究。结果表明，白榆种内遗传分化明显，许多性状都呈单向渐变，种源选择有增产材积 30％以上的经济潜力。通过种源试验结果，提出了种子调拨的原则，并为不同生态栽培区选出了优良种源 20 个。试验结果如下：①白榆种源间生长有极显著差异，提供了种源选择的可能，优良种源的材积比当地种源高 75％。②种源间抗寒力有较大差异，计算出的种源受害率与产地纬度的相关系数为 $r = 0.6591$。如黄淮海平原种源中，石家庄以南种源受害率为34.9％，显示出种源抗逆性的稳定性是由遗传性所控制。③种源间在抗旱性上也存在明显差异。通过不同种源的叶片解剖特征，水势、叶和小枝含水量及保水力测试，表现出北方干旱区白榆水势低，因而吸水力强，南方种源水分亏缺小，水分张力调节力弱，与此相应的北方种源叶片和小枝的持水力高于南方，显示出南北方种源在抗旱性上的不同。④白榆的生长和抗逆性存在明显的有规律性的地理变异。白榆种源生长与原产地的纬度、经度和海拔关系紧密，生产力随纬度和海拔增高而降低，随经度增高而增高，即东、南部种源比西、北部种源生长快。⑤白榆存在一定的种源与环境的交互作用。

（二）种源区与种子区划

根据 28 个种源试验点 6 年的研究结果，1985 年将我国白榆自然分布区区划为南（Ⅲ

区）、中（Ⅱ区）、北（Ⅰ区）3 个种源区和 2 个种子利用区。第一种子区（南部区），北界以天山为界，南界为我国白榆自然分布区南界。第二种子区（北部区）的南界在华北平原，北界为我国北部边界线。种子调拨的总原则：两个种子区均以利用南部产地的种子为宜，不要逆向调种，北部种子区不可用北纬 37°线以南黄淮平原的种子，否则造林成活率低。这种调拨基本可以保证各地的保存率，并可获得 10%～20%的增益。

（三）优良种源选择

根据 28 个种源试验点 10 年的研究结果，按照种源的生长性状、适应性与遗传稳定性等 7 个指标，采用综合评价，选出适宜于不同栽培区推广的优良种源 20 个，即孟州、邓州、霍邱、焦作、洛宁、杞县、舞阳、泗阳、获嘉、北京、涡阳、兖州、魏县、乐陵、故城、博野、大荔、兴城、五原、广饶，这些优良种源除兴城、五原外，其余全部在黄、淮、海地区，因此该地区可视为我国白榆优良种源区。为了便于生产上正确应用，对我国北部各省份白榆造林，提出优良种源推荐意见（表 22 - 2）。河北、山东、河南、安徽四省属白榆优良种源区，重点应选择优良家系和无性系利用（马常耕，1993）。

表 22 - 2　白榆北部种子区各省份推荐的优良种源

省份或地区	适宜推广种源	树高增产效益（%）	胸径增产效益（%）
新疆	故城、乐陵、北京、焦作、兴城	22.9	29.2
甘肃	魏县、涡阳、焦作、孟州、北京	19.9	13.0
宁夏	孟州、杞县、舞阳、获嘉、华县	13.5	16.5
内蒙古东部	兖州、焦作、孟州、获嘉、北京	18.2	12.5
内蒙古中部	获嘉、舞阳、焦作、孟州、北京	21.1	13.8
吉林	大荔、兴城、故城、北京、五原	8.1	6.1
辽宁	孟州、故城、博野、涡阳、霍邱	14.4	8.5
陕西	舞阳、魏县、焦作、乐陵、霍邱、兖州、运城	20.7	21.4
山西	孟州、焦作、魏县、大荔、故城	5.4	8.4
黑龙江	五原、北京、承德、双城、兴城	7.3	22.2

四、白榆的种质资源

我国榆树资源丰富，不但种类多、分布广，而且许多榆树的材质好，尤其榆树适应性强，是我国北方主要造林树种之一。中国的白榆和榔榆一直被国外用作培育抗荷兰榆病的育种材料而受到重视（续九如等，2000）。近年来，我国在榆树种质资源的收集方面做了大量工作，山东省金乡县白洼林场目前已收集各类榆树资源 330 份，是国内最大的榆树种质资源库，为榆树的遗传改良及品种选育奠定了基础。

榆属种间杂交是创造榆树新品种的有效途径，它不仅可以获得抗性上的杂种优势，也可以获得速生性的杂种优势（傅立国，1980）。20 世纪 40 年代欧洲已有人研究榆树杂交育种，60 年代在美国获得了抗荷兰榆病的榆树杂种。目前榆树杂交育种已引起我国林木育种工作者的重视，已有科研单位和高等院校开展这项试验，并取得了可喜的成绩，从杂交后代中获得了遗传变异大，具有杂种优势的苗木。

在"六五""七五""八五"期间，榆树被列为国家重点攻关研究树种，1979年开始，持续了10年的种源研究，探明了种源的地理变异，进行了种子区划，在10个省份选择了优良种源20个，其高、径生长增益明显。河南、河北、山东等省在收集了大量国内榆树资源的基础上，选出了一批良种和优良无性系及优良家系，如鲁榆杂1号、鲁榆杂2号、鲁榆选2号、鲁榆选3号、鲁榆选4号、鲁榆选5号、鲁榆2号、鲁榆8号、鲁榆9号、鲁榆11、豫榆8024、豫榆8045、河南65212优良无性系、河北抗虫榆树新无性系、中华金叶榆等，在一定程度上推动了榆树良种生产、推广和科研发展。今后，中国在榆树育种方面要着眼造林、营林工作对榆树良种的要求，重点提高速生性，缩短培育周期，改进干型遗传品质，提高抗虫能力，增强适应性，为林业生产，特别是温带地区的盐碱地、沙地及黄土高原的造林提供速生丰产和抗性强的榆树新品种。

第五节　白榆野生近缘种的特征特性

一、长序榆

学名 *Ulmus elongata* L. K. Fu et C. S. Ding。

落叶乔木，高达20 m，胸径50 cm；树皮浅灰色，裂成不规则块片。枝有时具膨大木栓层，小枝无毛或疏被毛。叶长椭圆形、披针状椭圆形或披针形，长7～19 cm，宽3～8 cm，先端渐尖，基部偏斜。重锯齿先端尖而内弯，其外缘具2～5小齿，上面被硬毛，下面被柔毛。总状聚伞花序，长约7 cm，下垂，花梗较花被长2～4倍，花序轴疏被柔毛，花被6浅裂，花梗无毛。翅果窄，两端渐尖，长2～2.5 cm，先端2裂，柱头细，长6～8 mm，基部具柄，长0.5～1 cm，两面被疏毛，边缘具白色长睫毛（图22-2）。

长序榆为喜光树种，适生于温暖湿润的中亚热带地区和较肥沃的山地黄壤，对温度和湿度的条件要求很高，一般多沿沟谷两侧山坡分布，或生于疏林或林中开阔地，常与枫香树、锥栗、木荷、细叶青冈等树种混生。

长序榆仅分布于福建北部南平，浙江南部遂昌、庆元、龙泉、临安，并沿天目山山脉进入安徽省南部黄山山脉。在安徽省则主要分布于歙县清凉峰、祁门牯牛峰，海拔510～750 m。树干直，心材浅红色，花纹美丽，坚重耐用，为优良用材树种。

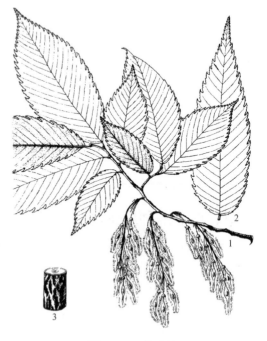

图22-2　长序榆
1. 果枝　2. 叶　3. 萌发枝的一段，示木栓层

二、大果榆

学名 *Ulmus macrocarpa* Hance。

落叶乔木，高达 10 m，有时呈灌木状；树皮灰黑色或灰褐色，浅纵裂。1～2 年生枝黄褐色或灰褐色，幼时疏被毛，后脱落，有时具扁平木栓翅，稀具 4～6 列木栓翅。叶厚纸质，粗糙，宽倒卵形、倒卵状圆形或倒卵形，稀近圆形或宽椭圆形，长 4～9（2～14）cm，宽 3～6（1.5～9）cm，先端短尾尖、急尖或渐尖，基部圆形、楔形或心形，上面密被硬毛，脱落后有毛迹，下面疏被毛，脉腋常有簇生毛，重锯齿浅钝或兼有单锯齿；叶柄长 0.5～1 cm，被毛。花 5～9 朵簇生；花被 5 浅裂，边缘具长毛。翅果倒卵形、近圆形或宽椭圆形，长 1.5～3.5 cm，宽 2.2～2.7 cm，被柔毛，果核位于翅果中部；果柄长 2～4 mm，被毛。花期 4 月，果期 5～6 月。

喜光。根系发达，侧根萌芽性强。耐寒冷及干旱瘠薄。稍耐盐碱，在含 0.165％苏打盐渍土或钙质土上能正常生长。寿命长。

产于黑龙江、吉林、辽宁、河北、内蒙古、山西、山东、江苏、安徽、河南、陕西、甘肃、青海等地；生于海拔 700～1 800 m 山区、谷地、固定沙地以及岩石缝中。朝鲜、蒙古国和俄罗斯也有分布。木材致密，坚硬；可制车辆及器具。树皮纤维柔韧，可制绳及造纸。种子可榨油，供医药及工业用。

三、裂叶榆

学名 *Ulmus laciniata*（Tautv.）Mayr. 。

落叶乔木，高达 20 m；树皮浅纵裂，不规则片状剥落。叶倒三角状卵形或倒卵形，稀卵形或椭圆状卵形，长 5～14 cm，宽 3～10 cm，先端常 3～7 裂，裂片三角形，先端长渐尖或尾尖，或不裂，基部偏斜，上面密被硬毛，脱落后有毛迹，下面被毛；叶柄长 2～5 mm，被柔毛。簇状聚伞花序；花被钟状，5 浅裂，边缘具毛。翅果椭圆形或卵状椭圆形，长 1.5～2 cm，果核位于翅果中部或中下部，凹缺被毛；果柄长 1～2 mm，无毛。花期 4～5 月，果期 5～6 月。

喜光，根系发达，耐寒冷及干旱瘠薄。生于海拔 700～2 000 m 山区、谷地及溪边林中。

产于黑龙江、吉林、辽宁、河北、河南、山西及内蒙古等地；俄罗斯、朝鲜、日本也有分布。边材黄褐色或黄色，心材红褐色，纹理直，结构略粗；供农具、家具等用。树皮可制绳索。

四、旱榆

学名 *Ulmus glaucescens* Franch. 。

落叶乔木，高达 18 m；树皮灰色。叶卵形、菱状卵形或长圆状卵形，长 2～4（5）cm，宽 1～2.5 cm，先端渐尖或短尾尖，基部圆形或楔形，无毛，稀下面被柔毛，萌枝叶上面有时粗糙，单锯齿钝而整齐或有不明显重锯齿；叶柄长 4～8 mm，被柔毛。翅果宽椭圆形、椭圆形，稀倒卵形或近圆形，长 1.5～2.5 cm，果核位于翅果中上部，上端接近或微接近缺口，较翅宽或近等宽，凹缺被毛；果柄长 2~4 mm，密被短毛。花期 3~4 月，果期 5~6 月。

喜光。根系发达，侧根萌芽性强。耐寒冷及干旱瘠薄，能在石山阳坡生长。产于河北、河南、山东、山西、内蒙古、宁夏、甘肃、青海及陕西等地；生于海拔 500~2 400 m 石山阳坡、山麓及山前冲积、洪积地带。

旱榆材质坚硬，供器具、家具及建筑等用。树皮纤维可造纸和生产人造棉。种子可榨油，供工业及食用。可做西北及华北荒山荒地造林树种。

五、常绿榆

学名 *Ulmus lanceaefolia* Roxb. 。

常绿乔木，高达 30 m。小枝密被柔毛。芽长卵形，芽鳞先端被长毛。叶披针形、长圆状披针形、卵状披针形，稀长卵形，质厚，长 3~13 cm，宽 1.5~3（4）cm，先端渐尖或长渐尖，基部偏斜，具浅钝单锯齿，上面沿中脉疏被毛，下面中脉基部疏被毛；叶柄长 2~6 mm，密被短毛或下面毛较少。簇状聚伞花序具 3~11 朵花，花被 5 裂。翅果歪斜倒卵圆形，稀长圆形或近圆形，长 1.7~3.5 cm，缺口被毛，果核位于翅果中上部，上端接近缺口；果柄长 4~7 mm，密被短毛。花期 2~3 月，果期 3~4 月，果可宿存至 6 月。

在滇南石灰岩山地常绿榆与四数木、多花白头树、毛紫薇、毛麻楝等组成混交林。

产于云南西部及南部海拔 500~1 500 m 山区溪边常绿或落叶阔叶林中。老挝、缅甸及印度也有分布。木材坚韧，供建筑、车辆及家具等用。

六、榔榆

学名 *Ulmus parvifolia* Jacp. 。

落叶乔木，树高达 25 m；树皮不规则薄片剥落。幼枝密被柔毛，后渐脱落。芽被毛。叶厚纸质，椭圆形、长椭圆形、卵状椭圆形或卵状披针形，长 2~5（8）cm，宽 1~2（3）cm，先端渐尖或稍钝，基部圆形或楔形，稍偏斜，上面沿中脉疏被毛，下面脉腋有簇生毛，具整齐单锯齿，侧脉 8~15 对；叶柄长 2~5 mm，密被柔毛。秋季开花，花 2~6 朵簇生，或为短聚伞花序；花被 4 深裂，雄蕊 4 枚；花柄极短，长约 1 mm，被毛。翅果椭圆形或卵状椭圆形，长 1~1.4 cm，凹缺被毛；果核位于翅果中部，翅较果核窄。花期 8~9 月，果期 10~11 月。

多散生于平原、丘陵地缓坡或石灰岩山地树林中或旷野。喜光，喜温暖湿润气候，耐干旱，在酸性土、中性土、碱性土及山地、水边均能生长。但以气候温暖、土壤肥沃、排水良好的中性土壤为最适宜的生境。对有毒气体烟尘抗性较强。

产于河北、河南、山东、江苏、安徽、浙江、福建、台湾、江西、广东、广西、湖南、湖北、陕西、四川、贵州等地。日本、朝鲜也有分布。

榔榆材质坚韧，纹理直，耐水湿；供建筑、车辆及家具等用。树皮纤维可做造纸及人造棉原料。嫩叶及根药用，可消肿、止痛，主治牙痛、疖肿及乳腺炎等；根皮可做线香原料。

（解孝满）

参考文献

白榆种源研究协作组，1989. 白榆种源的地理变异和基因型稳定性 [J]. 林业科学研究，2 (4)：412 - 416.

傅立国，1980. 中国榆属的研究 [J]. 东北林学院学报 (3)：1 - 40.

李法曾，张学杰，2000. 中国榆科植物系统分类研究综述 [J]. 武汉植物学研究，18 (5)：412 - 416.

李继华，1985. 山东榆树栽培历史和现状 [J]. 山东林业科技 (2)：65 - 66.

马常耕，王思恭，马国骅，等，1993. 白榆种源选择研究 [M]. 西安：陕西科学技术出版社.

续九如，宋婉，邹受益，等，2000. 榆属树种遗传改良研究现状及思考 [J]. 北京林业大学学报，22 (6)：95 - 99.

张敦伦，林新福，王铁章，等，1984. 白榆 [M]. 北京：中国林业出版社.

中国科学院中国植物志编辑委员会，1998. 中国植物志：第二十二卷 [M]. 北京：科学出版社.

《中国森林》编辑委员会，2000. 中国森林：第 3 卷阔叶林 [M]. 北京：中国林业出版社.

《中国树木志》编辑委员会，1997. 中国树木志：第三卷 [M]. 北京：中国林业出版社.

第二十三章

白　蜡　树

白蜡树（*Fraxinus chinensis* Roxb.）是木犀科（Oleaceae）木犀亚科（Oleoideae）白蜡树属（梣属，*Fraxinus* L.）植物。白蜡树属有许多种是重要的材用树种，材质坚韧，富弹性，用途广，是著名的商品木材，也是我国重要的造林绿化树种。中国 20 种，国外引入约 7 种 7 变种及变型。白蜡树属树种用于造林的主要是水曲柳、白蜡树、新疆白蜡、绒毛白蜡和花曲柳。

第一节　白蜡树的利用价值和生产概况

一、白蜡树的利用价值

（一）木材利用价值

白蜡树属树种木材坚韧有弹性，结构均匀，纹理致密，强度大，耐磨损，抗腐蚀，纤维长，年轮明显，心、边材区别不明显，干时易开裂，易加工；可供建筑、车辆、家具、农具、工具柄等用材，是工业和民用的高级用材，如水曲柳、大叶白蜡、新疆白蜡等在世界木材市场享有盛誉。

（二）药用价值

白蜡树属树种具有重要的药用价值，有几个种的树皮可作为中药"秦皮"，广泛用于消炎解热，有收敛止泻的功效。白蜡树根作为解热药、抗疟药、抗鼻炎药、消炎药、止血药等使用；茎皮在四川等地区做中药（秦皮）用，能清热燥湿，清肝明目；还有用白蜡树属植物治疗口腔炎、牙痛、发热、泌尿系统感染等。

白蜡树属树种的根、茎皮、叶等可提取大量具药用价值的化合物，如香豆素类、裂环环烯醚萜类、苯基乙醇类、木质素类、黄酮类和单酚类，共有 155 种之多，而其中的 78 种都属于香豆素类或裂环环烯醚萜类成分，有 52 种裂环环烯醚萜类化合物存在于白蜡树属植物中，而目前研究较为深入的只有 13 种。白蜡树属植物提取物具有抗菌、消炎、抗氧化、促进皮肤再生、抗光照损伤、抗病毒、利尿、利胆等作用。总之，白蜡树属植物含有丰富的具药用价值的化合物且具有各种生物活性，是值得深入研究的药用植物之一（雷荣剑等，2008）。

（三）造林与园林绿化

白蜡树属树种树姿优美，枝繁叶茂，花序密集，翅果彩色，深秋时节树叶金黄，为城市绿化优良观赏树种。根系发达，固土与抗逆性较强，能耐寒冷与高热，不择土壤，耐水湿与干旱，不怕连年积水，在园林绿化中可孤植或群植，繁殖容易，也可用于干旱地区营造防护林。

（四）生产白蜡

白蜡树是白蜡虫的寄主，可放养白蜡虫，生产白蜡，它是我国一种重要的外贸物资，有重要的经济价值。

二、白蜡树属植物的地理分布和生产概况

白蜡树属植物有 60 余种，分布于北半球温带地区，以东亚、北美和地中海地区种类最多，少数产中亚、西亚及欧洲，个别种分布于赤道及北非。中国 20 种，从东北小兴安岭以南至华北、长江以南至广东、广西及西南均有分布。此外，新疆也有分布。

关于白蜡树属树种的生产概况，就下列 4 个主要树种简述如下：水曲柳是我国东北主要珍贵用材树种，在次生经营及造林更新上已经有成熟的技术，遗传改良取得进展，纯林和混交林的营造也已取得经验。新疆白蜡是我国新疆珍贵的第三纪温带落叶阔叶林子遗树种，生长快，树干通直，材质优良，是新疆的重要阔叶用材树种，也是伊犁河谷地带生态防护树种，由于其能适应干旱严寒并耐轻度盐碱，在许多地方已成功引种，经过人工栽植，已遍及全疆各地。大叶白蜡又名美国白蜡，原产北美，在新疆伊犁及准噶尔盆地边缘和乌鲁木齐地区生长好，新疆东部和南部也能生长。大叶白蜡根系发达，是营造水土保持林的良好树种，也是用材与庭园绿化树种。绒毛白蜡，又名津白蜡，是速生优良用材林树种，材质好，繁殖容易，适应性强，具有耐盐碱，抗涝，抗有害气体和抗病虫害优良特性，是绿化造林优良树种。绒毛白蜡原产北美，20 世纪初引种，中华人民共和国成立后黄河中下游及长江下游均有引种，以天津栽植最多，生长表现良好。白蜡树在我国东北、黄河与长江流域以及福建、广东均有分布，利用历史早，能放养白蜡虫。白蜡树萌芽性强，耐修剪，可萌芽更新，用于经营白蜡杆，生产白蜡，是我国著名特产，其中"峨眉白蜡"畅销国内外；白蜡树木材坚韧，富弹性，耐磨损，有多种用途，因其经济价值高，我国很早用于造林，经营白蜡林。除此之外，我国白蜡树属很多种均已用于绿化造林，发挥着生态、经济和景观的作用。

按《中国树木志》，我国白蜡树属树种资源与分布见表 23-1。

表 23 - 1　白蜡树属树种资源与分布

树种	拉丁名	分布
光蜡树	*Fraxinus griffithii*	陕西、湖北、湖南、福建、台湾、广东、海南、广西、贵州南部、四川、云南、西藏东南部
白枪杆	*Fraxinus malacophylla*	云南东南部、贵州、广西西南部
苦枥木	*Fraxinus insularis*	安徽、浙江、福建、台湾、广东、广西、江西、湖南、湖北、四川、贵州
象蜡树	*Fraxinus platypoda*	湖北、陕西、甘肃、四川、贵州、云南等地
秦岭白蜡树	*Fraxinus paxiana*	湖北、湖南、陕西、甘肃、四川
尖萼梣	*Fraxinus longicuspis*	陕西、河南、四川、湖北、江西、安徽、江苏、浙江、福建等
小叶白蜡	*Fraxinus bungeana*	辽宁、河北、河南、山西、山东、安徽、四川等地
庐山白蜡树	*Fraxinus siebololiana*	安徽、江苏、浙江、福建、江西
白蜡树	*Fraxinus chinensis*	辽宁、吉林、河北、黄河及长江流域、福建、广东
湖北梣	*Fraxinus hupehensis*	湖北钟祥市及京山市
花曲柳（大叶白蜡）	*Fraxinus rhynchophylla*	东北、山东、河北、陕西、甘肃、云南、四川、湖北、河南、安徽、江苏、浙江、福建
西藏白蜡	*Fraxinus xanthoxyloides*	西藏
美国红梣	*Fraxinus pennsylvanica*	原产北美。我国北京、山东青岛及泰安等地引种栽培
美国白蜡树	*Fraxinus americana*	原产北美。我国北京、河北、内蒙古、山东、河南等地引种栽培
水曲柳	*Fraxinus mandschurica*	黑龙江、吉林、内蒙古、河北、河南、山西、陕西、宁夏、甘肃
绒毛白蜡	*Fraxinus velutina*	原产北美。我国辽宁南部、黄河中下游引种，天津栽植最多
新疆白蜡树	*Fraxinus sogdiana*	新疆
锈毛白蜡	*Fraxinus ferruginea*	贵州南部、云南南部、西藏东部
三叶白蜡	*Fraxinus trifoliolata*	四川、云南金沙江流域
多花白蜡	*Fraxinus floribunda*	贵州、云南南部及东南部
宿柱梣	*Fraxinus stylosa*	河南、陕西、甘肃、四川
窄叶白蜡树	*Fraxinus baroniana*	陕西、甘肃、四川等地

第二节　白蜡树属植物的形态特征和生物学特性

一、形态特征

白蜡树属植物多数为大乔木，如水曲柳、白蜡树等，少数为小乔木或灌木，如小叶梣、椒叶梣。白蜡树属树种叶片为奇数羽状复叶或 3 小叶，对生。由于种的不同，叶片大小、形状均有差异。花小，花杂性或单性，雌雄异株，组成圆锥花序。花瓣 4 片或 2 片，罕为 5 片或全缺；雄蕊 2～4 枚，附着于花瓣基部，无瓣时则着生于子房下部，花丝长或短，花药卵形或线状长椭圆形。果实为翅果，圆形或扁平，各室有种子一颗、长椭圆形而扁，两端渐尖。果实具有 2 心皮、3 心皮、4 心皮和 6 心皮 4 种类型。

二、生物学特性

白蜡树属树种有相对一致的开花节律：当气温转暖，空气温度达到夜间 10 ℃、白天最高 25 ℃以上时白蜡树属树种开始开花；通常雄花先开放，花期 10～15 d，雌花晚于雄花 5～7 d 开放。花期一般从 3 月下旬一直持续到 4 月上旬至中旬。在山东泰安对白蜡树属 10 个树种的物候观测发现，白蜡树属不同树种物候和生长期均有一定差异。同一树种，雄株一般比雌株春季开花较早，秋季落叶也常较早。芽萌动期集中在 3 月下旬至 4 月上旬；展叶期集中于 4 月上旬至下旬；花期集中于 4 月上旬至下旬；果熟期集中于 9 月下旬至 11 月中旬；落叶期为 10 月上旬至 11 月上旬（倪国祥等，1997）。

白蜡树为深根性树种，主根明显，侧根发达，根深 0.8～1.5 m。喜光而稍耐侧方遮阴，喜生长在湿润、肥沃、疏松的土壤上。能稍耐盐碱，在土壤 pH 8.5 以下均能生长，pH 超过 8.5，幼苗则大量死亡。在瘠薄、干旱和黏重的土壤上生长不良，虽喜湿并能耐轻度盐碱，但在地下水位过高或短期积水地区，生长则受到限制，过深的积水使白蜡树闷芽而死亡。

白蜡树是硬阔叶树中生长较快的树种，寿命较长，如大叶白蜡，10 年前生长较慢，年高生长为 0.6 m，径生长 0.6 cm，10 年后加快生长，年高生长 1 m，径生长 1 cm，30 年后长势渐缓。水曲柳天然林木林龄 30 年前为高、径生长的速生期，100 年生左右，树高 20～25 m，胸径 40～60 cm。新疆白蜡 50 年生树高 26.6 m，胸径 46.5 cm；新疆准噶尔盆地南缘，玛纳斯河流域的玛纳斯林场，大面积人工林 25 年生时平均高 8.1 m，胸径 7.8 cm，行道树生长更快，10 年生高 12.5 m，胸径 18.3 cm。白蜡树萌生能力强，且能抗烟尘，抗病虫危害，反映了其对环境有较好的适应能力。

第三节　白蜡树属植物的起源、传播和分类

一、白蜡树属植物的起源和传播

白蜡树属最早的翅果化石发现于美国田纳西西部始新世地层中的 *Fraxinus wilcoxiana* Berry；而在东亚地区始新世地层中发现了该属的叶片化石，为中国辽宁抚顺的 *Fraxinus juglandina* Saporta 和 *Fraxinus rupinarum* Beeker（中国新生代植物编写组，1978）以及俄罗斯远东地区符拉迪沃斯托克的 *Fraxinus* sp. 。渐新世时白蜡树属大化石记录在北半球范围内开始逐渐增多，如中国吉林，到中新世时大化石分布已基本接近现代种分布范围（陶君容，2000），而到了上新世时大化石记录开始减少，分布范围仅限于欧洲西部及亚洲东部（陶君容，2000；王磊等，2012）。

Jeandroz 等（1997）用分子生物学的手段——基于核糖体 DNA ITS（内转录间隔区）的分析来推断白蜡树属植物的起源问题：一种是北美为该属起源中心，之后迁徙到亚洲和

欧洲，中间发生了两次扩散事件；另一种是亚洲为起源中心，然后迁徙到北美，中间发生了三次扩散事件。之后，Wallander（2008）推测北美为白蜡树属的起源中心，始新世之后白蜡树属发生了两次扩散事件，最终通过白令陆桥和大西洋陆桥扩散到欧亚大陆，然后一个分支又传播回到北美。

王磊（2011，2012）以白蜡树属为例对云南临沧中新世单翅类翅果化石进行了研究，认为在云南临沧晚中新世地层中发现的 *Fraxinus* cf. *honshuensis* 和 *Fraxinus* sp. 化石，是迄今为止全球化石点中纬度最低的，地处北温带与热带之间，说明了白蜡树属植物在晚中新世或更早的时候已经在亚洲的亚热带和热带地区繁衍，如现今分布在泰国的 *Fraxinus malacophylla*（Wallander，2008）；同时也说明了白蜡树属植物与北半球大多数落叶植物一样都是随着新生代气候变冷的趋势从高纬度地区向低纬度地区迁徙（Tiffney et al.，2001）。

二、白蜡树属植物种分类

1952 年，Vassiljev（1952）把白蜡树属（梣属）划分为 *Fraxinaster* 和 *Ornus* 2 亚属，*Fraxinaster* 又分为 *Melioides* 和 *Bumelioides* 2 组；*Ornus* 分为 *Eurnus* 和 *Ornaster* 2 组。1981 年，Nikolaev（1981）把 *Fraxinus* 分为 *Ornus* 和 *Fraxinus* 2 亚属，*Ornus* 分为 *Ornus* 和 *Ornaster* 2 组，主要分布在亚洲；*Fraxinus* 包含了 *Bumelioides*、*Melioides*、*Dipetalae* 3 组，分布在北美和欧洲大陆。1992 年，韦直（1992）将该属分为 *Ornus* 和 *Fraxinus* 2 亚属，*Ornus* 亚属分为 *Ornus* 和 *Ornaster* 2 组，*Fraxinus* 亚属分为 *Sciadanthus*、*Melioides*、*Fraxinus* 3 组。2008 年，Wallander（2008）通过分子系统把该属分为 6 组：*Ornus*、*Melioides*、*Fraxinus*、*Dipetalae*、*Pauciflorae*、*Sciadanthus*，其中 *Ornus* 全部分布在亚洲；*Melioides*、*Dipetalae*、*Pauciflorae* 分布于北美；*Fraxinus* 分布最广，欧亚大陆和北美均有分布；*Sciadanthus* 分布在北非和中国。

第四节　白蜡树属植物的种质资源

一、水曲柳地理变异与优良种源

王继志等（1994）在吉林市林业科学研究院实验林场和蛟河实验区管理局对东北三省17 个水曲柳种源地理变异进行了研究，对水曲柳 17 个种源种子性状、幼林生长性状进行相关分析，发现种子发芽率、种子宽与纬度、经度呈显著正相关，表现出明显的地理趋势。种子长/宽、千粒重与纬度、经度呈显著负相关。水曲柳地理变异的基本模式是经、纬向变异类型。幼林树高、冠幅与经度、纬度呈显著负相关，表现出随经度、纬度的升高，树高、冠幅降低的变异规律；枝下高与经度、纬度呈显著负相关，表现出随经度、纬度渐变的地理变异规律；叶宽与经度、纬度、海拔呈显著正相关。在水曲柳分布区内，气候条件的变化受经度和纬度双重控制，揭示了水曲柳生长性状变异呈经、纬向变异的气候生态基础。

根据王继志等（1994）对东北三省 17 个水曲柳种源的种源试验结果，将水曲柳划分为 3 个种源区，2 个种源亚区：①长白山种源区，包括南长白山种源亚区：磐石、辉南、临江、通化、东丰、集安、新宾；北长白山种源亚区：汪清、和龙、蛟河、舒兰、安图、靖宇、长白、抚松、桦甸、八家子、海林和双丰；②小兴安岭种源区：包括嘉荫、伊春、逊克、翠岗等地区；③三江平原种源区：包括桦南、穆棱、萝北、鹤岗、富锦、虎林等地区。3 个种源区中长白山种源区为优良种源区。根据在吉林松花湖、通化的种源试验结果，确定辉南、通化和大海林为优良种源，树高可获得 18%～35.07%的遗传增益，胸径可获得 16.46%～46.62%的遗传增益。从测试种源的遗传稳定性来看，辉南、大海林种源属高产型种源，更适于立地条件好的环境；中产稳定型种源：抚松、长白、靖宇、通化、八家子、双丰、汪清、穆棱；低产稳定型种源：临江、新宾；低产不稳定型种源：磐石江南、翠岗、逊克、嘉荫、白石山。

孟宪婷（2009）对黑龙江水曲柳种源试验林 20 个种源 10 年生幼林进行生长性状调查，统计结果表明种源间生长性状存在显著差异，桦南、五常、沾河、帽儿山种源生长量较大，兴隆和湾甸子种源生长量较低。

二、绒毛白蜡形态变异和变异类型

我国已有近百年的绒毛白蜡引种栽培历史，在引种栽培过程中，随着采种育苗繁殖代数的增加，树种本身已经产生了多种变异，表现在生长量、干型、枝角、枝数和皮色等主要性状方面。而且随着引种范围的不断扩大，变异的类型仍在增加，这就为绒毛白蜡的优树选择奠定了丰富的遗传基础。

焦书道等（1996）总结了绒毛白蜡的形态变异和变异类型。

1. 树形变异 绒毛白蜡树形变异主要表现在树冠的形状、侧枝的伸展状态等。树冠形状有伞形、圆形、卵圆形、三角状卵形及三角状圆形 5 种。不同类型植株中，侧枝有斜伸、平展和下垂的变异，如垂枝白蜡树冠圆形，枝条下垂；长果白蜡树冠三角状卵形，侧枝斜伸等。

2. 树皮变异 树皮有光滑、栓皮、纵裂、斑裂之分，纵裂又可分为浅裂、中裂和深裂。如光皮白蜡树皮光滑，青灰色；栓皮白蜡树皮深纵裂，灰色，栓质厚而富有弹性等。

3. 小枝变异 小枝变异明显，如红皮白蜡小枝密被短茸毛；细枝白蜡小枝灰绿色，较细；圆叶白蜡小枝红褐色，粗壮。另外，小枝上的皮孔有圆点状显著突起和椭圆形皮孔稍突起的变异。

4. 叶片变异 小叶形状可分为椭圆形、长椭圆形、宽椭圆形、卵形、长卵形、披针形、菱形和卵圆形等，叶片大小有显著差异。叶片有纸质、薄革质、革质的变异；叶表面颜色有深绿色、绿色和浅绿色之别；小叶先端有长渐尖、渐尖、短渐尖、突尖和尾尖的区别；有的叶片整个背面被有短茸毛，有的仅沿中脉或中、侧脉密被短茸毛等。多数为 5 小叶，有些 5～7 小叶；圆叶白蜡以 7 小叶居多。

5. 果实变异 果实变异明显。果实成熟期可相差 1 个月，如长果白蜡的果实 10 月中旬成熟；光皮白蜡的果实 11 月上旬成熟。果实形状也有线状长椭圆形、长椭圆形和倒披针形之别。依果实大小可分为小果型（果长≤2.5 cm）、中果型（果长 2.5～3.5 cm）、大果型（果长＞3.5 cm）；另外，果翅宽度也有明显差异。

根据绒毛白蜡树形、树皮、小枝、叶片及果实的变异分为 14 个变异类型：光皮白蜡

（*F. velutina* 'Guangpi Baila'）、厚叶白蜡（*F. velutina* 'Houye Baila'）、卵圆叶白蜡（*F. velutina* 'Luanyuanye Baila'）、披针叶白蜡（*F. velutina* 'Pizhenye Baila'）、栓皮白蜡（*F. velutina* 'Shuanpi Baila'）、短柄白蜡（*F. velutina* 'Duanbing Baila'）、垂枝白蜡（*F. velutina* 'Chuizhi Baila'）、大叶白蜡（*F. velutina* 'Daye Baila'）、长果白蜡（*F. velutina* 'Changguo Baila'）、宽果白蜡（*F. velutina* 'Kuanguo Baila'）、小果白蜡（*F. velutina* 'Xiaoguo Baila'）、红皮白蜡（*F. velutina* 'Hongpi Baila'）、椭圆果白蜡（*F. velutina* 'Tuoyuanguo Baila'）、细枝白蜡（*F. velutina* 'Xizhi Baila'）。

第五节　白蜡树属植物种及其野生近缘种的特征特性

一、水曲柳

学名 *Fraxinus mandschurica* Rupr.。

（一）形态特征

水曲柳为落叶乔木，高达 35 m，胸径 1.2 m，树干通直，树皮灰白色，浅纵裂。冬芽黑褐色至黑色。叶轴具窄翅，密被锈色茸毛，小叶 7～11（13），长圆状披针形或卵状披针形，长 6～16 cm，宽 2～5 cm，先端渐长尖，基部楔形，具细尖齿，下面沿叶脉被黄褐色毛；近无柄。圆锥花序腋生于去年生枝上；花单性异株。无花萼及花冠。翅果长圆形或长圆状披针形，长 2.5～4 cm，扭曲；果柄长 4.5～9 mm。花期 5～6 月，果期 9～10 月（图 23-1）。

（二）生物学特性

主根短，侧根和毛细根发达，喜光，幼树稍耐阴；水曲柳林分布区年平均温度在 −2.5 ℃以上，可耐 −40 ℃的严寒，年平均降水量 450～1 000 mm；生于暗棕色森林土、草甸土和白浆土，喜潮湿但不耐水涝，喜肥，稍耐盐碱，在土壤 pH 8.4，含盐量 0.1%～0.15%的盐碱地上也能生长，不耐水渍，在季节性积水或排水不良的地方生长不良或死亡。主根浅、侧根发达，生长较快，寿命较长。喜肥沃、湿润、深厚土壤，多生于山麓、谷地或溪边。高生长期短，在东北 40～50 d，高生长停止后开始加粗生长。水曲柳生长迅

图 23-1　水曲柳和新疆白蜡树
水曲柳：1. 果枝　2. 两性花
新疆白蜡树：3. 果枝　4. 两性花
（引自《中国树木志•第四卷》）

速，成林快，在东北次生林区主要用材树种中，生长速度仅次于山杨。

在肥沃地区的水曲柳天然林，100 年生，高达 23.5 m，胸径 44 cm。寿命约 250 年。萌蘖性强，可萌芽更新。种子千粒重 64.5 g，种子休眠期长，春播需进行催芽处理。

（三）分布和栽培概况

1. 天然分布　水曲柳林主要分布在东北东部山地的小兴安岭、张广才岭、完达山、长白山，地理位置东经 100°～146°、北纬 30°～55°。此外，河北、内蒙古、山西、河南、湖北、陕西、甘肃也有少量分布。朝鲜北部、俄罗斯远东和日本北部也有分布。

在我国集中分布于小兴安岭和长白山区，为我国东北林区阔叶红松林的主要伴生树种，也是东北东部山地天然次生林的主要组成树种，具有一定的水土保持和水源涵养意义。水曲柳生长迅速，成林快，在东北次生林区主要用材树种中，生长速度仅次于山杨。它适生于东北东部山地的中生、潮湿和湿生立地，原生林型和次生林分均有以水曲柳为优势的类型（《中国森林》编辑委员会，2000）。水曲柳垂直分布高度与阔叶红松林基本一致，在小兴安岭分布海拔 200～600 m，在长白山分布海拔 400～1 000 m。大兴安岭的漠河、塔河、呼玛一带是我国的分布北界。

2. 栽培概况　水曲柳在东北东部地区有大面积人工林，西部松嫩平原也有少量栽培。根据调查，黑龙江省水曲柳人工林面积有 2 240 hm²。黑龙江尚志市东北林业大学帽儿山实验林场有大面积直播和人工植苗的水曲柳人工林，黑龙江肇东市林业局 1981 年在苏打盐碱草甸土上进行水曲柳人工造林，黑龙江省勃利县从 20 世纪 50 年代开始营造水曲柳人工林，均生长良好（李茹季等，2000）。黑龙江克东、依安、富锦、桦川、桦南有大面积40～50 年生落叶松和水曲柳混交林，长势良好，而且落叶松能明显地促进水曲柳的生长（李茹秀等，2000）。

吉林省水曲柳成林面积约 1 500 hm²，目前树木长势良好，并已郁闭成林，造林成活率平均达 95%，生长迅速。可在吉林东部及中东部山区大力发展，特别是应作为参后还林地、林参间作地的主要造林树种。此外在江苏北部，河北围场，浙江新昌，陕西汉中均成功引种。

根据影响水曲柳分布与生长的气候因子进行了人工林栽培区划，将东北地区水曲柳划分为 3 个栽培区（李霞，2006），即中心栽培区、一般栽培区和边缘栽培区。①中心栽培区：长白山北部山地是发展水曲柳人工栽培最佳产区，称为中心栽培区；②一般栽培区：长白山东北部山地、长白山南部山地、小兴安岭山地和三江平原是水曲柳适生立地区，适合人工栽培水曲柳，称为一般栽培区。③边缘栽培区：小兴安岭西北部山地和辽宁千山低山丘陵区是水曲柳边缘分布区，这些地区水曲柳生长已受环境胁迫，不适合人工栽培，应以保护现有资源为主。中心栽培区应重点发展和培育优质大径材，一般产区可发展大径材和中径材相结合。

（四）利用价值

水曲柳是珍贵阔叶用材树种，其木材坚硬致密，纹理美观，耐水湿，可供航空、车船、运动器械等用。此外，室内装饰、机械制造、造船、车辆、家具、镶嵌木地板、工业配件等均广泛使用，是工业和民用的高级用材，早在世界木材市场享有盛誉。

二、绒毛白蜡

学名 *Fraxinus velutina* Torr.，别名津白蜡、绒毛梣、毡毛梣。

（一）形态特征

绒毛白蜡为落叶乔木，30 年生树高可达 23.5 m，胸径 64 cm。树冠伞形，树皮灰褐色，浅纵裂；侧枝开展，幼枝有茸毛；冬芽芽鳞棕红色，有茸毛；奇数羽状复叶，对生，小叶 3～7，通常 5 枚，叶柄短或无。叶长卵形，先端尖，基部宽楔形，不对称，叶长 3～8 cm，宽 3～4 cm，边缘有细锯齿，叶背有茸毛；雌雄异株，花先叶开放。圆锥状聚伞花序着生于去年生小枝上，花萼 4～5 裂，无花瓣；雄花有 2～3 枚雄蕊，花丝极短，花药长 4 mm，金黄色。雌花柱头成熟时 2 裂，呈粉红色，先花后叶，3～4 月开花，花期 1 周，果实为单翅果，长 2 cm 左右，果实比果翅略长，果翅下延至果实上部，翅端微凹，种子长条形，长约 1 cm，两端稍尖，5 月坐果，9 月中旬成熟。

（二）原产地分布和引种概况

绒毛白蜡原产于美国西南部地区，分布在西经 100°～120°、北纬 31°～42°，即北起内华达州、犹他州，向南到加利福尼亚州南部、亚利桑那州、新墨西哥州，一直到得克萨斯州西南部。地理位置属于北美科迪拉山系构成的广大内陆高原和山地的西部，是北美最干旱的地区。绒毛白蜡原产地的东面以南落基山脉为界，西面以内华达—喀斯喀特山脉为界，北部是海拔 1 300～1 800 m 的沙漠高原盆地，主要分布在这一地区海拔 600～2 000 m 的山麓峡谷地带。此外，该树种在瑞典南部也有零星分布。

20 世纪初我国济南开始引种绒毛白蜡。目前山东、浙江、江苏、河南、河北、天津、辽宁、吉林、内蒙古等 19 个省份广泛引种栽培，天津栽植最多。

（三）生物学特性

绒毛白蜡为暖温带喜光树种，幼时耐阴。适生平均温度 12 ℃，1 月平均温度 −4 ℃，极端最高温度 40 ℃，极端最低温度 −18 ℃。生长快，绿苗期长。耐涝、耐盐碱，能适应各种土壤和立地，壤土、黄黏土、二合土均可生长。树冠大，树形美观，抗有害气体能力强。根系发达，固土作用强。通常以种子繁殖，也可进行无性繁殖。

（四）利用价值

绒毛白蜡生长快、寿命长、繁殖易，是一种适应范围广的造林树种，叶色翠绿，树姿优美，是品质优良的行道树和庭院绿化树种；根系发达，防冲固土作用强，是水土保持的优势树种；木材柔韧有弹性，结构均匀，纹理美观，是珍贵的用材树种，可供建筑、车辆、航空、高档家具等使用；绒毛白蜡耐盐碱、抗旱耐涝、抗有害气体能力强，分布范围广，是滨海盐碱地适应性较强的耐盐碱树种。

三、小叶白蜡

学名 *Fraxinus bungeana* DC.，别名苦杨、秦皮、小叶梣。

(一) 形态特征

小叶白蜡为落叶小乔木或灌木状；高达 5 m，树皮黑灰色。冬芽密被黑褐色柔毛。幼枝淡褐色，老时暗灰色，微被细柔毛。羽状复叶长 5～15 cm；小叶 5～7，菱状卵形、圆卵形或倒卵形，长 2～5 cm，先端钝尖、渐短尖或近尾尖，基部宽楔形，具钝齿，两面无毛。圆锥花序顶生于当年生枝上，长 5～8 cm，微被柔毛。雄花与两性花异株；花萼裂片尖；花瓣 4，白色带黄绿色，条形，长约 4 mm；雄花花丝略长于花瓣，两性花花丝短于花瓣。翅果窄长圆形，长 2.5～3 cm。花期 4～5 月，果期 9 月。

(二) 生物学特性

小叶白蜡喜光，喜湿润肥沃土壤，不耐干旱瘠薄，抗寒，适应性强，在年平均气温 5～12 ℃，极端最高温 42.9 ℃，绝对低温 −35.9 ℃，年平均降水量 50～800 mm 的地区生长。对土壤适应性强，属中度耐盐树种，幼苗能在土壤总盐含量小于 0.46％时正常生长，成株耐盐能力更强。

小叶白蜡 4 月中旬萌动抽芽，4 月下旬至 5 月展叶，10 月种子成熟，叶片到 9 月开始呈黄绿色，随后叶色逐渐转黄，直至金黄色或深橘色。

(三) 分布概况

小叶白蜡主要分布于吉林、辽宁、河北、山西及河南，生于海拔 1 500 m 以下较干旱向阳沙质土壤或岩缝中。

(四) 利用价值

木材坚韧，有弹性，供制家具、农具等用，能耐久。小叶白蜡树形美观，树势挺拔，抗旱性强，是干旱地区城市绿化的优良树种。

四、花曲柳

学名 *Fraxinus rhynchophylla* Hance，别名大叶梣、大叶白蜡。

(一) 形态特征

花曲柳为落叶乔木，高达 16 m，胸径 1 m。小枝无毛。羽状复叶长 15～35 cm；小叶 5 (3～7)，宽卵形、倒卵形或长圆形，长 5～15 cm，先端尾尖，基部宽楔形或近圆形，具粗钝圆齿，上面无毛，下脉上被毛。圆锥花序顶生或腋生；花杂性，两性花与雄花异株。花萼钟形，长 1～2 mm；无花瓣或稀有不整齐花瓣 1～4。翅果条形。花期 5 月，果期 9～10 月 (图 23-2)。

（二）生物学特性

花曲柳的适生立地条件为阳坡、半阳坡、半阴坡的山腹缓坡山谷、沟旁；土壤以暗棕壤为主，土层以中厚层为宜，土壤结构为团粒状、粒状机构，通气良好，有机质含量高，微酸性。

（三）分布概况

花曲柳分布于我国东北、山东、河北、陕西、甘肃、云南、四川、湖北、河南、安徽、江苏、浙江、福建。朝鲜半岛、日本有分布。

（四）利用价值

木材供建筑、车辆、家具、农具等用。枝条供编织。树皮可做"秦皮"入药。种子含油量 15.8%，可供制肥皂。

五、白蜡树

学名 *Fraxinus chinensis* Roxb.，别名青榔木、白荆树、梣皮、水白蜡、尖叶白蜡树、尖叶梣、尾叶梣。

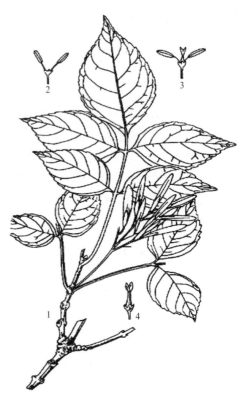

图 23-2　花曲柳
1. 果枝　2. 两性花　3. 雄花　4. 雌花
（引自《中国树木志·第四卷》）

（一）形态特征

白蜡树为落叶乔木，高达 15 m。幼枝灰绿色，无毛。奇数羽状复叶对生，长 12～35 cm；小叶 3～7，卵状椭圆形或倒卵形，长 3～10 cm，先端渐尖或钝，基部宽楔形，具锯齿，下面中脉基部有茸毛。圆锥花序顶生及腋生；花单性异株或同株。雄花花萼杯状，长约 1 mm；雌花花萼长筒状，长 2～3 mm。翅果倒披针形，长 3～4 cm。花期 4～5 月，果期 7～9 月（图 23-3）。

（二）生物学特性

喜光，幼苗稍耐阴，喜温暖湿润气候，耐寒；喜湿润肥沃沙壤土，在干旱瘠薄、短期积水和盐渍化土壤上生长不良。在钙质紫色土、石灰性土壤、黄棕壤或黄壤、冲积土、水稻土以及碱性、中性、酸性土壤上均能生长；抗烟尘，对二氧化硫、氯气、氟化氢有较强抗性。萌蘖力均强，耐修剪，生长较快，可萌芽更新。速生，壮龄期 10～15 年，寿命可达 200 年。

（三）分布

北自我国东北中南部，经黄河流域，长江流域，南达广东、广西，东南至福建，西至甘肃均有分布，在川西可达海拔 3 000 m。朝鲜、越南也有分布。

（四）利用价值

白蜡树形体端正，树干通直，枝叶繁茂而鲜绿，秋叶橙黄，是优良的行道树和遮阴树；其又耐水湿、抗烟尘，可用于湖岸绿化和工矿区绿化。生于中低山阴坡、平原、溪流两岸。白蜡树的材质与水曲柳相似，而韧性更大，坚固耐用。干条是著名的"白蜡杆（条）"，是良好的编织原料。树皮入药，有清热、明目、健胃效能，对细菌性痢疾有显著疗效。白蜡树用于放养蜡虫，生产白蜡。白蜡为中国特产，为传统出口物资，集中产于四川乐山地区。白蜡树 3 年生扦插苗高 1.2 m，即可放养雌虫繁殖"种虫"，单株产虫可达 150 g，5 年后放养雄虫，生产白蜡，单株可产白蜡 150 g，8 年进入盛期，单产可达 400 g。

图 23-3　白蜡树
1、6. 果枝　2. 两性花　3、7. 雄花
4、8. 雌花　5、9. 翅果
（引自《中国树木志·第四卷》）

六、新疆白蜡树

学名 *Fraxinus sogdiana* Bunge，别名天山梣。

（一）形态特征

新疆白蜡树为落叶乔木，高达 25 m，树冠圆形，树皮灰褐色，纵裂。冬芽暗绿色。小枝棕色或红棕色。羽状复叶长 10～30 cm；小叶（5）7～11（13），卵形、卵状披针形，长 3～6 cm，宽 1.5～3 cm，先端渐尖，上面基部微被毛，下面无毛，具不规则尖齿；侧生小叶柄长 0.5～1.5 cm。总状花序侧生于去年生枝上；花杂性或雌雄异株。无花被。翅果长圆状倒卵形，长 3～3.5 cm，常扭曲。花期 4 月，果期 9 月（图 23-1）。

（二）生物学特性

在天山西部分布区内，气候温暖而较湿润，年平均气温 8～9 ℃，1 月平均气温 7.5 ℃，7 月平均气温 23 ℃，极端最低气温－30 ℃，极端最高气温可达 36 ℃，年平均降水量 350～400 mm。在河滩地带，土壤为草甸森林土，土壤组成为中细沙壤质或中沙壤质，一般具有沙卵石下垫层。新疆白蜡树适应性强，较耐寒冷，也较耐大气干旱。喜光性较强，喜肥沃、湿润、排水良好的细沙壤质、中沙壤质或壤质土壤。在土壤含盐量小于 0.37%～0.46% 的立地，幼树生长良好。

新疆白蜡树 7～10 年生开始结实。新疆伊犁地区喀什河边人工林，50 年生大树，高达 26.6 m，胸径 46.5 cm；塔里木盆地西南缘，行道树，10 年生树高 12.5 m，胸径 18.3 cm。

（三）分布概况

新疆白蜡树在中国分布面积比较狭小，仅产于新疆天山西部伊犁谷底喀什河、特克斯河和巩乃斯河下游河谷、河湾及河滩地带，海拔 700～1 600 m。俄罗斯中亚地区也有分布，由此而进入新疆，经过人工栽培遍及全疆各地。青海、甘肃及东北等地也有引种。伊朗有分布。

（四）利用价值

新疆白蜡树材质优良、干形优美、枝叶繁茂，是良好的硬阔叶用材树种和绿化树种。木材坚韧有弹性，为建筑、纺织、车辆、家具和工具柄优良用材。树叶可做绿肥及牛羊饲料。

（李文英）

参考文献

焦书道，任景，1996. 绒毛白蜡形态变异及其主要类型 [J]. 河南林业科技 (3)：16 - 18，38.

雷荣剑，金圣煊，2008. 梣属植物药用研究进展 [J]. 哈尔滨医药，28 (5)：51 - 53.

李茹季，柴一新，2000. 水曲柳混交林的培育途径 [J]. 东北林业大学学报，28 (5)：15 - 18.

李霞，杨凯，陈效群，2006. 水曲柳人工林栽培区别 [J]. 中国林副特产 (2)：75 - 76.

孟宪婷，2009. 东北地区不同种源水曲柳遗传分化的研究 [D]. 哈尔滨：东北林业大学.

倪国祥，樊宝敏，朱英群，1997. 梣属 10 个种的物候及新梢生长观测 [J]. 山东林业科技 (4)：23 - 25.

陶君容，2000. 中国晚白垩世至新生代植物区系发展演化 [M]. 北京：科学技术出版社.

王继志，杨励，陈晓波，1994. 水曲柳优良种源选择及造林技术 [J]. 林业科技开发，18 (3)：17 - 20.

王磊，2011. 云南临沧中新世单翅类翅果化石研究：以梣属为例 [D]. 兰州：兰州大学.

王磊，解三平，刘珂男，等，2012. 云南临沧晚中新世梣属翅果化石及其古植物地理学意义 [J]. 吉林大学学报（地球科学版），42（增刊 2）：331 - 341.

中国科学院中国植物志编辑委员会，1992. 中国植物志 [M]. 北京：科学出版社.

《中国森林》编辑委员会，2000. 中国森林：第 3 卷阔叶林 [M]. 北京：中国林业出版社.

《中国树木志》编辑委员会，2004. 中国树木志：第四卷 [M]. 北京：中国林业出版社.

中国新生代植物编写组，1978. 中国植物化石：第三册中国新生代植物 [M]. 北京：科学出版社.

Jeandroz S, Roy A, Bousquet J, 1997. Phylogney and phylogeography of the circumpolar genus *Fraxinus* (Oleaceae) based on internal transcribed spacer sequences of nuclear ribosomal DNA [J]. Molecular Phylogenetics and Evolution, 7 (2): 241 – 251.

Tiffney B H, Manchester S R, 2001. The use of geological and paleontological evidence in evaluating plant phylogeographic hypotheses in the northern hemisphere tertiary [J]. International Journal of Plant Sciences, 162 (6): S3 – S17.

Wallander E, 2008. Systematics of *Fraxinus* (Oleaceae) and evolution of dioecy [J]. Plant Systematics and Evolution, 273: 25 – 49.

第二十四章

金 合 欢 属

金合欢（*Acacia* spp.）为含羞草科（Mimosaceae）植物，全世界约有 1 200 种，除欧洲和南极洲外的其他各洲都有分布，以澳大利亚和非洲最多。中国有 10 余种，引入栽培 40 余种。目前在国内栽培最广的是台湾相思（*Acacia confusa*），引进的马占相思（*A. mangium*）栽培面积比较大。相思树属于短轮伐期多用途树种，生长快，有根瘤，具有固氮作用，可改良土壤，木材用途广，现已在华南等地广泛用于人工造林（潘志刚等，1994；洪菊生等，1993）。

第一节 金合欢属植物的利用价值与生产概况

一、金合欢属植物的利用价值

（一）木材价值

金合欢属树种中有许多良好的用材树种，其心材和边材差别明显，心材比例大，颜色多为红褐色或黑褐色，有些还具有深色花纹，纹理美观，木材气干密度 0.48～0.81 g/cm³，心材略重硬或重硬，耐腐，可供装饰用材或做木地板。黑木相思（*A. melanoxylon*）在澳大利亚作为名贵木材利用，做高级家具和宾馆装饰贴面板。马来西亚、泰国、印度尼西亚等国家用马占相思培育大径材，制作高档硬木家具；并将其作为良好的建筑用材、一般工业用材、胶合板、箱板与其他板料材等。印度及非洲一些国家把银荆（*A. dealbata*）、大叶相思（*A. auriculiformis*）等做建筑材、柱材和枕木等用。厚荚相思（*A. crassicarpa*）在巴布亚新几内亚供重型建筑用材，此外纹荚相思（*A. aulacocarpa*）、卷荚相思（*A. cincinnata*）、大叶相思、镰叶相思（*A. harpophylla*）、灰木相思（*A. implexa*）等均可供地板、箱板、矿柱、枕木和建筑用材。

（二）纤维价值

金合欢属树种很多都是良好的纤维资源，马占相思是马来西亚纸浆材主要来源，成品纸已在其国内大量生产。马来西亚、印度尼西亚等国每年还向日本和我国台湾出口纸浆切片。用马占相思木材制得的漂白浆，可制作各种书写纸、印刷纸、白板纸和瓦楞纸。广东江门造纸厂试验表明，马占相思的纤维素含量高，纤维均整度好、杂质少、木质素含量低，容易蒸煮漂白打浆，成纸物理性能好，是一种理想的短纤维阔叶木原料。另外我国引进栽培的大叶相思、厚荚相思、纹荚相思、银荆、黑荆（A. mearnsii）等都是良好的纸浆原料。

（三）绿化和薪炭价值

金合欢属树种具有根瘤，有固氮作用，同时生物量大，林地枯枝落叶多，对土壤有很好的改良作用。据调查，4 年生马占相思人工林，每公顷生物量可高达 9.5 t。大叶相思对氟化氢、二氧化硫、氯气抗性强，可做污染区的绿化树种，其花 1 年开放两次，花期长，是良好的蜜源植物。马占相思、绢毛相思（A. holosericea）可与桉树混交，营造防护林，也可用作庭园绿化和作为公路两侧的行道树。绢毛相思木材热值为 19 539 kJ/kg，木炭热值为 31 496 kJ/kg，马占相思的热值为 20 083～20 501 kJ/kg，黑荆具有优良的燃烧性，均可作为薪炭材。另外大部分金合欢属树种的幼嫩枝叶可做牲畜饲料，马占相思、大叶相思的嫩枝叶被海南省一些地方用作牛羊等家畜的青饲料。

（四）非木材价值

许多金合欢属树种可以生产栲胶，黑荆树皮是世界上著名的凝缩类栲胶原料，成年的黑荆树皮单宁含量达 40% 以上。黑荆栲胶除能鞣制各种高质量的重革和轻革外，还可做单宁胶黏剂及用于金属防锈、水处理和选矿等。国内对 6 年生银荆树皮的采样分析，粗皮型银荆单宁含量为 28.9%，细皮型银荆单宁含量为 22.2%。儿茶（A. catechu）是金合欢属中的著名鞣料树种和药用植物，主要含儿茶鞣酸及儿茶素、黄色素等，在工业上做染料和鞣革的原料；心材碎片煎汁，经浓缩干燥成儿茶膏或儿茶末，是重要的中药，其树皮也可提取单宁。一些金合欢属树种还可作为蜜源、香料、医药、紫胶虫寄主等（潘志刚等，1994）。

二、中国金合欢属植物的引种与栽培区

（一）金合欢属植物的原产地概况

金合欢属植物约有 1 200 种，大部分原产于大洋洲，有 850 种；其次为美洲，约有 200 种；非洲有 150 种。金合欢属植物主要生长在干旱、半干旱气候区，也有一些生长在半湿润地区，属于热带雨林的金合欢属树种仅 10 种左右，垂直分布海拔 0～1 500 m，多数为海拔 100～500 m（郑万钧，1985；孙航等，1990；李纪元，2002）。

（二）中国金合欢属植物的栽培历史和栽培区

金合欢属树种数量多，形态类型多样。目前金合欢属植物在造林和绿化方面应用较多的有马占相思、大叶相思、厚荚相思、纹荚相思、黑木相思、灰木相思、杂交相思、黑荆、银荆等，主要栽培区为广东、广西、福建、海南、云南、浙江、台湾等省份。

中国金合欢属植物已有近百年的引种栽培历史。儿茶在云南西部引种栽培已有近百年。

国内大面积引种栽培源于 20 世纪 50 年代，至 20 世纪 80 年代通过国家科技项目，引入了大量速生抗逆树种，主要相思类树种引种概况见表 24 - 1（潘志刚等，1994）。

表 24 - 1　中国引种的主要金合欢属树种概况

树种名称	初次引种时间	初次引种区域	引种单位
纹荚相思	20 世纪 70 年代	广西南宁	广西壮族自治区林业科学研究所
大叶相思	1961 年	广东广州	中国科学院华南植物园
银荆	20 世纪 50 年代	云南昆明	不详
儿茶	20 世纪初	云南西部	不详
厚荚相思	1985 年	广东遂溪、海南临高	中国林业科学研究院林业研究所
绢毛相思	1979 年	广东、广西	中国林业科学研究院林业研究所
马占相思	1979 年	广东、广西	中国林业科学研究院林业研究所
黑荆	20 世纪 50 年代	广西、广东、福建	不详

（三）中国金合欢属植物生产现状

中国在地理上属于金合欢属植物分布的北缘，除台湾相思等少数种为中国原产外，绝大多数为引进种。20 世纪 80 年代以来，在澳大利亚国际农业研究中心（ACIAR）的资助下，中国林业科学研究院林业研究所、亚热带林业研究所等单位开展了系统的引种试验。迄今已有 41 个树种经过树种/种源试验，营建了超过 200 hm² 的金合欢属树种异地保存林，极大地丰富了国内的金合欢属种质资源。大叶相思、马占相思、厚荚相思及相思杂种已成为南亚热带地区木片基地林的主要造林树种。

台湾相思原产台湾恒春，现台湾平原丘陵普遍栽培。1949 年以来，台湾相思在华南沿海地区有较大面积的造林。福建东南沿海各地及宁德地区部分县栽培较多，广西南部多人工林，桂林地区也有栽培；广东全省各地均有种植，且南部普遍；海南省五指山、琼中等地亦有栽植；云南干热河谷、四川攀枝花、江西、浙江温州洞头等地均有少量引种。广东东部沿海和潮汕平原经营台湾相思薪炭林的历史较长，潮阳县 1950—1980 年共营造台湾相思薪炭林 1.37 万 hm²，占该县森林面积的 28.5%，基本解决了农村的烧柴问题。20世纪 70 年代广东中部近海的丘陵山地台湾相思飞播造林成功，40 多年来，广东共营建台湾相思人工林 13.6 万 hm²。

大叶相思可在恶劣的立地条件下生长，且表现良好。中国从 20 世纪 60 年代开始试种大叶相思，广东、广西、福建、云南等地都有引种，至 1986 年，广东全省各地共栽植大叶相思 4.6 万 hm²，以湛江、汕头面积最大；2013 年福建漳州地区将大叶相思列为十大重点造林树种。根据广东省林业科学研究所对大叶相思林标准株的树干解析推算，其年平均材积生长量为 7.78 m³/hm²，超过印度西孟加拉邦半干旱气候生境下的年生长量。但与马来西亚等气候条件较好的热带国家相比，差距还是比较明显（《中国森林》编辑委员会，2000）。

1979 年中国开始引种马占相思，1983 年"热带相思的引种栽培及利用研究"课题列入国家科技攻关研究，由中国林业科学研究院主持，广东、海南、广西、福建等省份的 20 多个单位参加，组成全国引种试验研究网点。林业部种子公司和广东省林业厅也引进种子，在各地扩植。1991 年"马占相思等 8 个外来树种栽培及利用研究"课题，获得林业部科技进步一等奖，为推广马占相思造林提供了科学依据。目前马占相思在广东、海南、广西等省份的热带及南亚热带地区推广，发展势头强劲，种植面积已达 25 万 hm² 以上，林木生长普遍良好（李芳等，2002）。

1985 年中国开始引种厚荚相思，先后在广东、广西、海南、福建等地开展种源试验，1988 年在广东遂溪和海南临高建立了优良种源的实生种子园，1995 年厚荚相思被林业部列为科技推广项目之一，海南 20 世纪末约有 266.67 hm² 厚荚相思人工林（潘志刚等，1996）。

黑荆作为金合欢属的重要工业原料树种，20 世纪 50 年代引种到中国福建、广东、广西沿海地区。20 世纪 60 年代造林面积较大，但由于低温导致的冻害，种植面积有所缩小，70 年代中期以后在适宜生长区稳步发展。目前引种黑荆的地区已扩大到浙江南部沿海、江西赣州（有轻微冻害）、海南屯昌、云南楚雄等地。黑荆主要采取纯林经营，前 5 年生长最快，8～12 年后进入衰老期，此时是砍伐利用的最好时期。黑荆作为新的鞣料工业原料，过去引种栽培时忽略了气候——尤其是低温的伤害，限制了它的发展，今后应在水热条件更好的沿海地区种植。

第二节　金合欢属植物的形态特征和生物学特性

一、形态特征

乔木、灌木或藤本，有刺或无刺。二回羽状复叶，或小叶退化，而叶柄变为扁平的叶状体；托叶刺状或不明显，稀膜质。花黄色，稀白色，头状或穗状花序；钟萼状或漏斗状，齿裂；花瓣分离或连合；雄蕊多数，花丝分离，突出；胚珠多数。果卵形，长圆形或条形，多扁平，稀圆筒形。

由于金合欢属树种众多，形态差异很大，1972 年 Vassal 提出把这一属分为 3 亚属，即异叶金合欢亚属（*Heterophyllum*）、棘皮金合欢亚属（*Aculeiferum*）、金合欢亚属（*Acacia*），见表 24-2。

表 24-2　金合欢属 3 亚属形态特征及代表种

亚　属	形态特征	分布区及数量	代表树种
异叶金合欢亚属	苗期时植株二回羽状复叶的叶柄逐渐膨大成叶状，也有叶柄不膨大变形，保持原来二回羽状复叶。无皮刺，罕见托叶刺。其中除总状花序组其他均为叶状（叶）柄；总状花序组为二回羽状复叶，托叶不明显，无刺，花着生于枝顶	绝大多数分布在澳大利亚；约 850 种，我国引进的用材树种多属此亚属	台湾相思、马占相思、大叶相思、厚荚相思、纹荚相思、卷荚相思、绢毛相思、银荆、黑荆、云南金合欢、无刺儿茶、阔叶金合欢、印度金合欢、羽叶金合欢、藤金合欢

（续）

亚　属	形态特征	分布区及数量	代表树种
棘皮金合欢亚属	二回羽状复叶，多为藤本，无托叶刺，多数有皮刺	除两个种产于澳大利亚外，主要分布于非洲；约150 种	合欢相思、塞内加尔相思、蕨叶相思
金合欢亚属	二回羽状复叶，具托叶刺，刺与枝干有维管束连接	除8种分布于澳大利亚外，主要分布于非洲和南美洲；约200 种	金合欢

二、生物学特性

金合欢属植物形态各异，有大乔木、乔木、灌木和藤本，生长特性也有差别。多数树种生长较为迅速，如异叶金合欢亚属的树种生长很快。广东遂溪的 7 年生纹荚相思，胸径 9.0～11.2 cm，树高 9.3～10.5 m；广东江门的 2.5 年生杂交相思，树高 3.5～4.0 m；在良好的立地条件下，5 年生银荆人工林平均树高 9.3 m，平均胸径 8.3 cm。

多数金合欢属树种喜欢高温多湿气候，同时也耐干旱、瘠薄和轻微的霜冻，但持续时间较长的低温天气可对金合欢属树种造成毁灭性伤害。杨民权等（1993）调查了 1991 年寒潮对粤北地区 21 个金合欢属树种的危害情况，指出除银荆外，其余黑荆、台湾相思等 20 个树种都受到不同程度的雪害，因此极端低温是限制金合欢属树种在中国发展的关键影响因子。大多数金合欢属树种为侧根发达的浅根性树种，遇强热带风暴吹袭容易造成主干折断和倒伏。金合欢属树种具有强的生存能力，根部具有根瘤菌，可以固氮，因此对土壤养分要求不高，耐瘠薄，为改良土壤的先锋树种。纹荚相思、大叶相思、绢毛相思、银荆等树种均具有根萌特性，可采用萌芽更新，其中纹荚相思和绢毛相思伐桩高度大于 50 cm，大叶相思伐桩高度应在 1 m 以上萌芽效果好，可作为矮林经营或作为采穗圃用于扦插育苗。

叶状柄类相思花多为灰白色或浅黄色，穗状花序长 2～6 cm，单生成 3 个花在短柄上；荚果长圆形，木质，成熟时扭曲。种子横在荚果内，黑色有光泽，顶端具黑色假种皮，5 月荚果成熟。我国引进的大叶相思和厚荚相思 3 年生即可开花结实，马占相思 2 年生即可开花，纹荚相思开花结实较迟，在海南临高引种的纹荚相思 5 年生尚未开花。一般 3～5 年生即可开花结实，花期因地点不同有差异。一般在中国云南 6～7 月形成花蕾，11 月始花，12 月至翌年 1 月为盛花期，2 月为终花期；3～4 月幼果发育，5 月中旬果实成熟，5 月下旬果荚开裂，种子脱落。

第三节　金合欢属植物分类与起源

一、金合欢属植物分类

金合欢属（*Acacia* Miller）是世界上特大属之一，主要分布于全世界热带及亚热带地区。中国有 50 余种，主要分布于西南及华南热带及亚热带地区，尤以云南为最多。金合欢属是 Miller 于 1754 年以阿拉伯金合欢 [*Acacia nilotica*（L.）Willd. ex Delile] 为模式植物建立的。1865 年 Bentham 根据地理分布、叶的形态、花序类型等方面的特征，将该属分成 6 系。1972 年 J. Vassal 在此基础上，根据种子、幼苗、托叶刺、花粉形态、细胞学等方面的特征，将金合欢属分成 3 亚属，即棘皮金合欢亚属（Subgen. *Aculeiferum*）、异叶金合欢亚属（Subgen. *Heterophyllum*）和金合欢亚属（Subgen. *Acacia*）。Pedley（1978）也提出相同的 3 亚属，只是在亚属内的归类上与 Vassal（1972）稍有分歧。1986 年 Pedley 又提出将原来的亚属各自独立成为属，并命名为相思属（*Racosperma*），取代原来的异叶金合欢亚属；藤金合欢属（*Senegalia*）取代原来的棘皮金合欢亚属；金合欢属（*Acacia*）取代原来的金合欢亚属（潘志刚等，1994；李纪元，2002）。但 Vassal 分类综合了各方面的分类性状，比较合理，已为许多学者所接受（孙航等，1990）。3 亚属的分类特征如下：

（1）异叶金合欢亚属（Subgen. *Heterophyllum* Vassal）　又称澳大利亚金合欢亚属，有翅状组、叶状组、多脉组、石松组、美叶组、总状花序组 6 组，乔木或灌木，常无刺；二回羽状复叶或退化，叶柄特化成扁平叶状体。主要分布于澳大利亚及其邻近地区。

（2）棘皮金合欢亚属（Subgen. *Aculeiferum* Vassal）　有穗状花组、蕨叶组 2 组。植物体无托叶刺，节间散生皮刺；叶为二回羽状复叶。主要分布于非洲等地。

（3）金合欢亚属（Subgen. *Acacia* Vassal）　金合欢组 1 组，托叶退化成刺，其他部位无刺；叶为二回羽状复叶。主要分布于非洲、中南美洲。澳大利亚有 8 种。

本章节仍采用 Miller 的分类系统，将 *Acacia* 作为金合欢属名。

二、金合欢属植物的地理分布与演化

金合欢 3 个亚属的地理分布情况不同，棘皮金合欢亚属和金合欢亚属广泛分布于世界热带地区，其中金合欢亚属的分布更广，可一直延伸到澳大利亚东北部的大部分地区。澳大利亚金合欢亚属集中分布在澳大利亚（包括塔斯马尼亚），约有 800 种，另有大约 18 种分布在马达加斯加、马斯克林岛、新几内亚、菲律宾、中国台湾、夏威夷群岛等岛屿。

从 3 个亚属的系统关系来看，棘皮金合欢亚属是最原始的类群，因其花粉化石出现得最早（始新世），花粉壁内无柱状层的分化，染色体为原始的二倍体，形态特化较低。金合欢亚属则是最进化的，主要表现为花粉壁内有柱状层的分化，染色体为多倍体，花粉化石出现较晚（渐新世），托叶特化成复杂多样的针刺，并与蚂蚁有协同进化的关系。而异叶金合欢亚属则介于二者之间，在花粉和染色体等方面具有和棘皮金合欢亚属相同的原始性，但其叶退化，叶柄特化成叶状，花粉化石出现得较晚（渐新世）。因此，异叶金合欢亚属和金合欢亚属以及现代的棘皮金合欢亚属很可能是由早期原始的棘皮金合欢亚属的类群分别演化而来的。就起源时间来看，该属最早的花粉化石出现在始新世早期。从起源环境和地点上看，金合欢可能是在热带森林林缘能获得较多阳光的环境中起源的，其祖先可能是攀缘植物，且可能是具多对羽片的二回羽状复叶以及密集的头状花序生于叶腋或组成圆锥花序的类群。起源地点很可能是在热带美洲，即墨西哥至玻利维亚，因为该地区的棘皮金合欢亚属的种类形态特化较低，较原始，且拥有许多相关属（孙航等，1990）。

孙航等（1990）对中国金合欢属植物地理分布和形态特征的研究表明，中国分布的金合欢属植物间亲缘关系紧密，并通过阔叶相思、昆明金合欢与中南半岛一带的金合欢属发生联系，这些似乎说明中国分布的金合欢属是新分化出来的年轻成分，并仍在继续分化和扩展。中国分布的金合欢大多处于棘皮金合欢亚属分布区的边缘，分布于中南半岛包括中国一带的棘皮金合欢亚属几乎都是具刺的藤本或攀缘灌木，具多对羽片的羽状复叶及密集的头状花序生于叶腋或再由之组成圆锥花序，这些都是比较原始的形态。且这些种大都关系密切，形态特征以及趋异水平低，在地理分布上没有间断。在我国分布的金合欢属植物特有种的比例较高，其分布区较小，种间亲缘关系较密切，这些似乎都说明中国的金合欢区系是由中南半岛一带的金合欢区系扩展而来的一个比较年轻的区系。

第四节 金合欢属主要栽培种及种质资源

一、台湾相思

学名 *Acacia confusa* Merr.，别名相思树（福建）、相思仔（台湾）、番子树（福建）。

（一）形态特征

常绿乔木。树皮灰褐色，不裂，稍粗糙。小枝无刺。幼苗具羽状复叶，后小叶退化，叶柄变为叶状，镰刀披针形，长 6～11 cm，宽 0.5～1.3 cm，具 3～7 平行脉。头状花序 1～3 腋生，圆球形；花瓣淡绿色，具香气；雄蕊多数，金黄色，伸出花冠筒外。荚果扁平，带状，幼时被黄褐色柔毛，后脱落，长 4～11 cm，宽 0.7～1 cm。种子间稍缢缩，具光泽。种子椭圆形，长 5～7 mm，褐色。花期 4～8 月，果期 8～10 月。

（二）生物学特性

喜暖热气候，不耐寒，在桂林、赣州、福州等地，寒潮来临时枝叶受冻害。耐干旱瘠薄；在湿润疏松微酸性或中性壤土及沙壤土上生长最好。深根性，材质坚韧，抗风力强；根系发达，具根瘤。萌芽性强，多次砍伐后仍能萌蘖。喜光，不耐庇荫。速生，广东潮州 4 年生幼树胸径 16 cm。采种要及时，过早种子未完全成熟，发芽率低；过迟则荚果开裂，种子散落。当荚果由青转褐、种子由软变硬时，即可采集。种子千粒重 26.5 g，发芽率 80%～90%。

（三）分布概况

原产中国台湾，遍布全岛平原、丘陵低山地区，菲律宾也有分布。广东、海南、广西、福建、云南和江西等省份的热带和亚热带地区均有栽培。其水平分布，在北纬 25°～26°以南生长正常；垂直分布，则因纬度而异，在海南热带地区可栽至海拔 800 m 以上，而纬度较高的地区一般只在海拔 200～300 m 及以下的低地栽植。

（四）利用价值

台湾相思适应性强，是荒山荒地造林的先锋树种，适于营造防护林、公路林、水土保持林、防火林和薪炭林，也是四旁绿化、绿篱和茶园庇荫树种。心材坚韧致密，有弹性，不易折，花纹美观，具光泽，为造船、桨橹、车辆、车轴、家具、枕木、机柄和农具等用材。

二、马占相思

学名 *Acacia mangium* Willd，别名马尖相思。

（一）形态特征

常绿大乔木，主干通直，高可达 25～30 m，树形整齐，叶大，生长迅速。在差的立地条件下为小乔木或大灌木。树皮表面粗、厚，呈纵裂，暗灰色至褐色，树干下部具凹槽；成熟叶状柄很大，长 25 cm，宽 5～10 cm。叶状柄暗绿色，无毛或被细鳞片，具有 4 条主脉和许多网状支脉，小枝三棱形。花序为疏散穗状，长 10 cm，单生或对生。成熟荚果呈螺旋状，微木质，长 7～8 cm，宽 3～5 mm。种子黑色有光泽，具黄色株柄。广东、广西、海南果熟期 5～6 月。

（二）生物学特性

马占相思适应性较强，能在热带撂荒地上与茅草竞争，在较差立地条件上保存率高、生长良好。马占相思能适应砖红壤，很少在盐碱性岩石风化土壤上生长，黏土、沙壤土及沙质地均可生长，要求表层土壤疏松。马占相思具有大量的根瘤菌，能从空气中吸收氮素及营养元素，以利于自身的生长。马占相思为早期结实丰富的树种，在海南省万宁马占相思第二年就开始开花，8 月始花，9～10 月末为盛花期，11 月中旬开花结束，翌年 4 月中旬至 5 月中旬荚果成熟。在广州马占相思第五年开始开花，从开花到种子成熟需 9～10 个月，差异缘于积温。另外，马占相思结实量高，广东电白林业科学研究所 4 年生马占相思每公顷产种子 143 kg，5 年生马占相思每公顷产种子 210 kg。营建马占相思的母树林应保持 6 m×6 m 的株行距。

（三）分布概况

马占相思原产澳大利亚昆士兰州沿海以及巴布亚新几内亚的西南部和印度尼西亚东部，分布范围为南纬 0°50′～19°，主要集中在南纬 16°～18°30′，一般分布在海拔 100 m 以下，最高达 800 m。马占相思分布区属于热带湿润气候，全年降水量高，气温高且平稳。在昆士兰分布区，最热月平均最高温度为 31～34 ℃，最冷月平均最低温度为 12～16 ℃，分布区无霜，但马占相思能耐轻霜。分布区降水量为 1 000～4 500 mm，降水属于夏雨型，在年降水量 1 500～2 000 mm 处生长良好。马占相思属于典型的低海拔树种，常分布在海岸的沿河川地，排水良好的平地，低山及山脚，通常生于酸性砖红壤上。马占相思多生长于两种植被类型，即密生林及开阔林地。密生林中的伴生树种有五桠果、红胶木、槽纹果相思；靠近潮水线处有红树林及千层类伴生。中国引种栽培在广东、海南、广西等省份。

（四）利用价值

马占相思材质坚硬，适作高质量的人造板、家具、细杠、门框、窗、模型及刨切单板，可做轻型建筑材料，适合生产纸浆，制各种漂白纸，也适合做高质量的纸板和瓦楞纸夹心层。

（五）种质资源及优良种质

中国 1979 年由中国林业科学研究院从澳大利亚引进马占相思种子，在广东、广西种植，表现较好；1982—1983 年在国内 20 个点开展马占相思、大叶相思和台湾相思引种试验。同期在广东湛江、海南屯昌等地建立了马占相思母树林，现我国马占相思种子已自给有余（潘志刚等，1994）。目前国家级林木良种基地中，涉及马占相思等金合欢属树种共有两个，一个是广东省江门市新会区国家相思良种基地，基地规模 66.7 hm^2，可供应马占相思、大叶相思、纹荚相思、厚荚相思、黑木相思等 11 种金合欢属树种的种子和苗木；另一个为海南省临高县林木良种场国家加勒比松、相思良种基地，可提供马占相思良种和苗木（后面金合欢属树种良种基地同马占相思）。

潘志刚等（1989）对国内引种的马占相思试验林的调查研究表明，不同种源在生长上存在显著差异，表现出明显的地理变异模式。生长较好的种源主要分布在澳大利亚昆士兰州南纬 17°30′以南地区、Chudie 河流域以及巴布亚新几内亚；而来自印度尼西亚和澳大利亚昆士兰州南纬 16°30′~17°06′区域内的种源生长较慢，生产力也低。杨民权等（1989）对 8 个马占相思的参试种源评比后，认为原产昆士兰的 Abergowre 13242 号与巴布亚新几内亚的 W. of Morehead 13459 号种源具有较高的生长量，且遗传性较稳定，尤其是 13459 号种源还具有较强的抗风性，原产于印度尼西亚 Piru Ceram 的 13621 号种源生长势甚差。

三、纹荚相思

学名 *Acacia aulacocarpa* A. Cunn. ex Benth. 。

（一）形态特征

纹荚相思有乔木状和灌木状 2 变种，国内引进的为乔木状变种。乔木纹荚相思（*A. aulacocarpa* var. *aulacocarpa*）树高 10~20 m，在立地良好的湿润雨林树高可达 35 m，胸径超过 100 cm；树干不是很通直，主干上常有一凹槽；幼树皮浅灰色，较为平滑，成年后树皮暗灰色，较粗糙，凹槽较深；叶状柄灰绿色或暗灰色，长 7~15 cm，宽 1~3 cm，多成镰刀状，顶端尖小，基部逐渐与短柄相连，具 1~5 条明显纵脉。密集细网脉相互平行；花灰白色或浅黄色，穗状花序长 2~6 cm，单生成 3 个花在短柄上；荚果长圆形，长 10 cm，宽 1~2 cm，木质，具明显横斜网纹，成熟时扭曲。种子横在荚果内，黑色有光泽，长 5~8 mm，宽 2.5~3.5 mm，顶端具灰白色假种皮。5 月荚果成熟。

（二）生物学特性

纹荚相思生长较迅速，有根萌特性，伐桩高度 50 cm 以上者萌芽效果好，可作为矮林经营。纹荚相思喜高温多湿气候条件，也耐干旱、瘠薄和轻霜。根能固氮，可在华南平原、台地及丘陵地区发展。纹荚相思在原生地分布海拔 0～1 000 m，最热月平均温度 29～38 ℃，最冷月平均温度 10～21 ℃，大部分地区没有霜冻，年均降水量 500～1 500 mm。纹荚相思在原生地生长于黄壤、红色或黄色灰化土及砖红壤上。排水良好至较差，土壤肥力低。

（三）分布概况

纹荚相思分布于澳大利亚的新南威尔士州北部至巴布亚新几内亚，分布范围为南纬 6°～31°，海拔高度限于 1 000 m 以下。该区域最热月平均温度 29～38 ℃，最冷月平均温度 10～21 ℃，大部分地区无霜冻，只有南部较高海拔地区年均出现 1～5 次霜冻，年均降水量 500～2 000 mm。纹荚相思在原产地的立地条件较复杂，在东部一般生长在较高海拔地区，在西部既自然分布于起伏不平的高地、山脊、陡坡，也分布于平原台地及山麓。

（四）利用价值

木材适宜做轻建筑材、地板、家具、造船、细木工板及装饰用材。木材为优良纸浆材，可做书写纸、印刷纸及包装纸。

（五）种质资源及优良种质

中国 20 世纪 70 年代后期开始引种到广西壮族自治区林业科学研究所树木园，先在广西种植，后在广东、海南相继引种栽培，并已进行了种源试验。试验初步结果表明，纹荚相思是华南贫瘠的平原丘陵台地很有发展潜力的速生、多用途树种（潘志刚等，1994；陈胜等，2001）。1985 年中国林业科学研究院林业研究所引进的不同种源纹荚相思，在广东遂溪及海南开展种源试验。1988 年利用巴布亚新几内亚较为优良的 3 个种源在海南临高县林木良种场营造母树林 1 hm² （潘志刚等，1994）。

四、大叶相思

学名 *Acacia auriculiformis* A. Cunn. ex Benth. ，别名耳叶相思。

（一）形态特征

常绿乔木，树高可达 30 m，一般树高 8～20 m。干有直干型和弯曲型。树皮灰色或棕色，幼树树皮光滑，老树树皮有裂缝且粗糙。叶状柄宽 1.5～2.5 cm，长 4～9 cm，具 3 条明显纵脉，叶状柄基部有一个明显的腺体；穗状花序，长约 8 cm，黄色，成对着生于叶状柄上部；荚果扁平，软骨质或木质，荚果最初平直，成熟时呈不规则螺旋状扭曲；种子在荚果内横生，长 4～6 mm，宽 3～4 mm，种子有黄色株柄周生。在中国引种区开花两次，第一次为 10 月至翌年 1 月，翌年 4～6 月荚果成熟；第二次为 6～7 月开花，当年 12 月荚果成熟（图 24-1）。

（二）生物学特性

大叶相思生长迅速、适应性强、容易繁殖，枝叶茂盛，为优良固氮树种。在中国热带、南亚热带的低丘、平原、台地、四旁和沿海沙滩等各种立地类型上均能生长。大叶相思的干型不直，但单位面积及单株生物量较大，可作为薪炭林经营。大叶相思在原生地分布海拔 0～100 m，最高可达海拔 400 m。最热月平均温度 32～38 ℃，最冷月平均温度 12～20 ℃，分布区没有霜冻，年均降水量 760～2 000 mm。大叶相思在原生地生长于多种土壤，多为砖红壤低地和沿海冲积平原。在砂岩及砖红壤 pH 4.5～6.5，在具黏土的冲积土 pH 6.0～7.0，在沿海沙土 pH 8.0～9.0（任海和彭少麟，1998）。

图 24-1 大叶相思
1. 花枝 2. 花
（引自《中国植物志·第三十九卷》）

（三）分布概况

大叶相思分布于澳大利亚、巴布亚新几内亚和印度尼西亚，分布范围为南纬 5°～17°，主要集中在南纬 8°～16°。大叶相思现已在印度尼西亚、马来西亚、印度、泰国、缅甸、孟加拉国等东南亚国家，尼日利亚、坦桑尼亚等非洲国家引种，大叶相思在这些国家均作为重要树种推广栽培。中国 20 世纪 60 年代开始引种到广东，目前在广西、福建和云南也有栽培。

（四）利用价值

大叶相思是一个多用途树种，容易育苗造林，广泛用于水土保持林、薪炭林、绿化荒山、四旁绿化，是生产纸浆和各类纸张的原料。大叶相思也是良好的蜜源树种，而且对氟化氢三氧化硫、氯气等的抗性强，可作为工业污染区的绿化树种。

（五）种质资源及优良种质

引种到中国的大叶相思因出现个体分化，有两个自然类型：

1. 光皮直干型 树皮光滑，一般呈淡灰白色，开裂少，纵横裂纹或限于树干基部，主干分枝高而较通直，侧枝下垂与主干分枝夹角大于 60°，叶状柄较大，宽 3～5 cm，长 15～25 cm。干型和生长速度都较为理想。

2. 粗皮弯曲型 树皮粗糙，一般呈黄褐色，开裂多，纵横裂纹遍于整个树干，主干分枝低而较弯曲，侧枝向上与主干分枝夹角多数小于 45°，叶状柄较小，宽一般少于 2 cm，长 10～15 cm。干型和生长速度都较光皮直干型差。大叶相思也有这两种类型之间的过渡性类型，当大叶相思生长在比较肥沃的立地上，多表现为光皮直干型特征。巴布亚新几内亚境内发现了大叶相思直干自然类型，并已划出专门采种区来收集种子。

在大叶相思的种源试验中，曾育田等（1990）认为原产澳大利亚昆士兰州斯不灵瓦莱地区的 13861 号和 13869 号两个种源，生长迅速，树干通直且抗风力强，为优良种源。而原产澳大利亚北方的 13854 号和 13191 号两个种源，生长缓慢，树干弯曲且每丛株数多。原产巴布亚新几内亚的 13684 号和 13686 号两个种源，生长迅速，但抗风力最差。杨民权等（1996）对大叶相思全分布区种源试验研究指出，大叶相思天然群体可以按生产力的高低和形质指标的优劣划分为五大类群：Ⅰ类为生长、干型、分枝皆优种源，分布于澳大利亚昆士兰州的东部沿海线（东经 142°56′以东），其中昆士兰州的 15985 号、16142 号种源为特别优异的直干型种源；Ⅱ类为生长较好、分枝与干型中等种源，分布于巴布亚新几内亚东部及北部地方的西部；Ⅲ类为生长速度中等、分枝与干型较差种源，主要分布于澳大利亚昆士兰州约克角及北部地方的东部；Ⅳ类为生长较差、分枝与干型中等种源，主要位于巴布亚新几内亚西部及北部地方的中部；Ⅴ类为生长与形质指标皆差种源，种源号为 16137 号、16158 号及两个中国次生种源 89003 号、89002 号。

五、厚荚相思

学名 *Acacia crassicarpa* A. Cunn. ex Benth. 。

（一）形态特征

常绿乔木或大型灌木，乔木型一般树高为 8～20 m，在适生的立地可长成 30 m 高的大树。灌木型是由于受滨海风害的影响，形成 2～3 m 高的灌木。树皮暗灰褐色，坚硬，深沟直裂。叶状柄光滑，灰绿色，弧形，宽 1～4 cm，长 11～22 cm，纵脉 3～7 条，呈黄色。叶状柄着生于棱状小枝上，枝条上具鳞状附着物。穗状花序淡黄色，长 4～7 cm，宽 2～6 cm；荚果扁平，软骨质或木质，荚果暗褐色，木质，扁平，长 5～8 cm，宽 2～4 cm，具不明显斜纹。种子黑色，椭圆形，具灰白色珠柄，有光泽。10～12 月开花，翌年 5 月荚果成熟。

（二）生物学特性

厚荚相思生长迅速、适应性强、容易繁殖，为优良固氮树种。1985 年在广东遂溪进行的 10 种金合欢属树种对比试验表明，厚荚相思生长最快，7 年生巴布亚新几内亚种源的厚荚相思树高 11.3 m，胸径 11～12.5 cm，超过大叶相思、纹荚相思等其他 9 种。在相同立地条件下，厚荚相思生长也超过马占相思，特别是在较为贫瘠且坚实的沙质土上，生长优势更为明显。巴布亚新几内亚种源的厚荚相思主干较为通直。厚荚相思可适应多种土壤，如较为黏重的砖红壤至贫瘠的沙土，还能耐短时的淹水，雨季 3～5 d 的积水对其生长无显著影响。耐火烧和滨海的海风，并耐轻度盐碱，但不耐霜冻。浅根系树种，侧根较为发达，强风吹袭易折断和倒伏。厚荚相思 3 年生即可开花结实，每千克种子 4 万～5 万粒。种子具蜡质层，发芽困难，须用 100 ℃开水浸种，再用容器育苗。厚荚相思在原生地分布海拔为 0～200 m，最高可达海拔 700 m。最热月平均温度 31～34 ℃，最冷月平均温度为 15～22 ℃，分布区终年无霜冻，年均降水量 1 000～3 500 mm，夏雨型气候，年降水日 100～180 d。厚荚相思在原生地生长于多种土壤，多为钙质滨海沙土、花岗岩发育的黄壤、片页岩发育的红黄壤和其他母质发育成的崩积和冲积土。

（三）分布概况

厚荚相思分布于澳大利亚昆士兰州东北沿海及内地，在南纬 20°以北延伸至约克角半岛及沿海岛屿，以及巴布亚新几内亚西部省份及新几内亚岛，分布范围为南纬 8°～20°。

（四）利用价值

木材硬而耐久，可做重型建筑材、家具材、造船材、硬质纤维板、单板、农用建筑材。其木材纤维长（0.59 mm），纤维素含量高，可制得高得率纸浆。可营造纸浆林、用材林、薪炭林和海防林。能固氮，能维护地力。

（五）种质资源及优良种质

厚荚相思最早于 1985 年由中国林业科学研究院林业研究所从澳大利亚引种，同时开展种源试验（潘志刚等，1994）。目前广东、广西、海南都有引种栽培，产自巴布亚新几内亚的 4 个种源，树干较为通直，优于产自澳大利亚昆士兰州的种源。厚荚相思巴布亚新几内亚优良种源号为 13681 号、13682 号和 13683 号，原产地地理坐标为东经 141°～143°、南纬 8°50′，海拔 20～30 m。1988 年中国林业科学研究院林业研究所利用上述优良种源，在海南临高及广东遂溪营造了厚荚相思优良种源母树林，其中海南临高母树林面积为 2.45 hm²，现已成为国家级金合欢属树种良种基地。

六、银荆

学名 *Acacia dealbata* Link。

（一）形态特征

常绿乔木，高约 25 m，树皮灰绿色或灰色；小枝具棱角；二回偶数羽状复叶，小叶线形，银灰色或浅灰蓝色，被短茸毛，总轴上每对羽叶间具 1 枚规则腺体。头状花序，具小花 30～40 朵，组成腋生总状花序；花黄色，有香气。荚果长带形，长 3.5～11 cm，宽 5～7 mm，果皮暗褐色，密被茸毛。种子卵圆形，黑色有光泽。

（二）生物学特性

银荆生长迅速，其速生期一般出现在 10 年前。正常情况下 10 年内树高年平均生长量在 1 m 以上，在国内最高可达 2.7 m。银荆为强喜光树种，树冠具有趋光性，光照不足会导致银荆出现扭干和弯曲现象。银荆适合生长于凉爽湿润的亚热带气候，原产地气候凉爽，极端最高温不超过 38 ℃，极端最低温度一般不超过 −7 ℃。银荆在 −7～40 ℃均能保持正常生长发育，并能耐 −10 ℃的短暂低温，但持续的高温会导致银荆生长缓慢和病害增多。银荆抗旱能力强，可耐长达半年的干旱，降水过多会导致银荆根系生长不良。银荆根部的根瘤菌具有固氮作用，对土壤养分要求不高，耐瘠薄能力强。银荆幼苗期需要充足的光照，因此在种植的苗木高度不足 50 cm 前，要注意林地的抚育除杂。

银荆在原生地分布海拔 50～1 000 m。银荆的自然分布区属于凉爽和温暖的半湿润亚热带气候，年平均温度 10～18 ℃，最热月平均温度 20～28 ℃，最冷月平均温度 0～6 ℃，分布区无霜期 285～345 d，年均降水量 600～1 500 mm。银荆在原生地生长于台地和山谷，多沿河谷分布，土壤质地属于轻或中壤，排水良好，但也能适应排水不良的黏重土壤，土壤 pH 为中性或偏酸性。

（三）分布概况

银荆原产于澳大利亚东南部的维多利亚州、新南威尔士州和塔斯马尼亚州，分布范围为东经 143°～152°、南纬 29°～43°。银荆最早于 20 世纪 50 年代初引种到中国，当时仅在云南昆明有零星栽植，作为园林观赏及水土保持树种。1964 年，中国林业科学研究院自阿尔巴尼亚引种，同时开展种源试验。20 世纪 70 年代初，云南和浙江两省进行了银荆推广，在广东、广西、湖南、湖北、福建、江西、四川、贵州等省份都有引种试种。

（四）利用价值

银荆是典型的多用途树种，可做用材、薪炭、水土保持、造纸、提制栲胶、饲料、土壤改良和观赏绿化树种，也可做蜜源树种。它生长快，萌芽能力强，生物量大，有强大的固氮功能，是高碳汇树种，生态效益高。

（五）种质资源及优良种质

银荆原产地种源有 3 个。中国银荆树引自澳大利亚，其来源即为上述三大种源地。银荆引进中国后，经过试种与示范，选出了适合中国适生区的种源。从中国林业科技成果信息管理系统中，可查到与银荆种质资源相关的 4 项成果，其中上海市林业总站在 2005 年鉴定的"银荆、牡丹、石竹、樱桃新品种选育与技术开发"成果中，选育出银荆优良种质；2007 年由中国林业科学研究院亚热带林业研究所任华东等完成的"黑荆树优良种源及水土保持林营造技术"项目，选出两个银荆优良种源。

七、黑荆

学名 *Acacia mearnsii* De Wild.。

（一）形态特征

常绿小乔木，高 10～15 m，最高不超过 20 m，胸径 10～35 cm，最大可至 60 cm；幼龄树皮光滑，绿色或绿褐色至棕褐色，成年后变成灰白色或黑色；二回偶数羽状复叶，叶片 8～20 对，小叶 30～60 对，排列紧密，条形，钝，长 4～15 mm，宽约 1 mm，暗绿色，被柔毛；在叶轴上每对羽叶间具 1～2 对不规则的腺体；花淡黄色、腋生，头状花序，具小花 30～40 朵，组成总状花序。果实为荚果，长带状，长 3.5～11 cm，宽 5～7 mm，暗黑色，密被茸毛。种子间有缢缩，卵圆形，黑色，有光泽。

（二）生物学特性

黑荆为早期速生树种，一年有两个生长高峰，即 5～6 月和 9～10 月，其生长高峰期与适宜的气温和充沛的雨量有关。黑荆树苗期 4～6 个月，5 个月苗高 30～50 cm，地径为 0.3～0.5 cm。幼林生长期 1～4 年，这个阶段高、径生长迅速，在适宜生长条件下，高、径年平均生长分别为 2～3 m 和 2～3 cm。8～10 年后黑荆进入成熟林时期，这个阶段树高、胸径生长缓慢，连年生长量与平均生长量最大值接近，树皮增厚加快，进入采伐期。黑荆树的花为雌雄同株、雌性早熟型；异花授粉，部分自交可孕。

黑荆在原生地分布的海拔为略高于海平面的沿海地区及海拔 1 070 m 的高原。银荆的自然分布区属于凉爽和温暖的半湿润亚热带气候，年平均温度 11～17 ℃，最热月平均温度 21～29 ℃，最冷月平均温度−7～7 ℃，分布区无霜期约 280 d。年均降水量 700～1 600 mm，最旱季度平均降水量 40～155 mm。黑荆树冠大，根系浅，抗风能力差，遇大风易倒伏。霜冻是限制黑荆树引种成功的主要因子之一，持续严重的霜冻或急剧降温可导致黑荆树死亡。黑荆较耐瘠薄和干旱，对土壤适应性较强。在原生地生长于酸性至中性的沙土、壤土和灰壤土上，但也能适应排水不良的黏重土壤。黑荆在原产地为先锋树种，经火烧或林地皆伐后，其幼苗和幼树首先控制该立地，形成纯林，而后逐步被寿命更长的桉树所替代。伴生的优势树种有多枝桉、蓝桉、柳桉、卵叶桉、辐射桉、史密斯桉和头果桉等。

（三）分布概况

黑荆原产于澳大利亚东南部的维多利亚州、新南威尔士州和塔斯马尼亚州，分布范围为东经 140°27′～151°16′、南纬 33°43′～42°58′。黑荆最早于 20 世纪 50 年代初引种到中国，主要在广西、广东、福建等省份的沿海地区引种。后经过林业部（农林部）60 年代、70 年代的有计划引种，试种区范围扩大到云南、浙江、江西、四川、贵州、湖北和湖南，即北回归线以南的南亚热带高海拔地区、云贵高原低海拔地区、长江三峡地区、贵州高原东部、湘西河谷等地都是黑荆适宜发展的种植区。

（四）利用价值

黑荆树是世界有名的凝缩类栲胶原料，其栲胶除能鞣制各种高质量的重革和轻革外，还可以做单宁胶黏剂及用于金属防锈水处理和选矿等，也可做造纸原料用材和薪炭。

（五）种质资源及优良种质

1. 种源及变异 黑荆自然分布区东西经度跨越约 11°（东经 140°27′～151°16′）、南北纬度跨越约 10°（南纬 33°41′～43°30′），垂直分布从略高于海平面到海拔 1 070 m 的高地，因此既有适应低平、沿海地理区的类型，也有能在高寒山地生长良好的类型。中国造林的种子先后引种来源于澳大利亚、日本、肯尼亚、阿尔及利亚、印度尼西亚、法国、荷兰和南非，虽原产地不详，但通过多年生产中的选育，形成了几个次生种源。从澳大利亚种源（25 个）和中国次生种源（6 个）的对比试验中可以看出，澳大利亚有些种源生长量、干型、抗寒性明显优于中国次生种源；但中国次生种源的抗旱性和树皮单宁含量优于澳大利亚种源，优良种源的平均增产效益为 25%～30%。任华东等 1995 年选出 6 个适于中国生长的黑荆优良种源，分别是澳大利亚的 14928 号、14922 号、14927 号、14925 号、14398号种源及巴西种源，选出的优良种源的平均单株材积比对照大 38%～69%，各点最优种源鲜皮产量为对照的 1.8 倍，单宁产量是对照的 1.83 倍，选出的优良种源干型、通直度、树皮厚度、单宁含量及抗逆性有较大提高（潘志刚等，1994）。

2. 良种繁育 中国黑荆种源试验和子代测定始于 1984 年，参试种源 30 个，其中 25个来自澳大利亚；家系 191 个，其中 177 个来自澳大利亚。经多年选择，各地已选出了一批优良种源和家系，并用这些优良的种源和家系营造了黑荆种子园，其中云南楚雄彝族自治州林业科学研究所 2006 年在禄丰县和平镇建成黑荆优良家系实生种子园。1988 年黑荆树的栽培和利用被列入国家星火计划，1988—1991 年在福建漳州营建黑荆树丰产林基地4 388 hm²。

八、黑木相思

学名 *Acacia melanoxylon* R. Br. 。

（一）形态特征

原产地为澳大利亚南部，为金合欢属植物中最高大乔木之一，最高可达 35 m，胸径1～1.5 m（生于澳大利亚塔斯马尼亚州西北及维多利亚州部分地区），由于种源生长差异较大，有些种源仅高 10～20 m，胸径 0.5 m。黑木相思外貌酷似灰木相思，两者常容易混淆，外观上，黑木相思叶状柄直且较小，长披针形，长 8～13 cm，宽 0.7～2 cm，长为宽的 4～12 倍，主脉 3～5 出，小枝不下垂，与主干成锐角。每千克种子 64 000 粒。

（二）生物学特性

黑木相思属强阳性树种，喜光、耐干旱、耐瘠薄，寿命长，能耐－6 ℃低温。浅根型，侧根发达，在土层 30 cm 以上的酸性土壤上生长良好。有固氮根瘤，枯落物丰富，改土性能好，对氟化氢、二氧化硫、氯气抗性强，可作为污染区的绿化树种，还是良好的蜜源植物和绿肥资源。

（三）分布概况

黑木相思分布从澳大利亚东部昆士兰州经南澳大利亚州往南伸延至塔斯马尼亚州，在南纬 16°～43°，以暖温带为主。垂直分布从海平面至海拔 1 500 m。当地最冷月平均气温1～10 ℃，一年可有 40 d 重霜。年降水量 750～1 500 mm。黑木相思在原产地见于低坡、丘陵、山地甚至裸露山顶，最宜土壤为森林灰壤或冲积土，也有生于灰壤、沙壤、褐土，甚至矿渣土上。适合中国福建南部、广东南部、广西南部、海南等地种植。

（四）种质资源及优良种质

广东东莞市林业科学研究所在"优良观赏相思树种的引进与示范推广"项目成果中，

确定了黑木相思为优良用材树种，并对澳大利亚 5 个种源进行了生长对比试验和生长性状早晚相关性分析。试验表明，来自澳大利亚昆士兰州 19494 号种源（代号 52）生长量最大，2.5 年生的活立木单位面积蓄积量达 23.22 m³/hm²，3 年生材积实际增益达 268%。

九、灌木型观赏金合欢属树种

（一）流苏相思

学名 *Acacia fimbriata* A. Cunn. G. DON. 。

披散灌木至小乔木，树高 7 m，冠幅 6 m 左右，常丛生；叶奇特，叶状柄为窄披针形，长约 4 cm，宽 2～3 cm。基部常被茸毛，假叶密布；花期暮冬至春，花黄色。头状花组成的圆锥花序生于叶腋，密生枝顶。花量极为丰富，花期远看满树黄花，蔚为壮观；荚果条形，内含种子数粒；种子繁殖。自然分布于澳大利亚昆士兰州东南至新南威尔士州北部，常与桉林混交，适宜于热带和南亚热带地区种植。适应性较强，具一定耐寒能力，可耐短期-3℃低温，对土壤要求不高，但在水分充足的地段生长较好，是优良的屏障植物和防风林树种，并具较高的观赏价值。自然形态较为美观，且叶色翠绿、花量丰富，春节期间正是满树黄花时节，适宜庭园、广场、道路、河岸、工厂、学校等多种场所栽培，可采用丛植、片植、列植、盆栽等栽培方式（李果惠，2002）。

（二）多花相思

学名 *Acacia floribunda* （Vent.） Willd. 。

灌木至小乔木，高 5 m，常呈丛生性；叶状柄长披针形，长 6.0～10.0 cm，宽 0.2～0.6 cm，中脉稍明显，渐尖，嫩叶被稀疏长茸毛，幼枝紫红色常被白色鳞毛，有棱，叶量丰富；花期早春，花淡黄色，柔荑花序密生枝顶叶腋，花序长约 4 cm，花量也极为丰富。多花相思自然分布于澳大利亚昆士兰州和新南威尔士州等地，常与桉林混交，为阳性树种，适应性较强，具有一定的耐寒能力，能耐-7℃的低温，对土壤要求不高，较喜生于水湿条件较好的河岸潮湿土壤中。多花相思为优良屏障植物和防风林树种，并具有较高的观赏价值，在我国热带、南亚热带地区可作为庭园绿化和绿篱植物推广种植（李果惠，2002）。

（三）大腺相思

学名 *Acacia macradenia* Benth. 。

披散灌木至小乔木，高至 4 m，因侧芽发育成枝而使小枝呈"之"字形；叶状柄长披针形至长椭圆形，光滑而弯曲，边脉及中脉明显突出，叶基两侧具宿存尖锐的刺状托叶，长 16～20 cm，宽 1.6～2.5 cm，内弯基部有长 2 mm 的腺体，叶上部还常有 1～2 个小腺体，幼枝有棱、绿色，幼叶红色；花期暮冬至早春，金黄色，头状花组成总状花序，生于枝顶或叶腋，并具有极大的花量。据澳大利亚有关研究表明，开花前一段时间的低温对增加花量具有一定帮助。大腺相思自然分布于澳大利亚昆士兰州和新南威尔士州等地，常与桉林混交，为阳性树种，适应性较强，具有一定耐寒能力，能耐－7 ℃的低温，对土壤要求不高，耐旱瘠能力强。大腺相思可做优良屏障植物和防风林树种，并具有较高的观赏价值，在我国热带、南亚热带地区可作为庭园绿化和绿篱植物推广种植（李果惠，2002）。

十、金合欢属植物栽培种

（一）杂交相思

学名 *Acacia mangium* × *Acacia auriculiformis*，又称马大相思。

杂交相思是以马占相思（*A. mangium*）为母本、大叶相思（*A. auriculiformis*）为父本天然杂交选育而成，具有明显的杂种优势，树干通直圆满，生长量大，分枝好，冠型紧凑，叶状柄形态介于大叶相思和马占相思之间。中国林业科学研究院林业研究所 2008 年通过种质交换，从越南引进杂交相思组培苗优良无性系 6 个，2009 年定植于广东江门，以马占相思为对照建立对比试验林。2013 年调查，4 年生杂交相思，最高单株树高 14 m，胸径 19.8 cm，6 个无性系的平均树高和胸径均明显超过对照马占相思。依据目前生长势估测，杂交相思单位面积材积 22.5～30 m³/（hm²·年），6～8 年即可采伐。杂交相思可作为纸浆材原料、人造板原料或培育大径材用于制作高档家具，树皮是优质的栲胶原料。2013 年国家外专局和国家林业局共同设立"越南杂交相思优良无性系及繁育技术示范"项目，推动该优良品种在林业上的应用。在项目资助下，目前越南杂交相思已在广东江门、福建漳州、广西北海、云南楚雄、四川攀枝花等 5 个地区建立了示范试验林，其规模化繁育技术也在逐步完善。杂交相思可在南亚热带、热带地区与桉树、湿地松、加勒比松等营建混交林或作为纯林经营，杂交相思的根瘤可固氮改良土壤，与桉树纯林轮作，可有效改良土壤和恢复地力。2017 年中国林业科学研究院林业研究所在越南杂交相思区域化引种试验的基础上，选育的中研 10 号马大相思，通过国家林业局林木品种委员会审定，获得国家级林木良种证（良种编号：国 S-ETS-AM-006-2017）。

（二）金色阳光

学名：*Acacia pravissima* 'Golden Sunlight'。又称三角叶相思、极弯相思树。

极弯相思的一个栽培品种，为大型常绿花灌木，原产澳大利亚。2002 年引进我国，经 3 年实践证明，该品种可在上海正常生长。树高 6～8 m，真叶退化成三角形叶状柄，叶状柄深绿色或黄绿色，小枝绿色或红褐色，老枝及主干灰色或微红褐色，木材质地坚硬。冬末春初，长 5～10 cm 的花序密布枝头，小花黄色，圆球形，芳香。因其奇特的叶状柄和美丽的黄花，该品种成为澳大利亚绿化庭院的必备植物。在不修剪的条件下，树冠顶端的枝条自然下垂；冬末春初时节，满树黄花似一道道金光四射，分外美丽，故而得名。该品种耐修剪，可修剪成球形或垂枝形等多种造型。生长快，适应性强，管护简单。对土壤要求不严，除不耐水涝、忌积水外，盐碱土、偏酸性土都可正常生长，在土质疏松、肥沃、排水良好的立地条件下生长最快。耐干旱，可耐短时－9 ℃低温或霜冻。种子繁殖。用 50～60 ℃温水浸种，并进行种皮消毒和水选，清除不饱满的种子和杂质，种子吸水膨胀后，进行催芽或直接播种。主要用于行道树、公园或庭院观赏树、草地孤植树、林缘配景树等（张雪雨，2005）。

（宗亦臣）

参考文献

陈胜，黄文震，林灵活，等，2001. 滨海沙地纹荚相思引种试验研究［J］. 福建林业科技，28（增刊）：25－27.

洪菊生，王豁然，1993. 澳大利亚阔叶树研究［M］. 北京：中国林业出版社.

李芳，邓桂英，2002. 从文献计量分析我国马占相思的研究现状［J］. 广西林业科学，31（4）：215－217.

李果惠，朱剑云，叶永昌，等，2002. 三种引进观赏相思简介［J］. 林业建设（4）：14－15.

李纪元，2002. 金合欢属植物资源在我国亚热带地区的引种潜力［J］. 福建林学院学报，22（3）：283－288.

潘志刚，林鸿盛，1996. 厚荚相思的引种、生长、良种繁育及利用［J］. 热带林业，24（2）：52－58.

潘志刚，吕鹏信，潘永言，等，1989. 马占相思种源试验［J］. 林业科学研究，2（4）：351－356.

潘志刚，游应天，1994a. 厚荚相思的引种及种源试验［J］. 林业科学研究，7（5）：498－505.

潘志刚，游应天，1994b. 中国主要外来树种引种栽培［M］. 北京：北京科学技术出版社.

任海，彭少麟，1998. 大叶相思的生态生物学特性［J］. 广西植物，18（2）：146－152.

孙航，陈介，1990. 中国金合欢属植物的分类、分布及其区系的起源［J］. 云南植物研究，12（3）：255－268.

杨民权，曹育田，1989. 马占相思种源试验［J］. 林业科学研究，2（2）：114－118.

杨民权，曹育田，张熙锦，等，1993. 相思对低温的反应［M］//洪菊生，王豁然. 澳大利亚阔叶树研究. 北京：中国林业出版社：207－211.

杨民权，张方秋，Suzzete Searle，等，1996. 大叶相思全分布区种源试验研究［J］. 林业科学研究，9（4）：359－367.

曾育田，杨民权，1990. 大叶相思种源试验［J］. 广东林业科技（5）：25－29.

张雪雨，2005. 澳洲相思树"金色阳光"［J］. 园林（10）：37－37.

《中国森林》编辑委员会，2000. 中国森林：第3卷阔叶林［M］. 北京：中国林业出版社.

《中国树木志》编辑委员会，1985. 中国树木志：第二卷［M］. 北京：中国林业出版社.

Pedley L，1978. A revision of *Acacia* Mill. in Queensland［J］. Austrobaileya，1；75－234.

Pedley L，1986. Derivation and dispersal of *Acacia*（Leguminosae），with particular reference to Australia，and the recognition of *Senegalia* and *Racosperma*［J］. Botanical Journal of the Linnean Society，92：219－254.

第二十五章

鹅　掌　楸

鹅掌楸 ［*Liriodendron chinense* （Hemsl.）Sarg.］又称马褂木，是木兰科（Magno-liaceae）鹅掌楸属（*Liriodendron* Linn.）的落叶乔木。鹅掌楸属植物为孑遗植物，广布于北半球温带地区，全世界共 2 种 1 杂种，中国天然分布 1 种。鹅掌楸材质优良，为很有发展前景的用材树种，而且其树姿美观，可作为庭园、园林、绿地及公共场所绿化树种。20 世纪 90 年代以后已有较大面积造林，在分布区已广泛用于城市绿化和四旁绿化。

第一节　鹅掌楸的利用价值和生产概况

一、鹅掌楸的利用价值

（一）木材利用价值

鹅掌楸（马褂木）树干通直，其木材白色或淡红褐色，纹理直、结构细、质轻软，易加工，是建筑、造船、家具、细木工板和制胶合板的优良用材。鹅掌楸木材基本密度平均为 0.37～0.43 g/cm³，在阔叶树种中中等偏低，属于中小密度材。其纤维长度为 1.57～1.65 mm，在阔叶树种中较大，属于中长纤维树种。鹅掌楸木质素含量低，易于打浆和漂白，污染物发生量少，是理想的清洁生产造纸原料。

（二）园林绿化价值

鹅掌楸为庭园乔木，树体高大，枝条开展，姿态美观。春季像郁金香一样的花朵满株摇曳，因其花形酷似郁金香，故被称为"中国的郁金香树"（Chinese tulip tree），夏季生机盎然，鹅掌形或马褂形的树叶引人关注，秋叶黄色喜人。鹅掌楸适宜于大型庭园、园林、绿地及公共场所或周边种植，也可用作行道树。鹅掌楸与悬铃木、椴树、银杏、七叶树并称世界五大行道树种。鹅掌楸对二氧化硫等有毒气体有抗性，可在有大气污染的地区栽植。

（三）其他价值

鹅掌楸具有医药等价值。鹅掌楸根和茎的内皮含鹅掌楸碱，属一种氧化阿朴芬（ox-oaporphine）生物碱，可刺激心脏跳动，其树皮也可入药，祛风湿。鹅掌楸为古老的孑遗植物，在日本、格陵兰、意大利和法国的白垩纪地层中均发现化石，到新生代第三纪本属尚有 10 余种，广布于北半球温带地区，到第四纪冰期才大部分绝灭，现仅残存鹅掌楸和北美鹅掌楸两种，成为东亚与北美洲际间断分布的典型实例，对古植物学、植物系统学有重要的科研价值和保护价值。

二、鹅掌楸的地理分布与栽培概况

鹅掌楸属全球共有 2 种 1 杂种。一种是分布于中国中南部的鹅掌楸（L. chinense）或称马褂木；另一种是分布于美国东部的北美鹅掌楸（L. tulipifera）以及杂种鹅掌楸（L. chinense×L. tulipifera）。鹅掌楸属植物是被子植物中最古老的孑遗物种之一，在植物区系上是典型的东亚—北美"对应种"。

（一）鹅掌楸的天然分布区

鹅掌楸分布于我国亚热带山体较高的山地，呈岛状分布，地跨陕西、湖北、湖南、安徽、浙江、江西、福建、广东、贵州、云南、四川、重庆等 12 个省份。最北至陕西镇巴和安徽大别山，最南至云南最南端的勐腊、金平，东至浙江龙泉至福建武夷山东部，西起贵州武陵山西段至四川筠连一线。越南北部也有分布。

鹅掌楸分布在以武夷山、武陵山和云南南部地区为代表的东、西、南 3 个资源分布中心。①东部区：包括大别山的金寨、霍山、舒城、岳西，经潜山、石台，至皖南的祁门、休宁、歙县、绩溪、黟县，浙江的安吉、临安、桐庐、淳安、遂昌、龙泉、庆元、青田，福建的南平，江西的庐山、修水、武宁、铜鼓等。②西部区：包括贵州的黎平、松桃、剑河、雷山、江口、印江、石阡、施秉，湖南的绥宁、城步、新宁、张家界、石门等，四川的叙永，重庆的酉阳、秀山，湖北的恩施、咸丰、来凤、利川、建始、罗田等。③南部区：包括云南南部的勐腊、金平、盐津。在这 3 个大区的外围还有一些鹅掌楸的零星分布点，如广西的资源、灌阳、临桂、龙胜，湖南的浏阳，陕西的镇巴，湖北的通山，重庆的万州，粤北等。根据不完全统计，全国 12 个省（自治区、直辖市）84 个县（市）有鹅掌楸天然资源分布。在垂直分布上，鹅掌楸的分布为海拔 600～1 500 m。在贵州松桃长坪为海拔 900～1 000 m，黎平五嘎冲为海拔 1 100～1 200 m；浙江遂昌九龙山为海拔 700～1 500 m，安吉龙王山为海拔 960～1 100 m。鹅掌楸一般不组成单优群落，而与其他树种混生。

（二）鹅掌楸的栽培区

鹅掌楸的人工栽培，早期主要用于观赏。自 1991 年起，世界银行贷款项目国家造林项目开展了鹅掌楸的栽培试验，取得成功以后，目前已在全国很多地方开始了鹅掌楸的人工林栽培。据不完全统计，目前我国已在湖南张家界和桃源，贵州黎平，湖北恩施、京山、咸宁等，江西分宜、庐山，四川邛崃、峨眉山，以及福建邵武、浙江富阳、江苏沭阳、安徽黄山和黟县等地有鹅掌楸人工栽培。近年来江西人工造林面积最大，达 1 000 hm²。另外，鹅掌楸作为园林绿化树种已引入北京、上海、陕西、山东、江苏、浙江、天津、河南、河北等地栽培。鹅掌楸已被美国、日本、欧洲等地引种栽植。

（三）鹅掌楸资源量

鹅掌楸在我国没有大片的天然分布，虽然分布范围大，但资源数量很有限。据笔者初步统计，全国鹅掌楸大树（母树）资源（有效繁殖个体数）3 000～4 000 株。其中，数量大于 100 株的地区有湖南的龙山，浙江的安吉，云南的金平，贵州的松桃、黎平。数量10～100 株的有云南的麻栗坡、盐津、勐腊，贵州的印江、望谟、剑河，广西的资源，重庆的南川、酉阳，四川的叙永，湖南的石门、张家界、绥宁、浏阳，湖北的鹤峰、咸丰、恩施、建始、宣恩、利川，浙江的庆元，江西的铜鼓。

鹅掌楸属于国家二级保护树种，目前全国鹅掌楸自然保护区有 36 个，分别是湖北九宫山国家级自然保护区、湖北神农架自然保护区、湖北星斗山国家级自然保护区、浙江安吉龙王山自然保护区、浙江凤阳山—百山祖自然保护区、浙江九龙山自然保护区、浙江龙塘山自然保护区、浙江天目山自然保护区、安徽皇甫山自然保护区、安徽绩溪清凉峰自然保护区、安徽马鬃岭自然保护区、安徽歙县清凉峰自然保护区、福建戴云山自然保护区、福建武夷山自然保护区、江西九连山自然保护区、江西庐山自然保护区、江西武夷山自然保护区、湖南大围山自然保护区、湖南八大公山国家级自然保护区、湖南大远源口自然保护区、湖南东安舜皇山自然保护区、湖南壶瓶山国家自然保护区、湖南武冈云山自然保护区、湖南小溪自然保护区、湖南索溪峪自然保护区、湖南天门山自然保护区、湖南新宁舜皇山自然保护区、湖南紫云万峰山自然保护区、广西九万山自然保护区、广西猫儿山自然保护区、广西猫街自然保护区、四川唐家河自然保护区、贵州梵净山自然保护区、贵州雷公山自然保护区、云南大围山自然保护区、云南分水岭自然保护区。总体上来说，鹅掌楸的保护状况还是比较好的，自然保护区的保存面积正在逐渐扩大。

第二节　鹅掌楸的形态特征和生物学特性

一、形态特征

乔木，高达 40 m，胸径 1 m 以上，根为肉质根，小枝灰色或灰褐色。叶多为马褂状，长 4～12（18）cm，近基部每边具 1 侧裂片，先端具 2 浅裂，下面苍白色，叶柄长 4～8（16）cm。花杯状，花被片 9，外轮 3 片绿色，萼片状，向外弯垂，内两轮 6 片、直立、花瓣状、倒卵形，长 3～4 cm，绿色，具黄色纵条纹，花药长 10～16 mm，花丝长 5～6 mm，花期时雌蕊群超出花被之上，心皮黄绿色。聚合果长 7～9 cm，具翅的小坚果长约6 mm，顶端钝或钝尖，具种子 1～2 粒。花期 5 月，果期 9～10 月（图 25 - 1）。

图 25-1 鹅掌楸
1. 花枝　2. 雄蕊　3. 聚合果　4. 小坚果
（引自《中国树木志·第一卷》）

二、生物学特征

（一）生长特性

鹅掌楸在适宜条件下生长迅速，相同条件下生长量大于杉木。据调查资料，鹅掌楸人工林与天然林生长有明显差异，在天然林中树高生长高峰期一般在 20 年以前，胸径生长在 20 年后；而人工林树高生长高峰期在前 7 年，每年平均生长 1 m 以上，第八年以后开始下降，胸径速生期为 5～20 年，在良好的立地条件下，20 年生胸径年均生长能保持在1.5 cm 以上。鹅掌楸顶端优势明显，树干通直圆满，出材率高，且冠幅较大。

（二）结实特性

鹅掌楸多为 5 月开花，10 月果熟，花两性，虫媒传粉。一般来说，鹅掌楸属种子的饱满率较低，其中北美鹅掌楸每 100 个翅果中有饱满种子的有 19.2 个±1.91 个；鹅掌楸的饱满率为 0.45％～12.77％，平均约为 5％。

鹅掌楸的结实率表现出一定的变异性，群体间的饱满翅果数和饱满种子数差异均达0.001 水平上的显著。以人工群体最高，天然群体次之（有伴生树种存在），行道树最低，且人工林群体间差异也很显著，说明鹅掌楸的生育力存在遗传和环境的双重因素。进一步研究还发现，同一群体内也存在变异，其变异具有层次性：个体间的方差分量（49.5%）＞聚合果间的方差分量（33%）＞聚合果内不同部位间的方差分量（18%）。鹅掌楸群体间、群体内生育力的这一变异规律，为人工选择提供了依据和潜力，鹅掌楸同一群体不同年份间（丰年与歉年）的结实率差异极显著，说明其表型可塑性大（方炎明等，1994）。

（三）交配特性

鹅掌楸一朵花中雌雄蕊异熟，一株内或一个群体内花期也有显著的差异，而且从胚胎发育观察来看，鹅掌楸存在自交不亲和现象或至少有这种可能性。对鹅掌楸人工林群体进行控制授粉，生育力可提高到 40%～50%，比双亲天然授粉的生育力提高了 10 倍。国外对北美鹅掌楸观察研究后认为控制杂交授粉的种子发芽率显著提高。Steirhabel 等在德国斯诺伐基亚调查研究认为，通过排除自交进行控制，可大大提高饱满种子产量，并且发现胸径 45 cm 的大树，其单株产种量最大，进一步发现产种量与光、温度有关，特别是在北方地区。因此认为，鹅掌楸的交配系统倾向于个体基础上的杂交。

（四）生理特性

刘西俊等研究认为，鹅掌楸叶片含有较多的束缚水（42%）和较高的束缚水自由水比（0.72），可忍耐轻度的高温、寒冷及干旱。鹅掌楸为偏阳性树种，喜光、湿、暖、肥沃的生境，但水分过多对其生长也不利。

三、生态适应性

（一）气候

鹅掌楸喜光及温和湿润气候。鹅掌楸幼苗怕强光，适宜在林下更新生长，但长成大树后不耐阴。鹅掌楸自然分布区内年降水量 780～2 267 mm，年均温 11.5～17.8 ℃，绝对最低温－12.4 ℃，7 月平均最高温度 27～28 ℃，一般能耐－5 ℃左右低温，但有些耐寒种源可耐－14 ℃左右极低温。总体来说，北美鹅掌楸比鹅掌楸耐寒，一些分布区北部的北美鹅掌楸种源可耐－20 ℃以下极低温。

（二）地形

鹅掌楸自然分布在我国中北亚热带的山区，适生于沟岩、两旁、坡脚路边或山区、丛林中，喜温凉潮湿避风的环境。垂直分布范围较广，分布海拔 600～1 700 m，栽培区海拔可以很低，一般城市平原等不积水的地区均可种植。

（三）土壤

自然分布于砂岩、砂页岩或花岗岩及沙质壤土地区，喜深厚肥沃、湿润而排水良好的酸性或中性土壤（pH 4.5～7.5），在干旱地生长不良，忌低湿水涝地。鹅掌楸是富钾树种，对氮敏感，与四川桤木、拟赤杨、光皮桦、澳大利亚金合欢（黑荆树、银荆树）等固氮树种混交可相互促进生长。

第三节　鹅掌楸的起源、演化

一、鹅掌楸的起源与演化

据化石分析，鹅掌楸属早在白垩纪就已形成，白垩纪化石见于美国东部、加拿大、欧洲、格陵兰，到晚第三纪时曾经兴旺发达，该时期的化石广布于北美大陆、格陵兰、冰岛、英格兰、法国、荷兰、德国、波兰、奥地利、瑞士、意大利、日本、韩国等。但Wolfe 等（1977，1985，1987）在研究阿拉斯加的矿植物区系后认为鹅掌楸始于渐新世，兴于中新世，衰于上新世，在欧洲灭绝于更新世（即第四纪冰川时期）。他们认为，第三纪及之前，北半球的大陆块构造与现在完全不同，不是彼此被重洋远隔而是连成一片，其气候也不似现在，多数时期是温湿气候，中间夹带几次寒冷时期。在渐新世有一次气温大幅度的降低，伴随着喜温湿树种大量灭绝或转移，之后在中新世气温上升，喜温湿落叶树种开始兴旺起来，他们认为正是在渐新世与中新世气候转换之际，鹅掌楸及大量喜温湿落叶树种开始起源，并在中新世开始迅速分化发展起来。矿植物学研究成果发现，在中新世早期和中期，美国阿拉斯加、日本、东亚、西北美、欧洲都有非常丰富的喜温湿落叶植物物种（包括鹅掌楸）分布，到中新世后期进一步分布到了北美东部地区，在当时，亚洲、美洲的森林群落连成一片，有所谓的"北冰洋第三纪分布模式"之称。到中新世末期，寒冷气候又开始了，喜温湿落叶植物物种的分布区受到了限制（缩小），一些物种开始灭绝和迁移。正是在这个时期（中新世末到更新世）之后，地壳在大陆两边开始升降运动，位于北冰洋高压区域的北美大陆与亚洲开始分离，并向南移动，北美与亚欧大陆逐渐被太平洋和大西洋所分隔，亚洲、美洲之间除了白令陆桥之外别无通路。而白令地区，因受寒冷气候控制，该区温湿落叶森林群落已被耐寒的针叶林所取代。所以这个时期以后，亚洲、美洲、欧洲三者之间的鹅掌楸等暖湿落叶物种间已无基因的迁移。到上新世，原物种丰富的喜温湿落叶物种分布区缩减、多样性下降，但许多古热气候型的物种并未完全灭绝，事实上，鹅掌楸在欧洲一直存活到上新世（Berry，1923；Muller，1981）。直到更新世（即第四纪冰川期），鹅掌楸及当时的大多数古热气候型物种才大量灭绝，可以说至更新世起，全世界 22 种鹅掌楸就只剩下鹅掌楸和北美鹅掌楸 2 种。

二、鹅掌楸和北美鹅掌楸的分化与亲缘关系

（一）种间分化

据矿植物学研究发现，中新世末期，寒冷来临，地壳升降运动开始，喜温湿物种开始灭绝和南迁，其时间距今约 1 300 万年。鹅掌楸的资源南迁及美洲与亚洲种类分隔分化也应处于此时期。为了证明此假说是否正确，Parks 等（1990）利用现代遗传学和分子标记技术分析了鹅掌楸与北美鹅掌楸的同工酶和原生质基因组的序列。用同工酶分析结果计算出 Nei's 遗传距离为 0.434，根据 Nei's 的遗传距离与分化时间换算公式换算得出，二者间的分化时间为 1 100 万～1 600 万年。同时，用基因组序列分析得到二者变异为 1.24%±0.145%，按每年每点变异的实现率换算得到二者要达到 1.24%±0.145% 的变异约需

12 400 万年±145 万年，与同工酶分析结果基本一致，认为北美鹅掌楸与鹅掌楸的分化时间距今不少于 1 100 万年，不超过 1 600 万年。

（二）亲缘关系

关于鹅掌楸和北美鹅掌楸的关系，有两种观点：一种观点认为鹅掌楸比北美鹅掌楸原始，鹅掌楸是北美鹅掌楸的祖先，北美鹅掌是鹅掌楸的后代；另一种观点认为二者并非长辈和晚辈的关系，而是兄弟或姊妹的关系。

认为鹅掌楸是北美鹅掌楸长辈的依据：①鹅掌楸的花粉外壁为穴网状纹饰，比北美鹅掌楸的皱疣状纹饰要原始（韦仲新等，1993）；②北美鹅掌楸的遗传多样性高于鹅掌楸，所以鹅掌楸是原始的，北美鹅掌楸是次生的，北美鹅掌楸可能起源于鹅掌楸（Parks，1990）；③从形态学看，鹅掌楸叶片通常为单侧裂片，而北美鹅掌楸为 1～3 侧裂片，因此，北美鹅掌楸比鹅掌楸进化（火树华，1990）。

认为鹅掌楸与北美鹅掌楸非长晚辈关系，而是同辈关系的依据：①形态学特征多变，鹅掌楸也有 2～3 侧裂片，北美鹅掌楸也有单侧裂片；②北美鹅掌楸的遗传总变异高于鹅掌楸，但两个种的遗传分化程度不高；③二者杂交容易，后代不仅可育，且其杂种 F_2 代的分离遵从孟德尔定律（方炎明，1994），因此，认为北美鹅掌楸起源于鹅掌楸的根据不足，二者可能通过分布区不重叠的物种形成方式，各自从较近的祖先分化而来，因此二者应属于兄弟关系或姊妹关系，而不可能是祖先—后裔的关系。

罗光佐等（2000）分别对鹅掌楸及其子代的遗传多样性进行了研究，结果显示鹅掌楸属植物具有丰富的遗传多样性，鹅掌楸遗传变异分量在群体间占 33.03%，群体内占 66.97%，主要变异均存在于个体间。

第四节　鹅掌楸的遗传变异和种质资源

一、鹅掌楸的遗传变异

（一）引种试验

鹅掌楸大约在中华人民共和国成立后已开展生物特性繁殖及栽植方法的试验研究，人工林栽植多从海拔高处引入海拔低的地方，由山区引入丘陵、平原。比较早的有江西庐山林场，栽在阴坡肥沃土壤上 11 年生人工林，树高 15 m 左右，胸径 10～19 cm，生长良好；栽在阳坡瘠薄土壤上，树高 5～8 m，胸径 5～10 cm。浙江天目山林场海拔 300 m，11 年生人工林树高 7.7～9.5 m，胸径 8.6～15 cm；杭州植物园海拔 50 m 以下地区营造的 10 年生人工林树高 8～10 m，胸径 10～15 cm。在低海拔（海拔 50 m）地区，为了避免由于夏季高温干旱而引起叶子早落，适宜与其他阔叶林混交。最早于 19 世纪被引入到欧洲和美洲。

北美鹅掌楸最早引种到中国是 20 世纪 30 年代，在南京、青岛、昆明、庐山等地都有栽培，在新的引种适生区均能很好地生长。在长江流域生长尤其好，长势健壮，开花结实正常，具有生长快、树干直，材质好，适应性强，病虫害少，生长比鹅掌楸快。据杭州调查，20 年生树高 16 m，胸径 28 cm。德国、法国、比利时等欧洲国家于 1950—1969 年开展了北美鹅掌楸的引种试验，除在欧洲北部地区受晚霜危害，其他地区基本适宜其生长。北美鹅掌楸在欧洲广泛用作观赏树种，也做用材树种。1980 年前后北美鹅掌楸被引种到了非洲国家，据报道，在南非受老鼠和兔子危害严重，生长性状符合一般梯度变异，即最南部的种源生长最快。

(二) 种源、家系的生长变异

李斌等（2001a）在鹅掌楸全分布区内抽样 15 个种源，同时引进 5 个北美鹅掌楸种源于长江中下游 5 省份按统一试验设计营造种源试验林。7 年生时全面测定其树高、胸径、冠幅等主要生长性状，进行遗传变异分析。结果表明，鹅掌楸生长性状在种源间存在显著的遗传差异，种源对环境反应灵敏，种源与地点间存在明显的交互作用，适地适种源对鹅掌楸栽培利用尤为重要。种源广义遗传力分别为：树高 0.503、胸径 0.526、材积 0.521，三个性状的广义遗传力均大于 0.5，受强度遗传控制；冠幅广义遗传力为 0.301，受中度遗传控制，性状遗传参数估计为评价种源选择的遗传增益和遗传改良潜力奠定了基础。按照遗传稳定性和生长适应性参数估计值，多点综合选择选出黎平、叙永两个优良种源，遗传增益 11.8%；单点选择分别选出 1~3 个丰产种源，遗传增益 15.4%~51.5%。

北美鹅掌楸在种源试验的基础上被分为两大片，即西部阿巴拉契亚山区种源和东部沿海平原区种源。西片种源生长缓慢，东片种源生长迅速。印第安纳、密西西比的种源最好；俄亥俄、北卡罗来纳、密歇根等种源生长中等；纽约种源生长最差，但抗寒性最好。

鹅掌楸不但在种源间存在变异，而且在林分间、株间均存在显著的生长差异。由于鹅掌楸的随机授粉和偏重杂交的机制，致使其株间变异、株内变异占很大的分量，比林分间变异还要大。

鹅掌楸幼龄时树高的全同胞家系和半同胞家系的广义遗传力分别为 0.4 和 0.7，受中等到较强的遗传控制。刘洪鄂等对鹅掌楸高生长进行回归分析表明，3 龄树高对 1 龄树高不相关，而对 2 龄树高相关极密切，证明 1 龄时种子效应影响较大，而出圃造林后，种子效应逐渐消失，遗传效应逐渐表达。

(三) 木材性状变异

李斌等（2001b）根据鹅掌楸属 2 种及其杂种多地点抽取 282 株，分别进行木材基本密度和纤维长度的测定分析。结果表明，15 个鹅掌楸种源间基本密度和纤维长度均差异显著（$p < 0.05$）；5 个北美鹅掌楸种源间木材基本密度和纤维长度未达到显著差异；地点间差异及种源与地点的交互作用不显著。鹅掌楸的木材基本密度均值为 0.397 g/cm³，纤维长度总均值达 1.603 mm，属于中小密度、长纤维或近长纤维树种。差异分析揭示了种内差异是鹅掌楸属的主要变异来源，种内种源间存在选择的遗传基础。性状遗传相关分析认为，鹅掌楸木材基本密度和纤维长度之间相关不密切（$r = 0.157$），两木材性状与各生长因子间相关亦不密切，说明它们之间基因连锁不紧密，可独立选择。在上述分析结果的基础上进行了鹅掌楸属种源材性选择，选出木材基本密度优良的种源为庐山和桑植种源，纤维长度优良的种源为浏阳和江西武夷山种源。北美鹅掌楸种源与鹅掌楸种源在总体上不

存在明显差异，杂种无性系木材基本密度和纤维长度均超过鹅掌楸性状总均值，但未超过最好的种源。

二、鹅掌楸种质资源

（一）已收集保存的鹅掌楸属种质资源

目前，我国已收集鹅掌楸种源 15 个，北美鹅掌楸 18 个，合计 33 个；收集半同胞家系 50 个，其中鹅掌楸 38 个，北美鹅掌楸 9 个，杂种鹅掌楸 3 个；收集全同胞（控制授粉）杂种家系 10 多个；收集无性系 152 个，其中鹅掌楸无性系 108 个，北美鹅掌楸无性系 25 个，杂种鹅掌楸无性系 19 个。

（二）鹅掌楸种源区及良种

李斌等（2001a，2001b）根据 7 年生的生长测定和材性测定结果，将鹅掌楸划分为 3 个种源大区 4 个亚区，即大别山—武夷山一线的东部种源区，包括安徽、浙江、江西、福建 4 省；陕南—武陵山—桂北一线的西部种源区，包括陕西、湖北、湖南、四川、贵州、广西、重庆 7 省份；南部种源区只有云南省。东部种源区又分为两个亚区，北部亚区为安徽的大别山和黄山一带，南部亚区包括浙江、江西、福建，以庐山、天目山、武夷山为代表。西部种源区分为北部亚区和南部亚区，其中北部亚区包括陕西南部、湖北，南部亚区包括贵州、四川、湖南、广西、重庆 5 省份。

西部种源区的南部亚区是鹅掌楸的优良种源区，3 个生长适应性强、遗传稳定性好、材质优良的种源（良种）L-P1（四川叙永）、L-P2（贵州黎平）、L-P3（贵州陌南）都分布于该亚区。

1. L-P1（四川叙永）　登记编号为国 R-SP-LC-006-2002，树干通直，树体美观，生长适应性强，生长迅速，年均高生长量 1.2 m，胸径 1.4 cm，适宜在湖北、湖南、江西、福建及长江中下游各地推广。

2. L-P2（贵州黎平）　登记编号为国 R-SP-LC-007-2002，树干通直，树体美观，生长适应性强，生长迅速，材质优良，稳定性好，年均高生长量 1.3 m，胸径 1.2 cm，适宜在湖北、湖南、江西、福建及长江中下游各地推广。

3. L-P3（贵州陌南）　登记编号为国 R-SP-LC-008-2002，树干通直，树体美观，生长适应性强，生长迅速，材质较好，年均高生长量 1.15 m，胸径 1.2 cm，适宜在湖北、湖南、江西、福建及长江中下游各地推广。

（三）杂交的种质资源

鹅掌楸属的种间杂交研究开展得较多，譬如 1963 年叶培忠等以鹅掌楸为母本、北美鹅掌楸为父本获得了首批杂种 *L. chinense×L. tulipifera*。1970 年 Santamour 以北美鹅掌楸为母本、鹅掌楸为父本进行控制杂交，也获得了另一批杂种鹅掌楸 *L. tulipifera×L. chinense*。经研究发现两个杂种类型在形态上都具备典型的杂种性状，具有双亲的中间型特性，极易识别，而且生长迅速，能够正常地繁殖后代，但实生繁殖分化很大，并且符合孟德尔定律。目前，南京林业大学、中国林业科学研究院、湖北种苗站等单位都相继进行了两种类型的杂交并得到了很多杂种材料（季孔庶等，2001），有的还命名为亚美马褂木、杂种马褂木等名称，但更多地被称为杂种鹅掌楸（王章荣，2005）。

刘洪鄂等（1991）研究认为杂种鹅掌楸与其亲本之一北美鹅掌楸生长无显著差异，而明显快于另一亲本鹅掌楸。2 年生的北美鹅掌楸和杂种鹅掌楸（杭州）高生长分别比鹅掌楸增加 53％和 29％，径生长分别增加 46％和 27％，相对材积分别增加 224％和 109％，这与南京林业大学育种组报道杂种鹅掌楸具有杂种优势的说法不一致，但刘洪鄂等认为杂种鹅掌楸可稳定遗传和繁殖，应该当作亚种或种处理的观点尚待推敲，因为杂种鹅掌楸的遗传分化很大，尚不完全具备独立的遗传特性。

第五节　鹅掌楸植物种及其野生近缘种的特征特性

一、北美鹅掌楸

学名 *Liriodendron tulipifera* Linn. 。

（一）形态特征

乔木，原产地高可达 60 m，胸径 3.5 m；南京栽植高 20 m，胸径 50 cm，树皮深纵裂，小枝褐色或紫褐色，常带白粉。叶片长 7～12 cm，近基部每边具 2 侧裂片，先端 2 浅裂，幼叶背被白色细毛，后脱落无毛，叶柄长 5～10 cm。花杯状，花被片 9，外轮 3 片绿色，萼片状，向外弯垂，内两轮 6 片，灰绿色，直立，花瓣状、卵形，长 4～6 cm，近基部有一不规则的黄色带；花药长 15～25 mm，花丝长 10～15 mm，雌蕊群黄绿色，花期时不超出花被片之上。聚合果长约 7 cm，具翅的小坚果淡褐色，长约 5 mm，顶端急尖，下部的小坚果常宿存过冬。花期 5 月，果期 9～10 月。

（二）生物学特性

由于北美鹅掌楸分布范围很广，固可适应多种气候，从分布区北部的 1 月平均温度－7.2 ℃到南部 1 月平均温度 16.1 ℃，7 月平均温度 20.6～27.2 ℃，年降水量 760～2 030 mm。在分布区北端，低温为限制因子，南端高温和土壤水分可能成为限制因子。北美鹅掌楸喜光，有一定的耐寒性，部分种源在北京地区可露地过冬。喜深厚肥沃、适湿而排水良好的酸性或中性土壤（pH 4.5～7.5），最适宜沿河川的冲积土、山谷地土壤，在干旱地生长不良，忌低湿水涝。本树种对空气中的二氧化硫有中等抗性。

（三）分布概况

北美鹅掌楸分布于美国东部，地跨佛罗里达、佐治亚、亚拉巴马、密西西比、路易斯安那、阿肯色、田纳西、南卡罗来纳、北卡罗来纳、弗吉尼亚、肯塔基、伊利诺伊、印第安纳、俄亥俄、密歇根、宾夕法尼亚、马里兰、特拉华、新泽西、纽约、康涅狄格、罗得岛、马萨诸塞等 23 个州。其分布区分成阿巴拉契亚山区、东部沿海平原区和佛罗里达半岛区三大部分，整个分布区连成一片，呈古典的生态梯度分布格局。北美鹅掌楸的垂直分布包括平原区和山区，其海拔为 200～1 500 m，幅度差为 1 300 m，水平分布范围为西经 73°～93°、北纬 28°～43°。北美鹅掌楸在欧洲、中国、韩国、日本等地广泛引种栽培。

（四）利用价值

北美鹅掌楸树体雄伟，叶奇特，花大而美丽，为世界珍贵树种之一，17 世纪从北美引种到英国，其黄色花朵形似杯状的郁金香，故欧洲人称其为"郁金香树"，是城市中极佳的行道树、庭荫树种，无论丛植、列植或片植于草坪、公园入口处，均有独特的景观效果，对有害气体的抗性较强，也是工矿区绿化的优良树种之一。北美鹅掌楸材质优良，淡黄褐色，纹理密致美观，切削光滑，易施工，为船舱、火车内部装修及室内高级家具用材，为美国重要用材树种之一。北美鹅掌楸还具有医药等价值，其树皮可入药，具有祛风湿，刺激心脏跳动等功效。北美鹅掌楸花朵也是蜜蜂采蜜的原料。对有毒气体二氧化硫有一定抗性，又是很好的防护树种。

（五）良种选育

美国早在 20 世纪 60 年代就对美国鹅掌楸的繁殖能力、授粉、种子、生根、嫁接等性状遗传学特性及细胞遗传学、自然变异规律、种源选择、无性系、种子园等多项领域进行了研究，发现北美鹅掌楸的许多性状有明显的单株差异、林分差异和地理种源差异。对木材密度、纤维长度、通直度、分枝角度、自然整枝能力、叶形态、果实种子形态、抗病性、苗木长势、萌芽能力以及材性等方面均进行过研究，在遗传改良方面已取得了重要进展。

二、杂种鹅掌楸

学名 *Liriodendron chinense* × *Liriodendron tulipifera* 或 *Liriodendron tulipifera* × *Liriodendron chinense*。又名杂种马褂木、亚美马褂木。

（一）形态特征

乔木，50 年生树木高可达 30 m，胸径 1.2 m。树皮多紫褐色，纹理比北美鹅掌楸细腻。小枝多褐色或灰褐色，常带白粉。叶片长 5～15 cm，近基部每边具 2 侧裂片，先端 2 浅裂，幼叶背被白色细毛，后脱落无毛，叶柄长 5～12 cm。花杯状，花被片 9，直立，花瓣状、卵形，长 4～7 cm，呈黄绿色、橙黄色或橘红色；花药长 15～25 mm，花丝长 10～15 mm，雌蕊群黄绿色，花期时不超出花被片之上。聚合果长约 7 cm，具翅的小坚果淡褐色，长约 5 mm，顶端钝尖，下部的小坚果常宿存过冬。花期 4～5 月，果期 9～10 月。

（二）生物学特性

喜光及温和湿润气候，耐寒性强于鹅掌楸，但略低于北美鹅掌楸，部分在北京地区可露地过冬。喜深厚肥沃、适湿而排水良好的酸性或中性土壤（pH 4.5～7.5），在干旱地生长不良，忌低湿水涝。本树种对空气中的二氧化硫气体有中等抗性，适合城乡园林绿化栽植。

（三）分布概况及类型

目前杂种鹅掌楸在北京、上海、南京、杭州、黄山、武汉等城市以及福建邵武、江西分宜、湖北京山、湖南桃源、四川邛崃和峨眉山、山东、江苏、河南等地有栽植。杂种鹅掌楸在美国、欧洲、韩国等地也有繁殖栽培。

（四）利用价值

主要利用价值包括城市园林、四旁绿化、用材、蜜源、造纸、提取药物原料等。

（李　斌　安元强）

参考文献

方炎明，1994. 中国鹅掌楸的地理分布和空间格局 [J]. 南京林业大学学报，18（2）：13-18.

方炎明，尤录祥，1994. 中国鹅掌楸天然群体与人工群体的生育力 [J]. 植物资源与环境，3（3）：9-13.

火树华，1992. 树木学 [M]. 2版. 北京：科学技术出版社.

季孔庶，王章荣，2001. 鹅掌楸属植物研究进展及其繁育策略 [J]. 世界林业研究，14（1）：8-14.

李斌，顾万春，夏良放，等，2001a. 鹅掌楸种源遗传变异和选择评价 [J]. 林业科学研究，14（3）：237-244.

李斌，顾万春，夏良放，等，2001b. 鹅掌楸种源材性遗传变异和选择 [J]. 林业科学，37（2）：42-50.

刘洪鄂，沈湘林，1991. 中国鹅掌楸、美国鹅掌楸及其杂种在形态和生长性状上的遗传变异 [J]. 浙江林业科技，（11）：5：18-23.

刘西俊，周丕振，1989. 鹅掌楸生理特性及适应性的研究 [J]. 西北植物学报，9（3）：183-190.

罗光佐，施季森，尹佟明，等，2000. 利用 RAPD 标记分析北美鹅掌楸与鹅掌楸种间遗传多样性 [J]. 植物资源与环境学报，9（2）：9-13.

王章荣，2005. 鹅掌楸属树种杂交育种与利用 [M]. 北京：中国林业出版社.

韦仲新，吴征镒，1993. 鹅掌楸属花粉的超微结构研究及系统学意义 [J]. 云南植物研究，15（2）：163-166.

Berry E W，1923. Miocene plants from southern Mexico [M]. US Government Printing Office.

Muller J，1981. Fossil pollen records of extant angiosperms [J]. The Botanical Review，47（1）：1-142.

Parks C R，Wendel J F，1990. Molecular divergence between asian and north american species of *Lirioden-dron*（Magnoliaceae）with implications for interpretation of fossil floras [J]. Amer J Bot，77（10）：1243-1256.

Steinhubel G，1962. Propagation of *Liriodendron tulipifera* in Eastern Gechoslovakia from locally grown seed [J]. Mitt Dtsch Derdrol Ges，61：50-63.

Wolfe J A，1977. Paleogene floras from the Gulf of Alaska region [J]. Professional Paper - U. S. Geological

Survey (USA) . no. 997，8 (2)：294 - 296.

Wolfe J A，1985. Distribution of major vegetational types during the Tertiary [M]//The carbon cycle and atmospheric CO： Natural Variations Archean to Present：357 - 375.

Wolfe J A，Upchurch G R，1987. North American nonmarine climates and vegetation during the Late Cretaceous [J]. Palaeogeography，Palaeoclimatology，Palaeoecology，61：33 - 77.

第二十六章

黄　连　木

黄连木（*Pistacia chinensis* Bunge）属漆树科（Anacardiaceae）黄连木属（*Pistacia* Linn.）植物，因其木材色黄而味苦，故名"黄连木"或"黄连树"。黄连木属约 10 种，分布于地中海沿岸、中亚至东亚、墨西哥至危地拉马。我国有 2 种，黄连木树体高大挺拔，木材优良，入秋红叶，观赏价值高，是我国重要的绿化造林阔叶树种，也是稀有木本油料树木，有着重要的生态景观与经济价值。

第一节　黄连木的利用价值和生产概况

一、黄连木的利用价值

（一）生物能源树种

黄连木是我国优质木本富油树种，种子油既可食用，又可做润滑油、制肥皂，还能治牛皮癣，已被专家列为继油桐、油茶后，近 20 年最有发展潜力的生物能源树种之一。黄连木种子的含油率为 35%～42.46%，出油率为 22%～30%；果壳含油率 3.28%，种仁含油率 56.5%。油料皂化值 192，酸值 4，脂肪酸种类丰富（肉豆蔻酸微量、棕榈酸 23.3%、硬脂酸 1.7%、十六碳烯酸 1.9%、油酸 41.6%、亚油酸 1.5%）。鲜叶和枝可提取芳香油。目前，各地林业部门将黄连木作为生物能源原料林进行培育。

（二）园林绿化价值

黄连木是一种生态景观效果好、经济价值高的园林绿化树种。而且，黄连木对二氧化硫、氟化氢、氯化氢和烟有较强的抗性，可作为防大气污染的环保树种和环境监测树种。黄连木具有较强的观赏性，其树冠开阔，枝繁叶茂，春红夏绿秋黄，不同季节色彩不一，四季有特殊的清香，可做行道树、庭荫树，或于常绿树丛中栽种以赏秋景，还适宜做工矿区绿化树种，也可用于滨海盐碱地和沿海防护林造林。黄连木根系发达，具有抗旱、耐瘠薄、适应性强等特点，是天然林资源保护工程、退耕还林工程和太行山绿化工程中难得的造林阔叶树种。

（三）木材利用价值

黄连木木材坚韧致密，黄褐色，有光泽，易干燥，好加工，抗压耐腐，油漆和胶黏性能好，可供民用建筑，制造加工，美术工艺雕刻、镶嵌之用，还可制作玩具、文具工艺装修饰品（裴会明，2005）。

（四）药用价值

黄连木叶芽、树皮、叶均可入药，从黄连木树皮、树叶提取分离得到没食子酸、槲皮素、槲皮苷和香豆素二聚体等，具有清热解毒和雌激素受体激动剂等药效（牛正田，2005）。以根、茎、叶、树皮入药作为黄柏皮代用品，广泛用来治疗急性胃肠炎、痢疾、霍乱、痔疮、风湿病等；精制种子油可用来治疗牛皮癣。叶上寄生的虫瘿，称"五倍子"，入中药，可治肺虚咳嗽、久痢脱肛、多汗、刀伤出血等症（裴会明，2005）。用黄连木的根、枝、皮、叶熬制的水溶液亦是上好的农药，可杀各种水稻害虫、蚜虫和螟虫等（马淑英，1999）。

（五）综合利用价值

黄连木树皮、叶、果分别含鞣质 4.2%、10.8%、5.4%，可提制栲胶；果和叶还可制作黑色染料。根、枝、皮可制成生物农药；嫩叶有香味，可制成茶叶。嫩叶、嫩芽和雄花序是上等绿色蔬菜，清香、脆嫩，鲜美可口，炒、煎、蒸、炸、腌、凉拌、做汤均可。黄连木是嫁接阿月浑子的适宜砧木，嫁接亲和力高，大树及幼树均有较高的成活率。大树采用插皮套袋嫁接，株成活率可达 100%，穗成活率可达 95%，2～3 年生苗嫁接成活率可达 90%以上。嫁接后植株生长旺盛，表现良好（张文越，2002）。

二、黄连木的地理分布和生产概况

（一）黄连木的地理分布

我国华北、华南、西南、华中与华东的广大地区及西北地区，包括北京、河北、河南、山东、安徽、江苏、上海、浙江、江西、福建、湖南、湖北、陕西、山西、甘肃、重庆、贵州、云南、海南、青海、新疆、西藏、广东、广西 24 个省份均有黄连木天然次生林或人工林分布（王涛等，2012）。黄连木在我国的水平分布具有明显的规律性，以云南潞西—西藏察隅—四川甘孜—青海循化—甘肃天水—陕西富县—山西阳城—河北顺平—北京西山为界，为东北—西南走向，呈连续性分布，局部因小气候原因成间断分布，天然次生林多分布在该线以东、以南地区。黄连木垂直分布海拔高度各地不同，河北在海拔600 m 以下，河南在海拔 800 m 以下，湖南、湖北见于海拔 1 000 m 以下，贵州可达海拔1 500 m，云南可分布到海拔 2 700 m（刘启慎，1999；祖庸，1989）。此外，我国台湾地区也有黄连木的分布。

在全国范围内，以陕西、山西、河北、河南 4 省的黄连木资源最多，常见有大面积纯林，也有以黄连木为主的大面积混交林分。位于太行山地区的河北省南部地区与河南省北部地区最为集中，其中，河北省邯郸市是黄连木分布最为集中和资源量最多的地市。

王涛等（2012）根据黄连木在我国的分布范围，进行了黄连木的分布区划，初步分为集中分布区、次集中分布区、零星分布区、沿海零星分布区4个分布区。

1. 黄连木集中分布区　黄连木的分布以位于太行山区的河北省南部地区（邯郸市）与河南省北部地区（鹤壁、安阳）最为集中，常见有大面积的黄连木纯林，也有大面积的混交林分。在陕西省南部地区与山西省南部地区也有大面积的集中分布。本区内，黄连木纯林约为4万 hm^2，各种混交林3.33万 hm^2，另有散生单株约200万株，该区是黄连木资源分布最为集中、资源数量最多的地区。

2. 黄连木次集中分布区　包括北京、陕西关中地区、河南西部、湖北、山东、四川、重庆、云南、贵州、浙江、甘肃南部等地。本区黄连木混交林约有6.33万 hm^2，各地共有3 000～4 000株百年以上的黄连木古树。

3. 零星分布区　包括河南省南部及东南部、河北中部、安徽江淮丘陵及大别山区、江苏西部、江西中南部丘陵地带、福建闽西山地、广东北部山区、广西北部、西藏南部、青海东南部等地区。本区内，黄连木以单株散生于其他树种之间，总量20万株，树龄从十几年至几十年不等，百年以上的古树约1 000株。

4. 沿海零星分布区　本区位于我国东部、东南部与南部沿海地带，主要包括山东沿海地区、江苏沿海地区、上海、浙江沿海地区、福建沿海地区、海南沿海地区。本区黄连木主要以单株形式存在，总量2万株，多为百年以上的古树，且长势旺盛。

（二）黄连木栽培和生产现状

我国黄连木已经有2 500多年的栽培历史。在湖南、山东被称为"楷木""孔木"。清代《广群芳谱》载："孔木生孔子冢上，其干枝疏而不屈，以质得其直故也。"其树干挺拔，树体美观。初春，红色的新梢醒目耀眼，羽状复叶清新可爱；夏日，高大的树冠形如巨伞，遮天蔽日；秋天，红色的果实缀满枝头，蔚为壮观。叶、果均具观赏价值，是很好的园林绿化树种（肖彦荣，1995）。《植物名实图考》云："黄连木，江西、湖广多有之。大可合抱，高数丈，叶似椿而小，春时新芽微红黄色，人竞采其腌食，曝以为饮，味苦回甘如橄榄，暑天可清热生津。"黄连木嫩叶可食用或制茶，是一种有待开发的森林蔬菜。

河南安阳、新乡、鹤壁等地有黄连木人工林约1.53万 hm^2。2006年河南林州市被国家林业局列为河南省国家生物质能源林建设黄连木示范基地。中国林业科学研究院与陕西、河北合作，规划发展黄连木能源原料林基地，到2015年可生产100万 t种子，生产40万 t生物柴油。

第二节　黄连木的形态特征和生物学特性

一、形态特征

（一）植株

黄连木为落叶乔木，高达25 m，胸径1 m。树冠广阔，近圆形；树皮粗糙，薄片状剥落；冬芽红色，有特殊气味；老皮灰褐色，片状剥落；小枝赤褐色。

（二）根系

黄连木系深根性树种，根系发达，具有强大的主、侧根，萌芽力和抗风力强，其寿命可达 300 年以上。据在坡脚梯田地边对约 50 年生树调查，主根深可达 3 m 以上，水平根分布范围可达树冠直径的 3 倍以上。耐干旱贫瘠，多分布在石灰岩地区（刘启慎，2000）。

（三）茎

黄连木茎的初生结构由表皮、皮层、维管束和髓部构成：表皮细胞为 1 层近方形的细胞；皮层有 7~10 层薄壁组织细胞，内部有单宁细胞；维管束 28~30 个，内有 20~40 μm 的圆形分泌道；髓部细胞圆形，近维管组织有许多单宁细胞。茎的次生结构由周皮、次生韧皮部、维管形成层和次生木质部构成：周皮木栓细胞有 7~10 层，木栓形成层细胞有 1~2 层；次生韧皮部中次生韧皮射线 1~2 列，内部有直径 20 μm 的分泌道；次生木质部属环孔材，生长轮明显（马淑英等，1999）。

（四）叶片

通常为偶数羽状复叶，互生小叶 10~14 对，披针形或卵状披针形，长 5~8 cm，宽约 2 cm，先端尖，基部斜楔形，边全缘，幼时有毛，后变光滑，仅两面主脉有柔毛（图 26-1）。

总叶柄横切面近圆形，由表皮、薄壁组织和维管束组成，薄壁组织细胞中有许多单宁细胞，每个维管束韧皮部内都有直径为 30 μm 的分泌道。叶片由表皮、叶肉和叶脉构成：表皮细胞近圆形，叶肉分为栅栏组织和海绵组织，主脉中维管束有 3~4 个，主脉和较大的侧脉中也都有分泌道，位于维管束的韧皮部内，直径为 35~50 μm（马淑英等，1999）。

（五）花

黄连木花单性，雌雄异株，花小且密，花先于叶开放，风媒传粉。雄花序为圆锥花序，成熟时为红色。雄花花被 3，绿色，短小被毛；花丝短，花药 4~5 枚，成熟时花药为红色，花药纵裂，花粉呈淡黄色。雌花序为圆锥花序，成熟时为绿色。雌花花被 5~8，花柱较短，长约 2 mm，柱头 3 裂，呈片

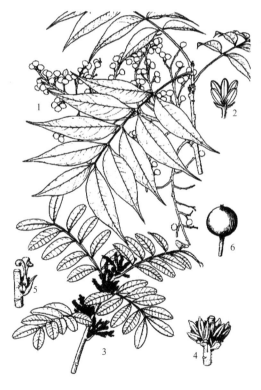

图 26-1 黄连木和清香木

黄连木：1. 果枝 2. 雄花

清香木：3. 雄花枝 4. 雄花 5. 雌花 6. 果枝

（引自《中国树木志·第四卷》）

状且向下翻卷，湿型柱头，柱头表面覆盖一层排列疏松的乳突细胞（图 26 - 1）。

（六）果实与种子

核果扁球形，径 5～6 mm，有小尖头，初期黄白色，后期变为红色或蓝紫色。果实有大果型（长 0.65～0.80 cm，宽 0.65～0.74 cm）、中果型（长 0.55～0.65 cm，宽 0.55～0.65 cm）、小果型（长 0.53～0.55 cm，宽 0.47～0.55 cm）。种子有圆形、扁圆形、长圆形，黄褐色、浅褐色、深褐色。

二、生物学特性

（一）物候、生长与开花结果

1. 物候期　在河北涉县的观察表明，黄连木花芽萌动期 3 月 7 日，叶芽萌动期 3 月 14 日，花序抽生期 4 月 4 日，初花期 4 月 13 日，盛花期 4 月 19 日，末花期 4 月 25 日，展叶期 4 月 22 日，新梢速生期 4 月 10 日至 5 月 15 日，花芽分化始期 5 月 5 日，果实速生期 4 月 20 日至 5 月 20 日，果实硬壳期 5 月 20 日至 6 月 10 日，果实变色及油脂转化期 8 月 10 日，果实成熟期 9 月 15 日至 10 月 13 日，落叶期 10 月 25 日，休眠期 11 月 5 日至翌年 3 月 5 日。

2. 生长特性　根据对河北涉县结实期的黄连木大树观察，根系在 3 月中旬开始生长，一年之内有 4 月上旬和 8 月下旬到 9 月中旬两个速生期；新梢于 3 月中下旬开始顶芽萌动，新梢为果枝者，一年之内只有 4 月上旬至 5 月上中旬一个伸长生长高峰期，以后只有加粗生长；发育枝一年内有 4 月中下旬至 5 月下旬和 6 月下旬至 8 月中旬两个生长高峰期，9 月上旬新梢停止生长（肖彦荣，1998，1995）。

刘启慎等（1999）在对河南辉县市黄连木生长观测时发现以下生长特性。黄连木实生苗生长过程分为出苗期、蹲苗期、速生期和缓慢生长期 4 个时期。幼树年生长过程中高生长出现 3 次高峰，以第一次生长高峰（3 月中旬至 5 月上旬）的持续时间为最长，生长量大；成年树速生期为 1～5 年，年均生长量为 0.35 m，连年生长量为 0.3 m；胸径生长的速生期在 15 年之前，年均生长量为 0.3 cm；材积生长在 35 年后加快，至 80 年时其单株材积平均为 0.232 6 m³。

3. 开花结果习性　黄连木属雌雄异株植物，雄株开花时间较雌株提前 10～15 d。黄连木实生苗第一次开花树龄为 12 年生以上。黄连木在河北涉县 7 月下旬进入重量增长和油脂转化期，果实初为黄绿色，接近成熟时由黄色变浅红渐成蓝绿色，饱满的种子成熟时呈铜绿色。早熟种 8 月上中旬开始变淡红，9 月上中旬成熟；晚熟种 9 月初变淡红，10 月上中旬成熟。黄连木果实发育，早期主要是体积的增长，速生期很短，一般只有 15 d 左右，之后主要是种仁充实期，增长高峰在 8 月上旬至 9 月下旬（肖彦荣等，1998）。

4. 果实发育和落果　果实发育分为果实横径变化与果实重量（千粒重）增长。在河北涉县的观察发现，黄连木果实体积增长有 1 次速生期，从 4 月下旬至 5 月上中旬，之后果实体积增长减缓，至 7 月中下旬停止增长。黄连木果实重量增长有两次速长期，第一次从 4 月下旬至 5 月上中旬，其质量增加的原因主要是果实体积增长，增长量较小，5 月中下旬体积增长趋于停止，重量增长也趋于停止，7月下旬果实重量增长再次加快，直至果实成熟，这一时期正值黄连木果实种胚膨大及油脂转化期，是产量增长的决定性时期。黄连木落果有两次高峰，第一次在5月上旬，即花后2周左右，这次落果较重，之后落果明显减少；第二次从6月上旬至6月中下旬，这次落果较少，6月下旬后落果基本停止（肖彦荣等，1998）。

（二）生态适应性

黄连木为暖温带树种，性喜光，幼时稍耐阴，喜温暖，畏严寒，北方多生于避风向阳山地。海拔600～2 000 m均能生长，多生于石灰岩山地。黄连木适应性强，对立地条件要求不严，耐干旱瘠薄，微酸性、中性和微碱性的黏质土均能适应，在干旱瘠薄的石灰岩山地生长良好，但以肥沃、排水良好、湿润的山坡地生长快，发育好，结实多。

黄连木萌发力强，砍伐或修枝后萌发更多新枝，萌发更新效果好于种子更新。

第三节 黄连木属植物的起源、演化和分类

一、黄连木属植物的起源、演化

黄连木属是地中海、中亚至东亚分布式样。本属是一群具单被（或无被）花的类群，它们大都生长在干旱环境内，全属约12种，分布中心在地中海沿岸，约有8种，墨西哥1种，马来半岛1种。我国有2种，一种广布于黄河以南各省份，向南到达中南半岛和菲律宾；另一种分布于西南地区至越南北部。黄连木属这一洲际间断分布的古老性显然可以追溯到美洲板块与亚欧和非洲板块分离以前曾有一个连续分布的图景，晚第三纪以来喜马拉雅造山运动和青藏高原的隆升，造成了该属植物沿高原东—西两侧间断分布的局面，今日东亚和中美洲的少数种类，显示了昔日古地中海东、西两岸的残余植物（闵天禄，1980）。

二、黄连木属植物分类

近年来，一些学者根据本属植物花为单被花或裸花（即花被片皆是小苞片）以及花粉粒的构造，主张将其从漆树科中分出，独立为新科 Pistaciaceae（郑勉等，1988）。因不同学者分类依据不同，对该属植物的种类鉴定存在着不同观点。较早进行黄连木专门研究的是恩格勒（Engler），他于1883年介绍了8种和几个变种。Zohary（1952）对黄连木种质资源进行了较为详细的分类研究，认为黄连木主要有2个分布中心，一个包括欧洲地中海地区、北非和中东国家；另一个是扎格罗斯山脉东部和从克里米亚到里海的高加索地区。他依据形态特征将黄连木分为4个类型11种（表26-1），同时认为大西洋黄连木可分为 *P. atlantica* subsp. *latifolia* 和 *P. atlantica* subsp. *kurdica* 2亚种。Zohary（1972）认定 *P. saportae* 应为种间杂交种，并将大西洋黄连木分为 *P. atlantica* subsp. *atlantica*、*P. atlantica* subsp. *cabulica* 和 *P. atlantica* subsp. *mutica* 3亚种。中国黄连木属有清香木（*P. weinmannifolia*）和黄连木（*P. chinensis*）2种。

表 26 - 1　基于叶、果形态特征的黄连木类型及种类

(Zohary, 1952)

类　型	种　数	种　　名
Lentiscella	2	墨西哥黄连木（*P. mexicana*）、得州黄连木（*P. texana*）
EU - Lentiscus	3	乳香黄连木（*P. lentiscus*）、清香木（*P. weinmannifolia*）、*P. saportae*
Butmela	1	大西洋黄连木（*P. atlantica*）
Eu - Terbinthus	5	阿月浑子（*P. vera*）、埃及黄连木（*P. khinjuk*）、黑黄连木（*P. terebinthus*）、巴勒氏黄连木（*P. palaestina*）、中国黄连木（*P. chinensis*）
合　计	11	

第四节　黄连木形态变异、遗传多样性和变异类型

一、形态变异

在黄连木集中分布区，选择唐县、顺平、磁县、武安、涉县、林州、辉县、济源、安康、商州、略阳、峦川、淮南 13 个地方的天然群体进行了叶、果实、果穗、种子等形态测定和评价，果柄长度、果穗长度、宽度、果穗粒数都是北部武安、涉县群体最大，南部群体次之，西部群体最小。种子纵径和横径以唐县最大，涉县、武安较大，略阳的最小。种形指数以磁县最大，安康次之，辉县最小，表现为随着地理纬度的增加，果实从近圆形向长圆形变异。太行山北段群体的生长性状和结实性状都高于秦岭南部群体。

对河北、河南、陕西、安徽等 9 个群体的果实含油率的分析表明，果实、种子和果肉含油率在群体间达到极显著差异，群体内变异不显著。略阳、安康、辉县、唐县群体属于高含油量群体，最大可达 39.237%（略阳）。果实含油率与原产地的经度、纬度和生态梯度值呈负相关，与海拔、年均温、降水量呈正相关，同时也受温度和湿度的影响，有随着生态梯度值增大而减少的趋势（王涛等，2012）。

二、遗传多样性

王涛等（2012）利用 SSR 技术对河北、河南、陕西等地 8 个群体的遗传多样性进行了研究，9 对引物在 8 个黄连木群体共检测到 43 条等位基因，平均等位基因数为 4.78，平均有效等位基因数为 3.27，多态性位点百分率达 100%，期望杂合度为 0.668。研究表明：安康群体的遗传多样性最高（$He = 0.549$），涉县群体的遗传多样性最低（$He = 0.4039$），群体间的遗传分化系数为 0.319。

三、变异类型

根据黄连木的果穗、果实形状、树皮厚度等形状变异，主要有以下变异类型：
①果穗形状可分为圆锥形、圆头形、扁圆形、长圆形、异形；②果实形状可分为黄豆形、绿豆形、豌豆形、扁豆形、圆柱形、棱果形；③果实颜色可分为铜绿色、灰绿色、浅

绿色、蓝青色；④果实成熟早晚可分为早熟型、晚熟型、中熟型；⑤树皮厚薄和开裂程度可分为薄皮型、开裂型、致密型；⑥树冠形状可分为圆头形、开心形、直立形。

根据以上综合性状，黄连木共分出长果大柄宽穗型、长果小柄宽穗型、长果小柄窄穗型、短柄扁果圆头型、短柄大果圆头型、短柄大果扁圆型、短柄大果长圆型、短柄大果异型、短柄大果长圆型等 35 个类型。

四、优良类型

在河北保定唐县、顺平、涉县、武安，河南安阳林州、鹤壁等地进行优良类型选择和评价，主要有以下 8 个优良类型：笊篱头（短柄大果密穗型）、扣旦（长果大柄疏穗型）、小金籽（长柄小果圆锥穗型）、达选（长柄中果密穗型）、豫优 1 号（短柄中果密穗型）、陕优 1 号（短柄大果密穗型）、皇林 1 号（短柄大果圆锥型）、长林 1 号（短柄大果密穗型）。

第五节　黄连木野生近缘种的特征特性

一、阿月浑子

学名 *Pistacia vera* L.。

（一）形态特征

小乔木，高 7（10）m。小枝粗，具条纹，被灰色微柔毛或近无毛，具突起小皮孔。奇数羽状复叶，小叶 3（5），革质，卵形或宽椭圆形，长 4～10 cm，宽 2.5～6.5 cm，先端钝或急尖，具小尖头，基部宽楔形、圆形或截形，全缘，下面疏被微柔毛。圆锥花序长 4～10 cm，被微柔毛。花被片长圆形，膜质，边缘具卷曲睫毛；雄花花被片（2）3～5（6），大小不等，雄蕊 5～6 枚；雌花花被片 3～5（9），子房卵圆形。果长圆形或球形，长约 2 cm，黄绿色或粉红色。花期 4 月中旬，果期 7 月下旬至 9 月（西安和喀什地区）。

（二）生物学特性

阿月浑子自然树体为多干丛状，层性较明显，分枝角度较大，树形开张，树高一般 6～8 m。属于雌雄异株，开花期在 4 月下旬到 5 月上旬，属风媒传粉，群体雄花花期早于雌花花期，存在雌雄花期不遇现象。果实在胚胎快速生长期积累营养元素的速度最快。

阿月浑子的花序芽形成于 5 月初至 7 月末，着生于 1 年生枝条的顶芽以下 1～3 节位置上，翌年 3 月开始萌动，4 月中旬开花；在开花的同时，顶芽继续抽生新梢；营养条件好的树体在新梢顶芽以下 1～3 节位置上，又继续形成花芽，第三年开花结果；若营养条件不好，则不能形成花芽，而转变为营养枝；故阿月浑子以 1 年生短果枝结果。阿月浑子为有限圆锥花序，雄花既没有花瓣，又没有蜜腺，花粉传播主要依靠风媒（李建红，2005）。

阿月浑子寿命长，实生树可达 300～400 年。9～10 年生开始结果，20～30 年后较多。生长缓慢，1 年生苗高 11～15 cm，栽培条件好的可至 30 cm。14～27 年生树木年平均胸径生长量约 0.46 cm，300 年生树干地径 60～70 cm。

（三）生态适应性

阿月浑子属强喜光树种，其抗旱、耐寒、耐贫瘠、耐高温能力都很强，既能抵御 $-32.8\ ℃$ 的低温，又能忍受 $43.8\ ℃$ 的高温。极耐旱，能在年降水量 80 mm 干旱气候下正常生长，在降水量 200～400 mm 的地区，生长良好，过于阴湿和积水地不能生长。在瘠薄土壤和石砾土上能生长结果。不耐盐碱，喜土层深厚、排水良好的中性或微碱性石灰质壤土、轻壤土或沙壤土。深根性，主根长 7 m，水平支根长 10～15 m。移栽幼苗时易损伤根系，造林成活率较低，宜直播造林。根蘖萌生力强，可培育根蘖苗。

（四）分布

阿月浑子原产于西亚，为中、西亚地区最古老的树种之一，生于海拔 500～2 000 m 干旱山坡和半沙漠地区。阿月浑子人工栽培历史，在西亚有 3 500 余年，中亚有 2 000 余年，地中海地区有 1 500 余年。我国阿月浑子是唐代由古波斯（伊朗）经丝绸之路，引入新疆，距今也已有 1 300 多年的栽培历史。我国新疆栽培，西安、北京有引种试验。

（五）栽培品种

在新疆喀什地区有两个栽培品种：

1. 圆果阿月浑子（早熟阿月浑子） 果核近球形，较大，1 kg 约 1 500 粒；出仁率约 54.29%，含油率约 54.49%。8 月上旬果熟，成熟较整齐，裂壳占 65%。10 月中旬落叶，生长期约 180 d。

2. 长果阿月浑子 果核长圆形，1 kg 约 1 940 粒；出仁率约 50.91%，含油率约 56.37%。8 月下旬至 9 月上旬果熟，成熟不整齐，裂壳占 70%。11 月上中旬落叶，生长期约 210 d。

（六）利用价值

阿月浑子为珍贵的木本油料和干果树种。果富含脂肪和多种营养物质，种仁含油率高达 62%，蛋白质含量 20%～22%，糖含量 9%～13%，果味鲜美，为滋补营养品及食品工业珍贵原料，油为很好的食用油，亦可供化工、医药用。干果、外果皮可入药；果皮、木材含单宁 5%～12%。木材坚韧细致，色泽美观，可供细木工板及工艺品用材。阿月浑子为我国西北干旱和半干旱地区有发展前途的特用经济树种和城乡绿化观赏树种。

二、清香木

学名 *Pistacia weinmannifolia* J. Poisson ex Franch.。

（一）形态特征

清香木为小乔木或灌木状，高 8 m。幼枝被灰黄色微柔毛。偶数羽状复叶，小叶 4～9 对，叶轴具窄翅，上面被灰色微柔毛，小叶革质，长圆形或倒卵状长圆形，长 1.3～3.5 cm，宽 0.8～1.5 cm，先端微凹，具芒刺状硬尖头，基部宽楔形，两面中脉被细微柔毛，上面侧脉微凹；小叶柄极短。花叶同放，花序被棕色柔毛和红色腺毛。花紫红色，无梗；雄花花被片5～8，长圆形或长圆状披针形，长1.5～2 cm，膜质，先端渐尖或流苏状，外面2～3枚具睫毛；雄蕊5（7）枚；具退化子房；雌花花被片7～10，卵状披针形，先端细尖或流苏状，外面2～5枚具睫毛。果球形，径约6 mm，熟时红色（图31-1）。

（二）地理分布

产于云南、广西、贵州、四川、西藏。缅甸北部也有分布。

（三）生态适应性

在滇北海拔900～1 400 m金沙江河谷地带，坡柳、算盘子、余甘子灌木林中，清香木为常见伴生树种；在滇中、滇东海拔1 400～2 300 m的石灰岩山地和铁仔等组成灌木林，为优势建群种；在滇东南海拔1 000～1 500 m石灰岩山地，常和黄杞、盐肤木、马桑等组成灌木丛林，林地岩石裸露，土壤为黑色石灰土；在滇南海拔950～1 100 m石灰岩山地；混生在小花龙血树林中。喜光，耐干旱瘠薄，可用作南亚热带石灰岩低山丘陵先锋造林树种。

（四）利用价值

清香木枝叶繁茂而秀丽，树体美观，嫩枝及新叶深红带紫，红色花序也极美观，可塑性强，适宜人工造型。宜做庭荫树、行道树及山林风景树，也可做四旁绿化及低山区造林树种。果实含油，可提取化工原料，树皮含单宁，为制革原料。其叶、花、果、皮所含成分也是美容护肤品的宝贵原料。树皮及叶药用，可消炎、止泻。木材黄色，坚重致密，供家具、建筑、雕刻及细木工板等用。清香木香味独特，当地居民常将其作为驱蚊避虫香材，嫩叶碾碎捣汁，敷于伤口处，可收敛止血。

（李文英）

参考文献

李建红，2005. 阿月浑子引种观察试验与分析 [D]. 兰州：甘肃农业大学.

刘启慎，2000. 黄连木水土保持林不同径阶适宜密度的研究 [J]. 河南林业科技，20（4）：1-3.

刘启慎. 魏玉君. 谭浩亮，等，1999. 中国黄连木性状变异及类型划分 [J]. 河南林业科技，19（1）：1-4.

马淑英，吴振和，孙竹，等，1999. 黄连木茎和叶的解剖学研究 [J]. 吉林农业大学学报，21（1）：56-58.

闵天碌，1980. 中国漆树科植物的地理分布及其区系特征 [J]. 云南植物研究，2（4）：390-401.

裴会明，陈明琦，2005. 黄连木的开发利用 [J]. 中国野生植物资源，24（1）：43-44.

王涛，吴志庄，侯新村，等，2012. 中国能源植物黄连木的研究 [M]. 北京：中国科学技术出版社.

肖彦荣，常剑文，1995. 石灰岩山地干旱阳坡造林的先锋树种：黄连木 [J]. 河北林业科技（4）：25‐26.

肖彦荣，田玉堂，王喜成，1998. 黄连木结实期年生长规律的研究 [J]. 河北林果研究，13（1）：54‐57.

张文越，王钧毅，2000. 以黄连木为砧木嫁接阿月浑子试验 [J]. 山东林业科技（1）：15‐16.

中国科学院中国植物志编辑委员会，1988. 中国植物志：第四十五卷第一分册 [M]. 北京：科学出版社.

《中国树木志》编辑委员会，2004. 中国树木志：第四卷 [M]. 北京：中国林业出版社.

祖庸，李小龙，郑国栋，1989. 黄连木的综合利用 [J]. 西北大学学报（自然科学版），19（1）：55‐61.

第二十七章

银　　杏

银杏（*Ginkgo biloba* L.）属银杏科（Ginkgoaceae）银杏属（*Ginkgo*），又名白果，果珍材良，用途广泛，属特种经济树种。银杏种仁营养丰富，药食两用，保健延寿；银杏叶药物制品疗效特殊，畅销欧美；银杏木材材质优良贵重，经久耐用；银杏观赏价值高，生命力强，寿命长，一次栽植，千年受益。开发银杏资源，对增加经济收益，优化生态环境，都具有重要的现实意义。

第一节　银杏的利用价值与生产概况

一、银杏的利用价值

（一）药用和食用价值

银杏种仁具有很高的食用和药用价值。银杏种仁营养丰富，淀粉含量高达 75.84%，清新香糯，味道鲜美。烤熟的白果种仁，色香味美。近年来国内银杏食品迅速发展，白果精、白果露、白果罐头、银杏月饼等大量银杏食品上市。

银杏种仁是一味传统的中药。明代李时珍的《本草纲目》对白果的药物功能记述为："入肺经、益脾气、定喘咳、缩小便。"清代张璐的《本经逢原》关于白果功效记述为："具有降痰、消毒、杀虫之功效。"现代医学研究证明，银杏对于多种类型的葡萄球菌、链球菌、白喉杆菌、炭疽杆菌、枯草杆菌、大肠杆菌、伤寒杆菌等都有不同程度的抑制。近年来，各地临床试验表明，经常食用白果，可治高血压、咳嗽发热、皮肤病、牙痛等疾病，并且还具有温肺益气，扩张血管和防衰老等作用。

银杏叶入药，在我国沿袭已久。银杏叶，甘、苦、涩、平；归心肺经；敛肺，平喘，活血化瘀，止痛；用于肺虚咳喘、冠心病。古医书《救急易方》《本草便读》《医学入门》等，总结的民间用白果治疗疾病的土方、验方不胜枚举。中医界历来把银杏种仁、叶、根与其他药物相配伍做成汤、散、膏、丸剂。1966 年，德国医药学家首先在银杏叶中发现通血脉和降低胆固醇的药物成分。随后众多的研究发现，银杏叶的提取物能改善脑功能，促进脑循环、神经细胞代谢及 M 胆碱系统功能，改善血液流变和清除自由基等，用于治疗中风、脑梗死、耳鸣。银杏叶提取物中黄酮类物质能清除自由基、扩张冠状动脉，萜内酯类物质具有抗血小板活化因子的作用，用来治疗冠心病、心绞痛。

到目前为止，已知其化学成分的银杏叶提取物多达 200 余种。主要有黄酮类、萜类、酚类、生物碱、聚异戊烯、奎宁酸、亚油酸、莽草酸、抗坏血酸、α-己烯醛、白果醇、白果酮等。其中以西阿多黄素为主体成分，银杏叶粗提取物 4 种双黄酮类（西阿多黄素、银杏黄素、异银杏黄素、白果黄素）以秋叶含量最高（8～9 月）。秋叶含量为 17.2 mg/g，夏叶为 4.4 mg/g。中国科学院植物研究所等单位于 20 世纪 60 年代用银杏叶研制出舒血宁针剂，经试验对冠心病、高血压、高血脂、心绞痛、脑血管疾病有一定的疗效。

（二）木材价值

银杏材质优良，有光泽，纹理直，结构细，易加工，不翘裂，耐腐蚀性强，易着漆，兼有特殊药香味，但抗蚁蛀性弱。银杏木材可制作雕刻工艺品、绘图板、乐器、印染机滚筒，也可制成立橱、节桌等家具。自古至今银杏木材价格昂贵，故有"银木"之称。

（三）观赏价值

银杏树冠高大，气势雄伟，枝干虬曲，葱郁庄重，夏天一片葱绿，秋天金黄可掬。因此，古今中外都把它作为庭院、行道和园林绿化的重要树种。在我国的名山大川、古刹寺庵，无不有高大挺拔的古银杏，它们历尽沧桑，给人以神秘之感。银杏栽于庭院、行道显得格外庄重古朴，且耐火烧、抗污染，为世人公认的景园绿化、美化的理想树种。

选取姿态优美的银杏，通过艺术加工制成盆景，将大自然中银杏的雄姿浓缩在盆盎之中，古特幽雅，野趣横生，令人怡情怡目。银杏盆景，在我国盆景艺术的瑰丽园圃中，被誉为"有生命的艺雕"。

（四）生态价值

银杏抗病虫、耐污染，对不良环境条件适应性强。作为用材林、防护林或间作经营，银杏不仅可以提供大量的优质木材，还可以净化空气、涵养水源、防风固沙、保持水土、改善农田小气候，是一个良好的造林绿化及观赏树种，对我国平原农区林果业的发展具有重要意义。

（五）科研及文化价值

银杏是现存种子植物中最古老的的孑遗植物，也是我国重要的珍稀名贵树种。人们在古寺大刹、风景名胜和银杏之乡看到的银杏古老大树，雄伟挺拔、刚劲质朴。银杏千百年来素为我国人民珍重喜爱，在民间被尊为神树。郭沫若说，银杏是"东方的圣者"，是"完全由人力保存下来的奇珍"，是"有生命的纪念塔"，是"随着中国文化以俱来的亘古的证人"。

银杏雌雄异株，叶籽银杏，枝生、根生垂乳，雌配子的光合作用、雄配子体高度分枝的吸器系统、游动的鞭毛精子、长枝和短枝、胚胎发育等奇特现象，已引起诸多古植物学家、植物分类学家、植物比较形态学、植物解剖学、胚胎学及果树栽培学家的高度重视。银杏强大的生命力与其多变的繁殖方式有关。银杏种子繁殖、嫁接繁殖、插条繁殖、树瘤繁殖、组织培养等繁殖方式的研究，将进一步揭示银杏生存的奥秘。银杏能在如此长的地质年代中保持其遗传稳定，与其有强大的抗逆性及适应性有关，显示了银杏优良的遗传基因，这对于银杏生态学、遗传学及物种进化理论的研究具有重要意义。

二、银杏的栽培历史

银杏栽培追溯到 4 000 多年前的商代。三国时期，银杏盛植于江南，唐代扩及中原，到宋代已在我国黄河流域普遍栽植。在 11 世纪，银杏已作为一个乡土树种在我国东部沿长江以南栽植。宋代记载银杏栽培的农书、医书已相当普遍，我国最迟在 13 世纪就已知道银杏雌雄异株。《农桑辑要》一书对银杏的栽植时间、方法、方式讲述的十分详细。明代医学家李时珍的《本草纲目》对银杏的形态、种实特征、嫁接及中草药利用等方面做了详细说明。清代《授时通考》一书对银杏的形态、习性、分布、用途和栽培法做了介绍。18 世纪后，欧洲植物学家的银杏研究对我国产生了很大影响，特别是 20 世纪 80～90 年代，中国诸多学者对银杏的生物学特征、分类、育苗、栽培等方面进行了系统研究，使银杏栽培的理论与技术发展到了一个崭新阶段。20 世纪 80 年代开始，中国的银杏种植业十分火热。江苏、山东、浙江、广西、河南和湖北等省的一些县市，已把发展银杏当作农村经济战略来抓。

银杏是我国特有的古老树种之一，到了新生代的第三纪末和第四纪初，北半球进入冰期，银杏在欧洲及北美洲完全绝种，只有我国少数地区如现在的浙江天目山、湖北神农架等地区的银杏幸存下来，因此，现在世界上其他地区的银杏多是后来从中国引进的。1730 年 Kaempfer 首次将银杏从日本引种到欧洲荷兰乌得勒支（Utrecht）植物园，即欧洲最古老的银杏树 284 年生（2014），1754 年引入英国皇家植物园，1784 年引入美国。欧洲最早栽植的银杏大多为雄株，1814 年在瑞士日内瓦发现一雌株，由该树上剪取接穗并嫁接到法国蒙特利尔植物园一雄株上，以后便大量结实，从而成为欧洲第一株能通过嫁接而结实的银杏树。荷兰的乌德勒支（Utrecht）一株 284 年生的树为除亚洲之外最古老的银杏树，此外，比利时的 Geetbets 也有古老的大树。美国的华盛顿、纽约、马萨诸塞（波士顿）、得克萨斯、南卡罗来纳、俄亥俄、加利福尼亚、新泽西、宾夕法尼亚、伊利诺伊等 20 余个州均有银杏。此外墨西哥、哥伦比亚、巴西、阿根廷、澳大利亚、新西兰、捷克、丹麦、爱沙尼亚、芬兰、法国、德国、意大利、荷兰、挪威、波兰、瑞士、瑞典等均有银杏栽培，这些国家均呈零星分布，且大多栽植在植物园、校园、路边、小区等地。

三、银杏的地理分布与栽培区划

（一）银杏的地理分布

中国银杏的自然分布具有明显的地带性特点，即东西部分布距离长，随着纬度的增加而减少，在北方分布趋于近海地区，西南趋于高原山地。在分布范围内，除重盐碱地外，银杏在不同海拔及土壤条件下均生长良好，而且结实旺盛。然而在此范围内，由于地形、土壤、小气候及水热等条件的差异，往往在一个省份内的几个县市，或一个县市内的几个乡镇集中分布，形成我国银杏主产区呈点状、块状或片状分布的格局。中国银杏的自然分布以长江以南居多。主要的银杏群落有云南东北部银杏群落、贵州东北部银杏群落、贵州东南部银杏群落、广东北部银杏群落、福建武夷山银杏群落、湖南武陵山银杏群落、四川邛崃山区银杏群落、重庆金佛山银杏群落、湖北西南山区银杏群落、湖北神农架银杏群落、湖北大洪山银杏群落、大别山区银杏群落、河南伏牛山区银杏群落和浙江天目山银杏群落。

（二）银杏的栽培区

全国 32 个省份都有银杏栽培和引种，根据银杏生长状况及经济效益的差异，可分为适生栽培区、一般栽培区和引种栽培区。

淮河以南的长江中下游地区及南岭山地北缘的广大地区是银杏适生区，是银杏种核和干叶的重要生产基地，江苏泰兴、山东郯城和广西桂林是 3 个主要银杏集中栽培区，三省银杏种核总产量占全国一半以上。一般栽培区包括辽宁、山西、河北西部、山东西部、安徽北部、贵州西南部、云南东北部及广西中部、广东西部等地，银杏多为零星栽植，规模经营的较少。

四、银杏的生产现状

20 世纪 80 年代以后，我国主产区银杏发展迅速。1997 年，山东郯城的银杏种植面积达 6 000 hm²，种子产量 2 000 余 t，干叶产量 5 00 t。2006 年，江苏、泰兴银杏种植面积达 2.1 万 hm²，种子产量 6 000 t 以上，干叶产量 2 000 t。2006 年，江苏、邳州银杏种植面积达到 3 万 hm²，种子产量 1 200 t，干叶产量 2 万 t。2006 年，广西桂林种植面积达 2.8 万 hm²，种子产量 5 000 t 以上，干叶产量 3 000 t。湖北省近年发展也很快，全省银杏种植面积达 3 万 hm²。近 10 多年来，我国大力推进森林城市建设，由于银杏的观赏、经济及文化价值高，许多城市发展了银杏种植，扩大了栽植范围，如北京市银杏已成为十分重要的绿化、美化树种，大大改善了北京城市森林景观。

20 世纪 90 年代，中国开始生产、出口银杏叶提取的黄酮干浸膏，由于效益较高，拉动了我国叶用银杏园的高速发展，到 90 年代末，叶用园、果叶兼用园已达到了 5 万 hm²。

国内外市场上银杏制品种类繁多，主要银杏制剂有胶囊、片剂、提取液、冲剂、袋泡茶等剂型。银杏种仁的产品有罐头、银杏开心果、银杏酒和啤酒等。此外，目前市场上银杏系列减肥、美容化妆品有 50 多种。

21 世纪以来，我国生产的银杏冻干粉注射剂、银杏内酯及银杏喘片、银杏叶提取物缓释微丸、银杏叶滴丸等新药获得临床公告。我国银杏叶制剂销售业从 2000 年的 6 亿元发展到 2004 年的 17 亿元，目前已成为心脑血管系统植物药领先品种。德国于 1965 年就已开始了银杏叶提取物的开发，迄今其制剂已进入 40 多个国家的市场（97 银杏国际研讨会组委会，1997）。

第二节 银杏的形态特征和生物学特性

一、形态特征

（一）根

银杏实生苗具有明显的主、侧根，主根发达；扦插苗根系源于茎的不定根，无主根；分株繁殖苗根系为萌蘖根系。银杏根系主要分布在离表土 70 cm 以内的土层中，尤以 20～60 cm 土层居多。

银杏具有菌根。Klecka 等首次从总状分枝的根系中发现银杏具菌根，Khan 及 Sharma 等将银杏菌根明确为泡囊—丛枝菌根（VA 菌根）。大量调查表明，银杏 VAM 真菌侵染是一种普遍现象，在人为控制之下，接种 VA 菌根真菌可以促进苗木生长。

（二）树干与树冠

银杏属于单轴分枝树种，顶端优势较强，具有通直的主干。银杏生长高度一般可达 20～30 m，个别植株可达 50～60 m；胸径可达 2～3 m，个别植株可达 4～5 m。树干呈圆形，树皮幼时光滑，浅灰色，老时纵裂，灰褐色。树干存在隐芽，具有较强的萌蘖能力。银杏侧枝、主干、根茎转换区常见有银杏垂乳的产生。

银杏冠形因年龄、性别、品种和繁殖手段的不同而异，一般有塔形、圆形、椭圆形、纺锤形等。

（三）枝、叶、芽

银杏树体所有枝条和花都是由芽发育来的，所以芽是枝条和花的原始体。银杏芽按其着生位置不同分为顶芽和腋芽；按性质不同分为叶芽和混合芽，雌雄株均有相同规律。在树体营养生长阶段，芽通常发育成枝和叶，这些芽称为叶芽；长短枝顶端的芽称为顶芽，叶腋处生有腋芽；在生殖阶段，雌雄株短枝上的顶芽常分化成雌混合芽和雄混合芽。雌混合芽可分化出胚珠，雄混合芽可分化出小孢子叶球。

银杏 1 年生枝呈淡黄褐色，老枝灰色。银杏枝条萌芽率高，成枝率低，1 年可发 3～4 个分枝。新梢一般一年生长一次。银杏枝条分为长枝和短枝。长枝螺旋状互生，节间明显，构成了树体骨架，短枝无明显节间，叶在枝顶端呈莲座状，发育成花枝或果枝。长枝生长量大，年生长量 50～100 cm；短枝生长缓慢，年生长量仅为 0.3 cm 左右，寿命长，可连续开花结果 10 年左右。研究表明，银杏长短枝的发生与树龄有关，另外，银杏的长短枝具有互换性能。

叶是银杏三大营养器官之一。银杏叶扇形，顶端宽 5～8 cm，边缘浅波状，在萌枝及幼树之叶的中央浅裂或深裂为 2，叶基部楔形，柄长 5～8（3～10）cm（图 27-1）。长枝基部叶柄短、叶片小，中上部叶片叶柄长、叶片大。银杏叶片脉序成规则的二叉分枝，且叶片有正反面之分。另外，我国和日本均有叶籽银杏分布，其着生"种子"的叶片较正常叶小 2/3～3/5。

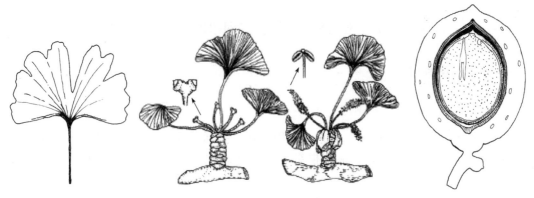

图 27-1 银杏叶、雌花、雄花和果实（种子）

（四）花

银杏是介于被子植物和低等种子植物之间的树种，属于裸子植物，即没有被子植物所特指的花，只有花状结构的孢子叶球，胚珠裸生，没有心皮和柱头，故只有种子而无果实。银杏的雄花即小孢子叶球，雌花为大孢子叶球。雄花有主轴，主轴上有多枚雄蕊，每一枚雄蕊都有细而短的柄，柄的顶端有一对长形的花粉囊，幼树上可见 3～4 个花粉囊。雄花长 1.2～3.47 cm，粗 0.58～0.88 cm，单枚雄花鲜重 0.12～0.30 g，每枚雄花有花药 40 个，花粉 1.8 万粒。银杏的雌花由花柄、珠托和胚珠构成（图 27-1）。每一花柄上端着生两个对生而直立的胚珠，一般只有一个胚珠能长成种子，偶有 2～3 个胚珠长成种子的，叶籽银杏的胚珠着生在叶缘上。

（五）种子

银杏种子由肉质的外种皮、骨质的中种皮和膜质的内种皮、种仁及胚构成。在果柄与果实之间有一圈不规则的突起，即珠托。外种皮绿色，成熟为橙黄色，表面有蜡质果粉，腐烂后有特殊臭味。中种皮骨质，白色。内种皮上半部分褐灰色，下半部分褐红色。有些品种的种壳上有条纹或点刻（图 27-1）。

二、生长结果特性

（一）生长习性

1. 营养生长阶段 也称幼树期，即从苗木至第一次开花。银杏营养生长阶段的长短，因繁殖方法不同，其表现差异很大。实生繁殖的银杏树，营养生长阶段很长，一般栽植后需 20 年左右才能开花结果；采用无性繁殖的银杏树，一般嫁接后 3～4 年开花结果。这一阶段的长短除了与繁殖方法有关外，还与品种、栽培管理技术有关。

2. 生长结果阶段 也称初果期，此阶段的特点是随着树冠、根系的不断扩大，枝量、根量成倍增加，长枝减少，短枝数量迅速增大，营养物质提前积累，花量、果量随着短枝的增加而增加，产量增长幅度较大。外围强枝继续旺长，营养生长仍占主导地位。

3. 结果生长阶段 也称盛果期，此阶段的特点是树冠达到最大限度，产量达到最高，并趋于稳定，生长与结果达到或接近平衡。发育枝的数量约占总枝量的 10%，年生长量为 20~30 cm，树干仍逐年增粗，3 年生以上的枝龄各级枝全部结果。

4. 衰老更新阶段 随着树龄的增加，树干不再增粗，树势显著减弱，每年光合产物的制造赶不上消耗，产量开始下降，大小年现象严重，树冠内膛开始枯秃，结果枝大量枯死，发育枝的数量占总枝量的 5% 以下，年生长量不足 10 cm。

（二）开花习性

雌花芽的形态分化在贵州于 6 月初开始，这一阶段持续到 12 月。雄花的形态分化始于 5 月下旬。银杏在 4 月雌花芽萌发，雌花开始出现后的 10 d 左右，在喙口处分泌出"授粉滴"。当雄花的花粉落至"授粉滴"上时，花粉被黏住，并被带进储粉室。花粉进入储粉室 7 d 左右萌发。但雄配子体到 8 月上旬才发育成熟，8 月中下旬发生受精作用，从授粉到受精相距 4 个月左右。

（三）种子发育

银杏种子的发育从胚珠接受了雄株花粉之后就已经开始，银杏种子从授粉至成熟约需要 5 个月。种子的发育过程，实际上是雌配子体内养分不断积累，种皮、种托和胚形成的过程。随着这些过程的进行，种柄不断延长，种子不断变大，重量不断增加，直至发育成种柄弯曲下垂的成熟种子。广东、广西和西南各省份的银杏在 8 月中下旬至 10 月上旬成熟，长江以北的产区 9 月下旬至 10 月中旬才能完全成熟。银杏种子的生长曲线呈单 S 形，银杏种子的发育与内源激素 IAA（生长素）、ZR（玉米素核苷）、ABA（脱落酸）、ZT（玉米素）和 GA_3（赤霉素）含量的变化有关。

三、生态适应性

银杏对气候条件的适应能力很强，在我国华北、华东、华中和西南地区年平均气温 10~18 ℃，冬季绝对最低温度 −20 ℃以上，年降水量 600~1 500 mm，冬季干燥或温凉湿润，夏秋温暖多雨的条件下生长良好。银杏为喜光树种，幼苗有一定的耐阴性，但随母树年龄的增加，需光量增大。过于荫蔽的地方不适合其生长，阴坡生长的银杏树体发育不良，结种很少。银杏对土壤的适应性亦强，酸性土、中性土和钙性土均能生长，但以深厚肥沃、湿润、排水良好的沙质壤土为最好；干旱瘠薄而多石砾的山坡生长不良，过湿和盐分太重的土壤则不能生长。据调查，银杏最适宜生长在 pH 5.5~7.7、土层深 2 m 以上的土壤上。土壤含盐量在 0.1%~0.2% 时，树体发育旺盛，但当含盐量增至 0.3% 时，树势明显衰弱、叶片瘦小，发育不良。

第三节 银杏的起源、演化与分类

一、银杏的起源与演化

我国学者认为，银杏类起源于石炭纪（3.45 亿年）（李星学，1981），而植物考古学家 Seward（1938）认为银杏类起源于 1.8 亿年前的三叠纪。银杏化石权威 Tralau（1968）认为，银杏目起源于二叠纪（2.5 亿年前）。20 世纪 90 年代美国的 Del Tredici（1991）认为银杏属起源于 1.9 亿年前的侏罗纪早期。此后银杏分布遍及全球，到了白垩纪后期及新生代第三纪逐渐衰亡，第四纪冰川之后，在中欧及北美等地的银杏全部灭绝，唯在中国保存 1 属 1 种。银杏是现存种子植物中最古老的孑遗植物，是历史的遗产和活化石，是揭示大自然奥秘的里程碑（Seward，1938）。美国宾夕法尼亚大学教授李惠林（1961）称银杏是历史和现实的珍稀纽带。

二、银杏的分类

据文献记载，银杏三国时期盛植江南，唐代已产于中原，宋代更为普遍。美国学者 Wilson 认为，银杏于 6 世纪从中国由传教士传到日本。但有一点应该肯定，第一个知道银杏的外国人是荷兰东印度公司的一名医生 Kaempfer。在 1690 年旅游到日本后发现银杏，并于 1712 年发表论文，用图形描述了银杏叶和种子，并首次认定了银杏属名 *Ginkgo*，1771 年 Linnaeus（林奈）接受了 Kaempfer 的属名，并命名为 *Ginkgo biloba* L.，此后国内外诸多学者对银杏的分类地位进行研究，直到 1896 年日本的平濑作五郎首次发现银杏有"鞭毛精子"后，银杏便从红豆杉科分离出来，并建立了目前的银杏目银杏科银杏属和银杏种。

第四节　银杏的遗传变异和种质资源

一、银杏的遗传变异

（一）同工酶与分子标记分析

Royer 等（2003）认为现存银杏与中生代的银杏十分相似，并且在长达 1 亿年间形态上无明显变异。银杏具有生态保守性（ecological conservation），Sun（2003）也认为在过去的 2 亿年间，银杏在其叶子生理学上和形态学上保持高度的保守性。1992 年，吴俊元等认为，天目山银杏 GDH、ShDH、G6PD 及 PRX 4 种同工酶 8 个位点上的等位基因频率和每个位点的平均杂合率变异较小，各位点平均杂合率仅为 0.15 ± 0.004，并认为天目山银杏可能为僧人所植。但许多学者认为天目山银杏为野生或半野生状态。Tsumura 等（1997）利用等位酶技术分析了 98 株古银杏树的变异情况。毕春侠等（1998）认为，利用过氧化物酶同工酶根据谱带类型及 Rf 值将银杏 10 个品种分成四大类，但这些品种间的亲缘关系仍有待从分子水平上界定。孙明高等（2001）证明银杏 40 个半同胞家系 2 年生苗根皮内过氧化物酶同工酶相对简单，仅表现为两种类型，但各个家系谱带数存有明显的差异。1998 年，谭晓风等利用 RAPD 标记技术首次构建了银杏分子遗传图谱，该图谱覆盖了银杏基因组的 1/3，共有 19 个连锁群，62 个 RAPD 标记。沈永宝等（2005）利用 ISSR DNA 标记鉴定了 13 个银杏栽培品种。陈月琴等（1999）比较了两个银杏个体 ITS 序列，结果发现银杏个体 rDNA ITS 序列核苷酸差异率高达 25%，在 5.8S rRNA 基因内两者之间也有 17% 不同，这一差异远远大于一般意义上的种间距离，表明银杏形态与分子进化不一致，对于银杏雌雄株的差异、银杏种质的系统发育关系有待进一步探讨。王晓梅等（2001）分别利用 AFLP 技术和 RAPD 技术检测雌雄银杏基因组 DNA 的多态性，筛选与银杏性别相关的分子标记。刘叔倩等（2001）对江苏邳州 28 个不同银杏品种的遗传多样性进行了 RAPD 分析，结果表明，品种间的多态性位点百分率仅为 30.47％。银杏在我国广为栽培，栽培的数量和品种类型虽然很多，但它们在选育、引种栽培时所涵盖的遗传多样性却很低。葛永奇等（2003）利用 ISSR 技术研究了江苏泰兴、天目山等 5 个银杏群体的遗传多样性和遗传结构，构建了群体间、个体间的亲缘关系图，证实了银杏有较高的遗传多样性，并指出了群体间遗传多样性高，群体内遗传多样性低，对银杏野生自然群落的结论与前人不同。Kuddus 等（2002）对美国宾夕法尼亚、华盛顿和尼亚加拉河的 18 株银杏间的遗传变异进行了 RAPD 分析，表明了华盛顿群体内 12 个个体间基因组相似性很高，RAPD 分析扩增的 72 个条带中仅 1 个条带为差异性条带（多态性位点百分率为 1.4％），尼亚加拉河两个植株与华盛顿群体有 45％差异性条带，由此推测银杏物种水平的遗传多样性可能比较高。另外，Shen 等（2005）利用 PCR - RFLP 研究了不同银杏个体的遗传变异。

（二）群体与化学成分分析

张云跃等（2001）对我国银杏全分布区 200 多个单株种核主要性状进行了测定和统计，认为不同气候区种核特征有一定不同，但气候区内群体间的遗传变异大于地区间的，群体内个体变异又大于群体间，表明遗传改良在其群体内开展基因型选择最有前景。

张云跃等（2001）还对银杏叶化学成分的遗传变异进行了研究，对代表性产区，每个产区 4 个家系及分布区两端 2 个产区各一个家系 10 个单株 2 年生幼苗叶中三种黄酮类化合物和白果内酯及银杏内酯的含量进行了测定，认为产区间、产区内家系内单株间均有广泛的遗传差异。2 年生幼苗的内酯含量与 16 年生树的无明显差异，这为银杏药用目的遗传改良策略和集约经营叶用原料林制定科学措施提供了有力的依据。

二、银杏的种质资源

（一）变种

关于银杏的栽培变种欧洲一些学者研究较早，诸如法国的 Carriere（1867）、德国的 Beissner（1887）及英国的 Henry（1906）。Elwes 和 Henry（1906）首次从叶形、树形观赏角度将银杏划分为 5 个变种：①斑叶银杏（*G. biloba* var. *variegata*）；②垂枝银杏（*G. biloba* var. *pendula*）；③大裂叶银杏（*G. biloba* var. *marophylla - laciniata*）；④三裂银杏（*G. biloba* var. *triboba*）；⑤塔状银杏（*G. biloba* L. var. *fastigiata*）。1966 年，Harrison 按《国际栽培植物命名法规》将前人已命名的 5 个变种（var.）变成品种（cv.），这 5 个品种是金叶银杏（*G. biloba* 'Aurea'）、塔形银杏（*G. biloba* 'Fastigiata'）、裂叶银杏（*G. biloba* 'Laciniata'）、垂枝银杏（*G. biloba* 'Pendula'）和斑叶银杏（*G. biloba* 'Variegata'）。这种分类法被后人采用。

1954 年中国植物学家胡先骕在前人工作的基础上，发表了《中国的水杉、水松和银杏》学术论文，并被日本学者吉冈金市引用（1967），胡先骕将银杏分为 7 个变种：①塔状银杏（*G. biloba* var. *fastigiata*），枝条斜展，呈塔形；②垂枝银杏（*G. biloba* var. *pendula*），枝条下垂；③裂叶银杏（*G. biloba* var. *laciniata*），叶较大，深裂；④斑叶银杏（*G. biloba* var. *variegata*），叶有黄色花斑；⑤黄叶银杏（*G. biloba* var. *aurea*），叶鲜黄色；⑥鸭脚银杏（*G. biloba* var. *stenonuxa*），种核窄长，卵圆形，微扁；⑦叶籽银杏（*G. biloba* var. *epiphylla*），果实在叶子上。这 7 个变种仅有后两种是从种子上加以分类。另外日本吉冈金市（1967）还记载日本有三裂银杏（*G. biloba* var. *triloba*）和大叶银杏（*G. biloba* var. *macrophylla*）。这些变种的分类被许多人引用（张勔新，1960）。

（二）品种

银杏栽培品种目前分为以下五大类：①核用品种；②叶用品种；③观赏品种；④雄株品种；⑤材用品种。

1. 核用品种 首次对银杏栽培品种命名的是中国的曾勉。1935 年曾勉在浙江诸暨作了银杏调查之后，采用种子大小、形态等指标，按栽培植物命名法将银杏的栽培品种划分成三大类：①梅核银杏类（var. *typica*）；②佛手银杏类（var. *huana*）；③马铃银杏类（var. *apicalata*）。遗憾的是应采用"cultivar"（cv.）对栽培品种命名，而并非是变种（var.），该分类方法直到 1983 年才被国外学者承认并引用（Santamour，1983）。1991年，日本山形县绿化所的今野敏雄也发表论文，并对中国的 45 个品种进行公开发表，以示国际上公认。1960 年，曾勉在《太湖洞庭山果树》中，将洞庭山银杏分为圆珠和佛手两类，共计有大佛手、小佛手、洞庭皇、大圆珠、小圆珠、鸭屁股圆珠 6 个品种。何风仁（1989）在《银杏的栽培》中将银杏栽培品种分成五大类（表 27 - 1）。

表 27 - 1　银杏五大类群种实种核特征

识别点	长子类	佛指类	马铃类	梅核类	圆子类
果形	长橄榄	长卵圆	马铃状	近圆或广椭圆	圆球
核形	长橄榄	长卵圆	广卵圆	长椭圆似梅核	圆
核长∶宽	2∶1	1.5∶1	1.2∶1	1.2∶1	1∶1
顶端	凸尖	凸、凹、平	尖或凸	具小尖但不凸	尖或凸、凹
基端	秃尖	两束迹近或合二为一	两束迹宽大，间石质相连似鸭尾状	两束迹小而近，合生间石质相连	两束迹大且明显，间距大或合二为一
长宽线交点	中点正交	交于长线上 1/3	交于长线上或下 2/5 处，上大下小或反之，上下间有一隐约可见的线，下部比佛指类宽而短	中线正交将核分成四象限，弧线略披，上下形状无别，中隐线稍显	中线正交并分成四象限，边缘弧形，上下形状无别
侧棱	明显但不成翼	上明显，下不明显	明显，种核宽处核边宽呈不明显翼状	上下均明显，但不呈翼状	上下明显，中部宽处有翼
背腹	肥厚相同	均饱满	厚度相同，有时背圆而厚，腹略扁	背圆，腹稍平，核略扁	核较圆胖，或背圆厚腹平

在 20 世纪 80 年代以前，中国银杏核用品种基本处于农家品种选育阶段，除江苏家佛指品种化程度较高外，基本上述 95％以上的品种不能称"品种"，许多"品种"目前已不存在。自 20 世纪 80 年代末到 90 年代，随着银杏研究的逐渐深入，江苏、山东、广西等银杏诸多产区对银杏品种资源进行了重新调查、认证、鉴定和评审，相继推出一系列各地区的农家品种、优系或优株。

根据邢世岩（2013）报道，江苏、山东、广西、湖北、贵州、河南、浙江等省份有家佛指、大金果等 42 个优良品种。山东、江苏、广西、贵州、福建、陕西、河南、湖北、湖南、安徽、浙江、四川、云南、广东及重庆 15 个省份，共计有老和尚头等优株或优系 255 个。

2. 叶用品种 根据邢世岩（2013）报道，全国共计有黄酮 F－1 号、黄酮 F－2 号、黄酮 F－3 号、内酯 T－5 号、内酯 T－6 号、内酯 GB－5 号、高优 Y－2 号、丰产 Y－8 号、丰产 Y－6 号、南林叶 1 等 120 个叶用品种、优系或优株。

3. 观赏品种 根据邢世岩（2013）报道，国内选育观赏品种平展（p）、垂叶（ch）、斑叶（bn）、窄冠（45#）、人叶（ren）、耳叶（山农银一）、楔叶（山农银二）、玉镶金、蝶衣、叶籽、优雅、魁梧等 12 个。

4. 雄株品种 根据邢世岩（2013）报道，国内选育了白云寺 66#、灵应宫 5# 等 59 个雄性优系或优株。

5. 材用品种 根据邢世岩（2013）报道，国内选育了新五村 222#、浙林 F6、东山 F15 等 98 个材用优系或优株。

6. 引进品种 我国引进法国塔形银杏（Fastigiata 5#）、美国圣克鲁斯（Santa cruz 6#）、美国费尔蒙特（Fairmount 7#）、法国展冠银杏（Horizontalis 8#）、荷兰莱顿（Leiden 9#）、美国金秋（Autumn golden 10#）、日本叶籽银杏（Ohatsuki 11#）、日本垂乳银杏（Tit 12#）、美国萨拉托格（Saratoga 13#）、美国金兵普林斯顿（Princeton sentry 14#）、法国雄峰（Male 15#）、法国垂枝银杏（Pendula 18#）、法国筒叶银杏（Tubifolia 19#）、法国特雷尼亚（Tremonia）等 14 个观赏品种；引进日本藤久郎、金兵卫、黄金丸、岭南等 4 个核用品种。

（三）银杏古树资源

古树是经当地长期自然与培育选择而保存下来的珍贵的种质资源。根据邢世岩（2013）报道，中国现有银杏古树名木 49 120 株，分布在湖北、江苏、山东、浙江、河南、广东、贵州、福建、安徽、四川、重庆、湖南、甘肃、上海、江西、广西、北京、云南、陕西、河北、山西、辽宁、天津 23 个省份。实测和统计株数在 1 000 株以上的省份：湖北省 11 431 株、江苏省 9 556 株、山东省 6 316 株、浙江省 4 962 株、河南省 4 743 株、广东省 2 164 株、贵州省 1 969 株、福建省 1 528 株、安徽省 1 460 株。全国有 42 个县（市）银杏古树在 100 株以上。全国有 30 个乡（镇）银杏古树在 100 株以上。全国有 55 村银杏古树在 50 株以上。

（邢世岩）

参考文献

毕春侠，郭军战，杨培华，1998. 银杏品种过氧化物同工酶酶谱分析 [J]. 陕西林业科技（4）：1-3.

陈月琴，庄丽，屈良鹄，等，1999. "活化石" 植物银杏形态与分子进化（Ⅰ）[J]. 中山大学学报，38（1）：16-19.

葛永奇，邱英雄，丁炳扬，等，2003. 孑遗植物银杏群体遗传多样性的 ISSR 分析 [J]. 生物多样性，11（4）：276-287.

何凤仁，1989. 银杏的栽培 [M]. 南京：江苏科学技术出版社.

胡先骕，1954. 水松—水杉—银杏 [J]. 生物学通报（12）：12-15.

李星学，周志炎，郭双兴，1981. 植物界的发展和演化 [M]. 北京：科学出版社.

刘叔倩，马小军，郑俊华，2001. 银杏不同变异类型的 RAPD 指纹研究 [J]. 中国中药杂志，26（12）：822-825.

沈永宝，施季森，赵洪亮，2005. 利用 ISSR DNA 标记鉴定主要品种银杏栽培品种 [J]. 林业科学，41（1）：202-204.

孙明高，2001. 银杏半同胞家系苗期根皮过氧化物同工酶试验分析初报 [J]. 山东林业科技（1）：8-9.

谭晓风，胡芳名，黄晓光，等，1998. 银杏 RAPD 分子遗传图谱的构建 [J]. 林业资源管理（特刊）：45-49.

王晓梅，宋文芹，刘松，等，2001a. 利用 AFLP 技术筛选与银杏性别相关的分子标记 [J]. 南开大学学报，34（1）：5-9.

王晓梅，宋文芹，刘松，等，2001b. 与银杏性别相关的 RAPD 标记 [J]. 南开大学学报，34（3）：116-117.

吴俊元，陈品良，汤诗杰，1992. 天目山银杏群体遗传变异的同工酶分析 [J]. 植物资源与环境，1（2）：20-23.

邢世岩，2013. 中国银杏种质资源 [M]. 北京：中国林业出版社.

97 银杏国际研讨会组委会，1997. 97 银杏国际研讨会论文集 [C]. 北京.

张勭新，1960. 中国主要果树图说 [M]. 上海：上海科学技术出版社.

张云跃，马常耕，2001. 我国银杏遗传变异研究之一：种核性状的群体间和群体内变异 [J]. 林业科学，37（4）：35-40.

吉冈金市，1967. イチヨウの接木交雑 [C]//果樹の接木交雑によゐ新種・新品種育の理論と実際. 第Ⅰ卷. 新科学文献刊行会：143-228.

Del Tredici Peter，1991. Ginkgos and people：A thousand years of interaction [J]. Arnoldia，51（2）：3-15.

Elwes H J，Henry A，1906. The trees of Great Britain and Ireland [M]. Edinburgh：Priv. print.

Jiang L，You R L，Li M X，et al.，2003. Identification of a sex-associated RAPD marker in *Ginkgo biloba* [J]. Acta Botanica Sinica，45（6）：742-747.

Kuddus R H，Kuddus N N，Dvorchik I，2002. DNA polymorphism in the living fossil *Ginkgo biloba* from the Eastern United States [J]. Genome，45：8-12.

Li H，1961. *Ginkgo* - the maidenhair tree [J]. Amer. Hort. Mag.，40：239-249.

Royer D L，Hickey L J，Wing S L，2003. Ecological conservatism in the "living fossil" *Ginkgo* [J]. Paleobiology, 29 (1): 84 - 104.

Santamour F S, He S A, McArdle A J, 1983. Checklist of cultivated *Ginkgo* [J]. Journal of Arboriculture. 9 (3): 88 - 92.

Seward A C, 1938. The story of the maidenhair tree [J]. Science Progress (England), 32 (127): 420 - 440.

Shen L, Chen X Y, Zhang X, et al., 2005. Genetive variation of *Ginkgo biloba* L. (Ginkgoaceae) based on cpDNA PCR - RFLPs: inference of glacial refugia [J]. Heredity, 94 (4): 396 - 401.

Sun B, Dilcher D L, Beerling D J, et al., 2003. Variation in *Ginkgo biloba* L. leaf characters across a climatic gradient in China [J]. Ecology, 100 (2): 7141 - 7146.

Tralau H, 1968. Evolutionary trends in the genus *Ginkgo* [J]. Lethaia (oslo): 63 - 101.

Tsumura Y, Ohaba K, 1997. The genetic diversity of isozymes and the possible dissemination of *Gingko biloba* in ancient times in Japan [M]//Hori T, Ridge R W, Tuleeke W, et al. *Gingko biloba*—a Global Treasure. Spinger - Verlag, Tokyo: 159 - 172.

第二十八章

油　茶

油茶（*Camellia oleifera* Abel.）属山茶科（Theaceae）山茶亚属油茶组，为常绿树种。广义的油茶是指山茶属（*Camellia* L.）植物中含油率较高、具有一定栽培面积的树种统称。山茶属是山茶科中最大的属，目前已知种子含油率高的有 50 多种，主要分布于中国长江流域和南方山地丘陵区，湖南和江西等地是其主要产区。油茶是我国南方主要的经济林木，与油棕、油橄榄和椰子并称为世界四大木本食用油料树种。

第一节　油茶的利用价值与生产概况

一、油茶的利用价值

（一）茶油

油茶的主要产品是茶油。茶油含油酸、亚油酸、亚麻酸等不饱和脂肪酸达 90% 以上，以油酸和亚油酸为主，富含脂溶性维生素 A、维生素 E、维生素 K，风味独特，耐储藏，易于被人体吸收和消化，一般不含对人体有害的芥酸。茶油中还含有角鲨烯，角鲨烯是一种多酚类的活性成分，有很好的富氧能力，可抗缺氧和抗疲劳，具有提高人体免疫力及增进胃肠道吸收功能；油酸和亚油酸等不饱和脂肪酸，是人体内不能合成而又必需的脂肪酸，具有多种益于人体健康的生理活性，如油酸能够降低低密度脂蛋白胆固醇，预防动脉硬化，而且不会降低对人体有益的高密度脂蛋白胆固醇水平；高油酸对中老年人的心脑血管健康有益，因而茶油是一种优质食用油，是高血压、心脏病、动脉粥样硬化、高血脂等患者的理想保健营养油脂，同时具有促进骨骼生长和神经系统发育，治疗烫伤、滋润皮肤、减肥和美容等功效。茶油是《中国食物结构改革与发展规划纲要》（1993）中大力提倡食用的植物油，联合国粮农组织已将其作为向全球重点推广的健康型高级植物食用油，可与目前世界上公认的保健油——橄榄油媲美。

茶油热稳定性好，不易氧化变质，安全无毒，无副作用，除了可食用之外，同橄榄油、杏仁油一样，还是很好的洗涤、化妆品用植物油。以茶油为原料的护发品，不仅可使头发乌黑发亮，滋润柔软，还有杀菌止痒功效。茶油与皮肤的亲和性好，有较好的渗透性，易为皮肤吸收；茶油中的油酸含量是所有食用油中最高的，容易被皮肤吸收，能滋养皮肤，使皮肤柔嫩而富有弹性。日本和韩国等从中国进口茶油加工高级护肤化妆品。

（二）茶籽副产品

油茶籽除榨油外，其副产品茶枯饼具有很高的工业价值，广泛应用于化工、医药、农药、饲料、生物蛋白等工业领域。据测定，茶饼中含粗脂肪 25％、皂素 10％。脱脂去皂后的饼粕还有 14％粗蛋白、5％无氮浸出物和 12％粗纤维。果壳中单宁含量高达 50％左右，含糖醛率达 18％以上。皂素、粗蛋白、粗脂肪、单宁都是很重要的工业原料，特别是皂素，在医药、制皂、农药等方面具有特殊用途。油茶皂素是天然化合物，水溶性好，泡沫持久性好，具有优良的润湿、发泡、乳化、分散和洗涤性能，广泛用于日用化工、制染、造纸、化学纤维、纺织、农药、制药、化妆品工业和机械工业等。皂素制成农药，可代替 DDT 的乳化剂抗乳 2 号和乐果的乳化剂 0204，既可降低农药成本，又可减轻农药对环境的污染和避免农药中毒。茶枯还可当肥料，酸解后是很好的氮肥，施于水稻，既能杀虫，又能增加产量。经提油、脱皂后的茶粕可再加工生产出复合酵蛋白饲料，是畜、禽、水产养殖理想饲料；从茶籽壳中提取的天然维生素 E 是珍贵的天然保健品。同时，茶籽还可制成活性炭，广泛用于糖液、油脂、石油产品、药剂的脱色及气体吸附、分离、提纯、化学合成的催化剂等。泰国、马来西亚等东南亚国家从我国进口茶籽和枯饼进行加工，提取皂素，用于制造生物农药和机床抛光粉。

（三）绿化和环境保护

油茶根系发达，适应性强，是保持水土、涵养水源的理想树种。四季常绿、树皮光滑，花开时节，花朵大而洁白，漫山遍野，具有较高的观赏价值。同时，它又是一个抗污染能力强的树种，对二氧化硫抗性强，抗氟和吸氯能力也很强。据测定，在距氟污染源 200 m 处，油茶叶中含氟量达 1 000 mg/kg 以上时，并能正常生长；在污染区栽植 2 个月，1 kg 油茶干叶可吸收硫 7.4 g，氟 2.9 g。

二、油茶的天然分布与生产概况

（一）油茶的天然分布

油茶在世界上分布不广，中国为其自然分布中心地区，在中国具有分布广、分布不连续以及分布区内不同地区气候条件差异大的特点。油茶在越南、缅甸、泰国、马来西亚和日本也有少量分布。普通油茶是分布面积最广，占油茶总产量最多的一个宽生态幅物种，分布于东经 $100°0'\sim122°0'$、北纬 $18°28'\sim34°34'$ 的广阔区域内，东西经度跨 22°，南北纬度跨 16°。油茶分布在亚热带的南、中、北 3 个地带，多为低山丘陵，亦有部分中山和高山，土壤为酸性红壤和黄壤。

油茶在中国水平分布广，垂直分布变化大。垂直分布上限和下限由东向西逐渐增高，东部地区一般在海拔 200～600 m 的低山丘陵，但亦有海拔 1 000 m 左右的山区，如浙江宁海望海岗海拔 970 m，安徽黄山云谷寺海拔 900 m，中部地区大部分在海拔 800 m 以下，个别地方达海拔 1 000 m 以上，如浙江庆元林口乡海拔 1 400 m，湖南雪峰山海拔 1 050 m；西部重庆酉阳海拔 1 200 m，云南广南海拔 1 250 m，昆明海拔 1 860 m，贵州毕节海拔 2 000 m，云南永仁海拔 2 200 m。油茶产量随着海拔高度的增加而下降，一般在海拔 300 m 左右，油茶产量可以发挥最大增产潜力；果实性状在不同地形和海拔上存在一定的差异（庄瑞林，2008）。

（二）油茶的栽培利用概况

1. 栽培起源与栽培历史　油茶栽培起源于中国，在我国栽培历史悠久。据清张宗法《三农记》引证《山海经》绪书："员木，南方油食也"，"员木"即油茶。可见我国取油茶果榨油以供食用，已有 2 300 多年的历史。据考证，油茶名称在各种通志中都有不同的记载。除目前普遍的油茶外，还有称为茶、茶油树、南山茶、楂、探子等别名。在《三农记》《图经本草》《植物名实图考长编》《群芳谱》和《农政全书》等古籍中对油茶的性状、产地、效用、油茶种子采收与储藏、育苗、整地和造林地选择、间作等内容都有较详细的记载。

1949 年以前我国油茶栽培区分散、管理粗放。1949 年以后，油茶生产得到迅速发展，油茶产量不断增长，1952 年茶油产量为 0.5 亿 kg，1956 年产量达 0.8 亿 kg。20 世纪 60 年代全国掀起了大面积营造油茶林的群众运动，使昔日的荒山披上绿色的新装。20 世纪 70 年代后期油茶林面积不断扩大，产量逐步上升。进入 20 世纪 80 年代以后，油茶生产向提高单产和综合经济效益方向发展，近几年茶油的常年产量达 1.3 亿 kg 以上，创造了历史高水平（庄瑞林，2008）。2007 年，国务院出台了《关于促进油料生产发展的意见（2007）》，明确要求大力发展油茶等特种油料作物，国家林业局编制了《全国油茶产业发展规划（2009—2020）》，统筹全国油茶产业发展工作，油茶栽培面积与产量得到快速发展。

2. 栽培区　我国油茶主要集中在江西、湖南、广西、浙江等 19 个省份的 1 100 多个县（市、区），其中湖南、江西和广西 3 省份最为集中，占总面积的 80%，产量占 85% 以上。《全国油茶产业发展规划（2009）》对我国油茶栽培区的区划如下：①最适宜栽培区，包括湖南、江西、广西、浙江、福建、广东、湖北、安徽 8 省份的 292 个县（市、区）的丘陵山区；②适宜栽培区，包括湖南、广西、浙江、福建、湖北、贵州、重庆、四川 8 省份的 167 个县（市、区）的低山丘陵区；③较适宜栽培区，包括广西、福建、广东、湖北、安徽、云南、河南、四川、陕西 9 省份的 183 个县（市、区）的部分地区。

3. 油的生产和市场　茶油在国内、国际市场上深受欢迎。加入世界贸易组织以来，我国油料作物受到了巨大的冲击，但对油茶产业而言，却迎来了一个极好的发展机遇，东南亚各国对我国的茶油情有独钟。茶油在国际市场的价格很高，每千克达 12 美元左右。根据有关专家预测，如果我国茶油以精品形式进入国际市场，售价还要高，每千克可达 25 美元以上。据报道，在日本，茶油价格是菜籽油的 7.5 倍。在全球崇尚自然、注重绿色消费的今天，人们对茶油的优质特性认识更上了一个层次，茶油产品在国内外市场上将日益受到追捧和信赖。2009 年我国茶油出口额 921 万美元，2010 年上涨到 1 561 万美元，受国际经济环境影响，2011 年茶油出口量稍降，但出口价格较高，出口额仍达 1 980 万美元。

第二节　油茶的形态特征和生物学特性

一、形态特征

常绿小乔木或中乔木；树皮淡褐色，平滑不裂；嫩枝红褐色，稍被短毛。叶厚革质，椭圆形或卵形，单生或互生。1年生叶柄上有较密灰白色或褐色柔毛，先端尖，边缘为较深的锯齿，上端密下部稀，侧脉近对生。两性花，多为白色，少数花瓣有红色或红斑。花无柄。萼片4～5枚，呈覆瓦状排列，角质，萼外被银灰色丝毛；雄蕊多为2～4轮排列，内轮分离，外轮2～3轮的花丝有部分连合着生于花瓣基部；雌蕊通常与花瓣相连脱落。花药黄色，罕见花药变成花瓣状，形成重瓣花。雌蕊一般比雄蕊短，3～5裂，柱状稍膨大。幼果被青色毛，成熟时一般无毛。每果有70％以上胚珠发育成种子，有1～16粒，一般4～10粒，每室有1～4粒饱满种子。种子茶褐色，黑色，种仁白色或淡黄色，胚微突，与种子同色（图28-1）。

图28-1　油茶
1. 花果枝　2. 花瓣、雄蕊　3. 雌蕊　4. 雄蕊　5. 果实
（引自《中国树木志·第三卷》）

二、生物学特性

（一）油茶发育阶段

油茶开始结果年龄因繁殖方式不同而异，实生油茶5年才开始结实，10年进入盛果期；嫁接苗3年即开始结果，6年进入盛果期。在良好的管理条件下，盛果期可维持40～50年。油茶树龄可达400年，个体发育可分为童期（幼年）、壮年和衰老3个阶段。

1. 童期　指种子播种后，从胚芽萌动开始至植株进入开花结实这一阶段。童期阶段是壮年阶段的基础，包括胚芽期、幼苗期和幼年期。播种后，当满足发芽条件后种子吸水膨胀，种胚开始萌动生长，种皮胀破，胚根往下伸长，子叶柄伸长，上胚轴伸长，突出地面，进入幼苗期。油茶在幼苗期一般不分枝，不开花结实，幼苗生长依靠子叶储藏的养料，同时又要靠幼叶进行光合作用制造养分，有着双重营养方式。油茶幼苗的生长有节奏性，一年内有3～4次生长与休眠的交替期。幼苗于翌年初春结束第一次冬眠后，即进入幼年期，幼年期子叶脱落，脱离胚性的营养方式，靠光合作用进行独立的营养生活；根系由直根发展为支根；主干不断分枝，树冠由单轴分枝发展到合轴分枝。

2. 成年阶段　①生长结果期：树龄 6～10 年，这一时期的实质是树体结构基本构成，从营养生长占优势逐渐与生殖生长趋于平衡，此时树体生长旺盛，大量分枝，树冠迅速扩大，开花结实量逐年增加，产量处于持续上升阶段。②盛果期：是油茶大量结果时期，此时树冠与根系已扩展到最大限度，产量达到高峰。油茶盛果期新梢集中到树冠外层生长，树冠内部的小侧枝发生自疏现象，自下而上逐步干枯。这种自疏作用，使营养物质集中到树冠外层，形成顶端优势，结果部位外移。油茶盛果期的长短与立地条件、经营管理水平和栽培物种、品种有关，在正常情况下，普通油茶 10 年后开始进入成果期，可以延续40～50 年。

3. 衰老阶段　突出标志是骨干枝衰老或干枯，吸收根大量死亡并逐渐波及骨干根，根幅变小，根颈处出现大量的不定根。衰老的另一表现是周期性的花果负荷繁重，大小年明显，落蕾落花现象严重。开花结实之后引起末梢衰老，树冠出现大量枯枝，萌芽力显著衰退，芽小而少（庄瑞林，2008）。

（二）根的发育特性

深根性树种，主根发达，最深可至 1.55 m，但细根密集在 10～35 cm 土层。一年中有两个生长高峰，2 月中旬开始活动，3～4 月即新梢快速生长之前，根系生长出现第一个生长高峰；9 月即花芽分化、果实增长停止以后，开花之前，根系生长出现第二个高峰；12 月至翌年 2 月生长缓慢，但未见停止。油茶根系生长具有强烈的趋水、趋肥性及较强的愈合力和再生力。

（三）芽的发育特性

1. 芽的种类及特性　依其着生位置可分为顶芽和腋芽，依其性质可分为叶芽和花芽。顶芽一般 1～3 个，多的有 10 余个，中间 1 枚为叶芽，其余为花芽；腋芽一般 1～2 个着生于叶腋处，多的有 5～6 个，其中 1～2 个为花芽。

2. 花芽分化　同一个枝条上花芽的分化须在生长停止后，花芽分化在春梢基本结束生长后开始，各地因气候不同而有差异。花芽在春梢上的分布量与林龄、经营水平、树冠和枝条的不同部位有关。经营水平高，施肥区油茶花芽分化率高，且分化时期早。同一植株上，树冠中部的花芽多，在一个枝条上，顶端的花芽较多，有 2～3 个，多的有 7～8 个。同一植株树冠上、中、下层的分化率是逐渐递减的，树冠南向较北向分化率高。枝条类型不同，花芽分化的时间和分化率也有差异，花芽分化率以长果枝为最高，约占 38%，但从整个植株而言，花芽所占比例以中果枝最高，短果枝次之，长果枝最少，这是因为中果枝、短果枝占全树的比例大。油茶花芽形态分化可分为 6 个时期：前分化期、萼片形成期、花瓣形成期、雌雄蕊形成期、子房与花药形成期及雌雄蕊成熟期。

（四）枝梢的发育特性

油茶的枝梢，按抽发的季节可分为春梢、夏梢和秋梢 3 种。油茶幼年阶段，当肥水条件较好时，常三者兼而有之。成年阶段的油茶主要抽发春梢，少有夏梢。单枝具有 3 片叶以上才能形成花芽，开花着果；全株每果平均有叶 15～20 片才能保证稳定均衡生长，叶片过少，翌年必然出现小年。油茶春梢长度一般为 5～10 cm，粗 0.2～0.3 cm，幼龄期和林地土壤肥力水平较高的壮年油茶的春梢长可至 15 cm。春梢的生长不仅关系到当年花芽的分化，还关系到翌年油茶产量，春梢数量与翌年产果量呈正相关。

（五）花期及果实生长发育

1. 花期　10 月中旬开始开花，11 月为盛花期，12 月下旬开花基本结束，少数延至翌年 2 月开放。一天中开花时间一般在 9:00～14:00；而以 11:00～13:00 最盛，因为这时气温较高，有利于花朵开放，传粉和受精。一朵花从蕾裂到花蕾，历时 6～8 d。油茶是虫媒、异花授粉树种，帮助传粉的昆虫主要有地蜂、大分舌蜂、中华蜜蜂、小花蜂、黄条细腰蜂、果蝇、肉蝇、麻蝇和蛱蝶等。

2. 果实生长发育　可分为幼果形成期、果实生长期、油脂转化积累期和果熟期 4 个阶段（庄瑞林，2008）。①幼果形成期：花授粉受精以后，子房略有膨大，12 月中旬以后，因气温过低而增长缓慢，从受精开始约 4 个月果实纵横径生长量占总量的 24% 左右。②果实生长期：自 3 月起直到 8 月下旬，生长逐渐加快，这一时期主要是体积增长，约 6 个月的生长量，占总生长量的 76% 左右，在该阶段出现 3 次生长高峰。③油脂转化积累期：8 月下旬至 10 月果熟前，体积不再增加，而油脂的形成与积累直线上升。油茶种仁含油率、鲜籽含油率和鲜果含油率在年周期内均分别存在两个增长高峰期，一是 8 月中下旬至 9 月上旬，二是 9 月下旬至 10 月下旬采收前。提前采收会大幅度降低果实含油量，对产油是极大的损失。④果熟期：种子由生理成熟转入形态成熟，果皮刚毛大量脱落，果实充分成熟，种子充裕饱满，种壳乌黑，有光泽或呈古铜色，油脂的积累达到高峰，种子无后熟作用，休眠期不明显。

三、生态适应性

普通油茶栽培分布区的年平均温度 15～22 ℃，极端最高温度 45 ℃，极端最低温度 −14 ℃。油茶具有一定的耐旱能力，对水分要求不高，但在 8～9 月果实生长发育期间，需充足的水分供应，以满足其生理活动和物质合成转化的需要；开花期间降水过多，则不利于传粉受精，加剧落花落果。油茶除在幼年阶段耐一定的庇荫，随着树龄的增长，特别是进入生殖阶段开花结实时，对光照要求强烈，一般要求日照在 180～2 200 h，阳坡栽培的油茶生长速率、产量、出油率均高于阴坡。油茶对土壤条件要求不高，适应性强，在 pH 4.5～6.5 的酸性、微酸性的红壤、黄壤上均可正常生长发育；在土层深厚，疏松肥沃的地方，生长旺盛，产量高，但在碱性土壤上生长不良，易烂根，致植株枯死。

第三节　山茶属植物的起源、演化和分类

一、山茶属植物的起源

山茶属（*Camellia* L.）植物起源于上白垩纪至新生代第三纪，植物学家分析，茶树起源至今已有 6 000 万～7 000 万年历史。我国山茶属种质资源极为丰富，据张宏达

（1998）研究，我国南部和西南部是山茶属植物的分布中心，也是起源中心。

二、山茶属植物的演化与亲缘关系

对山茶属植物花粉外壁超微结构的研究表明，茶组植物与红山茶组、油茶组植物具有一定的亲缘关系，巴达大茶树和大理茶较接近红山茶，但在系统演化上比红山茶晚；倪穗等认为茶组植物晚于红山茶，约出现在中生代末至新生代初期，而后经过长期的演变，由乔木型进化到灌木型，由大叶进化到中小叶，逐渐形成了丰富多彩的茶树品种类型。张文驹等发现山茶属植物的染色体具有稳定的基数（$x=15$）和多变的倍性（$2x$，$4x$，$6x$，$8x$），认为在已知核型资料的组中，Sect. *Archecamellia*（古茶组）最原始，Sect. *Camellia*（山茶组）最进化；同时认为山茶属很可能起源于中南半岛，主要向北扩散和进化，南岭及附近地区是山茶组植物的分布中心和分化中心，云贵高原及其邻近地区是它的次生分化中心（黄鑫等，2005）。

近年诸多学者通过对山茶属植物的花粉、叶组织等进行研究，揭示金花茶组是一个亲缘关系极为接近的、自然的组；短柱茶组是一个自然类群；连蕊茶组是一个亲缘关系极为接近的、自然的组。山茶属植物花粉形态较为一致，应是一个自然类群（倪穗，2007）。

三、山茶属植物分类

（一）山茶属植物形态特征

常绿灌木或乔木，芽鳞多数；小枝具浅裂纹；叶有锯齿，具短柄。花两性，单生或数朵腋生，苞片 2~8，萼片 5 至多数，二者常同形；花瓣 5~14，基部少连生；雄蕊多数，外轮雄蕊分离或连合成短管；子房上位，3~5 室，胚珠 1~6；蒴果室背开裂，胚乳丰富，多油质。

（二）山茶属植物种分类

山茶属是山茶科中最大、系统上较原始的一个属，我国是该属植物的分布中心，拥有绝大多数的种类，山茶属植物亚属、组、种的划分争议较大。目前山茶属分类多用 RAPD技术（黄鑫，2005）。Sealy、张宏达等（1998）在各自的研究基础上提出了世界著名的三大山茶属分类系统，但是这三大分类系统之间存在巨大的分歧。1958 年，英国皇家植物学家 J. R. Sealy 首次将山茶属订正为 82 种。此后，我国胡先骕、张宏达、闵天禄等植物学家先后报道了 200 余种，至今该属达 300 余种（洪思思，2011），分隶于 4 亚属 20 组。《中国树木志》报道了 200 余种，中国 170 余种。山茶属分种检索表登记了 4 亚属：原始山茶亚属、山茶亚属、茶亚属与后生茶亚属，共分 17 组，油茶属山茶亚属油茶组。

第四节　油茶种质资源

一、栽培种与良种选育

油茶是我国特有的木本食用油料树种。有一定栽培面积和栽培历史的油茶树种有普通油茶（*C. oleifera*）、小果油茶（*C. meiocarpa*）、越南油茶（*C. vietnamensis*）、攸县油茶

（C. yuhsienensis）、浙江红花油茶（C. chekiangoleosa）、广宁红花油茶（C. semiserrata）、腾冲红花油茶（C. reticulata）、宛田红花油茶（C. polyodonta）、茶梨（C. octopetala）、博白大果油茶（C. gigantocarpa）、南荣油茶（C. nanyongensis）等 13 种（庄瑞林，2008），普通油茶是分布面积最广、栽培历史最久，占油茶总产量最多的一个宽生态幅物种。我国山茶属物种资源极为丰富，在油茶种质资源调查研究方面，2013 年国家林业局牵头组织开展了全国油茶遗传资源调查编目工作，这是我国首次对单个树种的遗传资源进行全面清查。

从栽培油茶看，普通油茶比其他种有更多的优良性状，在悠久的油茶栽培过程中，根据果实的成熟期迟早，分为秋分籽、寒露籽、霜降籽和立冬籽 4 个品种群。油茶农家品种和类型也较多，全国选出了岑溪软枝油茶、衡东大桃、永兴中苞红球、葡萄茶、阳春油茶、巴陵油茶、龙眼茶、宜春白皮中子、望谟油茶、鄂东大红果、石市红皮油茶和安徽大红 12 个农家品种。对这 12 个农家品种，又经过连续 4 个测定和品质与适应性多项选评，最终选出岑溪软枝油茶、衡东大桃、永兴中苞红球优质农家品种。

20 世纪 60 年代，全国范围内开始大面积营造油茶林，油茶选育工作也广泛开展，通过多年栽培与不懈努力，先后选育出一批优良单株、无性系和家系等良种，生产上应用的有 200 余个。尤国清等（1997）优选出了长林等 18 个适合江西省及周边地区栽培的优良无性系；李建荣（2004）对 22 个油茶品系进行综合评价，优选出 5 个值得推广的优良品系；韩宁林（2000）对我国主要油茶无性系的选育与应用做了总结；周盛等（2001）对普通油茶、江西小果油茶和越南油茶 3 个物种种间杂交试验的特性进行分析阐述，选出 6 个有突出优良性状的杂种单株。

油茶主产区 14 个省份中，通过国家或省级审（认）定的油茶良种有 174 个，其中通过国家级审（认）定的良种 54 个，省级审（认）定的良种 120 个。主要有中国林业科学研究院亚热带林业实验中心选育的长林 1 号至长林 18 无性系、中国林业科学研究院亚热带林业研究所选育的亚林系列 49 个良种、广西壮族自治区林业科学研究院选育的岑溪软枝系列油茶良种、江西省林业科学院选育的赣无系列 25 个无性系、湖南省林业科学院选育的湘林系列油茶良种等（姚小华，2010）。

目前，开展油茶种质资源收集保存的有湖南省、江西省、浙江省和贵州省。湖南省林业科学院从 2003 年开始，收集保存了 200 多个油茶优良无性系、家系等。江西省林业科学院收集保存优良无性系和农家品种 100 余个。浙江省林木种苗站与中国林业科学研究院亚热带林业研究所合作，在浙江金华建立了油茶种质资源库，收集保存了 275 个油茶无性系。贵州省黎平县林木良种繁育中心收集保存了 75 个优树的繁殖材料。

二、油茶良种

（一）亚林 4 号

良种编号：国 S－SC－CO－012－2007，由中国林业科学院亚热带林业研究所选育。长势旺盛，冠形开张；分枝力强。自然坐果率为 45.23%，果大皮薄，红球形。抗病性强。产量高，试验林平均每平方米冠幅产油 97.6 g。鲜出籽率 46.04%，种仁含油率

50％，果油率9.23％。适宜推广区域为湖南、江西、浙江、广西等油茶适生区。

（二）长林40

良种编号：国S-SC-CO-011-2008，由中国林业科学院亚热带林业研究所选育。长势旺盛，抗性强，高产稳产，试验林盛果期产油能达到988.5 kg/hm²。果近梨形，青带红，中偏小。干出籽率25.2％，出仁率63.1％，种仁含油率50.3％。适宜推广区域为浙江、江西、湖南油茶种植区。

（三）GLS赣州油1号

良种编号：国S-SC-CO-012-2002，由江西省赣州市林业科学研究所选育。树体开张圆球形，生长快，抗性强。结实早，产量高，试验林盛果期树冠每平方米产果量2.356 kg，产油量1 008.72 kg/hm²，鲜果出籽率41.09％，干出籽率20.47％，种仁含油率48.47％。适宜推广区域为江西全省各地（市），以及南方油茶中心产区。

（四）赣州油1号

良种编号：国S-SC-CO-014-2008，由江西省赣州市林业科学研究所选育。树体圆球形，生长快，结实早。试验林盛果期树冠每平方米产果量2.105 kg，产油量854.61 kg/hm²，鲜果含油率5.80％，鲜果出籽率35.15％，种仁含油率49.67％。适宜推广区域为江西、福建、广东油茶适生区。

（五）赣抚20

良种编号：国S-SC-CO-004-2007，由江西省林业科学院选育。树体生长旺盛，树冠自然圆头形。鲜出籽率46.7％，干仁含油率60.1％，干籽含油率39％～42.2％，鲜果含油率11.8％。试验林盛果期连续4年平均产油量达1 188 kg/hm²。适宜推广的区域为江西、湖南油茶适生区。

（六）岑溪软枝油茶

良种编号：国S-SC-CO-011-2002，由广西壮族自治区林业科学研究院选育。属普通油茶的一个农家品种，主产于广西岑溪、藤县、苍梧一带，以枝条软韧，挂果下垂而得名。具有生长快、结果早、稳产高产、油质好、适应性强等优点。种植后3～4年开花，7年进入盛产期，10年试验林产油达400 kg/hm²，丰产年可达915 kg/hm²。种仁含油率高达51.3％，酸价仅为1.06～1.46。我国南方13个省份都可栽培，尤其适于南亚热带地区。

（七）岑软2号

良种编号：国S-SC-CO-001-2008，由广西壮族自治区林业科学研究院选育。具有早丰、高产、稳产、油质优等特点。5～8年生试验林连续4年平均产茶油924.75 kg/hm²，平均鲜出籽率40.7％，干出籽率26.99％，种仁含油率51.37％，果油率7.06％。广西、广东、湖南、江西、贵州、福建等油茶产区适宜种植（姚小华，2010）。

（八）湘林1号

良种编号：国S－SC－CO－013－2006，由湖南省林业科学院选育。树势旺盛，树体紧凑，枝条分枝角40°左右，树冠自然圆头形或塔形；通常于11月上旬至12月下旬开花，花白色；果实成熟期为10月下旬，果实橄榄形，径30～44 mm，每500 g果数15～30个，鲜出籽率46.8%，干籽含油率35%，果含油率8.869%。丰产性能好，平均产油722.5 kg/hm²，在湖南、江南、广西、浙江等全国区试中平均产油684 kg/km²。适于各油茶产区（陈永忠，2008）。

第五节 油茶野生近缘种的特征特性

一、小果油茶

学名 *Camellia meiocarpa* Hu.。

多为小乔木，嫩枝具有细毛，节间较短，全株枝多且叶密，果皮较薄，单果1～3粒种子，一般10月下旬至11月中旬始花，花为白色，花冠较为平展，呈倒披针形，花瓣和雄蕊相分离而脱落，雄蕊可长期留存；花柱头略微膨大，子房为3～5室，被褐色短毛。与普通油茶的形态特征相比较，其果小、叶小、芽小，芽苞片没有毛。小果油茶的果实大小差异很大，不同居群、单株甚至同一单株的不同果实之间都有较大差别；花期在不同地方差异也很大，寒露籽类型在10月上旬始花，初为零星开花，出现花果同株，一般采果期结束后，开始进入盛花期，盛花期15 d左右，整个花期持续1个月左右。霜降籽类型一般10月中旬或下旬始花，11月中下旬花期结束。立冬籽类型11月上旬始花，12月上旬花期结束。

小果油茶的年产量及分布面积均在山茶属中排第二位，仅次于普通油茶，具有出籽率高及丰产性好等优点。主要分布在中亚热带海拔600 m以下低海拔地区，据调查，小果油茶福建分布面积最大，其次为江西（姚小华，2013）。

二、攸县油茶

学名 *Camellia yuhsienensis* Hu.。

常绿灌木，树皮灰白色或黄褐色；分枝角度小，排列紧密，冠幅狭窄；叶背有明显散生腺点；芽长锥形较小，鳞片质硬。2月中旬至3月底开花，花白色，柱头一般较短，花瓣5～7枚，亦有9～12枚，子房有白茸毛；蒴果10月底成熟，果皮极薄，麻褐色，粗糙无光泽，鲜出籽率和干出籽率高。因其花朵具有浓郁的香味，花朵稠密，是培育芳香、抗寒性强的新品种茶花的重要育种材料。

攸县油茶是一个早实、高产、抗油茶炭疽病和经济性状优良的物种，具有果皮薄、含油率高、油质好、抗逆性强等特点，主要用于食用油生产，是油质最好的山茶种类之一。主要分布于湖南攸县、安仁、桂阳、郴州、衡阳，江西黎川，陕西汉中、安康。此外，湖北恩施、来凤和贵州的赤水、云南的广南亦有分布（高继银，2005）。

三、腾冲红花油茶

学名 *Camellia reticulata* Lindl.，又名滇山茶、云南山茶花。

为山茶科山茶属常绿乔木，嫩枝黄绿色被毛，叶长椭圆形。芽长卵圆形，苞片 7～9
枚，表皮被白色茸毛，花单生于小枝顶端，呈艳红色，花径 7.6～9.0 cm，最大 14 cm；
花瓣 5～7 枚，两面被白色茸毛，雄蕊多 5 轮排列，花凋谢时整个花瓣与雄蕊完全脱落，
柱头 3～7 裂，深裂至花柱的一半，子房上位被毛。蒴果壳厚木质，果大，每果有种子
4～16 粒。花期为 12 月至翌年 3 月，6 月上旬坐果趋于稳定，9～10 月果实成熟。腾冲红
花油茶播种后 8～9 年开花结果，15 年进入盛果期，花成果率高，种仁含油率高。

腾冲红花油茶生长在海拔 1 500～2 500 m 的山区，抗寒能力强；喜光照充足的环境，
但幼龄期忌晒，需要一定条件的遮阴；喜疏松、肥沃、排水性好的微酸性土壤，pH 4.5～
7.0 都能生长，以 pH 5.0～5.5 最适宜。据冯国楣研究，腾冲红花油茶是云南山茶的原始
种，近年各地引种大多生长不良。

腾冲红花油茶为窄分布树种，其野生资源主要分布于云南省腾冲高黎贡山西坡，滇中
以西、腾冲以东，目前天然林面积约 1 000 hm²、人工林面积 3 800 hm²（沈立新，1999）。
从生物学特征、开花结实性状和经济性状（用途）等方面将腾冲红花油茶按单瓣花系、重
瓣花系、半重瓣花系划分为果（油）用、观赏茶花和花果兼用 3 个类型 20 个主要品种类
群。单瓣类根据果实形状不同又可分为 28 个自然品种，重瓣、半重瓣类目前有 35 个栽培
品种（谢胤，2012）。

腾冲红花油茶作为云南特有的优良木本油料树种和云南山茶花的原始种，为国家二级
保护珍稀物种，其树姿挺拔、枝叶茂密、花大红艳，冬春开花，花期长，观赏价值高。种
仁含油率高，油质好，应用前景广阔。

（蒋宣斌　李秀珍）

参考文献

陈永忠，2008. 油茶优良种质资源 ［M］. 北京：中国林业出版社 .

高继银，PARKS C R，杜跃强，2005. 山茶属植物主要原种彩色图集 ［M］. 杭州：浙江科学技术出
　版社 .

韩宁林，2000. 我国油茶优良无性系的选育与应用 ［J］. 林业科技开发，14（4）：31 - 33.

洪思思，2011. 山茶属叶片宏观结构及其分类意义 ［D］. 杭州：浙江师范大学 .

胡先骕，1957. 中国山茶科小志 ［J］. 科学通报（6）：170.

黄鑫，王奎玲，刘庆华，等，2005. 山茶属植物研究进展 ［C］//2005 年全国面向新世纪的花卉研究与生
　产技术开发学术研讨会：96 - 97.

李建荣，范振富，姚克平，2004. 油茶优良品系引种栽培试验 ［J］. 林业科技开发，18（3）：20 - 22.

倪穗，李纪元，2007. 山茶属植物花粉形态的研究进展 ［J］. 江西林业科技（3）：41 - 42.

沈立新，1999. 云南山茶花新品种选育的研究 [J]. 经济林研究 (2)：65 - 66.

谢胤，2012. 腾冲红花油茶野生资源的保护措施 [J]. 林业调查规划 (5)：52.

熊年康，郭江，陈祥平，等，1987. 油茶优良农家品种龙眼茶的丰产性状研究 [J]. 福建林业科技 (2)：29 - 36.

姚小华，2010. 油茶高效实用栽培技术 [M]. 北京：科学出版社 .

姚小华，2012. 油茶资源与科学利用研究 [M]. 北京：科学出版社 .

姚小华，2013. 小果油茶资源与遗传多样性研究 [M]. 北京：科学出版社 .

尤国清，巫流民，赵学民，1997. 油茶优良无性系选育及测定研究 [J]. 江西林业科技 (2)：7 - 11.

中国科学院中国植物志编辑委员会，1998. 中国植物志：第四十九卷第三分册 [M]. 北京：科学出版社 .

周盛，朱金惠，肖景治，等，2001. 油茶远缘杂交育种试验 [J]. 经济林研究，19 (1)：20 - 25.

庄瑞林，2008. 中国油茶 [M]. 北京：中国林业出版社 .

第二十九章

桑

桑（*Morus alba* L.）是桑科（Moraceae）桑属（*Mrous* Linn.）植物的统称，系特种经济树种。桑适应性强，用途广泛，栽培历史悠久，古人谓之"东方神木"。传统栽培以叶饲蚕为主，近年来，桑的利用已突破了传统养蚕方式，在医药、食品、饲料、化工、绿化等领域取得了良好效益，呈现出多元化利用的格局。

第一节　桑的利用价值和生产概况

一、桑的利用价值

（一）蚕桑价值

桑是中国重要的经济林木之一，主要价值在于养蚕。蚕茧抽取生丝，以生丝为经、纬交织成丝绸。丝绸具有诸多优良特性，自古以来，真丝就有"丝绸皇后"的美誉，到了现代，人们又赋予其"健康纤维""保健纤维"的美称。真丝纤维的保健功能是任何纤维都无法比拟、无法替代的，真丝纤维中含有包括人体必需氨基酸在内的 18 种氨基酸，与人体皮肤所含的氨基酸相差无几，故称人类的"第二皮肤"。大约在公元前 4 世纪，中国的丝织品就已经驰名于世。张骞出使西域后，中国的丝绸制品开始传向欧洲。欧洲人把这种质地轻柔、色泽华丽的丝织物看作是"天堂"里才有的东西。古希腊人干脆称中国为赛里斯（Seres），即丝之国，他们把购丝绸、穿丝绸看作是富有和地位的象征。当中国丝绸经波斯商人转手销往罗马，其价格贵如黄金，因此成就了历史上著名的南北"丝绸之路"，对我国乃至世界的发展产生了深远的影响。丝绸多年来深受全球人民喜爱，为我国人民创造了巨大的财富，至今仍是重要的出口创汇商品。

（二）绿化价值

桑具有很强的环境适应能力，对脆弱环境具有极强的抗逆性，具有抗冻、耐涝、耐渍、耐旱、耐盐碱、耐贫瘠等生理生态特性。桑具有发达的根系，根的垂直分布最深可达数十米，其地下根系分布的面积常为树冠投影面积的 4～5 倍之多，根系在地下所占的空间超过地上部分，具有极强的抗干旱、抵御风沙、保持水土能力，其发达而能储水的地下根系网络，足以保证桑树在干燥气候条件下正常生长所需要的水分供应。桑虽为阔叶树，但其蒸腾系数较小（274），远低于杨树（＞500）和桉树（510）；桑枝条柔韧不易折断，能抗御劲风袭击；桑枝干有较多的根源体，具有极强的再生能力，生长快，耐修剪。桑是一种多年生、寿命长的木本阔叶树，叶片大，光合作用强，生长快，生物量大，是固碳减排的优良树种，可作为碳汇能源林建设。据研究，每 667 m² 桑园在生长期每天可吸收 6.67 kg 二氧化碳，释放 4.87 kg 氧气，此外桑叶对大气中的氯气、氟化氢、二氧化硫等污染物有很强的耐受和吸收净化能力；滞尘能力也很强，能有效地保护和净化大气环境，改善空气质量，可广泛用于生态环境治理。桑是良好的绿化树种，某些品种或变种，如垂枝桑（*M. alba* var. *pendula*）姿态特殊，是优雅的观赏树种。

（三）医药价值

《神农草本经》《本草纲目》都有关于桑的保健和药用价值记载，现代中医学认为桑叶性味甘、苦、寒，入肺、肝经，具有清肺止咳、清肝明目的作用。近年来日本对桑药用价值方面的研究比较多，研究发现桑具有治疗高血压、降血糖、降血尿酸、抗癌等功效。桑叶、桑皮、桑根都是传统的中药材，目前我国含有桑叶的中药品种达 10 余种，桑叶也是现今流行的广式凉茶组方中的重要成分。桑叶中有许多生物活性物质如谷甾醇、胡萝卜素、叶绿素、异槲皮苷、黄酮类色素、叶黄素、槲皮素、紫云英素、3,7-二槲皮素葡糖苷、3-槲皮素三葡糖苷、γ-氨基酸、1-脱氧野尻霉素等，具有降血糖、降血压、降血胆固醇、抗肿瘤、抗过敏、抗氧化、抗毛细管渗透、利尿等功能。国内已有的桑制药相关专利主要有 CN1200933A、CN1325722A、CN1513506A、CN1833703A、CN101007116A等，主要应用于治疗糖尿病及其并发症，如双足神经血管病变等；CN1338275A、CN1463734A、CN1511576A、CN1660235A、CN1559539A、CN1742803A、CN101007017A等，主要用于治疗糖尿病、肥胖症、艾滋病、高血脂等（廖森泰等，2010）。

（四）文化价值

蚕桑丝织是中华民族认同的文化标识，5 000 年来，它对中国历史做出了重大贡献，并通过丝绸之路对人类文明产生了深远影响。桑文化以桑为载体，内容丰富多样。从"空桑""扶桑"等典故中，不难看出古人对东方神木——桑的崇拜。《淮南子·修务训》中记载："汤苦旱，以身祷于桑山之林。"《庄子·养生主》有大地丰收"合于桑林之舞"的记载，体现了古人把农耕作为祭祀的基本内容，展示了原始的农业信仰。史载，约在 5 000 年以前，先民就在中原大地上栽植桑，殷商时期的甲骨文中已有"桑"字，这充分反映了种桑、用桑的桑文化在远古时代就已产生。《史记》记载："楚平王以其边邑锺离与吴边邑卑梁氏俱蚕，两女子争桑攻……举兵相伐。"吴楚两国为了几张桑叶，不惜兵戎相见，充分说明古代社会栽桑养蚕在传统农业中的重要地位。《孟子》记载："五亩之宅，树之以桑，五十者可以衣帛矣"，说明在古时栽桑养蚕受到历代统治阶级的高度重视。从桑文化的发展轨迹看，最初体现的原始宗教祀桑仪式和耕织文化使蚕桑产业得到了高速发展，随着横贯欧亚大陆的南北丝绸之路，通达朝鲜、日本、东南亚等地的海上丝绸之路的兴起，桑文化更是我国历史长河中繁荣昌盛的代表。丝绸是中国古老文化的象征，中国古老的丝绸业为中华民族文化织绣了光辉的篇章，对促进世界人类文明的发展做出了不可磨灭的贡献。中国丝绸以其卓越的品质、精美的花色和丰富的文化内涵闻名于世。随着丝绸之路的兴起，丝绸成为东方文明的传播者和象征。

（五）其他利用价值

桑具有单位面积产量高、耐修剪、营养价值高等优良特性，全身都有利用价值，其叶、果、茎、皮均可利用，深度开发潜力很大。桑叶含有丰富的碳水化合物，营养成分丰富，目前利用桑叶研制多种普通食品、保健食品、饮料、调味品、桑叶茶、桑叶汁饮料等；桑叶还是蛋白质含量丰富的优质饲料，享有"木本粮食"的美誉，是反刍动物的良好饲料和复合饲料组分，除了可以养蚕，还可用作山羊、绵羊、兔、奶牛、猪等的饲料。桑果营养丰富，风味独特，色泽诱人，被称为"民间圣果"，富含花青素、有机酸、黄酮类化合物等功能性成分，具有清肝明目、增强免疫、抗衰老等药理保健功能，是理想的"绿色食品"，还可用于提取天然桑葚红色素，制作化妆品，如桑葚香波、发油、护发素等；桑皮具有良好的天然纤维，是生产高级纸的原料。桑枝不仅可制造人造纤维板、生产重组木地板及型材，还可作为食用菌培养基，可以替代生产蘑菇、香菇、木耳、灵芝、茶树菇、平菇等多种食用菌，目前在全国各地都有推广。桑枝还具有较高的燃烧热，是极好的生物质燃料来源，有些国家利用桑根、茎进行炭化，作为一种高级食用炭食品添加剂广泛应用于生产。

二、桑的天然分布与栽培区

桑属植物自然分布于北半球温带至热带山区的亚洲、美洲、非洲，欧洲有逸生。桑遍及中国，即使在世界屋脊青藏高原，也发现 1650 年左右的古桑，朝鲜、蒙古国、日本、俄罗斯、欧洲及北美均有栽培。

（一）桑在中国的栽培起源

中国是世界蚕业的起源地，是最早栽桑养蚕的国家，最初可能是采集野生桑叶喂蚕，逐步发展到人工种桑养蚕。桑栽培与丝绸业紧紧相连，传说黄帝的妻子嫘祖发明"养蚕取丝"，但现实中丝绸何时发明尚具争议。中国考古学家在 1998 年河南荥阳青台遗址，考古发现了距今约 5 500 年的丝绸碎片。另一说法在河姆渡遗址中已发现了纺织工具，借此可以推断丝绸的使用至少不迟于良渚文化（卫斯，1993）；1958 年考古发现了距今约 5 300 年（大汶口文化时期）的丝绸织品。据考古推测，在距今五六千年前的新石器时期中期，中国便开始了养蚕、取丝、织绸。据考证，我国最早栽桑养蚕的文字记载见于公元前 1711 年夏王朝末年的《夏小正》，内有："三月，妾子始蚕"和"摄蚕"，意思是夏历三月妾子开始养蚕和修剪桑（李继华，1985）。山东自古就号称"齐纨鲁缟，桑麻千里"之乡。最早的文字记载是西周时《尚书·禹贡》："兖州，桑土既蚕，厥贡漆丝"，意思是兖州宜栽桑，也养蚕，贡品是漆与丝。夏商周时代，种桑养蚕的丝绸生产已经初具规模。

随着战国、秦、汉经济大发展，丝绸生产达到了一个高峰。《史记·货殖列传》中记载山东栽桑的地方很多，如"齐带山海，膏壤千里，宜桑麻"，"齐鲁千亩桑麻……此其人与千户侯等"。秦汉以来，历代都把农业生产称为"农桑"，把重农桑作为立国之本。从山东丝织之兴隆也可见山东栽桑养蚕之盛。唐代安史之乱后蚕桑开始向南方发展，宋代以后南方逐渐也成为蚕桑主产地。如在山东，唐代以来，丝织业更为发达，如杜甫《忆昔诗》："齐纨鲁缟车班班，男耕女桑不相失。"李白《答汶上翁诗》："五月梅始黄，蚕凋桑柘空。鲁人重织作，机杼鸣帘栊。"这些诗反映了山东当时桑蚕丝产业兴旺发达（李继华，1985）。浙江东阳市蚕桑生产历史悠久，南宋元嘉二十一年（444），文帝诏"凡诸州郡皆令尽勤地利，蚕桑、麻务尽其力"。宋代蚕桑生产较发达，缫丝织绸盛行。东阳有"孤城秋枕水，千室夜鸣机"的描述。东阳到明、清以至中华民国蚕桑业十分发达，丝绸产量很高（孙萍忠，2009）。公元前四五世纪我国丝绸和栽桑养蚕技术传入南亚、中亚和欧洲。

（二）桑栽培区

我国桑分布遍及全国各省份，但主要栽培区在长江流域各省份，全年产茧量约占全国的80%，其中以四川、江苏、浙江3省最多，其次是珠江流域、黄河流域，以及福建、台湾、海南、新疆、辽宁、吉林、黑龙江等省份（胡俊等，2010）。随着广东、浙江、江苏等东部省份经济的发展，工业化和城市化进度的加快，土地成本和人工成本不断上涨，致使传统的蚕桑产业发展受到制约，生产规模逐年下降；我国中西部地区社会经济发展相对落后，并拥有较为丰富的土地资源和劳动力资源，具备发展蚕茧丝产业的自然条件和社会基础。我国商务部从"十一五"期间引导实施"东桑西移"工程，将桑蚕产区逐步从东部地区向中西部地区进行战略性转移。

第二节　桑的形态特征和生物学特性

一、形态特征

乔木或灌木状，高可至15 m，胸径50 cm；树皮厚，黄褐色。小枝被毛。叶卵形或宽卵形，先端尖或短渐尖，基部圆形或心形，稍偏斜，锯齿粗钝，幼树之叶常有浅裂、深裂，上面无毛，下面沿叶脉疏生毛，脉腋簇生毛；叶柄长1.5～2.5 cm，被柔毛；雄花序长2～3.5 cm，密被细毛淡绿色，雌花序被毛，总梗长0.5～1 cm，雌花无柄，无花柱。聚花果（桑葚）卵状椭圆形，长1～2.5 cm，熟时紫黑色、淡红色或白色，多汁味甜（图29-1）。花期4月，果熟期5～7月。

桑根因繁殖方式不同也呈现不同的形态，实生苗的根系由主根、侧根、须根组成；扦插苗、压条苗等无性繁殖桑树的根以不定根为主，无主根，排列不整齐。由于桑树的品种纷繁多样，枝条的长短、颜色，树干的色泽姿态和叶痕的形状大小在不同的品种之间有着明显的区别。我国广泛栽培的桑品种叶片大多无缺刻，而日本品种以裂叶居多，也有桑品种裂叶和非裂叶混生。非裂叶的形状有心形（湖桑32）、卵圆形（淮阴白桑）和椭圆形（桷桑）等，叶尖和叶基也有各种形状，这些特征是桑品种识别的重要依据。

图 29-1 桑
1. 雌花枝 2. 雄花枝 3. 雄花 4. 雌花
（引自《中国树木志·第三卷》）

二、生物学特性

深根性，根系发达，抗风力强；生长快，单位面积生物量大，萌芽能力强，耐修剪，可用种子、扦插、嫁接、分根繁殖，亦可萌芽更新。

桑喜光，耐寒，在 0 ℃以上桑叶都能进行光合作用，但是最适宜的温度为 20～30 ℃，桑树能抵抗－30 ℃的低温冻害，也能耐 40 ℃的高温，桑处于深休眠状态时抗寒性最强。耐干旱，但畏积水，70％的土壤持水量最适宜桑树生长。对土壤的适应性强，能耐瘠薄和轻碱性，沙土地也能生长，但喜土层深厚、湿润、肥沃土壤，土壤 pH 4.8～8.5，以 pH 6.8～7.2 的中性土壤最适宜。

第三节 桑属树种的起源、演化和分类

一、桑属树种的起源、演化

老第三纪始新世桑属起源于劳亚古陆（Laurasia）高纬度区（起源中心），随着地球寒、旱化，由北向南迁移，在北半球亚洲、美洲、欧洲相互迁移；到第四纪冰期，北美洲、欧洲大多数桑种灭绝，而东亚北纬 20°～40°山区，受第四纪冰期影响较小，大多数桑种保存下来，成为现代桑属的遗传多样性中心；第四纪冰期后桑属继续向南迁移，形成现代美洲、亚洲、欧洲、非洲间断分布格局。中国桑属植物种类丰富，起源古老，区系成分复杂。云南、贵州、四川 3 省种类最丰富，为现代桑属的遗传多样性中心。

陈仁芳（2010）综合孢粉学、分支分类学、分子系统学和区系地理学的结果，认为桑属中黑桑是最原始的种类，长穗桑是最进化的种类。其由原始到进化依次为：黑桑（*M. nigra*）、默里桑（*M. murrayana*）、桑（*M. alba*）、鲁桑（*M. alba* var. *multicaulis*）、广东桑（*M. atropurpurea*）、赤桑（*M. rubra*）、暹罗桑（*M. rotundiloba*）、印度桑（*M. indiea*）、瑞穗桑（*M. mizuho*）、山桑（*M. bombycis*）、蒙桑（*M. mongolica*）、鬼桑（*M. mongolica* var. *diabolica*）、鸡桑（*M. australis*）、华桑（*M. cathayana*）、川桑（*M. notabilis*）、黄桑（*M. macroura*）、长穗桑（*M. wittiorum*）。韩世玉（2002）分别报道了中国 10 个桑种 87 个品种的染色体数目，桑属植物的染色体大多数为二倍体（$2n=2x=28$），但桑属中除二倍体外，还有相当部分多倍体、混倍体，有三倍体（$2n=3x=42$）、四倍体（$2n=4x=56$）、六倍体（$2n=6x=64$）、八倍体（$2n=8x=112$）、二十二倍体（$2n=22x=308$）。多倍体现象与植物进化有密切的关系，但桑属植物中倍数性现象与桑种的分化不明朗，即使在同一形态分类的桑种中也存在不同的倍数性，如白桑中既有二倍体，也有三倍体；华桑倍数性最为复杂，有二倍体、三倍体、四倍体、六倍体、八倍体。

二、桑属植物种分类

（一）桑属植物种特征

落叶乔木或灌木。芽鳞 3～6 枚，叶有锯齿或缺裂，掌状脉 3～5 出；托叶小，早落，花雌雄同株或异株；柔荑花序；花萼 4 裂，雄蕊 4 枚，在蕾中内折，退化雌蕊陀螺形；聚花果卵形或圆柱形，小果为瘦果，外被肉质花萼。深根性，适应能力强。

（二）桑属植物种分类概况

桑属植物在植物分类学上属于双子叶植物纲，荨麻目桑科。

1985 年中国蚕业研究所著《中国桑树栽培学》，将中国桑属植物分为 15 种 4 变种。1998 年《中国植物志》将中国桑属植物分为 2 组（即桑组 Sect. *Morus*、山桑组 Sect. *Dolichostylae*）11 种，18 变种。

1. 桑组（Sect. *Morus*，雌花无花柱，或具极短的花柱）

（1）桑（*M. alba* Linn.）

① 桑原变种（*M. alba* var. *alba*）。

② 鲁桑（*M. alba* var. *multicaulis*）。

（2）吉隆桑（*M. serrata*）

（3）黑桑（*M. nigra*）

（4）华桑（*M. cathayana*）

① 华桑原变种（*M. cathayana* var. *cathayana*）。

② 贡山桑（*M. cathayana* var. *gongshanensis*）。

（5）荔波桑（*M. liboensis*）

（6）长穗桑（*M. wittiorum*）

（7）黄桑（*M. macroura*）

① 黄桑原变种（*M. macroura* var. *macroura*）。

② 毛叶黄桑（*M. macroura* var. *mawu*）。

2. 山桑组（Sect. *Dolichostylae*，雌花具明显的花柱）

（1）川桑（*M. notabilis*）

（2）裂叶桑（*M. trilobata*）

（3）蒙桑（*M. mongolica*）

① 蒙桑原变种（*M. mongolica* var. *mongolica*）。

② 圆叶蒙桑（*M. mongolica* var. *rotundifolia*）。

③ 马尔康桑（*M. mongolica* var. *barkamensis*）。

④ 尾叶蒙桑（*M. mongolica* var. *longicaudata*）。

⑤ 鬼桑（*M. mongolica* var. *diabolica*）。

⑥ 云南桑（*M. mongolica* var. *yunnanensis*）。

（4）鸡桑（*M. australis*）

① 鸡桑原变种（*M. australis* var. *australis*）。

② 狭叶鸡桑（*M. australis* var. *oblongifolia*）。

③ 花叶鸡桑（*M. australis* var. *inusitata*）。

④ 细裂叶鸡桑（*M. australis* var. *incisa*）。

⑤ 戟叶桑（*M. australis* var. *hastifolia*）。

⑥ 鸡爪叶桑（*M. australis* var. *linearipartita*）。

现行各种文献分类尚不统一，现在的桑属分类无法体现谱系的亲缘关系，本属目前还未建立普遍接受的、具有谱系亲缘关系的分类系统。其他文献还有广东桑（*M. atropurpurea*）、鲁桑（*M. multicaulis*）、滇桑（*M. yunnanensis*）、山桑（*M. bombycis*）、八丈桑（*M. kagayamae*）、唐鬼桑（*M. nigriformis*）等分类提到的种及变种。

第四节　桑树种质资源

一、变种

桑是早期系统演化上最大的一个干支，也是较原始的类型，与许多桑种有共同的衍征，早期以华北、华中、华东为中心演化。变种较多，常见的有鲁桑（*M. alba* var. *multicaulis*）、鞑靼桑（*M. alba* var. *tatarica*）、垂枝桑（*M. alba* var. *pendula*）、大叶桑（*M. alba* var. *macrophylla*）、白脉桑（*M. alba* var. *venose*）、花叶桑（*M. alba* var. *skeletonlana*）、塔桑（*M. alba* var. *pyramidalis*）等。

二、栽培品种

中国栽桑养蚕的历史悠久，几千年的栽培历史，培育出许多栽培品种。山东是我国的老蚕区，远在商周时期已有发展，秦汉时期相当兴盛，山东桑树统称"鲁桑"。《齐民要术》载"桑有黑鲁、黄鲁之分"，《蚕桑萃编》亦曾记述"鲁桑为桑之始"，说明了山东鲁桑品种在桑树演化中的重要作用。唐宋以后，蚕业向南方发展，栽桑技术亦逐步改进，选育了许多优良的桑树品种。近年随着桑树多元化利用的兴起，桑品种选育出现了果用、材用、生态治理等新的方向（林寿康，1989）。20 世纪 50 年代全国征集到的桑属品种有 400 多份，它们不但形态多样，特性各异，而且适应不同地区的栽培条件，各地区的典型品种也成为相应的生态型。根据各地自然条件和栽培条件，我国桑树大致分为以下 8 类（《中国树木志》编辑委员会，1981；中国农业科学院蚕业研究所，1985）。

1. 广东荆桑类　广东、广西等地栽培，本区域是我国南方的主要蚕区，属热带、亚热带季风湿润气候区。发芽早，落叶迟，发条力强，耐修剪，抗寒性弱；枝条细直，青灰色和棕褐色；芽多而大，叶片大，不裂，间有分裂，叶肉薄，先端急尖。代表品种有北区 1 号、伦教 40、伦教 109、伦教 540、伦教 408、伦教 101、伦教 104、伦教 602、伦教 518、试 11、沙 2、抗青 10 号、大 10、沙油桑、枫梢桑、大荆桑、北区 7 号、常乐桑、红茎牛、青茎牛、六万山桑等。

2. 湖桑类　以太湖流域为主，江苏、浙江、河南、山东、安徽等地栽植，属湿润气候带区。枝条粗长，弯曲，节间稍曲，大部分品种有卧伏枝，皮色以灰褐色居多；叶片大，不裂，叶基部多为心形；发芽率低，发芽数不多；木质化迟、耐寒性中等。代表品种有白条桑、桐乡青、199 号、荷叶白、团头荷叶白、湖桑 2、湖桑 7、湖桑 13、湖桑 38、湖桑 39、早青桑、红头桑、菱湖大种、七堡红皮、白皮大种、大墨斗、墨斗青、长兴荷叶桑、乌皮桑、豆腐泡桑、海盐面青、麻桑、裂叶火桑、红顶桑、嵊县青、望海桑、新昌青桑、璜桑 3 号、笕桥荷叶、绢桑、真桑、真杜子桑、无锡短节、丰驰桑、育 2 号、育 82 号、育 237 号、育 151 号、育 711 号等。

3. 嘉定桑类　四川等地栽植，属暖温带和亚热带气候。枝条长而粗，皮以褐色居多；叶大，叶面光滑，基部多为截形或心形；发芽率高；叶质软，成熟硬化迟；耐寒性较湖桑弱。代表品种有大花桑、黑油桑、小官桑、大红皮、峨眉花桑、沱桑、小红皮、白油桑、白皮桑、大红皮桑、南 1 号、葵桑、甜桑、小冠桑、大冠桑、川桑 6031 等。

4. 鲁桑类　山东、河北一带栽植，是我国北方主要蚕区。枝条直立，粗短；皮色多为棕褐；卧伏枝少，叶型较大，仅次于湖桑和嘉定桑，叶肉较厚；成熟、硬化均较快；抗寒、抗旱性强。代表品种有梨叶大桑、大白条、油桑、梓椤桑、勺桑、大鸡冠、小鸡冠、黄鸡冠、黄鲁头、黑鲁头、黑鲁采桑、梧桐桑、铁叶鲁桑、白条鲁桑、黑鲁接桑、铁叶黄鲁、青鲁桑、鲁桑、白条黑鲁、白鲁桑、白皮鸡冠、红花黑鲁、大红袍、临朐黑鲁、九山黑鲁、花鲁桑、牛筋桑、铁耙桑、易县黑鲁、深县黄鲁等。

5. 格鲁桑类　山西栽培，属温带季风干燥气候区，与陕西栽植的藤桑、甜桑被认为同一类型。枝条细长，直立，发条多。叶型中等，不裂或间有裂叶；成熟较快，硬化较早；耐寒、耐旱性强。代表品种有黑格鲁、白格鲁、藤桑、甜桑、黄格鲁、金格鲁、红格鲁、黄克桑、黑绿桑、阳桑 1 号、大荆桑、胡桑、舟曲桑等。

6. 白桑类　新疆栽培，属大陆性沙漠气候区。枝条细长而直，发条数多，枝条稍开展，皮色多为褐色；芽色深，发芽率高；叶有圆叶和裂叶，多为卵圆形，成熟快，硬化早，叶面无缩皱，叶色深，叶背较淡，叶脉上有茸毛；桑葚白色或粉红色；耐寒、耐旱、耐盐。代表品种有雄桑、甘肃小白桑、和田白桑、白桑 1 号、白桑 2 号、白桑 3 号、白桑 4 号、白桑 5 号、白桑 6 号、吐白 1 号、吐白 2 号、阿克苏 1 号、阿克苏 2 号、阿克苏 3 号等。

7. 长江中游摘桑类 本区域主要指安徽南部和湖北、湖南的部分地区，属暖温带季风湿润气候区。代表品种有大叶瓣、小叶瓣、竹叶青、麻桑、大叶早生、小叶早生、裂叶皮桑、圆叶皮桑、红皮瓦桑、青皮瓦桑、裂叶瓦桑、圆叶瓦桑、红皮藤桑、青皮藤桑、大叶藤桑、乌板桑、黄板桑、葫芦桑、柿叶桑、早生1号、澧桑24号等。

8. 辽桑类 主要分布于我国东北，属寒温带半湿润或半干燥气候区。代表品种有辽桑、凤桑、熊岳桑、熊岳107、吉湖4号、吉陶、吉九、吉延、延边秋雨等。

三、遗传变异与良种选育

我国桑栽培历史悠久，桑在长期的自然选择和人工选择下，形成了极为丰富的种质资源，桑属种群中维持着较高的遗传多样性。目前我国各地保存的桑树品种资源多达3 000余份，是世界上桑品种资源最丰富的国家，主要来源于鲁桑、白桑、广东桑和山桑即栽培桑原种四系（苏州蚕桑专科学校，1980；柯益富，1997）或加上长穗桑为主的栽培种（中国农业科学院蚕业研究所，1993）。四川优质的大花桑、黑油桑，早生的小冠桑；浙江丰产优质、适应性广的荷叶白（湖3号）、桐乡青（湖桑35），早生早熟的火桑；广东早生耐剪伐的广东桑；安徽大叶型的大叶瓣；山东适于乔木留枝留芽收获的大鸡冠、小鸡冠；河北丰产、大叶的牛筋桑；陕西早生密节的胡桑；山西适于出扦收获的黑格桑、白格鲁；新疆果叶两用的白桑等，都代表着我国优秀的桑树品种（刘学铭，2001）。近几年，随着"南蚕北移，东桑西移"，我国东北干寒地区品种桑栽培规模逐年增加，开展了针对东北地区寒冷气候的桑良种引种选育和当地野生桑树的选优等工作，成功选育出了6个抗寒性强的桑品种（陈赞华，2010）。同时，围绕多元利用，近年培育了多个果用桑栽培品种、抗逆品种、观赏绿化品种等。

由于桑属种间在地域上的广阔分布，自然选择和人为影响等多种因素造成桑树种质资源的多样性。桑属种群间的隔离程度较大，遗传漂变可能导致桑属种群的分化，种群间基因的交流可有效抵制遗传漂变，达到基因的平衡状态及种群间的一致性。桑属不同种群组合中，基因分化和基因流各不相同，由栽培种组成的群体结构中，遗传分化较小，基因流较大，有较高的遗传相似性系数和较低的遗传距离；种群内的遗传变异在桑属的种群结构变异中起主导作用。桑属植物有非常丰富的遗传多样性，多样性由大到小表现为：蒙桑组＞华桑组＞白桑组＞长果桑组＞山桑组＞长穗桑组＞广东桑组＞鲁桑组。除有变种的白桑组外，作为主要栽培种的鲁桑、广东桑由于人为的定向选择，使某些性状保持而另一些性状丢失，遗传变异在种内的变化比其他桑种小，使其多样性变化降低。而其他桑树种群内的个体来源基本是野生状态，其有丰富的遗传多样性。在桑属野生种群内，有较高的基因分化系数及丰富的遗传多样性，但群体间的基因流动弱，易受环境变化、人类行为及遗传漂变的影响（杨光伟等，2003）。

在新品种选育上，我国也取得了许多成果，包括杂交抗病与多倍体育种，如广东选育出两个杂交桑（塘10×伦109，沙2×伦109）分别于1989年和1990年经全国审定和认定，并在全国27省份推广；在抗病育种上育出抗青10号，能抗青枯病危害，已取得成效。在多倍体育种上，还选育出粤桑1号至粤桑7号优良三倍体桑杂交组合。浙江省成功选育出农桑10号、农桑12与农桑14，迄今在浙江、江苏、江西等10多个省推广。黑龙江省选育出龙桑1号新品种，生长好，叶质优，抗性强。

第五节　桑野生近缘种的特征特性

一、吉隆桑

学名 *Morus serrata* Roxb.，又名细齿桑、基隆桑。

小乔木，由于生长环境不同，产生两种类型，生于干旱、海拔3 400 m的八宿县（林卡、白马）的叶片平滑或微糙，无柔毛；生于海拔2 600 m左贡县扎玉干热河谷的，叶片毛糙，叶片广卵形，基部心形，葚果短圆筒形，无花柱。吉隆桑是喜马拉雅造山运动后形成的类型，与白桑有较多的共同特征，是白桑向西南演化的地理替代种，与蒙桑和鬼桑也有较近的亲缘关系。

产于海拔2 300～3 400 m的东喜马拉雅地区中国的西藏吉隆、八宿、左贡，以及印度（库茂恩）、尼泊尔。在桑属中是海拔分布最高的一种。

二、黑桑

学名 *Morus nigra* Linn.。

乔木，高10 m；树皮暗褐色；小枝被淡褐色柔毛。叶质厚，先端尖或短渐尖，基部心形，边缘具粗而相等的锯齿，通常不分裂，表面粗糙，背面淡绿色，被短柔毛和茸毛；叶柄被柔毛；托叶膜质，披针形，被褐色柔毛。花雌雄异株或同株，花序被柔毛或绵毛；雄花序圆柱形，雌花序短椭圆形，总花梗短，无明显花柱，柱头2裂，被柔毛。花期4月，果期4～5月。黑桑起源于华桑与白桑的多倍体桑种。

原产亚洲西部、外高加索、阿富汗、叙利亚、黎巴嫩、伊朗北部、俄罗斯、亚美尼亚，1548年传入英格兰。新疆吐鲁番、喀什（北纬45°）以南的豆乌鲁桥、英吉沙、和田、阿克苏呈狭窄分布，山东烟台、河北也有栽培。黑桑抗旱、抗寒性强，是第四纪冰期后向西北迁移过程中形成的抗寒、抗旱类型，其形成与古地中海退却、喜马拉雅隆升有关。

三、华桑

学名 *Morus cathayana* Hemsl.。

小乔木或灌木；树皮灰白色，平滑；小枝幼时被细毛，皮孔明显；叶厚纸质，表面粗糙，疏生短状毛，基部沿叶脉被柔毛，背面密被白色柔毛；叶柄被柔毛；花雌雄同株异序；雌花花被片4，被毛，退化雄蕊小；雌花花被片倒卵形，先端被毛，花柱短，柱头2裂，内面被毛。聚花果圆筒形，成熟时白色、红色或黑紫色。花期4～5月，果期5～6月。在日本南部有毛桑（*M. tiliaaefolia* Makino）地理替代；在云南滇西北有贡山桑[*M. cathayana* Hemsl. var. *gongshanensis*（Cao）Cao]变种（高山替代类型）。本种的分布在桑的核心区域，与桑有很多共同衍征，由于形态上具毛，多倍化，叶大，叶厚，推断该种是在早期演化后随着造山运动、气候恶化、多倍化、生柔毛抵御寒冷而出现的类型。

华桑生长快，叶大、叶厚，有许多柔毛，蚕不喜吃。主要分布于我国中部，长江流域，北可达辽宁、山东，南可达中国的福建、广西、云南及老挝（北纬 20°），朝鲜、日本也有分布。

四、荔波桑

学名 *Morus liboensis* S. S. Chang。

乔木，高 6~15 m，冬芽卵圆形，疏被柔毛。叶纸质，长圆状椭圆形，先端急尖或为短尾状，尾长 7~10 mm，基部圆形或浅心形，边缘 1/3 以上具钝锯齿，近基部散生白色柔毛，背面绿白色，略现点状钟乳体，中脉在表面微下陷，在背面明显隆起，侧脉 3~4 对，基生侧脉延伸至叶片 2/3 处；叶柄略被微柔毛；托叶早落。聚花果圆筒形，核果密集，熟时红色，花被片 4，宽卵形，边缘被睫毛，柱头 2 裂。

荔波桑是中国特有植物，分布于贵州等地，生长于海拔 700 m 的地区，多生于石灰岩山地，目前尚未人工栽培。曾作为华桑变种分类。

五、长穗桑

学名 *Morus wittiorum* Hand. - Mazt.，又名黔鄂桑。

落叶乔木或灌木，树皮灰白色，幼枝亮褐色；叶两面无毛，或幼时叶脉生短柔毛，叶柄有浅槽，托叶狭卵形；花雌雄异株，穗状花序具柄；雄花序腋生，总花梗短，雄花花被片覆瓦状排列，子房 1 室，花柱极短，柱头 2 裂。花期 4~5 月，果期 5~6 月。接近白垩纪—老第三纪古热带区系的原型或祖型，是桑属中最原始的一种。

原产我国西南部，分布于海拔 540~1 400 m 的云南、贵州、广西、广东、湖北、湖南等的山区。在泰国南部、马来西亚、爪哇分布有变种马哇桑（*M. wittiorum* var. *mawa* Koidz.），在印度北部、尼泊尔、缅甸有马来西亚桑（*M. wallichiana* Koidz.），又名南方凤尾桑。分布范围大致在我国西南北纬 20°以南，至印度尼西亚苏门答腊、爪哇及南纬 10°。自然繁殖能力较差，分布量少、狭窄，呈孑遗状分布；常生于山脚、水旁、向阳疏林中，土壤为石灰母岩质。

六、黄桑

学名 *Morus macroura* Miq.，又名长果桑。

分布于海拔 150~2 400 m 的中国西南部、喜马拉雅地区，包括中国的云南、贵州、广西、西藏南部、海南等地，以及尼泊尔、不丹、印度东北部、缅甸、越南、柬埔寨、泰国，最南可达马来西亚、印度尼西亚苏门答腊、爪哇及南纬 10°。在云南南部、泰国有变种毛叶黄桑（*M. macroura* var. *mawu* Koidz.）。在越南、老挝、柬埔寨有绿桑（*M. viridis* Hamilton）地理代替种。几乎与长穗桑同域，但分布中心较长穗桑偏南 1°~2°。常生于古热带林中，土质肥、湿之处。长果桑形态有分化，并有较进化的毛叶奶桑和绿桑。

七、川桑

学名 *Morus notabilis* Schneid.，又名圆叶桑。

乔木，高9～15 m，树皮灰褐色；枝扩展，近无毛；冬芽卵圆形，光滑无毛。叶近圆形，先端短尖或钝，基部浅心形，表面略粗糙，无毛，背浅绿色，沿叶脉疏生细毛，或近无毛，边缘具窄三角形单锯齿，基生叶脉三出，侧脉常沿边缘连接成边脉。花雌雄异株，生叶腋；雄花花被片4，雄蕊4枚，与花被片对生，退化雌蕊方形，小；雌花序圆筒形，花密集，雌花花柱长，柱头内面具乳状突起。花被片边缘膜质，无毛或背部疏被柔毛。聚花果成熟时白色。花期4～5月，果期5～6月。川桑与华桑有较多的共同衍征，只是川桑分布海拔更高，生境更加寒冷，为华桑适应高山区的垂直替代种。

产于四川西部（洪雅、马边、峨眉山）、云南（贡山、绥江、镇雄、文山），生于海拔1 300～2 800 m的常绿阔叶林中。

八、裂叶桑

学名 *Morus trilobata*（S. S. Chang）Cao。

乔木，树冠开张；幼枝红褐色，无毛或近无毛。叶纸质，秋季变为黄色，基部圆形或截形，指状3～5深裂，中裂片条状披针形，侧裂片较短，披针形，裂片顶端急尖或渐尖，全缘或上部具浅齿，基部单侧或两侧具耳状裂片，叶两面无毛，或背面沿主脉略具柔毛；雌花序腋生，圆筒状，花序轴具毛；花序柄；花被4片，缘具睫毛；柱头2，内侧具柔毛。瘦果压扁，花果期5～6月，果实粉红色、深红色或紫红色，夏季成熟，可食。

本种新拟，贵州凯里雷山、云南文山地区特有；生长于海拔800 m的地区，目前已由人工引种栽培。

九、蒙桑

学名 *Morus mongolica* Schneid. 。

小乔木或灌木，树皮灰褐色，纵裂；小枝暗红色，老枝灰黑色；冬芽灰褐色。叶边缘具三角形单锯齿，稀为重锯齿，齿尖有长刺芒，两面无毛；雄花花被暗黄色，外面及边缘被长柔毛，花药2室，纵裂；雌花序短圆柱状；雌花花被片外面上部疏被柔毛，或近无；花柱长，柱头2裂。花期3～4月，果期4～5月。有鬼桑（*M. mongolica* var. *diabolica*）、圆叶蒙桑（*M. mongolica* var. *rotundifolia*）、河北桑（*M. mongolica* var. *hopeiensis*）（河北）、尾叶蒙桑（*M. mongolica* var. *longicaudata*）（广西）、马尔康桑（*M. mongolica* var. *barkamensis*）（四川）、德钦桑（*M. mongolica* var. *deqinensis*）（云南）等多个变种。

抗寒、抗旱型桑种，原产中国、蒙古国、朝鲜北部。我国分布于黑龙江、吉林、辽宁、内蒙古、新疆、青海、河北、山西、河南、山东、陕西、安徽、江苏、湖北、四川、贵州、云南等地区，生于海拔800～1 500 m的山地或林中。在云南被滇桑替代。

十、鸡桑

学名 *Morus australis* Poir. 。

灌木或小乔木。树皮灰褐色，冬芽大，圆锥状卵圆形。叶先端急尖或尾状，基部楔形或心形，边缘具粗锯齿，不分裂或3～5裂，表面粗糙，密生短刺毛，背面疏被粗毛；叶柄被毛；托叶线状披针形，早落。雄花序被柔毛，具短梗，花被片卵形，花药黄色；雌花序球形，密被白色柔毛，雌花花被片长圆形，暗绿色，花柱很长，柱头 2 裂，内面被柔毛。花期 3～4 月，果期 4～5 月。有细裂叶鸡桑（*M. australia* var. *incisa*）、鸡爪叶鸡桑（*M. australia* var. *linearipartita*）、狭叶鸡桑（*M. australia* var. *oblongifolia*）、花叶鸡桑（*M. australis* var. *inusitata*）等变种。鸡桑在有花柱区中独立于其他桑种，并有强烈分化的倾向。

　　分布较广，海拔 750～2 400 m，可达辽宁本溪、宽甸，内蒙古大青沟，宁夏六盘山，甘肃平凉崆峒山（北纬 45°）；南可达中南半岛、越南、老挝、柬埔寨、缅甸、印度、不丹、尼泊尔、斯里兰卡、印度尼西亚（北纬 6°），我国海南、台湾有分布；西以青藏高原为界，东可达日本八丈岛、三宅岛、青克岛及朝鲜。

（蒋宣斌　冯大兰）

参考文献

陈仁芳，2010. 桑属系统学研究 [D]. 武汉：华中农业大学 .

陈赞华，2010. 干寒地区桑树不同品种物候期与抗旱试验初报 [J]. 吉林林业科技，39（6）：12 - 15.

韩世玉，张晓瑞，杨红，等，2002. 贵州省野生桑染色体倍数性研究初报 [J]. 广西蚕业，39（2）：17 - 19.

胡俊等，2010. 沙地桑树生态产业化开发与利用 [M]. 北京：中国林业出版社 .

李继华，1985. 山东桑树栽培历史和现状 [J]. 山东林业科技（3）：70 - 71.

廖森泰，肖更生，2010. 全国蚕桑资源高效综合利用发展报告 [J]. 北京：中国农业科学技术出版社 .

林寿康，1989. 实用桑树育种学 [M]. 成都：四川科学技术出版社 .

刘学铭，2001. 桑叶的研究与开发进展 [J]. 中药材，24（2）：144 - 147.

刘学铭，肖更生，陈卫东，2004. 桑葚的研究与开发进展 [J]. 中草药，32（6）：569 - 571.

施炳坤，林寿康，1993. 中国桑树品种志 [M]. 北京：中国农业出版社 .

孙萍忠，2009. 东阳市蚕桑生产历史回顾与发展对策 [J]. 蚕桑通报，40（3）：377 - 380.

卫斯，1993. 中国丝织技术起始时代初探——兼论中国养蚕起始时代问题 [J]. 浙江丝绸工学院学报（3）：87 - 92.

杨光伟，2003. 中国桑属（*Morus L.*）植物遗传结构及系统发育分析 [D]. 重庆：西南农业大学 .

中国农业科学院蚕业研究所，1985. 中国桑树栽培学 [M]. 北京：中国农业出版社 .

《中国树木志》编辑委员会，1981. 中国主要树种造林技术 [M]. 北京：中国林业出版社 .

《中国树木志》编辑委员会，1997. 中国树木志：第三卷 [M]. 北京：中国林业出版社 .

沙　棘

沙棘（*Hippophae rhamnoides* L.）是胡颓子科（Elaeagnaceae）沙棘属（*Hippophae* Linn.）植物。沙棘为小乔木或灌木状，是一种小浆果类树种，广泛分布于欧亚温带地区。沙棘属有 6 种 11 亚种，我国产 6 种 7 亚种，其中 3 种 5 亚种为中国所特有。我国分布最广的是沙棘，占全国资源总量的 80%。沙棘在我国北方地区分布很广，它适应能力强，繁殖容易，经济价值较高，为固氮树种，广大群众有长期的栽培经验。在华北、西北黄土丘陵和风沙地区，已广泛用于荒山造林和保土固沙。

第一节　沙棘的利用价值和生产概况

一、沙棘的利用价值

（一）生态价值

沙棘是荒漠化、半荒漠化地区适应性很强的树种，可作为荒漠绿化的先锋树种。沙棘适应性极强，分布范围很广，对土壤要求不高，只要不是黏重积水区、过度盐渍化地区、"通体沙"、流沙区基本都可以适应；就水分条件而言，通常以降水量 500～600 mm 为好，但在降水量 350 mm 左右地区也可生长，特别是在坡脚、沟边地带，可起到有效改善环境的作用。沙棘的防风固沙作用很强，当沙棘林基本郁闭、根系网络形成以后，当地的沙粒基本可以固着，是治理沙尘暴的重要树种。沙棘也可用于盐碱地绿化，青海柴达木盆地戈壁盐碱地 pH 9.5，含盐量高达 1.0% 也可正常生长；沙棘在山地、丘陵、高原、风沙区、沼泽滩地、山顶均可生长栽培，并能耐 60 ℃的地面高温和－50 ℃的严寒。沙棘具改良土壤的作用，沙棘成林后，使土壤结构发生变化，有机质增加，而且沙棘根系有弗兰克氏菌与其共生结瘤，可固定空气中的氮，培肥土壤，为更多类型的植物生存创造条件。

（二）营养和药用价值

沙棘果实、种子及枝叶都含有丰富的营养物质和生物活性物质，可加工成多种保健食品、药品，也能制成多种化妆品。据研究分析，沙棘果实中的活性成分达 200 余种，仅果油中的活性成分就有 100 种，其中脂溶性维生素 6 种，脂肪酸 22 种，脂类 42 种，黄酮类、酚类 33 种。沙棘含有较多的维生素 A 原、维生素 C、维生素 E、维生素 K_1、维生素 B_1、维生素 B_2、类黄酮类、叶酸及微量元素。以沙棘果和沙棘油制成的各种食品具有增强机体免疫的功能和抗衰老作用。

沙棘果实、种子和叶片提取物具有多方面的药用价值，沙棘原汁糖浆及颗粒冲剂对病毒性肝炎有显著疗效；沙棘果的乙醇提取物能抗心肌缺血；沙棘籽油可显著降低外源性高脂血清总胆固醇，降低血脂，防治冠心病；沙棘籽油对消化系统疾病，如胃、十二指肠溃疡、炎症等有治疗作用；沙棘籽油对肿瘤也有一定的抑制作用。沙棘果汁可医治风湿症、皮肤病和斑疹，也可做豆腐凝固剂。沙棘种子含油率 18.81%，油内含有维生素 A，可榨食用油。

沙棘花为蜜源，还可提炼香精。此外，有些产区群众，还用沙棘果实做糕点、果酱、果子露以及酿酒做醋等。据分析，沙棘酒含酸 0.71%、糖 18.55%、酒精 14.27%，与葡萄酒相似。叶、树皮、果实含单宁，可提取作为鞣革原料。

（三）饲用价值

沙棘枝叶含有丰富的蛋白质、脂肪、微量元素和多种生物活性物质，是多种牲畜喜食的木本饲料。据研究，沙棘嫩枝叶的粗蛋白含量 24.15%，粗脂肪含量 4.2%，粗纤维含量 17.41%，还有钙、磷等许多营养成分，沙棘粗蛋白含量优于柠条锦鸡儿、紫花苜蓿、草木樨、谷草、玉米秸等多种饲料，是难得的优质饲料。

（四）木材利用价值

边材淡黄色，心材赤褐色，纹理细致、材质坚硬，可做农具担柄、大车辐条等几十种小农具用材和修建房屋用的"搭子"（椽子上覆盖的房面板或竹帘子的代用品），也可做小型家具和多种工艺品。沙棘木材热值高、可樵采量大、萌蘖力强，是很好的薪炭材树种。沙棘木材热值平均为 2 037 kJ/kg，成熟期樵采量可达 $10\sim30$ t/hm²，1.3 t 沙棘薪材的热值相当于 1.0 t 原煤。

二、沙棘的地理分布和栽培历史

（一）地理分布

我国沙棘属植物资源丰富，素有"沙棘王国"之称，沙棘分布范围十分广泛，东起大兴安岭的西南端，西至天山山麓，南抵喜马拉雅山南坡，北到阿尔泰山的广大地区，跨东经 $70°32'\sim121°45'$、北纬 $27°44'\sim48°35'$。集中分布在青藏高原、黄土高原及新疆维吾尔自治区，遍及西北、华北、西南、东北 20 余个省份。

沙棘是中国境内分布面积最大、数量最多的沙棘属植物，是我国主要的沙棘种类。海拔 $500\sim3\,900$ m 的地段均有分布，天然分布区主要集中在西藏自治区、四川省、青海省、甘肃省、宁夏回族自治区、内蒙古自治区、陕西省、山西省和河北省等地，覆盖了青藏高原边缘地区、横断山区、黄土高原地区，横跨半湿润区、半干旱区和干旱区等气候带。沙棘多野生于河漫滩、河谷阶地、洪积扇、丘陵河谷以及草原边缘和丘间低地，在针、阔叶林内成为下木，在一些山麓地带也常组成优势灌丛或小乔林。沙棘的生长环境多为河滩灌丛、河谷杂木林、干涸河床、山坡灌丛等，在青藏高原边缘地区，多生于峡谷溪流的两岸、林缘、亚高山草甸，在黄土高原地区则多生于河漫滩、河谷阶地、干河道、山坡等地。一般呈现团块状单优势种连片分布，或与其他灌木林、落叶乔木林混杂生长（廉永善等，1992）。

（二）利用与栽培历史

中国是沙棘资源利用最早的国家，8世纪下半叶，藏医学家宇妥·元丹贡布（708—833）所著《四部医典》就有关于沙棘药用的大量记载。13世纪以后，随着《四部医典》的传播，沙棘开始在蒙医中应用。清代道光年间，蒙古族学者罗桑却佩所著的《藏医学选编》中，进一步记载沙棘的药性及在临床上的应用效果，更明确地确认了沙棘对胃、肝、脾、肠的治疗作用。沙棘药用价值的深入研究，推动了沙棘产业的发展。

早在20世纪40年代，中国天水水土保持试验站就开始了沙棘栽培试验，取得了重要成果。20世纪50年代，该站进行了沙棘育苗造林试验。与此同时，在辽宁西部、山西北部等地区，也进行了相当规模的沙棘水土保持林、防风固沙林的营建工作。20世纪80年代，对沙棘开展了多方位的、系统的研究与开发，随后，沙棘种植业也有了较大的发展，特别是在黄河上、中游地区，在水土保持林和"三北"防护林的营造上，都把沙棘作为重要的造林树种。目前，内蒙古鄂尔多斯、辽宁建平、甘肃镇原、陕西吴起、内蒙古敖汉、山西右玉等，都有相当规模的沙棘人工林。黑龙江孙吴、新疆乌苏也建立了兼顾生态效益的大面积沙棘经济林。20世纪70～80年代，我国各地先后建成多种生产沙棘系列产品的工厂150余家，产品达200余种，年产量15万 t，年产值达1亿多元（刘洪章等，1995）。

据粗略统计，20世纪90年代初期，沙棘面积达120万 hm^2，占全国沙棘资源总面积的80％左右。20世纪90年代及21世纪初，沙棘面积又有较大发展。目前我国沙棘资源总面积达150万 hm^2 以上，占世界沙棘总面积的90％以上，资源量增加较多的为内蒙古、山西、陕西、青海、新疆、黑龙江等。

第二节　沙棘的形态特征和生物学特性

一、形态特征

（一）枝条与枝刺

沙棘枝条的颜色有灰绿色、灰色、褐色和银白色。调查资料表明，同一种沙棘会产生许多不同的枝色。沙棘的枝刺是枝条的变态。对野生沙棘的研究表明，长期沿河生长的沙棘群落枝刺较少，甚至达到完全无刺，而在较干旱的环境中，枝刺明显增多。据中国林业科学研究院黄铨在甘肃兴隆山、山西关帝山及河北丰宁等地调查，沙棘枝刺数量为0～50

个/m，刺长 0.5～6 cm。

（二）叶

沙棘叶片一般以对生或近对生为主。沙棘叶有披针形、倒披针形、狭条形等多种形态，有时数种不同形态的叶片存在于同一植株上。叶长 2～7.5 cm，稀 10 cm，叶宽 0.3～1.2 cm。沙棘叶柄及叶面上被表皮毛，毛的颜色有白色、锈色等，沙棘个体间叶片被毛现象差异很大。

（三）花

沙棘花小，雌雄异株，为典型的风媒传粉树种。短总状花序，雌株上的花序轴常脱落。雌花花序瘦小扁平状，下部为 2～3 个圆形或长圆形的褐色肉质鳞片，其中有时可见退化的雌蕊，向上鳞片较长，每花序通常有 2～8 朵小花，柱头细长捻状，子房长圆形，花柄很短，花小、淡黄色。雄花花序为多枝短柱状，长 6 mm 左右，小花 4～10 朵，开花时暗褐色，内有对称的 4 枚雄蕊，花丝极短（图 30-1）。

（四）果实

沙棘果实为浆果，由外果皮、中果皮和内果皮构成。沙棘外果皮为干软骨状膜，中果皮是隐头花序多汁肉部分，由具较大细胞间隙的大薄壁细胞构成。果形有圆形、扁圆、长圆形，稀为卵形，果实径长 4.0～10.0 mm，鲜果百粒重 6.0～60.0 g，果实颜色有黄色、橘黄色、黄绿色和红色等。

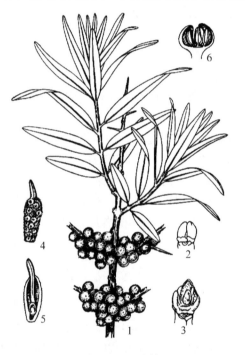

图 30-1 沙棘
1. 果枝 2. 冬芽 3. 花芽 4. 雄花
5. 雌花纵剖 6. 雄花纵剖
（张士琦描《中国主要树种造林技术》）

（五）种子

沙棘果实为核果，具骨质核，种皮一般为黄褐色、褐色或黑色。廉永善等（1996）将沙棘属植物分为无皮组和有皮组两大组。无皮组的主要特征是果皮与种皮离生，果实成熟后其果皮易脱离种皮。沙棘为无皮组，种子长度 2.5～7 mm，种宽变幅 1.5～4.5 mm，种子千粒重变幅 3.2～13.0 g。

（六）根系

沙棘主根不发达，侧根异常发达，具有侧向发展的水平根，在侧根上又发生多次分枝和大量毛根。

二、生物学特性

（一）生长与开花结实

1. 苗期生长　沙棘播种后 15～20 d 苗可出齐。待至 1 个月左右，即可长出 3～5 片真叶。5 月中旬至 6 月中旬，苗高一般 10 cm 左右，后期可长出 5～6 片真叶，到 7 月下旬，苗茎生长可至 15～20 cm。7 月下旬至 8 月中旬，苗木进入缓慢生长期，8 月下旬至 10 月上旬，高生长再度增快，到 10 月上旬，苗高一般可至 20～35 cm，地径可至 0.2～0.5 cm，以后逐渐停止生长。若水肥条件好，当年可高 40 cm 以上。

沙棘籽发芽时，主根系的胚根首先开始产生，当主根长 5～7 cm 时，在主根上分生出侧根，经过 1～2 个月，主根长度 14～20 cm。一级和二级根均匀分布在主根上，幼苗根瘤主要在一级侧根和主根上形成。第二年，实生苗的水平侧根强化发育，但主根的生长却受到某些限制。

2. 高、径生长　据在内蒙古、青海、甘肃、陕西等地的调查，青海东部黄土区沙棘的速生期为第三至六年，特别是第三、第四年的高生长极为迅速。之后树高的年生长量逐渐递减，一般到第九年或第十年，高生长极缓或停滞，树高 2.5～3.0 m；沙棘粗生长的高峰值为第三至四年。

3. 开花特征　沙棘为风媒花，花单性，雌雄异株。花芽在上一年生枝条上形成，花芽有混生芽、营养繁殖芽。一般一个叶腋有一个花芽，花芽在枝条上以螺旋状排列。雌花与雄花原基在芽鳞腋上发生，一般在 7 月下旬至 8 月上旬雄花花芽开始活动，雌花芽则晚数天活动。花苞形成以后，通常在 10 月初期花芽的形态即可形成。雄花芽比雌花芽大 2～3 倍。沙棘一般 3 月下旬花芽萌动，4 月初芽苞开始努起，雄株 4 月上中旬开花，雌株落后 2～4 d。

4. 果实形成　授粉以后，雌蕊停止发育，经过 3～4 h 后柱头上的花粉粒开始萌发。授粉后历时 7～10 d 进入受精，受精后的胚珠逐渐发育生长形成种子，而子房和隐头花序形成果实。沙棘从花到果实经 4～5 个月，一般在 9 月果实完全成熟。未成熟的沙棘果是硬的，鲜绿色，果实成熟期逐渐变为橙黄色、黄色、大红色等。成熟后的沙棘果形态多呈圆形，也有扁圆形、长圆形，大小一般为 5～7 mm。

（二）生态适应性

沙棘对气候和土壤的适应性很强。抗严寒、风沙，能耐干旱和高温。沙棘是生态分布广泛的植物，在生态环境比较恶劣的情况下具有独特的生存优势，在荒漠等地域的生态治理中具有很重要的价值。

沙棘对光辐射要求高，属于阳性树种，分布区光照条件为太阳总辐射数 460～628 kJ/cm²，最适值为 565 kJ/cm²，年日照时数 2 000～3 000 h。

沙棘系温性植物，≥5 ℃的年持续天数 200 d 以上，≥5 ℃的年积温 3 750 ℃可能为最适温度条件；夏季高温，即最热月平均温度＞25 ℃，则可能也是沙棘分布的限制因子之一。

在高原气候区和华北、西北地区，天然沙棘林集中分布于年降水量 400～700 mm 的区域内，降水量 500～600 mm 对沙棘的生长发育最有利。在这一区域范围内，沙棘较少受地形变化所导致的局部土壤水分的限制，分布广泛；降水量 350～400 mm 的地区也有少量分布；降水量不足 350 mm 的地区，天然沙棘的群落分布表现出明显的趋水性，常生长于沟谷洼地。沙棘对大气干旱表现出极大的忍耐性，在降水量仅 100 mm、干燥度大于 4 的新疆、甘肃肃北等地有土壤水或地下水供给的地方也有分布。在沙棘分布的西北边缘地区，低降水量便成了沙棘分布的限制因子。沙棘可在多种不同的土壤类型上生长，包括栗钙土、灰钙土、褐土、棕壤、暗棕壤、褐色针叶林土、高山灌丛草甸土和荒漠土，也适应不同质地的土壤，如在河滩、沙砾、风沙土、壤土、黏土中都有沙棘分布，表现出对土壤类型、质地的广泛适应性。但在水分较充沛，光照能满足的条件下，常以多砾石的沙土或壤土上沙棘生长发育最好。土壤结构较疏松、含氧量较高的壤土或沙土更适合种植沙棘；反之，可能会成为沙棘生长发育的限制因子。

第三节　沙棘属植物的起源、演化和分类

一、沙棘属植物的起源、演化

芬兰学者 Rousi（1971）和俄罗斯学者叶利谢耶夫等（1974）曾对沙棘属植物的起源做过一些研究和论述。特别是我国著名植物学家吴征镒全面研究了我国植物区系的地理成分和起源后，把沙棘属归为旧大陆温带分布区类型，并认为这一分布类型兼有地中海和中亚的植物区系特征，说明旧大陆温带和地中海—中亚植物区系有一个共同的起源，即古地中海沿岸。

廉永善等（1991）采用分类学中的同源性状分析法寻找原始种群，并结合沙棘属地理分布，按其生长环境做生态因子的最适量图分析，以及通过对比分析其果实中的维生素 C 含量，探索沙棘属植物的起源。沙棘属现有 6 种 11 亚种中的绝大多数类群（6 种 7 亚种）集中分布于喜马拉雅山及毗邻的青藏高原地区，而且类群分布区彼此重叠。喜马拉雅山及毗邻地区不仅是沙棘属植物的分布中心，还是沙棘属植物的类群分化中心和原始类群中心，因此认为沙棘属植物的起源地在东喜马拉雅山至横断山之间。沙棘和柳叶沙棘是沙棘属中最为原始的类群，而西藏沙棘是最为进化的种。

二、沙棘属植物种分类概况

（一）沙棘属植物形态特征

落叶直立灌木或小乔木，具刺；幼枝密被鳞片或星状茸毛，老枝灰黑色；冬芽小，褐色或锈色。单叶互生，对生或三叶轮生，线形或线状披针形，两端钝形，两面具鳞片或星状柔毛，成熟后上面通常无毛，无侧脉或不明显；叶柄极短，长 1～2 mm。单性花，雌雄异株；雌株花序轴发育成小枝或棘刺，雄株花序轴花后脱落；雄花先开放，生于早落苞片腋内，无花梗，花萼 2 裂，雄蕊 4 枚，2 枚与花萼裂片互生，2 枚与花萼裂片对生，花丝短，花药矩圆形，雌花单生叶腋，具短梗，花萼囊状，顶端 2 齿裂，子房上位，1 心皮，

1室，1胚珠，花柱短，微伸出花外，急尖。果实为坚果，为肉质化的萼管包围，核果状，近圆形或长矩圆形，长 5～12 mm；种子 1 粒，倒卵形或椭圆形，骨质。

（二）沙棘属植物种分类

沙棘属有 6 种 11 亚种，分布于亚洲和欧洲的温带地区。我国有 6 种 7 亚种，产于我国北部、西部和西南地区。

1. 沙棘属植物分类简史　沙棘属（*Hippophae*）系林奈于 1753 年以沙棘（*H. rhamnoides*）为模式建立的。Don 和 Vonschlechtendal 分别于 1825 年、1863 年发现了柳叶沙棘（*H. salicifolia*）和西藏沙棘（*H. thibetana*），但在分类上仍存在不少争议。直到 1971 年，芬兰著名的沙棘专家 Rousi 对本属作了详细研究，将该属分为柳叶沙棘、西藏沙棘、鼠李沙棘（*H. rhamnoides*）3 种。特别对鼠李沙棘进行了考证，将这个种分为 9 亚种，其中我国有 5 亚种：即沙棘（*H. rhamnoides* subsp. *sinensis*）、云南沙棘（*H. rhamnoides* subsp. *yunnanensis*）、蒙古沙棘（*H. rhamnoides* subsp. *mongolica*）、中亚沙棘（*H. rhamnoides* subsp. *turkestanica*）、江孜沙棘（*H. rhamnoides* subsp. *gyantsensis*）。

1978 年，中国学者刘尚武和何建农在对青藏高原植物的广泛调查过程中，又发现了新种肋果沙棘（*H. neurocarpa*）。1983 年出版的《中国植物志・第五十二卷第二分册》采纳了上述分类方案，共收录沙棘 4 种 5 亚种。1988 年廉永善以系统演化为背景，以形态特征为标志建立了该属植物新的分类方案，并在种级之上建立了无皮组（Sect. *Hippophae*）和有皮组（Sect. *Gyantsenses*）；并把江孜沙棘升级为独立种而置于有皮组之中；并先后发表了 1 个新种 3 个新亚种，即棱果沙棘（*H. goniocarpa*）、理塘沙棘（*H. goniocarpa* subsp. *litangensis*）、密毛棱果沙棘（*H. neurocarpa* subsp. *stellatopilosa*）和卧龙沙棘（*H. rhamnoides* subsp. *wolongensis*）。

廉永善等（2006）的新分类方案把沙棘属由原来的 4 种 9 亚种变为 6 种 11 亚种。种的顺序：①柳叶沙棘；②鼠李沙棘；③棱果沙棘；④江孜沙棘；⑤肋果沙棘；⑥西藏沙棘。柳叶沙棘、鼠李沙棘归为无皮组，其果皮与种皮相互分离，这个组是出现较早、比较原始的一群。有皮组包括江孜沙棘、肋果沙棘、棱果沙棘和西藏沙棘 4 种，果皮与种皮相互贴合，这个组是伴随着喜马拉雅山脉上升而出现的，是比较进化的一群。我国有沙棘属的 6 种 7 亚种，7 亚种是中国沙棘、云南沙棘、蒙古沙棘、中亚沙棘、理塘沙棘、密毛棱果沙棘和卧龙沙棘。至此，以形态为标志、以进化为背景的沙棘属内分类系统日臻完善。

2. 沙棘分类系统　廉永善等（2006）在《沙棘研究》中总结的沙棘分类系统：

（1）无皮组（Sect. *Hippophae*）　有柳叶沙棘（*H. salicifolia*）和鼠李沙棘（*H. rhamnoides*）2 种。鼠李沙棘分 9 亚种，为中国沙棘（subsp. *sinensis*）、云南沙棘（subsp. *yunnanensis*）、卧龙沙棘（subsp. *wolongensis*）、中亚沙棘（subsp. *turkestanica*）、蒙古沙棘（subsp. *mongolica*）、高加索沙棘（subsp. *caucasia*）、喀尔巴千山沙棘（subsp. *carpatltica*）、海滨沙棘（subsp. *rhamnoides*）、溪生沙棘（subsp. *fluviatilis*）。

（2）有皮组（Sect. *Gyantsenses*）　有 4 种 4 亚种。即棱果沙棘（*H. goniocarpa*），理塘沙棘（subsp. *litangensis*）、棱果沙棘（subsp. *goniocarpa*）；江孜沙棘（*H. gyantsensis*）；

肋果沙棘（*H. neurocarpa*），密毛肋果沙棘（subsp. *stellatopilosa*）、肋果沙棘（subsp. *neurocarpa*）；西藏沙棘（*H. thibetana*）。

中国沙棘属植物分布见表30-1。

表30-1 中国沙棘属植物资源及其分布

种 名	学 名	分 布
中国沙棘	*H. rhamnoides* subsp. *sinensis*	内蒙古、河北、山西、陕西、甘肃、宁夏、青海、新疆、四川、云南、贵州、西藏
中亚沙棘	*H. rhamnoides* subsp. *turkestanica*	新疆西部和甘肃西北部
蒙古沙棘	*H. rhamnoides* subsp. *mongolica*	新疆北部
云南沙棘	*H. rhamnoides* subsp. *yunnanensis*	云南西北部、四川西南部、西藏东部
卧龙沙棘	*H. rhamnoides* subsp. *wolongensis*	四川
江孜沙棘	*H. rhamnoides* subsp. *gyantsensis*	西藏雅鲁藏布江河
西藏沙棘	*H. thibetana*	青海、甘肃、西藏、四川
肋果沙棘	*H. neurocarpa*	青海、甘肃、四川和西藏
柳叶沙棘	*H. salicifolia*	西藏南部

《中国植物志》将沙棘属分为3种5亚种：即肋果沙棘、柳叶沙棘、西藏沙棘3种和沙棘、云南沙棘、中亚沙棘、蒙古沙棘和江孜沙棘5亚种，卧龙沙棘没有分出，并将中国沙棘改为沙棘。

第四节　沙棘种质资源

一、沙棘变异类型

沙棘的性状变异十分复杂。黄铨（2003，2006）根据沙棘天然分布区的果实等主要经济性状变异，在沙棘从西南向东北走向的天然分布区内，分为两个生态地理群。①干旱半干旱生态地理群：包括青海、甘肃，根据果型、果色等分为小黄绿苹、小黄苹、小橘黄苹、小橘红苹、小橘红梨、小红梨、黄梨、橘黄苹、橘红苹、橘红梨、红苹、红梨、大黄苹、大橘黄苹、大橘红苹、大红苹、大红梨17个种质资源类型；②半干旱半湿润地理群：包括陕西、山西、河北，分为小黄柿、小橘黄柿、小橘红柿、小黄杏、小橘黄杏、小橘红杏、黄柿、橘黄柿、橘红柿、橘红杏、橘黄枣、红柿、大橘黄柿、大橘红柿、长柄大橘红柿、大红柿、小紫红杏、双色柿19个种质资源类型。中国沙棘种下类型的清查和划分工作，已开始并取得了初步成果，依据分枝形式、果实大小、果实形状和果色等形态特征，甘肃、陕西、山西3省分别划分出25个、13个和10个新的种下类型（于倬德等，1993）。

根据沙棘果实颜色、大小、形状，内蒙古沙棘种质资源类型有26个，其中赤峰市克什克腾旗种质资源类型分布比较集中，有18个种质资源类型（内蒙古沙棘资源普查组，1990）。山西吕梁山中北段以岚县—关帝山为中心，太岳山以沁源县为中心的半湿润冷凉山地沙棘林分布集中连片，各种果实变异类型的群体呈斑块状镶嵌分布，沙棘果实丰产，而且果实变异类型十分丰富（田良才等，1989）。陕西延安以南关中以北的落叶阔叶林区，沙棘灌丛主要分布在乔木林的边缘或林中空地，形成乔、灌群落的镶嵌分布，常见几百公顷的大块群落，是沙棘分布的中心地区之一（陕西沙棘资源普查组，1990）。

二、沙棘果实形态变异

黄铨等在20世纪80年代在沙棘天然分布区选择5个有地理代表性的地方进行调查，总结了沙棘形态变异规律。沙棘果实颜色自西向东，橘黄色果的比率逐渐减少，橘红色和红色果的比率逐渐增加。黄色果于中部比率最小，向东、西两侧延伸逐步增加。橘黄色果在各地区均占优势。

沙棘果形指数自西南向东北逐渐增大，呈地理倾群变异趋势。但这种变异呈非连续变异，并分为两群：东峡林场与兴隆山自然保护区为一群，果形系数较小，即果形较扁；黄龙、关帝山、丰宁为一群，即果形较圆。群内变异小，而群体间差异显著。

东峡与兴隆山的果柄短，且变异系数较小；黄龙、关帝山、丰宁果柄较长，变异系数也较大，而且也呈地理倾群变异趋势。群内变异较小，而群体间差异显著。

东峡与兴隆山鲜果百粒重较小；黄龙、关帝山、丰宁鲜果百粒重较大。

三、沙棘地理变异与遗传多样性

沙棘的性状变异十分复杂，从青藏高原起，自分布区的西南部向东北部，红色果由无到少到较多，由小（果实扁圆）而大（圆和长圆），果柄长度由短变长，枝刺数由少变多。而且靠近西南部、接近青藏高原的种群性状分化程度小，而自西南向东北，性状分化程度越来越大。

周道姗等（2005）对中国林业科学研究院沙漠林业试验中心的沙棘种源圃的26个沙棘种源进行了ISSR分子标记遗传多样性研究，结果表明沙棘的基因分化系数（G_{st}）为0.212 7，即总遗传变异中有21.27%存在于群体间，78.73%的遗传变异存在于群体内。

四、优良种源、无性系

（一）优良种源

20世纪80年代中期，赵汉章、黄铨等系统开展了沙棘种源试验，采集甘肃天水、武山、秦安，青海化隆、大通，宁夏西吉，山西古县、右玉、岢岚，河北蔚县、涿鹿，内蒙古凉城、赤峰，西藏八一镇、墨竹工卡15个沙棘种源，新疆4个种源为对照，在全国11个省份设置13个试验点。根据苗期试验结果，把19个产地沙棘划分为4个种群：①西南部种群（西北地区）；②东北部种群（华北地区）；③新疆产区；④西藏产区。其中，地处天然分布区西南部的青海、宁夏、甘肃种源，在苗期和造林后3年间生长量上有明显优势。沙棘苗期生长量最大，从大到小依次为甘肃秦安、天水，青海化隆、大通，甘肃武山，山西古县，宁夏西吉。而且，不同产地的果实成熟期及果实大小存在明显的差异，果实成熟期与产地纬度、经度呈负相关；不同产地的沙棘果实，其生化成分存在明显的差异，维生素C、总酸含量与产地纬度呈明显负相关，总糖含量与产地纬度呈明显正相关（黄铨等，2006）。

（二）优良单株和无性系

我国在 20 世纪 80 年代有不少单位开展了沙棘优良单株选择工作，先后开展了 4 次沙棘选优大协作，在青海、甘肃、宁夏、陕西、山西、河北、内蒙古等地共选优良单株 368 株。为了实施优良单株保存，在全国建立了 8 处沙棘种质资源保存林，包括内蒙古磴口、东胜，辽宁阜新，陕西永寿，甘肃天水，青海西宁等地，其中磴口、阜新、永寿三试点有比较完备、配套的种质资源保存。现收集有国内外各种优良种质资源近 500 个编号，已建立沙棘种质资源数据库（赵汉章，1996）。

以沙棘种质资源为基础，在对优良单株选择评价的基础上，选出红霞、橘黄大果、橘黄丰产、无刺雄 4 个单性无性系。①红霞：原材料来源于河北省涿鹿县，选育地点为磴口，主干型灌木，生长势旺，果橘红色，果实密集，赏果期可达 3 个月，萌蘖力强。可在城郊用于护坡、护岸和观赏之用。②橘黄大果：简称"橘大"，原材料来源于河北省涿鹿县，选育地点为磴口，属橘黄果类，大果型。可作为经济林或观赏树栽培使用，树冠矮小，便于经营管理，可供无性系造林之用。③橘黄丰产：简称"橘丰"，原材料来源于河北省涿鹿县，选育地点为磴口，主干型灌木，果色橘黄，萌蘖力强。可为观赏或经济型品种，以无性系栽培利用。④无刺雄（革新 1 号）：原材料来自河北丰宁，选育地点辽宁阜新，为理想饲用材料。在新疆、甘肃、内蒙古、北京、辽宁等地试种，表现良好。

（三）沙棘新品种和引进的品种资源

以国外引进的蒙古沙棘种质资源为基础，通过实生选种和驯化措施选育出品种，包括辽阜 1 号、乌兰沙林、川秀、棕丘、白丘、龙江 1 号、龙江 2 号、龙江 3 号、壮圆黄、无刺丰、深秋红，以及无性系健雄 1 号、健雄 2 号、健雄 3 号；通过引进品种与沙棘各类型育种材料杂交而选育出品种，如华林 1 号、华林 2 号、天水 1 号等。从俄罗斯、蒙古国、加拿大、北欧国家引进的品种资源，主要有金色、巨人、橙色、浑金、阿图拉、优胜、丰产、楚伊、阿列依、卡图尼礼品、潘捷列耶夫、向阳、谢尔宾卡 1 号至谢尔宾卡 3 号、阿尔泰新闻、乌兰格木、芬兰 1 号、芬兰 2 号、加拿大 1 号至加拿大 4 号雄株（张建国，2006）。

第五节 沙棘野生近缘种的特征特性

一、肋果沙棘

学名 *Hippophae neurocarpa* S. W. Liu & T. N. He，别名黑刺（青海）。

落叶灌木或小乔木，高 0.6～5 m；幼枝黄褐色，密被银白色或淡褐色鳞片和星状柔毛，老枝变光滑，灰棕色，先端刺状，呈灰白色；冬芽紫褐色，小，卵圆形，被深褐色鳞片。叶互生，线形至线状披针形，长 2～6（8）cm，宽 1.5～5 mm，顶端急尖，基部楔形或近圆形，上面幼时密被银白色鳞片或灰绿色星状柔毛，后星状毛多脱落，蓝绿色，下面密被银白色鳞片和星状毛，呈灰白色，或混生褐色鳞片，而呈黄褐色。花序生于幼枝基部，簇生，花小，黄绿色，雌雄异株，先叶开放；雄花黄绿色，花萼 2 深裂，雄蕊 4 枚，

2枚与花萼裂片对生，2枚与花萼裂片互生，雌花花萼上部2浅裂，裂片近圆形，长约1 mm，具银白色与褐色鳞片，花柱圆柱形，褐色，稍弯，伸出花萼裂片外。果实为宿存的萼管所包围，圆柱形，弯曲，具5～7纵肋（通常6纵肋），长6～8（～9）mm，直径3～4 mm，成熟时褐色，肉质，密被银白色鳞片，果皮质薄，与种子易分离；种子圆柱形，长4～6 mm，黄褐色。

产于西藏、青海、四川、甘肃；生于海拔3 400～4 300 m的河谷、阶地、河漫滩，常形成灌木林，高海拔地区常作为燃料。果实做药用，酸、涩，温，活血化瘀，化痰宽胸。

二、柳叶沙棘

学名：*Hippophae salicifolia* D. Don。

落叶直立灌木或小乔木，高5 m；枝顶端具短刺，幼枝纤细，伸长，密被褐色鳞片和散生淡白色星状柔毛，老枝灰棕色。叶纸质，线状披针形或宽线状披针形，长45～80 mm，宽6～10 mm，顶端渐尖或钝形，基部钝形，上面深绿色，散生白色星状短柔毛，下面灰绿色，密被毡状灰绿色短柔毛，无鳞片，中脉在上面凹下，呈槽状，下面褐色，明显凸起，微被星状柔毛；叶柄褐色，长2 mm。果实圆形或近圆形，多汁，成熟时橙黄色，长8 mm，直径6 mm；果核阔椭圆形，长5.5 mm，直径3.2 mm；果梗长约1 mm。花期6月，果期10月。

产我国西藏南部（吉隆、错那），生于海拔2 800～3 500 m的高山峡谷山坡疏林中或林缘。尼泊尔、不丹等国家也有分布。本种为喜马拉雅山地区的特有植物。

三、西藏沙棘

学名 *Hippophae thibetana* Schl.。

矮小灌木，高4～60 cm，稀1 m；叶腋通常无棘刺。单叶，三叶轮生或对生，稀互生，线形或矩圆状线形，长10～25 mm，宽2～3.5 mm，两端钝形，边缘全缘不反卷，上面幼时疏生白色鳞片，成熟后脱落，暗绿色，下面灰白色，密被银白色和散生少数褐色细小鳞片。雌雄异株；雄花黄绿色，花萼2裂，雄蕊4枚，2枚与花萼裂片对生，2枚与花萼裂片互生；雌花淡绿色，花萼囊状，顶端2齿裂。果实成熟时黄褐色，多汁，阔椭圆形或近圆形，长8～12 mm，直径6～10 mm，顶端具6条放射状黑色条纹；果梗纤细，褐色，长1～2 mm。花期5～6月，果期9月。

产甘肃、青海、四川、西藏；生于海拔3 300～5 200 m的高原草地、河漫滩及岸边。由于适应干燥寒冷、风大的高原气候特点，一般植株矮小，分布在海拔5 000 m以上的高寒地区的植株，高仅7～8 cm。

本种果实较大，多汁，微酸而甜香，当地群众喜欢生食，可提取维生素A和维生素C，藏北群众还用以治肝炎。幼嫩枝叶和果实又是马和羊的饲料。

果实酸、涩，温，活血散瘀，化痰宽胸，滋补。

（林富荣）

参考文献

黑龙江省防护林研究所，2000. 中国沙棘 ［M］. 银川：宁夏人民教育出版社 .

黄铨，2003a. 中国沙棘的地理变异 ［J］. 沙棘，16（1）：8 - 13.

黄铨，2003b. 中国沙棘的性状变异与演化趋势 ［J］. 国际沙棘研究与开发，1（2）：6 - 12.

黄铨，于倬德，2006. 沙棘研究 ［M］. 北京：科学出版社 .

廉永善，陈学林，1992. 沙棘的生态地理分布及其植物地理学意义 ［J］. 植物分类学报，30（4）：349 - 355.

廉永善，陈学林，1996. 沙棘属植物的系统分类 ［J］. 沙棘，9（1）：1 - 9.

廉永善，陈学林，于倬德，等，1991. 沙棘属植物起源的研究 ［J］. 沙棘，10（2）：1 - 7.

刘洪章，郝瑞，文连奎，1995. 沙棘属植物种质资源研究进展 ［J］. 中国林副特产（2）：39 - 42.

陕西沙棘资源普查组，1990. 陕西境内中国沙棘灌丛的群落学特征 ［J］. 沙棘，3（4）：24 - 30.

田良才，王长弼，卢崇恩，等，1989. 山西省沙棘种质资源考察初报 ［J］. 沙棘，2（1）：5 - 9.

于倬德，敖复，廉永善，1993. 中国沙棘属植物的起源、分类、群落和资源 ［J］. 沙棘，6（1）：19 - 24.

张建国，2006. 大果沙棘优良品种引进及适应性研究 ［M］. 北京：科学出版社 .

赵汉章，1996. 中国沙棘遗传改良研究的进展 ［J］. 沙棘，9（3）：2 - 4.

周道姗，2005. 中国沙棘和云南沙棘的遗传多样性研究 ［D］. 北京：中国林业科学研究院 .

第三十一章

柽　　柳

柽柳属（*Tamarix* Linn.）属柽柳科（Tamaricaceae），绝大多数为落叶灌木或小乔木，全世界有 90 余种，分布广泛，从欧洲西部、地中海沿岸、非洲东北部到西亚、南亚、中亚至亚洲东部都有柽柳自然群落，主要生长在温带和亚热带的荒漠、半荒漠、草原及盐碱地带。我国约 18 种。柽柳属植物作为干旱区、半干旱区的大面积沙荒地和盐碱化土地上广泛分布的一类重要灌木植物，具有重要的开发利用价值，现已成为我国沙漠及盐碱地治理的重要造林树种。

第一节　柽柳的利用价值与生产概况

一、柽柳的利用价值

（一）防风固沙、盐碱地治理

柽柳属植物阻沙能力强，植株被沙埋后，被埋枝条上很快就生出不定根，萌发更多新枝，阻挡风沙。柽柳属植物是典型的泌盐植物，叶子和嫩枝可以将吸收于植物体内的盐分排出，具有很强的抗盐碱能力，能在含盐碱 0.5%～1% 的盐碱地上生长，是盐碱地治理的优良树种。柽柳属植物适合防风、固沙和盐碱荒地造林，是营造薪炭林、水土保持林的树种。由于它有低矮的树冠，也可做海岸防护林。

（二）环境治理与园林观赏

柽柳属植物是抗大气污染性强的树种，在一定浓度的大气二氧化硫、铅复合污染以及氯污染情况下，能够保持正常生长。在城市生态环境和绿化建设中，合理应用柽柳属植物，将在环境污染治理中发挥积极的作用（陈晓琴等，2006）。柽柳干红枝软，叶形新奇，叶纤如丝，花色美而花期长，适于栽植在盐碱地区的沟边、河滩和湖岸，也可在庭院种植，或在草坪和花坛上丛植。柽柳还适合做盆景，也可在盐碱地区公路路肩、路基，排水干支区两侧，厂矿企业及居民区广泛栽植（李秀江等，2006）。

（三）药用价值

柽柳是我国的传统药材，历代本草都有记载。据研究，柽柳属植物具有保肝、抗炎抗菌、解热镇痛等作用。如多枝柽柳幼枝含单宁 8%，可入药，据《哈医药》记载，对于感冒、风湿性腰痛、牙痛、扭伤、创口坏死、脾脏疾病等均有很好的疗效。柽柳属植物药理作用中抗炎抗菌作用可视为治疗麻疹和胶原酶抑制剂、化妆品的药理基础，对乙型肝炎也有一定的治疗作用，因此对其有效成分和药理作用的进一步研究，有可能寻找出治疗肝炎的新药（陈晓琴等，2006）。

（四）饲用价值

以柽柳为主组成的荒漠灌木林是平原地区重要的牧场。柽柳叶是一种优良的绿肥资源，嫩枝粗蛋白含量 9.9%～16.8%，粗脂肪含量 1.2%～3.2%，钙含量 1.83%～4.58%，可作为羊、驴、骆驼的饲料，在早春缓解干旱区饲料短缺方面具有重要意义。

（五）薪材及其他价值

柽柳属植物是重要的再生生物能源，柽柳叶富含蛋白质、脂肪和硫，易燃，1 t 柽柳薪材的发热量约等于 0.7 t 标准原煤的发热量。柽柳生长 3 年后可成为优质薪炭材，每公顷柽柳林可产 19.5 t 薪材，以后每年收获量可保持 7.5 t 左右。

多种柽柳属植物如塔克拉玛干柽柳是管花肉苁蓉的寄主，柽柳属植物也是良好的蜜源植物。多枝柽柳的 1 年生枝条可做编织用，2～3 年生枝可编糖，粗枝可用作农具、工具把柄，塔克拉玛干柽柳的茎秆也是制作各种工具把柄的优良材料。

二、柽柳属的天然分布与栽培区

（一）柽柳属植物的天然分布

中国柽柳属植物有 18 种 1 变种，约占世界种类的 20%，仅次于伊朗（35 种），居世界第二位（刘铭庭，1995）。主要分布于西北、内蒙古及华北，尤其在新疆广为分布（张鹏云等，1988）（表 31-1）。中国西部地区以种类丰富、分布面广（约 540 万 hm²）、生境多样而成为柽柳属植物物种多样性最丰富的地域之一。柽柳属植物大多数种类集中分布在西北各省份的荒漠和半荒漠区，其中以新疆、甘肃、内蒙古、青海和宁夏最多，分别占全国总数的 84%、74%、63%、58% 和 47%。从中国的西北部到东南部，形成种类多样性递减梯度。新疆柽柳的种类，北部主要受中亚成分影响大，南疆除受中亚成分影响外，尚有地中海成分和亚洲中部成分，故新疆南部种类较为丰富（尹林克，2002）。

（二）柽柳属植物栽培

柽柳适应性强，在华北至长江流域各个省份均有栽培，并且在一些寺庙和公园中有上百年的古木存在，柽柳在南方的引种已有很长的历史。广西桂林、南宁、北海合浦等地，皖南太平黄石村，合肥金寨等地，陕西秦岭地区，江西各地及云南等地均有栽培，北京各

表 31 - 1　我国柽柳属植物资源与分布

树　种	拉丁学名	分　　布
长穗柽柳	*Tamarix elongata*	内蒙古西部、宁夏北部、甘肃、青海、新疆
短穗柽柳	*Tamarix laxa*	陕西北部、内蒙古西部、宁夏北部、甘肃、青海、新疆
白花柽柳	*Tamarix androssowii*	内蒙古西部、宁夏、甘肃北部、新疆
翠枝柽柳	*Tamarix gracilis*	内蒙古、甘肃、青海、新疆
密花柽柳	*Tamarix arceuthoides*	甘肃、内蒙古、新疆
柽柳	*Tamarix chinensis*	河北、河南、山东、安徽、山西、天津、江苏北部、甘肃、陕西、青海、内蒙古
甘蒙柽柳	*Tamarix austromongolica*	东北西部、河北、河南、山西、陕西北部、内蒙古、宁夏、甘肃、青海
多花柽柳	*Tamarix hohenackeri*	内蒙古西部、宁夏北部、甘肃、青海、新疆
刚毛柽柳	*Tamarix hispida*	内蒙古西部、宁夏北部、甘肃河西、青海柴达木、新疆
多枝柽柳	*Tamarix ramosissima*	内蒙古西部、宁夏北部、甘肃河西、青海、新疆
细穗柽柳	*Tamarix leptostachys*	内蒙古西部、宁夏北部、甘肃河西、青海柴达木、新疆
沙生柽柳	*Tamarix taklamakanensis*	新疆、甘肃
盐地柽柳	*Tamarix karelinii*	内蒙古西部、甘肃河西、青海、新疆
亚非柽柳	*Tamarix aphylla*	原产非洲、西亚。我国台湾栽培

公园、庭院也常见种植。柽柳生长迅速，适应性强，能在沙地、盐碱地良好生长，在我国大力发展农田防沙及大面积沙荒治理中，群众普遍用来造林，效果很好，其人工林面积在不断增加，"三北"防护林和一些沿海防护林中都有柽柳的应用，而现在最大的柽柳人工林在黄河三角洲地区，成为这一地区重要的生态屏障。柽柳灌丛在干旱、半干旱荒漠的盐碱沙地上是一种优势生态经济资源，经营天然林，发展人工林，近年来已取得良好效果。

第二节　柽柳属植物的形态特征和生物学特性

一、形态特征

（一）根系

柽柳为深根性灌木，主根发达并且向下直伸，具有深扎的直根和水平发展极广的侧根。主根深 1.5～2.0 m，侧根横展 1.0～1.5 m。主根、侧根、毛根共同组成相互交错的根系网，具有非常大的吸水面积，保证地上部分充足的水分供应。

（二）枝条

柽柳属植物有两种枝条：一种是木质化的长枝，一种是自木质化生长枝上发出的绿色营养小枝。柽柳（*T. chinensis*）的先年生枝条和较老的枝条树皮均为暗紫红色，亦称赤柽木。甘蒙柽柳 2 年生枝和较老枝的皮色与柽柳相似，故亦称其为紫红柳。多枝柽柳当年生枝多为红色，有"红柳"之称。短穗柽柳、长穗柽柳等枝皮均不发红，且很快变为粗糙呈灰黑色，群众统称为"沙红柽"。盐地柽柳枝及较老树干的皮多呈赭红色（即红色带黄）。白花柽柳当年生枝淡绿色带红晕，直立挺出，2 年生枝和老枝暗绛红色而常有光泽。多花柽柳和多枝柽柳等枝干较密。翠枝柽柳的 2 年生枝灰色或淡红黄色，通常在叶腋上方有发亮的乳脂色木栓质斑点。刚毛柽柳的幼枝及叶均密生直立短硬毛，枝暗褐红色。

（三）叶片

柽柳属植物的叶草质，小而呈鳞片状，无柄，主要形状有 5 种：有的基部狭窄，少数具耳，有的贴生，有的抱茎，个别抱茎呈鞘状或假鞘状。叶紧抱嫩枝而呈鞘状的，我国仅有沙生柽柳 1 种。长穗柽柳和刚毛柽柳的叶均较大而具耳，后者叶呈阔心状卵形，下延；下者叶较大，心状披针形，半抱茎，短下延，且冬芽多单生，大而圆，呈淡赭石色。多枝柽柳为一多型的种，变异较大，但绿枝上的叶通常为卵圆形，先端急尖，略向内倾，几抱茎，下延。细穗柽柳绿枝上的叶呈卵状披针形，急尖。甘蒙柽柳的叶粉蓝绿色，嫩枝上的叶矩圆形或矩圆状披针形，渐尖而外倾，柽柳的叶鳞绿色，上部绿枝上的叶卵状披针形，先端渐尖面内弯，基部变狭。

（四）花

柽柳属的花 4 出或 5 出。春季开花的种，除多花柽柳、中国柽柳和密花柽柳外，花均为 4 数；但二、三次开花的所有各种柽柳的花均为 5 数，花瓣有卵形、椭圆形、倒卵形 3 个主要类型。我国产的柽柳均为两性，没有单性的。花药形状呈尖端钝、尖或有小尖头。短穗柽柳的花药是赭石色，而多花柽柳和长穗柽柳的花药则是玫瑰色的，白花柽柳的花药则为黄色或淡黄色，密花柽柳的特点是花药的颜色变异很大。

（五）果实与种子

蒴果的形状和大小因种而异。我国产的柽柳中以翠枝柽柳和沙生柽柳的果实最大，长 7 mm，其次为短穗柽柳，长穗柽柳的蒴果也可长至 6 mm，密花柽柳和细穗柽柳的果实最小，白花柽柳的果实也小。蒴果的质地也各不相同，翠枝柽柳的果皮常是薄纸质的，发亮；短穗柽柳的果皮则是草质的。大多数柽柳成熟的蒴果呈草黄色，长穗柽柳、短穗柽柳和密花柽柳的果实颜色变化很大。

二、生物学特性

（一）物候期

多年物候观测资料表明，在吐鲁番栽培条件下各种柽柳的萌动期都在 2 月上旬至 4 月上旬。萌动较早的种有长穗柽柳、短穗柽柳、柽柳、异花柽柳、多花柽柳、多枝柽柳和山川柽柳，萌动较晚的种有沙生柽柳、细穗柽柳和短毛柽柳；8 月下旬同化枝开始变色，10 月中旬停止生长，同化枝陆续开始脱落。

（二）生长规律

根据柽柳不同种在吐鲁番人工栽培条件下的植株生长表现，可将柽柳属植物划分成下列几个类型：高生长量较小的低矮灌木，如短穗柽柳和刚毛柽柳；高生长量较大的大灌木，有甘肃柽柳、多花柽柳、多枝柽柳、紫干柽柳和白花柽柳；其余为中等灌木，如短毛柽柳、细穗柽柳、甘蒙柽柳、沙生柽柳、长穗柽柳、柽柳、异花柽柳（尹林克，2002）。

（三）开花和结实

柽柳属的花序型和开花习性有两类，一类是春季总状花序侧生在前一年的老枝上，称为"春花型"，另一类是夏季总状花序顶生在当年生枝上集成圆锥花序，称为"夏花型"。大多数柽柳科植物均有每年开花2～3次的现象，既在春季开花，又在夏秋季开花。

对新疆荒漠地区的密花柽柳开花物候、传粉及结实特性观测发现，密花柽柳一年有2个独立的花期——春花期和夏花期；春花期于4月下旬现蕾，4月底开花，5月上旬结束，春花花期短，仅为11 d，为集中开花模式；夏花期从6月4日夏花进入始花期，整个夏花期相对较长，可持续开花至8月上旬，花期长，为69 d，但每天开花数量比春花期少，为持续开花模式。自然状况下春花期的结实率高于夏花期，春花期和夏花期果实的成熟期短，分别为12 d和7 d，能够快速产生种子，形成持续开花和持续散布种子的格局（严成等，2011）。

三、生态适应性

柽柳分布多深入内陆少雨干燥、风多而强、蒸发剧烈、盐碱重的地区。分布区年均气温1～12 ℃，1月平均气温−20～−7 ℃，7月平均气温25～30 ℃，耐极端最低气温−40 ℃，也能耐极端最高气温47 ℃。年降水量150 mm左右，甚至几十毫米以至十几毫米。

柽柳抗旱性因种而异。沙生柽柳的抗旱性最强，短毛柽柳最弱。在荒漠地区的河岸边或非河岸的暂时性积水地段，柽柳种子萌发和幼苗发生与立地水分条件形成了一种动态的适应关系，在这种以水为主导的异质生境中完成其幼年期的生命过程。成龄的植株能忍受极端的干旱环境（尹林克，2002）。

柽柳属植物是一类耐盐性强的植物，生长发育中的泌盐作用和落叶过程在土壤盐分运动中具有重要的生态学作用。柽柳在中度盐土、重盐土、碱土及龟裂土中生长良好，但有的种类不适宜在碱土基质上生长。柽柳属植物在种子萌发和幼苗期也有一定的耐盐性，在自然生境中，0～30 cm土层中的总盐量为0.15%～0.99%时，多枝柽柳的种子可以正常萌发，形成大片幼苗。因此，0～30 cm土层总盐量低于1%的沙荒地，均可作为柽柳育苗圃地。水培试验结果也表明，甘肃柽柳和长穗柽柳耐盐性最好，而多花柽柳、山川柽柳和多枝柽柳的耐盐性最差。柽柳属植物对土壤要求不严格，但生长在河岸、湖边、地下水位2～4 m的生境，弱度盐化的沙质土或壤土上的最好。

第三节　柽柳属植物的起源、演化和分类

一、柽柳属植物的起源、演化

柽柳科是一个古老的科，起源于第三纪，包括亚洲中部在内的"古地中海"沿岸地区，现分布于欧洲、亚洲、非洲。Comquist（1981）认为柽柳属是典型的旧世界温带分布型属，地中海至中亚为其分布中心，推测柽柳属植物起源于古地中海沿岸，是在古地中海面积逐渐缩小、亚洲广大中心地区逐渐旱化的过程中发生和发展的。古地中海植物区在早第三纪时，尤其是柽柳发生的始新世，热带成分占很大比重（王荷生，1992），因而推断柽柳属起源于早第三纪古地中海沿岸的山谷中。

张道远（2003）研究认为柽柳植物可能的迁徙路线如下：首先，原始的柽柳类群由伊朗—吐兰区起源地扩散到印度大陆，并随着古地中海的退缩，向伊朗方向侵移，即从最初的起源中心向西北方向至柽柳属植物的现代分布中心散布，随后，以伊朗为中心，一支向西至地中海地区，即次级分布中心扩散，并向欧洲西部方向及非洲西北扩散，另一支向南非、非洲西南迁徙；同时，由伊朗—吐兰盆地向东，即中亚地区及部分东亚地区扩散，并以塔里木盆地为次级中心继续向东，直至我国内蒙古阿拉善，以及日本、朝鲜等地区。

二、柽柳属植物种之间的亲缘关系

根据柽柳生长习性、植物形态、解剖结构、花粉特征以及种子微形态特征等性状进行分支分类研究认为，柽柳属植物种可得到 4 个小的姊妹类群分支，它们是多枝柽柳（*T. ramosissima*）—多花柽柳（*T. hohenackeri*），柽柳（*T. chinensis*）—甘蒙柽柳（*T. austromongolica*），刚毛柽柳（*T. hispida*）—盐地柽柳（*T. karelinii*），沙生柽柳（*T. taklamakanensis*）—莎车柽柳（*T. sachuensis*），说明这 4 对类群的亲缘关系较为紧密（张道远，2004）。

三、柽柳属植物种分类概况

柽柳属属柽柳科，是林奈 1753 年建立的。在系统演化研究中，柽柳属至今尚未有一个完善的属内系统，Gorschkova（1949）认为世界柽柳属 90 余种，分为 2 亚属 2 组 15 系。Baum（1978）将柽柳属种数定为 54 种，归并为 3 组 9 系；根据花和花序大小、雄蕊数目及花盘情况将柽柳属分为组Ⅰ Sect. *Tamarix*（柽柳组）、组Ⅱ Sect. *Oligadenia*（寡雄蕊组）、组Ⅲ Sect. *Polyadenia*（多雄蕊组）。张鹏云等（1989）对中国柽柳属植物进行系统研究，将种数定为 18 种 1 变种，包括 5 个新种，然而，未涉及属下分类。

张道远（2004）根据柽柳生长习性、植物形态、解剖结构、花粉特征以及种子微形态特征等性状进行分支分类研究，将国产柽柳属 16 种植物分为 4 个分支，分别属于 Baum（1978）所划分的组Ⅰ及组Ⅱ中不同的系，从一个侧面说明基于经典分类所划分的组是比较自然的，同意 Baum 的属下分类系统。

《中国树木志》记载，柽柳属植物全世界约 90 种，分布于亚洲、非洲、欧洲。我国约 18 种。但分种检索表中为 14 种。

第四节　柽柳种质资源与遗传多样性

一、柽柳种质资源与引种栽培

在新疆、青海、甘肃、宁夏、内蒙古（西部）等省份开展了柽柳种质资源的调查收集工作。1972 年，中国科学院新疆生物土壤沙漠研究所吐鲁番治沙站成立，至 1985 年共引栽柽柳属植物 15 种。吐鲁番沙漠植物园有柽柳专类园，面积 2 hm²，至 2005 年共收集保存 17 种柽柳。1983 年，中国科学院新疆生物土壤沙漠研究所在南疆和田建立了策勒治沙站，至 1988 年年底引种成活柽柳属植物 16 种。西北地区生长的柽柳种类被引种到山东、河北、辽宁、黑龙江等地栽植，其适应性和生长表现不尽一致。乔来秋等（2004）于1998 年春从新疆吐鲁番引进了 13 种柽柳，在山东省东营市林业局中心苗圃、胜利油田七分厂和河口区太平乡分别建立了柽柳引种试验测定林 3 片，面积共计 2.7 hm²。通过 6 年的育苗和造林试验，各种柽柳的保存率和生长量出现明显差异，细穗柽柳、短穗柽柳、塔克拉玛干柽柳、盐地柽柳和紫干柽柳 5 种柽柳造林后第二年即全部死亡，这些种类的柽柳在当地不能存活和正常生长，引种不成功；甘肃柽柳、白花柽柳、长穗柽柳、密花柽柳、多枝柽柳和刚毛柽柳 6 种柽柳的存活率为 10.0%～33.3%，生长量较差，需要进一步驯化。多花柽柳和甘蒙柽柳 2 种柽柳的存活率为 65%～80%，说明这 2 种柽柳在黄河三角洲滨海盐碱地区存活率较高，并能正常生长发育，可作为引种成功的柽柳种类进行推广应用。杨太新等（2005）于 2004 年引进 8 种柽柳，在河北农业大学吴桥试验站开展引种试验，结果表明，在河北省（吴桥）盐碱地区特定的土壤类型和气候条件下，柽柳插穗成活率最高，平均为 81.7%，其次为甘肃柽柳和甘蒙柽柳，成活率分别为 68.6% 和 65.1%，长穗柽柳、直干柽柳和多花柽柳的成活率均低于 10%。

二、柽柳遗传多样性

王霞等（2002）在吐鲁番植物园对甘肃柽柳、多枝柽柳、柽柳、短穗柽柳、刚毛柽柳、密花柽柳、甘蒙柽柳和短毛柽柳 8 种柽柳植物在土壤水分胁迫条件下，对柽柳超氧化物歧化酶（SOD）、过氧化物酶（POD）的活性进行了研究，发现中国柽柳、多枝柽柳、甘肃柽柳 SOD 活性显著高于其余 5 种柽柳，短毛柽柳和甘肃柽柳 POD 显著高于其余 6 种柽柳，8 种柽柳在干旱胁迫条件下 SOD、POD 活性变化的差异表明柽柳的抗旱性存在种间差异。

张娟等（2003）运用 RAPD 分子标记技术分析了广布于新疆境内的 9 个刚毛柽柳（*T. hispida*）天然居群的遗传多样性及居群间的遗传分化。10 条随机引物检测到 157 个可重复的位点，其中多态性位点 155 个，占总位点数的 98.17%。由 Shannon's 信息指数和 Nei's 基因多样性指数估计居群间遗传分化百分比分别为 62.5% 和 55.30%，表明刚毛柽柳种内的遗传变异主要存在于居群间。

赵景奎（2006）利用 RAPD 分子标记技术对山东黄河三角洲 3 个柽柳（*T. chinensis*）群体遗传多样性进行了研究，柽柳物种水平上 Nei's 基因多样性指数（*h*）为 0.406 1，Shannon's 信息指数（*I*）为 0.591 7，表明柽柳物种内存在较高的遗传多样性。

李锐（2007）开发了柽柳的 SSR 引物并对 6 个柽柳（*T. chinensis*）的天然群体进行了群体遗传结构研究，结果表明参试的 6 个群体的 Nei's 基因多样性指数（*h*）平均为 0.456，6 个柽柳群体的遗传分化较小，平均 8.04％的遗传变异存在群体间，91.96％的遗传变异存在于群体内。

张如华（2010）利用 SSR 分子标记研究了山东、浙江、辽宁、内蒙古 10 个柽柳（*T. chinensis*）群体遗传变异，结果表明，10 个群体中共扩增出 70 个等位基因，每个位点平均扩增出等位基因（*A*）4.375 0 个，平均有效等位基因数（*Ne*）为 2.758 0 个，平均期望杂合度（*He*）为 0.591 6，Nei's 基因多样性指数（*h*）为 0.590 6，Shannon's 信息指数（*I*）平均为 1.068 9，柽柳具有较高的遗传多样性。柽柳遗传变异主要存在于群体内，群体间遗传分化系数较低，仅有 5％左右的变异存在于群体间。

三、柽柳的优良种源、品种及无性系

（一）优良种源

李鹏（2006）以江苏连云港，山东烟台、潍坊、寿光、垦利、滨州，山西太原，宁夏六盘山，天津塘沽，贵州贵阳 10 个柽柳（*T. chinensis*）种源扦插苗苗高为依据进行了优良种源选择，其中江苏连云港、山东垦利、天津塘沽 3 个种源生长情况表现极为显著，1 年生扦插苗苗高生长量分别大于 10 个种源整体平均水平的 19.3％、13.9％、13.8％。因此，初步认为江苏连云港、山东垦利、天津塘沽为柽柳优良种源。

（二）品种

山东省东营市林业局自 1997 年起，利用黄河三角洲丰富的天然柽柳（*T. chinensis*）林资源，开始了柽柳属植物引种和选育工作。选出东柽 1 号、东柽 2 号两个优良无性系，具有耐盐碱、生长快、干性强、枝繁叶茂、生长期长、花量少、绿化美化效果好等特点（陈纪香等，2006）。

早花柽柳（*Tamarix* sp. cv. 'Zaohua'）是从柽柳天然群体中选出的优良品种，具有一季花，开花早，花期集中，花朵大，密集，色艳，生长旺盛，分枝多而柔，叶密，其叶枝和分枝区别明显，叶枝冬天脱落等特点。2007 年由宁夏林木品种审定委员会认定为"林木良种"，良种编号为宁 R - SV - TZ - 003 - 2007（刘永军等，2011）。

（三）无性系

李鹏（2006）从 10 个柽柳（*T. chinensis*）种源 2 647 株扦插苗中，根据花序数目、花序大小、花期、花色、生长量以及冠型等指标，最终选出优良单株 17 株，其中花的性状和生长都突出的 6 株（LYG - 1、DY - 1、TY - 1、TY - 3、GY - 1、YT - 2）；分枝多、冠幅大的灌丛型两株（TJ - 1、SH - G - 1）；纯白花色 3 株（TY - 2、YT - 1、NX - 2）；淡红花色两株（GY - 2、NX - 1），苗高和地径极显著的 4 株（LYG - 2、LYG - 3、DY - 2、TJ - 2）。

第五节　柽柳及其野生近缘种的特征特性

一、柽柳

学名 *Tamarix chinensis* Lour.，别名三春柳（《陕西通志》）、红筋条（河南）、观音柳（南京）。

（一）形态特征

小乔木，高 8 m，胸径 30 cm；树皮红褐色至灰褐色。枝细长，常下垂，红紫色或暗紫红色，有光泽。叶钻形或卵状披针形，长 1～3 m，背面有脊，先端内弯。春花为总状花序，生于去年生小枝上；夏秋花为总状花序，生于新枝上部，组成顶生圆锥花序，常下弯；花梗长 3～4 mm；花基数 5；萼片卵形；花瓣卵状椭圆形。蒴果圆锥形，长约 3.5 mm。花期 4～9 月（图 31-1）。

（二）生物学特性

喜光，不耐庇荫。对大气干旱、高温及低温均有较强的适应性。对土壤要求不严，耐旱、耐水湿。耐盐碱，叶能分泌盐分。插穗在含盐量 0.5% 的盐碱地上能正常出苗，带根苗木在含盐量 0.8% 的盐碱地上能正常生长，大树在含盐量 1% 的重盐碱地上生长良好，有降低土壤含盐量的效能。生长较快，寿命较长。深根性，根系发达。萌蘖性强，耐沙埋。

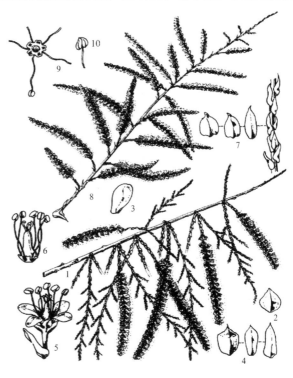

图 31-1　柽柳
1. 花枝　2. 萼片　3. 花瓣　4. 苞片　5. 花　6. 雄蕊和雌蕊
7. 叶　8. 花枝　9. 花盘　10. 花药
（引自《中国树木志·第三卷》）

（三）分布概况

柽柳分布于辽宁南部、海河流域、黄河中下游、淮河流域各地；生于河流冲积平原、河漫滩、盐碱地、沙荒地、沿海滩地。东北、华南、西南各地均有栽培。集中分布于华北各省份如河北、河南、山东、安徽、山西、天津以及渤海湾地区，华东地区江苏北部沿海滩涂也有分布，在西北半干旱地区如甘肃、陕西、青海、内蒙古等省份的南部也有一定的分布。由于多在河岸形成优势灌丛，所以在这些地区主要沿一些河流分布，包括黄河及其支流如洮河、渭河、洛河、无定河、汾河、沁河等，形成了华北至西北柽柳最集中的带状分布地区。

（四）利用价值

萌条坚韧有弹性，可编制筐篮等。木材坚重致密，可制农具、工具柄等，也可做薪炭材。茎皮含鞣质，可提制栲胶。幼嫩枝叶可做解热利尿药，治关节风湿症。也可栽培供观赏。

二、多枝柽柳

学名 *Tamarix ramosissima* Ledeb.，别名红柳（新疆、甘肃）、西河柳（甘肃）。

（一）形态特征

小乔木或成灌木状，高 6 m。枝条细，红棕色。营养枝上的叶卵圆形或三角状心形，长 2～5 mm，先端稍内倾。总状花序长 1～5 cm，组成顶生圆锥花序；苞片卵状披针形；花基数 5；萼片卵形；花瓣倒卵形，淡红色或紫红色，靠合，宿存；花柱 3 枚。蒴果三棱锥形，长 3～5 mm。花期 5～9 月。

（二）生物学特性

多枝柽柳喜光，抗干旱，耐高温，在极端最高温 47.6 ℃，降水量 20 mm，蒸发量 3 000 mm 以上的地区仍能利用地下水正常生长；抗寒能力强，在极端最低温－44 ℃时无冻害；耐盐碱能力尤为突出，在土壤总含盐量达 1.4% 时生长良好，当土壤总含盐量达 2%～3% 时仍能顽强生长；耐沙埋，当流沙埋没枝条后，枝条生出不定根，新梢还能长出地面；耐水湿，在低洼水湿的盐碱地也能正常生长。多枝柽柳为我国西北荒漠地区优良的固沙造林先锋树种。

（三）分布概况

产于内蒙古西部、宁夏北部、甘肃河西、青海柴达木、新疆。蒙古国、俄罗斯、伊朗、阿富汗也有分布。多枝柽柳灌丛广泛分布于塔里木盆地和准噶尔盆地，向东经河西走廊至阿拉善地区，南达柴达木盆地；适生于河漫滩、低阶地和扇缘地下水溢出带，在地下水位深 2～3 m 处生长最好。多枝柽柳在沙漠边缘的古河床或地下水位较浅的地段，随沙埋而继续生长，形成高 10 m 以上的"红柳包"。

（四）利用价值

幼嫩枝叶供羊、驴、骆驼饲料。柽柳沙包内含大量枯枝落叶，为沙区重要肥源。材质坚重，含水分极少，发火力旺盛，为沙区优质薪炭材。枝叶可供药用，有解毒、祛风、利尿等效，主治感冒发烧、荨麻疹、风湿性腰腿痛、扭伤等。其根部寄生的肉苁蓉，也是名贵中药。树干可制工具。枝条可编筐，也可栽培供观赏。

三、长穗柽柳

学名 *Tamarix elongata* Ledeb.。

长穗柽柳为小乔木或灌木状，高 4 m。小枝粗短。营养小枝淡黄绿微灰蓝色，叶心状披针形；木质化生长枝上的叶披针形、条状披针形，长 4～9 mm，宽 1～3 mm，先端尖，基部宽心形。总状花序春季侧生于去年枝上，长 6～15（25）cm，总花梗长 1～2 cm；花基数 4；萼片卵形，长约 2 mm；花瓣卵状椭圆形，粉红色，张开；无花柱，柱头 3 枚。蒴果卵状披针形，长 4～6 mm。花期 4～5 月。

产于内蒙古西部、宁夏北部、甘肃（河西）、青海（柴达木）、新疆；生于荒漠河谷、冲积淤积平原高盐渍化阶地。有短期洪水漫灌的地段，长穗柽柳混生于多枝柽柳灌丛中，为次建群种。嫩枝为羊、骆驼和驴的饲料。

四、短穗柽柳

学名 *Tamarix laxa* Willd. 。

短穗柽柳为灌木，高 3 m。老枝灰色，小枝短而脆。叶黄绿色，披针形或卵状菱形，长 1～2 mm，宽约 0.5 mm，先端尖。总状花序侧生去年枝上，长 1～4（7）cm，总花梗长 1～3 mm；春季花基数 4，夏秋花基数 5；萼片卵形，果时外弯，花瓣粉红色，花后脱落；花盘肉质，暗红色。果圆锥形，长 4～5 mm。花期 4～5 月。

产于陕西北部、内蒙古西部、宁夏北部、甘肃（河西）、青海（柴达木）、新疆。蒙古国、俄罗斯、伊朗也有分布。塔克拉玛干沙漠边缘，古尔班通古特沙漠南缘，伊犁地区塔克尔莫乎尔沙漠东缘，民勤、中卫沙漠及柴达木西南沙漠边缘均有多枝柽柳沙包，俗称"红柳包"，短穗柽柳和其他柽柳、梭梭等为主要伴生灌木。短穗柽柳为荒漠冲积平原、盐碱沙地优良固沙造林树种，也是羊、骆驼早春的饲料。

五、白花柽柳

学名 *Tamarix androssowii* Litw.，别名紫干柽柳。

小乔木或灌木状，高 5 m。绿色营养枝上的叶卵形，长 1～2 mm，先端尖。总状花序单生或 2～3 簇生，长 2～3（5）cm，总花梗长 0.5～1 cm；花基数 4；萼片 0.7～1 mm；花瓣白色或淡绿白色，倒卵形，长 1～1.5 mm，靠合，宿存。果窄圆锥形，长 4～5 mm。花期 4～5 月。

产于内蒙古西部、宁夏（中卫）、甘肃北部、新疆（塔里木盆地）；多生于荒漠河流冲积平原、沙地、流动沙丘上，混生于胡杨林中。蒙古国、俄罗斯也有分布。

白花柽柳速生，耐沙埋沙压，为优良固沙造林树种。树干通直，材质坚硬，可做农具柄。嫩枝叶供羊及骆驼饲料。

六、翠枝柽柳

学名 *Tamarix gracilis* Willd. 。

翠枝柽柳为灌木，高 4 m。枝粗短，老枝被淡黄色木栓质皮孔。叶披针形，淡黄绿色，长约 4 mm。春季花序长 1～4（5）cm，花基数 4；夏季花序长 2～5（7）cm，花 5 基数；花瓣粉红色或淡紫红色，椭圆形或倒卵状长圆形，长 1.7～3 mm，张开外弯，花后脱落；花丝基部宽；花柱 3（4）。果长 4～7 mm。

产于内蒙古（西部）、甘肃（河西）、青海（柴达木）、新疆。蒙古国、俄罗斯也有分布。翠枝柽柳为荒漠、盐渍滩地、沙地优良固沙造林树种。花期长，花较大而美丽，可栽培供观赏。

七、密花柽柳

学名 *Tamarix arceuthoides* Bunge。

密花柽柳为小乔木或成灌木状，高 5 m。小枝红紫色。营养枝上的叶鲜绿色，卵形、卵状披针形或近三角状，长 1～2 mm；生长枝上的叶长卵形。总状花序长 3～6（9）cm；花瓣倒卵圆形或椭圆形，开展，粉红色、紫红色或白色，早落；花盘 5（10）裂，紫红色；花丝细长；花柱 3。果长约 3 mm，径 0.7 mm。花期 5～9 月，6 月最盛。

产于甘肃（祁连山）、内蒙古、新疆（天山）；生于河边沙砾质戈壁滩、沙砾质河床。蒙古国、俄罗斯、伊朗、阿富汗、巴基斯坦也有分布。可做西北荒漠山区、沙砾质戈壁滩固沙造林树种。枝叶为牲畜优良饲料。花期长，花色艳丽，可栽培供观赏。

八、多花柽柳

学名 *Tamarix hohenackeri* Bunge。

多花柽柳为小乔木或成灌木状，高 6 m。营养枝上的叶条状披针形或卵状披针形，长 2～3.5 mm，内弯。春季开花，总状花序侧生于去年枝上，长 1.5～9 cm，簇生，稀单生；夏季开花，总状花序集生新枝枝端，成圆锥花序。蒴果长 4～5 mm。花期 5～6 月上旬。

产于内蒙古西部、宁夏北部、甘肃（河西）、青海（柴达木）、新疆；生于荒漠地带河岸林中，河湖沿岸沙地，轻度盐渍化冲积、淤积平原。多花柽柳为西北荒漠地带优良固沙造林树种，树干可做农具柄，枝条可编筐。花期长，花色艳丽，可栽培供观赏。

（李文英）

参考文献

陈纪香，荀守华，徐代凌，2006. 柽柳新品种耐盐能力试验研究［J］. 山东林业科技（2）：16 - 17.

陈晓琴，王婷，汪建红，2006. 新疆柽柳属植物的价值及开发利用建议［J］. 新疆师范大学学报（自然科学版），25（3）：100 - 102.

李鹏，2006. 中国柽柳（*Tamarix chinensis* Lour.）种质资源收集及繁育利用技术研究［D］. 南京：南京林业大学.

李秀江，刘宇鹏，李惠卓，等，2006，河北省柽柳资源现状及其开发利用［J］. 河北林果研究，21（2）：147 - 148.

刘铭庭，1995. 柽柳属植物综合研究及大面积推广应用［M］. 兰州：兰州大学出版社.

乔来秋，王玉祥，荀守华，等，2004. 柽柳引种试验研究［J］. 山东林业科技（6）：18 - 20.

王荷生，1992. 植物区系地理［M］. 北京：科学出版社.

王霞，侯平，尹林克，等，2002. 土壤水分胁迫对柽柳体膜保护酶及膜脂过氧化的影响 [J]. 干旱区研究，19（3）：17-20.

严成，魏岩，王磊，2011. 密花柽柳的两季开花结实及其生态意义 [J]. 干旱区研究，28（2）：335-340.

杨太新，郭玉海，王华磊，2005. 不同柽柳种引种试验初报 [J]. 中国种业（2）：34-35.

尹林克，2002. 柽柳属植物的生态适应性与引种 [J]. 干旱区研究，19（3）：12-16.

张道远，2004. 中国柽柳属植物的分支分类研究 [J]. 云南植物研究，26（3）：275-282.

张道远，潘伯荣，尹林克，2003. 柽柳科柽柳属的植物地理研究 [J]. 云南植物研究，25（4）：415-427.

张娟，尹林克，张道远，2003. 刚毛柽柳天然居群遗传多样性初探 [J]. 植物分类与资源学报，25（5）：557-562.

张鹏云，刘铭庭，1988. 中国柽柳属研究简史 [J]. 干旱区研究，5（3）：20-26.

张鹏云，张耀甲，刘名廷，1989. 柽柳属植物的分类特征 [J]. 干旱区研究（8）：1-9.

张如华，2010. 柽柳群体遗传变异研究 [D]. 南京：南京林业大学.

赵景奎，2006. 黄河三角洲柽柳群体遗传多样性的研究 [D]. 南京：南京林业大学.

《中国树木志》编辑委员会，1997. 中国树木志：第三卷 [M]. 北京：中国林业出版社.

下 篇

其他栽培树种

第三十二章

用 材 林 树 种

第一节　铁 刀 木

　　铁刀木（*Cassia siamea* Lam.）为苏木科（Caesalpiniaceae）铁刀木属（*Cassia* L.）乔木。铁刀木原产印度南部，引入我国栽培时间已久，在云南南部栽培已有数百年的历史（潘志刚等，1994）。在云南南部地区生长快，萌芽力极强；木材耐腐、抗虫，在国外系名贵用材和乐器材，也是少数可在我国生产的红木类珍贵用材树种，木材的商品名为鸡翅木。长期以来铁刀木是云南西双版纳、滇西等傣族居住地的主要薪材和用材树种。

一、铁刀木的利用价值

　　铁刀木的木材为散孔材，纹理交错，结构细，木材含水率 12% 时，气干密度大于 0.80 g/cm³，基本密度为 0.586 g/cm³，材质中等至坚重。木纤维胞壁厚，分隔的木纤维存在。木材耐腐，抗虫，较硬重。边材黄白色至白色，一般厚 3～7 cm，略宽；心材栗褐色至黑褐色，弦面上有鸡翅花纹。心材特别是髓心坚实耐腐，耐水湿，不受虫蛀及白蚁危害，经久耐用，适于制房柱、桥梁、车辆、地板、弦乐器、高级家具、船舶骨架及舵杆、车工制品、工具柄及室内装修、雕刻等。在印度、马来西亚为名贵的室内装修材，用于高级家具和美术工艺。

　　铁刀木常绿，叶茂花美。开花期长，抗烟性、抗风性均好，少有病虫害，可作为观赏用行道树和重要防护林树种。其树皮含鞣质 4%～9%，果荚含鞣质 6%，可作为鞣料植物，树枝上偶尔可找到天然紫胶。

二、铁刀木的形态特征

　　常绿乔木，高 10～20 m，胸径 40～50 cm；树皮灰色或黑褐色，近光滑，稍纵裂，小块状脱落，具横行皮孔；当年枝绿色，隔年枝褐色，嫩枝有棱条，疏被短柔毛，具白色皮孔。偶数羽状复叶，叶长 9～30 cm。总状花序生于枝条顶端的叶腋，并排成伞房花序状；花大，直径 2.5 cm，黄色；花瓣 5 枚，阔倒卵形，长 14 mm。荚果扁平，长 15～30 cm，宽 1～1.5 cm，边缘加厚，被柔毛，熟时带紫褐色；种子 10～29 粒，扁平，深咖啡色，有光泽，长 1 cm，宽 0.5 cm 左右。花期 7～11 月，果期 12 月至翌年 4 月（图 32-1）。

三、铁刀木的生物学特性

铁刀木为喜热树种，有霜冻地区不能生长。在热带地区年平均气温 21～24 ℃，极端低温 2.1～7.4 ℃ 生长最为适宜。在南亚热带南区年平均气温高于 19.5 ℃，极端低温 0 ℃，≥10 ℃ 积温 7 500 ℃ 以上也能生长正常。在南亚热带北区年平均气温 16.6～22.3 ℃，极端低温 -1.5 ℃，有霜冻则不能正常生长；如在云南思茅，海拔高度 1 319 m，年平均温度 17.5 ℃，积温 6 390 ℃，最冷月气温 11.1 ℃，极端低温 -3.4 ℃，铁刀木长成落叶的灌木状。

铁刀木喜光，但幼树也耐一定庇荫；喜欢湿润肥沃石灰性及中性冲积土壤，忌积水，在干燥贫瘠土壤上也能生长。分布区的土壤类型有砖红性红壤、黄色砖红壤性土等；要求土层深厚、肥沃、排水良好的环境，在冲积沙壤与坡积土中生长良好。以平坝、丘陵、山腹、村寨附近、路边等习见栽培。

图 32-1 铁刀木
1. 花枝 2. 花 3. 苞片 4. 花瓣
5、6. 雄蕊 7. 退化雄蕊 8. 雌蕊 9. 果
（引自《中国树木志·第二卷》）

铁刀木生长快速，1 年生苗高 1.6～3.0 m，地径 0.95～3.5 cm。5 年生树高 5～8 m，胸径 8～12.5 cm。10 年生树高 7～13 m，胸径 12～22 cm。15 年生树高 10～14 m，胸径 28～31 cm。20 年生树高 17～18 m，胸径 37 cm 左右。50 年生树高可至 20 m，胸径可至 100 cm。在正常状态下，铁刀木年平均生长量胸径为 1.24～22.65 cm，高生长为 0.6～1.5 m。在湿润肥沃土壤上，胸径年平均生长量可至 2.6 cm，高生长量为 1.3 m；在干燥瘠薄土壤上，年平均胸径生长量 1.2 cm，高生长量 0.6 m 左右。

铁刀木萌芽力极强，可经营薪炭林，头木作业，每 3～5 年采薪一次，连续利用数十年而不衰。云南当地群众利用这一生物学特性，连续经营薪炭材达百年以上，甚者长达 400 年。

四、铁刀木的分布概况

铁刀木原产印度南部以及缅甸、泰国、越南、老挝、柬埔寨、斯里兰卡、菲律宾等热带国家和地区，在干旱季风地区均有分布，年降水量 600～900 mm，海拔 600 m 以下，生于混交干旱林中，在潮湿排水良好的地方生长迅速，在瘠薄土壤上生长不良，现在全世界热带地区广为种植。我国除云南有野生外，南方各省份均有栽培。云南芒市、盈江、景洪、勐腊、河口、镇源、景谷均有栽培，即在东经 98°～102°、北纬 21°9′～25°44′，垂直

分布最高可达海拔 1 300 m；在分布区海拔 1 100 m 以下能够正常生长，以海拔 600～900 m
比较普遍，生长较好。广东广州，海南儋州、万宁、三亚，以及台湾、广西和福建南部地
区均有栽培。

（郭文福）

第二节　降香黄檀

降香黄檀（*Dalbergia odorifera* T. Chen）属蝶形花科（Fabaceae）黄檀属（*Dalbergia*），
全世界 100 多种。黄檀属植物是重要的经济用材，是红木的重要来源植物。黄檀属植物分
布于非洲、亚洲及美洲的热带、亚热带地区。我国有 28 种 1 变种。本属一些种类为优良
用材树种及紫胶虫寄主树，有些种供药用与观赏。降香黄檀是我国的珍贵树种，不仅用材
价值高，也有很高的工业原料与药用价值。

一、降香黄檀的利用价值与生产概况

（一）降香黄檀的利用价值

1. 用材价值　降香黄檀心材红褐色，木材色泽美丽，材质坚硬，纹理致密，有香味，
干燥后不变形，不开裂，耐腐蚀，可用于制作上等家具、乐器、雕刻和工艺品。

2. 工业原料　降香黄檀提取液可作为大豆蛋白复合纤维的染料，产生黄色和棕色效
果（贾维妮等，2011）。降香黄檀中的多种抗氧化物质可作为天然抗氧化剂，防止油脂及
含油食物的氧化变质（姜爱莉等，2004）。其籽油不仅含有丰富的天然抗氧化物质和亚油
酸，可用于营养保健，还对紫外波段的光具有很强的吸收作用，可用于防晒（郑联合等，
2011）。

3. 药用价值　降香黄檀的根部和干部心材为中药材降香，可用于镇痛、止血、降血
压（中国科学院中国植物志编辑委员会，1994）和治疗白癜风（吴可克等，2003）。降香
黄檀与丹参（*Salvia miltiorrhiza*）一起混合使用可抗心绞痛。

降香黄檀根、茎和叶含有多种药用成分，具有很大的药用开发潜力。降香黄檀水提液
可促进血管再生，有望用于治疗缺血性心脏病（Wang et al.，2004）；降香黄檀的乙醇提
取液的氯仿层提取物具有抗氧化活性（Choi et al.，2003）；降香所含的 6,4'-dihydroxy-
7-methoxyflavanone 具有治疗压力和神经发炎引发的神经变性疾病的潜力（Li et al.，
2012）；降香黄檀所含的倍半萜烯物质具有抗血小板作用（Tao et al.，2010），所含的
formononetin、daidzein 和 genistein 可抑制 α-葡萄糖苷酶，用于治疗糖尿病（Choi et
al.，2009），所含的 isoliquiritigenin、（S）-4-methoxydalbergione 等具有抗炎作用
（Chan et al.，1998；Lee et al.，2009），所含的 medicarpin、2-hydroxy-3,4-dime-
thoxybenzaldehyde 等具有抑制癌细胞增殖的作用（Choi et al.，2009），所含的 8 个类黄
酮物质具有保护谷氨酸盐导致的氧化伤害（An et al.，2008），所含的（±）-medicarpin
等对螺壳状丝囊霉（*Aphanomyces cochlioides*）游动孢子具有抑制游动和驱避作用。

4. 绿化价值　降香黄檀树冠伞形，枝叶繁茂，具有较强的抗风、遮阴、吸尘和降噪能力，是园林绿化的优良树种。其根部有固氮菌，落叶量大，利于改良土壤。同时也适于岩溶地区造林，能飞籽成林，是岩溶山地植被恢复的好树种。

（二）开发潜力

降香黄檀心材药用和香用的基础是其所含的物质成分，迄今探明其心材（降香）含有驴食草酚、美迪紫檀素、柚皮素、山姜素、北美圣草素、甘草素、芒柄花素和 β-谷甾醇等（Chan et al.，1997；Chan et al.，1998；Tao et al.，2010；姜爱莉等，2004；郭晓玲等，2005；郭丽冰等，2008；陈丽霞等，2011）。降香黄檀籽油中含有较多的生育酚、多酚、β-胡萝卜素、亚油酸和油酸（郑联合等，2011）。降香黄檀叶挥发油含有 21 种成分，其中主要成分有 2-甲氧基-4-乙烯基苯酚、n-棕榈酸和苯酚（毕和平等，2004）。这些丰富的内含物，均具有药用功效，为以后药物开发提供了基础。

（三）黄檀属植物的分布区和引种栽培概况

降香黄檀原生长于北热带海南岛，现已从北热带引种到南亚热带地区。20 世纪 80 年代广东、广西、福建等地开始引种；广西马山、凭祥、合浦以及福建漳州的云霄、漳浦、龙海、华安和莆田等地也引种成功并进行了大面积栽培。生长特性和适应性调查表明，降香黄檀具有较强的适应性和速生性，但温度、海拔和坡向是影响其生长的限制因子，其中温度是主要限制因子，它能抵抗 -3～5 ℃的低温，适宜的有效积温在 7 000 ℃以上。降香黄檀在自然状态下生长缓慢，植后 10 年仅有药用价值，植后 20 年心材直径可至 12～15 cm，种植 30 年以上方可成材。

二、降香黄檀的形态特征、生物学特性

（一）形态特征

降香黄檀乔木，高 20 m，胸径 80 cm；树皮黄灰色，粗糙。小枝近无毛。小叶 9～13，卵形、椭圆形或宽卵形，长 4～7 cm，先端钝尖，基部圆形或宽楔形，小叶柄长 4～5 mm。复聚伞花序腋生，长 8～10 cm，花梗长约 1 mm；萼齿宽卵形，下部 1 枚齿裂较长，披针形；花冠淡黄色或白色，雄蕊 9枚，单体。果舌状长椭圆形，长 4.5～8 cm，宽 1.5～1.8 cm，基部稍被毛，子房柄长0.5～1 cm。花期 3～5 月，果期 10～12 月（图 32-2）。

图 32-2　降香黄檀
1. 花枝　2. 花　3. 果
（引自《中国树木志·第二卷》）

（二）生物学特性

降香黄檀常生于山脊、陡坡、岩石裸露干旱瘠薄的地方。喜光，幼苗、幼树在全光照下生长旺盛，在庇荫下，长势较差。天然林木生长较慢，在干旱瘠薄立地，23 年生树高 10.9 m，胸径 12.6 cm；在较肥沃湿润土壤上，32 年生树高 16.7 m，胸径 22.1 cm。人工林生长迅速，霸王岭海拔 200 m 沙壤土上，16 年生平均高 12.4 m，平均胸径 17 cm；在广州，9 年生优势树，高 5.8 m，胸径 9.2 cm，少数 40~50 年生树木高 16 m，胸径 45 cm。树冠稀疏，散生木干稍弯曲，林木树干较通直。萌芽性强，可萌芽更新。孤立木 5 年生左右开花结果，林木 8~10 年生结果。

降香黄檀展叶期 3~4 月，开花期 3~5 月，花期 30~60 d，12 月下旬开始落叶，翌年 2 月上旬至 3 月中下旬为无叶期，3 月下旬至 4 月中旬芽萌动和抽新梢，5~10 月径围迅速增长，并抽出多条新梢，11~12 月径围增长变慢。

降香黄檀可通过有性繁殖，以及扦插、嫁接和组培等无性繁殖方式培育（朱靖杰，2005；杨曾奖等，2011）。有性繁殖的种子宜采自 15 年生以上的健壮母树。扦插苗 8 个月高可至 70~80 cm，地径 1.3 cm，可出圃造林（《中国树木志》编辑委员会，1985）。嫁接苗可用 1 年生实生苗做砧木，接穗为优树外围当年生枝条，在秋末至初春时节进行"互"字形嫁接可取得较好的效果（杨曾奖等，2011）。

（三）地理分布

分布于海南岛白沙、东方、昌江、乐东、三亚，在海拔 600 m 以下有小片纯林；广州、广西南宁、福建厦门等地栽培，生长良好。

三、黄檀属植物的起源与系统分类

（一）起源

20 世纪 70 年代末在河南吴城新生代古近纪晚始新世地层中发现与含羞草叶黄檀（*D. mimosoides*）相似的黄檀属植物化石（刘永安等，1978）。21 世纪初，在云南元谋盆地（虎跳滩土林、湾堡土林和新华土林）的新生代新近纪晚中新世地层中发现黄檀属植物（程业明，2004）在云南临沧新生代新近纪晚中新世地层中发现黄檀属两种荚果化石（*Dalbergia* cf. *mecsekense*，*D.* sp. 1 以及一种叶片化石 *D.* sp. 2）（贾高文等，2013）。结合上述化石证据和豆科植物分子谱系的研究资料，贾高文等（2013）推测黄檀属可能起源于新生代古近纪晚古新世的非洲大陆，跨洋流进入北美后通过大西洋陆桥进入欧洲，另一路线是随洋流进入印度板块后伴随着印度板块的漂移进入中国的海南岛，最终散布到亚洲的热带、亚热带地区。

（二）属内关系

黄檀属植物分布于亚洲、非洲和美洲。亚洲黄檀属植物 RAPD 聚类分析表明，*D. latifolia*、*D. sissoides*、*D. horrida* 和 *D. melanoxylon* 归为 A 组，而 *D. lanceolaria*、

D. paniculata、*D. volubilis*、*D. rubiginosa*、*D. malabarica* 和 *D. sissoo* 归为 B 组，分别对应 *Sissoa* 组和 *Dalbergia* 组。*D. paniculata* 与 *D. lanceolaria* 非常接近，因此 *D. paniculata* 可认为是 *D. lanceolaria* 的亚种。先前认为 *D. sissoides* 与 *D. latifolia* 有明显区别，应为 *D. latifolia* 的一个变种，然而 RAPD 数据支持两者为独立的 2 个种（Hiremath et al.，2004）。

20 世纪 70 年代巴西对美洲黄檀属植物研究表明，黄檀属可分为泛热带系和巴西系（De Oliveira，1971）。20 世纪末又将巴西黄檀属分为 5 组（De Carvalho，1997）。对巴西红木（*D. nigra*）叶绿体 DNA 的 *trnV - trnM* 和 *trnL* 序列研究表明，巴西红木具有较强的遗传结构，根据纬度可分为 3 个植物地理群。大西洋森林的中部气候变化的重复发生以及森林的扩张和收缩可能导致重复的分隔事件，从而导致这些群体的遗传分化。根据大保护区和同植物地理群小而受扰的片段化的对比，发现人为作用对遗传多样性也有影响（Ribeiro et al.，2011）。

（三）属间关系

黄檀属属于蝶形花科黄檀族。叶绿体 DNA 内含子 *trnL* 和核糖体 ITS/5.8S 区数据表明单系属黄檀属 *Dalbergia* 是 *Aeschynomene* 属 *Ochopodium* 组和 *Machaerium* 属的姐妹属，*Aeschynomene* 属 *Aeschynomene* 组与 *Bryaspsis* 属和 *Soemmeringia* 属呈并列关系，它们与 *Dalbergia - Machaerium - Ochopodium* 群是姐妹群。*Aeschynomene* 是截然不同的属，基部具托叶的种（即 Sect. *Ochopodium*）可能应单列为一个属。*Ochopodium* 的种一般具有节荚的果实形态，与具不开裂翅果的 *Machaerium* 相反。黄檀属的 Sect. *Triptolemea* 和 Sect. *Ecastaphyllum* 组均为单系。传统 *Machaerium* 属以下的分类与分子分组结果并不一致（Ribeiro et al.，2007）。

四、降香黄檀近缘野生种的特征特性

（一）印度黄檀

学名 *Dalbergia sissoo* DC.，别名印度檀。

1. 形态特征　成年植株为乔木；树皮灰色，粗糙。分枝多，平展。幼枝被短柔毛。羽状复叶长 12～15 cm；托叶披针形，早落；小叶 3～5。圆锥花序近伞房状，腋生，短，长约 7 cm；小苞片与花序轴被柔毛。花具梗；苞片披针形，早落。花萼筒状，长 6～7 mm，被两片大、阔卵形、极早落的小苞片包围，外侧被柔毛，萼齿 5。荚果线状长圆形至带状，长 4～8 cm，宽 6～12 mm；有种子 1～2（～3）粒。种子肾形，扁平。花期 3～4 月，果期 6～11 月（中国科学院中国植物志编辑委员会，1994）。

2. 地理分布　原产印度、尼泊尔、巴基斯坦和不丹，广泛栽培于热带地区。我国福建、广东、海南、台湾、浙江、云南（石雷等，2010a）有栽培。

3. 生物学特性　印度黄檀根系发达，冠幅小，树高可达 30 m，胸径可达 2.4 m，速生、耐旱、耐瘠薄（石雷等，2010a），适应干旱和石山地区生长；不耐水和盐碱，在水边及盐碱地生长不良甚至死亡。根部容易形成根瘤（Qadri et al.，2002）。印度黄檀花期持续 2 个月，其中高峰期持续 1 周。花后 210 d 时种子大量成熟，种子生理成熟为花后 240 d，此时荚果和种子呈淡褐色，发芽率最高而含水量最低（Joshi et al.，2008）。花期、花药开裂、柱头授粉性和传粉者具有共同的日变化特性。传粉动物有蜜蜂、甲虫、蝴蝶和蓟马。虽然花粉管可以很长，但自花授粉只有 6% 可产生果实，异花授粉则有 44% 可产生果实。

印度黄檀适于在年平均气温 20～27 ℃，极端最低气温 0 ℃ 以上，极端最高气温 43 ℃，年平均降水量 600 mm 以上的地区种植（石雷等，2010b）。印度黄檀可营造纯林，也可与其他农作物和树种间作或混种，还可进行矮林（头林）经营。印度黄檀目前主要依靠有性繁殖，但也可通过扦插、高空压条和组培等无性繁殖方式繁殖。

4. 利用价值　印度黄檀树冠开展，花芳香，植株可做庭园观赏树，可与茶树、玉米混作。植株生长适应性强，可吸收重金属和灰尘，可用于城市空气净化、治理煤矸和采石场废物污染、重金属含量高和石灰岩地区的绿化和土壤改良（Maiti，2007；Mukhopadhyay et al.，2011；Tiwarf，2006），甚至可用于防治风沙。木材燃烧值较高和经济效益较好，可作为薪炭林发展（Prasad et al.，2008）；叶子营养成分含量中等，可做饲料。印度黄檀改良红土的效果比较好（Mukhopadhyay et al.，2010），而对富钠土壤的改良效果不佳。印度黄檀油还可杀死蚊子幼虫，因此可以作为杀蚊剂。印度黄檀心材褐色，坚硬不易开裂，抗白蚁（Parihar，1997），是高级木材之一，宜做雕刻、细工、地板及家具用材。

（二）钝叶黄檀

学名 Dalbergia obtusifolia (Baker) Prain，别名牛肋巴、牛筋木。

1. 形态特征　乔木，高 13～17 m；分枝扩展。幼枝下垂，无毛。羽状复叶长 20～30 cm；托叶早落；小叶 5～7。圆锥花序顶生或腋生，长 15～20 cm，径 12～15 cm；花萼钟状，萼齿 5，卵形，较萼筒短，先端钝，最下 1 枚略长于其余 4 枚；花冠淡黄色，花瓣具稍长的柄。荚果长圆形至带状，长 4～8 cm，宽 1～1.5 cm；果瓣革质，对种子部分有明显网纹；有种子 1～2 粒。种子肾形，长约 10 mm，宽约 6 mm，种皮棕色，平滑。花期 3 月，果期 6～8 月（中国科学院中国植物志编辑委员会，1994）。

2. 生物学特性　产于云南思茅、临沧、保山、德宏、西双版纳、玉溪、红河海拔 500～1 600 m 山地。缅甸、老挝也有分布。喜光。在弃耕地、采伐迹地或空旷地天然更新良好，为先锋树种。喜暖热气候，不耐寒，在四川、广东荒地栽培，幼苗树枝、树干常受冻害。主根发达，耐干旱瘠薄。萌芽性强，经多次砍伐，仍能萌芽更新。5～7 年开始开花结实，大小年现象明显。1 年生苗高可至 40～60 cm，幼树生长迅速，每年高生长 1～2 m，直径生长约 2 cm。多实生繁殖，但也可以扦插繁殖。

3. 利用价值　为优良紫胶虫寄主树，对幼树进行整形和修剪，培育较多萌条，以利放养紫胶虫。有白皮型和黑皮型纯叶黄檀的分化，白皮型的产胶性能差（孙永玉等，2005）。

（三）黑黄檀

学名 Dalbergia fusca Pierre。

1. 形态特征 乔木；木材红色。枝条纤细，薄被伏贴茸毛，后渐脱落，具皮孔。羽状复叶长 10～15 cm；托叶早落；小叶 （7～）11～13 叶，革质，卵形或椭圆形。圆锥花序腋生或腋下位生，长 4～5 cm；分枝长 2～3 cm，被毛。花萼钟状，萼齿 5，上方 2 枚圆锥形。花冠白色，花瓣具长柄；旗瓣阔倒心形；翼瓣椭圆形。荚果长圆形至带状，长 6～10 cm，宽 9～15 mm，两端钝，果瓣薄革质，对种子部分有细网纹；有种子 1～2 粒。种子肾形，扁平，长约 10 mm，宽约 6 mm。花期 2 月，果期 4～9 月（中国科学院中国植物志编辑委员会，1994）。

2. 生物学特性 黑黄檀为强阳性树种，喜生于干热向阳、土壤贫瘠的生境中，分布地区主要为热带、南亚热带气候，分布于海拔 500～1 700 m 的山地季雨林、季风常绿阔叶林遭受破坏后出现的草丛和灌丛中，有时也混生于思茅松林内。黑黄檀种子萌发的适宜温度为 30 ℃，交替光照以及黑暗对种子萌发没有明显的影响。产云南（思茅）。越南、缅甸和老挝也有分布。

3. 利用价值 木材红色，坚硬致密，为家具和雕刻原料。也可作为紫胶虫寄主。

（四）海南黄檀

学名 *Dalbergia hainanensis* Merrill & Chun，别名海南檀、花梨公、花梨木。

乔木，高 9～16 m；树皮暗灰色，有槽纹。嫩枝略被短柔毛。羽状复叶长 15～18 cm；叶轴、叶柄被褐色短柔毛；小叶 （7～）9～11；小叶柄长 3～4 mm，被褐色短柔毛；叶片纸质，卵形或椭圆形，长 3～5.5 cm，宽 2～2.5 cm。圆锥花序腋生，花梗长 4～9 （～13） cm，径 4～10 cm，略被褐色短柔毛。花小，幼时近圆形；小苞片卵形至近圆形。花萼长约 5 mm，与花梗同被褐色短柔毛。萼齿 5，不相等。花冠粉红色，各瓣均具长 2～2.5 mm 瓣柄。荚果长圆形、倒披针形或带状，长 5～9 cm，宽 1.5～1.8 cm，直或稍弯，顶端急尖，基部楔形。果瓣被褐色短柔毛，对种子部分略凸起，有网纹；有种子 1 （或 2） 粒。种子肾形，扁平。花期 3～4 月，果期 5～7 月。

产于海南岛白沙、东方、保亭、陵水、三亚；生于海拔 200～500 m 的常绿阔叶林或半落叶季雨林中。

本种可作为行道树或庭园观赏树；木材料淡黄色，材质略疏松，无心材，也可为家具用材。海南黄檀作为民间草药用于治疗血瘀、局部缺血、肿胀、坏死和风湿性疼痛。

（五）黄檀

学名 *Dalbergia hupeana* Hance，别名白檀、檀木、檀树、望水檀、不知春。

1. 形态特征 乔木，高 10～20 m。树皮暗灰色。幼枝淡绿色，无毛。羽状复叶长 15～25 cm；小叶 7～11，近革质，椭圆形至长圆状椭圆形，长 3.5～6 cm，宽 2.5～4 cm。圆锥花序顶生或生于最上部的叶腋间，长 15～20 cm，径 10～20 cm，疏被锈色短柔毛；花长 6～7 mm。花冠白色或淡紫色；花瓣均具柄；旗瓣圆形，先端微缺。荚果长圆形或阔舌状，长 4～7 cm，宽 13～15 mm；有种子 1～2 （～3） 粒。种子肾形，长 7～14 mm，宽 5～9 mm。花期 5～7 月（中国科学院中国植物志编辑委员会，1994）。

2. 生物学特性 黄檀属阳性喜光树种，对土壤适应性强，在酸性、中性及石灰性土壤均能生长，能耐干旱瘠薄。生于山地林中或灌丛中，山沟溪旁及有小树林的坡地常见，海拔 800～1 400 m，可形成纯林。深根性，萌芽性强，伐根易萌发新条，可萌芽更新。

产山东、江苏、安徽、浙江、江西、福建、湖北、湖南、广东、广西、四川、贵州和云南。

3. 利用价值　木材黄色或白色，材质坚密，能耐强力冲撞，常用作车轴、榨油机轴心、枪托、各种工具柄等；根药用，可治疗疮。

（六）大金刚藤黄檀

学名 *Dalbergia dyeriana* Prain ex Harms。

大藤本。小枝纤细，无毛。羽状复叶长 7～13 cm；小叶（3～）4～7 对，薄革质，倒卵状长圆形或长圆形，长 2.5～4（～5）cm，宽 1～2（～2.5）cm。圆锥花序腋生，长 3～5 cm，径约 3 cm；总花梗、分枝与花梗均略被短柔毛，花梗长 1.5～3 mm；花冠黄白色，各瓣均具稍长的瓣柄，旗瓣长圆形，先端微缺，翼瓣倒卵状长圆形，无耳，龙骨瓣狭长圆形，内侧有短耳。荚果长圆形或带状，扁平，长 5～6（～9）cm，宽 1.2～2 cm，顶端圆、钝或急尖，有细尖头，基部楔形，具果颈，果瓣薄革质，干时淡褐色，对种子部分有细而清晰网纹；有种子 1（～2）粒。种子长圆状肾形，长约 1 cm，宽约 5 mm。花期 5 月（中国科学院中国植物志编辑委员会，1994）。

生于山坡灌丛或山谷密林中，海拔 700～1 500 m。产陕西、甘肃、浙江、湖北、四川、云南。

（尹光天　李荣生）

第三节　紫　　檀

紫檀（*Pterocarpus indicus* Willd.）为蝶形花科（Fabaceae）紫檀属（*Pterocarpus* Jacq.）树种，紫檀、檀香紫檀（*P. santalinus*）和马拉巴紫檀（*P. marsupium*），因过度采伐而被列入世界自然保护联盟（IUCN）濒危物种名录，其中紫檀更是被列入政府间签订的《濒危野生动植物种国际贸易公约》（CITES）附录 Ⅱ。紫檀是国际上珍贵的用材树种，在我国有 70 年的引种历史。

一、紫檀属植物的利用价值和生产概况

紫檀属植物的利用可追踪到史前人类。早在距今 5 600 年前的全新世铁器时代狩猎者或铁匠常用紫檀属的非洲紫檀（*P. soyauxii*）作为木炭使用。紫檀是国际木材市场的名贵木材。

（一）木材价值

紫檀木因木材硬度高、耐用和美观而为人所珍爱。紫檀木与花梨木亲缘较近，易于混淆，但均为我国红木家具重要原料，最适于用来制作家具和雕刻艺术品，紫檀木在我国明

清时代多为皇家用以制造桌椅和箱柜，在国际上也用于制作木琴键盘和吉他。

（二）景观价值

紫檀树冠钟形，枝条低垂，具有良好的遮阴效果和视觉美感，可为行人提供遮阴和美化居住小区环境，是优良的遮阴与庭园树种。目前紫檀已在海南省多个城乡道路和房前屋后广泛种植，并逐步扩展到广东省雷州半岛南部。

（三）其他用途

紫檀属枝叶蛋白质含量高，可作为旱季牛羊喂养的补充饲料。紫檀根瘤发达，具有固氮能力，生物量大，是水土保持与土壤改良的好材料。树皮可割取树脂，用于治疗泌尿系统疾病、结石病，也可作为高级油漆和香料的混合剂，花为蜜源。

（四）引种和栽培区域

紫檀在世界热带地区分布及引种较广泛。我国在 1949 年前就已引种，但数量仅为 1 种，云南、广东、海南均有少量栽培，生长良好。20 世纪下半叶逐渐增加，至今已引进 8 种，但目前仅成功引种 4 种。引种初期，只作为植物园或树木园的标本物种。目前广东、海南、云南等地已有小规模的紫檀属人工林，在广州与海南文昌的寺庙与学校内还有胸径 70～100 cm 的大树。海南三亚、陵水、万宁等地大力发展紫檀种植，蔚为壮观，主要种植于路旁、林旁、庭园及公园内。

二、紫檀的形态特征和生物学特性

（一）形态特征

紫檀为乔木，高达 30 m，胸径 1.5 m。叶为奇数羽状复叶；小叶互生；托叶小，脱落，无小托叶。花黄色，排成顶生或腋生的圆锥花序；花冠伸出萼外，花瓣有长柄，旗瓣圆形，子房有柄或无柄。荚果圆形，扁平，边缘有阔而硬的翅状物（图 32 - 3），宿存花柱向果颈下弯，通常有种子 1 粒。种子长圆形或近肾形，种脐小。

（二）生物学特性

紫檀为热带树种，喜暖热气候，耐干旱，不耐低温，幼苗 3～5 ℃即受冻害。2008 年海南低温阴雨天气温度降至 7～8 ℃时，海口、儋州等地紫檀出现了严重的寒害和较严重的枯梢现象甚至整株死亡。遇旱季或冬季低温期会落

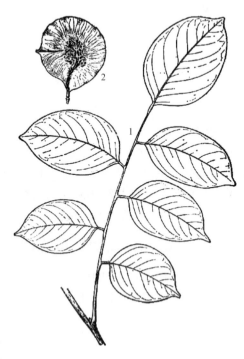

图 32 - 3　紫檀
1. 复叶　2. 果
（引自《中国树木志·第二卷》）

叶，生长停止。

紫檀根系发达并具根瘤能固氮。对土壤要求不严，适应能力强，只要不是积水地与板结土，多石砾的山坡地、海滨沙地、含有一定盐分的土壤均能生长良好，在海南尖峰岭坡地造林，7年生平均树高8.2 m，胸径17.0 cm。萌芽能力强，遇强台风树枝会出现风折，但很快能萌出新的枝条。

紫檀抗性较强，一般病虫害较少。苗期和幼年时期抗性较弱，可被感染产生黑痣病、炭疽病和灰霉病。另外可被金花虫、金龟子等食叶害虫侵害叶片。

三、紫檀属植物的起源、演化和分类

（一）起源

第三纪始新世中期黄檀族就已经出现（Wojciechowski，2003）。紫檀属植物的生物多样性从高到低依次为非洲热带地区、美洲热带地区和印度马来地区（Saslis - Lagoudakis et al.，2011）。其起源推测应与黄檀属植物一样来自非洲。

（二）属间关系

紫檀属与黄檀属同为黄檀族植物，虽然都有"檀"字，但紫檀属与黄檀属的亲缘关系不如与迪普木属（*Tipuana*）的亲缘关系近。紫檀属与迪普木属可作为蝶形花科黄檀族中独立的一个分支（Wojciechowski，2003）。

（三）分类

紫檀属是全球泛热带地区分布的黄檀族蝶形花科植物。1972年Rojo在其紫檀属专著中确认了紫檀属有20种23个分类。1987年Lewis不支持Rojo将几个分类归为美洲*P. rohrii*的异名，估计紫檀属的种数在25～30种。2005年Klitgaard和Lavin给出了最新的估计种数为35～40种（Saslis - Lagoudakis et al.，2011），而目前较广泛承认的是35种。

四、紫檀野生近缘种的特征特性

（一）檀香紫檀

学名*Pterocarpus santalinus* Linn. f.，别名小叶紫檀。

1. 形态特征　小、中乔木，落叶。树皮棕黑色，厚1～1.5 cm，片状深裂。刻痕淡黄色，可产生许多红色黏液。枝条下垂，无毛。叶为3小叶复叶，有时小叶更少，长10～18 cm。小叶宽卵形或圆形，基部圆形或略呈心形。叶片全缘，革质，有光泽，无毛，具明显叶柄。花为双性，花梗单生于叶腋或简化为分枝总状花序，黄色，长约2 cm，有香味。荚果为不等径的球形，扁平。种子1粒，偶有2粒，多少有点肾形，长1～1.5 cm，光滑，红棕色（Arunakumara et al.，2011）。

2. 生物学特性　喜光，不耐阴，耐干热气候，在极端最高气温46 ℃及极端最低气温

7.2 ℃均能生长。天然分布于干旱多岩的丘陵山地，大多为页岩、石英岩、砂岩发育的土壤，海拔 50～1 000 m，平均气温 13～37 ℃，降水量 350～1 350 mm。喜肥沃排水良好的沙壤土或冲积土，不耐积水，在黏土及沼泽地不宜种植。主根发达，抗风能力较强。具根瘤能固氮，可改良土壤。干旱季节落叶，生长几乎停止。湿润肥沃土壤和高温气候可速生。

檀香紫檀在原产地印度 Andhra 邦，生长最好的人工林 18 年生时年均胸径生长量约 1.0 cm，而天然林年均胸径生长量为 0.4～0.6 cm。引种至印度的 Kerala，7～8 年生时平均高 7.0～9.0 m，平均胸径 11.2～15.8 cm，优势木高 8.0～14.0 m，胸径 22.3～27.4 cm（Babu，1992）。在印度西孟加拉邦的干旱贫瘠红壤地区，7 年生檀香紫檀高 5～7 m，胸径 8.0～8.9 cm；36 年生林木高 14～19 m，胸径 27.7～43.0 cm（Lahiri，1986），其平均树高和胸径均比天然林高大得多。我国尖峰岭热带树木园引种栽培的檀香紫檀生长也好，26 年生树高 18 m，胸径 23 cm。檀香紫檀 15 年后可形成心材。

3. 地理分布　分布在东经 78°45′～79°30′、北纬 13°30′～15°，包括印度 Andhra 邦的 Guddapah、Chittoor 和 Nellore 地区以及 Tamil Nadu 邦的 Chengalput 和北 Arcot 地区，在泰国、马来西亚及越南也有分布。我国广州、云南、海南及台湾均有少量引种栽培，目前已引种到东南亚多个国家和中国海南、云南南部（陈青度等，2004）。

4. 利用价值　边材白色，心材为深紫红色，具斑纹、硬重，气干密度 1.05～1.26 g/cm³。抗白蚁和其他虫害，通常不需防腐处理，是珍贵的红木家具用材，供高级家具、乐器、细木工板及雕刻等用。我国东汉末年将紫檀木用于珍品雕刻，明代对紫檀木已有翔实记载，清朝时期雕云龙纹图案的紫檀木屏风更是王权统治的象征。我国现存的四五座紫檀屏风，收藏家视之为珠璧，价值连城，其木材之珍贵可见一斑。檀香紫檀树汁作为天然染料，是印度重要的出口产品，具有很高的商业价值。此外，其心材可用于改良视力，治疗皮肤病、骨折、麻风病、蜘蛛蝎子毒伤、呃逆、溃疡、体弱等多种症状。

（二）马拉巴紫檀

学名 *Pterocarpus marsupium* Roxb.，别名吉纳紫檀。

1. 形态特征　中、大乔木。落叶树种，高可达 30 m。树干粗壮而弯曲，枝条扩展。树皮厚，暗褐色至灰色。叶为奇数羽状复叶，具 5～7 小叶。小叶革质，椭圆状卵形或长圆形。叶柄圆形，光滑，在小叶间呈"之"字形，无托叶。圆锥花序顶生，分枝为二回。花多，白色，略带黄色。花药球形，2 裂。果实含种子 1 粒，种子肾形。

2. 生物学特性　喜光，不耐阴。旱季落叶，雨季发叶抽梢，并完成开花结实。树皮、枝叶及果均含黏性树胶，保水耐旱能力强。根系发达，具根瘤，能固氮，在多石砾的瘠薄山坡仍生长良好。不耐低温，霜冻会严重枯梢，甚至死亡。湿润地区趋常绿，有更大的年生长量。海南尖峰岭热带树木园栽培的 26 年生马拉巴紫檀树高 34.4 m，胸径 19 cm。据在海南尖峰岭的调查，马拉巴紫檀 4 年生时开始形成心材。

3. 地理分布　原产印度和斯里兰卡。马拉巴紫檀在印度半岛至喜马拉雅地区的广大区域均有分布，在其主要分布区内为落叶树种，而在印度比哈尔邦和西孟加拉邦则趋于常绿。生长地区高可达海拔 1 100 m，但在海拔 350～500 m 最为常见。我国海南及台湾有栽培（陈青度等，2004）。

4. 利用价值 马拉巴紫檀为珍贵用材树种，其木材材质优良，品质、硬度和稳定性堪称木材中的佼佼者，属世界名材。其边材灰黄色，稍软，心材赤褐色，坚硬，有光泽，耐腐力强，气干密度 0.8～0.82 g/cm³。马拉巴紫檀的树胶被收入英国官方药典，一些地方将这种树胶应用于酿酒工业。此外，马拉巴紫檀还作为观赏、遮阴树种被广泛应用，尤其在马来西亚半岛、新加坡、印度尼西亚和菲律宾等国。

（三）大果紫檀

学名 *Pterocarpus macrocarpus* Kurz.，别名北方叶形果。

1. 形态特征 中、大乔木，高可达 25～30 m，胸径可至 70～90 cm。木材耐磨，中等质地，密度为 0.85 g/cm³。树干直，呈圆柱形，树皮暗褐色、纵裂。树冠密，呈球形。新枝密被毛，长大后无毛。叶为复叶，互生，偶数羽状复叶，叶柄密被毛。5～11 个互生叶为长圆形至卵圆形，顶端渐尖为尖头。小叶基部圆形，叶边全缘。叶片旱季脱落。花小，黄色，具香味，密集聚生于叶腋长 10～15 cm 的花梗上。花旗瓣卵形，长 12～14 mm。幼果具 2～4 胚珠。果实有扁平而圆的薄翅，直径约 8 cm。花期 2～4 月，果熟期9～12 月（CSTP et al.，2004）。

2. 生物学特性 大果紫檀常见于海拔 700 m 以下的落叶林或荒林中，在原始林中少见。虽然与其他树种混长，但常为建群种。大果紫檀还是一种需光、抗旱的树种，适合于排水良好、有一定深度和腐殖质的土壤。

3. 地理分布和类型 原产于柬埔寨、老挝和越南，引种于我国华南地区（陈青度等，2004）。

4. 利用价值 用于制造高级家具、箱柜、工艺品、乐器和木地板。

（尹光天　李荣生）

第四节 楠 木

楠木泛指樟科（Lauraceae）楠属（*Phoebe* Nees）树种。本属约 94 种，分布在热带亚洲和热带美洲及西太平洋岛屿地区，我国有 34 种，分布长江流域以南。楠属大多数树种材质优良，是传统的名贵用材，现在一些楠木类树种是南方省份重点发展的珍贵用材树种。

一、楠木的利用价值与生产概况

（一）楠木的利用价值

楠属树种多为高大乔木，是传统高档用材，有"木中金子，木中贵族"之称，同时也是南方优良的景观树种资源。我国楠木利用的历史悠久，先秦时期古巴蜀和古越人即用楠木制作舟船和棺椁。明太祖定都南京所建宫殿采用紫金山上所生楠木，这也是"紫楠"的由来。明永乐帝营造紫禁城所用木料皆为上等楠木。北京明长陵的祾恩殿全殿由 60 根金丝楠木巨柱支承，高 14.3 m，径达 1.17 m，是中国现存最大的木结构建筑大殿之一。随着楠木不断采伐利用，江南、中南地区的楠木逐渐枯竭，到晚明清初，可资采运利用的楠木资源仅存于湖南、湖北西部，四川，贵州，云南等地，楠木变成了"皇木"。西南洪荒之地山险地陡，采运困难，依赖水运至京城，不少大木陷于河底，成为今日的阴沉木。至道光年间资源殆尽停办"皇木"，历时 400 多年，至今日再难见参天之木，楠木也蒙上了神秘色彩。

由于明清期间采办"皇木"以西南为主，故宫营造的楠木料主要是现存的桢楠，故今人误以为楠木，尤其是当今收藏界热捧的金丝楠、阴沉木，仅指西南所产的桢楠。其实传统民间所称楠木是指樟科所属的楠属和润楠属（*Machilus* Nees）的部分种类。国家标准 GB/T 16734—1997《中国主要木材名称》规定，楠木类木材包括楠木属的闽楠（*P. bournei*）、细叶桢楠（*P. hui*）、红毛山楠（*P. hungmaoensis*）、滇楠（*P. nanmu*）、白楠（*P. neurantha*）、紫楠（*P. sheareri*）、乌心楠（*P. tavoyana*）、桢楠或楠木（*P. zhennan*）等。润楠类木材也是优良用材，但相比楠属木材只是二类材。

楠木树体高大通直，尖削度小，尺寸稳定，抗压性强，耐腐防蛀，所以才能够成为宏大建筑的栋梁之材。如明代王士性在《广志绎》中描写，"天生楠木，似专供殿庭楹栋之用……唯楠木十数丈余既高且直……上下相齐，不甚大小，最中大厦尺度之用，非殿庭真不足以尽其材也。"楠木木材气息清雅幽香，不冲不腻，材色以暖黄色为主，略带绿色，淡雅均匀，光泽性强，切面纹理细致美观，材质软硬适中，加工性能良好，切削容易，最适合雕刻，是制作高级家具的上等用材，历经千年终不变形。最知名的特点是楠木大料心材锯解后其细胞填充物氧化后结晶，在光照下发出金色丝状光泽，成色好的木料细加打磨后荧光晶莹通透，犹如琥珀，谓之金丝楠木。因此金丝楠木不是树种的概念，而是指楠木类树种心材呈现大量金丝光泽的木料。而今收藏市场热炒的阴沉木亦非专指某一具体树种，只是埋藏地下经年的老木料（杨家驹，2010；马柄坚，2010）。

楠木类树种为常绿树种，四季常青，树冠端庄美观，宜做庭荫树、行道树或风景树，或在草坪中孤植、丛植，也可在大型建筑物前后配植，显得格外雄伟壮观，在公园绿地中可与其他落叶树种配植使用，形成独特的园林景观。紫楠等的根、茎、叶还可提炼芳香油，供医学或工业用；种子可榨油，供制皂或做润滑油。因此楠木树种具有很高的经济、生态和观赏价值。

（二）楠木树种资源与栽培历史

1. 楠木树种资源 楠木是我国亚热带常绿阔叶林的重要组成树种，但如今大面积天然林极难见到，只在一些古寺旧庭或深山密林中可看到零星片林或人工栽培的古树。赣南闽北地区常可见含有闽楠的村头风水林，四川成都平原和盆周地带可见散生桢楠古树和桢楠林，在滇东南、桂西、鄂西山区岩溶地带，桢楠和栲树等混生，成为石灰岩山地的常绿阔叶林主要类型。在楠木占优势的常绿阔叶林中，由于楠木结实间隔期长，林冠下楠木苗很少，而以伴生乔灌木树种为主，但由于楠木寿命长，在没有自然灾害和人为因素的影响下，楠木仍具较大优势，继续处于稳定状态（李冬林等，2004）。

2. 楠木的栽培历史　因为楠木十分珍贵，不仅经营利用历史悠久，栽培历史也很悠久。远在公元前 4 世纪《尸子》一书讲到土壤深厚的地方适合楠木生长。距今 900 多年，宋代宋祁的《益部方物略记》就有"楠木……人多植之"的记载。明代陆深的《蜀都杂抄》也说成都有不少的庭院种植了楠木。清代张宗法在《三农记》中写道：楠木"实熟籽种，荫润土中即生，待苗木一二尺（33～66 cm），春时移植"。1949 年到 20 世纪 80 年代，已经初步掌握了几种楠木的生物学特性及造林技术（杜鹃等，2009）。

楠木生长速度相对缓慢，长期以来仅有零星人工栽培。随着人们对楠木的追捧，楠木价格不断攀升，国家珍贵用材林发展进程中，许多省份都生长有楠木的天然林加以保护、封育，并将楠木列为主要造林树种。对楠木的生物、生态学特性和人工林经营技术进行研究，楠木资源已有所增加。

二、楠木的形态特征、木材性质和生物学特性

（一）形态特征

1. 形态特征　楠属树种为常绿乔木或灌木。单叶互生，常聚生枝顶，羽状脉。聚伞状圆锥花序或近总状花序，生于当年生枝中、下部叶腋，少为顶生；花被裂片 6，花后变革质或木质；能育雄蕊 9 枚，3 轮，花药 4 室，第一、二轮雄蕊的花药内向，第三轮的花药外向，基部有具柄或无柄腺体 2 枚，退化雄蕊 3 枚；子房多为卵珠形及球形。果卵珠形、椭圆形及球形，宿存花被片紧贴或松散或先端外倾；内含种子 1 粒，无胚乳，子叶厚，肉质。

2. 木材性质　楠木木材为散孔材，黄褐色带绿，光泽强，心、边材区别略明显，生长轮明显，每厘米 2.5～4 轮，轮间呈深色带，内皮与木质部相接处有黑色环状层，石细胞无或不明显。导管横切面为圆形至卵圆形，具侵填体。轴向薄壁组织量少，木射线密度中等。

桢楠木材纹理斜或交错，结构甚细，均匀；气干密度为 0.610 g/cm³，重量、硬度、强度及冲击韧性中等。木材干燥性优良，干后略有翘裂现象，尺寸稳定性良好，正常材平均干缩率为 2.7%。

（二）生物学特性

1. 生长特性　四川桢楠苗木 7 月初开始加速生长，10 月中旬生长速度减缓并形成顶芽，1 年生苗高可至 40 cm 左右；幼树每年抽新梢 2～3 次，全年高生长可至 100 cm（龙汉利等，2011）。江西闽楠苗木 7～8 月为加速生长期，9 月后生长量下降。楠木寿命长，生命力旺盛，材积生长量大。四川雅安有千年以上桢楠，高约 40 m，胸径 230 cm，材积达 30 m³ 以上；什邡 445 年生桢楠，树高 27 m，胸径 114 cm。据四川都江堰 50～58 年生桢楠人工林样地数据和树干解析资料，从生长过程来看，其树高、胸径、材积生长量一直都保持平缓的增长速度，树高连年生长量在 14 年生时达到最大，胸径生长量则在 16 年生时达到最大，表明这一时期是楠木生长的速生期。20 年生时的树高平均生长量达到最大，为 0.57 m，并与树高连年生长量曲线相交；胸径平均生长量在 22 年生时达到最大，为 0.56 cm，与胸径的连年生长量曲线相交；材积连年生长量与平均生长量曲线在 54～56 年

生时相交，表明此时林分已进入数量成熟期。

江西吉安闽楠林分调查及树干解析结果表明，闽楠生长过程大致可分为 3 个时期，1～10 年为树高、胸径及单株材积生长的缓慢期；10～20 年为树高生长速生期，连年生长量 0.60 m 以上；10～30 年胸径生长快速上升，连年生长量 0.86 cm 以上；20 年后为树高生长匀速期，连年生长量平均为 0.33 m；30 年后胸径生长速度变慢，连年生长量平均为 0.44 cm，33 年时达到数量成熟；25 年后材积生长迅速提高，平均生长量 0.013 63 m³，说明闽楠生长速度并不缓慢，是培育大径材的优良树种之一（陈存及等，2007）。

合理栽植的人工楠木比天然生长的楠木生产力高。江西上犹县犹江林场 13 年生楠木人工林，平均高 8.5 m，平均胸径 9.9 cm。

2. 开花结实习性　楠木树种花期 4～6 月，果实成熟期 10～11 月，散落期 11～12 月。浆果状核果，成熟时黑色或蓝黑色，果核黄褐色。种子千粒重闽楠 250～345 g，浙江楠 240～290 g，紫楠 220～270 g，桢楠 300～360 g。

闽楠 12 年生开始结实，正常结实年龄在 20 年生以后，丰年间隔期 3 年。但散生木与林分个体结实情况差异很大。四川青城山 60 年生桢楠林只有 3 次种子丰年，其他年份不结实或结实量极少，而散生木 15 年生以后即可开花结实，3～5 年有一个种子丰年。

（三）生态适应性

楠木适生于气候温暖、湿润、立地条件好的地方，特别是山谷、山洼、阴坡下部及河边台地，土壤为冲积土、紫色土、山地黄壤，一般中性至微酸性，土层深厚疏松。楠木分布区的气候条件以桢楠为例说明，年平均温度 14～18 ℃，1 月平均气温 6～8 ℃，7 月平均气温 24～27 ℃，活动积温 4 300～5 700 ℃，年降水量 1 000～1 500 mm，无霜期 300 d 左右，年平均相对湿度在 80% 以上。楠木要求清新环境，不耐污染，抗二氧化硫能力弱，抗氟化氢能力也弱。因此在工业污染严重的区域不宜种植楠木。

三、楠木的遗传多样性与种质资源

由于长期的过度采伐以及生境破坏等，国产楠木大多数种类天然资源已近枯竭，桢楠、闽楠、浙江楠和滇楠已被列为国家《珍稀濒危保护植物名录》。但由于以往少有规模性人工造林，对楠木遗传资源的研究很少。江香梅等（2009）采用 RAPD 标记技术，分析了闽楠主要分布区江西和福建两省的 8 个天然种群的遗传多样性和种群遗传分化，结果表明，闽楠种群间存在强烈的遗传分化，这可能与闽楠种群生境片段化、地理隔离等有关，种群内遗传变异丰富。对闽楠 5 个种源 29 个家系营造的 4 年生子代试验林调查结果表明，树高、地径在种源间和家系间的差异都达到显著或极显著水平，这些生长性状具有中等以上的遗传力。黄秀美（2013a）对建立在福建永安国有林场的 8 个种源 41 个家系闽楠优树子代测定林进行连续 5 年的观测，结果表明不同家系在树高、胸径、材积生长上差异达到极显著水平。初选出 9 个速生优良家系，其 6 年林龄时树高平均值为 4.53 m，胸径平均值 4.70 cm，平均遗传增益分别为 18.74%、22.37%，并初选出 30 个速生优良单株。黄秀美（2013b）还在上述林场对 21 个闽楠种源的试验林进行连续 8 年的观测，证明了种源间树高、胸径、地径生长存在极显著差异，以此为依据初选出福建明溪（沙溪）、福建永安、福建浦城、江西上饶 4 个优良种源。欧建德（2015）对福建明溪的闽楠种源家系 7 年生子代林进行了测定，采用树高、胸径、单株材积生长量多性状指标进行综合评价，选出 4 个优良家系，并从中选出 11 个优良单株，其材积平均遗传增益分别为78.99％和 122.20％。

张炜等（2009）对四川省桢楠天然群体种子表型多样性进行了初步研究，在天然分布区内抽取了 7 个群体，分别测量了种子长、宽、长宽比、单粒种子重等 4 个性状，结果表明，上述 4 个性状的变异系数分别为 12.1％、17.1％、16.29％和 25.78％；群体内多样性大于群体间，桢楠天然群体种子表型变异在群体间的贡献占 31.23％，群体内贡献占 68.77％。

李因刚等（2014）对浙江楠种群表型变异研究表明，浙江楠叶片、种子等在种群间和种群内均存在丰富的变异，但种群内变异大于种群间变异，变异系数分别为 21.74％和18.45％，并且种子体积受纬度控制。

四、楠木及其野生近缘种的特征特性

中国分布楠属树种 34～38 种。除少数广布种外，云南、广西南部及海南地区特有种类众多。因此本属具有明显的滇南至华南热带南亚热带分布特征，向北扩散至秦岭南坡和大别山南坡地区，向东至华中华东地区。主要造林种类介绍如下：

（一）楠木

学名 *Phoebe zhennan* S. Lee et F. N. Wei，别名桢楠（《中国树木志》）、雅楠（《中国树木分类学》）。

大乔木，高达 30 余 m，树干通直；小枝被灰黄色或灰褐色长柔毛或短柔毛。叶薄革质，多椭圆形，长 7～13 cm，宽 2～4 cm，先端渐尖，基部楔形，下面密被短柔毛，细脉不成明显的网格状；叶柄长 1～2 cm，被毛。花序腋生，被毛，长（4）7.5～12 cm。果椭圆形，长 1.1～1.4 cm，直径 6～7 mm，宿存花被片紧贴。花期 4～5 月，果期 9～10月（图 32-4）。产四川及湖北西部、贵州西北部。在成都平原广为栽植。木材有香气，纹理直，结构细密，不易变形和开裂，供建筑、高级家具等用。楠木为优良用材树种，树姿优美，可栽培供观赏，为分布区的优良造林树种。

图 32-4　闽楠和楠木
1. 闽楠　2～3. 楠木

（二）闽楠

学名 *Phoebe bournei*（Hemsl.）Yang，别名兴安楠木（广西），楠木、竹叶楠（福建）。

大乔木，高达 40 m，胸径 1.5 m，树干通直；小枝有柔毛或近无毛。叶片革质，披针形或倒披针形，长 7～15 cm，宽 2～4 cm，下面有短柔毛，横脉及小脉多而密，在下面呈明显的网格状；叶柄长 0.5～2 cm。花序腋生于新枝中下部，被毛，长 3～10 cm。果椭圆形或长圆形，长 1～1.5 cm，径 6～7 mm；熟时蓝黑色，宿存花被片紧贴。花期 4 月，果期 10～11 月（图 32 - 4）。产江西、福建、浙江南部、广东、广西北部及东北部、湖南、湖北、贵州东南及东北部。

木材有香气，结构细，不易变形，为珍贵用材树种。

（三）紫楠

学名 *Phoebe sheareri* （Hemsl.）Gamble。

乔木，高 15 m；小枝、叶柄、叶背及花序密被黄褐色或灰黑色柔毛或茸毛。叶革质，倒卵形、椭圆状倒卵形或阔倒披针形，长（8）12～18（27）cm，宽（3）4～7（9）cm，下面横脉及小脉多而密集，结成明显网格状；叶柄长 1～2.5 cm。花序腋生，长 7～18 cm。果卵形，熟时黑色，长约 1 cm，径 5～6 mm，宿存花被片松散。花期 4～5 月，果期 9～10 月。产长江流域及以南地区，北至河南大别山区，南至云南中部。

木材纹理直，结构细，供家具、建筑等用，又可供栽培观赏。

（四）浙江楠

学名 *Phoebe chekiangensis* C. B. Shang。

乔木，高达 20 m，胸径 50 cm；小枝、叶柄、叶背、花序密被黄褐色或灰黑色柔毛或茸毛。叶革质，倒卵状椭圆形或倒卵状披针形，长 7～13（17）cm，宽 3～5（7）cm，横脉及小脉多而密；叶柄长 1～1.5 cm。花序腋生，长 5～10 cm。果椭圆状卵形，长 1.2～1.5 cm，熟时蓝黑色，外被白粉；宿存花被裂片紧贴。花期 4～5 月，果期 9～10 月。产浙江、福建北部、江西东部、安徽南部。生于山地阔叶林中。

树干通直，材质坚硬，可供建筑、家具等用，又为优良绿化树种。

（五）细叶桢楠

学名 *Phoebe hui* Cheng ex Yang。

乔木，高达 25 m，胸径 60 cm。小枝初时密被灰白色或灰褐色柔毛。叶革质，椭圆形、椭圆状倒披针形或椭圆状披针形，长 5～8（10）cm，宽 1.5～3 cm，下面密被平伏小柔毛，侧脉极纤细，网脉不明显；叶柄长 6～16 mm，被柔毛。花序腋生于新枝上部，长 4～8 cm，被柔毛。果椭圆形，长 1～1.4 cm，径 6～9 mm，蓝黑色；宿存花被片紧贴。花期 4～5 月，果期 8～9 月。产陕西南部、四川及云南东北部。

细叶桢楠为优良用材树种，可栽培观赏，又为分布区的优良造林树种。

（姜景民）

第五节　红润楠

红润楠（*Machilus thunbergii* Sieb. et Zucc.）属樟科（Lauraceae）润楠属（*Machilus*），国家三级保护珍稀树种，是集绿化、生态、经济等多功能于一体的优良阔叶树种，具有极大的挖掘和发展潜能。长期以来，我国红润楠天然资源及其赖以生存的生态环境遭到严重破坏，使红润楠资源越来越少，现红润楠已成为渐危树种。

一、红润楠的利用价值和生产概况

（一）红润楠的利用价值

1. 用材价值　心材棕红色，边材淡黄色，纹理细致，硬度适中，加工容易，切面光滑美观，油漆和胶黏性良好，为传统用材，木材气干密度 0.62 g/cm³，绝对密度 0.55 g/cm³，可供上等家具、箱盒、厨具装饰、雕刻等用，也可用于造船、车轴、仪器、胶合板等。润楠树种多为优良用材树种，供建筑、贵重家具和细工用，如云南的滇润楠，四川的润楠，四川、湖北的宜昌润楠，广东、广西的华润楠、梨润楠、绒毛润楠、黄绒润楠（傅立国，2003）。

2. 观赏价值　红润楠极具观赏特色，树干高大通直，树形优美，树冠自然分层明显，新叶鲜红，老叶浓密，四季常青，果梗鲜红色，是优良的园林观赏树种之一，可用于道路、公园、庭院、住宅区绿化。春季顶芽相继开放，新叶随生长期出现深红、粉红、金黄、嫩黄或嫩绿等不同颜色的变化，满树新叶似花非花，五彩缤纷，斑斓可爱，是一种良好的城市景观彩叶树种。夏季果熟期，果皮紫黑色，长果柄红色，也是观果树种（臧德奎，2007）。

3. 经济价值　叶可提取芳香油，种子含油率达 65%，榨油可供制肥皂及润滑油。树皮中含有一种叫胡巴克（HooBak）的中草药成分，能治疗头痛、中风和消化不良等症（黄锦荣，2013）。

4. 生态价值　红润楠是亚热带和暖温带地区常绿阔叶林的主要建群树种或伴生树种，具有强大的生态功能，可用于环境改善、当地生态系统的重建与恢复。也因其耐风力强，在东南沿海各地低山地区，可选用营建红润楠为用材林和防风林。

（二）红润楠的地理分布与生产概况

1. 地理分布　主要分布在长江以南地区，在湘东、湘中、湘南，西至雪峰山，以及山东、江苏、浙江、安徽、台湾、福建、江西、广东、广西均有分布，但以江西、湖南、广东分布更为集中，垂直分布海拔 200～1 500 m，丘陵、低山分布海拔 500～1 000 m。大多为次生林，原始林少。常生长于山地阔叶混交林中。在东部各省，垂直分布在海拔1 300 m 以下，福建、台湾和广西则多见于海拔 800 m 以下。陕西南部地区也有少量。朝鲜、日本、韩国也有分布。

2. 栽培概况　红润楠是优质用材树种，又是优良的绿化树种，具有重要的开发前景，近些年已在繁殖、育苗、种源选择及造林等方面开展研究。在浙江建德已对红润楠及其近缘种（刨花楠）等开展了造林试验（徐奎源等，2005）。

二、红润楠形态特征与生物学特性

（一）形态特征

常绿乔木，高达 20 m，胸径 1 m；树皮黄褐色；树冠平顶或扁圆。枝条多而伸展，紫褐色，老枝粗糙，嫩枝紫红色，2～3 年生枝上有少数纵裂和唇状皮孔，新枝 2～3 年生的基部有顶芽鳞片脱落后的疤痕数环至多环。叶倒卵形至倒卵状披针形，革质，浓绿富光泽，无毛，幼叶红色。长 4.5～13 cm，宽 1.5～4.5 cm。花序顶生或在新枝上腋生，无毛，长 5～11.8 cm，在上端分枝；圆锥花序黄绿色，浆果球形，熟果暗紫色，直径约 10 mm，基部具外反的宿存花被。多花，总梗占全长的约 2/3，带紫红色，下部的分枝常有花 3 朵，上部分枝的花较少。果扁球形，花序浆果球形，初时绿色，后变黑紫色；直径 8～10 mm，基部具外反的宿存花被；果梗鲜红色。花期 4～6 月，果期 9～11 月（图 32－5）（郑万钧，1985）。

图 32－5　红润楠
（引自《中国树木志·第一卷》）

（二）生物学特性

红润楠多生长于深山的溪边、悬崖陡坡、避风的沟谷。性喜温暖湿润，生长发育适宜温度 18～28 ℃，能耐－10 ℃的短期低温。分布区年平均气温 14～17 ℃，年降水量 1 400～2 100 mm，相对湿度 75%～85%。在自然界多生于低山阴坡湿润处，常与壳斗科、木兰科、山茶科及樟科等树种混生，生长较快，在环境适宜处 10 年生树高可至 10 m，胸径 10 cm 以上。土壤多为花岗岩、砂岩和板页岩发育的黄壤，土壤肥沃、湿润，pH 5～7，偏酸性（傅立国，2003）。

三、红润楠的遗传变异

姜荣波等（2011）对红润楠的主要表型和苗期性状、地理种源变异做了研究，对红润楠天然分布区的 9 个种源（最南边的为广东象山，最北的为山东崂山）的果实、叶片和种子的 8 个表型性状以及苗高、地径 2 个苗期性状进行分析。结果表明，红润楠叶片、果实、种子表型性状在种源间达到了极显著水平，果实大小、种子质量与纬度呈显著正相关，而与年均温度、无霜期呈显著负相关。红润楠不同种源苗高、地径差异均达到了极显著，并且苗高、地径受较高的遗传力控制，广义遗传力分别达到了 0.96 和 0.92。

四、红润楠近缘种

润楠属全世界约 100 种，分布于亚洲热带和亚热带地区。我国 70 种，产于长江流域以南各地。在分类检索表中有 49 种，大多未予开发，属野生状态，开发的约有 6 种：红润楠、滇润楠（*M. yunnanensis*）、大叶润楠（*M. kusanoi*）、刨花润楠（*M. pauhoi*）、薄叶润楠（*M. leptophylla*）、华润楠（*M. chinensis*）。润楠属树种资源开发潜力大。

（贺　庆　夏家骅）

第六节　桃花心木

桃花心木〔*Swietenia mahagoni*（Linn.）Jacq.〕为楝科（Meliaceae）桃花心木亚科（Swietenioideae）桃花心木属（*Swietenia* Jacq.）植物，是世界名贵用材树种。桃花心木属植物共 7～8 种，分布于美洲热带及亚热带，西印度群岛及西非。我国引种栽培 2 种。桃花心木与紫檀一样因对其木材的强度利用而陷入危境，天然种群遭受采伐和林地转化而日渐减少。20 世纪 90 年代开始，野生桃花心木被禁止出口，21 世纪初被列入《濒危野生动植物种国际贸易公约》（CITES）附录。

一、桃花心木的利用价值和生产概况

（一）木材利用价值

桃花心木木材色泽美丽，光泽强，纹理直或略交错，结构致密，均匀，硬度适中；木材干缩小，不变形，抗虫蛀，耐腐，切削加工容易，切削面光洁，胶黏性能和干燥性能良好，易于打磨，材质略重，比柚木柔软而光泽过之，宜做装饰、家具、车船等用，是贵重的建筑用材和高档家具用材，也用于装饰性单板、室内装饰、镶嵌板、乐器、模具、车工、雕刻等用材。

（二）景观绿化

我国引进的大叶桃花心木（*S. macrophylla*）树干通直，高大挺拔，枝叶浓绿繁茂，树形美观，深受人们的喜爱，引入我国后，主要用于行道及庭园绿化。

（三）药用价值

大叶桃花心木的果被称为"天果"，其浓缩液可促进血液循环和改善皮肤。"天果"浓缩液的上市已通过马来西亚卫生部的批准。

（四）引种和栽培情况

桃花心木属植物原产于美洲，但目前已扩散至世界多个热带国家和地区，其中大叶桃花心木几乎在全世界热带国家都有引种栽培。印度于 1795 年最早引入，1865 年营造人工

林；东南亚诸国于 19 世纪 30 年代相继引种，包括泰国、马来西亚、缅甸、越南等国家，主要用于行道和庭园绿化。

我国引种始于 20 世纪 30 年代，在北热带、南亚热带有小片栽培，如南宁市良凤江植物园，12 年生树高 8 m，胸径 19.4 cm，海南尖峰岭 11 年生，树高 7.5 m，胸径 14.7 cm。据调查以广东省珠海市唐家庄最早，目前在唐家庄公园保存有国内引种最早的一株大叶桃花心木，树高约 25 m，胸径超过 1 m。其后在广东中山、广州、深圳，福建厦门、漳州，广西南宁、凭祥等地都有引种栽培。海南岛在 1960 年以后引入，主要种植在儋州、兴隆和尖峰岭。

在海南尖峰岭种植于中国林业科学研究院热带林业研究所试验站庭园的大叶桃花心木，35 年生平均树高 20 m，胸径 42 cm，优势木树高 22 m，胸径 68 cm。同年该站在土壤疏松、土层深厚的砖红壤上进行小面积的造林试验，株行距为 2 m×4 m，采取常规的抚育管理措施，不间伐，林相整齐，长势良好。35 年生平均树高 21 m，胸径 38 cm，优势木树高 24 m，胸径 56 cm。

二、桃花心木的形态特征和生物学特性

学名 *Swietenia mahagoni* （Linn.）Jacq.，别名小叶桃花心木。

乔木，高达 25 m 以上，树皮淡红色，鳞片状，枝条平滑，灰色。叶长可至 50 cm，有小叶 4～6 对；小叶革质，斜披针形至卵状披针形，长 10～23 cm，宽 4～9 cm。圆锥花序腋生，长 6～15 cm。无毛；雄蕊管无毛、裂齿急尖。果卵状，直径约 9 cm，木质，熟时 5 瓣裂，果壳厚约 9 mm，内果皮薄，内面有褐色花纹；种子长约 18 mm，连翅长约 8 cm，褐色，着生于具褐色花纹、五棱角的中轴一端。花期春夏，果期 6～10 月（陈邦余，1997）。

桃花心木属热带干旱和湿润森林群落，具有较宽的生态幅，从干旱到湿润生境对光照要求较高，但可耐部分遮阴。对土壤要求不严，中性至碱性，但要求排水良好。抗旱性强，抗碱性高。

本种为世界上著名珍贵用材树种，原产南美洲，现在热带地区有栽培，我国热带的海南、南亚热带的广西有栽培。从引种生长看，较大叶桃花心木慢，但 5 年以后转快，较其他珍贵树种生长稍快。

三、桃花心木属植物的起源、演化和分类

（一）起源

虽然楝科的化石证据很多，但桃花心木属的化石证据很少，仅有花和果的化石。墨西哥恰帕斯一个花的琥珀表明，桃花心木属植物早在渐新世晚期至中新世早期就已出现（Castañeda‐Posadas and Cevallos‐Ferriz，2007）。2012 年 Chambers 和 Poinar 根据加勒比海地区海地岛的花琥珀证据认为桃花心木属在第三纪中期就已出现（Chambers et al.，2012）。

（二）演化

中美洲的大叶桃花心木具有丰富的遗传多样性，10 个引物共产生 102 个 RAPD 分子多态性条带。墨西哥的大叶桃花心木种质独特但单一，与中美洲其他国家的大叶桃花心木遗传距离较远。伯利兹的大叶桃花心木种质也比较单一，巴拿马、危地马拉、哥斯达黎加、尼加拉瓜和洪都拉斯等的大叶桃花心木居群间差异不明显，居群内遗传变异占总变异的 80%，证明种群的采伐破坏显著降低其遗传多样性（Gillies et al.，1999）。通过微卫星位点研究表明，居群间遗传分化差异显著，居群间遗传距离说明中美洲大叶桃花心木具有明显的多地理结构。太平洋沿海国家的哥斯达黎加和巴拿马的大叶桃花心木遗传上明显与其他国家相离，但两国之间也存在差距。其他居群可分为 2 组，一组是由墨西哥、伯利兹和危地马拉组成的北方组，另一组是由尼加拉瓜和哥斯达黎加组成的大西洋南部组。地理距离相关和遗传分化比较说明中美洲桃花心木地区的生物地理隔离的重要作用。中美洲大叶桃花心木的植物地理结构比亚马孙的大，意味着中美洲的生物地理更加复杂（Novick et al.，2003）。

南美洲巴西亚马孙三角洲大叶桃花心木 8 个微卫星位点的研究表明，所有位点变异大，每个位点等位点 13～27 个。8 个位点均表明 7 个天然居群均具有很高的遗传多样性，但居群间遗传分化显著，亚马孙的大叶桃花心木居群区域分化降低了大叶桃花心木多居群原地保护的需要。而小地形遗传分化高则意味着需要小地形居群的种质具有保护的需要（Lemes et al.，2003）。不同演替阶段的大叶桃花心木居群具有类似的遗传分化，居群内分化大而居群间分化小，且成年母树与其周边幼苗的微卫星等位基因也有所不同，表明大叶桃花心木间具有较强的基因流动（Céspedes et al.，2003）。

哥斯达黎加的小居群研究与上述研究相反。该研究表明大叶桃花心木的遗传分化不高，在所研究的 3 个居群里均存在小地形格局，这可能与种子传播距离有限有关。子代测定表明相邻大树之间存在授粉的可能，因此大叶桃花心木不同组间的基因交流是比较困难的。基因一旦丢失，则难以通过种子或花粉传播来弥补，因此采伐对大叶桃花心木遗传多样性造成很大的压力（Lowe et al.，2003）。

热带地区林地破坏导致林地片段化已是常态。对 *Swietenia humilis* 的微卫星位点研究表明，该种具有外缘杂交种的典型特征——遗传分化高，而且居群内分化高而居群间分化低，说明具有较高的基因流动，可能反映了连片森林中树种的遗传结构。片段化的起始效应是片段化居群内低频基因的丢失。这个位点丢失的比例随片段化居群规模的减少而增大（White et al.，1997，1999）。然而 *Swietenia humilis* 具有较强的环境适应能力，片段化的居群间仍可通过花粉实现基因流动，因此即使是孤立木也仍有潜在的保护价值（White et al.，2002）。

（三）分类

桃花心木属植物最早被植物学家和自然学者误认为香椿的一种。桃花心木属学名最早出现于 1760 年，由 Nicholas Joseph Jacquin 提出，并将之前被认为是香椿类的桃花心木（*S. mahagoni*）归入此属。此后直至 19 世纪前，桃花心木属一直被认为只有 1 种。1836

年德国植物学家 Joseph Gerhard Zuccarini 鉴定出桃花心木属的第二个种——墨西哥桃花心木（*S. humilis*）。1886 年该属的第三个种——大叶桃花心木（*S. macrophylla*）也被 Sir George King 分出并命名。最后还是认为只有 3～4 种。

四、桃花心木近缘种的特征特性

（一）大叶桃花心木

学名 *Swietenia macrophylla* King，别名洪都拉斯红木、美洲红木。

1. 形态特征 常绿大乔木，间有旱季短期落叶。树高超过 35 m，胸径 1.5 m，树冠小，近圆形；树皮红褐色，片状开裂剥落。叶为偶数羽状复叶，长 40～50 cm，小叶 3～6 对，对生或近对生，叶革质，斜卵形或卵状披针形。圆锥花序腋生或近顶生，萼 5 裂，小；花瓣 5，倒卵状椭圆形，顶端圆；雄蕊 10 枚，花丝合生成壶状的筒。蒴果大，木质，卵状矩圆形，表面有粗糙褐色小瘤体，熟时栗色，5瓣裂，每室有种子 11～14 粒，上端有翅，全长 8～8.5 cm，宽约 1.7 cm。花期 3～4 月，果熟期翌年 3～4 月（白嘉雨等，2012）（图 32－6）。

图 32－6 大叶桃花心木

1. 幼果枝 2. 花蕾 3. 花 4. 雌蕊和花盘
5. 花丝筒展开 6. 花纵剖 7. 果纵剖 8. 种子

（引自《中国树木志·第四卷》）

2. 地理分布 原产热带美洲，天然分布地域广，从墨西哥东部的北纬 20°延伸至南纬 18°的巴西西部。大叶桃花心木自墨西哥南部经中美洲，加勒比海地区向南至亚马孙流域各支流上游均有分布，在中美洲特别是在伯利兹与危地马拉沿海附近至海拔 1 500 m，从稀树草原松林的边缘到山地雨林地带均有分布，但多见生长于河流两岸附近深厚肥沃的冲积土上组成的常绿混交林中，其中海拔 500 m 左右的地带分布最为集中。

3. 生物学特性 大叶桃花心木原产地为南美洲热带干旱的森林气候区，年平均气温 23～28 ℃，年降水量 1 100～2 500 mm，全年中有 4～5 个月为旱季。

对土壤的适应性较强，它能生长于不同母质上发育形成的砖红壤红色土或砖红壤红黄色土，但以肥沃湿润、土层深厚、排水良好的土壤长势最好。深根性树种，根系发达，抗风性强，在风力 10 级以下极少出现折枝断干现象。具有较耐干旱、耐瘠薄、易移植、少病虫害、抗污染、寿命长的特点。

喜光树种，虽然幼苗期具有一定的耐阴性，但定植1年后需要充足的光照才能加速养分循环，提高生长量，体现其速生的特点。

每年开春气温回升至月平均温度15℃以上是大叶桃花心木活跃生长期，最适生长温度25～30℃。幼苗较耐寒，可耐1℃短期低温。

大叶桃花心木一般种植后8～10年即可开花结实。在斯里兰卡每年结果2次，斐济岛每2年结果3次，在我国海南岛尖峰岭（北纬18°40′）种植，每年只结果1次。在海南每年4月中旬老叶全部脱落后随即长出新叶，同时现出花蕾，进入花期；4月底至5月幼果形成，翌年3～4月果熟。由于温差的关系，越往北，花果期相应推迟。

该树种伐后萌芽力强，天然下种更新良好。幼苗期生长迅速，发芽后5～7 d即可长至8 cm高，并开始展新叶，以后逐渐加快。1年生苗苗高一般可至1.5 m以上，地径2 cm左右，定植后随着根系的恢复，2个月后进入速生期。在广州种植于冲积沙壤土上，18年生树高14.5 m，胸径30 cm，年平均高生长0.8 m，径生长1.6 cm。福建省种植于土壤比较瘠薄的立地，13年生树高5.8 m，胸径9.7 cm，年平均高生长0.45 m，胸径0.75 cm。在印度，45年生树高21 m，胸径80 cm，每30～40年轮伐一次。

4. 利用价值　本种为世界著名的优质用材树种，木材呈红褐色，有如桃花之色泽而得名。木材光泽强，纹理直或略交错，结构甚细，均匀，硬度适中；木材干缩小，不变形，抗虫蛀，耐腐，切削加工容易，切削面光洁，胶黏性能和干燥性能良好，是优良的建筑用材和高档家具用材，也用于装饰性单板、室内装饰、镶嵌板、乐器、模具、车工、雕刻等用材。

大叶桃花心木树干通直，高大挺拔，枝叶浓绿繁茂，树形美观，深受人们的喜爱，引入我国后，主要用于行道及庭园绿化。

（二）桃花心木属杂交种

桃花心木属内有3个杂交种，之前也有人认为是新种。第一个杂交种为大叶桃花心木×桃花心木，研究认为该杂种实与 *S. aubrevilleana* 相同。其他两个种分别为墨西哥桃花心木×大叶桃花心木和墨西哥桃花心木×桃花心木（Whitmore et al.，1977）。

（尹光天　李荣生）

第七节　香　椿

香椿〔*Toona sinensis*（A. Juss.）Roem.〕属楝科（Meliaceae）香椿属（*Toona* Roem.）。木材红褐色，富弹性，是优良用材，有"中国桃花心木"之美誉，其幼芽、嫩叶自古以来就是中国人喜食的山珍名菜。广泛分布于华北至西南，用途广，易栽培。

一、香椿的利用价值和生产概况

（一）利用价值

1. 材用价值　香椿生长迅速，丰产性状良好，在我国云南每年高生长可至3 m，单株年蓄积生长量可至 0.028 m³，7～8 年便可成材，10 年平均产材 477.0 m³/hm²。香椿树干通直，木材纹理细而美观，质地坚硬有光泽，耐腐蚀，供高级家具用材，也是建筑、造船、桥梁、工艺品等的优质材料。

2. 食用价值　香椿芽及嫩叶芳香馥郁，风味独特，营养丰富，是重要的食用菜，深受群众喜爱，长期以来全国各地均有作为食用栽培。

3. 药用价值　香椿叶、芽、根、皮和果实均可入药。叶中含有黄酮类和挥发油类等成分，有消炎、解毒、杀虫等功效。中医认为香椿叶味辛、苦，性平，归脾、胃经，主治暑湿伤中，恶心呕吐；香椿种子，治食欲不振，泄泻，痢疾，痈疽肿毒，疥疮和白秃疮等；根皮含川楝素，味苦、涩，性凉，其煎剂对多种球菌、杆菌有抑制作用；果实中含有萜类化合物，具有止血、去湿止痛等功效。香椿富含维生素 E、性激素、维生素 C、胡萝卜素等，具有良好的保健作用。

4. 其他价值　香椿树干粗壮直立、树冠开阔，羽状复叶修长舒展，具有良好的观赏价值，既可单植于庭前、溪边、河畔、道路或草坪之上，也可与其他树种混交配植于四旁或列于行道两侧。香椿的木屑及根、皮可提芳香油，国外用作雪茄烟的赋香剂；种子含油量 38.5 %，可榨油。

（二）香椿的分布与生产概况

1. 香椿的天然分布　香椿广泛分布于我国 22 个省份，中心产区为黄河与长江流域之间，其中以山东、河南、安徽、河北等省为集中产区，栽培最多，历史悠久。陕西秦岭、甘肃小陇山和康南林业总场、河南栾川和西峡仍有天然分布，目前香椿的分布范围在不断扩大，内蒙古南部、西北部分省份和海南省等地也有引种，生长尚可。随着食用香椿保护地栽培技术的推广，栽培香椿已远远超出了其原先的分布区域，栽培范围逐渐扩展。

从气候学角度看，香椿是暖温带树种，亚热带也有分布。分布区域界线为东经100°～125°、北纬 22°～42°，与年平均温度 8 ℃的等温线、3 500 ℃的积温等值线及年降水量 400～600 mm 等值线大致相吻合。

2. 香椿的栽培起源和栽培区　《山海经》载"成之山，其地多櫄木"，櫄木既香椿；宋代《本草图经》有"椿木实而叶香可啖"，苏轼也在《春菜》一诗中感叹："岂如吾蜀富冬蔬，霜叶露芽寒更苗"，明代徐光启将其作为救饥植物载入《农政全书》，安徽省太和县的香椿更是国内外驰名，相传唐代用紫油椿作为贡礼。山东省邹县房屋前后栽培香椿历史悠久，邹县县志有（椿芽）"亦是邹县外贸出口传统商品之一"的记载。据此，有些学者认为香椿原产中国。

我国是香椿栽培和食用的主要国家之一，有 2 000 多年栽培历史。山东、安徽、河南、河北、山西栽培较多。在我国根据自然地形可分为岭南山脉以南地区；岭南至秦岭地区和秦岭、淮河以北地区，由于 3 个地区的气候类型不同，形成了 3 个相应的香椿生态类型，即华南生态型、华中生态型和华北生态型。传统上香椿多作为林木栽培，以四旁栽培较多，作为蔬菜食用以自然采收为主，但河南信阳地区有较大面积的人工林。近几十年来，多地开始大规模营造香椿林，并出现了以菜用为主的集约化栽培和保护地栽培形式。目前，香椿的室外栽培和温室矮化栽培技术已经较成熟。

3. 香椿的生产和出口　香椿芽是我国重要的出口资源之一，每年大量出口到东南亚诸国及日本、韩国等地，近年推广大棚香椿种植，效益显著，市场形势良好。

二、香椿的形态特征和生物学特性

（一）形态特征

落叶乔木，树高可达 10 m 以上；芽有鳞片；叶互生，偶数或奇数羽状复叶；花小，两性，白色或黄绿色，复聚伞花序，萼裂片、花瓣、雄蕊各为 5，花丝分离；子房 5 室，每室 8～10 胚珠；蒴果木质或革质，5 裂；中轴粗，具多数带翅种子（图 32 - 7）。

（二）生物学特性

垂直根强于向外延伸的水平根，成龄期根系发达，根的萌蘖性很强，根系受损后会生出许多萌蘖苗，生产上可利用这一特性进行根蘖繁殖；顶芽发达，具有较强的顶端优势，可以连续生长，形成明显的中心干；树干挺直光滑，分枝少而壮；花期 5～8 月，于头年夏天分化出花芽，第二年开花；果期 9～11 月，为木质蒴果，果实成熟后纵裂 5 瓣，散出种子，每个果实含种子 5～10 粒，种子扁平三角形或椭圆形，红褐色。香椿为速生树种，1 年生树高 1.2 m 以上，在土壤肥沃处，3 年生树高 4.5 m，胸径 4 cm。14 年生树高可达 13 m，胸径 21 cm。

（三）生态适应性

香椿对温度的适应性强，喜光但忌强光，不耐阴，抗污染能力差。适宜暖

图 32 - 7　红椿、小果香椿和香椿
红椿：1. 花枝　2. 花　3. 果实　4. 种子
小果香椿：5. 果枝　6. 果实　7. 种子
香椿：8. 果枝　9. 果实　10. 种子
（引自《中国树木志·第四卷》）

温带和亚热带气候，在年平均气温 8～23 ℃，绝对最低气温 −25 ℃，绝对最高气温 35 ℃的地区都可正常生长发育。幼苗耐寒性弱，宜本地育苗；苗期喜湿怕涝，具有较强抗旱能力，适宜的土壤含水量为 70%。对土壤的适应能力强，酸碱度要求不严格，在 pH 5.5～8.0 的土壤中均可正常生长，但最适宜在土层深厚、疏松、富含钙质的肥沃沙壤土上生长。在黏土、瘠薄的沙土上生长较差。香椿较耐水湿，多分布于溪谷、宅旁土壤水分条件好的地方。

三、香椿的起源、演化和分类

(一) 起源

棟科起源时间推论在早白垩纪，早期分化地为冈瓦纳古陆。中国棟科和热带亚洲棟科有着共同起源，其交流通道是从中南半岛，特别是从越南进入我国云南、广西，由此向东、向北扩散。香椿地理分布已延伸至朝鲜、日本。陆长旬等（2001）分析认为，香椿起源于热带亚洲的印度东北部、缅甸及其邻近地区。但香椿起源还需要化石、野生种的发现和细胞遗传学等研究的进一步论证。

在缅甸、印度是否有香椿的天然分布还需进一步考证。在第三纪，香椿属（*Toona*）化石见于北美，也有研究得出印度有栽培和野生的（*Cedrela toona* Roxb）。陈邦余（1995）指出中国棟科没有特有属，但有 30 个特有种，清楚地说明棟科香椿属不是中国特有属，其中小果香椿（*T. microcarpa*）是香椿属中唯一的中国特有种，香椿（*T. sinensis*）不是中国特有种。

(二) 种源与细胞学研究

许慕农等（1995）首次报道了中国优良品种香椿的营养成分，对各品种芽的蛋白质、脂肪、糖、纤维素、微量元素、维生素及氨基酸，用全距等分法记分，确定各品种营养成分含量从高到低次序为：红香椿、红叶椿、薹椿、黑油椿、红油椿、褐香椿、青油椿、绿香椿和桃椿。袁穗波（1996）对东经 101°31′～119°54′，北纬 24°40′～33°48′的 32 个产地种源进行了研究，不同种源苗木对 K、Ca、Mg、P、N 5 种元素吸收力上有明显的选择性，除 7 个月苗龄叶中 P，根中 N、K，茎中 N、K、Mg 和 1 个月苗龄苗木根中 N 与纬度显著相关外，其余均未表现出明显的地理变异规律，也没有形成明显的营养元素含量上的地理种群，但在小范围内一些区域的种源可组成一些小的类群。王鹏程等（2001）对 5 个不同种源 5 个不同采摘时期香椿芽的营养成分进行了分析，同一时期不同种源间氨基酸、蛋白质、可溶性糖含量达极显著差异；通过对同一种源的香椿芽在不同时期营养成分差异比较，确定在湖北省露地栽培香椿适宜的采芽时间为 4 月 5 日，此时椿芽营养成分最高。

1984 年，吴泽民在《喜树、香椿染色体数目的研究》中报道了香椿的染色体数目为 $2n=52$，并认为洋椿属和香椿属之间的染色体数目是连续的，没有明显的界线，依据子房柄长短来划分这两个属的证据显得不足。郭振环（1993）用香椿茎尖作为试材对香椿染色体数目进行鉴定，结果为 $2n=56$，花粉母细胞减数分裂终变期，中期 I 染色体数目 $n=28$，观察中还发现其终变期染色体行为少见异常。陆长旬等（2001）对香椿的染色体数目进行鉴定，仅从某个品种的一个根尖的染色体制片统计，即有 $2n=52$、56、50、54、53、48、47、44，香椿其他几个品种也存在同样的变异。香椿染色体数目存在非整倍性变异。

(三) 香椿属植物种分类

1. 形态特征　高大乔木；芽具鳞片；羽状复叶，互生，小叶全缘；花小，两性，圆锥花序顶生或腋生；萼短，5齿裂，雄蕊5枚，花丝分离，生于肉质、五棱的花盘上；子房5室，每室有胚珠8～12，蒴果5裂；中轴粗，软木质，具五棱，种子扁，上部或两端带翅；胚乳薄。适应能力较强，生长迅速，材质优良。

2. 植物分类　香椿属植物的分类研究始于1774年，到20世纪50年代，M. J. Roemer在 *Fam. Nat. Reg. Veg. Syn* 上撰文，对香椿属进行重新组合，沿用1830年Adrien de Jussieu发表的种，将香椿的拉丁名组合为 *Toona sinensis*，该学名符合国际命名法规，一直被采用至今，他在此文中还发表了红椿的新名称 *Toona ciliata*，应该为最早正式有效发表的名称。1955年，侯宽昭、陈德昭在《植物分类学报》上发表《中国楝科志》，是我国最早对楝科植物种类进行的全面系统整理，使用的香椿属名为 *Toona*，并在陈嵘的基础上记载我国香椿属的3种和1变种，即香椿、红椿、小果香椿和毛红椿。1962年，曾沧江在《厦门大学学报》上发表《福建新种植物及几种植物的学名订正》，其中发表香椿属1新种——红花香椿（*T. rubriflora*），认为该种应并到红椿中。1977年，昆明植物研究所编著的《云南植物志》中重新组合红椿变种的拉丁学名：滇红椿（*T. ciliata* var. *yunnanensis*）、思茅红椿（*T. ciliata* var. *henryi*）、疏花红椿（*T. ciliata* var. *sublaxiflora*）。1986年，陈锡沐等在《武汉植物学报》上发表《广东楝科植物分类的初步研究》，其中记载香椿属在广东产3种2变种，即香椿（*T. sinensis*）、红椿（*T. ciliata*）、小果香椿（*T. microcarpa*）、滇红椿（*T. ciliata* var. *yunnanensis*）、毛红椿（*T. ciliata* var. *pubescens*）。并且重新组合毛香椿的拉丁学名：*T. sinensis* var. *schensiana*（C. DC.）。《中国植物志》综合有关研究和各地植物志，对国内香椿属的种名进行核实，共记载我国香椿属4种，同时收录香椿的2变种和红椿的4变种，并把红花香椿列入中国香椿属的分类系统中。2003年，向其柏发现产自浙江的香椿属1新种——金华香椿（*T. jinhuaensis*），但未正式发表。

据《中国树木志·第四卷》（2004），香椿属约15种，我国产3种1变种：香椿、红椿及变种毛红椿、小果香椿。

（四）香椿种质资源

我国有2000多年的香椿栽培历史，香椿种质资源丰富。浙江、河南、江苏进行了香椿地理变异、种源选择试验及不同种源苗期与种质差异分析。陕西以"香脆、肥嫩、殷红、矮化、多芽、耐采摘"作为菜用香椿选育目标，培育了一些优良栽培品种。山东、河南等省也进行菜用香椿品种选育；贵州配合良种基地建设主要进行材用香椿优良种源及单株的选择。中国林业科学研究院亚热带林业研究所从2000年开展香椿属种质资源收集和评价方面的研究，目前已经收集香椿属种质资源500余份，包括香椿、红椿、毛红椿和紫椿等，涉及中国18个省份35个地区以及澳大利亚；同时对毛红椿天然群体遗传结构和空间遗传结构进行了调查和分析。

目前在香椿属种源/家系试验方面的研究主要集中在香椿和毛红椿2个树种，梁有旺等（2008）对不同种源香椿苗期生长差异进行研究，结果显示，各种源苗木的苗高、地径生物量等生长性状存在显著差异，初步选出南京和湖南洞口两个种源为苗期优良种源；李淑玲等（2000）对不同种源10年生香椿人工林进行研究，综合认为湖南花垣、河南泌阳、河南卢氏等种源综合性状表现较好，适合河南栽培。中国林业科学研究院亚热带林业研究所发现毛红椿家系间苗高、地径、根干重、茎干重和根茎比等性状均达显著差异，表明毛红椿半同胞家系间存在较丰富的变异，具选育潜力，并选出了 8 个生长较快的家系。刘军（2010）对香椿、毛红椿、红椿等香椿属树种叶片中氨基酸含量进行了测定，发现 3 个树种均含有人类所需的 7 种氨基酸，氨基酸含量大小依次为毛红椿＞红椿＞香椿，目前杭州地区有食用毛红椿叶片的习惯。王昌禄等（2009）对 10 个不同种源香椿进行研究，表明南方种源叶产量高于北方；香椿叶总黄酮含量有明显的季节性变化，9 月含量最高；香椿总黄酮含量属于基因与环境互作的表现性状；综合抗性观测、产量测定及叶总黄酮的测定结果，初步筛选河南焦作为高黄酮含量的药用香椿优良种源。

　　国际上香椿的研究较少，类型和品种的划分还没有权威的标准和规定，主要沿用各产区民间习惯用名。我国香椿品种很多，品种划分主要是针对菜用香椿而言，生产上仍沿用"红椿"和"绿椿"的说法。香椿的特征和品质因品种而异，一般可以根据香椿初出芽苞和子叶的颜色分为紫香椿和绿香椿两大类，紫香椿有黑油椿、红油椿、焦作红香椿、西牟紫椿等品种；绿香椿有青油椿、黄罗伞等品种。香椿品种不同，其特征与特性也不同，紫香椿一般树冠都比较开阔，树皮灰褐色，芽孢紫褐色，初出幼芽紫红色，有光泽，香味浓，纤维少，含油脂较多；绿香椿，树冠直立，树皮青色或绿褐色，香味稍淡，含油脂较少。西南山区民间香椿有"红椿""白椿"之分，嫩叶红色为"红椿"，是菜用品质较好的类型，木材红色的也叫"红椿"；白椿生长相对较快。根据国内地方栽培品种类型，香椿又可分为 3 类：安徽太和香椿、河南焦作红香椿和山东西牟香椿。

四、香椿野生近缘种的特征特性

　　香椿属约 15 种，我国产 3 种 1 变种。

（一）小果香椿

　　学名 *Toona microcarpa*（C. DC.）C. Y. Wu，又名紫椿。

　　乔木，高达 25 m，树皮灰黑色或褐色，纵裂。幼枝灰色，被微柔毛，后变无毛而呈褐色，具明显的苍白色皮孔。偶数羽状复叶，小叶对生或互生，纸质，全缘；花序被粗毛，萼 5 深裂，被短粗毛，花瓣有缘毛，花盘与子房同被短硬毛；种子椭圆形，两端均具膜质的翅。花期 3～5 月，果期 7～9 月。材质软硬适中，浸水日久不腐，抗虫蛀，易加工，为优良用材。

　　主要分布于湖北、广东、海南、广西、云南等地，《河南植物志》记载该省也产小果香椿，应是我国分布的最北端。印度、孟加拉国、缅甸至中南半岛也有分布。

（二）红椿

　　学名 *Toona ciliata* Roem.，国家二级保护植物。

　　落叶或半常绿乔木，高可达 35 m，与香椿的主要区别是本种小叶全缘；萼 5 深裂，裂片钝，花瓣带白色，子房和花盘等长，被黄色粗毛；蒴果长椭圆形，褐黑色，密被白色皮孔；种子褐色，种子两端有翅，上长下短。喜光，能耐半阴，耐寒性不如香椿，对土壤条件要求较强，生长迅速。播种、埋根繁殖。花期 3~5 月，果期 10~12 月。木材红褐色，纹理美观，是珍贵用材；树皮可提制栲胶。

产于福建、湖南、广东、广西、四川、重庆和云南等省份；国外分布于印度、中南半岛、马来西亚、印度尼西亚等。

毛红椿（*Toona ciliata* var. *pubescens*）：为红椿变种。落叶乔木，叶轴和小叶片背面被短柔毛，脉上尤甚；初生叶第一对对生，以后互生，第一至七片叶为复叶，以后小叶数逐渐增加。下胚轴被黄色弯曲短毛。果实卵形，果皮厚，木质。种子两端具翅，长 2 cm，上端翅长 0.6 cm，下端翅长 1 cm。主、侧根均发达。毛红椿分布区土壤多为酸性红壤，pH 4.3~5.0。常与红椿混生，喜光，幼树稍耐阴。生长快，对土壤的适应性较强，能耐干旱和水湿，产于江西、湖北、湖南、广东、四川、贵州和云南等省；生于低海拔至中海拔的山地密林或疏林中。利用价值同红椿。

（蒋宣斌　薛沛沛）

第八节　望　天　树

望天树（*Parashorea chinensis* Wang Hsie），龙脑香科（Dipterocarpaceae）柳安属（*Parashorea*）植物，又名擎天树。世界约 15 种，我国 1 种，于 20 世纪 70 年代在西双版纳勐腊境内的补蚌首次发现。望天树树体高大，树干圆满通直，不分杈，树冠像一把巨大的伞，而树干则似伞把，西双版纳的傣族人把它称为"埋干仲"（伞把树）；植物学家则赋予它一个形象生动的名字——望天树，意思是"仰头看天才能看到树顶"。望天树是我国的一级保护植物，现有种群数量少，亟须人类的保护。

一、望天树的利用价值和生产概况

（一）木材利用价值

同龙脑香科的其他乔木一样，望天树以材质优良和单株积材率高而著名。据资料记载，一棵高 60 m 的望天树，主干木材材积可达 10 m³ 以上。其材质较重，结构均匀，纹理通直而不易变形，加工性能良好，适合于制材工业和机械加工以及较大规格的木材用途，是一种优良的工业用材树种。

（二）观赏价值

望天树因其形象的名字和稀有而成为人们观赏的对象。目前在云南西双版纳勐腊县补蚌自然保护区，以望天树为支柱、以缆绳为材料架设了一条高约 20 m、长 2.5 km 的"空中走廊"景点，为游人领略望天树的高大挺拔和森林美景提供了平台。

（三）科研价值

望天树是龙脑香科柳安属植物在我国的唯一分布种。在东南亚，这个科的植物是热带雨林的代表树种之一，它是热带雨林的重要标志。过去某些外国学者曾断言"中国十分缺乏龙脑香科植物""中国没有热带雨林"。然而，望天树的发现，不仅使得这些结论被彻底推翻，还证实了我国存在真正意义上的热带雨林。望天树生存环境、种群生态及其保护、致危原因均需研究，具有重要的科研价值。

二、望天树的形态特征和生物学特性

（一）形态特征

常绿大乔木，高 40～80 m，胸径达 1.5～3 m，树干通直，枝下高多在 30 m 以上，大树具板根；树皮褐色或深褐色，上部纵裂，下部呈块状或不规则剥落；1～2 年生枝密被鳞片状毛和细毛。叶互生，革质，椭圆形、卵状椭圆形或披针状椭圆形，长 2～6 cm，宽 3～8 cm。花序腋生和顶生，穗状、总状或圆锥状，被柔毛；花瓣 5，黄白色，具 10～14 条细纵纹；雄蕊 12～15 枚，两轮排列。坚果卵状椭圆形，长 2.2～2.8 cm，直径 1.1～1.5 cm，密被白色绢毛，先端急尖或渐尖，3 裂（图 32-8）。

（二）生物学特性

望天树分布在热带季风气候区向南开口的河谷地区及两侧的坡地上。全年高温、高湿、静风、无霜，终年温暖、湿润，干湿季交替明显，年平均温度 20.6～22.5 ℃，最冷月平均温度 12～14 ℃，最热月平均温度 28 ℃以上；年降水量 1 200～1 700 mm，降雨日约 200 d；相对湿度 85％，雾日170 d 左右。土壤属于发育在紫色砂岩、砂页岩或石灰岩母质上的赤红壤、沙壤土及石灰土。在湿润沟谷、坡脚台地上，组成单优种的季节性雨

图 32-8　望天树
1. 花枝　2. 叶枝　3. 幼果枝　4. 叶下面部分放大　5. 托叶　6. 鳞片状毛　7. 表皮毛　8. 苞片　9. 花　10. 子房　11. 雌蕊和雄蕊　12. 成熟果及萼片　13. 成熟的果
（引自《中国树木志·第三卷》）

林，常见的伴生树种有千果榄仁（*Terminalia myriocarpa*）、番龙眼（*Pometia pinnata*）。望天树 5～6 月开花，8～10 月为果熟期。落果现象比较严重，主要由于虫害所致。

三、望天树的起源、演化和分类

（一）起源

望天树的起源目前还没有化石证据，但其所属广义龙脑香科的起源存在这样的假说：在白垩纪晚期向始新世非常早期的过渡时期，由于古地理变化和其他效应一起导致现在的地理分布格局。龙脑香科祖先应在南美洲、非洲、印度和东南亚（甚至欧洲和北美劳亚大陆板块及其间断的大裂谷）还连在一起时就已经出现，这种情况发生在二叠纪至三叠纪时期。随后冈瓦纳古陆东北部从冈瓦纳大陆分离，跨越古地中海与劳亚古陆的东南部（随后印度板块也有同样变化）连在一起。根据华夏植物区系和古地中海的研究，这些变化应发生于二叠纪至三叠纪、侏罗纪和白垩纪。

另外，也有学者虽同意现在的龙脑香科分布区起源于冈瓦纳古陆，但认为龙脑香科从冈瓦纳古陆向印度—马来区域迁移的假说。这种假说认为龙脑香科可能在白垩纪冈瓦纳古陆漂移之前占了两大区域：一个是亚洲，另一个是非洲—印度—塞舌尔—斯里兰卡复合板块。龙脑香科起源于欧洲，其祖先从那里迁移至非洲，然后再迁移到印度。这个假说认为龙脑香科有两个第三纪中心：劳亚古陆起源的印度—马来中心和冈瓦纳古陆起源的非洲—印度中心，两者分别位于古地中海两岸。最近的研究结果表明，东南亚和劳亚古陆有直接的大陆相连。这些学者的研究认为冈瓦纳古陆东北部可能有一系列的小板块脱离，通过古地中海形成一个群岛。这些推断的群岛可能形成一个接力棒，可能通过火山喷发为植物迁移铺路。在喜马拉雅山升起之前，古地中海附近的植物区系可能存在交流。

上述两个假说都可以支持美洲、非洲和亚洲具有一个遥远的共同祖先，也能解说印度—塞舌尔—斯里兰卡地区的特异性、加里曼丹岛乌普纳香属（*Upuna*）的存在以及白垩纪后龙脑香科在东南亚暖湿地区的爆发（Maury‐Lechon et al.，1998）。

（二）系统位置

广义龙脑香科包含非洲、美洲和亚洲的多种植物，而狭义龙脑香科仅包含亚洲的龙脑香植物。在亚洲龙脑香植物中，传统植物分类学上将柳安属单列，分子研究认为柳安属与坡垒属（*Hopea*）、娑罗双属（*Shorea*）和栎果香属（*Neobalanocarpus*）具有共同祖先（Tsumura et al.，1996）。

四、望天树的分布与遗传多样性

（一）分布概况和类型

望天树分布于我国云南南部西双版纳的勐腊、东南部的河口、马关等地和广西西南部的都安、巴马、龙州、那坡、田阳和大新等地，多生长在海拔 350~1 100 m 的山地峡谷及两侧坡地上，其分布面积约 20 km²。3 个分布地的望天树的形态特征差异主要在果翅上。云南南部的望天树果翅短而宽，广西西南部的果翅长而窄，云南东南部的望天树果翅居中，三者在统计上有差异，但变异是连续的，不能区分为 3 个变种（朱华，1992）。

（二）遗传多样性

望天树遗传多样性较低。根据李巧明等（2001）利用水平切片淀粉凝胶电泳等位酶分析方法对分布于滇南、滇东南和桂西南的 9 个天然居群的望天树进行 11 个酶系统 16 个等位酶位点的研究表明，望天树群体内遗传变异水平极低，多态性位点百分率为 6.25%～12.50%（平均为 6.82%），等位基因平均数为 1.06～1.13（平均为 1.07），平均期望杂合度为 0.032～0.054（平均为 0.035），平均观测杂合度为 0.063。居群间存在低水平的遗传分化，G_{st} 值为 0.030，结果明显不同于其他热带植物的报道。望天树群体的遗传结构单一，一方面反映了群体内存在大量内繁育（无融合生殖、近交），另一方面也说明了在进化过程中该种曾经历了严重的瓶颈效应，遗传变异大量丧失。

随后采用 RAPD 分子标记研究进一步确认望天树的遗传多样性较低，但具有较强的地区居群分化，这可能是由于望天树在其进化历史上居群不断减少及再扩张所引起的居群瓶颈所造成的。居群的大小和遗传多样性没有显著的相关性，而居群间的遗传距离和地理空间距离则显著相关（李巧明等，2003）。

（三）保护策略

望天树由于自身特性、生存环境、种群结构和人为破坏等原因，种群补充不足、种群数量减少，从而陷入濒危境地。因此应该加强保护区管理与法制建设，在天然群落中进行人工辅助更新，从而有效保护望天树种质资源（闫兴富等，2008），同时开展望天树人工造林工作，并根据望天树的遗传结构和居群分化程度开展选择性的异地保护。

（尹光天　李荣生）

第九节　格　　木

格木（*Erythrophleum fordii* Oliv.）为苏木科（Caesalpiniaceae）格木属（*Erythrophleum* R. Br.）常绿高大乔木，是珍贵用材树种，为广西"三大硬木"之一，被列为《中国植物红皮书》国家Ⅱ级重点保护野生植物。

一、格木的利用价值

（一）木材价值

格木为名贵用材，心材与边材区别明显，心材大，褐黑色，有光泽，边材黄褐色稍暗，年轮可见。木材无气味，纹理致密，结构粗，材质坚硬，有铁木之称，为我国著名硬木之一。木材干燥后无收缩或变形，耐水耐腐，可做造船的龙骨、首柱及尾柱，飞机机座的垫板及房屋建筑的柱材等。木材强度高、硬度大，油漆或上蜡性能良好。适宜做椅类、床类、沙发、餐桌、书桌等高级仿古典工艺家具及楼梯扶手、实木地板等。格木以心材最为珍贵，以重量论价，每立方米价值达人民币万元以上。格木的小径材、枝丫、梢头等可做小工具用材，如各种日常用具的把柄等。广西容县的"真武阁"和广西合浦的"格木桥"全部用格木建成，并无一钉一铁，分别经历 400 多年和 200 多年，至今完好无损，可见格木坚固耐用（李树刚等，1990）。

（二）绿化价值

格木树冠苍绿荫浓，是优良的观赏树种，可做四旁绿化之用；枝叶浓密，涵养水源和改良土壤的效果显著，是我国南方城市绿化优良树种，是城市森林、风景园林不可多得的好树种。

（三）药物价值

格木树皮和种子可入药，性味辛、平，有毒，入心经。主要功效为益气活血，可治疗心气不足所致的气虚血癖之症，即心悸、气短、乏力、下肢及全身浮肿等。该植物种子和茎皮有毒，中毒后产生强烈而持久的局部麻醉（屈晶，2007）。非洲同属植物 *E. guinens* 的茎皮曾用作箭毒，人中毒后因呼吸抑制而死亡。药理试验表明，格木树皮的乙醇提取物及其乙酸乙酯和正丁醇萃取物具有一定的细胞毒活性（Li et al.，2004）。

二、格木的形态特征

常绿乔木，树高 25 m，胸径可达 100 cm 以上；幼树皮灰白带淡褐色，老树皮深灰褐色，不裂至微纵裂，小枝被锈色毛，嫩枝、幼芽被铁锈色短柔毛。叶互生，二回羽状复叶，无毛。由穗状花序所排成的圆锥花序长 15～20 cm。荚果长圆形，扁平，长 10～18 cm，宽 3.5～4 cm，厚革质，有网脉；种子长圆形，稍扁平，长 2～2.5 cm，宽 1.5～2 cm，种皮黑褐色（图 32-9）。

三、格木的生物学特性

格木生长 15～18 年后开始开花结果，花期 3～5 月，果期 8～10 月。初始的 1～2 年荚果内种子多不成熟，种子小，胚乳不足，发芽率极低。其开花年年均盛，但结果有大小年之分。格木种子先于裂开的果荚落于地上，也有部分果荚落于地上时仍未裂开。落果期从 11 月持续至翌年 3 月。

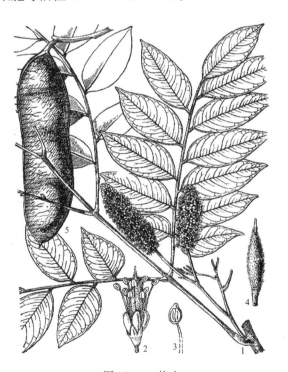

图 32-9　格木
1. 花枝　2. 花　3. 雄蕊　4. 雌蕊　5. 果
（引自《中国植物志·第三十九卷》）

（一）生长特性

格木的高生长，中年较快，随树龄增加渐趋缓慢；胸径生长，幼年较慢，随年龄增长逐渐加快。根据广西浦北格木解析木的材料表明，树高连年生长量，5 年前为 0.5 m，10 年生时可至 0.82 m，至 20 年时每年仍增长 0.66 m，以后急速下降为 0.24 m；胸径连年生长量，5 年内较小，5 年后逐渐加快，10 年后急剧上升，15 年、20 年和 25 年 3 个龄阶的连年生长量分别为 1.14 cm、1.18 cm 和 1.04 cm（《中国树木志》编辑委员会，1978）。格木幼龄期容易受蛀梢害虫危害，一般主干不明显，多呈二杈分枝生长，但生长到一定时期时一个分枝生长较快成长为主干，另一分枝生长较慢，逐渐消失。随着生长增粗，树干趋于通直，这样就形成格木髓心偏离轴心的不规则现象，形成美丽雅致的纵剖面花纹。

（二）生态适应性

格木幼苗、幼树不耐寒，常因霜冻而枯梢，甚至冻死，大树耐寒性强。格木是较喜光的树种，幼龄时期稍耐阴，中龄期以后需要充足的光照才能生长茂盛。格木喜湿润、肥沃的酸性土壤，在花岗岩、砂页岩等发育的酸性土壤，疏松肥沃的冲积壤土、轻黏土上均能生长，在石灰岩发育的钙质土上无格木分布。在低山丘陵土壤湿润、深厚、肥沃的山坡下部、山谷、溪边，生长迅速；在土壤干旱、瘠薄的山腰中上部生长不良。常与红锥、枫香树、橄榄、乌榄等混生，造林地以生长五节芒、纤毛鸭嘴草为优势的草本群落的立地为好；而生长铁芒萁群落、岗松群落或稀疏的矮草群落的荒山，土壤干燥瘠薄，不宜选用。在北回归线以南的低山、丘陵地区较肥沃的非石灰岩的土壤上可种植。

四、格木的分布与生产概况

格木天然分布在海拔 800 m 以下的低山及丘陵，主产于我国广东、广西、福建、浙江和台湾等地以及越南。在广西南部为常绿季雨林或半常绿季雨林的主要组成成分，局部地段可成为优势树种，或呈散状分布于海拔 800 m 以下丘陵疏林地或林缘。广西的天然分布区主要在龙州、靖西、武鸣、防城、合浦、浦北、博白、陆川、玉林市城区、容县、岑溪、苍梧、藤县、桂平、昭平；在广东的信宜、云浮、高要，台湾的屏东、台东、基隆、台北等地均有天然分布。

格木在我国北热带和南亚热带地区较广泛地用于城市与四旁绿化，广西博白林场 20 世纪 60 年代在丘陵进行人工造林，并在选种、育苗、造林、幼苗抚育方面有了一定技术，幼林 10 年生以后进入郁闭期，12～15 年生时进行间伐，为了保留大径材，最后保留株数每公顷 150～225 株（《中国树木志》编辑委员会，1978）。

五、格木的遗传变异

赵志刚等（2009）研究了格木天然分布区 8 个天然群体荚果和种子的 11 个表型性状的变异规律，结果表明，格木荚果与种子的长度、宽度、形态指数及每个荚果内种子数、种子厚度和千粒重在群体间和群体内单株间均存在显著差异；荚果性状在群体间和群体内的变异均大于种子性状；每个荚果种子数与荚果长度、形态指数以及种子的长度、大小呈显著正相关，种子长度和宽度与荚果大小、种子千粒重与荚果宽度均呈显著相关；荚果形态指数与经度呈显著相关，种子千粒重与纬度、种子宽度与海拔和年降水量、种子形态指数与年均温、种子大小与年降水量均呈显著正相关。通过聚类分析，可将 8 个格木群体分为 3 类。

赵志刚等（2011）又从格木天然分布区收集 6 个群体的种子进行育苗试验，结果显示，格木天然群体子代芽苗和幼苗表型性状在群体间和群体内均存在丰富的变异，苗高的变异高于地径，苗期选择以高生长为主。格木苗期生长与种子的大小、千粒重相关显著，胚根长度与经度、地径与年均温、高径比与海拔高均存在显著相关性。

（郭文福）

第十节　水　青　冈

水青冈（*Fagus longipetiolata* Seem.）属壳斗科（Fagaceae）水青冈属（*Fagus* L.），俗称榉木或山毛榉。我国有 6 种水青冈属树种，多分布于亚热带中山与亚高山山地，具有重要的生态价值。水青冈材质良好，有重要的用材价值；树姿美观，也是优秀的庭园树种。水青冈在欧洲广为栽培，我国也很有栽培前景。

一、水青冈属树种利用价值和生产概况

（一）水青冈属树种的利用价值

1. 木材价值　水青冈木材为散孔材或半环孔材，红褐色，质重，富韧性，纹理直，结构细而匀，硬至中，强度中至强，收缩大，稍耐腐。具宽木射线，射线组织异形Ⅲ型，年轮与木射线清晰可见，花纹美丽，木材颜色由乳白色至极浅的黄褐色，久置大气中氧化变为粉红色或浅红色，有时靠近心材位置略呈红色或呈"红心"状。木材用途广泛，可供建筑、家具、装饰、纤维工业、坑木、桩木等用，也是良好的薪材原料。

2. 园林绿化与观赏价值　水青冈为优秀的庭园乔木，树体高大，枝条开展，树冠圆头状，树皮平滑，秋色叶褐色带红，姿态美观。可做大型庭园、园林、绿地及公共场所或周边树种，也可用作行道树。欧洲山毛榉是欧洲园艺史中栽培最长久的乔木之一，故在欧洲常可见到高大挺拔的大树。在英国苏格兰，用山毛榉树作为树篱，这种树修剪以后，仍有 25 m 高，有的高达 30 m，成为世界上最高的树篱（《中国森林》编辑委员会，2000）。

3. 其他价值　水青冈种子可榨油，供食用或工业用；水青冈具有保持水土、涵养水源、调节气候、降低噪声、护坡固坡等森林生态价值；水青冈树粉可生产燃料乙醇。

（二）水青冈属主要树种的分布

水青冈属全球约 11 种（洪必恭等，1993），分布于北半球温带及亚热带高海拔地区，中国 6 种，常见 5 种（表 32-1）。落叶大乔木，喜温凉湿润气候。第三纪时曾广布于北半球各大陆，冰期气候使其分布区大大缩小，冰后期气候回暖，在北美与日本的分布区逐渐

扩展。中国是该属植物种类最丰富的地方，但属种的分布区有日益缩小的趋势。中国水青冈分布于浙江、安徽、江西、四川、贵州、云南、湖南、湖北、广东、广西、重庆、台湾、福建、陕西等省份。在云南是海拔 1 500～1 800 m 天然阔叶树林中的主要树种。在湖北海拔 1 000～2 100 m 地带常与栎属树种混生或成纯林。在贵州的梵净山海拔高度 1 500～1 800 m 的区域有亮叶水青冈纯林分布（黄威廉等，1988）。

表 32-1 水青冈属中国各种及其分布

中文名	拉丁名	分布区
水青冈	*Fagus longipetiolata*	陕西、四川、贵州、云南、湖南、湖北、广西（大苗山）、广东、安徽、江西、浙江、福建等地
亮叶水青冈	*Fagus lucida*	湖北、湖南、江西、四川、贵州、广西等地
米心水青冈	*Fagus engleriana*	四川、贵州、湖北、云南、陕西、河南、安徽等地
平武水青冈	*Fagus chienii*	四川平武海拔 1 300 m 处
台湾水青冈	*Fagus hayatae*	台湾海拔 250～1 600 m 林中

（三）水青冈的栽培利用现状

目前国内水青冈主要以天然林为主，人工栽培很少，只在四川南江、福建武夷山等地有少量人工育苗和栽培。市场上水青冈木材大致分为白水青冈和红水青冈。实际上应当有 3 类：第一类是白水青冈，色泽均匀白色，价格最高；第二类是杂色水青冈，白而不纯，品质较差，价格较低；第三类是红水青冈，是由杂色水青冈经过蒸煮加工，使色泽呈现均匀的红褐色，其价格也相应上升。水青冈木材属中高档材，有悠久的使用历史，最早使用文字的亚洲雅利安部落就将文字刻在质软、光滑、柔顺的水青冈树皮上，然后切割、装订成册，是书本的雏形。

水青冈市场木材贸易主要是地板，国际标准化组织专门为它制定了标准。中国市场上有全实木水青冈地板和水青冈切片加工的复合实木地板。水青冈饰板在建筑装饰中用得较多，水青冈复合木门市场上也比较走俏，这是用水青冈薄片贴在以刨花板、中密度纤维板等为实体的木门上，这种复合木门不仅体现了水青冈花纹的装饰美，而且较全实木门不易变形。

水青冈又称山毛榉，市场上将白水青冈称为白榉，将红水青冈称为红榉。水青冈木材市场贸易量初步估测每年 7 000～8 000 m³，市场需求量要高于供应量，天然水青冈生长缓慢，资源呈递减趋势，必须限制砍伐，因此有必要加强水青冈树种的人工培育。

二、水青冈属植物的形态特征和生物学特性

（一）形态特征

落叶乔木，高约 25 m，胸径约 60 cm，树干通直，树皮浅灰色或灰色，薄而平滑或粗糙。单叶互生，叶缘具锯齿或波状，托叶膜质，线形，早落。叶卵形或卵状披针形，先端

短尖或渐尖，基部宽楔形或近圆形，略偏斜。叶长 6~12 cm，叶宽 3~6 cm。叶表面呈绿色，叶背面呈黄绿色，9~14 对侧脉。花单性，雌雄同株，雄花为下垂的头状花序，近总花梗顶部有膜质线形或披针形苞片 2~5，花被 4~7 裂，钟状，雄蕊 6~12 枚，有退化雌蕊；雌花每 2 朵生于总苞内，稀 1 朵或 3 朵，花被 5~6 裂，细小，子房 3 室，每室有顶生胚珠 2 个，花柱 3，基部合生。壳斗常 4 裂，小苞片为短针刺形、窄匙形、线形、钻形或瘤状突起；坚果三角状卵形，有三棱脊。

（二）生物学特性

水青冈为生长较慢的乔木树种，50 年的大树可高达 30 m，胸径 80 cm。其树体高大，主干明显，圆满通直，可培育大径材。水青冈一般生于山脊中下坡，喜气候凉爽湿润，夏季林内相对湿度达 90% 左右。其适生的土壤为山地黄棕壤和山地棕壤、黄壤，土层深厚，酸性，pH 5.0~5.5，质地轻壤—重壤，结构与排水良好，持水能力强。水青冈属深根系树种，主根与侧根发达，抗风力强。从生长看，幼龄阶段生长缓慢，5~10 年生长速度加快，树高连年生长可至 1.0 m，胸径连年生长量为 1.4 cm。到 25~35 年生长开始缓慢。水青冈有萌芽更新能力，在自然情况下主要依靠种子繁衍后代，成年树结实量大。水青冈不耐阴，仅在林窗及林缘有更新苗，且生长一般，在光照充足的地方生长良好。芽一般于 3 月下旬萌发，花期 4 月上中旬，9~10 月果实陆续成熟。

三、水青冈属植物的起源演化与种质资源

（一）水青冈的起源与演化

水青冈早在中生代时就已广泛分布，经过新生代的第四纪冰期气候变化，中国现分布于亚热带的水青冈林就是第三纪的孑遗种。亚洲因受干旱化的影响较轻，所以水青冈的种类远比北美和欧洲丰富。水青冈属植物是第三纪延续至今的古老植物，它在东亚不但种类多，而且形态多样，中国中部山地是它的现代分布中心。水青冈化石在我国的黑龙江、吉林和华北地区等都有发现，可见它在中国北方也有生存的历史，并在长期的历史演化过程中逐渐衰退。水青冈是世界广布种，连接欧亚大陆，横贯北半球，因此古老的水青冈林在研究物种演化、古地理、古生态等方面有其极大科学价值。

对水青冈属 6 种、1 亚种、1 栽培变种的 ITS 区片段进行了测序和分析（李建强等，2003），并对其中 2 个具有 ITS 序列多态性的分类群进行了 ITS 区克隆。水青冈属 ITS 系统发育树聚成两支，位于基部的是分布于北美的大叶水青冈，另一分支则包括了欧洲和东亚的类群。在欧洲和东亚分支中，又包括两支，其中日本北部的波叶水青冈位于系统发育树基部，台湾水青冈和欧亚大陆的水青冈形成另外一支。ITS 区分析与现行的水青冈属基于形态学性状的属下分类系统有一定差异，而与本属现存物种的地理分布格局较为一致。各类群之间 ITS 区序列差异较小，显示属内现存物种的分化时间不是太长。

（二）水青冈种质资源

目前尚无已经选育的水青冈良种和新品种，在福建龙岩、福建南靖、重庆南川、广东

韶关、广西天峨、四川松潘等地分别有水青冈群体保存林，各保存林保存数量为 300 余株，生长与保存良好。

李景文等（2005）对欧亚大陆水青冈种群遗传多样性做了对比分析，认为各物种特有等位基因是分析遗传多样性的关键，不同季节气候和不同地理条件下，水青冈种内基因频率和等位基因表达也不同。亮叶水青冈和米心水青冈都含有较多的特有等位基因，是相对独立和分布范围广的树种。中国水青冈分布区域广泛，繁殖种群大量，其遗传多样性也较欧洲水青冈为高。

四、水青冈近缘种的特征特性

（一）米心水青冈

学名：*Fagus engleriana* Seem.。

1. 形态特征　乔木，高达 23 m，树皮暗灰色，粗糙或近平滑，不开裂；树干分枝低；冬芽长约 1.5 cm。叶纸质，菱形或卵状披针形，长 5～9 cm，宽 2～4.5 cm，顶端渐尖或短渐尖，基部圆形或宽楔形，边缘具波状圆齿，稀近全缘或具疏小锯齿；叶柄长 4～12 mm。成熟总苞长 12～18 mm，裂片较薄，长 1～1.5 cm，苞片稀疏，异形，在基部的为窄匙形，有时顶端 2 裂，具明显的脉，绿色，叶状，上部的扁线形，顶部的针刺形，通常有分枝，总梗长 2.5～7 cm，通常为 3～5 cm，果熟后下垂；每壳斗具坚果 2 个，偶有 3 个，坚果与总苞近等长或略伸出，在棱脊顶端有细小、三角形突出的翼状体。花期 4 月，果熟期 8 月（图 32 - 10）。

2. 生物学特性　较耐阴，喜温凉湿润的中山山地气候，林下土壤多为山地黄棕壤，少数为棕壤，喜肥沃酸性土壤或石灰性土。寿命长，可达 400 年。米心水青冈生长速度中等，80 年的林分树高达 20 m，胸径 30 cm。树高生长旺期 10～50 年，高峰期在 20～50 年，最大年生长量 0.56 m；胸径生长旺期在 20 年以后，高峰期在 30～45 年，最大年生长量 0.6 cm。

3. 分布概况　米心水青冈是中国水青冈属中水平分布最北，垂直分布最高的树种，

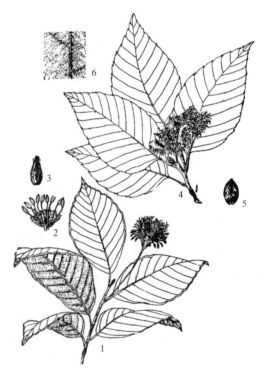

图 32 - 10　米心水青冈和水青冈
米心水青冈：1. 果枝　2. 雄花　3. 果
水青冈：4. 果枝　5. 果　6. 幼叶下面放大

在四川、贵州、湖北交界的山脉，川西山地，河南西部，陕西秦岭东南部，向东至安徽黄山均有分布，在云南主要分布于滇东北，约北纬 27°30′以北永善一带，海拔 1 200～2 500 m

山地森林中。分布区东经 102°20′（四川天全）～119°40′（浙江临安），北纬 27°30′（贵州江口）～34°30′（河南灵宝）。生于海拔 800～2 400 m 的中国中部山地。

4. 利用价值　木材淡红褐色至淡褐色，结构细至中等，纹理直或斜，硬度中至硬，冲击韧性高，锯刨加工易，剖面光洁，不耐腐或稍耐腐，供高级家具、室内装修、运动器械、文具、乐器、房屋建筑等用材。

（二）台湾水青冈

学名 *Fagus hayatae* Palib. ex Hayata。

1. 形态特征　乔木，高 10 m，胸径 70 cm；树皮灰色，光滑。叶卵形至椭圆形，长 3.5～7 cm，宽 2～3.5 cm，先端渐尖，基部圆形或宽楔形，边缘波状，具疏生小锯齿，幼叶两面有长柔毛，沿中脉的毛更密，老叶通常无毛，仅下面脉腋有簇生毛，侧脉 6～10 对，直达齿端；叶柄长 4～7 mm，被柔毛。雄花序头状，下垂，具长 2～3 cm 的总花梗；雄花 5～8 朵为一簇，花被 4 裂或 5 裂，外被金色长毛，雄蕊 5～12 枚；雌花花被 5 或 6 浅裂，雌蕊长约 3 mm，无柄。壳斗卵球形，4 瓣裂，长 0.8～1 cm，被黄褐色绢状柔毛，苞片呈锥形而反卷的刺，长 2～3 mm，总梗长 0.7～1（1.2）cm，被灰白色柔毛；坚果常 2 枚，伸出总苞外，具 3 棱，被黄褐色微柔毛。

2. 生物学特性　喜气候凉爽湿润，夏季林内相对湿度达 90% 左右。土壤主要为山地黄壤。本种较耐阴，根系发达，抗风力强。幼龄阶段生长缓慢，10～30 年壮龄长势旺盛。芽于 3 月下旬萌发，花期 4 月上中旬，9～10 月果实陆续成熟。

3. 分布概况　分布于台湾（桃园、宜兰）、浙江（永嘉、临安）、安徽（清凉峰）、湖北（七姊妹山）。台湾水青冈主产于台湾，分布的区域有两大块，第一是在新北市、桃园县交界的拉拉山、插天山一带，现在已经建立了"插天山自然保留区"，以保护其内的台湾水青冈、稀有动植物资源及其生态系。另一个区域位于宜兰太平山翠峰湖附近的铜山地区，为目前台湾水青冈最大的栖息地，生育地广达 1 100 hm²，目前已经设立 2 hm² 的永久样区进行长期监测。保护区分为核心保护区和缓冲区两部分。在湖北省宣恩县七姊妹山自然保护区，发现大片台湾水青冈原始林，面积超过 66.7 hm²，主要分布在海拔 1 550～1 700 m 的山脊。

4. 利用价值　台湾水青冈是本属植物在中国分布最南的一个特有种，属于国家 Ⅱ 级重点保护野生植物，由于植被遭受烧山与破坏，导致生境恶化，植株减少。因授粉率低，种子多数不饱满，且受鸟兽啄食，天然更新能力弱，林内幼树极少，具有较高的保护和研究价值。其木材材质坚韧，纹理细密，经久耐腐，为建筑、车辆等优良用材。

（三）亮叶水青冈

学名 *Fagus lucida* Rehd. et Wils.。

1. 形态特征　落叶乔木，高达 25 m，胸径 1 m。小枝散生白色皮孔，幼枝被绢质茸毛。椭圆形，顶端尖，无毛。叶卵形或卵状披针形，长 4.5～10 cm，先端短尖或渐尖，基部宽楔形或近圆形，稀近心形，具锯齿，嫩叶上面被绢质柔毛，老叶无毛；侧脉 10～11 对，直达齿端，叶柄长 0.6～2 cm，嫩时被绢质柔毛。壳斗长 0.8～1.2 cm，3～4 裂，幼时小苞片密集，鳞片状，具突尖头，成熟时小苞片稀疏，鳞片状，有小突尖头，近基部的小苞片不明显，稀小苞片近舌状；总梗长 0.2～1（1.8）cm，无毛。每壳斗有果 1～2，幼时包果一半，成熟时果顶端伸出。春末夏初花叶同放；秋季果熟。

2. 生物学特性　分布区的气候具有温度略低，湿度较大，冬季寒冷而不干燥，夏季温凉而多雨，冬有积雪，终年多云雾，日照少等特点。亮叶水青冈生长速度中等，其胸径生长在 10～50 年都较迅速，年生长量平均 0.25 cm，直到 130 年无明显下降趋势；树高生长亦在 10～60 年较快，年平均生长量为 0.25 m，80 年以后呈缓慢下降趋势。亮叶水青冈有萌芽更新能力，在自然情况下，主要靠种子繁衍后代。其对光照强度适应幅度较宽，表现为既有较强的耐阴性，而在光照充足时生长更优，在光线充足的林缘、林窗或迹地上幼树远较郁闭林内生长健壮，喜深厚湿润酸性山地黄壤及黄棕色森林土。

亮叶水青冈的枝叶茂密，侧枝发达，枝下高较低，由于落叶量大，在其占优势的地方，林下厚层的枯枝落叶不利于其更新，所以幼苗生长不普遍，但在枯枝落叶较薄的地方能够更新（黄威廉等，1988）。

3. 分布概况　分布于湖北、湖南、江西、四川、贵州、广西、浙江、福建，生于海拔 800～2 000 m 的落叶阔叶林中。常与米心水青冈、水青冈组成纯林，或与其他起源古老的落叶阔叶树混生。

4. 利用价值　木材白色至淡红褐色，结构细至中等，纹理直或斜，硬度中至硬，冲击韧性高，锯刨加工易，剖面光洁，不耐腐或稍耐腐，供高级家具、室内装饰、运动器械、文具、乐器、房屋建筑等用材。

（四）平武水青冈

学名 *Fagus chienii* Cheng。

1. 形态特征　乔木，高达 25 m，胸径 1 m。1 年生小枝被褐色柔毛，老枝无毛。芽椭圆状，长约 2 mm，径约 3 mm，无毛。叶卵形或卵状披针形，长 6～9 cm，先端短尖或渐尖，基部圆形或宽楔形，叶缘具小齿，叶上面几无毛，下面沿脉被毛，侧脉 8～10 对，直达齿端；叶柄长 5～8 mm，被柔毛，后几无毛。壳斗长 1.3～1.5 cm，4 裂，小苞片厚，木质，舌状或鳞片状，下弯反折，长约 2 mm；总梗长 1.2 cm，疏被柔毛。每壳斗有 2 果，8 月果熟。

2. 生物学特性　较耐阴，喜温凉湿润气候。

3. 分布概况　产于四川平武海拔 1 300 m 处。

4. 利用价值　木材价值较高，是高档家具、农具、薪炭等用材，平武水青冈分布区狭小，数量较少，具有较高的保护和研究价值。

（李　斌　安元强）

第十一节　青　冈

青冈为壳斗科（Fagaceae）青冈属（*Cyclobalanopsis* Oerst.）常绿树种，也是东亚热

带和亚热带常绿阔叶林中的重要组成树种。青冈属全世界约 150 种，主要分布在亚洲热带、亚热带地区。我国约 77 种，分布于秦岭淮河流域以南各省份，为组成常绿阔叶林的主要树种之一。青冈属不少树种为优良用材树种。

一、青冈的利用价值和生产概况

（一）利用价值

1. 木材利用价值　青冈木材利用价值高，木材重、硬，韧度高，干缩大，耐腐，最适做造船材、车辆、木梭、农机、工具柄、秤杆、滑轮、刨架、凿柄、琴杆、运动器材等，商品材价值贵重。

2. 工业价值　青冈种仁含淀粉 55.51%，单宁 15.75%，蛋白质 4.5%，脂肪 3.3%，纤维素 1.13%，灰分 2.51%，经水浸提出单宁后才可供淀粉食用、酿酒、浆纱等用。青冈树皮、壳斗、树叶都含有单宁，可浸提栲胶。

3. 薪材和饲用　青冈枝丫为优质薪炭材，还可用于培养香菇；青冈种仁经水浸提出单宁后可为优质饲料，酿酒后的酒糟亦可做饲料。

4. 绿化和环保树种　青冈是石灰岩地区的绿化造林树种，对二氧化硫、氯气、臭氧等均有较强的抗性，可用于环保造林。在青冈分布区内有数量不少的次生林，形成多树种混交林，生物多样性高，具有良好的水源涵养功能，也是培育珍贵用材的基地。

（二）青冈属植物分布

我国青冈属植物有 77 种 3 变种（陈焕镛等，1998），主要分布在秦岭淮河以南的各省份。其分布的北界为秦岭—伏牛山南坡—桐柏山北坡—大别山北坡—宁镇山地—上海大金山岛一线；向南可分布到我国最南端的海南岛；向西可分布到西藏喜马拉雅山东南部；向东可分布到我国的浙江、福建沿海和台湾（倪建等，1997）。

我国的青冈属植物主要集中分布在滇黔桂地区、华南地区和滇缅泰地区，这些地区是青冈在我国分布的中心。滇黔桂地区是一个古老而复杂的植物区，窄叶青冈（*C. augustinii*）、饭甑青冈（*C. fleuryi*）等是这一地区分布的典型种。华南地区是中国—日本植物区系的核心部分，呈亚热带向热带过渡的特色，并深受印度、马来西亚的影响。这一地区分布的青冈种类占全国的 30%，雷公青冈（*C. hui*）、福建青冈（*C. chungii*）多分布于这一地区，一般分布在海拔 1 000 m 以下的低山或中山的热带常绿阔叶林中。滇缅泰地区是与缅甸、泰国北部、老挝北部的热带植物区系相一致的，这一分布区的青冈种类多属于热带成分，如毛果青冈（*C. pachyloma*）、越南青冈（*C. austro - cochinchinensis*）等，也常见于中南半岛。中国—喜马拉雅森林植物区系位于我国的西部地区，包括云南高原地区、东喜马拉雅地区和横断山脉地区，这一地区的青冈种类垂直分布十分明显，偏于较高的海拔，有些种类是中国—日本植物区系分布的替代种，如滇青冈（*C. glaucoides*）代替了青冈，黄毛青冈代替了赤皮青冈。在海南和台湾，由于岛屿的生态隔离和环境等因素，分布有数量较多的地区特有种，如台湾特有的台湾青冈（*C. morii*）、海南特有的尖峰青冈（*C. litoralis*）等（罗艳等，2001）。

云南分布有青冈属植物约 40 种，种类的丰富度和特有性都很高。青冈属植物在云南分布比较广泛，主要集中在滇东南地区，常见的有窄叶青冈（*C. augustinii*）、大叶青冈（*C. jenseniana*）等，并且特有种类繁多，如屏边青冈（*C. pinbianensis*）、西畴青冈（*C. sichourensis*）等。滇西横断山脉较湿润的地方也有分布，常见种类有俅江青冈（*C. kiukiangensis*）和滇西青冈（*C. lobbii*）等。薄片青冈（*C. lamellosa*）是东喜马拉雅特有分布种，在云南分布于高黎贡山、云龙志奔山向东达南涧的无量山。

青冈类植物主要分布在中低海拔。多数种类集中分布在海拔 0～2 000 m 的地区。青冈类植物是一群适应亚热带及热带气候的比较典型的植物，这种典型性也表现在其分布在不同植物区内。如属于中国—日本分布式样的大叶青冈，一般分布于中国中部和南部海拔 300～1 700 m 的湿润山地，形成大叶青冈常绿阔叶的群落类型；分布于中南半岛地区的大果青冈（*C. rex*）多生在海拔 1 100～1 800 m 的沟谷密林中；分布在马来西亚地区的有些种类，如 *C. elmeri* 生于海拔 30～1 500 m 的樟栎混生的热带雨林中。

青冈属植物在东亚可分布到日本南部、韩国南部；在东南亚的中南半岛各国以及马来群岛都有分布；另外青冈属植物在喜马拉雅山脉的尼泊尔、不丹及印度阿萨姆邦等地区也有分布。

二、青冈属植物的起源、演化和分类

（一）青冈属植物的起源、演化

根据罗艳等（2001）对青冈属植物世界地理分布的研究，认为东亚的南部到东南亚的北部是青冈属植物的多度中心和分化中心。研究还发现，马来西亚地区分布的青冈属种类多具原始的特征，并认为该区是青冈亚属植物原始类群的保存中心。马来西亚区分布有最原始的三棱栎类，同时也分布有原始的青冈类群，三棱栎类可能在这一地区逐步演化出了青冈类植物。青冈属有可能直接发生于三棱栎（*Trigonobalanus doichangensis*），也有可能二者都发生于共同的祖先 *T. verticillata* 为代表的古三棱栎类。马来西亚地区是青冈属植物的原始类群保存中心，也可能是青冈亚属的起源地。

青冈亚属的现代分布中心在中南半岛和泰国北部，中国云南南部和西南部、广东西南部、海南和广西南部。青冈亚属从这一区域向几个方向扩散，向南遍布整个中南半岛、马来西亚，种类向东南逐步减少，达到印度尼西亚的苏门答腊、爪哇、加里曼丹和巴厘岛，而不逾越华莱士线。向东、东北散布到我国东部、台湾以及朝鲜和日本本州北纬 36°左右的地方。向北一直扩散到北纬 40°的中国辽宁抚顺一带。上新世以后全球气候变冷，整个气候带南移，导致了相应的热带植被的南移，亚热带常绿阔叶林的北界退至今天的秦岭—淮河以南一线，青冈亚属分布的北界也就止于此。向西北沿当时的古地中海沿岸在渐新世曾扩散到欧洲。同样是上新世全球性气候变冷的原因导致了青冈亚属在这一地区的消失。印度板块和欧亚板块的碰撞，古地中海的消失，气候干燥可能是青冈亚属在古地中海消失的原因。青冈亚属向西扩散到东喜马拉雅和印度东北部则是第四纪以后的事件（周浙昆，1992）。

（二）青冈属植物的形态特征与植物分类概况

1. 形态特征　常绿乔木；树皮常光滑，稀深裂。芽鳞多数，覆瓦状排列。叶全缘或有锯齿。花雌雄同株，花被 5～6 深裂；雄花为柔荑花序，多簇生新枝基部，下垂，雄蕊与花被裂片同数，有时较少，退化雌蕊细小；雌花序穗状，顶生，直立，雌花单生于总苞内，有时具细小退化雄蕊，子房常 3 室，柱头侧生带状或顶生头状。壳斗杯状、碟状、钟形，稀全包，鳞片愈合成同心环带，环带全缘或具齿裂；每壳斗有 1 坚果；果顶部有柱座，不育胚珠在种子顶部外侧，果当年或翌年成熟。

2. 植物分类概况　壳斗科植物分类问题一直是学术界争论的热点。其中关于青冈属（*Cyclobalanopsis* Oerst.）和栎属（*Quercus* L.）的分合问题长期以来成为壳斗科分类研究的重要内容。Oersted 首先依据其壳斗苞片排列成同心圆而与栎亚属相区别，将其从栎属中分开独立成属，这一观点得到一些学者的认同（Schottky，1912；徐永椿等，1976），《中国高等植物》也采用了这一观点。青冈的分类地位仍有争议，国内也有专家将青冈作为亚属处理（罗艳等，2001）。另外王萍莉等（1988）利用孢粉学的证据讨论了青冈亚属的系统地位，认为青冈属与常绿栎类花粉形态特征基本是一致的，支持将青冈属归入栎属，作为属下等级。

青冈属属下的分类问题至今未有一致性结论。A. Camus 根据坚果的长短以及柱头的性状将其分为 27 个系列，他的分类系统基本保持在分种的水平上，并非严格意义上的分组，对于演化并未涉及。Menitski 依据形态的综合指数将青冈属分为 8 组（Sect. *Semiserrata*，Sect. *Oidocarpa*，Sect. *Cyclobalanoides*，Sect. *Glauca*，Sect. *Helferiana*，Sect. *Acuta*，Sect. *Gilva*，Sect. *Lepidotricha*）。虽然他没有明确提出一个完整的演化系统，但是在他的分类群中对系统演化方面有一定的阐述和验证。根据多数系统演化学者的验证，他们认为栎属（栎亚属＋青冈亚属）的演化路径大致是依从常绿—半常绿—落叶，叶全缘—半锯齿—锯齿—羽状深裂，简单齿形—其他齿形，另外还有毛被的情况，如单毛较星状毛原始等。刘凌燕等（2008）观测了中国青冈属 77 种的叶、枝、坚果、壳斗等 70 个形态特征，应用因子分析和聚类分析的方法研究青冈属属下分类，将中国青冈属划分为 2 组 5 亚组，与以前的形态分类吻合。《中国树木志》中青冈属我国约 70 种，在分种检索表中记载了 67 种。

三、青冈属主要树种的特征特性

（一）青冈

学名 *Cyclobalanopsis glauca*（Thunb.）Oerst.，别名青冈栎、青栲、铁栎、细叶槠。

1. 形态特征　常绿乔木，高可达 20 m，胸径 1 m。树冠扁广椭圆形，树皮淡褐灰色，不裂，枝叶茂密。叶互生，革质，倒卵状椭圆形或长椭圆形，长 6～13 cm；叶柄长 1～3 cm。壳斗碗状，高 6～8 mm，径 0.9～1.4 cm，疏被毛，具 5～6 环带；果长椭圆形或椭圆形，长 1～1.6 cm，径 0.9～1.4 cm，近无毛。花期 4～5 月，果期 10 月（图 32 - 11）。

2. 遗传多样性　陈小勇等（1997）利用同工酶方法研究了安徽、江苏、浙江 6 个青冈种群的遗传多样性，揭示青冈种和种群都维持较高的遗传多样性，期望杂合度分别为 0.225 2 和 0.212 6，观测杂合度分别为 0.166 1 和 0.177 1，种群间的遗传分化度较低，分化度仅为 5.6%。

3. 生物学特性　青冈广泛分布于中亚热带东段，长江流域以南各省份，其生态幅宽，具有较强的适应性。喜温暖湿润的环境，分布区年均温 15～19 ℃，年降水量 800～1 800 mm；能生长于多种母岩（包括石灰岩）形成的黄壤、红壤为主的土壤上；耐瘠薄，对石质山地适应性强，但在湿润肥沃土壤上生长良好。对土壤的 pH 适应较宽，从微酸性到中性及微碱性，具喜钙和适钙性。

青冈耐阴，能在林冠下更新，并能正常生长。青冈生存能力强，除耐瘠、耐阴外，还可萌芽更新，青冈是一个生长较快的树种。幼年生长较慢，5 年后加快。树高生长

图 32 - 11　青冈（1）、滇青冈（2）、小叶青冈（3）和黄毛青冈（4）

20 年时最快，连年生长量 0.42 m，平均生长量 0.32 m。胸径生长量最快时间在 30 年以后，连年生长量 0.70 cm，平均生长量 0.55 cm，材积生长 20 年以后加快。

4. 分布概况　青冈广泛分布于我国长江流域各省份，包括青海、甘肃、陕西、河南、江苏、安徽、湖北南部、上海、浙江、江西、福建、台湾、湖南、广西、广东、贵州的大部分地区，以及四川盆地、云南东部、西藏东南部，在印度、缅甸、朝鲜和日本也有分布（倪健等，1997）。

青冈是我国亚热带东部湿润常绿阔叶林带的主要优势树种之一，也是常绿栎类自然分布较北的一种，以及北亚热带常绿阔叶与落叶阔叶混交林中重要的常绿阔叶树种（葛莹等，1999；蔡飞，2000）。青冈是构成我国亚热带森林的主要树种之一，其分布北界大致为我国常绿阔叶树种的分布北界，即秦岭—伏牛山南坡—桐柏山北坡—大别山北坡—宁镇山地—上海大金山岛一线；南可分布到北纬 23°附近的广西靖西、德保，广东北部，福建南部以及台湾的玉山主峰；西可分布到云南怒江上游，西藏喜马拉雅山东南坡；向东分布到我国的浙江、福建沿海和台湾。其分布为东经 97°～121°、北纬 23°～33°。垂直分布一般在海拔 1 500 m 以下，但云南山区多生于海拔 700～2 400 m，四川在海拔 500～1 800 m，北部山地在海拔 700～1 000 m 及以下（倪健等，1997；中国科学院中国植物志编辑委员会，1996）。青冈地理成分属于东亚分布的中国—日本变型，在日本、朝鲜、印度、缅甸等国也有分布。

（二）福建青冈

学名 *Cyclobalanopsis chungii*（Metc.）Y. C. Hsu et H. W. Jen ex Q. F. Zheng，别名黄槠、黄杜、红槠、铁槠、石槠、黄丝稠木，为中国特有珍贵用材树种。

1. 形态特征　乔木，高 15 m。小枝密被褐色茸毛，后渐脱落。叶薄革质，长椭圆形，稀倒卵状椭圆形，长 6～10 cm，先端短尾状，基部宽楔形或近圆形，叶缘不反卷，顶端有不明显浅齿，稀全缘，叶面中脉及侧脉平，侧脉 10～13 对，下面密被褐色或灰褐色星状茸毛；叶柄长（0.5）1～2 cm，被灰褐色茸毛，托叶早落。雌花序有花 2～6，花序轴及苞片密被褐色茸毛。果序长 1.5～3 cm，壳斗盘形，高 5 mm，被灰褐色茸毛。果扁球形，径 1.7 cm，高 1.5 cm，顶端平圆，微被细茸毛。

2. 遗传多样性　王发明（2007）运用 RAPD 分子标记研究了福建闽清青冈林自然保护区 7 个福建青冈群体的遗传多样性，从筛选的 10 个 RAPD 引物共扩增得到 76 条清晰稳定的扩增条带，其中 37 条为多态性条带，多态性条带百分率为 48.68%，福建青冈种群具有丰富的遗传多样性。

3. 生物学特性　福建青冈天然林生长比较缓慢，50 年生树高 11.5 m，胸径 15.3 cm。15 年内，生长很慢，年平均生长量 0.1～0.14 m；20～35 年为速生期，年平均生长量 0.23～0.27 m。人工林生长表现较快，15 年生平均树高 10.6 m，最大直径 16.0 cm。适生于温暖、湿润气候，年平均气温 18～21 ℃，最冷月 6～10 ℃，最热月 21～31 ℃；年降水量 1 400～2 000 mm。适宜土壤为酸性红壤、黄壤。土层厚薄不一，一般厚度 40～70 cm。

4. 分布概况　产江西、福建、湖南、广东、广西等省份。地理位置东经 111°～119°、北纬 24°～28°30′，生于海拔 800 m 以下的背阴山坡、山谷疏林或密林中。分布地形多河谷、山谷、沟谷，两侧多石质陡坡。福建青冈群聚生性强，常呈带状分布。在广东通常生长在山谷土壤湿润的密林中，在湖南生长在石山上，与青冈、化香树组成常绿落叶混交林。福建境内分布最广，于闽清、永泰、尤溪、南平、沙县、永安、将乐、漳平、永定、龙岩城区等地海拔 1 000 m 以下的山地、丘陵均有生长。

5. 利用价值　木材黄红褐色，材质坚重、纹理直，有光泽，耐腐、耐磨、耐水湿，是珍贵用材，用途十分广泛，可供纺织梭棒、船舶槽舵、车辆骨架、运动器材、电杆横担、高级地板等用，是重要的工业特用材和农村器具用材，深受南方林区林农喜爱，其木材是烧制上等出口白炭的原料。

（三）小叶青冈

学名 *Cyclobalanopsis myrsinaefolia*（Bl.）Oerst.，别名细叶青冈。

1. 形态特征　乔木，高达 20 m，胸径 1 m。小枝无毛，被淡褐色长圆形皮孔。叶卵状披针形或椭圆状披针形，长 6～11 cm，宽 1.8～4 cm，先端长渐尖或短尾状，基部窄楔形或近圆形，中部以上具细锯齿，侧脉 9～14 对，常不达叶缘，下面粉白色，支脉不明显，干后有时为暗灰色，无毛；叶柄长 1～2.5 cm，无毛。雄花序长 4～6 cm，雌花序长 1.5～3 cm；壳斗杯形，壁薄，包果 1/3～1/2，高 5～8 mm，被灰白色柔毛，具 6～9 环带，全缘。果卵形或椭圆形，径 1~1.5 cm，高 1.4~2.5 cm，无毛，顶端圆。花期 6 月，果期 10 月。

2. 生物学特性 分布区的气候条件是温凉湿润，湿度大，一般相对湿度 80% 以上，年平均气温 13~19 ℃，年降水量 1 700~2 200 mm，土壤为砂岩、泥质片岩或花岗岩母质发育的山地黄壤或黄棕壤，土层较厚，为 30~70 cm，稍疏松湿润，枯枝落叶层厚 6~7 cm。

小叶青冈为中性偏阴树种。喜生于土层深厚、湿润的山谷、山坡腹地。耐旱性不及青冈。在石灰岩山地及酸性土壤均有生长。

3. 分布概况 产区很广，北至陕西及河南南部、安徽、江苏，东至福建、台湾，西至四川、贵州，南至广东、广西、云南等地；生于海拔 500~2 600 m 山地林中；在江西海拔 1 000 m 以下山地，多与槠、栲、木荷、杜英、枫香树、拟赤杨、虎皮楠等混生；在江西罗霄山、湖南武陵山、贵州梵净山、湖北神农架海拔 1 000 m 以上地带，多与亮叶水青冈等混生。越南、老挝、日本也有分布。

4. 木材利用价值 木材纹理通直，结构粗而匀、强度大、耐磨损，材质优良，为制造织布木梭的主要材料，也广泛用于土木工程、运动器械、船舶、车辆、乐器、农具等。由于油漆性能好、花纹美丽、硬度大，适用于拼花地板、家具、扶手、仪器箱盒等，也可做薪炭材。

（四）滇青冈

学名 *Cyclobalanopsis glaucoides* Schott.，别名灰绿叶槠、滇椆。

1. 形态特征 乔木，高达 20 m。小枝灰绿色，幼时被茸毛，后渐脱落。叶长椭圆形或倒卵状披针形，长 5~12 cm，宽 2~5 cm，先端渐尖或尾尖，基部窄楔形或近圆形，叶缘 1/3 以上具锯齿，上面中脉凹下，侧脉 8~12 对，下面灰绿色，幼时被黄褐色茸毛，后渐脱落；叶柄长 0.5~2 cm。雄花序长 4~8 cm，花序轴被茸毛，雌花序长 1.5~2 cm。壳斗碗形，包果 1/3~1/2，高 6~8 mm，被灰黄色茸毛，具 6~8 环带，环带近全缘；果椭圆形或卵形，长 1~1.4 cm，径 0.7~1 cm，初时被柔毛，后渐脱落。花期 5 月，果期 10 月。

2. 生物学特性 分布区属高原气候，年平均气温 15~17 ℃，冬暖夏凉，年降水量均在 1 000 mm 左右，干湿季十分分明。分布于石灰岩山地、玄武岩陡坡地段及河谷两侧的坡地或喀斯特残丘，是石灰山地的主要乔木树种，林下土壤多为山地黄红壤、山地红壤。

3. 分布概况 产于云南、贵州、四川、西藏东南部；生于海拔 1 200~2 800 m 山地林中；在滇中海拔 1 500~2 500 m，滇青冈为优势林分，生于中山陡坡或石灰岩地区，常与其他常绿阔叶树、针叶树及落叶阔叶树组成混交林；在昆明西山，与云南润楠、云南油杉、大果冬青、珊瑚冬青等混生。

4. 利用价值 滇青冈虽生长较慢，但材质优良，木材重，木质硬，强度高，韧度高，干缩差异大，耐腐，最适合做车船、工具柄、滑轮、刨架、凿柄等。其树皮、叶含有较高的单宁，可提制栲胶。干种仁含淀粉 55.5%，蛋白质 4.5%，脂肪 3.3%，纤维素

1.31％。种仁可食用、酿酒或做饲料。

（五）多脉青冈

学名 Cyclobalanopsis multinervis Cheng et T. Hong。

1. 形态特征　乔木，高 12 m。芽被毛。叶长椭圆形、倒卵状椭圆形或椭圆状披针形，长 7.5～15.5 cm，先端突尖或渐尖，基部窄楔形或近圆形，1/3 以上具锯齿，侧脉 10～15 对，下面被平伏单毛及易脱落灰白色蜡粉，脱落后带灰绿色，叶柄长 1～2.7 cm。果序长 1～2 cm，果 2～6，壳斗杯形，包果 1/2 以下，高约 8 mm，径 1～1.5 cm，具 6～7 环带，环带近全缘；果长卵形，径约 1 cm，高 1.8 cm，无毛。果期翌年 10～11 月。

2. 生物学特性　多脉青冈生长缓慢，天然更新 7 年生高可至 1.5 m，7～10 年才能郁闭。分布区气候较温凉，冬季常有积雪和冰冻，夏季无高温，降水量较多，湿度较高，一般年平均气温 9～13.5 ℃，极端最低气温－15 ℃，极端最高温度 34 ℃，年平均降水量 1 700～2 300 mm。土壤一般为山地黄棕壤，土层较厚。

3. 分布概况　产于安徽南部、江西、湖北西部、湖南、四川东部及广西东北部；生于海拔 1 000 m 以上地带，常组成小面积纯林或混交林；在广西东北部海拔 1 300～2 000 m 处，与尾叶甜槠、缺萼枫香、华榇等组成常绿阔叶或落叶阔叶混交林；在武夷山、玉山与黄山松、铁杉、华东黄杉、柳杉、缺萼枫香、猴头杜鹃等组成针阔叶混交林。

4. 利用价值　种仁可制淀粉及酿酒。树皮及壳斗可提取栲胶。木材坚韧，供建筑、车辆、运动器材、农具、家具及各种细木工板等用材。

（六）黄毛青冈

学名 Cyclobalanopsis delavayi（Franch.）Schott.，别名黄栎、黄青冈、黄椆。

1. 形态特征　乔木，高达 20 m，胸径 1 m。小枝密被黄褐色茸毛。叶革质，长椭圆形或卵状长椭圆形，长 8～12 cm，先端渐尖或短渐尖，基部宽楔形或近圆形，中部以上具锯齿，叶面中脉凹下，侧脉 10～14 对，上面无毛，下面密被黄色星状茸毛，叶柄长 1～2.5 cm，密被灰黄色茸毛。雄花序长 4～6 cm，被黄色茸毛，雌花序长约 4 cm，具 2～6 花，被黄色茸毛。壳斗浅碗形，包果约 1/2，内壁被黄色茸毛；具 6～7 环带，具浅齿，密被黄色茸毛；果近球形或宽卵形，径 0.8～1.4（1.6）cm，初被茸毛，后渐脱落。花期 4～5 月，果期翌年 9～10 月。

2. 生物学特性　黄毛青冈生长速度中等，其林分生长情况因地而异，如分布在云南禄劝北部海拔 2 500 m 处的林分，平均高 20 m，最高可达 24 m，平均胸径 30～50 cm。分布区气候条件属高原季风气候，年平均气温 15～17 ℃，冬暖夏凉，年降水量均在 1 000 mm 左右，干湿季分明。适应性广，在土壤深厚肥沃、湿润的立地条件上，生长良好，在土壤较瘠薄、干燥的环境中，也能生长。林下土壤以山地红壤为主，间或有山地黄棕壤或棕壤。

3. 分布概况　产于广西、四川、贵州、云南等地；生于海拔 1 000～2 800 m 常绿阔叶林或松栎混交林中，有时形成纯林，在沟谷地带生长最好；在滇中高原及黔西南山地，海拔 1 700～2 500 m 中山地带，常与云南松组成针阔混交林。

4. 利用价值　黄毛青冈材质优良，木材红褐色，纹理直，结构粗而匀，硬重，耐腐；供桩柱、桥梁、地板、农具柄、水车轴等用。

（李文英）

第十二节　栲　　树

壳斗科栲属［锥属，*Castanopsis*（D. Don）Spach］植物在全世界约 130 种，主要分布于东亚和东南亚，其中中南半岛地区有 82 种，是世界栲属植物分布最集中的地区，我国约有 58 种，主要分布于长江以南地区，是我国亚热带常绿阔叶林的主要建群种，其木材大多是优良阔叶材，利用价值高。

一、栲属植物的利用价值和生产概况

（一）栲属植物的利用价值

1. 生态价值　栲属树种多为当地优良乡土常绿阔叶树种，形成的森林多为复层异龄林，结构复杂，生物多样性高，生态功能强。栲类既能组成纯林，也可以和其他阔叶林组成混交林，是我国亚热带地区最重要的山地森林，具有良好的水源涵养与维护地力的能力，是南方山地的生态屏障。

2. 木材价值　栲树多为大乔木，树木材质坚硬，尤以红锥类的木材，心材褐红色，边材淡红色，纹理直，花纹美观，强度大，耐腐耐水湿，切面光滑，色泽红润美观，胶黏和油漆性能良好，是高级家具、造船、车辆、矿柱、工艺雕刻、建筑装修等优质用材。白锥类，虽然材质较松软，但作为日用杂材和制作农具仍属上品。栲类树木的小材与梢头可培养香菇、木耳、银耳和灵芝。栲树林下也能生长多种食用菌。广西浦北境内约有 1.3 余万 hm^2 红锥林，每年 5～8 月，林中盛产数种能食用的，群众俗称"红锥菌"的野生红菇，其中鳞盖红菇（*Russula rosea*）发生量大且发生期集中，年产量 6～10 t，具有相当的商品价值。

3. 工业原料价值　栲属的栲树、黧蒴栲等生长快、萌芽力强、适应性强、生产力高，枝丫、边皮、碎材等是纸浆、纤维（板）以及刨花板等的好原料，可广泛应用于中密度纤维板等工业原料林生产。栲属植物的树皮、树叶、木材、壳斗及种仁均含有单宁，含量约 30% 左右，是我国栲胶的主要原料之一；壳斗提制栲胶后的残渣可以生产糠醛、活性炭、醋酸钠、胡敏酸等多种产品；栓皮为不良导体，隔热、隔音，不透气、不易与化学药品起作用，质轻软有弹性，是制造绝缘器具、冷藏库、软木砖、隔音板、救生器具填充体等的重要工业原料。

4. 食用价值　栲属植物的坚果富含淀粉，其含量高于 20%，锥栗栲坚果含淀粉 50%，高山栲坚果含淀粉 86.86%，可生食或炒熟食用，也可供酿酒、糕点、粉丝、豆腐等原料。栲属坚果含有脂肪、蛋白质、五碳聚糖、果胶、维生素 B_1、维生素 B_2、维生素 C、烟酸等物质，广西许多地方群众有采摘栲类果实食用的习惯。浙江丽水、温州，安徽祁门采集栲属种仁加工成豆腐、拉面、烙饼、面包等，高档饭馆作为绿色佳肴上桌，苦槠豆腐还出口日本、韩国。

5. 药用价值　栲属植物中的种子、根皮、树皮、壳斗均可入药。坚果在果实成熟后采集，晒干后去壳，性味苦涩微温，主治功用为涩肠固脱。树皮性味苦平，主治功用为止痢解毒，可治疗水痢、恶疮等。苦槠叶可入药能治产妇出血，嫩叶可治臁疮。

6. 饲用价值　栲属植物叶可喂柞蚕；叶含有较高的叶蛋白，可为饲料原料。坚果含有淀粉，也是加工精饲料的原料。

（二）栲属植物的分布

1. 栲属植物的世界分布　栲属植物在世界的分布区主要集中在亚洲热带、亚热带地区，向北延伸到韩国和日本，向南在东南亚的中南半岛各国以及马来群岛，向东分布到新几内亚，向西分布到喜马拉雅山脉的尼泊尔、不丹、孟加拉国，在印度阿萨姆地区也有分布。

在东亚植物区中（刘孟奇等，2006），中国—日本植物亚区和中国—喜马拉雅植物亚区分布的栲属植物种类分别有 42 种和 33 种，特有种分别为 10 种和 3 种。从栲属植物在东亚植物区中各地区的分布情况来看，滇黔桂地区和云南高原地区的栲属植物不仅种类丰富，同时分布有特有种：栲属植物种类分别有 29 种和 27 种，特有种分别有 5 种和 3 种。日本—朝鲜地区是栲属植物分布的最北界，只有 2 种，且都属于特有种。华南地区分布的栲属植物种类仅次于滇黔桂地区和云南高原地区，有 24 种，但没有特有种。其他地区分布的栲属植物种类不超过 20 种：华中地区 19 种，华东地区 17 种，东喜马拉雅地区 15 种，横断山脉地区 9 种，这几个地区没有特有种。

在古热带植物区中，中南半岛地区分布的栲属植物种类有 82 种，占世界栲属植物种类的 63.6%，中南半岛地区是世界栲属植物最丰富的地区；马来西亚地区分布的栲属植物有 40 种，但特有种有 29 种；印度地区分布有 9 种，仅占世界栲属植物种类的 6.9%，为栲属植物分布种类最少的地区，同时印度地区没有一个特有种。

栲属的垂直分布为海拔 0~3 200 m，大部分种类分布在海拔 2 000 m 以下的地区，元江栲（*C. orthacantha*）是栲属植物中海拔分布最高的种，分布海拔 1 500~3 200 m，高山栲（*C. delavayi*）次之，分布在海拔 1 500~2 800 m（表 32-2）。从总体上看，栲属主要分布在中、低海拔的地区；多数种类分布在海拔 2 000 m 以下的地区，说明栲属植物是适应于热带、亚热带气候比较典型的类群。

表 32-2　栲属植物的垂直分布

海拔范围（m）	垂直分布型	种数
0~1 000	低海拔	42
0~2 000	中—低海拔	51
1 500~3 200	高海拔	3
不详	垂直分布范围不确知	33
总计		129

注：参考刘孟奇等（2006）。

2. 栲属植物的中国分布 栲属植物在中国分布有 58 种（Huang and Bruce，1999），主要分布于长江以南。从分布范围上看，在长江下游（安徽境内）有 2 种（*C. eyrei* 和 *C. sclerophylla*）越过长江分布至大别山南坡；上游有 6 种（峨眉栲 *C. platyacantha*、瓦山栲 *C. ceratacantha* 等）越过长江（金沙江），分布于巫山、大巴山以西，安州—城口以南，大雪山以东的地区及金沙江河谷；向西在西藏境内仅墨脱一个分布点，向南可分布到海南岛，向东可分布到浙江、福建沿海和台湾岛（刘孟奇等，2006）。

二、栲属植物形态特征和生物学特征

（一）形态特征

常绿乔木。有顶芽。叶 2 裂，互生或螺旋状排列，全缘或有锯齿，羽状脉，叶背面常被毛或鳞腺，或二者兼有；托叶早落。花雌雄异序或同序，穗状或圆锥花序直立，花被裂片 5~6（~8）枚，雄花单生或 3~7 朵簇生，雄蕊（8~）9~12 枚，花药近圆球形，退化雌蕊甚小，密生卷绵毛；雌花单朵或 3~5（~7）朵聚生于壳斗内，很少有与花被裂片对生的不育雄蕊存在，子房 3 室，花柱 3 枚，稀 2 枚或 4 枚，柱头小圆点状或浅窝穴状，或顶部略平坦而稍增宽的头状。

壳斗近球形，全包或包着坚果的一部分，辐射或两侧对称，成熟时开裂，稀不开裂，外壁有刺，稀具鳞片或疣体，有坚果 1~3 个；坚果仅基部或至中部与总苞贴生，脱离时留有基生果脐，或坚果的侧壁与总苞愈合，仅顶部分离，剥离时愈合部分有粗糙的果脐疤痕。坚果翌年成熟，稀当年成熟，果脐平凸或浑圆；子叶平凸，少有脑叶状皱褶，不育胚珠位于坚果内壳的顶部；种子无胚乳，萌发时子叶留在土中。

（二）生物学特性

栲属植物苗期及幼龄期生长较慢，1 年生苗多在 30 cm 以内，此后生长加快，天然状态树高、胸径平均年生长量分别为 0.5 m、0.5 cm 左右，其中红锥（*C. hystrix*）、米槠（*C. carlesii*）、青钩栲（*C. kawakamii*）生长较快，20 年时树高、胸径年平均生长量分别为 1 m、1 cm 左右。广西凭祥规模人工营造红锥林，3 年生平均高 4 m 以上，优势木树高 6 m 以上，20 年生平均树高达 25 m、平均胸径 30 cm。苍梧县经营鰲蕲栲薪炭林已有数百年历史，萌芽林 3 年生平均高 4.8 m，胸径 2 cm，5~6 年轮伐一次，此时胸径 6 cm 左右。

栲属植物的更新方式有两种，一是靠种子繁殖，二是在母树基部四周产生大量的"根出条"，当母树死后，这些根出条又形成自己的根系并发育成长。这种特殊的繁殖方式使栲属植物的更新可以不经过幼苗这一脆弱阶段而成长为大树。栲属植物双重的更新方式，确定了栲属群落在适生区的"顶级群落"地位（梁瑞龙等，2005）。

栲属植物适宜亚热带和热带气候条件，幼年多数耐阴，成树后多中性，极少数为阳性。栲属植物对土壤适应性较强，耐干旱瘠薄，长于丘陵山坡，阳坡灌丛，沟渠路边，pH 5~7，在极浅薄的河滩、石砾地、崖缝亦能生长，但以土层深厚的黄壤、红壤和赤红壤生长良好，石灰岩土少见分布（梁瑞龙等，2005；刘瑜等，2002）。

三、栲属植物的起源、演化和分类

根据对栲属系统演化、化石历史和现代分布的研究，认为现代栲属植物的分布区集中在亚洲热带、亚热带地区，在东亚往北延伸到整个韩国和日本本州，在中国主要分布在长江以南地区，向南在东南亚的中南半岛各国以及马来群岛都有分布。栲属植物最东分布到新几内亚（分布 1 种：*C. acuminatissima*），向西分布到喜马拉雅山脉的尼泊尔、不丹、孟加拉国，在印度阿萨姆和锡金地区也有分布。中南半岛地区是世界栲属植物最丰富的地区，马来西亚地区栲属特有种最丰富。栲属在地质历史上有着比现在广泛的分布，最早、最可靠的栲属化石记录发现于北美始新世地层，欧洲和日本始新世也有栲属的化石记录，化石记录表明栲属起源的时间不晚于古新世，所有的壳斗科及栲属的化石都发现于北半球，现代分布也主要在北半球，壳斗科及栲属起源于北半球可以确认，由于化石证据与现代植物学的研究结果有较大差异以及关键地区化石证据的不足，具体的起源地尚不能肯定。

四、栲属主要栽培种与野生近缘种的主要特征特性

（一）红锥

学名 *Castanopsis hystrix* Hook. f. & Thomson ex A. DC.，别名刺栲、栲树、红栲、红柯等。

1. 形态特征　乔木，高达 25 m，胸径 1.5 m，当年生枝紫褐色，纤细，与叶柄及花序轴均被微柔毛及黄棕色细片状蜡鳞，2 年生枝暗褐黑色，无或几无毛及蜡鳞，密生几与小枝同色的皮孔。叶纸质或薄革质，披针形，有时兼有倒卵状椭圆形，长 4～9 cm，宽 1.5～4 cm，顶部短尖至长尖，基部甚短尖至近于圆形。雄花序为圆锥花序或穗状花序；雌穗状花序单穗位于雄花序之上部叶腋间，花柱 3 枚或 2 枚，斜展，长 1～1.5 mm，被稀少的微柔毛，柱头干后中央微凹陷。果序长 15 cm；壳斗有坚果 1 个，连刺横径 25～40 mm，整齐的 4 瓣开裂，刺长 6～10 mm，数条在基部合生成刺束，间有单生，将壳壁完全遮蔽，被稀疏微柔毛；坚果宽圆锥形，高 10～15 mm，横径 8～13 mm，无毛，果脐位于坚果底部。花期 4～6 月，果翌年 8～11 月成熟（图 32 - 12）。

2. 生物学特性　红锥属南亚热带树种，

图 32 - 12　红锥
1. 果枝　2. 叶　3. 叶背面　4. 树皮

喜温暖湿润的气候，不耐干旱。要求年降水量 1 200～2 000 mm，以 1 500 mm 较适宜。适生于年均温 18～24 ℃，最适温度 20～22 ℃，最冷月平均温度 7～18 ℃，最热月平均温度 20～28 ℃，极端最高温 40 ℃。适生于由花岗岩、砂页岩、变质岩等发育而成的酸性红壤、黄壤或砖红性红壤，而不适生于石灰岩地区。在土层浅薄、贫瘠的石砾土或山脊，生长不良，表现为树体矮小；在低洼积水地则不能生长（周诚，2007）。

红锥速生，天然林前 5 年生长较慢，5 年后树高、直径生长明显加快。树高平均生长量 0.7 m 以上，胸径速生期在 6～20 年，平均生长量 0.6～0.8 cm。红锥 10 年左右开始开花结实，20 年进入盛果期。红锥较耐阴，幼年耐阴性强。树干高大通直，顶端优势明显。红锥具深根性，侧根发达，分枝较细，互生斜生（冯随起，2006）。红锥萌芽力强，每个伐根能长成小树 1～8 株，有萌芽更新能力。

3. 分布概况和类型 红锥天然分布范围较广，主要分布于浙江平阳一带，台湾中部及其北部，福建南部的华安、南靖、平和、松溪、龙岩城区和漳州城区等地；湖南南部，西藏东南部地区的墨脱，以及贵州西部的惠水、三都等地，云南哀牢山以西的普洱、临沧城区、双江、芒市、盈江一线以南地区，尤以普洱、西双版纳的山地分布较集中，广东和广西的大部分地区，海南中部以南地区等（丘小军等，2006）。

根据红锥在群落中的地位，中国红锥林大致可分为 3 种群落类型。以红锥为优势种的群落类型即通常所称的红锥林。根据分布的地理位置、生境状况和气候特征等，此类红锥林又可划分为 4 种亚型：①红锥、红鳞蒲桃、厚壳桂林，主要分布于台湾北部、广东东部以及福建南部海拔 200 m 以下的低丘台地；②红锥、罗浮栲（米槠或栲树）林，在我国分布最广，横跨广东、广西、福建三省份和云南东南部，见于低海拔（<600 m）的丘陵、低山；③红锥、小果石栎、西南木荷林，主要分布于云南南亚热带高原地区；④红锥、印栲林，分布于较干燥的热带山区，在云南主要是海拔 800～1 200 m 的西双版纳、临沧和德宏等地区的南部，在西藏主要是海拔 1 100～1 800 m 的墨脱地区（洪伟等，2001）。

4. 利用价值 红锥材质坚硬、耐腐蚀性强、不开裂、不变形、易加工，可供建筑、造船、高档家具、木制地板、军工用品、体育器材等用；种子富含淀粉，可炒食、做饲料和酿酒；种实、壳斗均富含单宁，可提制栲胶。近 20 年来已作为珍贵用材进行人工造林和次生林培育。

（二）黧蒴栲

学名 Castanopsis fissa（Champ. ex Benth.）Rehd. et Wils.，别名黧蒴锥、裂壳锥、大叶栎、大叶锥、大叶枹等。

1. 形态特征 乔木，高达 20 m，胸径 60 cm。芽鳞、新生枝顶端及嫩叶背面均被红锈色细片状蜡鳞及棕黄色微柔毛。叶形、质地及其大小均与红锥类同。雄花多为圆锥花序，花序轴无毛。果序长 8～18 cm。壳斗被暗红褐色粉末状蜡鳞，小苞片鳞片状，三角形或四边形，成熟时多退化并横向连接成脊肋状圆环；成熟壳斗圆球形或宽椭圆形，顶部稍狭尖，通常全包坚果，壳壁厚 0.5～1 mm，不规则的 2～3（～4）瓣裂，裂瓣常卷曲；坚果圆球形或椭圆形，高 13～18 mm，直径 11～16 mm，果脐位于坚果底部，宽 4～7 mm。

花期 4～6 月，果当年 10～12 月成熟。

2. 生物学特性 喜湿热气候，在极端低温高于－7.8 ℃，年降水量 1 000～2 000 mm，相对湿度大于 80％的地区生长最好。鲎蒻栲为中性偏阳树种，幼年能适当耐阴，可于林冠下更新，随着年龄的增长，需光量增强；适应性强，适宜深厚湿润的山地赤红壤、红壤和黄壤，常生长在海拔 800 m 以下低山丘陵，在较为湿润的立地生长最佳。鲎蒻栲为速生树种，在中等立地条件下，树高年生长量可至 1 m，胸径年生长量可至 1 cm 以上。7～8 年开始结实，盛果期早，结果大小年现象不明显。鲎蒻栲是深根性树种，冠幅宽大，萌芽力强，可采用萌芽更新。

3. 分布概况 鲎蒻栲主要分布于福建、江西、湖南南部、广东、广西、贵州南部以及云南东南部，生于中亚热带海拔 200～850 m 暖湿坡谷地的常绿阔叶林中。常绿阔叶林破坏后，在次生林中占优势。

4. 利用价值 鲎蒻栲适应性广，萌芽力强，生物量高，轮伐期短，是华南薪炭林和用材林的优良树种，又是水源涵养、保水改土的良好树种，其木材用途广泛，常用于建筑、家具、地板、胶合板、纤维板、造纸以及食用菌栽培等方面；坚果味甜，富含淀粉，可供食用、酿酒和做饲料。

鲎蒻栲在广东封开、英德、佛山等地，历史上有经营薪炭林的习惯。广西营造的人工纯林生长良好，也可用于改变针叶纯林为混交林（丁建国等，2007）。

（三）青钩栲

学名 Castanopsis kawakamii Hayata，别名格氏栲、青钩锥栗、赤栲（台湾）等。

1. 形态特征 乔木，高达 40 m，胸径 150 cm，树皮纵向浅裂，老树皮脱落前为长条形，如蓑衣状吊在树干上，枝、叶均无毛。嫩叶与新生小枝近于同色，成长叶革质，卵形或披针形，长 6～12 cm，宽 2～5 cm，顶部长尖，基部阔楔形或近于圆，对称或一侧略短且偏斜，全缘，稀在近顶部有 1～3 小裂齿，中脉在叶面平坦或上半段微凹陷，近基部一段稍凸起，侧脉 9～12 对，网状叶脉明显，两面同色；叶柄长 1～2.5 cm。雄花序多为圆锥花序，花序轴被疏短毛，雄蕊 10～12 枚；雌花序无毛，长 5～10 cm，花柱 3 枚或 2 枚。果序短，壳斗有坚果 1 个，圆球形，连刺横径 6～8 cm，刺长 2～3 cm，合生至中部或中部稍下成放射状多分枝的刺束，将壳壁完全遮蔽，成熟时 4，稀 5 瓣开裂，刺被稀疏短毛或几无毛，壳斗内壁密被灰黄色长茸毛；坚果扁圆形，高 12～15 mm，横径 17～20 mm，密被黄棕色伏毛，果脐占坚果面积的 1/3 或很少约近一半。花期 3～4 月，果翌年 8～10 月成熟。

2. 生物学特性 青钩栲系中性偏喜光、深根性树种，冠幅宽，枝叶浓密，抗火性强；幼苗耐阴，怕日灼，成林需光量大；喜生于高温多雨，湿度大的山区，林地土壤多为黄红壤，其次为红壤，质地轻壤土—中黏土，一般上层比下层黏。天然林下更新不良，稍大幼树仅见于林缘或林中空地；幼苗主根发达，随着年龄增长，逐渐由侧根代替主根，根菀入土浅，趋肥性、好气性强，须根常见有寄生菌丝。萌芽力强，有的伐根上 2～3 株萌芽均能长成大树。其顶芽优势明显，人工林中的林木，主干圆满，极少分权，树冠浓密紧凑，树形优美。树高生长最大值出现在 20 年前后，到 90 时仍保持较高的生长量，胸径生长最大值出现在 50 年前后。

3. 分布概况　青钩栲属国家二级保护植物，是壳斗科常绿阔叶大乔木、亚热带珍稀濒危植物之一。其自然分布范围较窄，主要分布于福建、台湾、广东、广西、江西等地区，多零星生长在海拔 1 000 m 以下的丘陵地带的常绿阔叶林中（刘金福等，2002）。

4. 利用价值　青钩栲为我国南方一种速生珍贵用材树种，材质良好，宜于培育大径材。同时，树形优美，果味可口，也是风景树和木本粮食树种。其果大，味甜，可食用；属环孔材，木质部仅有细木射线，年轮分明，心材大，深红色，湿水后更鲜红，质坚重，密度 0.89 g/cm³，有弹性，密致，自然干燥不收缩，少爆裂，易加工，是优质的家具及建筑材，木材坚实耐腐（中国科学院中国植物志编辑委员会，1998）；对植物区系和植物地理及壳斗科分类的研究有科学价值。

青钩栲在福建三明市小湖地区 20 世纪 60 年代已用于造林，用植苗、切干、直播造林均可成功，而且生长良好。人工林正在福建得到推广。

（蒋　燚）

第十三节　檫　木

檫木 ［*Sassafras tsumu* （Hemsl.）Hemsl.］ 又称梓木、檫树、南树、黄楸树，为樟科（Lauraceae）檫木属（*Sassafras*）落叶乔木树种，檫木是我国传统的樟、梓、柏、楠、椆五大优良用材树种之一，是亚洲东部的特产树种，中国是主要产区。檫木是我国南方广泛栽植的用材树种之一，具有生长快，材质优良，用途大，价值高的特点。它还具有分布广，适应性强，繁殖容易，根系较深，树冠稀疏，适合低山造林的特点，是我国城镇绿化和速生丰产林建设的主要树种（中国科学院中国植物志编辑委员会，1982）。

一、檫木的利用价值和生产概况

（一）檫木的利用价值

1. 木材价值　檫木以木材为主要用途，易干燥，不翘不裂，加工容易，切面光滑，纹理美观，具芳香气，抗腐性强，病虫不易危害，耐水湿等，为我国优良用材，广泛应用在建筑、家具等方面。

2. 药用价值　檫木种子含 20％的梓油，主要用于制造油漆，梓油是一种高度不饱和的干性油，碘价约 197，由它制成的梓油酸丁酯的碘价约 150，高于十八酸丁酯与大豆油酸丁酯。由梓油酸合成的环氧酯，在软硬聚氯乙烯塑料配方中，可增加其耐热、耐光等性能。随着檫木造林事业的发展，如将梓油用于增塑剂，可发挥其经济价值。树皮、根含 5％～8％鞣质，可供鞣皮制革。根入药有祛风去湿、活血散瘀的效力，又可作为发汗利尿剂。

3. 绿化和环境保护价值　檫木树形优美，叶片大而光，可以吸附空气中的粉尘，对二氧化硫气体抗污染能力强。花序大，色彩绚丽，早春繁花似锦，夏天绿树成荫，秋天叶红似火，是美化环境、绿化城市和工矿区的好树种。

（二）檫木地理分布和生产概况

1. 檫木天然分布 檫木主要分布在我国长江以南 13 省份，地理分布为东经 102°～122°、北纬 23°～32°，北起江苏南部、安徽，南至广东、广西，西至湖北、四川、贵州、云南，东至江西、福建，多散生于天然林中。湖南分布较多的为武陵山、雪峰山脉及湖南、江西两省交界的武功山、罗霄山山脉一带。垂直分布一般在海拔 800 m 以下的山区，但在主峰高的群山中，海拔高可达 1 500～1 800 m。多系天然散生林，大多与马尾松、杉木、油茶、毛竹、樟树、苦槠、圆槠等树种混生。

2. 檫木栽培概况 檫木在湖南又称梓木，是我国南方的主要用材树种之一。生长快，材质好，用途广，是南方用材林基地的重要造林树种，目前已为南方丘陵地区广泛栽培。檫木的种子处理、壮苗培育、造林技术、抚育管理已有了成熟的经验。檫木人工林发展历史较短，但实践证明，檫木与其他树种混交造林比纯林好。在南方檫木造林，多栽植于海拔 800 m 以下低山丘陵。人工林生长超速，大面积栽植人工林始于 20 世纪 50 年代初，至 70 年代各地先后营造了大面积的纯林，70 年代以后又相继进行了混交林试验，其中杉木与檫木混交效果最好。

二、檫木的形态特征和生物学特性

（一）形态特征

落叶乔木，高达 35 m，胸径达 2.5 m，树皮幼时黄色，平滑，老时变灰褐色，有纵裂；顶芽大，具鳞片；鳞片近圆形，外面密被绢毛。叶互生，或聚生于枝端；叶片阔卵形至椭圆形，全缘或上部 2～3 裂，长 10～22 cm，宽 4～15 cm。花小，黄色，杂性异株；短圆锥花序顶生，先叶开放；花被片 6，披针形；能育雄蕊 9 枚，不育雄蕊 3 枚，花药 4 室，均内向瓣裂；雌蕊 1 枚（沈卓群等，1980）。核果球形，蓝黑色，直径约 5 mm，表面有蜡质粉，果梗淡红色，肥大。花期 3～4 月，果期 5～9 月（图 32－13）。

（二）生物学特性

1. 生长特性 檫木人工林树高生长盛期 3～5 年，树高年平均生长一般可达 2 m 左右，最高可达 4 m。材积生长盛期 6～10 年，材积连年生长量一般为 0.02～0.03 m³，最

图 32－13 檫木
1. 花枝 2. 果枝 3、4. 花及其纵剖
5、6. 雄蕊 7. 退化雌蕊
（引自《中国树木志·第一卷》）

大可至 $0.05\sim0.06\ m^3$，10 年后材积连年生长量逐渐下降，大部分林木开始结实。但因土质与经营管理等原因，在同一地区檫木生长发育时期的年限不一，如在同样土壤类型条件下，山区海拔 1 000 m 以上的生长发育年限相应比丘陵区延迟 10～20 年及以上。

2. 生态适应性 檫木分布较广，对温度的适应范围较宽，檫木适宜生长的日均温在 12～20 ℃，极端最高温度 38 ℃，极端最低气温在−25 ℃。檫木大树的树液流动和叶芽膨大温度为 5 ℃，根系开始生长温度为 10 ℃左右，花、叶芽开放温度为 10 ℃左右，檫木始花温度为 5～10 ℃。从檫木的栽培范围来看，在年降水量 1 000～2 000 mm 的地区都有栽培，降水量 1 300 mm 左右对檫木的生长更为适宜。檫木为强阳性树种，一般不宜与其他阳性速生树种混交，檫木与杉木混交是一种很好的混交模式。檫木适宜生长的主要土壤类型为黄壤、黄棕壤及红壤，在土层深厚、通气、排水良好的酸性土壤中生长良好。檫木喜湿润，但怕水淹，不宜在强酸、强碱、黏重、通气不良的土壤上生长。土壤 pH 6.5 左右为好，pH 7 以上，檫木生长受到抑制，甚至不能生长。

三、檫木属植物的起源、演化与分类

（一）檫木属植物的起源、演化

檫木是樟科檫木属植物，根据现代分布和化石分布的研究，樟科起源古老，在下石炭纪和上石炭纪已有樟科植物的化石，认为樟科是一个亚热带科，我国热带、亚热带地区及南美亚马孙河流域是其分布中心（沈卓群等，1980）。我国的长江、秦岭以南至华南一带是其集中分布区。檫木属在樟科中是少数落叶类群之一，是樟科植物进化过程中适应低温环境的反映。

（二）檫木属分类概况

据《中国植物志·第三十一卷》记载，檫木属（*Sassafras* Trew）有 3 种，呈东亚北美间断分布，我国产 2 种。一种为檫木 [*S. tsumu*（Hemsl.）Hemsl.]，产长江以南各省份，一种为台湾檫木 [*S. randaiense*（Hayata）Rehd.]，产台湾；另外一种为白檫木（*S. albidum*），产美国南中部。

（三）檫木的遗传多样性

檫木分布范围广，环境差异大，在漫长的系统发育过程中，逐步形成了有一定遗传特性的地理种源类型。据湖南省所供试验材料（来自自然分布区的 10 个省份，27 个参试种源）试验结果，以南带、中带为生产力较高的优良种源区。选出适宜湖南省的优良种源，造林后遗传增益显著，树高、胸径、材积分别达 25.6%～60.0%、27.1%～51.4%、49.2%～312.4%（肖国华等，1992）。根据浙江临安的试验，21 个种源 9 年生调查结果，中亚热带的广东龙川，江西赣州与湖南平江种源最好，3 个优良种源树高遗传增益 23.3%～55.4%，胸径遗传增益 16.3%～30.9%，材积遗传增益 55.3%～133.5%。以上两个试验结果表明，檫木的种源间主要遗传性状存在显著或极显著差异，种源选择极有前景（沈卓群等，1980）。

　　檫木自然类型多，成熟期不一，同一母树，同一簇果实，成熟也有先后。湖南攸县漕泊、炎陵县大院等地群众认为，按季节来分：有大暑籽和立秋籽两种。大暑籽在大暑前后成熟，果实由红色转紫黑色或蓝黑色，大部分果托由青色变红色。立秋籽立秋前后成熟（沈卓群等，1979）。

四、檫木近缘种的特征特性

　　台湾檫木，学名 *Sassafras randaiense* （Hayata） Rehd. 。

　　落叶乔木，胸径 70 cm；树皮黑褐色，具纵向裂缝。枝条及小枝粗壮，无毛，干时红褐色，具皮孔和密集的半月形叶痕。叶互生，具柄，菱状卵圆形，长 1~15 （16） cm，宽 3~6 （7.5） cm。总状花序顶生或近顶生，先叶开放，基部有总苞片，长约 3 cm，5~6 个呈伞状着生于枝条顶端。花雌雄异株，花梗长约 6 mm。雄花花被筒短，外被微柔毛，花被裂片 6，披针状线形。雌花未见。果球形，直径约 6 mm，着生于浅杯状的果托上；果梗长 2.5~3 cm，上端渐增粗，无毛。

　　产我国台湾省中南部（阿里山）。生于海拔 900~2 400 m 的常绿阔叶林中。

　　　　　　　　　　　　　　　　　　　　　　　　　　　　（李锡泉　夏合新）

第十四节　南 酸 枣

　　南酸枣 ［*Choerospondias axillaris* （Roxb.） Burtt et Hill.］ 别名酸枣、五眼果，是漆树科（Anacardiaceae）南酸枣属（*Choerospondias*）落叶高大乔木，生长快、适应性强，是良好的速生用材与果用造林树种。

一、南酸枣的利用价值和生产概况

（一）利用价值

　　1. 木材价值　南酸枣树高可达 30 m，胸径可至 1 m 以上，是优良的用材树。木材花纹美观，边材窄，呈黄褐色；心材厚，呈浅红色；虫蛀少，光泽性强，耐腐；硬度及韧性中上等，木材顺压强度与抗弯强度之和为 1 505 kg/cm^2，属于中等强度木材，木材质量系数为 2 370，属于高质量木材（钟景兵等，1997）。南酸枣是胶合板、家具、房屋建筑、室内木装饰的优质用材，也是加工精细的首饰盒、茶托、木碗、木碟、钵等工艺品的理想木料。

　　2. 果用价值　南酸枣是一种极具开发潜力的果树。南酸枣果实为椭圆形浆果，营养丰富，口味独特，富含有机酸、糖、果胶、蛋白质等，是一种很有开发价值的新型水果资源。南酸枣果实除生食外还可加工成枣片、果糕、果酱、果酒、果饮等多种产品，其中南酸枣糕酸甜柔韧、滋味浓郁，受到消费者的青睐，市场占有率较大。

　　3. 其他用途　南酸枣果实、树皮等均可入药，鲜果具有助消化、增强食欲、治疗食滞腹痛、便秘等功效。南酸枣的干燥成熟果实为中药"广枣"，味甘、酸，性平，具有行气活血、养心安神的功效（国家药典委员会，2005）。从南酸枣果实中提取的黄酮有抗心律失常的作用；南酸枣皂苷对治疗动脉硬化、高血压等症有显著疗效。临床上用于治疗气滞血瘀、胸痹作痛、心悸气短、心神不宁等症。果皮有止血止痛的作用。果核有清热解毒、驱蝇、杀虫收敛等功效。树皮外用治水火烫伤（熊冬生，2000；张琪等，2006）。此外，南酸枣果核可做活性炭原料，树皮和枝丫含鞣质，可提制栲胶。茎皮纤维性能好，可制绳索、造纸和编织筐袋等。树姿优美，可做园林绿化树种，花多具蜜，为蜜源植物。

（二）分布与生产情况

南酸枣属为一单种属，分布于印度东北部、中南半岛、我国至日本（中国科学院中国植物志编辑委员会，2005；《福建植物志》编写组，1988）。

南酸枣产西藏、云南、贵州、广西、广东、湖南、湖北、江西、福建、浙江、安徽，生于海拔 200～2 000 m 的山坡、丘陵或沟谷林中。长江流域以南有较大面积的人工林。

天然阔叶林和毛竹林中有较丰富的南酸枣野生大树资源。20 世纪 80 年代南酸枣野生大树遭大量砍伐，用于建筑及制作工艺品等，许多天然林中的百年大树被砍伐，资源量骤减。随着人们对南酸枣经济效益和生态效益认识的加深，福建、江西、贵州等省加大了培育南酸枣用材林的进度。福建南平、三明等地南酸枣与杉木、木荷等树种的人工混交造林成小片状。浙西南地区已形成一定规模的人工菇木林。南酸枣在江西省南部山区有大面积分布，主要分布在崇义、大余、会昌、于都、瑞金等县市。贵州黔南山区规模化发展南酸枣针阔混交林，主要分布在都匀、福泉、瓮安、荔波、独山、惠水等县市。

21 世纪以来，随着南酸枣糕市场的兴起，福建浦城、松溪；江西崇义等地将南酸枣作为一种新兴果树大力发展，南酸枣果用林发展较快。

二、南酸枣的形态特征和生物学特性

（一）形态特征

南酸枣为落叶乔木，树皮灰褐色，片状剥落；小枝粗壮，暗紫褐色，无毛，具皮孔。奇数羽状复叶，长 25～40 cm，小叶 3～9 对。雄花序长 4～10 cm，微被柔毛或近无毛；花瓣长圆形，长 2.5～3 mm，无毛，具褐色脉纹，开花时外卷；雄蕊 10 枚，与花瓣近等长，花丝线形；雄花无不育雌蕊；雌花单生于上部叶腋，较大。核果椭圆形或倒卵状椭圆形，成熟时黄色，长 2.5～3 cm，径约 2 cm，果核长 2～2.5 cm，径 1.2～1.5 cm，顶端具 5 个小孔（图 32 - 14）。

（二）生物学特性

1. 开花习性 南酸枣花杂性异株，雄花序长 5～11 cm，花量大；雌花单生于枝条上部的叶腋间，具梗。南酸枣初花期、盛花期为 4 月中旬，终花期为 4 月下旬。雌花花期较短，为 1 周左右，雄花花期可达 20 d 左右。雌花经授粉受精后，子房迅速膨大，3～4 d 后，可见到有果顶突起的幼果。

2. 结果特性　南酸枣结果母枝有两类，一类由生长健壮的发育枝转化而成，即枝条顶端着生混合芽，来年混合芽萌发形成结果枝，它比其他1年生枝条健壮，多着生于树冠顶端和外围。另一类是上年的结果枝转化成结果母枝，南酸枣结果枝连续结果能力强，强壮的结果枝结果后上部花芽一般在下一年能萌发形成新果枝，连续结果后长势衰弱，果枝顶部花芽数量逐年减少，最后弱果枝顶部只形成质量极差的叶芽。强壮而稳定的结果母枝，是高产稳产的基础（韦晓霞等，2012；林朝楷等，2006）。

南酸枣结果枝多着生在1年生枝条的前端，结果枝不能再生侧枝，自然生长的南酸枣树结果枝一般分布在树冠外围，具有外围结果的习性。南酸枣盛果期一般持续时间较长，一些大树盛产期可长达几十年。

3. 生长习性　南酸枣喜光，为深根性树种，侧根、细根发达。顶端优势较强，有明

图 32 - 14　南酸枣
（引自《中国树木志·第四卷》）

显的主干，层性较强，树体分层较明显。南酸枣枝条单轴延伸多，分枝少，树冠较稀疏，在修剪等刺激作用下，潜伏芽能萌发。南酸枣混合芽多着生于枝条顶端及其以下二、三节，萌发后抽生结果枝。花芽多着生在结果枝的基部。多年生枝的隐芽着生在枝条基部短缩的节位上，寿命长，可利用隐芽长出新枝，使枝条更新，树冠再造，更新复壮。

南酸枣在肥沃的土壤上生长较快，在人工混交林中，5年生树高7~8 m，胸径8~10 cm。树高和胸径生长25年前快，以后转慢。萌芽性强。

4. 生态适应性　分布广，适应性强，山地、丘陵、平原、酸性土、钙质土都能生长，但喜生于山谷、溪旁或山坡中下部，土层深厚、排水良好、湿润、疏松、肥沃的地方。

三、南酸枣种质资源

南酸枣天然分布大多以单株散生于天然林和天然次生林，种内变异大，开展优良单株选育为生产提供优良种源意义重大。南酸枣不同种源生长性状有显著变异，南酸枣果实的大小、果核萌发孔、果核麻点、果实品质、成熟期也存在着较大的差异。同一株树的果实成熟期差异较大，果实陆续成熟，成熟期多为9月初至11月下旬。

骆文坚等（2007）对来自8个省份的25个南酸枣种源以树高和胸径为选择对象，初选出上犹、乐昌、贺州、容县4个种源，4个优良种源其树高和胸径的平均值均大于试验地当地种源。陈周海等从野生南酸枣资源中通过单株选育获得优良品种：齐云山1号、齐云山7号、齐云山13。

韦晓霞等（2009）从福建省福州市闽侯县南酸枣实生株中选育出新株系南酸枣3号。

南酸枣 3 号果实广椭圆形，大小较均匀，未成熟时果皮绿色，成熟后金黄色，果大且外观好，果肉白色，黏糊状，丰产，10 年生树株产 130 kg，单果重 16.6～22.7 g，平均 19.5 g，果实纵横径 3.3 cm×3.1 cm，可食率 64.8%。果实主要营养成分含量：可溶性固形物 7.9%，总糖 6.8%，可滴定酸 4.3%，维生素 C 0.074%，总果胶 3.3%，水溶性果胶 2.5%。在福州地区，南酸枣 3 号芽萌动期 2 月底至 3 月初，春梢展叶期 3 月中旬，花期 4 月上中旬；果实 9 月初至 10 月下旬陆续成熟。

另外，南酸枣存在种内变异，发现有 1 变种：毛脉南酸枣（*C. axillaris* var. *pubinervis*）。毛脉南酸枣小叶背面脉上以及小叶柄、叶轴及幼枝被灰白色微柔毛。产四川、贵州（东部）、湖南（西部）、湖北（西部）、甘肃（东南部）；生于海拔 400～1 000 m 的疏林中（中国科学院中国植物志编辑委员会，2005；《福建植物志》编写组，1988）。

（韦晓霞）

第十五节 大 叶 榉

大叶榉（*Zelkova schneideriana* Hand. – Mazz.）属榆科（Ulmaceae）榉属（*Zelkova* Spach），落叶大乔木，生长较快，寿命长，适应性强，耐旱，病虫害少，木材致密坚硬，纹理美观，材质优良。大叶榉根系发达，抗风倒，水土保持能力强，树形优美，秋季叶色季相变化丰富，是长江以南地区主要用材树种，也是城乡绿化及营造防风林的优良树种。

一、大叶榉的利用价值与生产概况

（一）大叶榉的利用价值

1. 木材利用价值 大叶榉生长较快，材质优良，是珍贵硬阔叶用材树种。据王明达等（2012）测定，榉木气干密度达 0.791 g/cm³，体积干缩系数 0.591%，抗弯强度 13.14 kN/cm²，顺纹抗压强度 5 kN/cm²，硬度可达 8.19 kN/cm²。木材切面光滑，色泽艳丽，花纹美观，耐磨性强，耐水湿，是高级家具及装饰用材，在日本更被视作装饰材中的珍品。榉木因其抗弯、韧性、耐久性等优良特性，常用作柱材、枕木，还可以用作船舶、桥梁、木梭、机床等用材。

边材宽，黄褐色，心材褐色，无特殊气味，坚实而有光泽。在 3 种榉树中（大叶榉、大果榉和榉树）大叶榉材质最好。在江南地区主要为大叶榉，榉木因具有与黄花梨木类似的特征，被当作硬木家具用材。榉木资源较为丰富，从古代到明代直到现在仍被广泛应用，使之成为苏式家具的主要用材。在江苏和浙江两省，榉木从明代初期开始作为民间家具的上等材料，因此榉木家具的发展过程也代表了苏式家具的发展历程，是明式家具发展的源头。据文博专家王世襄著《明式家具研究》的观点，榉木家具发源地在苏州及其周边地区，其开发的时间与认识的深度应在其他硬木之前，榉木家具的产生早于黄花梨和紫檀家具，其价值也并不逊于黄花梨、紫檀。

2. 药用与化工应用价值 大叶榉是一种重要的药用植物，树皮和叶可供入药。据

《名医别录》《嘉祐补注本草》《唐本草》等记载，榉树皮味苦无毒，清热，利水，治头痛、热毒下痢、水肿下水气，止热痢，安胎，主妊娠人腹痛；叶清热解毒，凉血，外敷治火烂疮、感冒、痢疾、妊娠腹痛、全身水肿、急性结膜炎等。榉树也是一种重要的油脂资源，果实一般含油 20%～40%。根据中国科学院植物研究所分析，采自江苏南京的榉树果实含油 27.11%，可用作较好的化工原料。榉树树皮富含纤维，纤维坚韧，是人造棉、绳索与造纸的原料。

3. 园林绿化与环保价值 大叶榉树冠呈倒圆锥形，形态独特，枝叶浓密，绿荫如盖，叶色季相变化丰富，秋叶有红色、黄色、橘黄色等多种色彩，颇具观赏价值，是重要的园林风景树种。在园林绿地中孤植、丛植、列植皆宜，尤为江南园林的重要树种。同时也是行道树、宅旁绿化、厂矿区绿化和营造防风林的理想树种。大叶榉喜光，根系发达，特别是侧根系庞大，能够疏松土壤，固持水土，保养水源，改善土壤透气性和结构，是很好的水土保持树种。大叶榉的抗风能力很强，耐烟尘，抗二氧化硫、氟化氢等污染，在污染区每千克干叶可含氟化氢 45.7 mg，吸氟 33.1 mg，具有良好的防护和净化空气作用。

（二）大叶榉的分布与栽培区

1. 自然分布 榉属树种为地中海区、西亚—东亚间断分布。欧洲南部分布有 2 种（*Z. abelicea* 和 *Z. sicula*）。其中，*Z. abelicea* 是希腊特有种，仅见于希腊克里特岛，*Z. sicula* 分布于意大利的西西里岛、希腊的克里特岛及里海地区。在植物区系上，这两个种属地中海植物区系。西亚 1 种（*Z. carpinifolia*），见于俄罗斯内高加索地区、伊朗及土耳其，属伊朗—土兰植物区系。属东亚植物区系分布的有 3 种，分别是大叶榉树、光叶榉（*Z. serrata*）和大果榉（*Z. sinica*），我国均有分布，主要分布于华南、华北、华中及华东各省份。其中，大叶榉和大果榉为我国特有种。大叶榉分布于陕西南部、甘肃南部、江苏、安徽、浙江、江西、福建、河南南部、湖北、湖南、广东、广西、四川东南部、贵州、云南和西藏东南部，以我国长江流域及以南地区为主。

2. 栽培区 榉树栽培历史悠久，据明万历年间《秀水志》记载，当时榉树就已是嘉兴府农舍的庭荫木，至今有 400 多年历史。榉树自明清以来是江苏和浙江地区高档家具的主要原料，因此在苏南地区和浙江杭嘉湖平原地区种植较普遍。目前大叶榉在淮河流域、秦岭以南，长江中下游各地，南至广东、广西、云南东南部等地都有栽培，但栽培面积不大，以山麓、山谷、缓坡平地和平原四旁绿化等零星种植为主，多散生或混生于阔叶林中，很少有成片造林，群众多喜欢作为宅旁绿化树种植，在民间宅旁植树有"前榉后朴"的习俗，寓喻主人"高榜中举"之意。

二、大叶榉的形态特征和生物学特性

（一）形态特征

落叶大乔木，高达 25 m，胸径 1 m；幼树皮青紫色，后渐变为灰褐色，树皮光滑不裂。1 年生枝细，密被柔毛。合轴分枝，幼龄时主干较柔软，直干性不强，梢部常弯曲下垂。叶互生，具短柄，有圆齿状锯齿，羽状脉，脉端直达齿尖；托叶成对离生，膜质，狭窄，早落。花单性，稀杂性，雌雄同株。雄花1～3朵，簇生于新枝下部叶腋，雄蕊5～7枚，花丝短；雌花常单生于新枝上部叶腋，子房偏生被细毛，花柱羽毛状。果为核果，偏斜，宿存的柱头呈喙状；种子顶端凹陷，胚乳缺，胚弯曲，子叶宽，近等长，先端微缺或2浅裂（图32-15）。

（二）生物学特性

1. 生长特性

（1）根系生长 大叶榉为深根性树种，有明显主根，侧根系庞大而发达。1年生苗平均根长约41.5 cm，平均根幅约30 cm，一级侧根数可达22个。

（2）茎生长 大叶榉播种苗从幼苗出土至5月30日为生长前期，6月以后开始进入快速生长期，6～9月苗高生长量为最大，10月以后生长变慢，同时叶片逐渐变红，高生长渐趋停止，11月上旬开始慢慢落叶，逐渐进入休眠期。1年生播种苗高80～150 cm，地径0.8～1.5 cm。幼苗初期生长稍慢，6～7年后生长加速，其生长能力至七八十年而不衰。在江苏句容林场丘陵缓坡地上栽植的

图32-15 光叶榉、大叶榉和大果榉
光叶榉：1. 果枝 2. 果实
大叶榉：3. 果枝 4. 雄花 5. 果实
大果榉：6. 果枝 7. 果实

5年生大叶榉幼林，平均高3.6 m，胸径3.3 cm，其中最大一株高10 m，胸径16.8 cm。在江苏沿海如东县海堤管理站，27年生榉树平均树高7.5～8.1 m，胸径17.5～19.9 cm，最大单株胸径32.2 cm。在湖南怀化海拔300～480 m低山中下部营造的大叶榉，10年生平均树高7.8 m，胸径7.5 cm。大叶榉寿命很长，常见数百年的大树，仅江苏省就有树龄百年以上的古榉树203株。浙江长兴县长潮乡李家村有1株400多年的大榉树，树高25 m，胸径1.14 m。江苏溧阳李家园1株500年古榉树，树高27 m，胸径1.3 m。江苏无锡滨湖区太浮峰1株160年的古榉树，树高21 年，胸径1.5 m，冠幅27 m。安徽歙县天目山西侧金川乡仁丰村有1株大叶榉古树，树高36 m，胸径1.66 m，生长健壮，魁伟坚挺。

（3）开花结果 4月开花，幼叶与花同放。果实10～11月成熟。成熟后常与叶同时脱落，有时落叶后果实仍宿存枝上。树龄10～15年时开始结实，20～30年时进入结果盛期，结果期很长，可达百年以上。已达结实年龄的母树，一般每隔一年大量结实一次（金晓玲等，2005）。

2. 生态适应性 大叶榉对温度的适应范围较广。分布地区的年均温度为10～20 ℃，年降水量500～2 000 mm。大叶榉适宜生长的年平均温度为14～20 ℃，年降水量1 000 mm以上。大叶榉为阳性树种，与其他树种混生时，通常占据林冠上层，树木被压或受光不足

时生长不良，甚至枯死。大叶榉分布和栽培适宜的海拔范围很广，在低海拔的长三角平原地区到高海拔的云贵高原，都能正常生长。如在东海之滨盐城射阳林场栽培的榉树，海拔高仅 1.8～2 m，而在云南和西藏地区，榉树分布海拔可达 1 900～2 800 m。但大叶榉最适合平原、低山丘陵的中下坡生长，在中高山地或山坡上部生长不良。大叶榉对土壤的适应性很广，在酸性、中性及碱性土、石灰岩质土上均可生长，还可以耐轻度盐碱。适宜生长的土壤 pH 5～8。但以土质疏松、土层深厚肥沃和排水良好的沙壤和壤土上生长良好，在土质黏重、板结、积水或过于贫瘠的土壤上生长较差。

三、榉属植物的起源、演化与分类

（一）榉属植物的起源

据研究（萨仁等，2003），榉属植物在第三纪广布于北半球的温带，在中国的热带、亚热带地区也有出现。在亚洲，日本的北海道发现早至中始新世的榉属植物化石。我国榉属植物的化石存在于始新世的辽宁抚顺、湖南湘乡，渐新世的云南景谷及中新世的山东临朐。在欧洲，格鲁吉亚东北部、法国、意大利及希腊都发现了本属植物的化石，最晚的为在法国发现的第四纪晚更新世的化石。榉属植物的现代地理分布特点及化石证据都说明该属曾经是包括欧亚大陆的古地中海分布类型。在欧洲，由于受到晚第三纪的喜马拉雅造山运动影响和第四纪间歇性的冰川作用，古地中海逐渐消退，气候旱化，使植物产生了一系列的旱生适应。不连续的海进、海退现象对该地区分布的榉属植物的影响较大，使该地区的植物向着适应旱化、寒化生境演变、发展，使得广泛分布于此地区的榉属植物其分布区急剧缩小，逐渐形成现代的分布格局。在法国发现的第四纪晚更新世的化石说明，第四纪的冰川作用是导致欧洲榉属植物分布区缩小的主要原因。由于东亚地区受喜马拉雅造山运动及第四纪冰川作用的影响相对较弱，该地区榉属植物得以保存下来。

（二）榉属植物的演化

以榉属植物叶片形态为例（Wang et al.，2001）分析，该属植物叶片形态的变化是适应旱化、寒化演化的。如：叶边缘细齿→粗齿，叶边缘浅波→深波，叶边缘锯齿状→钝齿，叶先端渐尖→钝，侧脉多→少，气孔分布集中→近等距离，叶表皮蜡质纹饰无→有等。榉属植物中，除 $Z. sicula$（$3x=42$）为三倍体外，其余种均为二倍体（$2x=28$）（何平等，2005）。东亚地区分布的榉属植物的形态及孢粉学证据都说明，该地区分布的榉属植物都是较原始的类群。地中海植物区系与东亚植物区系有着密切的联系，地中海植物区系中古老的第三纪孑遗种较少，而年轻的特有种类较多，其植物区系的发生与气候的日益干旱化有关。因此，在该区分布的 $Z. sicula$ 无论是其形态学证据，还是细胞学和孢粉学证据都表明该种是榉属中最为进化的类群。

（三）榉属植物的分类

Spach 于 1841 年以 $Zelkova\ crenata$ Spach 为模式建立榉属（$Zelkova$），并置于荨麻科（Urticaceae）中。该属植物是以乔木、雌雄同株、叶互生具齿、羽状脉、托叶分离、花被 4～5 裂片与雄蕊同数、子房无柄、核果等共有形态特征组成的明显的单系类群 (Wang et al.，2001)。自榉属建立以来，由于不同学者对性状的把握尺度不同，对一些种的分合及分类学等级的划分持有不同观点，使有效发表的学名多达 17 个。该属的分类学研究在地方性的植物志中多有描述。Czerepanov 于 1957 年首先对全世界榉属植物进行过分类修订，将榉属归为 6 种，其中，他承认了 Hayata 于 1920 年发表的分布于台湾的种 *Z. tarokonesis*，而此种后被多数学者证实是光叶榉的变异。此后，Di Pasquale 于 1992 年根据分布于意大利西西里岛的标本发表了新种 *Z. sicula*，使世界现存榉属植物组成仍为 6 种。

(四) 榉属植物分类检索表

据《中国植物志·第二十二卷》，分布于我国的 3 种分类检索如下：

1. 核果较小，直径 2.5～4 mm，不规则的卵状圆锥形，顶端偏斜，其腹侧面极度凹，多少被毛，网肋明显降起，几乎无果梗，叶的侧脉 7～15 对。
    2. 当年生枝紫褐色或棕褐色，无毛或疏被短柔毛；叶两面光滑无毛，或在背面沿脉疏生柔毛，在叶面疏生短糙毛 ·································· 1. 光叶榉 [*Z. serrata* (Thunb.) Makino]
    2. 当年生枝灰色或灰褐色，密生灰白色柔毛；叶背密生柔毛，叶面被糙毛 ···················
    ································ 2. 大叶榉 (*Z. schneideriana* Hand. - Mazz.)
1. 核果较大，径 4～7 mm，倒卵状球形，仅顶端微偏斜，几不凹陷，近光滑无毛，网肋几乎不隆起，果梗长 2～3 mm；叶的侧脉 6～10 对··························3. 大果榉 (*Z. sinica* Schneid.)

四、大叶榉的变异与遗传多样性

1. 形态变异 自然生长的大叶榉有丰富的形态变异。树皮类型有灰白色、深灰色、褐灰色，光滑、片状剥落等；树冠分枝有斜上、平展、下垂等；秋叶有深红色、紫红色、橘黄色、黄色、绿色等。王旭军等 (2013) 分析了 5 个不同产地大叶榉种源的叶片形状，单叶面积大小、厚度依次为南京种源＞湖州种源＞赣州种源＞怀化种源＞滁州种源。大叶榉种源间 (单株间) 种子长、宽、长宽比和千粒重等性状的差异均达到极显著水平 ($p <$ 0.01)。种源水平上各性状的遗传力分别为 0.901 8、0.921 0、0.922 1 和 0.900 8，单株水平上的遗传力分别为 0.926 0、0.979 2、0.932 6 和 0.992 5，表明大叶榉种子形态性状存在着丰富的遗传变异，聚类分析表明种子形态特征的地理变异呈现区域板块变异模式和随机变异模式。大叶榉不同种源早期生长比较，大叶榉苗高、地径、冠幅、高径比、全株鲜重、地下部分干重等 7 个指标均表现出极显著差异 (易文成，2014；付玉嫔，2005)。除上述变异外，大叶榉不同种源木材基本密度的差异也达到了极显著水平，种源内比较稳定，变异较小。

大叶榉叶片中脯氨酸、丙二醛、可溶性蛋白质、可溶性糖和叶绿素含量等生理指标在种源间也存在极显著的差异，反映了在抗旱性方面有较大的种源选择潜力 (王旭君等，2013)。

2. 遗传多样性 台湾学者 (洪培元，1992) 研究了台湾榉树 3 个种源的同工酶差异，结果显示台湾榉种源内异质结合体不足，种源分化程度低，变异主要存在于种源内，种源间变异约占总变异的 3%。刘勋成等（2005）对大叶榉种源遗传多样性的 ISSR 分析表明，5 个大叶榉种源群体（4 个云南种源、1 个浙江种源）的扩增多态性百分率为 74.54%～88.43%，平均为 80.65%。根据遗传距离分析，各群体间的遗传分化指数为 0.197 2，总的遗传变异中 80.28% 的遗传变异发生在种群内，种群间的遗传变异只占 19.72%，说明大叶榉种群的遗传多样性变异主要存在于群体内。而 4 个云南种群与浙江平湖种群的遗传距离较大，地理环境的差异也可能造成群体变异和分化。曹娴等（2010）利用 ISSR 分子标记技术对 23 个秋季叶色变化不同的大叶榉单株种质资源进行多态性 PCR 扩增，结果表明，在 128 个位点中，其中多态性位点有 116 个，多态性位点百分率为 89.9%。23 个大叶榉单株平均有效等位基因数为 1.593 0，Nei's 基因多样性指数平均为 0.339 4，平均 Shannon's 信息指数为 0.500 7。并通过聚类分析将这 23 个大叶榉单株划分为 4 组。

五、大叶榉野生近缘种的特征特性

（一）光叶榉

学名 Zelkova serrata（Thunb.）Makino。

1. 形态特征　乔木，高达 30 m，胸径达 100 cm；树皮灰白色或褐灰色，呈不规则的片状剥落；当年生枝紫褐色或棕褐色，疏被短柔毛，后渐脱落；冬芽圆锥状卵形或椭圆状球形。叶薄纸质至厚纸质，大小、形状变异很大，卵形、椭圆形或卵状披针形，长 3～10 cm，宽 1.5～5 cm，先端渐尖或尾状渐尖，基部有的稍偏斜，圆形或浅心形，稀楔形，叶面绿色，干后绿色或深绿色，稀暗褐色，稀带光泽，幼时疏生糙毛，后脱落变平滑，叶背浅绿，幼时被短柔毛，后脱落或仅沿主脉两侧残留有稀疏的柔毛，边缘有圆齿状锯齿，具短尖头，侧脉（5～）7～14 对；叶柄粗短，长 2～6 mm，被短柔毛；托叶膜质，紫褐色，披针形，长 7～9 mm。雄花具极短的梗，径约 3 mm，花被裂至中部，花被裂片（5～）6～7（～8），不等大，外面被细毛，核果几乎无梗，淡绿色，斜卵状圆锥形，上面偏斜，凹陷，直径 2.5～3.5 mm，具背腹脊，网肋明显，表面被柔毛，具宿存的花被。花期 4 月，果期 9～11 月。种子千粒重约 13.3 g（图 32-15）。

2. 地理分布与生态习性　产于甘肃、陕西、湖北西南部、湖南、四川、云南、贵州、山东、安徽、台湾、辽宁南部、江苏南京等地栽培。朝鲜、日本也有分布。常生于河谷、溪边，海拔 500～1 900 m，在云南和西藏可达海拔 1 800～2 800 m。光叶榉对气温的适应范围广，可在我国北方辽宁大连年均气温仅 10.5 ℃的环境中栽培。

（二）大果榉

学名 Zelkova sinica Schneid.。

1. 形态特征　又名小叶榉，乔木，高达 20 m，胸径 60 cm；树皮灰白色，呈块状剥落，剥落部分呈现黄色，十分美观。1 年生枝褐色或灰褐色，被灰白色柔毛，以后渐脱落；2 年生枝灰色或褐灰色，光滑；冬芽椭圆形或球形。叶纸质或厚纸质，卵形或椭圆形，长（1.5～）3～5（～8）cm，宽（1～）1.5～2.5（～3.5）cm，先端渐尖、尾状渐尖、稀急尖，基部圆形或楔形，有的稍偏斜，叶面绿，幼时疏生粗毛，后脱落变光滑，叶背浅绿，除在主脉上疏生柔毛和脉腋有簇毛外，其余光滑无毛；边缘具浅圆齿状或圆齿状锯齿，侧脉 6～10 对；叶柄较光叶榉和大叶榉纤细，长 4～10 mm，被灰色柔毛；托叶膜质，褐色，披针状条形，长 5～7 mm。雄花 1～3 朵腋生，直径 2～3 mm，花被（5～）6（～7）裂，裂至近中部，裂处卵状矩圆形，外面被毛，在雄蕊基部有白色细曲柔毛，退化子房缺；雌花单生于叶腋，花被裂片 5～6，外面被细毛，子房外面被细毛。核果呈不规则的倒卵状球形，直径 5～7 mm，顶端微偏斜，几乎不凹陷，表面光滑无毛，除背腹隆起外几乎无凸起的网脉，果梗长 2～3 mm，被毛。花期 4 月，果期 8～9 月。种子千粒重约 26.89 g。

2. 地理分布与生态适应性 我国特有种，分布于甘肃、陕西、四川北部、湖北西北部、河南、山西南部和河北等地。生于海拔 800～2 500 m 的山谷、溪旁及较湿润的山坡疏林中。大果榉耐寒性较强，适应暖温带气候生长，山西太谷年平均气温 9.8 ℃，最低气温－20 ℃以下，无霜期 175 d，降水量 462.9 mm，大果榉生长正常。

（三）台湾榉

学名 *Z. serrata* var. *tarokonesis*（Hayata）Li。

李惠林于 1952 年把产于台湾的 *Z. tarokoensis*（1920）新组合成 *Z. serrata* var. *tarokoensis*，但对此分类存在争议。原产于台湾，生长于海拔 1 000 m 山谷之中。木质坚硬，木色红褐，当地称为鸡油树。台湾榉产地海拔高、气温低，木质较大叶榉稍软且粗糙，多供车船用木和建筑用材。

（黄利斌）

第十六节 核 桃 楸

核桃楸（*Juglans mandshurica* Maxim.）又名胡桃楸，属胡桃科（Juglandaceae）核桃属（胡桃属，*Juglans* Linn.）落叶阔叶乔木，与水曲柳、黄菠萝并称"东北三大硬阔"，是我国珍贵用材树种。核桃楸为核桃属中最抗寒的一种，被《中国植物红皮书》列为三级保护植物。

一、核桃楸的利用价值与栽培概况

（一）核桃楸的利用价值

1. 木材价值 珍贵用材。材质坚硬，质地细韧，色泽淡雅，纹理致密，通直，可经受剧烈震动而不易变形，耐腐蚀，重量及硬度适中，密度 0.55～0.62 g/cm³，弹性好，易加工，刨面光滑，油漆性能良好，干燥时易翘裂，耐腐。核桃楸是珍贵的建筑、家具、船舶、木模、车辆装饰、乐器制造等用材。核桃楸果壳硬，可制造高级工业活性炭，也可制作工艺品。

2. 营养价值 核桃楸是良好的木本油料树种，果仁含油率达 60%～70%，油脂中亚油酸甘油酯含量高，营养价值丰富，每 100 g 核仁中含蛋白质 10～12 g，脂肪 80 g，糖类

5～8 g，钙 119 mg，磷 3.62 mg，铁 3.5 mg，胡萝卜素 170 mg，核黄素 110 mg，还富含锌、锰等微量元素。

3. 药用价值 核桃楸味甘性温，药用价值高，种子、果皮、树皮均可入药。种仁具有敛肺定喘、温肾润肠等功效，青果可止痛，树皮有清热解毒的功效，叶含醌类化合物，在抗肿瘤方面有明显功效（李岩等，2011）。

4. 绿化价值 核桃楸树体高大，树干通直，树冠饱满，能产生多种挥发气体，有杀菌、驱虫、净化空气的作用，是改善环境的优良绿化树种。

（二）核桃楸栽培区

核桃属间断分布于欧亚和美洲，我国是核桃属的分布中心之一。核桃楸种群地理分布区域是温带针阔混交林和阔叶林区（马万里等，2005）。从分布范围和数量上看，长白山地区和小兴安岭是核桃楸的最适生长区域（赵光仪等，2005），是东北地区主要造林树种和重要工业用材树种。由于大量的采伐和利用，核桃楸种群的数量和质量逐年下降，面积、蓄积量大幅度减少（朱红波等，2011）。核桃楸在北方地区常作为核桃育苗砧木。

二、核桃楸的形态特征和生物学特性

（一）形态特征

乔木，高达 20 m，胸径 60 cm；枝条扩展，树冠扁圆形；树皮灰色，具浅纵裂；幼枝被短毛。奇数羽状复叶，小叶 9～17 枚，椭圆形至长椭圆状披针形，边缘具细锯齿；雄花柔荑花序，花序轴被短柔毛。雌花穗状花序具 4～10 雌花，花序轴被茸毛。雌花被茸毛。果序俯垂，通常具 5～7 果实，序轴被短柔毛。果实球状，顶端尖，密被腺质短柔毛（《中国树木志》编辑委员会，1985）（图 32 - 16）。

图 32 - 16 核桃楸
（引自《中国树木志·第二卷》）

（二）生物学特性

种子繁殖或萌蘖更新，种子发芽率高，萌蘖性较强；根系发达，主根深长，生长较快；疏林内天然更新良好，幼龄阶段处于庇荫状态，生长较慢，以后随光照条件改善，生长逐渐加快，一般 40～60 年以前生长迅速，以后直径生长减缓；100～110 年以后高生长趋于停止，但直径生长仍有增加。天然林 20 年左右开始结实，花期 4～6 月，果期 9～10 月，果实丰收周期为 2～3 年，树龄 30～100 年为果实盛产期（单永生等，2011）。

（三）生态适应性

强阳性树种，喜光，不耐阴；喜温凉湿润气候，能耐－40 ℃的严寒，有干风吹袭时易引起干梢；适生于腐殖质深厚、湿润、排水良好的谷地或山坡下部。核桃楸适生于土壤温度较高、含水率偏低的中坡位（梁淑娟等，2005）。垂直分布在海拔 500～800 m，多单株混生于红松阔叶混交林中，常与黄菠萝、水曲柳、山杨等混生。

三、核桃楸的起源、分布与生境

核桃楸是第三纪孑遗种，其自然分布范围仅限于亚洲温带东北部及暖温带北部地区，在国外仅见于俄罗斯远东地区，朝鲜、日本也有分布。核桃楸在国内以小兴安岭、完达山、张广才岭、长白山、老爷岭和千山为集中分布区，其次在大兴安岭、河北燕山、山西太行山和吕梁山以及山东、河南等山区有零星分布。

核桃楸是东北山地阔叶红松林的主要伴生树种之一，其自然分布范围基本和温带针叶阔叶混交林地带相一致，自然地理位置东经 126°～134°、北纬 40°～50°，本分布区还有黑龙江以南，乌苏里江以西，图们江、鸭绿江以北，黑龙江北部的孙吴县经哈尔滨、长春、沈阳，至丹东一线以东的广阔山地。区内地形地势、气候、土壤等生境条件和垂直分布界线基本与阔叶红松林相一致（《中国森林》编辑委员会，2000）。

四、核桃属植物分类概况

1. 核桃属形态特征 落叶乔木或大灌木；鳞芽，枝髓片状分隔；奇数羽状复叶；雄花柔荑花序，花具 1 苞片及 2 小苞片，花被片 3，雄蕊 8～40 枚；雌花穗状花序，苞片及小苞片合生壶状总苞，花后宿存并增大，花被 4，子房下位，柱头 2，核果大，外果皮肉质，果核不完全 2～4 室，内果皮骨质，有不规则刻纹及纵脊；子叶不出土（《中国树木志》编辑委员会，1985）。

2. 核桃属植物分类 核桃属植物分为 3 组，20 多种，分布于亚洲、欧洲、美洲温带及热带地区。我国核桃属植物分为 2 组 5 种 1 变种，组 1. 核桃组（Sect. *Juglans*），2 种，核桃（胡桃，*J. regia*）、漾濞核桃（泡核桃、铁核桃、茶核桃，*J. sigillata*）；组 2. 核桃楸组（Sect. *Cardiocaryon*），3 种 1 变种，核桃楸（胡桃楸，*J. mandshurica*）、野核桃（*J. cathayensis*）、麻核桃（*J. hopeiensis*）和华东野核桃（*J. cathayensis* var. *formosana*）。

五、核桃楸种质资源

核桃楸栽培以用材为主，主要分布于东北、华北，栽培种与野生种未严格区分，适应性广，一些类型耐－50 ℃的低温。常用作核桃砧木，但因生长慢，易形成小脚树。种内变异大，多用作核桃抗寒育种的亲本。龙作义等（2004）开展了核桃楸杂交培育抗寒品种的工作，建立了核桃楸品种评比园；苏喜廷等（2008）建立了核桃楸无性系种子园。

东北地区开展了核桃楸的种源试验，袁显磊等（2013）收集 13 个核桃楸种源，在黑龙江省进行种源选择试验，结果表明不同种源 1 年生苗生长量差异显著，苗高与纬度和年均温等环境因子呈负相关，核桃楸种源可适当向北移栽。杨书文等（1991）根据核桃楸苗期地理种源变异规律、种源选择、早晚相关进行研究表明，生长性状、适应性状等种源间存在显著差异，核桃楸种内的地理变异总趋势受经度、纬度双重控制，纬度影响略大，呈现东北到西南的变化趋势，种源可以适度北移栽培（张含国等，2011）。刘桂丰等（1991）将东北地区的核桃楸种源划分为4个种源区，即长白山完达山种源区、吉林中部浅山种源区、辽宁东部种源区、小兴安岭松花江种源区。

六、核桃楸野生近缘种的特征特性

（一）漾濞核桃

学名 *Juglans sigillata* Dode，又称铁核桃、泡核桃。

树高 10～20 m，寿命可达百年以上。树皮灰褐色至暗褐色，有纵裂。新枝浅绿色，光滑，具白色皮孔；雌花序顶生，小花 2～4 朵簇生。果实圆形，黄绿色，表面被茸毛；外种皮骨质称为果壳，表面具刻点状，果壳有厚薄之分。其与核桃的主要区别为每复叶的小叶数多达 9～17 片（核桃为 5～9）；小叶窄而长；呈卵状披针形。铁核桃不耐寒，适应亚热带气候，只能在北亚热带区栽培。

栽培品种泛称泡核桃，原产于我国西南山地，野生种壳硬，壳面麻而不光滑，但壳薄，易取仁，核仁风味佳，为西南地区的主栽坚果树种。主要栽培品种有大泡核桃、拉乌核桃、圆菠萝核桃、娘青核桃、桐子果核桃、小泡核桃等。

（二）麻核桃

学名 *Juglans hopeiensis* Hu，是河北省特有种质资源，又称河北核桃，初步认为是核桃与核桃楸的天然种间杂交种。

树高可达 35 m，树皮银灰色；小叶 7～11 片，全缘或具浅锯齿，叶片背有短茸毛；单性，雌雄同株，雄花花序长 20～25 cm，雌花花序顶生，有 2～5 朵小花簇生。果实接近球状，直径 3～5 cm，先端突尖。外果皮为肉质，灰绿色，上有棕色斑点。内果皮坚硬，有皱褶，黄褐色。坚果壳厚仁小，内隔壁骨质发达，难于取仁，结实量亦少。花期 4～5 月，果期 10 月。喜温树种，喜光，喜疏松、排水良好土壤，喜肥，在地下水位过高和黏重的土壤上生长不良，在微碱性土壤上生长最佳，适宜 pH 6～8。

华北山地有零星分布，主要分布在河北省太行山北部地区，散生在河北涞水、易县、涞源、涿鹿和怀来等地，是核桃属植物中分布范围最窄，数量最少的一个种。天然分布在丘陵缓坡地，两山之间的沟谷地，并且喜水和土层深厚的地方，自然状态下常与核桃和核桃楸混生（裴东等，2006）。

河北核桃果壳发达而坚硬，以其个大、端正、纹理美观等著称，观赏保健价值极高，深受世界各国人们的喜爱，经民间艺术家雕刻的更为珍品。现多人工栽培，又称文玩核桃，现栽培品种有狮子头、公子帽、官帽灯笼、鸡心、虎头等。

（三）野核桃

学名 *Juglans cathayensis* Dode，中国特有种。

树高可达 25 m，小枝有毛及腺毛，叶渐长尖，基部斜歪，有细锯齿，两面被毛，下面密被毛且间有腺毛；侧小叶无柄；雌花密被毛，外果皮密被腺毛，核顶端尖，内果皮有6～8纵脊，具刺状突起的皱肋及深窝，壳厚，果壳硬，有多条缝合线，仁小。野核桃与同属其他种相比主要特点是果序长而下垂。原产我国亚热带地区山地，向南达到广西和台湾，主要分布在甘肃、陕西、山西、河南、湖北、湖南、四川、贵州、云南、广西和新疆。喜湿润肥沃土壤，种仁含油65％，木材同核桃楸。多野生分布在阔叶林中。具有一定的经济价值和医药价值。

（蒋宣斌　彭海龙）

第十七节　青　檀

青檀（*Pteroceltis tatarinowii* Maxim.）又名翼朴、檀树，是第三纪孑遗植物，为榆科（Ulmaceae）青檀属（*Pteroceltis*）落叶乔木，是中国特有单种属纤维树种，已被列入国家三级珍稀保护植物。青檀是集造纸、材用、药用、饲料、景观、生态防护和科学研究诸价值于一体的多用途树种，大力培育和开发利用青檀意义重大。

一、青檀的利用价值和生产概况

（一）青檀的利用价值

1. 木材利用价值　青檀木材坚硬，纹理直，致密，结构均匀，强度高，弹性大，耐冲击，切削面光洁，油漆和胶黏性能良好，握钉力强。青檀木材是建筑和高档家具用材，最适于供家具、农具、造船、乐器、玩具、工具柄及运动器材等用材。青檀取皮后的枝干可用作薪材、加工成工艺品等。一般每 100 kg 青檀枝条可取皮 10～15 kg，薪材 45～60 kg。青檀萌芽力强，可经营矮林作业，2～3 年砍伐一次，可以永续利用。

2. 纸用价值　青檀树皮富含纤维，含纤维素49.20％～58.67％，产皮率8％～12％，木质素7.06％，绵韧易剥，是制造我国著名的宣纸的主要原料。青檀树皮分离出的纤维细长而柔软、吸湿性强，一般纤维长 0.63～4.27 mm，平均 2.15 mm，宽 5～28 μm，平均 11 μm，其均整度达88％。青檀纤维圆浑、强度大，交织成纸后不易产生集中应力，使宣纸具有一定的拉力，还能形成深浅不一的纤维皱纹，带来对墨汁吸附量的差异，因而起到浓淡不同的墨色变化，收到层次丰满的艺术效果（李金昌等，1996）。青檀树枝纤维平均长度和长宽比都高于杨木和桉木，且壁腔比小，故成纸性能不低于其他阔叶树木材。青檀树枝的木质素含量较杨木、桉木低，故容易制浆，制浆得率高。另外，聚戊糖含量比杨木、桉木高，打浆容易，这将为阔叶木制浆提供新的原料品种。

3. 生态防护价值　青檀根系发达，主根粗壮，侧根多而长。栽植 1 年后侧根长67 cm，2 年侧根最大长度 265 cm，且95％的根系密集分布在表土层和淀积层之间；3 年主根均在 100 cm 以上并伸展到母质层。相邻植株的根系相互缠绕、穿插延伸，盘根错节。尽管 2～3 年砍伐一次取枝剥皮，但根系已构成密集的根网，牢牢地固持着土壤，加之凋落物较多，仍然可以起到防止水土流失的作用。青檀是喜钙树木，适宜在石灰岩山地生长，特别对于石灰岩山地形成的石漠化土地的森林恢复有重要价值，栽培青檀可治理水土流失，充分发挥其生态、经济、社会三大效益，具有广阔的前景（李金昌等，1996）。

4. 药用价值　青檀茎叶具有祛风、止血和止痛的功效。对青檀树皮进行化学成分的提取分离和结构鉴定，现已获得 $N-p-$香豆酰酪胺、丁香脂酚-$4-O-\beta-$D 葡萄糖苷、丁香脂酚-$4,4'-$二-$O-\beta-$D 葡萄糖苷、甲基丁二酸、香草酸、甲基肌醇、$\beta-$谷甾醇、胡萝卜苷、$\alpha-$香树素和 $\beta-$香树素混合物等 10 种化合物。$N-p-$香豆酰酪胺对多种癌细胞具有抑制作用，且对人体血液血小板凝结有显著影响，而丁香脂酚-$O-\beta-$D 葡萄糖苷及丁香脂酚-$4,4'-$二-$O-\beta-$D 葡萄糖苷具有抑制 cAMP 磷酸二酯酶等多种活性（王明安等，2001）。

5. 饲用价值　青檀叶、果实可做饲料，青檀叶粗蛋白含量高达 19.43%，并含有 17 种氨基酸，其中动物必需氨基酸有 7 种，叶粉中含有 12 种微量元素，使用青檀叶粉充当饲料添加剂对禽畜体内蛋白质合成、提高饲料营养价值、促进动物生长发育都具有重要作用。

（二）青檀的分布和生产概况

1. 青檀的分布　青檀在我国分布较广，最北至北京昌平，北纬约 40°10′；最东到辽宁省蛇岛，东经 121°；最西在青海省境内。在辽宁、河北、山东、江苏、浙江、福建、江西、湖北、湖南、广东、广西、贵州、四川、甘肃、陕西、山西以及河南都有分布，其中在安徽宣城城区、宁国、泾县分布最为集中，生于山谷、溪边石灰岩山地疏林中（傅立国等，2000）。

青檀多野生，以零散状态分布，成为群落上层优势树种分布的少见，但在广西木论国家级自然保护区，湖北广水大贵寺（10 hm²），丹江口白阳坪林场（15 hm²），安徽琅琊山、金寨（666.7 hm²），河南宝天曼自然保护区有大面积集中连片并形成上层优势树种的青檀天然林（傅松玲等，1997；覃文更等，2004；张玉琼，1999；王文静等，2001），在安徽宿州皇藏峪内瑞云寺周围残存一些古青檀林（江荣翠等，2007），在安徽泾县等地有大量青檀人工林。在青檀自然分布区常见高达 15 m、胸径 1 m 的百年大树（许冬芳等，2005）。青檀的垂直分布在海拔 200～1 500 m，在四川西部海拔 1 600 m 处仍有生长。

2. 青檀的生产现状　青檀是中国特有的生态经济型树种，是集造纸、材用、药用、饲料、景观、生态防护和科学研究诸价值于一体的多用途树种，大力培育和开发利用青檀意义重大（宋朝枢，1994；李金昌等，1996；许冬芳等，2005）。青檀利用历史悠久，青檀的韧皮部（檀皮）是我国文房四宝之一宣纸的高级原料。据宜兴《荆溪县志》记载，用青檀皮造纸始于元代。青檀皮造的纸之所以在中国历史上很有名，是因其是与我国书画艺术发展关系密切的中外著名的宣纸。宣纸表面平匀，拉力适中，润墨性能极佳，使书画艺术不受限制地得以尽情发挥。宣纸素有"纸寿千年""墨韵万变"之盛誉，迄今仍为文房四宝中的一宝（方升佐等，2007b）。1949 年以来，我国宣纸生产规模发展很快，且由于宣纸在国际上多次获奖，畅销日本、东南亚、西欧、北美等地，供不应求。从 1949 年的 32 t 到 2005 年的 5 000 t，产量增加了 150 多倍。截至 2005 年仅安徽泾县就有宣纸生产厂家 125 家，产品品种 100 多个，年利税总额达 5 600 万元，年出口创汇达 800 万美元（方升佐，2007a）。为了缓解檀皮供不应求的局面，安徽宣城地区从 1990 年起到 20 世纪末，以宁国为中心建成 1.33 万 hm² 的青檀基地林；安徽池州地区，从 1997 年开始也计划发展 1.33 万 hm² 青檀基地林（方升佐等，2007b）。我国石灰岩山地约占陆地面积的 1/7，青檀作为石灰岩地区造林的优良先锋树种，对石灰岩山地的植被恢复、林分改造意义重大。

二、青檀的形态特征和生物学特性

（一）形态特征

青檀为落叶乔木，高达 20 m，胸径 1 m 以上；树皮灰色或深灰色，不规则长片剥落。小枝疏被柔毛，后渐脱落。冬芽卵圆形。

1. 叶 叶互生，纸质，宽卵形或长卵形，长 3～10 cm，先端渐尖或尾尖，基部楔形、圆或平截，锯齿不整齐，基脉 3 出，侧脉 4～6 对，脉端在近叶缘处弧曲，上面幼时被短硬毛，下面脉上被毛，脉腋具簇生毛；叶柄长 0.5～1.5 cm，被柔毛，托叶早落。

2. 花 花单性，同株；雄花数朵簇生于当年生枝下部叶腋；花被 5 深裂，裂片覆瓦状排列，雄蕊 5 枚，花丝直生，花药顶端具毛；雌花单生于 1 年生枝上部叶腋；花被 4 深裂，裂片披针形，子房偏扁，花柱短，柱头 2，线形，胚珠下垂（图 32 - 17）。

3. 果实和种子 青檀翅状坚果近圆形或四方形，宽 1～1.7 cm，翅宽厚，顶端凹缺，无毛或被曲柔毛，花柱及花被宿存；果柄纤细，长 1～2 cm，被短柔毛。种子胚乳稀少，胚弯曲，子叶宽。青檀成熟的种子黄绿色，种壳硬，易落，当果实由青变黄色时即可采集。种子卵形，直径 4～5 mm，千粒重 28 g，每千克约 35 000 粒。

4. 根系 青檀根系发达，侧根分布面广，枝干萌芽力强，寿命长，四五百年生老树仍有很强萌芽能力。极少病虫危害，一些老树，虽主干半边腐朽，仍能旺盛生长，萌芽抽条。青檀主根发达，1 年生幼苗主根超过树干长的 1/2，成年树主根能深扎于石灰岩缝土中 3～6 m，并能从一个石缝拐弯深入另一石缝中；侧根较少，一株 3～5 根，须根较多，密布在主根的周围，形成蛛网，在石灰质土壤中生长的青檀，能起到很好的固土保水作用。

图 32 - 17　青檀
1. 果枝　2. 枝皮　3. 雌花　4. 雄花　5. 雄蕊
（引自《中国树木志·第三卷》）

（二）生物学特性

1. 生长特性 青檀萌蘖性很强，生长迅速，寿命长，在立地条件较好的情况下，3～5年生幼树，高可至5 m，胸径4 cm左右。高生长旺盛期为6～10年，林龄在10年及25年时出现两次高峰，年生长量可至0.62 m和0.6 m，30年以后高生长逐年下降。材积生长在10年后迅速增加，到60年时处于自然成熟阶段。胸径生长旺盛期为8～12年，在自然分布区常见高达15 m、胸径1 m的百年大树。

2. 实生苗生长规律 杨成华等（1996）在贵州省林业科学院开展了青檀实生苗培育，青檀5～10月为生长期，11月上旬可有一些生长，速生期在6～8月，可出现2次生长高峰，但间隔不明显。青檀的苗期物候：4月中旬至5月发芽出土，2～5 d子叶出土伸直，4～7 d后长出第一片真叶，出土后20～30 d开始发生分枝，子叶脱落，子叶可保留30～40 d。生长期5～10月，进入10月，生长量逐渐下降，11月停止生长，开始落叶，落叶在12月上中旬结束，进入休眠，翌年4月下旬开始萌芽，进入生长期。

3. 开花结实 青檀3～5年生开始开花结实，8年左右进入盛果期，盛果期持续时间很长，有数百年。青檀4月开花，幼叶与花同放。果实9～10月成熟，成熟后常与叶同时脱落，有时落叶后果实仍旧宿存枝上。已达结果年龄的母树，结果大小年不明显。

（三）生态适应性

青檀适应性强，为深根性中等喜光树种，适宜温暖湿润气候，是一种暖温带至亚热带低山分布较广的树种，在年均温12～18 ℃，绝对低温－20 ℃，年降水量500～1 600 mm的条件下均能生长（许冬芳等，2005）。青檀耐干旱、瘠薄，喜钙质土壤，常自然生于石灰岩山地，也能生于花岗岩山地及溪边河滩，有时在只有腐殖质的石缝中也能生长。它既耐湿又耐旱，为钙质土壤的重要指示植物，是石灰岩山地和河岸造林的先锋树种和优良经济林树种。

三、青檀自然变异类型

对大别山青檀次生林进行调查，根据青檀叶片形状分为两种类型（张玉琼，1999）。

（一）小叶型青檀

叶椭圆形或圆形，叶型较小，叶质较薄，在枝条上分布较密集，枝条较多，且斜长，有时弯曲下垂，枝皮较薄，枝皮产量较低，但适应性强。植株有乔木型，亦有灌木型。

（二）大叶型青檀

叶子卵圆形，较宽，叶型大，叶质较厚，叶在枝条上排列较稀，枝条柔软，易弯曲，枝皮较厚，枝皮产量较小叶型高，植株以灌木型为主。

本产区青檀品种类型以小叶型为主，分布广。能耐瘠薄山地，在海拔600 m以上的半阴、半阳坡及河沟两岸均有生长，大多属杂灌混生林。大叶型青檀喜肥沃湿润土壤，主要分布在海拔较低的沟道、河滩坡脚处及居民区。

四、青檀优良无性系

王洪强等（2013）调查了山东枣庄、安徽、北京、山西等地的青檀种质资源，在枣庄建立青檀资源收集圃，收集青檀种质资源 119 份，并开展了青檀优良无性系的选育，共选出 23 个优良无性系，并对 7 个优良无性系进行了区试示范，其中适于培育特用经济林（生产檀皮）优良无性系 2 个，适于培育园林绿化树木的优良无性系 2 个，兼用型优良无性系 3 个。

（李文英）

第十八节　椴　　树

椴树（*Tilia tuan* Szyszyl.）为椴树科（Tiliaceae）椴树属（*Tilia* Linn.）落叶乔木。椴树主要分布于北半球温带及亚热带地区。椴树属约 80 种，中国有 24 种（《中国树木志》编辑委员会，1997），是极富经济价值的优良用材及观赏树种。

一、椴树的利用价值及生产概况

椴树材质白而轻软，纹理纤细，有绢丝光泽，富弹性，不翘裂，易加工，着色性能好，可供多种用材。椴树姿态雄伟，叶大荫浓，寿命长，花芳香馥郁，病虫害少，对烟尘及有害气体抗性强，为世界四大阔叶行道树之一。椴树还是主要的蜜源植物。目前椴树属植物具有栽培技术的主要是紫椴，大多椴树属植物多用于天然林中的更新和园林绿化，尚无用于较大面积的造林，但从其具有的优良材性等经济价值和观赏价值看，未来有绿化造林的发展前景。

二、椴树属植物的分布

（一）椴树属植物的世界分布

椴树属分布于北半球温带、暖温带和亚热带山地，在欧洲北部接近北极圈，是一个典型的北温带分布属（吴征镒，1991），为树木地理分布的特色类型之一，其现代分布格局呈欧洲—西西伯利亚、东亚和北美间断分布，三个分布区之间无共有种，最南至墨西哥和越南北部，达北纬 18°～22°30′；最北至斯堪的纳维亚半岛、芬兰及俄罗斯北部，达北纬 62°～63°（唐亚，1996）。

（二）椴树属植物的中国分布

中国南北均产，其地域分布较广。北与俄罗斯远东地区交界，南至南岭山脉，东邻海岸线，西至宁夏、甘肃南部、四川西部、西南经横断山脉进至西藏南部，在滇东南分布区伸入越南北部。长江流域以南有 20 多种，主要是毛糯米椴（*T. henryana* var. *subglabra*）、南京椴（*T. miqueliana*）和椴树（*T. tuan*）等，主要是落叶阔叶林的组成树种。

北方有紫椴（*T. amurensis*）、蒙椴（*T. mongolica*）和辽椴（*T. mandshurica*）等 12 种；紫椴常生于小兴安岭、长白山海拔 500～1 600 m 处，是温带红松阔叶林的重要组成成分之一。糠椴、蒙椴在北部海拔 800～1 400 m 为习见树种。

三、椴树属植物的形态特征和生物学特性

（一）形态特征

合轴式分枝。主轴上顶芽不发育，由最上部腋芽取而代之，以保持顶生态势。从外观上看，树形与单轴分枝相似。在密林中，椴树可长成树干通直的大乔木，居于森林上层。

叶形态多变。现存多数种类，叶片呈略偏斜的心形，叶缘有或粗或细的锯齿。较原始的类群叶呈长卵形，或较不规则，边缘分裂或全缘。

花序由一朵顶生花及其下的两个小苞片腋内各侧生一朵花组成小花序，进而由这些小花序组成二歧式聚伞花序；每花序少至 3 朵花，多者可达 100 朵，甚至有报道多达 200 朵。小苞片早落，唯有花序总梗上有一扩大的条形翅状大苞片宿存，大苞片形状、大小以及与花序梗愈合程度是一个重要的分类指标（图 32-18）。

图 32-18　椴树苞片形态演化

花 5 数，整齐。萼片、花瓣均分离；雄蕊离生，聚集成 5 束；可育雄蕊数目 20～90 枚；花药通常呈短矩圆形至圆形，成熟时，药室分离，花丝上部叉开，少数种类花药条形，花丝不分叉；退化雄蕊存在或缺失，花瓣状。果实近球形，浆果或坚果。外果皮可分为革质、木质和壳质 3 种类型，表面光滑或被毛，具瘤点或棱突；通常仅发育 1 个种子，稀有 2～3 个种子。种子倒卵形。种皮硬骨质，褐色，有淡白色痕；种脊较短；具肉质胚乳；胚大；子叶叶状，折叠；胚根直伸，下位。

（二）生物学特性

椴树为落叶乔木，通常营养生长期较长，在密林中，常可见 10 m 多高的大树仍未开花结实。椴树花期在 6 月下旬至 7 月上旬，持续时间一般为两周，9 月底果实成熟。在分布区北缘，花期可提前近 1 个月，分布区南缘果熟期可晚至 11～12 月。

椴树为异花授粉植物，雄蕊先熟，自花几乎不育。种子有休眠现象，休眠期可长达 4 年。椴树结实率低，林下天然更新少。椴树可以通过萌条方式来完成自我更新，这是分布区北缘的一些椴树种类能在难以完成正常的世代交替的寒冷地区继续生存的原因。

（三）生态适应性

1. 温度　我国南北椴树有各自的温度适应范围，北方椴树主要生长在东北地区，比如紫椴，其分布南界为山东胶东半岛。据观测，紫椴、小叶紫椴、蒙椴及糠椴等喜凉爽气

候，耐寒力最强，能忍耐北京地区冬季的严寒。而南方椴多生于海拔较高山地，喜温凉湿润气候，如湘椴，分布于亚热带海拔 600～1 650 m 的山区常绿林中，华椴分布于亚热带海拔 1 000 m 以上土壤深厚的山坡，大叶椴分布于四川峨眉山—二郎山一带，海拔 2 300～2 600 m，椴树分布于中亚热带海拔 1 300～2 100 m 的山区阔叶林中。在这些海拔较高的亚热带山地，从气候来看也相当于暖温带或中温带的气候条件。

2. 湿度 椴树，多喜空气湿润的环境。夏季干旱时常出现落果，总苞脱落及叶蔫萎、下垂、卷曲、黄落等现象，影响生长发育。

3. 光照 椴树多耐阴，少数喜光。蒙椴喜生于阳光充足的地方，其他多数椴树较喜半阴环境，在有侧方庇荫之处生长较好，在阳光直射下，尤其幼苗叶面易发生日灼，因此椴树喜在混交林中生长，也可作为针叶树伴生树种培育。

4. 土壤 椴树根系较深，适生于深厚、肥沃、湿润的土壤条件，山谷、山坡均可生长。

四、椴树属植物的起源、演化和分类

（一）椴树属植物的起源

形态演化分析、现代地理分布格局、化石记录和地质历史都说明椴树属的起源地只可能位于东亚地区（唐亚，1996）。

类似现代椴树属的化石形态在晚白垩纪末发现，而且在始新世至渐新世，椴树属已出现于欧洲北部、北美西北部至西部及东亚。由于椴树属起源后逐渐散布到北半球各大陆需要很长时间，因此该属应在白垩纪晚期或第三纪初就已发生。椴树属植物的现代地理分布及化石发现地点都限于北半球，而且所包含的范围大多位于地质历史上无争议的劳亚古陆上，因此该属起源地理应位于劳亚古陆，而且位于现代分布及化石分布的范围内。

在现代地理分布格局上，欧洲大陆最早的化石记录为中新世，而且现存原始的浆果组成员也未在该区出现，椴树属应不会在该区起源；北美分布区西部有最早的化石记录，但该区现存仅 2 种，缺乏原始浆果组及进化的壳果组成员，作为椴树属起源地的可能性不大；东亚分布区不仅有最多的种类，还包含了各个演化阶段的种类，属的现代地理分布中心和多样化中心在此区重合。而东亚也有最早的化石记录，自中新世以后，该属的大化石，包括叶、苞片和果实在东亚都有发现。

根据现代地理分布，结合化石证据、地质历史、气候变迁及形态演化推测，椴树属可能在白垩纪晚期起源于中国东部亚热带山地，至少到始新世之前已散布至欧洲和北美西部（唐亚，1996）。

（二）椴树属植物的属内演化

《中国植物志》以果实形态为依据，将椴树属分为两组。唐亚等（1996）考察了椴树属各种的果实形态，发现除浆果外，还存在两种截然不同的果实式样，一类果壁厚，木质；另一类果壁薄，壳质。据此，主张把椴树属划分成 3 组，即浆果组（Sect. *Trichophilyra* Vassil.）、木果组（Sect. *Lindnera* Reichb.）和壳果组（Sect. *Tilla* Linn.）。①浆果组与

Vassiljev 和张宏达的分类范畴一致。特征：叶较大，革质，边缘全缘，齿裂或不规则粗齿；苞片宽大，常具长柄，苞片仅基部与花序梗结合或略多；花序梗较粗壮，有棱；花较大；雄蕊具条形花药；果为浆果；外果皮革质、光滑。模式种：*T. croizatii* Chun et Wang。②木果组类似于 V. Engler 的 *Astrophilyra* 组，还包括 *Anastraea* 组中的一个亚组 *Trabeculares*。特征：叶较大，纸质或革质，边缘具细锯齿或疏锯齿，稀全缘；苞片较大，具短柄或无柄，稀具长柄，苞片与花序梗结合达 1/3～1/2；花序梗较粗至纤细；花较大；花药矩圆形至圆形；果为坚果；果壁厚，木质，表面有明显瘤点或棱突。模式种：*T. tomentosa* Moemch。③壳果组相当于 V. Engler 的 *Retieulare* 亚组（Sect. *Anastraea*）。特征：叶小型，纸质，边缘具细锯齿，稀粗锯齿，苞片小，质薄，具短梗或长柄，苞片与花序梗结合达 1/2 强；花序梗纤细；花小；雄蕊数目明显减少；花药圆球形；果为坚果；果壁较薄，壳质，表面光滑或有不明显瘤点或棱突。模式种：*T. europaea* Linn.（＝*T. × vulgaris* Hayne）。

图 32 - 18 结合化石记录，给出了 5 种主要的苞片形态及其演化分支图。苞片 A 是从美国俄勒冈早渐新世地层中发现的已知最古老的椴树苞片化石记录。其苞片近圆形，基部显著心形，掌状脉，与花序梗几乎分离。苞片 B 是现今仅分布于中国东南部的 *T. croizatii* 的苞片形态，这种形态也见于渐新世和中新世地层中。苞片 C 是浆果组另一个种，*T. endochrysea* 的苞片形态，其苞片基部不呈心形，无显著掌状脉，并且与花序梗有较多的结合。苞片 D 是 *T. chinensis* 的形态，苞片具短柄，羽状脉为其特征，可代表木果组大多数种类的苞片式样。苞片 E 则代表壳果组。

浆果组 *T. crozatii* 的苞片具长柄，基部心形，掌状脉，花序梗几乎与苞片分离等，这些特征显然更接近于苞片 A 的形式，类似的苞片式样也发现于较早的地层中，此外，叶大，革质，边缘不规则齿裂或全缘，花药条形等性状都表明其原始性。木果组与壳果组的苞片形态已有较大的发展，而且，类似的化石形态出现的地质年代也较晚。与浆果组相比较，它们显得较为进化。壳果组叶小型，边缘有细锯齿，苞片小而薄，花药球形等性状显然较木果组进化，其花部雄蕊数目的减少更能表明这一点。壳果组雄蕊为 20 枚左右，木果组一般有 40～50 枚，部分种类多达 60～90 枚。可见，壳果组是现存椴树中最年轻的类群。3 个组的进化顺序依次为浆果组、木果组、壳果组（诸葛仁，1995）。

（三）椴树属植物的分类

关于椴树分类，国内外学者研究报道以及记载分歧较大。《中国植物志》对椴树属记载了 32 种 11 变种。但唐亚等（1996）研究认为有不少类群缺乏足够的证据，他们总结各种资料对椴树重新分类，认为北美东部 1 种，墨西哥中北部 1 种；欧洲—西西伯利亚共计 6 种 2 亚种 1 杂交种；中国共有椴树 14 种，其中特有种 10 种；朝鲜有 1 特有种，日本有 2 特有种。至此全球共有椴树 25 种，其中东亚 17 种，欧洲 6 种，北美 2 种。

按照《中国树木志》的椴树属分类将椴树属分为 2 组。①湘椴组（Sect. *Endochrysea* H. T. Chang），该组仅鳞毛椴（*T. lepidota*）1 种。②椴树组（Sect. *Tilia* Linn.），该组中有毛糯米椴（*T. henryana*）、辽椴（*T. mandshurica*）、多毛椴（*T. intonsa*）、桦椴（*T. chinensis*）、亮绿叶椴（*T. laetevirens*）、云南椴（*T. yunnanensis*）、蒙椴（*T. mon-*

golica)、紫椴（*T. amurensis*）、大椴（*T. nobilis*）、美齿椴（*T. callidonta*）、云山椴（*T. obscura*）、矩圆叶椴（*T. oblongifolia*）、淡灰椴（*T. tristis*）、椴树（*T. tuan*）、湖北毛椴（*T. hupehensis*）、峨眉椴（*T. omeiensis*）、帽峰椴（*T. mofungensis*）、华东椴（*T. japonica*）、少脉椴（*T. paucicostata*）、粉椴（*T. oliveri*）、南京椴（*T. miqueliana*）、黔椴（*T. kueichouensis*）、短毛椴（*T. breviradiata*）。

五、椴树属主要树种的特征特性

（一）紫椴

学名 *Tilia amurensis* Rupr.。

1. 形态特征　落叶乔木，高达 25 m，胸径 1 m。幼年树皮黄褐色；老年灰色或暗灰色，浅纵裂，呈片状脱落；内皮多纤维及黏液。小枝呈"之"字形曲折。叶宽卵形或卵圆形，基部心形，先端尾尖，粗锯齿近三角形，有小尖头，下面脉腋有簇生毛。花期 7 月，聚伞花序，具有 3～20 朵花，带状苞片，下部 1/2 与花序柄连合，花黄白色。果期 9 月；坚果椭圆状卵形或近球形，长 5～8 mm，密被灰褐色星状毛层，无纵脊，果皮薄。

2. 分布　紫椴天然分布在我国的黑龙江、吉林、辽宁、河北、山东，其中以长白山和小兴安岭林区为多。垂直分布在长白山林区海拔 500～1 200 m 处，以海拔 600～900 m 分布较多，海拔 1 200 m 以上亦有零星分布；小兴安岭林区分布在海拔 200～1 100 m 处，以海拔 300～800 m 分布最广。

3. 生物学特性　紫椴较耐寒，喜冷湿气候；其耐寒性随年龄增大而加强。在哈尔滨市 10 年生以上的植株，新梢未见冻害，而 2～3 年生的苗木，叶部受冻。紫椴喜肥湿，生长在水分充足、土壤深厚肥沃的山腰、山腹。深根性树种，稍能耐侧方庇荫，抗烟和抗毒性强，虫害少，萌蘖性强。相同立地条件下，天然生长在棕壤土上的紫椴比其他大部分硬阔叶树种高大。在干旱、沼泽、盐碱地和白浆土上生长不良。

紫椴在我国东北 4 月至 5 月上旬芽苞开始膨大，4 月下旬至 5 月中旬开始展叶，5 月下旬至 6 月中旬形成花蕾，6 月下旬至 7 月中旬逐渐开花。据观察，在气温正常的情况下，紫椴单朵花从蕾裂至花谢需 48 h，但有时因气候因子造成开花提早或延迟。8 月底至 9 月果实成熟，叶片变黄，9 月下旬叶片全部脱落，进入休眠。

天然生长的紫椴，一般在 15 年以后才开始开花结实。80～100 年生的结实最多，200 年以上还有结实的。果实于晚秋、冬季或翌年春脱落，其散落范围为树高的 1～2 倍。紫椴生长速度中等，2 年生幼苗高可至 0.9 m，3～10 年生的幼树每年高生长量 0.5～0.6 m，直径生长量约 0.5 cm。

4. 利用价值　紫椴是我国东北地区优良的用材树种之一，其木材轻软，无心、边材区别，有光泽，纹理密，甚为美观，不翘不裂，富有弹性，加工性能好，可供制作家具、造纸、雕刻、细木工板之用，为良好的胶合板材。同时为蜜源植物。树姿优美，抗烟能力强，又是较好的行道树及庭园绿化树种。东北林区椴树红松林是生产力较高的林型之一，其中紫椴具有改良土壤、提高肥力的作用。培育人工林时，利用紫椴与针叶树种混交，可以起到防病、防虫、提高林分生产力的效果。

（二）蒙椴

学名 *Tilia mongolica* Maxim. 。

1. 形态特征　乔木，高 10 m，树皮淡灰色，不规则薄片脱落。叶宽卵形或圆形，先端常 3 裂，基部心形或平截面偏斜，具粗锯齿；花序长 5～8 cm，花 6～12；苞片窄长圆形，长 3.5～6 cm；花瓣长 6～7 mm，花瓣状退化雄蕊稍窄小，雄蕊与萼片等长，果倒卵形，长 6～8 mm，无明显棱。花期 7 月，果期 9 月。

2. 分布　分布于内蒙古、辽宁、河北、河南、山西等地；生于海拔 500～1 500 m 的林中，常与山杨、花楸、色木、桦木、栎类等混生。分布较多的地方有兴隆县五峰楼、雾灵山，青龙县都山，承德县五道河、北大山一带。

3. 生物学特性　蒙椴喜温凉湿润的气候，较耐阴，对土壤条件要求严格，多生于湿润、肥沃、土层深厚的阴坡或半阴坡。其生长速度中等，30～40 年的林分，平均高 10～14 m，平均胸径 13～16 cm。实生树高生长从 20 年开始加快，胸径 20 年开始长快，材积生长 55 年仍未减退。

4. 利用价值　蒙椴木材轻、纹理直、结构细、色浅，有光泽和弹性，易加工，可供家具、板材、室内装修、造纸等用。茎皮富含纤维，可代麻。花可提供芳香油及供药用。蒙椴林水土保持、水源涵养作用显著，并是针叶树优良的混交树种。

（三）南京椴

学名 *Tilia miqueliana* Maxim. 。

1. 形态特征　乔木，高达 22 m，树干通直，树皮灰褐色，平滑，老树皮稍开裂。叶圆形、三角状卵形或卵圆形，先端骤短尖，基部心形或斜心形，具整齐锯齿。花序长 6～8 cm，花 3～6，苞片窄倒披针形，先端钝，基部窄，下部 4～6 cm 与花序合生。萼片卵状披针形，长 6～6 mm；花瓣状退化雄蕊窄短，雄蕊比萼片稍短。果近球形，被小瘤状突起及星状毛，无棱突或基部有五棱。花期 7 月。

2. 分布　分布于江苏、浙江、安徽、江西、河南西部。日本也有分布。

3. 利用价值　材质稍轻软，结构细，纹理直，易加工，不翘不裂；可供家具、铅笔杆、胶合板等用材。茎皮纤维可制人造棉，亦为优良造纸原料。花是优良蜜源，并含少量芳香油。

（解孝满）

第十九节　楝　　树

楝树（*Melia azedarach* Linn.）为楝科（Meliaceae）楝属（*Melia* Linn.）落叶乔木，是我国优良的乡土树种和多功能综合利用树种，具有适应性强、速生、耐腐、驱虫、材质优良、吸附烟尘能力强等特性，是黄河流域以南低山平原地区，特别是江南地区四旁绿化重要树种。

一、楝树的利用价值与生产概况

(一) 利用价值

楝树根、皮、干、果、叶、种子等都各有用途，经济价值很高。树叶及种子榨油后的油渣饼可做肥料；根、皮、花、果、种子均可入药，有"天然杀虫剂"之美誉，是高效、低毒的广谱植物源农药之一。果肉含岩藻糖，可酿酒；果核出油率 17.4%，种子含油率 42.17%，可榨油，供制油漆、润滑油、肥皂。树皮可提取川楝素，用以驱蛔虫、蛲虫。树干通直，材质优良，不易开裂和翘曲，为建筑和制作家具、农具、枪柄、船舶和乐器等用材。其花芳香，淡紫色，叶形秀丽，树体优美，速生且抗污染，是优良的园林绿化树种，又是优良的蜜源植物和盐碱土植被恢复树种。

(二) 楝树的天然分布与栽培

楝属植物约 3 种，在世界范围内分布于东半球热带和亚热带地区，包括中国、韩国、日本、印度、斯里兰卡、印度尼西亚和澳大利亚等地，欧洲、美洲也有栽培。我国有两种，分布范围广泛，水平分布在北纬 18°～40°，东至台湾及沿海各省份，西到四川、云南保山等地，南至海南三亚市，北到河北保定、山西运城、陕西渭南和陇南一带，垂直分布范围一般是海拔 800 m 以下。楝树在其分布区内均有栽培或野生，如川楝适地栽植，生长迅速，群众称它是"三年椽，六年柱，九年便成栋梁树"。

二、楝属植物的起源和分类

(一) 楝属的起源

苗运法等 (2008) 在青藏高原北部边缘酒泉盆地西端火烧沟剖面中发现了晚中新世到晚始新世的楝属孢粉记录。吴福莉等 (2010) 在位于柴达木盆地、临夏盆地两个早更新世典型湖相沉积剖面中发现了楝属的孢粉记录。美国及波兰也在中新世的地层中发现了该属的化石记录 (Muellner，2006)。这说明，楝属植物早在第三纪中新世至始新世已经出现。

(二) 楝树遗传多样性

程诗明 (2005，2007) 和夏海涛等 (2009) 分别采用 AFLP 及 ISSR 方法对不同种源楝树的遗传多样性进行了研究，结果表明楝树遗传多样性丰富，遗传多样性中心呈"倾斜带状"，在西北部陇南、渭南一带延续至华中、华东一带，并构建了楝树核心种质。在此基础上进行了楝树多点异地保存林的营建，为楝树遗传多样性研究与种质资源的保存奠定了坚实的基础。

(三) 楝属植物形态特征

楝属植物为乔木，小枝被单毛和星状毛。2～3 回羽状复叶；小叶有缺齿或锯齿，稀全缘。复聚伞花序，腋生。花白色或紫色；萼 5～6 深裂，裂片覆瓦状排列；雄蕊 10～12

枚，花丝筒顶端具 10～12 齿；子房 3～6（8）室，每室 2 胚珠，花柱细长，柱头 3～6
裂。核果。种子胚乳薄或无；子叶叶状。

（四）楝属植物检索表

根据《中国植物志》及《中国树木志》的记载，我国有 2 种楝属植物，即楝树
（*M. azedarach* Linn.）和川楝（*M. toosendan* Sieb. et Zucc.）。据侯宽昭、陈德昭在《植
物分类学报》第 4 卷介绍，在广东、广西、云南等省份还有岭南楝树（*M. dubia* Cav.）
的分布，其主要区别特征是花瓣两面被柔毛，核果椭圆形，但这两个特征基本与楝树
（*M. azedarach*）一致，因此《中国植物志》及《中国树木志》将其处理为同一个种。分
种检索表如下（《中国树木志》编辑委员会，2004）。

1. 小叶常有锯齿；子房 4～5 室；果径不及 2 cm ····························· 1. 楝树（*M. azedarach* Linn.）
1. 小叶近全缘或有不明显的锯齿；子房 6～8 室，果径 2.5 cm 以上 ··· 2. 川楝（*M. toosendan* Sieb. et Zucc.）

三、楝树及其野生近缘种的特征特性

（一）楝树

学名 *Melia azedarach* Linn.。别名楝、苦楝、紫花树、翠树、森树、楝枣子、楝枣
树、火稔树、花心树、苦辣树、苦苓、洋花森。

1. 形态特征　落叶乔木，高达 20 m，
胸径 1 m 左右。树皮灰褐色，纵裂。小叶卵
形、椭圆形或披针形，长 3～7 cm，先端渐
尖，基部常偏斜，边缘有锯齿，稀全缘，老
叶无毛，侧脉 8～12 对。花芳香，花瓣淡紫
红色；花丝筒紫色，花药 10；子房 4～5 室。
核果椭圆形或近球形，长 1～2 cm，熟时黄
色。花期 4～5 月，果期 10～11 月（图 32 - 19）。

2. 生物学特性　楝树为强阳性树种，喜
光，不耐荫蔽，不耐寒冷，喜温暖气候，在
黄河以北易受冻害。适宜年平均温度为 21～
32 ℃，能耐最高温度 50 ℃，温度低于 4 ℃
和霜冻时，导致全部落叶，幼树甚至死亡。
在冬季气温降至 0 ℃以下时幼苗需用遮蔽物
予以保护。对土壤要求不严，在酸性土、中
性土、钙质土以及含盐在 0.4% 以下的盐碱
地上均可生长。最适宜的土壤 pH 6.0～
7.0，但其可耐 pH 5.9～10.0，耐盐碱能力
较强，耐潮、风、水湿，但在积水处生长不

图 32 - 19　楝树和川楝
楝树：1. 花枝　2. 花　3. 果序
川楝：4. 羽状复叶　5. 果序
（引自《中国树木志·第四卷》）

良，不耐干旱。

主根不明显，侧根发达，须根较少。萌芽力强，生长迅速，除种子繁殖外，分根萌芽均可繁殖。幼年生长快，年高生长可至 1～2 m，径生长 2～4 cm，3～4 年便开花结实。楝树一般 30～40 年衰老。

3. 分布概况及利用价值 楝树分布范围较广，山西南部，河南、河北南部，山东南部海拔 200 m 以下地带，陕西、甘肃南部，长江流域各地，福建，广东及台湾，多生于低山、丘陵平原地区。

程诗明等（2005）结合中国生态梯度图，将中国楝树分布区划分为 11 个物候区，华南、西南是楝树集中分布地区，该区地形、地貌复杂；华东、华中为楝树分布较为集中地区；华北、西南、陕甘南部为楝树边缘分布区。虽然楝树在我国的自然分布广阔，但天然成片分布很少，且大都为连续的星状分布，资源极为分散，破坏严重。

楝树是一个多用途树种，既有药用价值、材用价值，又有景观绿化价值与防护林利用价值，还是蜜源树种。

（二）川楝

学名 *Melia toosendan* Sieb. et Zucc.，别名川楝子、金铃子、唐苦楝。

1. 形态特征 落叶乔木，高达 15 m，胸径 60 cm。幼枝密被星状鳞片，后脱落。小叶椭圆状披针形或卵形，长 3～10 cm，宽 1.5～3 cm，幼时被星状鳞片，后脱落，全缘或有疏齿，先端渐尖或尾尖，基部圆或稍偏斜，侧脉 2～14 对。花序被带白色小鳞片。萼片披针形，外面被疏微毛；花瓣被短柔毛；花丝筒紫色，无毛，花药 10；子房 6～8 室。核果椭圆状球形或球形，径约 3 cm。花期 4 月，果期 10～12 月。

2. 生物学特性 川楝喜阳，喜温暖湿润气候，但不耐旱，怕积水。喜肥，在中壤土上生长最好，沙壤次之，盐化潮土最差，但在 3 种土壤上都能正常生长。川楝主根深，侧根发达，支根、须根稀少，根蘖性、萌发性均强。病虫害相对较少，生产中常见的主要有溃疡病、红蜘蛛和介壳虫等。

3. 分布概况及利用价值 川楝产我国四川、云南、贵州、广西、湖南、湖北、河南、甘肃南部，其他省份广泛栽培。垂直分布海拔 100～1 900 m，而以海拔 700 m 生长较多较好。日本、越南、老挝、泰国也有分布。

川楝材质优良，是家具、建筑、船底及粮仓板壁的优良用材。树皮药用，杀蛔虫，并可治胃病。鲜叶可做肥料。叶、花、果、树皮可制农药，防治病虫害。果肉可制浆糊浆纱。川楝抗逆性强、生长迅速，是重要的用材树种和城市绿化树种。

（程诗明　王金凤）

第二十节　壳　菜　果

壳菜果（*Mytilaria laosensis* Lec.）为金缕梅科（Hamameliadaceae）壳菜果属（*Mytilaria* Lec.）常绿阔叶乔木，又名米老排。壳菜果属仅壳菜果一种植物，它生长迅速，维护环境能力强，材质优良，是我国优良的阔叶树种，很有发展前景。

一、壳菜果的利用价值及生产概况

（一）壳菜果的利用价值

1. 木材价值　壳菜果树干通直，木材为散孔材，纹理直，结构细，气干密度 0.577 g/cm³，木材力学综合强度为 181 MPa，质量系数高，为优良的结构用材（梁善庆等，2007）。切面光滑，色泽美观，耐用而不受虫蛀，握钉力强，胶黏和油漆性能好，为家具、胶合板良材。

2. 水源涵养价值　壳菜果是北热带季雨林中生长迅速且高大的阔叶树种，它枝叶浓茂，叶量大，4～5 年生幼林，叶干重 1 125 kg/hm²，7 年生林分林下凋落物厚 3～8 cm；成林内腐殖质层厚 22～28 cm，是水土保持和土壤改良的优良树种（朱积余等，2006）。

3. 防火　壳菜果具有较强的防火性能（田晓瑞等，2001）。与传统防火生土带相比，壳菜果防火林带能明显改变土壤微生物数量与组成，增加土壤酶活性，改善土壤理化性状及水源涵养功能。通过对防火生土带改建壳菜果防火林带后，能迅速郁闭成林，并表现出较强的速生性和防火性能（吕福如，2002）。

（二）壳菜果的地理分布和生产概况

壳菜果分布于东经 105°45′～112°00′，北纬 20°30′～23°50′，包括广西西南部十万大山、龙州、那坡、德宝、靖西，广东南部、封开、信宜、阳春，云南南部等地。广东、广西垂直分布于海拔 250～1 000 m 的山地、丘陵中下部和沟谷旁；云南分布在海拔 1 100～1 800 m 的沟谷阔叶林中。老挝、越南也有分布。

广西于 20 世纪 60 年代初开始栽培试验，20 世纪 80 年代由中国林业科学研究院大青山实验局和热带林业研究所共同进行中试，营造中试林 363.7 hm²。中试林生长良好，经测定，7 年生林分，平均树高 11.34 m，平均胸径 10.07 cm，每公顷蓄积量 124.8 m³，平均每公顷年生长量 17.78 m³；11 年生平均树高 18.39 m，平均胸径 13.69 cm，每公顷蓄积量 365.55 m³，平均每公顷年生长量 33.23 m³。

二、壳菜果的形态特征、生物学特性

（一）形态特征

常绿乔木，高达 25 m。小枝具环状托叶痕，嫩枝无毛。叶厚革质，互生，宽卵圆形，长 10～13 cm，先端短尖，基部心形；全缘或 3 浅裂，下面无毛，掌状脉 5；叶柄长 7～10 cm，无毛；托叶 1，长卵形，包被长锥形芽，早落。花序顶生或腋生，花序轴长约 4 cm，花序柄长约 2 cm，无毛；花多数，排列紧密，萼筒藏于花序轴内，萼片 5～6，长约 1.5 mm，被毛；花瓣 5，线状舌形，长 0.8～1 cm，白色；雄蕊 10～13 枚，着生于环状萼管内缘，花丝极短，花药藏在药隔内；花柱长 2～3 mm。果卵圆形，2 片裂，每片 2 浅裂，外果皮肉质，黄褐色，内果皮木质；果长 1.5～2 cm。种子椭圆形，种皮角质；种子长 1～1.2 cm，

宽5～6 mm，褐色，有光泽，种脐白色。花
期6～7月，果期10月中旬至11月上旬
（图32-20）。

（二）生物学特性

　　壳菜果早期具有明显的速生特性，胸
径、树高连年生长和年平均生长高峰均在
3～4年生时出现，且高速生长期持续较
长。壳菜果幼林生长的季节变化呈双峰曲
线，5月和9月生长量最大，月生长量与月
均气温相关性显著，6～15年材积年生长
量最大，15～17年平均生长量达最高峰
（郭文福等，2006）。壳菜果人工林树高、
胸径和木材品质因不同地带和地形而有差
异，在相同地形条件下生长于南亚热带的
林分树高、胸径以及木材密度、顺纹抗压
强度和抗弯强度均大于生长于中亚热带的
林分，而木材尺寸的稳定性则相反；相同
地带内山谷中的林分树高、胸径以及木材

图32-20　壳菜果
1. 幼果枝　2. 果序
（引自《中国树木志·第二卷》）

尺寸稳定性均大于山脊上的林分，而木材密度、顺纹抗压强度和抗弯强度则相反（林
金国等，2004）。

　　壳菜果萌芽性强，不同林龄采伐后均能萌发3～5条及以上萌条，在10年生林木的伐
根上，常有萌条5～7条，因而可切干造林，也可萌芽更新，1年生萌芽条年生长量2 m
以上，胸径1.5 cm。壳菜果为浅根性树种，侧根发达，抗风力不强，不宜在台风严重地
区种植。

　　壳菜果适于北热带与北亚热带气候条件，分布区年均气温19～22 ℃，最冷月平均气
温10.6～14 ℃，极端最低气温-4.3 ℃，年均降水量1 200～1 600 mm，年均空气湿度
78%～80%。降水集中在5～10月，干湿季节明显。适生土壤为砂岩、砂页岩、花岗岩、
流纹岩发育成的红壤、赤红壤，pH 4.2～6.5。

　　喜温热、中性偏阳树种，喜光，但幼苗耐阴性较强，林下幼树多出现在林缘和阳光充
足的地方。喜生于肥沃、疏松、湿润和排水良好的偏酸性土壤，在低洼积水地生长不良。
在山腰下部及山谷长成大树，树干通直，自然整枝良好，在天然林中常为上层林木，在山
脊、山顶枝粗且多，树干尖削。

（三）遗传变异

　　壳菜果的种实性状在群体间和群体内存在丰富的变异，各个性状在群体间和群体内差
异均达到极显著水平；群体表型性状分化以群体内变异为主；种子性状变异呈现出以经度
为主的梯度规律性；群体间表型性状的 Mahalanobis 距离与地理距离间显著相关（$r=$

0.4594，$p=0.02$）（袁洁等，2003）。

（郑　健）

第二十一节　任　　豆

任豆（*Zenia insignis* Chun）是我国特有树种，为国家 II 级保护植物，属苏木科（Caesalpiniaceae）任豆属（*Zenia* Chun）落叶速生乔木树种。任豆适应性强，耐瘠薄。20 世纪 80 年代，作为石漠化治理的主要造林树种在广西、广东等地的喀斯特地区推广造林，后来作为速生树种被引种到湖南、湖北、福建、江苏、江西、浙江、四川等地。任豆是中亚热带以南地区石质山地先锋造林树种，可作薪炭用材林和绿化树种经营。

一、任豆的利用价值

任豆为速生树种，木材材质轻而细致，易加工，适做家具和建筑用材，并可作为紫胶虫寄主，值得保护和发展。木材淡黄色，纹理直，结构粗，材质轻。产区群众将木材经过水泡阴干后，能避虫蛀，不开裂、不变形，可做桁条、门窗、板材、农具和家具等用材。嫩枝、嫩叶可做饲料，喂养牛、羊。叶可做稻田绿肥或沤制堆肥。任豆分蘖力强，石山地区群众利用它经营薪炭林，每年冬季砍伐萌条进行头木林经营，1 年生萌条高 2~3 m，地径 2~3 cm。

任豆也是一种理想的人造板生产原料（侯伦灯等，2001），可适应普通或特种功能纤维板、刨花板和单板层积材的生产。任豆材人造板产品物理力学特性优良，经阻燃处理和表面装饰后能有理想的阻燃性能和表面理化性能，产品可广泛应用于建筑、室内装修、家具制造等行业。

任豆为单种属植物。因花冠的最上面 1 枚花瓣位于最外方，而和蝶形花科各属相似，但花冠不为蝶形，应属于苏木科。基于其特殊的花被卷叠方式，任豆属对研究苏木科和蝶形花科之间的演化关系，具有重要的科研价值。

二、任豆的形态特征

落叶大乔木，高 20~30 m，胸径可至 1 m；树皮灰白带褐色；树冠伞形；小枝黑褐色，散生有黄白色的小皮孔；树皮粗糙，成片状脱落。奇数羽状复叶，互生，长 25~45 cm；托叶大，早落；小叶 19~21，互生。花排列成疏松的顶生聚伞状圆锥花序；花红色，近辐射对称，长约 14 mm。荚果褐色或红棕色，不开裂，长圆形或长圆状椭圆形，长 10~15 cm；种子扁圆形，平滑而有光泽，棕黑色。花期 5 月，果期 8~10 月（图 32-21）。

三、任豆的生物学特性

任豆大多零星间杂于北热带石灰岩季节性雨林中，亚热带石灰岩常绿落叶阔叶混交林也有。分布区年平均温度 17~23 ℃，最冷月平均温度 10~14 ℃，极端最低温度-4.9 ℃；有效积温 6 000~7 500 ℃；年降水量 1 200~1 500 mm。任豆耐寒性较强，如 1975 年冬寒严重，在广西桂林引种的任豆并未遭受寒害。

　　土壤为棕色石灰岩土，中性或微酸性至微碱性，pH 6.0～7.5，在酸性红壤和赤红壤上也能生长。任豆能耐一定水湿，高 15 cm 的幼苗被洪水淹没一昼夜，仍能存活；根系发达，侧根粗壮，1 年生苗可深入土中 60 cm，侧根根幅约深入 50 多 cm，在石灰岩石山地、下部的坡积土、碎石坡以至石缝中，根系能向四方伸长，以适应干旱的生境。任豆为强阳性树种，萌芽力强，当森林遭破坏后，能成为大片灌丛状的优势林分成分，若加以封育，可以发展成乔林。

　　任豆生长迅速，在广西西部平果的阔叶混交林中，16 年生的树高 18.4 m，胸径 19.9 cm。种植在广西桂林雁山的 17 年生植株，树高 17 m，最大胸径 43 cm。在广西靖西三合乡三鲁村石山生长有目前广西最大的任豆树王，该树高 49.5 m，主干高 20 m，胸径 190 cm，主干材积达 31 m³，冠幅 21 m×26 m，树龄约 270 年。该树与其周围千余株胸径 60 cm 以上的任豆树形成群落，极为壮观（韦健康，2002）。

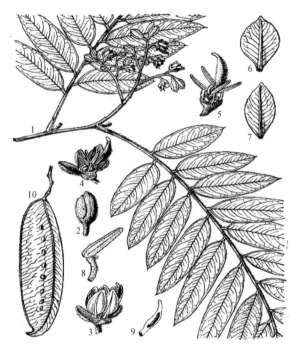

图 32 - 21　任豆
1. 花枝　2. 花蕾　3. 花　4、5. 雄蕊和雌蕊
6、7. 花瓣　8. 雄蕊　9. 雌蕊纵切面　10. 果
（引自《中国植物志·第三十九卷》）

四、任豆的分布概况

　　任豆主要分布在北热带、南亚热带地区的广东、广西两省份。生长于海拔 200～950 m 的山地密林或疏林中。越南有分布。广西的龙州、宁明、武鸣、宾阳、田阳、田东、平果、德保、靖西、那坡、田林、凌云、乐业、融水、金秀、东兰、巴马、都安等地有分布。

（郭文福）

第二十二节　拟 赤 杨

　　拟赤杨 [*Alniphyllum fortunei* (Hemsl.) Makino] 为安息香科（Styracaceae）赤杨叶属（*Alniphyllum*）树种，拟赤杨又名赤杨叶、水冬瓜等。落叶乔木，速生树种。木材轻软，富有弹性，宜做文具、儿童玩具等轻工优良用材，也可用于胶合板、造纸等。

一、拟赤杨的利用价值和生产概况

（一）拟赤杨的利用价值

1. 木材价值 拟赤杨是中国南方的主要用材树种之一，生长快，干直，材质轻软，切削容易，胶黏性能好。易于加工，旋刨性能较佳，干燥微裂，不变形，不耐腐，为一美观轻工木材，是胶合板和造纸的优良原料。它适宜制作铅笔杆、儿童玩具、包装箱和板料等。

2. 药用价值及其他 拟赤杨种子可榨油，被称为"白花油"，在民间广泛作为医药应用。树脂可称为"安息香"，可作为高级芳香料。拟赤杨的根可以入药，味辛，性微温，入肝经。具有祛风除湿、治风湿痹痛的功效。内服：15～30 g，水煎服。拟赤杨也是人工栽培白木耳的优良树种（《中国科学院中国植物志》编辑委员会，1982）。

（二）拟赤杨地理分布和生产概况

1. 地理分布 拟赤杨在我国分布于安徽、江苏、浙江、湖南、湖北、江西、福建、台湾、广东、广西、贵州、四川和云南等地。拟赤杨分布广、适应性较强，生长迅速，阳性树种，常与山毛榉科和山茶科植物混生；生于海拔 200～2 200 m 的常绿阔叶林中。印度、越南和缅甸也有分布。它为亚热带树种，主要产区气候温和湿润，年降水量 1 300～2 000 mm，天然散生于常绿阔叶林中，呈零星及小片分布。它天然更新能力强，在荒山荒地天然更新良好，形成次生林，常与格木、青冈、泡花树、枫香树、南酸枣、木荷等针阔叶树种混交（何仕燕等，2012）。

2. 栽培起源和栽培历史 拟赤杨人工栽培历史较短，由于拟赤杨天然林资源减少，工业用材增加，加之其材质的特殊性，20 世纪 80 年代开始人工栽培。

二、拟赤杨的形态特征和生物学特性

（一）形态特征

落叶乔木，高 15～20 m，胸径 60 cm，树干通直，树皮灰褐色，有不规则细纵皱纹，不开裂；小枝初时被褐色短柔毛，成长后无毛，暗褐色。叶嫩时膜质，干后纸质，椭圆形、宽椭圆形或倒卵状椭圆形，长 8～15（20）cm，宽 4～7（11）cm，顶端急尖至渐尖，少尾尖，基部宽楔形或楔形，边缘具疏离硬质锯齿；叶柄长 1～2 cm，被褐色星状短柔毛至无毛。总状花序或圆锥花序，顶生或腋生，长 8～15（20）cm，有花 10～20 多朵；花序梗和花梗均密被褐色或灰色星状短柔毛；花白色或粉红色，长 1.5～2 cm；花梗长 4～8 mm；小苞片钻形，长约 3 mm，早落；花萼杯状，连齿高 4～5 mm，外面密被灰黄色星状短柔毛，萼齿卵状披针形，较萼筒长；花冠裂片长椭圆形，长 1～1.5 cm，宽 5～7 mm，顶端钝圆，两面均密被灰黄色星状细茸毛；雄蕊 10 枚，其中 5 枚较花冠稍长，花丝膜质，扁平。果实长圆形或长椭圆形，长（8）10～18（25）mm，直径 6～10 mm，疏被白色星状柔毛或无毛，外果皮肉质，干时黑色，常脱落，内果皮浅褐色，成熟时 5 瓣开裂；种子多数，长 4~7 mm，两端有不等大的膜质翅。花期 4~7 月，果期 8~10 月（图 32-22）。

（二）生物学特性

拟赤杨主干明显，顶端优势突出，一般树高 25 m，寿命 30 年。幼年（前 10 年）生长快，后期变慢；5 年后开花结果。种子有借风飞播的特点。

拟赤杨是速生树种，人工林一般 20~30 年即可成熟利用。拟赤杨以种子发芽长成苗木，一般需 1 年时间，苗木定植第一年根系发展不多，苗木比较幼嫩，抵抗自然环境能力差，最怕杂草竞争、干旱以及风害（何仕燕等，2012）。一般树高生长在 3~4 年进入速生期，连年生长量最大值多出现在 5~10 年，平均生长量最大值出现在 11~15 年。胸径生长在 4~5 年进入速生期，连年生长

图 32-22　拟赤杨
1. 花枝　2. 果序　3. 花冠纵剖面示雄蕊　4. 花萼及雌蕊
（引自《中国树木志•第二卷》）

量最大值出现在 6~16 年，平均生长量最大值出现在 12~20 年。材积平均生长量最大值在 20~30 年（刘韶辉等，2010）。

拟赤杨 3 月初开始萌芽，3 月下旬开花，花期 5~10 d。果实 9 月成熟，10 月蒴果开裂，种子飞散。11 月开始落叶。12 月进入冬眠期。

拟赤杨为阳性树种，喜温暖湿润气候。产地年平均气温 14~20 ℃，年平均降水量 1 300~2 000 mm，喜湿润的土地条件，常在溪沟两旁，阴坡、半阴坡及洼地生长。我国南方多出现在荒山、溪边、火烧迹地，呈片、呈群分布。拟赤杨幼苗期耐一定荫蔽，随着树体长大、根系发展，对光的要求越来越多。

拟赤杨纯林少见，多与其他阔叶树或针叶树（杉木）混生，组成群落，按其组成和生态习性可分为如下几种林型：山姜檵木拟赤杨林，狗脊刚竹拟赤杨林，狗脊檵木拟赤杨林，狗脊细齿叶柃箬竹拟赤杨林，淡竹叶山姜伞形绣球拟赤杨林，狗脊鹿角杜鹃拟赤杨林等。

三、拟赤杨属植物的起源、演化与分类

（一）起源、演化

拟赤杨属安息香科。安息香科又名野茉莉科，与山矾科、柿树科、山茶科有较近的亲缘关系。据现代研究表明，在北美地中海地区、日本国等的第三纪地层中发现有安息香植物的化石标本，说明该科植物在第三纪时就已广泛分布于世界各地。

安息香科是一个古老的大科，有 11 属，近 200 种。我国有 9 属，60 多种，分布北起辽东半岛，南至海南岛，东从台湾，西到西藏都有分布，我国还是该科特有属、种的集中

分布区。

（二）赤杨叶属分类概况

赤杨叶属有 3 种，即：拟赤杨、滇赤杨叶、台湾赤杨叶，主要分布于中国南部、印度、越南和缅甸等。

分种检索表：

1. 叶两面无毛或被星状毛；花序长 8～15 cm。
  2. 叶椭圆形，宽椭圆形或倒卵状椭圆形 ·········· 拟赤杨（*A. fortunei*）
  2. 叶卵形或卵状披针形，少为椭圆状披针形 ·········· 台湾赤杨叶（*A. pterospernum*）
1. 叶下面密被灰白色或淡黄色星状茸毛；花序较短，长 3～5 cm ·········· 滇赤杨叶（*A. eberhardtii*）

四、拟赤杨近缘种的特征特性

（一）台湾赤杨叶

台湾赤杨叶与拟赤杨的区别在于叶形较长，多为披针形或长椭圆形，可明显区分。产台湾中部山地。

（二）滇赤杨叶

滇赤杨叶下面密被灰白色或淡黄色星状茸毛，花序较短，长仅为拟赤杨的 1/3（长 3～5 cm），与拟赤杨不同（杨成华等，2010）。产云南东南部和广西南部。生于海拔 600～1 800 m 的湿润疏林或密林中。越南北部和泰国也有分布。

（李锡泉　夏合新）

第二十三节　枫 香 树

枫香树（*Liquidambar formosana* Hance）为金缕梅科（Hamamelidaceae）枫香树属（*Liquidambar* Linn.）高大落叶乔木，具有生长快、适应广、喜光、耐瘠薄等特点，是我国重要的观赏、用材和绿化树种。

一、枫香树的利用价值与栽培概况

（一）枫香树的利用价值

1. 药用价值　枫香树全株均可入药，树皮、根、叶味辛微苦，性温气香，有祛风湿、行气解毒的功效；枫香树脂在《唐本草》及《本草纲目》中均有收载，树脂味淡，性平，可活血、解毒，又可代"苏合香"作为祛痰剂；果实（果序）药名路路通，祛风活络，利水通经，用于关节痹痛，麻木拘挛，水肿胀满，乳少经闭等。

2. 工业价值　枫香树脂是很好的天然香料，在日用化工工业中有着广阔的应用前景。

枫香树脂在香料工业上是一种较好的定香剂。树脂经精制后可用于调配烟用和皂用香精，添加于牙膏内，除作为定香剂外尚有止血止痛的功效。

3. 生态价值 枫香树是我国优良的乡土树种，具有生长快、耐干旱瘠薄、天然更新容易等特点，是优良的先锋造林树种；枫香树抗风能力强，皮层输导管发达，表皮光滑，导热系数低，它耐高温又耐火烧，是我国传统的森林防火树种。枫香树对二氧化硫，尤其对氯化物有较强的抗性，是优良的抗污染树种。

4. 观赏价值 枫香树树势雄伟，叶形美观，入秋叶色变红，是很好的观赏树种，自古以来就是文人墨客咏绘的对象，如唐代杜牧的《山行》诗中有"停车坐爱枫林晚，霜叶红于二月花"，这里描述的霜叶就是入秋后的枫香树之叶。我国南方地区有赏丹枫的习俗。近年来，枫香树作为园林绿化树种和景观树种得到了大量应用。

5. 木材利用价值 枫香树木材红褐色、浅黄色或浅红褐色，心、边材区别不明显；结构细致，密度、强度及硬度适中，韧性大，散孔材，管孔小，分布均匀，木射线细，油漆、着色和胶接性能良好；枫香树木材纹理通直细致，易加工，宜旋切做胶合板，也能用作车辆、船底板、室内装修，是建筑业的上好用材。其板材无特殊气味，耐腐防虫，是茶叶、食品等的理想包装材料。经水沤、窖干、蒸煮后亦是制造胶合板的上乘材料，与马尾松搭配胶合的板材，具有不翘、不裂、不曲三大优点。

枫香树木材也存在干缩不均匀，难干、易裂、易腐，翘曲变形严重，经水湿易腐朽等缺陷，需要对木材进行改性处理，保持干燥则耐久，我国民间早就有"梁搁万年枫"的说法，说明枫香树经过处理后耐腐性能很好。

（二）枫香树的天然分布与栽培区

1. 枫香树的天然分布 我国枫香树分布的北界是甘肃陇南康县—陕西秦岭南坡的略阳—河南伏牛山南坡的西峡—河南桐柏山区、大别山区—淮河一线，北纬 34°以南地区，南达海南岛，南北纬度跨 16°。枫香树分布的西界是甘肃陇南—四川康定—云南东部一线，东经 103°以东地区，东至台湾省，东西经度跨 20°，包括陕西、甘肃、河南、安徽、江苏、浙江、福建、江西、湖北、湖南、云南、贵州、四川、重庆、广西、广东、海南、台湾 18 个省份。越南北部、老挝及朝鲜南部也有分布。

我国亚热带地区的平川、丘陵和山地均有枫香树天然林分布。在其分布的西北界甘肃康县、文县有少量天然次生林，秦岭南坡、秦巴山地、大巴山、大别山、桐柏山、武陵山、罗霄山、武夷山等地有较多的天然枫香树林资源，广西、贵州、云南交界处由于地处偏僻，天然枫香树林资源也较为丰富，湖北、湖南、江苏、浙江等地平原地区枫香树古树资源也较为丰富。

在安徽大别山地区，枫香树林垂直分布一般在海拔 600 m 以下，皖南则在海拔 800 m以下。江西省主要分布于海拔 100～800 m，而以海拔 400～500 m 及以下分布较广。湖北常见于海拔 300～1 000 m 的山丘地，但以海拔 400～700 m 处生长较好。在海南、福建等地达海拔 1 000 m，在枫香树分布的西北端甘肃陇南的康县，在海拔 1 400 m 仍可见成片枫香树纯林，滇东南地区可达海拔 1 660 m。

2. 枫香树栽培历史和栽培区 枫香树作为观赏树种栽培历史较久，我国南方许多景区有人工保护和培育的枫香树。据记载著名四大红叶景区之一的江苏天平山红叶就是 400 余年前从福建引种栽培的。近几年来，在荒山绿化、退耕还林、城乡园林绿化中广为种植。在天然分布区外的引种栽培成功地区主要是山东胶东半岛、济南及云南昆明等地。

二、枫香树的形态特征和生物学特性

（一）形态特征

落叶乔木，高达 30 m，胸径 1 m。小枝干后灰色，被柔毛，略有皮孔；芽体卵形，长约 1 cm，略被微毛，鳞状苞片敷有树脂，干后棕黑色，有光泽；叶薄革质，阔卵形，掌状 3 裂，中央裂片较长，先端尾状渐尖，两侧裂片平展，掌状脉 3～5 条，在上下两面均显著，网脉明显可见；边缘有锯齿，齿尖有腺状突；叶柄长 11 cm，常有短柔毛；托叶线形，游离，或略与叶柄连生，长 1～1.4 cm，红褐色，被毛，早落。

雄性短穗状花序常多个排成总状，雄蕊多数，花丝不等长，花药比花丝略短。雌性头状花序有花 24～43 朵，花序柄长 3～6 cm，偶有皮孔，无腺体；萼齿 4～7 个，针形，长 4～8 mm，子房下半部藏在头状花序轴内，上半部游离，有柔毛，花柱长 6～10 mm，先端常卷曲。

头状果序圆球形，木质，直径 3～4 cm；蒴果下半部藏于花序轴内，有宿存花柱及针刺状萼齿。种子多数，褐色，多角形或有窄翅（图 32-23）。

图 32-23 枫香树
1. 果枝 2. 花柱及假雄蕊 3. 子房纵剖 4. 果
（引自《中国树木志·第二卷》）

（二）生物学特性

枫香树性喜阳光，多生于平地，常成次生林的优势种，萌生力极强。枫香树适应性强，能耐干旱瘠薄，在黏土、山脊、石隙中均可生长，是绿化荒山的先锋树种。枫香树林是中国亚热带常见的森林类型之一，在天然状态下，常为小团状分布。枫香树在我国天然分布于秦岭淮河以南，此线以北只有栽培。

三、枫香树的起源、演化和分类

（一）枫香树的起源

枫香树属植物是古老的孑遗物种，该属在第三纪广泛分布，但由于北方冰河和阿尔卑斯山阻断了物种的南迁，枫香树属在欧洲消失，并且由于气候变迁也从北美西部、俄罗斯远东地区消失。但在我国南方却保存下来而繁衍至今，并发展形成了现代 2 种和 1 变种，分别组成了不同种的枫香树林。

（二）枫香树属植物种之间的亲缘关系

枫香树的模式标本是由时任厦门代理领事汉斯（H. F. Hance，1827—1886）接到由台湾寄给他的枫香树标本而定名为 *Liquidambar formosana* Hance 的，发表在 1886 年的法国自然科学年报上。

根据传统分类学文献，枫香树系金缕梅科枫香树亚科枫香树属植物，但 1846 年 Jan - Mai 将枫香树属和阿丁枫属从金缕梅科中分离出来发表了阿丁枫科（Altingiaceae），我国张金谈等依据对孢粉形成特征的研究最先接受这一分类，从目前特别是近几年发表的文献看，已有越来越多的学者接受了这一观点。

Santamour（1972）对枫香树、美国枫香和苏合香的染色体数目进行研究，发现三者的染色体数目相同（$2n=32$）。Chant - T T（1986）对枫香树的细胞核有丝分裂方式、交配类型及异核性进行了研究。陈友地（1991）通过对枫香树属各种所含黄酮类化合物及挥发物进行定性及定量分析，来确定种之间的遗传关系。Honey（1991，1994）研究了美国枫香、苏合香、缺萼枫香的种间分化关系以及群体内和群体间的遗传变异，发现美国枫香的两个起源地美国东部和墨西哥的群体内的分化较小，且群体间的遗传相似系数很高，说明两地的亲缘关系较近；枫香树和缺萼枫香群体内的分化也较小，群体间相似系数很高；枫香树与缺萼枫香之间也有较高的遗传相似系数（0.82），说明枫香树与缺萼枫香之间是亲缘关系较近的种。Li（1997）用 *matK* 基因的序列研究枫香树属地理变异规律。

（三）枫香树属植物分类概况

1. 枫香树属植物形态特征　枫香树属植物为落叶乔木。叶互生，有长柄，掌状分裂，具掌状脉，边缘有锯齿，托叶线形。花单性，雌雄同株，无花瓣。雄花多数，排成头状或穗状花序，再排成总状花序；每一雄花头状花序有苞片 4 个，无萼片及花瓣；雄蕊多而密集，花丝与花药等长，花药卵形，先端圆而凹入，2 室，纵裂。雌花多数，聚生在圆球形头状花序上，有苞片 1 个；萼筒与子房合生，萼裂针状，宿存，有时或缺；退化雄蕊有或无；子房半下位，2 室，藏在头状花序轴内，花柱 2 个，柱头线形，有多数细小乳头状突起；胚珠多数，着生于中轴胎座。头状果序圆球形，有蒴果多数；蒴果木质，室间裂开为 2 片，果皮薄，有宿存花柱或萼齿；种子多数，在胎座最下部的数个完全发育，有窄翅，种皮坚硬，胚乳薄，胚直立。

2. 枫香树属植物分类　枫香树属共 4 种，我国有枫香树（*L. formosana*）、缺萼枫香（*L. acalycina*）及 1 变种山枫香树（*L. formosana* var. *monticola*）；此外，小亚细亚有 1 种苏合香树（*L. orientalis*），北美及中美有 1 种北美枫香树（*L. styraciflua*）。属于东亚区、中南半岛区、伊朗—土兰区、加勒比区及大西洋—北美区间段分布（路安民，1999）。

四、枫香树的遗传多样性与种质资源

(一)遗传多样性分析

柴国锋等(2013)对取自全国产区 16 个枫香树群体的幼嫩叶进行了同工酶分析,从各个位点的等位基因频率分布来看,参试的 16 个枫香树群体共发现 4 个稀有基因,3 个特有基因。对大多数多态性位点来说,各群体通常共享常见基因,而稀有基因通常分布范围有限。研究发现,枫香树的遗传多样性水平($P=100\%$,$Na=3$,$He=0.4429$)明显高于其他多年生木本植物的平均值($P=49.3\%$,$Na=1.76$,$He=0.148$)。观测杂合度较大,表明枫香树群体遗传基础较广,遗传多样性丰富。

毕泉鑫等(2010)利用 ISSR 分子标记技术对浙江枫香树天然群体遗传多样性进行了分析。用 10 个引物对 5 个枫香树种群共 100 个个体的样品 DNA 进行扩增,共测得 135 个位点,其中多态性位点 118 个,多态性位点百分率(P)为 87.40%,Shannon's 信息指数(I)为 0.464 6,Nei's 基因多样性指数(h)为 0.312 2,枫香树总体水平的遗传多样性较高。AMOVA 分子变异分析显示:枫香树种群间的遗传变异占 14.50%,种群间遗传分化系数(G_{st})为 0.185 6,反映了种群间出现了一定程度的遗传分化。85.50% 的变异存在于种群内,表明枫香树种群的遗传变异主要存在于种群内。

(二)种质资源

枫香树变种山枫香树(*Liquidambar formosana* Hance var. *monticola* Rehd. et Wils.),小乔木,小枝及叶背秃净无毛,叶背常有灰白色,基部平截或微心形,宿存萼齿稍短。分布于四川、湖北、贵州、广西及广东等省份的山地,多见于海拔 500 m 以上的森林中。

福建省三明市国有林场对安徽黄山 53 个枫香树家系进行 14 年子代测定表明,生长性状变异系数均比较大,树高、胸径、地径、材积和圆满度家系间差异均达到极显著水平,枫香树家系间存在丰富的表型变异,树高、胸径和材积等在家系水平上的遗传力在 0.40以上。通过生长性状的综合评价,选出 9 个枫香树速生优良家系(李林源,2014)。

在上海松江对来自 8 省份 20 个枫香树种源进行了造林试验,2 年生幼林观测表明,枫香树高和地径两个生长性状在种源间存在极显著和显著差异,且树种有较高的广义遗传力,树高与种源的地理纬度和经度均呈显著相关,并初步选出了南丹、南平、吉安 3 个较速生的优良种源。同时采用系统聚类法初步将种源划分三大区:西南速生种源区、中部中速生长种源区和中亚热带东北部生长相对较慢种源区(何贵平,2005)。刘明宣等(2014)通过枫香树天然分布区 11 省份 15 个种源进行种源试验表明,4.5 年生幼林树高、胸径和冠幅生长性状差异极显著。采用聚类分析,可以划分 4 个种源区,并选出湖南桑植和湖南城步为最佳种源。

福建省洋口林场对 11 年生枫香树优树自由授粉子代生长性状进行的分析表明,树高、胸径、材积和冠幅子代间差异达极显著水平,变异系数均在 25% 以上,树高、胸径、材积和冠幅的家系遗传力均在 0.7 以上,生长性状受强度的遗传控制。通过综合比较,从54 个家系中选出 19 个速生优良家系,树高、胸径和材积平均值分别为 7.67 m、6.38 cm

和 0.015 7 m³，平均遗传增益分别为 8.75%、9.87%和 24.97 %，平均实际增益分别为
9.4%、17.6%和 46.0%（叶代全，2011）。

五、枫香树野生近缘种的特征特性

（一）缺萼枫香

学名 *Liquidambar acalycina* Chang。

落叶乔木，高达 25 m，树皮黑褐色；小枝无毛，有皮孔，干后黑褐色。叶阔卵形，
掌状 3 裂，长 8～13 cm，宽 8～15 cm，中央裂片较长，先端尾状渐尖，两侧裂片三角卵
形，稍平展；雄性短穗状花序多个排成总状花序，花序柄长约 3 cm，花丝长 1.5 mm，花
药卵圆形。雌性头状花序单生于短枝的叶腋内，有雌花 15～26 朵，花序柄长 3～6 cm，
略被短柔毛；萼齿不存在，或为鳞片状，有时极短，花柱长 5～7 mm，被褐色短柔毛，先
端卷曲。头状果序宽 2.5 cm，干后变黑褐色，疏松易碎，宿存花柱粗而短，稍弯曲，不
具萼齿；种子多数，褐色，有棱。

分布于四川、安徽、湖北、江苏、浙江、江西、广东、广西及贵州等省份。多生于海
拔 600 m 以上的山地。木材供建筑及制作家具。

（二）北美枫香（胶皮糖橡胶树）

学名 *Liquidambar styraciflua* L.。

北美枫香树为落叶乔木，生长迅速，树高可达 15～30 m，冠幅可达到株高的 2/3。叶片
5～7 裂，互生，长 10～18 cm，叶柄长 6.5～10 cm，春、夏叶色暗绿，秋季叶色变为黄色、
紫色或红色，落叶晚，在部分地区叶片挂树直到翌年 2 月，是非常好的园林观赏树种。

北美枫香适生于亚热带湿润气候，喜光照，耐部分遮阴。在潮湿、排水良好的微酸性
土壤上生长较好，但以肥沃、潮湿、冲积性黏土和江河底部的肥沃黏性微酸土壤最好。根
深抗风，萌发能力强，适应性强。

（三）苏合香树

学名 *Liquidambar orientalis* Mill.。

高 10～15 m。叶互生，具长柄，托叶小，早落；叶片掌状 5 裂，偶为 3 裂或 7 裂，
裂片卵形或长方卵形，先端急尖，基部心形，边缘有锯齿。花单性，雌雄同株，多数成圆
头状花序，小花黄绿色；雄花的花序成总状排列，雄花无花被，仅有苞片，雄蕊多数，花
药长圆形，2 室纵裂，花丝短；雌花的花序单生，花柄下垂，花被细小，雌蕊心皮多数，
基部愈合，子房半下位，2 室，有胚珠数枚，花柱 2 枚，弯曲。果序圆球状，直径约
2.5 cm，聚生多数蒴果，有宿存刺状花柱；蒴果先端喙状，成熟时先端开裂。种子 1～2
枚，狭长圆形，扁平，顶端有翅。苏合香树产于非洲、印度及土耳其等地（中国科学院中
国植物志编辑委员会，1979）。

（林富荣）

第二十四节 构 树

构树〔*Broussonetia papyrifera*（Linn.）L'Hért. ex Vent.〕属桑科（Moraceae）构属（*Broussonetia* L'Hért. ex Vent.），其适应性强，生长速度快，繁殖容易，是优良的纸浆材树种、饲料林树种和生态绿化树种。

一、构树的利用价值与生产概况

（一）构树的利用价值

1. 饲用价值 构树叶易摘、易晒、易干，营养价值较高。据分析，构树叶含干物质85.85%，粗蛋白21.15%，粗脂肪3.58%，粗纤维10.07%，无氮浸出物38.76%，灰分12.02%，钙2.23%，磷0.30%，含有天冬氨酸、赖氨酸等20余种氨基酸，还有丰富的维生素、胡萝卜素等（彭超威，1992），是介于玉米与大豆之间的上等畜禽饲料。

2. 工业价值 构树是造纸行业理想的原料，一年种植多年砍伐，可作为乔木栽培，也可作为矮林栽培。构树皮是一种价格较贵的造纸原料，含有大量优质纤维，纤维色泽洁白，有天然丝质外观，手感柔软，具丝和棉的感觉，吸潮性强、韧性大、纤维长，性能稳定，耐腐蚀。构树木质素含量低，纤维素含量较高，是做宣纸、复写纸、蜡纸、绝缘纸及人造棉、钞票用纸的好材料，构树纸质地柔韧，耐摩擦，抗水渍，稳定性和耐腐蚀性较好。构树木材黄白至淡褐色，结构中等，纹理斜，轻软，可做器具包装材料和薪炭材；其材质轻、不变形，可加工木芯板、纤维板。

3. 医药价值 构树果实、叶或花序、聚合果至少含有16种以上的氨基酸，以天冬氨酸、谷氨酸、精氨酸、缬氨酸、脯氨酸、赖氨酸等为主，其中7种为人体必需氨基酸（周峰，2005）。构树聚花果含有丰富的营养物质，其果实原汁含有丰富的可溶性糖类、蛋白质、氨基酸、维生素等营养成分。此外，种子含有丰富的脂肪油（40.28%），其中包含的人体必需脂肪酸亚油酸的含量达85.42%，具有较好的开发利用价值（林文群等，2001）。相关研究表明，构树中的药用成分有抗血小板凝聚、抑制芳香化酶、抗氧化及抗菌的作用，临床应用主要体现在治疗阿尔茨海默病、肝病、眼科疾病、不孕不育、皮肤病等。

4. 生态价值 构树速生、易繁殖、根系发达、枝叶生长量大，适生能力和再生能力强，轮伐期短，还具有较强的抗有毒气体和抗粉尘污染能力，是环保生态、防风固沙和治理水土流失的理想树种，也是林纸企业、盐碱干旱地区和丘陵、河滩地造林的首选树种。

（二）构树的分布与生产概况

1. 构树的天然分布 构树地理分布非常广泛，主要分布于我国华北、西北、华东、中南、西南各省份，垂直分布达海拔1 600 m以上（张秋玉等，2009），山坡、田野、四旁多有成片或散生分布。日本、越南、印度等国也有分布。

2. 构树的栽培起源、栽培历史和栽培区 构树作为造纸行业理想的原料，在我国开发种植利用历史悠久，《诗经·小雅》记载："乐彼之园，爰有树檀，其下维榖。"榖即为构树，意思是"美丽的园子里种着高大的檀树与构树"。自东汉以来，构树与麻一样，被大量用于制布与造纸。从蔡伦开始，构树就成为制造优质纸的上佳原料，由于历史上构树称楮，因此古人称纸为"楮先生"，或"楮"。随着时代的发展，构树逐步广泛用于制造新闻纸、礼品包装纸、书画纸等各种纸型，就连质量要求很高的印钞纸，其主要原料也是构树皮纤维。江苏、浙江、安徽一带，利用野生构树皮做原料制成国人引以为傲的"文房四宝"之一——宣纸。

构树主要野生分布，且分散（主要为鸟传播），少量人工种植，目前山东、河北、湖北、广西、重庆等地有小面积的栽培，湖北、贵州、广西等省份开始对构树进行产业化开发，开发重点集中于造纸、饲料和人造板等方面（胡俊达，2008）。在辽宁大连、山东、河北、北京等地区已建育苗、研究基地。我国湖北罗田县出产构树"生皮"供内销，年产约 8 万 kg，构树皮也是中国出口的传统产品之一，被制成"熟皮"的产品主要用于出口。

二、构树的形态特征和生物学特性

（一）形态特征

落叶乔木或灌木状，高达 16 m，小枝密被灰色粗毛。叶宽卵形或长椭圆状卵形，先端尖，基部近心形。叶边缘有粗锯齿，上面有糙毛，下面密生柔毛，三出脉。花雌雄异株；雄花序柔荑状，雄花被 4 裂；雌花序头状；雄花序粗，聚花果球形，熟时橙红色，肉质；花期 4～5 月，果期 7～9 月，成熟时随着海拔的增加，花期一般推迟 10～15 d。不同纬度之间花期差异不大，一般在 10 d 左右（图 32 - 24）。

（二）生物学特性

强阳性树种，适应性、抗逆性强，耐旱、耐瘠，喜钙质土。根系浅，侧根分布很广，生长快，萌芽力和分蘖力强，耐修剪，抗污染。

三、构属分类和种质资源

（一）构属的分类

构属全世界共 7 种，分布于亚洲东部及太平洋岛屿，我国有 4 种。构树组（Sect. *Broussonetia* Corner）有构树（*Broussonetia papyrifera*）、小构树（*B. kazinoki* Sieb.）、

图 32 - 24　构树
1. 雄花枝　2. 雌花枝　3. 果枝　4. 雄花　5. 雌花序
6. 雌花　7. 肉质子房柄及小核果　8. 小核果　9. 胚
（引自《中国树木志・第三卷》）

藤构（*B. kaempferi* Sieb. var. *australis* Suzuki）［原变种葡蟠（*B. kaempferi* Sieb. var. *kaempferi*）仅产于日本］3 种，落叶花桑组［Sect. *Allaeanthus*（Thw.）Corner］我国仅落叶花桑［*B. kurzii*（Hook. f.）Corner］1 种，主要分布于云南南部西双版纳至蒙自红河海拔 200～600 m 的热带季雨林中。构属 3 种在我国分布较为广泛，尤其以构树分布最为广泛，分布于除新疆、黑龙江、内蒙古以外的大部分省份。

另据报道还有一新种江西构（*B. jiangxiensis* Z. X. Yu，sp. nov.），主要分布于南昌梅岭、瑞金、宜丰。小构树有一变种乳阳小构树（*B. kazinoki* Sieb. var. *ruyangensis* P. H. Liang et X. W. Wei，var. nov.），主要分布于广东乳阳（郑汉臣等，2002）。

（二）构树的遗传变异

构树具有丰富的遗传多样性；构树的遗传变异主要来自居群内而非居群间；在种质资源保存过程中，子代的遗传信息基本与母本保持一致；青构和白花构之间的遗传距离较大，红构和白花构遗传距离较小（周敏等，2008）。廖声熙等（2006）利用 AFLP 对金沙江河谷两岸自然分布的红构、红花构、白花构和青构 4 个类型进行了研究分析，表明各类型间亲缘关系较近，构树具有较丰富的遗传多样性；白花构与其他 3 种类型间遗传距离相对较大，亲缘关系相对较远；4 个类型构树之间遗传分化十分明显。

（三）构树的种质资源

目前，构树优良种源的选育、利用取得了一定突破。日本从野生构树中选育出变种四倍体——光叶楮，是制浆造纸的优良树种，1997 年由山东农业大学引进我国。中国科学院植物研究所和北京万富春森林资源有限公司培育出速生丰产树种——杂交构树，具有适应性强、抗逆性强、生长迅速、用途广泛等优点，是良好的经济、生态兼用树种，并进行了产业化推广。同时，利用转基因技术分子改良培育了盆栽矮化杂交构树，具生长快、吸尘能力强等优势，已在北京屋顶绿化项目中应用。大连中植生物科技有限公司开展太空构树种苗筛选和培育，从中提取了 5 个基因，在世界基因库中注册，增加了我国具有自主知识产权的转基因资源（魏会琴，2008）。王凤英等（2011）自引进的日本构树根蘖芽中选育了新品种黄色叶构树，可用于景观绿化。中国林业科学研究院资源昆虫研究所筛选出适宜海拔 1 600 m 以上的构树造林品种，收集构树优良种质资源 60 余份（李昆，2004）。

四、构树野生近缘种的特征特性

（一）小构树

学名 *Broussonetia kazinoki* Sieb. 。

落叶灌木，高 2～3 m。枝蔓生或攀缘。花单性，雌雄同株；雄花为柔黄花序圆筒状，花被片和雄蕊均为 4；雌花序头状，苞片高脚碟状；花柱侧生，丝状，有刺。聚花果球形，肉质，成熟时红色。花期 4～5 月，果期 5～6 月。喜温暖、湿润气候，适应性特强，喜光、耐干旱、耐湿热、耐瘠薄，抗逆性强，抗污染能力强。生长快，萌芽力和分蘖力强、耐修剪。树皮柔韧，纤维长，可做高级混纺和高级纸张。

产台湾及华中、华南、西南各省份。

（二）藤构

学名 *Broussonetia kaempferi* Sieb. var. *australis* Suzuki。

落叶灌木，高可至 3 m。枝条细长，有时常带蔓状，小枝细长疏生，略呈"之"字形，幼时有短柔毛，不久即变光滑，呈暗紫色。叶具 2~3 个乳头状腺体，三出羽状脉，不裂或深裂。喜光，不耐庇荫，花期 4~6 月，果期 5~7 月，喜温暖气候，较耐寒，最低气温 -20 ℃（北京）能安全越冬，-25 ℃有冻害。喜深厚、疏松、湿润、肥沃和排水良好的沙壤土或壤土。主要为药用，树皮也可做高级纤维原料。

产于河北、山西、陕西、河南、山东、江苏、安徽、湖北，广泛分布于四旁及农田。

（三）落叶花桑

学名 *Broussonetia kurzii*（Hook. f.）Corner。

大型攀缘灌木，分枝很长。叶互生，排为 2 列，叶柄短，托叶侧生，披针形，全缘。花雌雄异株，叶前开放；雄花序长穗状，雄花花被片 4 裂，雄蕊 4 枚，在花芽时内折，退化雌蕊小；雌花序球形头状，雌花与圆形宿存的苞片混生，花被管状，顶端 4 齿裂，子房无柄，花柱延长，线形，不分裂，胚珠下垂。聚花果，小核果扁平，表面光滑，外果皮木质，龙骨单层，子叶皱缩。花期 4~5 月，果期 5~6 月。强阳性树种，适应性特强，抗逆性强，生长快，萌芽力和分蘖力强，耐修剪。该种的根、茎、叶具有多种药理作用，有广泛的医药用途。

产云南南部（西双版纳至蒙自红河），热带雨林、季雨林中。不丹、印度东北部（阿萨姆）和锡金邦、缅甸北部、老挝、越南、泰国有分布。

（谭小梅　蒋宣斌）

第二十五节　桤　木

桤木（*Alnus cremastogyne* Burk.）为桦木科（Betulaceae）桤木属（*Alnus* Mill.）。落叶大乔木，高可达 40 m，是我国西南地区速生用材树种，根系发达，具根瘤，耐水湿，也是护岸固堤、改良土壤、涵养水源的优良树种，很有发展前景。

一、桤木的利用价值和生产概况

（一）桤木的利用价值

1. 生态价值　桤木根系发达，具有根瘤或菌根，能固沙保土、防塌、涵养水源，是理想的生态防护树种，可增加土壤肥力，每 100 株桤木成年树的根瘤平均每年能给土壤增加的氮素相当于 15 kg 硫酸铵；桤木耐水湿，多生于河滩，溪沟两边及低湿地，是河岸护堤和水湿地区重要造林树种，适应性强，耐瘠薄，生长迅速，是理想的荒山绿化树种。

2. 经济价值 桤木木材淡红褐色，心、边材区别不明显，材质轻软，纹理通直，结构细致，耐水湿；为水工设施、坑木矿柱的良好用材；也可供建筑、家具、农具、胶合板、造纸、火柴杆、铅笔杆等用。桤木树皮、果实含单宁，可做染料和提制栲胶，还可代替青冈繁殖木耳。木炭可制黑色火药。叶可做绿肥。桤木叶产量高，含氮丰富（叶片含氮量达 2.7%），可作为绿色饲料。同时也是良好的蜜源树种。

3. 药用价值 桤木叶片、树皮、嫩芽药用，可治腹泻及止血。春季采集嫩枝叶；四季采树皮，鲜用或晒干。其味苦、涩、凉，主治清热凉血。用于鼻衄、肠炎、痢疾。

（二）桤木的分布与栽培区域

桤木在四川主要分布于盆地，以成都平原及其周围山区为分布中心；西至康定，东达贵州高原北部，北界达秦岭南坡。以后陆续引种到安徽、湖南、湖北、江西、广东、江苏及陕西等地。在四川岷江和青衣江流域下，其垂直分布常见于海拔 1 200 m 以下丘陵地，有时亦可分布到海拔 1 800 m 左右的中山区。

因桤木既是用材林、薪炭林的目的树种，又是组成混交林的理想伴生树种，在其分布区及引种区，普遍用于造林。如在四川北部及重庆沿长江两岸，营建了不少柏木与桤木的混交林；四川中部、北部地区荒山荒地大面积营造桤木用材林、薪炭林、肥料林，均获得成功（王敏等，2013）。

二、桤木的形态特征和生物学特性

（一）形态特征

大乔木，高可达 30～40 m；树皮灰色，平滑；枝条灰色或灰褐色，无毛；小枝褐色，无毛或幼时被淡褐色短柔毛；芽具柄，有 2 枚芽鳞。叶倒卵形、倒卵状矩圆形、倒披针形或矩圆形，长 4～14 cm，宽 2.5～8 cm，顶端骤尖或锐尖，基部楔形或微圆，侧脉 8～10 对；叶柄长 1～2 cm，无毛。雄花序单生，长 3～4 cm。果序单生于叶腋，矩圆形，长 1～3.5 cm，直径 5～20 mm；果苞木质，长 4～5 mm，顶端具 5 枚浅裂片。小坚果卵形，长约 3 mm，具膜质种皮，膜质翅宽仅为果的 1/2（图 32 - 25）。

（二）生物学特征

喜光，喜温暖气候，适生于年平均

图 32 - 25 川滇桤木和桤木
川滇桤木：1. 果被 2、3. 果苞 4. 小坚果
桤木：5. 果枝 6. 果苞 7. 小坚果 8. 雄花枝 9. 雄花
（孟玲描《中国森林树木图志》）

气温 15～18 ℃，降水量 900～1 400 mm 的丘陵及平原、山区。对土壤适应性强，耐水湿，多生于河滩与溪沟两旁。桤木速生，1 年生苗高 1 m 以上，一般 3 年郁闭成林；10 年生树高至 12～15 m，胸径 14～16 cm；在适宜条件下，树高年生长可至 2 m，胸径 2 cm 以上，高生长旺盛期 5～15 年，胸径生长旺盛期 10～15 年。

三、桤木属植物的起源、演化

桤木属是桦木科植物中最早分化出的一个分支，是北半球新生代化石植物区系中的一个重要植物类群，其可靠的化石（叶、果苞及果实）最早出现于晚白垩纪，欧亚大陆及美洲的地层中均有发现，化石花粉最早亦发现于上白垩纪的地层中。分布区属北温带型，即广泛分布在亚洲、欧洲、非洲、北美洲及中南美洲。根据植物地理学研究，桤木属植物可能起源于东亚的亚热带地区，向东、西散布，并分别通过白令陆桥和大西洋北极陆桥到达北美。

桦木科桤木属植物约 30 种观赏、材用灌木和乔木。与桦木不同之处：桤木的冬芽有柄，具翅的小坚果散布以后，果苞仍留在树枝上。树皮鳞片状，有些种类近白色，有些种类灰褐色，叶卵形，互生，有锯齿，常浅裂；初展开时有黏性，成熟后有光泽，脱落时不变色。单性，柔荑花序，雌雄花序同株。花序于夏季形成，于春季先叶开放。

四、桤木的遗传变异与种质资源

（一）地理变异

通过对桤木自然分布区内 13 个种源的生长、材性和果实等性状的研究发现（王军辉等，2005），在桤木的天然林分布中，经度对树高具有显著的影响，随着经度的增加，树高逐渐升高；海拔高度对树高、胸径和材积具有极显著或显著影响，随着海拔高度增加，树高、胸径和材积逐渐减少。桤木种源木材基本密度变化是经度高，木材基本密度偏高；经度低，木材基本密度偏低；桤木种源的木材密度和纤维长度存在较小的环境效应，进行木材基本密度的种源选择时，不同造林地区可选出共同的优良种源；不同种源桤木材性性状受到中度到强度的遗传控制，可以有效开展种源、家系的材性选择。

谭西文等（2005）对桤木自然分布区内 13 个种源的生长、材性、果实等性状进行研究，将桤木划分为 3 个种源区：川西北种源区、川中种源区和川南种源区；2 个栽培区：四川盆地原产地栽培区和长江中下游引种栽培区。

（二）果实形态变异

王军辉和顾万春（2006）通过对桤木自然分布区的 5 个种源研究发现，桤木果实形态指标在产地间和产地内株间均有显著差异，且产地内株间差异都大于产地间差异，说明桤木种内存在着丰富的个体变异。其中果柄长、果长、果宽和果长×果宽等指标，株间变异远远大于产地和株内变异；而果长/果宽、果柄长/果长两个形状指标其株内变异相对较大。就产地变异而言，果实大小（果长×果宽）和种子千粒重有随纬度增加而增大的趋势，而果柄长与果长之比又呈现相反趋势。

桤木种子千粒重的地理变化规律总的趋势是高纬度比低纬度的稍重，西部的比东部的稍重。随纬度北移和干燥度增加，种子趋重变大；随纬度南移，气候暖湿度增加，果实变得大而圆钝。

（三）优良种源、家系

王军辉（2000）通过 5 地点 6 年生桤木种源、家系的遗传性状研究发现，桤木工业用材林的优良种源为四川金堂盐井、四川盐亭、四川金堂淮口、四川沐川、四川邛崃；生态林优良种源为四川泸定、四川金堂和四川邛崃；遗传多样性保护的优良种源为四川剑阁、四川珙县、四川泸定和四川金堂。徐清乾等研究发现，四川桤木不同树龄及家系之间材性均达到极显著差异。朱万泽等（2005）有关桤木种源抗性的研究表明，四川桤木种源对水分胁迫的适应能力较台湾桤木差，桤木大多数性状在种源、家系间具有显著差异。通过种源、家系的选择，桤木属各树种获得较大的遗传增益是可能的，同时通过对种源进行综合评价，选择优良种源，为保证桤木造林科学用种和合理调拨提供了科学依据。

（四）遗传多样性

桤木自然分布区面积虽然不大，但分布区内自然环境因子变化多端，长期自然选择和人工选择使桤木产生了丰富的表型变异。陈益泰等（1999）对不同种源桤木的表型特征研究发现，桤木种源间和种源内存在极其丰富的表型变异。王军辉等（2001）研究桤木种源的地理变异时，发现桤木种源生长性状与生态梯度值（EGA）具有显著相关性。这些研究结果表明，桤木的生长受环境影响较大，表型多样性较为丰富。在分子水平上，20 世纪 80 年代后期开始利用同工酶标记进行桤木属遗传多样性研究。卓仁英等（2003）研究了桤木的 DNA 提取方法及 PCR 条件，并发现桤木群体遗传分化程度较低，群体间仅存在 10.16％的变异，群体内变异远丰富于群体间，因此桤木育种中优良单株选择更重要。

五、桤木近缘种的特征特性

（一）川滇桤木

学名 *Alnus ferdinandi-coburgii* Schneid.。

乔木，高达 20 m。树皮暗灰色。芽有柄，芽鳞 2 枚。幼枝密被黄色茸毛，后渐脱落；小枝具棱，微被毛。单叶互生，叶柄长 1～2 cm；叶片宽椭圆形、长圆形或倒卵形，长 5～14 cm，先端钝尖，基部楔形或圆形，上面中脉凹下，下面沿中脉侧脉及近脉腋处被须毛或微被毛，密被树脂点，侧脉 12～17 对，粗锯齿具小尖头。花单性，雌雄同株，雄花序柔荑状，单生叶腋，下垂。果序单生叶腋或小枝近基部，长圆形，长 1.5～2.5 cm，果序柄长 1～2.5 cm，被毛；小坚果长圆形，翅极窄。川滇桤木产于云南、四川西南部、贵州西部，生于海拔 1 500～3 000 m 的山坡、岸边的林中或潮湿地。

（二）旱冬瓜

学名 *Alnus nepalensis* D. Don。

大乔木，高约 18 m，胸径 1 m；小树树皮光滑绿色，老树树皮黑色粗糙纵裂；枝条无毛，幼枝有时疏被黄柔毛；芽具柄，芽鳞 2 枚，光滑。叶纸质，卵形、椭圆形，长 10～16 cm，顶端渐尖或骤尖，稀钝圆，基部宽楔形，稀近圆形，边缘具疏齿或全缘，叶面翠绿，光滑无毛，背面灰绿，密生腺点，幼时疏被棕色柔毛，沿中脉较密，或多或少宿存，脉腋间具黄色髯毛，侧脉 12～16 对；叶柄粗壮，长 1.5～2.5 cm，近无毛。雄花序多数组成圆锥花序，下垂。果序长圆形，长约 2 cm，直径约 8 mm，序梗短，长 2～3 cm，由多数组成顶生，直立圆锥状大果序；果苞木质，宿存，长约 4 mm，顶端圆，具 5 浅裂。果为小坚果，长圆形，长约 2 mm，翅膜质，宽为果的 1/2，稀与果等宽。

在云南民间称为冬瓜树的树种实际上包括了桤木属的 3 个树种，它们也是桤木属在云南分布的 3 个种，分别是旱冬瓜、桤木（*A. cremastogyne* Burk.）和川滇桤木（*A. ferdinandi - coburgii* Schneid.）。它们主要区别在于果实，旱冬瓜果序和雄花序由多数组成圆锥状，生于枝顶，其余 2 种果序和雄花序单生叶腋，桤木果梗柔软下垂，川滇桤木果直立，很少下垂。

（三）江南桤木

学名 *Alnus trabeculosa* Hand. - Mazz. 。

乔木，高约 10 m；树皮灰色或灰褐色，平滑；枝条暗灰褐色，无毛；小枝黄褐色或褐色，无毛或被黄褐色短柔毛；芽具柄，具 2 枚光滑的芽鳞。短枝和长枝上的叶大多数均为倒卵状矩圆形、倒披针状矩圆形或矩圆形，有时长枝上的叶为披针形或椭圆形，长 6～16 cm，宽 2.5～7 cm，顶端锐尖、渐尖至尾状，基部近圆形或近心形，很少楔形，边缘具不规则疏细齿，上面无毛，下面具腺点，脉腋间具簇生的髯毛，侧脉 6～13 对；叶柄细瘦，长 2～3 cm，疏被短柔毛或无毛，无或多少具腺点。果序矩圆形，长 1～2.5 cm，直径 1～1.5 cm，2～4 枚呈总状排列；序梗长 1～2 cm；果苞木质，长 5～7 mm，基部楔形，顶端圆楔形，具 5 枚浅裂片。小坚果宽卵形，长 3～4 mm，宽 2～2.5 mm。

产于安徽、江苏、浙江、江西、福建、广东、湖南、湖北、河南南部。生于海拔 200～1 000 m 的山谷或河谷的林中、岸边或村落附近。日本也有。

（四）东北桤木

学名 *Alnus mandshurica*（Call.）Hand. - Mazz. 。

落叶小乔木。树高可至 8 m，树皮暗灰色，平滑。枝条灰褐色，无毛；小枝紫褐色，无毛；芽无柄，有 3～6 枚芽鳞。叶柄长 0.5～2 cm；叶片宽卵形、卵形或宽椭圆形，长 4～10 cm，宽 2.5～8 cm，先端锐尖，侧脉 7～13 对。雄柔荑花序顶生，较长，下垂，雄花与叶同时开放，花丝比花被短，花药黄色；雌柔荑花序 3～5 簇生于短枝顶端。果序 3～5 枚呈总状排列，宽卵圆形或近球形；序梗纤细，下垂，长 0.5～2.5 cm，几无毛；小坚果卵形，长约 2 mm；膜质翅与果近等宽。花期 5～6 月，果期 7～8 月。分布于我国东北、内蒙古及朝鲜和俄罗斯，是东北唯一广泛分布的典型非豆科固氮树种，在森林生态系统的氮素循环中具有特殊重要作用。营造纯林和混交林能显著地增加森林土壤肥力。

（五）辽东桤木

学名 *Alnus sibirica* Fisch. ex Turcz. 。

乔木，高6～15（20）m；树皮灰褐色，光滑；枝条暗灰色，具棱，无毛；小枝褐色，密被灰色短柔毛，很少近无毛；芽具柄，具2枚疏被长柔毛的芽鳞。叶近圆形，很少近卵形，长4～9 cm，宽2.5～9 cm，顶端圆，很少锐尖，基部圆形或宽楔形，很少截形或近心形，边缘具波状缺刻，缺刻间具不规则的粗锯齿，上面暗褐色，疏被长柔毛，下面淡绿色或粉绿色，密被褐色短粗毛或疏被毛至无毛，有时脉腋间具簇生的髯毛，侧脉5～10对；叶柄长1.5～5.5 cm，密被短柔毛。果序2～8枚呈总状或圆锥状排列，近球形或矩圆形，长1～2 cm；序梗极短，长2～3 mm或几无梗；果苞木质，长3～4 mm，顶端微圆，具5枚浅裂片。小坚果宽卵形，长约3 mm；果翅厚纸质，极狭，宽及果的1/4。辽东桤木的雄花序为柔荑状，由多个小聚伞花序螺旋状排列组成。每个小花序外被1枚初级苞片、2枚次级苞片、2枚三级苞片，内有3朵花。

产于黑龙江、吉林、辽宁、山东。生于海拔700～1 500 m的山坡林中、岸边或潮湿地。

（六）台湾桤木

学名 *Alnus formosana* Makino。

大乔木，高可达20 m；树皮暗灰褐色；枝条紫褐色，无毛，具条棱；小枝疏被短柔毛；芽具柄，卵形，具两枚芽鳞。叶椭圆形至矩圆披针形，较少卵状矩圆形，长6～12 cm，宽2～5 cm，顶端渐尖或锐尖，基部圆形或宽楔形，边缘具不规则的细锯齿，叶柄长1.2～2.2 cm，沿沟槽密被褐色短柔毛。雄花序春季开放，3～4枚并生，长约7 cm，苞鳞无毛。果序1～4枚，排成总状，椭圆形，长1.5～2.5 cm；总梗长约1.5 cm；序梗长3～5 mm，均较粗壮；果苞长3～4 mm，顶端5浅裂。小坚果倒卵形，长2～3 mm，具厚纸质的翅，翅宽为果的1/4～1/3。

我国台湾特有种，在台湾岛内普遍分布。常生于河岸两旁，有时成纯林。

（七）日本桤木

学名 *Alnus japonica* (Thunb.) Steud. ，又名赤杨。

乔木，一般高6～15 m，较少高达20 m；胸径60 cm；树皮灰褐色，略粗糙，不开裂。小枝褐色，有时密生腺点，无毛；冬芽具柄。叶椭圆形，长3～12 cm，宽2～5 cm。果序2～5个，总状排列，长1.5～1.8 cm。花期4月，果期8～9月。喜光、喜水湿，常生于山沟溪旁、河岸、水田边，不耐旱和盐碱；生长快，萌芽力强。根系发达，根有根瘤菌和菌根。种子繁殖或萌芽更新。树皮、叶、果入药有止血作用，为低湿地、护岸固堤和改良土壤的优良树种。

生长于辽宁南部，吉林，河北，山东中部、东部海拔600 m以下，河南桐柏山、大别山以及安徽南部、江苏南京。朝鲜、日本亦产。

（八）毛桤木

学名 *Alnus lanata* Duthie ex Bean。

乔木，高可达 20 m；树皮黄灰色，光滑；枝条灰褐色或紫褐色，无毛，具条棱；小枝密被黄褐色绵毛。芽具密被黄褐色绵毛的短柄，具 2 枚芽鳞，疏被毛。叶倒卵状矩圆形或矩圆形，长 5～14 cm，宽 3～8 cm，顶端圆，短骤尖，基部近圆形，较少楔形，边缘具不规则的疏细齿，上面幼时疏被长柔毛，下面幼时密被黄褐色绵毛，以后毛渐变稀至几无毛，密生树脂腺点，侧脉 10～13 对，脉腋间具髯毛；叶柄长 1～2 cm，幼时密被黄褐色绵毛，以后仅沟槽内有毛。雄花序单生叶腋，下垂，长 6 cm；花序梗密被黄色绵毛。果序单生叶腋，下垂，矩圆形，长 1.5～4 cm，直径 8～20 mm；幼时密被黄色绵毛，果苞木质，长 3～5 mm，顶端圆截形，5 浅裂。小坚果长卵形，膜质翅宽及果的 1/2。

毛桤木为中国特有植物。分布于中国四川等地，生长于海拔 1 600～2 300 m 的地区，多生长在林中，目前尚未由人工引种栽培。

（安元强　李　斌）

第二十六节　冷　杉

冷杉［*Abies fabri*（Mast.）Craib］为松科（Pinaceae）冷杉属（*Abies* Mill.）常绿乔木，是中国特有树种（樊金栓，2006）。全世界有冷杉属植物约 50 种，分布于亚洲、欧洲、北美洲、中美洲及非洲北部的高山地带。我国有 22 种，数变种，另引入栽培种 1 种，分布于东北、华北、西北、西南及浙江、台湾各省份的高山地带。冷杉用途广泛，耐寒、耐阴性强，是森林采伐或火烧迹地良好的更新造林树种，近几十年以来，采用冷杉营造了一定面积的人工林，生长良好。

一、冷杉的利用价值与生产概况

（一）冷杉的利用价值

冷杉木材色浅，心、边材区别不明显，无正常树脂道，材质轻柔、结构细致，无气味，纹理直，易加工，不耐腐，为制造纸浆优良原料，可作一般建筑枕木（需防腐处理）、器具、火柴杆、牙签及木纤维工业原料、家具及胶合板，板材宜做箱盒、水果箱等（中国科学院中国植物志编辑委员会，1978）。

冷杉的树皮、枝皮含树脂，提取的树脂是制切片和精密仪器最好的胶接剂。冷杉的针叶富含挥发油，清香味凉。种子含油率 30% 左右，可制肥皂；树皮含单宁 5%～15%。冷杉树干端直，枝叶茂密，冠盖大而美观，四季常青，可做园林树种。冷杉的果可以入药，具有湿中理气、散寒止痛的功效。

（二）冷杉的自然分布和栽培范围

冷杉天然分布于四川大渡河流域、青衣江流域、马边河流域、安宁河上游及都江堰巴郎山等地海拔 2 000～4 000 m 地带（中国科学院中国植物志编辑委员会，1978）。冷杉垂直分布由西向东逐渐上升，如在峨眉山海拔 1 800～3 000 m，在天全海拔 3 000～3 800 m。

冷杉栽培历史较短，20 世纪 50 年代中期，峨边彝族自治县沙坪森林经营所首先栽植冷杉野生苗。60 年代初期，改为人工苗栽植。在采伐迹地上营造了一定面积的人工林，幼林生长良好。目前冷杉是四川盆地西缘山地高海拔地带的主要造林更新树种。

二、冷杉的形态特征和生物学特性

（一）形态特征

乔木，高可达 30～40 m，树冠尖塔形，主干挺拔，枝条纵横，四季常绿。大枝轮生，平展或斜伸。树干直径大多在 50 cm 左右，树皮深灰色，呈不规则薄片状裂纹。1 年生枝淡褐黄色、淡灰黄色或淡褐色，凹槽疏生短毛或无毛。冬芽有树脂。叶线形，扁平叶长1.5～3.0 cm，宽 2.0～2.5 cm，先端微凹或钝，叶缘反卷或微反卷，下面有 2 条白色气孔带，叶内树脂道 2 个，稀 4 个。雌雄球花均单生叶腋。球果卵状圆柱形或短圆柱形，直立长 6～11 cm，种鳞与种子一起脱落，种子上部具宽翅。

（二）生物学特性

冷杉在幼苗期具有比较明显的垂直主根，随着年龄的增长逐渐退化，一般在 50～60年则几无明显主根（杨玉坡等，1979）。冷杉前期生长极为缓慢，一般 5 年生以前，苗高平均不到 10 cm；5 年生以后，随着缓苗期的结束，每年抽梢可至 20 cm 以上。一般在 40年前生长较快，树高生长在 130 年后变得极为缓慢（赵志江等，2012）。冷杉 4～5 月开花，结实周期为 4～5 年。果实出籽率 5％左右，结实量以阳坡、半阳坡为好。

（三）生态适应性

冷杉为耐寒、耐阴性较强的树种，常生于气候凉润、雨量充沛的高山环境，因此冷杉生长对水分和湿度要求较高。如峨眉冷杉在年平均温度 3～8 ℃，一年中稳定超过 10 ℃的积温 500 ℃以上，年相对湿度 85％以上能正常生长（杨玉坡，1983）。冷杉均分布于高山区，最高上限可达海拔 4 000 m，最低可至海拔 1 900 m，一般在海拔 2 600～3 600 m 为宜；主要生长于山地暗棕壤及山地棕色森林土，在土层浅薄、石砾多的地块生长不良。

幼苗根系发育与光照关系较为密切，林冠下幼苗主根长，侧根少，影响更新成苗，林窗或林墙下幼苗根系较粗壮，成苗率较高。

三、冷杉属的起源、演化和分类

（一）冷杉属的起源与演化

Florin（1963）认为冷杉植物起源于晚白垩世或第三纪初北半球具有亚热带和暖温带气候的中纬度地区。向巧萍等（1998，2000）认为北美西部为现代冷杉属的多样性中心。岑庆雅等（1996）认为我国西南山区既是本属的现代分布中心，也可能是最早的分化中心，是冷杉的发源地。向小果等（2006）认为冷杉属于中白垩世，起源于北半球的中高纬度地区。

对于冷杉属植物演化研究，Jaramillo‐Correa 等（2008）利用分子标记技术对分布于中美洲的 4 个近缘冷杉种（*A. flinckii*，*A. guatemalensis*，*A. hickelii* 和 *A. religiosa*）的两个线粒体 DNA 片段和 3 个叶绿体微卫星片段进行序列分析，指出 *A. flinckii* 是最分化的物种；除了分布在 Volcanic Belt 范围的居群从主要的聚类中分化出来，其他 3 个种则形成一个同类群；揭示了中美洲冷杉共享一个近祖，并且它们的物种形成是由间冰期的遗传漂变和隔离导致的。

彭艳玲（2011）以冷杉属表观形态相近的 4 个南方濒危种（元宝山冷杉、资源冷杉、百山祖冷杉和梵净山冷杉）和两个北方广布种（巴山冷杉和紫果冷杉）为材料进行线粒体DNA 和叶绿体 DNA 变异的居群遗传分析，揭示了这些亚热带冷杉复杂的谱系地理起源式样。群体遗传数据还表明北方广布的两个物种，具有明显的扩张式样，从而推断它们可能发生过向南退、再回迁的谱系历史过程；同时认为亚热带分布的冷杉物种，可能是北方分布的物种向南迁移形成的。

另外，由于分布区域重叠、相邻或较近的不同冷杉属植物之间容易发生基因交流，在演化过程中伴随一定的亲缘关系发生，且受类似的环境条件影响，有些种类往往会在形态特征方面表现出相似性。产于东北长白山区的杉松，其苞鳞短，长不及种鳞一半，是较进化的种类；它与产于秦岭山地的秦岭冷杉的亲缘关系密切。臭冷杉，产于山西五台山，分布到长白山及小兴安岭南坡；在形态上它与产于甘南、川中的岷江冷杉相近，但其苞鳞已大大缩短，显得较为进化。西北的新疆冷杉，其苞鳞短小，长为种鳞的 1/3～1/2，显然是该属中较进化的种类；它与产于东北的臭冷杉近缘，可能是后者向西分布的替代种。

（二）冷杉属植物分类概况

Liu（1971）的冷杉分类，包括当时所知的 39 种及变种，杂交种没有列入，共分为 2 亚属 15 组，其中杉粉亚属（Subgen. *Pseudotorrega*）只含产于北美西部的硬苞冷杉 1 种，另一个冷杉亚属（Subgen. *Abies*）包括其余所有种及变种，该分类系统被普遍采用。还有一个常用的分类系统是 Farjon 和 Rushforth 于 1989 年制定的系统，该系统包括 45 种冷杉，直接划分为 10 组，没有划分亚属。

Liu 所列的 15 组中，涉及中国境内冷杉有 5 组。即日光冷杉组（Sect. *Homolepides*）包括杉松和台湾冷杉；秦岭冷杉组（Sect. *Chensiensis*）包括秦岭冷杉和黄果冷杉；苍山冷杉组（Sect. *Elaleopsis*）包括苍山冷杉、长苞冷杉、急尖长苞冷杉、巴山冷杉、岷江冷杉、紫果冷杉、鳞皮冷杉；臭冷杉（Sect. *Elate*）包括臭冷杉；新疆冷杉组（Sect. *Pichta*）包括新疆冷杉（西伯利亚冷杉）。共计 5 组 13 种（变种），未包括以后发现的种。未计入的种都应属于苍山冷杉组（Sect. *Elaleopsis*），这个组分布于世界冷杉种类最丰富的地区——中国西南山区。

随着分子技术的不断进步，Xiang 等（2009）收集了 31 个冷杉种，利用 nrITS 序列分析（PCR 直接测序）来进行冷杉属系统发育树的重建，该系统将冷杉聚为 9 组，与Farjon 和 Rushforth 1989 年的分类相符，主要差别是将形态学分类的组 *Oiamel* 和 *Grandis* 聚为一个组（彭艳玲，2011）。

（三）中国冷杉属物种资源

中国冷杉属植物见表 32-3。

表 32-3　中国冷杉属物种资源

树　种	学　名	树　种	学　名
鳞皮冷杉	*Abies squamata*	急尖长苞冷杉	*Abies smithii*
中甸冷杉	*Abies ferreana*	川滇冷杉	*Abies forrestii*
岷江冷杉	*Abies faxoniana*	冷杉	*Abies fabri*
巴山冷杉	*Abies fargesii*	元宝山冷杉	*Abies yuanpaoshanensis*
察隅冷杉	*Abies chayuensis*	百山祖冷杉	*Abies beshanzuensis*
日本冷杉	*Abies firma*	资源冷杉	*Abies ziyuanensis*
秦岭冷杉	*Abies chensiensis*	怒江冷杉	*Abies nukiangensis*
杉松	*Abies holophylla*	台湾冷杉	*Abies kawakamii*
新疆冷杉	*Abies sibirica*	黄果冷杉	*Abies ernestii*
臭冷杉	*Abies nephrolepis*	紫果冷杉	*Abies recurvata*
苍山冷杉	*Abies delavayi*	西藏冷杉	*Abies spectabilis*
长苞冷杉	*Abies georgei*		

四、冷杉野生近缘种的特征特性

（一）鳞皮冷杉

学名 *Abies squamata* Mast.。

1. 形态特征　乔木，高达 40 m，胸径 1 m；1 年生枝褐色，有密毛或近无毛，稀无毛，二三年生枝淡褐灰色或淡灰褐色；叶密生，枝条下面的叶列成两列，上面的叶斜上伸展，条形，直或微弯（幼树的叶树脂道近边生），球果短圆柱形或长卵圆形，近无梗，熟时黑色；种子长约 5 mm，种翅几与种子等长。

2. 分布与生态适应性　鳞皮冷杉为我国特有树种，产于四川西部甘孜藏族自治州、北部阿坝藏族自治州及青海南部与西藏东南部的高山上部。分布海拔 3 500～4 000 m，喜干冷的高山气候，年平均温度 4.4 ℃以下，年降水量 700 mm 或较少，土壤为棕色灰化土地带，组成大面积纯林，或与川西云杉、红杉等组成混交林。

3. 利用价值　为冷杉属中较耐旱的树种，木材耐腐力较强，可供建筑、家具、木纤维原料等用。鳞皮冷杉为分布区内重要的更新与造林树种。

（二）巴山冷杉

学名 *Abies fargesii* Franch.。

1. 形态特征　常绿乔木，高达 30 m。树皮常剥裂成近方形块片，暗灰褐色。1 年生枝红褐色或褐色，冬芽有树脂。叶条形，枝条下面的叶排成 2 行，枝条上面的叶斜展或直立。雌雄同株；雄球花单生于叶腋，下垂，雌球花单生于叶腋，直立。球果长圆形或圆柱状卵圆形，熟时黑色、紫黑色，常直立，单生于叶腋；种鳞肾形或扇状横椭圆形；苞鳞微露，先端有急尖；种子上端有膜质翅，与种子等长或稍短。

2. 分布与生态适应性　产于河南西部，湖北西部及西北部，四川东北部，陕西南部，甘肃南部及东南部，分布海拔 2 500～3 700 m。喜气候温凉湿润及石英岩等母质发育的酸性棕色森林土或山地棕色森林土；耐阴性强，生长慢。

3. 遗传多样性　张启伟（2012）通过对巴山冷杉的遗传多样性进行分析表明，巴山冷杉具有较高的遗传多样性，而且广布种巴山冷杉的遗传多样性要高于秦岭冷杉，巴山冷杉的遗传多样性系数（H_s）为 0.725，单倍型遗传多样性（H_d）为 0.553～0.800，平均值为 0.788；遗传结构显示，巴山冷杉居群间的遗传分化较低，居群间分化系数 G_{st} 为 0.091，N_{st} 为 0.187。

4. 利用价值　木材轻软，供一般建筑、电杆、矿柱、木纤维原料等用，为分布区内高山上部森林更新树种。

（三）秦岭冷杉

学名 *Abies chensiensis* Van Tiegh. 。

1. 形态特征　常绿乔木，高达 40 m；1 年生枝淡黄色或淡褐黄色，2～3 年生枝淡黄灰色至暗灰色；芽圆锥状卵圆形，稍具树脂。叶在小枝下面 2 列，在上面呈不规则 V 形排列，线形，幼树与营养枝的叶先端 2 裂或凹缺。球果圆柱形或卵状圆柱形，直立，近无梗，熟时淡红褐色；种鳞近肾形；种子倒三角状椭圆形；种翅倒三角形（孙玉玲，2004）。

2. 分布与生态适应性　秦岭冷杉是我国特有种和濒危植物，产于陕西南部、湖北西部及甘肃南部，分布海拔 1 500～3 000 m。秦岭冷杉喜气候温凉湿润及土层较厚、富含腐殖质的棕壤土等酸性土环境，耐寒、耐旱性较差（孙玉玲，2005）。分布区年平均温度 7.7 ℃（张文辉等，2004），年降水量 1 347 mm，通常生于山沟溪旁及阴坡。

3. 遗传多样性　张启伟（2012）对秦岭冷杉和巴山冷杉的 4 段叶绿体 DNA（cpDNA）序列进行测定，得到了长度为 2 015 bp 的单倍型序列，381 个样品共检测到 20 个突变点和 1 个插入/缺失位点，其中简约信息位点有 15 个，共 51 个单倍型，除去 7 种共有单倍型以外，秦岭冷杉共有 17 个特有单倍型，巴山冷杉共有 27 种，且多数特有单倍型都是存在于个别居群的某个样品中。结果表明：两种冷杉都具有较高的遗传多样性，广布种巴山冷杉的遗传多样性高于秦岭冷杉，秦岭冷杉的遗传多样性系数（H_s）为 0.683，秦岭冷杉单倍型遗传多样性（H_d）为 0.284～0.921，平均值为 0.691；秦岭冷杉居群间的分化处于中等水平，居群间分化系数 G_{st} 为 0.244，N_{st} 为 0.183。

4. 利用价值　木材轻软，纹理直，供建筑、家具等用。

（四）杉松

学名 *Abies holophylla* Maxim. 。

1. 形态特征　常绿乔木，高达 30 m，胸径达 1 m，枝条平展，1 年生枝淡黄灰色或淡黄褐色，无毛，有光泽。冬芽卵圆形，有树脂。叶线形，坚硬，直伸或弯镰状，先端急尖或渐尖，不分叉。雌雄同株，均着生 2 年生枝上；雄球花圆筒形，着生叶腋，下垂；雌球花长圆筒状，直立，淡绿色，生于枝顶部。球果圆柱形。种子倒三角形，长 8～9 mm，种翅宽大，淡褐色，较种子长。花期 4～5 月，果熟期 9～10 月。

2. 分布与生态适应性　产于我国东北牡丹江流域山区、长白山区及辽宁东部海拔 500～1 200 m 地带。俄罗斯、朝鲜亦有分布。

耐阴，喜冷湿气候，耐寒。自然生长林木生长较慢，但人工林生长较快，25 年生树高 7～8 m，胸径 12～14 cm。生长在土层肥厚的阴坡，干燥的阳坡极少见。喜深厚湿润、排水良好的酸性土。浅根性树种。幼苗期生长缓慢，10 年后渐加速生长。寿命长。北京引种后生长良好；杭州亦有引种。

3. 利用价值　木材黄白色，轻软，纹理直，强度较低，韧性较好，可供建筑、桥梁、枕木、器具、板料木纤维等用；种子含油率 30%，可制肥皂，树根树叶可提取芳香油。

（五）川滇冷杉

学名 *Abies forrestii* Coltm. - Rog.。

1. 形态特征　乔木，高达 20 m；树皮暗灰色，裂成块片状；1 年生枝红褐色或褐色，仅凹槽内有疏生短毛或无毛，2～3 年生枝呈暗褐色或暗灰色；冬芽圆球形或倒卵圆形，有树脂。叶在枝条下面列成两列，上面的叶斜上伸展，条形，直或微弯。球果卵状圆柱形或矩圆形，基部较宽，无梗，熟时深褐紫色或黑褐色；种子长约 1 cm，种翅宽大楔形，淡褐色或褐红色，包裹种子外侧的翅先端有三角状突起。花期 5 月，球果 10～11 月成熟。

2. 分布与生态适应性　川滇冷杉为我国特有树种，产于云南西北部、四川西南部及西藏东部海拔 2 500～3 400 m 地带，常与苍山冷杉、怒江冷杉、长苞冷杉及急尖长苞冷杉等针叶树种混生成林，或组成纯林，喜温凉湿润的高山气候和肥沃土壤，生于山地黄棕壤、山地棕壤地带。

3. 利用价值　材质轻软，供建筑、包装箱等用。

（六）岷江冷杉

学名 *Abies faxoniana* Rehd. et Wils.。

1. 形态特征　乔木，高达 40 m，胸径达 1.5 m；树皮深灰色，裂成不规则的块片；大枝斜展；主枝通常无毛，侧枝密生锈色毛，稀无毛，1 年生枝淡黄褐色或淡褐色，较细，2～3 年生枝呈淡黄灰色或黄灰色，稀灰褐色，微有凹槽；冬芽卵圆形，有较多的树脂。叶排列较密，在枝条下面排成两列，枝条上面的叶斜上伸展，条形，广直或微弯，先端有凹缺。球果卵状椭圆形或圆柱形，顶端平，无梗或近无梗，熟时深紫黑色，微具白粉；种子倒三角状卵圆形，微扁，种翅宽大，几与种子等长；子叶 4 枚，条形。花期 4～5 月，球果 10 月成熟。

2. 分布与生态适应性　我国特有树种，产于甘肃南部洮河流域及白龙江流域、四川岷江流域上游及大、小金川流域以及康定折多山的东坡等海拔 2 700～3 900 m 的高山地带。耐阴性强，喜冷湿气候，在排水良好的酸性棕色灰化土及山地草甸森林土上，组成大面积的纯林。以岷江支流杂谷河上游海拔 3 200～3 700 m 的山谷中分布最多，形成茂密的单纯林。生产力高的林分，120 年生平均树高 24 m，每公顷蓄积量 350～400 m³。

3. 利用价值 木材轻软，供一般建筑、板料及包装箱与木纤维原料等用。

（七）紫果冷杉

学名 *Abies recurvata* Mast.。

1. 形态特征 乔木，高达 40 m；枝条开展，较密；幼树树冠尖塔形，老则平顶状；冬芽卵圆形，有树脂；1 年生枝黄色、淡黄色或淡黄灰色，光滑无毛，2～3 年生枝灰色或黄灰色。叶在枝条下面向两侧转上方伸展或列成两列，枝条上面的叶直或内曲，常向后反曲，条形，上部稍宽，基部窄，球果椭圆状卵形或圆柱状卵形，近无梗，成熟前紫色，熟时紫褐色；种子倒卵状斜方形，长约 8 mm，种翅淡黑褐色或黑色，较种子为短，先端平截，宽 6～9 mm，连同种子长 1.1～1.3 cm。

2. 分布与生态适应性 紫果冷杉为我国特有树种，喜温凉湿润的高山气候。产于甘肃南部白龙江流域、四川北部及西北部海拔 2 300～3 600 m 的地带。在松潘、岷江西岸山坡组成单纯林，或与云杉组成混交林；在华子岭与岷江冷杉组成混交林。在川西小金、马尔康等地常与黄果冷杉混生成林。

3. 利用价值 木材坚实耐用，优于岷江冷杉的木材。

（罗建勋）

第二十七节　铁坚油杉

铁坚油杉［*Keteleeria davidiana*（Bertr.）Beissn.］为松科（Pinaceae）冷杉亚科（Abietoideae）油杉属（*Keteleeria* Carr.）植物，该属共 12 种 1 变种。铁坚油杉有 1 变种：青岩油杉（产自贵州青岩）（*K. davidiana* var. *chien - peii*）。铁坚油杉是中国特产的珍贵树种之一，树干通直，材质优良，树形优美，生长迅速，为植树造林和城市绿化的优良树种。

一、铁坚油杉的利用价值与生产概况

（一）铁坚油杉的利用价值

1. 用材价值 铁坚油杉树干端直，木材硬度适中，纹理直或斜，结构细致，硬度适中，干后不裂，含树脂，耐久用；可供建筑、桥梁、家具、农具、木纤维原料用材；树皮可提取栲胶。

2. 园林绿化价值 铁坚油杉树干通直，树形优雅美观，可做庭园绿化树种。

3. 工业原料 树皮可提炼栲胶，种子含油率可达 52.2%，是提炼后做肥皂和油墨的好原料，树皮油脂可做造纸填料。种子所含油脂为不干性油，可做工业原料。

4. 生态价值 寿命长，根系发达，又适用于砂岩或石灰岩山地生长，适应性强，是营造水土保持林的理想树种。

（二）铁坚油杉的天然分布

铁坚油杉分布于中国秦岭以南，西至甘肃东南部，陕西南部，四川北部、东部及东南部，南达贵州西北部、湖北西部及西南部，常散生于海拔 500～1 500 m 山地的半阴坡地带，也有小面积的片状分布。秦巴山地是铁坚油杉比较集中的分布地区，尤其是陕西南部汉中、安康两地区以及湖北西部，分布最广泛。

（三）铁坚油杉的栽培历史

历史上铁坚油杉天然林利用较多，造林甚少，其天然林分布面积已趋狭小，资源濒于枯竭。国内仅少数植物园引种做观察或观赏，国外也仅英国、美国、意大利等国零星引种于公园庭院，尚无系统的作为用材树种造林的研究。广西林业科学研究院从 1957 年开始油杉人工引种驯化试验（朱积余等，1993），在完成广西油杉属资源调查和采种育苗试验基础上，对油杉属中的 4 个主要树种进行造林试验，截至 1989 年，已推广造林 700 hm²，并总结了一整套人工造林的技术措施。

二、铁坚油杉的形态特征与生物学特性

乔木，高达 50 m，胸径达 2.5 m；树皮粗糙，暗深灰色，深纵裂；老枝粗，平展或斜展，树冠广圆形；1 年生枝有毛或无毛，淡黄灰色、淡黄色或淡灰色，2～3 年生枝呈灰色或淡褐色，常有裂纹或裂成薄片；冬芽卵圆形，先端微尖。鳞苞上部近圆形，先端 3 裂，中裂窄，渐尖，侧裂圆而有明显的钝尖头，边缘有细缺齿，鳞苞中部窄短，下部稍宽。花期 4 月，种子 10 月成熟（图 32 - 26）。散生于海拔 500～1 300 m 山地的半阴坡，常与马尾松、杉木、栓皮栎、化香树等针阔叶树混生。喜温暖湿润，生于由砂岩、石灰岩发育的酸性、中性或微石灰性土壤。喜光性强，天然林木生长较慢。

铁坚油杉分布区地处北亚热带季风西风带中，具四季分明、温和湿润、阳光充足、无霜期长的特点。平均温度 12～16 ℃，平均降水量 780～1 120 mm。在其分布区内可选作造林树种。

根据在不同立地条件下铁坚油杉 9～

图 32 - 26　铁坚油杉
1. 球果枝　2、3. 种鳞背腹面　4、5. 种子　6. 雄球花枝
7. 雌球花枝　8～10. 叶上、下面及叶上端
11. 叶横切面　12. 枝和冬芽
（引自《中国树木志·第一卷》）

11 年人工林。26 个样地生长情况的统计得出，铁坚油杉平均树高 7.66 m，年均生长 0.816 m；平均胸径 9.91 cm，年均生长 1.102 cm；平均每公顷蓄积量为 81.80 m³。种植试验结果表明，人工栽培措施能促进幼林的生长，如 15 年生人工林比 16 年生天然林幼树的树高、胸径和材积分别提高 137.1%、183.3% 和 11.4 倍。目前，铁坚油杉的栽培区仅限于油杉天然分布区范围内。

三、油杉属植物的起源

该属的化石出现在欧洲、美国西部及日本的渐新世至上新世地层中。第四纪冰期后，残遗的油杉属植物仅存于中国及越南。油杉属植物共 12 种 1 变种，我国有 10 种 1 变种，另 2 种分布于越南。中国分布的大多数种分布于秦岭以南亚热带海拔 500 m 以上的山区，西部可分布到海拔 2 000 m。

油杉多生于交通方便的低海拔山区，屡遭砍伐，破坏严重。除云南油杉尚保存一定面积的林分外，其他各种零星残存，资源极少。又因油杉球果的不孕性种子占绝大多数，林内缺乏幼苗、幼树，天然更新不良，亟待采取保护措施，促进天然更新和人工种植，以利于油杉种质的保存和永续利用。

四、铁坚油杉近缘种的特征特性

油杉属植物多为中国特有用材树种和观赏植物树种，油杉属木材最为常见的树种有铁坚油杉和油杉等。铁坚油杉、云南油杉（*K. evelyniana*）等种类自 19 世纪即引种欧美。此外，油杉属植物中多数种类被世界自然保护联盟（IUCN）、国际松杉类植物专家组（CSG）和《中国植物红皮书》（CPRDB）列为稀有、渐危或濒危种，其中不少种类为系统发育中特化的狭域特有种（变种），如青岩油杉（*K. davidiana* var. *chien - peii*）、柔毛油杉（*K. pubescens*）、旱地油杉（*K. xerophila*）等随生境的破坏，濒危状况日趋严峻。有学者认为黄枝油杉和台湾油杉是铁坚油杉的变种（傅立国等，2000）。

（一）海南油杉

学名 *Keteleeria hainanensis* Chun et Tsiang。

乔木，高达 30 m，胸径 60～100 cm；树皮淡灰色至褐色，粗糙，不规则纵裂；小枝无毛，1～2 年生枝淡红褐色，3～4 年生枝呈灰褐色或灰色，有裂纹；冬芽卵圆形。

海南油杉产地位于热带季风区的霸王岭，濒临南海；但处在海南西部背风面低平地方，气候干热。分布区年平均温度约 18 ℃，年降水量 1 797 mm，5～10 月为湿季，11 月至翌年 4 月为干季，但地处雾线以上，相对湿度大；土壤为山地黄壤，深厚，地表枯枝落叶层较厚。常与陆均松（*Dacrydium pierrei*）、乐东似单性木兰（*Parakmeria lotungensis*）和油丹（*Alseodaphne hainanensis*）、雅加松（*Pinus massoniana* var. *hainanensis*）等混生。海南油杉为阳性树种，在林内天然更新不良，幼苗、幼树不多见。1～2 月开花，翌年冬季球果成熟。海南油杉为油杉属分布最南的种类，对于研究油杉属地理分布及海南岛植物区系有一定的价值。

（二）云南油杉

学名 *Keteleeria evelyniana* Mast.。

乔木，高达 40 m，胸径 1 m；树皮暗灰褐色，厚而粗糙，不规则深纵裂成块片脱落。枝较粗，开展；1 年生小枝粉红色至淡褐色，常有毛，干后淡粉红色或淡褐色，2～3 年生枝无毛，灰褐色、黄褐色或褐色，枝皮裂成薄片。花期 4～5 月，球果 10 月成熟。

云南油杉为我国特有种，产于云南中部及北部、贵州西部及西南部，分布海拔 1 000～2 800 m，四川西南部安宁河流域至西部大渡河流域分布海拔 700～2 600 m。云南油杉除形成小片纯林外，经常和高山栲、滇青冈、云南松或华山松混交，亦有人工林。喜温暖湿润、干湿季分明的气候及深厚肥沃的黄壤、红黄壤和山地棕褐土。喜光，主根发达，较耐干旱，天然林木生长较慢。用种子繁殖，30 kg 球果可出种子 1 kg，每千克种子约 29 000 粒，发芽率约 50％。2 年生苗木高 30 cm 以上即可定植。云南油杉为云贵高原的造林树种。天然更新能力很强，林地多野生苗，可以利用；也可进行萌芽更新。

（三）矩鳞油杉

学名 *Keteleeria oblonga* Cheng et L. K. Fu。

乔木，新生小枝有密毛，毛脱落后枝上有较密的乳头状突起点，乳头状突起点干后常呈黑色，1～2 年生枝干后呈红褐色、褐色或暗红褐色。球果中部的种鳞矩圆形或宽矩圆形，小枝上的毛脱落后，留有较密的乳头状突起点，苞鳞较窄，上部及中下部色较深，先端不呈 3 裂，这是易与其他各种油杉区别的主要特征。

对土壤要求不高，耐干旱瘠瘦土地。萌芽力强，抗火能力亦强。属阳性树种，但幼苗耐阴。早期生长缓慢，5 年后生长转快。短鳞油杉为南亚热带山丘地带改造疏残林的优良树种，也可做荒山及风景区绿化树种。我国广西特产，分布于广西西南部的隆林、田林、田阳等地，垂直分布多在海拔 200～800 m 的山丘干热地带山地疏林中。

（四）台湾油杉

学名 *Keteleeria formosana*（Hayata）Hayata。

乔木，高达 35 m，胸径达 2.5 m；树皮粗糙，暗灰褐色或深灰色，不规则纵裂。鳞苞上部微圆，裂成不明显的 3 裂，中裂窄长，先端尖，侧裂微圆有细齿，鳞苞中部较窄，与下部等宽或近等宽；种翅中下部较宽，上部渐窄。

台湾省特有种，为台湾省四奇木之一，仅在北部坪林一带和南部大武山区，于海拔 400～700 m 的棱线或山坡上发现有天然种群，呈不连续破碎分布于台湾省南北两端。

（五）黄枝油杉

学名 *Keteleeria calcarea* Cheng et L. K. Fu。

乔木，高 20 m，胸径 80 cm；树皮黑褐色或灰色，纵裂，成片状剥落；小枝无毛或近于无毛，叶脱落后，留有近圆形的叶痕，1 年生枝黄色，2～3 年生枝呈淡黄灰色或灰色；冬芽圆球形。鳞苞中部微窄，下部稍宽，上部近圆形，先端 3 裂，中裂窄三角形，侧裂宽圆，边缘有不规则的细齿；种翅中下部或中部较宽，上部较窄。种子 10～11 月成熟。

产于广西北部及贵州南部，生于石灰岩山地或土层深厚的酸性红壤地区，与常绿阔叶树混生。

（六）油杉

学名 *Keteleeria fortunei*（Murr.）Carr.。

乔木，高达 30 m，胸径 100 cm；树皮暗灰色，纵裂，枝开展，树冠塔形。1 年生枝有毛或无毛，干后橘红色或淡粉红色，2～3 年生枝淡黄灰色或淡黄褐色，枝皮通常不裂。花期 3～4 月，球果 10 月成熟。喜暖湿气候和酸性黄红壤。喜光性强。生长速度中等，在较好的立地条件上，林木直径生长每年 1 cm，30 年便可成材。

我国特有树种，产于浙江南部、福建、广东、广西南部沿海山地；生于海拔 400～1 200 m，气候温暖，雨量多，红壤或黄壤地带。散生于常绿阔叶林中或组成小片纯林。在广西西北部田林一带海拔 500 m 以下的砂页岩山地有成片分布，由于采伐太多，大都是稀疏幼林，有的地方混生着少量的江南油杉、西南木荷、栓皮栎、枫香树、山槐、陀螺青冈等。

（七）江南油杉

学名 *Keteleeria cyclolepis* Flous.。

乔木，高达 20 m，胸径 60 cm；树皮灰褐色，不规则纵裂；冬芽圆球形或卵圆形；1 年生枝干后呈红褐色、褐色或淡紫褐色，常有或多或少之毛，稀无毛，2～3 年生枝淡褐黄色、淡褐灰色、灰褐色或灰色。种子 10 月成熟。

产于云南东南部、贵州西南部、广西西北部及东部、广东北部、湖南南部及西南部、江西西南部、浙江南部，多散生于海拔 300～1 400 m 的山地，常与甜槠、枫香树、木荷、杨梅、马尾松、油杉等混生；湖南南部海拔 500 m 的地带有小片纯林。

江南油杉树姿雄伟，枝叶繁茂而浓绿，球果硕大，具有很高的观赏价值，适宜于园林、旷野栽培。江南油杉是中国特有树种，也是优良的山地造林树种。

（郭文福）

第二十八节　火炬松

火炬松（*Pinus taeda* L.）为松科（Pinaceae）松属（*Pinus*）亚热带速生针叶树种，原产于美国。火炬松在原产地美国占造林面积的 70％～80％，主要做纸浆材和用材林经营。火炬松已成功引种到我国北亚热带及中亚热带北部一些省份发展，在我国南方松林造林面积中占有较大比重，对松毛虫具有一定抗性。

一、火炬松的利用价值与引种栽培

火炬松主要用作建筑材、家具、木箱、板条箱、锯材。火炬松木材是良好的纸浆材，其纤维长度接近针叶材的平均值，得浆率也较高。

火炬松引种历史大致与湿地松相同，在国内的引种范围从雷州半岛至山东半岛，主要在我国北亚热带及中亚热带北部的低山丘陵区发展。在南亚热带地区，火炬松生长良好，优于湿地松。在中亚热带，火炬松是低山丘陵区的重要造林树种，其栽植范围与生长表现与湿地松大致相同。在北亚热带，火炬松较湿地松耐寒，主要在海拔 400 m 以下的低丘造林。在我国暖温带南部沿海地区（青岛至连云港），应选用美国原产地北部的较耐寒种源。

二、火炬松的形态特征

火炬松为常绿大乔木，树高 30～36 m，胸径 60～90 cm。树皮红棕色，呈不整齐的沟裂，形成平宽的鳞状突起。嫩枝灰白色，后变为黄棕色，具深陷条纹。针叶 3 针一束，偶见 2 针或 4 针一束，针叶刚硬，略有扭曲，先端锐尖，边缘具细锯齿，角质灰绿色，腹背面共有气孔 10～12 行。球果侧生，偶有近顶生，长椭圆形，长 7～14 cm，几乎无柄。种鳞长圆形，长 2.5 cm；鳞盾浅棕色，菱形，有龙骨状突起横贯其上，先端具三角状，反曲尖刺，成熟时暗红褐色。种子近菱形，长 0.6 cm，暗褐色，有黑色斑点，具明显的隆脊，种翅长约 2.5 cm（图 32 - 27）。

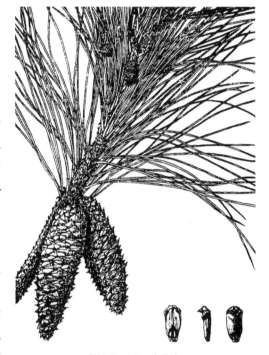

图 32 - 27　火炬松

三、火炬松的生物学特性

火炬松分布地区气候湿润，一般要求年均温度 13～19 ℃，7 月平均温度 23.9 ℃以上，1 月平均温度 2.3～17.2 ℃，年降水量 1 016～1 520 mm。火炬松在美国本土以外地区引种的年平均温度 13～19 ℃，年降水量 900～2 000 mm，火炬松耐寒的界线为年等温线 13 ℃，即需要 180 d 无霜期。火炬松在美国原产地一般 6 月中旬后形成球花，至秋季始显露，冬季后花芽生长迅速。在美国南部 2～3 月花粉成熟、飞散，在北部为 4 月，然后脱落；雌花多着生于树冠上部的枝条顶端；在同一株树的雄花较雌花提前开放，故为异树授粉；花粉飞散的有效距离不超过 100 m。球果 10 月成熟，种子 10～12 月飞散。成熟球果为青褐色或暗灰红棕色。火炬松的花期，南京 3 月下旬至 4 月上旬始花，4 月中下旬为盛花期，4 月下旬至 5 月上旬为闭花期，不再授粉。研究表明，影响火炬松进入正常结实年龄的主要原因是雌花始花期大大早于雄花期，因此通过辅助授粉可增加结实量（潘志刚等，1991）。火炬松既可在平原种植，也可在低山丘陵地造林。火炬松在表层蓄水良好，土层深厚的土壤上生长最好。

四、火炬松的地理分布

火炬松天然分布在西经 75°～98°、北纬 28°～39°，主要分布于美国东南沿海各州。在南美洲巴西、阿根廷等国火炬松造林比重较大。火炬松在我国主要分布在北亚热带及中亚热带北部，约占我国南方松造林面积的 20%，主要分布在广东、广西、福建、江苏、安徽、湖北、江西、浙江、云南、湖南、重庆、四川、山东等省份。我国已成功引种火炬松到山东烟台市的昆嵛山林场（北纬 37°11′），也是我国引种美国南方松的最北界。在我国暖温带南部地区，包括山东半岛的烟台、青岛、平邑，江苏连云港等沿海地区，火炬松有很大的发展潜力。同时还可利用火炬松的耐寒与速生性状，开展种间杂交育种。

五、火炬松的种质资源

（一）原产地种源区划分

火炬松在原产地存在地理变异，在美国分为 4 个种源区。第一个种源区为密西西比河以西，该区种源抗锈病及耐干旱。第二个种源区包括佐治亚州、亚拉巴马州、密西西比州、路易斯安那州一部分及佛罗里达州西北部，该区种源生长较快，其中利文斯种源最为著名。第三个种源区为分布最北的弗吉尼亚州及马里兰州种源，该区种源最耐寒，但生长慢。第四个种源区为南卡罗来纳州及北卡罗来纳州，该区又被分为海岸及山麓两个亚区。海岸亚区的种源生长较快；山麓亚区的种源耐红色黏土，但生长较慢（潘志刚等，1994）。

（二）种质资源

1. 优良种源 美国于 1926 年开展火炬松种源试验，并于 20 世纪 50 年代进行了系统的火炬松种源试验。1969 年威尔士进行了试验总结，密西西比河以西的种源抗逆性最强，保存率高；马里兰州、路易斯安那州、密西西比州西部种源抗锈病能力更强，而密西西比州东部种源则高度感病。中国于 1981 年和 1983 年进行了 2 次系统的火炬松全分布区种源试验。1981 年种源试验共有 7 个单位参加，试验点遍及广西、福建、江西、四川、浙江、江苏和河南 7 个省份，参试种源有 10 个。1983 年参试单位扩大到 18 个，分布区扩大到 13 个省份，参试种源有 41 个，经过多年观测，于 1991 年评选出适合我国不同气候带的优良火炬松种源（表 32-4、表 32-5）（潘志刚等，1991）。

表 32-4 中国火炬松优良种源选择

气候带及自然类型区	优良火炬松种源区	优良种源号
南亚热带	南卡罗来纳州及佛罗里达州沿海；墨西哥湾利文斯通	9，6，10（1981）；27，14，17，16，31（1983）
中亚热带江南丘陵区	亚拉巴马州、密西西比州、路易斯安那州北纬 31.5°沿海平原；南卡罗来纳州、佛罗里达州沿海、墨西哥湾利文斯通	6，7，10（1981）；27，23，16，25，6（1983）

（续）

气候带及自然类型区	优良火炬松种源区	优良种源号
中亚热带四川盆地	南卡罗来纳州、佐治亚州及佛罗里达州沿海；墨西哥湾利文斯通	9、10、11（1981）；16、17、27、25、6（1983）
北亚热带	南卡罗来纳州、北卡罗来纳州、亚拉巴马州、佐治亚州内陆北纬32°～33°；南卡罗来纳州山麓北纬34°～35°	5、2、6（1981）；8、3、18、15、16（1983）
暖温带南部地区	北卡罗来纳州、弗吉尼亚州北部耐寒种源	

表 32 - 5　1981 年及 1983 年火炬松优良种源地理信息

年份	种源号	东经（°）	北纬（°）	年均温（℃）	年降水量（mm）	产　　地
1981	L - 2	76.2	36.3	16.4	1 333	帕可塔克（北卡罗来纳州）
1981	L - 5	87.5	33.0	16.9	1 326	塔拉的加（亚拉巴马州）
1981	L - 6	79.5	33.1	18.4	1 223	卡尔斯顿（南卡罗来纳州）
1981	L - 7	83.7	32.8	18.9	1 176	比博（佐治亚州）
1981	L - 10	90.9	30.6	20.6	1 515	利文斯通（路易斯安那州）
1983	L - 03	80.0	35.0	15.9	1 185	安逊（北卡罗来纳州）
1983	L - 06	79.0	34.0	17.4	1 150	乔治城（南卡罗来纳州）
1983	L - 08	82.3	34.3	17.1	1 190	格林伍德（南卡罗来纳州）
1983	L - 14	82.0	32.0	19.2	1 200	埃文斯（佐治亚州）
1983	L - 15	81.5	30.5	20.5	1 325	纳索（佛罗里达州）
1983	L - 16	81.5	30.5	20.5	1 325	纳索（佛罗里达州）
1983	L - 17	82.0	29.0	22.3	1 300	马里恩（佛罗里达州）
1983	L - 18	88.0	32.0	18.6	1 460	卡可奥（亚拉巴马州）
1983	L - 23	87.0	31.5	18.6	1 460	门罗（亚拉巴马州）
1983	L - 25	89.0	31.5	18.6	1 460	琼斯（密西西比州）
1983	L - 27	91.0	30.5	19.5	1 500	利文斯通（路易斯安那州）
1983	L - 31	94.5	31.0	19.6	1 200	雷斯波（得克萨斯州）

　　2. 种子园　我国收集火炬松种质资源最为丰富的种子园为广东省英德火炬松种子园，该园创建于 20 世纪 70 年代中后期，2009 年被国家林业局确定为国家级火炬松良种基地，主要从事火炬松良种繁育生产和科研任务。基地总面积 335 hm²，收集火炬松优良种质资源 1 000 多份，建有火炬松改良代种子园 35 hm²，二代园 10.0 hm²，基因库 6.0 hm²，试验林、子代测定林 54.7 hm²，苗圃地 10.0 hm²。火炬松初级种子园种子、改良种子园种子分别通过广东省林木良种审定委员会审定为良种，火炬松 6 个半同胞家系被认定为良种。该园目前由英德市林业科学研究所管理运行，华南农业大学提供技术支撑。

　　3. 国家级良种基地　火炬松作为亚热带地区重要的造林树种，自 20 世纪引入后，国家给予了持续的科研投入，目前已建成国家级火炬松良种繁育基地 5 处，有效地保证了火炬松种苗供应和良种选育，为火炬松在林业生产和科研上的可持续利用提供了保障。火炬松良种基地基本情况见表 32 - 6。

表 32 - 6 我国火炬松良种基地情况

名　称	位置	技术支撑	面积（hm²）
英德市林业苗圃场国家火炬松良种基地	广东英德	华南农业大学	335
泌阳县马道林场国家火炬松良种基地	河南泌阳	河南农业大学、河南省林业科学研究院	166.7
泾县马头林场国家湿地松、火炬松良种基地	安徽泾县	安徽省林业科学研究院	215
杭州市余杭区长乐林场国家杉木、火炬松良种基地	浙江杭州	中国林业科学研究院亚热带林业研究所	242
安福县武功山林场国家杉木、火炬松良种基地	江西安福	江西林业科学院	45.7

4. 火炬松良种

（1）火炬松家系 L - 7

编号：国 S - SF - PT - 030 - 2008。

品种特性：原产美国东南部。10 年生时树高年均生长量 0.851 m，胸径年均生长量 1.646 cm，与对照（初级种子园种子育苗造林）相比，树高增益 24%，胸径增益 29%。木材密度 0.407 7 g/cm³，纤维长度 2.370 8 mm，纤维素含量 58.9%，可作为绿化和纸浆材树种。

适宜种植范围：适生于立地指数在 12 指数级以上，海拔 400 m 以下，年降水量 1 000 mm 以上的湖南省丘陵山地及相似地区。

（2）火炬松家系 L - 6

编号：国 R - SF - PT - 007 - 2008。

品种特性：原产美国东南部。始花期 4 月上旬，盛花期 4 月中旬；果实成熟期 10 月上旬，果长 8.4 cm，果径 2.9 cm，种子千粒重 25 g。10 年生时树高年均生长量 0.85 m，胸径年均生长量 1.64 cm；木材密度 0.408 2 g/cm³，纤维长度 3.238 9 mm，纤维素含量 59.7%；可作为绿化和纸浆材树种。

适宜种植范围：适生于立地指数在 12 指数级以上，海拔 400 m 以下，年降水量 1 000 mm 以上的湖南省广大丘陵山地及相似地区。

（3）武功山火炬松母树林种子

编号：赣 S - SS - PT - 002 - 2011。

适宜推广生态区域：南方海拔 600 m 以下的山地、丘陵。

（4）长乐火炬松 1.5 代种子园种子

编号：浙 R - CSO（1.5）- PT - 001 - 2006。

品种特性：种子发芽率高，生长迅速，繁殖容易，适应性广，抗逆性强。在长乐当地，1 年生平均苗高为 31.7 cm，最高 35.6 cm。

适宜种植区域：浙江全省。

（宗亦臣）

第二十九节　加勒比松

加勒比松（*Pinus caribaea* Morelet）为松科（Pinaceae）松属（*Pinus*）热带速生针叶树种，天然分布于中北美洲加勒比海地区。加勒比松已引种到南美洲、非洲、亚洲和大洋洲的许多国家，主要用于营建海防林和速生用材林，加勒比松已成为我国南亚热带地区生长最为迅速的针叶树种。我国广东、海南、广西三省份均自 1964 年起引种试种，20 世纪 80 年代开始推广栽植，其生长比湿地松、马尾松要快，在我国南亚热带以南很有发展前景。

一、加勒比松的利用价值与引种栽培

加勒比松具有重要的木材利用价值，其主干通直，生长迅速，为优良的锯材，可供轻、重建筑及造船用，原木可做电杆、立柱。木材易锯，易干燥与防腐。加勒比松为纸浆材原料，适合作为硫酸盐浆粕和同短纤维混合的浆粕。其制浆得率一般高于马尾松，除浆料树脂含量较大和耐折度稍低外，其他造纸特性指标均达到马尾松的水平。一般认为加勒比松作为纸浆林的轮伐期为 15 年。加勒比松为可采脂树种，其产脂量、松脂品质、松节油的挥发损失和松香选择，均较马尾松为优，接近湿地松的水平。加勒比松松香内的不皂化物含量高于马尾松。

加勒比松天然分布于中北美洲加勒比海地区的巴哈马、古巴、洪都拉斯、伯利兹、危地马拉、尼加拉瓜等国家。加勒比松于 20 世纪 50～60 年代被引种到南美洲、非洲、亚洲和大洋洲的许多国家，主要用于营建海防林和速生用材林。至 20 世纪末，加勒比松全球人工林栽培面积已超过 300 万 hm^2。中国自 20 世纪 60 年代起先后引进古巴加勒比松 ［*P. caribaea* Morelet var. *caribaea* Morelet］、洪都拉斯加勒比松 ［*P. caribaea* Morelet var. *hondurensis*（Senecl.）Barr. ﹠Golf. ］和巴哈马加勒比松 ［*P. caribaea* Morelet var. *bahamensis*（Griseb.）Barr. ﹠Golf.］，目前海南、广东、广西等省份的加勒比松人工林面积超过 2 万 hm^2。加勒比松已成为我国南亚热带地区生长最为迅速的针叶树种，在我国发展潜力巨大。

二、加勒比松的形态特征与生物学特性

常绿大乔木，树高可达 45 m 以上。树冠广圆形或不规则，树皮厚，红褐色或灰色，裂成扁平片状脱落；幼枝粉绿色；冬芽平滑，圆柱形，芽鳞窄披针形。针叶通常 3 针一束，有时为 4 针或 5 针，深绿色或黄绿色，稍有光泽；树脂道内生，2～8 个（多为 3～4 个）；叶鞘宿存，淡褐色。雄球花圆柱形，无梗，多在树冠较低部位近小枝末端处聚生成丛，花药黄色。球果近顶生，卵状圆柱形；种鳞微反曲或斜伸，鳞盾有光泽，顶端有小刺尖头；种子斜方状窄卵圆形，顶端尖，基部钝，种翅深灰色，下部关节松，易脱落（洪都拉斯加勒比松和巴哈马加勒比松）（图 32 - 28），或种翅基部紧包种子边部，不易脱落（古巴加勒比松）。

加勒比松 3 个变种的生物学特性如下。

(一)古巴加勒比松

古巴加勒比松也称作正种加勒比松或加勒比松古巴变种。多年多地点的引种观测数据表明，在相同立地条件下，同龄的古巴加勒比松比中国热带、亚热带速生的湿地松（*P. elliottii*）、马尾松（*P. massoniana*）、卵果松（*P. oocarpa*）、晚松（*P. rigida* Mill. var. *serotina*）和南亚松（*P. latteri*）等都表现得更为速生，全年持续抽梢生长，年抽梢量5～6次。古巴加勒比松在我国最适宜的生长范围是在北纬23°30′以南地区，在这个范围内，古巴加勒比松比湿地松表现出更加明显的生长优势。古巴加勒比松适应性广，能在多种土壤上生长。古巴加勒比松抗风害能力最强，不耐严重霜害及寒害，同时加勒比松对干旱贫瘠反应敏感，在干旱贫瘠的立地，加勒比松与湿地松生长量相差不大。古巴加勒比松的开花结实与引种地点有关，在广西合浦雄球花为12月上旬至翌年2月中旬，花期约为65 d，雌球花由2月上旬至中旬，开花期12 d，球果成熟于8月下旬。当年花期的长短与开放时间的早晚取决于前一年的积温及开花阶段的气候。古巴加勒比松生产基地最好选择在位于热带的海南岛，其次为雷州半岛（湛江市北纬21°以南）。

(二)洪都拉斯加勒比松

洪都拉斯加勒比松也称作加勒比松洪都拉斯变种，是全球热带国家种植面积最广的加勒比松变种。洪都拉斯加勒比松在树高生长和胸径生长上表现为速生，从第一年就进入树高速生期，从第四年进入胸径速生期，并分别在第三年和第七年后，达到生长量的高峰。洪都拉斯变种的生长有狐尾现象，一些年份的生长比其他年份大。但洪都拉斯加勒比松在广东、广西和海南三地遭受松梢螟和叶枯病危害较重，在经营上要注意防治虫害。洪都拉斯加勒比松在黄红壤上生长量最大，其次是砖红壤，赤红壤最差。干型以赤红壤最好，砖红壤最差。洪都拉斯加勒比松抗风害能力优于马尾松。洪都拉斯加勒比松在海南澄迈4年始花，其他地区5～6年始花。开花物候期大致为每年11月底，12月初为始花期，至翌年1月下旬或2月上中旬花期结束，8月中下旬球果成熟。

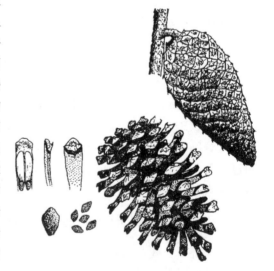

图32-28　洪都拉斯加勒比松

(三)巴哈马加勒比松

巴哈马加勒比松也称作加勒比松巴哈马变种。目前巴哈马加勒比松主要种植在广西合浦、钦州，广东湛江等地区，栽培面积较小。巴哈马加勒比松的树高年生长量可至0.74～1.0 m，胸径年生长量1.5～2.0 cm，树干通直，树冠窄小，密植丰产，抗病虫害，侧根发达，故其抗风能力弱于古巴加勒比松。巴哈马加勒比松在广东湛江 9 年生开始开花结实，14 年进入盛果期，平均每公顷生产种子 5.3～7.95 kg。巴哈马加勒比松在广西合浦 12 月 3 日左右雄花球出现，雌花球翌年 2 月上旬始花，雌雄花期相遇时间约为 10 d。

三、加勒比松的分布概况

加勒比松原产于西半球加勒比海地区，具体分布在北纬 12°～27°，主要分布在巴哈马群岛（巴哈马变种）、古巴西部及松树岛（古巴变种）、伯利兹（洪都拉斯变种）、危地马拉（洪都拉斯变种）、洪都拉斯（洪都拉斯变种）、尼加拉瓜（洪都拉斯变种）。加勒比松在我国主要分布在广东、广西、海南、云南等省份。

四、加勒比松种质资源

（一）变种

加勒比松有 3 个变种：①古巴加勒比松，针叶 3 针一束（罕为 4 针一束）；球果长 5～10 cm；种子有贴生的种翅。②洪都拉斯加勒比松，针叶 3 针一束，有时 4 针或 5 针一束（幼龄树有 6 针一束）；球果长 6～14 cm；种子具有关节的种翅，易脱落，但有极少数是贴生的。③巴哈马加勒比松，针叶 2 针或 3 针一束；球果长 4～12 cm；种子具贴生的种翅，极少有具关节的。

（二）三个变种的生长种源变异

20 世纪 70 年代英国牛津大学林业研究所在 50 多个国家开展加勒比松天然分布区 40 多个种源的联合试验，证实加勒比松变种、种源间生长差异具有广泛性，并与立地间的交互作用显著。我国不同引种区的生长对比试验表明，3 个变种在生长习性、生态要求和抗性等方面都存在一定的差异。在生长习性上，洪都拉斯加勒比松育苗容易，前期生长快，基本没有缓苗期，在幼龄 1～2 年时明显超过其他两个变种。巴哈马加勒比松和古巴加勒比松生长表现接近，苗期生长较慢，但 1～2 年后明显生长量上升，在高纬度和病虫害较为严重的地区，生长健壮，表现出高度的抗性。在干型和材性方面，巴哈马加勒比松最为通直，且冠幅小，自然整枝好，节疤最少；其次是古巴加勒比松，树干通直，冠幅较好。洪都拉斯加勒比松干型和材质最差，表现为分权多，树干弯曲，节疤多。多批的种源试验表明，洪都拉斯加勒比松和巴哈马加勒比松种源间生长速度上存在显著差异；古巴加勒比松种源间生长无差异（潘志刚等，1991）。但据冯锦霞（2010）分析，10 年生古巴加勒比松 16 个种源间存在差异，最好种源比最差种源胸径大 46.22％，树高大 22.41％。

洪都拉斯加勒比松优良种源为伯利兹、波普顿种源和中国湛江次生种源；巴哈马加勒比松优良种源为产自阿贝科岛的阿贝科和小阿贝科种源，其次是产自澳大利亚的巴以费尔德种源；古巴加勒比松最好的种源产自巴西改良种子园种子（冯锦霞，2010）。

（三）种质资源保存林

1. 大沙国有林场古巴加勒比松基因收集保存林 共收集了古巴变种 16 个种源地的

217 个家系。种源试验林按随机区组设计，采取单株小区，每个家系为一个小区，每个区组包含 217 个家系号，以卵果松、湿地松为对照，试验林面积 20 hm²，分布在广东江门市大沙河水库中的 6 个小岛上，其中的一个大岛为全家系试验林，另有 5 个小岛为备份种源试验林。1994 年育苗，1995 年营造，所有种源家系种子均来自国外松中英国际合作项目，由英国牛津大学林业所出资派人采集加勒比松全分布区的种子，并交给中国林业科学研究院林业研究所引种室筹建种源试验林。2008 年试验林进行了选优和疏伐，目前部分家系已发现有球果。该种源试验林将逐步过渡到加勒比松去劣种子园，为华南地区提供优良的古巴加勒比松种子，并提供育种科研服务平台。2016 年 10 月，该资源保存林被国家林业局确定为国家级林木种质资源库，全称为"中国林业科学研究院林业研究所古巴加勒比松国家林木种质资源库"。

2. 合浦县林业科学研究所巴哈马加勒比松基因收集保存林　共收集了巴哈马变种 14 个种源地的 121 个家系，试验林面积 20 hm²，位于广西北海市合浦县境内。1993 年育苗，1994 年营造，所有种源家系种子均来自中英国际合作项目，由英国牛津大学林业所出资派人采集加勒比松全分布区的种子，并交给中国林业科学研究院林业研究所引种室筹建种源试验林。试验林先后进行了 2 次选优、疏伐，目前部分家系已开花结实，种子产量逐年增加。该种源试验林将逐步过渡到加勒比松去劣种子园，为桂南地区提供优良的巴哈马加勒比松种子和遗传改良育种平台。

（四）良种

1. 湛江本种加勒比松改良种子园种子

良种编号：粤 S-CSO（1）-PC-019-2010。

品种特性：生长量达 5.29～12.87 m³/（年·hm²），速生，丰产，保存率高，适应性强，耐干旱，耐贫瘠，耐盐碱，树干通直，无严重病虫害，抗风力较强，木质好，松脂产量高。

适宜种植范围：适宜在北纬 18°10′～23°19′的低山丘陵地区推广种植。

2. 合浦县林业科学研究所加勒比松实生种子园种子

良种编号：桂 R-SSO（1）-PC-017-2013。

品种特性：冠幅小，树干通直圆满，分枝少，生长快。9 年生平均胸径 12.3 cm，平均树高 10.4 m，生长量 11.54 m³/（年·hm²），与相同条件的对照林相比，单位面积蓄积量增益 29%。

适宜种植范围：适宜在海拔 200 m 以下丘陵，酸性沙壤土，排水良好的桂南地区种植。

（五）良种基地

1. 湛江市良种场国家加勒比松良种基地　该基地位于湛江市遂溪县的湛江市林业良种繁育场，总面积 67 hm²，收集有加勒比松及其杂种无性系共 360 多个，建有加勒比松去劣种子园、子代测试林、母树林、加勒比松杂种试验林和杂种基因保存林等。年产加勒比松苗木 100 万株，主要为古巴变种。技术支撑单位为广东省林业科学研究院。

2. 临高县林木良种场国家加勒比松、相思良种基地　该基地位于海南岛西北部，临近北部湾，受台风危害较少。2008 年建成加勒比松种子园 13.3 hm²，形成年产种子

500 kg 的生产能力。技术支撑单位为海南省林业科学研究所。

3. 合浦县林业科学研究所加勒比松省级良种基地 该基地位于北海市合浦县林业科学研究所试验林地，1993 年开始建设，2013 年被认定为广西省级加勒比松良种基地，总面积约 20 hm²，其中 1 代去劣种子园 6.7 hm²，子代测试林 13.3 hm²，年生产能力 100 万株，年产种子 50～100 kg。随着开花结实母树的增多，今后其良种产量可进一步提升。技术支撑单位为中国林业科学研究院林业研究所。

（宗亦臣）

第三十节 柳 杉

柳杉属（*Cryptomeria* D. Don）为杉科（Taxodiaceae）植物，有柳杉（*C. fortunei* Hooibrenk ex Otto et Dietr.）和日本柳杉［*C. japonica*（L. F.）D. Don，原产日本］2 种。柳杉为常绿高大乔木，喜生于亚热带高海拔地带，是高海拔地带的重要造林与绿化树种。

一、柳杉的利用价值与生产概况

（一）柳杉的利用价值

1. 木材利用价值 柳杉树干通直圆满，材质轻软，木材香气浓，纹理直，心、边材区别明显，心材大，棕红色，边材浅黄色，从早材至晚材略渐变，木材易干燥，不翘曲，少开裂。20 年生的成年柳杉木材基本密度约 0.296 g/cm³，气干密度约 0.33 g/cm³。但与南方同类树种杉木相比，其木材的气干密度、顺纹抗压强度、抗弯强度和端面抗损磨强度等都稍低于杉木，因此，柳杉木材作为桁梁、桥梁以及高级地板的质量略次于杉木。柳杉木材可用作枕木、坑木、柱桩、船板、轮船上部建筑、车厢板、门窗、水泥板、木模、箱盒、橱柜等一般家具，也是良好的造纸原料。

2. 药用价值 叶、树皮入药，有清热解毒、止痒、杀虫等功效，可治癣疮、烫伤等。柳杉材含有 0.12% 扁柏双黄酮，含有多种挥发油成分，主要为 δ-荜澄茄醇、β-桉叶醇、异柳杉醇、柳杉酮、隐海松酸、山达海松醇，以及多种二萜、倍半萜类物质等。叶含柳杉素 A、柳杉素 B 以及槲双黄酮、金松双黄酮等双黄酮类化合物。现代生化分析结果显示，柳杉提取物对白血病、肺腺癌等有一定的抗肿瘤活性作用。

3. 园林绿化价值 树体高大挺拔，树姿秀丽，四季常绿，孤植、群植均极为美观，是城镇园林绿化的优良风景树种。在江南习俗中，柳杉自古即被用于墓道树。柳杉对二氧化硫、氯气、氟化氢等有较好的抗性，每公顷柳杉每日能吸收二氧化硫达 60 kg，是良好的生态环保树种。但在园林绿化中，柳杉花粉易污染环境，引起人体过敏症，柳杉花粉症在日本已是一个严重的社会问题。因此，城市绿化应用要选择无花或少花的柳杉无性系。

（二）柳杉的分布与栽培区

1. 自然分布 柳杉为东亚特有属，现代分布区仅限于我国东南部和日本。在我国间断分布于长江流域以南至广东、广西、云南、贵州、四川等地，在浙江天目山，福建南平、沙县、泰宁、武夷山，江西庐山及云南昆明等地有数百年的古树。在浙江西天目山，胸径 2 m 以上的古柳杉有 19 株，1 m 以上的有 1 300 株。其中最大的柳杉胸径达到 2.23 m，材积 71 m³。由于柳杉的栽培历史悠久，栽培范围广，其自然分布区已难以确定。有报道称现存最完整的柳杉天然纯林仅见于武夷山海拔 1 300～1 800 m 的中山地带，林中混有少量的南方铁杉（*Tsuga chinensis* var. *tchekiangensis*）、粗榧（*Cephalotaxus sinensis*）等。根据《中国山地森林》研究，柳杉的主要分布区：①秦巴山地，海拔 1 000～2 000 m 的落叶阔叶、针阔混交林中，与粗榧、榧树（*Torreya grandis*）、铁杉（*Tsuga chinensis*）、黄杉（*Pseudotsuga sinensis*）等树种共存；②浙江天目山一带，与银杏（*Ginkgo biloba*）、油杉（*Keteleeria fortunei*）等树种共生；③闽西北山地（武夷山），海拔 1 100～1 800 m 的黄山松（*Pinus taiwanensis*）林内有少量的柳杉分布。柳杉分布区的气候为夏季比较凉爽的海洋性或山区气候，其主要特征为夏季温凉、多云雾、湿度大、雨水丰沛，年均温较高，温度变幅不大，冬无严寒。在东部，垂直分布在海拔 1 000～1 500 m 及以下，在西部可达海拔 2 000～2 500 m。分布区内年均温度 16～19 ℃，1 月平均温度 5～8.3 ℃，极端低温－8.4 ℃，≥10 ℃活动积温 5 500 ℃，无霜期 270～290 d，降水量多为 1 500～2 000 mm。分布区土壤为黄壤、黄棕壤、灰黄壤等，土壤较疏松肥沃，pH 呈酸性或中性。

日本柳杉分布于日本本州岛、四国、九州等地，北至约北纬 40°42′的青森县，南至约北纬 30°15′的鹿儿岛县，从寒温带、暖温带到亚热带呈间断分布。柳杉天然林大多分布在秋田、山形、新潟、富山、福井、鸟取、岛根等靠日本海一侧，靠太平洋一侧较少分布。最有名的柳杉天然林在秋田的米代川流域、鹿儿岛的屋久岛、高知的鱼梁濑坝等地。分布区海拔 150～1 850 m，天然林垂直分布最高限在屋久岛，海拔 1 850 m，人工林最高海拔可达到 2 050 m。

2. 栽培范围　柳杉在我国有悠久的栽培历史，据《西天目祖山志》记载，1279 年，西天目山建开山老殿，建殿后僧人们曾多次修筑道路并在两旁植树，天目山路旁的柳杉大树多为僧人所植。估计这是我国最早关于柳杉造林的记载。柳杉现已成为我国南方亚热带各省份用材林基地建设的主要造林树种之一，尤以四川、贵州等中高山地造林较多，四川洪雅、雅安、都江堰、彭州、汶川等地均有较大规模的发展。柳杉的耐寒性较强，最北可栽培至河南郑州和山东泰安。在江苏大丰，年均气温 14.1 ℃，年均降水量 967 mm，平均蒸发量 1 321.4 mm，极端最低气温－11.2 ℃，引种的柳杉生长良好。我国台湾无柳杉天然林分布，现存柳杉全为日本引进。最早引种历史记载始于 1896 年，在台北附近少量引种栽植。现存柳杉人工林面积 6 万～8 万 hm²。

日本是日本柳杉栽培最多的国家，现有日本柳杉人工林 440 多万 hm²，造林地遍布除北海道外的日本全境，约占日本人工造林的 48%。从寒温带、暖温带至亚热带均有分布或栽培，栽培面积最多有秋田、山形、新潟、富山、福井、鸟取、岛根等，著名的柳杉木材品种产地有秋田、长野、青森、新潟、富山等地。韩国的柳杉造林历史可追溯到 1915年左右，日本人率先在韩国庆尚南道镇海市栽植，第二次世界大战后的几十年里，每年保持数千公顷的造林规模，估计现有 10 多万 hm² 的柳杉林。柳杉于 1840 年引入美国，1942 引入英国。我国引种栽培日本柳杉始于 1914 年，庐山 1918 年引种。庐山植物园

1935 年引种栽培，生长优良，自 20 世纪 50 年代以来，全国许多地区相继从庐山植物园引种，进行栽培试验。1976—1979 年调查我国有 15 省份引种栽培，并且生长良好。因此，现已成为我国亚热带山地重要造林树种。

二、柳杉的形态特征和生物学特性

（一）形态特征

常绿乔木，高达 40 m，胸径 3 m；树皮红褐色，纵裂成长条片脱落；侧枝近轮生，平展或斜上伸展，树冠尖塔形或卵圆形；冬芽型小。叶螺旋状排列略成 5 行列，腹背隆起呈锥形，两侧略扁，先端尖，直伸或向内弯曲，有气孔线，基部下延。花雌雄同株；雄球花单生小枝上部叶腋，常密集成短穗状花序，矩圆形，基部有一短小的苞叶，无梗，具多数螺旋状排列的雄蕊，花药 3～6，药室纵裂，药隔三角状。雌球花近球形，无梗，单生枝顶，稀数个集生，珠鳞螺旋状排列，每珠鳞有 2～5 枚胚珠，苞鳞与珠鳞合生，仅先端分离。球果近球形，种鳞不脱落，木质，盾形，上部肥大，上部边缘有 3～7 裂齿，背面中部或中下部有一个三角状分离的苞鳞尖头，球果顶端的种鳞型小，无种子；种子不规则扁椭圆形或扁三角状椭圆形，边缘有极窄的翅（图 32 - 29）；子叶 2～3 枚，发芽时出土。

图 32 - 29　柳杉和日本柳杉
柳杉：1. 球果枝　2、3. 种鳞背面及苞鳞上部　4. 种子　5. 叶
日本柳杉：6. 球果枝　7、8. 种鳞背面及苞鳞上部　9. 种子　10. 叶
（引自《中国植物志·第七卷》）

（二）生物学特性

1. 生长特性

（1）根系生长　浅根性树种，没有明显主根，侧根十分发达。在幼壮龄期，根系垂直分布深度约 60 cm，侧根大部分密集于 0～30 cm 的土层中，根幅达 4～5 m，可比冠幅大一倍。中龄以后，根系垂直深度至 1～1.5 m，侧根大部分密集于 40～80 cm 深的土层，根幅范围可达 7～8 m，形成庞大的地下根系。

（2）茎生长　柳杉前期生长较慢，1 年生实生苗高一般为 15～30 cm，地径 0.3～0.7 cm。4～5 年以后生长逐步加快，至 40 年以后材积生长量才开始缓慢下降。柳杉速生期持续时间较长，为一般树种所不及，适合培育大径级材。据研究（张卓文，2003），柳杉的生长可划分为 5 个阶段。①幼树阶段（1～5 年生）：此期是幼树扎根期，地上部分生长相对缓慢，树高连年生长量 30～80 cm。②速生阶段初期（6～9 年生）：此期的高生长明显加快，年高生长可超过 1 m，林冠基本达到郁闭。③速生阶段（10～19 年生）：此期是胸径生长达到最旺盛时期，树高生长达到最大值。④成长阶段（20～29 年生）：此期树木生长仍然旺盛，树高生长逐渐缓慢，而直径生长逐渐达最大值，材积也进入旺盛生长时期。⑤成熟阶段（30～40 年生）：此期林分的直径生长已趋缓慢，但材积生长在此期逐渐达到最大值，林木达到数量成熟。

2. 开花结果　柳杉是雌雄同株异花植物，开花结实的年龄和结实多少与生境条件有直接关系。生长在气候比较干燥或土壤瘠薄的低海拔平原丘陵地区，一般 3～5 年生的幼树就变得果实累累，而生长在气候湿润、土壤深厚肥沃的条件下，一般 10 年生左右才开始少量结实。结实盛期在 20 年以后，且有丰歉年之分，间隔期 1～2 年。但也有例外，据报道，我国台湾 50 年生以上的日本柳杉林分，几乎看不到结实，可能与生长环境或种源有关。雄花芽 6～7 月开始形成，雌花出现较迟，在翌年春天开放。一般 4 月下旬散粉，球果 10 月底成熟。

3. 生态适应性

（1）土壤　柳杉适应土层深厚肥沃、疏松湿润、排水良好的土壤，以黄棕壤、红黄壤和黄壤为主。在北坡或东北坡的山谷生长最宜，若在西晒强烈的黏土上则生长极差。耐水性差，长期积水或排水不良的土壤，容易烂根，不宜栽植。一般适宜酸性或中性土壤，但对土壤 pH 的要求不严，关键是土层深厚、疏松，如在江苏大丰、射阳、如东等海堤轻度含盐的碱性土上，引种的柳杉生长良好（宗仁俊等，1993），在大丰海堤堆积盐潮土上，pH 8.5，18 年生柳杉林分平均树高 12.2 m，胸径 18.4 cm，最大单株树高 13.5 m，胸径 33.0 cm，其生长量接近甚至超过南方丘陵山区。

（2）温度和湿度　柳杉生长要求温暖湿润的气候，亚热带东部的低山、中山山地最适宜柳杉生长。一般要求年降水量 1 000 mm 以上，年平均温度 14～19 ℃，1 月平均气温 0 ℃以上。尤其需要空气湿度大、云雾弥漫，夏季比较凉爽的海洋性或山地气候，怕高温酷热和干旱。但引种试验也表明，柳杉具有较强的耐寒性，最低可以耐 −22 ℃的低温，能适应暖温带南部亚湿润气候环境，正常生长。在河南郑州及山东泰安、青岛均可生长。在青岛崂山海拔 20 m 的阳坡缓坡地，23 年生柳杉平均树高 10.17 m，胸径 17 cm。

（3）光照　柳杉为中等阳性树种，略耐阴，一般在半日照的山坡阴坡、半阴坡生长量大于全日照的阳坡。在光照较弱、终年云雾缭绕的山谷环境生长良好，在低丘或平原的强光照条件下往往生长不良。柳杉在平原地区栽植适合与其他针阔叶树种混交或植于高大建筑物的背阴处。如河南郑州人民公园，与水杉、雪松等混交种植的 22 年生日本柳杉，高达 13 m，胸径 20 cm，枝叶葱绿，生长良好；同龄孤植的树高仅 6 m，胸径 12 cm，枝叶稀疏枯黄，生长不良。

（4）地形与海拔　柳杉的生长一般中低山地优于丘陵，丘陵又优于平原。最适于生长的地形是亚热带低中山山地的山洼、沟谷、山坡堆积地等。在丘陵岗地或平地栽植，受到夏季高温酷热或干旱影响，生长不良。

三、柳杉属植物的起源、演化与分类

（一）柳杉属植物的起源与演化

柳杉属植物是现存杉科植物中最原始的类群。柳杉属与化石类群伏脂杉科（Voltzi-aceae）中一些属有很近的亲缘关系，它的祖先可能与这些化石属有共同起源。柳杉属的化石记录与杉科其他属比较相对较少，但在北半球各大洲均有它的化石记载，约可达北纬 60°的西伯利亚和阿拉斯加地区。该属的大化石最早见于我国内蒙古固阳的早白垩纪，晚白垩纪出现于我国黑龙江安达及日本、俄罗斯西伯利亚、美国阿拉斯加，晚第三纪出现于欧洲中部。该属微化石最早发现于我国广州的早白垩纪晚期。根据化石记录推测（于永福，1995），柳杉属在晚侏罗纪或更早起源于东亚东部的中高纬度地区即东亚的东北地区。起源后，向北扩散到西伯利亚地区，经白令陆桥到达阿拉斯加，并继续南下至加拿大，但在北美未得到充分发展。由北美向东迁移进入格陵兰岛，借助大西洋陆桥到达欧洲西部。进入欧洲后，该属较好地发展起来，成为欧洲第三纪植被的重要组成成分。可见，该属在东亚出现最早，北美又早于欧洲。在晚第三纪，特别是第四纪冰期，北半球大部分地区遭受冰盖，气候的恶化使柳杉属相继在北美和欧洲绝灭，仅在日本和我国长江流域以南的地形复杂、无冰川覆盖、气候相对适宜的"避难所"中保存下来。

（二）柳杉属植物分类概况

柳杉（C. fortunei）自 1853 年发表后，在分类上也出现一些分歧，一些学者认为柳杉属是单种属，柳杉与日本柳杉在叶型和每个种鳞的种子数目方面虽有差别，但存在中间过渡，细胞学资料也表明二者的区别只够变种水平，认为中国柳杉是日本柳杉的地理变种（C. japonica var. nensh Sieb.）。我国主流植物分类观点认为柳杉属共 2 种，中国和日本各产 1 种，即中国柳杉和日本柳杉。

柳杉属分种检索表如下（据《中国植物志·第七卷》）：

1. 叶先端向内弯曲；种鳞较少，20 片左右，苞鳞的尖头和种鳞先端的裂齿较短，裂齿长 2～4 mm，每种鳞有 2 粒种子·············· 柳杉（C. fortunei Hooibrenk ex Otto et Dietr.）
1. 叶直伸，先端通常不内曲；种鳞 20～30 片，苞鳞的尖头和种鳞先端的裂齿较长，裂齿长 6～7 mm，每种鳞有 2～5 粒种子 ······················· 日本柳杉［C. japonica（L. F.）D. Don］

四、柳杉种质资源

(一) 柳杉

我国于 20 世纪 80 年代初开展了柳杉的种源试验，收集全分布区范围的地理种源在南方 5 个省份造林。各地试验表明（刘洪谔等，1993；黄信金，2010），柳杉不同种源间生长差异显著。在浙江、江苏试点，8 年生时最好种源比最差种源增产 189%～266%，比当地种源增产 34%～240%，各试点均表现优良的有浙江鄞县、临海和安徽黟县 3 个种源。福建试点 26～27 年生种源试验林，不同种源间树高、胸径、材积和髓心偏心率性状差异均达显著水平，其性状的广义遗传力为 0.5 左右，受中等程度的遗传控制。选出福建杨梅岭、罗源、西兰，江西庐山等 13 个优良种源，其树高、胸径和材积的平均遗传增益分别为 7.2%、9.2% 和 27.9%。在北缘栽培区江苏，柳杉种源苗期生长表现与经纬度呈相关关系，其他各试点没有发现明显的地理变异模式。根据浙江、江苏和福建等地种源试验结果，生长表现较好的优良种源多属东南沿海种源，推测安徽、浙江、福建一带可能是柳杉原始中心分布区，外围的种源一般较差。

从浙江西天目山选优获得的柳杉优树收集圃，采集 31 个自由授粉家系种子进行育苗和造林测定（刘洪谔等，1992；黄利斌等，1990），结果表明家系间生长、结实等性状存在显著差异，5 年生时初选出的 6 个优良家系材积增益高达 44%。据福建省 40 个柳杉半同胞家系造林 26 年生测定结果（黄金信，2010），选出的生长表现最好的家系，其平均树高、胸径和材积的遗传增益分别为 1.21%、4.77%、8.02%。另据对 22 个控制授粉全同胞家系后代测定结果（黄勇，2013），不同家系间生长差异显著，选出的水门 61 自交系，22 年生时树高、胸径和材积遗传增益分别达 39.8%、39.5% 和 128.3%。

(二) 日本柳杉

1. 栽培品种 日本柳杉有 150 种以上的栽培品种（潘志刚等，1994），我国栽培的主要品种如下：

（1）扁叶柳杉（*C. japonica* 'Elegans'） 灌木状，分枝密，主枝短，侧枝多。叶扁平，柔软，向外开展或微向下，长 1～2.5 cm，绿色，有光泽，秋后变成红褐色，春季又变成铜绿色。

（2）金色扁叶柳杉（*C. japonica* 'Elegans Aurea'） 与扁叶柳杉相同，但冬季叶为黄绿色。

（3）短叶柳杉（*C. japonica* 'Araucarioides'） 叶短小较硬，长不及 1.5 cm，通常长短不等，长叶和短叶在小枝上交替排列（即由短叶至长叶，再由长叶递减为短叶）；小枝细长，下垂。

（4）鳞叶柳杉（*C. japonica* 'Dacrydioides'） 小枝细而密，叶小，较扁平，鳞形或钻状鳞形，长 5～8 mm，排列紧密。

（5）千头柳杉（*C. japonica* 'Vilmoriniana'） 矮灌木，高 40～60 cm，树冠圆球形或卵圆形；小枝密集，短而直伸。叶甚小，针状，长 3～5 mm，排列紧密，深绿色。

（6）圆球柳杉（*C. japonica* 'Compactoglobosa'） 由我国庐山植物园选育而成。树干短缩，枝开展或平展，侧枝短密生，成紧密的圆丛，高 1～2 m。叶短小，钻形，长 4～10 mm，坚硬。

（7）圆头柳杉（*C. japonica* 'Yuantouliusha'） 由我国庐山植物园选育而成。乔木，高 9 m，上部无明显主干，主干长到 3～5 m 高度时分成多干，直伸或斜展，侧枝发达，密生，形成圆球形树冠。

（8）鸡冠柳杉（*C. japonica* 'Cristata'） 与圆头柳杉近似，不同之处为小枝扁平，形成鸡冠状树冠。

（9）垂枝柳杉（*C. japonica* 'Pendula'） 枝条下垂。

2. 优良无性系 贵州省林业科学院于 20 世纪 80 年代从日本引进 50 个日本柳杉优良无性系穗条，采用嫁接繁殖技术保存 46 个无性系（邓龙玲等，1997）。2004 年又引进 52 个日本柳杉无性系。经在贵州省中部和西部中高山地区进行造林试验，初选出 13 个日本柳杉无性系。

（黄利斌）

第三十一节　秃　杉

秃杉（*Taiwania flousiana* Gaussen）属杉科（Taxodiaceae）台湾杉属（*Taiwania* Hayata），常绿高大乔木，高达 75 m，胸径 2 m 以上，寿命长，滇西有 1 000 多年的古树，是我国重点保护的珍稀濒危树种。秃杉生长迅速，具有较高的用材价值和观赏价值，是分布区内优良用材造林树种，现已引种到南方丘陵区，尤其适合在不适宜杉木生长的中海拔山区造林，也是营造生态风景林、水源林以及庭园绿化的优良树种。

一、秃杉的利用价值与生产概况

（一）秃杉的利用价值

1. 木材利用价值 秃杉树干通直，树皮薄，出材率高，结构细致，纹理顺直，花纹美观，易加工，边材淡红黄色，心材紫褐色，香味醇浓，耐腐性强，其木材用途广泛，可供建筑、造船、桥梁、家具等用材。据测定，14～28 年生秃杉，木材气干密度为 0.331～0.358 g/cm³，基本密度为 0.281～0.292 g/cm³，略低于杉木；木材的干缩性与杉木相近，其尺寸稳定性较好。秃杉木材的顺纹抗压强度为 30.91～32.7 MPa，达到建筑材承重结构木材（针叶材）应力等级要求 A5 级（29.9～32.20 MPa），抗弯强度为 60.19～62.96 MPa，达到木材（针叶材）弦向静力弯曲检验标准的高等级 TC16 级（60～70 MPa），秃杉木材可达到建筑材承重构件的质量要求。

2. 药用价值 秃杉的叶和木材内含有芳香物质，具有杀菌、抑菌的功效。

3. 园林绿化价值 秃杉生长快，寿命长，树形挺拔，枝繁叶茂，一株树高 5～6 m 的幼树就有一级分枝 135～214 条之多，树形比雪松优美，分层平展弧状弯曲的侧枝，形似南洋杉，故有中国南洋杉之美称，在园林绿化中片植、孤植皆可成景，有很高的园林绿化应用价值。秃杉具有较强的耐阴性，也可作为室内盆栽观赏植物之用。

（二）秃杉的分布与栽培区

1. 自然分布 秃杉是第三纪热带植物区系的古老孑遗植物。早在古新世曾广泛分布于欧洲和亚洲东部，经过第四纪冰川的几次侵袭，目前世界上仅在中国和缅甸北部有分布。秃杉的现代分布范围为北回归线以北，长江以南的东经 $98°50'\sim108°55'$、北纬 $23°53'\sim30°20'$ 几个不连续的分布区，在我国主要分布于云南西部、西北部，湖北西部及贵州东南部，主要分布范围包括云南省西部怒江流域的贡山、福贡、腾冲、龙陵、凤庆和澜沧江以西的云龙、兰坪，湖北省西南部的利川，以及贵州省东南部苗岭山脉的雷山、台江、剑河、榕江、丛江、凯里等地，近年在福建的古田、屏南和尤溪等地（共发现 22 株）也发现有秃杉的分布。自然分布的秃杉常与云南铁杉、乔松、杉木等针叶树种或常绿阔叶树种混生成林，由于分布区的地理位置截然不同，形成间断分布。

秃杉垂直分布在海拔 $800\sim2\ 500$ m 的山地沟谷，垂直分布高度远大于杉科其他属种。秃杉分布区属亚热带季风湿润或半湿润区域，年均气温 $11.2\sim15.4$ ℃，年降水量 $1\ 050\sim1\ 500$ mm，冬季低温可达 -8.5 ℃；土壤为酸性红壤或山地黄壤，pH $4.1\sim5.3$，土层较深，质地为壤土。贵州雷公山的天然秃杉林保存较完整、面积最大、数量最多，成片分布的秃杉共 41 片，面积 77.7 hm^2，胸径在 10 cm 以上的植株现有 6 382 株，胸径大于 50 cm 的植株有 4 389 株。

2. 栽培范围 秃杉的栽培历史较短，初期仅在自然分布区周围有人工零星栽培作为风景树，贵州省雷山县林业局于 1967 年营造了第一片较大面积的秃杉人工林。自 20 世纪 80 年代以来，国内许多省份纷纷开展秃杉的引种栽培试验，我国长江以南的广东、广西、云南、贵州、湖南、湖北、四川、重庆、福建、江西、浙江、安徽、江苏以及河南等 14 个省份都有引种报道。秃杉的生态适应性较强，能够适应中亚热带、北亚热带及暖温带南缘的气候，但以我国南方杉木适生的山洼、山坞、山凹立地和土层深厚、质地疏松的土壤为秃杉的适生范围，在此适生范围内生长较佳，生产力水平较高，而在低丘岗地大多生长较差。

二、秃杉的形态特征和生物学特性

（一）形态特征

1. 根系 秃杉属浅根性树种，主根不明显，常退化为 $3\sim4$ 条明显的垂直根系，40 年左右的成熟树木根深 $1.5\sim2.5$ m，侧根系非常发达。

2. 树干 树冠成锥形，主干通直，尖削度较小；树皮淡灰褐色，裂成不规则长条片，内皮红褐色；大枝平展或弧状下垂，小枝较柔软，细长下垂。

3. 叶 幼叶线形，背腹扁平。气孔两面生，皮下厚壁组织单层，维管束一条，位于叶片中央，树脂道 1 个，内生于维管束的远轴面。成熟叶为两侧扁平的四棱钻形，螺旋状排列，较紧密，基部下延，长 $2\sim3$ mm，下侧宽 $1\sim1.5$ cm；叶中横切面呈四棱形轮廓，气孔四边生，内陷，完全双环型或偶见三环型，副卫细胞 4～7 个。

4. 花　孢子叶球花。雌雄同株，雄球花 2～
7 个簇生于小枝顶端，雄蕊 10～36 枚，螺旋状排
列，花药 2～4，卵形，药室纵裂，药隔鳞片状；
花粉粒为球形或近球形，极面观为圆形，直径为
28.0～32.0 μm。远极面的乳头状突不明显。雌
球花球形，单生小枝，直立，苞鳞退化，珠鳞多
数，螺旋状排列，珠鳞的腹面基部有 2 枚胚珠。

5. 果实与种子　球果圆柱形、椭圆形或卵
形，型小，长 1.5～2.5 cm，径约 1 cm，种鳞
21～39 枚，革质，扁平，中部种鳞最大，宽倒三
角形，长约 7 mm，宽 8 mm，鳞背尖头的下方有
明显或不明显的圆形腺点，露出部分有气孔线，
边缘近全缘，微内弯，发育种鳞各有 2 粒种子；
种子扁平，两侧有窄翅，上下两端有凹缺，种子
连翅长 4～7 mm，宽 3～4 mm，千粒重为 0.145～
0.95 g。子叶 2 枚（图 32-30）。

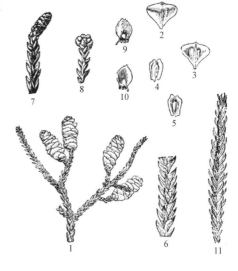

图 32-30　秃杉
1. 球果枝　2、3. 种鳞背腹面　4、5. 种子背腹面
6. 枝叶一段　7. 雌球花枝　8. 雄球花枝
9、10. 雄蕊背腹面　11. 幼树的枝叶
（引自《中国树木志·第一卷》）

（二）生物学特性

1. 生长特性

（1）根系生长　秃杉 1 年生幼苗的主根明显，侧根很短，一般播种苗的根长是苗高的
1.1 倍。2 年生时苗木的主根伸长至 20～34 cm，根长仍大于苗高，侧根 5～7 条呈近水平
方向伸展，主根明显或分为 2 条垂直根系。造林后 3～5 年内，幼树根系扩展很快，根幅
大于冠幅，冠幅 41～180 cm，根幅 49～190 cm，侧根 8～19 条，根长 40～71 cm，根系密
集于 10～40 cm 的土层中，主根开始退化为 3～4 个垂直根系；8～9 年后根系开始连生。
20 年生以后垂直根系生长衰退，侧根发达，密集在 30～50 cm 的土层深处，垂直根系分
布于 60～80 cm 深的土体中，构成根群网。秃杉的短根常与土壤中的真菌共生，形成菌
根，白色菌丝体在深 10～30 cm 及以上的土体中和短根上都有分布，短根被菌根套所
包围。

（2）茎生长　秃杉幼龄期生长较缓慢，1 年生苗平均高 12～15 cm，地径 0.20～0.26 cm。
苗木 1 年中有两次生长高峰，第一次在 6～7 月，第二次在 9 月，一般第二次生长高峰的
贡献量大于第一次。5 年生苗木的年平均树高生长量为 25～60 cm。从第五至七年开始进
入高生长速生期，平均年生长量可至 1 m，并可延续到第二十年，以后则趋于平缓。在自
然分布的林分中，秃杉平均树高达 30～40 m，最高可达 75 m（滇西高黎贡山）。林分平均
胸径生长 6～8 年开始进入速生期，在 20 年内呈直线上升之势，年平均生长量可至 2 cm，
其后增长速度略有减缓，但仍表现出快速生长的趋势；林分材积速生期始于 12～14 年，
一直持续到 40 年以后。秃杉寿命长，生长百年不衰。如云南腾冲小西乡大罗绮坪观音寺
2 250 龄的古秃杉胸径 284 cm，贡山丙中洛乡尼瓦洛的古秃杉 900 龄，胸径 230 cm。贵州

雷公山方祥乡的格头村有一棵巨大的秃杉王，胸径 209 cm，树高 45 m，平均冠幅 20 m。福建省三明尤溪中仙乡文井村彭溪自然村发现的一株千年秃杉，胸径为 245 cm，树高 32 m，冠幅 13 m。

2. 开花结果　花期 3～4 月，10 月下旬至 11 月上旬球果成熟。秃杉的开花结实年龄很长，一般达 40 年以上，采集成熟母树上的穗条进行嫁接，开花结实期可提早 10～20 年。秃杉属异花传粉，雌球花自然授粉率低，结籽时间较晚，且大小年现象明显，一般每隔 3～4 年后才有一个种子丰年。秃杉的结籽数量少，而且种子萌发率较低，采后半年的种子只有 20% 左右的发芽率，种子在常温下 1 年后几乎丧失发芽能力，但在 1～3 ℃ 条件下储藏于干燥环境可保持其发芽率 3 年内无明显变化。

3. 生态适应性

（1）土壤　秃杉原产地主要土壤类型为山地红壤、黄红壤，少数为山地黄壤、森林棕壤，土壤 pH 5～6。从引种区的情况来看，秃杉对土壤的适应性较宽，在山地黄壤、钙质紫色土、紫泥土、黄红壤、红壤、沙质壤土、轻黏土、潮土等各种类型土壤上均能生长。据胡兴宜等（2004）对湖北省秃杉造林立地的研究，土壤容重、土壤有机质含量和土层厚度是影响秃杉生长的主导因子。土质疏松、土层深厚肥沃、排水良好的土壤，秃杉生长较好；土质黏重、排水不良的土壤往往生长不良。秃杉对土壤 pH 的适应性较广，在江苏阜宁河堤土壤 pH 8～8.5 的造林地，引种的秃杉幼林期生长良好。据浙江舟山、江苏大丰等地造林试验，在土壤中可溶性盐含量为 0.02% 以下的海涂轻盐碱地，秃杉也能生长（李晓储等，1991，1993）。

（2）温度　秃杉分布区的年平均温度 11.2～15.4 ℃，最冷月（1 月）平均温度 1.7～5.0 ℃，最热月（7 月）平均温度 23.4～24.7 ℃，绝对最低温度 −8.5 ℃，绝对最高温度 35.6 ℃，适合冬季温暖、夏季凉爽的气候环境。据江苏、浙江、安徽等引种试验结果，秃杉苗期的抗寒力较弱，裸地培育的 1 年生小苗在冬季降温至 −5～−4 ℃ 时就会受冻，−8 ℃ 以下低温时严重受冻，顶梢冻枯。因此，在冬季温度较低的地区育苗，冬季要及时做好盖草、搭设保温棚等苗木防寒措施。但随着树龄的增加，抗寒性增强，5～6 年生幼树已能适应南京地区 −13 ℃ 的极端低温而安全越冬。秃杉不同种源间抗寒性差异明显，一般云南种源冻害较严重，湖北利川种源其次，贵州种源的抗寒性较强。

（3）湿度　秃杉喜温暖阴湿的环境。原产地降水量 1 050～1 500 mm，年平均相对湿度 80%～82%。秃杉不耐水湿，林地地下水位过高或排水不畅，土壤过湿，通气不良，会严重影响秃杉的生长，甚至烂根死亡。据江苏等地调查，雨季林地积水 3～4 d，地下水位 20 cm，可使 2 年生幼树死亡 29.7%；林地积水 15 d，幼树死亡率高达 90.5%。

（4）光照　秃杉为中等喜光树种。在原产地，虽然秃杉能长时间忍受光照不足，在高大的阔叶树林冠下长期生存，但生长不良。据江苏省林业科学研究院等测定，秃杉苗期在 200～300 lx 微弱光照度下，生长基本正常；大树冠内枝叶在 500～1 000 lx 弱光照度下仍能生存，当林内光照度小于 300 lx 时，才会有自然整枝出现。秃杉幼苗怕强光日灼，要求一定的荫蔽，育苗时进行适当遮阴，遮阴强度 50% 左右有利于促进苗木的生长，提高成苗率。创造适度的侧方庇荫环境条件也是保障秃杉在低海拔的丘陵岗地造林成功的重要措施。

（5）地形与海拔高度　秃杉天然分布海拔 850～2 500 m，而目前引种栽培区的海拔高度变化很大，海拔范围由东向西逐渐升高，依次为安徽、江苏、浙江 8～400 m，江西为 200～500 m，湖北、湖南为 300～2 000 m，四川为 600～1 200 m，贵州为 800～1 400 m，而到滇西则升高到 2 000 m 以上。最低海拔 8 m（江苏宝应），最高海拔 2 700 m（云南腾冲界头）。据云南、贵州、福建、浙江等地调查，云南腾冲西山坝海拔 1 760 m 的立地条件下，秃杉生长速度与杉木接近，在海拔 1 800 m 以上的地区，秃杉的生长速度超过杉木；在贵州雷公山秃杉分布区海拔 1 200 m 左右时，杉木生长受到抑制，断梢率达 30%，秃杉不但抗雪压与冰挂，不断梢，而且树高、胸径、材积生长量分别比杉木高 38.8%、28.7%和 52.4%；在福建，海拔 500～1 000 m 引种的秃杉，树高和胸径生长优于杉木、柳杉和福建柏；在浙江富阳，海拔 500 m 的山地，秃杉的生长优于杉木。在海拔较低的丘陵岗地，气候干燥，空气湿度小，影响秃杉的生长。因此，需采取选择适宜的造林地，营造混交林，早期适当密植，进行合理的间伐与覆盖等管理措施。

三、秃杉的起源、演化与分类

（一）起源与演化

秃杉起源于中生代晚白垩纪东亚太平洋地区，我国东北、日本以及俄罗斯的西伯利亚东部地区是秃杉的起源与早期分化中心，第四纪冰期后，秃杉仅分布于我国长江以南及缅甸北部，形成残遗中心。

关于秃杉在杉科的系统地位，Hayata（1906）分析了球果的结构，认为秃杉最接近于杉木属，可放在密叶杉属（*Athrotaxis* D. Don）与杉木属之间。我国学者王伏雄（1980）、李林初（1986）、胡玉熹（1995）等根据秃杉胚胎发育、细胞学、营养器官解剖等研究，认为秃杉与杉木属亲缘关系最接近，其次是水杉属、水松属和柳杉属。总的来看，秃杉与杉木属、密叶杉属、柳杉属具有许多共同特征，它们之间的亲缘关系较密切，属于同一演化路线。

（二）分类情况

1906 年日本植物分类学家 Hayata 依据特产于我国台湾的台湾杉，对其外部形态，特别是雌球果特征的研究，建立了一个新属台湾杉属（*Taiwania* Hayata）。1939 年法国植物学家 Gaussen 以采自我国云南的标本为模式发表了秃杉（*Taiwania flousiana*），郑万钧等（1978）将产自我国大陆（云南）和台湾的标本分别定名为秃杉和台湾杉（*Taiwania cryptomerioides*）。《中国植物志·第七卷》（1978）、《中国树木志·第一卷》（1983）将台湾杉属下分为秃杉和台湾杉 2 种。据《中国植物志》对这两个种的分种检索表如下：

1. 球果枝之叶较窄，横切面四棱形，高约等于宽，斜上伸展，先端微内曲或直；球果种鳞 21～39 片 …
…………………………………………………………………… 1. 秃杉（*T. flousiana*）
1. 球果枝之叶较宽，横切面近三角形，高小于宽，向上伸展，先端内曲；球果种鳞通常较少，15～21 片 ……………………………………………………… 2. 台湾杉（*T. cryptomerioides*）

但 Liu 和 Su（1983）等学者比较研究了我国大陆和台湾的种后，发现这两个种的性状均在台湾杉的变异范围内，首先提出将两个种合并。近年来，我国学者对两个种的形态特征、细胞结构、木材解剖结构、木材性质等进一步比较研究后，认为秃杉和台湾杉的鉴别性状均为数量性状，且极不稳定，因此也倾向于将台湾杉属的秃杉和台湾杉合并为一个种，作为单种属较为适宜。1998 年国家林业局和农业部发布的中国野生珍稀植物名录中，曾将秃杉归并入台湾杉种。

四、秃杉的生长变异与遗传多样性

（一）种源变异与区划

全国秃杉种源试验协作组（洪菊生等，1997）根据对秃杉不同种源苗期生长发育、生物量测定 10 个表型性状进行的聚类分析，参照分布区生态特点，将大陆的秃杉分布区种源划分为 3 个种源区、2 个种源亚区，即贵州黔东南雷公山种源区，湖北鄂西利川种源区，滇西高黎贡山种源区（包括滇西北贡山和滇西腾冲两个种源亚区）（施行博等，1999）。严学祖等（1995）根据在四川泸州开展的秃杉林分生长对比研究，开展了针对四川生态条件的种源区划，将秃杉种源划分为贵州雷山山脉、云南腾冲、云南龙陵和湖北利川 4 个种源区。陈建新等（2002）根据在广东 12 个点开展的秃杉多点引种栽培试验结果，以栽培区气候因子为基础，结合秃杉生长表现，将全省秃杉造林区划分为Ⅰ区：粤北区；Ⅱ区：粤东北区；Ⅲ区：粤西沿海丘陵区；Ⅳ区：粤东、粤中丘陵。其中，Ⅰ、Ⅱ区为秃杉适宜引种栽培区，Ⅲ、Ⅳ区为因地制宜、适度引种区。

（二）遗传多样性分析

宋丛文等（2004）利用 RAPD 技术，通过 11 个多态随机引物对湖北利川、罗田和红安 3 个秃杉种源的遗传多样性研究表明，秃杉天然群体存在较丰富的遗传多样性，各位点平均基因多样性指数为 0.419 2，3 个种源间的遗传多样性差异明显，19.5％的遗传变异存在于种源间。杨琴军等（2009）采用随机扩增多态性 DNA 方法对分布于湖北星斗山的秃杉野生和栽培居群共 42 个个体进行了遗传多样性分析，从 60 个随机引物中筛选出 13 个引物，共扩增出 155 条清晰谱带，多态性位点百分率为 72.9％，野生居群和栽培居群的多态性位点百分率分别为 65.81％和 59.35％，Nei's 基因多样性指数分别为 0.200 1 和 0.191 1，Shannon's 信息指数分别为 0.312 0 和 0.294 6。用 UPGMA 方法进行聚类分类，来自野生群体的个体和来自栽培群体的个体明显地各聚为一类，秃杉野生居群的遗传多样性高于栽培居群。

杨琴军等（2011）通过建立秃杉的 ISSR - PCR 反应体系，利用优化的反应体系筛选出了 10 条稳定性强、清晰度高并表现出一定多态性的 ISSR 引物，应用这些引物对分布于湖北利川星斗山保护区的秃杉野生居群的 20 个样品进行了扩增，结果表明，利川星斗山秃杉居群的多态性位点百分率为 61.97％，Nei's 基因多样性指数和 Shannon's 信息指数分别为 0.136 9 和 0.216 0。

（三）优良种源、家系

全国秃杉种源试验协作组曾在 20 世纪 80～90 年代在全国组织开展秃杉种源试验，两次试验共收集种源 11 个、家系 57 个，参与试验的有广东、广西、贵州、湖北、四川、福建、江苏、安徽等省份。江苏省林业科学研究院（1993）对引种自云南、贵州、湖北等地的 11 个秃杉种源试验研究，在苏南地区，经度偏东的贵州雷公山、剑河等种源生长表现最好，生长量大，且封顶早，冻害轻，适应性强，湖北利川种源适应性优于云南种源，而云南种源生长差，冻害严重。四川省林业科学研究院（1995）试验结果表明，在丘陵地带以贵州方祥、雀鸟、昂英种源生长较快；在低山地带以雷公山、方祥、桥水种源生长较快；在中山地带，则以雷公山、桥水、雀鸟种源生长较快。广东省林业科学研究院（2007）根据 11 个生长性状的秃杉种源试验结果，选择出贵州交（台江县）、贵州格（威宁县雪山）、贵州昂（剑河县）、贵州丹（榕江县）和云南滕冲等 5 个秃杉优良种源，优良种源平均单株材积遗传增益为 29.68%，实际增益为 34.60%。湖北省对 13 年生秃杉种源试验林测定结果表明（2005），在鄂北丘岗立地，云南种源、贵州桥水种源生长较好，鄂中低丘立地，贵州格种源生长较好，而在鄂西山区，贵州雷公山、凯里和云南腾冲种源生长较好。

五、秃杉野生近缘种

台湾杉，学名 *Taiwania cryptomerioides* Hayata，高大乔木，高达 60 m，胸径 3 m，树冠广圆形。大树之叶锥形或鳞状锥形，长 3～5 mm，内弯，四面均有气孔线，幼树及萌芽枝之叶两侧扁，微向内弯，长 2.2 cm。球果卵状球形或短圆柱形，种子长椭圆形或长椭圆状倒卵形，边翅长约 6 cm，径 4.5 mm。球果 10～11 月成熟。

分布于台湾中央山脉的太平山、阿里山等海拔 1 600～2 600 m 的山地，散生于红桧及台湾扁柏林中，间有小片纯林。分布区年平均气温 12～20 ℃，1 月平均气温 6～10 ℃，7 月平均气温 16～24 ℃，年降水量 2 000 mm 以上，相对湿度 85%；土壤为发育良好的暗棕壤，表土疏松，呈酸性反应，pH 5～6。

台湾杉心材紫红褐色，边材深黄褐色，纹理直，结构细，可供建筑、桥梁、造船、家具、板材及造纸原料等用，是我国台湾的主要造林树种。

台湾杉心材中提取的香精油及其组分具有杀灭居室尘螨活性和有效抑制真菌和细菌的作用，使用提取的香精油用量为 12.6 $\mu g/cm^2$，在 48 h 内对居室尘螨的毒杀率为 36.7%～67.0%。其中，台湾杉香精油的 4 种主要组分中的 α-杜松醇的杀螨活性最高，用量为 6.3 $\mu g/cm^2$ 的 α-杜松醇，居室尘螨杀灭率可达 100%。α-杜松醇还可以在低达 100 mg/L 的浓度完全抑制彩绒革盖菌和硫黄菌。

（黄利斌）

参考文献

白嘉雨，周铁烽，侯云萍，2012. 中国热带主要外来树种 ［M］. 昆明：云南科技出版社.

毕和平，宋小平，韩长日，等，2004. 降香檀叶挥发油成分的研究 ［J］. 中药材，27 (10)：733 - 735.

毕泉鑫，金则新，李钧敏，等，2010. 枫香自然种群遗传多样性的 ISSR 分析 ［J］. 植物研究，20 (1)：20 - 25.

蔡飞，2000. 杭州西湖山区青冈种群结构和动态的研究 ［J］. 林业科学，36 (3)：67 - 72.

曹娴，罗玉兰，崔心红，等，2010. 榉树遗传变异分析及优良单株选择 ［J］. 上海交通大学学报（农业科学版），28 (6)：499 - 503.

岑庆雅，缪汝槐，廖文波，1996. 中国松科冷杉亚科植物区系研究 ［J］. 逻辑学研究 (2)：91 - 96.

柴国锋，郑勇奇，王良桂，等，2013. 枫香同工酶遗传多样性系统分析 ［J］. 林业科学研究，26 (1)：15 - 20.

陈邦余，1995. 楝科 (Meliaceae) 的地理分布 ［J］. 热带亚热带植物学报，3 (3)：12 - 22.

陈存及，刘宝，李生，等，2007. 闽楠人工林的经营效果 ［J］. 福建林学院学报，27 (2)：101 - 104.

陈建新，王明怀，殷祚云，2002. 广东省秃杉引种栽培效果及栽培区划研究 ［J］. 林业科学研究，15 (4)：399 - 405.

陈丽霞，刘胜辉，陈歆，等，2011. 海南花梨木花精油成分分析及其抑菌活性研究 ［J］. 热带作物学报，32 (6)：1165 - 1167.

陈青度，李小梅，曾杰，等，2004. 紫檀属树种在我国的引种概况及发展前景 ［J］. 广东林业科技，20 (2)：38 - 41.

陈锡沐，梁宝汉，李秉滔，1986. 广东楝科植物分类的初步研究 ［J］. 武汉植物学报 (2)：167 - 194.

陈小勇，王希华，宋永昌，1997. 华东地区青冈种群的遗传多样性及遗传分化 ［J］. 植物学报，39 (2)：149 - 155.

陈益泰，李桂英，王惠雄，1999. 桤木自然分布区内表型变异的研究 ［J］. 林业科学研究，12 (4)：379 - 385.

程诗明，2005. 苦楝聚合群体遗传多样性研究与核心种质构建 ［D］. 北京：中国林业科学研究院.

程诗明，顾万春，2005. 苦楝中国分布区的物候区划 ［J］. 林业科学，41 (3)：186 - 191.

程诗明，顾万春，2007. 苦楝遗传资源学研究进展及其展望 ［J］. 浙江林业科技，27 (2)：64 - 69.

程业明，2004. 云南元谋和山西太谷上新世木化石群研究 ［D］. 北京：中国科学院植物研究所.

单永生，王淑杰，徐辉，等，2011. 胡桃楸育苗技术 ［J］. 绿色科技 (6)：181.

邓龙玲，杨方成，刘凡弟，等，1997. 日本柳杉优良无性系选择研究 ［J］. 贵州林业科技，25 (3)：30 - 34.

丁建国，张华，张凌宏，等，2007. 鳖蒴槠人工栽培技术 ［J］. 湖南林业科技，34 (3)：57 - 59.

杜娟，卢昌泰，2009. 楠木人工林的研究现状与展望 ［J］. 安徽农业科学，37 (33)：16610 - 16612.

端木沂，1995. 我国青冈属资源的综合利用 ［J］. 北京林业大学学报，17 (2)：109 - 110.

樊金栓，2006. 中国冷杉林 ［M］. 北京：中国林业出版社.

方升佐，崔同林，虞木，2007a. 成土母岩和条龄对青檀檀皮质量的影响 ［J］. 北京林业大学学报，29 (2)：122 - 127.

方升佐，洑香香，2007b. 中国青檀 ［M］. 北京：中国科学文化出版社.

冯锦霞，2010. 古巴加勒比松遗传资源研究 ［D］. 北京：中国林业科学研究院.

冯随起，2006. 红锥栽培生物学特性及人工培育技术研究 [J]. 林业勘察设计 (2)：113 - 115.

《福建植物志》编写组，1988. 福建植物志：3 册 [M]. 福州：福建科学技术出版社.

付玉嫔，初荣频，李玉媛，2005. 榉树容器苗苗木分级与种源研究 [J]. 广西林业科学，34 (3)：127 - 131.

傅立国，2003. 中国高等植物 [M]. 青岛：青岛出版社.

傅立国，陈谭清，郎楷永，等，2000a. 中国高等植物：第三卷 [M]. 青岛：青岛出版社.

傅立国，陈潭清，郎楷永，等，2000b. 中国高等植物：第四卷 [M]. 青岛：青岛出版社.

傅松玲，李宏开，1997. 琅琊山青檀天然林群落特征及发展前景的探讨 [J]. 经济林研究，15 (7)：13 - 16.

葛莹，常杰，陈增泓，等，1999. 青冈净光合作用与环境因子的关系 [J]. 生态学报，19 (5)：683 - 688.

郭丽冰，王蕾，2008. 降香中黄酮类化学成分研究 [J]. 中草药，39 (8)：1147 - 1149.

郭文福，蔡道雄，贾宏炎，等，2006. 米老排人工林生长规律的研究 [J]. 林业科学研究，19 (5)：585 - 589.

郭晓玲，孟青，冯毅凡，等，2005.GC 法测定降香油中橙花叔醇的含量 [J]. 中草药，36 (3)：380 - 381.

郭振环，1993. 香椿细胞学研究——染色体数目鉴定 [J]. 园艺学报，20 (2)：199 - 200.

国家药典委员会，2005. 中国药典：一部 [M]. 北京：化学工业出版社.

何贵平，陈益泰，唐雪元，等，2005. 枫香地理种源幼林生长性状变异研究 [J]. 江西农业大学学报，27 (4)：585 - 589.

何平，金晓玲，2005. 三种榉属植物染色体数目及核型分析 [J]. 云南植物研究，27 (5)：534 - 538.

何仕燕，胡浩，薛建辉，等，2012. 不同处理对拟赤杨种子萌发的影响 [J]. 贵州林业科技，40 (4)：53 - 54.

洪必恭，安树青，1993. 中国水青冈属植物地理分布初探 [J]. 植物学报，35 (3)：229 - 233.

洪菊生，游应天，1997. 秃杉的引种与栽培研究 [J]. 林业科技通讯 (1)：7 - 14.

洪培元，1992. 不同种源台湾榉同工酶变异之研究 [D]. 台北：台湾大学森林研究所.

洪伟，柳江，吴承祯，2001. 红锥种群结构和空间分布格局的研究 [J]. 林业科学，37 (6)：6 - 10.

侯宽昭，陈德昭，1955. 中国楝科志 [J]. 植物分类学报，4 (1)：39 - 42.

侯伦灯，李玉蕾，李平宇，等，2001. 任豆树综合利用研究 [J]. 林业科学，37 (3)：140 - 143.

胡俊达，2008. 构树的开发利用价值和河北省发展前景 [J]. 河北林业科技，10 (5)：100 - 101.

胡玉熹，林金星，王献溥，等，1995. 中国特有植物台湾杉的生物学特性及其保护 [J]. 生物多样性，3 (4)：206 - 212.

黄锦荣，2013. 红楠价值、育苗和造林技术 [J]. 广东林业科技 (4)：101 - 103.

黄利斌，李晓储，李阳春，等，1990. 柳杉优树子代的早期变异与选择 [J]. 江苏林业科技，17 (1)：1 - 5.

黄威廉，屠玉麟，杨龙，1988. 贵州植被 [M]. 贵阳：贵州人民出版社.

黄信金，2010. 柳杉种源变异与联合选择 [J]. 浙江林学院学报，27 (6)：884 - 889.

黄秀美，2013a. 闽楠优树子代测定及早期选择研究 [J]. 山地农业生物学报，32 (4)：344 - 348.

黄秀美，2013b. 闽楠种源试验初步研究 [J]. 林业勘察设计 (福建) (2)：109 - 112.

黄勇，2013. 柳杉全同胞子代测定林及优良家系选择 [J]. 亚热带农业研究，9 (2)：98 - 101.

贾高文，刘珂男，王云峰，等，2013. 云南临沧晚中新世黄檀属荚果和叶片化石研究 [J]. 古生物学报，(2)：213 - 222.

贾维妮，李景川，游甜甜，等，2011. 降香对大豆蛋白复合纤维织物的染色性能 [J]. 毛纺科技，39
　　（9）：16 - 19.

江荣翠，黄成林，傅松玲，2007. 安徽宿州石灰岩山地次生林群落类型研究 [J]. 安徽农业大学学报，
　　34（1）：88 - 92.

江香梅，温强，叶金山，等，2009. 闽楠天然种群遗传多样性的 RAPD 分析 [J]. 生态学报，29（1）：
　　438 - 444.

江香梅，肖复明，叶金山，等，2009. 闽楠天然林与人工林生长特性研究 [J]. 江西农业大学学报，31
　　（6）：1049 - 1054.

姜爱莉，孙利芹，2004. 降香抗氧化成分的提取及活性研究 [J]. 精细化工，21（7）：525 - 528.

姜荣波，刘军，姜景民，等，2011. 红楠主要表型和苗期性状地理种源变异 [J]. 东北林业大学学报，39
　　（5）：9 - 11.

金晓玲，何平，2005. 我国椆属植物的生物学特性 [J]. 经济林研究，23（4）：45 - 47.

李冬林，金雅琴，向其柏，2004. 我国楠木属植物资源的地理分布、研究现状和开发利用前景 [J]. 福
　　建林业科技，31（1）：5 - 9.

李建强，王恒昌，李晓东，等，2003. 基于细胞核 rDNA ITS 片段的水青冈属的分子系统发育 [J]. 武汉
　　植物学研究，21（1）：31 - 36.

李金昌，王秀滨，1996. 青檀在低山丘陵黄红壤侵蚀区的开发利用 [J]. 水土保持研究，3（4）：16 - 18.

李景文，李俊清，2005. 欧亚大陆水青冈遗传多样性对比分析 [J]. 北京林业大学学报，27（5）：1 - 8.

李昆，张春华，崔永忠，等，2004. 金沙江干热河谷区退耕还林适宜造林树种筛选研究 [J]. 林业科学
　　研究，17（5）：555 - 563.

李林初，姜家华，2000. 台湾扁柏和台湾杉的核型分析 [J]. 复旦学报（自然科学版），39（5）：
　　569 - 571.

李林源，2014. 闽北地区枫香优树子代生长性状变异分析及选择 [J]. 福建林业科技，41（4）：12 - 15.

李巧明，何田华，许再富，等，2003. 濒危植物望天树的遗传多样性和居群遗传结构 [J]. 分子植物育
　　种，1（5/6）：819 - 820.

李巧明，许再富，2001. 龙脑香科植物望天树的居群遗传结构及分化 [J]. 云南植物研究，23（3）：
　　1 - 3.

李淑玲，桑玉强，王平，等，2000. 不同种源香椿性状遗传分析 [J]. 河南农业大学学报，34（4）：
　　363 - 366.

李树刚，梁畴芬，1990. 广西植物资源 [J]. 北京：科学技术出版社.

李晓储，黄利斌，1991. 秃杉引种耐荫性初步研究 [J]. 江苏林业科技（3）：1 - 6.

李晓储，黄利斌，1993a. 秃杉引种潜力与生态适应性 [J]. 林业科学研究，6（3）：256 - 264.

李晓储，黄利斌，1993b. 秃杉引种幼龄生长规律初步研究 [J]. 植物生态学与地植物学学报，17（2）：
　　183 - 191.

李晓储，黄利斌，杨继明，等，1993c. 秃杉种源苗期地理变异的研究 [J]. 江苏林业科技（2）：1 - 8.

李岩，辛念，李玉娟，等，2011. 核桃楸树皮提取物抗肿瘤及免疫调节作用的研究 [J]. 北京理工大学
　　学报，31（5）：618 - 621.

李因刚，柳新红，马俊伟，等，2014. 浙江楠种群表型变异 [J]. 植物生态学报，38（12）：1315 - 1324.

梁瑞龙，朱积余，2005. 广西锥属植物及其开发利用研究 [J]. 广西林业科学，34（3）：111 - 115.

梁善庆，罗建举，2007. 人工林米老排木材的物理力学性质 [J]. 中南林业科技大学学报，27（5）：97 -
　　100，116.

梁淑娟，潘攀，孙志虎，2005. 坡位对水曲柳及胡桃楸生长的影响 [J]. 东北林业大学学报，33（3）：

18 - 19.

梁有旺，2008. 不同种源香椿种子及苗木差异性分析 [D]. 南京：南京林业大学.

廖声熙，李昆，杨振寅，等，2006. 不同年龄构树皮的纤维、化学特性与制浆性能研究 [J]. 林业科学研究，19（4）：436 - 440.

林朝楷，曾赣林，李小红，2006. 南酸枣特征特性与栽培技术 [J]. 福建果树（3）：57 - 58.

林金国，张兴正，翁闲，2004. 立地条件对米老排人工林生长和材质的影响 [J]. 植物资源与环境学报，13（3）：50 - 54.

林文群，陈忠，李萍，2001. 构树聚花果及其果实原汁营养成分的研究 [J]. 天然产物研究与开发，13（3）：45 - 48.

蔺明林，2010. 中国古代金丝楠木的地理分布与变迁 [J]. 紫禁城（增刊）：78 - 81.

刘桂丰，杨书文，李俊涛，等，1991. 胡桃楸种源的初步区划及最佳种源选择 [J]. 东北林业大学学报，19（S）：189 - 195.

刘洪谔，李晓储，1993. 柳杉地理种源造林试验 [J]. 浙江林学院学报，10（4）：387 - 395.

刘洪谔，童再康，李晓储，等，1992. 柳杉优树子代的遗传变异与再选择 [J]. 浙江林学院学报，9（1）：29 - 35.

刘金福，洪伟，等，2002. 中国珍稀格氏栲林的数量特征 [J]. 应用与环境生物学报，8（1）：14 - 19.

刘军，陈益泰，姜景民，等，2010. 香椿属种质资源及其开发利用 [J]. 林业实用技术（5）：56 - 57.

刘凌燕，张明理，李建强，等，2008. 国产青冈属的数量分类学研究 [J]. 武汉植物学研究，26（5）：466 - 475.

刘孟奇，周浙昆，2006. 栲属（壳斗科）植物的现代和地史分布 [J]. 云南植物研究，28（3）：223 - 235.

刘明宣，辜云杰，夏川，等，2014. 枫香地理种源变异与选择 [J]. 四川林业科技，35（5）：13 - 16.

刘韶辉，项文化，赵丽娟，等，2010. 湖南会同次生阔叶林优势树种的种内种间竞争研究 [J]. 中南林业科技大学学报（9）：10 - 15.

刘勋成，李玉媛，陈少瑜，2005. 不同榉树种源遗传多样性的 ISSR 分析 [J]. 西部林业科学，32（2）：43 - 47.

刘永安，孔昭宸，1978. 河南吴城晚始新世的植物化石及其在植物学、古气候学上的意义 [J]. 植物学报，20（1）：59 - 65.

刘瑜，谭梓峰，杨志玲，2002. 湖南省锥属植物资源及其开发利用 [J]. 湖南林业科技，29（1）：42 - 43.

龙汉利，张炜，宋鹏，等，2011. 四川桢楠生长初步分析 [J]. 四川林业科技，32（4）：89 - 91.

陆长旬，张德纯，王德槟，2001. 香椿起源和分类地位的研究 [J]. 植物研究（2）：195 - 199.

路安民，1999. 种子植物科属地理 [M]. 北京：科学出版社.

吕福如，2002. 防火生土带改建米老排防火林带的林木生长与地力维持效果 [J]. 河北林果研究，17（4）：317 - 322.

罗艳，周浙昆，2001. 青冈亚属植物的地理分布 [J]. 云南植物研究，23（1）：1 - 16.

骆文坚，何贵平，陈益泰，等，2007. 南酸枣地理种源幼林生长性状变异和种源选择 [J]. 江西农业大学学报，29（3）：365 - 368.

马柄坚，2010. 金丝楠木在中国古代建筑与家具中的应用 [J]. 紫禁城（增刊）：8 - 19.

马万里，罗菊春，荆涛，等，2005. 珍贵树种核桃楸的生态学问题及培育前景 [J]. 内蒙古师范大学学报，34（4）：489 - 492.

苗运法，方小敏，宋之琛，等，2008. 青藏高原北部始新世孢粉记录与古环境变化 [J]. 中国科学 D 辑

（地球科学），38（2）：187-196.

倪健，宋永昌，1997. 中国青冈的地理分布与气候的关系 [J]. 植物学报，39（5）：451-460.

欧建德，2015. 闽楠优良家系和单株的早期综合选择研究 [J]. 西南林业大学学报，35（1）：33-37.

潘志刚，游应天，1991. 湿地松、火炬松、加勒比松引种栽培 [M]. 北京：北京科学技术出版社.

裴东，李容海，刘兆发，等，2006. 麻核桃资源保护与开发利用研究 [J]. 林业资源管理（4）：66-69.

彭超威，程幼学，1992. 构树叶饲喂生长肥育猪试验 [J]. 广西农业科学（3）：136-137.

彭艳玲，2011. 中国南方冷杉属物种谱系地理分析揭示其复杂起源和遗传渐渗 [D]. 兰州：兰州大学.

漆荣，2005. 秃杉地理种源变异的研究 [D]. 武汉：华中农业大学.

丘小军，朱积余，蒋燚，等，2006. 红锥的天然分布与适生条件研究 [J]. 广西农业生物科学，25（2）：175-179.

屈晶，2007. 格木中具细胞毒活性的化学成分研究；格木中微量咖萨因型酰胺和短萼仪花中化学成分的在线分析方法研究 [D]. 北京：中国医学科学院，中国协和医科大学.

萨仁，苏德毕力格，2003. 榆科榉属的植物地理学 [J]. 云南植物研究，25（2）：123-128.

沈卓群，罗勤初，盛哲，等，1979. 檫树开花结实生物学特性研究初报 [J]. 湖南林业科技（1）：14-15.

沈卓群，罗勤初，盛哲，等，1980. 檫树开花生物学特性的探讨 [J]. 林业科技通讯（1）：8-9.

施行博，洪菊生，1999. 秃杉种源试验与选择的研究 [J]. 林业科技通讯（9）：4-8.

石雷，梁英扬，邓疆，2010a. 印度黄檀引种试验研究 [J]. 西南农业学报，23（2）：556-560.

石雷，梁英扬，邓疆，2010b. 印度黄檀适生性的气候因子研究 [J]. 林业科学研究，23（2）：191-194.

宋朝枢，1994. 宝天曼自然保护区科学考察集 [M]. 北京：中国林业出版社.

宋丛文，张新叶，胡兴宜，2004. 秃杉种内遗传多样性的 RAPD 分析 [J]. 湖北林业科技（4）：1-4.

苏喜廷，姚盛智，陈志诚，等，2008. 胡桃楸遗传改良中几项技术的试验研究 [J]. 林业科技，33（1）：8-9.

孙玉玲，2004. 濒危植物秦岭冷杉的种实特性和幼苗适应性 [D]. 北京：中国科学院.

孙永玉，李昆，陈晓鸣，2005. 中华紫胶虫寄主植物钝叶黄檀研究进展 [J]. 林业科技开发，19（5）：7-9.

孙玉玲，李庆梅，谢宗强，2005. 濒危植物秦岭冷杉结实特性的研究 [J]. 植物生态学报，29（2）：251-257.

覃文更，韦国富，谭卫宁，2004. 广西木伦自然保护区青檀群落特征及其多样性研究 [J]. 广西林业科学，33（3）：126-129.

谭希文，王军辉，顾万春，等，2005. 桤木栽培区区划和栽培区适生种源的综合选择 [J]. 福建林学院学报，25（3）：269-273.

唐亚，诸葛仁，1996. 椴树属的地理分布 [J]. 植物分类学报，34（3）：254-264.

田晓瑞，舒立福，乔启宇，等，2001. 南方林区防火树种的筛选研究 [J]. 北京林业大学学报，23（5）：43-47.

王昌禄，常利杰，夏廉法，2009. 药用香椿种质的初步筛选 [J]. 河南农业科学（6）：108-110.

王崇云，马绍宾，吕军，等，2012. 中国油杉属植物的生态地理分布与系统演化 [J]. 广西植物，32（5）：612-616.

王发明，2007. 福建青冈林种子植物多样性研究 [D]. 福州：福建农林大学.

王凤英，张闯令，张文卓，2011. 黄色叶构树的选育及应用 [J]. 农业科技通讯（5）：191-193.

王洪强，王芬，王孟军，等，2013. 青檀优良无性系选育 [J]. 中国园艺文摘（6）：14-16.

王军辉，2000. 桤木遗传变异与选择的研究 [D]. 北京：北京林业大学.

王军辉，顾万春，2006. 桤木不同种源球果及种子性状的遗传变异 [J]. 东北林业大学学报，34（2）：1-4.

王军辉，顾万春，夏良放，等，2001. 桤木种源（群体）/家系材性性状的遗传变异 [J]. 林业科学研究，14（4）：362-368.

王军辉，顾万春，夏良放，等，2005. 桤木种源的地理变异和种源区划 [J]. 浙江林学院学报，22（5）：502-506.

王敏，周鹏，张强，等，2013. 桤木属种质资源研究进展 [J]. 江苏林业科技，40（6）：50-54.

王明安，王明奎，彭树林，等，2001. 青檀树皮中的化学成分 [J]. 天然产物研究与开发，13（6）：5-8.

王明达，杨绍增，张懋嵩，等，2012. 云南珍贵用材树种的产材类别品性及分布特征 [J]. 西部林业研究，41（1）：7-16.

王鹏程，涂炳坤，叶要妹，等，2001. 不同时期不同种源香椿芽营养成分分析 [J]. 湖北农业科学（6）：56-57.

王萍莉，张金谈，1988. 中国青冈属花粉形态及其与栎属的关系 [J]. 中国科学院研究生院学报，26（4）：282-289.

王文静，何雅蔷，2001. 宝天曼自然保护区青檀林结构特征与物种多样性研究 [J]. 河南农业大学学报，35（4）：364-367.

王旭军，2013. 红椆种源变异 [D]. 北京：中国林业科学研究院.

韦健康，2002. 广西发现任豆王 [J]. 广西林业（4）：34.

韦晓霞，吴如健，胡菡青，等，2009. 大果优质南酸枣新株系'南酸枣3号'选育研究 [J]. 福建果树（3）：11-13.

韦晓霞，钟秋珍，叶绍友，等，2012. 南酸枣生长结果习性观察及修剪技术要点 [J]. 中国南方果树，41（2）：111-113.

魏会琴，刘忠华，万文，2008. 构树研究概况及展望 [J]. 福建林业科技，35（4）：261-265.

吴福莉，方小敏，苗运法，等，2010. 不同气候带内早更新世湖相沉积孢粉记录的环境对比 [J]. 科学通报，5（21）：2131-2138.

吴可克，王舫，2003. 中药降香对酪氨酸酶激活作用的动力学研究 [J]. 日用化学工业，33（3）：204-206.

吴泽民，1984. 喜树、香椿染色体数目的研究 [J]. 安徽林业科技（3）：21-23.

吴征镒，1991. 中国种子植物属的分布区类型 [J]. 云南植物研究（增刊Ⅳ）：1-139.

郗荣庭，张毅萍，1996. 中国果树志：核桃卷 [M]. 北京：中国林业出版社.

夏海涛，2009. 药用苦楝遗传多样性 ISSR 分析和遗传变异规律研究 [J]. 福州：福建农林大学.

向巧萍，傅立国，1998. 冷杉属植物叶角质层内表面的观察及其系统学意义 [J]. 植物分类学报，36（5）：441-448.

向巧萍，向秋云，Aaron Ltston，等，2000. ITS（nrDNA）片段在冷杉属植物中的长度多态性及其在松科的系统与演化研究中的应用 [J]. 植物学报，42（9）：946-951.

向小果，曹明，周浙昆，2006. 松科冷杉属植物的化石历史和现代分布 [J]. 植物分类与资源学报，28（5）：439-452.

肖国华，罗勤初，罗中甫，1992. 湖南檫树种源选择的研究 [J]. 湖南林业科技（4）：10-15.

熊冬生，浦跃武，吴晓英，2000. 南酸枣植物在药物方面的研究概况及其应用前景 [J]，广东药学，10（5）：8-10.

徐奎源，徐永星，徐裕良，2005. 红楠等四种楠木树种的栽培试验 [J]. 江苏林业科技，32（2）：

26 - 27.

许冬芳，崔同林，2005. 青檀的开发利用 ［J］. 中国林副特产，6 （3）：64.

许慕农，陈香玲，李德生，1995. 优良品种香椿芽营养成分的研究 ［J］. 山东农业大学学报，26 （2）：137 - 143.

闫兴富，曹敏，2008. 热带雨林濒危树种望天树的致危原因及保护策略 ［J］. 福建林业科技，35 （1）：187 - 191.

严学祖，马光良，王光剑，等，1995. 川南秃杉引种优良种源选择 ［J］. 四川林业科技，17 （1）：46 - 50.

杨成华，安明态，戴晓勇，等，2010. 贵州植物的新记录种 ［J］. 西部林业科学，39 （3）：67 - 69.

杨成华，方小平，1996. 青檀实生育苗 ［J］. 贵州林业科技，24 （3）：53 - 55.

杨家驹，2010. 桢楠的研究与鉴别 ［J］. 紫禁城 （增刊）：98 - 101.

杨琴军，袁继林，付强，2011. 台湾杉 ISSR 反应体系的建立及检测 ［J］. 华中农业大学学报，30 （4）：432 - 437.

杨书文，刘桂丰，王会仁，等，1991. 胡桃楸地理变异规律的再研究 ［J］. 东北林业大学学报，19 （S）：183 - 188.

杨玉坡，1983. 中国的冷杉 ［J］. 四川林业科技 （3）：7 - 11.

杨曾奖，徐大平，张宁南，等，2011. 降香黄檀嫁接技术研究 ［J］. 林业科学研究，24 （5）：674 - 676.

叶代全，2011. 枫香优树自由授粉子代测定与速生优良家系选择 ［J］. 中南林业科技大学学报，31 （8）：79 - 82.

易文成，王旭军，张连金，等，2014. 大叶榉不同种源早期生长比较 ［J］. 湖南林业科技，41 （5）：22 - 24.

于永福，1994. 杉科植物分类研究 ［J］. 植物研究，14 （4）：369 - 384.

于永福，1995. 杉科植物的起源、演化及其分布 ［J］. 植物分类学报，33 （4）：362 - 389.

袁洁，尹光天，杨锦昌，等，2013. 米老排天然群体的种实表型变异研究初报 ［J］. 热带作物学报，34 （10）：2057 - 2062.

袁穗波，1996. 不同产地香椿苗期营养元素吸收力研究 ［J］. 湖南林业科技 （2）：18 - 22.

袁显磊，祁永会，刘忠，等，2013. 核桃楸种源选择试验及其环境因子的影响 ［J］. 植物研究，33 （4）：468 - 476.

臧德奎，2007. 园林树木学 ［M］. 北京：中国建筑工业出版社.

张含国，邓继峰，张磊，等，2011. 胡桃楸种源家系变异规律及家系选择研究 ［J］. 西北林学院学报，26 （2）：91 - 95.

张琪，杨玉梅，刘凤鸣，等，2006. 广枣总黄酮对大鼠缺血心肌组织蛋白质表达的影响 ［J］. 中国药理学通报，22 （11）：1344 - 1347.

张启伟，2012. 秦岭冷杉和巴山冷杉的种群遗传结构及谱系地理学的比较研究 ［D］. 桂林：广西师范大学.

张秋玉，李远发，梁芳，2009. 构树资源研究利用现状及其展望 ［J］. 广西农业科学，40 （2）：217 - 220.

张炜，江波，蒋晔，2009. 四川省桢楠天然群体种子表型多样性初步研究 ［J］. 四川林业科技，30 （6）：75 - 78.

张文辉，徐晓波，周建云，等，2004. 濒危植物秦岭冷杉地理分布和生物生态学特性研究 ［J］. 生物多样性，12 （4）：419 - 426.

张玉琼，1999. 大别山北坡青檀次生林开发利用 ［J］. 生物学杂志，16 （3）：31 - 33.

张卓文，2003. 柳杉生长过程分析及生长阶段划分 [J]. 中南林学院学报，23 (2)：46-51.

赵光仪，田兴军，黄波罗，1991. 胡桃楸、水曲柳分布北限论析 [J]. 东北林业大学学报，19 (4)：290-294.

赵志刚，郭俊杰，沙二，等，2009. 我国格木的地理分布与种实表型变异 [J]. 植物学报，44 (3)：338-344.

赵志刚，郭俊杰，曾杰，等，2011. 濒危树种格木天然群体自由授粉子代苗期生长变异 [J]. 植物研究，31 (1)：100-104.

赵志江，谭留夷，宁佐梅，等，2012. 王朗自然保护区岷江冷杉（*Abies faxoniana*）树干解析研究 [J]. 西北林学院学报，27 (1)：163-168.

郑汉臣，黄宝康，秦路平，等，2002. 构树属植物的分布及其生物学特性 [J]. 中国野生植物资源，21 (6)：11-13.

郑联合，黄星，王莉，等，2011. 降香黄檀籽油的理化性质及化学成分分析 [J]. 中国油脂，36 (11)：73-76.

中国科学院昆明植物研究所，1977. 云南植物志：第一卷 [M]. 北京：科学出版社.

中国科学院中国植物志编辑委员会，1978. 中国植物志：第七卷 [M]. 北京：科学出版社.

中国科学院中国植物志编辑委员会，1979. 中国植物志：第二十五卷第二分册 [M]. 北京：科学出版社.

中国科学院中国植物志编辑委员会，1979. 中国植物志：第三十五卷第二分册 [M]. 北京：科学出版社.

中国科学院中国植物志编辑委员会，1982. 中国植物志：第三十卷 [M]. 北京：科学出版社.

中国科学院中国植物志编辑委员会，1987. 中国植物志：第六十卷第二册 [M]. 北京：科学出版社.

中国科学院中国植物志编辑委员会，1988. 中国植物志：第三十九卷 [M]. 北京：科学出版社.

中国科学院中国植物志编辑委员会，1989. 中国植物志：第四十九卷第一分册 [M]. 北京：科学出版社.

中国科学院中国植物志编辑委员会，1990. 中国植物志：第五十卷第二分册 [M]. 北京：科学出版社.

中国科学院中国植物志编辑委员会，1994. 中国植物志：第四十卷 [M]. 北京：科学出版社.

中国科学院中国植物志编辑委员会，1997. 中国植物志：第四十三卷第三分册 [M]. 北京：科学出版社.

中国科学院中国植物志编写委员会，1998. 中国植物志：第二十二卷 [M]. 北京：科学出版社.

《中国森林》编辑委员会，1999. 中国森林：第2卷针叶林 [M]. 北京：中国林业出版社.

《中国森林》编辑委员会，2000. 中国森林：第3卷阔叶林 [M]. 北京：中国林业出版社.

《中国树木志》编辑委员会，1978. 中国主要树种造林技术：下册 [M]. 北京：农业出版社.

《中国树木志》编辑委员会，1983. 中国树木志：第一卷 [M]. 北京：中国林业出版社.

《中国树木志》编辑委员会，1985. 中国树木志：第二卷 [M]. 北京：中国林业出版社.

《中国树木志》编辑委员会，1997. 中国树木志：第三卷 [M]. 北京：中国林业出版社.

《中国树木志》编辑委员会，2004. 中国树木志：第四卷 [M]. 北京：中国林业出版社.

钟景兵，李英键，1997. 酸枣木材物理力学性质的研究 [J]. 广西林业科学，26 (1)：44-46.

周诚，2007. 珍贵用材树种红锥的生物学特性与研究综述 [J]. 江西林业科学 (5)：29-31.

周峰，2005. 构树叶、花序及果实的氨基酸分析 [J]. 药学实践杂志，23 (3)：154-156.

周光裕，1995. 中国的枫香林 [J]. 宁波大学学报，8 (2)：34-41.

周敏，2008. 构树遗传多样性的 AFLP 研究 [D]. 昆明：西南林学院.

周翔宇，2005. 中国香椿属的研究 [D]. 南京：南京林业大学.

周浙昆，1992. 中国栎属的起源演化及其扩散 [J]. 云南植物研究，14（3）：227-236.

周浙昆，1993. 栎属的历史植物地理学研究 [J]. 云南植物研究，15（1）：21-33.

朱红波，赵云，林士杰，等，2011. 核桃楸资源研究进展 [J]. 中国农学通报，27（25）：1-4.

朱华，1992. 不同地区望天树种群形态特征的比较 [J]. 广西植物，12（3）：269-271.

朱积余，廖培来，2006. 广西名优经济树种 [M]. 北京：中国林业出版社 .

朱积余，韦增健，丘小军，1993. 油杉属树种人工造林的试验研究 [J]. 林业科学，29（1）：67-71.

朱靖杰，2005. 海南降香黄檀的离体培养和植株再生 [J]. 植物生理学通讯，41（6）：793.

朱万泽，王金锡，薛建辉，2005. 台湾桤木和四川桤木种源苗木对水分胁迫的生理响应 [J]. 西北植物学报，25（10）：1969-1975.

诸葛仁，唐亚，1995. 椴树属形态演化与生物地理学 [J]. 西南林学院学报，15（4）：1-12.

卓仁英，孟现东，陈益泰，2003. 桤木群体遗传分化研究：Ⅰ. DNA 提取和 PCR 条件的建立 [J]. 林业科学研究，16（1）：117-122.

宗仁俊，杨荣华，耿兴高，1993. 海堤柳杉生长情况调查报告 [J]. 江苏林业科技（2）：31-33.

An R B, Jeong G S, Kim Y C, 2008. Flavonoids from the heart wood of *Dalabergia odorifera* and their protective effect on glutamate - induced oxidative injury in HT22 cells [J]. Chemical and Pharmaceutical Bulletin, 56（12）：1722-1724.

Arunakumara K K I U, Walpola B C, Subasinghe S, et al. , 2011. *Pterocarpus santalinus* Linn. f. （Rath handun）：A review of its botany, uses, phytochemistry and pharmacology [J]. Journal of the Kourean Society for Applied Biological Chemistry, 54（4）：495-500.

Babu T N V, 1992. Introductiong of red sanders in Kerala [J]. Indian forester, 118（2）：109-111.

Castañeda - Posadas C, Cevallos - Ferriz S R S, 2007. *Swietenia* （Meliaceae） flower in Late Oligocene - Early Miocene amber from Simojovel de Allende, Chiapas, Mexico [J]. American Journal of Botany, 94（11）：1821-1827.

Chambers K L, Poinar G O, 2012. A mid - tertiary fossil flower of *Swietenia* （Meliaceae） in Dominican amber [J]. Journal of the Botanical Research Institute of Texas, 6（1）：123-128.

Chan S C, Chang Y S, Kuo S C, et al. , 1997. Neoflavonoids from *Dalbergia odorifera* [J]. Phytochemistry, 46（5）：947-949.

Chan S C, Chang Y S, Wang J P, et al. , 1998. Three new flavonoids and antiallergic, anti - inflammatory constituents from the heartwood of *Dalbergia odorifera* [J]. Planta Medica, 65（2）：153-158.

Chant T T, Chen T, 1986. Studies on nuclear behaviour, mating type and heterokaryosis of several species of Ganoderma in Taiwan [J]. Plant Protection Bulletin, 28：231-240.

Choi C W, Choi Y H, Cha M R, et al. , 2009. Antitumor components isolated from the heartwood extract of *Dalbergia odorifera* [J]. Journal of the Korean Society for Applied Biological Chemistry, 52（4）：375-379.

Choi U, Kim I W, Shin D H, 2003. Antioxidative and synergistic effect of ethanol extracts from *Dalbergia odorifera* T. Chen [J]. Food Science and Biotechnology, 12（1）：72-78.

Céspedes M, Gutierrez M V, Holbrook N M, et al. , 2003. Restoration of genetic diversity in the dry forest tree *Swietenia macrophylla* （Meliaceae） after pasture abandonment in Costa Rica [J]. Molecular Ecology, 12（12）：3201-3212.

Darlington C D, Wylie A P, 1955. Chromosome atlas of flowering plants [M]. 2nd ed. London：George Allen and Unwin.

Florin R, 1963. The distribution of conifer and taxad genera in time and space [J]. Acta Horti Berg：122-

131.

Gillies A C M, Navarro C, Lowe A J, et al., 1999. Genetic diversity in Mesoamerican populations of mahogany (*Swietenia macrophylla*), assessed using RAPDs [J]. Heredity, 83: 722 - 732.

Hoey M T, Parks C R, 1994. Genetic divergence in *Liquidambar styraciflua*, *L. formosana*, and *L. acalycina* (Hamamelidaceae) [J]. Systematic Botany, 19 (2): 308 - 316.

Hoey M T, Parks C R, 1991. Isozyme divergence between eastern Asia, North American, and Turkish species of Liquidambar [J]. American Joural of Botany, 78 (7): 938 - 947.

Huang C J, Brace B, 1999. Fagaceae in flora of China: vol 4 [M]. Beijing: Science Press: 315 - 333.

Jaramillo - Correa J P, Aguiree - Planter E, Khasa D P, et al., 2008. Ancestry and divergence of subtropical montane forest isolates: Molecular biogeography of the genus *Abies* (Pinaceae) in southern Mexico and Guatemala [J]. Molecular Ecology, 17 (10): 2476 - 2490.

Lahiri A K, 1986. A note on performance of red sander in lateritic tract of west Bengal [J]. Indian Journal of Forestry, 9 (3): 269 - 270.

Lee S H, Kim J Y, Seo G S, et al., 2009. Isoliquiritigenin, from *Dalbergia odorifera*, up - regulates anti - inflammatory heme oxygenase - 1 expression in RAW264. 7 macrophages [J]. Inflammation research, 58 (5): 257 - 262.

Lemes M R, Gribel R, Proctor J, et al., 2003. Population genetic structure of mahogany (*Swietenia macrophylla* King, Meliaceae) across the Brazilian Amazon, based on variation at microsatellite loci: implications for conservation [J]. Molecular Ecology, 12 (11): 2875 - 2883.

Li J, Bogle A L, Klein S A, 1997. Interspecific relationships and genetic divergence of the disjunct genus *Liquidambar* inferred from DNA sequences of plastid gene *matK* [J]. Rhodora, 99 (899): 229 - 240.

Li N, Yu F, Yu S S, 2004. Triterpenoids from *Erythrophleum fordii* [J]. Acta Botanica Sinica, 46 (3): 371 - 374.

Liu T S, 1971. A monograph of the genus *Abies* [D]. Taipei: College of Agriculture, National Taiwan University.

Lowe A J, Jourde B, Breyne P, et al., 2003. Fine - scale genetic structure and gene flow within Costa Rican populations of mahogany (*Swietenia macrophylla*) [J]. Heredity, 90: 268 - 275.

Maiti S K, 2007. Bioreclamation of coalmine overburden dumps - with special emphasis on micronutrients and heavy metals accumulation in tree species. Environmental Monitoring and Assessment, 125 (1/3): 111 - 122.

Maury - Lechon M, Curtet L, 1998. Biogeography and evolutionary systematic of Dipterocarpaceae [M]// Appanah S, Turnbull J M. A review of *Dipterocarpus*: taxonomy, ecology and silviculture. Bogor: Center for International Forestry Research: 5 - 45.

Muellner A N, Vincent S, Rosabelle S, et al., 2006. The mahogany family "out - of - Africa": divergence time estimation, global biogeographic patterns inferred from plastid rbcL DNA sequences, extant, and fossil distribution of diversity [J]. Molecular phylogenetics and Evolution, 40 (1): 236 - 250.

Mukhopadhyay S, Joy V C, 2010. Influence of leaf types on microbial functions and nutrient status of soil: Ecological suitability of forest trees for afforestation in tropical laterite wastelands [J]. Soil Biology and Biochemistry, 42 (12): 2306 - 2315.

Mukhopadhyay S, Maiti S K, 2011. Trace metal accumulation and natural mycorrhizal colonization in an afforested coalmine overburden dump: a case study from India [J]. International Journal of Mining, Reclamation and Environment, 25 (2): 187 - 207.

Parihar D R, 1997. Field evaluation of natural resistance of timber and fuel wood against termite attack [J]. Annals of Arid Zone, 36 (1): 61 - 64.

Prasad J V N S, Gill A S, Baig M J, et al., 2008. Fodder and fuel - wood production through agroforestry in semi - arid Central India [J]. Indian Journal of Agronomy, 53 (2): 152 - 156.

Qadri R, Mahmood A, 2002. Occurrence of persistent infection threads in the root nodules of *Dalbergia sissoo* Roxb [J]. Pakistan Journal of Botany, 34 (4): 397 - 403.

Ribeiro R A, Lavin M, Lemos - Filho J P, et al., 2007. The genus Machaerium (Leguminosae) is more closely related to *Aeschynomene* Sect. *Ochopodium* than to *Dalbergia*: inferences from combined sequence data [J]. Systematic Botany, 32 (4): 762 - 771.

Santamour F S, 1972. Chromosome number in *Liquidambar* [J]. Rhodora, 74: 287 - 290, 798.

Saslis - Lagoudakis C H, Klitgaard B B, Forest F, et al., 2011. The use of phylogeny to interpret cross - cultural patterns in plant use and guide medicinal plant discovery: an example from *Pterocarpus* (Leguminosae) [J]. PLos ONE, 6 (7): e22275.

Tao Y, Wang Y, 2010. Bioactive sesquiterpenes isolated from the essential oil of *Dalbergia odorifera* T. Chen [J]. Fitoterapia, 81 (5): 393 - 396.

Tiwarf M, 2006. Growth and phosphorus uptake and nickel accumulation in AM inoculated *Dalbergia sissoo* under nickel stressed condition [J]. Ecology, Environment and Conservation, 12 (4): 609 - 616.

Tsumura Y, Kawahara T, Wickneswari R, et al., 1996. Molecular phylogeny of Dipterocarpaceae in Southeast Asia using RFLP of PCR - amplified chloroplast genes [J]. Theoretical and Applied Genetics, 93 (1/2): 22 - 29.

Wang S S, Zheng Z G, Weng Y Q, et al., 2004. Angiogenesis and anti - angiogenesis activity of Chinese medicinal herbal extracts [J]. Life Sciences, 74 (20): 2467 - 2478.

White G M, Boshier D H, Powell W, 1999. Genetic variation within a fragmented population of *Swietenia humilis* Zucc. [J]. Molecular Ecology, 8 (11): 1899 - 1909.

White G M, Boshier D H, Powell W, 2002. Increased pollen flow counteracts fragmentation in a tropical dry forest: An example from *Swietenia humilis* Zuccarini [J]. Proceedings of the National Academy of Science of the United States of American, 99 (4): 2038 - 2042.

White G, Powell W, 1997. Isolation and characterization of microsatellite loci in *Swietenia humilis* (Meliaceae): an endangered tropical hardwood species [J]. Molecular Ecology, 6 (9): 851 - 860.

Whitmore J L, Hinojosa G, 1977. Mahogany (*Swietenia*) hybrids [D]. USDA Forest Service Research Paper. Institute of Tropical Forestry, Puerto Rico: 8.

Wojciechowski M F, 2003. Reconstructing the phylogeny of legumes (Leguminosae): an early 21st century perspective [M]//Klitgaard B B, Bruneau A. Advances in Legume Systematics, part 10, Higher level systematic. Kew: Royal Botanic Garden: 5 - 35.

Xiang Q P, Xiang Q Y, Guo Y Y, et al., 2009. Phylogeny of *Abies* (Pinaceae) inferred from nrITS sequence data [J]. Taxon, 58 (1): 141 - 152.

林木卷

第三十三章

园林绿化树种

第一节 雪 松

雪松〔*Cedrus deodara*（Roxb.）G. Don〕，又称喜马拉雅雪松，属松科（Pinaceae）雪松属（*Cedrus* Trew.）常绿乔木。雪松原产喜马拉雅山，中国西藏南部及印度、阿富汗均有分布。雪松属有 4 种，我国引种栽培 2 种。雪松树体高大，树干通直，材质优良；树姿雄伟壮丽，挺拔苍翠，是珍贵的用材树种和世界著名的观赏树种。

一、雪松的利用价值与生产概况

（一）雪松的利用价值

1. 木材利用价值　雪松材质优良，是良好的建筑用材。边材黄白色，心材黄褐色，有油脂，有香气。木材含水率 13％，密度 0.47 g/cm³，顺纹抗压极限强度 360 kg/cm²，静曲极限强度 690 kg/cm²，径面硬度 175 kg/cm²，弦面硬度 208 kg/cm²，断面（端面）硬度 374 kg/cm²。雪松木材抗腐性强，经久耐用，易于加工，可供建筑、桥梁、造船、家具等用材。

2. 观赏价值　雪松与南洋杉、日本金松、金钱松、巨杉合称为世界五大公园树种，印度民间视为"圣树"，最适孤植于草坪中央、建筑前、庭园中心或主要大建筑物的两旁及园门的入口等处。其主干下部的大枝近地面处平展，长年不枯，能形成尖塔状繁茂雄伟的树冠。我国自古用于点缀园林之用，如寺庙园林、皇家园林等。

3. 药用价值　雪松具有镇痛、解痉、抗菌、抗炎、抗病毒、抗癌等多种药理活性。雪松的化学成分主要有挥发性成分与非挥发性成分，雪松的非挥发性成分主要含萜类、木质素、黄酮类、脂肪酸以及鞣质、维生素、矿物质、氨基酸、酶类、激素、有机酸、多糖等多种成分。挥发性成分主要含单萜、倍半萜和它们的含氧衍生物，雪松中提取得到的挥发油成分对各种不同的炎症模型具有良好的抗炎活性。雪松树枝的乙醇提取物木脂素混合物对经组织培养的人类鼻咽表皮样癌具有一定的抑制作用。雪松挥发油是一种强效的杀菌剂，雪松精油是一种重要的抗真菌剂，对表浅部真菌的生长具有杀伤和抑制作用，雪松精油在芳香疗法治疗脱发中起主要作用。此外，从雪松中分离得到的天然成分还具有抗过敏、抗丝虫和灭钉螺等生物活性。

（二）雪松的分布与栽培区

1. 自然分布　雪松天然分布于喜马拉雅山西部及喀喇昆仑山口。分布区在西经 15°至东经 80°、北纬 30°~40°，垂直分布海拔 1 200~3 300 m，海拔 1 800~2 600 m 地带组成纯林，或与乔松、喜马拉雅云杉组成混交林。整个分布区自西向东形成了 3 个间断分布区，分别是西北喜马拉雅的阿富汗和印度，亚洲西部黎巴嫩、叙利亚、土耳其，地中海的塞浦路斯岛、西北非的摩洛哥、阿尔及利亚，并形成替代式分布。据孢粉研究，雪松在上新世曾普遍分布于我国西南地区，并为针叶林的主要建群树种。第四纪初气候的改变，青藏高原大幅度上升，导致雪松分布区大大缩减，至中更新世以后大面积雪松林已不复存在。目前我国仅在喜马拉雅山西部尚有少量雪松的天然分布。

2. 引种栽培　世界各国引种栽培雪松已有近 400 年的历史，目前世界暖温带至亚热带的许多国家都有雪松种植。欧洲一些国家自 17 世纪就开始引种黎巴嫩雪松（*C. libani*）。北非雪松（又称大西洋雪松，*C. atlantica* Manetti）于 1839 年引入欧洲，并且因观赏原因而广泛引种于世界各地，并在法国被用于土壤贫瘠地段的用材林培育。

我国引种雪松已有近 100 年的历史，主要在亚热带、暖温带地区城市栽培。我国在 1912 年（南京）、1914 年（青岛、上海）先后从日本、印度等地引入少量的雪松种子及苗木。1920 年从印度引入喜马拉雅雪松种子。1934 年雪松成功引入陕西。北京植物园 1955 年先后从国内外引种雪松和北非雪松，并获得成功，树龄最大的已有 60 多年。20 世纪 50 年代后试验推广雪松无性繁殖技术。陕西、甘肃以南的 20 多个省份都有雪松种植。北京、大连、青岛、徐州、上海、南京、杭州、南平、庐山、武汉、长沙、昆明等地已广泛作为庭院绿化树种，1982 年雪松被评为南京市树。

二、雪松的形态特征和生物学特性

（一）形态特征

常绿乔木，树冠尖塔形，大枝平展，小枝略下垂，枝条基部有宿存的芽鳞，叶脱落后有隆起的叶枕；树皮深灰色，裂成不规则的鳞状块片。叶针形，质硬，灰绿色或银灰色，在长枝上螺旋状排列，辐射伸展；短枝上簇生。

雪松球果第二年（稀三年）成熟，直立；种鳞木质，宽大，排列紧密，腹面有 2 粒种子，鳞背密生短茸毛；苞鳞短小，熟时与种鳞一同从宿存的中轴上脱落；球果顶端及基部的种鳞无种子，种子有宽大膜质的种翅；子叶通常 6~10 枚。种子呈不规则三角形，灰白色，长 1.0~1.3 cm，上端具褐色膜质阔翅。种子千粒重 105~200 g，发芽率 80%，有时空粒较多。种子含油脂，在一般储藏条件下不宜长期保存。种子出土萌发。初生叶螺旋状互生，针形，横切面呈扁椭圆形，上下两面各有 5~6 条白粉气孔线，叶呈粉绿色。主根粗长，侧根较细，斜展，红褐色（图 33-1）。

（二）生物学特性

1. 生长特性 雪松为速生树种。幼年时期生长较慢，1年生苗高仅30 cm，2年生实生苗、扦插苗苗高50~70 cm，以后高生长每年可至50~80 cm。

根据南京地区小片人工林测定，胸径年平均增长量可至1.5 cm左右。幼年时期生长较慢，但随着年龄的增长，胸径生长逐渐加快。5~6年生，平均年生长量0.5~1.0 cm，至8~9年后，每年平均生长量可至1.5 cm，甚至2 cm；20~40年，直径生长最快，每年平均生长量为3 cm；40年以后渐趋缓慢。

雪松为浅根性树种，主根不发达，侧根分布也不深，一般都在40~60 cm土层内，最深不超过80~90 cm。根系水平分布达数米，因此容易发生风倒。

2. 开花习性 雪松寿命长，在原产地可达700~800年。南京地区栽培

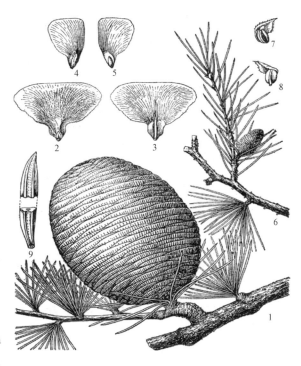

图 33-1 雪松
1. 球果枝 2、3. 种鳞背腹面 4、5. 种子 6. 雄球花枝
7、8. 雄蕊 9. 叶
（引自《中国树木志·第一卷》）

的雪松20~30年生开始开花结实。昆明的雪松15年生开始开花，18年生开始结实，其中大量结实始于30~40年。雪松结实有大小年现象，每2~3年有1次丰年。据在南京观察，近95%的雪松植株为雌雄异株，大约只有5%的植株为雌雄同株（郑万钧，1978）。其中，雄球花直立，多着生在树冠中下部，通常在6月出现，6月底开始膨大，8~9月迅速增大，长3~5 cm，直径0.8~1.5 cm，近黄色，10月下旬至11月上旬开始散粉。雄球花在开始散粉时急剧伸长到5~7 cm，径2 cm；雌球花出现在8~9月，呈长卵形，多数着生于树冠上部或顶端，直立，10月底到11月初成熟，呈浅绿色，微有白粉，此时长仅1~2 cm，径0.4~0.5 cm，授粉闭合后呈现淡紫色。花粉粒大而重，虽具气囊，但漂浮能力较差，雌球花难以接受花粉。

3. 果实发育 雪松的雌雄异熟现象十分明显，所以雪松的人工授粉率极低。南京地区雪松的雄球花往往比雌球花早熟10~20 d，所以结实很少，空瘪粒多，需要辅以人工授粉才能获得饱满的种子。

雪松球果一般在开花的第二年秋季成熟。成熟的球果大，长7~12 cm，径5~9 cm，近卵圆形至椭圆状卵圆形，种鳞多数，排列紧密，木质。种鳞倒三角形，顶端宽平，两侧边缘薄，有不规则锯齿，背面密被锈色毛。每片种鳞着生种子两枚。种子上部有倒三角形翅。种鳞褐色，宽大，膜质，比种子长。种子连翅长2.2~3.7 cm，种子长1.4~1.6 cm，

宽 0.6～0.7 cm，蜡黄色至灰白色，外种皮薄，革质，易破损。内种皮膜质，有韧性。种子富含油脂，易分泌，黏性强。胚乳丰富，黄白色，具芳香。胚粗壮，黄色，有时绿色。

（三）生态适应性

雪松适宜在我国年降水量 600～1 000 mm 的暖温带至中亚热带地区生长，而以长江中下游一带生长最好。如在南京中山陵，50 年生，树高 18 m，胸径 93 cm。雪松抗寒性较强，大苗可耐 -25 ℃ 的较短期低温；但对湿热气候适应能力较差，往往生长不良。

雪松是较喜光树种。幼年稍耐庇荫，大树要求充足的上方光照，否则生长不良或枯萎。雪松对土壤要求不严，在深厚肥沃疏松的土壤上生长最好；也能在黏重的黄土和土壤瘠薄、岩石裸露地上生长。酸性土、微碱性土均能适应。但雪松怕水，低洼积水或地下水位过高的地方，生长不良，甚至死亡。

雪松抗烟能力甚差，受烟源影响的雪松，在 4～5 月嫩叶展开的时期，如遇空气湿度较高，幼叶在二氧化硫的作用下，迅速枯萎，甚至全株死亡。

三、雪松属植物的起源、演化和分类

（一）雪松属植物的起源

雪松属植物曾广泛分布于第三纪初期，起源于北纬 40°～50° 的欧洲与亚洲的毗邻地区，古地中海地区是雪松属植物的起源中心，最可靠的化石出现于哈萨克斯坦西部的渐新世地层。东北亚和北美至今未见雪松属可靠的化石报道。在渐新世末和晚第三纪，因冰期气候变化、古地中海范围缩小和边缘高山高原的隆起、战乱等原因，雪松属植物由中欧向西南迁移至北非、向东由小亚细亚迁移至叙利亚并缩减到现在的区域。

（二）雪松属植物的分化与分类

目前有关雪松属植物种的分类问题在学术界尚有争议。一些学者认为雪松属应分为雪松和黎巴嫩雪松 2 种，北非雪松和塞浦路斯雪松［*C. brevifolia* （Hook. f.） Henry］与黎巴嫩雪松之间的形态差异甚微，是黎巴嫩雪松的两个亚种；有些学者认为雪松属应划分为黎巴嫩雪松、北非雪松和雪松 3 种，只把塞浦路斯雪松列为黎巴嫩雪松的一个变种（Bou et al.，2001；Canard et al.，1997；Panetsos et al.，1992）。AFLP 分子标记分析表明塞浦路斯雪松与黎巴嫩雪松有许多相同的标记，而黎巴嫩雪松和北非雪松却有较大差异（Wang et al.，2000）。对 4 种雪松 21 个群体的同工酶变异模型的 6 个位点等进行分析，利用水平淀粉凝胶电泳和聚丙烯酰胺凝胶电泳在多数种内都检测到了带有特异性变异模型的等位基因，并且在 0.136（雪松）至 0.316（塞浦路斯雪松）的范围内检测到了种间杂合水平上存在巨大差异（Scaltsoyianes，1991）。国内有关引种文献及植物志、树木志等大多记载雪松属为 4 种，即黎巴嫩雪松、雪松、北非雪松、塞浦路斯雪松，黎巴嫩雪松为模式种（潘志刚等，1994；《中国树木志》编辑委员会，1983；中国科学院中国植物志编辑委员会，1978）。

（三）雪松属植物种的演化及亲缘关系

通过对雪松属中 4 种雪松的核型比较，从 50 个细胞分裂相确定雪松的体细胞染色体数为 $2n=24=18\ m+6\ sm$，未见染色体非整倍性变异和多倍现象，也未见 B 染色体。Panetsos 等对 4 种雪松同工酶分析，结果显示雪松的杂合性最低，塞浦路斯雪松最高，北非雪松和黎巴嫩雪松居中。一般认为，杂合性的增高也是一种进化趋势，表明雪松可能最原始，北非雪松和黎巴嫩雪松较进化，塞浦路斯雪松的进化程度最高（李初林等，1995）。根据同具长枝和短枝的特征，可把雪松属和落叶松属（*Larix*）、金钱松属（*Pseudolarix*）同置于落叶松亚科（Laricoideae）。但根据种子及球果鳞片的形态特征等，也可把雪松属隶于冷杉亚科。从松科各属的细胞学资料来看，雪松属的核型 $[2n=24=18\ (20)\ +6\ (4)\ sm]$ 与落叶松属 $[2n=24=12\ m+12\ sm\ (st)]$ 和金钱松属 $[2n=44=4\ sm+40\ t\ (4SC)]$ 相去甚远，而与冷杉亚科（Abietoideae）的铁杉属（*Tsuga*）$[2n=24=20\ (18,\ 22)\ m+4\ (6,\ 2)\ sm]$ 和油杉属（*Keteleeria*）$[2n=24=18\ (16,\ 14)\ m+6\ (8,\ 10)\ sm]$ 的核型较为接近，将雪松属从松科落叶松亚科（Laricoideae）分出并归入冷杉亚科可能比较合适（李林初，1995；李楠，1995）。

（四）雪松属植物分类概况

据《中国植物志·第七卷》（1978）和《中国树木志·第一卷》（1983），本属 4 种，产于北非、小亚细亚至喜马拉雅山西部。我国有 1 种，引种栽培 1 种，分种检索表如下（《中国树木志》编辑委员会，1983）。

1. 大枝顶部与小枝通常微下垂；叶长 2.5～5 cm，横切面三棱状；球果较大，长 7～12 cm，径 5～9 cm ………………………………………………………… 1. 雪松（*C. deodara*）

1. 大枝顶部近直展、斜展或平展，小枝常不下垂；叶长 1.5～3.5 cm，横切面四棱状；球果较小，长约 7 cm，径约 4 cm ……………………………………… 2. 北非雪松（*C. atlantica*）

雪松有如下一些变种（潘志刚等，1994）：*C. deodara* var. *albo - spica*，主要特征是幼枝顶端白色；*C. deodara* var. *argentea*，主要特征是针叶苍白色或银白色；*C. deodara* var. *aurea*，主要特征是针叶金黄色；*C. deodara* var. *erecta*，主要特征是枝条较狭，不下垂；*C. deodara* var. *pendula*，主要特征是枝条下垂；*C. deodara* var. *robusta*，主要特征是叶较长，较粗壮；*C. dodeara* var. *viridis*，主要特征是针叶草绿色。

四、雪松近缘种的特征特性

（一）北非雪松

学名 *Cedrus atlantica* Manetti，又称大西洋雪松或亚特拉斯雪松。

原产于北非的摩洛哥和阿尔及利亚的亚特拉斯山和南非的安哥拉海拔 1 500～2 800 m 的山地。1839 年引入欧洲，并且因观赏原因而广泛栽培于世界各地，也是重要的用材林树种，在法国被用于土壤贫瘠地段的木材生产。我国上海、南京等地有引种栽培。树高可达 36.6 m，冠幅水平扩展达 30.5 m，寿命可达 2 000 年。树皮银灰色并且开裂。针叶刚硬，呈浅蓝绿色，长度不超过 2.5 cm，簇状着生于刺状短枝上。从 15 年开始开花，球果卵形，直立于枝条之上，球果和种子小。高生长速生长期为 10～20 年，然后随着顶端优势的丧失，生长减速，树冠开始水平扩展。树冠松散，开放，尖塔形，小枝以小的开张角向上生长。幼年期整株松塔状，随着年龄的增长，顶部变平。

主要栽培品种有金色北非雪松（*C. atlantica* 'Aurea Robusta' 和 *C. atlantica* 'Aurea'）、蓝色北非雪松（*C. atlantica* 'Glauca' 和 *C. atlantica* 'Glauca Pendul'）、锥形蓝色北非雪松（*C. atlantica* 'Glauca Fastigiata'）、垂枝蓝色北非雪松（*C. atlantica* 'Pendula'）等，其针叶颜色和树冠形态特异性明显，有很好的观赏价值。

（二）黎巴嫩雪松

学名：*Cedrus libani* Loud.，也称黎巴嫩杉。

产于黎巴嫩山脉和土耳其及叙利亚金牛宫山脉，在西欧已有 400 年栽培历史，1670 年引入美国。黎巴嫩雪松是黎巴嫩的国树，目前在原产地保存的古树还有 400 余株。在黎巴嫩的雪松林共 12 个林分，大约 1 700 hm²。黎巴嫩雪松是优良的防护林树种，它可以生产出很多造型和一些矮化型的景观树。黎巴嫩雪松自然地发源于降水量非常少的环境条件，它能在年降水量不足 400 mm 的条件下茁壮生长，但在年降水量 2 000 mm 的条件下也可较好地生长。成熟的黎巴嫩雪松是一种美丽而外观独特的尖塔形针叶树，高达 30 m，冠幅 15～20 m。通常具有粗大的树干，侧枝大幅度向水平方向伸展，其尖形树冠随着年龄的增长逐渐变得不规则和平缓。树皮黑色或棕色，呈鳞状龟裂并有隆起；叶长 2.5 cm，四边有深绿色至灰绿色斑点，在短枝上轮生，每轮 20～30 枚；树木在幼年期一般为圆锥形且对称；球果呈桶状，顶端水平，呈褐色有树脂；雌雄同株或异株；35 年生时开始结实。

（三）塞浦路斯雪松

学名：*Cedrus brevifolia*（Hook. f.）Henry。

原产于塞浦路斯的塞浦路斯岛，海拔 1 350 m。塞浦路斯雪松是稀有种，生长缓慢，是雪松属中最耐旱的种类。在有些分类目录中被列为黎巴嫩雪松的变种，该种和黎巴嫩雪松的区别是针叶较短、有较宽广的伞形树冠且具有不同的生境。在所有的雪松种类中，塞浦路斯雪松的针叶最短，其长度约 1.5 cm，颜色为灰绿色到中等绿色或深蓝绿色，轮生，且每轮着生 20～30 枚。树高可达 15～25 m；成熟期为开放树冠的针叶树，树皮开裂，银灰色。过去仅能获得它的嫁接苗，而现在可见到实生苗，适合做盆景。

（黄利斌　窦全琴）

第二节　金　钱　松

金钱松 [*Pseudolarix amabilis*（Nelson）Rehd.] 属松科（Pinaceae）金钱松属（*Pseudolarix* Gord.）落叶乔木。金钱松是第四纪冰川期残留下来的孑遗树种，为我国特有的单种属植物，也是中国中亚热带中低山地区的珍贵速生树种之一。金钱松树体高大，树姿端庄、秀丽，是我国优良的观赏与绿化造林树种，也是世界著名的五大观赏树种之一，为国外许多地区引种栽培。

一、金钱松的利用价值与生产概况

（一）金钱松的利用价值

1. 木材利用价值　木材黄褐色，结构略粗，但纹理通直，较耐潮湿，可供建筑、桥梁、船舶、家具等用材。此外金钱松的种子可榨油。

2. 药用价值　金钱松树皮和根皮（中药名为土槿皮或土荆皮）有止痒杀虫、抗菌消失、止血等功能，外用于治手脚癣、神经性皮炎、湿疹。金钱松树皮中治病的有效成分为土槿甲酸、土槿乙酸和土槿丙酸，土槿甲酸为无色透明的长方形柱状晶体，其分子式为 CH_2O_2。金钱松体内含有多种成分，主要为二萜类化合物、三萜类化合物、倍半萜类化合物、木质素类化合物及其他类化合物。李珠莲等（1989）从土槿皮（金钱松的根皮和近根树皮，又称土荆皮）中先后分离出了 8 种土槿皮酸。金钱松的生物活性主要体现在抗真菌、抗肿瘤和抗生育活性上。土槿皮乙酸（PAB）为抗真菌主要成分，其对多种菌都有很强的生物活性。土槿皮中的三萜类化合物也具有良好的抗菌活性。金钱松体内广泛存在具有抗菌活性的内生真菌，是潜在的抗真菌和新型灭螺药物的重要资源。

3. 绿化和环境保护价值　金钱松为珍贵的观赏树木之一，与南洋杉、雪松、金松和巨杉合称为世界五大公园树种。金钱松树体高大，树干端直，入秋叶变为金黄色，极为美丽。可孤植、丛植、列植或用作风景林。

（二）金钱松的分布与栽培区

1. 自然分布　金钱松水平分布于东经 112°～123°，北纬 27°～31°，零星分布于长江中下游各省份的山地。东起江苏宜兴、溧阳、浙江东部天台山、西北部的西天目山及安吉，福建浦城、武夷山及永安；西至湖北西部的利川及重庆万州；南起湖南安化、新化、涟源，北至河南南部的固始及安徽的霍山、岳西、黟县、黄山和绩溪等。金钱松常生长于海拔 1 500 m 以下的常绿阔叶林和落叶阔叶混交林中，但在海拔 1 000 m 以下生长较好。

2. 栽培范围　金钱松喜光爱肥，适宜酸性土壤。由于树干挺拔，树冠宽大，树姿端庄、秀丽，为世界各国植物园广为引种，宜植于瀑口、池旁、溪畔或与其他树木混植成丛，别有情趣。金钱松引种范围已超出其自然分布范围，北达北京、河南郑州、山东青岛崂山、江苏云台山；南至广西桂林、云南昆明、香港。在浙江杭州、安吉，湖南新化、湖北黄龙林场栽有小片的人工纯林与混交林，大多用于园林绿化。另外，该种作为园林绿化树种，已在国外许多地区引种成功。

二、金钱松的形态特征和生物学特性

（一）形态特征

乔木，高达 40 m，胸径 1.5 m；树干通直，树皮粗糙，灰褐色，裂成不规则的鳞片状块；枝平展，树冠宽塔形；1 年生枝淡红褐色或淡红黄色，无毛，有光泽，2～3 年生枝淡黄灰色或淡褐灰色，稀淡紫褐色，老枝及短枝呈灰色、暗灰色或淡褐灰色；矩状短枝生长极慢，有密集呈环节状的叶枕。

叶条形，柔软，镰状或直，上部稍宽，长 2～5.5 cm，宽 1.5～4 mm（幼树及萌生枝上的叶长 7 cm，宽 5 mm），先端锐尖或尖，上面绿色，中脉微明显，下面蓝绿色，中脉明显，每边有 5～14 条气孔线，气孔带较中脉带为宽或近于等宽；长枝枝叶辐射伸展，短枝枝叶簇状密生，平展成圆盘形，秋后叶呈金黄色。

雄球花黄色，圆柱状，下垂，长5～8 mm，梗长 4～7 mm；雌球花紫红色，直立，椭圆形，长约 1.3 cm，有短梗。

球果卵圆形或倒卵圆形，长 6～7.5 cm，径 4～5 cm，成熟前绿色或淡黄绿色，熟时淡红褐色，有短梗；中部的种鳞卵状披针形，长 2.8～3.5 cm，基部宽约 1.7 cm，两侧耳状，先端钝，有凹缺，腹面种翅痕之间有纵脊凸起，脊上密生短柔毛，鳞背光滑无毛；苞鳞长为种鳞的 1/4～1/3，卵状披针形，边缘有细齿；种子卵圆形，白色，长约 6 mm，种翅三角状披针形，淡黄色或淡褐黄色，上面有光泽。花期4 月，球果 10 月成熟（图 33 - 2）。

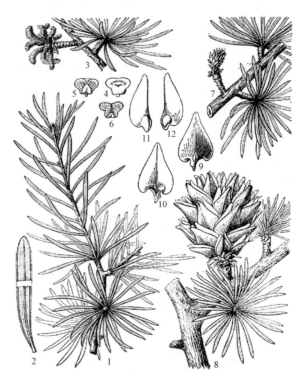

图 33 - 2　金钱松
1. 长、短枝及叶　2. 叶的下面　3. 雄球花枝　4、5、6. 雄蕊
7. 雌球花枝　8. 球果枝　9、10. 种鳞（及苞鳞）背腹面
11、12. 种子

（二）生物学特性

1. 生长习性　金钱松 1 年生苗高生长，4～5 月和 8 月出现两次高峰值，而 6～7 月是生长缓慢期，9 月中旬逐渐转入休眠期，到 10 月上旬基本停止高生长，11 月上旬叶渐枯黄但暂不脱落，直至翌年 1 月才全部落叶。苗木主根生长快，主根长度比苗高超出 1.0～1.5 倍。由于 1 年生苗高只有 12～16 cm，主根长而侧根不发达，须根少，要留床 1～2 年，采用 2～3 年生苗出圃造林。

3 月中下旬芽萌动，4 月初开始展叶，4 月中旬进入展叶盛期，8 月下旬至 9 月上旬开始变色，10 月中下旬为落叶盛期。一般 3～5 年丰产一次。

金钱松人工林生长发育可以分 4 个阶段：幼林阶段，1～8 年；速生阶段，8～16 年；干材阶段，一般为 16～30 年；成熟阶段，30～50 年。金钱松 20 年左右开始结实，但种子活力很低，30～50 年后种子活力逐渐增强，100 年左右母树种子活力最强（《中国森林》编辑委员会，1999）。

金钱松天然散生木胸径生长在 10 年内比较缓慢，11～20 年渐快，以 21～40 年时胸径生长最快。金钱松寿命长，持续速生年限长，到 133 年生时仍保持旺盛生长趋势（许绍远，1990）。

2. 开花习性　4 月上中旬花粉成熟为传粉期。5 月花粉在珠心上萌发，2 精核移入花粉管。同时颈卵器形成和卵细胞逐渐成熟，6 月受精，受精卵形成新细胞质。7 月胚体增大，根端先分化，苗端后分化。10 月胚成熟。金钱松为简单多胚，原胚为松型原胚（谷澍芳，1991）。

（1）传粉　4 月上中旬雄球花轴柄逐渐伸长，4 月下旬花粉散出。同期，雌球花的珠鳞也逐渐向外开展，珠孔张开并分泌出传粉液。花粉落到珠孔后被传粉液黏住并吸进珠孔，落于珠心上，传粉后珠孔闭合，其闭合机制是由于珠被唇部细胞分裂增厚所致。

（2）受精　5 月上旬组织切片观察到花粉粒在珠孔内或珠心上萌发，5 月中旬观察到多数花粉管伸入珠心组织。花粉管由花粉粒侧壁生出，营养核首先移入花粉管，其后为生殖核分裂形成的 2 精核。5 月下旬新产生的卵细胞，核位于卵细胞的顶端。6 月上旬受精前核移到卵细胞中央，细胞质变深，含有大量蛋白泡，卵核附近出现 1 个圆形或椭圆形大液泡，因它可能与接受精核有关，有人称它为接受液泡（受精液泡）。6 月上旬精核与卵细胞合并完成受精，8～9 月幼胚发育、增长与组织分化，10 月胚达到成熟。

（三）生态适应性

金钱松宜温凉湿润山区气候，分布区年平均气温 13～17 ℃，最冷月平均气温 2～5 ℃，最热月平均气温 27～29 ℃，极端最低气温－18～－15 ℃，年降水量 1 200～1 800 mm。土壤为黄壤、黄棕壤或山地棕壤，pH4.5～6.0，土壤深厚肥沃，排水良好；土壤板结，透气性差，石灰性土及盐碱地上均不宜栽培。常见伴生植物有柳杉（*Cryptomeria fortunei*）、榧树（*Torreya grandis*）、枫香树（*Liquidambar formosana*）等。浙江天目山的金钱松混生于巨大的柳杉群落中，最高一株达 56 m。金钱松为深根性树种，无萌发能力。幼龄阶段稍耐庇荫，生长比较缓慢，10 年以后，需光性增强，生长逐渐加快。金钱松天然更新能力较强，在郁闭度中等的林冠下，特别是土壤湿润肥沃的山地，天然下种的幼苗，只要适时抚育，就能形成新的林分。金钱松引种到产区的低海拔地带，也能生长良好。

三、金钱松属植物的起源、演化和分类

金钱松属植物最早的化石发现于西伯利亚东部与西部的晚白垩纪地层中，古新世至上新世在斯匹次卑尔根群岛、欧洲、亚洲中部、美国西部、中国东北部及日本亦有发现。由于气候的变迁，尤其是更新世大冰期的来临，使各地的金钱松灭绝。只在我国长江中下游少数地区幸存下来，繁衍至今，成为现今仅存于中国的单属单种特有植物。1853 年 Robert Fortune 在我国浙江东部采到了金钱松的标本，并送到英国伦敦，Lindley 认为它是 *Abies kaempferi* Lindl.。Fortune 认为它与落叶松的关系更密切，故把它改名为 *Larix kaempferi* （Lamb.）Carr.。1858 年 Gordon 认为这种"金色落叶松"与真正的落叶松有

明显的区别，称其为假落叶松（*Pseudolarix*）。1866 年 Nelson 把它定名为 *Larix amabilis* Nelson。1919 年 Rehder 将其正式更名为 *Pseudolarix amabilis*（Nelson）Rehder，异名 *Pseudolarix kaempferi* Cord，从此这个名称被普遍采用。由于其特殊的分类地位，金钱松成为植物系统发育重要的研究对象，这一宝贵的植物遗产被定为国家二级保护植物。

　　曾有报道在辽宁北票下白垩统义县组尖山沟层有松柏类金钱松属一新种（*Pseudolarix gaoi* sp. nov.）和一个组合种［*Pseudolarix chilitica*（Sun et Zheng）Zheng，comb. nov.］（郑少林等，2008）。这两种松柏类化石可能代表仅幸存于中国南方的金钱松属单型种［*Pseudolarix amabilis*（Nelson）Rehd.］的先驱分子。有一部分 Schizolepis 式的雌球果可能与金钱松属的起源与演化有关。

　　金钱松有丛生金钱松、矮型金钱松、垂枝金钱松 3 个变种，主要供观赏用。

　　1. 丛生金钱松　丛生矮灌木，高 30～100 cm，适于制作盆景。

　　2. 矮型金钱松　矮生灌木，高 50～60 cm，树冠圆锥形，姿态秀雅，是制作丛林式松类盆景的优良材料。

　　3. 垂枝金钱松　矮生灌木，高 1～2 m；枝密生，侧枝平展而婉垂，树姿婀娜。

（黄利斌　窦全琴）

第三节　水　　松

　　水松［*Glyptostrobus pensilis*（Staunt.）Koch］属杉科（Taxodiaceae）水松属（*Glyptostrobus* Endl.）半常绿乔木树种，是我国特有的单种属植物，是古老的稀有珍贵孑遗树种。作为古老的"活化石"植物，水松在中生代时期曾广泛分布于北半球。第四纪冰期以后，由于自然地理因素和人为活动的影响，欧洲、北美、东亚及我国东北等地的水松种群均已灭绝，现仅零星残存于我国南方的广东、广西、福建和江西等省份，处于高度濒危状态，被世界保护监测中心列为稀有种，《中国植物红皮书》列为濒危树种，为中国二级重点保护植物。水松在研究杉科植物的系统发育、古植物学和第四纪冰川气候等方面均有重要的科学价值，其濒危状况受到国内外学者高度关注，是我国重要的湿地与固堤、护岸树种，也是南亚热带、中亚热带低湿、水湿地的造林绿化优良树种。

一、水松的利用价值与生产概况

（一）水松的利用价值

　　水松的木材淡红黄色，纹理细，密度 0.37～0.42 g/cm³，材质轻软，耐水湿，可做建筑、桥梁、家具等用材。根部材质轻松，浮力大，可做救生圈、瓶塞和软木用具等。种鳞、树皮富含单宁，可提炼紫色染料，染渔网或鞣制皮革。球果及树皮含单宁，可提取栲胶。水松根系发达，可栽于河边堤旁，做固堤、护岸和防风之用。水松树干通直、树形优美，也可做庭园观赏树种。水松还具有一定的药用价值，水松叶中含有多种黄酮类化合物，其树皮、叶、果实在民间均可入药。

（二）水松的分布与栽培区

1. 化石分布　水松化石在晚白垩纪见于我国吉林珲春、黑龙江嘉荫及日本、俄罗斯西伯利亚、加拿大温哥华岛和美国阿拉斯加等地。古新世见于我国新疆阿尔泰、黑龙江嘉荫，格陵兰岛南部，曾北达约北纬 78°的斯匹次卑尔根岛（Spitsbergen），这是该属分布的最北缘。始新世见于我国辽宁抚顺、黑龙江依兰，欧洲大陆和北美。渐新世见于西伯利亚西部、哈萨克斯坦和北美西部。中新世见于我国吉林敦化、云南临沧，西伯利亚西部和哈萨克斯坦及欧洲大陆。上新世该属化石也广布于东亚、北美和欧洲大陆。水松属在第三纪不但种类多，而且广布于北半球，至晚第三纪，特别是第四纪冰川期以后，气温下降，其分布区强烈收缩南移。中新世水松的分布北界约在北纬 60°，上新世时退至北纬 50°，最后在北美和欧洲均遭绝灭，仅在受冰期影响较小的我国长江流域以南部分地区及越南保存下来，成为孑遗种。

2. 现代分布　水松属现仅存水松 1 种，仅分布于我国和越南。生长于东经 102°42′（中国昆明）～121°31′（中国台北）、北纬 13°09′（越南）～37°33′（中国烟台）、海拔 32～1 980 m 的地区。

李发根（2004）根据完成生活史的情况，将水松分布区的北界定为西起四川成都、重庆，向南至广西临桂、兴安，经湖南永兴、资兴至江西南昌、弋阳，至福建福州一线。西界为我国四川洪雅，经云南昆明、屏边，至越南为界，此线以西因地势高、气温较低、降水量少，未发现有水松分布；此线以东水湿条件较好的地方有水松分布。水松分布的东界已达东海之滨及台湾东岸。分布区的南界已抵达越南南部。因此，水松的分布范围为东起中国台北，西至中国昆明，南至越南，北至中国烟台，东西经度横跨 18°49′，南北纬度纵贯 24°24′。

在分布区内，水松垂直分布的下界接近海平面，在珠江三角洲及福建水松为常见的分布树种。水松垂直分布的上界，最高可达海拔 1 980 m（云南昆明），但分布地域不同，其垂直分布的上界也不相同。如福建屏南可分布到海拔 1 280 m，福建漳平可达海拔 779 m，湖南郴州海拔 678 m，而广东平远仅为海拔 167 m，在湖南、广东、江西等地，水松多栽培于低海拔地区。

3. 栽培区　水松在我国栽培范围广，栽培历史较久。目前，广泛栽培于广东、广西、福建、江西、湖南、云南、四川、江苏、浙江、安徽、河南、山东、香港和台湾；特别是在广东的斗门、新会、东莞、中山、番禺、南海、肇庆、博罗、江门、佛山、高要、惠州、平远、清远、化州。在福建中部及闽江下游福州附近的冲积平原上分布较多，在寿宁、周宁、屏南、福州、莆田、永春、德化、建瓯、古田、漳平等地均有水松栽培。在江西南昌、余江、弋阳、贵溪和铅山有水松分布，其中以弋阳最多，有 2 000 株左右，庐山植物园也有栽培。在广西陆川、桂林、南宁、合浦等地均有零星分布。在湖南，仅在郴州市永兴和资兴有水松零星分布。另外，南京、武汉、上海、杭州等地早有栽培。但其中主要产区在广东珠江三角洲和福建闽江下游各地。在福建屏南县上楼村尚保留有小片纯林，树高达 22 m，胸径最大 75 cm，在福建建瓯、漳平，广西合浦以及云南屏边尚有古树。

二、水松的形态特征和生物学特性

（一）形态特征

水松为半常绿乔木，通常高 8～10 m，稀 25 m，胸径 60～120 cm。树干有扭纹，树干基部膨大成柱槽状，且有伸出土面或水面的吸收根，柱槽高 70 cm，枝条稀疏，大枝近平展，上部枝条斜伸；短枝从 2 年生枝的顶芽或多年生枝的腋芽伸出，长 8～18 cm，冬季脱落；主枝从多年生及 2 年生的顶芽伸出，冬季不脱落。叶多形，鳞形叶生于多年生或当年生主枝上，冬季不脱落；条形叶和条钻形叶均于冬季与侧生短枝一同脱落。雌雄同株，雄球花卵圆形，螺旋着生；雌球花近球形或卵状椭圆形。球果倒卵圆形；种鳞木质，种鳞及苞鳞几乎全部合生，仅苞鳞的先端与种鳞分离，种子椭圆形，微扁，具向下生长的长翅。花期 1～2 月，球果秋后成熟（图 33-3）。

图 33-3　水松

1. 球果枝　2. 种鳞背面及苞鳞先端　3. 种鳞腹面
4、5. 种子背腹面　6. 着生条状钻形叶的小枝
7. 着生条状钻形叶（上部）及鳞形叶（下部）的小枝
8. 雄球花枝　9. 雄蕊　10. 雌球花枝　11. 珠鳞及胚珠
（引自《中国植物志 • 第七卷》）

（二）生物学特性

水松能适应我国南方中亚热带气候，喜温暖湿润，是强阳性耐水湿喜生于水边的树种，除盐碱地外，在各种土壤上都能生长，但在富于水分的冲积土和沼泽土中生长最好。水松对其生境要求较为严格，对极端气候的抗性很差；球果易受虫害，结实率很低；生长过程始终要求足够光照；需温暖的气候，幼苗怕霜冻，成树不耐寒，10 ℃以下不能成活，适宜生长温度为年均气温 15～22 ℃；需丰富降水，年均降水不低于 1 500 mm；适宜生长于中性或微酸性土壤，最佳生长土壤是含丰富有机质的湿润平原冲积土，pH 6～7；不耐空气污浊，忌含硫化物气体。水松开花期为 1～2 月，结果期为 9～10 月，成年后在最初开花的数年内只形成雌花，且花期很短，通常只有两周。幼苗期主根发达，生长 10 年以后，处在低温潮湿环境下的主根不易向下伸展，转而形成发达的侧根，并向四面延伸，同时树干基部膨大，呼吸根露出地表或水面。水松属风力授粉，每个球果仅含 5～6 粒种子，种子萌发条件要求严格，落在水湿之地或干旱的土壤均不能发芽，幼苗不能长期生长在水中。极低气温对水松的影响很大，水松的幼苗怕霜冻，成年树虽然耐寒，但容易受冻害。

三、水松属植物的起源、演化和分类

（一）水松属植物的起源

水松属是中国特有的单种属孑遗种、"活化石"、珍贵树种，历经第三纪冰期，现仅存1种。据于永福等（1995）研究推测，水松可能起源于东亚。起源后向北迅速扩散到西伯利亚北部，在晚白垩纪经白令陆桥进入北美西部晚白垩纪早期，北美东部和西部被南北贯通的陆中海道分割，可能在晚白垩纪晚期陆中海道退却干涸后，水松属才由北美西部迁移到东部。水松属从格陵兰岛通过大西洋中的诸岛，于始新世迁移到欧洲大陆，这是形成欧洲分布中心的主要途径。此外，水松属在东亚起源后，向西于古新世散布到我国新疆阿尔泰地区，进一步向西经中亚到达欧洲，这可能是欧洲分布中心形成的另一条途径。晚第三纪，特别是第四纪冰期，气温下降，气候恶化，导致该属分布区强烈收缩南移，中新世北界约北纬60°，上新世退至北纬50°，最后在北美和欧洲均遭绝灭，仅在我国长江流域以南受冰期影响较小的少数几个地区保存下来。欧洲东部和中亚晚第三纪的气候干燥可能是水松属在该地区消失的主要原因。经历了地质历史的变迁和伴随而来的气候变化，水松虽然还能延续至今，但目前已成为一个衰退的孑遗种。水松的分布格局不连贯，现有资源已极其稀少。调查证实，水松在我国已无野生居群，大部分水松分布地仅剩几株孤立木。

1984年，国家环境保护局、中国科学院植物研究所发布的《中国植物红皮书》将水松列为稀有濒危植物；1996年，水松被国际松杉类植物专家组列为渐危种；1996年在国务院发布的《中华人民共和国野生植物保护条例》中，水松被列为国家一级保护野生植物。世界自然保护联盟（IUCN）将水松列为极危种。分析其濒危原因，既有自身因素，也有人为因素。水松对生境的要求较严格，种子在湿土上不能萌发生长；幼苗不能长期生长在水中，怕霜冻；成年树易受冻害，不耐污浊的空气，尤忌含硫的气体；球果易受虫害，严重影响结实率。种种因素导致水松的自然更新困难，但更主要的原因是人为破坏。水松主产区地处人口稠密、交通便利的珠江三角洲及闽江下游一带，经济较为发达，人为影响严重。香港原先有水松分布，现已消失。在广州白云山山脚下和华南农业大学附近的泥炭土层中发现有大量的水松干基和根部，纵横交错，好像密林一样。这表明过去这一带水松的分布非常普遍，但由于砍伐破坏，不断修筑公路，影响了水松赖以生存的土壤条件，使生境片段化，最终造成植株扩散和迁移的困难。

（二）演化和分类

由于杉科系统分类一直存在较大争议，且杉科和柏科（Cupressaceae）亲缘关系密切，从水松建属以来，该树种一直是杉科系统分类和发育地位研究的热点。20世纪30年代以来，许多学者开展了水松系统发育地位研究：Peirce（1993）通过解剖水松树干结构，证明水松属与落羽杉属、水杉属存在密切的亲缘关系。Dogra（1966）通过水松胚胎发育研究，发现水松属与杉科其他属在胚胎发育方面具有极大的相似性。Gadek等（1993）利用分子标记技术，研究杉科不同属植物的遗传结构，提出水松属是柏科一个外类群的观点。Tsumura等（1995）利用限制性内切酶技术证实，水松属与柏科亲缘关系较远，与水杉（*Metasequoia glyptostroboides*）遗传距离相近，应当划归为杉科。通过对水松次生韧皮部进行解剖，观察其结构及功能，分析水松生物学特性，从生理结构验证水松属与水杉属具有较近的亲缘关系（韩丽娟等，1997）。运用核基因序列分析杉科和柏科系统发育地位，发现杉科与柏科存在许多共性，应将杉科、柏科合并为广义柏科，水松属应划归为广义柏科（李春香等，2002）。

在植物分类上，《中国植物志·第七卷》与《中国高等植物图鉴·第一册》仍将水松属列入杉科。

（黄利斌　张　敏）

第四节　水　　杉

水杉（*Metasequoia glyptostroboides* Hu et Cheng）为杉科（Taxodiaceae）水杉属（*Metasequoia*）植物，是古老的稀有树种，也是我国特有的珍稀孑遗植物，国家一级保护树种。20 世纪 40 年代，我国天然水杉林的发现，被当代生物学界视为近代生物学上的重要发现，赞誉为"植物活化石"。水杉也是一种良好的绿化树种。

一、水杉的利用价值与生产概况

(一) 水杉的利用价值

1. 木材利用价值　水杉木材纹理通直，心、边材区别明显，边材黄白色或浅黄褐色，心材红褐色或褐色带紫。木材有光泽，略有香气，材质细密轻软，气干密度 $0.29\sim0.38\ \mathrm{g/cm^3}$，干缩差异小，易于加工，油漆及胶接性能良好，是造船、建筑、桥梁、农具和家具的良材；管胞长 1.66 mm，纤维素含量高，是质地优良的造纸原料（王朝晖等，1998）。

2. 园林和生态用途　水杉树干通直挺拔，树冠呈圆锥形，树形壮丽，叶色翠绿，入秋后叶色金黄或棕褐，是著名的庭院观赏树。水杉可于公园、庭院、草坪、绿地中孤植、列植或群植，也可成片栽植营造风景林，并适配常绿地被植物，还可栽于建筑物前或用作行道树，效果均佳。水杉对二氧化硫有一定的抵抗性，是工矿区绿化的好树种。水杉适应性强，生长极为迅速，是四旁良好的绿化树种，也是水网地区、平原农田林网和山区低湿洼地不可多得的速生造林树种。

(二) 水杉的分布与栽培范围

1. 自然分布　水杉是中国特有的孑遗树种。早在中生代白垩纪及新生代初期曾广泛分布于北半球的北美洲、西伯利亚、中国东北、日本以及中亚细亚、欧洲的部分地区，北达北纬 82°斯匹次卑尔根岛。到新生代早期、中期分布极盛时，扩大到欧洲大陆、西伯利亚、中国东北及朝鲜半岛、北美等北纬 35°以北的广大地区。中国辽宁旅顺口第三纪地层中曾发现有水杉化石。第四纪冰川降临后，中欧、北美均为巨大冰块所覆盖，致使水杉属植物几乎全部灭绝。由于当时中国西南及中部是局部山岳冰川，更由于山岳的屏障作用，形成特殊的气候条件，成为第三纪植物的天然"避难所"，使南移而来的水杉得以保存下来。原有水杉保存于湖北利川、重庆石柱和湖南龙山相毗连的山区，但集中分布（胸径60 cm以上1 000余株）在湖北利川西部的小河镇周围的一个封闭长形山原宽谷，即齐岳山以东，佛宝山以南，忠路镇西北，马前镇以西，南北长度近30 km，东西宽度近20 km左右，方圆600 km²。据调查，现存的天然水杉只局限于鄂西（湖北利川）、湘西（湖南龙山）、渝东（重庆石柱）所形成的极为狭窄的三角形分布区内，东经108°20′（石柱黄水）～109°30′（龙山洛塔）、北纬30°10′（利川谋道溪）～29°25′（龙山洛塔）。天然分布的水杉，最低分布在海拔900 m的百丈坡、毛田坝；最高分布在齐岳山东面尹家坪、神山堡的海拔1 500 m地带，以海拔1 000～1 200 m留存最多且生长茂盛。

2. 栽培概况　水杉于1947年传入欧洲和美国，1950年传入日本，1951年苏联开始栽植，现在全世界50多个国家和地区都有引种。引种范围南到南纬约41°的阿根廷圣卡洛斯-德巴里洛切，北至北纬60°上下的挪威、芬兰、美国的阿拉斯加。

1947年第一批水杉种子分送北京、南京、成都、广州、庐山等地植物研究单位作为风景区点缀树种试种。1949年以后特别是20世纪60～70年代，水杉开始在中国各地引种，栽培地区不断扩大。北至辽宁草河口、辽东半岛，南及广东、广西，东至江苏、浙江、台湾，西至云南昆明、四川成都、陕西武功，在北纬20°～40°都有引种。以湖北、江苏、浙江、湖南、江西、安徽等省栽培最多，山东（烟台地区）、陕西（汉中）也有较多发展。广东、福建、广西有少量栽培。

根据我国20世纪60～70年代各省份大面积营造的水杉林分布生长情况的调查研究，全国共划分为Ⅰ、Ⅱ两个栽培区。

（1）Ⅰ类栽培区　华中区，相当于《中国气候区划》的中、北亚热带湿润大区，是水杉生长最佳的生态适生区。北线沿桐柏山、大别山，直至皖中平原，包括巢湖，再与张八岭、琅琊山相连进入苏北平原，包括洪泽湖，直达沿海。南线东起天台山，仙霞岭与怀玉山相连，包括鄱阳湖平原，再接九岭山、连云山、罗霄山进入湖南，包括洞庭湖平原、江汉平原、四川南部同闽江流域及其原产地为生产中心区。以上分布范围的气候条件：年平均气温12～19 ℃，年降水量908.6～1 880 mm，≥10 ℃年积温4 453.5～5 681.9 ℃，相对湿度69％～85％。土壤以河滩冲积土、潮积土、水稻土、黄褐土、紫色土及山地黄壤为主。土层深厚、肥沃、湿润的地方，能达到速生丰产。

（2）Ⅱ类栽培区　由两个栽培亚区构成。Ⅱ₁类栽培亚区（华北区）：以黄河为界，南接Ⅰ类栽培区北缘线，以黄河流域、南阳盆地、陕南为生长中心区。土壤以潮土、黄棕土、褐土、沙土为主，年平均气温10.2～15.5 ℃，年降水量640.9～1 274.2 mm，相对湿度66％～77％。Ⅱ₂类栽培亚区（华南区）：分布范围在Ⅰ类栽培区南缘线以南，包括浙江、福建丘陵、广东和广西的大片丘陵地区，年平均气温12.2～22.5 ℃，年降水量845.6～2 332.2 mm，土壤为黄壤、红壤、黄红壤。

二、水杉的形态特征和生物学特性

（一）形态特征

落叶大乔木，高达35～41.5 m，胸径达1.6～2.4 m；树干基部常膨大；幼年树冠窄圆锥形，随着年龄增长而变为广椭圆形；树皮灰褐色或深灰色，裂成片状脱落；小枝对生或近对生，下垂。叶交互对生，在绿色脱落的侧生小枝上排成羽状 2 列，线形，柔软，几乎无柄，通常长 1.3～2 cm，宽 1.5～2 mm，上面中脉凹下，下面沿中脉两侧有 4～8 条气孔线。

每年 2 月开花，雌雄同株，雄球花单生叶腋或苞腋，卵圆形，交互对生排成总状或圆锥花序状，雄蕊交互对生，约 20 枚，花药 3，花丝短，药隔显著；雌球花单生侧枝顶端，由 22～28 枚交互对生的苞鳞和珠鳞所组成，各有 5～9 胚珠。果实 11 月成熟。球果下垂，当年成熟，果蓝色，可食用，近球形或长圆状球形，微具四棱，长 1.8～2.5 cm；种鳞极薄，透明；苞鳞木质，盾形，背面横菱形，有一横槽，熟时深褐色；种子倒卵形，扁平，周围有窄翅，先端有凹缺。子叶出土，2 枚，罕见 3 枚（图 33 - 4）。

图 33 - 4　水杉
1. 球果枝　2. 球果　3. 种子　4. 雄球花枝
5. 雌球花　6、7. 雄蕊
（引自《中国树木志•第一卷》）

（二）生物学特性

1. 生长特性　生长迅速是水杉最突出的优点之一。在原产地，树高年平均生长量为 30～80 cm，在 50 年生前一般均能保持在 60～80 cm；胸径年平均生长量 1～1.75 cm，在 20 年以后增长较快，一般均保持在 1.3～1.6 cm，80～100 年以后趋于缓慢。根据树干解析材料，在原产地树高连年生长最高峰（1.43 m）出现在 10～15 年，胸径连年生长最高峰（2.1 cm）出现在 20～25 年，而在引种地区树高和胸径连年生长的最大值出现得更早，其绝对值也更大，显示出速生丰产的特点。在成片造林引种地区，例如南京中山陵，树龄 24 年时（包括苗龄，下同），平均树高 22.5 m，平均胸径 26.8 cm，最大胸径 39 cm；湖北潜江广华寺农场，树龄 16 年时，平均树高 11.5 m，平均胸径 14.5 cm，最大胸径 18 cm。单行或单株散生的水杉生长更为迅速，如安徽滁州琅琊山，树龄 25 年时，树高 23 m，胸径 53 cm；南京师范大学，树龄 22 年时，平均树高 22 m，平均胸径 39.8 cm，最大胸径 44 cm；南京林业大学，树龄 20 年时，平均树高 14 m，平均胸径 28.8 cm，最大胸径 34 cm。在一般栽培的条件下，水杉可以在 15～20 年达到成材。近年通过集约栽培，水杉更显示出快速生长的特点，如湖北洪湖民主大队，树龄 7 年时，平均树高 9.5 m，平均胸径 10.5 cm；江苏江都红旗河北段，树龄 4 年时，平均树高 7 m，平均胸径 11.2 cm。

因此，在立地条件适宜，栽培措施精细的情况下，水杉的成材期可望缩短至 10～15 年。

2. 开花结实　水杉开始结实的年龄较晚，虽然个别 2～3 年生的能产生雌花，但几乎都不能形成雄花，未授粉的球果虽也发育，但种子全为空粒，不能用于播种。在原产地，一般 25～30 年时开始结实，40～60 年大量结实，迄 100 年而结果未衰，仍能生产出质量较好的种子。在引种地区，如江苏、浙江、安徽、湖北等省，在生长良好的情况下，18～20 年就能形成正常的雌、雄花而获得有发芽能力的种子。

（三）生态适应性

1. 气候　水杉原产地处于华中山地鄂西南半高山地带，气候温和、湿润。湖北利川的年平均气温 12.8 ℃，绝对最低气温 −8.5 ℃，绝对最高气温 35.4 ℃，年平均降水量 1 260 mm，平均相对湿度 82%，无霜期 230 d。但从国内外广泛引种水杉的情况来看，水杉对气候条件的适应幅度很广，并不局限于类似原产地的条件。就温度而言，水杉生长良好的地区，年平均气温为 12～20 ℃，但它耐寒性很强，如目前引种成功的我国陕西武功，冬季绝对最低气温为 −18.7 ℃，辽宁大连为 −19.9 ℃，都能在室外越冬，生长良好。从降水量来说，在年降水量 1 000 mm 的地区，一般生长良好，但雨量充沛对其生长更为有利。水杉也能在大陆性气候条件下生长，对大气干旱的适应能力是相当强的，如在陕西武功年降水量仅 557 mm，辽宁大连为 641 mm，在干旱季节进行灌溉使土壤水分得到保证的条件下，生长速度并不亚于长江流域一带，因此，水杉可以在我国华北南部、西北东部、东北的南部地区扩大栽培。

2. 土壤　水杉在原产地主要分布在河滩冲积土及山地黄壤和紫色土上，大多生长良好，少数见于在石灰岩发育的石灰性土壤上，往往因土层浅，土质黏，易受旱而生长较为缓慢。引种栽培的实践证明，水杉在黄褐土地带生长适宜，但对立地条件要求比较严格，要求土层深厚、肥沃，尤喜湿润，故在长江中下游水网地区引种后，生长量常大于原产地。对土壤水分不足的反应很敏感，土壤严重干旱时可导致死亡，在我国北方干旱的褐土地区生长良好的林分，需要灌溉。但是在地下水位过高，长期滞水的低湿地，生长极为不良。水杉抗盐碱能力比池杉强，在轻盐碱地（含盐量 0.2% 以下）可以生长。

3. 光照　水杉是喜光树种，林分郁闭后即出现自然整枝，天然整枝剧烈的林分，即使疏伐扩大空间，树冠恢复的能力也较弱，林内被压木生长不良，甚至死亡。夏季光照强烈，被阳光直射的水杉树干，会发生日灼现象。

4. 地形　水杉在原产地分布的海拔高度为 900～1 500 m，以海拔 1 050 m，最为集中。在当地主要生长在排水良好的沟谷、溪旁及山洼，极少见于山腹以上土壤干燥、瘠薄之地。引种时一般以平原的河流冲积土为好，丘陵山区以及山洼及较湿润的山麓缓坡地较为适宜。

三、水杉属植物的起源、演化和分类

（一）水杉属植物的起源

古代水杉属植物在新生代第三纪时期曾广泛分布于北半球的北美洲、西伯利亚、中国东北、日本以及中亚细亚、欧洲的部分地区，至第四纪冰期以后，这类植物几乎全部绝迹。在欧洲、北美和东亚，从晚白垩纪至上新世的地层中均发现过水杉的化石。过去生物学界都认为已无水杉存在，只能从古老的地层中找到水杉的化石。1941 年，日本的植物学家三木茂（Shigeru Miki）发现水杉化石的特征与其他属植物不同，水杉的叶片和球果的鳞片是交互对生，杉科其他属植物是互生。他根据这些化石标本建立了一个新属，也就是水杉属。几乎在日本科学家建立水杉属的同时，中国林学家于铎、王战等在湖北利川发现"活化石水杉"，经胡先骕、郑万钧两人鉴定定名正式发表以后，轰动了全世界，被植物界称赞为世纪的重要新发现。古生物恐龙、巨蜥早已灭绝，古水杉却能生存繁衍至今，与古银杏、古秃杉等退居中国的四川、湖北、湖南边境地区，故古水杉被誉为植物中的"国宝"，并被列为"稀世珍品"。

（二）演化和分类

水杉属自建立以来，其系统分类位置一直有争议（刘艳菊等，1996）。我国植物学家胡先骕和郑万钧先生认为：水杉属与北美红杉属（Sequoia）、巨杉属（Sequoiadendron）、落羽杉属（Taxodium）及中国的水松属（Glyptostrobus）近缘（除了该 4 属的叶及球果上的鳞片皆互生，异于水杉属），水杉的叶、雄球花的苞片、雌球果鳞片皆交互对生，近于柏科，介于杉科和柏科之间，故另立水杉科。

相反，多数人不赞成另立水杉科。如 Sterling（1949）认为水杉属的雄球花缺乏严格的交互对生，杉科其他属的叶序也有接近交互对生的，以及杉科各属特具的花粉粒生长有乳突的现象，与水杉属相似，应将水杉归为杉科一属。Yu（1948）认为现代水杉除木质部射线细胞水平壁较薄，不同于杉科其他属外，其他方面相似，支持水杉属作为杉科一属。肥田美知子（1953）通过对水杉属和杉科其他属在根部原生木质部数目及其管胞长度、形状、具缘纹孔和单纹孔的列数及形状等方面的比较发现，水杉属、红杉属和巨杉属三者最接近，也认为不应另立水杉科。李林初（1986）通过对水杉属和红杉属核型的比较，认为"二者同属1A 型，且水松和柳杉核型也为 1 A 型，故水杉仍应保持杉科中一个属的位置"。

对于水杉属与杉科其他属的亲缘关系，Miki 和 Hikita（1951）通过对水杉属活体、化石和红杉属在气孔和表皮细胞数目、大小及染色体数目方面比较，认为水杉和红杉相似。Takaso 和 Tomlinson（1992）对水杉属、红杉属、巨杉属的球果及胚胎发育进行了对比研究，认为水杉属不同于其他二者之处，仅在于球果的孢子叶序及单列胚珠的发生，水杉属和红杉属植物的种子一年成熟，而巨杉属则为二年成熟。3 属都具有如下特征：球果由于后期居间生长形成盾状种鳞，胚珠缺乏珠鳞并以向顶顺序发生，维管组织从单个维管束向苞鳞、种鳞复合体衍生的状况及种子在晚期发育过程中的转变，种子都不具翅状附属物，认为 3 属具有较近的亲缘关系。

水杉属是杉科中形态最为特殊的一个属，如其小枝上的叶连同小枝一起脱落，叶交互对生，基部扭转成 2 列排列，幼年雄球花上的小苞片和雌球果上的果鳞均为交互对生。水杉叶在小枝上的排列特征与柏科非常相似。

（三）栽培品种

黄金杉（Metasequoia glyptostroboides 'Gold Rush'）：水杉自然变种，我国 2006 年

从日本引进。2012年通过江苏省林木良种认定（苏 R - ETS - MG - 07 - 2012）。主要特征是叶片在整个生长季节呈金黄色或黄绿色，枝条和主干的树皮颜色较水杉浅，呈淡黄色，分枝数量比水杉多，但生长速度较水杉慢。嫁接或扦插繁殖，主要用于园艺观赏。

（黄利斌　张　敏）

第五节　悬　铃　木

二球悬铃木［*Platanus acerifolia*（Ait.）Willd.］为悬铃木科（Platanaceae）悬铃木属（*Platanus* Linn.）落叶大乔木，素有"行道树之王"美称。悬铃木一般指二球悬铃木（又称英国梧桐），为三球悬铃木（*Platanus orientalis* L.）与一球悬铃木（*Platanus occidentalis* L.）的杂交种，一般用作行道树和园林绿化树种，引入我国有100余年历史，在各地广泛栽植。

一、悬铃木的利用价值

悬铃木树体高大，枝繁叶茂，树冠荫浓。其生长迅速，繁殖容易，耐修剪，寿命长，抗空气污染，具有较强的空气净化能力，是优良的城市绿化树种。悬铃木木材可做包装材料、胶合板、刨花板或纤维板贴面等；由于木材无嗅、无味、不变色，尤适于做木桶装盛糖类、面粉等食品；其板材或胶合板可制作家具、仪器箱盒、车厢等，同时也是室内装修良材；其径向刨切微薄木是高级家具贴面的好材料（成俊卿，1980）。二球悬铃木春季修剪的鲜叶符合饲料的营养标准，可作为牲畜饲料。

二、悬铃木的地理分布与引种概况

悬铃木属植物约有10种，大部分原产于北美洲，中国引种一球悬铃木、三球悬铃木和二球悬铃木。一球悬铃木原产北美，我国山东、江苏等地做行道树。三球悬铃木原产欧洲东南部至亚洲的喜马拉雅山山麓南坡，我国陕西鄠邑有胸径达3 m的大树，传为晋时引入。

中国引种悬铃木的历史悠久，3种悬铃木在中国引进的时间有很大差别，其中三球悬铃木引进最早，其次是二球悬铃木和一球悬铃木。三球悬铃木因其叶形状似中国的梧桐，因此得名"法国梧桐"，现上海、南京、郑州、青岛、济南、西安、北京、大连等地均有栽培，新疆和田地区也有超过百年的古树。二球悬铃木引进栽培历史也超过百年，且广泛种植，并以上海、南京、杭州、青岛、郑州、西安、武汉等地种植的数量最多。二球悬铃木在江西庐山、河南鸡公山海拔700～1 000 m处亦有引种。

三、悬铃木的形态特征

悬铃木属为深根性树种，主根较深，侧根伸展较广，抗风力中等。树皮灰白色，呈不规则的薄片状剥落。小枝呈"之"字形。叶片大，长10～25 cm，宽10～25 cm，单叶互生掌状浅裂至深裂。花单性同株，雌花和雄花均生成头状花序。果为聚花果，球状果序单生或串生，由 600～1 400 枚小坚果组成。小坚果栗褐色，狭长倒圆锥形。每个坚果含种子 1 粒。悬铃木寿命长，旺盛生长期可达 200 余年。悬铃木的繁殖方式以插条繁殖为主。花期 4～5 月。

四、悬铃木的生物学特性

悬铃木在中国适宜的气候条件为年均温 13～20 ℃，年降水量 800～1 200 mm，生长季节的空气相对平均湿度为 75％以上，无霜期 200～300 d。悬铃木为喜光树种，不耐庇荫，喜温暖湿润气候。悬铃木适合种植于微酸性或中性，深厚、肥沃、湿润、通气排水良好的土壤上（《中国树木志》编辑委员会，1981）。

五、悬铃木属植物种与类型

（一）三球悬铃木

学名 *Platanus orientalis* L.，又称为悬铃木、法国梧桐。

大乔木，高达 30 m，胸径 3 m。树皮褐色或白绿色，呈片状剥落。树冠宽阔。叶大，长、宽各 10～20 cm，5～7 深裂，裂片狭长，全缘或疏生锯齿；叶柄长 3～8 cm。花柱极长，弯曲，开花时红色，宿存成刚毛状物。果序球形，径 2.5～3.5 cm，3～6 串生；小坚果长约 9 mm，基部有长毛。花期 4～5 月，果期 9～10 月（图 33 - 5）。

（二）一球悬铃木

学名 *Platanus occidentalis* L.，又称为美国梧桐。

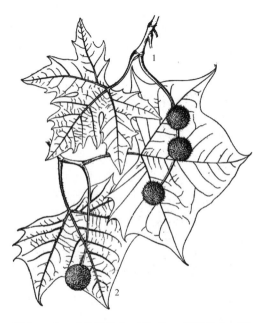

图 33 - 5　三球悬铃木（1）和一球悬铃木（2）
（引自《中国树木志·第二卷》）

落叶大乔木，树皮灰白色，呈不规则的薄片块状剥落，露出褐色、绿色或灰色的内皮，老树树皮灰褐色，深纵裂。小枝呈"之"字形，嫩枝被黄褐色星状茸毛；无顶芽，侧芽具一芽鳞，内藏于叶柄基部。叶柄长 4～8 cm，花单性同株，雌雄花均生成头状花序。球果果序 1 个，稀 2 个，生于长果序柄上，径 3～4 cm，小坚果多数，基部有黄褐色长毛，不突出果序处，宿存花柱短小。一球悬铃木在原生地分布海拔为 0～760 m，年均温 4～21 ℃，平均最低温度－34 ℃，绝对最低温度－40 ℃，年均降水量 760～2 030 mm，无霜期 100～300 d。冬季的低温霜冻和干燥气候限制其分布（潘志刚等，1994）。

（三）二球悬铃木

学名 *Platanus acerifolia*（Ait.）Willd.，又称为英国梧桐。

大乔木，树高可达 45 m，胸径可达 3 m，树皮深灰色，薄块片状剥落，内皮绿色。单叶互生，长 10～25 cm，宽 12～25 cm，基部平截，3～5 裂，中裂片长宽近相等，疏生粗锯齿或全缘。球状果序 2（1～3），着生于长总柄上，果序径约 2.5 cm，宿存花柱刺状，长 2～3 mm；坚果间有褐色长毛不突出果序外。二球悬铃木为三球悬铃木与一球悬铃木的杂交种，最早于 1663 年在英国伦敦发现，其生物学特性及对环境条件的要求介于父母本之间，生长迅速，可耐强度修剪（潘志刚等，1994）。

（四）速生法桐（栽培品种）

速生法桐（少球悬铃木）从悬铃木科 1 属 3 种中选育，经自然变异、诱变，采用无性繁殖培育而成。该品种具有 5 个显著特性：一是少球。基本无球或球果不发育，经圃地观察胸径 8 cm 的大苗仍未见球果。二是速生。年胸径生长量可至 2～3 cm，3 年胸径可至 8 cm 以上。三是干直。主干笔直光滑，胸径 3 cm，干高可至 5 m 以上，可按需求随意定干。四是叶大。苗期测试叶宽可至 47 cm 以上，叶面积是普通法桐的 2～3 倍。五是抗病。未发现锈病、天牛蛀食及食叶虫害，苗期、成林期均无须施药。速生法桐树冠广展，叶大荫浓，树势强健。吸滞烟尘能力强，并可耐多种有毒气体污染，生态效应明显。速生法桐可在悬铃木的广大适生区推广种植（刘传开，2005）。

（宗亦臣）

第六节　元宝槭

元宝槭（*Acer truncatum* Bunge）是槭科（Aceraceae）槭属（*Acer* Linn.）落叶乔木，为我国特有植物。元宝槭是优良的多用途树种，可做油料、鞣料、药物、化工原料、绿化美化树等，具有很高的开发利用价值。

一、元宝槭的利用价值和生产概况

（一）元宝槭的利用价值

1. 食用油价值　元宝槭种仁含有丰富的油脂和蛋白质，在原产地 1 株 15 年生的树每年可采果 10～15 kg，是重要的油料新资源。元宝槭种仁含油 46.43%（王性炎，1983），元宝槭油既是优质食用油，也是医药用油。

2. 药用价值　元宝槭的果皮、果翅和种皮含有丰富的单宁，可镇痛、催眠、镇静、止泻，延长凝血时间，具显著抗凝血作用，可作为治疗心血管疾病中抗凝血药物的资源。元宝槭叶富含黄酮类化合物和绿原酸。叶中黄酮苷有较好的抗血栓作用，从元宝槭叶中分离鉴定了 6 个黄酮苷（谢百波等，2005）。

3. 木材及工业价值　元宝槭生长缓慢，木材密度中等，结构细致均匀，质地较硬；干缩系数、干缩差异适中，干燥速度较慢。材质优良，适于多种用途（赵砺，1996），是理想的室内装饰、胶合板面板或刨削薄木、各类高级家具、美工、玩具、细木工板、体育运动器材的用材，也可用于军工、乐器等用材。元宝槭的果皮、果翅和种皮含有大量的优质缩合性单宁（68.6%），是制革和印染工业的原料资源。以元宝槭果壳生产单宁，生产周期短。随着我国皮革工业的发展，对优质凝缩类单宁的需求日益增多，元宝槭将成为重要的单宁新资源（杨连利等，2004）。

4. 绿化价值　元宝槭树姿优美，树冠荫浓，叶形秀丽，嫩叶红色，入秋后，叶片变红、红绿相映，甚为美观，是营造风景林的重要树种。元宝槭抗逆性强，特别是抗干旱能力强，可以通过多种方式适应干旱。元宝槭植株体富含单宁，对病虫害有积极的防御作用。

（二）元宝槭的分布和生产概况

1. 元宝槭的分布　据《中国植物志》《中国高等植物》和地方植物志记载，元宝槭为中国特有树种，分布在中国东经105°～126°、北纬32°～45°，产黑龙江、辽宁、北京、内蒙古、吉林、河北、河南、山东、山西、陕西、甘肃、宁夏、安徽、江苏北部和四川东部等地。其垂直分布多在海拔400～2 000 m的疏林中，主要分布在山区阴坡、半阴坡和沟底的立地条件下（中国科学院中国植物志编辑委员会，1981；傅立国等，2001；郑万钧，2004）。

2. 元宝槭的生产概况　20世纪70年代初至90年代，西北林学院王性炎（1983）对元宝槭种子蛋白质、油脂、单宁等基础成分进行了测定分析，同时还开展了油脂和单宁在医药、轻工业等领域的应用研究，对叶片中的黄酮、绿原酸等物质也进行了初步分析与开发研究。以陕西、山西、云南、四川等为代表的20个省份，均积极地发展元宝槭，已发展6.67万 hm²。10余家企业已经对元宝槭产业进行投资，有4家已正式注册投资元宝槭产业，利用元宝槭油脂研制出了胶囊等产品。

二、元宝槭的形态特征和生物学特性

（一）形态特征

1. 枝干　据《中国植物志》记载，元宝槭属落叶乔木，高8～10 m。树皮灰褐色或深褐色，深纵裂。小枝无毛，当年生枝绿色，多年生枝灰褐色，具圆形皮孔。冬芽小，卵圆形；鳞片锐尖，外侧微被短柔毛（方文培等，1981）。

2. 叶片　叶纸质，长5～10 cm，宽8～12 cm，常5裂，稀7裂，基部截形稀近于心脏形；裂片三角状卵形或披针形，先端锐尖或尾状锐尖，边缘全缘，长3～5 cm，宽1.5～2 cm，有时中央裂片的上端再3裂。

3. 花　花黄绿色，杂性，雄花与两性花同株，常成无毛的伞房花序，长5 cm，直径8 cm；总花梗长1～2 cm；萼片5，黄绿色，长圆形，先端钝形，长4～5 mm；花瓣5，淡黄色或淡白色，长圆倒卵形，长5～7 mm（图33-6）。

图33-6　元宝槭
（引自《中国树木志·第四卷》）

4. 果实与种子　翅果嫩时淡绿色，成熟时淡黄色或淡褐色，常呈下垂的伞房果序；小坚果扁圆形，长 1.3～1.8 cm，宽 1～1.3 cm；翅长圆形，两侧平行，宽 8 mm，常与小坚果等长，稀稍长，张开成锐角或钝角。花期 4 月，果期 8 月（方文培等，1981）。

（二）生物学特性

1. 生长特性　元宝槭为深根性树种，主根明显，侧根发达。主根长度一般为 60～100 cm，最长可至 150 cm 以上，在主根上往往着生 1～20 条不等的侧根。元宝槭的高生长在幼龄期比较迅速，在栽培条件下 1～8 年生苗木生长速度较快，高生长量以每年 0.6～1.5 m 的速度递增，地径以每年 6～10 mm 的速度递增。8 年以后，高生长减缓。元宝槭幼龄树发育枝数量多，年生长量大，最长可至 1.5 m 左右，以扩大树冠和增加结果部位。进入结果期后，随着树龄的增加，发育枝相对减少，结果枝不断增加。

2. 结果特性

（1）花芽分化　元宝槭属于当年花芽分化，翌年开花结实类型。其花芽为混合芽，着生于当年生枝顶端及叶腋部，其分化过程约需 5 个月才能完成，但其分化临界期在 6 月中下旬，时间较集中。其中顶花芽分化早，腋花芽分化相对晚些。

（2）开花坐果　元宝槭花杂性，雌雄同株或异株。花芽有两种，一为两性花的混合芽，二为雄花芽。伞房花序顶生，花径约 1 cm，花瓣黄白色。开花属于先花后叶或花叶同时开放树种，其开始结果年龄因繁殖方式、栽培条件及个体的不同而有差异。一般实生苗 5～8 年生开始结实，8 年生树全部进入开花结实阶段。嫁接繁殖的苗木，定植 3 年即可开花结实。坐果多少，与树体生长发育状况及立地条件直接相关。

（3）落花落果　元宝槭生理落花与落果各有一次高峰。落花主要集中在盛花期后，4 月 25 日达最高。据统计，生理落花量占到总花量的 76%；落果不显著，仅在 5 月下旬有一小高峰，生理落果占到总果量的 15%。

（4）果实生长动态　据测定，元宝槭果实在坐果后 4 月中旬至 5 月下旬为第一次快速增重时期，5 月初达峰值；6 月中旬至 9 月中旬，为第二次果实生长期，果实维持在一个相对较高的增重比率，10 月中旬后，果实不再增重，主要进行后熟。

（5）种子成熟　理论上讲，元宝槭种子干物质及油脂累积量 10 月底均达最大，即可成熟采收；实际中，多待到 11 月上中旬，此时元宝槭树体已完全落叶，种子依然挂在树上，自然风干，纯净度高，是采收的最佳时期（陈进等，2001）。

3. 生态适应性

（1）土壤　元宝槭是一种适应性、抗逆能力较强的树种。在土壤 pH 6.0～8.0 的微酸性、中性、微碱性及钙质土上均能生长；土壤质地以沙壤土、壤土为最好，过于黏重、土层较薄或过于贫瘠的土壤上生长不良（秦国旺，2003）。

（2）温度　元宝槭为喜温树种，对温度的适应幅度较大，在年均温 9～15 ℃，极端高温 42 ℃ 以下，极端低温不低于 −30 ℃ 的地区，植株均能正常生长发育。元宝槭主产区一般平均气温为 10～14 ℃，1 月平均气温 −7～4 ℃，7 月平均气温 19～29 ℃，极端低温 −25 ℃。

（3）水分和湿度　元宝槭耐旱能力较强，在年降水量 250～1 000 mm 条件下均能生长，但不耐涝。

4. 光照　元宝槭为喜光树种，幼苗可耐庇荫。在光照比较充足的地方，枝条生长充实，树势强健，相反则生长势弱，冠幅小。处于半遮阴状态下的元宝槭树木，结实差、产量低。

三、槭属植物的起源、演化和分类

（一）槭属植物的资源分布与起源

全世界槭属植物有 200 余种，主产亚洲、欧洲及美洲北温带地区。中国是世界上槭树种类最多的国家，占世界槭树种类的 72%。长江流域槭树有 100 余种，占世界槭树种类的 1/2，是世界槭属的现代分布中心，很可能也是槭树科历史上的分布中心和起源中心（徐廷志，1998）。由于槭树科长期占据长江流域地区，种群数量大，群体的适应多态性和变异性也大，产生了多种适应的基因型向边缘地区扩散。一条路线向南延伸，经中南半岛直至南半球，在向南扩散过程中形成的种少，只有 1 种（*A. laurinum*）分布到南半球印度尼西亚一带的热带山地；另一条路线是向西经欧洲，抵达北美洲东北部；第三条路线是向北，经我国华北、东北穿过白令海峡，直抵北美洲西北部（徐廷志，1998）。当然，也有诸多学者（田欣，2003）不同意徐廷志的观点，他们认为槭树科起源于北美，理由是在北美发现第三纪留下来的槭树科化石，然而在亚洲却没有发现。根据槭树科的现代分布格局看，长江流域及其以南地区是其多样化中心（即演化中心）是不争的事实，但是关于起源中心还有待研究。

（二）槭属植物演化与分类

原始的、典型的槭属植物，其特征为多花组成的圆锥花序，顶生或侧生，下面有 2～3 对苞叶；花程式 K5/C5A8；雄花与两性花同株；翅果连接角 40°～45°，翅在小坚果远轴边伸长，叶为单叶、掌状脉；木射线为 4～5 细胞，有乳汁；染色体 $x=13$。芽鳞 2～4 对。徐廷志（1996，1998）认为槭属内的演化是在上述原始的典型的槭属植物基础上，按照芽鳞、花和花序、果、叶、木材和细胞学的特征演化关系而展开系统演化的，其主要方式是花的各部数量减少，有的器官甚至完全退化（如花瓣、花盘）。

槭属 4 个亚属中，槭亚属（Subgen. *Acer*）是最原始的一个亚属，尖叶槭亚属（Subgen. *Arguta*）是槭亚属的组 Sect. *Rubra* 演化而来的，枰叶槭亚属（Subgen. *Negundo*）是从槭亚属的组 Sect. *Trifoliata* 演化而来的，栎叶槭亚属（Subgen. *Carpinifolia*）是一个较远离其他 3 亚属的特殊类群，依据槭属形态特征演化的趋势，可能是从槭亚属的组 Sect. *Distyia* 演化来的。在槭属中，槭亚属是极大的一群植物，共分 18 组，槭亚属的演化分三支进行，它们之间在漫长的演化进程中，有不少类群已经绝灭而形成了分 3 个支系的演化格局（徐廷志，1998）。

四、槭属植物的遗传变异与多样性

（一）元宝槭的形态及生长的变异

1. 营养生长性状的变异　元宝槭实生起源的 1 年生和 2 年生苗木群体存在着极丰富的变异，株高变异系数是 47.84%～70.89%，地径的变异系数是 42.51%～57.50%，叶片数的变异系数是 60.70%～68.14%，且随着年龄的增加，苗木的分化越来越明显（吴裕，2007）。实生起源的元宝槭大树，其地径、株高、冠幅、抽枝数和叶片数等 5 个营养生长性状的株间变异特别大，变异系数是 17.92%～65.05%；变幅也特别大，最大值是最小值的 3.40～60.82 倍；叶片数与抽枝数的相关系数是 0.948，是相关性最密切的两组变量；其次是株高与地径的相关系数为 0.833；各营养生长性状之间都存在极显著的正相关关系（吴裕，2007）。

2. 花期的变异 在云南地区，元宝槭的花期主要集中在 3 月，开花时间历时 1 个月左右，但是株间变异大，开花数量和结实数量的株间变异从 4 月初坐果到 9 月果实开始成熟，一直都在落果，落果率约 50%；结实数与地径、株高、冠幅呈弱正相关，与抽枝数和叶片数基本不相关。

3. 果实的变异 元宝槭果实株间变异非常大，其果长、带翅果长、果宽、果厚、着生痕长、种子厚、空壳比率、果实千粒重和种子千粒重共 9 项指标变异系数是 7.83%～51.73%；变幅最大值是最小值的 1.37～12.40 倍；空壳比率的变异系数最大（51.76%），变幅也最大（2.50%～31.00%），最大值是最小值的 12.40 倍；果实千粒重与空壳比率呈弱负相关，与其他各性状都呈显著正相关或极显著正相关；果实千粒重与种子千粒重的相关系数最大（0.946），与着生痕长的相关系数最小（0.348），但也呈显著正相关；种子千粒重与果实千粒重、果厚、种子厚呈极显著正相关，与果宽呈显著正相关，与其他性状呈弱正相关。

4. 染色体的变异 从细胞染色体方面讲，原始的、典型的槭属植物染色体：$x=13$。槭属的 4 个亚属除栌叶槭亚属仅 1 种（*A. carpinifolium* Sieb. & Zucc.）为四倍体 $2n=4x=52$ 外，其他 3 亚属均为二倍体（$2n=2x=26$）（徐廷志，1998）。

（二）槭属植物的遗传多样性

刘海学等（2001）通过测定梣叶槭（*A. negundo*）、无宝槭、色木槭（*A. mono*）的过氧化物酶同工酶发现：色木槭与元宝槭的亲缘关系较近，而梣叶槭与上述两种的亲缘关系较远；从酶带的数量和染色深浅可发现在 3 种供试材料中，色木槭的抗性及适应性都比较强。

李珊（2001）用 RAPD 标记对庙台槭（*A. miaotaiense*）3 个居群共 39 个个体进行了遗传多样性研究，推测导致庙台槭濒危的原因之一可能是庙台槭的遗传多样性水平较低，居群之间已有明显的遗传分化发生。

钱永生等（2007）采用了 AFLP 技术分析了槭属 11 种植物的遗传多样性，其中羊角槭和栓皮槭，长尾秀丽槭和毛脉槭，梣叶槭与剑叶槭之间的亲缘关系最近。闫女等（2010）利用 ISSR 分子标记研究了七里峪 8 个茶条槭（*A. ginnala*）种群的遗传多样性和遗传结构，结果表明，在 8 个茶条槭种群中，Shannon's 信息指数、Bayesian 指数分别为 0.507 和 0.368，表现出高的遗传多样性。

五、元宝槭野生近缘种的主要特征特性

（一）茶条槭

学名 *Acer ginnala* Maxim，别名华北茶条。

1. 形态特征 落叶小乔木或灌木，高达 10 m，胸径 30 cm，树皮灰色，粗糙；嫩枝绿色或紫绿色，后变褐色及灰褐色。单叶，卵形或卵状椭圆形，纸质，长 3～5 cm，先端渐尖，基部圆形或心形，3～5 深羽裂，裂片具不整齐的缺状重锯齿，羽状脉或基部三出脉，两边近无毛。花杂性同株，伞房花序，顶生。果连翅长 2.5～3 cm，核两面突起，表面有细脉纹，两小果略张开，翅近直立，内缘多重叠。花期 5～6 月，果 9 月成熟。

2. 生物学特性 根据南京的育苗试验（种源来自中山植物园），茶条槭每年 3 月下旬开始展叶，4～5 月生长缓慢，6 月上旬开始进入速生期，生长一直持续到 8 月中旬，速生期持续时间较长。属于前期生长型。9 月以后生长渐渐变缓，11 月开始渐渐落叶休眠（黄栋等，2009）。

喜温凉湿润，在烈日下树皮易受灼害；耐寒，在中国的北方及江南能够正常越冬；深根性，萌蘖性强；抗风雪及烟害。喜生在阴坡或山谷，在湿润、肥沃、排水良好的土壤上生长旺盛（李雷鹏等，2007）。

3. 分布概况 茶条槭分布于我国东北、内蒙古及华北山地，在西北主要分布在陕西（秦巴山地、黄龙、桥山及延安）、甘肃（小陇山、庆阳）等地。多生于海拔 500～1 200 m 的山地。俄罗斯西伯利亚、朝鲜和日本均有分布。

4. 利用价值 茶条槭嫩叶可加工成茶，具有生津止渴、退热明目的功效，故名茶条槭；更主要的是其树叶可提取大量的没食子酸，干叶含没食子酸 200 g/kg 左右。茶条槭籽油属高不饱和植物油脂，籽油中不饱和脂肪酸含量为 88.61%，其中亚油酸、γ-亚麻酸和 α-亚麻酸等人体必需的脂肪酸含量分别为 34.39%、6.99% 和 1.31%（汪荣斌等，2011）。木材可供细木加工；树皮含纤维，为造纸和人造棉的重要原料；树皮、叶和果实均含鞣质，含量约 13.44%，可提制栲胶或做黑色染料。

茶条槭树干通直，树体优美，夏季果翅红色美丽，秋后叶色鲜红艳丽，极具观赏价值，宜植于庭院观赏，点缀园林及山景。茶条槭还是一种蜜源植物。

（二）鸡爪槭

学名 *Acer palmatum* Thunb.，别名红叶槭。

1. 形态特征 落叶小乔木。树皮深灰色。小枝细。叶纸质，圆形，直径 7～10 cm，掌状分裂，通常 7 深裂；上面深绿色，无毛；下面淡绿色，在叶脉的脉腋被有白色丛毛；主脉上面微显著，下面凸起；叶柄长 4～6 cm，无毛。花紫色，杂性；伞房花序，总花梗长 2～3 cm，先叶后花；萼片 5，卵状披针形，先端锐尖，长 3 mm；花瓣 5，椭圆形或倒卵形，长约 2 mm；雄蕊 8 枚，无毛。翅果，嫩时紫红色，成熟时淡棕黄色；小坚果球形，直径 7 mm，脉纹显著；翅果张开呈钝角。花期 5 月，果期 9 月。

2. 生物学特性 鸡爪槭苗期年高生长量可至 40 cm 以上，其高生长高峰期出现在 8 月初至 10 月中旬，苗期高生长量占全年高生长量的 60%（郑建福等，2006）。

鸡爪槭性喜温凉湿润气候，耐阴，在有树遮阴或背阴处，且土壤肥沃湿润、排水良好的立地生长快，能适应酸性土、中性土及石灰质等各种土壤，但对盐碱土反应敏感，生长不良易黄化。阳光暴晒之处孤植，夏季易受日灼、旱害。在北京幼苗期冬季需加以保护，成年期可露地越冬。鸡爪槭能适应的气候条件：年平均气温 9～12 ℃，极端最高气温 37 ℃，极端最低气温－20 ℃，≥10 ℃积温 3 000～3 500 ℃，年降水量 450～850 mm。

3. 分布概况　鸡爪槭在陕西的汉中、安康、商洛、西安、咸阳、宝鸡、渭南、铜川、杨凌、延安，甘肃的文县、小陇山，宁夏的银川，以及河北、北京、山东、河南和长江中下游地区均有分布，生长于海拔 350～1 200 m 山地。日本、朝鲜亦有分布。鸡爪槭为世界著名的观叶树种，树姿优美，叶形秀丽，秋叶变红胜似红火。树、叶可入药。

4. 主要品种类型　鸡爪槭的主要品种类型及特点如下（张建民等，2010）：

（1）小叶鸡爪槭（*A. palmatum* var. *thunbergii* Pax）　叶较小，径约 4 cm，掌状 7 深裂，裂片狭窄、缘有尖锐重锯齿，先端长尖，翅果短小。

（2）细叶鸡爪槭（*A. palmatum* ‘Dissectum’）　俗称羽毛枫，叶掌状深裂几达基部，裂片狭长又羽状细裂；树冠开展而枝略下垂，通常树体较矮小。我国华东各城市庭院中广泛栽植观赏。

（3）红细叶鸡爪槭（*A. palmatum* ‘Omatum’）　俗称红羽毛枫，株态、叶形同细叶鸡爪槭，唯叶色常年红色或紫红色。常植于庭院或盆栽观赏。

（4）紫红鸡爪槭（*A. palmatum* ‘Atmpurpureum’）　俗称红枫，叶常年绿色或紫红色，株态、叶形同鸡爪槭。

（5）线裂鸡爪槭（*A. palmatum* ‘Linearilobum’）　叶掌状深裂几达基部，裂片线形，缘有疏齿或近全缘。有叶色终年绿色者，也有终年紫红色者。

（6）花叶鸡爪槭（*A. palmatum* ‘Reticulatum’）　叶黄绿色，边缘绿色，叶脉暗绿色。

（7）斑叶鸡爪槭（*A. palmatum* ‘Nersicolor’）　绿叶上有白斑或粉斑。

（8）红边鸡爪槭（*A. palmatum* ‘Roseo - marginatum’）　嫩叶及秋叶裂片边缘玫瑰红色。

（9）金凌黄枫（*A. palmatum* ‘Jinling - huangfeng’）　新梢亮红色，1 年生枝条颜色微泛红色，2 年生枝条绿色。新芽亮橙红色；嫩叶黄色，叶缘浅珊瑚红色；生长旺盛期叶色为金黄色；9～10 月成熟叶转为黄绿色，秋梢新叶浅橙红色；11 月中旬叶色转为橙红色（李倩中等，2011）。

（三）色木槭

学名 Acer mono Maxim.，别名色树、色木（东北）、水色树、五角枫等。

1. 形态特征　落叶乔木，高达 15～20 m；树皮灰色或灰褐色，纵裂。单叶对生，掌状 5 裂，裂深达叶中部或 1/3 处，长 5～8 cm，宽 7～11 cm，偶有 3 裂或 7 裂，裂片卵状三角形，先端渐尖或尾状锐尖，全缘，基部心形或近心形。花杂性同株，淡黄绿色，花多数排成顶生直立的圆锥状伞房花序，与叶同时开放，无毛，长与宽均约 4 cm，生于有叶的枝上。翅果幼时紫褐色，成熟时淡黄色或淡黄褐色；小坚果扁平或稍凸出，长 1～1.3 cm，宽 5～8 mm；果翅长圆形，两翅张开成钝角，稀锐角，翅长 5～8 mm，连同小坚果长 2～2.5 cm；果梗长 2 cm。花期 5～6 月，果熟期 9 月。

2. 生物学特性　色木槭树高生长 9 年前为生长前期，9～31 年为速生期，20 年为生长高峰年，速生期持续 22 年，31 年后为生长后期；材积生长 25 年前为生长前期，25～38 年为速生期，32 年为生长高峰年，速生期持续 13 年，38 年后为生长后期（李广祥，2009）。

色木槭的花为两性花，在花开放的过程中，不同时间开放的花，其形态构造存在着极大差别，可分为 2 种类型、3 个开放时间。即第一批花为雄蕊伸长型，第二批花为雌蕊伸长型，第三批既有雄蕊伸长型，亦有雌蕊伸长型。雌蕊伸长型最终发育成小幼果，存在部分花果同期现象（高风华，2009）。

色木槭为弱阳性树种，稍耐阴，抗寒性强，喜温凉湿润气候及肥沃湿润的土壤，在酸性、中性、石灰岩上均可生长。

3. 分布概况 主要分布在我国黑龙江（小兴安岭、完达山、张广才岭等山区）、吉林、辽宁、华北和长江流域各省份。朝鲜、蒙古国、俄罗斯东西伯利亚和日本也有分布。

4. 利用价值 色木槭具有很高的药用价值，它的幼芽、嫩叶可代茶饮，具有退热明目、祛风化癣等功效（王立青，2006）。色木槭还具有较强的抗火性能。茎皮可作为人造棉及造纸原材料，也可提制栲胶。种子榨油，可供工业原料及食用。色木槭树干挺拔，叶片经秋变红，是理想的行道树、城市绿化和庭园观赏树种。

（四）橄榄槭

学名 *Acer olivaceum* Fang et P. L. Chiu。

1. 形态特征 落叶乔木，高可至 5～10 m。树皮粗糙，紫绿色或浅褐色。小枝近圆柱形，紫色或紫绿色。叶近革质或厚纸质，基部近平截或近心脏形。叶倒卵状三角形、三角形或椭圆形，长 5.5～6.0 cm，宽 7～8 cm。通常 5～7 裂，裂片三角状卵形或卵形；顶端渐尖，边缘除基部外有紧贴钝锯齿。上面橄榄色，无毛，背面浅橄榄色，脉腋有丛毛；初生脉 5 条，次脉 11～12 对。叶柄淡紫绿色，长 4～5 cm；花序短圆锥状或圆锥伞房状，淡紫绿色；花瓣 5，淡白色；雄蕊 8 枚，长于花瓣；雄蕊外侧有花盘。翅果淡紫色，成熟后淡黄色；两翅开展成钝角。花期 4～5 月，果熟期 9 月。

2. 生物学特性 根据南京的育苗试验（种源来自杭州植物园），橄榄槭苗期生长速度较慢，当年平均高生长量为 26.40 cm，地径平均生长量为 4.2 mm。橄榄槭每年 3 月下旬开始展叶，4～5 月生长缓慢，6 月中旬开始进入速生期，生长一直持续到 8 月中旬，速生期持续时间较长。属于前期生长型。9 月以后生长渐渐变缓，11 月开始渐渐落叶休眠（金雅琴等，2009）。

本树种稍喜光，但也耐一定的庇荫。较耐寒，在江苏南京，无防寒措施的条件下能够正常越冬。喜温暖湿润气候，适生于偏酸或中性土壤，在微碱性土中也可生长，也耐一定水湿。

3. 分布概况 橄榄槭是我国自然分布的优良乡土槭树之一。在我国，其自然分布范围狭窄，仅零星分布于我国浙江、安徽南部和江西东部，常见于海拔 200～1 000 m 的疏林中。

4. 利用价值 橄榄槭树姿婆娑，枝叶浓密，入秋叶猩红色，颇为美丽，为优良秋色叶树种之一。橄榄槭耐寒，耐旱，适应性较强，是理想的园林景观树种。

（五）青榨槭

学名 *Acer davidii* Franch. 。

1. 形态特征　落叶乔木，高 10～15 m。树皮绿色，有黑色条纹；小枝细瘦，圆柱形，绿褐色，无毛。叶卵形或宽卵形，长 3～6 cm，宽 2～4 cm，先端渐尖，具长尾，基部圆形或近心形，边缘具不规则的圆锯齿，上面深绿色，无毛或沿脉被极稀疏的短柔毛，下面绿色，沿脉疏被毛，边缘疏具缘毛；叶柄细瘦，紫红色，无毛或顶端被短柔毛。总状花序下垂，生于有叶小枝的顶端；花杂性，雄花与两性花同株；萼片 5，椭圆形，长约 4 mm，先端稍钝；花瓣 5，倒卵形，与萼片近等长；雄蕊 8 枚，在雄花中稍长于花瓣，在两性花中不发育；子房被红褐色的短柔毛，花柱细瘦，无毛，柱头反卷。翅果长 3.5～4 cm，张开成水平或近水平；小坚果卵圆形，凸起，具明显的肋纹。花期 5 月，果期 6～7 月。

2. 生物学特性　青榨槭种子具有浅休眠特性，低温层积 14 d 或 500 mg/kg 赤霉素（GA₃）可打破休眠（喻才员等，2007）。青榨槭适应性强，耐寒，能抵抗 -35～-30 ℃的低温。耐瘠薄，适宜中性土。主、侧根发达，萌芽性强，生长快，当年栽植生长高度可至 2 m，第二年 3～4 m。病虫害少、繁殖容易。

3. 分布概况　青榨槭分布于我国华北、华东、西北、中南及西南各省份。在六盘山生于海拔 2 000～2 100 m 的向阳山坡林缘，常与山杨、辽东栎、白桦、漆树、鹅耳枥等混生。

4. 利用价值　青榨槭树干端直，具有很高的绿化和观赏价值，是城市园林、风景区等各种园林绿地的优良绿化树种。木材纹理好，材质优，是家具、建筑的珍贵用材。此外，其树皮纤维也是优良的造纸原料，种子可榨油，也属工业原料。

（六）青楷槭

学名 *Acer tegmentosum* Maxim. ，别名青楷子（东北）、辽东槭（《中国树木分类学》）。

1. 形态特征　落叶乔木，高达 15 m；灰色或深灰色，有裂纹。小枝紫色或紫绿色。叶近圆形或卵形，长 10～12 cm，宽 7～9 cm，具钝尖重锯齿，基部圆形或近心形，5（3～7）裂，裂片三角形，下面淡绿色，脉腋有淡黄色丛毛，基脉 5，侧脉 7～8 对；叶柄长 4～7（13）cm，无毛。萼片长圆形；花瓣倒卵形。翅果黄褐色，长 2.5～3 cm，翅成钝角或近水平；果柄长约 5 mm。花期 4 月，果期 9 月。

2. 生物学特性　青楷槭不喜全光与强光，较耐阴，喜湿润，耐严寒，不耐干旱，不耐贫瘠。

3. 分布概况　产于河北（燕山及太行山北段）、山东、黑龙江、吉林及辽宁；生于海拔 500～1 000 m 疏林中。俄罗斯、朝鲜也有分布。

4. 利用价值　青楷槭树皮灰绿色光滑，叶秋季金黄色，翅果熟时金黄色，是集赏干、赏枝、赏叶、赏果、赏荫于一体的树种之一。

（七）三角槭

学名 *Acer buergerianum* Miq. ，别名三角枫（《植物名实图考》）。

1. 形态特征　落叶乔木，高达 20 m；树皮褐色形或灰褐色，裂成薄条片。小枝近无毛。叶基部近圆形或楔形，椭圆形或倒卵形，长 6～10 cm，3 浅裂，裂片前伸，稀不裂，中裂片三角状卵形，全缘，稀具少数锯齿，下面被白粉，稍被毛，基脉 3（5）；叶柄长 2.5～5 cm，淡紫绿色。萼片黄绿色，卵形，无毛；花瓣淡黄色，窄披针形或匙状披针形。翅果黄褐色，长 2～2.5（3）cm，翅成锐角或近直立。花期 4 月，果期 8 月。

2. 生物学特性　三角槭种子本身含有发芽抑制性物质，赤霉素浸种处理有助于缩短低温层积的时间而使种子发芽时间提前，低温层积 42 d 后可逐步解除其休眠。其幼苗生长呈现慢—快—慢的生长特点，3 年生苗平均高生长量 3.42 m（曹健康等，2006；李冬林等，2007）。

3. 分布概况　三角槭产自长江流域中下游海拔 1 000 m 以下的地区，分布于浙江、江苏、安徽、江西、福建、湖北、湖南、广东、贵州、山东及河南。日本有栽培。

4. 利用价值　三角槭木材适合做高级家具、室内装饰、胶合板面板、工艺美术制品、纺织器材和乐器等（柯病凡等，1994）。三角槭的树叶富含鞣质，具有较强的清除自由基能力；三角槭含有较高的不饱和酸、蛋白酶，具有很高的药用价值。

三角槭是良好的庭院绿化树种，也是绿篱的良好树种。三角槭对二氧化硫等具有较好的抗性，非常适合做行道树种，三角槭还具有较高的抗盐性，适合海滨地区的绿化（童贯和，2002；马进等，2005）。

（郑　健）

第七节　银　桦

银桦（*Grevillea robusta* A. Gunn. ex R. Br.）为山龙眼科（Proteaceae）银桦属（*Grevillea* R. Br.）植物，别称银橡树（广东南海）、樱槐、绢柏（广东），乔木或灌木。银桦属植物约 190 种，分布于大洋洲、亚洲东南部，多生于干旱地区。中国引入 1 种，1949 年以后在热带、亚热带区，如云南、福建等省相继推广发展，用于城市园林建设和农村四旁绿化。其树体常绿高大，树姿优美，病虫害少，有较强的空气净化能力。

一、银桦的利用价值和引种栽培

银桦树干挺拔秀美，花色艳丽，引入我国后主要用于城镇绿化，做街道行道树、庭园风景树、遮阴树和农林间种树种，尚未有大面积造林的报道。另外，银桦对大气二氧化硫、氟化氢和氯化氢等有害气体有很强的净化能力。红花银桦（*G. banksii*）在长时间的污染条件下，对大气中的二氧化硫、氟化物等污染气体具有较强的抗性和吸收、净化能力，并且枝、主干和根对污染物的吸收、净化能力都比抗性强的小叶榕高，在空气污染较严重的工矿企业区具有很好的空气净化能力（赵鸿杰等，2009）。银桦木材呈淡红色或深红色，具光泽，富弹性，适于做胶合板的贴面板以及家具等用材。银桦是一种优良的蜜源植物，一般栽植 5 年即可开花，花期 3 月中旬一直延续到 5 月，可供蜜蜂采蜜的周期大概 30 d。一般是老龄树先开花，幼龄树后开花；每朵花开放 3 d，全树交错开花月余，蜜多粉少。泌蜜期间不受寒潮低温小雨的影响（刘仲华，1992）。

银桦原产于澳大利亚昆士兰州南部和新南威尔士州北部的沿海区域，从湿润的热带雨林到干旱裸露的山坡都有分布。银桦于1830年最先由澳大利亚引入英国；1860年引入斯里兰卡，后传播到印度；1900年引种到非洲阿尔及利亚和南非。在20世纪初，银桦被广泛引种到全球暖温带、亚热带和热带高原（潘志刚等，1994）。中国最早于1925年在广州将银桦作为行道树栽植。目前，云南、福建、台湾、海南、广东、广西、四川、湖南、浙江、江西等省份都有栽培，其中在云南海拔1 100～1 900 m、年降水量1 000～1 500 mm的南亚热带地区和准热带地区栽培较多，生长发育良好（潘志刚等，1994；苏开君等，2008）。但因受地形限制，栽培规模都比较小，一般都是零星分布在坝区的城镇、村庄及其低山边缘。昆明、广州等城市曾将银桦作为主要行道树推广种植。银桦树干抗台风能力较弱，受到强风易折断，成年银桦树也容易受到病虫危害，因此银桦在20世纪70年代大规模引种后，并没有继续得到大面积推广。最近几年，园林部门从澳大利亚引进了红花银桦等灌木型品种，其观赏价值更好，目前广州等华南城市应用较多（《中国树木志》编辑委员会，1978；松华，2012）。

二、银桦的形态特征

常绿高大乔木，树高37～40 m，胸径80～100 cm。树干端直，树冠圆锥形。树皮暗灰色或暗褐色，呈浅皱纵裂。幼枝、嫩芽及叶柄上密被锈褐色或灰褐色粗毛；单叶互生，二回羽状深裂，裂片5～15对，近披针形；叶面深绿色，中脉下陷，上面无毛或具稀疏丝状绢毛，下面被褐色茸毛与银灰色绢状毛，边缘背卷；叶柄被茸毛。总状花序，腋生，或排成少分枝的顶生圆锥花序，花序梗被茸毛；花两性，橙色或黄褐色；花药卵形，花盘半环状，子房具子房柄，花柱顶部圆盘状，稍偏于一侧，柱头锥状。果实卵状椭圆形，稍偏斜，果皮革质，黑色，为硬木质蓇葖果。种子长盘状，边缘具窄薄翅（图33-7）（潘志刚等，1994）。

银桦是喜光树种，幼苗期不耐强光暴晒，成年树喜光，喜温暖气候和深厚、疏松、排水良好、偏酸性的沙质土壤。银桦在热带地区种植4～5年即开花结实，在亚热带地区6～8年开始开花结实。银桦花期4～5月，6月中下旬果实颜色变

图33-7　银桦
1. 花序　2. 花　3. 雌蕊及花盘　4. 果枝
5. 蓇葖果瓣　6. 种子
（引自《中国树木志·第三卷》）

为黑褐色。银桦在中国的适生区内年均温 15～28 ℃，年降水量 1 000～2 000 mm，无长期季节性干旱的热带和亚热带地区种植，垂直分布可从海平面到海拔 2 300 m。银桦能耐轻霜，但低于－4 ℃的低温将对银桦产生霜害。银桦枝条较脆，树干抗台风能力较弱。

三、银桦属植物的起源、演化与分类

银桦是植物学家 Alan Cunningham 于 1827 年在澳大利亚布里斯班的河岸发现，模式植物标本现存于英国皇家植物园（邱园）和大英博物馆。银桦属为山龙眼科银桦亚科植物，约 190 种，分布于大洋洲、亚洲东南部，多生于干旱地区。中国主要引入银桦 1 种（郑万钧，1997）。目前我国对银桦的研究主要集中在引种栽培、育苗技术等方面，尚无银桦属物种演化方面的报道。

四、银桦近缘种及种质资源

（一）银桦近源种

1. 红花银桦（*Grevillea banksii*） 又名昆士兰银桦。热带小乔木。红花银桦为阳性树种，适宜排水良好、略带酸性的土壤条件，稍耐霜。分布于大洋洲、非洲、美洲和欧洲的西班牙。中国广东、香港有引进。红花银桦为装饰性常绿植物，可庭园孤植或集中栽植，也可用作道路隔离带树种（郑文澄，1987）。

2. 白翅银桦（*Grevillea leucopteris*） 常绿观花灌木，株高 2 m。白翅银桦树姿美观，叶形奇特，花姿优雅，花量大、具芳香，有较高的观赏价值。白翅银桦栽培容易，耐修剪，在园林应用中可用作园景、矮篱、地被等；枝、叶奇特优美，均可造型，是重要木本切花；也可做盆景。同时白翅银桦具有抗污染、耐旱、中度耐霜冻、耐高温等抗性，是很好的生态环境保护树种。白翅银桦 2003 年首次引入我国广州，在初步引种成功的基础上，2005—2006 年开始小批量引种，从广州到上海均进行了少量试种，生长正常，适生范围广，推广应用前景大（赵平丽等，2011）。

3. 莫丽银桦（*Grevillea molly*） 原产澳大利亚昆士兰州的海岸和附近岛屿。常绿灌木，株高 1.5 m，叶背银白色，叶面深绿色，叶子蕨叶状深裂，花序圆柱状，花多，鲜红色，花期为冬春季。其叶形奇特，花姿优雅，在园林应用中可用作绿篱、庭院观赏树木，也可用作木本切花。同时，莫丽银桦具有抗病虫害、耐旱等抗性，适生范围广，2003 年引入我国广州，目前生长开花正常，表现出良好的观赏性，推广应用前景大（张晓明等，2013）。

4. 皇室斗篷银桦（*Grevillea poorinda*） 2010 年由广东省林业科学研究院引进种子，用于粤东石山造林试验。1.5 年生皇室斗篷银桦苗高 0.98～1.50 m，可做荒山绿化先锋树种（龚峥等，2013）。

（二）银桦品种资源

罗宾戈登银桦（*Grevillea robusta* 'Gordon'）为红花银桦（*G. banksii*）和硬叶银桦

（*G. bipinnatifida*）的杂交品种，观赏灌木，原产澳大利亚，高 2 m，冠幅达 3 m，叶片二回分裂，花红色，于 21 世纪初由种植户引入广东。罗宾戈登银桦由于叶形美丽，花色美艳，且在气候适宜的地方几乎可全年开花，在澳大利亚极受欢迎并被广泛种植。引入中国后其独特的叶形及超大的花序（长 15 cm，宽 9 cm）也引起人们的喜爱，在园林绿化中的需求量逐年增加。由于罗宾戈登银桦是杂交品种，超过 99％的花粉败育，所以几乎不产生种子，国内目前通过离体组织培养等方式繁殖（李湘阳等，2013）。

（宗亦臣）

第八节　银　合　欢

银合欢 [*Leucaena leucocephala*（Lam.）de Wit] 为含羞草科（Mimosaceae）银合欢属（*Leucaena* Benth.）植物。银合欢为灌木或小乔木，生长快，是著名的速生能源树种。银合欢属植物约 40 种，产于中美、北美及西印度群岛，19 世纪最早引入中国台湾，目前已引入数种。

一、银合欢属植物的利用价值与引种栽培

银合欢已广泛用于干热河谷退化生态冲沟治理，具有良好的水土保持效益，可作为厂矿区、锡矿、尾砂库植被恢复与重建的优选植物。银合欢是优良的固氮树种，可提高土壤肥力；其嫩叶产量高，耐割，枝叶及荚果含氮，也是一种优良的木本绿肥树种。银合欢具有生长快、产薪量高、燃烧值高等特点，可作为能源树种。银合欢枝叶和荚果中富含多种蛋白质、脂肪、矿物质和各种微量元素，营养价值高、适口性好，是优良的饲料。另外银合欢叶片可作为食用菌栽培基质；银合欢树皮含鞣质，可作为栲胶树种（潘志刚等，1994；端木炘，1989）。

银合欢原产于中美洲的沿海地区，广泛分布于热带、亚热带地区。银合欢 1645 年由荷兰人引种到中国台湾，20 世纪 20 年代引入广东，以后在一些地方渐渐逸为野生，1961年 8 月海南热带作物研究所从中美洲引进了少量的萨尔瓦多型银合欢种子，经试种发现其植株生长势和产量等方面均优于普通银合欢，将其定名为新银合欢（*Leucaena leucocephala* 'Salvador'），之后又将种子分到南方各省份试种。截至 2008 年全国约有 1 333.3 hm²，分布于广西、广东、福建、海南、香港、湖南、贵州、四川、云南、浙江、台湾等省份。

二、银合欢的形态特征

银合欢又名白合欢，灌木或小乔木，树高 2～6 m；幼枝被短柔毛，老枝条无毛，具褐色皮孔，无刺；托叶三角形，小。羽片 4～8 对，叶轴被柔毛，在最下一对羽片着生处有黑色腺体 1 枚；小叶 5～15 对，线状长圆形，先端急尖，基部楔形，边缘被短柔毛，中脉偏向小叶上缘，两侧不等宽。头状花序常 1～2 个腋生；苞叶紧贴，被毛，中脉偏向小叶上缘，两侧不等宽。花白色，花瓣狭倒披针形；雄蕊 10 枚；荚果带状，顶端凸尖，基

部有柄，纵裂，被微柔毛；种子 6～25 粒，卵形，褐色，扁平，光亮。花期 4～7 月，果期 8～10 月（图 33 - 8）。

银合欢根系发达，能吸收土层深处的水分，耐旱能力强。在年降水量 1 000～3 000 mm 地区生长良好，但也能在年降水量 250 mm 的地区生长。不耐水渍，长时间积水生长不良。银合欢的花期为春秋两季，成年植株每年开花 2 次，第一次 3～4 月，5～6 月种子成熟，第二次 8～9 月，11～12 月种子成熟。荚果成熟时呈褐色，能自行开裂，散出种子落到地面，自行繁衍，能形成大量幼苗，故需要及时采种。银合欢为阳性树种，在无遮阴条件下生长最好；喜温暖湿润的环境，最适生长温度为 25～30 ℃，低于 10 ℃ 和高于 35 ℃停止生长，低于 0 ℃会受冻落叶。银合欢适合在 pH 6.0～7.7 中性或微碱性的土壤中生长（郑万钧，1985）。

图 33 - 8　银合欢
1. 花枝　2. 果　3. 花瓣　4. 花　5. 雄蕊　6. 雌蕊
（引自《中国植物志·第三十九卷》）

三、银合欢属植物的起源、演化和分类

银合欢起源于中美洲墨西哥的尤卡坦半岛，位于北纬 17°～22°。大约在公元 1 600 年以前，银合欢由西班牙通过海上贸易传入菲律宾，后再传播至印度尼西亚、美国夏威夷、毛里求斯岛等热带地区，19 世纪末传入澳大利亚。中国最早引种银合欢的是台湾省，至今有 300 多年的历史，华南热带及南亚热带区、东部亚热带区也有 80～90 年的引种史。

银合欢属植物种分类有不同观点。《中国植物志·第三十九卷》介绍银合欢属植物约 40 种，银合欢属植物种可由植株的大小、花的颜色、小叶的大小、豆荚的大小等形态学特征来区分；另一些学者却认为银合欢属种间的杂交繁育可产生很多杂交种，难以用形态学特征区分。1980 年，夏威夷大学 Brewbaker 等根据所收集的种质将银合欢属分为柯氏银合欢（L. collinsii）、异叶银合欢（L. diversifolia）等 10 种。1994 年在印度尼西亚茂物召开的国际银合欢专题讨论会上，公布了被鉴定的 16 种。1998 年，Hughes 根据形态学特征进行综合分类，将银合欢属分为 25 种，其中包括 2 杂交种和 6 亚种。叶花兰（2007）利用 AFLP 分子标记技术，将供试的 42 份银合欢种质分为 7 种类型。

四、银合欢属植物种及种质资源

1. 银合欢　银合欢变种多，早期将银合欢分为普通银合欢（灌木型）和巨型银合欢（乔木型）。其中灌木型银合欢通过引种已广泛地分布于全球热带地区。澳大利亚把分枝复杂、多叶的、中等高度（3～8 m）、产量高于普通型的银合欢归于秘鲁型。近年又有学者根据株高和树形将银合欢分成 3 类，分别为夏威夷型（低于 5 m，灌木状）、萨尔瓦多型

（高于 20 m，乔木状）及高度介于前两者之间的秘鲁型（表 33 - 1）。其中萨尔瓦多型又称新银合欢，目前在国内引种应用较为广泛。

表 33 - 1　银合欢种内的 3 个类型及特性

类　型	原产地	树　形	树　高	生物学特性	用　途
夏威夷型	墨西哥海滨地区	丛生灌木	可达 5 m	树龄 4～6 月始花，全年开花；种子产量大	饲料、肥料、燃料
萨尔瓦多型	中美洲和墨西哥内陆	高大乔木	可达 20 m	始花期较晚；季节性开花，通常一年 2 次；种子产量较低	木材产品、工业燃料
秘鲁型	南美洲秘鲁	小乔木	可达 10 m	分枝多，叶量丰富	饲料树种

2. 新银合欢　又称为萨尔瓦多银合欢，常绿乔木，高可达 15～25 m，胸径 30 cm 以上。新银合欢有 800 多个品系，我国 20 世纪 60 年代从美国夏威夷引进的 K6、K8、K28、K67 等进行筛选和试验，评选出 K8 和 K28 进行推广造林。中国林业科学研究院林业研究所从菲律宾引进的新银合欢 4 个品系（菲 - 19、菲 - 30、菲 - 62、菲 - 65），在海南岛尖峰岭引种成功（潘志刚等，1994）。

（宗亦臣）

第九节　凤　凰　木

凤凰木 [*Delonix regia* （Boj.）Raf.] 属豆科（Leguminosae）云实族（Caesalpinieae）凤凰木属（*Delonix* Raf.）（Du et al.，1995；Xu et al.，2010）。凤凰木属共有 10 种左右（Du et al.，1995），分布于非洲东部、马达加斯加至热带亚洲。本属树种均为风景树，仅凤凰木在世界各地广泛引种栽培。凤凰木树冠开展，枝叶茂密，花大色艳，被我国个别城市选为市树或市花。

一、凤凰木的利用价值及生产概况

（一）绿化价值

本属植物多为马达加斯加特有种，在马达加斯加南部地区多用作村旁或墓地周边的遮阴或绿篱树种。凤凰木花大色艳，树姿优雅美观，被广泛用于道路、乡村、庭园和住宅小区的绿化和美化。凤凰木在净化空气、土壤和水体方面有重要作用。据测定，凤凰木行道树下的空气总悬浮颗粒浓度小于道路中央的空气总悬浮颗粒（刘晓华等，2009）。凤凰木的树皮可比其他重要绿化树种的树皮积累更高浓度的铅（Pb），可达 20～70 mg/kg（Ukpebor et al.，2010）。凤凰木叶片含有较高浓度的重金属汞（Hg），可高达 0.31 mg/kg（张炜鹏等，2007）。凤凰木叶片粉末可以有效去除甲基蓝（Ponnusami et al.，2009）。

（二）药用与工业利用价值

凤凰木是蜜源树种；花芽和花瓣含有醇、苷、酸、槲皮素、类胡萝卜素多种化学物质，具有抗菌、消炎和保健作用，甚至可以抑制薇甘菊幼苗生长。凤凰木种子内部含有毒蛋白、Kunitz 蛋白酶抑制剂、半乳甘露聚糖和其他化学物质，但有些成分可用于登革热、疟疾等病的缓解。凤凰木的豆荚可做燃料。近年来巴西的研究人员对凤凰木豆荚的炭化进行研究，发现用氢氧化钠活化的豆荚炭具有活性炭必备的微孔，每克活性炭 BET 表面积为 $303\sim2\,463\ m^2$，豆荚木质纤维素经过活化过程后已完全转化为多环物质，抗高温，孔隙发达，因此有望作为活性炭的材料。

凤凰木茎干主要作为木材利用，散孔材黄白色，质轻而有弹性（白嘉雨等，2012），是一种良好的桩木材料，同时也是建筑、家具、板材和造纸的好材料。凤凰木茎干树皮含有单宁，可作为鞣料和染料使用。树皮还含有多种醇、槲皮素、氨基酸和多糖等物质，具有抗菌、消炎和保健等效果。凤凰木属植物树干分泌出的胶汁可做胶水使用。

凤凰木的叶含有挥发油，主要成分为烯、酯、酮、醛、烷烃等化合物，其中含量较高的成分有植醇（66.17%）和角鲨烯（13.51%）。这些内含物有的已证明具有良好的治病功效，如角鲨烯已被证明具有较强的生物活性，对心脏病、糖尿病、关节炎、肝炎、胃炎等均有疗效，还有极好的养颜润肤功效，在医用产品和化妆品方面有较高的应用价值和前景。凤凰木叶在孟加拉国民间作为糖尿病的治疗药物，近年研究表明其叶的甲醇提取物在大鼠为模型的研究中具有降低血糖的作用。凤凰木的叶提取物还具有抑制昆虫、绿豆芽苗等生长的作用。此外，凤凰木也可做紫胶虫寄主树。

二、凤凰木的形态特征和生物学特性

学名 *Delonix regia* (Boj.) Raf.，别名金凤树、凤凰花、红花楹、火树。

（一）形态特征

落叶大乔木，高可达 20 m，胸径可达 1 m，无刺；树皮粗糙，灰褐色；分枝多而开展。二回羽状复叶，长 20~60 cm，羽片 15~20 对。总状花序长 20~40 cm，花大而美丽，直径 7~10 cm，花梗长 4~10 cm；花瓣 5，鲜红色，染有黄色和白色花斑，近圆形。荚果带状或微弯曲呈镰刀形，扁平，下垂，成熟后木质化，呈深褐色，长 30~60 cm，宽 3.5~5 cm，顶端冠以宿存的花柱；种子 40~50 粒，长圆形，横生，长约 1.5 cm，宽约 7 mm，黄色，染有褐色斑（图 33-9）。

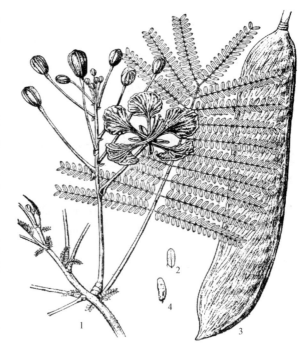

图 33-9 凤凰木
1. 花枝 2. 小叶 3. 果 4. 种子
（引自《中国树木志·第二卷》）

（二）生物学特性

凤凰木为热带树种，喜高温多湿和阳光充足环境，生长适温 20～30 ℃，不耐寒，冬季温度不低于 5 ℃，可生长于霜期不超过 5 d 的地区。生长土壤以深厚、肥沃、富含有机质的沙质壤土为宜；怕积水，排水须良好，较耐干旱，耐瘠薄土壤。浅根性，但根系发达，抗风能力强，抗空气污染中等。萌发力强，生长迅速。一般 1 年生高可至 1.5～2 m，2 年生高可至 3～4 m，种植 6～8 年始花。在华南地区，每年 2 月初冬芽萌发，4～7 月为生长高峰，7 月下旬因气温过高，生长量下降，8 月中下旬以后气温下降，生长加快，10 月后生长减慢，12 月至翌年 1 月落叶。在亚热带海滨城市厦门，凤凰木生长中等或较好。凤凰木 6 年生以上便可开花结实，花期为 5～8 月，盛花期为 6～7 月，果实 11～12 月成熟，可挂果至翌年 4 月。

（三）抗性特征

凤凰木抗旱，抗病、抗虫性中等。病原菌 *Phellinus noxius* 可导致根腐病。凤凰木夜蛾（*Pericyma cruegeri*）和尺蠖（*Buzura suppresaria*）可危害叶、嫩芽。此外，凤凰木还有一种由侵染性和非侵染性病原共同作用导致的衰退病，国内典型病例见于攀枝花市的凤凰木。据分析该病症状表现为树冠稀疏，抽枝受阻、叶变小、叶片过早变黄脱落，部分树冠枯死，最后枯梢直至全株枯死。该病诱发因子有空气污染严重、年降水量分布不均匀、土壤黏重板结、土壤瘠薄等环境因素；激化因子为干旱严重、霜冻及凤凰木夜蛾、尺蠖等食叶害虫的危害；促进因子为受凤凰木根腐病、端齿材小蠹、跗虎天牛和吉丁虫等病虫危害，促使原来生长不良的树木进一步衰弱，最终导致死亡。

（四）分布概况

产马达加斯加岛东部，现广泛引种到世界热带和亚热带多个国家和地区以及加勒比海地区。16 世纪引种到我国澳门，1897 年引入台湾，20 世纪 30 年代引入厦门，现在广东、广西、海南、云南、福建、四川、台湾、香港和澳门等地均有栽培。

（李荣生　尹光天）

第十节　紫　　荆

紫荆（*Cercis chinensis* Bunge）为苏木科（Caesalpiniaceae）紫荆属（*Cercis* L.）落叶乔木或灌木，因其花色艳丽和适应性强而成为园林绿化常用树种。春季常先花后叶，开花时满树簇簇红花，花形似蝶，形成亮丽的风景。

一、紫荆的利用价值和生产概况

（一）绿化与药用价值

紫荆应用于园林绿化已有悠久历史，在道路、庭院、公园和住宅小区广泛应用。我国古代文献记载紫荆树皮可入药，有清热解毒、活血行气、消肿止痛的功效，可治产后血气痛、疔疮肿毒、喉痹；花可治风湿筋骨痛。树皮、木材、根药用，可消肿、活血、解毒。紫荆木材结构较细、纹理直，供建筑、家具等用材。

（二）医药工业价值

紫荆花多而色彩艳丽，是提取红色素的潜在来源。近来研究证明，紫荆花红色素不仅可做天然食用色素（马同森等，1997），还具有抗氧化活性（吴广庆等，2009）。紫荆树皮和树干内含槲皮素、黄酮、紫杉叶素、柚皮素、无羁萜、谷甾醇、胡萝卜苷等多种物质，具有潜在的药物开发潜力（穆丽华等，2006）。现代中药巴布剂复方紫荆消伤膏的 22 味中药成分中就含有紫荆皮，具有活血化瘀、消肿止痛、舒筋通络的功效，能有效治疗软组织损伤（杨莉娅等，2001）。紫荆皮的提取物对黏虫和嗜卷书虱成虫具有较强的灭杀效果（丁伟等，2003）。

（三）栽培概况

紫荆属紫荆、垂丝紫荆、黄山紫荆和巨紫荆为我国城镇乡村园林绿化树种，其中，紫荆栽培最为普通。紫荆为我国特有植物，分布于湖北西部、辽宁南部、河北、陕西、河南、甘肃、广东、云南、四川、广西、山东、江苏、浙江等地，生长于海拔 150～1 400 m 的地区，其栽培区与分布区类似，还引种到欧洲。目前我国有多个省份引种栽培加拿大紫荆。

二、紫荆属植物的形态特征

（一）形态特征

落叶乔木或灌木，单生或丛生。叶互生，单叶，全缘或先端微凹，具掌状叶脉；托叶小，鳞片状或薄膜状，早落。花冠假蝶形，萼 5 齿裂；上部 1 瓣较小，下部两瓣较大，雄蕊 10 枚分离，子房具柄。花紫红色或粉红色，具梗，排成总状花序单生于老枝或主干上，通常先于叶开放。荚果扁平，种子具少量胚乳。

（二）表型多样性

目前仅对紫荆（*C. chinensis*）表型多样性有所研究。紫荆种内表型性状在群体间和群体内均存在着极其丰富的变异，但群体内的变异大于群体间的变异。紫荆表型性状变异呈梯状变化规律，叶片和种子随着海拔的升高而逐渐变大，荚果形状随经、纬度增加而逐渐变宽，种子随经、纬度增加而逐渐变长，天然紫荆与栽培紫荆在表型上已产生了分化（竺利波等，2007）。

三、紫荆属植物的起源与分类

（一）紫荆属植物的起源

紫荆属是现存苏木科植物分子系统发育树上最基部的类群之一，然而王祺（2012）认为紫荆属不应是苏木科中最原始的类群。紫荆属约有 8 种，间断分布在亚洲东部、西部、欧洲南部和北美。分子研究表明北美 2 种、欧洲南部 1 种和亚洲西部 1 种聚集成 1 个级，但该级总体仍位于亚洲东部种（郝刚等，2001）。然而也有专家认为北美和欧亚西部种为中国种的并系群（Davis et al.，2002）。北美地区的紫荆属植物和南欧、西亚的紫荆属种类之间的关系比它们各自与东亚种类的关系要密切（郝刚等，2001）。紫荆属植物以白令陆桥或北大西洋陆桥为迁移途径的可能性似乎都不能排除，因此北半球的生物地理分布可能具有复杂的起源（郝刚等，2001）。

（二）紫荆属属间关系

紫荆属与紫荆族最大属——羊蹄甲属（*Bauhinia*）均含有黄酮类物质，而常有异鼠李糖配糖体和更高的配糖体多样性，因此两者具有较近的亲缘关系。然而紫荆属具有的高频黄酮醇和简化黄酮醇结构表明，紫荆属比羊蹄甲属更古老。除了加拿大紫荆变种（*C. canadensis* var. *mexicana*），旱地生长的紫荆种难以测到山柰苷，而中性地生长的紫荆种中的山柰苷则较多，研究结果确认了北美 *C. canadensis* 和 *C. occidentalis* 2 种以及亚洲的巨紫荆（*C. gigantea*）（Salatino et al.，2000）。

（三）分类

本属现存种约 11 种，分布于南欧、东亚、北美。我国特产 6 种，新疆喀什引入南欧紫荆（*C. siliquastrum*）。

四、紫荆属植物种及其野生近缘种的特征特性

（一）紫荆

学名 *Cercis chinensis* Bunge，别名裸枝树、紫珠、满条红、苏芳花。

1. 形态特征　丛生或单生灌木，高 2～5 m；树皮和小枝灰白色。叶纸质，近圆形或三角状圆形，长 5～10 cm。花紫红色或粉红色，2～10 余朵成束，簇生于老枝和主干上，尤以主干上花束较多，越到上部幼嫩枝条则花越少，通常先于叶开放，但嫩枝或幼株上的花则与叶同时开放，花长 1～1.3 cm。荚果扁狭长形，绿色，长 4～8 cm，宽 1～1.2 cm；果颈长 2～4 mm；种子 2～6 粒，阔长圆形，长 5～6 mm，宽约 4 mm，黑褐色，光亮。花期 3～4 月，果期 8～10 月（图 33 - 10）。

本种有 2 新变型，白花紫荆（*C. chinensis* f. *alba*）和短毛紫荆（*C. chinensis* f. *pubescens*）。白花紫荆与原变型相比，花为白色。短毛紫荆与原变型相比，幼枝、叶柄以及叶下表面沿脉

图 33 - 10　紫荆
1. 花枝　2. 叶枝　3. 花　4. 花瓣　5. 雄蕊及雌蕊
6. 雄蕊　7. 雌蕊　8. 果　9. 种子
（引自《中国树木志·第二卷》）

均被短柔毛（卫兆芬，1988）。

2. 生物学特性　紫荆较喜光，稍耐寒。喜肥沃、湿润、排水良好的土壤，能在微酸、微碱的土壤中生长，怕涝。萌蘖性强，耐修剪。多用于种子繁殖，也可用于无性繁殖。

产我国东南部，北至河北，南至广东、广西，西至云南、四川，西北至陕西，东至浙江、江苏和山东等省份，各地均有栽培。

（二）垂丝紫荆

学名 *Cercis racemosa* Oliv.。

乔木，高 8～15 m。叶阔卵圆形，长 6～12.5 cm，宽 6.5～10.5 cm；叶柄较粗壮，长 2～3.5 cm，无毛。总状花序单生，下垂，长 2～10 cm，花先开或与叶同时开放，总花梗和总轴被毛，花多数，长约 1.2 cm，具纤细长约 1 cm 的花梗；雄蕊内藏，花丝基部被毛。荚果长圆形，稍弯拱，长 5～10 cm，宽 1.2～1.8 cm，翅宽 2～2.5 mm，扁平；果颈长约 4 mm；果梗细，长约 1.5 cm；种子 2～9 粒，扁平。花期 5 月，果期 10 月（卫兆芬，1988）。

产湖北西部、四川东部和贵州西部至云南东北部。生于海拔 1 000～1 800 m 的山地密林中，路旁或村落附近。本种花多而美丽，是一种优良的观赏植物。树皮纤维质韧，可制人造棉和麻类代用品。树冠开阔，先叶后花，花形似蝶，开花时层层叠叠，花团锦簇，美不胜收，适宜在公园、庭院和道路绿化和美化。此外垂丝紫荆适应性强，耐干旱，抗污染，滞尘能力强，是一种优良的观赏绿化树种（林紫玉等，2005）。

（三）黄山紫荆

学名 *Cercis chingii* Chun，别名浙皖紫荆。

灌木，丛生，高 2～4 m；主干和分枝常呈披散状；小枝初时灰白色，被棕色短柔毛和密生小皮孔，后变黑褐色，光滑无毛。叶革质或近革质，卵圆形或肾形，长 5～11 cm，宽 5～12 cm。花数朵簇生于老枝上，无明显的花序轴，通常先叶开放，淡紫红色，后变白色。荚果厚革质，长圆形，长 7～8.5 cm，宽约 1.3 cm；种子 3～6 粒，棕黑色，嵌入一厚而呈微白色（干后呈棕褐色）的海绵状组织内。花期 2～3 月，果期 9～10 月（卫兆芬，1988）。

主产于安徽黄山桃花峰、云谷寺，故得名黄山紫荆，浙江天台山也有分布（张连全，2011）。分布于安徽、浙江和广东北部，生于低海拔山地疏林灌丛，路旁或栽培于庭园中。本种有 1 变型白花黄山紫荆（*C. chingii* f. *albiflora*），与原变型的主要区别在于花冠为白色（马丹丹等，2010），观赏植物，用于公园、庭院和道路绿化。

（四）巨紫荆

学名 *Cercis gigantea* Cheng et Keng，别名天目紫荆。

落叶乔木，高可至 20 m，胸径可至 80 cm；树皮黑褐色，平滑，老树树皮有纵裂纹。新枝暗紫绿色，无毛，密被浅灰色皮孔，2～3 年生枝黑褐色。叶片近圆形，长 5～14 cm。花先叶开放，7～14 朵簇生于老枝上，花梗紫红色，长（0.7）1～2 cm，无毛或基部有疏柔毛；花萼紫红色，宽钟状，倾斜，长 4～5 mm，萼齿卵形，长约 1 mm；花冠淡红色或淡紫红色，长 1.1～1.3 cm。荚果幼时绿色，成熟时暗红色，带状，长 6.5～14 cm，宽

1.2～2 cm，扁平，顶端短渐尖，腹缝线有宽约 2 mm 的狭翅。花期 4～5 月，果期 7～10 月。

巨紫荆为速生树种，适应性强，耐寒耐旱，也能耐水渍；对氟化氢、二氧化硫、氯气及烟尘有较强抗性（笪红卫，2006）。原产我国安徽、浙江、河南、湖北、湖南、广东和贵州，生于海拔 500～800 m 的山坡杂木林中。巨紫荆是紫荆属中的唯一大乔木，高可达 15 m，胸径可至 40 cm，树姿优美，花果美丽，可做风景林和行道树。木材坚硬细致，纹理直，可用于建筑和制作家具。

（五）加拿大紫荆

学名 *Cercis canadensis*，别名加拿大紫叶紫荆、紫叶加拿大紫荆、加拿大红叶紫荆。

落叶小乔木或灌木，植株单生或丛生，高 4～5 m。初长嫩枝紫红色，木质化以后逐步转深褐色，枝节间长 4.0～7.5 cm，着芽处有棱。枝干黑灰色，表皮上有浅色皮孔，嫩枝时有下垂。叶近圆形，叶尖骤尖，叶基部内凹成心形。叶片直径 8～13 cm，叶互生。初展叶为鲜红色至紫红色，色亮；老熟叶为紫红色，色暗。花型类似紫荆，密生于枝干的花多为粉红，少紫色和粉白色。荚果条形，扁平，8～9 月成熟后呈红褐色。

喜温暖湿润和阳光充足的环境，耐寒冷和干旱，也耐修剪，怕积水，对土壤要求不严，耐瘠薄，但在疏松肥沃、排水良好的沙质土生长更好。3 月中旬初花，花期 40 d 左右。3 月下旬萌芽，展叶期 4 月中下旬，4 月中下旬至 9 月上旬抽梢，10 月下旬停止生长，11 月上中旬开始落叶。枝条一年有 2 次生长高峰，以气温在 20～30 ℃时生长最旺（丁增成等，2008）。

加拿大紫荆原产北美地区，近年来已引种我国安徽（丁增成等，2008）、湖北（闵红梅等，2007）、山东、江苏（毛丽等，2007）、上海（刘述河等，2011）、河南（郭洪启，2005）等地，用于城市道路、公园、小区绿化和美化。

（尹光天　李荣生）

第十一节　羊　蹄　甲

羊蹄甲属（*Bauhinia* L.）属苏木科（Caesalpiniaceae），570 多种，广布于世界热带和亚热带地区（Chen et al.，2010）；我国有近 40 种，其中特有种 20 多种，主要分布于我国南部和西南部，另有引种 2 种（陈德昭，1988；Chen et al.，2010）。本属植物多为园林绿化树种，特别是红花羊蹄甲（*B. blakeana* Dunn）是我国华南和世界热带、亚热带地区广泛应用的园林绿化乔木（李洪斌等，2007；周贱平等，2007）。红花羊蹄甲最早发现于我国香港（Lau et al.，2005），20 世纪 60 年代被选为香港市花。

一、羊蹄甲属植物的利用价值与生产概况

（一）羊蹄甲属植物的利用价值

1. 观赏价值　羊蹄甲属部分种类的花，量多色艳，极具观赏价值，如红花羊蹄甲、

黄花羊蹄甲和嘉氏羊蹄甲等。羊蹄甲属植物的叶为羊蹄形，其叶也具观赏价值。这些树种不仅广泛用于公园、庭院和道路绿化和美化，还可作为盆景（蔡壮雄，1989；王长禄，1997）和插花观赏（陈丹生，1997）。

2. 净化空气 羊蹄甲属植物可降低城市道路空间大气颗粒物浓度（刘晓华等，2009），还可吸收有毒气体和元素，如一氧化碳（CO）（潘辉等，2008）、铅（Pb）、镉（Cd）、硫（S）。有些种类还可作为指示植物，如洋紫荆（*B. variegata*）对铅（Pb）抗性较小，可作为铅污染的指示植物（张炜鹏等，2007）。作为豆科植物，羊蹄甲属植物具有固氮功能，增加土壤含氮量，其枯落物具有较强的持水力（熊咏梅等，2009），有利于保持水分。

3. 饲料价值 羊蹄甲叶粉的粗蛋白含量大于 13%，粗纤维含量大于 18%，钙磷比适宜，微量元素和氨基酸含量丰富，可作为饲料作物开发（何蓉等，2003）。羊蹄甲枝条可做薪柴（陈伯仲等，1982），适合发展薪炭林和饲料林。

4. 用材价值 羊蹄甲木材色泽清淡、纹理直、结构粗，材质尚坚实，自然干燥收缩少、不爆裂，可供制车辆、农具、体育器材、浆槽、普通家具之用。

5. 药用价值 羊蹄甲根皮剧毒，忌服，但其树皮、花、根和叶提取物可用于烫伤及脓疮的洗涤剂（陈德昭，1988；Zakaria et al.，2009），嫩叶汁液或粉末可治咳嗽（陈德昭，1988）、腹泻，叶的水提取物可治胃溃疡（Salleh et al.，2011）。黄花羊蹄甲传统上用于治疗痢疾。洋紫荆嫩果可作为营养或Ⅱ型糖尿病患者改善的补充物，但以发芽后油炒效果较好。

6. 其他价值 其根和树皮可提制栲胶（含量 21.6%、纯度 69.8%），韧皮纤维可织麻袋（陈伯仲等，1982）。羊蹄甲种子油具有一定营养和食用潜力，榨油后的残渣可作为家禽和动物饲料（Arain et al.，2010）。白花羊蹄甲的花富含矿质元素、维生素和氨基酸，可以食用，为云南日常食物之一（许又凯等，2004）。

随着现代科技的发展，对羊蹄甲传统药用成分的纯化和鉴定以及新成分的开发研究也更加深入。如羊蹄甲叶的提取物对溶珊瑚弧菌、塔氏弧菌等 4 种致病性弧菌具有抑制作用（管淑玉等，2008）；叶的甲醇提取物对革兰阳性菌（如 *Staphylococcus aureus* 和 *Bacillus subtilis*）抑制性显著高于对革兰阴性菌（如 *Pseudomonas aeruginosa* 和 *Klebsiella pneumoniae*），有望成为抗菌天然药物来源（Rajan et al.，2011），对伤口愈合有促进作用（Ananth et al.，2010）。羊蹄甲叶可提取天然色素（焦淑清等，2009），叶的甲醇提取物对番茄早疫病也有较好的治疗效果，但对花生黄曲菌的抑制效果较差（Bora et al.，2010）。

红花羊蹄甲叶片所含的黄酮类物质有槲皮素、山奈酚、芹菜素、异槲皮苷和槲皮苷。红花羊蹄甲花总黄酮含量约为 9.094 mg/g。黄花羊蹄甲提取物可以抑制癣毛癣菌、絮状表皮癣菌和猴发癣菌，具有提高免疫、抗氧化和消炎等作用（Kannan et al.，2010）。

（二）羊蹄甲属植物的分布和栽培区

我国有羊蹄甲植物近 50 种，在我国热带和亚热带地区广泛栽培，如红花羊蹄甲（*B. blakeana*）是我国优良的观花树种，在广东、福建、海南作为园景树和行道树广为栽培。羊蹄甲（*B. purpurea*）原产印度等热带地区，华南地区也有分布，花紫色，树姿优美，是广东、广西重要绿化树种。洋紫荆（*B. variegata*）原产我国华南与印度，花似樱花，艳丽迷人，耐瘠薄，抗污染，是华南地区优良绿化树种。白花洋紫荆（*B. variegata* var. *candida*）对土质要求不严，抗大气污染，适于绿化栽植。

二、羊蹄甲属植物的形态特征和生物学特性

（一）形态特征

本属植物既有乔木，也有灌木或攀缘藤本。雌雄同株，但也有两性花同株、雌雄异花同株、雄花两性花同株和雄花两性花异株等类型（Chen et al.，2010）。早期有托叶，但因早落而不易看到。叶为单叶，全缘，叶尖正常突出或分裂为 2 裂片，有时深裂达基部而成 2 片离生的小叶。花单生，或多花组成总状花序、伞房花序或圆锥花序；花瓣 5 片，近等长或差异大，近无柄或具瓣柄，白色、淡黄橙色、粉红色或紫红色；能育雄蕊 2 枚、3 枚、5 枚或 10 枚。荚果长圆形，带状或线形，扁平；果瓣木质或薄，开裂或不裂；种子数差异较大，少或多均有，胚乳有或无（陈德昭，1988；Chen et al.，2010）。

（二）生物学特性

羊蹄甲植株雌雄同株，可以近亲授粉。乔木类羊蹄甲种类的花相对较大、颜色白，夜间开放，访花动物为蝙蝠，花蜜成分主要为己糖。而藤本类羊蹄甲种类花的尺寸、颜色比较多样，白天开放，访花动物有蜜蜂、细腰蜂、蝴蝶和蜂鸟，花蜜分泌少，但糖分高，花蜜成分主要为蔗糖。但 *B. aculeata* 不同，介于两类羊蹄甲之间。

三、羊蹄甲属植物的起源与系统分类

（一）羊蹄甲属植物的起源

中国广西宁明化石证据表明亚洲羊蹄甲属植物早在始新世晚期—渐新世就已出现（Chen et al.，2005），然而墨西哥化石证据和研究认为美洲羊蹄甲的祖先在渐新世才出现，并逐渐进化成羊蹄甲属和紫荆属。

（二）羊蹄甲属属内关系

羊蹄甲属种类多，形态多样，可分为羊蹄甲亚属（Subgen. *Bauhinia*）、厚盘亚属（Subgen. *Lasiobema*）和显托亚属（Subgen. *Phanera*）（陈德昭，1988）。厚盘亚属约有 18 种，主要分布在中国南部及中南半岛等地，其中很多种类在其分布区内地理替代现象相当明显。形态及叶脉脉序性状分析表明，云南羊蹄甲被排除在外类群，而内类群包括龙须藤亚组及攀缘羊蹄甲亚组的所有 18 种，但攀缘羊蹄甲单独作为一个亚组尚不可取（张奠湘等，1994）。羊蹄甲属内显托亚属属于比较进化的亚属，其种子的种脐位置、无假种皮裂片、表面拟透镜突起和网状纹饰是羊蹄甲属内较进化的式样（邹璞等，2008）。

显托亚属约有 150 种，是广义羊蹄甲属中最大的亚属。ITS 碱基序列证明显托亚属和

单种属 *Barklya* 形成单系组，在显托亚属 *Barklya* 组内，非洲群（Tylosema 区）、美洲群（Caulotretus 区）和澳大利亚群（*Barklya* 亚属、显托亚属 Lysiphyllum 区）的种可以作为第一系，而亚洲种（除 Lysiphyllum 区外的种）形成一个单系组。ITS 树状图表明显托亚属和厚盘亚属并不是单系组。

四、羊蹄甲属植物种及其野生近缘种的特征特性

（一）红花羊蹄甲

学名 *Bauhinia blakeana* Dunn，羊蹄甲亚属（Subgen. *Bauhinia*），别名红花紫荆、香港紫荆、洋紫荆、艳紫荆（台湾）。

1. 形态特征 成年树高 7~15 m，枝下高 2~3 m，冠幅 6 m，干枝稍弯曲；树冠扁球形或卵圆形（陈定如，2006）；分枝多，小枝细长，被毛。叶革质，近圆形或阔心形，长 8.5~13 cm，宽 9~14 cm；总状花序顶生或腋生，有时复合成圆锥花序，被短柔毛；苞片和小苞片三角形，长约 3 mm；花径 10~15 cm；花蕾纺锤形；萼佛焰状，长约 2.5 cm，有淡红色和绿色线条；花瓣红紫色，具短柄，倒披针形；雄蕊 5 枚，其中 3 枚较长；退化雄蕊 2~5 枚，丝状，极细（陈德昭，1988）。不能结果。花期 11 月至翌年 3 月。

2. 生物学特性 常绿或半落叶乔木，全年开花，3~4 月为盛花期，通常不结实（陈定如，2006）。花粉活力在蕾期较高，而后随着花朵的开放而降低（邓旭等，2008）。高浓度一氧化碳（CO）会抑制红花羊蹄甲光合作用，甚至造成植株死亡。由于多为嫁接和扦插繁殖而成，加上过度修剪，红花羊蹄甲健康评估较低，干旱、瘠薄及强风不利于其生长。红花羊蹄甲花粉活力低（邓旭等，2008），难以生产种子，因此一般采用无性繁殖。目前无性繁殖方法以扦插为主，高空压条和嫁接繁殖（林林，1982）为辅，近年来以枝条上的芽为外植体的组培技术也获得了成功（郝玉立等，2010）。

3. 分布概况与类型 最早发现于中国香港，现已引种到华南和世界亚热带和温带多个国家和地区。红花羊蹄甲自发现以来一直被认为是同属种间天然杂交形成的一个种，近年分子水平研究表明其应为羊蹄甲（B. purpurea）与洋紫荆（B. variegata）杂交子代经人工繁育形成的栽培品种（罗瑜萍等，2006）。Lau 等（2005）在确认红花羊蹄甲的杂交亲本后建议该品种名为 B. purpurea × variegata 'Blakeana'，而 Whitehouse（2007）认为该品种名不符合国际植物命名法第 19.18 条款，建议给予新的品种名 B. blakeana 'Sir Henry Blake'。

4. 利用价值 红花羊蹄甲用途广泛，不仅可用于公园、庭院和道路绿化和美化，还可用于空气净化，如吸收空气中的重金属铅(Pb)和镉(Cd)、硫(S)（李寒娥等，2005）。此外红花羊蹄甲也可作为盆景观赏（蔡壮雄，1989；王长禄，1997），还有望用于荔枝蒂蛀虫的防治（杨长龙等，2007）、天然红色素的提取（焦淑清等，2009）和城市空间污染的指示。

（二）羊蹄甲

学名 *Bauhinia purpurea* Linn.，羊蹄甲亚属（Subgen. *Bauhinia*），别名紫羊蹄甲。

1. 形态特征 常绿小乔木或直立灌木，高 7～10 m；树皮厚，近光滑，灰色至暗褐色；枝初时略被毛，毛渐脱落，叶硬纸质，近圆形，长 10～15 cm，宽 9～14 cm，基部浅心形。总状花序侧生或顶生，少花，长 6～12 cm，有时 2～4 个生于枝顶而成复总状花序，被褐色绢毛；花蕾纺锤形，具 4～5 棱或狭翅，顶钝；花梗长 7～12 mm；花瓣桃红色，倒披针形，长 4～5 cm，具脉纹和长的瓣柄；能育雄蕊 3 枚，花丝与花瓣等长；退化雄蕊 5～6 枚，长 6～10 mm。荚果带状，扁平，长 12～25 cm，宽 2～2.5 cm；果瓣木质；种子近圆形，扁平，直径 12～15 mm（陈德昭，1988；Chen et al.，2010）。

2. 生物学特性 羊蹄甲生长迅速，繁殖力强，实生植株 2 年生时即可开花（杨之彦等，2011）。羊蹄甲栽种 10 年后可长至 4～8 m 高，胸径 18～25 cm；羊蹄甲萌发力很强，伐后 1 个多月可长出 8～15 株萌芽条；1 年生萌芽条长 1.5～2.5 m；7～8 年后可有 3～5 株萌芽条长至 4～7 m 高的立木（陈伯仲等，1982）。花期 9～11 月，果期 2～3 月（陈德昭，1988），在深圳贫瘠山地上早期生长欠佳，建设灰尘对其叶片和花形态有损害。

3. 地理分布 产我国云南西双版纳，福建、广东、广西、海南、台湾等地，中南半岛、马来半岛、印度、斯里兰卡有分布。

4. 利用价值 羊蹄甲是红花羊蹄甲的亲本之一（Lau et al.，2005；罗瑜萍等，2006），同样具有很高的观赏价值，在世界亚热带地区广泛用于公园、庭院和道路的绿化。可一定程度上降低城市道路空间大气颗粒物浓度（刘晓华等，2009）、一氧化碳（CO）浓度（潘辉等，2008）和土壤中的多溴联苯醚（Qin et al.，2011）。

羊蹄甲茎皮的乙醇和水提取物均含有酚类物质，具有抗氧化、清理自由基和抗癌作用（Chaturvedi，2010；Rajkapoor et al.，2009）。羊蹄甲果实的提取物通过提高超氧化物歧化酶和过氧化氢酶而起到护肝作用。还有望用于荔枝蒂蛀虫的防治和城市空间污染的指示。

羊蹄甲木材色泽清淡、纹理直、结构粗、材质硬、自然干燥收缩少、不爆裂，可供制车辆、农具、体育器材、浆槽、普通家具之用；其根和树皮可提制栲胶（含量 21.6%、纯度 69.8%），韧皮纤维可织麻袋，枝条可做薪柴（陈伯仲等，1982），适合发展薪炭林和饲料林。羊蹄甲花可做插花，在 1%～2% Ca^{2+} 中可延长保鲜寿命（陈丹生，1997）。羊蹄甲种子油具有一定的营养和食用潜力，榨油后的种渣可作为家禽和动物饲料。

羊蹄甲根皮剧毒，忌服，但其树皮、花、根和叶的提取物可用于烫伤及脓疮的洗涤剂（陈德昭，1988；Zakaria et al.，2009），嫩叶汁液或粉末可治咳嗽（陈德昭，1988）、腹泻，叶的水提取物可治胃溃疡（Salleh et al.，2011）。

（三）洋紫荆

学名 *Bauhinia variegata* Linn.，羊蹄甲亚属（Subgen. *Bauhinia*），别名羊蹄甲、红紫荆、红花紫荆、弯叶树。

1. 形态特征 落叶乔木；树皮暗褐色，近光滑；幼嫩部分常被灰色短柔毛；枝广展，硬而稍呈"之"字形曲折，无毛。叶近革质，广卵形至近圆形。总状花序侧生或顶生，花大，近无梗；花蕾纺锤形；花瓣倒卵形或倒披针形，长 4～5 cm，具瓣柄，淡红色或淡蓝带红色，具紫色或粉红色的斑点；能育雄蕊 5 枚；花丝纤细，无毛，长约 4 cm；退化雄蕊 1～5 枚，小或可能无；花柱弯曲，柱头小。荚果带状，扁平，长 15～25 cm，宽 1.5～2 cm，果瓣木质；种子 10～15 粒，扁平，近圆形，直径约 1 cm（陈德昭，1988）（图 33-11）。

2. 地理分布　我国云南南部（西双版纳）、广西、广东、海南，以及柬埔寨、老挝、缅甸、泰国和越南有天然分布，我国华南地区和台湾及世界其他热带和亚热带地区有广泛栽培。

3. 生物学特性　喜光，喜温暖至高湿润气候，耐干旱瘠薄，抗污染，生长较慢，萌芽力强，耐修剪。花期全年，3 月最盛（陈德昭，1988），果期 3～6 月（杨和生等，2011）。洋紫荆苗木根鲜重和干重具有高遗传力和高增益，可据此选择优良种源。通过火烧处理可提高种子发芽率和苗木活力（Singh et al.，2010）。种子适宜播种温度为 22～38 ℃（杨和生等，2011）。

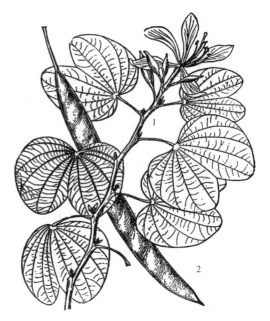

图 33-11　洋紫荆
1. 花枝　2. 果
（引自《中国树木志·第二卷》）

4. 利用价值　洋紫荆可作为园林绿化树种和固氮树种，但叶含单宁高而不适合做饲用植物。洋紫荆胸径长到 36～55 cm 时开割树皮最好，此时树皮中的酚和单宁含量显著高于其他径级的洋紫荆。

洋紫荆对铅（Pb）抗性较小，可作为 Pb 污染的指示植物（张炜鹏等，2007）。嫩果可作为营养或Ⅱ型糖尿病患者改善的补充物，但以发芽后油炒效果较好。

（四）黄花羊蹄甲

学名 *Bauhinia tomentosa* Linn.，羊蹄甲亚属（Subgen. *Bauhinia*）。

1. 形态特征　直立灌木，高可至 4 m；幼嫩部分被锈色柔毛。托叶线形，长约 1 cm；叶柄纤细，长 1.5～3 cm；叶片纸质，近圆形，通常宽度略大于长度，直径 3～8 cm；花 1～3 朵组成侧生的总状花序；花蕾纺锤形，长约 2 cm，密被微柔毛。荚果带形，扁平，沿腹缝无棱脊，长 7～15 cm，宽 1.2～1.5 cm；果瓣革质，具茸毛；种子近圆形，扁平，褐色，直径 6～8 mm，1 000 倍扫描电镜下外种皮表面有大小不一的乳突状突起。常年开花结果（陈德昭，1988）。

2. 地理分布　起源于亚洲热带地区，原产印度，世界多个地区栽培。我国广东、广西、海南、云南、台湾和福建均有栽培（Chen et al.，2010）。

3. 生物学特性　黄花羊蹄甲为落叶树种，但在温暖气候下也可表现为常绿树种。成年植株可耐一定霜冻，但幼苗和幼树却会受害。喜全光照环境，需要一定的水分。

4. 利用价值　黄花羊蹄甲是一种多用途庭院观赏灌木，在原产地全年开花，并广泛用于公园、庭院和道路绿化，目前已广泛引种到世界热带、亚热带地区国家。根皮和花用以治疗痢疾，亦可为溃疡外敷药；种子可榨油；木材纹理细，可做农具及枪托。根提取物具有抗生性，己烷提取物的最小抑生量不低于 250 $\mu g/mL$，乙基乙酰提取物和甲醇提取物的最小抑生量分别为 7.81～31.25 $\mu g/mL$ 和 31.25～62.50 $\mu g/mL$，而灭生浓度为最小抑生量的 2 倍以上。

（五）云南羊蹄甲

学名 *Bauhinia yunnanensis* Franch.，显托亚属（Subgen. *Phanera*）。

1. 形态特征　木质藤本，纤细，无毛；枝略具棱或圆柱形；卷须成对，近无毛。叶膜质或纸质，阔椭圆形，全裂至基部，弯缺处有一刚毛状尖头，基部深或浅心形，裂片斜卵形，长 2～4.5 cm，宽 1～2.5 cm；总状花序顶生或与叶对生，长 8～18 cm，有 10～20 朵花；花蕾狭椭圆形；花直径 2.5～3.5 cm；花托圆筒形，长 7～8 mm；萼片开花时 2 裂，椭圆形和卵圆形，顶端具小齿；花瓣淡红色，匙形，长约 17 mm，顶部两面有黄色柔毛，上面 3 片各有 3 条玫瑰红色纵纹，下面 2 片中心各有 1 条纵纹。荚果带状长圆形，扁平，长 8～15 cm，宽 1.5～2 cm，顶端具短喙，果瓣革质；种子阔椭圆形至长圆形，扁平，长 7～9 mm；种皮黑褐色，有光泽（邹璞等，2008）。花期 8 月，果期 10 月（陈德昭，1988）。

2. 生物学特性　云南羊蹄甲在贵州南部 3～4 月均可播种，4 月底至 5 月初出苗，5 月分枝，7 月现花蕾，8 月中上旬开花，9 月结荚，10 月果实成熟，不能安全过冬，容易因霜冻而死。云南羊蹄甲全发育期植株高度均较低，生长速度慢，年产茎叶鲜重 6.25 t/hm² ± 4.46 t/hm²，种子 306.38 kg/hm²，茎叶粗蛋白含量于开花期最高。

3. 地理分布　产云南、四川和贵州。见于海拔 400～2 000 m 的山地。缅甸和泰国北部也有分布。

（尹光天　李荣生）

第十二节　皂　荚

皂荚（*Gleditsia sinensis* Lam.）是豆科（Leguminosae）皂荚属（*Gleditsia* Linn.）落叶乔木树种。皂荚是我国广泛分布的特有种，其树干高大，树姿雄伟，寿命长，是四旁园林绿化的优良树种，利用历史悠久。它同时具有很高的用材、药用、生态和工业原料价值。

一、皂荚的利用价值和生产概况

（一）皂荚的利用价值

1. 园林绿化与生态价值　皂荚树是优良的生态经济型树种，具有根系发达、耐旱节水、耐寒抗污染、寿命长等特点，是城乡景观林、道路绿化的好树种。

2. 药用价值 皂荚树的荚果、种子、枝刺等均可入药，荚果入药可祛痰、利尿；种子入药可治癣和通便秘；皂刺入药可活血并治疮癣。皂荚中所含有的皂苷素是三萜烯类和低聚糖，有消炎、抗溃疡、抗病变效果，还具有抗癌和提高艾滋病免疫力等功效。皂荚也是制造农药的原料，果、叶煮水，可防治红蜘蛛等害虫。

3. 工业原料 皂荚种子含有丰富的半乳甘露聚糖胶和蛋白质成分，半乳甘露聚糖胶因其独特的流变性，而被用作黏合剂、胶凝剂等，广泛应用于石油钻采、食品医药、纺织印染、日化陶瓷、建筑涂料、木材加工、造纸、农药等行业。皂荚种子含胶量高达30%～40%，制胶的皂荚下脚料中蛋白质含量高达30%，是优质的饲料原料或提取绿色蛋白质的理想原料。皂荚豆含有丰富的粗蛋白、聚糖和油脂，皂荚豆含油量超过大豆。皂荚果荚可提取皂苷，干燥粉碎的皂苷可提取皂苷精膏，具有起泡沫、乳化、去污、抗渗透和抗炎等特性。

4. 木材利用 皂荚树的木材坚实，耐腐耐磨，不易开裂，可做桩、柱、农具；木材黄褐色或杂有红色条纹，是制作工艺品、砧板、家具的上等木材。

（二）皂荚的天然分布与栽培区

皂荚原产中国长江流域，分布极广，自东北、内蒙古至南部广西及西南贵州、四川均有分布。多生于平原、山谷及丘陵地区，温暖地区可分布在海拔 1 600 m 处。

皂荚栽培历史悠久，东汉时期的《神农本草经》已有关于皂荚药用价值的记载，在我国的园林中有不少古树存在。在东北、新疆、宁夏等地均有引种栽培。

二、皂荚的形态特征和生物学特性

（一）皂荚的形态特征

1. 刺 完整的棘刺有多数分枝，主刺圆柱形，长 5～15 cm，基部粗 8～12 mm，末端尖锐；分枝刺一般长 1.5～7 cm，有时再分歧成小刺。表面棕紫色，尖部红棕色，光滑或有细皱纹。质坚硬，难折断。用于药材多纵切成斜片或薄片，厚度 2 mm 以下，木质部黄白色，中心为淡灰棕色疏松的髓部。

2. 叶 叶为一回羽状复叶，长 10～18（26）cm；小叶（2）3～9 对，纸质，卵状披针形至长圆形，长 2～8.5（12.5）cm，宽 1～4（6）cm，前端急尖或渐尖，顶端圆钝，具小尖头，基部圆形或楔形，有时稍歪斜，边缘具细锯齿，上面被短柔毛，下面中脉上稍被柔毛；网脉明显，在两面凸起；小叶柄长 1～2（5）mm，被短柔毛。

3. 花 花杂性，黄白色，组成总状花序；花序腋生或顶生，长 5～14 cm，被短柔毛；雄花直径 9～10 mm，花瓣 4，长圆形，长 4～5 mm，被微柔毛，雄蕊 8（6）枚；雌花退化，雌蕊长 2.5 mm，萼、花瓣与雄花的相似，唯萼片长 4～5 mm，花瓣长 5～6 mm；胚珠多数。

4. 果 荚果带状，长 12～37 cm，宽 2～4 cm，劲直或扭曲，果肉稍厚，两面鼓起，果颈长 1～3.5 cm；果瓣革质，褐棕色或红褐色，常被白色粉霜；种子多颗，长圆形或椭圆形，长 11～13 mm，宽 8～9 mm，棕色，光亮。或有的荚果短小，稍呈柱形，长 5～

13 cm，宽 1～1.5 cm，弯曲呈新月形，通常称猪牙皂，内无种子。花期 3～5 月，果期 5～12 月（图 33 - 12）。

（二）生物学特性

皂荚树干高大，树姿雄伟，寿命长。为深根性树种，主根明显，根系发达。皂荚喜光稍耐阴，耐旱，最适宜深厚肥沃适当的湿润土壤，但对土壤要求不严，在石灰质及盐碱甚至黏土或沙土上均能正常生长。从温带棕色森林土、华北平原的褐色土，南到北亚热带的黄棕色森林土、黄褐土、四川盆地的紫色土、亚热带黄壤、热带红壤，西至干旱草原地区黄土母质的碳酸盐褐土，渭河谷地黑土等均有分布。

皂荚对温度的适应范围较宽，具有很强的抗高温性。从皂荚的栽培范围来看，其年降水量差别很大，从降水量只有 400 mm 左右，到降水量最多达 2 000 mm 的地区都有栽培，皂荚对大气湿度的反应不很敏感。

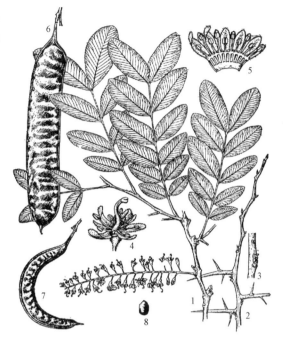

图 33 - 12　皂荚
1. 花枝　2. 小枝及枝刺　3. 小枝示叠生芽
4、5. 花及其纵剖　6. 果　7. 果（猪牙皂）　8. 种子
（引自《中国树木志·第二卷》）

三、皂荚属植物的起源、演化和分类

（一）皂荚属植物的起源与亲缘关系

Andrew Schnabel 等（1998）通过对叶绿体基因来分析皂荚属的生物地理学特征表明，把皂荚属分为 3 个明显的分支，其中有一个分支包含了亚洲和北美的种，而亚洲和北美皂荚属的序列变异比亚洲和北美肥皂荚属要低很多。Schnabel（2003）基于 ITS 序列对皂荚属的 11 个种的系统进化进行了研究，结果表明皂荚属和肥皂荚属起源于始新世。Schnabel（2004）对 *G. caspica*（高加索皂荚，一种分布于西亚地区伊朗北部、阿塞拜疆等地的皂荚种）的遗传结构和进化史研究表明，分布在阿塞拜疆的高加索皂荚的遗传多样性比分布在亚洲东部和北美的要低，高加索皂荚受地理隔离和生境破碎化的影响，仅有一些小群体存在，低水平的变异可能与在一段特有时间分布范围收缩有关。

皂荚属植物在外部形态上很相似，尤其是花的形态结构很相似，以花的特征难以作为划分种的依据。依据皂荚果实的形态特征，很容易将它们划分为两个类型，一个是果实镰刀形或直条形的类型，另一个是果实扭曲的类型，前者种的划分比较容易，后者在种的划分上存在分歧。例如，在处理日本皂荚和山皂荚分合问题上，江先甫等（1984）将其作为一个种，而郑万钧（1983）和唐进（1955）将其作为亲缘关系比较接近的两个种；在处理日本皂荚和绒毛皂荚的分类位置问题上，也存在较大分歧，李丙贵等（1982）将它们作为两个独立的种，但李林初（1982）将绒毛皂荚作为日本皂荚的一个变种。周日宝等（1994）对该属部分种的过氧化物酶同工酶和酯酶同工酶进行了研究，综合形态、木材解剖、花粉和果实等方面的特征，认为山皂荚、日本皂荚、绒毛皂荚作为种级处理，而不是日本皂荚的变种，目前尚未得到广泛认可。总之，在皂荚属种的分类地位和亲缘关系问题上存在着较大的分歧。

（二）皂荚属植物分类概况

根据《中国植物志·第三十九卷》，皂荚属共有约 14 种，分布于亚洲、美洲、热带非洲。中国原产 5 种 3 变种，引进 1 种，包括皂荚、野皂荚（*G. microphylla*）、日本皂荚（*G. japonica*）、华南皂荚（*G. fera*）和小果皂荚（*G. australis*）5 种，山皂荚（*G. japonica* var. *japonica*）、滇皂荚（*G. japonica* var. *delavayi*）、绒毛皂荚（*G. japonica* var. *velutina*）3 个变种，20 世纪初引进三刺皂荚（*G. triacanthos*）。

（三）皂荚栽培品种

1. 猪牙皂　又名牙皂或眉皂，始见《名医别录》，是皂荚中未受精子房膨大形成的果实。主产山东、四川、贵州、云南、陕西、湖北、河北、山西、安徽、河南、江苏等地。荚果圆柱形，略扁，弯曲呈镰形（新月形），长 5～13 cm，宽 1～1.5 cm，表面紫棕色或紫黑色，被灰白色蜡质粉霜，擦去后有光泽，并有细小的疣状突起及线状或网状的裂纹。腹缝线突起呈棱脊状，背缝线突起不显著而有棕黄色纵纹。药材以个小饱满、色紫黑有光泽、无果柄、质坚硬、肉多而黏、断面淡绿色者为佳。

2. 皂荚良种和新品种　顾万春等（2001）对中国皂荚北方产区 6 个省份的 8 个种源进行荚果、种子等性状的连续观测，并进行种源试验，收集并保存 468 份皂荚种质材料，构建了皂荚北方产区的核心种质，选出 4 个优良产地和 4 个优异地方品种。

3. 金叶皂荚　金叶皂荚（*G. triacanthos* 'Sunburst'）为三刺皂荚栽培品种，也称为美国金叶皂荚。阔叶落叶乔木，株高 9～10.5 m，生长较快，无枝刺，幼叶金黄，成熟叶浅黄绿色，至秋季仍为浅黄绿色，枝条舒展，株形美丽，不结实。性喜光而稍耐阴、耐旱，能耐−34 ℃低温。喜温暖湿润气候及深厚肥沃土壤，在石灰质及轻度盐碱土上也能生长，适应性较广，中国北部至南部以及西南部均可种植。深根性、少病虫害。生产中发现部分植株有天牛危害，其适应性稍逊于皂荚。

四、皂荚野生近缘种的特征特性

（一）野皂荚

学名 *Gleditsia microphylla* Gordon ex Y. T. Lee，又名山皂荚、马角刺（河南），小皂荚（山西）。

灌木或小乔木，高 2～4 m；枝灰白色至浅棕色；幼枝被短柔毛，老时脱落；刺不粗壮，长针形，长 1.5～6.5 cm，有少数短小分枝。叶为一回或二回羽状复叶（具羽片 2～4 对），长 7～16 cm；小叶 5～12 对，薄革质，斜卵形至长椭圆形。花杂性，绿白色，近无梗，簇生，组成穗状花序或顶生的圆锥花序。荚果扁薄，斜椭圆形或斜长圆形，长 3～6 cm，宽 1～2 cm，红棕色至深褐色，无毛；种子 1～3 粒，扁卵形或长圆形，长 7～10 mm，宽 6～7 mm，褐棕色，光滑。花期 6～7 月，果期 7～10 月。

生于山坡处或路边，海拔 130～1 300 m，产河北、山东、河南、山西、陕西、江苏、安徽。木材多坚硬，常用作器具，荚果煎汁可代肥皂供洗涤用。

（二）小果皂荚

学名 *Gleditsia australis* Hemsl.。

小乔木至乔木，高 3～20 m；枝褐灰色，具粗刺，刺圆锥状，长 3～5 cm，有分枝，褐紫色。叶为一回或二回羽状复叶（具羽片 2～6 对），长 10～18 cm；小叶 5～9 对，纸质至薄革质，斜椭圆形至菱状长圆形。花杂性，浅绿色或绿白色。荚果带状长圆形，压扁，长（4）6～12 cm，宽 1～2.5 cm，干时棕黑色，种子着生处明显鼓起，先端具小凸起，几无果颈；种子 5～12 粒，椭圆形至长圆形，稍扁，长 7～11 mm，宽 4～5 mm，深棕色至棕黑色，光滑。花期 6～10 月，果期 11 月至翌年 4 月。

生于缓坡、山谷林中或路旁水边阳处。产广东和广西。越南也有分布。木材多坚硬，常用作器具，荚果煎汁可代肥皂供洗涤用。

（三）华南皂荚

学名 *Gleditsia fera*（Lour.）Merr.。

小乔木至乔木，高 3～42 m；枝灰褐色；刺粗壮，具分枝，基部圆柱形，长可达 13 cm。叶为一回羽状复叶，长 11～18 cm；小叶 5～9 对，纸质至薄革质，斜椭圆形至菱状长圆形。花杂性，绿白色，数朵组成小聚伞花序。荚果扁平，长 13.5～26（41）cm，宽 2.5～3（6.5）cm，劲直或稍弯；种子多数，卵形至长圆形，扁平或凸透镜状，长 8～11（14）mm，宽 5～6（11）mm，光滑，棕色至黑棕色。花期 4～5 月，果期 6～12 月。

华南皂荚喜光，不耐庇荫，喜温暖气候，较耐寒，生长季节最适温度为 25～27 ℃，超过 30 ℃时生长速度下降，38 ℃以上生长受阻，最低气温−20 ℃（北京）能安全越冬，−25 ℃有冻害，年降水量 500～1 000 mm 适宜生长。喜深厚、疏松、湿润、肥沃和排水良好的沙壤土或壤土，在沙土、黏土或黏壤土上均生长不良，积水和地下水位过高，均引发根腐或死亡；土壤 pH 6～7.5 最好，如其他条件适宜，pH 8.5～8.7 也能正常生长。

产江西、湖南、福建、台湾、广东和广西。生于山地缓坡、山谷林中或村旁路边向阳处，海拔 300～1 000（～1 500）m。偶有栽培。越南（胡志明市）也有分布。

（四）日本皂荚

学名 *Gleditsia japonica* Miq.，又名乌犀、悬刀。

乔木，高达 25 m，树干不直；树皮黑灰色，粗糙，有裂纹；分枝刺细长扁平，长 15 cm。1 年生枝绿褐色或红褐色，2 年生枝外皮剥落，内皮绿色。一回羽状复叶簇生于短枝及长枝基部，小叶 6～12 对；长枝上为二回羽状复叶，羽片 3～6 对，小叶 5～10，小叶窄卵形、卵状长椭圆形或卵状披针形，长 1.5～5 cm。花序长 6～12 cm，杂性异株，花黄绿色。荚果扁平，长 15～25 cm，宽 2～3.5 cm，具短尖头，子房柄长约 2 cm，暗红褐色。种子长圆形或卵状椭圆形，稍扁，长 0.9～1 cm，黑褐色或栗褐色。花期 5～6 月，果期 9～10 月。

生于吉林、辽宁、河北等地，南京有栽培。日本、朝鲜也有分布。

1. 山皂荚（原变种）　学名 *Gleditsia japonica* var. *japonica*。与日本皂荚主要区别在于此变种荚果带形，扁平，长 20～35 cm，宽 2～4 cm，不规则旋扭或弯曲呈镰刀状，先端具长 5～15 mm 的喙。产辽宁、河北、山东、河南、江苏、安徽、浙江、江西、湖南。生于向阳山坡或谷地、溪边路旁，海拔 100～1 000 m。常见栽培。日本、朝鲜也有分布。

2. 绒毛皂荚（变种）　学名 *Gleditsia japonica* var. *velutina* L. C. Li。与日本皂荚主要区别在于此变种荚果长条形，不规则扭曲，长 15～40 cm，宽 2.5～4 cm，密被金黄色茸毛；果瓣革质；仅少量分布于湖南衡山，属濒危种。分布区的气候冬季较冷，夏季较凉，雨量多，雾期长，湿度大。木材致密，荚果可做洗涤剂，植株具有园林观赏价值。本种是豆科中较原始的种类，对分类系统研究有重要意义。

3. 滇皂荚（变种）　学名 *Gleditsia japonica* var. *delavayi*（Franch.）L. C. Li。与日本皂荚主要区别在于此变种荚果带状，长 30～50 cm，宽 4.5～7 cm，扁而弯，有时扭转，革质，无毛，棕黑色，网脉明显，腹缝线常于种子间缢缩。滇皂荚产嵩明、大姚、禄丰、宾川、漾濞、会泽、永胜、维西、贡山、文山、砚山、蒙自、建水、屏边、景东等地；生于海拔 1 200～1 800（2 500）m 山坡疏林或路边村旁。贵州有栽培。

滇皂荚木材较坚实，心材红褐色，边材淡黄褐色，供建筑、家具及农具用。荚果煎汁用于代皂洗涤。种子外胚乳含丰富多糖，胶质半透明，加热膨胀，俗称皂仁、皂米、皂角米，为宴会甜食佳品。种子入药，有祛痰、利尿之功效。

（林富荣）

第十三节　榕　树

榕树为桑科（Moraceae）榕属（*Ficus* L.）植物的总称，榕属 1 200 多种，主要分布于热带地区。中国有榕树约 100 种，主要分布在华南及西南地区。榕树主要用作行道树，并被赋予丰富的文化内涵。

一、榕树的利用价值和生产概况

榕树是我国南方重要的城镇绿化树种，具有很高的观赏价值。榕树生长快、四季常绿、形态优美、遮阴效果好、耐修剪、寿命长，被广泛地应用在行道树、公园绿化、工厂绿化、园林造景、榕树盆景、热带雨林景观和文化景观等方面。许多榕树的嫩叶被用作蔬菜，有些榕树的果实当作水果食用，榕树生产的蔬菜和水果成为当地的特色美食。榕树也是重要的民族医药资源，主要是利用其根、树皮、叶和树汁等。

榕属植物主要分布在南北半球的热带、亚热带地区，其中非洲、美洲和亚洲—大洋洲为 3 个主要分布区，马来西亚、巴布亚新几内亚是榕属植物起源及多样性分布中心。榕属植物在中国主要分布在西南部和南部，其中许多种已在人们的长期生产生活中得到应用。目前榕树在生产上主要用于观赏和绿化，中国许多城市将榕树列为市树（吴福川等，2009）。因此榕树的生产主要是为城镇绿化培育苗木，培育方式有扦插繁殖和种子繁殖。另外福建、广东等地还以榕树制作盆景，出口创汇。

二、榕属植物的形态特征和生物学特性

乔木或灌木，有时为攀缘状，或为附生，具乳液。叶互生，稀对生，全缘或具锯齿或分裂，无毛或被毛，有或无钟乳体；托叶合生，包围顶芽，早落，遗留环状疤痕。花雌雄同株或异株；雌雄同株的花序托内，有雄花、瘿花和雌花；雌雄异株的花序托内则雄花、瘿花同生于一花序托内，而雌花或不育花则生于另一植株花序内壁（具有雄花、瘿花或雌花的花序托为隐花果，简称榕果）。榕果腋生或生于老茎，早落或宿存。榕属植物一般为阳性树种，多数种具有气生根；一年之中常数次开花，花单性，必须依赖在花序中生活的传粉小蜂授粉，否则不能结实；花期多在夏季的 5～6 月，有些花期长达半年。榕树中存在老茎生花现象。

三、榕属植物的起源、演化与分类

（一）起源与演化

榕属（*Ficus* L.）起源于马来西亚热带雨林。在分类上属于桑科（Moraceae）、波罗蜜亚科（Artocarpoideae）、榕族（Ficeae）。榕属的属下分类划分较细，《中国植物志》将该属分为 4 亚属 13 组，有些组内还可分若干亚组。但在这个分类系统中，亚属、组及亚组之间的亲缘关系并不明显，因为一些属下单元的划分往往根据单一或少数几个形态性状。所以，这种分类系统很难真正反映出其中的系统发育关系。袁长春等（2004）选择南亚热带地区较为广泛分布的榕属植物作为研究对象，不仅从植株、叶、花、果等方面进行形态学观察，还对叶表面的微形态特征进行观察分析，并将这些形态学特征数据化，用相关软件进行聚类分析，发现来自榕亚属的种类很好地聚为一支，成为一个单系类群，这与传统上的分类体系相一致，它们应该具有共同的祖先。但来自无花果亚属的种类并没有构成一个单系类群，其中斜叶榕与榕亚属的亲缘关系较其与无花果亚属的亲缘关系更近，因而对于斜叶榕的分类位置有必要重新考虑；而对叶榕与粗叶榕构成姊妹类群，表明它们之间的亲缘关系很近，应该具有直接的共同祖先，从它们都是灌木、无气生根、嫩枝中空、全株有毛等相同的形态特征也可以得到证实。

（二）榕属植物种分类

我国对榕属植物的分类研究始于 20 世纪 80 年代，最初主要依据形态学特征进行系统分类研究，后在分类研究中，考虑了榕属植物存在与黄蜂类的共生关系，由于榕属植物与传粉昆虫黄蜂之间存在各自的专一性，为榕属植物的分类研究提供了新的途径，使榕属的分类已由原来的 4 亚属发展到 6 亚属，且打破了雌雄同株和雌雄异株之间的界线。中国榕

属植物的数量虽只占世界榕属植物总量的 1/8，但所有 6 亚属的榕树种类在中国都有分布，表明中国榕属植物具有丰富的多样性。榕属植物种类繁多，按《中国植物志·第二十三卷第一分册》的描述，榕属分为 4 亚属，每个亚属下又分若干组，组下有的还分若干亚组。

四、榕属主要植物种及种质资源

（一）无花果

学名 *Ficus carica* L.。

落叶灌木或小乔木，强阳性树种，适宜在年均温 15 ℃左右地方种植。无花果的果实为隐花聚合果，可食用部分为花托肥大部分（图 33 - 13）。原产于叙利亚、中亚细亚及地中海地区，具有悠久的栽培历史。无花果主要在亚热带和温带地区种植，在中国分布广泛，尤以新疆南部最多。在华南、华东、西南、华北、西北南部均有栽培，并形成了许多品种，国内无花果主要品种与分布见表 33 - 2。

表 33 - 2 国内无花果主要品种及分布

品种类型	特　　　性	分　　布
早熟无花果	树体寿命长，抗风力强，不耐寒；果实不耐储藏。夏果 7 月中旬成熟，球果 8 月中旬成熟	新疆阿图什、疏附、叶城、和田等地
晚熟无花果	丰产，耐寒力差；夏果 7 月下旬成熟，秋果 9 月下旬陆续采摘	新疆天山以南各地和吐鲁番盆地
黄无花果	树势旺盛，发枝力强；果实品质较好；夏果和秋果都很丰产，抗寒力较强	新疆库尔勒、阿图什、疏附、库车、叶城、和田等地
卵圆黄无花果	品质中，夏果 7 月上旬成熟，秋果 8 月开始成熟	山东青岛、烟台等地
英国无花果	8 月中旬开始成熟	辽宁大连等地
红色种无花果	树体矮小，枝叶茂密；果实品质较佳；8 月下旬开始成熟	上海、江苏南京等地
黄色种无花果	树体较红色种高，枝条稀疏；果实 7 月下旬开始成熟，8 月中下旬采收	上海郊区栽培较多

（二）榕树

学名 *Ficus microcarpa* L.。

大乔木。榕树在我国多生长在高温多雨、气候潮湿、雨水充足的热带雨林地区和南亚热带地区。中国产台湾、浙江（南部）、福建、广东、广西、湖北（武汉至十堰栽培）、贵州、云南（海拔 174～1 240 m，最高到海拔 1 900 m）。《台湾植物志》尚载有厚叶榕树 [*Ficus microcarpa* var. *crassifolia* (Shieh) J. C. Liao in Forest Ser.]，产花莲，恒春半岛（鹅銮鼻）及附近岛屿（兰屿）的海岸石灰岩生境。

（三）黄葛树

学名 *Ficus virens* Ait. var. *sublanceolata* (Miq.) Corner。

落叶乔木，花期5～6月，果期10～11月。黄葛树为阳性树种，喜温暖、高温湿润气候，耐旱而不耐寒，耐寒性比榕树稍强。黄葛树原产中国华南和西南地区，尤以重庆、四川、湖北、湖南等地最多，为中国西南部常见树种，沿长江城镇多见于江边的道旁，为良好的遮阴树。

（四）菩提树

学名 *Ficus religiosa* Linn.。

常绿或半常绿乔木，树皮灰色，粗糙不裂；冠幅广展。幼树附生；枝上气根如垂须。树干凹凸不平，显示多数隆状突起及凹陷部分。由树干发出多数侧枝，形成圆形或倒卵形树冠；叶互生，革质，三角状卵形（图33-14）。花期4～6月，果期7～9月。性喜光和热，亦耐湿和干旱，不耐寒，不耐阴，20℃时生长迅速，最低生长温度为10℃左右。抗风，抗大气污染；生长快，萌芽力强，寿命长。对土壤要求不严，但以肥沃、疏松的微酸性沙壤土为好。主要用扦插繁殖，大苗截干移植易成活。菩提树原产于喜马拉雅山，从巴基斯坦拉瓦尔品第至不丹。我国广东、广西、福建南部、云南南部低海拔地带多有栽培。相传释迦牟尼在其树下坐禅悟道成佛，故又名思维树、佛树。据称菩提树在公元502年即南北朝时期传入广州。华南的寺庙都有栽植。

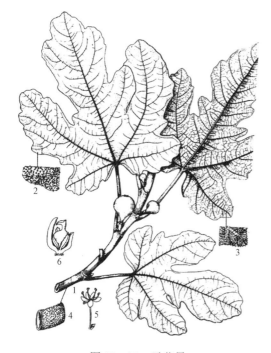

图33-13 无花果
1. 果枝 2. 叶上面部分放大 3. 叶下面部分放大
4. 小枝部分放大 5. 雄花 6. 雌花
（引自《中国树木志·第三卷》）

图33-14 菩提树
1. 果枝 2. 榕果纵剖 3. 榕果底部，示叶片
4. 雌花 5. 雄花
（引自《中国树木志·第三卷》）

（宗亦臣）

第十四节　女　　贞

女贞（*Ligustrum lucidum* Ait.），又名大叶冬青、大叶女贞、蜡树、虫树等，属木犀科（Oleaceae）女贞属（*Ligustrum* Linn.）常绿大灌木或小乔木，为四季常青树。女贞枝叶可放养白蜡虫生产白蜡，花可提取芳香油，果实（女贞子）、根、叶均可入药，此外女贞抗有害气体如二氧化硫、氟化氢、氯气、铅蒸气能力强，能忍受较高的粉尘、烟尘污染，净化空气和环境，是我国亚热带地区优良的经济树种和园林绿化树种。

一、女贞属植物的利用价值和生产概况

（一）利用价值

1. 药用价值　女贞果实入药，名女贞子，其主要药用成分为女贞子多糖、女贞子苷、齐墩果苷、葡萄糖苷、齐墩果酸、甘露醇等；性味苦甘、温平，有滋补肝肾、强腰膝、乌发明目之功效。主治肝肾阴虚、头晕目眩、耳鸣（仝会娟等，2009）。叶、皮亦入药，其主要药用成分为紫丁香苷、鞣酸、苦杏仁苷酶、齐墩果酸、甘露醇、生物碱、黄酮苷、挥发油等；其性平，微苦，无毒，有清热利咽、祛风明目、消肿止痛之功效，主治慢性气管炎、烫伤、咽喉肿痛等（仝会娟等，2009）。近年来的医学研究证明，女贞子多糖还能提高机体的免疫力，对心血管疾病治疗及癌症的防治有一定的作用。

2. 化工应用价值　女贞种子含油率约 15%，主要为油酸 44.34%，亚油酸 41.9%，棕榈酸 4.5%，硬脂酸 1.8%，α-亚麻酸 0.87%。其中不饱和脂肪酸占 88.2%，饱和脂肪酸占 6.4%（林文群等，2002）。由于种子油中不饱和脂肪酸的比例较大，并含有 α-亚麻酸，且不饱和脂肪酸容易为人体所吸收，α-亚麻酸更有降血脂和降血压、抗血栓、防治动脉粥状硬化、抗癌及提高机体免疫力的作用，并有延缓衰老的功效，因此女贞子油是一种营养价值较高的食用植物油，也可用于制造肥皂及润滑油。

女贞是白蜡虫的寄主之一，可放养白蜡虫。而白蜡虫分泌的白蜡则是重要的化工原料及医药原料，也是我国传统的出口物资。女贞的花含多种植物精油，如桉油精 4.95%，苯甲醇 2.50%，乙酸龙脑酯 0.2%，三苯甲醇 6.63% 等，可提取芳香油，用于香料及医药工业。女贞子含淀粉可达 26.4%，可供酿酒、制醋等。

3. 畜牧业应用价值　女贞果含脂肪 15%，氨基酸 13.2%～18.5%，其中含动物所必需的 8 种氨基酸，粗蛋白 16.8%～18.9%，多糖约 15%，并含有 K、Ca、Mg、Na、P、Fe、Zn 等 20 多种矿质元素（林文群等，2002）。女贞果营养丰富，可作为一种营养性的饲料添加剂。在民间常用女贞子 60～90 g 研末，拌饲料喂服 2～3 周，以使耕牛冬季壮膘保健。女贞子也可以作为常用的兽药，如用于治疗公牛阳痿、滑精及牲畜中暑等症。

4. 园林应用价值　女贞四季常绿，枝冠宽阔，叶片光亮，花香繁茂，秋果累累，是理想的园林绿化树种，既可孤植作为庭荫树，列植作为行道树，还可以丛植或群植而形成片林；也可以作为荫蔽树、防火树种和抗污染树种栽培。女贞耐修剪，其幼苗可密植培育成绿篱，还是嫁接丁香和桂花的砧木之一。

5. 农林业应用价值　在农林业生产中，女贞既可作为用材林树种，又可作为农田防护林、四旁造林、荒山造林及护坡林树种。其木材细密，纹理直，刨面光，是农具、家具及小型工艺品的理想用材。

（二）女贞的地理分布

全世界女贞属植物有 45 种，主要分布于亚洲温暖地区，向西北延伸至欧洲，另经马来西亚至巴布亚新几内亚、澳大利亚；东亚有 35 种，为本属现代分布中心。我国产 29 种 9 变种 1 亚种 1 变型，其中 2 种系栽培，尤以西南地区种类最多，约占东亚总数的 1/2，其中，云南省境内有 12 种 4 变种（杨静等，2005）。《中华人民共和国药典》2005 版收录的女贞子的原植物为女贞（*L. lucidum*），主要分布在长江流域，资源丰富，西北陕西南部、关中地区以及甘肃南部天水，华北地区河北、山西也都有栽培。野生女贞分布于海拔 200～2 900 m 的丘陵、山坡向阳处树林中，女贞多栽培在庭院、路边、田埂旁。

（三）女贞开发利用概况

女贞开发利用始载于西汉《神农本草经》，历代本草均有记载，古人对女贞非常推崇。如《白下移居》诗云："邻园有佳树，密叶何青青，厥名女贞实，移植吾中庭，春夏既滋茂，秋冬亦不零，结实贯冰霜，累累赘繁星，采之酏清酒，可以延颓龄。"在我国早就做庭院树、行道树栽植，是城市绿化重要树种，有些地方栽植片林、绿篱，有良好的绿化效果。

二、女贞的形态特征和生物学特性

（一）形态特征

1. 枝干　女贞为常绿大灌木或乔木，高可达 25 m。树皮灰绿色，光滑不裂；枝条开展，平滑而具有明显皮孔。冬芽腋生，卵状，外具 2 鳞片。

2. 叶片　叶对生，革质；叶柄长 1～2 cm，先端急尖或渐尖，基部宽楔形或近于圆形，全缘，上面深绿色，有光泽，下面淡绿色，密布细小透明腺点。

3. 花　圆锥花序顶生；花密集，几无梗；花萼及花冠钟状，均 4 裂，花冠白色；雄蕊 2 枚；雌蕊 1 枚，子房上位、球形、2 室。始花期 6 月上旬，盛花期 7 月上旬，末花期 8～12 月。自始花至果实成熟，时间约为 100 d（图 33 - 15）。

4. 果实与种子　果实呈倒卵形、椭圆形或肾形，长 5～9 mm，直径 3.5～6 mm，略

图 33 - 15　女贞
1. 果枝　2. 花枝　3. 花　4. 部分花冠和雄蕊　5. 果
（引自《中国树木志·第四卷》）

弯曲，体轻。表面灰褐色或紫黑色，皱缩不平，有不规则的网状隆起纹理，基部有果柄痕或具宿萼、短梗。外果皮薄；中果皮较松软，易剥离；内果皮木质，黄棕色，具纵棱。果皮破开后，多见 1 粒种子，有的具 2 粒种子。种子肾形，紫黑色，有纵棱纹，于放大镜下可见众多油点，断面类白色，油性。无臭，嚼之味甜而微苦涩（张峰等，2008）。

（二）生物学特性

女贞耐水湿，喜温暖湿润气候，喜光稍耐阴。深根性树种，须根发达，生长快，萌芽力强，耐修剪。对土壤要求不严，以沙质壤土或黏质壤土栽培为宜，在红、黄壤土中也能生长，尤以深厚、肥沃、腐殖质含量高的土壤中生长良好。对大气污染的抗性较强，对二氧化硫、氯气、氟化氢及铅蒸气均有较强抗性，也能忍受粉尘、烟尘污染。对气候要求不严，能耐－12 ℃的低温。

三、女贞的变异与遗传多样性

李烨等（2008）对采自石家庄 13 个女贞单株的种子（母株树龄为 10 年）千粒重、生活力、发芽率进行了方差分析并进行多重比较，结果表明家系间存在明显的遗传差异，选择利用有效。梁远发等（2008）应用 RAPD 分子标记技术，系统地研究了粗壮女贞种质材料的亲缘关系和遗传多样性，结果表明不同地域来源或不同类群粗壮女贞种质材料之间存在显著的遗传差异，其遗传多样性丰富，UPGMA 聚类结果表明，供试材料被分为贵州—四川类群和云南类群两大类群。郑道君等（2008）以粗壮女贞（L. robustum）、丽叶女贞（L. henryi）、日本女贞（L. japonicum）、日本毛女贞（L. japonicum var. pubscens）、女贞（L. lucidum）、序梗女贞（L. pedunculare）、川滇蜡树（L. delavayanum）和牛矢果（Osmanthus matsumuranus）等 8 个苦丁茶物种为材料，利用 RAPD 分子标记技术从分子水平上揭示其种间的遗传差异、亲缘关系，各物种间存在着较大的遗传差异，日本毛女贞与序梗女贞的亲缘关系在所有的供试物种中最近，而与日本女贞的关系较远。此外，李传代（2010）从海南苦丁茶种质资源库中所定植的 100 份女贞种质材料中，任选不同地区的 12 份植株取其嫩芽作为研究的供试材料，采用单因素设计方法，对其 ISSR 反应体系进行优化，ISSR 分析结果显示女贞遗传多样性高。

四、女贞野生近缘种的特征特性

（一）小叶女贞

学名 Ligustrum quihoui Carr.，别名小白蜡树（湖北兴山）、楝青（河南）。

1. 形态特征 半常绿至落叶灌木。小枝密被微柔毛，后脱落。叶薄革质，椭圆形、倒卵形或倒卵状长圆形，长 1~4（~5.5）cm。花序顶生，近圆柱形，长 4~10 cm，径 2~4 cm。花冠长 4~5 mm，花冠筒与裂片近等长；雄蕊伸出。核果宽椭圆形或倒卵形，长 5~9 mm，熟时紫黑色。花期 5~7 月，果期 8~11 月。

2. 生物学特性 小叶女贞适应性强，喜光稍耐阴，喜温暖湿润的气候，幼苗耐寒性略差，成株较耐寒、耐旱；对土壤要求不严，一般的土壤都能生长良好，但在深厚、肥沃、排水良好的土壤上生长最佳；萌芽力、成枝力强，易于修剪造型；根部易生萌蘖。

3. 分布概况　小叶女贞主产于我国河南、湖北、四川、江苏、浙江、云南、广东、广西等省份。现分布于甘肃、陕西南部、河北、山东、安徽、江西、湖南、贵州西北部、西藏等省份。生于海拔 100～2 500 m 的沟边、石崖、阳坡灌丛中。

4. 利用价值　叶、花、果实和皮均可入药，叶具清热解毒等功效，可用于治烫伤、外伤；树皮入药治烫伤；果实入药用于治疗肝炎等症；抗多种有毒气体，是优良的抗污染树种。

小叶女贞常做紧密的绿篱栽于园林、庭院、宅旁四周，也可培育球形冠植于建筑物前、草地边缘。由于小叶女贞耐寒性强于女贞，在我国中、西部地区的园林绿化中应用较广。此外，小叶女贞还是嫁接桂花的优良砧木。

（二）日本女贞

学名 *Ligustrum japonicum* Thunb.。

1. 形态特征　常绿灌木，高 5 m；无毛。叶厚革质，椭圆形、宽卵状椭圆形，稀卵形，长 5～8（～10）cm，宽 2.5～5 cm。花序长宽均 5～17 cm。花梗长不及 2 mm；花萼长 1.5～1.8 mm；花冠筒长 3～3.5 mm，裂片长 2.5～3 mm，先端稍内折，盔状；雄蕊伸出。核果长圆形或椭圆形，长 0.8～1 cm，直立，熟时紫黑色，被白粉。花期 6 月，果期 11 月。

2. 分布概况　原产日本。我国各地有栽培，朝鲜半岛亦有分布。

3. 利用价值　日本女贞叶具有清肝火、解热毒的功效，主治头目眩晕、火眼、口疮、无名肿毒、水火烫伤等症。其叶在民间还作为苦丁茶使用（吴赵云等，2007）。

日本女贞新叶鹅黄色，老叶呈绿色，性喜光，稍耐阴，可用于庭园树、绿篱和盆栽。与女贞相比，其叶片大而光亮，侧枝萌发力强，树冠自然成球形，且抗病虫害、抗寒、抗污染性较强，还可用于行道树栽植和景观绿化配植（刘玉新，2011）。

（三）粗壮女贞

学名 *Ligustrum robustum*（Roxb.）Bl.，别名虫蜡树（四川峨眉山）。

1. 形态特征　落叶小乔木或灌木状，高达 10 m。小枝疏被微柔毛，后脱落。叶纸质，椭圆状披针形、椭圆形、卵形或披针形，长 4～11 cm，宽 2～4 cm。花序长 5～15 cm，径 3～11 cm；花冠筒长 1.5～2.5（～3）mm，裂片长 1.5～2.5（～3）mm，反折。核果肾形或长倒卵形，弯曲，长 0.7～1（～1.2）cm，熟时黑色。花期 6～7 月，果期 7～12 月。

2. 分布概况　产于安徽南部、江西、福建西北部、湖南西部、湖北东部、广东、广西西部、贵州、云南、四川；生于海拔 400～1 200 m 山地林中、灌丛中。粗壮女贞是西南地区大面积栽培开发的苦丁茶，种植面积上万公顷，贵州境内估计近 7 000 hm² ，初具产业规模（鄢东海，2007）。印度、孟加拉国、越南、柬埔寨有分布。

3. 利用价值　粗壮女贞是苦丁茶的一种。现代医学研究表明，粗壮女贞苦丁茶中黄酮类物质含量高达 8.9%，阿克苷含量高达 0.225%，水浸出物含量 41.8%～58.8%，多酚类物质含量 4.9%～12.5%，每 100 g 含游离氨基酸总量 106～165 mg、胡萝卜素 4.69 mg、维生素 E 3.28 mg、维生素 C 5.22 mg。其主要保健价值在于降血脂、血压，提高人体免疫力，抵抗细菌、病毒侵染，抗氧化防衰老等，辅助治疗高血压、动脉硬化、高脂血等症（鄢东海，2007）。

（四）小蜡

学名 *Ligustrum sinense* Lour.。

1. 形态特征　落叶小乔木或灌木状，高 2～4（～7）m。小枝圆，幼时被淡黄色柔毛，后脱落。叶厚纸质或薄革质，椭圆形、卵形或椭圆状卵形，长 2～7（～9）cm，宽 1～3（～3.5）cm。花序顶生或腋生，长 7～11 cm，径 3～8 cm，花序轴被淡黄色柔毛。花梗长 1～3 mm；花萼长 1～1.5 mm；花冠筒长 1.5～2.5 mm，裂片长 2～4 mm。核果近球形，径 5～8 mm。花期 4～6 月，果期 9～10 月。

2. 分布概况　产于江苏、浙江、安徽、江西、福建、台湾、湖北、湖南、广东、香港、海南、广西、贵州、四川、云南；生于海拔 200～2 600 m 山坡、山谷、溪边、林中。越南有分布。

3. 利用价值　其味苦，性凉，具清热利湿、解毒消肿功效。主治感冒发热、肺热咳嗽、咽喉肿痛、口舌生疮、湿热黄疸、痢疾、痈肿疮毒、湿疹、皮炎、跌打损伤等。药理试验证明，叶对金黄色葡萄球菌、伤寒杆菌、甲型副伤寒杆菌、绿脓杆菌、大肠杆菌、弗氏痢疾杆菌、肺炎杆菌有极强的抗菌作用（屈信成等，2012）。

此外，小蜡叶片对大气中的铅（Pb）和铬（Cr）等重金属离子具有较强的富集能力（胡星明等，2009），非常适合做行道树和庭园绿化。

本种有两个变种：

（1）罗甸小蜡　学名 *Ligustrum sinense* var. *luodianense* M. C. Chang。幼枝、花序轴疏被柔毛或微柔毛。叶披针形，两面无毛。花序腋生或顶生。产于贵州（罗甸）；生于海拔 150～300 m 山坡、河边灌丛中。

（2）皱叶小蜡　学名 *Ligustrum sinense* var. *rugosulum*（W. W. Smith）M. C. Chang。叶卵状披针形、椭圆形或卵状椭圆形，长 4～13 cm，宽 2～5.5 cm，上面叶脉凹下。产于福建、贵州、云南、西藏东南部；生于海拔 400～2 000 m 山地疏林内、林缘、灌丛中。越南有分布。

（五）水蜡树

学名 *Ligustrum obtusifolium* Sieb. et Zucc.。

1. 形态特征　落叶小乔木或灌木状。幼枝被柔毛。叶纸质，长圆形、卵形、长倒卵状椭圆形或倒披针形，长 3～8 cm，宽 1.5～2.5（～4）cm。圆锥花序顶生，长 1.5～4 cm，径 1.5～3 cm，花密集，花序轴被毛。花梗长 0～2 mm，被柔毛；花冠长 0.6～1 cm，花冠筒比裂片长；雄蕊伸出。核果宽椭圆形，长 5～8 mm，径 4～6 mm，熟时紫黑色至黑色。花期 5～6 月，果期 8～10 月。

2. 分布概况　产于黑龙江、辽宁、山东、江苏、安徽、江西、湖南、陕西、甘肃南部；生于海拔 100～1 400 m 山地、沟谷、林中。日本、朝鲜半岛有分布。

3. 利用价值　水蜡树果实中齐墩果酸含量为 0.395%，叶子中齐墩果酸含量为 0.228%，水蜡树可作为提取齐墩果酸的药用植物，也可制成保健茶、保健饮料等，具有开发利用的潜能（李英霞等，1997；金瑛，2000）。此外，水蜡树中还含有木犀草素、木犀草素-4′-O-葡萄糖苷、松脂素、松脂素-4′-O-葡萄糖苷、（＋）-medioresinol、（一）-olivil，为水蜡树药用植物研究提供了新的方向（周立新等，2000）。水蜡树鲜花含有丰富的挥发油，其中二十烷的含量占挥发油总量的 20.25%，因此水蜡树可作为合成二十烷醇的原料；此外，水蜡树花挥发油也可以作为提取苯乙醇的原料（李江南等，2007）。

除作为药用植物外，水蜡树可应用于园林绿化。据报道，水蜡树树形易控制，极耐修剪；耐盐碱，能够在含盐量 0.25%～3.0%的土壤中正常生长；比较抗烟尘，对二氧化硫气体有较强的抗性；病虫害少（李忠武，1994），适合城市、厂矿区绿化。

（六）蜡子树

学名 *Ligustrum molliculum* Hance，别名水白蜡（四川宝兴）。

1. 形态特征　落叶小乔木或灌木状；树皮灰褐色。小枝成水平开展，被硬毛、柔毛至无毛。叶革质，椭圆形、披针形或椭圆状卵圆形，长（2.5～）4～7（～10）cm，宽 2～3（～4.5）cm。圆锥花序顶生，长 1.5～4 cm，径 1.5～2.5 cm。核果近球形，长 0.5～1 cm，呈蓝黑色。花期 6～7 月，果期 8～11 月（王良民，2008）。

2. 分布概况　产于陕西南部、甘肃南部、河南、山东、江苏、安徽、浙江、江西、福建、湖北、湖南、四川、云南、贵州；生于海拔 300～2 500 m 山坡林下、林缘、山谷林中、溪边及荒地。

3. 利用价值　蜡子树上常有野生白蜡虫寄生，种子油可供制肥皂和机械润滑油（中国科学院植物研究所，1972），也可作为绿化灌木，具有一定的经济和生态价值。

（郑　健）

第十五节　珙　桐

珙桐（*Davidia involucrata* Baill.）为珙桐科（Davidiaceae）珙桐属（*Davidia*）植物，珙桐为中国特产的珙桐科单型属植物，第三纪古热带植物区系的孑遗种，该属仅有 1 种和 1 变种，即珙桐和光叶珙桐 [*Davidia involucrata* var. *vilmoriniana*（Dode）Wanger.]，均为国家一级保护珍稀濒危植物。珙桐又名水梨子、鸽子树、鸽子花树，于 1869 年由法国传教士、博物学家 Abbe Armand David 在川西穆坪（四川宝兴）首次发现。珙桐是我国特有的重要观赏树种。

一、珙桐的利用价值及生产概况

（一）珙桐的利用价值

珙桐树体高大，花形奇特，盛花时如满树群鸽栖息，有中国鸽子树之称，是世界著名的观赏木本花卉植物。

珙桐是优质的用材树种，其木材具有坚硬、致密、不易腐烂等特点。木材黄白色或浅黄褐色，心、边材区别不明显，结构细，有光泽，均匀轻软，干燥后不翘裂，可供雕刻、美术工艺、制作玩具等用。

珙桐种子、果皮可榨油，含油量达 47%～67%，油呈黄色，味道浓醇、清香，可作为食用油，也可作为工业用油。树皮、果皮可提取栲胶，也可作为活性炭原料。

（二）珙桐的分布与栽培

1. 自然分布　珙桐主要分布于东经 102°52′～111°20′、北纬 26°46′～32°20′，四川盆地西部至湖北西部宜昌，陕西镇坪至贵州纳雍一线不连续分布。在四川峨眉山和雷波、马边等地最为集中，而在贵州梵净山、湖南张家界等地呈零星分布。主要分布于海拔 700～2 500 m 的沟谷两侧的亚热带常绿阔叶林或落叶阔叶林中。

2. 栽培　珙桐发现 100 多年来，国内外的林业工作者都试图将珙桐引种到分布区以外栽培，最早开展这项工作的是法国 Vilmorin 育苗公司和英国皇家植物园邱园，但都没有成功。最早引种成功的是美国纽约自然博物馆。随后瑞士和丹麦也分别开展了引种工作，现在珙桐已在欧洲、北美和日本等地广泛栽培。国内引种工作始于 20 世纪 70 年代末，在产区周围和一些庭院、公园有培育成功的成年树，已显现出其在园林绿化中的优势。

珙桐引种栽培困难，主要原因在于珙桐对生境要求严格，其次珙桐种子休眠期长，一般为 2～3 年，种子发芽困难，导致珙桐有性繁殖困难。研究者采用种子敲击、超声波、尿液浸泡、腐蚀、变温处理、人工低温冷冻或 GA＋6 - BA 处理（陈坤荣等，1998）、IAA 处理、GA 处理（董社琴等，2004）、长时间湿沙层积等方法可以有效打破种子休眠，提高发芽率和整齐度。据试验（杨业勤等，1986），珙桐种子可以通风干燥，也可以湿沙储藏，沙藏催芽可提高其发芽力，又可使出芽整齐。

珙桐可采用种子育苗或扦插、嫁接、压条、埋条等无性繁殖方式育苗，造林地应选择平原或山谷两侧中下部，有适当庇荫的沙壤土或壤土。造林多采用混交造林，选用 2～3 年生苗木，株行距为 2 m×2 m。

在珙桐快繁技术方面，董社琴等（2004）发现水解酪蛋白和萘乙酸组合对珙桐愈伤组织生长和分化具有促进作用。金晓玲等（2007）筛选出了珙桐带芽茎段离体培养的最佳培养基。李月琴等（2007）、邹丽娟等（2011）均通过组培技术获得了珙桐完整植株。

二、珙桐的形态特征及生态学特性

（一）形态特征

珙桐是浅根性树种，10 年生以前无明显主根，侧根发达，密集于 10～20 cm 土层中；15～30 年生时，主根伸入土层 0.8～1.5 m 处，侧根密集于 30～70 cm 土层中，根幅 10～15 cm。

叶互生，纸质，无托叶，常密集生长于幼枝的顶端，呈阔卵形或近圆形。叶片长 9～

15 cm，宽 7～12 cm，顶端急尖或短急尖，具微弯曲的尖头，基部心形或深心形，边缘有三角形而尖端锐尖的粗锯齿，上面亮绿色，初被很稀疏的长柔毛，渐老时无毛，下面密被淡黄色或淡白色丝状粗毛。叶片有 8～9 对侧脉，中脉和侧脉均在叶片上面显著，在叶片下面凸起。叶柄呈圆柱形，长 4～5 cm，少数可以达到 7 cm，幼时有稀疏的短柔毛。

雌雄同株，两性花或雌花位于花序的顶端，雄花围绕其周围组成近球形的头状花序，直径约 2 cm，着生于幼枝的顶端。花序基部具纸质、矩圆状卵形或矩圆状倒卵形花瓣状苞片 2～3 枚，长 7～15 cm，少数 20 cm。苞片宽 3～5 cm，稀 10 cm。苞片由初期的淡绿色逐渐变为乳白色，长开后如展翅白鸽，故称"鸽子树"，最后变为棕黄色而脱落。雄花无花萼及花瓣，有雄蕊 1～7 枚，长 6～8 mm，花丝纤细，无毛，花药椭圆形，呈紫色。雌花或两性花子房下位，6～10 室，与花托合生，每室有 1 枚下垂的胚珠。

核果长卵圆形，长 3～4 cm，直径 15～20 mm，果实紫绿色，有黄色斑点，外果皮很薄，中果皮肉质，内果皮骨质具沟纹；种子 3～5 粒，果柄粗壮，圆柱形。花期 4 月，果期 10 月（图 33-16）。冯金莲等（2007）发现珙桐种子严重败育，这也是导致珙桐濒危的非常重要的原因。

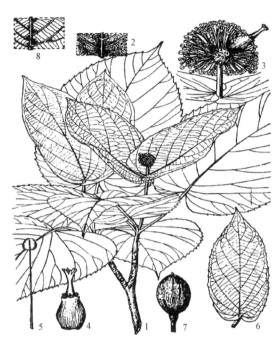

图 33-16　珙桐和光叶珙桐（变种）
珙桐：1. 花枝　2. 叶下面部分放大　3. 花序　4. 两性花
5. 雄蕊　6. 苞片　7. 果
光叶珙桐：8. 叶下面部分放大
（引自《中国树木志·第二卷》）

（二）生态学特性

1. 珙桐分布区自然条件　珙桐天然分布区位于中亚热带，相对湿度 80% 以上，年降水量在 1 400 mm 以上，日照时间为 1 200～1 400 h，平均气温 8.3～15.6 ℃，1 月平均气温 0.43～5.6 ℃，7 月平均气温 18.4～28.1 ℃，绝对最低温度为 -18 ℃，绝对最高温度为 39 ℃，大于 10 ℃活动积温为 2 879.0～5 153.9 ℃，属于凉爽湿润性气候。

珙桐分布区土壤类型主要为黄棕壤和黄壤，pH 4.5～6.0。珙桐适宜在土层较厚，腐殖质含量丰富，排水良好的地方生长，在湿润的沟谷、岩石裸露的地方也能生长。

2. 珙桐群落特征　在珙桐天然分布区内，其群落全部为混交林。这种混交林分为两组：①以珙桐等落叶阔叶树种为优势种的落叶阔叶混交林；②以珙桐和常绿树种为优势种的常绿落叶阔叶混交林。在这两种混交林中珙桐都以优势种、共优种或次优种存在。根据杨业勤等（1986）、钟章成等（1984）、杨一川等（1989）、李博等（1990）、祁承经等（1990）、贺金生等（1995）等对珙桐群落的研究结果，将珙桐群落分为 10 个类型：①珙桐、白花树、缺萼枫香群落；②珙桐、红枝柴、黑枣群落；③珙桐、水青树、黄丹木姜子群落；④珙桐、华西枫杨、灯台树群落；⑤珙桐、长叶乌药、曼青冈群落；⑥珙桐、多脉青冈、白辛树群落；⑦润楠、白辛树、短柄稠李、珙桐群落；⑧长叶乌药、华西枫杨、珙桐群落；⑨包石栎、峨眉栲、珙桐、香桦群落；⑩峨眉栲、米心水青冈、鸭公树、珙桐群落。

三、珙桐的遗传变异

利用分子标记技术对珙桐遗传多样性进行分析，研究表明珙桐具有丰富的遗传多样性。宋丛文等（2004）对湖北宣恩、四川峨眉山、贵州梵净山、湖北神农架、甘肃文县 5 个天然珙桐种群进行了 RAPD 遗传多样性分析，结果表明，珙桐群体遗传多样性为 0.198 9～0.279 5，种内遗传多样性为 0.333 6，高于一般的针阔叶树种，表明珙桐具有丰富的遗传多样性。在 5 个群体中，四川峨眉山、贵州梵净山、湖北神农架的遗传多样性大于其他两个种群。通过对遗传分化系数分析可以看出，珙桐遗传变异主要是种群内的变异。由于受小种群效应的影响和缺乏有效的基因流，珙桐种群间的变异程度较小。这与李雪萍等（2006）对湖北神农架 4 个珙桐群体遗传多样性的研究结果一致。聚类分析将珙桐分为东南和西北两个种群，东南种群的遗传多样性高于西北种群。由于四川峨眉山、贵州梵净山、湖北神农架珙桐种群遗传多样性高，在进行原地保存时，主要选择这 3 个种群进行保存，保持种群的遗传多样性。

四、珙桐属植物的起源、分类

（一）珙桐属植物的起源

珙桐是中国特产的第三纪孑遗种，分布于四川东南部、西部和西北部，湖北西部，是稀有的古生孑遗"活化石"。中国地处北半球南部，西南地区地质古老，康滇古陆和上扬子古陆的存在，给古生植物的遗存创造了良好的条件。

（二）珙桐属植物的分类

德国植物学家 H. Hams 于 1898 年建立了珙桐亚科，属于山茱萸科。1909 年 A. Engler 将蓝果树由山茱萸科分出来，成为一个独立的科，1910 年 Wangerin 把珙桐亚科改为蓝果树科的一个亚科。20 世纪 50 年代 A. L. Takhtajan 和 H. L. Li 将珙桐亚科从蓝果树科中分离出来，创立了珙桐科。国内外对珙桐进行多方面的研究发现，珙桐与蓝果树科的其他植物在化学成分、解剖结构等方面存在着明显的差别，所以很多学者倾向于将珙桐从蓝果树科中分出来独立成为珙桐科。1910 年在四川宝兴发现变种——光叶珙桐，这就是世界上仅存的珙桐属中唯一的一个种和变种（《中国森林》编辑委员会，2000）。目前，珙桐为单型科植物，珙桐属仅有 1 种 1 变种。

珙桐的显著特点是花序基部有两枚对生的纸质叶状苞片，但张家勋等（1994）在研究中发现，存在 3 枚或 4 枚苞片的特殊类型的珙桐。

五、珙桐种质资源

光叶珙桐为珙桐变种，通过解剖学研究发现，珙桐及其变种光叶珙桐具有相同的叶的基本结构，不同之处在于珙桐叶下表皮密被淡黄色或白色丝状粗毛，而光叶珙桐叶下表皮无毛或仅在叶脉上有稀疏的短柔毛或长丝状粗毛，有时叶片下面被白霜。

（夏良放）

第十六节　喜　树

喜树（*Camptotheca acuminata* Decne.）为蓝果树科（Nyssaceae）喜树属（*Camptotheca* Decne.）多年生亚热带落叶阔叶树，此属仅喜树 1 种植物，是我国特有绿化与经济树种。

一、喜树的利用价值和生产概况

（一）喜树的利用价值

1. 药用价值　自古以来，喜树即为重要药材，且可全株用药，用于治疗恶性疔毒、肿瘤。在《江西中草药学》及《浙江民间常用草药》中均有关于喜树用于治疗肿瘤、疮痈、牛皮癣等病症处方的记载。其果、树皮（根皮、枝皮）、叶所含的主要化学成分为喜树碱、喜树次碱、10-羟基喜树碱、10-甲氧基喜树碱、白桦酯酸、长春苷内酰胺等。现代医学研究及临床表明，喜树碱属于拓扑异构酶抑制剂，可强力抑制肿瘤细胞分裂，使肿块体积缩小；临床上用于胃癌、肠癌、直肠癌、食道癌、气管癌、骨髓性白血病等的治疗（冯建灿等，2000）。羟基喜树碱用于胃癌、肝癌、食道癌、头颈部肿瘤、膀胱癌及急性粒细胞性白血病等的治疗。

2. 绿化观赏及生态防护价值　喜树树干高大，通直圆满，树冠宽广，枝叶茂密，可广泛用于河流沿岸、库塘和农田防护林建设及庭园绿化（胡芳名等，2006）。此外，喜树对有害气体如二氧化硫、氟化氢、氮氧化物的抗性较强，可以对其抗性的生理机制进行研究，为环境保护和环境监测提供理论基础（李一川等，1990）。

3. 木材价值　喜树木材呈浅黄褐色，结构细密均匀，材质轻软坚韧，干燥容易，速度快，不翘裂，但不耐腐，容易感染蓝变色菌；喜树木材切削容易，切面光滑，且花纹也较美观，油漆后光亮性也较好，因此，喜树木材可做室内装修用的装饰条。另外，喜树木材还可作为农具、包装、造纸、火柴杆、胶合板等工业原料（李佩祥等，1996）。

4. 其他价值　喜树枝叶所含营养元素丰富。据分析，干叶含氮 2.62％、磷 0.51％、钾 2.56％。每 500 kg 干叶的肥分相当于磷酸铵 65.5 kg、过磷酸钙 12.75 kg、硫酸钾 25.5 kg。因此，喜树也是较好的绿肥树种（胡芳名等，2006）。此外，喜树碱是一种防治家蝇的有效化学不育剂和研制开发"绿色农药"的重要原料。

(二) 喜树的地理分布和生产概况

1. 喜树的地理分布　喜树是我国特有第三纪冰川孑遗植物，野生喜树资源主要分布于云南勐养大渡河村附近、四川都江堰四川林校实验林场、广东怀集大坑山和洽水林场，湖南岳阳林场和城步沙角洞自然保护区内。我国长江流域及南方各省份，南至海南，北至陕西西安，西至云南漾濞，东至浙江，均有栽培记载。喜树在我国呈散点状不规则零星分布，分布范围为东经 98°70′～122°30′、北纬 22°10′～35°30′。

张德辉（2001）对我国栽培喜树的气候生态适生区进行了初步划分，确定了喜树引种栽培的最适生态区、生态适宜区。

（1）最适生态区　分布范围为东经 98°28′～122°30′、北纬 22°30′～35°30′，本区主要包括华中地区的湖南南部和张家界以北地区、湖北南部和西南部；华东地区的江西中部和东部、浙江省、安徽南部、上海、福建东部；西南地区的四川大部（西北部除外），云南大部（维西、元江、河口除外），贵州西北、东北和东南部，重庆西部。本区是我国人工喜树生长最好的地区，栽培面积最大，保存面积也最大，是我国喜树的主产区。

（2）生态适宜区　分布范围为东经 107°55′～120°55′、北纬 16°20′～28°05′，为除去最适生态区外的广大地区。

韩国、日本及英国等国家的公园或实验林场有极其少量的栽培。美国自 20 世纪初以来，曾多次从我国引种喜树，直到 1934 年才引种成功。

2. 喜树的生产概况　我国野生喜树现存资源总量估算为 52 586.89 t，可作为药用的叶片和种子资源估算总量分别为 2 158.1 t 和 135 t；人工喜树资源估算的总材积达 242.7 万 m³，叶片估算总经济量为 1 327 789 t，种子总经济量为 98 378 t。从表 33 - 3 中数据来看，四川喜树野生资源和人工资源储量最大，为我国喜树资源的主产区。

表 33 - 3　我国喜树资源总量估计

省份	野生资源			人工林资源		
	资源总量 （t）	叶资源总量 （t）	种子资源总量 （t）	总材积 （m³）	叶总经济量 （t）	种子总经济量 （t）
四川	26 237.81	911.96	68.13	2 195 161	1 166 262	88 601
湖南	402.27	28.51	1.23	100 356	78 655	3 649
广东	5 304.71	495.36	19.55	15 562	11 602	568
贵州	6 122.98	186	12.77	97 945	60 773	4 248
广西	10 715.22	325.49	22.35	8 847	4 735	311
云南	3 803.9	210.78	10.97	4 768	1 957	819
江西	—	—	—	4 586	3 805	182
合计	52 586.89	2 158.1	135	2 427 225	1 327 789	98 378

注：以上数据引自张德辉（2001）博士学位论文《喜树资源生态学的研究》。

二、喜树的形态特征、生物学特性

（一）形态特征

乔木，高达 30 m，树干通直；树皮灰色，浅纵裂。小枝髓心片状分隔，1 年生小枝被灰色微柔毛；2 年生枝无毛，疏生皮孔。叶椭圆状卵形或椭圆形，长12～28 cm，宽 6～12 cm；叶柄长 1.5～3 cm。头状花序顶生或腋生，径约 1.5 cm，常数个组成总状复花序，上部为雌花序，下部为雄花序，总梗长 4～6 cm。坚果长 2～3 cm，具 2～3 纵脊。花期 5～7 月，果期 9～11 月（图 33-17）。

（二）生物学特性

1. 生长特性　喜树于每年 3 月下旬开始抽梢，7～8 月为生长盛期，9 月中旬高生长停止；茎生长以 7 月上旬至 8 月最快，10 月中旬生长基本停止。因地域不同，喜树的生长发育也有较大差异。在四川成都，喜树一般在 3 月上旬开始萌动，5 月中旬开花，11 月上中旬果实

图 33-17　喜树
1. 花枝　2. 果枝　3. 雄花　4. 雌花　5. 果
（引自《中国树木志·第二卷》）

成熟，11 月下旬进入落叶期。在秦岭南坡，喜树在 3 月中下旬开始萌动，6 月中下旬为盛花期，10 月中下旬果实成熟，11 月上旬落叶。

喜树生长快，速生期早。3～10 年为树高生长速生阶段，一般年生长 1.0～1.8 m，最大值出现在 4～10 年。郁闭度较大的林分，生长更高，年生长量最高可至 2.0 m；10～30 年间的高生长次之，年高生长 0.7～0.8 m；30 年后为生长缓慢阶段，年均高生长 0.4 m左右；40 年以后处于比较稳定阶段，每年增高很少。胸径生长高峰期在 3～20 年，连年生长量 1.0～2.0 cm，最大值出现在 10～15 年；20～35 年生喜树胸径平均每年生长 0.8～0.9 cm；40 年以后生长缓慢，但能持续到 55 年左右，连年生长量 0.6 cm；直到 85 年左右，其胸径生长的连年生长量仍保持在 0.3 cm，胸径生长持续期较高生长期长。材积连年生长量从 15 年以后加快，30～35 年达到最大值，以后逐年下降。

2. 生态适应性　喜树对土壤的适应性很强，在红壤、黄壤、紫色土、冲积土和黄棕壤上均能生长，但喜树最适宜在土层深厚、肥沃、湿润、排水良好、酸碱度适宜（pH 6.0～6.5）的土壤上生长。

喜树的中心产区地处亚热带，年平均气温 14～18 ℃，无霜期 250 d 以上。在喜树分布区的最北端——秦岭南坡及河南的南部山区，喜树及其幼苗不经防护即可安全越冬。低

温是影响喜树分布的主要原因之一。

喜树在年降水量 800~1 000 mm 的地区，只要温度适宜，均可栽培。喜树不耐干旱，幼苗期干旱会造成喜树的成活率大大降低，生长缓慢。喜树较耐水湿，在地下水位较高的河滩沙地、河湖堤岸及渠道埂边生长都较旺盛。

喜树喜光，光照充足则树冠发育良好，干茎增粗生长快。同为 12 年生的喜树人工林，阳坡上的树高 11 m，胸径 22.1 cm；阴坡上的树高只有 9.6 m，胸径 16.8 cm。喜树在幼苗、幼树阶段比较耐庇荫，一般天然更新的喜树幼林，大都分布在比较阴湿、光照不强的沟谷。

喜树的垂直分布因纬度及地势而不同，一般多分布于海拔 1 000 m 左右的山谷坡地或溪流两岸的土壤肥湿之处。在云贵高原，生长海拔可达 1 800 m。

三、喜树的地理变异与优良种源

（一）喜树地理种源的变异

喜树种源试验结果表明，不同地理种源的苗木苗高、地径、各器官生物量及叶片喜树碱含量等指标上都存在显著或极显著的差异，其广义遗传力为 0.527~0.989，这些差异主要受遗传因素控制（应叶青等，2004）。从地理位置上看，分布区南部、西南部种源苗高生长最快，中部种源居中，北部种源生长最慢。地径的变异稍有别于苗高，以中部种源为高，南北种源较低。苗期干、叶的生物量比例最大，根次之，枝、皮所占比例最小，其中叶片生物量所占比例为 30.75%，约占总生物量的 1/3，而喜树碱又在嫩叶中比例较高，这为营建喜树叶用园提供了科学的理论依据。无论是总生物量还是各器官生物量，江西南昌、福建屏南、湖南长沙种源均处于较优水平。不同种源间叶片喜树碱含量和单株叶片喜树碱产量均有一定差异，对于种源叶片喜树碱含量而言，云南昆明和贵州贵阳种源较好，对于单株叶片喜树碱产量而言，江西南昌、云南昆明、湖南长沙、贵州贵阳种源较优。

（二）优良种源

浙江农林大学利用单株叶片喜树碱产量性状对药材喜树种源进行选择，初步筛选出江西南昌种源作为叶用优良种源，单位面积喜树碱产量的遗传增益可望达到 105.42%（应叶青等，2004）。根据 0.6% NaCl 胁迫下各种源苗木总生物量大小，筛选出较耐盐种源为湖南浏阳种源、江西南昌种源和广西桂林种源（张露婷等，2011）。

（三）喜树变种

喜树是法国人 Joseph Decaisne 1873 年在中国江西庐山发现，并为其定名、描述其形态特征及发表。但最早有关喜树的文字记载要追溯到我国清代吴其濬所著的《植物名实图考》一书中。对于喜树属属下分类单位有不同观点，有的学者认为喜树为单种，也有学者将喜树定位 3 种 2 变种。

1. 云南喜树（*C. yunnanensis* Dode）　半落叶，狭叶，12~14 侧脉；果实灰色，光滑，有光泽，三侧具窄翅；红色下胚轴，线形，针形掌状子叶（2~4 对侧脉）。

2. 洛氏喜树（*C. lowreyana* S. Y. Li） 心形或卵形叶，下表面绿色有光泽；果实灰褐色，光滑，有光泽，而且较长（26～32 cm）；子叶 6～8 对侧脉。

3. 薄叶喜树（*C. acuminata* Decne. var. *tenuifolia* Fang et Soong） 翅果比较纤细而长，长 3～3.2 cm；叶较薄而细，长 8～10 cm，宽 4～6 cm，侧脉常 11～12 对。分布于广东西北部低海拔溪边、林缘。

4. 圆叶喜树（*C. acuminata* Decne. var. *rotundifolia*） 树皮栗色，叶圆形或近圆形，侧脉 4～7 对，花瓣背面仅上部有毛。分布同喜树。

（郑 健）

第十七节 栾 树

栾树（*Koelreuteria paniculata* Laxm.），又名灯笼树、黑叶树（河南）、软棒（山东）、灯笼花（甘肃）、栾华（《植物名实图考》）、木栾（《救荒本草》），属无患子科（Sapindaceae）栾树属（*Koelreuteria*）落叶乔木或灌木，是优质蜜源树种和绿化观赏树种。

一、栾树的利用价值和生产概况

（一）栾树的利用价值

1. 园林绿化 栾树树形优美，枝叶繁茂，春季嫩叶多为红色，入秋叶色变黄；花期 6～8 月，花繁，鲜黄色，果实灯笼状，夏黄秋绿，是理想的绿化观赏树种。栾树适应性强，有较强的抗烟尘能力，对二氧化硫、臭氧均有较强的抗性，也是工业污染区配植的好树种。栾树对干旱、水涝及风雪也都有一定的抵抗力，病虫害少。近年研究表明，栾树是较难燃树种之一，可作为防火树种选择。栾树生长速度快，适生性强，已成为优良的行道、四旁及庭院绿化观赏树种，也可作为优良的水土保持及水源涵养树种。

2. 药用价值 栾树叶含鞣质 24.43%，纯度 53.13%，属水解类鞣质，可提制栲胶；台湾栾树枝叶乙醇萃取物中可分离出类黄酮和蛋白质酪氨酸酶激酶（PTK）抑制活性物，为栾树属的利用开辟了新途径。栾树叶还具有很强的抗菌作用，对 11 种致病菌抗菌试验表明，其抗菌作用高于临床通用的抗菌消炎药黄连、紫花地丁和千里光；台湾栾树枝叶乙醇提取物的细胞毒素分馏物，可分离出 3 种环状立格南（cyclolignan），对 8 种人体细胞系均显示出明显的毒性，并有阻止菌管聚合的作用，其中栾属-1（*Koelreuteria*-1）环状立格南表现出对人体卵巢癌和黑色素瘤细胞具有选择性的毒性（窦全琴等，1999）。

3. 综合利用 栾树木质较脆，易加工，可做板料、农具、器具等；栾树花稠密、花期长，为优良的蜜源，还可提取黄色染料；栾树的花蜜糖值（每朵花 24 h 内的产糖量）为 0.065～0.558 mg，平均为 0.162 mg。栾树种子含油 38.59%、灰分 3.61%、粗纤维 10.17%、蛋白质 23.59%、非氮物质 24.04%，油为不干性油，含可溶性脂肪酸 0.68%、不溶性脂肪酸 92.3%，可制润滑油和肥皂。栾树的嫩枝和叶可用来制作菜肴，俗称"树头菜""栏芽"；栾树枝叶可作为动物冬季饲料。

（二）栾树生产概况

1. 栾树的天然分布 栾树天然分布在中国北部及中部，北自东北南部，南到长江流域及福建，西到甘肃东南及四川中部、贵州、云南，而以华北较为常见；分布的省份为甘肃、陕西、山东、辽宁、江苏、青海、湖北、四川、安徽、山西、河南、天津等；日本、朝鲜亦有分布。多生长于海拔 1 500 m 以下的低山及平原，最高可达海拔 2 600 m。

2. 栾树栽培历史和栽培区 栾树作为园林绿化树种栽培历史悠久，在我国古代就有植为士大夫墓树之用。现在在河南、山东、辽宁、安徽、湖南、广西、北京、天津、上海等地广泛栽培。甘肃兰州滨河路栽培的栾树生长良好。苏北山丘区落叶阔叶林分布区，栾树作为伴生树种在青檀、南京椴、梧桐林内人工栽培。湖南湘潭锰矿废弃地治理中，利用栾树、杜英混交造林，混交林表现出适应性强、生产潜力大的特征，田大伦等（2006）认为栾树、杜英是修复矿区废弃地的优良树种。在辽宁沈阳栾树也栽培成功，适宜街道绿化。宁夏银川地区作为庭院绿化树种栽植，北京、天津、上海多栽于公园及庭院。

二、栾树的形态特征和生物学特性

（一）形态特征

栾树为乔木或灌木，高可达 15 m。一回羽状复叶或部分小叶深裂成不完全二回羽状复叶，长 50 cm，小叶 7～18，卵形、椭圆状卵形或卵状披针形，长 3～10 cm，宽 2～6 cm，先端尖或渐尖，基部宽楔形或近平截，具粗齿、缺齿或缺裂，下面沿脉有毛。萼片卵形，长约 2 mm，花瓣 4，长 8～9 mm，鲜黄色，鳞片紫红色。蒴果卵形，具 3 棱，长 4～6 cm，先端尖。种子径约 6 mm。花小，金黄色；果实为蒴果，中空，整个果实像小灯笼，灯笼果未成熟时淡黄绿色，成熟时褐色。花期 6～8 月，果期 9～10 月（图 33 - 18）。

图 33 - 18　栾树
1. 花枝　2. 雄蕊　3. 雌蕊去花瓣，示花盘及雌蕊
4. 果序一部分
（引自《中国树木志·第四卷》）

（二）生物学、生态学特性

栾树主根明显，茎生长快，4 月底至 7 月上旬生长都比较快，8 月中旬以后基本停止生长。栾树萌芽较早，3 月底开始萌动，速生期 6 月下旬至 9 月上旬，苗木硬化期 9 月中下旬后。

栾树是石灰岩荒山习见树种，喜光、耐寒、稍耐干旱瘠薄。适生性广，对土壤要求不严，在微酸及碱性土壤上都能生长，较喜欢生长于石灰质土壤中。抗风能力较强，可抗－25 ℃低温，对粉尘、二氧化硫和臭氧均有较强的抗性。病虫害少，栽培管理容易。

三、栾树属植物种的起源与分类

(一) 栾树属植物种起源

据化石证据，在北美第三纪地层中发现有无患子科栾树属、无患子属的果实、茎和叶子。在第三纪的澳大利亚、欧洲、南美洲、北美洲和埃及均有栾树属的化石。在第三纪始新世全球各地均有无患子科植物分布，并且分化程度已很高，说明无患子科植物是在始新世前起源的。根据无患子科现代分布的式样和孢粉证据，认为亚洲的无患子科植物可能主要是随印度板块与欧亚板块相撞而传播进来，并随第三纪中晚期喜马拉雅山的升起而产生分化，另一部分则随东冈瓦纳的漂移而分布。由于东冈瓦纳相对于西冈瓦纳漂移较少，植物的变异也较少，原来分布在南极古陆的类群由于受冰川影响而灭绝，所以绝大部分原始类群在澳大利亚得以保存，并有部分种类通过印度马来岛屿传播到亚洲大陆（夏念和等，1999）。

(二) 栾树属植物分类

栾树属植物 4 种，除 1 种产于大洋洲斐济群岛外，其余 3 种均产于我国，即栾树、复羽叶栾树（*K. bipinnata*）、全缘叶栾树（黄山栾树）（*K. bipinnata* var. *integrifoliola*）。

四、栾树野生近缘种的特征特性

(一) 复羽叶栾树

学名 *Koelreuteria bipinnata* Franch.，又名毛叶栾树（《中国热带及亚热带木材》）、西南栾树（《树木学》）。

乔木，高达 20 m。二回羽状复叶，羽片 5～10 对，每羽片具小叶 5～15，小叶卵形或椭圆状卵形，长 3.5～8 cm，宽 2～3.5 cm，先端渐尖，基部宽楔形或稍圆，具细尖锯齿，下面沿脉有毛，脉腋有簇生毛；叶轴及叶柄被毛。花瓣鲜黄色，鳞片红色。蒴果卵状椭圆形，具 3 棱，长 4～7 cm，先端钝圆，熟时淡紫红色或红色。花期 7～9 月，果期 8～10 月。

复羽叶栾树产于湖北西部、湖南、广东、广西、四川、贵州、云南；生长于海拔 400～2 500 m 以下林中。在广西西南海拔 700 m 以下山地，复羽叶栾树散生于以蚬木、金丝李、肥牛树为优势树种的季雨林中，树体高大，树冠高出于主林层之上。喜光，在荒山及疏林地天然更新良好，多生于石灰岩山地。

复羽叶栾树木材浅黄红褐色，纹理斜，结构细至中，不均匀，易干燥；可供家具、农具、工具柄、板料等用。根入药，可消肿、止痛、活血、驱蛔虫，也可治风热咳嗽；花能清肝明目，清热止咳。可用作行道树及观赏树。

(二) 全缘叶栾树

学名 *Koelreuteria bipinnata* var. *integrifoliola*（Merr.）T. Chen，又名黄山栾树。

乔木，高达 17 m。二回羽状复叶；羽片 2～4 对，每羽片具 5～9 小叶，小叶椭圆状卵形或椭圆形，长 4～11 cm，先端尖，基部圆形或宽楔形，全缘，稀具粗钝锯齿，下面叶脉被毛。蒴果椭圆形或椭圆状卵形，长 4～5 cm，先端钝圆，熟时紫红色。花期 8 月，花黄色；果期 10～11 月，蒴果膨大，入秋变为红色。

全缘叶栾树喜光，深根性，幼年期耐阴；喜温暖湿润气候，耐寒性差；对土壤要求不严，在中性、酸性、钙质土、石灰性紫色土上均能生长良好，耐干旱瘠薄。全缘叶栾树分布以淮河、秦岭一线为北界，包括江苏南部，安徽南部，河南大别山、桐柏山及伏牛山南坡，湖北，湖南，江西，广东，广西，贵州，云南，四川等省份，多生于丘陵、山麓及谷地，在我国北方个别城市，如青岛、郑州有少量栽培。

木材黄白色，材质较脆，易加工；可供家具、农具、板材及器具等用。种子油供制润滑油及肥皂。花可做黄色染料。全缘叶栾树是优良行道树及观赏树，在石灰岩荒山荒地可用作造林树种。

除上述变种外，《贵州植物志》编辑委员会（1982）还报道了另外 2 变种：

1. 尖果栾树（*Koelreuteria bipinnata* Franch. var. *apiculata*）　此变种为不完全的二回羽状复叶，最下和顶上的羽片常不分裂，叶背脉上有稀疏小柔毛或脉腋内有簇毛；蒴果顶端浑圆。产贵州关岭、三都等地旷野及疏林中。四川、广西有分布。

2. 毛叶栾树（*Koelreuteria bipinnata* Franch. var. *puberula*）　此变种小叶背面被小柔毛，沿中脉及侧脉上密被黄色长柔毛。产贵州兴仁、贵阳、青岩等地。云南、广西也有。

另据唐丽（2004）报道，分布于长江上游的有小叶栾树（*Koelreuteria minor*），分布于台湾的有台湾栾树（*Koelreuteria formosana*），是亚热带花木。

（李文英）

第十八节　含　　笑

含笑为木兰科（Magnoliaceae）含笑属（*Michelia* Linn.）植物的统称，这一属的植物多为我国重要的园林观赏树种和用材树种，在南方城乡绿化美化中有重要作用。本属植物 60～80 种，全部分布于亚洲东南部地区，南界为印度尼西亚的加里曼丹岛和苏门答腊岛，西至印度，北界为日本南部。我国有含笑属植物 40～70 种，大多数为我国特有种，西南及华南地区是含笑属的现代分布中心（刘玉壶，2004）。

一、含笑的利用价值和生产概况

（一）含笑的经济价值

1. 园林绿化价值　含笑属植物多为高大挺拔的常绿乔木，如白兰（*M. alba*），树冠整齐，叶繁花香，适合作为行道树，也有树姿优雅的中小乔木和灌木，如含笑（*M. figo*），春夏花色清雅，香若幽兰，秋季果吐红珠，很适合在公园、庭院等绿地种植。近年来含笑类树种得到广泛开发，许多已成为亚热带东部地区主要的城乡绿化树种。

2. 香精香料生产 白兰花是著名的香花，与栀子花和茉莉花一起，被誉为"香花三绝"，江南常有沿街叫卖的白兰花串。白兰花精油的主要成分为芳樟醇、苯乙醇、甲基丁香酚，许多白兰香型的香水、护肤品都常用白兰花为配料。近年对多种含笑类植物的叶、花挥发油成分分析，发现其主要成分为萜类化合物，以倍半萜为主，含笑叶、花的挥发油得油率分别为 0.22% 和 0.25%，醉香含笑（*M. macclurei*）鲜叶挥发油的提取得率为 0.12%。

3. 木材利用价值 含笑属许多树种树干高大通直，出材率高，木材纹理直、结构细，有香气，为优质民用材。台湾含笑（*M. compressa*）又名乌心石，是台湾阔叶五大名木之一，其材质坚硬，耐磨材重，不易变形，是上等建材家具材料和砧板木料。苦梓含笑（*M. balansae*）、白花含笑（*M. mediocris*）等心材褐黄色，边材淡黄棕色，花纹美观，稳定耐腐，适合上等家具、细木工板、建筑造船等用，在海南列为珍贵用材。醉香含笑又名火力楠，是优良建筑和家具用材，其木材纤维素含量较高，木质素含量相对较低，其纤维长宽比达 35，所制造的纸张强度大，是难得的阔叶造纸树种之一。乐昌含笑（*M. chapensis*）、川含笑（*M. szechuanica*）、峨眉含笑（*M. wilsonii*）等天然植株树高可达三四十米，胸径 1 m 以上，树干通直圆满，木材结构细、纹理直、少开裂、易加工，是优良的细木工板和胶合板材，引种表现速生，具有作为速生用材人工林发展的前景。

（二）含笑的栽培概况

含笑自宋代便广泛栽培，宋李纲有《含笑花赋》，"南方花木之美者，莫若含笑。绿叶素容，其香郁然。"含笑可孤植、丛植，可配栽、盆栽，效果俱佳。白兰、黄兰（*M. champaca*）原产南亚及中南半岛地区，我国自清代时期引种已有近 200 年历史。广州萝岗九佛镇种植矮化白兰花有 30 多年历史，盛时规模约有 600 hm²，年产白兰花近千吨，主要用于鲜花售卖、熏制花茶，并向提炼香精方向发展。

含笑属乔木树种通常生长于热带、亚热带中低海拔山地，是地带性常绿阔叶林的主要建群树种（《中国森林》编辑委员会，2000），乔木类含笑树种虽然多数用作绿化树种，但也有用作用材树种造林，如醉香含笑，20 世纪 70 年代在广西、广东、福建、湖南等省份有人工造林，生长迅速，萌芽更新力强。16 年生醉香含笑人工林的乔木层年生长量较高，达到 27.59 t/hm²，接近热带雨林的年生长量（冯宗炜，1983）。醉香含笑具有优良的防火性能，是南方生物防火林带建设中的主要树种。醉香含笑枝叶生物量大，枯枝落叶分解快，细根周转率高，改良土壤效果好，与杉松混交是生态、经济效益兼得的混交组合。

20 世纪 90 年代以后，含笑类树种成为园林和道路绿化的热门树种，绿化苗木培育的高潮带动许多野生含笑树种的发掘，以及北至黄河流域的普遍引种。现在人们对含笑类树种的适应性和绿化种植技术有了比较成熟的认识，除华南地区传统的白兰、黄兰等种类外，乐昌含笑、深山含笑、阔瓣含笑、四川含笑、金叶含笑、多花含笑、黄心夜合等被认为是适应亚热带地区的优良绿化树种，深山含笑、乐昌含笑等在江淮地带也能越冬（叶桂艳，1996）。

二、含笑的形态特征和生物学特性

（一）形态特征

1. 形态特征　常绿乔木或灌木，小枝具环状托叶痕。单叶互生，革质，全缘，叶柄有或无托叶痕。花蕾单生于叶腋，稀 2～3 朵花聚生，具 2～4 枚佛焰苞状苞片。花两性，通常芳香，花被片 6～21 片，3 片或 6 片一轮，近相似。种子 2 粒至数粒，外种皮红色或褐色，肉质，内层黑色或黑褐色，木质。

2. 木材解剖结构与材性　含笑属树种树皮一般光滑不裂，内皮常具大量石细胞，髓实心常略具分隔。木材浅黄褐色，苦梓含笑、醉香含笑和多花含笑等材色黄中微带绿，台湾含笑有时还微带紫色。醉香含笑和石碌含笑等轮界有暗色纤维层，生长轮明显。散孔材，管孔分布颇均匀，轴向薄壁组织轮界状。

含笑木材气干密度 0.44～0.61 g/cm³，纹理直或略斜，结构细而匀，重量轻至中等，干缩很小，不易变形和开裂，具有较好韧性，切面光滑具光泽，胶接及油漆性能良好，可做高级家具、胶合板面板、装饰薄木用材，也可做乐器、文具和细木工制品等用材（徐永吉，1995）。

（二）生物学特性

1. 苗木生长习性　黄兰、福建含笑、云南含笑种子不加预处理便可在适宜的条件下顺利发芽，其他种类则有短期休眠习性，播种前须经湿沙层积。生产上常用的种子处理和播种育苗方法是调制后稍加阴干的种子混沙湿藏越冬，其间保持通气和 30%～40% 含水率。春季 1～2 月播于河沙发芽苗床上，薄膜小拱棚保湿、保温，播后 1～1.5 个月开始萌发，待子叶出土约 1 周、种壳即将脱除、形如豆芽时芽苗移栽定植至大田苗床或容器中，培育 1 年成苗。一般在 5～6 月下旬高生长速度较慢，7 月中下旬生长速度中等，8～9 月生长速度较快，11 月中旬停止生长，当年生苗一般可至 50～100 cm，地径 0.5～1.0 cm。

2. 林分生长规律　20 世纪 90 年代以后，有多种含笑类树种用于山地造林。在浙江富阳低山垦挖条带营造的引种园区中，林分郁闭后生长良好，12 年生乐昌含笑、醉香含笑、大叶含笑、四川含笑，树高年生长量 0.7～0.9 m，胸径年生长量 0.9～1.6 cm，均表现出良好的速生性（叶桂艳，1996）。醉香含笑在好的立地上生长较快，15～20 年生，树高年均生长量 0.50～0.64 m，胸径年均生长量 0.48～0.84 cm（梁有祥等，2011）。

3. 开花结实习性　灌木类含笑树种一般 2～3 年始花，乔木类树种 5～10 年开花。花期大多 4 月前后，少数种类早至 1～2 月或晚至 5 月开花，延续半个月至 1 个多月。果实大多 9 月中旬至 10 月成熟。多种含笑常见每年 2～3 次开花，后期花量较小。白兰的花期长达 150 d，6～7 月为盛花期，每天可采收 100～200 朵花，盛花期产花量占全年产量的 70% 左右，秋季开花占年产量的 30%。

（三）生态学特性

含笑类树种基本分布于中、南亚热带山地森林，以山谷地带山坡中下部为主，酸性土，环境温暖湿润，土壤肥沃，透水性好。幼年期耐阴湿环境，成年喜光、喜湿、喜肥。由于木兰科树种大多属于肉质性主根，移栽时应尽可能保有细根，易涝易旱、贫瘠黏重的地段均不宜栽植，积水易烂根。以酸性至中性土为宜，部分树种可耐一定的盐碱性，但生长不良。

含笑类树种引种至分布区以外，低温和空气干燥是主要限制因子。气温低于−5℃时白兰、黄兰即出现寒害。而大多数含笑类树种属南部中高海拔分布种，具有较强的耐寒性，在北部气候湿润的低海拔地带能够正常生长，深山含笑、乐昌含笑、阔瓣含笑、金叶含笑可引种至合肥、南京一带，甚至在郑州都可见深山含笑等种类的踪迹，但北方地区引种最好选择避风地段，不宜普遍种植，并可通过选择中北亚热带引种成功的次生种源以提高成功率。

白兰、黄兰抗烟力弱，对二氧化硫、氯气等有毒气体比较敏感，抗性差，而含笑则表现出较强的抗性。

三、含笑主要栽培种及其近缘种

（一）白兰

学名 *Michelia alba* DC.，别名白兰花、白玉兰。

乔木，嫩枝及芽初密被淡黄白色微柔毛，渐脱落。叶薄革质，长椭圆形或披针状椭圆形，长 10～27 cm，宽 4～9.5 cm。花白色，极香；花被片 10 片以上，披针形，长 3～4 cm，宽 3～5 mm。夏季开花，通常不结实（图 33-19）。

原产印度尼西亚爪哇，我国福建南部、广东、广西、海南、云南等省份引种栽培历史悠久。

（二）黄兰

学名 *Michelia champaca* Linn.，别名黄玉兰（广东）、黄缅桂（云南）。

乔木，芽、嫩枝嫩叶和叶柄均被淡黄色的平伏柔毛。叶薄革质，披针状卵形或披针状长椭圆形，长 10～20（25）cm，宽 4.5～9 cm；叶柄长 2～4 cm，托叶痕达叶柄中部以上。花橙黄色，极香，花被片 15～20 片，倒披针形，长 3～4 cm，宽 4～5 mm（图 33-19）。

图 33-19　黄兰和白兰

黄兰：1. 花枝　2. 聚合果　3. 叶下面　4～6. 三轮花被片　7. 雄蕊

白兰：8. 花枝　9. 叶下面　10～12. 三轮花被片　13. 雄蕊　14. 雌蕊群　15. 心皮纵剖

（引自《中国树木志·第一卷》）

原产印度东部半山区，向东到缅甸至我国西藏东南部、云南南部及西南部，年降水量2 000～3 000 mm 的热带、亚热带气候区。我国福建、台湾、广东、海南、广西有引种栽培。

（三）含笑

学名 *Michelia figo*（Lour.）Spreng.，别名含笑梅、香蕉花。

灌木或小乔木，高 2～5 m，芽、嫩枝、叶柄、花梗均密被黄褐色茸毛。叶革质，狭椭圆形或倒卵状椭圆形，长 4～10 cm，宽 1.8～4.5 cm；叶柄长 2～4 mm。花蕾椭圆形，长 2 cm，花具甜浓的芳香，花被片 6，肉质，较肥厚，长椭圆形，长 1～2 cm，宽 0.5～1 cm，淡黄色而边缘有时红色或紫色。

分布于广东北部和中部、广西中东部、贵州东南部、江西西南部、湖南南部，生于海拔 300～900 m 山谷地带杂木林中。现各地广泛栽植，北方需温室越冬。

（四）云南含笑

学名 *Michelia yunnanensis* Franch. ex Finet et Gagnep.，别名皮袋香。

灌木，高可至 4 m；芽、嫩枝、嫩叶上面及叶柄、花梗密被深红色平伏毛。叶革质、倒卵形至狭倒卵状椭圆形，长 4～10 cm，宽 1.5～3.5 cm。花白色，极芳香，花被片 6～12 或更多，倒卵形，长 3～3.5 cm，宽 1～1.5 cm。

产云南中部和南部、贵州西部，生于海拔 1 100～2 800 m 山地。在华东地区引种生长正常或偶有冻害。花极芳香，可提取浸膏，供香料用，商品名为皮袋香油、皮袋浸膏。叶有香气，含芳香油 0.28%，当地群众采叶晒干磨粉做香面。

（五）醉香含笑

学名 *Michelia macclurei* Dandy，别名火力楠。

乔木，芽、嫩枝、叶柄、托叶及花梗均被平伏红褐色短茸毛。叶厚革质，倒卵形、椭圆状倒卵形或长圆状椭圆形，长 7～14 cm，宽 3～7 cm。花单生或 2～3 朵聚生，花梗长 1～1.3 cm；花被片白色，9（12）片，匙状倒卵形或倒披针形，长 3～5 cm。

产于广东东南部和南部、海南、广西东部、贵州东南部、福建西南部，越南北部也有分布。生于海拔 200～600 m 丘陵地带，以山坡下部、谷地及溪旁较多。已作为绿化树种、用材树种和防火林带树种栽培。

（六）乐昌含笑

学名 *Michelia chapensis* Dandy，别名南方含笑、广东含笑。

乔木，小枝无毛。叶薄革质，倒卵形、狭倒卵形或长圆状倒卵形，长 6.5～16 cm，宽 3.5～7 cm；叶柄长 1.5～2.5 cm，无托叶痕。花被片淡黄色，稍肉质，6 片，2 轮，外轮倒卵状椭圆形，长约 3 cm，宽约 1.5 cm。

产江西南部、湖南西部及南部、广东西部及北部、广西东部、贵州东部，生于海拔300～1 500 m 山谷山坡中下部、沟旁常绿阔叶林中，在华东地区引种栽培表现良好。

（七）紫花含笑

学名 *Michelia crassipes* Law。

小乔木或灌木，高 2～5 m；芽、嫩枝、叶柄、花梗均密被红褐色或黄褐色长茸毛。叶革质，狭长圆形、倒卵形或狭倒卵形，长 7～13 cm，宽 2.5～4 cm；叶柄长 2～4 mm，托叶痕达叶柄顶端。花被片 6，紫红色或深紫色，长椭圆形，长 1.8～2 cm，宽 6～8 mm。

产于广东北部、湖南南部、广西东北部及贵州南部，生于海拔 300～1 000 m 的山谷地带山坡密林中，在华东地区多有引种。

（八）黄心夜合

学名 *Michelia martinii*（Levl.）Levl.，别名光叶黄心树、长叶白兰花。

乔木，小枝无毛，芽密被灰黄色或红褐色直立长毛。叶革质，倒披针形或狭倒卵状椭圆形，长 12～18 cm，宽 3～5 cm；叶柄长 1.5～2 cm，无托叶痕。花梗密被黄褐色茸毛；花淡黄色、芳香，花被片 6～8 片，外轮倒卵状长圆形，长 4～4.5 cm，宽 2～2.4 cm，内轮倒披针形，宽 1～1.5 cm。

产于湖北西部、湖南西部、四川中部和南部、贵州、广西西北部、云南东部，生于海拔 500～2 000 m 的山坡及沟谷两旁常绿落叶阔叶林中。华东地区引种为庭院观赏树种。

（九）川含笑

学名 *Michelia szechuanica* Dandy。

乔木，幼枝被红褐色平伏柔毛。叶革质，狭倒卵形，长 9～15 cm，宽 3～6 cm；叶柄长 1.5～3 cm，初被红褐色毛，后无毛，托叶痕短。花梗及花蕾密被红褐色柔毛，花被片 9，狭倒卵形，长 2～2.5 cm，带黄色。

产湖北西部、四川南部及东南部、重庆、贵州北部、云南东北部，生于海拔 800～1 500 m 山谷山坡中下部常绿阔叶林中。华东地区低山红黄壤立地引种生长良好。

（十）阔瓣含笑

学名 *Michelia platypetala* Hand. - Mazz.，别名阔瓣白兰花、云山白兰花、广东香子。

乔木，嫩枝、芽、嫩叶均被红褐色绢毛。叶薄革质，长圆形、椭圆状长圆形，长 9～20 cm，宽 4～7 cm；叶柄长 1～3 cm，无托叶痕，被红褐色平伏毛。花梗长 0.5～2 cm，被平伏毛；花被片 9，白色，外轮倒卵状椭圆形或椭圆形，长 5～7 cm，宽 2～2.5 cm，内轮窄卵状披针形。

产湖北西部、湖南西部、广东东部、福建西部、广西东北部、贵州东部，生于海拔 200～1 500 m 山谷中。适应性较强，长江以南多地有引种，北至合肥、南京一带，少有冻害。

（十一）深山含笑

学名 *Michelia maudiae* Dunn，别名光叶白兰花、大花含笑。

乔木，各部无毛，芽、嫩枝、叶下面、苞片均被白粉。叶革质，长圆状椭圆形，长7～18 cm，宽 3.5～8.5 cm；叶柄长 1～3 cm，无托叶痕。花被片 9 片，纯白色，外轮倒卵形，长 5～7 cm，宽 3.5～4 cm，内两轮渐狭小，近匙形。

产浙江南部、安徽南部、福建、江西、湖南南部、广东、广西、贵州，生于海拔 300～1 500 m 山谷、山坡下部，浙江有栽培。抗寒性强，引种至长江沿线无冻害，早春繁花，生长速度中等。

（十二）金叶含笑

学名 *Michelia foveolata* Merr. ex Dandy，别名金叶白兰花、大兰树、广东白兰花、锈毛含笑。

乔木，芽、幼枝、叶柄、叶背、花梗密被红褐色短茸毛。叶厚革质，长圆状椭圆形，椭圆状卵形或宽披针形，长 17～23 cm，宽 6～11 cm；叶柄长 1.5～3 cm，无托叶痕。花被片 9～12 片，淡黄绿色，基部带紫色，外轮宽倒卵形，长 6～7 cm，中、内轮倒卵形，较狭小。

产于湖南南部、江西南部、福建西部、广东、海南、广西、贵州东南部、云南东南部，生于海拔 350～1 000（1800）m 山谷地带的山坡中下部。在江淮地带引种少有寒害。

（姜景民）

第十九节　木　　莲

木莲属（*Manglietia* Bl.）植物是一种兼具用材、园林观赏、生态和药用价值，又有工业开发用途的多功能树种。木莲属属木兰科（Magnoliaceae），40 余种，分布于亚洲热带、亚热带。我国 27 种，产于长江流域以南，为常绿阔叶林的主要树种。木莲属植物是全世界现存被子植物中较原始类群的孑遗植物，对研究木兰科植物的起源、古植物学和植物系统发生学具有重要的学术价值。

一、木莲属植物的利用价值和生产概况

（一）木莲属植物的利用价值

1. 用材价值　木莲属树种材质优良，如乳源木莲与木莲，边材淡黄色，心材多黄绿色，气干密度 0.43～0.49 g/cm³，体积干缩系数 0.40～0.57。木材纹理通直，结构细，有光泽，有香气，耐腐，木材为散孔材，是航空、航海、工业用胶合板、贴面板等工业用材，可做高级家具及乐器。海南木莲、灰木莲等也都是珍贵用材。

2. 园林用途　木莲属树种树干通直高大，树冠浑圆，枝叶并茂，绿荫如盖，典雅清秀，初夏花朵盛开，或白或红，秀丽动人。于草坪、庭园或名胜古迹处孤植、群植，能达到绿荫庇夏、寒冬如春的效果，广泛用于园林绿化工程。

3. 药用价值　木莲属植物的根、叶、花、果均为优等药材；木莲属植物种子含有丰

富的油脂和蛋白质，脂肪酸中又具有较高的亚油酸和亚麻酸含量，同时还含有人体必需的氨基酸和微量元素。乳源木连与木莲树皮与果实可入药，能治疗便秘、干咳及胃气痛。桂南木连的树皮可做厚朴的替代品。

4. 工业价值　木莲种子可开发营养丰富的食品，又可加工研制多种工业用油，有些木莲种的树皮、枝叶等可提取香油，制作香料。

5. 生态及其他用途　木莲属植物多为速生树种，树大根深，具有绿化环境、涵养水源、保持水土、调节气候、净化空气等多种生态功能。

（二）木莲属植物的分布与生产概况

木莲属30余种，分布于亚洲热带、亚热带。我国20余种，产于长江流域以南，为常绿阔叶林的组成树种。木莲属树种在我国开发利用较晚，1949年以后逐渐认识到其重要价值，在木莲属植物分类、地理分布、采种育苗技术等方面开展了相关研究。主要木莲属植物的引种栽培和分布区见表33-4。

表33-4　木莲属植物的分布区和引种栽培区

中文名	拉丁名	分布区	引种栽培区
大果木莲	*M. grandis* Hu et Cheng	云南东南部海拔1 200 m左右山谷密林	
巴东木莲	*M. patungensis* Hu	湖北西部、四川南部	浙江富阳等
川滇木莲	*M. duclouxii* Finet et Gagnep.	四川东南部、云南东南部	
中缅木莲	*M. hookeri* Cubitt. et Smith	云南西南部、贵州	
粗梗木莲	*M. crassipes* Law	广西东南部大瑶山	
厚叶木莲	*M. pachyphylla* Chang	广东阳春、从化等地	
大叶木莲	*M. megaphylla* Hu et Cheng	云南东南部、广西西南部	昆明、广东等
毛桃木莲	*M. moto* Dandy	湖南南部、广西西部、广东	合肥、上海、昆明等
广东木莲	*M. kwangtungensis* Dandy	广西大苗山，广东乳源五指山、英德龙头山	
桂南木莲	*M. chingii* Dandy	广西西北、西南及中部，广东东部、北部	长江以南多地
木莲	*M. fordiana* Oliv.	安徽、浙江、江西、福建、广东、广西、云南、贵州	长江以南多地
海南木莲	*M. hainanensis* Dandy	海南的定安、琼中、陵水、保亭、三亚、乐东、东方	海南、广州、南宁等
滇桂木莲	*M. forrestii* W. W. Smith ex Dandy	云南西部及南部、广西西南部	
四川木莲	*M. szechuanica* Hu	云南北部、四川南部及中部	
红花木莲	*M. insignis*（Wall.）Blume	西藏东南、云南南部、广西、贵州南部、湖南西南	南方多地
灰木莲	*M. glauca* Blume	原产印度尼西亚，我国广东、广西南部及海南等地栽培	广西列为推广树种
香木莲	*M. aromatica* Dandy	云南东南部、广西西南部	广州等地
华木莲	*M. decidua* Q. Y. Zheng	云南东南部、广西西南部	广州等地

二、木莲属植物的形态特征和生物学特性

常绿乔木，叶革质，托叶包被幼芽，下部一侧贴生于叶柄，脱落后在小枝及叶柄内侧均留有托叶痕。花两性，单生枝顶；花被片通常 9，排成 3 轮，稀为 6 轮或 13 轮，排成 2 轮至数轮，大小近相等；雄蕊多数，花药条形，内向纵裂，药隔延伸成短或长的尖头；雌蕊群无柄，心皮多数，螺旋状排列，分离，每心皮具胚珠 4 或更多。聚合果紧密，卵形或长椭圆状卵形；蓇葖木质，宿存，沿背缝及腹缝 2 瓣裂，或腹缝开裂，通常顶端具喙。种子 1 粒至多粒。

木莲幼年耐阴，成长后喜光。喜温暖湿润气候及深厚肥沃的酸性土。在干旱炎热之地生长不良。根系发达，但侧根少，初期生长较缓慢，3 年后生长较快。有一定的耐寒性，在绝对低温 $-7.6 \sim -6.8\,℃$ 下，顶部略有枯萎现象。不耐酷暑。

木莲适宜在海拔 800 m 以下山坡中下部或山谷，土层较深厚、疏松、湿润、肥沃的土壤种植和生长，不宜在山脊、山顶、土壤瘠薄或强风地方种植。

三、木莲属植物的起源、分类和演化

（一）木莲属植物的起源

木莲属植物是木兰科中比较原始的类群，也是亚洲东南部的特有属。本属全世界约 40 种，分布于亚洲热带和亚热带地区。其中，中国种类最为丰富，有 27 种，占世界种类数的 67.5%，主产于长江流域以南，是木莲属植物的现代分布中心。木莲属植物作为木兰科中比较原始的类群，是探索木兰科起源、演化和建立木兰科自然系统不可缺少的关键类群。

（二）木莲属植物的亲缘关系

肖黎等（2011）利用 ISSR 标记分析技术探讨了 22 种木莲属植物的遗传亲缘关系。22 种木莲属植物的遗传相似性系数说明木莲属植物种间差异性大，其中中缅木莲、滇南木莲两者亲缘关系最近，该结果同时支持将巴东木莲、乳源木莲、滇桂木莲分别作为独立的种。

（三）木莲属植物遗传多样性与种质资源

目前关于木莲属植物的种内遗传多样性和种质资源研究较少，大都属于天然群体以及个别古树的研究与保护。乳源木莲是木莲属分布较广的种，李因刚等（2008）对乳源木莲遗传多样性与遗传分化研究表明，该种遗传多样性较高，多态性位点百分率达 86.11%。11 个种源总的遗传变异中 25.58% 存在于地理种源间，74.42% 存在于地理种源内，地理种源间遗传分化明显。华木莲是在江西宜春和湖南永顺发现的一种珍稀植物，熊敏（2011）的研究结果表明华木莲居群的遗传多样性水平偏低，居群间具有高度的遗传分化，遗传分化系数 $F_{st}=0.425$，遗传分化主要存在于湖南和江西两地区间（30.29%），因此江西宜春和湖南永顺属于两个隔离的群体种质。魏小玲等（2013）对海南木莲遗传多样性的 ISSR 及亲缘关系的研究认为，在 4 个种群间产生了较高的遗传分化，海南乐东与海南陵水遗传距离远，而湖南长沙与湖南新宁遗传距离近。红花木莲是公认的观赏与用材的好树

种。湖北王罗荣等（2008）发现 1 株每朵花 9 个花瓣内外侧全鲜红的红花木莲优良单株，对 4 年生苗木叶形、花瓣形态进行分类，初步提出优良类型选育标准与繁育方法。近年来，在云南永平发现的一个较大的木莲群体，春天争放盛开的木莲花非常美观，因而又叫木莲花山。木莲在黄山风景区，至今仍保留不少古树，大多已数百年高龄，是黄山古树名木的主要组成部分。黄山北大门松谷庵的一株古木莲，高 13.9 m，胸围 2.2 m，冠幅 12 m×9.2 m，荫地 100 多 m²，树龄 400 余年。在湖北利川毛坝区新华乡发现的一棵木莲巨树，树高 18 m，胸径 1.54 m，冠幅 15 m，树龄 300 多年。这些木莲古树，属于珍贵的种质资源。

四、木莲属植物近缘种的特征特性

（一）大果木莲

学名 *Manglietia grandis* Hu et Cheng。

1. 形态特征 常绿乔木，高 10～20 m；新枝绿色，小枝粗壮，淡灰色。叶革质，椭圆状长圆形或倒卵状长圆形，长 20～35 cm，宽 10～13 cm；叶柄长 2.6～5.5 cm；托叶痕约为叶柄长的 1/4。花被片 9～11，外轮 3，淡红色，倒卵状椭圆形，长 6～11 cm，中轮的上部 2/3 紫红色，倒卵状椭圆形，长 8～11 cm，内轮 3（4），上部 2/3 淡红色，间有深红色线纹，倒卵状匙形，长 7.5～10 cm；雄蕊药室内向裂，药隔及花丝红色；雌蕊群卵圆形。聚合果长圆状卵圆形或长椭圆形，长 16～20 cm，直径 8～10 cm，蓇葖果成熟时鲜红色和红褐色，沿背缝及腹缝开裂，顶端具喙（图 33-20）。

2. 生物学特性 大果木莲生长在北热带季雨林或沟谷雨林中。气候湿热多雨，干季多雾，空气湿度大（林内湿度可达 90％以上），年平均温度 19～22 ℃，年降水量 1 000～1 600 mm。土壤为不同类型的石灰岩土或山地黄壤，

图 33-20 大果木莲
1. 叶 2. 聚合果
（引自《中国树木志·第一卷》）

pH 6.5～7.5，有机质含量约 15％，枯枝落叶层和腐殖质层厚 10～20 cm 及以上。大果木莲常星散生于由木兰科、樟科、山毛榉科、山茶科植物组成的混交林内。大果木莲为阳性树种，多生于向阳东南坡的沟谷或山腰中部。因林地潮湿、种子难以发芽，林中几无幼苗、幼树。花期 5 月下旬至 6 月中旬，果期 10～11 月。

分布范围极窄，仅见于云南东南部金平、麻栗坡、马关、西畴及广西西南部靖西、那坡等地的局部地区。生于海拔 800～1 500 m 的山地峡谷。

3. 利用价值 木材结构细致，耐腐，供建筑及家具用材。

（二）巴东木莲

学名 *Manglietia patungensis* Hu。

1. 形态特征 常绿乔木，高 15～25 m，胸径 120 cm；树皮淡灰褐色；小枝灰褐色，无毛。叶互生，革质，倒卵状椭圆形或倒卵状倒披针形，长 7～20 cm，宽 3.5～7 cm；叶柄长 1.5～3 cm。花单生枝顶，白色，芳香；花被片 9，外轮窄长圆形，长 4.5～5 cm，宽 1.5～2 cm，中轮及内轮倒卵形，长 4.5～5.5 cm，宽 2～3 cm；雄蕊长 5～8（10）mm，花药紫红色，药隔伸出；雌蕊群窄卵圆形，雌蕊约 55 枚，每心皮有胚珠 4～6（稀 6～8 或 1～3）。聚合果圆柱状椭圆形，长 5～9 cm；成熟时淡紫红色，背缝开裂。

2. 生物学特性 巴东木莲分布区气候较温暖、湿润，年平均温度约 13 ℃，极端最低温度－7 ℃，极端最高温度 35.4 ℃，年降水量 1 256 mm，多集中在春夏季，相对湿度约 80%。本种耐阴，喜温暖湿润的气候和肥沃、排水良好的土壤。在湖北西南部，主要生长于石灰岩山地中下部土层深厚之处。萌发力极强，生长较快。花期 5～6 月，果熟期 10 月。

星散分布于湖北、湖南及四川的局限地区，因森林破坏严重，在分布的林中株数很少，已处于濒危灭绝的境地。目前仅分布于湖北神农架林区、巴东思阳桥及西南部利川毛坝，湖南西北部张家界（桑植天平山）和重庆南川金佛山等地，生于海拔 700～1 000 m 的常绿阔叶林中。

3. 利用价值 巴东木莲是木莲属分布最北的种类，对研究该属的分类与分布有科学意义。巴东木莲为中国特有珍贵造林树种，生长较快，树干通直，材质轻，易加工，可做建筑、家具等用材。其树形优美，枝叶繁茂，花大，美丽芳香，可做产区的园林绿化树种。

（三）大叶木莲

学名 *Manglietia megaphylla* Hu et Cheng。

1. 形态特征 常绿大乔木，高 30～40 m，胸径 1 m；小枝、叶背、叶柄、托叶、果柄、佛焰苞等都密被黄褐色长茸毛。叶革质，集生于枝端，倒卵形至倒卵状长圆形，长 25～50 cm，宽 10～20 cm；叶柄长 2～3 cm；托叶痕为叶柄长的 1/3～1/2。花芳香，花梗粗壮，紧靠花被下具一厚约 3 mm 的佛焰苞；花被片 9～12，肉质，外轮淡绿色，倒卵状长圆形，长 5～6.5 cm，中、内轮白色，较狭小。聚合果熟时鲜红色，卵球形或长圆状卵圆形，长 6.5～11 cm；蓇葖沿背缝及腹缝开裂。

2. 生物学特性 大叶木莲分布于南亚热带及中亚热带南部气候区。分布区年均气温 16.8～19 ℃，绝对最低温度－5.9～1.9 ℃，年降水量 1 000～1 600 mm，相对湿度 77%～85%。常与大果木莲、香木莲、亮叶含笑等混生。大叶木莲为半阴性树种，喜生于较阴湿的沟谷两旁，或山沟下部较低洼处。土壤为山地黄壤或黄棕壤，pH 4.5～5.7，腐殖质层厚 10～20 cm，有机质高达 20% 左右。少见于干燥山坡土壤瘦瘠处。

大叶木莲分布范围窄，仅产云南东南部西畴草果山、麻栗坡老君山及广西西南部靖西、那坡等地。生于海拔 450～1 500 m 的南亚热带常绿阔叶林中。

3. 利用价值 木材纹理细致，材质轻软，加工容易，耐久，供建筑、高级家具、美术工艺、胶合板等用材。叶片大而茂密，是优良的园林绿化树种。其叶得油率为 0.22%～0.23%，可用于化妆品和皂用香精。

（四）木莲

学名 *Manglietia fordiana* Oliv.。

1. 形态特征 木莲为常绿乔木，高达 20 m。干通直，树皮灰色，平滑。小枝灰褐色，有皮孔和环状纹。叶革质，长椭圆状披针形，叶端短尖，通常钝，基部楔形，稍下延，叶全缘，叶面绿色有光泽，叶背灰绿色有白粉，叶柄红褐色。花白色，单生于枝顶。聚合果卵形，蓇葖肉质、深红色，成熟后木质、紫色，表面有疣点。花期 3～4 月，果熟期 9～10 月（图 33-21）。

2. 生物学特性 木莲幼年耐阴，成长后喜光。喜温暖湿润气候及深厚肥沃的酸性土，在干旱炎热之地生长不良。根系发达，但侧根少，初期生长较缓慢，3 年后生长较快。有一定的耐寒性，在绝对低温 −7.6～−6.8 ℃下，顶部略有枯萎现象。不耐酷暑。

木莲分布在长江以南多数省份，两广以及滇东南垂直分布海拔 400～2 100 m。分布区年均温

图 33-21 木莲
1. 花枝 2～4. 三轮花被片 5. 雄蕊
6. 雌蕊群 7. 聚合果
（引自《中国树木志·第一卷》）

13～19 ℃，年降水量 1 300～2 200 mm，相对湿度 77%～84%。生长于山谷和山坡下部水肥条件较好的环境，常与深山含笑、樟科多种楠木、罗浮栲等伴生，组成乔木层树种。

3. 利用价值 木莲材质优良，强度中等，边材淡黄色，干后不易翘裂，心材耐腐，抗白蚁和虫蛀，材质优良，供家具、建筑、细木工板及乐器等用。广西民间用其树皮做厚朴的代用品，俗称山厚朴或假厚朴，主治便秘和干咳。树冠浓密，花果艳丽，为优美绿化树种。

（李　斌　安元强）

第二十节　七　叶　树

七叶树（*Aesculus chinensis* Bunge）为七叶树科（Hippocastanaceae）七叶树属（*Aesculus* Linn.）高大落叶乔木。七叶树树形优美，花大秀丽，果形奇特，是观叶、观花、观果不可多得的树种，为世界著名的观赏树种之一。七叶树是优良的行道树及庭园观赏树，在我国黄河流域及东部各省份均可栽培。

一、七叶树的利用价值和生产概况

（一）七叶树的利用价值

1. 绿化观赏价值 七叶树树干挺拔通直，树姿开阔壮丽，叶片浓绿大而形美，发叶

早，落叶迟，幼叶鲜红或红色，夏季绿色，秋季红色；花序白色硕大，具有较高的观赏价值，被列为世界五大著名观赏树种之一，又与悬铃木、榆树、椴树并称为世界四大优美行道树，在城市绿化中宜做庭荫树及行道树（魏远新，2007）。

2. 食用和药用价值 七叶树的种子含油量约 31.8%、含淀粉约 36%，并含粗蛋白、粗纤维等成分，脱涩后可制饼食用；嫩叶可食用或制茶；果实或种子称为"娑罗子"，是一种常用中药，其性味甘温，有宽中理气、止痛、杀虫之功效，通常用于治疗胃寒腹胀、小儿疳积、蛔虫、腹痛、心绞痛、胸腔胀痛、痢疾等症。内服七叶树种子的干燥粉末，可治肩肌僵硬、跌伤、风湿痛；树皮煎液敷患处，可治粉刺、汗疮；叶煎服可治百日咳，生叶揉搓敷患处，可治刀伤和虫蜇；此外，七叶树也可用于制造化妆品，延缓皮肤衰老（魏远新，2007；李汉友，2010）。

3. 用材与工业利用价值 七叶树材质细致、木质结构细密良好、轻软、白色、微黄、干缩系数小，易加工，可供建筑、细木家具和雕刻工艺品、造纸等用。七叶树种子含淀粉，可用种子榨油，作为制造肥料的原料；叶含单宁，可做黑色颜料；花可做黄色染料（魏远新，2007；张辰露，2009）。

4. 环保价值 七叶树叶片浓绿肥大，树冠华丽如盖，可以遮挡烈日的暴晒，并具有较强的滞尘、隔音、吸收有害气体的能力；七叶树根系发达、粗壮，属于深根性树种，种植于梯田地埂、沟渠路旁可以起到良好的防护效益，能够减少水土流失，富集土壤养分，改良土壤结构，促进土壤养分。由高大挺拔的七叶树辅以其他树种组成的护路林带，可以有效抵抗雨水风沙等自然灾害（魏远新，2007）。

（二）七叶树的分布与生产概况

七叶树属树种主要分布在亚洲、欧洲和美洲，有 30 余种，原产我国的有 10 余种，以西南亚热带地区为分布中心，北达黄河流域的陕西、甘肃、河北、河南，东至江苏、浙江，南到云南、广西及广东北部，分布在东经 103°11′～120°12′、北纬 21°32′～39°55′，海拔 50～1 776 m，适宜温暖气候及深厚、肥沃、湿润而排水良好的土壤（石召华，2013）。

七叶树原产于河北南部、河南北部、陕西南部，以黄河流域一带分布较多，各地多为栽培。野生七叶树主要分布在陕西的秦岭深山区内，散生于海拔 500～1 500 m 的山谷林中；河南伏牛山南坡的西峡烟镇自然保护区有成片的七叶树天然林呈条状分布于沟谷两侧，树龄多在 30 年上下。

七叶树在寺庙多有种植：河南济源虎岭关帝庙，树高 17.0 m，胸围 4.6 m，冠幅 13.5 m，系初唐时所栽，迄今已有 1 300 多年；扬州大明寺内的 1 株七叶树高达 23.0 m，胸围 2.9 m，冠幅达 24.6 m；杭州灵隐寺紫竹林内有 2 株七叶树，15 m 高，3 人方可合抱，至今已有 600 多年的历史；山西阳城润城镇东山村马沟自然庄陈阁老花园有 1 株七叶树，高约 17 m，胸径 1.3 m，据说此树是明代万历年间宰相陈阁老所栽；北京的潭柘寺有七叶树古树，卧佛寺、碧云寺也都有七叶树栽植（刘争，2012）。

二、七叶树的形态特征和生物学特性

（一）形态特征

七叶树树干通直，树冠开阔，呈圆球形，姿态雄伟，是高大的落叶乔木，高可达 25 m。

树皮灰褐色，片状剥落。小枝光滑、交互对生。叶对生，掌状复叶，小叶 3～9 枚（通常 5～7 枚）。花小，白色，花杂性同株，两侧对称，圆锥聚伞花序顶生，长 30～45 cm；花萼钟状或管状，4～5 浅裂或全裂。花瓣 4～5，大小不等，白色。雄蕊 5～9 枚，分离，花丝直立或弯曲，长短不等，花药纵裂。蒴果 3 裂，圆球形，直径 3～4 cm，顶端平，褐黄色，皮孔凸起；种子 1～2 粒，较大，扁球形，形如板栗。七叶树的叶在 4 月中旬抽出，花 5～6 月开放，近球形果实密生疣点，串状倒垂，每年 9～10 月成熟（图 33 - 22）（孟华菊，2011）。

图 33 - 22　七叶树

1. 花枝　2. 两性花　3. 雄花　4. 果　5. 果纵剖示种子

（引自《中国树木志·第四卷》）

（二）生物学特性

七叶树为中等喜光树种，喜冬季温和、夏季凉爽湿润气候，较耐寒、耐阴，怕烈日照射，能耐夏季 30 ℃高温、冬季－10 ℃低温，在生长期间，20～25 ℃下生长良好，在年平均气温 10 ℃以上、年降水量 500 mm 以上地区适于栽培。平原引种在树冠未扩展以前，西向树皮常受日灼而裂，在庭园中应配植在建筑物东北面和林丛之间。七叶树为深根性树种，萌芽性不强，寿命长。宜在土层深厚、肥沃、通气排水良好的酸性和中性土壤中生长，适生能力较弱，略耐水湿，在瘠薄及积水地上生长不良（魏远新，2007）。

七叶树在条件适宜地区生长较快，但幼龄植株生长缓慢，一般 4～6 年生播种苗高 3 m 左右。6～8 年后生长加速，25～30 年后生长缓慢，部分植株出现枯梢。七叶树一般 3 月底萌芽，4 月上中旬大量抽梢展叶，5 月上旬始花，中旬盛花，花期持续到 5 月底，9 月开始结果，10 月上中旬果实成熟，10 月下旬至 11 月上旬开始落叶。每年树高生长高峰出现 2 次，春季树高生长明显大于秋季树高生长。其种子属顽拗型种子，不耐失水和低温，自然风干 10 d 就会因失水而丧失发芽力，种子结实大小年明显。成龄树坐果率低，种子易丧失发芽力（张辰露，2009；孟华菊，2011）。

三、七叶树遗传变异与种质资源

费学谦等（2005）利用 RAPD 分子标记研究发现，七叶树属种和种群间遗传分化巨大，种和种群间的遗传变异高达 42.21%，而种群内的遗传变异仅占 57.79%，远低于其他广布性和呈片段化分布的树种。在国产七叶树中，以陕西勉县七叶树种群和湖南新宁天师栗（*A. wilsonii*）种群的基因多样性最高，达 0.261 3；甘肃康县七叶树种群和四川旺苍天师栗种群的基因多样性最低，分别为 0.189 和 0.196。研究还发现，除红花七叶树

（*A. pavia*）外，北美产的其他七叶树的基因多样性远低于国产七叶树，其中以欧洲七叶树（*A. hippocastanum*）的基因多样性最小，仅为 0.124。聚类结果可将天师栗分为中南部种群和北部种群两组，其北部种群与中华七叶树和浙江七叶树遗传距离较近。北美七叶树中红花七叶树与天师栗的中南部种群亲缘关系较近，欧洲七叶树、黄花七叶树（*A. octandra*）和光叶七叶树（*A. glabra*）相互之间以及与 3 种国产七叶树间的亲缘关系较远。

七叶树种质资源主要有红花七叶树与欧洲七叶树的系列杂交品种，包括'重瓣'红花七叶树（钱又宇，2008）。

七叶树杂交种（*Aesculus* × *carnea*）是红花七叶树（*A. pavia*）与欧洲七叶树（*A. hippocastanum*）的杂交系列，其品种比母本抗病虫害强，且花色、树形更具观赏性，故广泛用于园林绿化。落叶乔木，10～15 m，圆形或塔形树冠。掌状复叶，小叶 5～7 枚，长 95～20 cm。圆锥花序长 25 cm，深红色，5 月开放。果近球形，直径 4～5 cm，绿色，上有多数褐色斑点，具微刺。生长速度慢，枝叶紧密，枝条粗壮。喜阳，以湿润、排水性良好的酸性土为宜，亦适微碱性土质。抗风、抗干旱，耐盐碱程度中等。耐热性、抗病虫害强，夏季叶子不易枯焦。树形美观，特别是开花期，适于城市绿化，可做行道树，也可用于花园、住宅区和公共场所绿化或种植槽种植。

杂种品种：'重瓣'红花七叶树（*Aesculus* × *carnea* 'Neill Red'）为七叶树杂交品种，花序 25～30.5 cm；'粉红'红花七叶树（*Aesculus* × *carnea* 'Fort McNair'），花粉红，颈部具黄斑，花序 15～20 cm；'宝石'红花七叶树（*Aesculus* × *carnea* 'Brioti'）。

四、七叶树野生近缘种及品种资源

（一）天师栗

学名 *Aesculus wilsonii* Rehd. 。

落叶乔木，高达 20 m，复叶长 10～15 cm，小叶柄长 1.5～2.5 cm，小叶基部近圆形或心形，背面幼时密生柔毛，花序较粗大，蒴果顶部具短尖头，产河南、湖北、湖南、江西、广东、四川、贵州和云南；生于海拔 700～1 800 m 阔叶林中。天师栗可做行道树和观赏树。木材细密，供制器具等用。种子入药（钱又宇，2008）。

（二）日本七叶树

学名 *Aesculus turbinata* Bl. 。

落叶乔木，高达 30 m，胸径 2 m，小叶无柄，花白色带红斑，呈尖塔形，果呈洋梨状，蒴果阔倒卵形，有疣状凸起，原产日本，上海、南京、青岛有引种（钱又宇，2008）。

（三）红花七叶树

学名 *Aesculus pavia* L. 。

落叶小乔木或大灌木，高 4～6 m，宽度大于或等于高度，圆形或开放形树冠。树干褐色，鳞片状开裂。顶芽成对，黄褐色。掌状复叶对生，小叶 5～7 枚，长 10～20 cm，倒卵形或窄椭圆形，叶缘具重锯齿，叶柄长 5～12.5 cm，花期 4～5 月。植株个体多红花，有时花色不同，甚至开黄色花。果圆形，光滑，直径 4~6 cm，9~10 月成熟，种子 1~3 枚。生长速度中等，喜半阴环境或排水良好的酸性沙质土壤。耐寒极限－32 ℃，种子繁殖。

红花七叶树，树体较小，花艳丽，适用于小型住宅区和庭院绿化，也可做行道树。品种少，有开深红色花的'Atrisabgyubea'；有花序短，匍匐状小灌木'Humilis'。北美红花七叶树作为杂交亲本，它的杂交后代具有良好的观赏性（钱又宇，2008）。

（四）光叶七叶树

学名 *Aesculus glabra* Willd.。

落叶乔木，高 6~12 m，圆形树冠，树皮灰色，皱裂、小块裂或鳞片状裂。小枝粗壮，枝、叶搓碎后有臭味。顶芽比侧芽大，有褐色鳞片包裹。直根发达。掌状复叶对生，5 小叶，也有 7 小叶，小叶椭圆形或卵形，长 7.5~15 cm，宽 2.5~5.5 cm，具细锯齿，叶柄长 7.5~15 cm。圆锥花序顶生，长 10~17.5 cm，花萼橙色，花瓣黄绿色，花期 4~5 月。蒴果倒宽卵形，长 2.5~5 cm，散生小刺，10 月成熟，种子有毒。

生长速度中等，稍喜阳及冷凉环境，宜深厚、湿润、排水良好的微酸性土壤。夏季炎热时叶常出现枯斑或枯萎现象。耐寒极限－32 ℃。种子繁殖。

原产美国。秋季叶黄色，有时呈亮黄色、棕红色或橘红色。可作为地形高处或水体旁遮阴树，也可用于造林（钱又宇，2008）。

（五）欧洲七叶树

学名 *Aesculus hippocastanum* L.。

落叶乔木，高 15~30 m，圆形树冠。掌状复叶，对生，小叶 7，少见 5，羽状叶脉明显。花瓣 5，白色，底部有色斑，圆锥花序顶生，长 13~30 cm，5 月开放。蒴果圆形，直径 5~8 cm，浅绿色，表面覆盖刺，10 月成熟，含种子 1~2 枚，种脐白色。

生长速度中等，喜阳，对土壤适应性强，以疏松、湿润、排水良好的壤土为宜。易发生叶枯病、叶斑病和粉虱危害，果、叶有毒。属温带地区树种，避免种植在热、干处。播种繁殖，品种采用嫁接。耐寒极限－34 ℃。

树体雄伟，树冠宽阔，花大美丽。可做公园、校园、绿地、高尔夫球场和大型公共场所遮阴树。果有刺，不适宜小型住宅绿化。

原产希腊、阿尔巴尼亚，有黄叶、花叶及塔形等不同品种，在北美被广泛应用的品种只有堡曼（Baumannii），它是以发现者的名字命名的。堡曼树体高大，卵形树冠，开花晚，花重瓣，不结实（钱又宇，2008）。

（王旭军　夏合新）

第二十一节　石　　楠

石楠（*Photinia serrulata* Lindl.）为蔷薇科（Rosaceae）石楠属（*Photinia* Lindl.）植物。石楠又称千年红，常绿小乔木，是著名的庭院绿化树种。

一、石楠的利用价值与生产概况

（一）石楠的经济价值

1. 园林景观价值 石楠树形端庄，枝繁叶茂，树冠圆整，叶大深绿而具有光泽，叶片终年常绿，初春嫩叶紫红，春末白花点点，极富观赏价值，是著名的庭院绿化树种。石楠对二氧化硫、氯气有较强的抗性，具有隔音功能，适用于街道、厂矿绿化。特别是红叶石楠在欧美被誉为"红叶绿篱之王"，在市场上很受欢迎（芦建国等，2007）。

2. 木材利用价值 木材质地坚硬、纹理致密、花纹美观。心、边材区别略明显，心材浅红褐色或深红褐色，边材黄褐色。抗冲耐磨，颇耐腐，抗虫性略强。切削容易，切面光滑；油漆后光亮性好，胶黏容易。木材气干密度 $0.88\sim0.98\ g/cm^3$，适合做家具、木雕、细木工板及工艺品材（傅立国，2003）。

3. 药用价值 石楠所含的熊果酸有明显的安定和降温作用，并有镇痛、消炎及抗癌作用，对革兰阳性菌、阴性菌和酵母菌有抑制作用。石楠根、茎、叶有祛风、解毒、通络、益肾作用，可用于治疗风湿痹痛、腰背酸痛、足膝无力、偏头痛（傅立国，2003）。

（二）石楠的地理分布

石楠广泛分布于秦岭淮河以南大部分地区，以及河南省西南部等地，包括湖南、陕西、甘肃西南部、河南、江苏、安徽、浙江、江西、湖北、福建、台湾、广东、广西、四川、云南、贵州，生于海拔 2 500 m 以下的山坡、溪边，各地庭园常见栽培。日本、印度尼西亚、泰国也有分布。

二、石楠的形态特征和生物学特性

（一）形态特征

常绿乔木，高达 12 m，胸径 80 cm。小枝无毛；芽卵形，鳞片褐色，无毛；叶革质，长椭圆形、长倒卵形或倒卵状椭圆形，长 9～22 cm，宽 3～6.5 cm；花两性；复伞房花序顶生，直径 10～16 cm；总花梗和花梗无毛，花梗长 3～5 mm；花密生，直径 6～8 mm；花瓣白色，近圆形，直径 3～4 mm，内外两面皆无毛；雄蕊 20 枚，外轮较花瓣长，内轮较花瓣短，花药带紫色。果实球形，直径 4～6 mm，红色，后成褐紫色，有 1 粒种子；种子卵形，长 2 mm，棕色，平滑，千粒重 24 g 左右。花期 4～5 月，果期 9～10 月（图 33 - 23）。

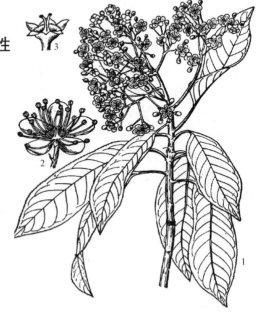

图 33 - 23　石楠
1. 花枝　2. 花　3. 雌蕊
（引自《中国树木志·第二卷》）

（二）生物学特性

石楠为亚热带树种，性喜光，亦能耐阴，喜温暖、湿润气候，较耐寒；山东等地区能越冬，能耐−18 ℃低温。喜欢肥沃、湿润、土壤深厚、排水良好的地方生长。也耐贫瘠，能在石缝中生长；不耐水湿；萌芽力强，耐修剪，易移植；对烟尘和有毒气体有一定的抗性。

三、石楠属植物分类

全世界有60余种，分布在亚洲东部及南部，中国石楠属植物有40余种，其中34种是特有种。石楠属有2组4系（表33-5）（祁承经，2000）。

组1. 常绿石楠组（Sect. *Photinia*）叶片革质，常绿；花常成复伞房花序，总花梗和花梗不具疣点。

系1. 齿叶系（Ser. *Serrulatae* Kuan）叶边有锯齿。

系2. 全缘系（Ser. *Integrifoliae* Kuan）叶边全缘或有波状浅齿，极稀有显明锯齿。

组2. 落叶石楠组［Sect. *Pourthiaea*（Dcne.）Schneid.］叶片纸质，冬季凋落；花成伞形、伞房或复伞房花序，稀成聚伞花序；总花梗和花梗在果期常具明显疣点。

系1. 多花系（Ser. *Multiflorae* Kuan）花序具多数花，通常在10朵以上，伞房状或复伞房状。

系2. 少花系（Ser. *Pauciflorae* Kuan）花序具少数花，通常6～10朵，伞形、伞房状或聚伞状。

表33-5 石楠属组、系、种一览表

组	系	种
常绿石楠组	齿叶系	石楠、安龙石楠、锐齿石楠、中华石楠、椭圆叶石楠、闽粤石楠、小檗叶石楠、湖北石楠、短叶石楠、贵州石楠、厚齿石楠、临桂石楠、宜山石楠、厚叶石楠、椤木石楠、黔南石楠、福建石楠、光叶石楠、球花石楠、褐毛石楠
	全缘系	陷脉石楠、全缘石楠、广西石楠
落叶石楠组	多花系	绵毛石楠、倒卵叶石楠、罗城石楠、带叶石楠、台湾石楠、斜脉石楠
	少花系	小花石楠、小叶石楠、毛果石楠、罗汉松叶石楠、刺叶石楠、桃叶石楠、饶平石楠、攀缘石楠、绒毛石楠、石楠、窄叶石楠、福贡石楠、独山石楠、毛叶石楠

四、石楠种质资源

国外园林中常用的有红罗宾（*Photinia*×*fraseri* 'Red Robin'）、伯明翰（*Photinia*×*fraseri* 'Birmingham'）、强健（*Photinia*×*fraseri* 'Robusta'）、印度公主（*Photinia*×*fraseri* 'Indian Princess'）、肯塔基（*Photinia*×*fraseri* 'Kentucky'）、鲁宾斯（*Photinia*×*fraseri* 'Roberts'）、罗斯玛（*Photinia*×*fraseri* 'Rosea Marginata'）、砝勒（*Photinia*×*fraseri* 'Variegata'）等。目前国内应用较多的红叶石楠主要品种有红罗宾、红唇

（*Photinia* × *fraseri* 'Red Tip'）、强健、鲁宾斯，其中红罗宾的叶色鲜艳夺目，观赏性更佳（臧德奎，2007）。

（贺　庆　夏家骅）

第二十二节　杜　　鹃

杜鹃为杜鹃花科（Ericaceae）杜鹃属（*Rhododendron*）植物的统称，常绿或半常绿或落叶灌木。杜鹃被誉为"花中西施"，也是中国十大名花之一。"杜鹃"在古代原本是指广泛分布于长江流域的杜鹃（*Rhododendron simsii* Planch.），又名映山红，现被泛指杜鹃属植物。杜鹃属植物全球约有 1 000 种，广泛分布于欧洲、亚洲、北美洲，主产东亚和东南亚，2 种分布至北极地区，1 种产大洋洲，非洲和南美洲不产（方瑞征，1999）。我国约 650 种，其中 409 种为我国特有种，约占国产种总数的 71.6%（廖菊阳等，2010）。杜鹃具有重要的园林、绿化和药用价值。

一、杜鹃的利用价值和生产概况

（一）杜鹃的利用价值

1. 园林观赏和生态价值　杜鹃被列为"世界三大园艺植物"，朝鲜、尼泊尔和比利时将杜鹃花选为国花。杜鹃花繁叶茂，绮丽多姿，萌发力强，耐修剪，根桩奇特。杜鹃花不但可露地栽培于庭园，而且耐阴，是极好的林下花灌木；既可单株种植、丛植，也可成片种植；既可盆栽，也可地栽，更可以制作千姿百态的盆景。

此外，分布于高山的杜鹃花，通常植株矮小，枝条密集，根系发达，常丛生成密不可入的灌木林，既不怕雪压，又能耐极恶劣的高山气候，对保持高山土壤，防止冲刷和砾石滚落，特别是对由于高山风化作用强烈而形成的流石滩，具有很好的生态保护价值。

2. 药用价值　杜鹃的药用价值在《本草纲目》等医学古籍中均有记载。杜鹃花味酸、甘，性温，其药性较平和，具有安神去燥、和血、调经、祛风去湿之功效，适用于月经不调、闭经、崩漏、跌打损伤、风湿痛、吐血等。临床应用表明，杜鹃花、叶、根皆有止血的功用，又能止咳、祛痰、平喘，多用于急、慢性支气管炎，咳嗽痰多等呼吸道病症（周兰英，2008）。一般入药的杜鹃花都是粉红色，民间常用此花和猪蹄同煲，长期饮用有美白和祛斑之功效。黄杜鹃还是很好的麻醉剂，有镇痛、祛风、除湿的疗效，民间用它熏杀蚊虫，效果也不错。黄杜鹃有剧毒，植株和花内均含有毒素，误食后会引起中毒。白色杜鹃的花中含有四环二萜类毒素，中毒后引起呕吐、呼吸困难、四肢麻木等，均不可食用或药用。

杜鹃花在中国最早用于治疗疾病。早在南北朝，陶弘景就已实地验证了羊踯躅（*Rh. molle*）（即黄杜鹃）有剧毒，他在《本草经集注》中就记述了"羊食其叶，踯躅而死"（冯国楣，1988；江泽慧等，2008）。而明代药学家李时珍在《本草纲目》一书中，更详细地记述了黄杜鹃的异名、药用等（冯国楣，1988；江泽慧等，2008），今录如下："羊蹜躅，黄杜鹃，羊不食草，闹羊花，惊羊花，老虎花，玉枝。主治贼风在皮肤中淫淫痛、温疟、恶毒诸痹、邪气鬼疰、蛊毒。此物有大毒，曾有人以其根入酒饮，遂至于毙也。和剂局方治中风瘫痪，伏虎丹中亦用之。不多服耳。附方：治风疾注痛，痛风走注，风湿痹痛，风虫牙痛……"据《国药的药理学》记载："羊踯躅含 hyosyamin 和 scopolamin，可作为散瞳药，对瞳孔有扩大作用。"据《中国药用植物图鉴》分析，羊踯躅含羊踯躅毒素（androom edotoxin，$C_{31}H_{50}O_{10}$）、司帕拉沙酚（sparasol，$C_{10}H_{12}O_2$）和日本羊踯躅毒素（rhodojaponin，$C_{18}H_{28}O_6$）等有毒成分，对人畜均有害，严禁内服。其花和果均入药，有镇疼、镇静之功效，多用于伤科作麻醉剂和浸药酒用。民间常采其叶或花冲烂敷患处，用以治疗皮炎、癣疮等症，有奇效。因全株有剧毒，亦做农药，如驱杀稻褐虱、螟虫、稻瘿蝇、蚜虫、卷叶虫等，均有触杀作用。又如满山红全株入药，有祛痰、平喘、止咳之功效，主治急、慢性支气管炎以及感冒、咳嗽等症。我国东北哈尔滨中药厂以满山红杜鹃等为原料，加工成"消咳喘"药水，有显著疗效。

近年来，我国药物化学家对杜鹃属植物化学成分进行了药理和临床等研究工作，取得了可喜的成绩。从满山红、千里香杜鹃等 10 多种杜鹃中通过化学分离，得到了黄酮类、挥发油、香豆精类、毒素等数十种化学成分，其中黄酮类和香豆精类等成分具有止咳祛痰作用，挥发油中的杜鹃酮、4-苯基丁酮-2、γ-丁香烯等也均有止咳祛痰作用，部分药物已投产应用。

3. 工业价值　杜鹃叶是提取芳香油的好原料（冯国楣，1988；江泽慧等，2008；张鲁归，2003）。一些高山种类，如千里香杜鹃（*Rh. thymifolium*）、小花杜鹃（*Rh. minutiflorum*）、密枝杜鹃（*Rh. fastigiatum*）、牛皮杜鹃（*Rh. aureum*）、毛喉杜鹃（*Rh. cephalanthum*）、灰背杜鹃（*Rh. hippophaeoides*）、草原杜鹃（*Rh. telmateium*）、腋花杜鹃（*Rh. racemosum*）等，其叶片富含香味，是提炼芳香油的上好原料。由于杜鹃花种类不同以及自然环境的变异等，其挥发油的成分与含油量也有所不同，挥发油中含有杜鹃酮、丁香烯、4-苯基丁酮-2、月桂烯、柠檬烯等 20 多种成分。通常在夏秋季采摘鲜叶，用水蒸气蒸馏法提取芳香油，其含量一般为 0.7%～3%。芳香油是配制香精的优良原料。

杜鹃属植物的树皮和叶均富含鞣质，是提制栲胶的原料。如杜鹃（*Rh. simsii*）树皮含鞣质 7%；长蕊杜鹃（*Rh. stamineum*）树皮含鞣质 12.48%，叶含鞣质 12.95%；牛皮杜鹃（*Rh. aureum*）叶含鞣质 12.22%，根茎含鞣质 2.58%等。

4. 食用价值　杜鹃属中有些种类，如大白杜鹃（*Rh. decorum*）、锈叶杜鹃（*Rh. siderophyllum*）和粗柄杜鹃（*Rh. pachypodum*）等均可食用，在云南中部地区 4～6 月杜鹃花开时（最好是花蕾）采摘鲜花，投入沸水锅中煮熟，再投入冷水中浸泡漂洗数次，除去苦涩味，即可作为蔬菜炒食，别有清香风味（冯国楣，1988；江泽慧等，2008；张鲁归，2003）。

5. 其他价值　杜鹃属中的乔木种类，如马缨杜鹃（*Rh. delavayi*）、大树杜鹃（*Rh. protistum* var. *giganteum*）、优秀杜鹃（*Rh. praestans*）、凸尖杜鹃（*Rh. sinogrande*）、屏边杜鹃（*Rh. pinbianense*）等，其木材、根蔸粗大，心材与边材区别不明显，色白、淡红至红褐，质地细腻、坚韧，结构匀细，纹理通直，年轮明晰不匀，易于加工，刨削光滑，可制碗、筷、盆、钵、烟斗、根雕等日用工艺品和手工艺品（冯国楣，1988；江泽慧等，2008；张鲁归，2003）。

（二）杜鹃的分布与生产概况

1. 杜鹃的天然分布 杜鹃（*Rh. simsii*）主要分布于江苏、安徽、浙江、江西、福建、台湾、湖北、湖南、广东、广西、四川、贵州和云南等省份（胡琳贞等，1994），为我国中南及西南典型的酸性土指示植物。杜鹃属植物在我国分布很广，除新疆和宁夏没有野生杜鹃分布外，其他省份均有杜鹃分布（方瑞征，1999），主要集中分布于西南地区高山和岭南山脉（湖南、广东）地区，云南、西藏、四川、广西和湖南为杜鹃属植物分布比较集中的省份，占我国种类的83%。杜鹃花的垂直分布区域跨度比较大，海拔50～4 500 m均有杜鹃属植物分布，1 000 m海拔以下主要有鹿角杜鹃、杜鹃、满山红、云锦杜鹃、光枝杜鹃、猴头杜鹃、马银花、长蕊杜鹃、毛棉杜鹃、广东杜鹃等；海拔1 000 ～2 000 m主要生长着尖叶杜鹃和大树杜鹃；海拔2 000～2 800 m主要分布着大白杜鹃、粗柄杜鹃、亮毛杜鹃、云南杜鹃、腋花杜鹃等；海拔3 000～4 000 m高山地带，主要分布着黄杯杜鹃、白雪杜鹃、团花杜鹃、毛勒杜鹃等；海拔4 000～4 500 m分布着多枝杜鹃、平卧杜鹃、黄金杜鹃等种类。此外，杜鹃花园艺栽培品种繁多，南起福建，北至辽宁，全国均有栽培。

2. 杜鹃的栽培历史和栽培区 杜鹃是我国栽培历史最悠久的园林植物之一。早在492年，我国南北朝梁代陶弘景撰成《本草经集注》中就有"羊踯躅，羊食其叶，踯躅而死，故名"（冯国楣，1988；江泽慧等，2008）。这是最早提到的杜鹃花的古书。8～9世纪，唐代有赞美杜鹃花的诗篇，如白居易的"杜鹃花落杜鹃啼，晚叶尚开红踯躅"；成彦雄的"杜鹃花与鸟，怨艳两何赊"；李白的"蜀国曾闻子归鸟，宣城还见杜鹃花""杜鹃花开春已阑，归向陵阳钓鱼晚"。唐代著名诗人杜牧、韩愈等人，均有吟咏杜鹃花的诗篇。明代李时珍的《本草纲目》、徐霞客的《徐霞客游记》等，均有杜鹃花的论述。清代陈淏子的《花镜》对杜鹃花栽培的环境、土壤、施肥均有研究。清代汪灏等编的《广群芳谱》、吴其濬的《植物名实图考》、张泓纂的《滇南新语》、檀萃的《滇海虞衡志》等也有杜鹃花的论述。辛亥革命至中华人民共和国成立的38年间，除采集相关杜鹃花标本外，极少涉足杜鹃花类植物的引种驯化；1949年以后，冯国楣、谭沛祥、方文培、李光照等在杜鹃花种质资源收集、保存、引种驯化方面的研究上开展了一系列的工作，出版了杜鹃花植物图鉴、图谱、植物志等。

当前全世界杜鹃花观赏苗木总量数以亿计，从而形成了产值达数十亿美元的全球杜鹃花产业。我国杜鹃花市场应用前景广阔，例如我国的比利时杜鹃花于20世纪80年代从西方引进，已从最初全国年产几十万株（盆），发展到目前全国种植面积3 200 hm²，年产杜鹃花地栽苗3.2亿株，各种规格的盆栽苗约4 100万盆，年销售总值约3.6亿元人民币的产业规模，杜鹃花成为促进当地农村经济发展和农民增收的主导和朝阳产业之一。特别是一些乡土优良观赏杜鹃和乔木型杜鹃，市场供不应求，发展潜力巨大。

随着我国花卉苗木产业的蓬勃发展，杜鹃的发展出现了前所未有的新局面，全国从南至北，不论是平原还是山区，特别是城市绿地建设，均有人工栽培和盆养。尤其是在地处长江中下游的湖南、湖北、江西、江苏、浙江、上海等省份，以地被植物和绿篱作为主要形式。湖南浏阳柏加镇和浙江金华等地大力发展春鹃品种的繁育和生产，特别是湖南省森林植物园建立了 30 hm² 杜鹃属种质资源异地保存库，收集全国 300 余个品种，为当地杜鹃产业发展奠定了很好的种质资源基础；福建、四川等省份主要发展西洋鹃和夏鹃生产，辽宁丹东、福建和江苏等地主要发展造型杜鹃生产；云南昆明、河北石家庄主要进行高山常绿杜鹃的驯化和生产。

二、杜鹃属植物的形态特征和生物学特性

（一）形态特征

1. 根系　杜鹃花的根系分布很浅，由浓密的褐色须根组成。杜鹃花喜土壤深厚、肥沃、富含有机物、pH5～7 的酸性至中性土。

2. 树干与分枝　杜鹃花多分枝，细而密，也有小乔木至乔木型树干。英国人福利士1919 年在云南腾冲发现一棵高达 20 m、胸径 2.6 m 的大树杜鹃，湖南莽山也有高达 10 m、胸径 20～30 cm 的毛棉杜鹃和刺毛杜鹃。杜鹃花幼枝的形态因亚属不同而有差别。如映山红亚属的幼枝形态十分相似，但毛被类型不同。在其两个组中，轮叶杜鹃组（Sect. *Brachycalyx*）的幼枝被锈色或黄褐色柔毛，后渐渐脱落，小枝变得光滑。在映山红组（Sect. *Tsutsusi*）中其幼枝毛被可以分为 4 个类型：扁平的糙伏毛、刚毛、腺毛、长柔毛或柔毛。

3. 叶　叶色变异丰富，独具特色，从深绿、浅绿到黄绿以及蓝绿，如蓝果杜鹃叶片呈蓝绿色，山育杜鹃叶片蓝绿色而有光泽等。还有的杜鹃叶片背面呈银灰色，如不凡杜鹃、银灰杜鹃、凸尖杜鹃、天门山杜鹃等。有些杜鹃的新梢富有美丽的色彩，春季在浅红色嫩茎上生出紫红色、红色和黄色的簇叶，如马银花、长蕊杜鹃、鹿角杜鹃等。

4. 花　花形多样、色彩丰富。常绿杜鹃由数十朵聚成顶生总状伞形花序，开花时花朵镶嵌在浓绿的树冠上，与叶色形成鲜明的对比。落叶类杜鹃花的花苞有单生和伞形总状花序，一个花序 1 朵至 20 余朵。花朵的数量因种类不同而异，同时还受季节、环境、树龄和健壮程度的影响，花型也随种类的变化而变化。

5. 果实与种子　杜鹃花果实类型均为蒴果，同一个种的毛被与其子房相同。其中杜鹃（R. simsii）果实较大，直径大于 5 mm，椭圆球形，中等大小。杜鹃花种子形状有披针形、狭卵形、长圆形、卵形、椭圆形等，颜色有褐色、淡黄色和浅褐色等。大部分种子长度 3.4～0.7 mm，宽度 0.2～0.9 mm，有明显脐（缨），大部分有极狭的小翅。

（二）生物学特性

杜鹃幼苗的营养生长依杜鹃种类不同而不同。从种子播种后到 70～90 d 第一片真叶长出，每一叶片的叶腋都有营养芽，而后发育长成枝条、叶片和形成花芽。杜鹃花从播种或扦插到开花的时间为：锦绣杜鹃 1～2 年，溪畔杜鹃和鹿角杜鹃 2～3 年，毛棉杜鹃和刺毛杜鹃 4～5 年，云锦杜鹃 5～6 年。生长发育进程以栽培品种杜鹃的春鹃为例：①生长初期，花谢后萌芽到 5 月中下旬结束，这一时期依靠老叶的光合作用和原株体内积累的营养；②快速生长期，从 5 月中下旬到 7 月上旬，这阶段新梢快速萌发成枝，新叶茂盛，进

行光合作用，满足植株生长并积累养分，为植株花芽分化打下了基础；③稳定期，7月上旬到8月下旬，营养生长处于稳定；④繁殖生长期，8月中旬到翌年春，主要是花芽分化发育期，花芽经冬季低温春化后，经过一系列生理变化后于春天开花；7月中旬左右开始能观察到生长锥变宽变大，说明植株由营养生长开始转变为生殖生长，7月下旬，花芽原基开始形成；8月上旬，花芽原基开始突起延长；8月下旬小花开始萼片的分化，并见萼片原基；10月上旬，子房形成，花芽发育基本完成。

（三）生态适应性

1. 土壤条件　杜鹃花喜酸性土壤，因此栽培土壤的酸碱性要求较严格。杜鹃花要求疏松的酸性土，适宜 pH 4～6，野生映山红、满山红适宜 pH 4.5 左右的土壤。据报道，pH 4～5 时扦插成活率最高，但茎生长与根系生长的长度和质量以 pH 4 时最好，在 pH 大于 7 以上及黏重土壤上生长不好。

2. 光照度　毛鹃的光补偿点为 1 100 lx 左右，即当毛鹃叶片在 1 100 lx 以上的光照时，叶片才积累净光合产物。当相对光强 2.5%～6% 时，杜鹃能生长，但不能开花，当相对光强达到 60% 左右时，杜鹃生长、发育、开花达到最佳。杜鹃喜光，但又怕强光，是属阴性偏阳的植物（廖菊阳等，2011）。杜鹃品种不同喜光程度不同，如粉大叶、双季桃红、紫鹃等品种可一年四季在露天栽培（廖菊阳，2011）。

3. 温度　杜鹃花生长平均温度一般在 15 ℃ 左右，20～26 ℃ 枝条快速生长，7月平均气温在 29 ℃ 以上时，生长缓慢，进入休眠。35 ℃ 时，生长受到抑制，强光照使叶片受损。某些品种不耐连续的 −6～−5 ℃ 的气温。花蕾发育最适宜温度 15～25 ℃，经 30～40 d 就可以开花，15 ℃ 以下开花时间延长至 50 d 以上。花芽形成必须经过一个平均温度 5 ℃ 以下、积温值 1 000 ℃ 左右的低温春化期方能开花。四季杜鹃孕蕾开花需 140～160 d，须在 8 月末 9 月上旬摘心定枝，通过调温措施在春节开花。

4. 水分　杜鹃花是浅根系植物，根系细而分布浅，不耐旱，不耐涝，水分的管理特别重要，要做到深沟排水畅，勤浇水，干旱季节及时灌溉，保持土壤表层湿润。

三、杜鹃属植物的起源、演化和分类

（一）杜鹃属植物的起源

杜鹃属植物在高等植物中是一个比较大的家族，它的起源可追溯到中生代的白垩纪，距今已 6 700 万～13 700 万年，并广布于北半球的温带。由于受第三纪干旱气候和第四纪冰川覆盖的影响，自然分布范围缩小，现代分布于亚、欧、北美三大洲。全世界 1 000 多种杜鹃，亚洲最多，有 850 种，中国也是世界野生杜鹃花种群量最大的国家。大洋洲澳大利亚的北部昆士兰仅有 1 种，而南半球的非洲和南美洲无杜鹃花分布。根据杜鹃属植物分布数量统计，喜马拉雅地区种类最为丰富，是现代杜鹃花分布中心。

（二）杜鹃属植物的演化

杜鹃属系统演化与分类问题到目前为止仍存在着不同的观点和争议。Halchinson 于

1946 年提出顶生花序和腋生花序的杜鹃来源不同，常绿杜鹃类（顶生）与第伦桃属（*Dillcnia*）和木兰属（*Magnolia*）有密切的亲缘关系，而马银花、映山红和落叶杜鹃等（腋生）亚属则直接出自山茶属（*Camellia*）。Kingdon - Ward 对杜鹃属种子和种苗形态进行研究后认为种子无附属物的是原始型，而这正是有鳞的高山类群的特征，其结论是有鳞杜鹃（包括杜鹃亚属）为原始类群，其演化途径为有鳞杜鹃→无鳞杜鹃，分布是高山→丘陵。Philipson 对本属茎节解剖研究后指出，常绿杜鹃亚属具复杂的三叶隙结构，其余亚属（包括杜鹃花科其余的属）几乎全为单叶隙，仅马银花亚属中的长蕊杜鹃组（Sect. *Choniastrum*）为居间型叶隙，此外，还有少数过渡性的叶隙，提出单叶隙向三叶隙的演化路线，认为常绿杜鹃亚属是进化类群。与此相反，Sinnott 和 Bailey 认为三叶隙是"古老型"，是较原始的双子叶植物的特征，在被子植物进化线上很早就出现了。1980年 Seithe 对本属表皮毛被和鳞片进行了分类研究，提出马银花、映山红和落叶杜鹃 3 亚属是本属的原始类群，由此分别演化出有鳞的杜鹃超亚属和无鳞的常绿杜鹃超亚属。1990年闽天禄和方瑞征提出杜鹃的系统发育演化方向主要是：地生→附生；常绿→半常绿至落叶；叶片、花冠大→小；无毛→腺体或腺毛→各式鳞片或各式毛被；复合三叶隙→单叶隙；花序顶生→腋生；多花→少花→单花；雄蕊，子房和花冠裂片多→少；雌雄蕊长→短；蒴果果瓣木质、直立→薄革质或纸质反卷；种子有狭翅→无翅或两端具线形长尾状附属物；染色体 2 倍体→多倍体等。因此认为杜鹃属无疑是杜鹃花科中最原始的属，在杜鹃属中，常绿杜鹃亚属是属中的原始类群，常绿亚属中又以云锦杜鹃亚组（Subsect. *Fortunea*）、耳叶杜鹃亚组（Subsect. *Auirculata*）、大叶杜鹃亚组（Subsect. *Grandia*）和杯毛杜鹃亚组（Subsect. *Falconera*）是最原始的类群，而有鳞的髯花杜鹃组及落叶的日本马银花组（Sect. *Mumeazalea*）是两个进化枝演化上的高级类群。

杜鹃的进化以常绿杜鹃亚属为起点，分 2 枝进化和发展。一枝形成有鳞杜鹃类群，包括杜鹃亚属、糙叶杜鹃亚属、毛枝杜鹃亚属和迎红杜鹃亚属，其中糙叶杜鹃亚属代表后起的进化类群；另一枝包括了无鳞、半常绿或落叶的 3 亚属。熊子仙等 2000 年通过对 33 种杜鹃叶解剖结构的观察和分析，认为杜鹃亚属杜鹃组中的泡泡叶杜鹃亚组（Subsect. *Edgeworthia*）、有鳞大花杜鹃亚组（Subsect. *Maddenia*）、三花杜鹃亚组（Subsect. *Triflora*）与常绿杜鹃亚属有密切联系。丁炳扬等 2000 年初步推断杜鹃属植物果实形状的演化趋势是由长圆形到卵状椭圆形或细圆柱形再到卵形或近球形，果实略弯曲到不弯曲，子房多室至 5 室甚至更少，果实产籽效率从低到高，暗示有鳞类杜鹃较常绿类杜鹃进化程度高。

（三）杜鹃属植物种分类概况

据《中国植物志》，采用 Sleumer 的系统和 Philipson 的观点，将国产杜鹃分为 9 亚属，分别是杜鹃亚属（Subg. *Rhododendron*）、毛枝杜鹃亚属（Subg. *Pseudazalea*）、常绿杜鹃亚属（Subg. *Hymenanthes*）、羊踯躅亚属（Subg. *Pentanthera*）、映山红亚属（Subg. *Tsutsusi*）、叶状苞亚属（Subg. *Therorhodion*，即云间杜鹃亚属）、糙叶杜鹃亚属（Subg. *Pseudorhodorastrum*）、马银花亚属（Subg. *Azaleastrum*）、迎红杜鹃亚属（Subg. *Rhodorastrum*）（冯国楣，1988；江泽慧等，2008）。

　　杜鹃亚属是杜鹃属中最大的亚属，约 498 种，分为 3 组，其中国产 170 余种（方瑞征，1999）。杜鹃组（Sect. *Rhododendron*）下划分为 20 亚组，160 余种。其中有鳞大花亚组（Subsect. *Maddenia*）、高山杜鹃亚组（Subsect. *Lapponica*）和三花亚组（Subsect. *Triflora*）占 107 种，主产于西藏、云南、四川；髯花杜鹃组（Sect. *Pogonanthum*）下不再分亚组，共 22 种，我国产 19 种，多集中分布于横断山区的高山地带；越橘杜鹃组（Sect. *Vireya*）共约 299 种，Sleumer 将其划分为 7 亚组，其中 287 种分布于东南亚，越南产 2 种，澳大利亚产 1 种；我国有 8 种，属类越橘杜鹃亚组（Subsect. *Pseudovireya*），分布于西南及南部（周兰英，2008）。

　　常绿杜鹃亚属共 267 种，亚属下只有 1 个常绿杜鹃组（Sect. *Ponticum*），分为 23 亚组；我国产 251 种，集中分布于西南海拔 2 000～3 500 m 山区地带（周兰英，2008；胡琳贞等，1994）。糙叶杜鹃亚属共 10 种，Sleumer 将其划分为 3 组；其中糙叶杜鹃组（Sect. *Trachyrhodion*）7 种，腋花杜鹃组（Sect. *Rhodobotry*）2 种，皆特产于我国四川、云南等地；另 1 种是帚枝杜鹃组（Sect. *Rhabdorhodion*）的柳条杜鹃（R. *virgatum*），在我国西藏、云南有分布（周兰英，2008；胡琳贞等，1994）。马银花亚属共 24 种，分 4 组，我国产 22 种，分属马银花组（Sect. *Azaleastrum*）和长蕊组（Sect. *Choniastrum*），分布于华东、华中、华南及西南（周兰英，2008；胡琳贞等，1994）。映山红亚属约 90 种，Sleumer 将其分为 3 组（胡琳贞等，1994），其中轮生叶组（Sect. *Brachycalyx*）6 种，我国产 3 种；映山红组（Sect. *Tsutsusi*）80 余种，我国产 71 种；假映山红组（Sect. *Tsusiopsis*）仅 1 种，分布于日本及我国台湾省（周兰英，2008；丁炳扬等，2009）。羊踯躅亚属约 24 种，主产北美，我国仅产 1 种（胡琳贞等，1994），属 5 花药组（Sect. *pentanthera*），分布于南方海拔 1 000 m 左右的山地或丘陵地带（周兰英，2008）。毛枝杜鹃亚属共 6 种，我国均产，分布于云南西北、西藏东南（方瑞征，1999）。迎红杜鹃亚属 2 种，产我国东北及朝鲜、日本（方瑞征，1999）。叶状苞亚属 3 种，我国 1 种，产东北（周兰英，2008；胡琳贞等，1994）。从上可见，杜鹃种在各亚属间分布极不均匀，仅杜鹃亚属和常绿杜鹃亚属的种就占全属的近 80%，而叶状苞亚属、毛枝杜鹃亚属和迎红杜鹃亚属至今仅发现 11 种，只占全属的 1.14%，羊踯躅亚属和马银花亚属中种也不多。

　　杜鹃垂直分布范围广，可分布于低海拔至高海拔的各个植被带内。东南亚各岛屿的极少数种还出现在接近海平面的低地、海岸岩石上或附生于海岸红树林间，大部分杜鹃种类出现于海拔 2 000～3 800 m 的亚热带山地常绿阔叶林、针阔叶混交林、针叶林或海拔更高一些的暗针叶林，在树线以上某些高山种自成群落，形成种类单一的杜鹃灌丛。在海拔 4 000～4 500 m 地带分布的杜鹃多长成高 10～20 cm 的垫状植物，现知分布海拔最高的杜鹃为雪层杜鹃（Rh. *nivale*），可达海拔 5 800 m。

（四）杜鹃花栽培园艺品种

　　杜鹃花园艺品种系指当前普遍栽培的品种，这些品种是由杜鹃花原种（野生资源）通过杂交或芽变不断选育出来的后代，为区分杜鹃花原种，把杂交或芽变后代称为园艺品种，实际上，当前所见的杜鹃花绝大多数品种就是园艺品种（下面所谓的杜鹃花均指园艺品种）。近 1 个多世纪来，世界上已有园艺品种近万个。我国从 20 世纪 20～30 年代开始从日本、欧美等国引进杜鹃花进行栽培，也有少量通过杂交培育出一些新品种，如近几年来浙江青草地园林公司培育出的高山落叶杜鹃杂交种红蝴蝶、紫蝴蝶、白蝴蝶等新品种，湖南省森林植物园杜鹃研究所选育出的西施杜鹃、溪畔大花金萼、腺萼白祥、溪畔白霞等。杜鹃花分为四大品系，即春鹃品系、夏鹃品系、西鹃品系、东鹃品系。此外，随着高山杜鹃新品种选育及应用的逐步推广，也逐步形成了一个单独的品系。

1. 春鹃　春鹃指先开花后发芽，4 月中下旬、5 月初开花的品种，主要是 20 世纪 20～30 年代沈渊如先生自日本引入上海栽培的，同时当地花农通过对原种的选育及杂交形成国内特有品种。因春天开花，就定名为春鹃，一直延续至今。

春鹃因叶面多毛，故有人又称为"毛鹃"，因叶大又称为"大叶杜鹃"。它是白花杜鹃、锦绣杜鹃原种的变种和杂交种。常绿、直立、独干或干丛生，长势旺盛，叶长椭圆形，长约 10 cm，宽 3 cm 左右，色深绿，4 月下旬至 5 月上旬开花，花簇生顶端，布满枝头，一苞有三朵花，花大，直径可至 8 cm，花冠宽喇叭状，多数单瓣，5 裂，花筒长 4～5 cm，喉部有深色点，颜色有大红色、深红色、紫红色、纯白色、粉色等。花后发 3～5 枝或 6～7 枝新梢，7～8 月开始形成花芽。耐寒，多为地栽，由于繁殖生长快，当地作为嫁接西鹃或其他新品种的砧木用。在园林绿化中，常用作地被色块和造景。映山红品系、迎红品系属于春娟类杜鹃。

2. 夏鹃　春天先长枝发叶，5～6 月初时开花，故称为夏鹃，其特征是开张性常绿灌木，株体低矮，发枝力特强，树冠丰满，耐修剪，叶互生，节间短，稠密，叶长 3～4 cm，宽 1～2 cm，为狭披针形至倒披针形，质厚、色深、多毛，霜后叶片呈暗红色。花期 5 月中旬至 6 月，可持续到 7～8 月。花冠宽喇叭状，口径一般大约 5 cm，大的有 7～8 cm。花型有单瓣、重瓣和套瓣，花瓣变化大，有圆、光、软硬、波浪状和皱曲状等。花色有红、紫、粉、白等多种。在园林绿化中用作地被色块和造景。皋月品系、照山白品系也属于夏鹃类杜鹃。

3. 东鹃　东鹃是日本石岩杜鹃的变种及其众多的杂交后代。东鹃春季开花，有的地方也纳入春鹃。其主要特征为植株低矮、枝条细软，无序发枝、横枝多。叶卵形，叶片薄、毛少、嫩绿色，有光泽。花蕾生枝端 3～4 个，每蕾有花 1～3 朵，多时 4～5 朵，开花繁密。花冠漏斗状，小型，口径 2～4 cm，筒长 2～3 cm，多数花萼演变成花冠，形成内外 2 套，称为双套、夹套。花色多有红、紫、白、粉白、嫩黄、白绿等。有雄蕊 5 枚，也有雄蕊瓣化成高度重瓣花的。花期比毛鹃略早几天，7～8 月老叶凋落，同时花芽形成。不耐强光，可露地种植，萌发力强，极耐修剪，花、枝、叶均纤细，是庭院绿化的好材料，同时也是制作造型盆花的理想材料。日本久留米品系属于东鹃类杜鹃。

4. 西鹃　为欧美杂交的园艺栽培品种，故称西洋鹃，又称西鹃。因其花朵艳丽，深受人们喜爱。日本 1892 年引入后，西鹃品种名称译成日文，因此中国从日本引入的仍用日本译名，同时国内用西鹃进行杂交也培育出一批新的品种，国内西鹃品种有 200～300种，宁波栽培品种约有 50 种。西鹃的主要特征：植株低矮，半张开，生长慢，常绿型；枝条粗短有力，当年生枝绿色或红色，与花色相关，红枝多开红色花，绿色枝条开白色、粉白色、桃红色花；叶片厚实，深绿色，集生枝端，叶片大小居春鹃中大叶毛鹃与东鹃之间，叶面毛少，形状变化多。从叶尖端颜色的变化可略知花朵的颜色，如尖端白而透明，其花色为白色或其他淡色，尖端红，花为红色。其中四季杜鹃通过调控栽培技术，花期可提前到元旦、春节。花型大，径 6～8 cm，最大可至 10 cm 以上。多数重瓣，花瓣形态及花色变化丰富，观赏价值极高。从当地多年栽培情况看，西鹃适应性、抗病性相对较差，只宜盆栽，夏季要适当遮阴，冬季要保暖。比利时杜鹃当前主栽品种有 7 个，西德杜鹃系列 3 个品种，汉堡系列 4 个，白佳人系列 3 个，四海波系列 5 个，五宝珠系列 6 个，王冠系列 4 个，共 32 个品种。

5. 高山杜鹃　常绿灌木或小乔木，株高 1～3 cm，枝条粗壮，叶丛生枝顶，厚革质，长 6～12 cm，宽 2～5 cm，4～5 月开花，花型以套瓣、重瓣为主，也有少量单瓣，花期 1 个月左右。花色有白色、粉色、淡红色、桃红色、黄色等。一般成长在海拔 600～800 m 的山野间，适应性强，经过人工驯化、培育可望成为园林绿地中常绿观赏植物。高山杜鹃在浙江宁波地区经过人工驯化已成为园艺品种，尤其宁波市北仑区柴桥镇，数量最多，品质最优，广泛应用于盆花制作。

四、杜鹃及其野生近缘种的特征特性

（一）杜鹃

学名 *Rhododendron simsii* Planch.，又名映山红、红杜鹃、清明花、清时花、山石榴等（胡琳贞等，1994）。

1. 形态特征　落叶小乔木或灌木。高 2～5 m，主干直立，分枝多密而细，密被亮棕褐色扁平糙伏毛。叶质为革质或纸质，有卵形、心形，但不呈条形。花 2～6 朵簇生枝顶，常为顶生总状花序或伞房花序，花冠明显呈漏斗状、钟形，单、重瓣皆有，花色丰富，有白色、红色、粉红色、紫色、紫红色、偏蓝色、红白复色，并有条纹和斑点等变化；雄蕊 10 枚，长约与花冠相等，花丝线状，中部以下被微柔毛；花有的具有芳香，有的则无味；蒴果卵球形，长 1 cm；花期 4～5 月，也有 1～2 月开花记录，因气候及品种不同而异（图 33-24）。

2. 生物学特性及分布概况　喜酸性土，耐瘠薄，适宜 pH4～7，适生 pH4.5 左右的酸性腐殖土；喜光照，耐高温，喜温暖湿润气候；根系分布浅，萌蘖能力较弱。宜种植在林缘形成景观，具有很高的园林观赏价值。

图 33-24　杜鹃
1. 花枝　2. 花剖面　3. 雄蕊　4. 雌蕊
5. 萼片　6. 果实
（引自《中国植物志·第五十七卷》）

产于江苏、安徽、浙江、江西、福建、台湾、湖北、湖南、广东、广西、四川、贵州和云南。生于海拔200～1 200（～2 500）m的山地疏灌丛或松林下（谭沛祥等，1983）。

该种花冠色彩鲜艳，先花后叶，开花时满树繁花，蔚为壮观，为著名观花植物，具有很高的观赏价值，目前在国内外各公园均有栽培。此外，该种全株供药用，有行气活血、补虚，治疗内伤咳嗽、肾虚耳聋、月经不调、风湿等疾病。

（二）羊踯躅

学名 *Rhododendron molle*（Bl.）G. Don，又名黄杜鹃、闹羊花、玉枝等（胡琳贞等，1994）。

1. 形态特征　落叶灌木，高0.5～2 m；分枝稀疏，枝条直立，幼时密被灰白色柔毛及疏刚毛。叶纸质，长圆形至长圆状披针形，长5～11 cm，宽1.5～3.5 cm；总状伞形花序顶生，花多达13朵，先花后叶或与叶同时开放；花萼裂片小，圆齿状；花冠阔漏斗形，长4.5 cm，直径5～6 cm，黄色或金黄色，内有深红色斑点，花冠管向基部渐狭，圆筒状，长2.6 cm。蒴果圆锥状长圆形，长2.5～3.5 cm，具5条纵肋，被微柔毛和疏刚毛。花期3～5月，果期7～8月。

2. 生物学特性及分布概况　喜光，稍耐庇荫，适于温凉、较干冷的气候，耐寒，稍耐旱，喜土层深厚、疏松、湿润、排水良好的腐殖土。最适宜土壤pH 4.5～5.5。

产于江苏、安徽、浙江、江西、福建、台湾、湖北、湖南、广东、广西、四川、贵州和云南。生于海拔300～1 000 m的山坡草地或丘陵地带的灌丛或杂木林下。

该种叶大，密被灰白色微柔毛及疏刚毛，花冠大，黄色或金黄色，观赏效果好，可作为杜鹃属植物杂交的优良母本。同时，本种为著名有毒植物之一。可治疗风湿性关节炎、跌打损伤。植物体各部含有闹羊花毒素和马醉木毒素等成分，可用作麻醉剂、镇痛药和农药等。

（三）满山红

学名 *Rhododendron mariesii* Hemsl. et Wils.。

1. 形态特征　落叶灌木，高1～4 m，枝条轮生，幼时被黄棕色柔毛，成长时无毛。叶厚或近于革质，常2～3集生枝顶，椭圆形，卵状披针形或三角卵形，长4～7.5 cm，宽2～4 cm。叶柄长5～7 mm，无毛。花2朵顶生，先花后叶；花萼环状，5浅裂，密被黄褐色绢状柔毛；花冠漏斗形，淡紫红色或紫红色，长3～3.5 cm。蒴果椭圆状卵球形，长6～9 mm，密被亮棕褐色长柔毛。花期4～5月，果期6～11月。

2. 生物学特性及分布概况　喜光，不耐庇荫；喜温暖气候，较耐寒；喜深厚、疏松、湿润、肥沃和排水良好的腐殖土，在沙土、黏土或黏壤土上均生长不良，积水和地下水位过高均引发根腐或死亡；土壤pH 4.5～5.5最好。

产于河北、陕西、江苏、安徽、浙江、江西、福建、台湾、河南、湖北、湖南、广东、广西、四川和贵州。生于海拔600～1 500 m的山地稀疏灌丛。

（四）锦绣杜鹃

学名 *Rhododendron pulchrum* Sweet。

1. 形态特征 半常绿灌木，高 1.5～2.5 m；枝开展，淡灰褐色，被淡棕色糙伏毛。叶薄革质，椭圆状长圆形至椭圆状披针形或长圆状倒披针形，长 2～5（～7）cm，宽 1～2.5 cm；叶柄长 3～6 mm，密被棕褐色糙伏毛。花芽卵球形，鳞片外面沿中部具淡黄褐色毛，内有黏质。伞形花序顶生，有花 1～5 朵；花萼大，绿色，5 深裂，裂片披针形，长约 1.2 cm，被糙伏毛；花冠玫瑰紫色，阔漏斗形，长 4.8～5.2 cm，直径约 6 cm，裂片 5，阔卵形，长约 3.3 cm，具深红色斑点。蒴果长圆状卵球形，长 0.8～1 cm，被刚毛状糙伏毛，花萼宿存。花期 4～5 月，果期 9～10 月。

2. 生物学特性及分布概况 喜酸性土，喜光，忌暴晒，要求凉爽湿润的气候，通风良好的环境。土壤以疏松、排水良好、pH4.5～6.0 为佳，较耐瘠薄干燥，萌芽能力强，根纤细有菌根。

产于江苏、浙江、江西、福建、湖北、湖南、广东和广西。多为栽培，栽培品种和变种繁多，是著名园林绿化材料。

（五）溪畔杜鹃

学名 *Rhododendron rivulare* Hand.‐Mazz.，又名贵州杜鹃（《中国树木分类学》）。

1. 形态特征 常绿灌木至小乔木，高 1～3 m，幼枝纤细，圆柱形，淡紫褐色，密被锈褐色短腺头毛，疏生扁平糙伏毛和刚毛状长毛，老枝灰褐色，近于无毛。叶纸质，卵状披针形或长圆状卵形，长 5～9（11.5）cm，宽 1～4 cm。花芽圆锥状卵形，鳞片阔卵形，先端钝，具短尾状尖头，内面无毛，外面中部以上被黄棕色硬毛。伞形花序顶生，有花多达 10 朵以上；花萼裂片狭三角形，长 2～5 mm，被淡黄褐色短腺头毛及长糙伏毛；花冠漏斗形，紫红色。蒴果长卵球形，长 9 mm，直径 4 mm，密被刚毛状长毛。花期 4～6 月，果期 7～11 月。

2. 生物学特性及分布概况 喜酸性土，适宜 pH4～7，适生 pH5 左右的酸性腐殖土；喜光照，耐高温，喜温暖湿润气候；根系分布浅，萌蘖能力较强。宜种植在空旷的灌木丛中。具有很高的园林观赏价值。产于湖北、湖南、广东、广西及贵州，生于海拔 750～1 200 m 的山谷密林中，在浙江、福建及四川丘陵山区均有野生。

（六）湖南杜鹃

学名 *Rhododendron hunanense* Chun ex Tam。

1. 形态特征 灌木，高 1～2 m；幼枝圆柱状，密被棕褐色刚毛状腺体毛；老枝褐色，具纵沟，几无毛。叶纸质，散生，椭圆形或椭圆状披针形，长 2.5～4.2 cm，稀 5～7 cm，宽 1.5～2.5 cm。伞形花序顶生，有花 5～10 朵；花梗长 5～7 mm，密被棕褐色刚毛状糙伏毛；花萼小，5 裂，裂片长圆形，密被糙伏毛；花冠辐状钟形，白色带紫色或淡红色，长 11 mm，花冠管圆筒状，长 6 mm，径 2.5 mm，内面被微柔毛，裂片 5。蒴果卵球形，长 5～6 mm，直径 4 mm，密被刚毛状糙伏毛。花期 4～5 月，果期 7～11 月。

2. 生物学特性及分布概况 喜酸性疏松土壤，适宜 pH 4～6，适生 pH 5 左右的酸性腐殖土；喜光照，喜温暖湿润气候；根系细而分布浅，萌蘖能力较强。宜种植在高大落叶乔木林下。

产于湖南、江西，多生于海拔 500～1 700 m 的山谷灌丛中。

（七）阳明山杜鹃

学名 *Rhododendron yangmingshanense* Tam。

1. 形态特征 落叶至半落叶灌木，高可至 1 m 以上。幼枝纤细，圆柱形，灰褐色，密被灰褐色绢状糙伏毛；老枝的皮呈撕裂状脱落，无毛。叶革质，集生枝端，长圆状披针形或长圆状椭圆形至椭圆形，长 1～2.5 cm，宽 0.5～1 cm。伞形花序顶生，有花 5～8 朵；花冠漏斗状钟形，淡紫色或紫红色，长 8～11 mm，花冠管短筒状，长 5～6 mm，径 3 mm。蒴果卵球形，长 5 mm，直径约 3.5 mm，密被灰褐色糙伏毛；果梗长 7 mm，被糙伏毛。花期 4～5 月。

2. 生物学特性及分布概况 喜酸性、疏松土壤，适宜 pH 4～5，适生 pH 4.5 左右的酸性腐殖土；喜光照，强光下叶片萎缩，不耐干旱，喜温；根系细而分布浅，萌蘖能力较强。

湖南特有，分布于海拔 250 m 疏林杂木中。

（八）毛果杜鹃

学名 *Rhododendron seniavinii* Maxim.，又名福建杜鹃、孙礼文杜鹃、照山白等（胡琳贞等，1994）。

1. 形态特征 常绿至半常绿灌木，高可至 2 m，分枝多，幼枝圆柱状，密被灰棕色糙伏毛，老枝灰褐色，近于无毛。叶革质，集生枝端，卵形至卵状长圆形或长圆状披针形，长 1.5～6（8）cm，宽 1～2.5（4）cm。花芽黏结，卵球形，外部的鳞片沿中部密被黄棕色长糙伏毛，边缘具睫毛。伞形花序顶生，具花 4～10 朵；花冠漏斗形或狭漏斗形，白色，长 2.2 cm，径约 1.5 cm，花冠管圆筒形，长约 1.2 cm。蒴果长卵球形，长 7 mm，直径 4 mm，密被棕褐色糙伏毛。花期 4～5 月，果期 8～11 月。

2. 生物学特性及分布概况 喜疏松酸性土壤，适宜 pH 4～7，适生 pH 5 左右的酸性土，扦插成活率最高；喜光照，喜温，较耐干旱；是浅根系植物，根系细而分布浅，干旱季节及时灌溉，要保持土壤表层湿润，是杜鹃属植物中适应性较强的树种。

产湖南、江西、福建、贵州和云南等地，分布于海拔 300～1 400 m 丘陵地带。

（廖菊阳　夏合新）

第二十三节　木　　棉

木棉属（*Bombax* L.）属木棉科（Bombacaceae），全世界 50～60 种，主要分布于美洲热带地区，少数产亚洲热带、非洲和大洋洲。我国有 3 种（Tang et al.，2007），产南部和西南部。虽然我国木棉属植物种类少，但其树体高大，花色艳丽和用途广泛，因而广为栽培，其文化内涵也非常丰富。在华南广植的木棉，是我国南方的特产，是广州市、崇左市、攀枝花市、高雄市的市花。

一、木棉属植物的利用价值

木棉属植物是多用途植物，多数种花朵艳丽，先花后叶或花叶同时出现，可作为园林观赏树种。多为乔木，其木材轻软、易加工，干燥后少开裂、不变形，是良好的轻工业用材，多做箱板、隔热层板、火柴、独木舟和雕刻等。多数种类的种子具有假种毛，可作为棉花替代品使用。另有少部分种如木棉可做功能膳食和药材，调节和治疗体内肝火和多种症状。

木棉叶的知母宁含量为 7%，是知母宁的潜在资源（李明等，2006）。木棉（*B. malabaricum*）叶可提取出常用中药知母所含有的知母宁，可抗心肌凋亡和疱疹病毒，可降低肺动脉血压，有助于肺血管结构重建和抗哮喘。木棉叶有望成为总黄酮的重要来源，黄酮在生物体内具有明显的抗氧化、抗菌、抗衰老、降血糖、降血脂及调节免疫功能。据研究，木棉叶中的总黄酮含量为 6.11%，是提制黄酮的潜在资源（梁云贞等，2012）。木棉叶的甲醇提取物含有生物碱、类固醇、碳水化合物、单宁、固油基、蛋白质、三萜烯、脱氧糖、类黄酮、香豆素糖等多种物质，具有退烧、抗低血压和低血糖功效（Hossain et al.，2011）。

木棉叶粉末和甲醇提取物对库蚊幼虫具有很强的致死作用。库蚊是多种病菌携带者和传播者，传统化学方法防治库蚊容易污染环境。木棉叶有望开发出新的环保型的防蚊药物（Hossain et al.，2011）。

木棉属植物多作为观赏植物，广泛应用于城乡道路、庭院、公园和小区绿化，而规模化的用材人工林较罕见。作为观赏植物一般采用大苗造林，因此绿化苗圃场一般会有成片木棉大苗培育。

二、木棉属植物的形态特征和生物学特性

（一）形态特征

落叶大乔木，幼树的树干通常有圆锥状的粗刺。叶为掌状复叶。花单生或簇生于叶腋或近顶生，花大，先叶开放，通常红色，有时橙红色或黄白色；花瓣 5 片，倒卵形或倒卵状披针形；雄蕊多数，合生成管，排成若干轮，最外轮集生为 5 束，各束与花瓣对生，花药 1 室，肾形，盾状着生。蒴果室背开裂为 5 瓣，果瓣革质，内有丝状绵毛；种子小，黑色，藏于绵毛内（冯国楣等，1984）。

（二）生物学特性

木棉属植物多为乔木，基部常有板根，每年均会落叶。木棉喜高温、高湿的气候环境，耐寒力较低，遇连续 5~8 ℃的低温，枝条受冷害，忌霜冻，华南南部的广州、南宁等地，正常年份可在露地安全越冬，寒冷年份有冻害，华南北部以至华北的广大地区，只能盆栽，冬季移入温棚或室内，室温不宜低于 10 ℃，喜光，不耐荫蔽，耐烈日高温，宜种植于阳光充足处，对土壤的要求不苛刻，沙质土或黏重土均宜，喜酸性土，较耐干旱，亦稍耐水湿，对肥力要求不高，一般肥力中等、磷钾肥较高的土壤，开花繁茂，色泽亦鲜

艳，水分充足，氮肥较高的土壤枝叶繁茂，开花亦较多，但色泽欠鲜艳。

三、木棉属植物的起源、演化和分类

（一）木棉属植物的起源

印度化石表明疑似木棉属类型的小花粉仅存在第三纪古新世至中新世的土层中，而与木棉属相似的大花粉存在于第三纪渐新世至今的土层中。木棉属类型的分叉变种稀少且仅分布在更新世地层中。孢粉证据表明木棉科木棉属类型花粉是由非洲移向印度。在印度南部，这种花粉在渐新世/中新世时代仍很常见，而在其他地区这种花粉在始新世末期已经很少见。古新世晚期的记录说明木棉科 Durio 类型的花粉在印度产生并向东南亚迁移（Mandal，2005）。以上证据说明木棉科植物应起源于古新世，而木棉属起源于渐新世。

（二）木棉属系统位置

现代分子研究的结果已将传统的木棉属与木棉科其他属的关系做了大幅调整。传统木棉科与传统的椴树科、锦葵科、梧桐科一起形成被子植物 APG（被子植物种系发生组）系统分类中广义的锦葵科（Baum et al.，2004），而传统木棉科被降为锦葵科中的木棉亚科。传统木棉科中与木棉属亲缘较近的属与传统的梧桐科的属具有更近的关系，如传统瓜栗属（*Pachira*）在 APG 分类中被认为和传统梧桐科中的火绳树属亲缘较近。假木棉属（*Pseudobombax*）和广义吉贝属（*Ceiba* s. l.）组成了木棉亚科的三大分支之一，而木棉属和旋壁属（*Spirotheca*）以及 *Pachira quinata* 组成了木棉亚科的三大分支之一，非洲 *Rhodognaphalon* 则形成木棉亚科的最后一大分支。原来的猴面包树属（*Adansonia*）看来更接近 *Catostemma*、*Scleronema* 和 *Cavanillesia*（Duarte et al.，2011）。与传统分类差距最大的是榴梿属及其近缘属，看来更接近梧桐科的山芝麻属（*Helicteres*）和梭罗树属（*Reevesia*），而不是木棉科中的其他属。几个传统上被认为是木棉科的属如 *Camptostemon*、*Matisia*、*Phragmotheca*、*Quararibea* 和椴树科的属如 *Chiranthodendron*、*Fremontodendron* 在 APG 分类中是传统锦葵科的近亲（Alverson et al.，1999）。

（三）木棉属植物分类

木棉属 *Bombax* 最早由林奈 1753 年创立，当时该属仅有 3 个种，后来其中 2 种分别被归为吉贝属（*Ceiba*）和弯子木属（*Cochlospermum*），仅保留 *B. ceiba*。在 20 世纪中期前后木棉属每个年代就有 1 次大的评述（Nicolson，1979），20 世纪 60 年代认为木棉属有 60 种左右（Johnson et al.，1960）。我国 20 世纪 80 年代出版的《中国植物志》和 21 世纪初出版的 *Flora of China* 第十二卷均认为木棉属有 50 种左右（Tang et al.，2007），我国木棉植物已从 20 世纪 80 年代的 2 种（冯国楣等，1984）增加至 2 种 1 变种（Tang et al.，2007）。

四、木棉属植物种及其野生近缘种的特征特性

（一）木棉

学名 *Bombax malabaricum* DC.，异名 *Bombax ceiba* L.，别名斑芝树、英雄树、攀枝花、吉贝、烽火。

1. 形态特征 落叶大乔木，高 10～25 m，树皮灰白色，幼树的树干和老树的枝有短而粗大的圆锥状硬刺；分枝平展。叶初冬脱落，掌状复叶，互生，小叶 5～7 片，薄革质，长圆形或长圆状披针形，长 10～20 cm，宽 3.5～7 cm。花大，春季叶前开放，通常红色，有时橙红色，直径 10～12 cm，单生或聚生于枝顶的叶腋；花瓣肉质，倒卵状长圆形，长 8～10 cm，宽 3～4 cm，两面被星状柔毛，内面较疏；雄蕊管短，花丝较粗。蒴果长圆形，木质，长 10～15 cm，直径 4.5～5 cm，内密生灰白色长柔毛和星状柔毛；种子多数，倒卵形，光滑。花期 3～4 月，果期夏季（冯国楣等，1984）（图 33-25）。

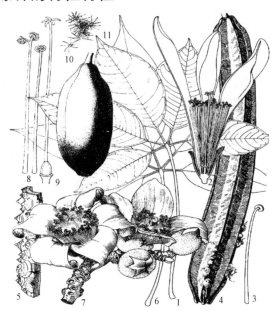

图 33-25 长果木棉和木棉

长果木棉：1. 叶 2. 花纵剖 3. 雄蕊 4. 果
木棉：5. 树干上的圆锥状硬刺 6. 叶 7. 花枝
8. 雄蕊 9. 雌蕊 10. 果 11. 果皮外层花枝
（引自《中国树木志·第三卷》）

2. 生物学特性 木棉喜温暖干燥和阳光充足环境。不耐寒，稍耐湿，忌积水，耐旱，抗风力强，深根性，速生，萌芽力强。生长适温 20～30 ℃，冬季温度不低于 5 ℃。宜于深厚、肥沃、排水良好的中性或微酸性沙质土壤中生长。

3. 地理分布和类型 木棉花原产地不详，目前印度、斯里兰卡、中南半岛、马来西亚、印度尼西亚、菲律宾及澳大利亚等地均有栽培。我国海南、广东、广西、江西、贵州、云南、台湾、四川南部以及福建中部以南广为栽培，特别是广州、厦门利用木棉花作为行道树。现有栽培引种表明，北纬 26°大致是木棉分布的北限（王健等，2009）。

海南岛是我国木棉的重要分布区域，20 世纪 80～90 年代调查发现海南的木棉可分为深红花木棉、红花木棉、橘红花木棉和黄花木棉 4 个类型，其中黄花木棉是首次发现。由于红花和黄花区别较为明显，而深红、红和橘红则可能因颜色的连续性变异、性状的稳定性和植株生理状态而难以细分，因此王健等（2010）建议木棉仅划分为黄色和非黄色两种类型。也有文献报道还有白色木棉花。

4. 利用价值 木棉根汁和糖混合在孟加拉国的某些地区民间作为增加精子的药物（Rahmatullah et al.，2009）。木棉根的乙醇提取物具有抗幽门螺杆菌（*Helicobacter pylori*）的作用（Wang et al.，2006）。木棉花不仅赏心悦目，在我国传统文化中还具有饮食、保健和药用等诸多用途，其效用在古籍和近现代文献中均有不同记载，如《海药本

草》：主腰脚不遂，顽痹腿膝疼痛，霍乱，赤白泻痢，血痢，疥癣。《日华子本草》：治血脉麻痹疼痛，及煎洗目赤。《开宝本草》：主霍乱中恶，赤白久痢，除甘匿、疥癣。牙齿虫痛，并煮服及含之，水浸洗目，除肤赤。《岭南采药录》：生肌，止痛，散血，凉皮肤，敷跌打，消暑。《南宁市药物志》：消肿，散瘀，止痛，疗咳嗽，止产后瘀血作痛，去湿热。治血崩，金创。《贵州草药》：解热祛瘀，解毒生肌。治乳痈，骨折。《生草药性备要》：治痢症，白者更妙。《中药新编》：利尿及健胃。《广西中药志》：去湿毒，治恶疮。

木棉纤维也具有悠久的利用历史。木棉是木棉科内几种可产木棉纤维的树种，木棉纤维是由果荚内部的内壁细胞发育生长而成，属单细胞纤维，其中腔大、保暖性好、质地轻、纤维长度稍短、细度尚可，是良好的填充材料，也可以用作纺织原料。目前单独利用木棉纤维作为被褥填充料的传统用途已基本消失，逐渐兴起的是将其与其他纤维混合作为填充料（谈丽平等，2007）以及单独作为优良的隔热、隔音、保暖和浮力材料以及轻质衣物的重要原料（肖红等，2005）。

木棉木材轻软、易加工，干燥后少开裂、不变形，是良好的轻工业用材，多做箱板、隔热层板、火柴和独木舟等（廖伟群等，2000）。

木棉的树皮在广东省做海桐皮入药，称广东海桐皮。味苦，性平，功能祛风去湿，通经络，杀虫。治风湿痹痛、痢疾、牙痛、疥癣。树皮干胶水提物也具有药用价值。据报道，木棉干胶在印度是治疗肠炎性关节炎复方中的一味（Jagtap et al.，2011）。

（二）长果木棉

学名 *Bombax insigne* Wall. 。

长果木棉树高可达 20～25 m。树皮灰色，具锥状刺。树枝和小枝具茸毛。叶柄长 20～32 cm，明显 4 槽。小叶 7 片，小叶柄长 1～1.2 cm，下面具毛；叶片（15～28）cm×（6～12）cm。花大，单生或聚生，近顶部。花梗粗糙，长 25～35 mm。苞片 3 个或 4 个。花萼管状闭合，约 5 cm×3.5 cm。花瓣白色，倒卵圆形，长约 4 cm，双面具毛。花果期为 11～12 月（冯国楣等，1984）（图 33-25）。

长果木棉生于海拔 500～1 000 m 的石灰岩山林内，产印度安达曼群岛、缅甸、老挝、越南。我国产云南西部至南部，包括盈江、镇康、思茅、勐腊等地。

（尹光天 李荣生）

第二十四节 鹅 耳 枥

鹅耳枥属（*Carpinus* L.）属桦木科（Betulaceae）榛亚科［Subfam. Coryloideae，或独立于榛科（Corylaceae）］，有约 40 种，我国有 30 余种（《中国树木志》编辑委员会，1985）。鹅耳枥（*Carpinus turczaninowii* Hance）是喜钙树种，常生于石灰岩山地，也是瘠薄山地、次生裸地的先锋树种，在荒山绿化和水土保持等方面具有重要作用。

一、鹅耳枥的利用价值

鹅耳枥为中小乔木树种，树高大多十余米左右，少数可达 30 m 高。其木材结构细密，质坚重，木材锯刨加工困难，较难干燥，收缩性较大，易开裂，耐腐，抗弯力强，过去主要做工具柄、农具，现基本无产业性应用。

　　鹅耳枥主要生长于北方低山丘陵地带和南方山地，在西南地区主要是石山地区，属阳性树种，耐瘠薄干旱，根系发达。鹅耳枥目前国内除植物园栽植外，极少有人工林栽植应用。在欧美国家、日本，鹅耳枥主要作为园林树种应用。鹅耳枥枝叶茂盛，耐修剪，适宜绿篱造型。在欧洲鹅耳枥有多个观赏品种。

二、鹅耳枥的形态特征和生物学特性

　　1. 形态特征　乔木或小乔木，稀灌木；树皮平滑；鳞芽锐尖。单叶互生，边缘具重锯齿或单齿，叶脉羽状。花单性，雌雄同株；春季先叶开放或花叶同放。雄花序生于上一年枝条上，裸露或包被在芽内越冬；苞鳞覆瓦状排列，每苞鳞内具 1 朵雄花，无小苞片，无花被，3～12 枚雄蕊插生于苞鳞基部；花丝短，顶端分叉；花药二室，药室分离。雌花序包被在芽内过冬，单生，直立或下垂。总状果穗，果苞叶状，革质或纸质，3 裂、2 裂或不明显 2 裂。小坚果着生于果苞之基部，顶端具宿存花被；果皮坚硬，不开裂，种子 1 粒。

　　2. 开花结实与生长发育特性　鹅耳枥一般春季 4 月前后开花，雄花先于雌花开放，3 月下旬至 4 月上旬为开花散粉期，雌花开花盛期为 4 月上中旬。秋季 9 月前后果实成熟。展叶期为 3 月底至 4 月中旬。10～11 月林冠逐渐转黄，开始落叶，12 月树叶全部凋落，季相变化明显。

　　天然林中，种子有一年多的休眠期，主要在第二和第三个生长季萌发；结实大小年周期为 2～3 年。鹅耳枥属喜光性植物，在密林荫庇环境中，幼苗不易成活。林内若枯枝落叶层较厚，加上果苞与种子在掉落时不分开，种子不易接触土壤，难发芽。

　　普陀鹅耳枥（*C. putoensis*）种子春季播种后，一般在 4 月下旬出苗，7 月上旬开始幼苗高生长进入速生期，7 月中旬至 8 月下旬为幼苗高速生期，其中 8 月中旬为高生长高峰期，9 月上旬开始幼苗生长减缓，9 月下旬开始停止生长，全年苗高生长量为 25～50 cm。幼苗生长喜土壤深厚、排水良好、具侧方庇荫的条件。2 年生播种苗高平均生长量为 52～76 cm，地径平均生长量为 0.69～1.05 cm。

　　3. 生态适应性　鹅耳枥幼年期喜光，在光照充足处更新良好，可形成优势群丛，在稳定森林群落中往往呈衰退型种群结构，而待林中出现林窗后又出现小片群丛。

　　鹅耳枥喜土壤肥沃、湿润，在北方多生长在山地阴坡及沟谷中，在南方则多出现在阳坡。部分鹅耳枥树种喜钙，是石灰岩岩溶地带的主要建群树种（梁士楚，1992）。鹅耳枥分布广泛，自亚热带南缘直至北温带，但在南部以山地中高海拔环境为主，属于暖性植物。耐寒性强，普陀鹅耳枥引种至庐山、河南郑州等高海拔、高纬度地区，未见冻害。

三、鹅耳枥属树种资源

　　鹅耳枥属树种是北温带和北亚热带地区落叶阔叶混交林和常绿落叶阔叶混交林的重要组成部分，其中欧洲至中亚有 2 种，美洲亦有分布，东亚地区有鹅耳枥约 36 种（陈之端，1994）。在我国除鹅耳枥为自陕西和甘肃南部至华北分布外，湖北鹅耳枥（*C. hupeana*）、多脉鹅耳枥（*C. polyneura*）、川鄂鹅耳枥（*C. henryana*）、云贵鹅耳枥（*C. pubescens*）、川陕鹅耳枥（*C. fargesiana*）均以四川地区为中心向周边几个省份扩散。其他种类则均为地方分布种，且多数为西南地区特有，以滇东、桂西北、贵州西部居多，而华东地区则均为特有种。

鹅耳枥类植物多为裸地先锋树种，稳定群落中少见，因此大多数种类种群规模不大，而森林植被的破坏更使一些种类呈濒危状态。如普陀鹅耳枥天然植株仅存浙江舟山1株，天台鹅耳枥（*C. tientaiensis*）仅在浙江天台、磐安两处分布，数量不足百株。IUCN 1997公布的濒危物种目录中，包括有普陀鹅耳枥、陕西鹅耳枥（*C. shensiensis*）、台湾的兰邯千金榆（*C. rankanensis*）。近年来围绕普陀鹅耳枥的解濒有不少研究（张晓华等，2011），多个省份引种鹅耳枥的子代苗木种植获得成功，但研究表明，子代群体的遗传多样性水平极低，只有扩大其遗传多样性，才能提高其适应环境的生存能力。

四、鹅耳枥野生近缘种的特征特性

（一）普陀鹅耳枥

学名 *Carpinus putoensis* Cheng。

乔木。叶厚纸质，椭圆形至宽椭圆形，长5～10 cm，宽3～5 cm，顶端锐尖或渐尖，基部圆形或宽楔形，边缘具不规则的刺毛状重锯齿，侧脉11～13对；叶柄长5～10 mm，疏被短柔毛。果序长3～8 cm，序梗、序轴均疏被长柔毛或近无毛；果苞半宽卵形，背面沿脉被短柔毛，中裂片半宽卵形，长约2.5 cm，顶端圆或钝，外侧边缘具不规则的齿牙状疏锯齿，内侧边缘全缘，直或微呈镰形（图33-26）。

原仅存于浙江省舟山市普陀佛顶山慧济寺西侧一株，被列为国家一级重点保护植物。现已繁育出大量普陀鹅耳枥树苗多地分栽，但主要是扦插苗，扩大有性繁殖后代群体和遗传多样性才是解除濒危状况的根本途径。

图 33-26　普陀鹅耳枥
1. 果枝　2. 果苞背面　3. 果苞腹面　4. 小坚果
（引自《中国树木志·第二卷》）

（二）天台鹅耳枥

学名 *Carpinus tientaiensis* Cheng。

乔木。叶革质，卵形、椭圆形或卵状披针形，长5～10 cm，宽3～5.5 cm，顶端锐尖或渐尖，基部微心形或近圆形，边缘具短而钝的重锯齿，上面近无毛，下面沿脉疏被长柔毛，脉腋间有簇生的髯毛；侧脉12～15对；叶柄长8～15 mm，上面沟槽内密被长柔毛。果序长8～10 cm；序梗长约2.5 cm，序梗、序轴初时密被长柔毛，后渐变无毛；果苞长2.5～30 cm，宽7～8 mm，中裂片顶端钝或锐尖，外侧边缘具不明显的疏钝齿，内侧边缘全缘，有时微呈波状。

国家二级重点保护植物，之前只有浙江天台县天台山海拔 900 m 以上的山林中有分布，近年来在附近磐安县大盘山自然保护区发现 3 个分布点，植株多呈丛生状。

（姜景民）

参考文献

艾训儒，谭建锡，1999. 星斗山自然保护区珙桐种群结构特征研究 [J]. 湖北民族学院学报（自然科学版），17（1）：12 - 15.

白嘉雨，周铁烽，侯云萍，2012. 中国热带主要外来树种 [M]. 昆明：云南科技出版社.

曹健康，黄虹，陈黎，2006. 三角枫苗期生长特性的初步研究 [J]. 黄山学院学报，8（3）：66 - 69.

陈伯仲，徐乃良，1982. 一种多效用的薪材树种——羊蹄甲 [J]. 广西植物，2（1）：45 - 46.

陈丹生，1997. Ca^{2+} 对红花羊蹄甲切花的保鲜作用 [J]. 韩山师范学院学报（2）：103 - 106.

陈德昭，1988. 中国羊蹄甲属新分类群 [J]. 广西植物，8（1）：43 - 51.

陈定如，2006. 红花羊蹄甲 [J]. 广东园林（6）：63.

陈进，郭全建，张媛斐，等，2001. 元宝枫生物学特性的初步观测 [J]. 经济林研究，19（1）：40 - 42.

陈坤荣，李桐森，田广红，等，1998. 珙桐繁殖的生物学特性 [J]. 西南林学院学报，18（2）：68 - 73.

陈之端，1994. 桦木科植物的系统发育和地理分布 [J]. 植物分类学报，32（1）：1 - 31.

成俊卿，1980. 中国热带及亚热带木材：识别、材性和利用 [M]. 北京：科学出版社.

笪红卫，2006. 巨紫荆的育苗及栽培技术 [J]. 林业科技开发，20（6）：94.

邓旭，付辉，谭济才，2008. 2 种羊蹄甲植物花粉生活力快速测定 [J]. 安徽农业科学，36（19）：8071 - 8073，8111.

丁炳扬，金孝锋，2009. 杜鹃花属映山红亚属的分类研究 [M]. 北京：科学出版社.

丁伟，张永强，陈仕江，等，2003. 14 种中药植物杀虫活性的初步研究 [J]. 西南农业大学学报（自然科学版），25（5）：417 - 424.

丁增成，唐菲，王艳，等，2008. 加拿大红叶紫荆的引种试验报告 [J]. 安徽农业科学，36（16）：6747 - 6748，6794.

董社琴，李冰雯，王爱荣，2004. 植物生长调节剂对珙桐种胚离体培养的影响 [J]. 湖北农学院学报，24（14）：291 - 293.

窦全琴，袁惠红，王宝松，等，1999. 栾树研究的现状及展望 [J]. 江苏林业科技，26（2）：52 - 54.

端木炘，1989. 银合欢、新银合欢资源利用 [J]. 中国野生植物（4）：25 - 26.

费学谦，丁明，周志春，等，2005. 七叶树属种和种群的遗传多样性及遗传分化研究 [J]. 江西农业大学学报，27（2）：166 - 173.

冯春莲，张家来，2007. 我国特有珍稀树种珙桐的保护现状及对策 [J]. 林业科技开发，21（3）：8 - 11.

冯国楣，1988. 中国杜鹃花 [M]. 北京：科学出版社.

冯建灿，张玉洁，谭运德，等，2000. 喜树与喜树碱开发利用进展 [J]. 林业科学，36（5）：100 - 108.

冯宗炜，张家武，陈楚莹，等，1983. 火力楠人工林生物产量和营养元素分布 [J]. 东北林学院学报，11（2）：13 - 20.

符步琴，郝日明，2012. 紫荆的文化内涵及其在园林绿化中的应用 [J]. 江西农业学报，24 (1)：31-33.

傅立国，1992. 中国植物红皮书——稀有濒危植物：第一册 [M]. 北京：科学出版社.

傅立国，2003. 中国高等植物 [M]. 青岛：青岛出版社.

傅立国，陈潭清，郎楷永，2001. 中国高等植物：第八卷 [M]. 青岛：青岛出版社.

高凤华，2009. 色木槭开花习性与幼果发育的观察与研究 [J]. 吉林林业科技，38 (6)：1-2.

龚峥，张卫华，张方秋，等，2013. 2 种银桦属树种石山造林试验初报 [J]. 广东林业科技，29 (4)：60-63.

谷澍芳，张国娣，林雪红，1991. 金钱松胚胎发育 [J]. 林业科学研究，4 (4)：395-399.

顾万春，李斌，孙翠玲，2001. 皂荚优良产地和优良种质推荐 [J]. 林业科技通讯 (4)：10-13.

管淑玉，林家勤，曾宇，等，2008. 5 种中草药提取物对致病性弧菌的抑菌作用研究 [J]. 广东药学院学报，24 (3)：269-271.

《贵州植物志》编辑委员会，1982. 贵州植物志：第一卷 [M]. 贵阳：贵州人民出版社.

郭洪启，2005. 加拿大红叶紫荆引种繁育试验 [J]. 山东林业科技 (4)：21-22.

韩丽娟，胡玉熹，林金星，等，1997a. 水松生物学特性及保护 [J]. 亚热带植物通讯，26 (1)：43-47.

韩丽娟，胡玉熹，林金星，等，1997b. 水松的次生韧皮部解剖及其系统位置的讨论 [J]. 植物分类学报，35 (6)：527-532.

郝刚，张奠湘，郭丽秀，等，2001. A phylogenetic and biogeographic study of *Cercis* (Leguminosae) [J]. 植物学报，43 (12)：1275-1278.

郝玉立，石大兴，王米力，等，2010. 红花羊蹄甲的组织培养与植株再生 [J]. 植物生理学通讯，46 (4)：383-384.

何蓉，李琦华，和丽萍，等，2003. 云南 7 种豆科灌木的生态习性及饲用价值研究 [J]. 云南林业科技 (4)：59-66.

贺金生，林洁，陈伟烈，1995. 我国珍稀特有植物珙桐的现状及其保护 [J]. 生物多样性，3 (4)：213-221.

胡芳名，谭晓风，刘惠民，2006. 中国主要经济树种栽培与利用 [J]. 北京：中国林业出版社.

胡星明，王丽平，杨坤，等，2009. 城市道路旁小蜡叶片对重金属的富集特征 [J]. 环境化学，28 (1)：89-93.

黄栋，王瑾，李冬林，2009. 茶条槭的生物学特性与培育技术研究 [J]. 现代农业科学，16 (4)：112-113.

江泽慧，林斌，等，2008. 中国杜鹃花 [M]. 北京：中国林业出版社.

蒋建新，安鑫南，朱莉伟，2003. 皂荚豆组成及皂荚胶的流变性质 [J]. 南京林业大学学报（自然科学版）(1)：1-3.

焦淑清，徐晶莹，2009. 微波萃取红花羊蹄甲花红色素的研究 [J]. 食品研究与开发，30 (4)：190-192.

金晓玲，吴安湘，沈守云，等，2007. 珍稀濒危植物珙桐离体快繁技术初步研究 [J]. 园艺学报，34 (5)：1327-1328.

金雅琴，李冬林，2009，2 种国产槭树的引种试验 [J]. 东北林业大学学报，37 (2)：11-13.

金瑛，2000. 薄层扫描法测定水蜡树果实及叶子中齐墩果酸的含量 [J]. 药学实践杂志，18 (3)：157-158.

柯病凡，江泽慧，王传贵，等，1994. 珍稀及待开发树种材性及用途的研究 [J]. 安徽农业大学学报，21 (4)：381-428.

兰彦平，顾万春，2006. 北方地区皂荚种子及荚果形态特征的地理变异 [J]. 林业科学，42 (7)：47-51.

雷妮娅，陈勇，李俊清，等，2007. 四川小凉山珙桐更新及种群稳定性研究 [J]. 北京林业大学学报，29 （5）：35-36.

李博，袁道凌，班继德，等，1990. 鄂西七姊妹山珙桐群落及其保护对策研究 [J]. 华中师范大学学报（自然科学版），24（3）：323-334.

李传代，2010. 女贞种质资源遗传多样性 ISSR 分析 [D]. 海口：海南大学.

李春香，杨群，2002. 杉科、柏科的系统发生关系研究进展 [J]. 生命科学研究，12（1）：432-434.

李冬林，王宝松，韩杰峰，2007. 观赏槭树的苗期试验初报 [J]. 江苏林业科技，34（1）：10-14.

李发根，夏念和，2004. 水松地理分布及其濒危原因 [J]. 热带亚热带植物学报，12（1）：13-20.

李光照，2008. 中国广西杜鹃花 [M]. 上海：上海科学技术出版社.

李广祥，2009. 色木槭、拧劲槭生长分析及生长阶段划分初探 [J]. 吉林林业科技，38（5）：26-28.

李汉友，2010. 七叶树的生物学特性与应用开发 [J]. 安徽农学通报，16（7）：92-93.

李洪斌，陈李利，周贱平，等，2007. 佛山市禅城区行道树调查研究 [J]. 广东园林（2）：58-61.

李江南，赵伟，李长田，2007. 水蜡树鲜花芳香油化学成分研究 [J]. 中国野生植物资源，26（2）：65-67.

李雷鹏，马晓倩，孙亮，等，2007. 茶条槭在东北地区的研究现状及展望 [J]. 东北林业大学学报，35（7）：81-82.

李林初，1986. 水杉的核型研究 [J]. 武汉植物学研究（1）：1-5.

李林初，1995. 松科的核型和系统发育研究 [J]. 植物分类学报，33（5）：417-432.

李林初，傅煜西，1995. 雪松属的细胞分类学及历史植物地理学研究 [J]. 云南植物研究，17（1）：41-47.

李明，刘志刚，2006. 木棉叶化学成分研究 [J]. 中国中药杂志，31（11）：934-935.

李楠，1995. 论松科植物的地理分布、起源和扩散 [J]. 植物分类学报，33（2）：105-130.

李倩中，李淑顺，荣立苹，等，2011. 鸡爪槭新品种'金陵黄枫' [J]. 园艺学报，38（8）：1627-1628.

李珊，2001. 用 RAPD 标记检测庙台槭自然居群的遗传结构和遗传分化 [D]. 西安：西北大学.

李伟，林富荣，郑勇奇，等，2013a. 皂荚南方天然群体种实表型多样性 [J]. 植物生态学报，37（1）：61-69.

李伟，林富荣，郑勇奇，等，2013b. 皂荚天然群体间种实表型特性及种子萌发的差异分析 [J]. 植物资源与环境学报，22（4）：70-75.

李湘阳，曾炳山，龚珍，等，2013. "罗宾戈登"银桦组培苗不定根的诱导 [J]. 北方园艺（19）：145-149.

李雪萍，何正权，陈发菊，等，2006. 神农架 4 个珙桐居群遗传多样性的 RAPD 分析 [J]. 北京林业大学学报，28（3）：66-70.

李烨，麦非，2008. 女贞家系种子播种品质性状的变异与相关性 [J]. 科技情报开发与经济，18（36）：100-101.

李一川，刘厚田，1990. 重庆某些树种对二氧化硫耐性和净化能力的研究 [J]. 环境科学，11（3）：20-23.

李因刚，周志春，范辉华，等，2008. 乳源木莲种源遗传多样性和遗传分化 [J]. 林业科学研究，21（4）：582-586.

李英霞，彭广芳，林慧彬，等，1997. 水蜡树源的开发利用 [J]. 时珍国药研究，8（1）：93-94.

李月琴，雷泞菲，林莎，等，2007. 濒危植物珙桐的组织培养技术研究 [J]. 安徽农业科学，35（18）：5369-5370.

李忠武，1994. 浅谈水蜡树在滨海盐碱地城镇绿化中的作用 [J]. 盐碱地利用（4）：92-94.

李珠莲，潘德济，胡昌奇，等，1982. 土槿皮新二萜成分的研究Ⅰ. 土槿甲酸和土槿乙酸的化学结构测定 [J]. 化学学报，40（5）：65-75.

梁士楚，1992. 贵阳喀斯特山地云贵鹅耳枥种群动态研究 [J]. 生态学报，12（1）：53-60.

梁有祥，秦武明，王桂成，等，2011. 桂东南地区火力楠人工林生长规律研究 [J]. 西北林学院学报，26（2）：150-154.

梁远发，郑道君，鄢东海，等，2008. 粗壮女贞（苦丁茶）不同种质材料遗传多样性的 RAPD 分析 [J]. 中国生物化学与分子生物学报，24（9）：873-881.

梁云贞，彭金云，韦方立，2012. 微波辅助提取木棉叶总黄酮研究 [J]. 安徽农业科学，40（31）：15426-15428.

廖菊阳，2011. 湖南杜鹃属资源及4种杜鹃光合生理特性研究 [D]. 长沙：中南林业科技大学.

廖菊阳，闫文德，王光军，等，2011. 鹿角杜鹃光合日变化特性分析 [J]. 中南林业科技大学学报，31（5）：117-120.

廖菊阳，朱颖芳，彭春良，等，2010. 湖南杜鹃属植物种类及引种适应性初探 [J]. 中南林业调查规划，29（1）：45-49.

廖伟群，谢薇，2000. 木棉的审美形象与广州城市形象塑造的探讨 [J]. 广东园林（1）：14-16.

林林，1982. 红花羊蹄甲嫁接育苗 [J]. 植物杂志（6）：27.

林文群，陈忠，李萍，等，2002. 女贞果实及种子的化学成分 [J]. 植物资源与环境学报，11（1）：55-56.

林紫玉，李贞霞，张建伟，2005. 温度对垂丝紫荆种子发芽的影响 [J]. 河北林果研究，20（3）：214-216.

刘传开，2005. 优新林木品种——速生法桐 [J]. 农家致富（14）：26.

刘国道，1995. 世界银合欢研究进展 [J]. 热带作物研究（2）：78-81.

刘国道，2000. 海南饲用植物志 [M]. 北京：中国农业大学出版社.

刘海学，范冰，孙振雷，等，2001. 不同槭树过氧化物同工酶分析 [J]. 内蒙古民族大学学报（自然科学版），16（3）：265-268.

刘和林，李承彪，1998. 从中全新世古森林探讨生物多样性变化 [J]. 四川林业科技，19（1）：1-5.

刘述河，丁朋松，金丽凤，等，2011. 上海地区国外树种引种调查分析 [J]. 中国农学通报，27（31）：305-309.

刘晓华，黄石德，潘辉，等，2009. 城市绿化树种对道路空间大气颗粒物浓度的影响 [J]. 福建林学院学报，29（1）：79-83.

刘艳菊，李承森，王宇飞，1996. 水杉属研究述评 [J]. 植物学通报，13（3）：15-22.

刘玉壶，2004. 中国木兰 [M]. 北京：北京科学技术出版社.

刘玉新，2011. 湖北紫园人工引种栽培日本女贞成功 [J]. 花木盆景（7）：58.

刘争，于晓萍，贾书果，2012. 七叶树研究进展及开发利用 [J]. 安徽农业科学，40（10）：5986-5988.

刘仲华，1992. 银桦树花期的蜂群管理 [J]. 养蜂科技（1）：24.

芦建国，连洪燕，2007. 红叶石楠在园林中的应用 [J]. 现代农业科技（1）：40-41.

罗天京，莫本田，龙忠富，等，2011. 几种热带豆科饲用灌木在贵州南部地区的生态适应性研究 [J]. 热带作物学报，32（7）：1372-1380.

罗瑜萍，龚维，邱英雄，等，2006. 羊蹄甲属3种园艺树种分子鉴定及亲缘关系的 ISSR 分析 [J]. 园艺学报，33（2）：433-436.

马进，王小德，2005. 天目山槭树植物种质资源与开发价值评价 [J]. 长江大学学报（自然科学版），2（5）：35-45.

马同森，刘绣华，赵东保，等，1997. 紫荆花红色素的提取及其稳定性研究 [J]. 化工研究，8（4）：36 - 40.

毛丽，陈翕兰，2007. 观赏植物容器育苗引种试验 [J]. 现代农业科技 （19）：7 - 8.

孟华菊，2011. 七叶树生殖生物学研究 [D]. 汉中：陕西理工学院.

闵红梅，谢军，周鸿彬，2007. 美国绿化树种引种栽培研究 [J]. 湖北林业科技 （3）：26 - 28.

潘辉，刘晓华，黄石德，等，2008. 城市行道树对道路空间 CO 浓度的影响 [J]. 福建林学院学报，28（4）：356 - 360.

潘志刚，游应天，1994. 中国主要外来树种引种栽培 [J]. 北京：北京科学技术出版社.

祁承经，1990. 湖南植被 [M]. 长沙：湖南科学技术出版社.

祁承经，2000. 湖南树木志 [M]. 长沙：湖南科学技术出版社.

钱永生，王慧中，黎念林，等，2007. 十一种槭属植物遗传多样性 AFLP 分析 [J]. 浙江林业科技，1（1）：1 - 5.

钱又宇，薛隽，2008a. '宝石'红花七叶树与北美红花七叶树 [J]. 园林 （11）：66 - 67.

钱又宇，薛隽，2008b. 光叶七叶树与欧洲七叶树 [J]. 园林 （10）：66 - 67.

秦国旺，2003. 元宝枫生物学特性及经济价值 [J]. 山西林业 （5）：28.

屈信成，胡琦敏，李振麟，等，2012. 小蜡树叶的生药学研究 [J]. 药物研究 （7）：41 - 42.

石召华，2013. 七叶树属植物资源及品种研究 [D]. 武汉：湖北中医药大学.

松华，2012. 灌木类银桦新优品种 [J]. 园林 （7）：18 - 20.

宋丛文，包满珠，2004. 天然珙桐群体的 RAPD 标记遗传多样性研究 [J]. 林业科学，40（4）：75 - 79.

苏开君，王伟平，王光，等，2008. 澳洲红花银桦等 12 种木本花卉引种初报 [J]. 广东林业科技，24（5）：61 - 62.

《台湾植物志》第二版编辑委员会，1996. 台湾植物志 [M]. 2 版. 台北：现代关系出版社.

谈丽平，王府梅，刘维，2007. 木棉系列絮料的保暖性 [J]. 纺织学报，28（4）：38 - 40，44.

谭沛祥，方文培，1983. 华南杜鹃花志 [M]. 广州：广东科技出版社.

唐丽，2004. 我国栾树的种质资源 [J]. 湖南环境生物职业技术学院学报，10（3）：191 - 194.

田大伦，康文星，2006. 生长在矿区废弃地的栾树混交幼林生物量研究 [J]. 中南林学院学报，26（5）：1 - 4.

田欣，2003. 槭树科的系统学与生物地理学 [D]. 昆明：昆明植物研究所.

全会娟，胡魁伟，康琛，等，2009. 近十五年中药女贞子研究进展 [J]. 中国实用医药，4（36）：1 - 5.

童贯和，2002. SO_2 污染对树木叶片中可溶性糖及叶绿素含量的影响 [J]. 淮北煤师院学报，23（2）：55 - 57.

汪荣斌，王存琴，刘晓龙，等，2011. 茶条槭化学成分及药食应用研究进展 [J]. 安徽农业科学，39（9）：5387 - 5388，5517.

王朝晖，费本华，祝四九，等，1998. 水杉木材性质及综合利用 [J]. 安徽农业大学学报，25（4）：408 - 412.

王春华，2009. 濒危树种——水松 [J]. 中国木材 （4）：28 - 29.

王健，水庆艳，石晶，等，2010. 海南木棉植物资源调查与分类初步研究 [J]. 亚热带植物科学，39（1）：53 - 56.

王健，水庆艳，宋希强，2009. 木棉（Bombax ceiba）名称辨析与栽培应用 [J]. 热带作物学报，30（12）：1764 - 1769.

王立青，2006. 色木槭叶中 2 个新的保肝苷 [J]. 国外医药植物药分册，21（2）：73.

王良民，2008. 山西树木新记录——蜡子树（Ligustrumm olliculum）及其保育 [J]. 山西农业大学学报

（自然科学版），28（4）：373－374，378.

王罗荣，曹健，黄发新，等，2012. 红花木莲引种栽培与优良类型选育研究 [C]//中国林学会树木学分会第十三届学术研讨会论文集.

王名金，1990. 树木引种驯化概论 [M]. 南京：江苏科学技术出版社.

王祺，2012. 山东中新世山旺组紫荆属（豆科）叶化石的叶枕研究——兼论豆科植物叶枕的早期演化 [J]. 古生物学报，51（1）：1－13.

王性炎，1983. 木本油脂的化学成分与人体健康 [J]. 经济林研究，2（1）：89－91.

魏小玲，曹福祥，陈建，2013. 海南木莲遗传多样性的 ISSR 及亲缘关系分析 [J]. 生物技术通报（8）：74－77.

魏远新，郭莉，2007. 七叶树的生物学特性及其发展利用 [J]. 现代农业科技（22）：48.

吴福川，袁军，廖博儒，等，2009. 中国城市市花市树研究 [J]. 中国农学通报，25（20）：192－195.

吴广庆，王金亭，鞠秀萍，2009. 紫荆花红色素体外抗氧化活性的研究 [J]. 江苏农业科学，（4）：317－318，340.

吴裕，2007. 元宝枫表型变异研究 [D]. 昆明：西南林学院.

吴赵云，金澜，2007. 女贞属 3 种药用植物叶的性状和显微鉴别研究 [J]. 药物分析杂志，27（5）：657－660.

夏念和，罗献瑞，1999. 无患子科的地理分布 [M]//路安民. 种子植物科属地理. 北京：科学出版社：416－429.

肖红，于伟东，施楣梧，2005. 木棉纤维的特征与应用前景 [J]. 东华大学学报（自然科学版），31（2）：121－125.

肖黎，2011. 濒危植物巴东木莲居群遗传多样性及其种间关系研究 [D]. 宜昌：三峡大学.

肖黎，马太洋，李晓玲，等，2011. 22 种木莲属植物亲缘关系的 SRAP 分析 [J]. 西北植物学报，31（11）：2178－2184.

熊敏，2011. 濒危植物华木莲遗传多样性和遗传结构的微卫星分析 [D]. 南昌：江西农业大学.

熊咏梅，赵冰，代色平，2009. 广州七种园林植物枯落物的水文效应 [J]. 广东园林，31（6）：60－63.

徐仁，1982. 青藏古植被的演变与青藏高原的隆起 [J]. 植物分类学报，20（4）：385－391.

徐廷志，1996. 翅果形态及其在槭树科分类与演化上的意义 [J]. 广西植物，16（2）：109－122.

徐廷志，1998. 槭属的系统演化与地理分布 [J]. 云南植物研究，20（4）：383－389.

徐永吉，1995. 含笑属 *Michelia* 木材介绍 [J]. 中国木材（2）：34－35.

许绍远，1990. 金钱松生长特性与林分结构的研究 [J]. 浙江林学院学报，7（4）：297－306.

鄢东海，2007. 苦丁茶名称的演变、植物种类及保健价值 [J]. 贵州农业科学，35（1）：114－116.

闫女，王丹，高亚卉，等，2010. 七里峪不同海拔茶条槭种群的遗传多样性 [J]. 林业科学，46（10）：50－56.

杨和生，杨期和，苏丽琼，等，2011. 洋紫荆种子萌发特性初探 [J]. 种子，30（2）：76－79.

杨静，魏彩霞，2005. 女贞属植物的研究概况 [J]. 西北药学杂志，20（6）：278－280.

杨莉娅，谢松，吴云鸣，等，2001. 巴布剂复方紫荆消伤膏质量标准研究 [J]. 中草药，31（11）：826－828.

杨连利，李仲瑾，2004. 元宝枫种壳中单宁类型鉴定及含量测定 [J]. 咸阳师范学院学报，19（4）：31－33.

杨旭光，苏小萍，2005. 开黄花的凤凰木 [J]. 花卉（9）：41.

杨洋，菅红磊，徐永霞，等，2011. 皂荚多糖胶酶解制备低聚糖 [J]. 食品科学，32（18）：138－141.

杨业勤，徐友源，1986. 贵州珙桐生态特性的初步研究 [J]. 林业科学，22（4）：426.

杨一川，李体俊，1989. 四川峨眉山的珙桐群落的初步研究 [J]. 植物生态学与地植物学丛刊（3）：270-276.

杨之彦，冯志坚，曹忠元，2011. 羊蹄甲属观赏植物的辨别及其园林应用 [J]. 广东园林，33（1）：47-51.

叶桂艳，1996. 中国木兰科树种 [M]. 北京：中国农业出版社.

叶花兰，2007. 银合欢种质资源遗传多样性的 ALFP 分析 [D]. 广州：华南农业大学.

应叶青，吴家胜，周国模，等，2004. 喜树种源苗期性状遗传变异研究 [J]. 林业科学研究，17（6）：751-756.

于永福，1995. 杉科植物的起源、演化及其分布 [J]. 植物分类学报，33（4）：362-389.

喻才员，孔迪红，万承永，2007. 不同催芽方法破除青榨槭种子休眠的影响分析 [J]. 林业建设（4）：29-30.

袁长春，李伍荣，丁力明，等，2004. 基于形态学特征探讨榕属（Ficus）部分植物的系统发育 [J]. 湛江师范学院学报，25（6）：26-31.

臧德奎，2007. 园林树木学 [M]. 北京：中国建筑工业出版社.

张辰露，李新生，梁宗锁，2009. 七叶树属植物的分布特征及化学成分研究进展 [J]. 西北林学院学报，24（6）：142-145.

张德辉，2001. 喜树资源生态学的研究 [D]. 哈尔滨：东北林业大学.

张奠湘，陈德昭，1994. 羊蹄甲属的系统与生物地理学：1. 厚盘组的分支分析 [J]. 广西植物，14（1）：11-17.

张峰，蔡宇杰，廖祥儒，等，2008. 一种具有热滞活性的女贞叶质外体过氧化物酶 [J]. 植物生理学通讯，44（1）：45-50.

张建民，李冬林，2010. 鸡爪槭的主要品种类型及育苗 [J]. 特种经济动植物（9）：26-27.

张连全，2011. 枝曲花艳的黄山紫荆 [J]. 园林（5）：65.

张鲁归，2003. 杜鹃花 [M]. 北京：中国林业出版社.

张露婷，吴江，梅丽，等，2011. 喜树种源耐盐能力评价及耐盐指标筛选 [J]. 林业科学，47（11）：66-72.

张炜鹏，陈金林，黄全能，等，2007. 南方主要绿化树种对重金属的积累特性 [J]. 南京林业大学学报（自然科学版），31（5）：125-128.

张晓华，李修鹏，俞慈英，等，2011. 濒危植物普陀鹅耳枥种质资源保存现状与对策 [J]. 浙江海洋学院学报（自然科学版），30（2）：163-167.

张晓明，陈叶，邓小梅，等，2013. 莫丽银桦组培技术研究 [J]. 林业科技开发，27（1）：101-104.

赵鸿杰，胡羡聪，邝健智，等，2009. 红花银桦对大气 SO_2 和氟化物的净化能力 [J]. 亚热带农业研究，5（2）：124-127.

赵平丽，奚如春，叶晓玲，等，2011. 白翅银桦组培快繁技术研究 [J]. 江西林业技术（3）：12-15.

郑道君，梁远发，刘国民，等，2008. 木犀科苦丁茶种质资源的 RAPD 分析 [J]. 中国农业科学，41（12）：4164-4172.

郑建福，朱芝裕，刘达富，2006. 鸡爪槭的育苗及苗期生长规律研究 [J]. 现代农业科技（8）：8，10.

郑少林，薄学，张立军，2008. 辽宁北票早白垩世义县组松柏类金钱松属（Pseudolarix）的发现及其起源与演化意义 [J]. 世界地质，27（2）：119-126.

郑文澄，1987. 一种新的观花乔木——班西银桦的引种及应用 [J]. 广东园林（3）：38-39.

中国科学院植物研究所，1976. 中国高等植物图鉴：第一册 [M]. 北京：科学出版社.

中国科学院植物研究所，1983. 中国高等植物图鉴：第三册 [M]. 北京：科学出版社.

中国科学院中国植物志编辑委员会，1978. 中国植物志：第七卷 [M]. 北京：科学出版社.

中国科学院中国植物志编辑委员会，1981. 中国植物志：第四十六卷 [M]. 北京：科学出版社.

中国科学院中国植物志编辑委员会，1984. 中国植物志：第四十九卷第二分册 [M]. 北京：科学出版社.

中国科学院中国植物志编辑委员会，1985. 中国植物志：第三卷 [M]. 北京：科学出版社.

中国科学院中国植物志编辑委员会，1988a. 中国植物志：第三十九卷 [M]. 北京：科学出版社.

中国科学院中国植物志编辑委员会，1988b. 中国植物志：第三十卷 [M]. 北京：科学出版社.

中国科学院中国植物志编辑委员会，1994. 中国植物志：第五十七卷第二分册 [M]. 北京：科学出版社.

中国科学院中国植物志编辑委员会，1999. 中国植物志：第五十七卷第一分册 [M]. 北京：科学出版社.

《中国森林》编辑委员会，1999. 中国森林：第2卷针叶林 [M]. 北京：中国林业出版社.

《中国森林》编辑委员会，2000. 中国森林：第3卷阔叶林 [M]. 北京：中国林业出版社.

《中国树木志》编辑委员会，1978. 中国主要树种造林技术：上册 [M]. 北京：农业出版社.

《中国树木志》编辑委员会，1983. 中国树木志：第一卷 [M]. 北京：中国林业出版社.

《中国树木志》编辑委员会，1985. 中国树木志：第二卷 [M]. 北京：中国林业出版社.

《中国树木志》编辑委员会，1997. 中国树木志：第三卷 [M]. 北京：中国林业出版社.

《中国树木志》编辑委员会，2004. 中国树木志：第四卷 [M]. 北京：中国林业出版社.

钟章成，秦自生，史建慧，1984. 四川卧龙地区珙桐群落特征的初步研究 [J]. 植物生态学与地植物学丛刊，8 (4)：253 - 263.

周贱平，李洪斌，陈李利，等，2007. 南亚热带主要城市行道树树种调查研究 [J]. 广东园林，29 (120)：48 - 53.

周兰英，2008. 杜鹃属植物亲缘关系及遗传多样性研究 [D]. 成都：四川农业大学.

周日宝，刘清平，1994. 皂荚属植物过氧化物同工酶和脂酶同工酶的研究 [J]. 长沙电力学院学报（自然科学版）(2)：215 - 218.

竺利波，顾万春，李斌，2007. 紫荆群体表型性状多样性研究 [J]. 林业科学，23 (3)：138 - 145.

邹利娟，吴庆贵，苏智先，等，2011. 珙桐快速繁殖技术研究 [J]. 绵阳师范学院学报，30 (5)：62 - 66.

邹璞，廖景平，张奠湘，2008. 羊蹄甲属植物种子表面微形态观察 [J]. 广西植物，28 (1)：24 - 32.

维特斯 C A，1986. 植物分类学与生物系统学 [M]. 韦仲新，等，译. 北京：科学出版社.

吴鲁夫 E B，1964. 历史植物地理学 [M]. 仲崇信，等，译. 北京：科学出版社.

Alverson W S，Whitlock B A，Nyffeler R，et al.，1999. Phylogeny of the core Malvales：Evidence from ndhF sequence data [J]. Am J Bot，86 (10)：1474 - 1486.

Ananth K V，Asad M，Prem Kumar N，et al.，2010. Evaluation of wound healing potential of *Bauhinia purpurea* leaf extracts in rats [J]. Indian Journal of Pharmaceutical Sciences，72 (1)：122 - 127.

Baum D A，Stacey DeWitt Smith，Alan Yen，et al.，2004. Phylogenetic relationships of Malvatheca (Bombacoideae and Malvoideae；Malvaceae sensu lato) as inferred from plastid DNA sequences [J]. Am J Bot，91 (11)：1863 - 1871.

Bhattacharya A，Mandal S，2000. Pollination biology in Bombax ceiba Linn [J]. Current Science，79 (12)：1706 - 1712.

Bora M V，Sapkal R T，Latake S B，2010. Anti - fungal properties of plant extracts against *Aspergillus flavus* inciting groundnut [J]. Journal of Maharashtra Agricultural Universities，35 (2)：337 - 339.

Bou M，Kharrat D，Grenier G，et al.，2001. Karyotype analysis reveals intersoecific differentiation in the genus *Cedru* despite genome size and base composition constancy [J]. Theor Appl Genet，103：846 - 854.

Canard D，Perru O，Tauzin V，et al.，1997，Terpene composition variations in diverse provenances of *Cedrus libani* (a) . Rich. and *Cedrus atlantica* Manet [J]. Trees，11 (8)：504 – 510.

Chaturvedi P，2010. In vitro evaluation of anti – oxidant potentials of *Bauhinia purpurea* [J]. Journal of Applied Zoological Researches，21 (2)：153 – 159.

Chen D Z，Zhang D X，Larsen K，et al.，2010. Bauhinia [M]//Wu Z Y，Raven P H，Hong D Y. Flora of China：Vol. 10，Beijing：Science Publisher & St. Louis：Missouri Botanical Garden Press：6 – 21.

Davis C C，Fritsch P W，Li J H，et al.，2002. Phylogeny and biogeography of *Cercis* (Fabaceae)：Evidence from nuclear ribosomal ITS and chloroplast ndhF sequence data [J]. Systematic Botany，27 (2)：289 – 302.

Dogra P D，1966. Embryogeny of the Taxodiaceae [J]. Phytomor Phology，16：125 – 141.

Du Puy D J，Phillipson P B，Rabevohitra R，1995. The genus *Delonix* (Leguminosae：Caesalpinioideae：Caesalpinieae) in Madagascar [J]. Kew Bulletin，50 (3)：445 – 475.

Duarte M C，Esteves G L，Salatino M L F，et al.，2011. Phylogenetic analyses of *Eriotheca* and related genera (Bombacoideae，Malvaceae) [J]，Systematic Botany，36 (3)：690 – 701.

Gadek P A，Quinn C J，1993. An analysis of relationships within the Cupresssceae semsu stricto based on *rbcL* sequences [J]. Ann Missouri Bot Gard，80：581 – 586.

Hossain E，Rawani A，Chandra G，et al.，2011. Larvicidal activity of *Dregea volubilis* and *Bombax malabaricum* leaf extracts against the filarial vector *Culex quinquefasciatus* [J]. Asian Pacific Journal of Tropical Medicine，4 (6)：436 – 441.

Jagtap A G，Niphadkar P V，Phadke A S，2011. Protective effect of aqueous extract of *Bombax malabaricum* DC. on experimental models of inflammatory bowel disease in rats and mice [J]. Indian Journal of Experimental Biology，49：343 – 351.

Johnson M A，Tolbert R J，1960. The shoot apex in *Bombax* [J]. Bulletin of the Torrey Botanical Club，87 (3)：173 – 186.

Kannan N，Renitta R E，Guruvayoorappan C，2010. *Bauhinia tomentosa* stimulates the immune system and scavenges free radical generation in vitro [J]. Journal of Basic and Clinical Physiology and Pharmacology，21 (2)：157 – 168.

Kate E，Denise I，2003. The complete Encyclopedia of Trees and Shrubs [M]. san Diego california：Gordon Cheers：194 – 195.

Mandal J，2005. Bombacaceae pollen from the Indian Tertiary sediments and its bearing on evolution and migration [J]. Review of Palaeobotany and Palynology，133 (3 – 4)：277 – 293.

Nicolson D H，1979. Nomenclature of *Bombax*，*Ceiba* (Bombacaceae) and *Cochlospermum* (Cochlospermaceae) and their type species [J]. Taxon，28 (4)：367 – 373.

Panetsos K P，Christou A，Scaltsoyiannes A，1992. First analysis on allozyme variation in cedar species (*Cedrus* sp.) [J]. Silvae Genetica，41 (6)：339 – 342.

Peirce A S，1936. Anatomical interrelationships of the Taxodiaceae and Cupressaceae [J]. Trop Wood，46：1 – 15.

Ponnusami V，Gunasekar V，Srivastava S N，2009. Kinetics of methylene blue removal from aqueous solution using gulmohar (*Delonix regia*) plant leaf powder：multivariate regression analysis [J]. Journal of Hazardous Materials，169 (1 – 3)：119 – 127.

Qin P H，Ni H G，Liu Y S，et al.，2011. Occurrence，distribution，and source of polybrominated diphenyl ethers in soil and leaves from Shenzhen Special Economic Zone，China [J]. Environmental Monitoring and Assessment，174（1/4）：259－270.

Rahmatullah M，Ferdausi D，Mollik M A H，et al.，2009. Ethnomedical survey of Bheramara area in Kushtia district，Bangladesh［J］. American－Eurasian Journal of Sustainable Agriculture，3（3）：534－541.

Rajan S S，Ravi Shankara B E，Sujan Ganapathy P S，et al.，2011. Screening of *Bauhinia* species crude extract against clinically infectious bacteria［J］. Medicinal and Aromatic Plant Science and Biotechnology，5（1）：66－69.

Rajkapoor B，Murugesh N，Krishna D R，2009. Cytotoxic activity of a flavanone from the stem of *Bauhinia variegate* Linn［J］. Natural Product Research，23（15）：1384－1389.

Raju A J S，Rao S P，Rangaiah K，2005. Pollination by bats and birds in the obligate outcrosser *Bombax ceiba* L.（Bombacaceae），a tropical dry season flowering tree species in the Eastern Ghats forests of India［J］. Ornithological Science，4（1）：81－87.

Salatino A，Salatino M L F，Giannasi D，2000. Flavonoids and the taxonomy of *Cercis*［J］. Biochemical Systematics and Ecology，28（6）：545－550.

Salleh M Z，Zakaria Z A，Abdul Hisam E E，et al.，2011. In vivo antiulcer activity of the aqueous extract of *Bauhinia purpurea* leaf［J］. Journal of Ethnophamacology，137（2）：1047－1054.

Scaltsoyiannea A，1999. Allozyme differentiaion and phylogeny of cedar species［J］. Silvae genetica，48（2）：61－68.

Tang Y，Gilber M G，Dorr L J，2007. Bombacaceae［M］//Wu Z Y，Raven P H，Hong D Y. Flora of China：Vol. 12（Hippocastanaceae through Theaceae）. Beijing：Science Press & St. Louis：Missouri Botanical Garden.

Tsumura Y，Yoshimura K，Tomaru N，1995. Molecular Phylogeny of conifers RFLP analysis of PCR－amplified specific chloroplast genes［J］. Theoretical and Applied Genetics，91：1222－1236.

Ukpebor E E，Ukpebor J E，Aigbokhan E，et al.，2010. *Delonix regia* and *Casuarina equisetifolia* as passive biomonitors and as bioaccumulators of atmospheric trace metals［J］. Journal of Environmental Sciences，22（7）：1073－1079.

Wang X Q，Tank D C，Sang T，2000. Phylogeny and divergence times in Pinaceae：Evidence from three genomes［J］. Mol. Biol. Evol，17：773－781.

Wang Y C，Huang T L，2006. Screening of anti－*Helicobacter pylori* herbs deriving from Taiwanese folk medical plants［J］. FEMS Immunology & Medical Microbiology，43（2）：295－300.

Xu L R，et al.，2010. Fabaceae［M］//Wu Z Y，Raven P H，Hong D Y Flora of China v. 10：Fabaceae. Beijing：Science Press.

Zakaria Z A，Abdul Rahman N I，Loo Y W，et al.，2009. Antinociceptive and anti－inflammatory activities of the chloroform extract of *Bauhinia purpurea* L.（Legumeinosae）leaves in animal models［J］. International Journal of Tropical Medicine，4（4）：140－145.

第三十四章

经济林树种

第一节　红　豆　杉

红豆杉属（*Taxus* L.）植物是濒临灭绝的珍稀树种，也是国家一级珍稀保护植物；其材质优良，又具有抗癌作用，故其保护被全世界 42 个生长红豆杉的国家所重视，联合国也明令禁止采伐。目前作为药用价值开发的主要是西藏红豆杉（*T. wallichiana*）、南方红豆杉（*T. chinensis* var. *mairei*）。

一、红豆杉的利用价值与栽培概况

（一）利用价值

1. 林用价值　心材橘红色，边材淡黄褐色，纹理直，结构细，密度 0.55～0.76 g/cm³，坚实耐用，干后少开裂，是供建筑、车辆、家具、细木加工、雕刻、乐器、农具、器具及文具等的优良用材。

2. 药用价值　红豆杉所含有的次生代谢衍生物紫杉醇具有重要的药用价值。紫杉醇最早是从短叶红豆杉的树皮中分离出来的抗肿瘤活性成分，是治疗转移性卵巢癌和乳腺癌的最好药物之一，同时对肺癌、食道癌也有显著疗效，对肾炎及细小病毒炎症有明显抑制作用。

红豆杉的根、茎、叶都可入药，可以治疗尿不畅，消除肿痛；对糖尿病、女性月经不调、血量增加都有治疗作用。红豆杉也可以用于产后调理，对女性病症具有一定的治疗作用。

3. 园林绿化　红豆杉在园林绿化、盆景方面也具有十分广阔的发展前景，如利用珍稀红豆杉树制作高档盆景，利用矮化技术处理的东北红豆杉盆景造型古朴典雅，枝叶紧凑而不密集，舒展而不松散，红茎、红枝、绿叶、红豆使其具有观茎、观枝、观叶、观果的多重观赏价值。红豆杉又具萌芽性强的特点，可用作绿篱。

4. 生态价值　红豆杉能很好地吸收甲醛，保持室内外空气的清洁度和安全度，可有效预防呼吸道疾病。经现代环境监测证明，红豆杉对二氧化硫、一氧化碳等也具有吸收功能。

（二）分布与栽培概况

红豆杉分布于陕西、甘肃、四川、云南、贵州、广西、湖南、湖北及安徽等省份的部分地区，海拔 1 000~1 200 m。东北红豆杉分布于辽宁东部、黑龙江南部海拔 600~1 000 m 的地方。喜马拉雅密叶红豆杉仅分布于西藏吉隆县。喜马拉雅红豆杉（云南红豆杉）分布于四川西部、云南西北部、西藏东部及西南部。南方红豆杉分布于湖北、安徽、江西、浙江、福建至台湾，在长江中下游以及以南地区常生于海拔 1 000~1 200 m。自 2002 年以来，全国各地均在大力发展红豆杉人工种植，红豆杉的栽培面积已超过 2 万 hm²。

二、红豆杉属植物的形态特征

乔木，树皮裂成条片脱落，小枝不规则互生，叶螺旋状排列，基部扭转为 2 列，披针状条形或条状披针形，上面中脉隆起，下面有两条淡黄色或淡灰绿色气孔带，无树脂道。雌雄异株，球花单生于叶腋，雄球花球形，有梗，雄蕊 6~14 枚，盾状，花药 4~9，辐射排列；雌球花几无梗，珠托圆盘状。种子扁卵圆形，坚果状，当年成熟，生于杯状肉质假种皮中，假种皮红色，子叶 2，发芽时出土（图 34-1）。

三、红豆杉属植物的起源

红豆杉属植物的起源历史比称为"活化石"的水杉（*Metasequoia glyptostroboides*）更加古老，其化石记录最早可上溯 2 亿年前的三叠纪末期到侏罗纪早期，同样是受过第四纪冰川时期打击而保存下来的孑遗植物，繁衍至今。世界上生存的红豆杉约 11 种，除大洋洲的 *Austrotaxus spicata* 一种产于南半球之外，其余的红豆杉均产于北半球。中国红豆杉有 4 种 1 变种，分布于我国东北、西南与江南各省份。

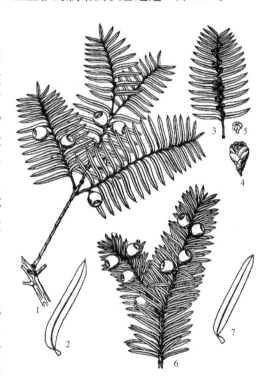

图 34-1　红豆杉和东北红豆杉
红豆杉：1. 种子枝　2. 叶　3. 雄球花枝
4. 雄球花　5. 雄蕊
东北红豆杉：6. 种子枝　7. 叶
（仿《中国植物志》）

四、红豆杉属植物的分类

在《中国植物志·第七卷》中，中国红豆杉属有 4 种 1 变种，即西藏红豆杉（*T. wallichiana*）、东北红豆杉（*T. cuspidata*）、云南红豆杉（*T. yunnanensis*）、红豆杉

（*T. chinensis*）、南方红豆杉（*T. chinensis* var. *mairei*）。

2000 年傅立国等编著的《中国高等植物·第三卷》，认为世界上生存的红豆杉有 9 种，我国有 2 变种。并将西藏红豆杉拉丁学名改为 *T. fuana*，将云南红豆杉拉丁学名改为 *T. wallichiana*，将红豆杉改为云南红豆杉的变种（*T. wallichiana* var. *chinensis*），南方红豆杉也改为云南红豆杉的变种（*T. wallichiana* var. *mairei*）。但本文仍采用《中国植物志·第七卷》的资料。

五、红豆杉遗传多样性与种质资源

（一）遗传多样性

张宏意等（2003）用随机扩增多态性方法对广东、湖南、江西等 3 省的 12 个南方红豆杉自然居群进行了基因组 DNA 多态性分析，从 100 条引物中共筛选出 10 个引物，获得 RAPD 谱带 86 条，多态性谱带占 51%，其中粤北南方红豆杉 9 个居群的遗传多样性较低。

张蕊等（2009）利用 ISSR 分子标记对 10 省份 15 个南方红豆杉代表性种源进行遗传多样性研究。结果表明，南方红豆杉具有丰富的遗传多样性，物种水平上的遗传多样性为 0.419，多态性位点百分率、Nei's 基因多样性指数和 Shannon's 信息指数分别 88.52%、0.3685、0.5333。南方红豆杉种源间基因分化系数为 0.1211，仅有 8.75% 的遗传变异存在于种源间，而 91.25% 的遗传变异来自种源内。

（二）种质资源

利用来自 10 省份 27 个产地的南方红豆杉种子在福建明溪和浙江淳安两个点进行种源苗期测定，南方红豆杉的苗高、地径和侧枝数存在显著的种源差异，种源间绝对值相差较大，达到 20% 以上。不同育苗地点南方红豆杉苗高和地径地理变异模式不同，如在淳安点，偏东部和偏北部的苗高生长量大，而偏西部和偏南部种源生长慢。

南方红豆杉树高、当年抽梢长、地径、冠幅等和鲜枝叶紫杉醇含量在种源间存在显著差异。依据鲜枝叶紫杉醇含量和产量筛选出安徽黄山、福建柘荣、湖南桑植、贵州黎平、云南石屏 5 个药用优良种源，其单株鲜枝叶紫杉醇产量大于种源总体平均值的 17.65%～25.77%，鲜枝叶紫杉醇含量皆在 97 mg/kg 以上。此外还筛选出 6 株高紫杉醇含量的优株，2 年生鲜枝叶紫杉醇含量可达 0.120%～0.142%，其叶片较厚、较窄、较短（周志春等，2009）。

六、红豆杉野生近缘种的特征特性

（一）南方红豆杉

学名 Taxus chinensis (Pilger) Rehd. var. *mairei* (Lemee et Levl.) Cheng et L. K. Fu。

1. 形态特征 常绿乔木，高达 20～26 m，胸径可至 1～2 m 及以上。叶呈弯镰状，长 2～3.5（4.5）cm，宽 3～4（5）mm，上部通常渐窄，先端渐尖。种子通常较大，长

6～8 mm，径 4～5 mm，微扁，上部较宽，呈倒卵圆形，椭圆状卵形，有钝纵脊，种脐椭圆形或近三角形。球花单性，雌雄异株，常生于叶腋；雄球花圆球形，雄蕊多数，呈螺旋状排列；雌球花具短柄，基部具数对交叉对生的苞片，顶端直生 1 胚。种子坚果状，着生于肉质、杯状的假种皮中，成熟时假种皮红色；种子倒卵圆形，上部较宽稍扁，顶部稍有 2 条纵脊，长 7～8 mm，宽 4～5 mm，外种皮坚硬，带紫褐色有光泽；种脐椭圆形或近三角形。

2. 生物学特性　花期 4～5 月，种子 9～11 月成熟。南方红豆杉适宜的土壤类型主要是山地红壤、黄壤和黄棕壤。其自然分布区土壤肥力等级为Ⅰ级，少量为Ⅱ级，要求土层深厚，达 1 m 以上，腐殖层厚度 10～20 cm，土壤湿润。

南方红豆杉生长速度中等，树高生长初期较慢，3～35 年为速生期，年平均生长量 33 cm。胸径生长前期缓慢，10～30 年为速生期，年平均生长量 0.82 cm。材积生长，前期缓慢，20 年后为速生期，预期成熟龄在 60 年以上。按人工林树干解析（高兆蔚，2006），39 年胸径可达 28.1 cm，树高为 12.30 m，材积 0.416 8 m³（去皮）。

3. 分布概况　自然分布区域东经 75°～130°、北纬 5°～35°。在我国广泛分布于长江流域各省份，包括浙江、台湾、福建、江西、广东北部及东部、安徽南部、河南、湖北及湖南西部、广西西部、甘肃南部、四川、贵州及云南南部。山西南部是其生长的北限。

4. 利用价值　材质优良，木材纹理均匀，结构细致，硬度大，韧性强，是珍贵的乡土用材树种。其树干通直，树姿婆娑，又为优美的庭园观赏树种。特别是南方红豆杉的树皮、树根和枝叶，含有抗癌物质紫杉醇，是世界上公认的具有良好抗癌效果的药用树种之一。目前已在开发利用，包括红豆杉的人工种植和紫杉醇的分离提炼与制药。

（二）东北红豆杉

学名 *Taxus cuspidata* Sieb. et. Zucc.。

1. 形态特征　乔木，高达 20 m，胸径 1 m；树皮红褐色，有浅裂纹；枝条平展或斜上直立，密生；小枝基部有宿存芽鳞，1 年生枝绿色，秋后呈淡红褐色，2～3 年生枝呈红褐色或黄褐色；冬芽淡黄褐色，芽鳞先端渐尖，背面有纵脊。叶排成不规则的 2 列，斜上伸展，约成 45°角，条形，通常直，稀微弯，长 1～2.5 cm，宽 2.5～3 mm，稀长 4 cm，基部窄，有短柄，先端通常凸尖，上面深绿色，有光泽，下面有两条灰绿色气孔带，气孔带较绿色边带宽二倍，干后呈淡黄褐色，中脉带上无角质乳头状突起点。雄球花有雄蕊 9～14 枚，各具 5～8 个花药。种子紫红色，有光泽，卵圆形，长约 6 mm，上部具 3～4 钝脊，顶端有小钝尖头，种脐通常三角形或四方形，稀矩圆形。花期 5～6 月，种子 9～10 月成熟。

2. 生物学特性　耐阴树种。抗寒性强。生于湿润、疏松、肥沃、排水良好的棕色森林土，在淋溶黑钙土、白浆土上亦能生长，积水地、沼泽地、岩石裸露则不适宜。生长速度很慢。原始林内天然更新良好，采伐迹地不易天然更新。

3. 分布概况　产于黑龙江、松花江流域以南的老爷岭、张广才岭及长白山区海拔 500～1 000 m 山地；常与红松、红皮云杉、水曲柳、椴树等混生。日本、朝鲜、俄罗斯也有分布。

4. 利用价值　边材窄、黄白色，心材淡褐红色，坚硬致密，有弹性，有光泽及香气，很少裂开，密度 0.51 g/cm³；供建筑、家具、美工、细木工板等用；心材可提取红色染料；种子可榨油；木材、枝叶、树根、树皮能提取紫杉醇，可治糖尿病；叶有利尿、通经之功效。

（三）西藏红豆杉

学名 *Taxus wallichiana* Zucc. 。

1. 形态特征 乔木，高达 20 m，胸径 1 m；树皮灰褐色、灰紫色或淡紫褐色，裂成鳞状薄片脱落；大枝开展，1 年生枝绿色，秋后（或干后）呈金黄绿色或黄绿色，2 年生枝淡褐色、褐色或黄褐色，3～4 年生枝深褐色；冬芽金绿黄色，芽鳞窄，先端渐尖，背部具纵脊，脱落或部分宿存于小枝基部。叶质地薄而柔，条状披针形或披针状条形，常呈弯镰状，排列较疏，列成两列，长 1.5～4.7（通常 2.5～3）cm，宽 2～3 mm，边缘向下反卷或反曲（干叶明显），上部渐窄，先端渐尖或微急尖，基部偏歪，上面深绿色或绿色，有光泽，下面色较浅，中脉微隆起，两侧各有一条淡黄色气孔带，中脉带与气孔带上均密生均匀微小的角质乳头状突起点，叶干后颜色变深，常呈暗绿色。雄球花淡褐黄色，长 5～6 mm，径约 3 mm，具 9～11 枚雄蕊，每雄蕊有 5 个花药；种子生于肉质杯状的假种皮中，卵圆形，长约 5 mm，径 4 mm，微扁，通常上部渐窄，两侧微有钝脊。

2. 生物学特性 具有较强的耐阴特性；喜湿，分布区降水多，蒸发小，湿度大，多生长在阴坡或谷沟，溪流两岸，要求水分条件高（张茂钦等，1996）。

3. 分布概况 产于云南西部至西北部、四川西南部、西藏东部；生于海拔 2 000～3 500 m 高山地带。不丹、缅甸北部也有分布。

4. 利用价值 心、边材区别明显，纹理均匀，结构细致，硬度大，韧性强，干后少开裂，为优良建筑、桥梁、家具、器具、车辆等用材。

（四）喜马拉雅密叶红豆杉

学名 *Taxus fauna* Nanliet R. Mill。

1. 形态特征 乔木或大灌木；1 年生枝绿色，干后呈淡褐黄色、金黄色或淡褐色，2～3 年生枝淡褐色或红褐色；冬芽卵圆形，基部芽鳞的背部具脊，先端急尖。叶条形，较密地排列成彼此重叠的不规则两列，质地较厚，通常直，上下几等宽或上端微渐窄，先端有凸起的刺状尖头，基部两侧对称，边缘不反曲或反曲（干叶明显），上面光绿色，下面沿中脉带两侧各有一条淡黄色气孔带，中脉带与气孔带上均密生均匀细小角质乳头状突起点。种子生于红色肉质杯状的假种皮中，柱状矩圆形，上下等宽或上部较宽，微扁，长约 6.5 mm，径 4.5～5 mm，上部两侧微有钝脊，顶端有凸起的钝尖，种脐椭圆形。

2. 生物学特性 耐寒，并有较强的耐阴性，多生于河谷和沟边较湿润地段的林中。分布区的气候特点是夏温冬凉，四季分明，冬季有雪覆盖，年平均温度 10 ℃左右，最高温度 18 ℃，最低温度 0 ℃，年降水量 800～1 000 mm，年平均相对湿度 50%～60%。

3. 分布概况 产于我国西藏南部（吉隆）海拔 2 500～3 000 m 的地带。阿富汗、尼泊尔、缅甸、不丹、印度及巴基斯坦也有分布。

4. 利用价值 喜马拉雅密叶红豆杉是中国分布区最小，也是资源蕴藏量最少的种类，但资源基本未遭破坏。心、边材区别明显，纹理均匀，结构细致，硬度大，韧性强，干后少开裂，为优良的建筑、桥梁、家具、器具、车辆等用材，可做产区的造林树种。

（五）曼地亚红豆杉

学名 *Taxus media* 'Hicksii'。

1. 形态特征 曼地亚红豆杉为天然杂交种，其母本为东北红豆杉，父本为欧洲红豆杉，属常绿针叶灌木植物，小叶互生。叶螺旋状着生，基部扭转排成 2 列，条形，通常微弯，长 1～2.5 cm，宽 2～2.5 mm。边缘微反卷，先端渐尖或微急尖，下面沿中脉的两侧有两条宽灰绿色或黄绿色气孔带，绿色边带急窄，中脉带上有密生的均匀微小乳头点。雌雄异株，雄球花单生叶腋，雌球花的胚球单生于花轴上部侧生短轴的顶端，基部托以圆盘状假种皮。种子扁卵圆形，生于红色肉质的杯状假种皮中，长约 5 mm，先端微有 2 脊，种脐卵圆形。种子成熟时外被肉质红色的假种皮（周文杰等，2007）。

2. 生物学特性 为常绿灌木，生物量巨大，生长时间短。其主根不明显，侧根发达，枝叶茂盛，萌发力强，能耐－25 ℃的低温。

3. 分布概况 我国的西南、东北、华中、华南等地区引种。

4. 利用价值 曼地亚红豆杉的引进和驯化成功，有利于保护珍贵的野生红豆杉资源，也为开发红豆杉开辟了广阔前景。其生长速度快，对环境适应性强，可用于营建水土保持林和水源涵养林，改善生态环境。此外，曼地亚红豆杉四季常青，秋果红艳，给人以健康饱满的外观感，耐修剪，易造型，具有较高的园艺价值。

曼地亚红豆杉枝、叶、根均可提取抗癌药物成分紫杉醇，曼地亚红豆杉还是居室、庭院绿化的珍贵树种，喜阴、潮、湿，耐寒，无病虫害，可室内培育种植。每年 7～8 月果实成熟时红果满枝、艳丽多姿。曼地亚红豆杉属景天酸代谢（CAM）类植物，此类植物全天 24 h 吸入二氧化碳呼出氧气，起到室内增氧效果，它还能吸收一氧化碳、尼古丁、二氧化硫和甲醛、苯、甲苯、二甲苯等致癌物质，净化空气，起到防癌、抗癌保健作用，是家庭居室、酒店、宾馆及办公场所美化环境的珍贵树种。

（李　斌　安元强）

第二节　乌　柏

乌柏 [*Sapium sebiferum* （Linn.）Roxb.] 是大戟科（Euphorbiaceae）乌柏属（*Sapium* P. Br.）高大乔木树种，别名腊子树、柏子树、木子树。乌柏栽培历史悠久，既是一种重要工业木本油料树种，也是重要的绿化与观赏树种，并具有药用价值。

一、乌柏的利用价值与生产概况

（一）乌柏的利用价值

乌柏是我国重要的木本油料树种，种子既含油又含脂。乌柏也是重要的药材树种，

叶、根、皮均可入药，还可制作生物农药（李冬林等，2009）。其木材纹理致密，材质轻
软坚韧、不翘不裂，特别适宜做雕刻器具。乌桕也是优良的风景园林树种，"春萌红芽，
夏披浓绿，秋着红叶，冬挂白籽"，观赏价值极高。乌桕根系发达，对土壤适应性强，耐
水湿，是荒山造林、水土保持的优良树种。

（二）乌桕的地理分布和生产概况

乌桕属约 120 种，广布全球，但主产热带地区，尤以南美洲为最多。在我国主要分布
于东南至西南部丘陵地区。我国乌桕栽培已有 1 400 多年的历史，《齐民要术》和《农政
全书》中均有乌桕栽培和利用的记载。张克迪等（1994）根据自然环境条件的差异及其经
营历史和习惯的不同，将我国乌桕划分为 6 个产区：①汉江谷底产区，包括陕西的南部、
湖北的西北部及河南的南阳地区；②大别山产区，包括湖北的北部、河南的南部及安徽的
西南部；③浙皖山丘产区，包括安徽南部、浙江北部和江西的东北部；④浙闽山丘产区，
包括浙江大部分地区和闽北及赣东一角；⑤长江中游南部山丘产区，包括湖北西南部、湖
南西北部、四川东部及贵州东北部；⑥金沙江河谷产区，包括四川的岷江、沱江下游及宜
宾地区，贵州的毕节和遵义地区，云南的昭通地区。

20 世纪初，我国乌桕油脂已远销欧美各国，每年输出皮油 1 万～1.7 万 t。20 世纪 30
年代，杭州和汉口是我国最大的乌桕油脂集散地。到了 20 世纪 60 年代，许多地方对制油
工艺技术进行了革新，大大提高了乌桕油脂品质和利用价值。70 年代以后，我国乌桕生
产走向滑坡。1980 年全国乌桕籽产量为 9.5 万 t，1990 年为 7.4 万 t。

二、乌桕的形态特征和生物学特性

1. 形态特征　乔木，高达 15 m。具乳
液；树皮灰褐色，纵裂。叶菱形、菱状卵形，
稀菱状倒卵形，长 3～8 cm，宽 3～9 cm，先
端渐尖，基部宽楔形，全缘，侧脉 6～10
对；叶柄顶端具 2 腺体。花序长 6～14 cm；
雄花苞片宽卵形，每苞片内具花 10～15 朵，
小苞片 3，边缘撕裂状，花萼杯形，具不规
则细齿，雄蕊 2（3）枚，伸出花萼外；雌花
苞片 3 深裂，每苞片常具 1 花，萼片卵形或
卵状披针形。蒴果梨状球形或近扁球形，熟
时黑色，径 1～1.5 cm。种子 3，扁球形，
黑色，径 6～7 mm，外被白色蜡质层。花期
4～7 月，果期 10～11 月（图 34－2）。

2. 生物学特性　适生于中性紫色土和石
灰土，在酸性黄壤、红壤、滨海含盐量
0.3％以下的土壤亦能生长。喜光，耐水湿
及短期积水，对氟化氢危害有较强抗性。速

图 34－2　乌桕
1. 花枝　2. 雄花　3. 雌花　4. 果
（引自《中国树木志•第三卷》）

生，1 年发 3 次枝梢，即春梢、夏梢、秋梢。

3. 分布概况　我国乌桕分布区的地理位置为东经 98°40′～122°00′、北纬 18°31′～34°40′，自然分布在江苏、上海、浙江、福建、台湾、广东、广西、海南、安徽、江西、湖北、湖南、贵州等 13 省份的全境以及四川、云南、山东、河南、陕西、甘肃的部分地区，自然分布面积达 262 万 km² （张克迪等，1994）。

三、乌桕的起源、传播和分类

（一）乌桕的起源、传播

乌桕原产于我国，17 世纪以后，日本、印度、英国、乌干达、美国、古巴、澳大利亚等多个国家引种栽培。我国长江中游南部山丘产区，乌桕品种类型十分丰富，存在着大量的变异类型和农家品种，本区很可能是乌桕的分布中心区或起源地。

（二）乌桕属植物分类

我国有 9 种乌桕属植物。根据种子的斑纹特征及所被蜡质层、雌雄花同序或异序、叶缘特点将乌桕属植物分为 3 组（中国科学院中国植物志编辑委员会，1997）：

（1）雌雄同序组（Sect. *Triadica*）　包括乌桕（*S. sebiferum*）、多果乌桕（*S. pleiocarpum*）、桂林乌桕（*S. chihsinianum*）、圆叶乌桕（*S. rotundifolium*）、山乌桕（*S. discolor*）、浆果乌桕（*S. baccatum*），共 6 种。

（2）雌雄异序组（Sect. *Falconeria*）　仅有异序乌桕（*S. insigne*）1 种。

（3）拟乌桕组（Sect. *Parasapium*）　属于此组的有白木乌桕（*S. japonicum*）和斑子乌桕（*S. atrobadiomaculatum*）2 种。

四、乌桕种质资源

乌桕（*S. sebiferum*）是我国的原生树种，栽培利用历史悠久，有丰富的农家品种、无性系及优良单株。我国林业工作者在 20 世纪 60 年代就开始了乌桕的良种选育工作。1962 年浙江林学院率先在浙江乌桕的主产区开展乌桕农家品种的调查和优树选择，初步把浙江乌桕划分为 26 个品种类型，筛选出优树 25 株；1965 年浙江省林业科学研究院和兰溪乌桕良种场开展了金华、兰溪、桐庐、平阳等县的乌桕选优，选出优树 42 株，选育出分水葡萄桕-1 号、选桕-1 号、选桕-2 号、铜锤桕-11 号 4 个无性系；1975 年广西植物研究所开展了乌桕资源普查和良种选育试验，选出优树 6 株，育成枫选 1 号、桂选分水葡萄桕 9 号、广西蜈蚣桕 2 号等 3 个无性系（李冬林等，2009）。2008 年湖北省林业科学研究院在对湖北省乌桕资源调查的基础上，经初选、复选、决选，筛选出产量大小年差异不明显、结果枝比例高、籽粒大、含油率在 42% 以上、病虫害少的优良单株 10 株（王晓光等，2008）。湖南、河南、江西、四川等省也相继开展了乌桕品种资源调查和选优工作，并取得了一定的成果（李冬林等，2009）。

金代钧等（1997，1998）对我国 16 个省份 82 个县乌桕主产区乌桕农家品种及其优良单株和无性系品种资源进行了全面的调查。通过性状比较研究，将其划分为 44 个农家品种和 11 个无性系品种。

(一) 农家品种

由于乌桕农家品种是杂种一代表现型，按表型结构不同划分成葡萄桕、鸡爪桕、长爪桕、鸡葡桕 4 个品种群共 44 个品种。每个品种群下根据果穗长短、果穗多少、果序同序和同株异序等又加以细分。中国乌桕农家品种分类系统（4 个品种群，9 个品种组，44 个品种）见表 34-1。

表 34-1　中国乌桕农家品种分类系统

品种群	品种组	品种
葡萄桕品种群	短穗桕品种组	小粒铜锤桕、小粒短棒桕、小粒短筒桕、小粒短葡萄桕、小粒长叶桕、小粒满天星桕、小粒弯轴桕、中粒铜锤桕、中粒短葡萄桕、中粒钩穗桕、中粒叶里白桕、大粒铜锤桕、大粒少果桕、大粒葡萄桕、大粒寿桃桕、大粒方果桕、大粒弯穗桕
	中穗桕品种组	小粒棒槌桕、小粒葡萄桕、小粒宽叶葡萄桕、小粒铁粒梳桕、中粒长柄桕、中粒疏果桕、大粒蜈蚣桕、大颗葡萄桕
	长穗桕品种组	小粒凤尾桕、中粒长葡萄桕
鸡爪桕品种群	鸡爪桕品种组	小粒鸡爪桕、中粒鸡爪桕、中粒寿桃鸡爪桕、大粒鸡爪桕
	多爪桕品种组	中粒多爪鸡爪桕
长爪桕品种群	长爪桕品种组	小粒长爪桕、小粒钢杈桕、中粒长爪桕、中粒铁皮长爪桕、大粒过冬青桕、大粒鹰嘴桕
	多穗长爪桕品种组	小粒多穗长爪桕
鸡葡桕品种群	鸡葡桕品种组	小粒鸡葡桕、中粒鸡葡桕
	复序鸡葡桕品种组	小粒复爪桕、中粒复序桕、中粒狗尾桕

(二) 无性系品种

1. 浙选分水葡萄桕-1 号　从中粒长葡萄桕农家品种中选出。结果枝比率高，果序长 18.4 cm，每序平均有果 40.5 个，种子平均千粒重 239.6 g，油脂率 43.35%。已在浙江、广西、湖南推广试种。该品种对水肥条件要求高，宜在土层深厚的肥地及四旁种植，造林密度宜 5 m×6 m。

2. 浙选铜锤桕-11 号　从大粒铜锤桕农家品种中选出。结果枝粗，果穗平均长 13.4 cm，每穗平均果数 33.1 个；种子平均千粒重 253.2 g，油脂率 46.71%。已在浙江、广西和湖南少量试种。可在全国推广，造林地宜选水肥条件较好的坡地，因树体小，造林密度宜 4 m×5 m，耐重剪，应注重防治蛀果虫害。

3. 浙选蜈蚣桕-1 号　从大粒蜈蚣桕农家品种的实生树中选出。果序平均长 17.4 cm，平均每穗果数 44.6 个，种子平均千粒重 256.9 g，油脂率 46.53%。已在浙江、江西、广西、湖南大量试种。可在全国推广，有较强的耐瘠薄、耐旱能力。树体高大，造林密度宜

6 m×7 m，宜重剪，施用植物生长调节剂可提高着果率。

4. 浙选鸡爪柏-2号　从大鸡爪品种中选出。每果序由 3～7 果穗组成，平均每穗果数 52.9 个，种子平均千粒重 287.4 g，油脂率 46.2%。已在浙江、湖南、广西、贵州推广试种。该品种对水肥条件要求较高，造林地宜选土层深厚的肥地，造林密度宜 5 m×6 m，抚育不宜重剪，宜施绿肥和磷肥。

5. 赣选棒槌柏-1号　从中粒棒槌柏农家品种实生树中选出。果穗似棒槌状，平均穗长 16.8 cm，每穗平均果数 38.2 个，种子千粒重 166 g，油脂率 50.73%。树体高大，造林 8 年树高 6～7 m，冠幅 5～6 m，造林密度宜 5 m×6 m。宜在全国推广，但应选择土层深厚、水肥条件好的地方造林。抚育宜重修剪，林下宜间套作物。

6. 赣选葡萄柏-2号　从小粒长葡萄柏嫁接树中选出。果序长而弯似狗尾，平均每穗果数 53～63 个，种子平均千粒重 144.0 g，油脂率 46.83%。已在江西推广，广西已引种。宜四旁种植，造林株行距 5 m×7 m 为宜，不宜重剪。

7. 赣选复序柏-3号　从中粒狗尾柏农家品种中选出。果序是由 1 个大的果穗和 3～5 个小果穗组成的复果序，长 25～33 cm，每果序平均果数 71 个，种子平均千粒重 156.0 g，油脂率 41.14%。树形优美，果穗大，每序果数多，宜四旁发展；造林株行距宜 5 m×5 m；抚育宜重施肥，重修剪。

8. 赣选鸡爪柏-4号　从大粒鸡爪柏农家品种实生树中选出。果序由 4～6 个果穗组成，每穗有果 8～10 个，平均每序果数 44.6 个，种子平均千粒重 259.2 g，油脂率 45.17%。湖南、广西有引种。对水肥条件要求高，山坡瘠地不宜种植；造林密度宜 6 m× 6 m；柏林抚育应重施肥，重修剪，保持常年间套作物。

9. 桂选葡萄柏-9号　从中粒弯穗柏农家品种中选出。果穗粗大略弯，果穗平均长 12.6 cm，每穗平均有果 44.8 个，种子平均千粒重 249.5 g，油脂率 47.12%。已在广西各地推广。该品种对水肥条件要求高，宜在田边、塘边及河边种植，株行距宜 5 m×6 m；耐重剪。

10. 桂选短棒柏-1号　从小粒短棒柏农家品种中选出。果穗平均长 11.2 cm，平均每穗果数 28.24 个，种子平均千粒重 189.20 g，油脂率 52.60%。已在广西桂林、柳州、河池推广。造林地宜土层深厚坡地，应施基肥，抚育中度修剪，注意防蛀虫害。

11. 桂选蜈蚣柏-2号　从大粒蜈蚣柏农家品种中选出。果穗长而弯，平均长 14.2 cm，平均每穗果数 36.2 个，种子平均千粒重 251.6 g，油脂率 52.66%。已在广西推广，江西广丰、湖南衡阳有引种。造林密度宜 7 m×6 m，造林地应选土层深厚的肥土，宜全垦造林，重施基肥，常年间套作物，中度修剪。

五、乌桕野生近缘种的特征特性

与乌桕同属的野生种有山乌桕、圆叶乌桕、桂林乌桕、白木乌桕、斑子乌桕、浆果乌桕与异序乌桕，已知利用价值较高者是前 3 种。

（一）山乌桕

学名 *Sapium discolor* (Champ. ex Benth.) Muell. Arg.，别名野乌桕、红叶乌桕、

山柳乌桕、红心乌桕、山杠。

1. 形态特征 乔木，高达 12 m。叶互生，嫩时呈淡红色，椭圆形或长卵形，长 4～10 cm，宽 2.5～5 cm，顶端钝或短渐尖，花序长 4～9 cm；雄花花梗丝状，长 1～3 mm，苞片卵形，两侧各具一腺体，每一苞片内有花 7 朵；小苞片长 1～1.2 mm，萼杯状，具不整齐裂齿，雄蕊 2 (3) 枚；雌花花梗粗壮，长约 5 mm，每一苞片内有花 1 朵。蒴果黑色。种子近球形，径 3～4 mm，薄被蜡质假种皮。花期 4～6 月，果期 7～8 月。

2. 分布概况及利用价值 分布于云南、四川、贵州、湖南、广西、广东、江西、安徽、福建、浙江、台湾等省份。生于山谷或山坡混交林中。印度、缅甸、老挝、越南、马来西亚及印度尼西亚也有。

山乌桕是南方有名的红叶树种之一，在城市绿化中可列植做行道树，观赏性佳，也可列植于堤岸做护堤树。木材可制火柴枝和茶箱。种子油可制肥皂。泌蜜丰富，是夏季重要的蜜源植物（毕丽霞等，2007）。山乌桕还是不可缺少的药用树种，根、叶、花、果均可入药。

（二）圆叶乌桕

学名 *Sapium rotundifolium* Hemsl.，别名雁来红、大叶乌桕。

1. 形态特征 乔木，高达 12 m。叶互生，圆形或近圆形，长 5～11 cm，宽 6～12 cm，先端圆，稀凸尖。雄花花梗长 1～3 mm，苞片卵形，基部两侧各具一腺体，每一苞片内有花 3～5 朵；雄蕊 2 枚；雌花花梗长约 2 mm，每一苞片内仅有 1 朵花，萼片宽 1～1.2 mm。蒴果近球形，直径约 1.5 cm，分果瓣木质。种子宿存中轴上，扁球形，径约 5 mm，顶端具一小凸点，腹面具一纵棱，薄被蜡质假种皮。花期 4～6 月，果期 9 月。

2. 分布概况及利用价值 分布于云南、贵州、广西、广东和湖南，海拔 50～600 m均有分布。越南北部也有分布。圆叶乌桕树姿优美，叶色变化多样，观赏价值高。对喀斯特环境有特殊的适应能力，生长迅速，是喀斯特区较为理想的造林先锋树种和速生用材树种。在经济用途方面与乌桕基本相同，可以作为工业用油或医药化工的重要原料等。

（三）桂林乌桕

学名 *Sapium chihsinianum* S. K. Lee，别名济新乌桕。

1. 形态特征 乔木，高达 10 m。叶互生，宽卵形，长 6～10 cm，宽 5～9 cm，先端短渐尖，基部宽圆、平截或微凹，全缘，基部近叶柄处常向上面微卷，侧脉 10～12 对。总状花序长 3～12 cm；雄花花梗长 1～3 mm，苞片卵形或阔卵形，长 1.5～2 mm，每一苞片内有花 5～10 朵，雄蕊 2 (3) 枚，伸出萼外；雌花花梗长 2～5 mm，萼片长约 2 mm。蒴果近球形，熟时黑色，径 1～1.3 cm。种子黑色，横切面呈三角形，径 3～5 mm，薄被白色蜡质层。花期 5～7 月。

2. 分布概况及利用价值 分布于甘肃南部（文县）、重庆（城口、巫山、奉节）、湖北（兴山）、贵州（兴义、安龙、湄潭）、云南和广西（龙胜、临桂、凌云）。生于山坡或山顶疏林中。

桂林乌桕夏季树冠浓绿，适宜做行道树或绿化树。桂林乌桕为药用植物，具有活血、解毒、利湿等功效。桂林乌桕在长江滩坝血防区有明显的生态抑螺作用（漆淑华等，2003）。

（程诗明　王金凤）

第三节　小　桐　子

小桐子（*Jatropha curcas* L.）又名麻疯树、膏桐、假花生、臭油桐等，属于大戟科（Euphorbiaceae）巴豆亚科（Crotonoideae）花戟族（Trib. Cluytieae）麻疯树属（*Jatropha* L.）落叶小乔木或灌木。小桐子是我国具有重要开发潜力的绿色能源树种，又是抗旱、耐贫瘠的速生树种，尤其适合我国西南地区干热河谷生长，具有重要恢复植被的价值。

一、小桐子的利用价值与生产概况

（一）利用价值

1. 生物柴油　小桐子是国际上研究最多的可生产"生物柴油"的能源植物之一，其种子含油率高，油酸和亚油酸高达 70% 以上，不饱和脂肪酸含量高（60.45% ～86.34%），是理想的生物柴油原料，也是未来能够替代石化能源的、极具开发潜力的树种（李维莉等，2000；邓志军等，2005；刁泉等，2006）。从小桐子种子中生产的新型燃料可适用于各种柴油发动机，并在闪点、凝固点、硫含量、一氧化碳排放量、颗粒值等关键技术上均优于国内零号柴油。与传统柴油相比，这种"生物柴油"除了更加清洁和高效外，还具有加工成本低廉以及可再生的优势，可在农村地区推广。

2. 生物医药与农药　小桐子在治疗人类疾病方面有着广泛的用途。药用部分有叶、树皮、种子及根。根可散瘀消肿、止血、杀虫止痒，治跌打、骨折、疥癣、顽疮。种子油可作为泻药，并可治疗多种疾病，但使用过量会导致腹泻和胃肠炎。近年来研究发现，小桐子提取物具有显著的抗肿瘤、抗病毒、抗艾滋病（AIDS）等功效（林娟等，2003）。

小桐子全株有毒，茎、叶、树皮、根及种子含有大量毒蛋白及其他活性物质，对一些动物及人类表现出一定的毒性，且具有致死作用，也可用作生物农药。小桐子主要毒蛋白Curcin 能明显抑制植物病原真菌水稻稻瘟病菌、松赤枯病菌、玉米纹枯病菌、油菜菌核病菌菌丝生长和孢子产生。小桐子叶的石油醚提取物可抑制柠檬凤蝶三龄幼虫的进食；种子油、种子乙醇提取物和石油醚提取物对萝卜蚜产生触杀活性，也可防治棉蚜、棉铃虫。同时对桃蚜、菜青虫和米象也有防治作用，而且对不同昆虫的作用方式有所不同。

3. 有机肥料　小桐子压榨生物柴油之后的剩余物——小桐子饼粕含有丰富的营养物质，粗蛋白含量高达 42% 左右，是生产有机生物肥和生物基无醛胶的重要基础原料。

4. 生态价值　小桐子是一种抗旱、耐贫瘠的速生树种，在改善生态环境和恢复植被等方面具有重要的开发利用价值。在我国四川、云南、贵州等水土流失严重的省份，小桐子可作为保水固土、防治沙化、增加土壤有机质、建造荒坡生态防护林的理想植物，是干热河谷地区生态建设、恢复植被的优选树种。

（二）主要分布区与生产概况

小桐子多为栽培或半野生状态，主要分布于热带和亚热带地区，绝大多数生长在美洲和亚洲热带地区。在我国主要分布于云南、四川、贵州、广东、广西、台湾、福建等省份，其中以西南地区的干热河谷最为集中。麻疯树属约有 175 种，主要分布于热带和亚热带地区，多产于北美洲和非洲南部，我国约 5 种，栽培或半野生。

云南是我国小桐子资源分布最多、最广的省份，从金沙江、澜沧江、红河、怒江、珠江上游的干热、干暖河谷，一直到南部热带北缘均可见，集中分布于海拔 800～1 500 m 的河谷地带，以金沙江流域和红河流域分布为最多（袁理春等，2007；刘泽铭等，2008）。四川主要产于攀枝花、盐源、德昌、西昌、会理、金阳等地，成林面积 0.13 万余 hm²，造林近 0.67 万 hm²（杨顺林等，2006）。贵州主要分布在红水河和南、北盘江流域，以罗甸、望谟、贞丰、册亨县较多，其自然分布面积约 100 hm²，新造小桐子林面积已超过 1 500 hm²（于曙明等，2006）。广西主要产于钦州、博白、容县、苍梧、南宁、崇左、平果、田东、田阳、田林、右江、德保、靖西、那坡、乐业、凌云、凤山、天峨、大化、都安等地。海南主要产于澄迈、儋州、东方、白沙、乐东、保亭、陵水、三亚等地。广东现有小桐子分布区很小，现多见于广州以西地区的云浮、德庆等地，且为零星种植，资源数量不多。台湾分布在台东、台南和高雄等地。福建漳州、厦门等地也有分布。

二、小桐子的形态特征

灌木或小乔木，高可达 10 m，单叶互生，掌状形，全缘有角或 3～5 浅裂，基部心形。聚伞花序顶生或腋生，花单性同株，雄花多，雌花少，花期 5 月，果期 10 月（李昆等，2007）。

蒴果椭圆形，初为肉质，成熟时干燥，不脱落，在树上可维持数天。每果内有种子 3 粒，间有 1 粒、2 粒或 4 粒（刘方炎等，2010）。种子黑褐色至黑色，扁椭圆形，有肉质胚乳，胚伸直，子叶宽扁，长椭圆形（图 34-3）。小桐子种子平均千粒重 550～600 g。

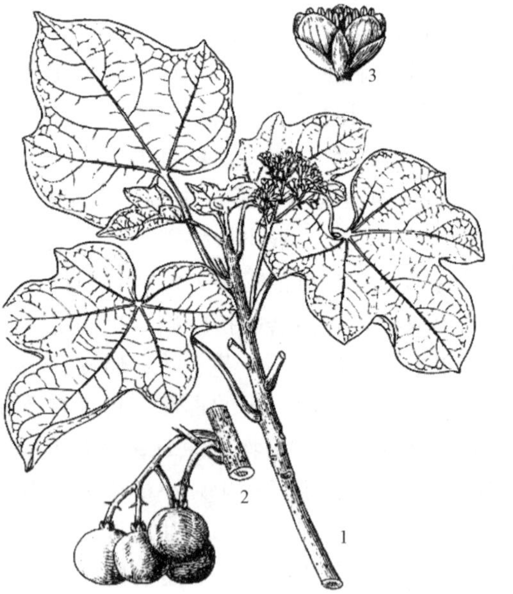

图 34-3　小桐子
1. 花枝　2. 果序　3. 雄花
（引自《中国树木志·第三卷》）

三、小桐子种质资源

（一）小桐子的野生近缘种

麻疯树属在我国约有 5 种，栽培或野生；分别为小桐子（*J. curcas*）、佛肚树（*J. podagrica*）、珊瑚花（*J. multifida*）、棉叶麻疯树（*J. gossypiifolia*）和变叶珊瑚花（*J. integerrima*）（刘焕芳等，2008）。其形态

特征见表 34 - 2。

表 34 - 2 我国麻疯树属植物主要栽培种形态区别

栽培种	形态特征	花与果实
小桐子	叶近圆形，全缘或 3～5 浅裂；叶两面均无毛，叶柄无腺体	花瓣合生几达中部，黄绿色
变叶珊瑚花	株高 1～2 m，单叶互生，叶基有 2～3 对锐刺，叶背为紫绿色，叶柄具茸毛，叶面平滑	聚伞花序，花瓣 5 片，花冠红色。单性花，花期春季至秋季。蒴果成熟时呈黑褐色
棉叶麻疯树	株高 0.5～1.5 m；叶丛生枝端，掌状深裂，缘有锯齿。叶柄、叶背及新叶皆呈红紫色	聚伞花序顶生，赭红色，花期夏至秋季。蒴果椭圆形，具六纵棱，翠绿油亮
佛肚树	多年生常绿植物。株高 30～50 cm，单干或分枝，枝干粗矮。叶近圆形，盾状着生，全缘或 2～6 浅裂，托叶分裂成刺状；叶两面均无毛，叶柄无腺体，叶革质，叶痕较大	花聚生枝顶，花瓣 5 枚，离生或近离生，橙红色
珊瑚花	株高 40～50 cm，茎干基部膨大呈卵圆状棒形。叶近圆形，非盾状着生，掌状 9～11 深裂，裂片线状披针形，托叶细裂。成分叉的刚毛；叶两面均无毛，叶柄无腺体	花瓣 5 枚，离生或近离生，鲜红色，花谢后，花序呈珊瑚状

（二）小桐子的栽培品种与优良种源

中国小桐子的主要品种有云宇 1 号无性系、多花膏桐无性系、皱叶膏桐无性系、TY 系列品种以及 FD - 9 号等。

根据刁泉等（2006）在福建华安对广西、贵州、云南、四川、海南 20 个产地的种源试验，小桐子种子外观差异不大，千粒重差异相对较大，变异系数达到 7.7%，可作为优良材料选择的指标；苗木生长个体分化比较大；不同地理种源间苗期耐寒性差异显著。广东湛江 6 年生小桐子 30 个种源（云南、广东、广西、贵州、海南）生长与优树初选试验表明，种源间树高、冠幅生长与结果数都存在极显著差异，可作为优良种源早期选择指标。

（李 昆 刘方炎）

第四节 油 桐

油桐 [*Vernicia fordii* (Hemsley) Airy Shaw]，又名三年桐，属大戟科（Euphorbiaceae）油桐属（*Vernicia* Lour.）落叶乔木，高 3～8 m。油桐是我国特有经济林木，它与油茶、核桃、乌桕并称我国四大木本油料植物，具有悠久的栽培与利用历史，早在唐代

（618—907）就有记载（关伟友，1999）。

一、油桐的利用价值与生产概况

（一）油桐的利用价值

1. 药用价值 油桐的根、叶、花、果壳、种子油均可入药（张玲玲等，2011）。冬季采果，将种子取出，分别晒干备用。种子油另行加工。味甘、微辛，性寒。有大毒。根可消积驱虫，祛风利湿，用于治疗蛔虫病，食积腹胀，风湿筋骨痛，湿气水肿。叶可解毒，杀虫，外用治疮疡，癣疥。花可清热解毒，生肌，外用治烧烫伤。

2. 工业用途 桐籽所榨桐油是重要的工业用油，在现代工业中以它做原料或有关工业产品在 1 000 种以上（李永梅等，2008）。桐油是我国传统的出口物资，国内、国际市场长期供不应求。桐油为黄色或褐色的浓稠液体，属于干性油，具有干燥快、有光泽、耐碱、防水、防腐、防锈、不导电等特性。加热 220～250 ℃时，可自行聚合成凝胶，甚至完全固化，这是其他干性油所未有的特性。桐籽榨油后的桐饼是肥效很高的优质肥料，并有防治地下害虫和改良土壤的效果；果壳可制活性炭，炭灰可熬制土碱；油桐的老叶切碎捣烂，水浸液可防治地下害虫。

（二）油桐的天然分布与栽培区

1. 油桐的天然分布 我国油桐的分布以四川东南部、重庆东部、湖南西部、湖北西部、贵州东南及北部最为集中，分布的地域范围为西自青藏高原横断山脉大雪山以东，东至华东沿海丘陵以及台湾等沿海岛屿，南起华南沿海丘陵及云贵高原，北抵秦岭南坡中山、低山和伏牛山及其以南广阔地带，其分布的地理范围为东经 97°50′～122°07′、北纬 18°30′～34°30′。除上述地区外，还分布于云南、广西、广东、海南、陕西、甘肃、河南、安徽、江苏、江西、浙江、福建、台湾等 14 个省份的 700 多个县市（王菱，1988）。19 世纪末 20 世纪初，美国、澳大利亚、阿根廷、巴拉圭、马拉维、俄罗斯等 40 多个国家相继从我国大量引种，但多数国家引种不成功，引种成功且保持一定产量的国家仅有阿根廷和巴拉圭。

2. 油桐的栽培历史和栽培区 我国人工栽培油桐始于人们对桐油的利用。根据考古资料和文献记载，隋唐时期已开始大量广泛地利用桐油。《文物》1983 年第 3 期载《川杨河古船发掘简报》中说，隋唐古船"外涂桐油"，"缝隙"和"接头"均填"油灰"，而且"铁钉帽亦用油灰封固"；《唐语林·政事》中也有"勘每船板、钉、油、灰多少而给之"的记述，表明隋唐时期桐油已被广泛应用于造船业中。文献中最早记载油桐树的是唐代陈藏器的《本草拾遗》，该书载："罂子桐，有大毒。压为油，毒鼠立死。摩疥癣、虫疮、毒肿。一名虎子桐，似梧桐生山中。"说明油桐在当时已有了罂子桐、虎子桐两种名称，这可能是生于旷野山中的野生树或零星小片状人工栽培树。

目前，四川、贵州、湖南、湖北为我国生产桐油的四大省份，四川的桐油产量占全国首位（何方，1993）。重庆秀山的"秀油"，湖南洪江的"洪油"，是中国桐油中的上品。

二、油桐的形态特征和生物学特性

（一）油桐的形态特征

1. 根系　油桐通常具有一明显的主根。油桐主根的可塑性较大，主根的向地性不是绝对的，特别是在早期，根尖生长点受到机械阻力而改变方向，呈水平方向伸展。

2. 茎干　1 年生油桐一般树高 60～80 cm，第二年开始分枝，主枝为轮生，然后 1 年 1 层。油桐顶端优势明显，具有自然的中央领导枝，通过整形修剪能够培养成理想的 3～4 层中央主干型树冠。

3. 叶片　叶互生，纸质，卵形或心脏形，长 15～32 cm，开花枝的叶通常不分裂，非开花枝的叶常 3 裂或 5 裂。它的叶柄很长，叶片和叶柄的连接具有腺体，能分泌带有甜味的蜜汁。

4. 花　通常 4 月上中旬开花，花先叶开放（图 34 - 4）。花萼长 1 cm 左右，2（～3）裂，花瓣白色，有淡红色脉纹，倒卵形。

5. 果实与种子　油桐在 3 月下旬顶芽萌动，4 月开花，4 月下旬至 5 月上旬形成幼果，10 月中下旬果实成熟。实生繁殖的油桐一般第三年即可开花结果，少数第二年或第四年开始结果。第六至八年进入盛果期，盛果期可延续 10 年以上。果实在生长期为青绿色，成熟后转为暗红色。鲜果重通常 50～70 g，少数 70～90 g 及以上。果径 4～8 cm。单果含种子 4～5 粒，种子 240～320 粒/kg（图 34 - 4）。

图 34 - 4　油桐
1. 花枝　2. 雄花纵剖，示雄蕊　3. 雌花去花瓣，示雌蕊
4. 子房横剖　5. 叶　6. 果枝　7. 种子
（引自《中国树木志·第三卷》）

（二）生物学特性

1. 生长特性　油桐在 3 月上中旬芽膨大，4 月中旬左右萌芽。先出幼叶，展叶过程中开花，先花后叶，然后才是枝的生长，新梢上着生的叶随着枝条的生长而迅速生长。

2. 开花习性　成年油桐的顶芽多为混合芽，萌发后形成花、花序及新梢。多数为雌雄同株单性花，少数雌雄异株，偶有杂性同株。通常 4 月上中旬开花，花先叶开放。

3. 果实发育　桐果生长期为 165～180 d，4 月下旬至 5 月上旬形成幼果，10 月中下旬果实成熟。实生繁殖油桐一般至第三年生即可开花结果。6～8 年生进入盛果期，盛果期可延续 10 年以上。鲜果重量 50～70 g，果径 4～8 cm，单果种子 4～5 粒，每千克种子 240～320 粒。桐果内有种子 3～5 粒，种仁含油高达 70%。

4. 生态适应性　油桐为喜光树种，喜温暖，忌严寒，要求年平均温度 16～18 ℃，

4～10 月平均温度 15 ℃以上，6～9 月平均温度 25 ℃左右，1 月平均温度 2.5～7.7 ℃，10 ℃以上的活动积温 4 500～5 000 ℃；全年无霜期 240～270 d。油桐生长快，生长期内要求有充沛而分配适当的降水量和较高的空气湿度。适生土壤以富含腐殖质，土层深厚，排水良好的中性至微酸性沙质壤土为宜。

三、油桐属植物分类概况与种质资源

（一）油桐属植物形态特征

落叶乔木，嫩枝被短柔毛。叶互生，全缘或 1～4 裂；叶柄顶端有 2 枚腺体。花雌雄同株或异株，由聚伞花序再组成伞房状圆锥花序；花瓣 5 枚，基部爪状；花萼长约 1 cm，2（～3）裂，外面密被棕褐色微柔毛；雄蕊 8～12 枚，2 轮，外轮花丝离生，内轮花丝较长且基部合生；子房密被柔毛，3～5（～8）室，花柱与子房室同数，2 裂。果大，核果状，近球形，顶端有喙尖，不开裂或基部具裂缝，果皮壳质，有种子 3（～8）粒；种子无种阜，种皮木质。

（二）油桐属植物分类概况

油桐属在我国栽培主要有 2 种，即油桐（*V. fordii*）和木油桐（*V. montana*）。油桐属主要栽培种的区别见表 34 - 3。

表 34 - 3 油桐属主要栽培种

栽培种	形态特征	花与果实
油桐	落叶乔木。叶心形，没有锯齿，裂口没有腺体	核果球状，果皮光滑。在我国是重要的工业油料来源
木油桐	落叶乔木。叶阔卵形，顶端短尖至渐尖，基部心形至截平，裂缺常有杯状腺体	核果球状，有皱纹及三棱

（三）油桐种质资源

油桐分布广，栽培历史悠久，同时又是异花授粉植物，在人工选择与自然选择共同作用下变异很多，因此中国油桐品种较多，一般归类方法有五大类法和三大类法两种（蔡金标等，1997）。五大类法是将全国油桐品种分为大米桐、小米桐、柿饼桐、柴桐及对岁桐。三大类法是以油桐花果序特征作为一级标准，以果实特征结合树形作为第二级标准，划分为少花单生果类（座桐类）、中花丛生果类（吊桐类）和多花单生果类（野桐类）3 个品种群。

（李 昆 刘方炎）

第五节　杜　　仲

杜仲（*Eucommia ulmoides* Oliv.）为杜仲科（Eucommiaceae）杜仲属（*Eucommia* Oliv.）多年生落叶乔木，别名思仙、思仲、丝连木、玉丝皮、扯丝皮等。杜仲是我国第三纪孑遗植物，为我国特产古老经济树种，属国家二级保护树种。杜仲作为药用历史悠久，其树皮为强腰壮肾的名贵中药，种子中含有大量的高级营养油，木材材质硬，纹理美观且不翘不裂，属上等木材，而且韧皮部以及初生组织皮层和髓中都含有天然橡胶的姊妹杜仲胶，在国内外市场久享盛誉。

一、杜仲的利用价值和生产概况

（一）杜仲的利用价值

1. 药用价值　杜仲是中国特有的名贵药材树种，自古以取皮入药而著称，具有强筋骨、补肝肾、久服轻身耐老等作用，为中药上品。杜仲叶、果内均含有绿原酸、桃叶珊瑚苷、京尼平苷酸、松脂素双糖苷、多糖、氨基酸以及 Zn、Mn、Cu、Fe、Ca、P、B、Mg、K 等多种矿质元素，具有和杜仲皮相似的药理功能，能够促进人体皮肤、骨骼和肌肉中胶原蛋白的合成，迅速清除体内垃圾，延缓衰老；预防老年性和职业性骨质疏松；降血压；抗疲劳；双向调节人体免疫功能，抑制染色体变异，预防细胞癌变；降低血脂和胆固醇，促进冠状动脉血液循环，治疗心、脑血管疾病；治疗由肾虚引起的排尿不畅，腰痛、足膝酸楚、腰肢乏力；提高脑细胞活力，增强记忆力，促进脑垂体分泌，提高性功能，并且无毒副作用。

2. 工业价值　杜仲的叶、皮、果实富含杜仲胶，它是一种硬性天然橡胶，含于树体内胶腺里。杜仲胶可通过特殊硫化工艺而制成其他任何一种高分子材料所不具备的"橡胶—塑料双重特性"高弹性体。利用杜仲胶的这种特性，可开发出热塑性材料、热弹性材料和橡胶弹性材料等三大类性能及用途迥然不同的材料。作为热塑性材料具有低温可塑加工性，可开发具有医疗、保健、康复等多用途的人体医用功能材料；作为热弹性材料具有形状记忆功能，还具有储能、吸能、换能特性等，可开发许多新功能材料；作为橡胶弹性材料，与普通橡胶轮胎比较，具有寿命长、防湿滑、滚动阻力小等优点，是开发高性能绿色轮胎的极好材料。

3. 保健价值　杜仲叶可用炒青、烘青或蒸青等方法制成杜仲茶，或用杜仲叶 7～9 份，茉莉花茶 1～3 份加麦饭石矿泉水制成杜仲矿泉速溶茶；或以三尖杉、杜仲叶为主料，加茶叶、菊花、栀子、甜菊叶等制成三尖杉、杜仲系列饮料；还可和红枣一起加工成杜仲红枣复合饮料等。此外，杜仲雄花也是开发高档茶的优质原料，开发出的杜仲雄花茶具有杜仲雄花独有的甜香，饮用爽口，并且营养丰富，主要活性成分含量为杜仲各部位之首。

4. 肥料和饲料价值　杜仲叶粉能促进动物体内脂质代谢，改善蛋白胶原，还能产生新的蛋白质，使肉质鲜美，可与野外环境生长的动物媲美。因此，杜仲叶作为饲料添加剂有着十分奇特的作用。据报道，日本用加有杜仲叶的饲料喂养蛋鸡，产蛋率提高 10%，蛋内胆固醇含量降低 24%。但杜仲混合饲料的配方需根据各个不同生育阶段而定，一般加入杜仲粉的比例为 2.5%～10%。

5. 绿化和环境保护价值 杜仲树干通直，枝叶茂密，树形优美，树冠圆球形，且生长迅速，抗逆性强，病虫害少，根系发达，是我国中西部地区具有广阔发展前景的庭荫树和行道树。

6. 木材利用价值 杜仲木材为散孔材，白色或黄褐色微红，有光泽；纹理直，结构细致；干缩小，不挠不裂；不遭虫蛀；易切削，切面光滑，车旋性能良好，可用于制造桌、椅、箱、柜、床等家具，或者作为造船材，用于制造船架（龙骨、龙筋、肋骨）、船壳或甲板，也可作为建筑镶嵌装饰用材、雕刻用材（木刻、印章等），还用来制造农具、器具、楼梯、走廊扶手、门窗等（冯达，1997）。

（二）杜仲的分布与生产概况

1. 天然分布 杜仲在我国的自然分布区域，大体上在秦岭、黄河以南，五岭以北，黄海以西，云贵高原以东，其间主要是长江中下游和黄河流域的部分地区。从分布的省份看，北自陕西、山西、甘肃，南至福建、广东、广西，东达浙江，西抵四川、重庆、云南，中经安徽、湖北、湖南、江西、河南、贵州等 16 个省份。且这些省份基本为局部分布，多集中在山区和丘陵区，如甘肃小陇山及其以南的华亭、文县、徽县、成县、武都等地，陕西秦岭山地以南、大巴山以北的安康、汉中地区各县（市），山西中条山的闻喜、夏县，河南伏牛山的卢氏等地，鄂西山地的鹤峰、咸丰、宣恩、恩施、建始、巴东、秭归、兴山等地，湘西北山地的石门、慈利、桑植、永定等县（区），四川大巴山以南的川东、川北地区，贵州全境除册亨、望谟、罗甸、荔波 4 县外，其余县（市）都有分布，但主要集中在娄山山脉和苗岭山地各县，其重点产区有遵义、江口、石阡、黔西、大方、织金、瓮安、黄平、开阳、关岭、镇宁等，云南乌蒙山脉的富源、昭通等地，广西的大苗山，浙江的西天目山，安徽的黄山山脉，江西的庐山，福建的武夷山。

杜仲在我国的地理分布位置为东经 $104°\sim119°$，北纬 $25°\sim35°$，东西经度跨 $15°$，南北纬度跨 $10°$左右。杜仲在自然分布区内垂直分布海拔 $300\sim2\,500\,m$。杜仲中心产区大致在陕南、湘西北、川东、川北、滇东北、黔北、黔西、鄂西、鄂西北、豫西南地区（周政贤，1980）。

2. 栽培起源和栽培区 我国是杜仲的故乡，早在公元前 100 多年（距今约 2\,000 年），我国第一部由劳动群众（即"神农"）集体创作的《神农本草经》就记载了杜仲药效。李时珍在《本草纲目》中引用南朝梁时陶弘景著《名医别录》记述："杜仲生上虞山谷及上竞汉中"，上虞在豫州，非浙江上虞。1937 年陈嵘在《中国树木分类学》中对杜仲分布的记述："中国特产，但野生者均用其皮供药用，多滥行剥皮而尽生枯毙，故今栽培外，未见之也；栽培之地，以产于四川及贵州为驰名，其次湖北有宜昌府各属与陕西兴安、汉中，今浙江及广西亦有栽培。"从这些文献上看，杜仲历史上的分布区域是以川东、陕南、鄂西及其临近地区为中心，包括今山西、陕西、湖北、甘肃、贵州、广西、浙江 8 个省份。杜仲的人工栽培在古代文献中未见记载，但近代人工栽培已相当普遍。我国的杜仲分布在 23 个省份 260 多个县份。从气候带看，杜仲主要在北亚热带、中亚热带和南亚热带 3 个气候区。但杜仲的引种栽培远远超出了这个范围，在北京、大连（暖温带亚湿润气候区）早已试种成功；陕西延安、宜君生长良好。国外引种杜仲也相当普遍，主要引种国家有苏联、英国、美国、法国、德国、日本、印度、匈牙利、朝鲜、韩国等（周政贤，1980）。

3. 生产概况

（1）杜仲胶开发历史与现状　杜仲胶（反式-聚异戊二烯）国际上习称古塔波胶或巴拉塔胶，是一种特殊天然高分子材料，系普通天然橡胶（顺式-聚异戊二烯）的同分异构体。由于杜仲胶与普通天然橡胶（三叶橡胶）的微观结构不同，后者是优良的高弹性体，在轮胎制造等橡胶工业中发挥极其重要的作用，是重要的战略物资；而杜仲胶常温下是一种硬质橡胶，用途有限。直到 1984 年，我国"反式-聚异戊二烯硫化橡胶的制法"研制成功，将杜仲胶变成了弹性体（杜红岩，2003）。

（2）杜仲药理功能与功能食品、饮品的开发　从 20 世纪 80 年代开始，杜仲叶的药用价值和医疗保健作用被逐步认识，并且显示出巨大的开发潜力。以杜仲叶为原料的杜仲功能食品、饮品开发在贵州、四川、湖南、河南、湖北、陕西、北京、福建、浙江、山东等产区相继开展，生产厂家达到 20 多家。开发的主要产品有杜仲叶茶、杜仲晶、杜仲冲剂、杜仲口服液、杜仲酒、杜仲纯粉、杜仲酱油、杜仲醋、杜仲可乐、杜仲咖啡、杜仲面粉、杜仲米粉等，其中杜仲叶茶的生产规模最大，目前占国内杜仲功能食品、饮品产量的 60％以上（杜红岩，2003）。

（3）杜仲叶功能饲料开发　杜仲叶是良好的畜禽功能饲料，利用杜仲叶喂养动物能够明显改善畜禽和水产品的肉质和风味。食用拌有杜仲叶的饲料的鸡和鱼，鸡肉、鱼肉的紧度显著提高，且味道鲜美。杜仲叶饲料还可提高动物免疫功能（杜红岩，2003）。

二、杜仲的形态特征和生物学特性

（一）形态特征

1. 根系　杜仲根为米黄色，随着树龄增加，根的颜色略加深。1 年生苗主根可至 15 cm 长，有 2～3 条侧根，根系非常发达，根冠白色而发亮。2～3 年生杜仲苗主根可至 30～40 cm 长，侧根、须根分布于土表 5～15 cm，但随土壤的水分及肥力状况变化很大。

2. 茎　杜仲树干通直，枝条斜上，髓心具片状分隔，树冠卵圆形或圆头形，呈密集状，幼树树皮灰白色或浅棕色，成年树皮灰白色至暗灰色，深纵、浅纵、龟背状裂纹或光滑。1～2 年生苗横生椭圆形皮孔遍及全身。不同单株皮孔密度差别较大。杜仲成年树可高达 10～20 m，胸径约 50 cm。树皮灰褐色的较粗糙，灰白色的较光滑。杜仲的树皮、枝、叶及果壳内均含有杜仲胶，折断拉开有细密的银白色弹性胶丝相连。嫩枝有黄褐色毛，不久变秃净；老枝有明显的皮孔。

3. 叶片　杜仲单叶互生；叶柄长 1～2 cm，上面有槽，被散生长毛；叶片椭圆形、卵形或长圆形，长 6～15 cm，宽 3.5～6.5 cm，先端渐尖，基部圆形或阔楔形，幼叶上面暗绿色，疏被柔毛，下面淡绿，毛较密；老叶略有皱纹，边缘有锯齿；侧脉 6～9 对。

4. 芽　杜仲为雌雄异株树种，雌雄株不同年龄阶段以及不同生长季节芽的形态差别较大。芽一般为椭圆锥形、长圆锥形或桃形，被有 6～8 片鳞片，具光泽。苗期和幼龄树，雌雄株的芽差别不明显，芽呈椭圆锥形，芽宽而较短，长 2.8～4.0 mm，宽 3.5～5.0 mm；进入开花结果期的植株，雄株的芽大而饱满，呈桃形，鳞片紧抱芽体，呈光滑状，长 3.0～4.5 mm，宽 3.0～4.0 mm；雌株的芽较瘦弱，呈长圆锥形。

5. 花　杜仲花单性，花期 4～5 月，与叶同时开放，或先叶开放，生于 1 年生枝基部苞片的腋内，有花柄。杜仲花为无被花。雌花仅有 1 个由 2 心皮合生的雌蕊。花柄短、着生在新生幼叶的叶腋中。雌蕊绿色，表面光滑，呈长椭圆形，2 个反曲柱头生于子房顶端角凹中，无花柱。

6. 果实与种子　杜仲翅果扁平，长椭圆形，先端 2 裂，基部楔形，周围具薄翅，内有种子 1 粒；坚果位于中央，与果梗相接处有关节。早春开花，秋后果实成熟。杜仲种子较大，扁平，呈长椭圆形，千粒重 80 g 左右，种子寿命 0.5～1 年。种仁长 1.0～1.6 cm，宽 0.28～0.36 cm，厚 0.10～0.15 cm。杜仲果皮含有胶质，阻碍种子吸水，具有休眠特性，用沙藏处理打破休眠后，在地温 8.5 ℃时开始萌动，在 15 ℃左右条件下，2～3 周即可出苗。其种子最适萌发温度为 11～17 ℃，大于 32 ℃时发芽受到抑制（田兰馨，1994）。

（二）生物学特性

1. 生长特性　杜仲生长速度在 1～10 年内较慢，特别在播种后的 2～3 年内，树高仅有 1.5～2 m。因其树干的直立性强，这一段时间只有主干，基本不分枝。4 年生后生长开始加快，主干出现分枝。生长最快的时期为生长 10～20 年，此间年均高生长量为 0.4～0.5 m。20～30 年生树的生长速度逐渐下降，年均高生长量为 0.3 m。30 年生以后，生长速度急剧下降。在 30～40 年，年均高生长量为 0.1 m，50 年以后，其生长量趋于零，基本处于停滞状态。在年生长期中，成年植株春季返青，初夏进入旺盛生长期，入秋后生长逐渐停止。

杜仲是萌芽力特强的树种，根际或枝干一旦经受创伤，如采伐、机械损伤、冻伤等，休眠芽立即萌动，长出萌芽条。一根伐桩，一般可发 10～20 根枝条，有的可达 40 根。杜仲根系较为庞大，其生长发育因地而异。

2. 开花结实习性　杜仲为风媒花，一般定植 10 年左右才能开花，在植株性未成熟前，不能从种子、苗木和幼树的外部形态来区别杜仲性别。雄株花芽萌动早于雌株，雄花先叶开放，花期较长，雌花与叶同放，花期较短。但由于分布的地理位置不同，其花芽萌动早晚及花期长短也略有区别。如在陕西西安地区，杜仲雄株花芽在 3 月底萌动，雌株花芽在 4 月初萌动，相差 3～5 d，4 月 10 日前后与叶同放，叶于 4 月中下旬迅速发育，5 月陆续定型，6～8 月生长旺盛，10 月开始落叶，9～10 月果实成熟。在河南，杜仲雄株萌动期比雌株提前 10～15 d，雄株花期基本为 1 个月左右（3 月中下旬至 4 月中下旬），散粉期 3 d，雌花期大约 12 d。在北京地区，杜仲在 3 月上旬花芽膨大，3 月下旬花芽开始绽放。在杜仲林中，一般雄株占林分的 10% 左右即可保证雌株授粉。

在陕西，杜仲在 4 月中旬靠风媒传粉，雌蕊授粉受精后，初生胚乳核立即分裂形成细胞型胚乳，果实迅速生长，4 月底已长到固定大小；合子休眠约 35 d，在 5 月底分裂形成胚，6 月胚迅速发育，7～8 月胚和胚乳在分化发育阶段累积营养物质，9 月果实发育成熟，10 月果实充分成熟时，形成扁平状长椭圆形翅果，褐色干枯状，果柄能自然脱落。果实发育历时共 200 d 左右（吉庆森，1996）。

（三）生态适应性

1. 温度　杜仲产区分布横跨中亚热带和北亚热带，主要属于我国东部温暖湿润的气候型。杜仲对气温的适应性较强，在年平均气温 11.7～17.1 ℃、绝对最高温度 43.6 ℃、绝对最低温度－19.1 ℃的地区均能正常生长发育。

2. 水分 杜仲具有较强的耐旱能力，在产区一般自然降雨能满足其需水量。但在幼龄树期，因根系尚未发育成熟，在干旱时吸收不到较深土层的水，此时若供水不足，易造成缺水，从而影响幼树生长发育，造成小老树，推迟进入结果期。黄河中下游及其以北地区，降水量主要集中在 7～8 月，春秋季易发生干旱，使幼树缺水，必须进行灌溉。此外，在杜仲生长季节，若遇阴雨连绵，易造成林内空气湿度较大，导致大量病虫害发生。

3. 光照 杜仲为喜光树种，在生长季节光照时间的长短及光照强弱对杜仲生长发育有明显影响。在树龄相同、环境条件（海拔高度、土壤、气候、坡向）基本一致的地方，散生林在树高、胸径、冠幅等方面优于林缘木，而林缘木又优于林内木。在杜仲林培育中，注意密度调节，以促进透光与生长。

4. 土壤条件 杜仲适宜于山麓、山体中下部，缓坡，阴坡生长，对土壤的适应性较强，酸性土壤（红壤、黄壤、黄红壤、黄棕壤及酸性紫色土）、中性土、微碱性土（黏黑垆土、黄土、白土）和钙质土（石灰土、钙质紫色土）均能适应。但土壤瘠薄、pH 过小或过大均不利于杜仲生长。最适宜杜仲生长的土壤条件：土层深厚、肥沃、湿润、排水良好、pH 5.0～7.5。

三、杜仲的起源、演化

（一）起源

杜仲在晚第三纪以前曾广泛分布于欧亚大陆。在早始新世时中国广东三水曾生长过杜仲，美洲墨西哥，美国东、西部地区也发现了杜仲化石；中新世时，中国的中北部地区和日本北海道，欧洲的俄罗斯内高加索、乌克兰、莫尔达维亚、哈萨克斯坦及亚洲西部的杜仲种类多，分布广，它们一直存活到上新世；在意大利直到更新世还有杜仲生长。第四纪冰期来临后，杜仲便在欧洲和其他地区相继消失，只在亚洲中国的中部存活至今。因此，我国现存杜仲是地质史上残留下来的孑遗植物，为国家二级保护植物（杜红岩，2003）。

（二）演化

杜仲是中国特有植物，地质时期曾广泛分布于北半球。结合中国境内的杜仲属化石记录及今天的分布，证明杜仲自始新世以来在东亚地区有连续分布。在地质时期上，全球范围杜仲属果实形态演化上呈现个体增大，果实顶端柱头裂隙处与果体纵轴的夹角递减，果体对称性增加，果体与果柄的长度比值上升的趋势。杜仲几乎同时出现在东亚和北美始新世中期；可能在渐新世时，由东亚经西伯利亚和中亚扩散而至欧洲；在北美渐新世时，分布退至南部；中新世时，繁盛于欧亚大陆，而在北美消失；上新世欧亚大陆均见分布；更新世时期欧洲尚存记录，今天孑遗于东亚中国。杜仲分布北界的变化曲线与始新世以来全球温度的升降大体一致，即：①始新世至渐新世的降温期，北界由北纬 55°降至北纬 47°；②渐新世的晚期至中新世的中期，温度回升，北界北移，最高点达到北纬 58°；③中新世的后期至上新世降温期，北界南移，降至北纬 52°。更新世以来，尤其经历第四纪冰川活动之后，杜仲分布北界今天已经退至北纬 35°（王宇飞，2011）。

四、杜仲种质资源

（一）树皮的变异类型

从传统上人们对杜仲的认识来看，杜仲从树皮特征上存在两个大的变异类型，即粗皮杜仲和光皮杜仲（周政贤，1980）。但通过对杜仲种质资源调查、收集、整理，发现杜仲树皮特征至少存在 4 个变异类型，即深纵裂型、浅纵裂型、龟裂型和光皮型（杜红岩，1997）。

1. 深纵裂型 树皮呈灰色，干皮粗糙，具有较深的纵裂纹；横生皮孔极不明显，韧皮部占整个皮厚的 62%～68%。雌花期 3 月中旬至 4 月下旬，柱头 2 裂，向两侧伸展呈 V 形；雄花期 2 月下旬至 4 月中旬，雄花在苞腋内簇生，雄蕊 8～10 枚；翅果椭圆形，长 3.0～5.0 cm，宽 1.1～1.6 cm，果 9 月下旬至 10 月中旬成熟。通过液相色谱分析，主干皮中主要降压成分松脂醇二葡萄糖苷含量为 0.09%。

2. 龟裂型 树皮呈暗灰色，干皮较粗糙，呈龟背状开裂，横生皮孔不明显，韧皮部占整个皮厚的 65%～70%。雌花期 3 月中旬至 4 月下旬，柱头 2 裂，向两侧伸展反曲；雄花在苞腋内簇生，雄花期 2 月下旬至 4 月上旬，雄蕊 6～10 枚；翅果宽椭圆形，长 3.0～3.8 cm，宽 1.0～1.3 cm，果 9 月下旬至 10 月下旬成熟。主干皮中松脂醇二葡萄糖苷含量为 0.12%。

3. 浅纵裂型 树皮浅灰色，干皮只有很浅纵裂纹，可见明显的横生皮孔；木栓层很薄，韧皮部占整个皮厚的 92%～98.6%。雌花期 3 月中旬至 4 月下旬，柱头 2 裂，向两侧伸展呈宽 V 形；雄花期 3 月上旬至 4 月中旬，雄花在苞腋内簇生，雄蕊 7～10 枚；翅果宽椭圆形，长 3.2～4.1 cm，宽 1.2～1.5 cm，果 9 月中旬至 10 月上旬成熟。主干皮中松脂醇二葡萄糖苷含量为 0.3%。

4. 光皮型 树皮呈灰白色，干皮光滑，横生皮孔明显且多，只在主干基部可见很浅裂纹，韧皮部占整个皮厚的 93%～99%。雌花期 3 月中旬至 4 月下旬，柱头 2 裂，向两侧伸展反曲呈宽 V 形；雄花期 3 月上旬至 4 月中旬，雄蕊 7～10 枚；翅果呈椭圆形，长 3.0～4.1 cm，宽 1.0～1.4 cm，果 9 月中旬至 10 月中旬成熟。主干皮中松脂醇二葡萄糖苷含量为 0.10%。

上述 4 个不同类型在不同地区的分布比例差别很大，河南、贵州遵义等地以深纵裂型分布较多，而湖南慈利等地则以光皮型较多。从全国整体分布情况看，深纵裂型占 35%，光皮型占 20%，浅纵裂型占 40%，龟裂型约占 5%。树皮的不同类型特征在树龄 8～10年生时才能充分表现出来，幼龄树主干皮都较光滑。

（二）叶片变异类型

杜仲从叶片形态上主要有卵形叶和椭圆形叶。由于生态环境、生长状态等变化，叶片形态表现不稳定，往往同一单株上同时有两种叶出现。因此，从叶片上划分杜仲类型实际意义不大，但从叶片其他特征看，明显存在一些变异类型，如长叶柄杜仲、小叶杜仲、紫红叶杜仲等（杜红岩，1997）。

1. 长叶柄杜仲　叶柄长 3.1～5.6 cm，叶片呈椭圆形，叶基楔形或圆形，叶长 13～24 cm、宽 5.2～9.5 cm，叶淡绿色至绿色，纸质，单叶厚 0.18 cm，叶片下垂明显，上表面光滑。

2. 小叶杜仲　叶片小，呈椭圆形，叶长 6.2～9.0 cm、宽 3.0～4.5 cm，叶柄长 1.5 cm。叶面积仅为普通杜仲的 25％左右，叶片厚，呈革质，单叶厚 0.29 mm。该类型最初在河南省洛阳林业科学研究所发现，经扩大繁殖，性状表现稳定。该类型具有树冠紧凑，叶片分布密集，光合强度高等特点。

3. 紫红叶杜仲　该类型在河南洛阳林业科学研究所和湖南慈利等地发现，子叶出土后叶片表现为浅红色，以后每年春季抽生嫩梢为浅红色，展叶后除叶背面和中脉为青绿色外，叶表面、侧脉以及枝条在生长季节逐步变成紫红色。叶卵形，叶基圆形，叶长 11～17 cm，叶宽 6.4～10.6 cm，叶柄长 1.6～1.9 cm，叶片纸质，单叶厚 0.20 mm。该类型具有较好的庭院观赏价值。

（三）枝条变异类型

1. 短枝（密叶）型杜仲　该类型在洛阳市一芽变单株上发现，最明显的特点是叶片稠密，短枝性状明显。节间长 1.0～1.2 cm，为普通杜仲的 1/3～1/2。枝条粗壮有棱，叶片宽椭圆形，表面粗糙，锯齿深凹；叶浅绿色或绿色，纸质，单叶厚 0.25 mm；叶长 12～15 cm，叶宽 8.0～10.2 cm，叶柄长 1.5～2.0 cm。树冠紧凑，枝角度小，仅 25°～35°，材质硬，抗风能力强，适宜密植和营造农田防护林。

2. 龙拐杜仲　该类型在洛阳市发现，枝条的 Z 形十分明显，呈龙拐状，左右摆动角度达 23°～38°。叶片为长卵圆形或倒卵形，叶缘向外反卷，叶长 14.1～18.4 cm、宽 8.1～10.3 cm，叶柄长 1.8～2.6 cm，叶色浅绿色至绿色，单叶厚 0.19 mm，叶片下垂明显，上表面光滑。该类型具有良好的观赏价值（杜红岩，1997）。

（四）果实变异类型

不同产区或不同雌株之间的杜仲果实形态差异较大。杜仲果实存在两个变异类型，即大果型和小果型。

1. 大果型杜仲　果长 4.5～5.8 cm，宽 1.3～1.6 cm；果翅宽，种仁长 1.3～1.6 cm，宽 0.32～0.36 cm，厚 0.12～0.15 cm；成熟果实千粒重 105～130 g，每千克 7 692～9 524粒，种仁重量占整个果重的 35％～40％。该类型果实除用作杜仲实生苗的培育外，还适于用种仁榨油和利用外果皮提取杜仲胶。

2. 小果型杜仲　果长 2.4～2.8 cm，宽 1.0～1.2 cm；果翅窄小，种仁长 1.0～1.2 cm，宽 0.28～0.30 cm，厚 0.10～0.13 cm；成熟果实千粒重 42～70 g，每千克 14 286～23 810粒，种仁重量占果重的 37％～43％。小果型杜仲主要用作杜仲砧木苗的培育。

大果型杜仲和小果型杜仲从外观上区分十分明显。但杜仲果实多数为中等果型，介于大果和小果之间。同一单株果实的大小，都会因为管理水平的差异及结果量的多少而发生变化。管理水平高，结果量少，果实大；反之管理粗放或结果量过多，果实明显变小。因此在鉴别杜仲果实类型时应注意栽培条件和结果情况（杜红岩，1997）。

（五）栽培品种和无性系

1. 果药兼用杜仲良种华仲 1 号（*Eucommia ulmoides* 'Huazhong No. 1'）　雄株，幼树树皮光滑，成年树树皮纵裂型。在河南洛阳，嫁接苗建园 18 年树高 15.2 m，胸径 21.15 cm，树皮厚 1.20 cm。树势强，树冠紧凑，主干通直，接干能力强。叶片宽卵圆形，长 16.9 cm，宽 7.6 cm。雄花期 3 月 18 日至 4 月 15 日。树皮含胶率 7.31%，杜仲胶密度达 14.62 mg/cm³。树皮主要活性成分松脂双糖苷含量 0.22%。建园 18 年单株产皮量 29.50 kg，单位面积产皮量 49.18 t/hm²。嫁接苗或高接换种后 2～3 年开花，第五至六年进入盛花期，花量大，盛花期可产鲜花 3.2 t/hm²。适于营建杜仲速生丰产林和雄花采茶园。该良种能够适应多种类型的土壤条件，对土壤的酸碱度要求不严，在山区、丘陵和沙区均生长良好，抗干旱、寒冷的能力强，在长江中下游、黄河中下游杜仲适生区均可栽培推广（杜红岩，2013a）。

2. 果药兼用杜仲良种华仲 2 号（*Eucommia ulmoides* 'Huazhong No. 2'）　雌株，幼树树皮光滑，成树树皮纵裂型。在河南洛阳，嫁接苗建园 18 年树高 14.6 m，胸径 16.83 cm，树皮厚 1.26 cm。树冠开张呈圆头形，分枝角度 43°～64°，主干通直。芽长圆锥形，3 月上旬萌动。叶片深绿，光亮，呈圆卵形，长 17.4 cm，宽 8.4 cm，叶柄长 1.6 cm，叶缘向内卷曲。枝条节间长 3.4 cm。雌花期 4 月中上旬，雌花 6～12 枚，单生在当年枝条基部。果实椭圆形，长 3.2 cm，宽 1.2 cm，9 月中旬至 10 月中旬成熟。树皮含胶率 7.25%，胶密度达 14.52 mg/cm³。树皮松脂素双糖苷含量 0.17%。建园 18 年产皮量 19.35 kg/株、31.88 t/hm²。嫁接苗 2～3 年开花，第五至六年进入盛果期，盛果期产果量 2.2～3.0 t/hm²，适于营建速生丰产林和果园。华仲 2 号在山区、丘陵和沙区均生长良好，抗干旱、寒冷的能力强，在杜仲适生区均可栽培推广，少有病虫害（杜红岩，2013b）。

3. 杜仲良种华仲 3 号（*Eucommia ulmoides* 'Huazhong No. 3'）　雌株幼树皮光滑，成年树皮浅纵裂。树冠开放，分枝角度 44°～82°，主干通直，接干能力强。耐盐碱、干旱，叶片小，稀疏，狭卵圆形，叶长 16.2 cm、宽 7.3 cm，叶柄长 1.6 cm，节间长 3.3 cm。芽长圆锥形，3 月上旬萌动，雌花期 4 月 1～15 日，雌花 6～14 枚，单生于当年生枝条基部。果实椭圆形，9 月上旬至 10 月上旬成熟，长 3.0 cm，宽 1.1 cm。嫁接苗 3 年结果，5 年生树高 7.6 m，胸径 9.2 cm，每公顷产皮量 4.8 t、产叶量 5.9 t、产种量 2.5 t。适于各产区尤其是干旱、盐碱地区营造速生林和种子园（杜红岩，2014a）。

4. 杜仲良种华仲 4 号（*Eucommia ulmoides* 'Huazhong No. 4'）　雌株，幼龄树和成年树皮很光滑，横生皮孔明显，树冠紧凑，呈卵形，分枝角度 39°～53°，主干通直，苗期靠顶端侧芽易萌发分权，侧芽生长旺盛，树冠易形成。耐寒冷、干旱，−27 ℃低温不受冻害。芽圆锥形，3 月上旬萌动，叶片稠密，叶长 17.1 cm，叶柄长 1.7 cm，节间长 2.8 cm。雌花期 4 月 1～15 日，雌花 6～14 枚，单生于当年生枝条基部。果实椭圆形，9 月中旬至 10 月中旬成熟，果长 3.2 cm，宽 1.2 cm。嫁接苗 3 年结果，5 年生树高 7.4 m，胸径 9.2 cm，每公顷产皮量 5.0 t、产叶量 6.3 t、产种量 2.3 t。适于各产区尤其北方产区营建丰产园和果园（杜兰英，2014b）。

5. 杜仲良种华仲 5 号（*Eucommia ulmoides* 'Huazhong No. 5'）　雄株，幼树皮光滑，

成年树皮深纵裂。主干通直，接干能力强，树冠呈卵圆形。耐寒冷、干旱。分枝角度 37°～49°，叶片较大，长 18.7 cm，宽 7.3 cm，叶柄长 1.7 cm，节间长 3.4 cm。芽桃形，2 月下旬萌动。雄花期 3 月上旬至 4 月中旬，雄花 6～11 枚，簇生于当年生枝条基部。5 年生树高 7.2 m，胸径 9.5 cm，每公顷产皮量 5.3 t、产叶量 6.5 t。适于各产区营造速生丰产园和农田林网（杜红岩，2014c）。

6. 果用杜仲良种华仲 6 号（*Eucommia ulmoides* 'Huazhong No. 6'）　雌株，树皮浅纵裂型，成枝力强。芽 3 月上中旬萌动。叶片卵圆形，长 12.35 cm，宽 7.83 cm。花期 3 月 30 日至 4 月 15 日。果实椭圆形，果长 3.14 cm、宽 1.08 cm，果实千粒重 71.5 g。果实含胶率 12.19%，种仁粗脂肪含量 24%～28%，其中亚麻酸含量 55%～58%。果实 9 月中旬至 10 月中旬成熟。结果早，含胶率高，高产稳产。嫁接苗或高接换种后 2～3 年开花，第五年进入盛果期，盛果期年产果量 3.5～5.9 t/hm²。适于建立良种果园。该良种适应性强，嫁接成活率高，抗干旱，在豫东平原沙区、豫西黄土丘陵区、豫南大别山区等生长良好。长江中下游和黄河中下游杜仲适生区也可推广（杜红岩，2010a）。

7. 果用杜仲良种华仲 7 号（*Eucommia ulmoides* 'Huazhong No. 7'）　雌株，树皮浅纵裂型，成枝力中等。芽 3 月上中旬萌动。叶片卵圆形，长 12.7 cm，宽 7.0 cm。花期 3 月 30 日至 4 月 15 日。果实长椭圆形，果长 3.83 cm、宽 1.05 cm，果实千粒重 78.2 g。果实含胶率 10.68%，种仁粗脂肪含量 29%～32%，其中亚麻酸含量达 58%～61%。果实 9 月中旬至 10 月中旬成熟。结果早，高产稳产，种仁亚麻酸含量高。嫁接苗或高接换种后 2～3 年开花，第五至六年进入盛果期，盛果期年产果量 2.8～4.5 t/hm²。适于建立高产亚麻酸良种果园。该良种适应性强，抗干旱、耐水湿，在豫东、豫西、豫南山区、丘陵和沙区均生长良好（杜红岩，2010b）。

8. 果用杜仲良种华仲 8 号（*Eucommia ulmoides* 'Huazhong No. 8'）　雌株，树皮浅纵裂型，成枝力中等。叶片卵圆形，长 12.9 cm，宽 6.4 cm。花期 3 月 25 日至 4 月 13 日。果实长椭圆形，果长 2.99 cm、宽 1.03 cm，果实千粒重 75.2 g。果实含胶率 11.96%，种仁粗脂肪含量 28%～30%，其中亚麻酸含量 59%～62%。果实 9 月中旬至 10 月中旬成熟。早实高产，结果稳定性好，果皮含胶率和种仁亚麻酸含量均高。嫁接苗或高接换种后 2～3 年开花，第五至六年进入盛果期，年产果量 2.8～4.3 t/hm²。适于建立高产杜仲胶和亚麻酸良种果园。该良种适应性强，抗干旱，在河南山区、丘陵和沙区均生长良好。长江中下游和黄河中下游杜仲适生区也可推广（杜红岩，2010c）。

9. 果用杜仲良种华仲 9 号（*Eucommia ulmoides* 'Huazhong No. 9'）　雌株，树皮浅纵裂型。在河南商丘，6 年生平均胸径 9.6 cm。成枝力中等。叶片卵圆形，长 10.8 cm，宽 6.0 cm。花期 3 月 28 日至 4 月 15 日。果实长椭圆形，果长 3.53 cm，宽 1.11 cm，果实千粒重 72.5 g。果实含胶率 11.60%，种仁粗脂肪含量 28%～31%，其中亚麻酸含量 58%～62%。果实 9 月中旬至 10 月中旬成熟。果皮含胶率和种仁亚麻酸含量均高。嫁接苗或高接换种后 2～3 年开花，第五至六年进入盛果期，极丰产，盛果期年产果量 3.2～5.5 t/hm²。适于建立高产亚麻酸和杜仲胶良种果园。该品种适应性强，抗干旱，在河南山区、丘陵和沙区均生长良好。长江中下游和黄河中下游杜仲适生区也可推广（杜红岩，2011）。

（王旭军　夏合新）

第六节   无 患 子

无患子（*Sapindus mukorossi* Gaertn. Fruct.）属无患子科（Sapindaceae）无患子属（*Sapindus* L.）落叶大乔木，是重要的绿化树种、油料树种和日化产品原料树种。

一、无患子的利用价值与栽培概况

（一）无患子的利用价值

1. 园林绿化   无患子是优良的观叶、观果树种，适应性广，抗病虫害能力强，是园林绿化的优良树种。

2. 环保日化产品   无患子果皮含有大量的皂苷，是优良的植物表面活性剂，去油污能力较强且易降解，对环境无有害残留。无患子皂苷对重金属具有广谱的洗脱作用。此外，无患子还具有抗菌、消炎、去屑止痒等功效，对皮肤刺激小、安全可靠（黄素梅等，2009）。

3. 药用   无患子是我国传统的中药材，《本草纲目》记载其根、果、花、种仁、果皮等均可入药，能治疗多种疾病。近代的药理研究表明，无患子的果实富含皂苷，具有抗细菌、抗真菌、抗肿瘤、抗病毒、保肝、杀精、促进抗生素吸收、抗血小板聚集、降血压等作用（Ibrahim et al.，2006，2008）。

4. 生态治理   无患子可以在极度贫瘠的土地上生长，在新崩塌地、泥石流地及各种无有机质表土的新填土上均有很强的适应能力，是荒山绿化、生态治理的好树种，有较强的预防泥石流能力。

5. 其他   无患子种仁含油量高达 40 ％以上，可用于制作食用油、高级润肤剂和润肤油，也可作为工业用油，是极具开发前景的生物柴油原料。此外，无患子的种仁可食用。无患子皂苷还是很好的农药乳化剂。无患子是很好的蜜源植物，其木材含有天然皂素，可自然防虫，亦可用于制作木梳、雕刻、工艺品等，无患子种子也可用于首饰、佛珠等工艺品。

（二）无患子的天然分布与栽培区

1. 无患子的天然分布   无患子属在全世界约 14 种，分布于中国、中南半岛、印度、美国、墨西哥北部以及非洲、大洋洲的热带及亚热带地区，在低、中、高海拔均有分布。我国有 4 种 1 变种（但《中国树木志》中只收录 3 种），主产于长江以南及西南地区，包括无患子（*S. mukorossi*）、川滇无患子（*S. delavayi*）、绒毛无患子（*S. tomentosus*）、毛瓣无患子（*S. rarak*）、石屏无患子（*S. rarak* var. *velutinus*）。无患子产江苏、安徽、浙江、福建、台湾、江西、湖北、湖南、广东、香港、海南、广西、贵州、云南、四川、陕西、河南，寺庙、庄园、村边、街道常见栽培。日本、印度也有种植。

2. 无患子的利用与栽培历史   无患子在我国栽培历史悠久，自古即为人们所熟悉，南方地区多有栽培，为民间广泛应用。无患子别名有桓（《山海经》，距今 4 000 余年）、

木患子、肥珠子、油珠子、菩提子（《本草纲目》）、油患子（《中国树木分类学》）、圆肥
皂、桂圆肥皂（《现代实用中药》）、洗手果、苦枝子（《广西中兽医药植物》）等（黄顺等，
2004）。早在先秦时代，《山海经》中便有记载："秩周之山，其木多桓"，"桓"即为无患
子。明代李时珍说："山人呼为肥珠子，油珠子，因其肥奶油圆如球也。"无患子俗称"肥
皂荚"，较皂荚有更好的去污效果。《鸡肋篇》中记载："浙中少皂荚，澡面，浣衣皆用肥
珠子。木亦高大，叶如槐而细，生角长者不过三数寸，子圆黑肥大，肉亦厚，膏润于皂
荚，故一名肥皂"，肥皂之名由此而来。无患子在中国，曾广泛应用在日常生活及医疗上，
化学合成清洁剂问世前，在民间用来洗发、洗脸。无患子的别名与我国的历史文化、宗教
有着较深联系。佛经载，无患子种子制作的念珠即为菩提子，是念珠中的极品。

（三）无患子生产现状

无患子在浙江等地主要作为园林绿化苗木生产，在我国台湾及印度、美国、欧盟已作
为日化产品开发利用，并应用于医疗用品。在国内南方各地已普遍用于街道与四旁绿化，
对它的非木质产品的开发日益受到重视，但规模化、集约化栽培起步不久（贾黎明等，
2012），相关产品的开发也刚起步。

二、无患子的形态特征和生物学特性

（一）形态特征

落叶大乔木，高可达 20 m，树皮灰
褐色或黑褐色；嫩枝绿色，无毛。叶轴
稍扁，上面两侧有直槽，无毛或被微柔
毛；小叶 5～8 对，通常近对生，叶片薄
纸质，长椭圆状披针形或稍呈镰形；侧
脉纤细而密，15～17 对，近平行。花序
顶生，圆锥形；花小，辐射对称，花梗
常很短；花瓣 5，披针形，有长爪，外面
基部被长柔毛或近无毛，鳞片 2 个，小
耳状；花盘碟状，无毛；雄蕊 8 枚，伸
出，中部以下密被长柔毛；子房无毛
（图 34-5）。

图 34-5　无患子
1. 果枝　2. 花序　3. 花　4. 萼片　5. 花瓣
6. 雌蕊　7. 花盘、雄蕊及雌蕊
（引自《中国树木志·第四卷》）

（二）生物学特性

深根性，抗风能力强，萌芽力弱，
不耐修剪，生长较快，寿命长。花期 5～
7 月，果期 8～9 月，果近球形，橙黄色
或黄色。种子成熟期为 10～11 月，黑色
球形，坚硬而光亮。

（三）生态适应性

无患子分布地域广阔，其垂直分布可达海拔 2 000 m。对土壤要求不严，耐干旱贫瘠，不耐水湿。喜光，稍耐阴，喜温暖湿润气候，冬季可耐−15 ℃低温，抗病虫害能力强。

三、无患子的起源、演化和分类

（一）无患子属植物的起源

据 Taylor（1990）统计，在北美第三纪地层中发现无患子属的叶子；Engler 记载在第三纪的澳大利亚、欧洲、南美洲、北美洲和埃及均有无患子属，表明第三纪始新世全球各地均有本科植物分布，并且分化程度已经很高，本科植物应在始新世前起源。从无患子科的现代分布格局看，无患子科的现代分布变异中心"亚洲—非洲—南美洲"的特有程度较高，相互间的亲缘关系不大；各植物区系中属的特有程度很高，说明无患子科很早已经发生分化。根据无患子科的现代分布及孢粉证据，认为本科自白垩纪（约 1.35 亿年前）冈瓦纳古陆尚未完全解体之前发生于泛冈瓦纳古陆，在冈瓦纳古陆解体之后，随着西冈瓦纳向北漂移，一部分传播到欧亚大陆和北美，其中大部分类群在第三纪和第四纪冰期遭到灭绝，亚洲的无患子科植物可能主要随印度板块与欧亚板块相撞传播而来，并随第三纪中晚期喜马拉雅山的升起而产生分化，另一部分则随东冈瓦纳的漂移而分布。由于东冈瓦纳相对于西冈瓦纳漂移较少，植物的变异也较少，原来分布在南极古陆的类群由于受冰川影响而灭绝，所以大部分原始类群在澳大利亚得以保存，并有部分种类通过印度马来岛屿传播到亚洲大陆，因此印度马来亚域与澳大利亚的属相似性最高（夏念和等，1995）。

（二）无患子的遗传变异

无患子遗传多样性较丰富，各地区种质间的遗传差异较大，无患子种质的遗传变异与地理分布没有明显的相关性（洪莉，2013）。地域分隔对无患子的种源差异影响很大，甚至超过不同种间差异，在选择良种时应以优良单株、优势地域作为主要筛选因子，这也是今后大规模繁育及保护管理种质资源的重要依据（贾黎明，2012）。Kamalesh 等（2011）在对印度无患子生物多样性的研究中提出该树种个体间遗传变异差异明显，相对而言种间差异很有限，同时，将西部喜马拉雅地区与印度东北部 2 个印度无患子主要产地作为首要分隔，表明地域分割对基因型变异的影响十分关键。岳华锋（2010）等对我国 7 省 9 个产地无患子进行了种源评价，认为果实质量、体积和果皮厚度等受产地影响显著，果实性状可依据地理聚类；而对于种仁含油率和种子出仁率来说，个体间的变异影响显著，地理因子影响并不显著；种子皂苷出油率受产地海拔和经度的影响显著。

目前，在亚洲热带、亚热带地区，以生物柴油作为种源筛选标准的皂苷类树种以毛瓣无患子和无患子为主。尽管我国已经开始无患子开发利用，但目前还没有进行全国无患子种质资源普查，我国福建、浙江地区开展了无患子的大面积种植工作，同时进行了种质资源的部分调查。目前有报道福建顺昌筛选出无患子优树 52 株，初选出果用无患子优良品系 5 个（林方等，2011）。王荔英等（2009）提出我国不同产地种源的苗木生长节律受纬度影响较大，普遍表现为随种源地纬度的降低，其芽苗生长的封顶时间延长。福建顺昌林场在引种中发现，在 10 个不同种源中，浙江杭州的种源封顶时间最早，生长期短，云南昆明的种源封顶时间最迟，生长期长，说明较高温度会促进无患子芽苗的徒长。辜夕容（2009）在重庆进行了引种试验（四川会理、四川仁和、四川盐边、云南大姚、永仁等 5 地），其中四川会理种源在无患子皂苷含量、皂苷纯度、种子质量以及生长等测定指标上均优于其他种源。邵文豪等（2012）分析了 14 个产地间无患子果皮的皂苷含量，表明东西部产地间果皮皂苷含量出现明显分化，广西龙州表现出较高的皂苷含量。周自圆等（2011）从全果的物理组成、种仁油脂及氨基酸等方面研究了不同居群的无患子变异，表明福建无患子种仁含油率最高，达到 42.8%；四川无患子种子含油率最高，达到 13.7%。Maharks 等 2011 年对印度无患子的遗传多样性进行了研究，表明地理位置的多样性使物种存在遗传多样性，根据遗传距离及相似系数，将 69 个无患子种质划分为两大类，第一大类种群包含印度西北部的喜马偕尔邦和北阿坎德邦，第二大类种群包含印度的东北部地区。

（三）无患子属植物分类

1. 无患子属形态特征 乔木或灌木。偶数羽状复叶，互生，小叶全缘。花小，杂性，聚伞圆锥花序大型，萼片、花瓣各 4~5；雄蕊 8~10 枚；子房 3 室，每室 1 胚珠，通常仅 1 个或 2 个发育成核果，果球形，中果皮肉质，内果皮革质；种子黑色，无假种皮。

2. 无患子属植物分类概况 本属约 14 种，我国有 4 种 1 变种。绒毛无患子和川滇无患子并无明显的不同，地理分布也是交叠的，可能二者为同种或川滇无患子只是本种的变种或变型。石屏无患子与毛瓣无患子的区别是叶轴和小叶背面密被皱卷柔毛（刘玉壶等，1985）。

四、无患子野生近缘种的特征特性

（一）毛瓣无患子

学名 *Sapindus rarak* DC. 。

落叶大乔木，高 20 m；小枝粗壮，有直槽纹，仅嫩枝被灰黄色短柔毛。叶轴柱状，小叶 7~12 对，近对生，长圆形或卵状披针形，两面无毛；花序顶生，尖塔形，主轴有深槽纹，被金黄色短茸毛；花稍大，对称，萼片 5，外面被金黄色绢质茸毛；花瓣 4，亦被茸毛，鳞片大，边缘密被长柔毛。果片球形，暗红色或橙红色。花期夏季，果期秋初。喜光、稍耐阴，喜温暖湿润气候，不耐水湿。深根性，速生，抗病虫害能力较强，对氯气和二氧化硫等有害气体的抗性较强。

产云南（东南部和南部）和台湾二省。生于海拔 500~1 700 m 处的疏林中，亦有栽培。斯里兰卡、印度、中南半岛和印度尼西亚（爪哇）等地也常栽培。用途和无患子相同。

变种石屏无患子（*S. rarak* var. *velutinus* C. Y. Wu）：与毛瓣无患子的区别是叶轴和小叶背面密被皱卷柔毛。喜光，稍耐阴，喜温暖湿润气候，不耐水湿。深根性，速生，抗病虫害能力较强,对氯气和二氧化硫等有害气体的抗性较强。仅见于我国云南石屏。生于海拔1 600～2 100 m处的疏林中。用途和无患子相同。

(二) 川滇无患子

学名 *Sapindus delavayi* (Franch.) Radlk.。

落叶乔木,高10 m,小枝被短柔毛。叶轴有疏柔毛;小叶4～6对,少7对,对生或近互生;侧脉纤细,多达18对;花序顶生,直立,常三回分枝,主轴和分枝均较粗壮,被柔毛;花两侧对称,花蕾球形,萼片5,外面基部和边缘被柔毛;花瓣4(极少5或6),狭披针形;花盘半月状,肥厚;雄蕊8枚,稍伸出。花期夏初,果期秋末。根和果入药,味苦微甘,有小毒,功能清热解毒、化痰止咳;川滇无患子果皮正丁醇提取物是一种性能优良的天然表面活性剂,有良好的乳化性能;其果仁在中药中用于驱蛔虫。

我国特产,分布于云南、四川、贵州和湖北西部。在云南中部和西北部及四川西南部较常见,生于海拔1 200～2 600 m处的密林中,也是我国西南各地较常见的栽培植物,陕西和甘肃也偶有种植。

(三) 绒毛无患子

学名 *Sapindus tomentosus* Kurz。

落叶乔木;枝被淡黄色短柔毛,散生苍白色皮孔;叶轴被淡黄色茸毛;小叶3～4对,对生或互生,基部圆或生于叶轴下部的有时近心形,腹面仅脉上有毛,背面密被短茸毛;小叶柄粗厚,被茸毛。花序被短茸毛;花两侧对称,花蕾球形;萼片5,长圆状披针形,短尖,外面被疏柔毛;花瓣4,长楔形,基部被稍长柔毛,内面基部具2裂、密被长柔毛的鳞片;花盘半月形;花丝被长柔毛。果近球形,背部稍扁。喜光,稍耐阴,喜温暖湿润气候,不耐水湿。深根性,速生。

我国仅云南西部(腾冲)和南部(蒙自)有记录。缅甸的曼德勒为模式产地。

(彭 秀 蒋宣斌)

参考文献

毕丽霞,刘克旺,赵深,2007. 湖南省乌桕属植物分类及其园林应用研究 [J]. 安徽农业科学, 35 (35): 11445 - 11446.

蔡金标,丁建祖,陈必勇,1997. 中国油桐品种、类型的分类 [J]. 经济林研究, 15 (4): 47 - 50.

陈藏器,1983. 本草拾遗 [M]. 尚志钧,辑校. 合肥:皖南医学院科研科印.

邓志军,程红焱,宋松泉,2005. 麻疯树种子的研究进展 [J]. 云南植物研究, 27 (6): 605.

刁泉,黄勇,肖祥希,2006. 麻疯树不同地理种源种子性状及苗期生长初报 [J]. 福建林业科技, 33 (4): 13 - 16.

杜红岩,1997. 我国杜仲变异类型的研究 [J]. 经济林研究, 15 (3): 34 - 37.

杜红岩，2003. 杜仲含胶特性及其变异规律与无性系选择的研究 [D]. 长沙：中南林业科技大学.

杜红岩，杜兰英，乌云塔娜，等，2013. 杜仲药用良种'华仲1号'[J]. 林业科学，49（11）：195.

杜红岩，杜兰英，乌云塔娜，等，2014a. 杜仲果药兼用良种'华仲3号'[J]. 林业科学，50（1）：164.

杜红岩，杜兰英，乌云塔娜，等，2014b. 雄花用杜仲良种'华仲5号'[J]. 林业科学，50（4）：152.

杜红岩，李芳东，杜兰英，等，2010a. 果用杜仲良种'华仲6号'[J]. 林业科学，46（8）：182.

杜红岩，李芳东，李福海，等，2010b. 果用杜仲良种'华仲7号'[J]. 林业科学，46（9）：186.

杜红岩，李芳东，杨绍彬，等，2010c. 果用杜仲良种'华仲8号'[J]. 林业科学，46（11）：189.

杜红岩，李芳东，杨绍彬，等，2011. 果用杜仲良种'华仲9号'[J]. 林业科学，47（3）：194.

杜红岩，乌云塔娜，杜兰英，等，2013. 杜仲果药兼用良种'华仲2号'[J]. 林业科学，49（12）：175.

杜兰英，乌云塔娜，杜红岩，等，2014. 杜仲果药兼用良种'华仲4号'[J]. 林业科学，50（3）：152.

冯达，江永清，杨斌，1997. 杜仲的综合利用与开发前景 [J]. 甘肃林业科技（4）59-63.

高兆蔚，2006. 中国南方红豆杉研究 [M]. 北京：中国林业出版社.

辜夕容，2009. 不同种源无患子的种子品质差异分析 [J]. 西南大学学报（自然科学版），31（6）：51-54.

关伟友，1999. 中国油桐种植史探略 [J]. 古今农业（4）：21-28.

何方，1993. 我国油桐生产的历史沿革 [J]. 经济林研究（S1）：297-300.

洪莉，柏明娥，张加正，等，2013. 无患子种质资源与亲缘关系的 ISSR 和 SRAP 分析 [J]. 浙江农业科学（5）：566-568，570.

黄顺，潘文明，2004. 优良造景树——无患子 [J]. 园林（9）：42.

黄素梅，王敬文，杜孟浩，等，2009. 无患子的研究现状及其开发利用 [J]. 林业科技开发，23（6）：1-5.

吉庆森，1996. 我国杜仲资源发展的策略 [J]. 西北林学院学报，11（2）：80-83.

贾黎明，孙操，2012. 生物柴油树种无患子研究进展 [J]. 中国农业大学学报，17（6）：191-196.

金代钧，黄惠坤，唐润琴，等，1997. 中国乌桕品种资源的调查研究 [J]. 广西植物，17（4）：345-364.

金代钧，黄惠坤，唐润琴，等，1998. 中国乌桕农家品种的研究 [J]. 广西植物，18（1）：45-50.

李冬林，黄栋，王瑾，等，2009. 乌桕研究综述 [J]. 江苏林业科技，36（4）：43-47.

李昆，尹纬伦，罗长维，2007. 小桐子繁育系统与传粉生态学研究 [J]. 林业科学研究，20（6）：775-781.

李维莉，杨辉，林南英，等，2000. 可再生能源麻疯树种子油化学成分研究 [J]. 云南大学学报（自然科学版），22（5）：324.

李永梅，魏远新，周大林，2008. 油桐的价值及其发展途径 [J]. 现代农业科技（16）：113.

林方，张天宇，2011. 顺昌无患子良种选育项目获国家级立项 [N]. 闽北日报，3-24.

林娟，陈钰，徐莺，等，2003. 麻疯树核糖体失活蛋白抗肿瘤作用 [J]. 中国药理学报（英文版）（3）：241-246.

刘方炎，李昆，张春华，2010. 麻疯树开花数量大小及其生态适应性 [J]. 南京林业大学学报（自然科学版），34（6）：1-5.

刘焕芳，邓云飞，廖景平，2008. 大戟科麻疯树属三种植物花器官发生 [J]. 植物分类学报，46（1）：53-61.

刘泽铭，苏光荣，2008. 云南省麻疯树资源调查分析 [J]. 林业科技开发，22（1）：37-40.

漆淑华，吴少华，马云保，等，2003. 桂林乌桕的化学成分研究 [J]. 中草药，34（1）：13-15.

邵文豪，姜景民，董汝湘，等，2012. 不同产地无患子果皮皂苷含量的地理变异研究 [J]. 植物研究，32

（5）：627-631.

田兰馨，耿莉，1994. 杜仲果实发育规律的研究 [J]. 西北林学院学报，9（4）：1-7.

王谠，1957. 唐语林 [M]. 上海：古典文学出版社.

王荔英，姚湘明，2009. 无患子种源引种苗期试验初报 [J]. 林业勘察设计（2）：68-71.

王菱，1988. 我国油桐分布和生产概况 [J]. 资源科学，10（2）：74-78.

王晓光，邓先珍，程军勇，等，2008. 湖北乌桕优树选择初报 [J]. 湖北林业科技（4）：18-20.

王宇飞，王艳辉，2011. 杜仲的演化及其对全球气候变化的响应 [C]//中国古生物学会第26届学术年会论文集.

王正书，1983. 川扬河古船发掘简报 [J]. 文物（7）：50-53.

夏念和，罗献瑞，1995. 中国无患子科的地理分布 [J]. 热带亚热带植物学报（1）：21-27.

杨顺林，范月清，沙毓沧，等，2006. 麻疯树资源的分布及综合开发利用前景 [J]. 西南农业学报，（19）：447-452.

于曙明，孙建昌，陈波涛，2006. 贵州的麻疯树资源及其开发利用研究 [J]. 西部林业科学，35（3）：14-17.

袁理春，赵琪，康平德，2007. 云南麻疯树（Jatropha curcas）资源生态地理分布及评价 [J]. 西南农业学报，20（6）：1283-1286.

岳华锋，2010. 无患子主要经济性状的地理变异研究 [D]. 北京：中国林业科学研究院.

张宏意，陈月琴，廖文波，2003. 南方红豆杉不同居群遗传多样性的 RAPD 研究 [J]. 西北植物学报，23（11）：1994-1997.

张克迪，林一天，1994. 中国乌桕 [M]. 北京：中国林业出版社.

张玲玲，彭俊华，2011. 油桐资源价值及其开发利用前景 [J]. 经济林研究，29（2）：130-136.

张茂钦，李达孝，左显东，等，1996. 云南红豆杉人工栽培及其生态生物学特性研究 [J]. 林业科技通讯（3）：8-12.

张蕊，周志春，金国庆，等，2009. 南方红豆杉种源遗传多样性和遗传分化 [J]. 林业科学，45（1）：50-55.

中国科学院中国植物志编辑委员会，1985. 中国植物志：第四十七卷第一分册 [M]. 北京：科学出版社.

中国科学院中国植物志编辑委员会，1997. 中国植物志：第四十四卷第三分册 [M]. 北京：科学出版社.

《中国树木志》编辑委员会，1997. 中国树木志：第三卷 [M]. 北京：中国林业出版社.

周文杰，芦站根，2007. 曼地亚红豆杉生物学特性研究 [J]. 安徽农业科学，35（8）：2266-2267.

周政贤，郭光典，1980. 我国杜仲类型、分布及引种 [J]. 林业科学（S1）：84-91.

周志春，余能健，金国庆，2009. 南方红豆杉和三尖杉——药用种质选择及高效栽培 [M]. 北京：中国林业出版社.

周自圆，朱莉伟，李雪，等，2011. 不同居群无患子果实组成比较研究 [J]. 中国野生植物资源，30（40）：61-65.

Ibrahim M，Khaja M N，Aara A，et al.，2008. Hepatoprotective activity of *Sapindus mukorossi* and *Rheum emodi* extracts：in vitro and in vivo studies [J]. World J Gastroenterol，14（16）：2566-2571.

Ibrahim M，Khan A A，Tiwari S K，et al.，2006. Antimierobial activity of *Sapindus mukorossi* and *Rheum emodi* extracts against *H. pylori*：in vitro and in vivo studies [J]. World J Gastroenterol，14：7136-7142.

Kamalesh S，Mahara T S，Ranan Shirish A R，2011. Molecular analyses of genetic variability in soap nut（*Sapindus mukorossi* Gaertn）[J]. Industrial Crops and Products，34：1111-1118.

Mahar K S，Rana T S，Ranade S A，2011. Molecular analyses of genetic variability in soap nut（*Sapindus mukorossi* Gaertn) [J]. Industrinl Crops and Products，34：1111－1118.

Maharks，Rana T S，Ranade S A，et al.，2011. Genetic variability and population structure in *Sapindus emarginatus* Vahl from India [J]. Gene，485：32－39.

Maharks，Rana T S，Ranade S，2011. Molecular analyses of genetic variability in soap nut [J]. Industrial Crops and Products，34：1111－1118.

Taylor D W，1990. Paleobiogeographic relationships of angiosperms from the Cretaceous and early Tertiary of the North America area [J]. Bot Rev，56（4）：279－417.

第三十五章

防护林树种

第一节 臭 椿

臭椿［*Ailanthus altissima*（Mill.）Swingle］属苦木科（Simaroubaceae）臭椿属（*Ailanthus* Desf.）。臭椿在我国分布广，适应性强，生长快，繁殖容易，病虫害少，是华北、西北黄土高原半干旱地区重要的荒山造林先锋树种和园林绿化树种。

一、臭椿的利用价值和分布

臭椿适应能力强，具庞大根系，又耐旱、耐瘠薄、耐盐碱，是长江以北，黄土高原，石质山地造林绿化先锋树种；其树姿美观，抗烟尘，是城市、工矿区及盐碱地造林绿化的重要树种。

臭椿木材黄白色，纹理通直，易加工，供建筑、农具和家具等用材。木纤维占木材层干重40%，可做上等纸浆。叶可养樗蚕和做饲料。

臭椿籽油中含有亚油酸、油酸，可食用；目前主要做钟表润滑油使用，也可用作生物柴油（罗艳，2007）。此外，树皮可入药（李雪萍，2003）。

臭椿地理分布很广，北纬22°～43°都有分布，垂直分布主要集中在海拔2 000 m以下。在我国北至辽宁，南至广东、广西，东起海滨，西达甘肃均有分布，跨22个省份，黄河流域为分布中心。

二、臭椿的形态特征与生物学特性

（一）形态特征

臭椿叶片纸质，奇数羽状复叶；叶柄上有小叶13～27枚，对生或近对生，卵状披针形；小叶两侧各具1个或2个粗锯齿，齿背有腺体1个；叶面深绿色，背面灰绿色，揉碎后具臭味。圆锥形花序，花淡绿色，萼片5，花瓣5，雄蕊10枚；雄花中的花丝长于花瓣，雌花中的花丝短于花瓣，花药长圆形；翅果长椭圆形，种子位于翅的中间，扁圆形。

花期 5～7 月，果期 9～10 月（图 35-1）。

（二）生物学特性

臭椿在年降水量 400～1 400 mm，平均
气温 2～18 ℃的条件下均可正常生长，对极
端温度的耐性很强，在绝对低温－35 ℃、绝
对高温 47 ℃的情况下极少受害。臭椿喜光，
在次生林或混交林中臭椿均居于林冠上层。
极耐干旱，喜潮湿，但不耐水淹，适应性强，
能耐盐碱和瘠薄，对微酸性、中性和石灰质
土壤都能适应，在各类土壤上均能正常生长。
且抗污染能力强，对烟尘及二氧化硫等抗性
较强。臭椿根系发达，为深根性树种，萌蘖
能力强，生长较快（祁承经，2005）。

三、臭椿属植物的栽培起源与引种

臭椿原产于中国和朝鲜。我国分布于东
北南部、华北、西北、中南、华东、西南，
南至广东、广西；多生于低山、丘陵、平原
疏林中或荒地。臭椿在我国栽培历史悠久，
椿古名"樗"，《说文解字》："樗木也，从木
从樗。""樗"字最早见于《诗经》，并有"采

图 35-1 臭椿
1. 果枝 2. 雄花 3. 雌花 4. 果
（引自《中国树木志·第四卷》）

茶薪樗，食我农夫"的记载。唐显庆四年（659）《唐本草》已有栽培记述。在古代，臭椿被
认为是没有用处的树木，又散发着臭味，所以常被称为"恶木"，只用来做烧柴。臭椿在
《诗经》被用来比兴，象征着时运不济。18 世纪 40 年代，臭椿由来华的法国传教士引种到
欧洲，后传播至德国、奥地利、瑞士、东南欧和地中海盆地的大部分国家。1784 年臭椿由
一名费城园艺家威廉·汉密尔顿引种至美国。在北美，臭椿分布于东边的美国马萨诸塞州，
西至加拿大安大略省南部，西南至美国艾奥瓦州，南至美国得克萨斯州，东至美国福罗里达
州。在西海岸它分布在美国新墨西哥州，西至美国加利福尼亚州，北至美国华盛顿州。臭
椿还被引种到阿根廷、澳大利亚、新西兰、中东、南亚一些国家。1949 年以后臭椿作为
水土保持树种广泛用于西北干旱半干旱荒山荒地绿化，也用于城市绿化（申洁梅，2008）。

四、臭椿属植物种及种质资源

（一）臭椿属植物种

臭椿属约 10 种，分布于亚洲至大洋洲北部。我国 5 种。

1. 岭南臭椿 [*Ailanthus triphysa* （Dennst.）Alston] 常绿乔木，小叶叶片较薄，
革质，叶面无毛，叶背面有短柔毛或无毛；小叶叶柄有柔毛。圆锥被短柔毛，花萼片有短

柔毛，萼片呈浅裂 5 片，裂片较短；花瓣镊合状排列，花瓣无毛或近无毛。雌花心皮 3 枚，花柱分离或基部结合，柱头呈 3 裂，盾状。花期 10～11 月，果期 1～3 月。本种生于山地路旁疏林或密林中。主要分布在我国的福建、广东、广西、云南等省份；在国外主要分布于印度、斯里兰卡、缅甸、泰国、越南、马来西亚等地。

2. 常绿臭椿（*Ailanthus fordii* Nooteboom） 常绿小乔木；小枝呈灰褐色，有大量的微柔毛生于小枝上。叶密集着生于树干顶端，花为单性花或杂性花，通常有 1～3 朵聚生；花萼呈杯状，有微柔毛；雄蕊长 3～5 mm，无毛，雄花中花药存在不育现象；柱头 5 裂。果期 12 月至翌年 4 月。产于广东南部沿海地区和云南西双版纳地区；生于海拔 540 m 的丘陵或山地杂木林中。

3. 刺臭椿（*Ailanthus vilmoriniana* Dode） 乔木，幼枝上有软刺。小叶叶脉处被较密柔毛，背面苍绿色，有短柔毛；叶柄通常紫红色，有刺。该种主要分布于我国湖北、四川、云南等省份；生于山坡或山谷阳处疏林中，在云南等省生于海拔 2 800 m 处。

4. 四川臭椿（*Ailanthus giraldii* Dode） 落叶乔木，幼枝上有很多灰白色或灰褐色微柔毛。小叶片阔披针形或镰刀状披针形，小叶偏斜，先端长渐尖或渐尖，基部楔形，边缘有浅波状或波状锯齿，叶面深绿色，背面苍绿色，有密集的白色微柔毛；花期 4～5 月，果期 9～10 月。产于陕西、甘肃、四川和云南等地；生于山地疏林或灌木林中。

（二）臭椿种质资源

由于受长期栽培与自然条件的影响，臭椿发生了变异，形成了一些类型与变种。

1. 臭椿类型 臭椿有两种类型。

① 白皮臭椿，树皮薄，较平滑，灰白色；生长较快，适应性差。

② 黑皮臭椿，树皮厚，较粗糙，黑灰色；生长较慢，材质较差，适应性较强。

2. 臭椿的变种与品种

（1）台湾臭椿（*Ailanthus altissima* var. *tanakai*） 叶宽镰状披针形，基部两侧各有 2 个粗腺齿。翅果长 3～4 cm，宽 7～8 mm，果翅先端平直。产于台湾北部。

（2）大果臭椿（*Ailanthus altissima* var. *sutchuenensis*） 幼枝无毛，红褐色，有光泽。小叶长 9～14 cm，宽 1.5～2 cm。产于四川、云南、湖北、湖南、江西、广西；生于山区沟边、疏林或灌木林中。

（3）千红椿（*Ailanthus altissima* 'Qianhongchun'） 国家林业局 2004 年授权的植物新品种，品种权人为潍坊市符山林木良种繁育场，培育人为任敦峰。千红椿是臭椿选种过程中发现的变异品种，该品种叶片从 3 月末萌芽至 5 月下旬呈鲜艳的紫红色。

（4）鲁椿 820031、鲁椿 820004 泰安市林业科学研究所选育出的优良臭椿无性系。鲁椿 820031、鲁椿 820004 两个无性系生长快、树干直、适应性强，其材积生长量比当地栽培臭椿分别大 101.7%、53.4%（《中国树木志》编辑委员会，2004）。

3. 其他观赏性变异类型与变种 如红果臭椿、千头臭椿、大果臭椿、小叶臭椿、垂叶臭椿、塔形臭椿、扭垂叶臭椿、柳叶臭椿、光皮臭椿、白材臭椿、红叶椿、赤叶刺臭椿等。这些变种已在园林绿化中被广泛应用（国家林业局植物新品种保护办公室，2010）。

（刘 儒）

第二节 落 羽 杉

落羽杉 [*Taxodium distichum* (L.) Rich.] 属杉科 (Taxodiaceae) 落羽杉属 (*Taxodium* Rich.) 落叶或半常绿高大乔木。落羽杉材质好，抗性强，树形美，是良好的用材树种，也是优美的观赏树种，具有重要的用材、生态防护及园林绿化应用价值，为我国长江流域及以南地区江、河、湖、泊水网低洼湿地和平原农田林网造林绿化的重要树种之一。

一、落羽杉的利用价值与生产概况

（一）落羽杉的经济价值

1. 木材利用价值 落羽杉材质优良，是理想的用材树种。其木材颜色为紫棕色到红棕色，木材结构粗，纹理直，硬度适中，干缩性大，易加工。据测定，12 年生落羽杉的木材基本密度为 0.347 4 g/cm³，气干密度为 0.378 5 g/cm³，干缩率 8.213%，抗弯强度 61.242 6 MPa，顺纹抗压强度 26.629 8 MPa，可做建筑、家具、农具及运动器材等用材。木材的抗腐蚀性强，在美国有"永不腐朽之材"之称，是做电杆、桩木、露台地板等室外用材的优良材料。落羽杉树皮和木材有特殊的气味，还对白蚁危害有较强的抗性。

2. 药用价值 落羽杉具有一定的药用价值，其叶和果实在当地民间可入药。现代药理试验表明，从落羽杉中分离得到了 6 个双黄酮和 1 个新的二萜类化合物（张玉梅等，2005）。从落羽杉枝叶中提取的双黄酮是组织蛋白酶 B 的新型天然抑制剂，在抗肿瘤上有很好的应用前景。落羽杉的代谢中间物莽草酸具有较强的抗炎、镇痛和抑制血小板聚集作用，可抑制动、静脉血栓及脑血栓形成，莽草酸也是一种抗癌药物中间体，是二噁霉素、乙二醛酶抑制剂等抗肿瘤药物的合成原料。

3. 园林绿化价值 落羽杉树体高大，树冠雄伟秀丽，枝叶茂盛，秋季落叶较迟，入秋叶色变成黄色或古铜色，是良好的秋色叶树种。广泛用于城市道路、庭园等绿化，是西班牙式庭园风景的代表性树种，为世界著名的园林观赏树种。落羽杉极耐水湿，在江河湖泊低湿地造林，树干基部膨大，在地面可长成各种高低不一、奇异形态的膝根，形成优美的湿地森林景观，极具观赏价值。

4. 环境与生态保护价值 落羽杉生长快、适应性强，根系发达，寿命长，是涵养水源、水土保持、固堤护岸的优良树种。落羽杉种子是鸟雀、松鼠等野生动物喜食的饲料，对维护生态系统的生物链，保护生物多样性有重要价值。落羽杉具有较强的抗工业烟尘污染能力，生长在烟尘中基本不发生烟霉病。落羽杉还具有吸收土壤中有害污染物的功能。

（二）落羽杉的分布与栽培区

1. 自然分布 落羽杉是古老的孑遗植物，曾广泛分布于中北美洲和欧亚大陆的北部，第四纪冰川以后，它们在欧亚大陆全部灭绝，仅在北美洲和拉丁美洲部分地区保留下来，繁衍至今。落羽杉的现代分布区位于中北美洲，原产美国，绝大部分分布于沿河沼泽地、河漫滩。

分布区属湿润、半湿润、半干旱半湿润气候，降水量 1 120～1 600 mm，通常生长在周期性受水淹的土地上，年平均最低温度为－18～4 ℃。天然林生长在平地或微洼地上，海拔 30 m，在密西西比河沿岸最高海拔约 150 m。

2. 栽培范围　落羽杉在世界各地都有引种栽培。英国早在 1640 年就开展引种，德国、法国、意大利、波兰、罗马尼亚、保加利亚、捷克、俄罗斯等欧洲国家均进行引种，生长良好。在非洲的尼日利亚、南非、津巴布韦以及埃及等国家也有引种；亚洲的印度、斯里兰卡、塞浦路斯、乌兹别克斯坦、菲律宾、日本、韩国等国均有引种栽培。国外引种落羽杉主要作为防护林和园林绿化观赏树种，常在河岸、湖边形成小片林或作为行道树和庭园绿化。

我国最早于 1917 年引种到南京，1921 年我国林业先辈韩安从美国引入种植到河南鸡公山林场，计 200 株，面积 0.25 hm²，是国内成片种植落羽杉最早的地区。1943 年被日军砍伐，现保存萌生母树 91 株。广州、武汉、南通、合肥等城市引种也较早，在公园、学校、庭园中保存有近百年树龄的落羽杉大树。我国较大规模地开展落羽杉属引种栽培是在 20 世纪 70 年代以后，各地在平原农田防护林网建设中大量推广应用落羽杉造林（尤以池杉面积最大），栽培范围包括黄河以南的各省份。从引种栽培效果看，在暖热地区的低海拔平原及丘陵地带生长良好，而在海拔 1 000 m 以上，或年降水量 700～800 mm 及以下，以及冬季最低温在－20 ℃以下的地区，则生长受阻。

二、落羽杉的形态特征和生物学特性

（一）形态特征

1. 根系　深根性。通常有一条至数条主根，主根系发达，可深入 3 m 以上土层，有大量细根。落羽杉、池杉在低湿地或河湖滩地、堤岸上生长时，6～8 年生时即会在根部向上长出膝根，伸出地面。膝根高矮不等，有的几厘米高，高的可达 3.7 m，粗 20 cm以上。

2. 枝干　落叶大乔木。落羽杉和墨西哥落羽杉树冠呈圆锥形或伞状卵形，池杉树冠比较窄，呈圆柱形，主干明显，圆满通直，树皮开裂。生长于低湿地的落羽杉树干基部常形成不规则板根状。小枝有两种，主枝宿存，侧生小枝冬季脱落。

3. 叶　叶异形，互生。钻形叶螺旋状排列，在主枝上斜上伸展，或向上弯曲面靠近小枝，基部下延生长，宿存；条形叶在侧生小枝上列成 2 列，冬季与枝一同脱落。条形叶为双面气孔型或单面气孔型。叶片远轴面气孔分布于中脉两侧，每侧各有 4～8 列气孔。叶片中部气孔数量稳定，顶部和基部气孔数量比中部略少。

4. 花　花为孢子叶球花，雌雄同株。雄球花卵形或圆形，在球花枝上排成总状花序或圆锥花序，生于小枝顶端，有多数或少数（6～8）螺旋状排列的雄蕊，每雄蕊有 4～9花药，药隔显著，药室纵裂，花丝短。雌球花单生于去年生小枝的顶端，由多数螺旋状排列的珠鳞所组成，珠鳞的腹面基部有 2 胚珠，苞鳞与珠鳞几全部合生。

5. 球果与种子　成熟球果为球形或卵圆形，具短梗；种鳞木质，盾形，顶部呈不规则的四边形（图 35 - 2）；苞鳞与种鳞合生，仅先端分离，向外突起成三角状小尖头。发育的种鳞各有 2 粒种子，种子呈不规则三角形或多边形，有明显锐利的棱脊，具瘤和凸缘，皮厚、角质、坚硬，不易透水；种子千粒重 40～150 g，子叶 4～9 枚，发芽时出土。

（二）生物学特性

1. 生长特性

（1）根系生长　根系深度可达 3 m。深根性，主根明显，根系发达。生长于低湿地的落羽杉，由于根部空气缺乏，导致淹水根系缺氧产生反向细胞，垂直向上生长，露出地面，形成千姿百态的呈棕红色的膝根，膝根凸起的形状千姿百态，有棒状也有膝曲状的。有的纤细，其直径仅有 0.5 cm，有的达 10～20 cm，高度最高可达 3.7 m。膝根内有许多发达气道，输送和储存空气，能起到一定的呼吸、通气、固着和储藏养分等作用，使落羽杉根系应对代谢缺氧的反应。生长于地下水位较低、不宜积水的旱地、坡地的落羽杉，一般不形成膝根；而生长于长期淹水条件（淹水深度超过 30 cm）下

图 35 - 2　落羽杉、墨西哥落羽杉和池杉
落羽杉：1. 球果枝　2. 种鳞顶部　3. 种鳞侧面
墨西哥落羽杉：4. 侧生短枝及叶　5. 侧生短枝及叶的一段
池杉：6. 小枝及叶　7. 小枝与叶的一段
（引自《中国植物志·第七卷》）

的落羽杉也不形成膝根，但可见从树干部位长出的细小吸收根。

（2）茎生长　落羽杉于 3 月下旬至 4 月上旬开始抽梢生长，9 月上中旬高生长结束，全年树高生长高峰值在 5 月下旬至 7 月下旬，径生长高峰值在 7～8 月。落羽杉当年生播种苗平均高 74～100 cm，地径 1.1 cm。在自然状况下，5 年生落羽杉平均树高 2.9 m，胸径 3.5 cm。在人工造林管理较好的条件下，3 年生树高可达 3.7 m。落羽杉为长寿树种，树龄最大可达 1 200 年，400～600 年的大树仍具有旺盛的活力。在美国路易斯安那生长的落羽杉大树，树高 25 m，胸径 20.7 cm。

2. 开花结果习性　落羽杉雌雄同株，偶有雌雄异株。一般 5～10 年开花结实，可获得有胚的种子，15 年生进入种子盛产期。落羽杉结实大小年现象明显，一般隔 3～5 年为一个种子丰年。落羽杉属单株树上的雌雄球花常花期不遇，造成许多雌球花授不到花粉而败育或形成空粒种子，实行人工辅助授粉可有效提高种子有胚率。落羽杉属种子种皮厚，角质坚硬，不易透水，且种壳内含有抑制发芽的物质，休眠期长，难发芽。采用低温湿沙层积处理 2～3 个月，可使种子充分吸水，种壳内抑制物质在低温下被酶分解而解除休眠，

发芽速度和发芽率大大提高。

3. 生态适应性

(1) 土壤 落羽杉属植物适于酸性土壤生长，在土壤 pH 7 以上时，苗期有不同程度的黄化。pH 8.5 以上时苗木的根系生长受到抑制，当 pH 9 时，死株率达 90%。落羽杉属树种是耐水湿树种，平原冲积土是其最适生的土壤。但落羽杉对土壤干旱瘠薄也有较强的适应性，在土层浅薄的丘陵山坡地造林生长良好。江苏东海县李埝林场丘陵棕黄壤，土层仅 20 cm，落羽杉生长良好，13 年生平均树高 6.8 m，胸径 12.5 cm，而对照水杉几乎全部死亡。长沙南部海拔 80 余 m，土层深 10～40 cm 的红壤上，18 年生池杉平均高 11.7 m，胸径 18.3 cm，生长优于水杉和杉木。

(2) 温度 落羽杉属植物生长喜温暖湿润的气候，但生长适应的气候范围较宽，从暖温带到亚热带，全年生长期 190～365 d，年最低气温从 −18 ℃能正常生长。在美国北部和加拿大，栽培的落羽杉经受了 −34 ℃的极端低温考验。国内引种地河南信阳最低气温 −20 ℃，江苏沭阳 −18 ℃，湖北孝感 −17.6 ℃，落羽杉和池杉均可正常生长。但在寒冷地区，落羽杉种子往往不能正常成熟。

(3) 水分 落羽杉属树种极耐水淹，生长于排水不良的沼泽地区或水湿地上，可以在长期淹水条件下生长。落羽杉和池杉大树常年在水中浸泡仍能生长，3 年生池杉甚至在水淹深度超过苗顶 1～1.6 m 达 6 个月，在水退后仍能恢复正常生长。但在长期淹水条件下，树木的生长会受到抑制，水淹可使基部膨大，主干分杈，出材率降低。

(4) 地形与海拔 自然分布的落羽杉 90%生长于不超过海拔 30 m 的平原和低洼地区，在密西西比河谷分布的海拔高度为 150 m，在少数孤岛可达海拔 300～500 m。落羽杉属树种生长一般低海拔优于高海拔，在河南鸡公山，生长于海拔 200 m 处比生长于海拔 730 m 的落羽杉高生长量大 35.3%，胸径生长量大 17.6%。

三、落羽杉的起源、演化与分类

(一) 落羽杉的起源

落羽杉属是北半球中生代和早第三纪植物区系的重要组成成分。在晚侏罗纪至早白垩纪就已繁盛，至第三纪中新世、上新世时期，2 000 万～3 000 万年前仍广泛分布于北美洲和欧亚大陆北部。我国黑龙江、吉林、松辽平原及云南等地均发现过中生代落羽杉的枝叶、球果和种子的化石，最古老的化石也发现于我国黑龙江林甸县泉头组，时代为早白垩纪晚期。

据研究推测（于永福，1995），落羽杉属在晚侏罗纪或早白垩纪起源于东亚，起源中心与水松属相同，两属可能由共同的祖先演化而来，其祖先应与柳杉属有更多的相似之处。起源后，于晚白垩纪向北散布到西伯利亚东北部，经白令陆桥进入北美西部，并在此发展成一个次生分布中心。晚白垩纪中晚期，北美大陆中部的陆中海道消失，该属由北美西部扩散到东部，并于古新世达格陵兰岛南部，由此向西北至斯匹次卑尔根群岛，向西南沿大西洋陆桥进入欧洲大陆，在此得到充分发展，形成另一个次生分布中心。此外，曾阻碍欧亚之间植物交流的图尔盖海峡于始新世晚期开始退却，出现陆桥。该属从东亚迁移到欧洲可能有两条途径：①从东亚经白令陆桥到达北美和格陵兰岛，然后借助大西洋陆桥进入欧洲；②从东亚经中亚达欧洲。在上新世，东亚、北美及欧洲还均有该属化石出现，到晚第三纪，气候变冷，该属逐渐从高纬度地区消失。第四纪北半球冰川的影响使该属在欧亚大陆全部绝灭，仅在气候条件相对适宜的美国东南部残存下来。该属在欧洲东部和中亚的消失也主要由气候变干燥所致。

（二）落羽杉系统学及演化

落羽杉属是杉科的模式属。杉科创立于 1890 年，现生植物包括 9 属，即落羽杉属、杉木属 （*Cunninghamia*）、密叶杉属 （*Athrotaxis*）、柳杉属 （*Cryptomeria*）、水松属 （*Glyptostrobus*）、北美红杉属 （*Sequoia*）、台湾杉属 （*Taiwania*）、巨杉属 （*Sequoiaden-dron*） 和水杉属 （*Metasequoia*） 等 9 属。金松属 （*Sciadopitys*） 曾被列入杉科，但近代多学科的研究结果都支持金松科 （Sciadopityaceae） 的建立。将杉科分类归为 5 族，即柳杉族 （仅含柳杉属）、落羽杉族 （含水松属、落羽杉属）、北美红杉族 （含巨杉属、北美红杉属）、水杉族 （仅含水杉属） 和杉木族 （含杉木属、密叶杉属及台湾杉属）。其演化过程为：柳杉族最原始，落羽杉族与柳杉族近缘，北美红杉族具中等进化水平，水杉族与北美红杉族的亲缘关系相对较近，杉木族的演化水平最高 （于永福，1994）。

（三）落羽杉属的分类

本属共 3 种，即落羽杉 （*T. distichum*）、池杉 （*T. ascendens*） 和墨西哥落羽杉 （*T. mucronatum*）。也有学者将落羽杉属分为 2 种 1 变种，即将池杉归为落羽杉的变种 （*T. distichum* var. *imbricarium* 或 *T. distichum* var. *nutans*）。

四、落羽杉属种质资源

（一）落羽杉

江苏省林业科学研究院等单位 （黄利斌等，2007） 对引种美国的 19 个落羽杉种源 （包括 3 个家系） 试验结果表明，不同种源间树高、胸径、冠幅、生物量等存在显著变异，但没有明显的地理趋势。落羽杉种源生长存在显著早晚期相关，3～5 年为早期选择的合适年龄。路易斯安那 Q. R. （1600 号）、密西西比 R. F. （503 号）、阿肯色 O. M. （304 号） 和佛罗里达 N. L. （701 号） 等 4 个优良种源，造林 13 年生时，材积生长量的平均表型增益和遗传增益分别达 61.11%、36.67%。选育的落羽杉优良种源苏杉 1 号生长优势突出，已在生产上推广。南京林业大学 （曹福亮等，1995） 从美国 6 个州引进 34 个落羽杉种源，苗期试验初步结果表明，来自路易斯安那州的种源具有优良的遗传基础和丰产潜力。

（二）池杉变异类型和优良品系选育

1. 变异类型

（1）垂枝池杉 （*T. ascendens* 'Nutans'） 3～4 年生枝常平展，1～2 年生枝细长柔

软，下垂或下倾，分枝较多；侧生小枝变下垂，分枝多。

（2）线叶池杉（*T. ascendens* 'Xianyechisha'）　叶深绿色，条状披针形，先端渐尖，基部楔形，紧贴小枝或稍张开。凋落性小枝细，成线状，直立或弯曲成钩状，小枝顶端有少数分枝。树皮灰褐色，厚 0.8 cm，裂深 0.4 cm。枝叶稀疏。

（3）羽叶池杉（*T. ascendens* 'Yuyechisha'）　树冠塔形或尖塔形，枝叶浓密，树冠中下部的叶条形，近于羽状排列，但不完全在一个水平面上，树冠上部的叶多为锥形。叶草绿色，凋落性小枝再分枝多。树皮深灰色，厚约 0.5 cm。该种近似于落羽杉，其区别为落羽杉的叶全为条形，羽状叶排列在一个平面上，树皮较薄。

（4）锥叶池杉（*T. ascendens* 'Zhuiyechisha'）　叶绿色，锥形，先端钝尖，基部宽楔形，张开成螺旋状排列，少数树干下部侧枝或萌发枝的叶往往转成 2 列。凋落性小枝顶端或中部有分枝。树皮灰色，皮厚 1.1 cm，宽裂，深 0.9 cm。

2. 优良品系选育　池杉的优良品系选育主要开展于 20 世纪七八十年代，从大量实生苗中选择超级苗，繁育成无性系后进行造林测定。华中农学院从 75 万株池杉实生苗中选超级苗 89 株，结果表明不同株系间生根率不同，7405、7452 单板的生根率为 100%，7425 单株的生根率为零。史忠礼等（1982）进行的无性系测定结果表明，池杉超级苗的选择是有效的，选出的 7719、7728、7716、7718 和 7730 无性系，造林 3 年时速生性状稳定。

（三）墨西哥落羽杉遗传变异与优良品种选育

2003 年南京林业大学和吴江市苗圃合作，从培育的 10 万多株墨西哥落羽杉实生苗中，选择优良单株 897 个，其中包括速生型、金叶型和奇特株型等类型。利用随机扩增多态性 DNA（RAPD）分子标记对其中 53 个墨西哥落羽杉无性系的研究表明，31 个随机引物共扩增出了 241 条谱带，其中 118 条谱带在无性系间呈现多态性，多态性位点占 48.96%；用 POPGENE 软件对无性系进行遗传分析，结果表明无性系间的遗传距离为 0.271～0.537，遗传差异相对较大。通过聚类分析可将 53 个优良无性系分为两大类，同时还利用 RAPD 分子标记构建了 53 个无性系的指纹图谱（周玉珍等，2006a，2006b）。

根据对墨西哥落羽杉复选无性系在江苏省苏州环太湖低洼区、镇江长江滩涂和泗洪县洪泽湖湿地等多点造林试验结果，无性系之间生长差异显著，5 年生时优良无性系 S201 平均胸径、树高和材积分别达 10.17 cm、5.88 m 和 0.019 7 m³，分别是对照的 1.59 倍、1.47 倍和 3.80 倍（朱学雷等，2012）。选育出的墨西哥落羽杉速生无性系东吴墨杉 1 号已通过江苏省林木新品种认定，观赏无性系金墨杉 1 号获得国家林业局植物新品种权。

（四）落羽杉属杂种

1. 属间杂交　南京林业大学树木育种组等于 20 世纪 60 年代曾多次用柳杉、杉木和侧柏等的花粉对墨西哥落羽杉进行远缘杂交，仅墨西哥落羽杉×柳杉获得了有发芽力的 3 个球果种子，培育出 12 株小苗，杂种在形态上主要表现为墨西哥落羽杉性状，经同工酶分析，确定为杂交种。1972 年从这些杂种中选 5 个优株繁殖出 6 000 多株苗木后，在上海、杭州、武汉和南京等种植。现上海川沙林场保存有树龄 25 年的杂交种墨杉，生长表现良好，平均胸径 43 cm。南京林业大学与上海林业站已将该杂交种定名为东方杉，并获得了国家林业局植物新品种权（朱建华等，2010）。

2. 种间杂交　针对落羽杉和池杉耐盐碱性相对较差，在 pH 或含盐量较高的沿海滩地生长不良，枝叶易出现黄化的问题，江苏省中国科学院植物研究所（殷云龙等，2005）于 1973—1980 年选用较耐盐碱的墨西哥落羽杉为亲本之一，进行落羽杉属种间杂交试验。共设计了 9 个种间杂交组合，其中 5 个杂交组合获得杂种苗 282 株，又将 5 个表现优良的杂种单株繁育成无性系进行测定，选育出中山杉 302（池杉×墨西哥落羽杉）、401（落羽杉×墨西哥落羽杉）和 301（落羽杉×池杉）3 个优良无性系，与亲本相比，杂种优势明显，树高和胸径平均生长优势分别为其亲本的 157.15％和 115.75％，耐盐碱能力也显著提高。20 世纪 90 年代，又以中山杉 302 为母本与父本墨西哥落羽杉回交，获得了中山杉 118、中山杉 149 和中山杉 102 等优良无性系。在江苏如东海堤立地，中山杉 118 无性系 5 年生树高、胸径生长分别为 3.35 m 和 5.80 cm，分别超过母本（中山杉 302）的 25％和 75.8％。

3. 主要杂种品种

（1）中山杉 302　由江苏省植物研究所 1979 年种间杂交获得的优良无性系，母本为落羽杉，父本为墨西哥落羽杉。落叶乔木，树干挺拔，树冠圆锥体，冠幅中等，侧生小枝在主枝上螺旋状散生并扭转排列在主枝两侧，呈 2 列。叶色深绿，小枝稍短，约 5.6 cm，针叶长 1.45 cm，排列较紧密。生长速度快，在江苏如东海堤（pH 8.0，含盐量 0.1％）11 年生树高 7.1 m，胸径 17.7 cm。

（2）中山杉 401　由江苏植物研究所 1979 年种间杂交获得的优良无性系，母本为池杉，父本为墨西哥落羽杉。落叶乔木，树干挺拔，树冠圆锥体，冠幅中等或较小，叶色深绿，脱落性小枝在侧枝上螺旋状散生并呈短簇状，小枝短，约 4.2 cm，针叶短，仅 0.65 cm，排列较紧密，叶在小枝上着生角度为 25°～45°。

（3）中山杉 118　由江苏省植物研究所 1993 年种间杂交获得的优良无性系，母本为中山杉 302，父本为墨西哥落羽杉。半常绿乔木，树体挺拔，树干通直圆满，树冠塔形，生长快，耐盐碱能力较强，在江苏如东海堤（pH 8.0，含盐量 0.1％）11 年生树高 7.5 m，胸径 21.0 cm，叶色无黄化现象。

（4）东方杉　1962 年获得的墨西哥落羽杉×柳杉杂种。主要形态与母本墨西哥落羽杉相似，半常绿高大乔木，树干基部圆整，无板状根；树木主干 5～8 m 处发生多个主杈，树冠呈近椭圆形。生长较快，适应性广，具较强的抗逆性和耐盐碱性。成年树仅见雄球花，未见雌球果，不能进行有性繁殖，采用扦插繁殖育苗。

五、落羽杉野生近缘种的特征特性

（一）池杉

学名 *Taxodium ascendens* Brongn.，别名池柏、沼落羽松。

1. 形态特征　落叶乔木，在原产地高达 25 m；树干基部膨大，通常有屈膝状的呼吸根（生长在低湿地尤为显著）；树皮褐色，纵裂成长条片脱落；枝条向上伸展，树冠较窄，呈尖塔形；当年生小枝绿色，细长，通常微向下弯垂，2 年生小枝呈褐红色。叶钻形，微内曲，在枝上螺旋状伸展。球果圆球形或矩圆状球形，有短梗，向下斜垂，熟时褐黄色，长 2～4 cm，径 1.8～3 cm；种鳞木质，盾形，中部种鳞高 1.5～2 cm；种子不规则三角形，微扁，红褐色，长 1.3～1.8 cm，宽 0.5～1.1 cm，边缘有锐脊。花期 3～4 月，球果 10～11 月成熟。

2. 分布与生物学特性　池杉自然分布于美国东南部，分布范围小，从弗吉尼亚州南端向西南延伸至路易斯安那州的东南部，其分布区呈一狭长的带状。池杉在原产地分布于沿海平原的浅池塘和排水差的立地。池杉的生长速度比落羽杉和墨西哥落羽杉慢，树体也较小。生长在美国佐治亚州的最大池杉，树高 41.1 m，胸径 2.29 cm。据国内引种报道，在湖南岳阳君山池杉树高生长 4 年生时达最大值，连年生长量 2.2 m，连年生长与平均生长曲线分别在 6 年、8 年生时相交。胸径生长在 6 年生时进入速生期，连年生长曲线在 11 年生下降与平均生长曲线相交。池杉喜酸性土壤，土壤 pH＞7 时会出现黄化。池杉的耐水性极强，可在长期淹水条件下正常生长。

（二）墨西哥落羽杉

学名 *Taxodium mucronatum* Tenore，又称墨西哥落羽松、尖叶落羽杉。

1. 形态特征　半常绿或常绿乔木，在原产地树高达 50 m，胸径可达 4 m，树干尖削度大，通直性稍差，基部膨大，树皮裂成长条脱落；枝条水平开展，形成宽圆锥形树冠，大树的小枝微下垂，生叶的侧生小枝螺旋状散生，不呈 2 列。叶条形，扁平，排列紧密，列成 2 列，呈羽状，通常在一个平面上。雄球花卵圆形，近无梗，组成圆锥花序状。球果卵圆形。在原产地秋季开花，引种到我国后在春季开花，但往往开花结实不正常，数十年生的大树可见开雄花或雌花，却少见结实。

2. 分布与生态学习性　墨西哥落羽杉的现代天然分布区与落羽杉和池杉差别较大，主要分布于美国得克萨斯州的西南部到墨西哥的塔毛利帕斯州、瓦哈卡州、恰帕斯州，向东南一直延伸到危地马拉，北纬 16°～25°的热带和亚热带地区，年均温度在 25 ℃以上，年降水 1 200 mm。墨西哥落羽杉的垂直分布较高，生长于海拔 300～2 500 m 的高原地带，很少生长在沼泽地带。在原产地，墨西哥落羽杉生长量大于落羽杉和池杉，树体也是 3 个树种中最大的。在原产地墨西哥 Oazaca 谷地，有棵树龄达 2 000 年以上的树王，树高 42.7 m，最大直径达 14.02 m。墨西哥落羽杉的耐盐碱性比池杉和落羽杉强，但耐水淹性比池杉和落羽杉差，在低湿或沼泽地中生长不能形成膝根。

（黄利斌）

第三节　木麻黄

木麻黄（*Casuarina equisetifolia* J. R. Forst. & G. Forst.）又名驳骨松、铁木、澳洲松等，为木麻黄科（Casuarinaceae）木麻黄属（*Casuarina* Adans.）植物，属双子叶植物，该科有 4 属 96 种（含亚种），为乔木或灌木。天然分布于澳大利亚、东南亚和太平洋群岛，具有很高的生态、经济和社会价值，我国已有 100 多年引种历史。木麻黄是我国南方海岸优良的防风固沙和农田防护林先锋树种，生长迅速，抗风力强，不怕沙压，能耐盐碱，在滨海地带营造木麻黄林，是沿海一道坚固的生长屏障。

一、木麻黄属植物的利用价值和生产概况

（一）木麻黄的利用价值

1. 生态价值　木麻黄是抗风固沙的优良树种，主根深，侧根发达，树冠均匀，透风良好，树皮坚韧，故而具有抗风固沙能力。10 级以下台风仍能适应。抗沙埋耐盐碱，它不怕海潮侵蚀浸渍，在顶梢不被埋没情况下，仍能生长良好。根部有根瘤菌，能固氮，在沙土地也能良好生长。木麻黄是速生树种，造林后见效快，生产力高。

2. 薪材　木麻黄木材是世界上最好的薪炭材之一。木材致密，易劈，热值高，达 20 720 kJ/kg，燃烧慢且烟和灰都很少。木麻黄的干、枝、根和球果都可燃烧，可制成优质木炭。

3. 木材利用　大多数木麻黄木质坚硬而重，干材烘干时易发生劈裂和扭曲。木麻黄木材可做屋板、工具柄、栅栏、建筑材、手杖、车削工艺品、胶合板和镶板等，短枝木麻黄木材在特殊处理下可制成木浆来生产手纸、印刷纸或人造纤维，但工艺较复杂。

自 20 世纪 90 年代初，海南率先生产木麻黄木片，出口韩国和日本，用于造纸，价格为每吨 100～120 美元。20 世纪 90 年代中期，由于加工机械升级，开始生产木麻黄旋切材，厚度 1.5～2.3 mm，胶合板材是目前木麻黄主要用途之一。

4. 工业价值　木麻黄树皮含单宁，主要成分为儿茶酚，含量为 6％～18％；还有木麻黄酚，可用于制革工业；也可作为针织物的染料，还可软化渔网。木麻黄树皮生产的栲胶，鞣革快，得革率高，成革色泽好。

5. 其他用途　木麻黄的鲜嫩枝叶可在干旱地区用作家畜饲料或作为水田绿肥。日本科学家从短枝木麻黄小枝叶和果实提取出羽扇豆醇、蒲公英赛醇等三萜成分，β-谷甾醇、豆甾醇等甾醇成分，胡桃苷、阿福豆苷、三叶豆苷等黄酮类成分，色氨酸、亮氨酸等氨基酸成分。茎、果及心材还含酚性及鞣质成分，可用于工业或制药业。

（二）木麻黄的分布和生产概况

1. 天然分布　木麻黄科植物天然分布于澳大利亚、东南亚和太平洋群岛。木麻黄属皆为乔木树种，分布于东南亚、马来西亚、波利尼西亚、新喀里多尼亚和澳大利亚，该属树种通常生长在营养不太贫瘠的土壤上。

木麻黄科树种天然分布为东经 85°～155°，南纬 40° 至北纬 16° 左右；垂直分布为海平面潮线开始至海拔 3 000 m 的高山。

2. 木麻黄引种与造林　世界各国引种木麻黄历史悠久，印度于 1868 年开始引种，非洲和美洲热带和亚热带地区大约从 19 世纪初开始引种，现已广布各地。我国引种木麻黄有 115 年历史，1897 年台湾首先引进木麻黄（扬正川等，1995）；1919 年，福建省泉州市华侨从印度尼西亚引进木麻黄，1929 年在厦门引种栽植；20 世纪 20 年代，广州市从东南

亚地区引种木麻黄，20 世纪 30 年代后，广东湛江从越南引进木麻黄；40 年代前后，海南岛有木麻黄种植，而且种类较多；50 年代前的引种主要作为行道树和庭院观赏树，很少用于造林。1949 年以后，华南地区开始大面积营造木麻黄人工林，取得了很大成绩。1954 年，广东省雷州半岛、吴川和电白等地营造木麻黄沿海防护林获得成功。随后，广东、广西、福建和浙江等省份沿海各地也先后营造木麻黄人工林。目前，我国木麻黄人工林种植面积约 30 万 hm²，木麻黄成为我国华南地区主要造林树种之一（仲崇禄等，1995，2002，2005）。

二、木麻黄属植物的形态特征和生物学特性

（一）形态特征

木麻黄为常绿乔木，高可达 30 m，直径达 70 cm。树干通直，树冠狭长圆锥形。小枝长 10～27 cm，节间短，长 4～8 mm，节脆。叶子严重退化，鳞叶 6～8 轮生，长 1～3 mm，紧贴小枝。雄性花序为简单伸长花穗，长 1～4 cm，小苞片宿存。在短侧枝（花梗）上的雌花序紫红色，果序椭圆形，具短柄，幼时被灰绿色或黄褐色茸毛，后渐脱落；苞片无棱脊，被毛，小坚果连翅长4～7 mm（图 35 - 3）。

（二）生物学特性

木麻黄花单性，雌雄异株或同株。花粉粒微细，直径 28～40 μm，能随风漂移，雌花开放后依靠风媒介传粉结实。木麻黄开花结实年龄较早，多数树种人工栽植 2～5 年就有少数植株开花结实，5～6 年后逐渐进入正常开花结实期。不同树龄生产的种子品质有差异，一般以 10 年生以后成熟母树的种子为好。

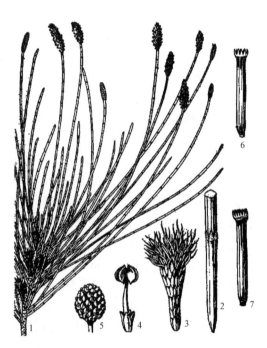

图 35 - 3　木麻黄、细枝木麻黄和粗枝木麻黄
木麻黄：1. 花枝　2. 小枝及鳞叶　3. 雌花序
4. 雄花　5. 果序
细枝木麻黄：6. 小枝及鳞叶
粗枝木麻黄：7. 小枝及鳞叶
（引自《中国树木志·第二卷》）

木麻黄结实量与年龄、光照和风有关。木麻黄天然林内，全年都可以看到有植株开花结实现象，成熟期亦不同。海南及广东南部，花期为 12 月至翌年 3 月，果实成熟期在 7～9 月，少部分 11 月以后，甚至到翌年 2 月才成熟；福建及广东东部花期为 4 月下旬至 5 月上旬，10 月前后果实大量成熟。开花结实与树种有较大关系，如细枝木麻黄比粗枝木麻黄开花结实的物候期稍早些，但也有相互重叠的现象；山地木麻黄花期为 12 月至翌年 1 月，果实成熟为 6～8 月。

木麻黄为速生树种，在中等立地条件上，不论幼龄或成熟龄，年平均生长量一般高达

1 m 左右，径约 1.5 cm。在水肥条件良好的新冲积沙土上，3 年生的植株年平均高可至 2 m 以上，年平均胸径生长量 0.2 cm 以上。20 年达成熟，35 年以后衰老。

木麻黄更新能力相当强，既能天然下种更新又能萌芽更新。木麻黄具有一定的营养繁殖能力，它的嫩枝、树桩都能发根和萌芽，形成新的植株，枝条埋沙后能生根。

（三）生态适应性

木麻黄具有较强的抗逆性，抗风沙、抗干旱和耐盐碱等。常被用于不毛之地和污染区造林。生长在澳大利亚中部的干旱地区可耐 70℃ 的高温，但适合生长的年平均最高温度为 35～37℃，年平均最低温度为 2～5℃。在我国绝对低温 0℃ 以上均能生长。木麻黄的抗旱性也很突出，在我国海南东方，年降水量 900 mm，旱季长达 6 个月，仍能正常生长。木麻黄植物具有能够生存于不利环境条件下的特殊生理和形态特性，适于用作先锋树种。例如，印度西海岸和马达加斯加的一些红色贫瘠而富铁的淋溶土上可有木麻黄植物生长；短枝木麻黄可耐很深的沙埋；在阿根廷，细枝木麻黄常是裸露石灰岩地区的先锋树种；埃及开罗西南部的一个石灰场，木麻黄植物也长得很好；在肯尼亚，发现短枝木麻黄在一个水泥建筑工程周围生长很好。泰国的杂交木麻黄（*Casuarina equisetifolia × junghuhniana*）能生长在盐碱沼泽上，能耐 pH 8 的土壤。在澳大利亚西部，肥木麻黄和粗枝木麻黄也可生长在盐碱地上；天然分布在澳大利亚东部海湾低洼地上的粗枝木麻黄，可耐经常的海潮淹没。中国华南海滨地带，也可看到短枝木麻黄、粗枝木麻黄和细枝木麻黄生长在海湾低洼地、海丘沙地和迎海岩石上。木麻黄虽然耐瘠，抗旱，但在立地条件好的地方才能生长良好，表现出高的生长量与生产力。

三、木麻黄属植物的起源、演化与分类

（一）木麻黄属植物的起源、演化

木麻黄科植物是南半球比较早且自身变异性大的植物科，可以追溯到第三纪初期的中始新世时，彼时已在新西兰植被中占优势，但随后被 *Nothofagus*（假山毛榉属）植物代替（Pocknall，1989）。在南非和南美都发现了该科植物花粉化石（Johnson et al.，1989）。尽管有人认为裸孔木麻黄属是成种过程中最简单的，隐孔木麻黄属和木麻黄属是中等特化水平，而异木麻黄植物是最进化的，但关于木麻黄科植物的系统发育仍难以确定。裸孔木麻黄属植物代表最古老的冈瓦纳古陆上广泛分布的木麻黄原种。木麻黄属植物也曾在冈瓦纳古陆上出现，代表第三纪初期的种（Barlow，1983）。

（二）木麻黄属植物的分类

木麻黄科分为 4 属，即异木麻黄属（*Allocasuarina*）、木麻黄属（*Casuarina*）、隐孔木麻黄属（*Ceuthostoma*）和裸孔木麻黄属（*Gymnostoma*）。所有异木麻黄属植物和部分木麻黄属植物是澳大利亚特有种，其余木麻黄植物，除大部分分布于澳大利亚之外，也分布于东南亚及太平洋群岛，且隐孔木麻黄属植物是唯一没有分布于澳大利亚的属。裸孔木麻黄属是最原始的属，异木麻黄属是最进化的属。多数木麻黄植物是风媒授粉，且可间接

近亲繁殖，但也有其他无融合繁殖方式。

四、木麻黄主要栽培种及形态特征

我国已引种测试了木麻黄属和异木麻黄属树种 23 种（仲崇禄等，2003，2005），目前主要栽培种为短枝木麻黄、粗枝木麻黄、细枝木麻黄、短枝木麻黄、鸡冠木麻黄等，其种源和家系统计见表 35-1。

表 35-1　我国引种木麻黄树种种源和家系统计

学　名	中文名	种源数	家系数	主要测试地区
C. collina		2		广东、福建
C. cristata	鸡冠木麻黄	5		广东、福建、海南、云南、台湾
C. cunninghamiana	细枝木麻黄	11		广东、福建、海南、浙江、云南、台湾
C. equisetifolia	短枝木麻黄	77	230	广东、福建、海南、浙江、云南、四川、台湾
C. glauca	粗枝木麻黄	26		广东、福建、海南、浙江、云南、台湾
C. grandis		1		广东、福建、海南
C. junghuhniana（同名：*C. Montana*）	山木麻黄	38	31	广东、福建、海南、广西、云南、台湾
C. obesa		9		广东、福建、海南
C. oligodon		3		广东、福建、海南、台湾
合　计		172	261	

（一）短枝木麻黄

学名 *Casuarina equisetifolia* J. R. Forst. & G. Forst. 。

乔木，主干明显，树冠圆锥形；小枝条可至 30 cm 长，节间长 5～13 mm，粗 0.5～1.0 mm；小齿叶 6～8 个，长 0.3～0.8 mm；雄花序长 0.7～4.0 cm，每厘米 7～11.51 轮，花药长 0.6～0.8 mm；球果椭圆形，长 1.0～2.4 cm，粗 0.9～1.3 cm，球果小苞片尖锐，较薄，较轻度木质化，苞片被短柔毛；种子灰棕色，不发亮，翅果长 6～8 mm。小枝和球果也具有密和明显的茸毛。

（二）细枝木麻黄

学名：*Casuarina cunninghamiana* Miq. 。

乔木，树干通直，树冠呈尖塔形，树皮灰色，稍平滑，小块状剥裂或浅纵裂，树皮平滑或裂纹小；枝条近平展或前端稍下垂，近顶端处常有叶贴生的白色线纹；小枝密集，长 15～38 cm，直径 0.5～0.7 cm，具浅沟槽及钝棱，节间长 4～5 mm；小齿叶 6～10 个，长 0.3～0.5 mm，狭披针形；雄花序长 0.4～4.0 cm，每厘米 11～13 轮；球果椭圆形，长 0.7～1.4 cm，粗 0.4～0.6 cm，球果苞片非三角形且背无条痕，球果苞片较薄，轻度木质化，苞片稍长，小苞片钝尖或锐尖，种子灰白，不发亮，翅果长 3～4 mm。

（三）粗枝木麻黄

学名 *Casuarina glauca* Sieb. ex Spreng. 。

乔木，干直，主干明显，主干有沟或小板根，干上常有萌枝，常产生根蘖，冠较窄，枝条稀疏；树皮微裂，鳞状，灰褐色。齿叶在嫩枝上长而向内弯。小枝分散而下垂，小枝条灰绿色至灰黑色，长 38 cm，易断下垂，粗 1.0～1.5 mm；节间长 8～20 mm，粗 0.9～1.2 mm，无毛，偶尔具蜡质。雄花序长 1.2～4 cm，每厘米 7～10 轮花序；花药 0～0.8 mm 长。球果长 9～18 mm，粗 7～9 mm，球果由铁锈色到被白茸毛渐变无毛，果柄长 3～12 mm；小苞片钝尖，较薄，轻度木质化。种子黄棕色间有褐色条斑，不发亮，种翅有中边脉。翅果长 3.5～5.0 mm。

（四）山木麻黄

学名 *Casuarina junghuhniana* Miq. 。

乔木，干直，主干明显，树皮多平滑，少粗糙或有栓皮，树体雄伟，小枝条绿色至灰色，不易断，长 15～30 cm，粗小于 1.0 mm，节间长度 10 mm；齿叶 9～11 个，小齿叶稍短。球果卵圆形或椭圆形，(0.6～1.2)cm×(0.6～0.9)cm，苞皮外端呈半圆形，球果苞片较薄，轻度木质化，苞片稍长，种子不发亮，种子带翅长 4～5 mm，灰白色至灰棕色，种翅有中边脉。

（五）鸡冠木麻黄

学名 *Casuarina cristata* Miq. 。

乔木，经常产生根蘖，树皮下部鳞状开裂，灰褐色，小枝条硬，新抽枝条的小齿叶直立且较分散。生长健壮的品种小枝下垂，发育不良的品种小枝展开，长可至 25 cm；节间通常轻微皱缩，长 8～17 mm，粗 0.6～0.9 mm，稍被蜡质，偶尔有稀疏的茸毛，关节部分容易脱落。雄花序长 1.3～5 cm，每厘米轮生 6～10 轮；花药长 0.8～1.1 mm。球果嫩时带有铁锈色的短茸毛，成熟时几乎无毛；球果长 13～18 mm，有时 25 mm，粗 10～16 mm；种子不发亮，种子长约 6 mm，有明显的中脉。翅果长 6～10.5 mm。

（仲崇禄　张　勇　姜清彬）

第四节　枫　　杨

枫杨（*Pterocarya stenoptera* C. DC.）又名水麻柳、枫柳、蜈蚣柳等，属胡桃科（Juglandaceae）枫杨属（*Pterocarya* Kunth）落叶大乔木。全世界枫杨属 8 种，我国产 7 种。枫杨对烟尘和二氧化硫等有毒气体有较强的抗性，其根系发达、品质优良、生长速度较快，耐渍、喜水，适生能力强，是我国长江中下游地区广泛分布的重要优良乡土绿化树种和速生丰产造林树种。

一、枫杨的利用价值和生产概况

（一）利用价值

1. 木材价值　枫杨纤维长度属于中等，壁薄、腔大、长宽比适中，木材密度值稍微偏低，木材化学成分含量适中，是适合的造纸原料（邹明宏等，2003）。枫杨用于一般曲木性的生产是完全可行的，但生产中需要材用相应的软化工艺条件才能获得好的弯曲质量（申利明，1991）。

2. 药用价值　枫杨叶片中含有 2 - 戊醇、β - 蛇床烯、β - 红没药烯、十六烷酸和 β - 谷甾醇等多种化合物。其树皮、叶、果、根等部位均可入药，具有杀虫止痒、解毒止痛等多种功效。枫杨提取液可以快速治愈寻常性牛皮癣、玫瑰型糠疹、手癣、体癣和股癣等多种皮肤病，对 HSV - 2 型单纯性疱疹病毒具有抗病毒活性，同时，其嫩枝汁对雷公藤中毒亦有解毒作用。

3. 生物防治价值　在血吸虫病防控方面，枫杨新鲜叶和凋落物的水浸液对钉螺均有毒杀作用，1% 以上各部水浸液处理 5 d 时，钉螺死螺率可达 80%～100%，夏季毒杀效果最好，春、秋次之，冬季最差。枫杨叶片浸出液还能治疗车轮虫病和草鱼赤皮病等多种鱼病，对茶尺蠖、卷尺蛾、茶毛虫和刺蛾等也有防治作用（徐勤峰等，2010）。

4. 生态及园林绿化价值　枫杨喜光、耐水湿，生长速度快，主根明显，侧根大部分集中于土壤表层，适宜在河岸和溪滩等低湿地营造防护林，同时，它也是长江滩地"抑螺防病林"的重要树种之一。陈昌银等（2000）调查发现，7～10 年生枫杨在淹水 50～60 d 情况下，其死亡率仅为 2.46%。枫杨树冠丰满开展，树体通直粗壮，枝叶茂盛繁密，叶色鲜亮艳丽，形态优美典雅，适宜孤植、丛植、群植，既有较好的美化作用，还可作为行道树净化空气、减少噪声并构成街景。

（二）枫杨的分布与生产概况

枫杨广泛分布于我国亚热带和暖温带地区，即东经 100°～122°、北纬 22°～40°，东起台湾、福建、浙江，西至甘肃文县、四川、云南，南起广东沿海，北至河北遵化等 17 省份；枫杨垂直分布一般在海拔 500 m 以下，但在湖北、云南、四川等省的山区可达海拔 1 000 m 以上，秦岭地区可达 1 500 m；其中心栽培区位于长江中下游地区（郑万钧，1978）。化石研究表明，中侏罗纪的枫杨属已具有现代水平，而且自中侏罗纪至现代，该属变异甚微，尽管其间曾受到持续于中—晚侏罗纪间强烈的间歇火山喷发的摧残和晚侏罗纪与早白垩纪严酷干旱气候的烘炙；并在中侏罗纪之前已经经过长期演化且高度发展，演化水平已近似或等同于现代属、种（匡可任等，1979）。因此，枫杨是一个适应性很强的树种。

枫杨一般初期生长较慢，3～4 年后生长加快，15～25 年后生长转慢，40～50 年后逐渐停止生长，60 年后开始衰败（徐有明等，2002）。造林地宜选在河岸河滩地、沟谷两侧以及土壤肥沃、湿润的沙壤土地带。苗木采用遗传品质优良的 1 年生实生苗。造林前一年雨季或秋季，挖 50 cm×50 cm×30 cm 大坑整地，要求坑面外高内低，有利于蓄水保墒。

辽东山区造林在 4 月中下旬，土壤化冻 30 cm 以上，采用穴植，穴的规格 30 cm×30 cm× 25 cm，苗木用高效吸水剂浸根保湿，造林密度为 2 m×3 m（李国升等，2009）。

二、枫杨的形态特征和生态习性

（一）形态特征

枫杨为大乔木，高达 30 m，胸径 1 m；幼树树皮平滑，浅灰色，老时则深纵裂；小枝灰色至暗褐色，具灰黄色皮孔；芽具柄，密被锈褐色盾状着生的腺体（图 35-4）。

1. 叶 叶多为偶数或稀奇数羽状复叶，长 8～16 cm（稀 25 cm），叶柄长 2～5 cm，叶轴具翅至翅不甚发达，与叶柄一样被有疏或密的短毛；小叶 10～16 枚（稀 6～25 枚），无小叶柄，对生或稀近对生，长椭圆形至长椭圆状披针形，长 8～12 cm，宽 2～3 cm，顶端常钝圆或稀急尖，基部歪斜，上方一侧楔形至阔楔形，下方一侧圆形，边缘有向内弯的细锯齿，上面被有细小的浅色疣状凸起，沿中脉及侧脉被有极短的星芒状毛，下面幼时被有散生的短柔毛，长成后脱落而仅留有极稀疏的腺体及侧脉腋内留有 1 丛星芒状毛。

图 35-4　枫杨

2. 花 雄性柔荑花序长 6～10 cm，单独生于去年生枝条上叶痕腋内，花序轴常有稀疏的星芒状毛。雄花常具 1（稀 2 或 3）枚发育的花被片，雄蕊 5～12 枚。雌性柔荑花序顶生，长 10～15 cm，花序轴密被星芒状毛及单毛，下端不生花的部分长 3 cm，具 2 枚长约 5 mm 的不孕性苞片。雌花几乎无梗，苞片及小苞片基部常有细小的星芒状毛，并密被腺体。

3. 果实 果序长 20～45 cm，果序轴常被有宿存的毛。果实长椭圆形，长 6～7 mm，基部常有宿存的星芒状毛；果翅狭，条形或阔条形，长 12～20 mm，宽 3～6 mm，具近于平行的脉。花期 4～5 月，果熟期 8～9 月（陈有民，1995）。

（二）生物学特性

枫杨为喜光性树种，不耐庇荫，但具有较强的耐寒、耐旱等特性。耐水湿性强，常见生长于河岸滩地和山涧谷地，但不耐长期积水和水位较高之地。为深根性树种，主根及侧根均较发达，对土壤要求不严；为速生性树种，生长迅速，具有较强的萌蘖能力，从伐蔸上萌发的幼树，生长很快。枫杨初期生长较慢，3～4 年后加快，快速生长可延续至 15 年，8～10 年生时，年平均高生长量可至 1.5～2 m，胸径生长量为 1.5～3 cm，15～20 年后生长缓慢。枫杨对有害气体二氧化硫和氯气的抗性弱。

三、枫杨属的分类地位与种源地理变异

（一）枫杨属的分类地位

枫杨属由 Kunth 于 1842 年建立。《中国植物志·第二十一卷》所描述的现代枫杨属包括 8 种，其中 *P. fraxinifolia* 生存于外高加索、伊朗及土耳其，水胡桃（*P. rhoifolia*）生长于我国山东省胶州湾并分布到日本，越南枫杨（*P. tonkinensis*）繁衍于云南省东南部并分布于越南；而另外 5 种即枫杨、湖北枫杨（*P. hupehensis*）、华西枫杨（*P. insignis*）、甘肃枫杨（*P. macroptera*）以及云南枫杨（*P. delavayi*）仅产于中国。枫杨 8 个树种按生态、结构及习性特点分为 2 组，枫杨组（Sect. *Pterocarya*）包括枫杨、越南枫杨及湖北枫杨；水胡桃组（Sect. *Platyptera* 或 *Chlaenopterocarya*）包括了其余 5 种。

（二）枫杨种源的地理变异模式

枫杨分布范围广，不同种源生长及生物量的变异表现出明显的地理变异规律性。枫杨高生长变异主要表现为南—北纬向及垂直变异模式，即南部分布区种源的高生长普遍优于北部分布区种源，低海拔种源一般好于高海拔种源（李纪元，1999，2000，2001；薛贤杰，1991）。枫杨单株干重、茎干重以及苗高与地径比也具有明显的负纬向变异趋势。枫杨种源的根干重比、茎鲜重比及单株鲜重则表现出显著或极显著的负经向变异趋势，这说明东部湿润区的种源根系生物量及单株净生物量积累不如西部亚湿润或半干旱区的种源快。

李纪元等（2001）用枫杨全分布区内收集的 53 个种源在安徽铜陵进行苗期试验。采用苗高、地径及总生物量等 3 个主要性状构建指数选择函数，根据综合指数大小，对 53 个种源进行排序，结果见表 35-2。按照 10% 优良种源入选率，则综合指数在 5.33 以上的种源入选。这些苗期生长优良种源有江西南部的吉安、陕西中部的汉中、江西西北部的武宁、四川东部的达县和湖南洞庭湖南岸的益阳等 5 个种源。而综合指数低于 3.0 的种源有陕西太白、河南西峡、浙江鄞县、山东沂水和青岛等 5 个种源，属苗期生长较差的种源。

表 35-2　参试种源选择指数

种源	选择指数	种源	选择指数	种源	选择指数	种源	选择指数	种源	选择指数
吉安	5.73	安吉	4.82	进贤	4.32	泾县	3.91	建德	3.29
汉中	5.60	汨罗	4.72	湘阴	4.28	武胜	3.80	曲江	3.26
武宁	5.56	全州	4.72	分宜	4.27	泰安	3.75	黄岩	3.24
达县	5.47	富阳	4.62	灵川	4.21	平乐	3.69	福安	3.10
益阳	5.33	双牌	4.61	株洲	4.20	海阳	3.68	青岛	3.00
蚌埠	5.28	南靖	4.60	黄冈	4.17	德兴	3.68	沂水	2.88
古蔺	5.20	松滋	4.60	思南	4.15	江口	3.62	鄞县	2.85
宝应	5.01	连州	4.57	金寨	4.12	邵武	3.59	西峡	2.56
咸宁	4.97	石门	4.54	信阳	4.02	平塘	3.57	太白	2.39
安庆	4.97	涪陵	4.40	南京	4.01	潜江	3.48		
龙泉	4.94	信丰	4.39	明溪	3.91	新沂	3.34		

根据枫杨分布区的地形、水系、气候及栽培特点，可将其粗略分为5个亚区，即：①长江中下游亚区（包括宜昌以下及淮河以南的长江水系内的22个种源）；②江南丘陵及华南地区（18个种源）；③漓江—湘江—洞庭湖水系亚区；④北部亚区（包括淮河以北的8个种源）；⑤西部亚区（包括四川、重庆、贵州及陕西的10个种源）。

在长江中下游亚区，苗高生长与经度呈弱负相关（$r=-0.38$）。该区是枫杨的主要栽培区，大多数枫杨种源均经过长期的栽培选择，现存的大多数种源有可能是通过选择、调种或引种而形成的次生种源，由于遗传漂变和选择的作用，在一定程度上缩小了该区内种源的产地差异。该区内枫杨的根干重比与纬度呈极显著正相关（$r=0.52$），即北部种源的根系因干旱等环境的长期饰变而具有较强的生长潜能，其对逆境（尤其是干旱）的适应能力在一定程度上要强于南部种源。根干重和单株干重分别与纬度呈极显著相关（$r_{根}=0.55$，$r_{株}=0.53$），这表明来自较高海拔的丘陵区种源要比来自低湿地的种源具有更好的根系发育能力和更多的净干物质积累量。

在江南丘陵及华南亚区，因南北气温差异较大，枫杨种源苗高、地径均表现出显著的随纬度变化趋势（$r_{苗高}=-0.54$，$r_{地径}=-0.50$）。根据枫杨在南方生于水沟、河滩等低湿地的特性，不难推测枫杨的迁移及变异还可能受水系的影响，其变异表现出随水系走向的变化趋势。在枫杨采种分布区内的55个种源中，有漓江—湘江—洞庭湖水系的9个种源。结果表明，该区种源的地径表现为显著的负向垂直地理变异（$r=-0.72$），处于湘江下游的洞庭湖的周边种源要比湘江源头的种源生长得更粗壮一些。

在北部亚区，种源的高、径生长均表现出一定的负纬向和负垂直变异趋势，这可能与该区内较大的气温变异有关。在西部亚区，枫杨种源的生长及生物量性状均表现极显著的负垂直方向变异模式（$r=-0.90\sim-0.74$），该区的显著特点是山地多，海拔差异变化大。这种巨大的垂直差异必然引起微气候的很大差异，并且最终反映在种源的变化上。该区内高海拔的陕西及贵州种源因长期年均温低和雨水少，而逐渐形成适应这种气候条件的生态型。

四、枫杨野生近缘种的特征特性

（一）甘肃枫杨

学名 *Pterocarya macroptera* Batal. 。

乔木，高达15 m；树皮褐色；枝赤褐色，具灰黄色皮孔。芽具长柄，芽鳞黄褐色，顶端具镰状弯曲的渐尖头及1簇长柔毛，基部被有较密的星芒状细柔毛。奇数羽状复叶长23～30（稀40）cm，叶柄长4～8 cm，与叶轴一同被有粗而短的灰黄色星芒状毛及细长的单柔毛；小叶7～13枚，边缘具细锯齿，侧脉16～18对，略成弧状弯曲，至叶缘环状连结；上面被有细小的星芒状毛及盾状着生的腺体，全部叶脉则密生细小的星芒状毛，在侧脉腋内则具粗壮的星芒状丛毛；侧生小叶对生或近对生，具长1～2 mm的小叶柄，椭圆形至长椭圆形，基部歪斜，下端小叶基部为心脏形，上部小叶的基部为圆形，顶端渐尖，长9～18 cm，宽3～6 cm；顶生小叶具长15～25 mm的小叶柄，椭圆形，基部圆形或阔楔形，顶端渐尖，长7～14 cm，宽5～8 cm。雄性柔荑花序3～4条，各由芽鳞痕腋内生出，长10～12 cm。雌性柔荑花序顶生于叶丛上方，长约20 cm。果序长45～60 cm，果序轴被毡毛。果实无梗，直径 7～9 mm，基部圆形，顶端阔锥形；果翅不整齐椭圆状菱形，长 2～3 cm，宽约 2 cm；果实及果翅或多或少被毛及盾状着生的腺体；内果皮壁内显著具有充满疏松的薄壁细胞的孔隙。

产于甘肃东南部及陕西秦岭和四川东北部。生长在海拔 1 600～2 500 m 的山谷溪涧中森林内。材质稍轻软，有韧性，做农具、家具等用，树皮提栲胶与制人造棉。

（二）湖北枫杨

学名 *Pterocarya hupehensis* Skan，别名山柳树。

乔木，高 10～20 m；小枝深灰褐色，无毛或被稀疏的短柔毛，皮孔灰黄色，显著；芽显著具柄，裸出，黄褐色，密被盾状着生的腺体。奇数羽状复叶，长 20～25 cm，叶柄无毛，长 5～7 cm；小叶 5～11 枚，纸质，侧脉 12～14 对，叶缘具单锯齿，上面暗绿色，被细小的疣状凸起及稀疏的腺体，沿中脉具稀疏的星芒状短毛，下面浅绿色，在侧脉腋内具 1 束星芒状短毛，侧生小叶对生或近于对生，具长 1～2 mm 的小叶柄，长椭圆形至卵状椭圆形，下部渐狭，基部近圆形，歪斜，顶端短渐尖，中间以上的各对小叶较大，长 8～12 cm，宽 3.5～5 cm，下端的小叶较小，顶生 1 枚小叶长椭圆形，基部楔形，顶端急尖。雄花序长 8～10 cm，3～5 条各由去年生侧枝顶端以下的叶痕腋内的诸裸芽发出，具短而粗的花序梗。雄花无柄，花被片仅 2 枚或 3 枚发育，雄蕊 10～13 枚。雌花序顶生，下垂，长 20～40 cm。雌花的苞片无毛或具疏毛，小苞片及花被片均无毛而仅被有腺体。果序长 30～45 cm，果序轴近于无毛或有稀疏短柔毛；果翅阔，椭圆状卵形，长 10～15 mm，宽 12～15 mm。

产于我国湖北西部至四川西部、陕西南部至贵州北部。常生于河溪岸边、湿润的森林中。

（孟庆阳　李　斌）

第五节　小叶锦鸡儿

小叶锦鸡儿（*Caragana microphylla* Lam.）又名小叶金雀花、猴獠刺、黑柠条、牛筋条、雪里洼，属豆科（Leguminosae）锦鸡儿属（*Caragana* Fabr.）。锦鸡儿属全世界有 100 余种，主要分布于亚洲和欧洲的干旱和半干旱地区。小叶锦鸡儿抗严寒、耐酷热、耐瘠薄、耐旱能力强，并能固氮，育苗造林容易，是我国西北、华北、东北地区水土保持和固沙造林中重要的灌木树种，也是良好的薪炭材树种，嫩叶可做家畜饲料。

一、小叶锦鸡儿的利用价值和生产概况

（一）小叶锦鸡儿的利用价值

小叶锦鸡儿枝叶茂密，贴地丛生，8 年生高 1.5～2 m 的植株，能覆盖地面 4 m²，减少地表径流 73%，减少表土冲刷 66%，拦截流沙 0.15 m³。因此，是防止土壤水蚀、风蚀和固沙的好树种。

平茬后萌发的嫩枝鲜叶，富含营养，是牲畜，特别是羊的好饲料。枝叶富含氮、磷、钾，平均每 1 000 kg 干枝叶，含氮 29 kg、磷 5.5 kg、钾 14.3 kg，相当于硫酸铵 145 kg，硫酸钾 28.6 kg，过磷酸钙 27.4 kg，顶得上 4 000 kg 羊粪的肥力。施用小叶锦鸡儿绿肥一般可增产粮食 13%～20%。因此，小叶锦鸡儿是价值高的绿肥灌木，是良好的饲料，是建设草原、改良牧场不可少的优良木本饲料树种。

小叶锦鸡儿枝条坚实，外皮有蜡质，干湿均能燃烧，火头旺，是良好的薪材。种子含油，出油率为 13%。油棕色，清亮，黏腻，味苦，可做滑润、照明用。油渣可喂羊，也可做肥料。枝条可供编织。树皮是较好的纤维原料。花为蜜源。根、花、种子均可入药，做滋阴养血、通经、镇静、止痒等剂。

（二）小叶锦鸡儿的分布

锦鸡儿属植物系落叶灌木，是欧亚大陆特产，是欧亚草原植被亚区的典型植物。小叶锦鸡儿分布于我国吉林、辽宁、河北、山东、山西、内蒙古、陕西、宁夏、甘肃、青海、新疆等省份，垂直分布多在海拔 1 000～2 000 m 的沙漠绿洲或黄土高原地带，在海拔 3 800 m 的高山（祁连山）也能生长。

（三）小叶锦鸡儿人工造林

我国西北（如黄土高原、内蒙古）、华北及东北水土保持和固沙造林中广泛应用小叶锦鸡儿造林，尤以陕北比较集中，小叶锦鸡儿人工林面积较大。小叶锦鸡儿继油蒿之后成为优势种，更替流沙上的先锋植物，对于防止土壤水蚀、风蚀和固沙具有重要作用。造林方法采用直播和植苗，应用得当均取得良好效果。

二、小叶锦鸡儿的形态特征和生物学特性

（一）形态特征

小叶锦鸡儿为丛生灌木，高 3 m；树皮黄灰色或灰绿色，嫩枝被毛，长枝托叶刺长 0.3～1 cm，宿存；叶轴长 1.5～5 cm，脱落；羽状复叶有小叶 5～10 对，倒卵形或倒卵状长圆形。花梗长约 1 cm，近中部具关节，被柔毛；萼筒长 0.9～1.2 cm，旗瓣宽倒卵形。果圆筒形，稍扁，长 4～5 cm，宽 5～6 mm，具锐尖头（图 35-5）。

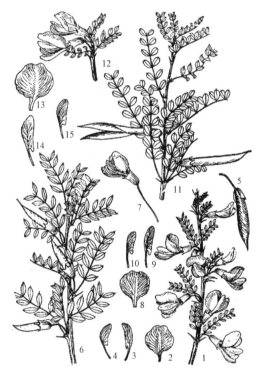

图 35-5　柠条锦鸡儿、中间锦鸡儿和小叶锦鸡儿
柠条锦鸡儿：1. 花枝　2～4. 花瓣　5. 果
中间锦鸡儿：6. 果枝　7. 花　8～10. 花瓣
小叶锦鸡儿：11. 果枝　12. 花枝　13～15. 花瓣
（引自《中国树木志·第二卷》）

（二）生物学特性

1. 生长特性　一般 4 月上中旬萌芽，5 月开花，花期 15～25 d。种子 6 月中旬至 7 月上旬成熟。11 月上中旬落叶。一年之中，5～7 月生长最旺，8 月生长减缓，9 月以后生长逐渐停止。

幼苗期地上部分生长缓慢，第二年生长加快，第三年后生长量显著增大，3～4 年生即开花结实。条件好的半固定沙地上，20 年生地径可至 12 cm，而干燥的半固定沙地上，31 年生地径仅 7 cm。寿命在 40 年以上。

2. 物候期　华北、西北地区的小叶锦鸡儿芽膨大及树液开始流动的日平均气温为 5～7 ℃，叶落末期的气温为 2～3 ℃。一般每年 4 月开始返青，10 月上旬叶子开始枯黄，5～7 月开花结实，花期较早，生育期较长。各个地区有叶期的长短取决于当地有效积温的高低和无霜期的长短。小叶锦鸡儿在内蒙古的生长期为 140～170 d，在山西和陕西为 160～190 d。

3. 开花结实　小叶锦鸡儿一般在播后第四年开花结实（山西兴县），第五年普遍开花结实，第六至七年大量结实。经过平茬的小叶锦鸡儿第一年不开花，第二至三年才开花结实。花朵着生部位主要在距基部 30 cm 以上的中上部枝条（牛西午，1998）。

（三）生态适应性

小叶锦鸡儿抗寒性强，在 −32.7 ℃严寒、冻土层深 1.28 m 的条件下生长良好，夏季能耐 55 ℃的地温，不见日灼。当年生幼苗一般怕晒而抗冻。

小叶锦鸡儿耐瘠薄土壤，耐旱性强。喜生于通气良好的沙地、沙丘及干燥山坡地。在黄土丘陵地（峁顶、山坡、沟岔），沙盖黄土地，砾岩、花岗岩、石灰岩的山地（阳坡、顶部），河谷阶地和松沙质、硬土质、砾石质的丘间低地以及固定、半固定沙地上均能正常生长。适宜在沙壤土至黏壤土、棕壤土、黑垆土和栗钙土上生长。

小叶锦鸡儿系阳性树种，喜光性甚强，在庇荫条件下生长不良，结实甚少或不结实，是干旱草原、荒漠草原地带的先锋树种，在固定及半固定沙地上均能生长。小叶锦鸡儿极耐干旱瘠薄，但在水分过多，地下水位高的地方，小叶锦鸡儿生长不良。

三、锦鸡儿属植物的起源、演化和分类

（一）锦鸡儿属植物的起源与演化

周道玮等（1996）以系和组为单位探讨了锦鸡儿属植物各类群的分布规律，并进一步研究了种类形成和演化过程。本属种类可分为 6 个分布型，分布型之间的关系揭示了亚洲干旱区植物区系形成的渊源和联系。Sect. *Caragana* 为东亚—蒙古高原分布型，Sect. *Caragana* 的种类在东亚地区随纬度的变化呈现出明显的地理替代分布规律；Sect. *Microphylla* 在蒙古高原地区随经度的干旱梯度变化呈现出清晰的种类替代关系，本组各系间也有明显的地理替代分布现象；Sect. *Prunosa* 为东亚—中亚间断分布型；Sect. *Longispina* 为喜马拉雅分布型；Sect. *Tragacanthoides* 为环青藏高原—北极高山分

布型；Sect. *Frutescentes* 广泛分布于亚洲干旱地区；Sect. *Chamlagu* 为东亚分布型。Sect. *Caragana* 为本属的原始类群，起源于东亚，曾广泛分布于亚洲大陆，随青藏高原的隆起，原始类群就地分化形成不同的类群，在此基础上迁移分化适应，形成了现代多样的分布格局，中亚为本属的分化中心。

（二）锦鸡儿属植物分类概况

1. 锦鸡儿属植物形态特征　灌木，稀为小乔木。偶数羽状复叶或假掌状复叶，有 2～10 对小叶；叶轴顶端常硬化成针刺，刺宿存或脱落；托叶宿存并硬化成针刺，稀脱落；小叶全缘，先端常具针尖状小尖头。花梗单生、并生或簇生叶腋，具关节；苞片 1 或 2，着生在关节处，有时退化成刚毛状或不存在，小苞片缺或 1 片至多片生于花萼下方；花萼管状或钟状，基部偏斜，囊状凸起或不为囊状，萼齿 5，常不相等；花冠黄色，少有淡紫色、浅红色，有时旗瓣带橘红色或土黄色，各瓣均具瓣柄，翼瓣和龙骨瓣常具耳；二体雄蕊；子房无柄，稀有柄，胚珠多数。荚果筒状或稍扁。染色体基数：$x=8，16$。

2. 锦鸡儿属植物分类　锦鸡儿属最早是由 Royen 于 1745 年提出的，但 1753 年 Linneus 在 *Sp. pl* 中并没有确认，而是把它放在刺槐属内。Fabricius 又重新提出锦鸡儿属，才使其成为有效的正式学名。1909 年、1945 年俄罗斯学者分别记载了 8 系 55 种、12 系 33 种。1979 年桑切尔又提出了锦鸡儿属的分类系统，记载了 3 组 15 系 92 种。1984 年 H. B. Горбунова 又对桑切尔系统进行了修订和补充，记载了 4 组 4 亚组 3 系 117 种（赵一之，1993）。我国学者匡可任在 1955 年出版的《中国主要植物图说·豆科》中记载了中国产锦鸡儿属植物 51 种，《中国植物志·第四十二卷第一分册》将本属植物归属为 11 系 62 种 9 变种 12 变型（刘娱心等，1993）。

赵一之（1993）对中国锦鸡儿属的分类学进行了十分详细的研究，提出了中国锦鸡儿属分亚属的分类学标准，将传统的分组、分类进行了适当的调整，在中国锦鸡儿属下建立了 3 亚属 5 组 10 系共 56 种的新分类系统。他在研究中发现锦鸡儿植物中很自然地存在着三大类群：第一类，叶轴全部或大部脱落；第二类，叶轴全部或大部宿存；第三类，长枝叶轴宿存而短枝叶轴脱落或弱存。依据这种叶轴脱落与宿存的情况，在本属之下建立了 3 个新亚属。亚属之下，依据小叶在长短枝叶轴上的排列方式——羽状和假掌状，结合小叶的对数等性状特征将前人的 4 组调整为 5 组。在组之下，分别依据子房和荚果具柄与否，花萼的长宽比及小叶的大小，荚果里面具毛与否，萼齿的长与短以及小叶的宽与窄和先端钝与尖等分类学特征，将前人的 15 系订正为 10 系。

锦鸡儿属植物 100 余种，主要分布于亚洲和欧洲的干旱和半干旱地区，北由俄罗斯远东地区、西伯利亚，东达中国，南达中亚、高加索、巴基斯坦、尼泊尔、印度，西至欧洲。我国产 62 种 9 变种 12 变型。主产我国东北、华北、西北、西南各省份。

3. 锦鸡儿属植物的遗传多样性　1994 年，对毛乌素地区 10 个种群锦鸡儿属植物种子蛋白的 PAGE 和 SDS-PAGE 的初步研究结果表明，该地区锦鸡儿具有较高的蛋白质多样性。PAGE 揭示了至少有 4 个可能的多态性位点，SDS-PAGE 则显示至少有 13 个可能的多态性位点。数据表明该地区锦鸡儿的全部遗传多样性中 90% 以上存在于群体内，群体间只占 7.6%，说明种群间存在强大的基因流（王洪新等，1994）。用 9 种等位酶检测内蒙古锡林郭勒盟和毛乌素沙地的柠条锦鸡儿、中间锦鸡儿和小叶锦鸡儿的遗传变异，结果表明 7 种酶共有 18 个位点，其中 15 个是多态性位点，3 个是单态的。这充分说明了这 3 种植物具有丰富的遗传多样性（周永刚等，2000）。魏伟（1997，1999）利用 RAPD 标记检测了 6 个柠条锦鸡儿群体遗传多样性，发现大部分的分子变异存在于群体之内（82.4%），只有少部分的分子变异存在于群体之间（17.6%）。而且柠条锦鸡儿和中间锦鸡儿的遗传分化系数和遗传距离很小。马成仓等（2003）用 RAPD 技术对柠条锦鸡儿、中间锦鸡儿和小叶锦鸡儿种群遗传结构进行研究，结果表明，3 个种地理替代分布是连续的、渐变的，在内蒙古高原自东向西形成一个地理连续渐变群。

宋俊双（2005）对我国内蒙古、山西、陕西和宁夏等地 3 种锦鸡儿属植物的遗传多样性进行了研究，探讨了柠条锦鸡儿、中间锦鸡儿和小叶锦鸡儿的遗传多样性和亲缘关系。3 个物种的形态多样性比较丰富，荚果长、荚果宽、种子长、种子宽和千粒重等表型变异大。在供试材料中筛选到具有多态性的 ISSR 引物 19 个，共扩增出多态性带 154 条，多态性条带比率为 87.0%。根据形态多样性分析和 ISSR 分子标记的结果，柠条锦鸡儿、中间锦鸡儿和小叶锦鸡儿种间差异不大，亲缘关系较近，难以被明确区分开。

四、小叶锦鸡儿野生近缘种的特征特性

（一）柠条锦鸡儿

学名 *Caragana korshinskii* Kom.，又名牛筋条、马集柴、老虎刺、白柠条、毛条。

落叶灌木，高 4~5 m，冠幅 3~4 m，枝干较端直，树皮黄绿色，外被光亮蜡质薄膜；小枝有棱角，具毛，老枝光滑。偶数羽状复叶，小叶 5~10 对，倒卵状矩圆形或矩圆状倒披针形。蝶形花，黄色。荚果扁，长条形，长 3~4 cm，宽 0.8~1 cm，含种子 3 粒或更多。种子扁长圆形，长约 0.7 cm，宽约 0.4 cm，排列紧密挤压，一端往往有一个被挤压的平滑斜面。种皮黄棕色至栗褐色（图 35-5）。

柠条锦鸡儿在我国甘肃、宁夏、内蒙古、陕西等省份的沙区天然生长，以甘肃、宁夏的腾格里沙漠和巴丹吉林沙漠东南部，以及内蒙古鄂尔多斯、陕西榆林地区的毛乌素沙漠分布较多。呈不连续的块状、片状分布，主要在固定、半固定沙地，黏质土沙砾地，以及剥蚀丘陵低山上生长。

柠条锦鸡儿开花繁茂，是良好的蜜源植物，枝干皮厚，富含纤维，5~6 月采条剥皮，沤制成"毛条麻"，可供搓绳、织麻袋等。

（二）中间锦鸡儿

学名 *Caragana intermedia* Kuang et H. C. Fu。

灌木，高 0.7~1.5（2）m。老枝黄灰色或灰绿色，幼枝被柔毛。羽状复叶有 3~8 对小叶；小叶椭圆形或倒卵状椭圆形，长 3~10 mm，宽 4~6 mm。花梗长 10~16 mm，关节在中部以上，很少在中下部；花冠黄色，长 20~25 mm，旗瓣宽卵形或近圆形。荚果扁，披针形或长圆状披针形，长 2.5~3.5 cm，宽 5~6 mm，先端短渐尖。花期 5 月，果期 6 月（图 35-5）。

产内蒙古（锡林郭勒盟、鄂尔多斯、乌兰察布）、陕西北部、宁夏（盐池）。生于半固定和固定沙地、黄土丘陵。引种到兰州地区黄土山坡，不灌溉，生长良好。

优良固沙和绿化荒山植物。

（林富荣）

第六节　花　　棒

花棒（*Hedysarum scoparium* Fisch. et C. A. Mey.）属蝶形花科（Fabaceae）岩黄耆属（*Hedysarum* Linn.），又名细枝岩黄耆。花棒适应沙漠环境，萌发力强，生长较快，利用价值较高，是我国西北和内蒙古荒漠、半荒漠以及干草原地带防风固沙的优良树种。

一、花棒的利用价值和生产概况

（一）花棒的利用价值

花棒是干旱沙荒地区生长快，防风固沙作用大的树种，也是经济用途广的优良灌木。枝干含有油脂，易燃烧，热值高，火力大，干湿均能燃烧，是很好的薪柴；枝干可做农具柄，也可做椽子等。

经平茬后萌发的当年生枝干初生皮层，富含纤维，干秋季呈条状剥离，撕下揉搓一下就是花棒麻，拉力韧度均强，可供搓麻绳、织麻袋等用。嫩枝和叶干含粗纤维 58.88%、磷 0.43%、钾 0.08%，可做饲料和绿肥，667 m² 林龄 3 年的花棒幼林，7～8 月可采取鲜枝叶 1 000 多 kg。花棒种实含粗蛋白 24.44%，相当于大豆（39.2%）的 60%；粗脂肪 20.3%，比大豆（17.4%）的含量还高，可供食用、油用和饲料用。花繁多而花期长，在深秋自然界花少时，更是很好的蜜源植物。

（二）花棒的分布

花棒在我国的自然分布，主要为甘肃、宁夏、内蒙古、新疆等省份，以巴丹吉林沙漠、腾格里沙漠为中心，以及河西走廊等地，西至古尔班通古特沙漠。从地理分布范围来说，最北部到北纬 50°的蒙古国乌布苏湖一带，向南为东经 105°、北纬 37°36′的宁夏中卫地区，西至东经 87°准噶尔盆地。数十年以来，陕西榆林沙区以及赤峰等地，先后引种花棒，生长情况比自然分布区好。其适生范围很广，从荒漠、半荒漠以至干草原、草原地带的沙地，均适合花棒的生长。

（三）花棒的人工造林

从 20 世纪 50 年代初期开始，我国的治沙事业得到很大发展。1958 年在内蒙古和西北六省份召开治沙规划会议，从此治沙工作得到国家的重视。花棒是西北沙荒地区天然的沙地灌木，是固沙造林的良好树种，其造林技术与造林面积均得到了很大发展，因而在固沙造林中起到了显著成效。花棒在土地条件较好的地区可进行平茬作业，薪炭林经营，一般每公顷可产薪柴 3～6 t（枝含水 30％计算）。花棒的植苗造林、播种造林和扦插造林均成活率高。陕西榆林沙区以及辽宁和赤峰等地，先后引种花棒，生长优于自然分布区。花棒也是经济用途广的优良灌木，花棒造林还有利于生产、生活的提高和当地经济发展。

二、花棒的形态特征和生物学特性

（一）形态特征

1. 干和枝 高大落叶灌木，灌丛高 2～4 m，高者可至 5 m 左右。老枝干紫红色或红褐色，皮纵裂，层状剥落。1 年生枝上部淡绿色，幼嫩部分具白色柔毛，2 年生枝黄褐色。

2. 根系 花棒主、侧根都很发达，主根伸展到含水率高的沙层即加速向水平生长，一旦水分消耗过多，主根就再向垂直方向发展。5～6 年生的植株，根幅达 10 m 左右，有时有好几层水平根系网，扩大吸收面以适应干旱生境。花棒耐沙埋能力强，沙埋深度到枝高一半时，生长仍正常，超过此高度时，生长减弱。新枝梢顶被沙掩埋 20 cm 左右，仍能穿透沙层，迅速生长。

3. 叶 奇数羽状复叶，小叶 5～9，长 1～4 cm，宽 0.2～0.5 cm，对生，罕互生，窄矩圆形或条形，全缘，端尖，两面均具白色柔毛，柄短具毛，长约 0.1 cm，但平茬后的萌条及徒长枝叶较大，叶轴具毛，上面微凹。

4. 花 花腋生，总状花序，生于当年枝上，总梗长短变化颇大，通常长 5～15 cm，长者可至 40 cm，花序上的小花数目变化亦大，通常几朵至 10 余朵，多者可至 20 余朵，花长 1.5～2 cm，花冠紫红色，罕白色；雄蕊 10 枚，1 枚离生其余 9 枚花丝大部合生，将子房包围，子房具毛，花柱细长，伸出花药，柱头小（图 35 - 6）。

5. 果 果为荚果，密具白色长柔毛，念珠状，有明显的网状肋，具 1～4 个荚节，节间细缢，荚节膨大，成熟后多从节间断落，每节含 1 粒种子，每节小荚果长 0.6～0.7 cm，宽 0.4～0.5 cm，种子近圆形，淡黄色或黄褐色，表面光滑，种脐不显。

（二）生物学特性

1. 个体生长规律 花棒种子在适宜的条件下，当年苗高一般可至几十厘米。在幼龄

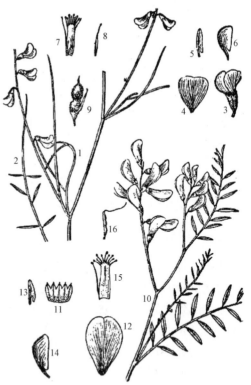

图 35 - 6 花棒和蒙古岩黄耆
花棒：1. 花枝 2. 复叶 3. 花 4～6. 花瓣
7. 雄蕊 8. 雌蕊 9. 果
蒙古岩黄耆：10. 花枝 11. 花萼 12～14. 花瓣
15. 雄蕊 16. 雌蕊
（引自《中国树木志·第二卷》）

阶段生长快，年均高生长 70 cm，最高 1 m 以上，造林 3 年高 2 m 左右，株行距 2 m×2 m，3 年即可郁闭。5～6 年的植丛冠幅 3～4 m，地径粗 4～5 cm，以后高生长缓慢。在条件好的立地上，树龄可达 70 年以上；在水分条件差的沙地上，一般 14～20 年即衰败死亡。

花棒萌芽更新力强，幼苗期平茬，可促进生长；成林期平茬，能提高枝条的产量。树龄 6 年的植株，平茬后当年，萌枝高 2.2 m，丛幅直径 2.6 m，1 年的生长量约相当于不平茬 4 年生林木的生长量。

2. 物候期 花棒春季展叶晚。3 月下旬叶芽膨胀，4 月陆续发芽，5 月中旬叶子大部分展开；花通常于 7 月中下旬开放，花期长约 4 个月，8～9 月为盛花期，10 月上旬凋谢。有些生长旺盛植株，还出现 5 月下旬至 6 月开一次花的现象，但花数少，多不结实。果实于 10 月下旬成熟，成熟的小荚果很易从节间断落。

花棒 5 月上中旬抽梢后即生长迅速，7 月以后生长缓慢，8 月基本停止生长，因此木质化程度高，越冬后不至枯梢。枝干粗生长在 7 月中下旬至 8 月间的高温期，常因枝干的迅速生长而皮层胀裂剥离。

3. 开花规律 花棒花期长，一般从 5 月下旬至 9 月中下旬均不断开花，花生于当年生枝的叶腋。据调查，当年生一级枝上仅在个别的叶腋抽出花序，而且花序上的小花数少，二、三级枝上的叶腋大多数都可抽出花序，而且花序上的小花数多，因此，形成花棒的盛花期。据冯显逵（1982）在宁夏河东沙区调查，一级枝上每花序小花数量平均 5 朵，最少 2 朵，最多 8 朵，而 8 月调查，二、三级枝上每花序平均小花数量 18 朵，最少 11 朵，最多 24 朵。至于四级枝，由于花芽抽出时期较迟，形成的花芽数量少，开花多在 9 月下旬。

4. 结实规律 由于花棒早期花少，所以结果数量少，而花棒的盛花期，也就是从大量的当年生二、三级枝上抽出的花序多，结果较多。造林 3～4 年开始少量开花结实，5～6 年后结实量增多。但受气候影响，多雨年份结实量大，干旱则减少或干秕，不易采到种子，一般每隔 3～4 年有一个丰产年。

（三）生态适应性

花棒适生范围广，从荒漠、半荒漠到干草原，均能生长，耐旱、喜光。花棒分布区年平均气温 7～8℃，抗热性强，极端最高气温可达 42.5℃，极端最低气温达 −31.6℃，在夏季沙面温度达 70℃以上的沙丘上，仍能正常生长，但在沙丘上新栽植的花棒，从基部萌发的幼芽容易被沙面高温烫伤枯死。

花棒分布区内年降水量 100～200 mm，往西至 100 mm 以下，降雨多集中于 6～9 月，年平均蒸发量 2 400～3 500 mm。在粉沙质黏土地区一般土壤紧密，孔隙少，通气不良，土壤容重过大，不宜发展花棒，而在土壤通气良好的沙土地区则适合花棒生长。

三、花棒的起源、演化和分类

（一）花棒的起源、演化

根据唐宏亮（2005）对岩黄耆属植物系统分类学研究，依据种的现代分布、地质历史、古气候和化石资料，对中国岩黄耆属植物区系的发生、演变及形成机制进行探讨。岩黄耆属主要分布于内陆干旱和高寒地区及中国喜马拉雅高寒山地，从其分布特点看，区系的发生演变过程是由水热条件变化推动着逐步分化的过程。岩黄耆属可能是从一类中生的温带灌木原始类群，在晚始新世到早渐新世或比这个时期稍晚一些，经过第三纪以来的环境适应，逐渐形成适应高寒山地生长的扁荚组种类和适应干旱环境生长的多茎组、缩短茎组的种类，缩短茎组的种类是多茎组对干旱进一步适应的结果，与此同时，原始的灌木类群自身也在继续演化着，形成适应荒漠、半荒漠生长的种类。这种演化过程亦揭示出生存环境中水热条件的剧烈变化是植物演化的主要动力。

化石资料显示，岩黄耆属的原始类群可能在晚始新世或渐新世早期或比这个时期更晚一些出现。从世界岩黄耆属植物地理分布种类统计可以看出，该属分布以中亚旱生植物区系最多，在结合该属种系发生和地理分布的基础上，可以大致推测中亚可能是岩黄耆属的起源中心，其他区系的种类基本是由这个区系扩散而来的。

（二）岩黄耆属植物分类概况

1. 岩黄耆属植物形态特征　1年生或多年生草本，稀为半灌木或灌木。叶为奇数羽状复叶，托叶2，干膜质，与叶对生，基部合生或分离；小叶全缘，上面通常具亮点，无小托叶。花序总状，稀为头状，腋生；花冠紫红色、玫瑰红色、黄色或淡黄白色；旗瓣倒卵形或卵圆形；雄蕊管上部膝曲，近旗瓣的1枚雄蕊分离，稍短，稀中部与雄蕊管黏着，花药同型。果实为节荚果，节荚圆形、椭圆形、卵形或菱形等，两侧扁平或双凸透镜形，具明显隆起的脉纹，有时具刺、刚毛或瘤状突起，不开裂。$2n=14$，16，28（48）。

2. 岩黄耆属植物分类　本属150种左右，主要分布于北温带的欧洲、亚洲、北美洲和非洲北部。我国有41种，灌木5种，产于北方，多为优良固沙树，包括红花岩黄耆、花棒、蒙古岩黄耆、踏郎及木岩黄耆。

（三）花棒变异类型及优良种源

1. 花棒变异类型　据冯显逵（1982）在宁夏和甘肃两地的调查，花棒有两种不同的自然地理类型。

（1）有叶类型　该类型具典型的花棒形态特征，分布范围广，主要分布在相对水分条件较好的东部地区，它的主要特征是植株小叶明显。

（2）无叶类型　该类型主要特征之一是全株几乎无小叶或小叶极少，完全以绿色的叶轴代替小叶进行光合作用，它多分布在雨量偏少的干旱地区，如甘肃河西走廊西部，由于无小叶，只有细长的叶轴，远看似牛尾，因此，当地群众把这一类型的花棒称为牛尾梢，这一类型更为耐旱。

2. 优良种源　安守芹等（1996）在中国林业科学研究院沙漠林业研究中心和沙生植物园对民勤、磴口、榆林、吉兰泰、盐池5个种源的苗期生长进行种源定点试验，通过对高生长量、地径生长量的方差分析，花棒的最佳种源是磴口和民勤。

四、花棒野生近缘种的特征特性

（一）红花岩黄耆

学名 *Hedysarum multijugum* Maxim.，又名花柴、豆花牛筋脖、岩黄耆。

半灌木，高 2 m。小枝密被柔毛。小叶（17）21～41，卵形，长圆形或倒卵形，长 0.5～1.2 cm，下面被柔毛，托叶卵状披针形，基部连生，被毛。花序长 15～40 cm，具 9～25 朵花；花冠红色或紫红色。荚果通常 2～3 节，节荚椭圆形或半圆形，被短柔毛，两侧稍凸起，具细网纹，网结通常具不多的刺，边缘具较多的刺。花期 6～8 月，果期 8～9 月。

产四川、西藏、新疆、青海、甘肃、宁夏、陕西、山西、内蒙古、河南和湖北。主要生于荒漠地区的砾石质洪积扇、河滩，草原地区的砾石质山坡以及某些落叶阔叶林地区的干燥山坡和砾石河滩。

（二）踏郎

学名 *Hedysarum laeve* Maxim.，又名山花子。

灌木，高 3 m，径 5 cm。小枝绿色。小叶 9～17，条形，长圆状条形，长 2～3 cm，上面密被红色腺点及疏柔毛，托叶卵形，连合。花冠紫红色。果扁椭圆形，有 2～3 荚节，无毛。花期 6～8 月，果期 9～10 月。

产于内蒙古库布齐沙地、毛乌素沙地、小腾格里沙地，陕西北部，宁夏河东沙地；生于干旱荒漠草原、流沙或半固定沙地；陕西榆林，多在沙丘背风面、丘间低地生长，适应沙地生长能力优于木蓼、沙蒿，为优良固沙树种。枝叶营养丰富，为牲畜好饲料。在内蒙古鄂尔多斯有"红花苜蓿"之称。花为优良蜜源。

（三）蒙古岩黄耆

学名 *Hedysarum mongolicum* Turcz.，又名杨柴。

落叶灌木，高 1～2 m。幼茎绿色，老茎灰白色，树皮条状纵裂，茎多分枝。叶互生，阔线状，披针形或线椭圆形，小叶柄极短。总状花序，腋生，花紫红色，荚果具 1～3 节，每节荚果内有种子 1 粒，荚果扁圆形。

产内蒙古东部和东北西部的草原地区。生于沿河或古河道沙地。

（四）木岩黄耆

学名 *Hedysarum lignosum* Trautv.，又名山竹子。

灌木，高 1.2 m。小叶 5～12，互生，椭圆形，长 2～3 cm，下面被平伏柔毛及黑色腺点。花序具花 8～12，花冠淡紫色或粉红色。果无毛，有 2～3 荚节。

产于东北及内蒙古沙区，为优良固沙树种。

（林富荣）

第七节　梭　　梭

梭梭［*Haloxylon ammodendron*（C. A. Mey.）Bunge］别名梭梭柴、梭梭树，属藜科（Chenopodiaceae）梭梭属（*Haloxylon* Bunge）灌木或小乔木树种。梭梭属约 11 种，分布于地中海至中亚。我国产 2 种，梭梭和白梭梭。梭梭作为荒漠地区主要的建群种和优良固沙树种，在维持荒漠生态系统的结构与功能、防止土地沙化、改善沙区气候方面有着十分重要的作用。营造梭梭林，对于防风固沙，改造沙区气候，保障农业高产稳产具有重要意义。

一、梭梭的利用价值和生产概况

（一）梭梭的利用价值

梭梭是荒漠植被类型的重要代表植物种之一，耐旱、耐寒、抗盐碱，可遏制土地沙化，改良土壤，是重要的防风固沙、水土保持的优良树种。

梭梭材质坚硬而脆，易燃而产热量高，火力为木材之首，稍逊于煤，堪称"荒漠活煤"，是沙区传统优良的薪炭材。早在元代末年陶宗仪《辍耕录》一书中就记载过："回讫野马川有木曰锁锁，烧之其火经年不灭，且不作灰。"清乾隆十四年（1749）和以后纂修的《民勤县志》也写道："炭曰琐琐，火燃时发一清香，大非石炭可拟。"梭梭还是搭盖牲畜棚圈的好材料。

梭梭是良好的饲用树种，梭梭林有每年落枝的习性，荒漠地区的牧民称它为骆驼的"抓膘草"。梭梭的嫩枝含蛋白质约 17%，是骆驼、细毛绵羊、山羊、驴等动物的重要食物来源。梭梭为名贵药材肉苁蓉的寄主植物，肉苁蓉寄生在梭梭根部。肉苁蓉具有独特的补肾、抗阿尔茨海默病、保肝、通便、肿瘤辅助治疗、抗辐射等 10 多种药用功能，被誉为"沙漠人参"。

（二）梭梭的地理分布

梭梭是梭梭属中比较古老的种，第三纪已经发生，属戈壁—吐兰种（《内蒙古森林》编辑委员会，1989）。梭梭属是荒漠区特有的植物种，横跨欧亚大陆，广泛分布于亚非荒漠区，为东经 5°～111°30′、北纬 21°30′～48°。我国梭梭荒漠分布面积十分广阔，约占整个荒漠（不包括山地）面积的 1/10（胡式之，1963），分布在东经 60°～111°、北纬 35°50′～48°的干旱沙漠地带，自然形成林分或疏林。梭梭广泛分布于甘肃、青海、内蒙古、新疆等省份，白梭梭仅限于新疆分布（《中国植被》编辑委员会，1983）。

梭梭的垂直分布梯度较大，除新疆准噶尔盆地、东天山山间盆地在海拔 150～500 m 外，一般分布于海拔 800～1 500 m，而在青海柴达木盆地海拔 2 800～3 100 m 的地带尚有分布。梭梭生态幅较宽，其分布西界为新疆霍城，东界到内蒙古杭锦旗，北到新疆莫索湾，南达青海都兰夏日哈至格尔木大格勒一线。

中国现存的梭梭荒漠植被总面积约 11.4 万 km²，其中，新疆、内蒙古、青海、甘肃的梭梭荒漠植被面积分别占全国梭梭荒漠植被面积的 73.1%、14.1%、7.9% 和 4.9%（郭泉水等，2005）。由于超强度的农业开发，沙漠油气煤田的开采、超载过牧、采挖肉苁蓉等毁林行为，梭梭属植物的覆盖面积大量减少，很多地区的白梭梭和梭梭都面临退化的境地，对荒漠生态系统造成了严重的威胁，梭梭属植物现已被列为国家三级保护渐危物种（傅立国，1989）。

（三）梭梭造林

梭梭在 20 世纪 50 年代已开始用于营建防风固沙林，并已积累了多种育苗造林经验。造林方法有直播造林和植苗造林，植苗造林成活率高。栽植 5～6 年后，树高可至 3 m 以上，已可起到固定沙地的作用。梭梭适于盐渍化地栽植，白梭梭适于流动沙丘上栽植。20世纪 60 年代以后在新疆、甘肃、宁夏和内蒙古的荒漠地区治沙造林中较大面积推广应用，现有 30～50 年的人工林，高 2～3 m，固沙效果好。

二、梭梭的形态特征和生物学特性

（一）形态特征

1. 根系　梭梭根系发达，主根长，往往能够深达 3～5 m 而扎入地下水层，以充分吸收地下水。其侧根也非常发达，长 5～10 m，往往分为上下两层，上层侧根通常分布于地表层 40～100 cm，可充分吸收春季土壤上层的不稳定水，下层侧根一般分布于 2～3 m，便于充分利用土壤内的悬着水。

2. 枝干　梭梭的株高和树冠变异很大。高度超过 2 m 者，通常具粗糙扭曲的主干，由基部发出分枝，形成圆丛状，每年有一部分当年小枝枯落。梭梭树干地径可至 50 cm。树皮灰白色，木材坚而脆；老树枝褐色或淡黄褐色，通常具有环状裂隙；当年枝细长，斜升或弯曲，节间长 4～12 mm，直径约1.5 mm（图 35-7）。

3. 叶　梭梭适应干旱环境，叶片退化为鳞片状，宽三角形，稍开展，先端突尖，腋间具棉毛，并以嫩枝进行光合作用，绿色嫩枝能有效降低水分蒸腾，并可在干旱炎热季节部分自行脱落，减少蒸腾面积，以适应干旱气候。

图 35-7　梭　梭
1. 植株　2. 花被具翅状附属物
（引自《中国树木志·第四卷》）

4. 花　梭梭花着生于 2 年生枝条的侧生短枝上；小苞片舟状，宽卵形，与花被近等长，边缘膜质；花被片矩圆形，先端钝，背面先端之下 1/3 处生翅状附属物；翅状附属物肾形至近圆形，宽 5～8 mm，斜伸或平展，边缘波状或啮蚀状，基部心形至楔形；花被片在翅以上部分稍内曲并围抱果实；花盘不明显（图 35-7）。

5. 果实　梭梭苞果黄褐色，内皮不与种子贴生。种子黑色，直径约 2.5 mm；胚盘旋成上面平下面凸的陀螺状，暗绿色。

（二）生物学特性

1. 生长规律　梭梭生长较快，寿命较长。1～3 年生梭梭的高生长一般，5～6 年生高生长最为迅速，树高常至 3 m 以上，开始结实。梭梭的当年枝生长速度较快，一般年份平均生长 30～40 cm，降水多的年份可达 50 cm 以上。10 年生进入中龄林时期，树高 4～5 m，地径可至 10 cm。树冠多发育成球状，冠幅 4～6 m，开始大量结实。20 年之后生长逐渐停滞，枝条下垂，侧方枝条折毁，开始进入衰老期。35～40 年开始枯顶逐渐死亡。在条件较好的地区，树龄可达 50 年。

2. 物候期　盛晋华等（2003）通过对生长在内蒙古自治区阿拉善盟的天然梭梭林连续 3 年的观察测定，将其物候期划分为萌动期、营养枝扩展期、开花期、果实成熟期和营养枝脱落期 5 个主要物候期。在内蒙古阿拉善地区，一般 4 月初芽开始萌动，4 月中下旬长出肉质鳞片状的叶，5 月中下旬开花，花期约 20 d，6～8 月花休眠，9 月上旬开始结实，9 月末、10 月初种子成熟，11 月初全株枯黄。梭梭幼龄阶段生长快，正常年份平均生长量 70 cm。

梭梭具有二次休眠特性，4 月底至 5 月初数量繁多的花迅速开放 5～8 d 后，子房暂不发育，而处于休眠状态（夏眠），直到秋季气候凉爽后才开始发育成果实，10 月底或 11 月初成熟，随即便进入冬眠。

（三）生态适应性

1. 温度条件　梭梭生长地区气候多为极端大陆性气候，年平均温度 2～11 ℃，1 月平均温度 −18～8 ℃，7 月平均温度 22～26 ℃，在 43 ℃气温、地表温度高达 60～70 ℃、极端最低温 −42 ℃的条件下，仍能正常生长。梭梭种子发芽的适宜温度为 20 ℃左右，若温度在 35 ℃以上，则发芽受到抑制。梭梭种子不宜久藏，通常是第一年采种供翌年播种用。

2. 湿度条件　梭梭可在年降水量 30～200 mm 或更低的条件下生长。它不仅能生在干旱荒漠地区水位较高的风成沙丘、丘间沙地和淤积、湖积龟裂型黏土，以及中、轻度盐渍土上，在基质极端粗糙、水分异常缺乏的洪积石质戈壁和剥蚀石质山坡及山谷也能生长。梭梭虽耐干旱，但在降水少的年份，往往不能结实或种子不能成熟，在降水量充沛的年份其结实率较高。

3. 光照条件　梭梭具有冬眠和夏眠的特性，喜光性很强，不耐庇荫，其同化嫩枝光滑发亮，能反射光照，以减轻阳光灼伤，并且嫩枝肉质化，抗旱力极强。

4. 土壤条件　梭梭抗旱性极强，在不积水的情况下，土壤含水率（1 m 土层平均）从 5% 到 20% 都能适应，亦能耐 10% 的相对湿度。梭梭不仅耐旱，还耐碱、耐盐，并有较高的耐土壤贫瘠能力。梭梭幼苗耐盐能力颇强，土壤总盐量（1 m 土层平均）0.5%～1.0%

能成活生长。成年林的土壤含盐量 4％时生长正常，土壤含盐量 0.3％～1.0％生长良好，低于 0.1％反而生长不良。天然梭梭林土壤表层含盐量达 10％甚至更高，下层在 1％以上生长良好。梭梭植株吸盐后，嫩枝含盐量可高达 17％，被称为"盐木"。梭梭喜生于轻度盐渍化、地下水位较高的固定和半固定沙地上，在砾质戈壁低地、干河床边、山前冲积扇等处也有生长。

三、梭梭属植物的起源、遗传多样性

（一）梭梭的起源

梭梭是古老的植物种，寿命极长，在地球上存在时间尚无考证，在内蒙古巴丹吉林东北地区，发现大量的梭梭林化石，同时发现恐龙化石。在朱格麟（1995）对藜科植物的起源、演化和地理分布的研究中，认为中亚区是现存藜科植物的分布中心；原始的藜科植物在古地中海的东岸即华夏陆台（或中国西南部）发生，然后向干旱的古地中海沿岸迁移、分化，产生了环胚亚科主要族的原始类群；起源的时间可能在白垩纪初期，冈瓦纳古陆和劳亚古陆进一步解体的时期。

（二）梭梭的遗传多样性

张林静（2002）采用 RAPD 标记对新疆阜康荒漠植物群落物种多样性与梭梭遗传多样性进行了研究，结果表明梭梭 15.7％的遗传变异存在于亚居群间，84.3％的遗传变异存在于亚居群内。Sheng 等（2004）采用 RAPD 和 ISSR 标记对古尔班通古特沙漠东南缘的 4 个天然梭梭居群的遗传多样性和遗传结构进行了检测，居群内的遗传多样性非常高（138.2％，RAPD；89.4％，ISSR）。用 RAPD 没有检测到居群间基因多样性的不同（$p=0.999$），用 ISSR 标记仅检测到很低的基因多样性（10.6％）。同时利用 ISSR 标记对新疆和内蒙古境内梭梭 9 个居群的遗传结构进行研究，结果表明梭梭的遗传多样性较高，通过 AMOVA 分析表明梭梭大部分的遗传多样性分布在种群内，区域间、种群间的遗传变异均很小（Sheng et al.，2005）。张萍等（2006）利用 ISSR 分子标记对新疆梭梭 8 个居群、218 个个体进行了遗传多样性的比较分析，在供试材料中，多态性位点百分率为 89.23％，遗传变异分析表明，物种水平的遗传分化系数为 63.78，Shannon's 信息指数为 0.506 0，物种水平的 Nei's 基因多样性指数为 0.336 2。钱增强等（2005）对新疆阜康绿洲荒漠过渡带 40 个梭梭个体的同工酶遗传多态性进行了初步研究，结果表明在物种水平上，多态性位点百分率为 60％，而平均每个位点的等位基因数为 1.8。

王成梅（2009）对内蒙古、青海、宁夏和甘肃 4 省份共 8 个梭梭自然种群的遗传多样性进行了分析。筛选出 9 条 ISSR 引物并对 8 个种群 146 份样品进行 ISSR－PCR 分析，共扩增出 135 条条带，其中多态带数 127 条，多态带百分率为 94.07％。物种水平上的 Nei's 基因多样性指数（h）和 Shannon's 信息指数（I）分别为 0.239 和 0.376。说明梭梭种群内存在较高的遗传多样性；种群水平上，内蒙古雅布赖种群的遗传多样性最高（$h=0.2341$，$I=0.3477$），而最低的种群是青海尕海湖南山种群（$h=0.0479$，$I=0.0698$）。AMOVA 结果显示，梭梭种群 56.86％的遗传变异存在于种群间，43.14％的变异存在于

种群内。依据 Nei's 遗传距离对不同种群进行 UPGMA 聚类,内蒙古的 3 个种群聚为一支,青海的 3 个种群聚为一支,甘肃和宁夏的两个种群聚为一支,遗传关系较近。

(三)梭梭优良种源

王烨等(1989)发现吐鲁番的白梭梭和梭梭种子的大小、重量和发芽率均大于莫索湾的种子。吉小敏等(2005)报道,在梭梭苗木的直径和高度以及造林生长状况方面,吐鲁番和精河两地的梭梭优于奇台。宁虎森等(2005)进行的梭梭容器育苗试验结果显示,新疆吐鲁番的白梭梭和梭梭表现优于精河,精河的梭梭优于奇台。王葆芳等(2007)对梭梭天然分布区 5 个种源的苗期性状遗传变异进行了研究,发现在苗期性状表现方面,内蒙古磴口县沙地生长的梭梭最好,其次分别是甘肃武威、内蒙古乌拉特后旗、内蒙古额济纳旗、青海德令哈,沙地种源好于砾石戈壁种源。

四、梭梭近缘种的特征特性

白梭梭,学名 *Haloxylon persicum* Bunge ex Boiss. et Buhse.。

(一)形态特征

小乔木,高 1～7 m。树皮灰白色,木材坚而脆;老枝灰褐色或淡黄褐色,通常具环状裂隙;当年枝弯垂(幼树上的直立),节间长 5～15 mm,直径约 1.5 mm。叶鳞片状,三角形,先端具芒尖,平伏于枝,腋间具棉毛。花着生于 2 年生枝条的侧生短枝上;小苞片舟状,卵形,与花被等长,边缘膜质;花被片倒卵形,先端钝或略急尖,果时背面先端之下 1/4 处生翅状附属物;花盘不明显。胞果淡黄褐色,果皮不与种子贴生。种子直径约 2.5 mm;胚盘旋成上面平下面凸的陀螺状。花期 5～6 月,果期 9～10 月。

(二)生物学特性

白梭梭天然分布区平均气温 2～11 ℃,7 月平均气温 22～26 ℃,年平均日较差 12～16 ℃,绝对最高气温 42.2 ℃,绝对最低气温 -42.6 ℃,年降水量 94.9～189.4 mm,多生长在轻度盐化的半固定、半流动沙丘、沙地上。

白梭梭抗干旱能力极强,其成年植株在深 6 m 以内、含水量为 1%～2% 的沙层仍能正常生长。白梭梭的地下根系分布呈锚状,经风蚀吹露地面后,形成支柱,对植株起到固定和保护作用,常有多年生植株露出根系 1 m 左右,仍然正常生长。白梭梭耐盐能力远不及梭梭,盐分超过 1.5% 时,种子发芽率即受到很大限制,含盐量达 3% 时,即丧失发芽力。其植株在含盐量 2% 以下的盐化沙丘、沙地上生长良好。

野生白梭梭生长缓慢,5～10 年生高度仅 1 m 左右,15 年以上进入成熟阶段,其树龄长者可达 50 年以上。在人工栽培条件下,白梭梭生长较快,直播当年苗高 60 cm 左右,造林第三年树高 1.5～2 m,并少量开花、结实,为速生固沙造林树种。

(三)分布概况及利用价值

白梭梭在我国分布在新疆北部准噶尔盆地沙漠,海拔高度在 1 000 m 以下。白梭梭是一种优良的薪炭用材和放牧饲料。

（林富荣）

第八节　胡　枝　子

胡枝子（*Lespedeza bicolor* Turcz.）亦称二色胡枝子，属于蝶形花科（Fabaceae）胡枝子属（*Lespedeza* Michx.）落叶灌木。胡枝子具有抗旱、耐寒、耐瘠薄等特性，是优良的水土保持树种；其适口性好，粗蛋白和粗脂肪含量高，也是改良干旱、半干旱区退化草地和建设人工放牧地的优良饲用灌木。

一、胡枝子属植物的利用价值和生产概况

（一）胡枝子属植物的利用价值

1. 药用价值　作为民间常用的优良药用植物，胡枝子具有清热解毒、润肺止咳、利水消肿、活血止痛之功效，主要用于治疗感冒发烧、肺热咳嗽、跌打损伤、风湿痹痛、淋症、遗尿及蛇伤等。其中胡枝子、截叶铁扫帚（*L. cuneata*）等，早在《救荒本草》《分类草药性》《滇南本草》中就有记载。胡枝子属植物含黄酮、生物碱、萜类、甾醇、有机酸、鞣质等多种化学成分，具有抗炎、抗过敏、抗早孕、镇痛等药理活性，特别是黄酮类化合物对肾功能不全的治疗作用尤为显著（马彦军等，2009）。以细梗胡枝子（*L. virgata*）为主药的肾炎四味片对慢性肾小球肾炎有一定疗效，截叶铁扫帚是广西蛇药的重要组分（国家中药材管理局《中华本草》编委会，1999）。

2. 饲用价值　胡枝子属植物中，大多数种的嫩枝叶为牛羊等家畜的优质青饲料，胡枝子、达乌里胡枝子（*L. daurica*）、多花胡枝子（*L. floribunda*）更是优等牧草（《中国饲用植物志》编辑委员会，1989）。胡枝子茎叶粗蛋白、氨基酸、粗纤维等含量高，营养丰富，耐刈割，年生物量大，是优良的饲用灌木，可加工成干饲料和饲料添加剂（陈默君等，1997；孙启忠等，2007，2009a）。

3. 水土保持价值　胡枝子是一种速生灌木，枝叶茂密，3 年生胡枝子覆盖度可达60%，4 年后可达90%，能有效截留雨水，发达的根系能固土保水，防止土壤冲刷，是一种效果较好的水土保持树种。

4. 其他价值　胡枝子是一种优良的菇木树种，其每千克木屑可生产鲜菇1.25～2.38 kg，胡枝子木屑香菇出菇早，前期产量高，菇形好，其菇产量比在杂木屑上栽培增长 60%左右，经济效益提高 80%以上（吕唐镇，1995）。胡枝子具有耐修剪、耐践踏、抗污染等特性，是很好的园林绿化树种。

（二）胡枝子地理分布和生产概况

1. 胡枝子地理分布　胡枝子原产中国、日本及朝鲜。自然分布在我国东北、华北、西北、山东、河南、安徽、浙江、湖北等省份的暖温带、北亚热带落叶阔叶林地区的山

地、丘陵、空旷地带。胡枝子为最常见的灌丛之一,与森林和草丛镶嵌分布。在林缘、无林或森林破坏后,遭反复砍伐和火烧,森林不能恢复的地区,胡枝子也常常形成优势种。蒙古国、俄罗斯、朝鲜、日本亦有分布。

2. 胡枝子栽培区　我国胡枝子主要栽培区地处东经 $115°15'\sim135°$、北纬 $38°40'\sim53°24'$,分布于吉林、辽宁两省的东部山区半山区,包括通化、浑江、吉林、延吉、丹东、本溪、抚顺等市辖的 44 个县(区)。本区属于温带湿润季风气候,年平均温度 $2\sim8\ ℃$,$\geqslant10\ ℃$ 的积温 $1\,900\sim3\,200\ ℃$,无霜期 $120\sim162\ d$,降水量 $700\sim1\,000\ mm$。海拔 $500\sim1\,000\ m$。土壤多为棕壤,约占 70%。气候冷凉,冬季多雪,对牧草越冬、返青有利。

近年来,由于胡枝子的适应性强,饲料价值高,华北、东北开始栽培驯化,栽培面积不断扩大。国外对其种子需求量逐年增加,自 1985 年以来,种子销售到美国、日本、韩国、新加坡及欧洲等地区,出口量逐年增加,1995 年达到 100 t 以上,是饲草中出口量最多的种类之一,每年外汇收入达 100×10^4 美元(陈默君等,1997)。

3. 胡枝子牧草产量及质量　胡枝子纯林干草年产量一般为 $1.5\times10^4\sim3.0\times10^4\ kg/hm^2$,而胡枝子—草的混合系统,其年干草产量能达到 $3.0\times10^4\sim4.5\times10^4\ kg/hm^2$。收割胡枝子,第一次要在 5 月中旬至 5 月底进行,同时要彻底清除杂草,第二次一般 8 月初进行。如果第一次收割晚,将会严重影响到第二次的产量。8 月初花期前收割胡枝子,虽然年产量会有所下降,但此时期其营养成分含量高,而且再萌生的枝条到秋季同样能够开花结实。通过胡枝子的收割研究表明,经过有限次数的收割可获得较高的单产(李延安等,2004)。

胡枝子种子一般都在秋末成熟,能够生产大量的种子,来年条件合适可自然繁殖。为增加胡枝子的种子产量,$9\sim10$ 月的开花结实期应避免收割。胡枝子经过夏季的收割后,到秋季会俯卧到地面上,尤其是在结实以后。在胡枝子采种地,为提高种子产量,最好每隔 $2\sim3$ 年就刈割 1 次(李延安等,2004)。

二、胡枝子的形态特征和生物学特性

(一) 形态特征

1. 根系　胡枝子根系属于轴根型,幼苗的根系发达,为典型的直根系,主根明显而粗壮,生有大量而强大的侧根,主根鲜有分枝,在侧根上生有大量细小的二级侧根。根系整体光滑,风干后呈淡黄色。1 年及多年生的根系有若干条粗壮的侧根支持,水平根系和垂直根系都有,侧根多集中于上部,靠近地面,属于混合型的根系。

2. 枝干　直立灌木,高 $1\sim3\ m$,多分枝,小枝黄色或暗褐色,有条棱,被疏短毛,芽卵形,长 $2\sim3\ mm$,具数枚黄褐色鳞片。

3. 叶片　叶为三出羽状复叶,具 3 小叶,托叶 2 枚,线状披针形,长 $3\sim4.5\ mm$,叶柄长 $2\sim7\ (\sim9)\ cm$,小叶质薄,卵形或倒卵形,长 $1.5\sim6\ cm$,宽 $1\sim3.5\ cm$,先端钝圆或微凹,稀稍尖,具短刺尖,基部近圆形或宽楔形,全缘,上面绿色,无毛,下面色淡,被疏柔毛,老时渐无毛。

4. 花　总状花序腋生,比叶长,常构成大型较疏松的圆锥花序,总花梗长 $4\sim10\ cm$,

小苞片 2，卵形，长不到 1 cm，先端钝圆或稍尖，黄褐色，被短柔毛，花梗短，长约 2 mm，密被毛，花萼长约 5 mm，5 浅裂，裂片通常短于萼筒，上方 2 裂，合生成 2 齿，裂片卵形，先端尖，外面被白毛，花冠红紫色，极稀白色，长约 10 mm，旗瓣倒卵形，先端微凹，翼瓣较短，近长圆形，基部具耳和瓣柄，龙骨瓣与旗瓣近等长，先端钝，基部具较长的瓣柄，子房被毛。花期 7～9 月。

5. 果实与种子 胡枝子荚果呈斜倒卵形，稍扁，长约 10 mm，宽约 5 mm，表面具网纹，先端有短喙，每荚有种子 1 粒。千粒重 9.5～11.09 g，去壳重 6.5～7.59 g。果期 9～10 月（图 35-8）。

（二）生物学特性

1. 生长特性

（1）根系生长 1 年生胡枝子实生苗生长初期根系生长缓慢，后期速度有一定加快，主根增粗的趋势较不明显，直径生长缓慢，侧根的生长速度最大。据在北京调查，胡枝子侧根发达，在 20～40 cm 土层中的侧根，构成强大的网状根群，着生大量块状、粉红色固氮根瘤。

图 35-8 胡枝子
1. 花枝 2. 花 3～5. 花瓣 6. 花萼
7. 雄蕊 8. 雌蕊 9. 果
（引自《中国树木志·第二卷》）

（2）苗期生长 胡枝子苗期生长慢。1994 年在北京农业大学科学园区，4 月 1 日播种，4 月 14 日出苗，子叶出土。3 周后出现第一片真叶，50 d 后苗高 20 cm，进入 7 月幼苗生长迅速。7 月末苗高 100 cm，8 月末株高 1.5 m。第二年开花期株高可至 2.5～3.0 m，茎粗 1～1.3 cm。

（3）分枝特点 胡枝子植株生长到 50～60 cm 时，茎上出现分枝，分枝多少与环境条件有关。一般，1 年生植株有 8～12 个分枝，一级分枝的枝条还有二级分枝。分枝下部粗壮，上部纤细。若当年冬初将其平茬，翌春则在茎基部生长出新的丛生枝条。一般有 8～10 个。新枝条上仍有二级分枝。枝条高度可至 2 m 左右。胡枝子茎部萌芽力强，能形成强大的灌丛。

2. 开花习性 胡枝子为无限花序，腋生。花序位于枝条中上部，每一花序有小花 8～22 朵，对生，偶数，紫色。8 月初开花，持续时间近 1 个月，枝条和花序都是基部的花先开，依次向上至顶端（赵淑芬等，2008）。

3. 物候期 在东北、华北、西北的分布区，耐寒性很强，一般气温稳定在 5 ℃左右时返青。黑龙江哈尔滨于 5 月上旬返青，吉林延边 5 月初返青，河北赤城 4 月下旬返青，北京地区 4 月中旬返青。河北赤城生长期 150 d 左右，吉林延边生长期 140 d 左右，北京栽培的胡枝子生长期可达到 190 d（陈默君等，1997）。

4. 生态适应性

（1）土壤 胡枝子为中生性落叶灌木，寿命长，生长快，耐旱、耐寒性都很强，也耐瘠薄，对土壤要求不严，除盐碱地、低洼涝地外都能种植，但最适宜壤土和腐殖土。在东北各地，胡枝子大量生长在黑土、白浆土以及棕壤土上。由于耐酸性较强，在红、黄壤土中都能生长好。不耐碱，pH 5.5~7.0 山地白浆土最适宜胡枝子生长。

（2）温度　胡枝子喜温带干燥的气候条件，四季变换明显，昼夜温差较大的地区最为适宜。种子发芽最低温度为 22~25 ℃，最高温度为 32~36 ℃，胡枝子抗寒性强，幼苗遇 −3~−2 ℃晚霜不受害，入秋遭 −4~3 ℃早霜仍能恢复生长，−8~−7 ℃时停止生长而落叶。胡枝子能忍受 −42~−38 ℃的严寒而安全越冬。耐热性也强，在华中温热地区，能忍受夏季 34~36 ℃的炎热。

（3）湿度　胡枝子为中性植物，最适宜生长的年降水量为 500~800 mm，低于 500 mm 和高于 800 mm 的湿润地区生长仍较好。7~8 月高温多雨，对胡枝子的生长最为有利。胡枝子不耐湿、不耐涝，过于潮湿会引起落叶落花，根部生长不良。地下水位过高或地面积水会引起烂根和死亡。

（4）光照　胡枝子为喜光又稍能耐阴的植物，适合生长在阳光充足的空旷地上，森林被采伐，地面裸露后，光照条件良好，胡枝子便抢先侵入，迅速蔓延，成为采伐迹地的优势植物。生长在开旷地上的胡枝子，枝叶繁茂，可长成大株丛，而阳光不足的林下亦能生长。胡枝子是在北方灌丛山地和山地森林中可见的林下灌木。

三、胡枝子属植物分类和遗传多样性

（一）胡枝子属分类概况

胡枝子属（Lespedeza）属于蝶形花科（Fabaceae）岩黄耆族（Hedysareae）山蚂蝗亚族（Desmodiinae），由法国学者 A. Michaux 1803 建立。从 1835 年以后植物分类专家们对胡枝子属又进行了进一步划分，到 1912—1913 年，C. J. Maximowicz 的广义胡枝子属就被 A. K. Schindler 分为胡枝子属（Lespedeza）、杭子梢属（Campylotropis）和鸡眼草属（Kummerowia）等 3 属。但此后不同专家所收集与归属的种类又有差别，总之自 1803 年 A. Michaux 建立胡枝子属以来的 200 年内，对胡枝子属植物的分类学研究，解决了属的界定问题，但种的分类还有不同看法。按《中国树木志·第二卷》，胡枝子属全世界约 60 种，我国约 20 种，但在《中国树木志·第二卷》中分种检索表只有 12 种。

（二）胡枝子的遗传多样性和种质资源

1. 胡枝子遗传多样性　邢毅（2008）应用数量统计方法对引种的野生达乌里胡枝子（L. daurica）8 个居群的 13 个形态特征进行了研究，表明除节间距、总叶柄长、小叶柄长和结荚数 4 个性状外，其余性状（如小叶面积、小叶长、小叶宽、复叶面积、千粒重、株丛高度等）在居群内或居群间都表现差异显著；以 13 个性状为基础的聚类分析将所研究的 8 个居群分为 3 类；主成分分析结果显示第一主成分反映营养器官的特点，第二主成分反映营养器官和生殖器官的特点，第三主成分反映生殖器官的特点，均是造成达乌里胡枝子形态变异的因素。

高琼（2005）对胡枝子种及种源间耐旱性、耐寒性的变异研究表明，耐旱性以牛枝子（L. potaninii）和短梗胡枝子（L. cyrtobotrya）最强，美丽胡枝子（L. formosa）抗逆性最弱；耐寒性以短梗胡枝子和胡枝子最强，截叶胡枝子（*L. cuneata*）和美丽胡枝子次之；胡枝子耐旱性和耐寒性均以内蒙古大青山种源最强，河南嵩县种源最弱；截叶胡枝子耐旱性以甘肃天水种源最强，宁夏盐池种源次之。

徐炳声等（1983）对全国 22 个省的 307 份胡枝子的植物标本的鉴别分析认为：胡枝子种内存在地理梯度变异，并根据 5 个性状的数量变异将胡枝子划分为 3 个地理类型。张吉宇（2003）采用 14 个主要形态性状对 6 种胡枝子属植物 14 个野生居群遗传多样性进行了研究，结果表明这 14 个居群存在较大的形态学性状遗传多样性；聚类分析结果表明，受环境饰变作用的影响，来源于不同生境条件的种内不同居群间存在表型上的遗传差异，印证了传统的胡枝子属植物种分类；达乌里胡枝子、细梗胡枝子和绒毛胡枝子亲缘关系较近；然后依次是胡枝子和多花胡枝子与以上 3 个种间亲缘关系较近；长叶胡枝子与以上 5 个种间亲缘关系较远。赵杨（2006）选取 19 个形态学性状对 14 个种源的胡枝子遗传多样性的分析表明，其性状变异主要存在于种源内；聚类分析结果表明，14 个胡枝子种源可以分为 3 类。

乌仁其木格等（1998）测定胡枝子和绒毛胡枝子的酯酶和过氧化物酶同工酶的酶谱，指出酯酶可以作为胡枝子属亲缘关系及基因多样化研究的重要标准。李昌林等（2003）对延边和赤城的胡枝子进行超氧化物歧化酶（SOD）和过氧化物酶（POD）同工酶分析，认为延边胡枝子和赤城胡枝子属于不同的生态型。张吉宇（2003）对 6 种胡枝子属 14 个野生居群进行等位酶分析，成功地获得了 7 种酶的清晰酶带，并分析了胡枝子属植物种质资源遗传多样性在一定历史条件下的丰富度。对 14 个种源的胡枝子盐溶蛋白遗传多样性分析表明，种源内遗传变异是胡枝子遗传多样性的主要来源，聚类分析结果将 14 个胡枝子种源分为 3 类，种源间地理距离和遗传距离相关性不显著（赵杨，2006）。袁庆华（2006）利用等位酶技术分析了北京及周边地区 14 个野生胡枝子属植物居群遗传多样性，结果表明各居群间存在较高的遗传分化程度，从种的水平看，达乌里胡枝子和绒毛胡枝子之间的亲缘关系较近；长叶胡枝子、多花胡枝子和细梗胡枝子这 3 个种之间的亲缘关系较近；胡枝子和长叶胡枝子之间的亲缘关系较近，种间的遗传亲缘关系与传统的胡枝子属植物种分类基本一致。

张吉宇等（2003）采用 RAPD 分子标记技术对 6 种胡枝子属 14 个野生居群遗传多样性进行评价，20 个引物的扩增共获得 209 个 RAPD 标记，其中有 182 个多态性条带，占总谱带数的 87.08%，居群间存在较高的遗传多样性。以 Nei's 遗传距离得到的聚类结果表明，达乌里胡枝子和长叶胡枝子居群间遗传差异较小；多花胡枝子和胡枝子居群间差异较大；达乌里胡枝子和绒毛胡枝子的亲缘关系较近；多花胡枝子、胡枝子、长叶胡枝子、细梗胡枝子这 4 个种间遗传差异较小，亲缘关系较近。总体上，胡枝子属植物在种间的差异低于居群间的差异，即胡枝子属植物的遗传变异主要存在于居群之间。

赵杨等（2006）建立和优化了胡枝子分子标记（ISSR）反应体系，分析得出胡枝子无论在种水平还是在种源水平都表现出较高的遗传多样性，各遗传参数与地理因子间无显著相关性，遗传多样性主要存在于种源内，占 75.66% 左右，种源间有一定的基因流（$N_m = 1.0522$）；同时，采用 AFLP 技术对胡枝子的遗传多样性进行了分析，得出 76.88% 的遗传变异分布于种源内，各种源间的差异显著，遗传多样性无特定的地域分布格局（赵杨，2006）。采用 ISSR 分子标记和 ITS 序列技术对 10 种胡枝子属植物间的亲缘关系进行了研究，分析发现胡枝子与美丽胡枝子的亲缘关系最近，与阴山胡枝子（*L. inschanica*）、达乌里胡枝子、牛枝子亲缘关系较近，与截叶胡枝子的遗传距离更大些；多花胡枝子与短叶胡枝子之间亲缘关系较近，而与胡枝子属其他种的距离较远（赵杨等，2006；王秀荣等，2008）。

2. 优良种源及栽培品种　北京林业大学陈晓阳课题组（德永军，2006）先后开展了胡枝子属植物的种源筛选工作，通过种源对比试验，筛选出适合内蒙古呼和浩特的抗寒性优良胡枝子种源，分别是二色胡枝子（内蒙古大青山）和二色胡枝子（河北平山）、二色胡枝子（辽宁海城 1）、二色胡枝子（辽宁西峰 2）、二色胡枝子（辽宁海城 2）。曹熙敏（2010）通过对比栽培试验，选出适合冀西北地区的胡枝子优良种源——美国佐治亚州种源。

截至 1998 年年底，我国共审定了两个胡枝子品种，一是赤城胡枝子，由中国农业大学及河北赤城县畜牧局将野生种栽培驯化而成，其特点是抗寒、耐旱、耐阴，病虫害少，产干草 1.2 万～1.5 万 kg/hm²；二是延边胡枝子，由延边朝鲜族自治州农业科学研究所和延边朝鲜族自治州草原管理站采集当地野生胡枝子栽培驯化而成，其开花期比赤城胡枝子早 10～15 d，抗性强，产鲜草 3 万～6 万 kg/hm²，适宜在我国东北、华北及长江流域各地的山区、丘陵及沙地上种植。

四、胡枝子野生近缘种的主要特征特性

（一）绒毛胡枝子

学名 Lespedeza tomentosa（Thunb.）Sieb. ex Maxim.，别名山豆花、毛胡枝子。

灌木，高达 2 m。枝叶被黄褐色茸毛，茎直立，单一或上部少分枝。羽状三出复叶；托叶线形，长约 4 mm；小叶质厚，叶片椭圆形或卵状长圆形，长 3～6 cm，宽 1.5～3 cm。有瓣花成总状花序，无瓣花成头状花序。花期 7～9 月，果期 9～10 月。

产于东北、华北、陕西、甘肃、华东、华中、西南。生于海拔 1 000 m 以下的山坡草地及灌丛间。朝鲜、日本、俄罗斯也有分布。

绒毛胡枝子在分枝前，枝条柔软，叶量大，羊、牛喜食；也可将绒毛胡枝子刈割调制成干草，作为牛羊的饲料。茎皮纤维可制绳索及造纸。种子含油量 7%。根药用，可健脾补虚。

（二）达乌里胡枝子

学名 Lespedeza daurica（Laxm.）Schindl.，别名牛枝子、忙牛茶、豆豆草。

小灌木，高 1 m。小枝被柔毛。小叶披针状长圆形，长 2～3 cm，下面密被柔毛；叶柄被柔毛。花序较叶短，无瓣花簇生叶腋；萼齿 5，与花瓣近等长，被柔毛；花冠黄绿色，有时基部紫色。果倒卵形，长 3～4 mm，被柔毛，较萼短。花期 6～8 月，果期 9～10 月。

在适宜的土壤播种后，20 d 左右达乌里胡枝子出齐苗，6 月下旬至 7 月上旬进入分枝

期，8月上旬现蕾，8月中下旬少量开花，8月下旬至9月上旬个别结实，9月中旬极少数种子成熟。生长第二至三年的达乌里胡枝子于5月下旬返青，6月中下旬开始现蕾，8月上旬为开花期，8月下旬至9月初为结实期，9月中下旬种子成熟。达乌里胡枝子种子成熟需103～108 d（孙启忠等，2009b）。

达乌里胡枝子在4～6月生长情况良好，其株丛高度、主枝长度及产草量的增加速度较快；进入7月，随着降水量的增加达乌里胡枝子生长进入旺盛阶段，株丛高度和主枝长度增加速度最快；8月，达乌里胡枝子处在孕蕾后期，株丛高度和主枝长度增长减慢（夏传红等，2010）。

产于东北、华北、西北、安徽、云南、四川。朝鲜、日本、俄罗斯也有分布。达乌里胡枝子叶量丰富，粗蛋白和粗脂肪含量较高，为优良的饲料植物。达乌里胡枝子出苗容易、返青早、枯黄晚、绿期长，能长期适应干旱环境，是改良退化草地和建植人工放牧地的优良牧草。另外，达乌里胡枝子全株可入药，主治感冒、咳嗽等疾病，是一种重要的植物资源。

（三）细梗胡枝子

学名 *Lespedeza virgata* （Thunb.）DC.，别名斑鸠花。

小灌木，高1 m。小枝无毛或疏被柔毛。小叶长圆形或卵状长圆形，长1～2.5 cm，宽0.5～1 cm，下面被平伏柔毛。花序具疏花，总花梗细，较叶长，无瓣花簇生叶腋，萼齿5，被柔毛；花冠白色，旗瓣基部有紫斑。果宽卵状，长约4 mm，较萼短，被柔毛。花期7～9月，果期9～10月。

细梗胡枝子喜温暖湿润的气候，喜光，较耐旱，在阴湿条件下生长不良。野生的一般分布在海拔200 m以下的低山丘陵地区，尤以海拔150～300 m的地方为多，常与山楂、映山红、六月雪、金樱子等植物组成群落。

细梗胡枝子分布于湖北、湖南、山东、山西、河北、陕西、江西、福建、安徽、河南、四川等省，主产于湖北、湖南、江西、四川。朝鲜、日本也有分布。细梗胡枝子全草入药，主治慢性肾炎、疟疾、关节炎、中暑等症。它是配制中成药肾炎四味片的主要原料。

（四）多花胡枝子

学名 *Lespedeza floribunda* Bunge，别名白毛蒿花。

小灌木，高1 m。小枝被柔毛。小叶倒卵形或倒卵长圆形，长1～2.5 cm，下面被柔毛。花序较叶短或稍长；无瓣花簇生叶腋；萼齿疏被柔毛；花冠紫色。果卵圆形，长约5 mm，与萼等长，被柔毛。花期6～9月，果期9～10月。

多花胡枝子为暖性的旱生小灌木，适应性广，耐干旱、瘠薄的土壤，常生长于山麓砾石质坡地，土层浅薄、沟岸阴坡，是森林草原边缘、山地灌丛的伴生成分。在丘陵、沟坡、路边向阳的干燥地区零散分布。产于华北、辽宁、陕西、宁夏、甘肃、青海、江苏、浙江、江西、湖北、湖南、广西、四川。

多花胡枝子枝叶繁茂，营养成分较丰富，有机物质消化率为57.14%，高于胡枝子、绒毛胡枝子和阴山胡枝子；赖氨酸含量比苜蓿、三叶草都高，其他必需氨基酸含量也较高。多花胡枝子花期较长，花色艳丽，可以种植在花坛绿地、园篱边缘做观赏植物。

（五）短梗胡枝子

学名 *Lespedeza cyrtobotrya* Miq.，别名短序胡枝子、籽条（辽宁）。

灌木，高 2 m。幼枝被白色柔毛，后脱落。小叶倒卵形、椭圆形、卵状披针形，长 1～5 cm，下面灰白色，被平伏柔毛；叶柄被柔毛。花序短于叶，萼筒密被长柔毛；花冠紫色。果斜卵圆形，长约 6 mm，密被锈色绢毛。花期 7～8 月，果期 9 月。

产于黑龙江、吉林、辽宁、内蒙古、河北、陕西、江西、福建、湖北、四川、甘肃、河南、广东。朝鲜、日本、俄罗斯也有分布。生于海拔 1 500 m 以下的山坡、灌丛或杂木林中。

皮纤维可制人造棉及造纸。枝条可供编织。叶做肥料及绿肥。

（郑　健）

参考文献

安守芹，方天纵，刘占魁，等，1996. 五种灌木种源试验与苗期生长对比研究 [J]. 内蒙古林学院学报（自然科学版），18（3）：21-27.

曹福亮，方升佐，唐罗忠，等，1995. 美国落羽杉种源试验初报——种子特性与苗期生长测定 [J]. 南京林业大学学报，19（3）：65-70.

陈昌银，代爱国，2000. 平原水网湖区树种耐水情况调查 [J]. 林业科技通讯（4）：29.

陈默君，李昌林，祁永，1997. 胡枝子生物学特性和营养价值研究 [J]. 自然资源（2）：74-81.

陈有民，1990. 园林树木学 [M]. 北京：中国林业出版社：305-306.

德永军，陈晓阳，张秋良，等，2006. 不同种源胡枝子抗寒性和生物量变异研究 [J]. 内蒙古农业大学学报，27（1）：7-10，63.

冯显逵，1982. 花棒的生物学、生态学特性及造林技术的调查研究 [J]. 西北农学院学报（3）：47-56.

高琼，2005. 胡枝子不同种和种源耐旱、耐寒性变异研究 [D]. 北京：北京林业大学.

郭泉水，王春玲，郭志华，2005. 我国现存梭梭荒漠植被地理分布及其斑块特征 [J]. 林业科学，41（5）：2-8.

国家林业局植物新品种保护办公室，2010. 中国林业植物授权新品种（1999—2009）[M]. 北京：中国林业出版社.

国家中药材管理局《中华本草》编委会，1999. 中华本草 [M]. 上海：上海科学技术出版社.

黄利斌，李晓储，张定瑶，等，2007. 落羽杉地理种源变异与选择 [J]. 林业科学研究，20（4）：447-451.

贾丽，曲式曾，2001. 豆科锦鸡儿属植物研究进展 [J]. 植物研究，21（4）：515-518.

李昌林，陈默君，颜艳，2003. 二色胡枝子品种 SOD、POD 同工酶的酶谱分析 [J]. 草地学报，11（3）：210-213.

李国升，丁磊，胡万良，等，2009. 珍贵树种枫杨及其育苗技术 [J]. 林业实用技术（10）：27-28.

李纪元，潘德寿，2001. 枫杨种源苗期生长节律及生物量预测 [J]. 浙江林业科技，21（1）：1-4.

李纪元，饶龙兵，1999. 人工胁迫条件下枫杨种源的 MDA 含量的地理变异 [J]. 浙江林业科技，19（4）：22-27.

李纪元，饶龙兵，2000. 枫杨种源苗期生长及生物量地理变异研究 [J]. 林业科学研究，14（1）：60-66.

李雪萍，2003. 臭椿皮提取物体内抗肿瘤作用的实验研究 [J]. 甘肃科学学报（4）：124-125.

李延安，贾黎明，杨丽，2004. 胡枝子应用价值及丰产栽培技术研究进展 [J]. 河北林果研究，19（2）：185-193.

吕唐镇，1995. 优良菇木树种——胡枝子 [J]. 中国林业（3）：38.

罗艳，刘梅，2007. 开发木本油料植物作为生物柴油原料的研究 [J]. 中国生物工程杂志，27（7）：68-74.

马彦军，曹致中，李毅，等，2009. 甘肃胡枝子属植物资源调查与开发利用 [J]. 中国水土保持（6）：13-15.

《内蒙古森林》编辑委员会，1989. 内蒙古森林 [M]. 北京：中国林业出版社.

牛西午，1998. 柠条生物学特性研究 [J]. 华北农学院学报，13（4）：123-129.

庞琪伟，贾黎明，郑士光，2009. 国内柠条研究现状 [J]. 河北林果研究，24（3）：280-283.

祁承经，汤庚国，2005. 树木学（南方本）[M]. 北京：中国林业出版社.

钱增强，李珊，朱新军，等，2005. 梭梭同工酶遗传多态性初步研究 [J]. 西北植物学报，25（12）：2436-2442.

申洁梅，2008. 臭椿研究进展 [J]. 河南林业科技，28（4）：27-29.

申利明，1991. 枫杨和柘树应用于弯曲木的工艺研究 [J]. 南京林业大学学报（自然科学版），15（2）：72-75.

盛晋华，刘洪义，潘多智，等，2003. 梭梭 [Haloxylon ammodendron（C. A. Mey.）Bunge] 物候期的观察 [J]. 中国农业科技导报，5（3）：60-63.

史忠礼，谢建屏，王效良，1982. 池杉无性系选择和早期测定 [J]. 林业科技通讯（5）：1-2.

宋俊双，2005. 三种锦鸡儿属植物的遗传多样性研究 [J]. 北京：首都师范大学.

孙启忠，玉柱，赵淑芬，2009a. 达乌里胡枝子牧草品质 [J]. 牧草与饲料，3（3）：38-39，56.

孙启忠，玉柱，赵淑芬，2009b. 达乌里胡枝子开花结实及种子特性 [J]. 牧草与饲料，3（4）：27-30.

孙启忠，赵淑芬，韩建国，等，2007. 尖叶胡枝子营养成分研究 [J]. 草地学报，15（4）：335-338.

唐宏亮，2005. 岩黄耆属植物系统分类学研究 [J]. 杨凌：西北农林科技大学.

王葆芳，张景波，杨晓晖，等，2007. 梭梭种源间苗期性状的遗传变异及相关性分析 [J]. 植物资源与环境学报，16（2）：27-31.

王洪新，胡志昂，钟敏，等，1994. 毛乌素沙地锦鸡儿（Caragana）种群形态变异 [J]. 生态学报，14（4）：372-380.

王秀荣，赵扬，骈瑞琪，等，2008. 胡枝子属植物 ITS 序列研究与系统发育分析 [J]. 西北林学院学报，23（5）：70-73.

王戌梅，2009. 梭梭的遗传变异性研究 [D]. 沈阳：沈阳药科大学.

王烨，1989. 梭梭属不同种源种子品质初评 [J]. 干旱区研究，6（1）：45-49.

魏伟，王洪新，胡志昂，等，1999. 毛乌素沙地柠条群体分子生态学初步研究：RAPD 证据 [J]. 生态学报，19（1）：16-22.

乌仁其木格，布仁吉雅，陈海云，等，1998. 胡枝子属牧草同工酶的分析 [J]. 内蒙古农牧学院学报，19

（1）：13-17.

邢毅，赵祥，董宽虎，等，2008. 不同居群达乌里胡枝子形态变异研究 [J]. 草业学报，17（4）：27-31.

徐勤峰，王勇，教忠意，2010. 枫杨的开发利用价值及栽培技术研究 [J]. 安徽农业科学，38（34）：19426-19427.

徐有明，邹明宏，史玉虎，等，2002. 枫杨的生物学特性及其资源利用的研究进展 [J]. 东北林业大学学报，30（3）：42-48.

薛贤杰，王仁滋，1991. 枫杨种源试验报告 [J]. 山东林业科技（2）：27-30.

杨政川，张添荣，陈财辉，等，1995. 木贼叶木麻黄在台湾之种源试验 I . 种子重与苗木生长 [J]. 林业试验研究报告季刊，10（2）：2-7.

殷云龙，於朝广，2005. 中山杉——落羽杉属树木杂交育种 [M]. 北京：中国林业出版社.

于永福，1994. 杉科植物的分类研究 [J]. 植物研究，14（4）：369-382.

于永福，1995. 杉科植物的起源、演化及其分布 [J]. 植物分类学报，33（4）：362-389.

张吉宇，2003a. 胡枝子属 14 个野生居群遗传多样性研究 [D]. 兰州：甘肃农业大学.

张吉宇，袁庆华，王彦荣，等，2003b. 胡枝子属植物野生居群遗传多样性 RAPD 分析 [J]. 草地学报，14（3）：214-218.

张林静，2002. 新疆阜康荒漠植物群落物种多样性与梭梭的遗传多样性研究 [J]. 西安：西北大学：

张萍，2006. 利用 ISSR 分子标记对新疆梭梭属植物遗传多样性的研究 [D]. 乌鲁木齐：新疆农业大学.

张萍，董玉芝，魏岩，等，2006. 利用 ISSR 标记对新疆梭梭遗传多样性的研究 [J]. 西北植物学报，26（7）：1337-1341.

张玉梅，谭宁华，黄火强，等，2005. 墨西哥落羽杉中三个活性双黄酮研究 [J]. 云南植物研究，27（1）：107-110.

赵淑芬，孙启忠，徐丽君，等，2008. 3 种胡枝子开花习性的研究 [J]. 牧草与饲料，2（1）：36-38.

赵杨，2006. 二色胡枝子遗传多样性及胡枝子属种间亲缘关系研究 [D]. 北京：北京林业大学.

赵杨，陈晓阳，王秀荣，等，2006. 9 种胡枝子亲缘关系的 ISSR 分析 [J]. 吉林林业科技，35（3）：1-4.

赵一之，1991. 内蒙古锦鸡儿属的分类及其生态地理分布 [J]. 内蒙古大学学报，22（2）：256-273.

赵一之，1993. 中国锦鸡儿属的分类学研究 [J]. 内蒙古大学学报（自然科学版），24（6）：631-653.

中国科学院中国植物志编辑委员会，1978. 中国植物志：第七卷 [M]. 北京：科学出版社.

中国科学院中国植物志编辑委员会，1979. 中国植物志：第二十一卷 [M]. 北京：科学出版社.

中国饲用植物志编辑委员会，1987. 中国饲用植物志：第一卷 [M]. 北京：农业出版社.

中国饲用植物志编辑委员会，1989. 中国饲用植物志：第二卷 [M]. 北京：农业出版社.

《中国树木志》编辑委员会，1978. 中国主要树种造林技术 [M]. 北京：农业出版社.

《中国树木志》编辑委员会，1983. 中国树木志：第一卷 [M]. 北京：中国林业出版社.

《中国树木志》编辑委员会，1985. 中国树木志：第二卷 [M]. 北京：中国林业出版社.

《中国树木志》编辑委员会，2004. 中国树木志：第四卷 [M]. 北京：中国林业出版社.

《中国植被》编辑委员会，1983. 中国植被 [M]. 北京：科学出版社.

仲崇禄，白嘉雨，张勇，2005. 我国木麻黄种质资源引种与保存 [J]. 林业科学研究，18（3）：345-350.

仲崇禄，陈祖沛，1995. 华南地区山地木麻黄引种试验 [J]. 广东林业科技，11（3）：39-43.

仲崇禄，施纯淦，2002. 华南地区山地木麻黄种源试验与筛选 [J]. 林业科学，38（6）：58-65.

周道玮，1996. 锦鸡儿属植物分布研究 [J]. 植物研究，16（4）：428-435.

周永刚，王洪新，胡志昂，2000. 植株内种子蛋白多样性与繁育系统 [J]. 植物学报，42（9）：910 - 912.

周玉珍，李火根，李博，等，2006a. 墨西哥落羽杉优良单株选择及无性繁殖 [J]. 南京林业大学学报（自然科学版），30（4）：29 - 32.

周玉珍，李火根，张燕梅，等，2006b. 墨西哥落羽杉无性系 RAPD 指纹图谱的构建 [J]. 南京林业大学学报（自然科学版），30（5）：29 - 33.

朱格麟，1995. 藜科植物的起源、演化和地理分布 [J]. 植物分类学报，34（5）：486 - 504.

朱建华，韩玉洁，窦唯杰，2010. 落羽杉属新品种东方杉 [J]. 林业科学，46（6）：182.

朱学雷，王怀青，赵刚，等，2012. 墨西哥落羽杉新无性系区域试验 [J]. 江苏林业科技，39（1）：4，6 - 9.

邹明宏，徐有明，史玉虎，等，2003. 不同环境下枫杨生长量及材性的差异分析 [J]. 华中农业大学学报，22（3）：277 - 281.

Barlow B A，1983. Casuarina—a taximimic and biologeoggraphic review [M]//Midgey S J，Tuenbull J W，Johnson R D. Casuarina Ecology，Management and Utilization. Melbourne：CSIRO：10 - 18.

Johnson L A S，Wilson K L，1989. Casuarinaceae：a synopsis [M]//Carne P R，Blackmore S. Evaluation，systematics and fossil history of the Hamamelideae，Vol. 2：'Higher' Hamamelideae. Systematics Association Special Volume，No. 40B. Clarendom：Oxford Press：167 - 188.

Pochnall D T，1989. Late eocene to early miocene vegetation and climatic history of New Zealand [J]. Journal of Royal Society of New Zealand，19：1 - 19.

Sheng Y，Zheng W H，Pei K Q，et al. ，2004. Population genetie strueture of a dominant desert tree，Haloxylon ammodendron（Chenopodiaeeae），in the Southeast Gurbantunggut desert detected by RAPD and ISSR markers [J]. Acta Botanica Sinisa，46（6）：675 - 681.

Sheng Y，Zheng W H，Pei K Q，et al. ，2005. Genetic variation within and among populations of adominant desert tree Haloxylon ammodendron（Amaranthaeeae）in China [J]. Armals of Botany，96：245 - 252.

Zhong C，Pinyopusarerk K，Kalinganire A，et al. ，2011. Improving smallholder livelihoods through improved Casuarina productivity [C] //Proceedings of the Fourth International Casuarina Workshop，Haikou，Hainan，China，21 - 25 March，2010. CAF. Beijing：China Forestry Publishing House：272.

附录 具有重要经济、社会价值及中国特有的主要树种

序号	科名	属名	树种名	拉丁名	乔木/其他(T/O)	乡土/外来(N/E)	作为主要树种的原因
1	苏铁科	苏铁属	苏铁	*Cycas revoluta*	T	N	园林
2	银杏科	银杏属	银杏	*Ginkgo biloba*	T	N	特有、濒危、园林、经济
3	松科	冷杉属	冷杉	*Abies fabri*	T	N	特有、材用
4	松科	冷杉属	巴山冷杉	*Abies fargesii*	T	N	特有、材用
5	松科	冷杉属	中甸冷杉	*Abies ferreana*	T	N	特有、材用
6	松科	冷杉属	杉松	*Abies holophylla*	T	N	特有、材用
7	松科	冷杉属	鳞皮冷杉	*Abies squamata*	T	N	特有、材用
8	松科	银杉属	银杉	*Cathaya argyrophylla*	T	N	特有、濒危
9	松科	雪松属	雪松	*Cedrus deodara*	T	N	园林、材用、药用
10	松科	油杉属	油杉	*Keteleeria fortunei*	T	N	特有、材用
11	松科	油杉属	铁坚油杉	*Keteleeria davidiana*	T	N	特有、材用
12	松科	落叶松属	太白红杉	*Larix chinensis*	T	N	特有、濒危
13	松科	落叶松属	兴安落叶松	*Larix gmelini*	T	N	材用
14	松科	落叶松属	日本落叶松	*Larix kaempferi*	T	E	材用
15	松科	落叶松属	四川红杉	*Larix mastersiana*	T	N	特有、濒危
16	松科	落叶松属	长白落叶松	*Larix olgensis*	T	N	材用
17	松科	落叶松属	红杉	*Larix potaninii*	T	N	特有、材用
18	松科	落叶松属	西藏红杉	*Larix griffithiana*	T	N	材用
19	松科	落叶松属	华北落叶松	*Larix principis-rupprechtii*	T	N	特有、用材
20	松科	落叶松属	新疆落叶松	*Larix sibirica*	T	N	材用
21	松科	云杉属	云杉	*Picea asperata*	T	N	特有、材用、园林
22	松科	云杉属	麦吊云杉	*Picea brachytyla*	T	N	特有、材用
23	松科	云杉属	青海云杉	*Picea crassifolia*	T	N	特有、材用
24	松科	云杉属	红皮云杉	*Picea koraiensis*	T	N	材用
25	松科	云杉属	白杆	*Picea meyeri*	T	N	特有、材用
26	松科	云杉属	丽江云杉	*Picea likiangensis*	T	N	特有、材用
27	松科	云杉属	紫果云杉	*Picea purpurea*	T	N	特有、材用

（续）

序号	科名	属名	树种名	拉 丁 名	乔木/其他(T/O)	乡土/外来(N/E)	作为主要树种的原因
28	松科	云杉属	雪岭杉	*Picea schrenkiana*	T	N	材用
29	松科	云杉属	青杆	*Picea wilsonii*	T	N	特有、材用、园林
30	松科	松属	华山松	*Pinus armandii*	T	N	特有、材用、园林
31	松科	松属	白皮松	*Pinus bungeana*	T	N	特有、园林
32	松科	松属	加勒比松	*Pinus caribaea*	T	E	用材
33	松科	松属	高山松	*Pinus densata*	T	N	特有、材用
34	松科	松属	湿地松	*Pinus elliottii*	T	E	材用
35	松科	松属	巴山松	*Pinus henryi*	T	N	特有、材用
36	松科	松属	思茅松	*Pinus kesiya* var. *langbianensis*	T	N	材用
37	松科	松属	红松	*Pinus koraiensis*	T	N	材用
38	松科	松属	南亚松	*Pinus latteri*	T	N	材用
39	松科	松属	马尾松	*Pinus massoniana*	T	N	材用
40	松科	松属	樟子松	*Pinus sylvestris* var. *mongolica*	T	N	材用、防护
41	松科	松属	油松	*Pinus tabulaeformis*	T	N	特有、材用
42	松科	松属	火炬松	*Pinus taeda*	T	E	材用
43	松科	松属	黄山松	*Pinus taiwanensis*	T	N	特有、园林
44	松科	松属	黑松	*Pinus thunbergii*	T	E	材用、防护
45	松科	松属	赤松	*Pinus densiflora*	T	N	特有、材用
46	松科	松属	云南松	*Pinus yunnanensis*	T	N	材用
47	松科	金钱松属	金钱松	*Pseudolarix amabilis*	T	N	特有、濒危、园林
48	松科	黄杉属	澜沧黄杉	*Pseudotsuga forrestii*	T	N	特有、濒危
49	松科	黄杉属	华东黄杉	*Pseudotsuga gaussenii*	T	N	特有、濒危
50	松科	黄杉属	黄杉	*Pseudotsuga sinensis*	T	N	特有、濒危
51	松科	黄杉属	台湾黄杉	*Pseudotsuga wilsoniana*	T	N	特有、濒危
52	松科	铁杉属	铁杉	*Tsuga chinensis*	T	N	特有、材用
53	松科	铁杉属	矩鳞铁杉	*Tsuga chinensis* var. *oblongisquamata*	T	N	特有、材用
54	松科	铁杉属	南方铁杉	*Tsuga chinensis* var. *tchekiangensis*	T	N	特有、材用
55	松科	铁杉属	大果铁杉	*Tsuga chinensis* var. *robusta*	T	N	特有、材用
56	松科	铁杉属	丽江铁杉	*Tsuga forrestii*	T	N	特有、材用
57	松科	铁杉属	长苞铁杉	*Tsuga longibracteata*	T	N	特有、材用
58	杉科	柳杉属	柳杉	*Cryptomeria fortunei*	T	N	特有、用材
59	杉科	杉木属	杉木	*Cunninghamia lanceolata*	T	N	特有、材用

（续）

序号	科名	属名	树种名	拉丁名	乔木/其他(T/O)	乡土/外来(N/E)	作为主要树种的原因
60	杉科	水松属	水松	*Glyptostrobus pensilis*	T	N	特有、濒危、园林
61	杉科	水杉属	水杉	*Metasequoia glyptostroboides*	T	N	特有、濒危、园林
62	杉科	台湾杉属	秃杉	*Taiwania flousiana*	T	N	材用
63	杉科	落羽杉属	池杉	*Taxodium ascendens*	T	E	材用
64	杉科	落羽杉属	落羽杉	*Taxodium distichum*	T	E	材用、园林
65	柏科	扁柏属	红桧	*Chamaecyparis formosensis*	T	N	特有、濒危
66	柏科	柏木属	岷江柏木	*Cupressus chengiana*	T	N	特有、材用
67	柏科	柏木属	柏木	*Cupressus funebris*	T	N	特有、材用、园林、防护
68	柏科	柏木属	巨柏	*Cupressus gigantea*	T	N	特有、材用
69	柏科	福建柏属	福建柏	*Fokienia hodginsii*	T	N	材用、濒危
70	柏科	侧柏属	侧柏	*Platycladus orientalis*	T	N	特有、材用、防护、园林
71	柏科	圆柏属	圆柏	*Sabina chinensis*	T	N	材用、防护、园林
72	柏科	圆柏属	叉子圆柏	*Sabina vulgaris*	O	N	特有、园林、防护
73	柏科	圆柏属	方枝柏	*Sabina saltuaria*	T	N	特有、材用
74	柏科	崖柏属	北美香柏	*Thuja occidentalis*	T	E	材用、园林
75	罗汉松科	罗汉松属	罗汉松	*Podocarpus macrophyllus*	T	N	园林
76	罗汉松科	罗汉松属	竹柏	*Podocarpus nagi*	T	N	材用、园林
77	三尖杉科	三尖杉属	粗榧	*Cephalotaxus sinensis*	T	N	特有、园林
78	红豆杉科	白豆杉属	白豆杉	*Pseudotaxus chienii*	T	N	特有、濒危
79	红豆杉科	红豆杉属	红豆杉	*Taxus chinensis*	T	N	特有、濒危、药用、园林
80	红豆杉科	红豆杉属	南方红豆杉	*Taxus chinensis* var. *mairei*	T	N	园林、材用、药用
81	红豆杉科	红豆杉属	东北红豆杉	*Taxus cuspidata*	T	N	园林、材用、药用
82	红豆杉科	红豆杉属	喜马拉雅密叶红豆杉	*Taxus fuana*	T	N	材用
83	红豆杉科	红豆杉属	西藏红豆杉	*Taxus wallichiana*	T	N	材用
84	红豆杉科	榧树属	巴山榧	*Torreya fargesii*	T	N	特有、濒危
85	红豆杉科	榧树属	榧树	*Torreya grandis*	T	N	材用
86	红豆杉科	榧树属	香榧	*Torreya grandis* 'Merrillii'	T	N	经济
87	木麻黄科	木麻黄属	木麻黄	*Casuarina equisetifolia*	T	E	防护、材用
88	杨柳科	杨属	银白杨	*Populus alba*	T	N	防护、材用

（续）

序号	科名	属名	树种名	拉 丁 名	乔木/其他(T/O)	乡土/外来(N/E)	作为主要树种的原因
89	杨柳科	杨属	青杨	*Populus cathayana*	T	N	防护、材用、特有
90	杨柳科	杨属	山杨	*Populus davidiana*	T	N	材用
91	杨柳科	杨属	美洲黑杨	*Populus deltoides*	T	E	材用
92	杨柳科	杨属	胡杨	*Populus euphratica*	T	N	材用、防护
93	杨柳科	杨属	欧洲黑杨	*Populus nigra*	T	E	材用
94	杨柳科	杨属	箭杆杨	*Populus nigra* var. *thevestina*	T	N	材用
95	杨柳科	杨属	小叶杨	*Populus simonii*	T	N	材用、防护
96	杨柳科	杨属	毛白杨	*Populus tomentosa*	T	N	特有、材用
97	杨柳科	杨属	加杨	*Populus×canadensis*	T	E	材用
98	杨柳科	柳属	垂柳	*Salix babylonica*	T	N	材用、园林、特有
99	杨柳科	柳属	旱柳	*Salix matsudana*	T	N	材用、防护
100	杨柳科	柳属	馒头柳	*Salix matsudana* f. *umbraculifera*	T	N	园林
101	杨柳科	柳属	龙爪柳	*Salix matsudana* f. *tortuosa*	T	N	园林
102	杨柳科	柳属	北沙柳	*Salix psammophila*	O	N	防护
103	杨柳科	柳属	杞柳	*Salix integra*	O	N	经济
104	杨梅科	杨梅属	杨梅	*Myrica rubra*	T	N	特有、经济
105	胡桃科	山核桃属	薄壳山核桃	*Carya illinoensis*	T	E	经济
106	胡桃科	山核桃属	山核桃	*Carya cathayensis*	T	N	特有、经济
107	胡桃科	核桃属	核桃楸	*Juglans mandshurica*	T	N	材用、濒危
108	胡桃科	核桃属	胡桃	*Juglans regia*	T	N	经济
109	胡桃科	枫杨属	枫杨	*Pterocarya stenoptera*	T	N	用材
110	桦木科	桤木属	桤木	*Alnus cremastogyne*	T	N	特有、材用、防护
111	桦木科	桤木属	旱冬瓜	*Alnus nepalensis*	T	N	材用
112	桦木科	桦木属	西桦	*Betula alnoides*	T	N	材用
113	桦木科	桦木属	白桦	*Betula platyphylla*	T	N	材用
114	桦木科	桦木属	光皮桦	*Betula luminifera*	T	N	特有、材用
115	桦木科	桦木属	红桦	*Betula albo-sinensis*	T	N	特有、材用
116	桦木科	鹅耳枥属	普陀鹅耳枥	*Carpinus putoensis*	T	N	特有、濒危
117	桦木科	榛属	榛子	*Corylus heterophylla*	O	N	经济
118	桦木科	榛属	毛榛	*Corylus mandshurica*	O	N	特有、经济
119	桦木科	铁木属	天目铁木	*Ostrya rehderiana*	T	N	特有、濒危
120	桦木科	虎榛子属	虎榛子	*Ostryopsis davidiana*	O	N	特有、防护
121	山龙眼科	银桦属	银桦	*Grevillea robusta*	T	E	园林、材用

（续）

序号	科名	属名	树种名	拉丁名	乔木/ 其他 (T/O)	乡土/ 外来 (N/E)	作为主要树种的原因
122	壳斗科	栗属	锥栗	*Castanea henryi*	T	N	经济、特有、材用
123	壳斗科	栗属	板栗	*Castanea mollissima*	T	N	经济、材用
124	壳斗科	石栎属	石栎	*Lithocarpus glaber*	T	N	特有、材用
125	壳斗科	栲属	红锥	*Castanopsis hystrix*	T	N	材用
126	壳斗科	栲属	青钩栲	*Castanopsis kawakamii*	T	N	特有、材用、濒危
127	壳斗科	栲属	栲树	*Castanopsis fargesii*	T	N	特有、材用
128	壳斗科	栎属	槲栎	*Quercus aliena*	T	N	特有、材用
129	壳斗科	栎属	蒙古栎	*Quercus mongolica*	T	N	材用
130	壳斗科	栎属	栓皮栎	*Quercus variabilis*	T	N	材用
131	壳斗科	栎属	麻栎	*Quercus acutissima*	T	N	材用
132	壳斗科	青冈属	青冈	*Cyclobalanopsis glauca*	T	N	材用
133	壳斗科	青冈属	小叶青冈	*Cyclobalanopsis myrsinaefolia*	T	N	材用
134	榆科	朴属	朴树	*Celtis sinensis*	T	N	材用、园林
135	榆科	青檀属	青檀	*Pteroceltis tatarinowii*	T	N	特有、经济、园林
136	榆科	榆属	新疆大叶榆	*Ulmus laevis*	T	N	特有、材用、园林
137	榆科	榆属	榔榆	*Ulmus parvifolia*	T	N	特有、园林
138	榆科	榆属	大果榆	*Ulmus macrocarpa*	T	N	特有、材用
139	榆科	榆属	白榆	*Ulmus pumila*	T	N	特有、材用
140	榆科	榉属	大叶榉	*Zelkova schneideriana*	T	N	特有、材用、园林
141	榆科	榉属	光叶树	*Zelkova serrata*	T	N	材用、园林
142	桑科	波罗蜜属	波罗蜜	*Artocarpus heterophyllus*	T	N	材用、经济、园林
143	桑科	构属	构树	*Broussonetia papyrifera*	T	N	材用、药用
144	桑科	柘属	柘树	*Cudrania tricuspidata*	T	N	园林、防护
145	桑科	榕属	高山榕	*Ficus altissima*	T	N	材用、园林
146	桑科	榕属	垂叶榕	*Ficus benjamina*	T	N	材用、园林
147	桑科	榕属	斜叶榕	*Ficus tinctoria*	T	N	材用
148	桑科	榕属	榕树	*Ficus microcarpa*	T	N	园林、材用
149	桑科	榕属	小叶榕	*Ficus microcarpa* var. *pusillifolia*	T	N	园林、材用
150	桑科	榕属	黄葛树	*Ficus virens*	T	N	园林
151	桑科	桑属	桑	*Morus alba*	T	N	经济、材用、药用
152	藜科	梭梭属	梭梭	*Haloxylon ammodendron*	T	N	防护
153	藜科	梭梭属	白梭梭	*Haloxylon persicum*	T	N	防护
154	毛茛科	芍药属	黄牡丹	*Paeonia delavayi* var. *lutea*	O	N	特有、濒危

（续）

序号	科名	属名	树种名	拉 丁 名	乔木/其他(T/O)	乡土/外来(N/E)	作为主要树种的原因
155	毛茛科	芍药属	牡丹	*Paeonia suffruticosa*	O	N	特有、园林、药用
156	小檗科	小檗属	日本小檗	*Berberis thunbergii*	T	N	园林
157	木兰科	鹅掌楸属	鹅掌楸	*Liriodendron chinense*	T	N	特有、材用、园林
158	木兰科	木兰属	玉兰	*Magnolia denudata*	T	N	特有、园林、材用
159	木兰科	木兰属	紫玉兰	*Magnolia liliflora*	T	N	园林、特有
160	木兰科	木兰属	厚朴	*Magnolia officinalis*	T	N	经济、药用
161	木兰科	木莲属	海南木莲	*Manglietia hainanensis*	T	N	特有、园林
162	木兰科	木莲属	木莲	*Manglietia fordiana*	T	N	特有、材用、园林
163	木兰科	木莲属	红花木莲	*Manglietia insignis*	T	N	材用、园林
164	木兰科	华盖木属	华盖木	*Manglietiastrum sinicum*	T	N	特有、濒危
165	木兰科	含笑属	乐昌含笑	*Michelia chapensis*	T	N	园林、材用
166	木兰科	含笑属	含笑	*Michelia figo*	T	N	特有、园林、药用
167	木兰科	含笑属	醉香含笑	*Michelia macclurei*	T	N	材用、园林
168	木兰科	观光木属	观光木	*Tsoongiodendron odorum*	T	N	特有、濒危、园林
169	木兰科	八角属	八角	*Illicium verum*	T	N	特有、经济、药用、材用
170	番荔枝科	暗罗属	海南暗罗	*Polyalthia laui*	T	N	特有、材用
171	樟科	樟属	樟树	*Cinnamomum camphora*	T	N	材用、园林
172	樟科	樟属	肉桂	*Cinnamomum cassia*	T	N	特有、经济、药用
173	樟科	樟属	天竺桂	*Cinnamomum japonicum*	T	N	特有、材用、园林
174	樟科	楠属	闽楠	*Phoebe bournei*	T	N	材用、园林
175	樟科	楠属	桢楠	*Phoebe zhennan*	T	N	特有、濒危、材用、园林
176	樟科	润楠属	红楠	*Machilus thunbergii*	T	N	材用、园林
177	樟科	檫木属	台湾檫木	*Sassafras randaiense*	T	N	特有、材用
178	樟科	檫木属	檫木	*Sassafras tsumu*	T	N	特有、材用、园林
179	海桐花科	海桐花属	海桐	*Pittosporum tobira*	O	N	园林
180	金缕梅科	枫香树属	枫香树	*Liquidambar formosana*	T	N	园林、材用
181	金缕梅科	壳菜果属	壳菜果	*Mytilaria laosensis*	T	N	材用
182	金缕梅科	半枫荷属	半枫荷	*Semiliquidambar cathayensis*	T	N	特有、濒危
183	杜仲科	杜仲属	杜仲	*Eucommia ulmoides*	T	N	特有、经济、濒危、药用
184	悬铃木科	悬铃木属	二球悬铃木	*Platanus acerifolia*	T	N	园林、材用

（续）

序号	科名	属名	树种名	拉 丁 名	乔木/其他（T/O）	乡土/外来（N/E）	作为主要树种的原因
185	蔷薇科	枇杷属	枇杷	*Eriobotrya japonica*	T	N	经济
186	蔷薇科	苹果属	苹果	*Malus pumila*	T	N	经济
187	蔷薇科	苹果属	海棠花	*Malus spectabilis*	T	N	特有、园林
188	蔷薇科	李属	榆叶梅	*Prunus triloba*	O	N	园林
189	蔷薇科	李属	西伯利亚杏	*Prunus sibirica*	T	N	特有、经济
190	蔷薇科	李属	杏	*Prunus armeniaca*	T	N	特有、经济
191	蔷薇科	李属	桃	*Prunus persica*	T	N	特有、经济
192	蔷薇科	李属	李	*Prunus salicina*	T	N	特有、经济、园林
193	蔷薇科	李属	红叶李	*Prunus cerasifera* var. *atropurpurea*	T	N	园林
194	蔷薇科	李属	梅	*Prunus mume*	T	N	特有、经济、园林
195	蔷薇科	李属	巴旦杏	*Prunus dulcis*	T	N	经济
196	蔷薇科	李属	日本樱花	*Prunus yedoensis*	T	E	园林
197	蔷薇科	火棘属	火棘	*Pyracantha fortuneana*	O	N	特有、防护
198	蔷薇科	珍珠梅属	珍珠梅	*Sorbaria sorbifolia*	O	N	园林
199	含羞草科	金合欢属	大叶相思	*Acacia auriculiformis*	T	E	材用
200	含羞草科	金合欢属	台湾相思	*Acacia confusa*	T	N	材用、防护
201	含羞草科	金合欢属	厚荚相思	*Acacia crassicarpa*	T	E	材用
202	含羞草科	金合欢属	马占相思	*Acacia mangium*	T	E	材用
203	含羞草科	金合欢属	黑荆	*Acacia mearnsii*	T	E	园林、材用、经济
204	含羞草科	金合欢属	银荆	*Acacia dealbata*	T	E	园林、材用
205	含羞草科	合欢属	合欢	*Albizia julibrissin*	T	N	园林、材用、防护
206	蝶形花科	紫穗槐属	紫穗槐	*Amorpha fruticosa*	O	E	经济、防护
207	蝶形花科	黄檀属	降香黄檀	*Dalbergia odorifer*	T	N	特有、濒危、材用
208	蝶形花科	黄檀属	黄檀	*Dalbergia hupeana*	T	N	特有、材用
209	蝶形花科	胡枝子属	胡枝子	*Lespedeza bicolor*	O	N/E	园林、生态
210	蝶形花科	紫檀属	紫檀	*Pterocarpus indicus*	T	E	材用
211	蝶形花科	刺槐属	刺槐	*Robinia pseudoacacia*	T	E	材用、园林
212	蝶形花科	槐属	槐树	*Sophora japonica*	T	N	特有、用材、园林
213	蝶形花科	槐属	龙爪槐	*Sophora japonica* f. *pendula*	T	N	园林
214	苏木科	紫荆属	紫荆	*Cercis chinensis*	O	N	园林
215	苏木科	紫荆属	巨紫荆	*Cercis gigantea*	T	N	特有、园林、材用

（续）

序号	科名	属名	树种名	拉丁名	乔木/其他 (T/O)	乡土/外来 (N/E)	作为主要树种的原因
216	苏木科	羊蹄甲属	洋紫荆	*Bauhinia variegata*	T	E	园林、材用
217	苏木科	羊蹄甲属	红花羊蹄甲	*Bauhinia blakeana*	T	N	园林、材用
218	苏木科	铁刀木属	铁刀木	*Cassia siamea*	T	N	材用
219	苏木科	格木属	格木	*Erythrophleum fordii*	T	N	特有、濒危、材用
220	苏木科	任豆属	任豆	*Zenia insignis*	O	N	特有、材用、防护、经济
221	豆科	锦鸡儿属	小叶锦鸡儿	*Caragana microphylla*	O	N	防护
222	豆科	锦鸡儿属	红花锦鸡儿	*Caragana rosea*	O	N	特有、防护、药用
223	豆科	锦鸡儿属	锦鸡儿	*Caragana sinica*	O	N	特有、防护、园林、药用
224	豆科	锦鸡儿属	柠条锦鸡儿	*Caragana korshinskii*	O	N	防护、药用
225	豆科	刺桐属	刺桐	*Erythrina variegata*	T	E	园林、材用、药用
226	豆科	刺桐属	龙牙花	*Erythrina corallodendron*	T	E	园林、药用
227	豆科	皂荚属	皂荚	*Gleditsia sinensis*	T	N	特有、园林、材用
228	豆科	红豆属	花榈木	*Ormosia henryi*	T	N	特有、材用、濒危
229	豆科	红豆属	红豆树	*Ormosia hosiei*	T	N	特有、材用
230	蒺藜科	白刺属	白刺	*Nitraria tangutorum*	O	N	防护
231	芸香科	黄皮属	黄皮	*Clausena lansium*	T	N	特有、经济、药用
232	芸香科	九里香属	千里香	*Murraya paniculata*	O	N	园林、药用
233	芸香科	黄檗属	黄檗	*Phellodendron amurense*	T	N	材用、濒危、药用
234	芸香科	黄檗属	川黄檗	*Phellodendron chinense*	T	N	特有、药用、材用
235	芸香科	柑橘属	柚	*Citrus maxima*	T	N	特有、经济
236	芸香科	柑橘属	柠檬	*Citrus limon*	T	N	特有、经济
237	芸香科	柑橘属	甜橙	*Citrus sinensis*	T	N	特有、经济
238	芸香科	柑橘属	红橘	*Citrus tangerina*	T	N	特有、经济
239	苦木科	臭椿属	臭椿	*Ailanthus altissima*	T	N	特有、防护、材用
240	橄榄科	橄榄属	乌榄	*Canarium pimela*	T	N	经济、药用、材用
241	橄榄科	橄榄属	橄榄	*Canarium album*	T	N	材用、药用、园林
242	楝科	米仔兰属	米仔兰	*Aglaia odorata*	T	N	特有、园林
243	楝科	麻楝属	麻楝	*Chukrasia tabularis*	T	N	材用、园林
244	楝科	非洲楝属	非洲楝	*Khaya senegalensis*	T	E	材用
245	楝科	楝属	楝树	*Melia azedarach*	T	N	特有、防护、药用、材用

（续）

序号	科名	属名	树种名	拉丁名	乔木/其他(T/O)	乡土/外来(N/E)	作为主要树种的原因
246	楝科	楝属	川楝	*Melia toosendan*	T	N	材用、药用
247	楝科	桃花心木属	大叶桃花心木	*Swietenia macrophylla*	T	E	材用
248	楝科	桃花心木属	桃花心木	*Swietenia mahagoni*	T	E	材用
249	楝科	香椿属	毛红椿	*Toona ciliata* var. *pubescens*	T	N	材用
250	楝科	香椿属	香椿	*Toona sinensis*	T	N	材用、园林
251	楝科	香椿属	红椿	*Toona ciliata*	T	N	材用
252	大戟科	油桐属	千年桐	*Vernicia montana*	T	N	特有、经济
253	大戟科	油桐属	油桐	*Vernicia fordii*	T	N	特有、经济
254	大戟科	橡胶树属	橡胶树	*Hevea brasiliensis*	T	E	经济
255	大戟科	重阳木属	重阳木	*Bischofia polycarpa*	T	N	特有、园林
256	大戟科	乌桕属	乌桕	*Sapium sebiferum*	T	N	特有、经济、园林
257	马桑科	马桑属	马桑	*Coriaria nepalensis*	T	N	特有、防护
258	漆树科	杧果属	扁桃杧果	*Mangifera persiciformis*	T	N	特有、园林、材用
259	漆树科	杧果属	杧果	*Mangifera indica*	T	N	经济、材用、园林
260	漆树科	南酸枣属	南酸枣	*Choerospondias axillaris*	T	N	特有、材用、药用、园林
261	漆树科	黄连木属	黄连木	*Pistacia chinensis*	T	N	特有、材用、园林
262	漆树科	黄连木属	阿月浑子	*Pistacia vera*	T	E	经济
263	漆树科	盐肤木属	火炬树	*Rhus typhina*	T	E	园林
264	漆树科	漆属	漆树	*Toxicodendron vernicifluum*	T	N	经济
265	漆树科	黄栌属	黄栌	*Cotinus coggygria* var. *cinerea*	T	N	特有、园林
266	冬青科	冬青属	铁冬青	*Ilex rotunda*	T	N	特有、园林、材用
267	卫矛科	卫矛属	冬青卫矛	*Euonymus japonicus*	T	N	园林
268	省沽油科	瘿椒树属	瘿椒树	*Tapiscia sinensis*	T	N	特有、园林
269	槭树科	槭属	鸡爪槭	*Acer palmatum*	T	N	园林
270	槭树科	槭属	元宝槭	*Acer truncatum*	T	N	特有、园林、材用
271	槭树科	槭属	色木槭	*Acer mono*	T	N	特有、园林、材用
272	槭树科	金钱槭属	金钱槭	*Dipteronia sinensis*	T	N	特有
273	七叶树科	七叶树属	七叶树	*Aesculus chinensis*	T	N	特有、园林、材用
274	无患子科	龙眼属	龙眼	*Dimocarpus longan*	T	N	特有、经济
275	无患子科	伞花木属	伞花木	*Eurycorymbus cavaleriei*	T	N	特有

（续）

序号	科名	属名	树种名	拉丁名	乔木/其他(T/O)	乡土/外来(N/E)	作为主要树种的原因
276	无患子科	掌叶木属	掌叶木	*Handeliodendron bodinieri*	T	N	特有、濒危
277	无患子科	栾树属	复羽叶栾树	*Koelreuteria bipinnata*	T	N	特有、园林、药用
278	无患子科	栾树属	栾树	*Koelreuteria paniculata*	T	N	园林
279	无患子科	栾树属	全缘叶栾树	*Koelreuteria bipinnata* var. *integrifoliola*	T	N	特有、园林
280	无患子科	荔枝属	荔枝	*Litchi chinensis*	T	N	特有、经济
281	无患子科	无患子属	无患子	*Sapindus mukorossi*	T	N	材用、园林
282	无患子科	文冠果属	文冠果	*Xanthoceras sorbifolium*	T	N	特有、经济
283	鼠李科	枣属	枣	*Ziziphus jujuba*	T	N	特有、经济
284	椴树科	蚬木属	蚬木	*Excentrodendron hsienmu*	T	N	材用、濒危
285	椴树科	椴树属	紫椴	*Tilia amurensis*	T	N	材用
286	锦葵科	木槿属	木槿	*Hibiscus syriacus*	O	N	特有、园林
287	锦葵科	木槿属	黄槿	*Hibiscus tiliaceus*	O	N	园林
288	木棉科	轻木属	轻木	*Ochroma lagopus*	T	E	材用
289	木棉科	木棉属	木棉	*Bombax malabaricum*	T		园林
290	梧桐科	梧桐属	梧桐	*Firmiana platanifolia*	T	N	特有、园林、材用
291	山茶科	山茶属	山茶	*Camellia japonica*	T	N	特有、园林
292	山茶科	山茶属	油茶	*Camellia oleifera*	T	N	特有、经济
293	山茶科	山茶属	茶树	*Camellia sinensis*	T	N	特有、经济
294	山茶科	木荷属	木荷	*Schima superba*	T	N	特有、材用
295	山茶科	木荷属	西南木荷	*Schima wallichii*	T	N	特有、材用
296	山茶科	木荷属	银木荷	*Schima argentea*	T	N	特有、材用
297	柽柳科	柽柳属	柽柳	*Tamarix chinensis*	O	N	特有、防护
298	柽柳科	柽柳属	多枝柽柳	*Tamarix ramosissima*	O	N	特有、防护
299	柽柳科	柽柳属	甘蒙柽柳	*Tamarix austromongolica*	O	N	特有、防护
300	龙脑香科	坡垒属	坡垒	*Hopea hainanensis*	T	N	材用、濒危
301	大风子科	天料木属	红花天料木	*Homalium hainanense*	T	N	材用
302	瑞香科	沉香属	土沉香	*Aquilaria sinensis*	T	E	经济
303	胡颓子科	胡颓子属	沙枣	*Elaeagnus angustifolia*	T	N	特有、防护、经济
304	胡颓子科	胡颓子属	翅果油树	*Elaeagnus mollis*	T	N	特有、经济、濒危
305	胡颓子科	沙棘属	中国沙棘	*Hippophae rhamnoides* spp. *sinensis*	O	N	经济、防护
306	海桑科	海桑属	海桑	*Sonneratia caseolaris*	T	N	防护、材用
307	红树科	木榄属	木榄	*Bruguiera gymnorrhiza*	T	N	防护、材用

（续）

序号	科名	属名	树种名	拉丁名	乔木/其他 (T/O)	乡土/外来 (N/E)	作为主要树种的原因
308	红树科	红树属	红树	*Rhizophora apiculata*	T	N	防护、材用
309	蓝果树科	喜树属	喜树	*Camptotheca acuminata*	T	N	特有、用材、园林
310	珙桐科	珙桐属	珙桐	*Davidia involucrata*	T	N	特有、濒危、园林
311	使君子科	诃子属	榄仁树	*Terminalia catappa*	T	E	材用、园林、防护
312	桃金娘科	桉属	赤桉	*Eucalyptus camaldulensis*	T	E	材用
313	桃金娘科	桉属	柠檬桉	*Eucalyptus citriodora*	T	E	材用
314	桃金娘科	桉属	邓恩桉	*Eucalyptus dunnii*	T	E	材用
315	桃金娘科	桉属	窿缘桉	*Eucalyptus exserta*	T	E	材用
316	桃金娘科	桉属	蓝桉	*Eucalyptus globulus*	T	E	材用
317	桃金娘科	桉属	直杆蓝桉	*Eucalyptus maideni*	T	E	材用
318	桃金娘科	桉属	大叶桉	*Eucalyptus robusta*	T	E	材用
319	桃金娘科	桉属	史密斯桉	*Eucalyptus smithii*	T	E	材用
320	桃金娘科	桉属	尾叶桉	*Eucalyptus urophylla*	T	E	材用
321	桃金娘科	桉属	多枝桉	*Eucalyptus viminalis*	T	E	材用
322	桃金娘科	桉属	巨桉	*Eucalyptus grandis*	T	E	材用
323	桃金娘科	桉属	细叶桉	*Eucalyptus tereticornis*	T	E	材用
324	桃金娘科	蒲桃属	海南蒲桃	*Syzygium jambos*	T	N	防护、材用
325	五加科	五加属	刺五加	*Acanthopanax senticosus*	T	N	药用
326	山茱萸科	梾木属	红瑞木	*Swida alba*	T	N	园林
327	山茱萸科	梾木属	毛梾	*Swida walteri*	T	N	特有、经济、园林
328	杜鹃花科	杜鹃属	云锦杜鹃	*Rhododendron fortunei*	T	N	特有、园林
329	杜鹃花科	杜鹃属	杜鹃	*Rhododendron simsii*	T	N	园林
330	杜鹃花科	杜鹃属	兴安杜鹃	*Rhododendron dauricum*	O	N	园林
331	木犀科	连翘属	连翘	*Forsythia suspensa*	O	N	特有、园林
332	木犀科	白蜡树属	花曲柳	*Fraxinus rhynchophylla*	T	E	材用、防护
333	木犀科	白蜡树属	小叶白蜡	*Fraxinus bungeana*	T	N	特有、防护
334	木犀科	白蜡树属	白蜡树	*Fraxinus chinensis*	T	N	材用、园林
335	木犀科	白蜡树属	水曲柳	*Fraxinus mandshurica*	T	N	材用、园林
336	木犀科	素馨属	迎春花	*Jasminum nudiflorum*	T	N	特有、园林
337	木犀科	木犀榄属	木犀榄	*Olea europaea*	T	E	经济
338	木犀科	木犀属	木犀（桂花）	*Osmanthus fragrans*	T	N	特有、园林、经济
339	木犀科	丁香属	暴马丁香	*Syringa reticulata* var. *amurensis*	T	N	特有、材用、园林
340	木犀科	丁香属	紫丁香	*Syringa oblata*	T	N	特有、园林

（续）

序号	科名	属名	树种名	拉 丁 名	乔木/其他(T/O)	乡土/外来(N/E)	作为主要树种的原因
341	木犀科	丁香属	北京丁香	*Syringa pekinensis*	O	N	特有、园林
342	木犀科	女贞属	女贞	*Ligustrum lucidum*	T	N	园林、特有、材用
343	马鞭草科	石梓属	苦梓	*Gmelina hainanensis*	T	N	材用
344	马鞭草科	柚木属	柚木	*Tectona grandis*	T	E	材用
345	马鞭草科	牡荆属	黄荆	*Vitex negundo*	O	N	特有、防护
346	茄科	枸杞属	宁夏枸杞	*Lycium barbarum*	O	N	经济、药用
347	茄科	枸杞属	枸杞	*Lycium chinense*	O	N	特有、经济、药用
348	玄参科	泡桐属	楸叶泡桐	*Paulownia catalpifolia*	T	N	特有、材用
349	玄参科	泡桐属	兰考泡桐	*Paulownia elongata*	T	N	特有、材用
350	玄参科	泡桐属	川泡桐	*Paulownia fargesii*	T	N	特有、材用
351	玄参科	泡桐属	白花泡桐	*Paulownia fortuneii*	T	N	特有、材用
352	玄参科	泡桐属	台湾泡桐	*Paulownia kawakamii*	T	N	特有、材用
353	玄参科	泡桐属	毛泡桐	*Paulownia tomentosa*	T	N	特有、材用
354	紫葳科	梓属	楸树	*Catalpa bungei*	T	N	特有、材用、园林
355	紫葳科	梓属	滇楸	*Catalpa fargesii f. duclouxii*	T	N	特有、材用、园林
356	紫葳科	猫尾木属	猫尾木	*Dolichandrone cauda-felina*	T	N	特有、材用、园林
357	茜草科	香果树属	香果树	*Emmenopterys henryi*	T	N	特有、濒危
358	忍冬科	猬实属	猬实	*Kolkwitzia amabilis*	T	N	特有、园林
359	忍冬科	忍冬属	金银花	*Lonicera japonica*	O	N	经济、药用
360	忍冬科	忍冬属	金银木	*Lonicera maackii*	O	N	特有、经济、药用
361	忍冬科	荚蒾属	绣球荚蒾	*Viburnum macrocephalum*	O	N	特有、园林
362	禾本科	簕竹属	粉单竹	*Bambusa chungii*	O	N	特有、材用、园林
363	禾本科	簕竹属	孝顺竹	*Bambusa multiplex*	O	N	园林、材用
364	禾本科	簕竹属	凤尾竹	*Bambusa multiplex* 'Fernleaf'	O	N	特有、园林、材用
365	禾本科	簕竹属	撑篙竹	*Bambusa pervariabilis*	O	N	特有、材用
366	禾本科	簕竹属	青皮竹	*Bambusa textilis*	O	N	特有、材用
367	禾本科	簕竹属	佛肚竹	*Bambusa ventricosa*	O	N	特有、园林
368	禾本科	簕竹属	大佛肚竹	*Bambusa vulgaris* 'Wamin'	O	N	特有、园林
369	禾本科	刚竹属	桂竹	*Phyllostachys bambusoides*	T	N	特有、材用
370	禾本科	刚竹属	淡竹	*Phyllostachys glauca*	T	N	特有、材用
371	禾本科	刚竹属	毛竹	*Phyllostachys heterocycla*	T	N	特有、材用
372	禾本科	刚竹属	刚竹	*Phyllostachys sulphurea* 'Viridis'	T	N	特有、材用
373	禾本科	刚竹属	早竹	*Phyllostachys praecox*	T	N	特有、园林

（续）

序号	科名	属名	树种名	拉丁名	乔木/其他(T/O)	乡土/外来(N/E)	作为主要树种的原因
374	禾本科	刚竹属	紫竹	*Phyllostachys nigra*	T	N	特有、园林、材用
375	棕榈科	鱼尾葵属	鱼尾葵	*Caryota ochlandra*	T	N	特有、园林
376	棕榈科	椰子属	椰子	*Cocos nucifera*	T	N	园林、防护、经济
377	棕榈科	油棕属	油棕	*Elaeis guineensis*	T	E	经济
378	棕榈科	蒲葵属	蒲葵	*Livistona chinensis*	T	N	经济
379	棕榈科	棕竹属	棕竹	*Rhapis excelsa*	T	N	特有、园林、药用
380	棕榈科	棕竹属	细棕竹	*Rhapis gracilis*	T	N	特有、园林
381	棕榈科	棕榈属	棕榈	*Trachycarpus fortunei*	T	N	园林、经济
382	棕榈科	槟榔属	槟榔	*Areca catechu*	T	O	园林、药用

图书在版编目（CIP）数据

中国作物及其野生近缘植物．林木卷／董玉琛，刘旭总主编；郑勇奇，李斌分册主编．—北京：中国农业出版社，2020.1

（现代农业科技专著大系）

ISBN 978-7-109-25840-2

Ⅰ.①中… Ⅱ.①董… ②刘… ③郑… ④李… Ⅲ.①作物－种植资源－介绍－中国②林木－种质资源－介绍－中国 Ⅳ.①S329.2②S722

中国版本图书馆 CIP 数据核字（2019）第 186095 号

中国作物及其野生近缘植物·［林木卷］

ZHONGGUO ZUOWU JI QI YESHENG JINYUAN ZHIWU·［LINMUJUAN］

中国农业出版社出版

地址：北京市朝阳区麦子店街 18 号楼

邮编：100125

责任编辑：郭　科　国　圆　郭晨茜　孟令洋

版式设计：韩小丽　　责任校对：吴丽婷　沙凯霖　周丽芳

印刷：北京通州皇家印刷厂

版次：2020 年 1 月第 1 版

印次：2020 年 1 月北京第 1 次印刷

发行：新华书店北京发行所

开本：787mm×1092mm　1/16

印张：62.25　　插页：12

字数：1800 千字

定价：240.00 元